Handbuch Faserverbundkunststoffe/ Composites

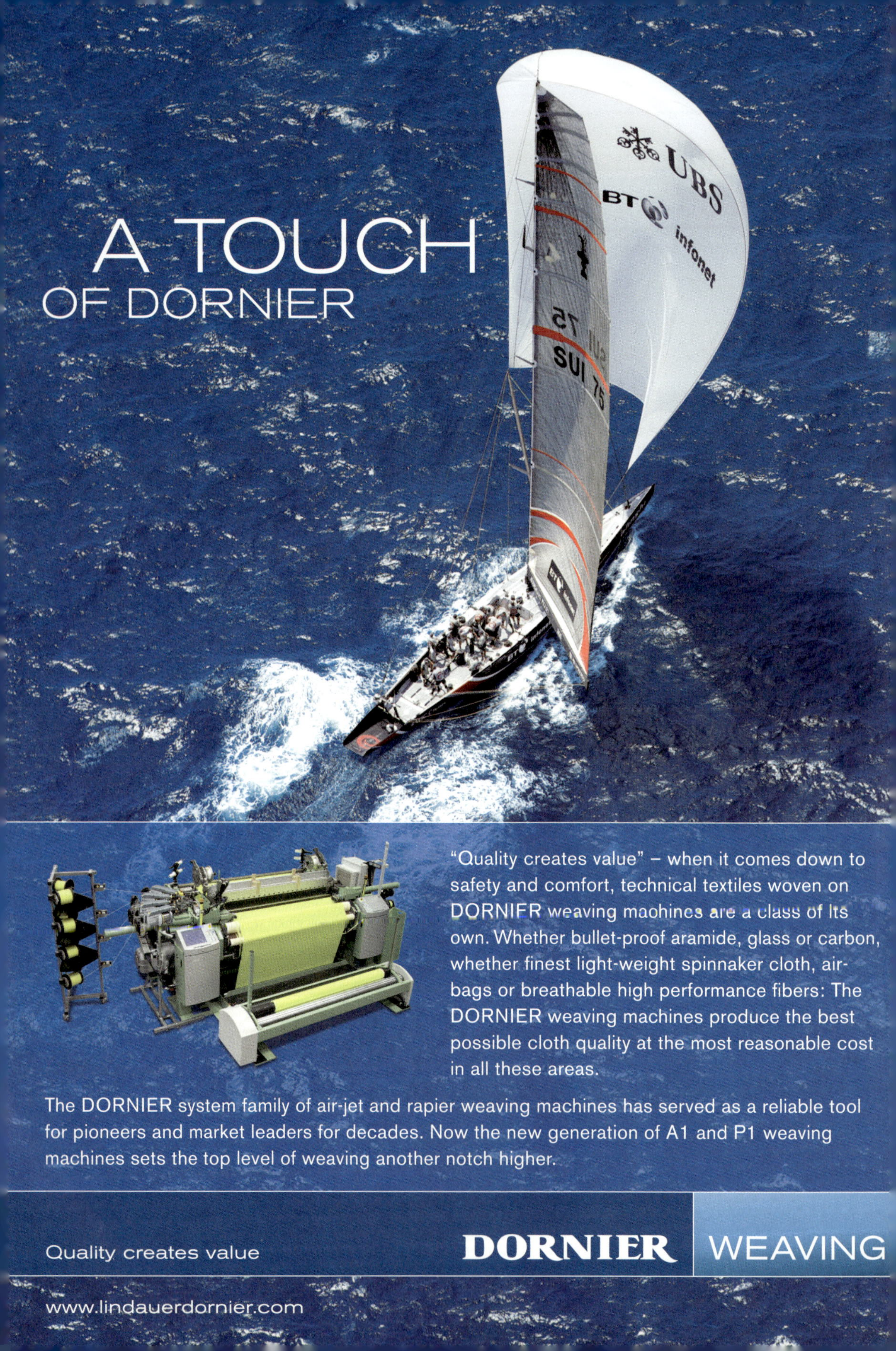
A TOUCH
OF DORNIER
UBS
BT
infonet
SUI 75
"Quality creates value" – when it comes down to safety and comfort, technical textiles woven on DORNIER weaving machines are a class of its own. Whether bullet-proof aramide, glass or carbon, whether finest light-weight spinnaker cloth, airbags or breathable high performance fibers: The DORNIER weaving machines produce the best possible cloth quality at the most reasonable cost in all these areas.
The DORNIER system family of air-jet and rapier weaving machines has served as a reliable tool for pioneers and market leaders for decades. Now the new generation of A1 and P1 weaving machines sets the top level of weaving another notch higher.
Quality creates value
DORNIER
WEAVING
www.lindauerdornier.com

AVK – Industrievereinigung Verstärkte Kunststoffe e. V.

Handbuch Faserverbundkunststoffe/ Composites

Grundlagen, Verarbeitung, Anwendungen

4. Auflage

Springer Vieweg

Herausgeber
AVK – Industrievereinigung Verstärkte Kunststoffe e. V.
Federation of Reinforced Plastics
Am Hauptbahnhof 10
D-60329 Frankfurt am Main
Tel.: +49 (0) 69 / 27 10 77 - 0
Fax: + 49 (0) 69 / 27 10 77 - 10
Web: http://www.avk-tv.de/

Redaktionelle Bearbeitung: Volker Mathes
Verantwortlich für die Herausgabe: Dr. Elmar Witten

ISBN 978-3-658-02754-4 ISBN 978-3-658-02755-1 (eBook)
DOI 10.1007/978-3-658-02755-1

Die Deutsche Nationalbibliothek verzeichnet diese Publikation in der Deutschen Nationalbibliografie; detaillierte bibliografische Daten sind im Internet über http://dnb.d-nb.de abrufbar.

Springer Vieweg

Coverfotos von links nach rechts:
Foto Gebäude: Butzbach Industrietore GmbH
Foto Windrad: alpha ventus/Matthias Ibeler, 2010
Flugzeug: Butzbach Industrietore GmbH
LKW: MAN Truck & Bus AG

Gedruckt auf säurefreiem und chlorfrei gebleichtem Papier

Springer Vieweg ist eine Marke von Springer DE. Springer DE ist Teil der Fachverlagsgruppe Springer Science+Business Media
www.springer-vieweg.de

Inhaltsverzeichnis

Abbildungsverzeichnis **11**

Tabellenverzeichnis **25**

1 Vorwort **27**

2 Begriffe und Abkürzungen **29**

3 Grundlagen **33**
3.1 Verbundwerkstoffe 33
3.2 Der Markt für Faserverbundkunststoffe/Composites 34
3.2.1 Einordnung in die Kunststoff-Industrie und Marktbeschreibung 34
3.2.2 Anwendungen und Verfahren 35
3.2.3 Marktchancen 36

4 Werkstoffe **38**
4.1 Rohstoffe 38
4.1.1 Harze 38
4.1.1.1 Ungesättigte Polyesterharze 38
4.1.1.2 Vinylesterharze 51
4.1.1.3 Diallylphthalatharze 59
4.1.1.4 Methyl-Methacrylatharze 60
4.1.1.5 Epoxidharze 67
4.1.1.6 Polyurethane 77
4.1.1.7 Phenol-Formaldehydharze 84
4.1.1.8 Aminoharze 85
4.1.2 Thermoplaste – Polypropylen 87
4.1.2.1 Einführung 87
4.1.2.2 Polymeraufbau 89
4.1.2.3 Eigenschaftspektrum 97
4.1.2.4 Verarbeitungsverfahren und Anwendungsgebiete 105
4.1.2.5 Aktuelle Entwicklungstrends und Zukunftsaussichten 107
4.1.3 Biopolymere 110
4.1.3.1 Beschreibung der Ausgangskomponenten 110
4.1.3.2 Voraussetzungen für die Verarbeitung 112
4.1.3.3 Darstellung ausgewählter Typen und ihrer Charakteristika 113
4.1.4 Reaktionsmittel 121
4.1.4.1 Chemische Grundlagen 121
4.1.4.2 Reaktionsmittel für Polymerisate 122
4.1.4.3 Reaktionsmittel für Polyadditionsreaktionen 126
4.1.4.4 Sicherer Umgang mit Reaktionsmitteln 128
4.1.5 Verstärkungsfasern 129
4.1.5.1 Textilglasfasern 129

4.1.5.2 Aramidfasern ... 139
4.1.5.3 Kohlenstoff-Fasern ... 145
4.1.5.4 Weitere Verstärkungsfasern ... 155
4.1.6 Vliesstoffe ... 166
4.1.6.1 Einführung ... 166
4.1.6.2 Herstellungsverfahren ... 167
4.1.6.3 Verwendungszweck ... 171
4.1.7 Füllstoffe ... 174
4.1.7.1 Einführung/Geschichtliches ... 174
4.1.7.2 Morphologie und Kristallstruktur ... 174
4.1.7.3 Ausgewählte Füllstoffe – eine Übersicht ... 176
4.1.7.4 Verfahrenstechnik ... 180
4.1.7.5 Anwendungshinweise für GFK ... 180
4.1.7.6 Ausblick ... 181
4.1.8 Additive ... 183
4.1.8.1 Einführung ... 183
4.1.8.2 Beschreibung der Additive ... 184
4.1.9 Farbmittel ... 203
4.1.9.1 Einführung/Geschichtliches ... 203
4.1.9.2 Grundlagen ... 204
4.1.9.3 Farbmittel in Faserverstärkten Kunststoffen ... 205
4.1.9.4 Übersicht ausgewählter Pigmente ... 206
4.1.9.5 Pigmentpräparationen und Aufbereitung ... 209
4.1.9.6 Ausblick ... 211
4.1.10 Trennmittel ... 211
4.1.10.1 Einleitung ... 211
4.1.10.2 Trennmittelsysteme ... 212
4.1.10.3 Anwendungsfelder ... 213
4.1.10.4 Parameter zur Trennmittelbestimmung ... 215
4.1.10.5 Trennmittelwahl nach Fertígungsmethode ... 216
4.1.10.6 Fehlerquellen ... 219
4.1.10.7 Beispielhafte Anwendungen ... 222
4.1.10.8 Schlusswort ... 223
4.2 Halbzeuge ... 224
4.2.1 Faserhalbzeuge ... 224
4.2.1.1 Herstellung von Faserhalbzeugen ... 224
4.2.1.2 Konfektion von Faserhalbzeugen ... 231
4.2.2 Prepregs ... 233
4.2.2.1 Einleitung ... 233
4.2.2.2 Herstellung und Eigenschaften von Duroplastprepregs ... 234
4.2.2.3 FVK-Halbzeuge mit thermoplastischer Matrix ... 235
4.2.3 Preform ... 237
4.2.3.1 Einleitung ... 237
4.2.3.2 Verfahren zur Herstellung von Preformen ... 239
4.2.3.3 Ausblick ... 242
4.2.4 SMC/BMC ... 243
4.2.4.1 Werkstoff SMC ... 243
4.2.4.2 BMC Polyesterformmassen ... 266

4.2.5 Thermoplastische Formmassen 278
4.2.5.1 Einführung 278
4.2.5.2 Ausgangsstoffe 278
4.2.5.3 Herstellverfahren 280
4.2.5.4 Eigenschaften 284
4.2.5.5 Ausblick 290
4.3 Werkzeug-Werkstoffe 291
4.3.1 Werkstoffe für geschlossene Werkzeuge 291
4.3.2 Werkstoffe für offene Werkzeuge 293

5 Werdegang eines Produktes 295
5.1 Gestaltung eines Produktes 295
5.2 Konstruktion und Berechnung 299
5.2.1 Umdenken in Schichten und Faserkoordinaten 300
5.2.2 Eigenschaften des Verbundes aus Fasern und Matrix 301
5.2.3 Eigenschaften mehrschichtiger Laminate 304
5.2.4 Dimensionierung mit der Klassischen Laminattheorie (CLT) 305
5.2.5 Festigkeitsanalyse 308
5.2.6 Nichtlineares Materialverhalten 311
5.2.7 Hilfsmittel für die Berechnung 313
5.2.8 Lebensdauer von FVK 314
5.2.9 Verhalten bei Crash 315
5.2.10 Krafteinleitungselemente 315
5.2.11 Anwendungsbeispiel „PKW-Motorhaube“ 316

6 Herstellungsverfahren 326
6.1 Handlaminieren/Faserspritzen 326
6.1.1 Einleitung 326
6.1.2 Verfahrensgrundlagen 327
6.1.3 Betriebsmittel / Werkzeuge 330
6.1.4 Ausgangsstoffe für handlaminierte oder fasergespritzte Bauteile 335
6.1.5 Verfahrensablauf 336
6.1.6 Gestaltungsparameter 341
6.1.7 Eigenschaften/Qualität 343
6.2 Nasspressen 346
6.2.1 Einführung 346
6.2.2 Verfahrensgrundlagen 346
6.2.3 Verfahrensablauf 347
6.2.4 Betriebsmittel 347
6.2.5 Ausgangsstoffe 352
6.2.5.1 Reaktionsharze 352
6.2.5.2 Verstärkungsmaterialien 354
6.2.5.3 Füllstoffe/Farbmittel 355
6.2.6 Qualität von Pressteilen 358
6.2.7 Mögliche Fehler und ihre Ursachen 360
6.2.8 Ausblick 361
6.3 Wickelverfahren 361
6.3.1 Einleitung 361

6.3.2 Verfahrensgrundlagen ... 362
6.3.3 Anlagentechnik ... 365
6.3.4 Duroplastwickeln ... 367
6.3.5 Thermoplastwickeln ... 370
6.3.6 Qualität ... 375
6.3.7 Weitere Entwicklung ... 375
6.4 Profilziehverfahren ... 377
6.4.1 Einleitung / Geschichtliches ... 377
6.4.2 Verfahrensgrundlagen ... 378
6.4.3 Anlagenteile ... 379
6.4.4 Ausgangsstoffe ... 381
6.4.5 Gestaltungsparameter ... 384
6.4.6 Eigenschaften ... 386
6.4.7 Qualität ... 387
6.4.8 Weiterverarbeitung ... 387
6.4.9 Anwendungsbeispiele ... 387
6.5 Injektionsverfahren ... 390
6.5.1 Einführung ... 390
6.5.2 RTM-Verfahrensablauf ... 391
6.5.3 Verfahrensgrundlagen ... 392
6.5.4 Betriebsmittel ... 393
6.5.5 Ausgangstoffe ... 394
6.5.6 Prozessvarianten/Gestaltungsoptionen ... 395
6.5.7 Zusammenfassung ... 396
6.5.8 Qualität ... 396
6.6 Das Spaltimprägnierverfahren ... 398
6.6.1 Einleitung ... 398
6.6.2 Konzept des Spaltimprägnierverfahrens ... 399
6.6.3 Formfüllvorgang im Spaltimprägnierverfahren ... 400
6.6.4 Fertigung von ebenen, monolithischen Bauteilen ... 402
6.6.5 Analyse der Fertigung von gekrümmten Sandwichbauteilen ... 404
6.6.6 Fazit und Ausblick ... 405
6.7 Heißpressen von SMC/BMC ... 407
6.7.1 Einführung/Geschichtliches ... 407
6.7.2 Verfahrensgrundlagen ... 408
6.7.3 Betriebsmittel ... 408
6.7.4 Produktionswerkzeuge/Hilfsmittel ... 415
6.7.5 Gestaltungsrichtlinien ... 418
6.7.6 Nachbehandlung ... 427
6.7.7 Qualität/Eigenschaften ... 427
6.8 Hochdruckpressen von GMT/LFT ... 428
6.8.1 Einführung/Geschichtliches ... 428
6.8.2 Verfahrensgrundlagen ... 429
6.8.3 Betriebsmittel/Verfahrensablauf ... 430
6.8.4 Ausgangsstoffe ... 432
6.8.5 Produktionswerkzeuge/Hilfsmittel ... 433
6.8.6 Gestaltungsrichtlinien ... 434
6.8.7 Nachbehandlung ... 436

6.8.8 Qualität/Eigenschaften 438
6.9 Spritzgießen von BMC 439
6.9.1 Einführung 439
6.9.2 Verfahrensgrundlagen 440
6.9.3 Betriebsmittel 442
6.9.4 Produktionswerkzeuge 445
6.9.5 Nachbehandlung 446
6.9.6 Qualität und Eigenschaften 446
6.10 Spritzgießen langfaserverstärkter Thermoplaste (LFT) 447
6.10.1 Einführung 447
6.10.2 Prinzip der Langfaserverstärkung 448
6.10.3 Verfahrensgrundlagen 450
6.10.4 Betriebsmittel/Verfahrensablauf 451
6.10.5 Ausgangsstoffe 455
6.10.6 Verfahrenskombination für zielgerichtete Bauteilverstärkung 457
6.10.7 Ausblick und Entwicklungstendenzen 460
6.11 Kontinuierliches Laminieren 461
6.11.1 Einführung 461
6.11.2 Verfahrenstechnische Grundlagen 462
6.11.3 Ausgangsstoffe/Hilfsmittel 463
6.11.4 Kontinuierliche Herstellung planer Platten und Bahnen 469
6.11.5 Produkte – Konstruktion – Eigenschaften – Anwendungen 474
6.11.6 Qualität 479
6.12 Schleuderverfahren 480
6.12.1 Einführung 480
6.12.2 Grundlagen des Schleuderverfahrens 480
6.12.3 Fertigungseinrichtungen 481
6.12.4 Verfahrenstechnik 482
6.12.5 Verfahrensbedingte Produktmerkmale 483
6.12.6 Qualitätssicherung 484
6.13 Umformen endlosfaserverstärkter Thermoplaste 485
6.13.1 Einführung 485
6.13.2 Ausgangssituation 485
6.13.3 Verfahrensablauf 486
6.13.4 Umformverfahren, Betriebsmittel und Einsatzmöglichkeiten 487
6.14 Automatisierte Legeverfahren 492
6.14.1 Einleitung 492
6.14.2 Verfahrensgrundlagen 493
6.14.3 Anlagentechnik 494
6.14.4 Duroplast-Tapelegen 495
6.14.5 Thermoplast-Tapelegen 495
6.15 LFI-Verfahren 496
6.15.1 Einleitung 496
6.15.2 Verfahrensablauf 496
6.15.3 Anlagentechnik 497
6.15.4 Prozessüberwachung 505
6.15.5 Prozessvarianten 506
6.15.6 Zusammenfassung und Ausblick 507

6.16 Fertigteilbearbeitung ... 509
6.16.1 Spanende Bearbeitung ... 513
6.16.1.1 Fräsen ... 513
6.16.1.2 Bohren ... 516
6.16.1.3 Stanzen ... 518
6.16.1.4 Ultraschallschwingläppen ... 519
6.16.2 Strahl-Bearbeitung ... 521
6.16.2.1 Wasserstrahlschneiden ... 521
6.16.2.2 Laserstrahlschneiden ... 523
6.16.3 Fügetechnik ... 525
6.16.3.1 Oberflächenbehandlung ... 525
6.16.3.2 Kleben von FVK ... 527
6.16.3.3 Schweißen von FVK ... 531
6.16.3.4 Mechanisches Fügen ... 533
6.16.3.5 Weitere in der Praxis angewandte Verbindungstechniken ... 542

7 Normung ... 547
7.1 Normung als Instrument der Wirtschaft ... 547
7.2 Institutionen der Normungsarbeit ... 547
7.2.1 Der Fachnormenausschuss Kunststoffe (FNK) im Deutschen Institut für Normung e.V. (DIN) ... 547
7.2.1.1 Aufgabenbeschreibung des FNK ... 548
7.2.1.2 Organisationsschema des FNK ... 548
7.2.1.3 Finanzierung der Normungsarbeit ... 552
7.2.1.4 Berichte und Arbeitsergebnisse aus den Gremien ... 552
7.2.2 Die „International Standard Organisation (ISO)“ ... 555
7.2.3 Das „Comitée Européen de Normalisation“ (CEN) ... 556
7.2.4 Die wichtigsten Gremien des FNK mit ihren Internationalen Spiegelgremien ... 558
7.2.5 Das Europäische Normungsverfahren ... 559
7.3 Werdegang einer internationalen Norm ... 561
7.3.1 Verfahren ... 561
7.3.2 Kosten einer Norm ... 561
7.3.3 Weitere Komitees ... 562

8 Prüfverfahren ... 564
8.1 Einleitung ... 564
8.2 Die wichtigsten Bestimmungen im Überblick ... 564

9 Prüfzeichen ... 586

10 Die AVK stellt sich vor ... 589

Stichwortverzeichnis ... 591

Verzeichnis der Themenverantwortlichen und der Autoren ... 594

Abbildungsverzeichnis

Abb. 1: Styrol (Vinylbenzol) ... 39

Abb. 2: Gesättigte Dicarbonsäuren ... 40

Abb. 3: Ungesättigte Dicarbonsäuren ... 40

Abb. 4: Zweiwertige Alkohole ... 41

Abb. 5: Schemabild der Vernetzungsreaktion ... 42

Abb. 6: Schematische Darstellung einer Schubmodulkurve G = f (T). ... 45

Abb. 7: Propoxiliertes Bisphenol A, Grundbaustein für VE/BA-Harze ... 52

Abb. 8: Phenol-Novolack mit n = 2 Grundbausteinen ... 52

Abb. 9: Grundschema eines Vinylester-/Urethan-Harzes ... 53

Abb. 10: Schematische Darstellung der Vernetzungsreaktion ... 54

Abb. 11: Strukturen der Grundbausteine bei der Entwicklung von MMA-Harzen. ... 60

Abb. 12: Polymerisation von Methacrylsäuremethylester (PMMA). ... 61

Abb. 13: Monomeres 1,4-Butandiol-dimethacrylat ... 61

Abb. 14: Schematische Darstellung des Harzes in gehärtetem Zustand ... 62

Abb. 15: Struktur des Bisphenol A ... 68

Abb. 16: EP-Basisstrukturen ... 68

Abb. 17: EP/BA-Harz (einfacher Bisphenol A-Diglycidylether) ... 68

Abb. 18: Reaktive Epoxidharzverdünner ... 69

Abb. 19: Cycloaliphatische Epoxidharze ... 69

Abb. 20: Aliphatische Aminhärter ... 70

Abb. 21: Aromatischer Aminhärter ... 70

Abb. 22: Carbonsäureanhydridhärter ... 71

Abb. 23: Aminbeschleuniger ... 72

Abb. 24: Schematische Darstellung des vernetzten Harzes ... 72

Abb. 25: Grundschema der Polyurethane ... 78

Abb. 26: Salzsaure Phosgenierung von Diphenyl-Diisocyanat ... 78

Abb. 27: Methyl-diphenyl-Diisocyanat (MDI) ... 79

Abb. 28: Toluylen-Diisocyanat (TDI) ... 79

Abb. 29: Aufbau eines Polyesters aus einem Diol und einer Dicarbonsäure ... 79

Abb. 30: Aufbau eines Polyethers (Polypropylenglykol) aus Propylenoxid ... 80

Abb. 31: Schematischer Aufbau der Formaldehydvernetzung 85

Abb. 32: Leistungsmerkmale von Kunststoffen 87

Abb. 33: Entwicklung von PP in Abhängigkeit vom technologischen Fortschritt 88

Abb. 34: Entwicklung des weltweiten Marktes für Thermoplaste 88

Abb. 35: Systematische Modifizierung von Polymerwerkstoffen 89

Abb. 36: Schematische Darstellung des PP-Herstellungsprozesses 90

Abb. 37: MC-Katalysatoren für isotaktisches und syndiotaktisches PP, nach Ref. [1] 90

Abb. 38: Einfluss des Ethylen-Anteils auf Schmelzpunkt und Kristallinität 91

Abb. 39: Einfluss von Nukleierungsmitteln auf die Keimzahl eines PP-Homopolymers 92

Abb. 40: Schematische Darstellung der Bildung eines Sphärolithen 93

Abb. 41: Lichtmikroskopische Aufnahme Sphärolithstruktur 93

Abb. 42: Phasenstruktur von heterophasischen Copolymeren 94

Abb. 43: Abhängigkeit mechanischer Eigenschaften von Elastomer-Konzentration (EPR) 95

Abb. 44: Materialien mit verschiedensten Steifigkeits-/Schlagzähigkeits-Verhalten [37] 95

Abb. 45: Möglichkeiten der Modifikation mechanischer Eigenschaften von PP (nach Ref. [24]) 96

Abb. 46: Prinzip des SCORIM-Verfahrens 96

Abb. 47: Viskositätskurve eines PP-Homopolymeren 99

Abb. 48: Dynamisch-mechanische Analyse tieftemperatur-schlagzähes PP-Copolymer* 101

Abb. 49: Beispiel eines PP-Stoßfängers (mehrteilige Konstruktion, Opel Vectra) 105

Abb. 50: Marktwachstum von PP in Westeuropa [Wachstumsmotivatoren] 108

Abb. 51: Gliederung der Biopolymere 111

Abb. 52: Kombinationsmöglichkeiten für pflanzenölbasierte Duroplaste [15] 117

Abb. 53: Herstellung von Pflanzenölacrylaten 118

Abb. 54: Normierte spezifische Biegekenndaten ausgewählter Verbundwerkstoffe 119

Abb. 55: Schematische Darstellung Methylethylketonperoxid und Benzoylperoxid 124

Abb. 56: Schematische Darstellung – Radikalbildung von Peroxiden und Beschleunigern 124

Abb. 57: Di-tert.butylcyclohexyl peroxydicarbonat 125

Abb. 58: Darstellung von TBPEH und CH 126

Abb. 59: Epoxidharze – Molekülvergrößerung 126

Abb. 60: Glasfadenerzeugung 1600 v.Chr. in Ägypten 129

Abb. 61: Schematische Prozesskette vom Rohstoff bis zum textilen Glasfaserprodukt 130

Abb. 62: Schematische Darstellung des Direktschmelzverfahrens 132

Abb. 63: Grenzfläche Glasfaser/Harzmatrix im Verbundwerkstoff 133

Abb. 64: Direktrovings mit Innenabzug und mit Außenabzug 135

Abb. 65: Spule mit assemblierten Rovings mit Innenabzug 135

Abb. 66: Schema der Rovingherstellung durch Assemblieren 135

Abb. 67: Schema der Schnittmattenherstellung 136

Abb. 68: Schema der Endlosmattenherstellung 136

Abb. 69: Schnittmatte 137

Abb. 70: Endlosmatte 137

Abb. 71: Geschnittenes Textilglas 137

Abb. 72: Textilglasgarne und -zwirne 138

Abb. 73: Strukturformel von para- und meta-Aramid 139

Abb. 74: Schematische Darstellung des Herstellungsprozesses von Aramidfasern 141

Abb. 75: Ballistische Anwendung von Aramidfilamenten 144

Abb. 76: Schematische Darstellung des Lösungsmittelspinnprozesses von PAN-Fasern 147

Abb. 77: Herstellungsprozess von Carbonfasern basierend auf PAN 148

Abb. 78: Prinzipskizze des Schmelzspinnprozesses Mesophasen-Pech-basierter Precursoren 149

Abb. 79: REM-Aufnahmen von Carbonfasern a) vor und b) nach der Oberflächenbehandlung 150

Abb. 80: Charakteristik der Kohlenstofffaser 152

Abb. 81: Textile Flächen aus Carbonfasern 153

Abb. 82: Produktionskapazität Carbonfaserhersteller – 2011 [Prognosen 2015; 2020] 154

Abb. 83: Einteilung der Naturfasern 156

Abb. 84: Recycelbarer Dachhimmel aus Flachs-PP-Komposit 158

Abb. 85: Der Weg zur Basaltfaser 159

Abb. 86: Quarzfaser-Spinnverfahren 160

Abb. 87: Airbus A380 und dessen faserverstärkte Bauteile 161

Abb. 88: Keramikfasern und ihre Herstellungsverfahren 162

Abb. 89: Keramikfasern für Verbundanwendungen 164
Abb. 90: Faserlegung trocken gelegter Vliesstoff 167
Abb. 91: Mechanische Verfestigung 168
Abb. 92: Beispiel Bindersprühauftrag 168
Abb. 93: Thermische Verfestigung mittels Kalander 169
Abb. 94: Florlegung via Nassvliesverfahren 170
Abb. 95: Florlegung via Spinnvliesverfahren 170
Abb. 96: „Stabiliserung" eines Lufteinschlusses 185
Abb. 97: Wirkungsweise von Entlüfteradditiven 186
Abb. 98: Beispiel einer Entlüftungs-Prüfmethode mit Hilfe eines Gießlings 187
Abb. 99: Verwendung von Entlüfteradditiven in einem Gelcoat 187
Abb. 100: Weiß-pigmentierter Isophtalsäure-Gelcoat mit und ohne Additiv 188
Abb. 101: Schematischer Einarbeitungsprozess von Füllstoffen/Pigmenten 189
Abb. 102: Beispiel für eine hochgefüllte Paste 190
Abb. 103: Viskositätsreduktion in einem Orthophtalsäure-Harz 191
Abb. 104: Beispiele zur Verwendung von Additiven 191
Abb. 105: Verwendung von Additiven im RTM-Prozess 192
Abb. 106: Harzoberfläche mit Paraffinwachs 193
Abb. 107: Harzoberfläche mit Additiv 193
Abb. 108: Interlaminare Haftung eines Orthophthalsäure-Harzes 194
Abb. 109: Harzoberfläche mit Additiv 194
Abb. 110: Beeinflussung der Styrolemission durch Additive 195
Abb. 111: Beispiel einer Separation und der Einfluss auf die SMC-Fertigung 196
Abb. 112: Beispiel für Fogging bei BMC-Bauteilen 197
Abb. 113: Homogenisierung von SMC/BMC mittels Prozessadditiv 197
Abb. 114: Beispiel für einen Oberflächendefekt – Kraterbildung 199
Abb. 115: Optimierung des Verlaufs nach der Applikation – hier am Beispiel Lack (grün) 200
Abb. 116: Beispiele für die Schädigung von Kunststoffen 201
Abb. 117: Sterisch gehindertes Phenol zur Desaktivierung von Radikalen R., ROO. 201
Abb. 118: Phosphonit zur Desaktivierung von Hydroperoxiden ROOH 201
Abb. 119: Beispiele für UV-Absorber 202

Abb. 120: Schematische Darstellung von Hindered Amine Light Stabilizers 202

Abb. 121: Schematsiche Darstellung der Radikalbildung und -inaktivierung 203

Abb. 122: Mahlen und Dispergieren von Pigmenten abhängig von Viskosität und Konzentration 209

Abb. 123: Perlmühle 210

Abb. 124: Schaubild Prall-/Scherkräfte – Wirkungsweise in Perlmühle 210

Abb. 125: Fehlerbilder Trennmittelverwendung 221

Abb. 126: Verwendung wässrig-semipermanenter Trennmittel 223

Abb. 127: Verwendung semipermanenter Sealer + wässrig-semipermanenter Trennmittel 223

Abb. 128: Trennmitteleinsatz (Praktische Beispiele) 223

Abb. 129: Schema einer Webmaschine 225

Abb. 130: Leinwand- und Köperbindung 225

Abb. 131: Flechtmaschine mit stehendem Klöppelfeld 226

Abb. 132: Geflochtenes T-Profil 227

Abb. 133: Prinzip des 3D-Geflechts 227

Abb. 134: Prinzip der Multiaxial-Wirktechnik 229

Abb. 135: Fadenabzug, Fadenablage und Warenabzug eines Multiaxialgeleges 229

Abb. 136: Beispiele für quadraxiale, triaxiale und biaxile Gelegetypen 230

Abb. 137: Darstellung von Abstands- bzw. Konturengewirken, Foto: Abstandsgewirk 230

Abb. 138: links: Rundgewirk (Quelle [10]) – rechts: Ultraschall-geschweißtes Rundgelege (Quelle [10]) 231

Abb. 139: Vernähtes T-Profil aus Glasfaser-Multiaxialgelegen 232

Abb. 140: Computergesteuerter Nähkopf (Prototyp ITA) 232

Abb. 141: Anlagenschema zur kontinuierlichen Herstellung duroplastischer Prepregs 234

Abb. 142: Einteilung der Verfahren zur Herstellung von Preformen 238

Abb. 143: Preform aus gesprühten Kohlenstofffasern (Quelle [11]) 240

Abb. 144: Bauteil basierend auf einer Preform (Quelle [11]) 241

Abb. 145: Typische SMC-Rezeptur 245

Abb. 146: Schema SMC-Anlage 246

Abb. 147: Schematische SMC-Herstellung 247

Abb. 148: Aufrakelung der Harzpasten & Schneidwerk SMC-Anlage 248

Abb. 149: Eindickung von SMC....249

Abb. 150: Abhängigkeit der Biege- und Zugfestigkeit vom Glasgehalt....250

Abb. 151: Abhängigkeit der E-Moduli vom Glasgehalt....251

Abb. 152: Zugfestigkeit in Abhängigkeit der Werkzeugbelegung....252

Abb. 153: Biegefestigkeit in Abhängigkeit der Werkzeugbelegung....252

Abb. 154: Röntgenaufnahme eines SMC-Teiles....253

Abb. 155: Verstärkter Randabschnitt einer veraschten Probe....253

Abb. 156: Wöhler-Kurven von SMC –Biege-Wechselfestigkeit....254

Abb. 157: Endlose Rovingstränge zur Herstellung gerichteter Faserstrukturen (C-SMC)....255

Abb. 158: BMC-Herstellung....269

Abb. 159: Farrel-Mischer für die kontinuierliche Herstellung von BMC....270

Abb. 160: Prozess für die kontinuierliche Herstellung von CIC oder TMC....271

Abb. 161: Abhängigkeit der elektrischen Durchschlagfestigkeit vom Pressdruck....274

Abb. 162: GMT-Herstellung....281

Abb. 163: UD-Maschine....283

Abb. 164: CP-Maschine....284

Abb. 165: Eigenschaften von LFT&GMT-Verbundwerkstoffen....285

Abb. 166: Optimale Faserverteilung bei G-LFT....287

Abb. 167: Zugfestigkeit in Abhängigkeit der Faserorientierung bei G-LFT....287

Abb. 168: D-LFT Eigenschaften in Abhängigkeit der Faserlänge....288

Abb. 169: D-LFT Material- und Prozess-Vergleich....289

Abb. 170: Einflussgrößen auf die Eigenschaften eines faserverstärkten Werkstoffes....295

Abb. 171: Ablaufdiagramm für die Dimensionierung eines FVK-Bauteils....296

Abb. 172: Weiterentwicklung einer Schraubfeder mit Umwandlung der Werkstoffbeanspruchung....297

Abb. 173: Koordinatensysteme....300

Abb. 174: Qualitative Spannungs-/Dehnungsdiagramme einer UD-ES....301

Abb. 175: Winkelabhängigkeit der mechanischen Eigenschaften einer UD-ES....302

Abb. 176: Verformungsverhalten von FVK-Laminaten....304

Abb. 177: Orthotropie einer Einzelschicht und eines Laminats....305

Abb. 178: Prinzipielle Vorgehensweise der CLT....306

Abb. 179: Versagensformen und Bruchmodi einer UD-ES 309

Abb. 180: Typischer Bruchkörper einer UD-ES im (σ||, σ⊥, τ⊥||)-Spannungszustand 310

Abb. 181: Beispiel für eine Faserwinkeländerung unter äußerer Last 311

Abb. 182: Mikroschädigungen an einem repräsentativen Volumen 312

Abb. 183: Auswirkungen eines Zwischenfaserbruchs des Moduls A 312

Abb. 184: Beispiel für faserverbundgerechte Krafteinleitung 315

Abb. 185: Die FVK-Produktentwicklung im Spannungsfeld Anforderung – Material – Prozess 316

Abb. 186: Einflussfaktoren auf die Bauteilentwicklung 317

Abb. 187: Schnittansichten des CFK-Motorhaubenmodells 318

Abb. 188: Werkzeugmodifikation zur Optimierung der Oberflächenqualität 318

Abb. 189: Darstellung der Position der Anbindungselemente 319

Abb. 190: Schnittansicht eines integrierten Krafteinleitungselementes 319

Abb. 191: Untersuchte Krafteinleitungsgeometrien für den Schnapphaken- und Scharnierbereich 320

Abb. 192: Vergleich der maximalen Zugkräfte von drei Krafteinleitungsvarianten 321

Abb. 193: Kopfaufprall an der CFK-Motorhaube nach Euro NCAP (Quelle [24]) 323

Abb. 194: Schema Handlaminierverfahren 326

Abb. 195: Schema Faserspritzverfahren 327

Abb. 196: Struktur handlaminierter/fasergespritzter Bauteile 328

Abb. 197: Faserspritzverfahren (Quelle [2]) 329

Abb. 198: Airless-Spritzpistole (Außenmischung) mit Schneidwerk 329

Abb. 199: Faserspritzen mit Hochdruckanlage(Quelle [3]) 330

Abb. 200: Holzrohling für ein Bootsmodell (Quelle [2]) 332

Abb. 201: Bootsmodell zum Laminieren einer zweischaligen Form (Quelle [2]) 332

Abb. 202: Laminierte Bootsformhälfte (Quelle [2]) 332

Abb. 203: Fertige Bootsform (Quelle [2]) 332

Abb. 204: Handlaminieren und Faserspritzen bei ausgeprägt sphärischer Gestalt (Quelle [2]) 336

Abb. 205: „Elefantenhaut" (Quelle[4]) 337

Abb. 206: Geräte für das Handlaminieren (Quelle [2]) 339

Abb. 207: Faserspritzen eines Wohnmobildachs 342

Abb. 208: Bootsrumpf-Fertigung 342

Abb. 209: Hydraulische Oberkolben-Schiebetisch-Presse 348

Abb. 210: Steuerungspanel mit Touchscreen und Visualisierung aller Betriebszustände 349

Abb. 211: Schutzgitter, Innenraumscanner und Lichtvorhang 349

Abb. 212: Grundformen durch Wickeln herstellbarer Körper 363

Abb. 213: Definition von Umfangs- und Kreuzlagen 363

Abb. 214: Darstellung eines Wickelmusters am Bauteil und als Abwicklung 364

Abb. 215: Wickelpfad beim Behälterwickeln 365

Abb. 216: Bewegungsachsen einer Wickelanlage 365

Abb. 217: Ringfadenauge im Einsatz 366

Abb. 218: Flachbett-Wickelanlage (links) und Portal-Wickelanlage (rechts) 367

Abb. 219: Imprägnierbad einer Duroplastwickelanlage 368

Abb. 220: Fadenauge und Fadenableger einer Duroplastwickelanlage 369

Abb. 221: Komplette Duroplastwickelanlage 369

Abb. 222: Prinzipskizze – Wickelanlage zur Verarbeitung kontinuierlich faserverstärkter Thermoplaste 371

Abb. 223: Prinzipskizze und Darstellung einer Laser-Wickelanlage 372

Abb. 224: Prinzipskizze der Bauelemente einer Infrarot-Wickelanlage 372

Abb. 225: Prinzipskizze der Bauelemente einer Heißgas-Wickelanlage 373

Abb. 226: Funktionsprinzip einer kontinuierlich arbeitenden Thermoplast-Wickelanlage 374

Abb. 227: Ringfadenauge mit Imprägniereinheiten 375

Abb. 228: Beispiele diverser stranggezogener Profile 377

Abb. 229: Aushärtereaktion 378

Abb. 230: Verfahrensablauf im Werkzeug 379

Abb. 231: Standardversion des Horizontalziehverfahrens 380

Abb. 232: Schema einer Ziehanlage mit Hochfrequenz-Erwärmung 380

Abb. 233: Darstellung einer Horizontalziehanlage mit Wickelkopf und Injektionstränkung 381

Abb. 234: Pultrusion – Beispiele für Standardprofile 385

Abb. 235: Beispiel Hohlkammerprofil mit unterschiedlichen Wanddicken (Multifunktionskanal) 386

Abb. 236: Bahntechnik – Innenverkleidung 388

Abb. 237: Kabelkanäle 388

Abb. 238: Brückenbauprofile 388

Abb. 239: Kläranlagenabdeckung 389

Abb. 240: Medizintechnik – Lattenrost für Bestrahlungseinrichtung 389

Abb. 241: Flugplatzbefeuerungen 389

Abb. 242: Bauteilspektrum des Harzinjektionsverfahrens RTM 390

Abb. 243: Das Harzinjektionsverfahren RTM 391

Abb. 244: Qualitativer Verlauf eines RTM-Zyklus 393

Abb. 245: RTM-Versuchsstand zur Fertigung von RTM-Bauteilen 393

Abb. 246: RTM-Injektion mittels Kolbenpumpen 394

Abb. 247: Konzept des Spaltimprägnierverfahrens 399

Abb. 248: Versuchsaufbau Formfüllstudien (links) und Fertigungsstudien (rechts) 401

Abb. 249: Formfüllstudie mit dem Sichtwerkzeug 401

Abb. 250: Einfluss des Preformings auf die Bauteilqualität 403

Abb. 251: Sandwich/Monolith-Bauteil mit integrierten Krafteinleitungselementen 404

Abb. 252: Vollautomatisierte Spaltimprägnieranlage 406

Abb. 253: Konventionelles Pressen mit Standard-Pressen 409

Abb. 254: Gleichlaufgeregelte Hochgeschwindigkeitspresse 409

Abb. 255: Einspritzkopf 412

Abb. 256: IMC-Anlage 412

Abb. 257: Werkzeug mit Vakuumpresstechnik 413

Abb. 258: Tauchkantengestaltung 416

Abb. 259: Prozessdatenerfassung während des Pressens 418

Abb. 260: Nutzfahrzeug-Stoßstange – Rückansicht 418

Abb. 261: Gleichmäßige Wanddicke über das Teil 419

Abb. 262: Rippenkonstruktion bei oberflächenkritischen Teilen 420

Abb. 263: Rippenkonstruktion bei oberflächenunkritischen Teilen 420

Abb. 264: Möglichkeiten von Randversteifung 420

Abb. 265: Dimensionierung von Rippen bei oberflächenkritischen Teilen 421

Abb. 266: Trägerteil eines Zahnarztstuhls 422

Abb. 267: Auswerferkonstruktion 422

Abb. 268: Faserorientierung durch Strömungseffekt....423

Abb. 269: Bildung von Bindenähten....424

Abb. 270: Röntgenaufnahme, unterschiedliche Festigkeiten durch Faserorientierungen....424

Abb. 271: Zweischalige Fahrzeugstruktur....425

Abb. 272: Begehbare Batterieabdeckung eines Nutzfahrzeuges....426

Abb. 273: Genarbte SMC-Oberfläche....426

Abb. 274: Transportgestelle für lackierte Teile....427

Abb. 275: D-LFT-Anlagenkonzept....431

Abb. 276: D-LFT-Plastifikathandling....432

Abb. 277: Integration des Recyclingkreislaufes....433

Abb. 278: Erhebungen, Dome beim Fließpressen....434

Abb. 279: Erhebungen, Dome beim Formpressen....435

Abb. 280: Rippengestaltung beim Fließpressen....435

Abb. 281: Randversteifungen beim Form- und Fließpressen....435

Abb. 282: Sicken beim Form- und Fließpressen....436

Abb. 283: D-LFT-Fertigung für den VW B5 Passat mit integriertem Recyclingkreislauf....437

Abb. 284: D-LFT-Anwendungen im Automobilbereich....437

Abb. 285: Kostenvergleich verschiedener Verfahrenstechniken....438

Abb. 286: Bauteile aus BMC....439

Abb. 287: Funktionsprinzip und Darstellung des Kolbenstopfaggregats....443

Abb. 288: Schneckenstopfaggregat....444

Abb. 289: BMC-Formmasse (feucht) und Sonderschnecke....444

Abb. 290: Gekühlte Maschinendüse....445

Abb. 291: Brandstelle an einem Befestigungsdom (Dieseleffekt)....446

Abb. 292: Mechanische Eigenschaften verschiedener langfaserverstärkter Thermoplaste....448

Abb. 293: Mechanische Eigenschaften als Funktion der Faserlänge....448

Abb. 294: Versagensmechanismen....449

Abb. 295: Faser-Pullout – links gute und rechts schlechte Faserbenetzung....449

Abb. 296: Fertigungstechnologien langfaserverstärkter Thermoplaste....450

Abb. 297: Aufschmelzen von LFT-Granulaten in der Spritzgießmaschine....451

Abb. 298: Faserlängenverteilung Spritzgießprozess....452

Abb. 299: Faserlängenverteilung Präge-/Pressprozess 452

Abb. 300: Türmodul aus Langfasergranulat (G-LFT) spritzgegossen 453

Abb. 301: Spritzgießcompounder 453

Abb. 302: Prinzip der Direktverarbeitung von Glasfaserrovings auf dem Spritzgießcompounder 454

Abb. 303: Frontendträger – hergestellt im D-LFT-IM-Verfahren 455

Abb. 304: Glasfaserverstärkte Granulate 456

Abb. 305: Organobleche: Thermoplastische FVK-Halbzeuge 456

Abb. 306: Vergleich der Verarbeitungsprozesse in Bezug auf Bauteileigenschaften 457

Abb. 307: Kombination von Spritzgießen und Thermoformen 458

Abb. 308: Schematischer Aufbau von Voll-Kunststoff-Hybridbauteilen 459

Abb. 309: Verbundtechnologie aus vernetzenden Kunststoffen mit FVK-Thermoplasten 461

Abb. 310: Prozessschritte des kontinuierlichen Laminierens 462

Abb. 311: Schematische Darstellung: Herstellung kontinuierlicher Laminate 469

Abb. 312: Rakelsystem 470

Abb. 313: Schematische Darstellung des Laminiervorganges 471

Abb. 314: Schematischer Aufbau einer Corona-Anlage 473

Abb. 315: Schematische Darstellung eines Sandwich-Elementes für Seitenwände 477

Abb. 316: Sandwich-Elemente 477

Abb. 317: LKW-Aufbau 477

Abb. 318: Caravans und Reisemobile 478

Abb. 319: Bus 478

Abb. 320: Sportlaminate 478

Abb. 321: LAMILUX-Fassadenplatte 479

Abb. 322: Laminatkomponenten für sandgefüllte GfK-Schleuderrohre 482

Abb. 323: Schleuderanlage für Zylinder von GfK-Lagerbehältern DN2400 483

Abb. 324: Scheitellastversuch zum Nachweis der Nennsteifigkeit. 484

Abb. 325: Glas-PP-Hybridgarn 486

Abb. 326: Etablierte Formgebungsverfahren für TP-FVK 487

Abb. 327: Prozessablauf des Stempelumformverfahrens [12] 488

Abb. 328: Prozessablauf des nicht-isothermen Diaphragmaverfahrens (NIDF) 490

Abb. 329: Aufbau beim Vakuumformen von Mischfilamentgeweben 491

Abb. 330: Dosiermaschine 498

Abb. 331: Roboter mit LFI-Mischkopf plus Faserschneidwerk 499

Abb. 332: Schneidvorgang der Glasfasern 500

Abb. 333: Mischkopf mit Schneidwerk 501

Abb. 334: Shuttle-Formenträger 503

Abb. 335: Produktionsanlage bestehend aus zwei Shuttle-Formträgern 504

Abb. 336: LFI-Werkzeug 505

Abb. 337: links: Strukturbauteil – rechts: Sandwich mit Oberfläche 506

Abb. 338: Abdeckung, Dachmodul 507

Abb. 339: Haustüren, Jetski 507

Abb. 340: FCS-Mischkopf, 4-Komponenten-FCS-Anlage 508

Abb. 341: Versagensverhalten der verschiedenen Fasertypen 510

Abb. 342: Hochgeschwindigkeitsfräser einer CNC-Anlage 513

Abb. 343: Werkzeugauswahl für die Bearbeitung von glas- und kohlenstofffaserverstärkten Kunststoffen 514

Abb. 344: Werkzeugauswahl für die Bearbeitung von aramidfaserverstärkten Kunststoffen 515

Abb. 345: Größenverteilung des Feinstaubs beim Fräsen von AFK 516

Abb. 346: Automatische Bohrvorrichtung 516

Abb. 347: Kriterien zur Werkzeugauswahl beim Bohren von faserverstärkten Kunststoffen 517

Abb. 348: Schnittflächenausbildung beim Bohren eines unidirektionalen CFK-Laminats 518

Abb. 349: Gestanzter Aggregateträger 519

Abb. 350: Aufbau einer Ultraschallsenkmaschine 520

Abb. 351: Wasserstrahlschneiden eines Passat-Frontends 521

Abb. 352: Komponenten einer Wasserstrahlhochdruckanlage 522

Abb. 353: Schnittflächenausbildung und Rauheitsprofil beim Schneiden von EP-CF-65 523

Abb. 354: Schnittflächenausbildung beim Laserstrahlschneiden von FVK 524

Abb. 355: Leitfaden „Kleben – aber richtig“ 529

Abb. 356: Windenergieanlage mit geklebten GFK-Rotorblättern 530

Abb. 357: Regio Shuttle 530

Abb. 358: Typische Einpressbuchse für SMC 534

Abb. 359: Aufnahme für Einpressbuchsen im Presswerkzeug – Konstruktionszeichnung....... 535

Abb. 360: Einpressbuchsen im Presswerkzeug 535

Abb. 361: Einpressbuchsen einer LKW-Frontklappe 536

Abb. 362: Sacklöcher für Direktverschraubungen in einer Tragplatte für Peitschenmast-Leuchten 537

Abb. 363: Skizze Schneidschraub-Dom 537

Abb. 364: Sacklöcher in Kreuzungspunkten von Rippen einer LKW-Frontklappe 538

Abb. 365: Angebundene Dome mit Sacklöchern 539

Abb. 366: Gewindeformende Schraube mit innenliegendem metrischen Gewinde 540

Abb. 367: Durchverschraubung bei höheren Wanddicken 541

Abb. 368: Genieteter Griff und Verschlüsse 542

Abb. 369: Verbindung durch Nietmuttern Außenansicht links, Innenansicht rechts 542

Abb. 370: Verbindung durch Bördeln – Außenansicht links, Innenansicht rechts 543

Abb. 371: Eingeklipste Schraubverbindung 543

Abb. 372: Gliederung des FNK 548

Abb. 373: Gewichtete Stimmen der CEN/CENELEC- Mitglieder 560

Abb. 374: Versagensarten im 3-Punkt-Biegeversuch 568

Abb. 375: Druck- und Schubversagen eines unidirektionalen CFK-Prüfkörpers 568

Abb. 376: Prinzipskizze ILSS 569

Abb. 377: Versagensmode eines ±45°-Zugversuchs – GFK 570

Abb. 378: IMA Druckprüfvorrichtung 572

Abb. 379: Typisches Druckversagen eines quadraxial verstärkten CFK-Laminats 572

Abb. 380: Prüfzeichen der AVK 586

Abb. 381: Partnerstruktur der AVK und der MPA 587

Abb. 382: Ablauf der Güterüberwachung 588

Tabellenverzeichnis

Tab. 1: Eigenschaftswerte von MMA-Reaktionsharzen 62

Tab. 2: Eigenschaftswerte von Methylmethacrylat – Harzformstofftypen. 63

Tab. 3: Überblick über wesentliche Eigenschaften von PP-Typen (nach Ref. [24]) 98

Tab. 4: Ausgewählte Rohstoffe und deren Verwendung 112

Tab. 5: Vergleich mit einem herkömmlichen Epoxidharz 119

Tab. 6: Rohmaterialien für die Glasfaserherstellung 131

Tab. 7: Chemische Zusammensetzung von handelsüblichen Glasfasertypen 133

Tab. 8: Typische Eigenschaften von Textilglas 134

Tab. 9: Typische Eigenschaften von Aramidfasern 142

Tab. 10: Vergleich mechanischer Eigenschaften 143

Tab. 11: Mechanische Eigenschaften (Mittelwert (Mw) und Median (Md)) von Naturfasern 157

Tab. 12: Eigenschaften von Al_2O_3-Fasern 163

Tab. 13: Eigenschaften von SiC-Fasern 163

Tab. 14: Natürliche und synthetische Füllstoffe für faserverstärkte Kunststoffe 174

Tab. 15: Eigenschaften ausgewählter Füllstoffe 175

Tab. 16: Allgemeine Prüfverfahren und -bedingungen für Füllstoffe 182

Tab. 17: Fehlermöglichkeiten bei Trennmittelverarbeitung 222

Tab. 18: SMC-properties which shall be specified 257

Tab. 19: SMC-properties which may be specified 261

Tab. 20: Übersicht zur BMC-Rezeptur 267

Tab. 21: Sauerstoffindex (LOI-Wert) verschiedener BMC-Einstellungen 272

Tab. 22: Abriebfeste Polyesterharz Formmasse mit Baumwollfasern 275

Tab. 23: Technische Daten einer BMC-Formmasse hergestellt nach dem CIC-Verfahren 276

Tab. 24: Typische Materialeigenschaften von PP und E-Glas 280

Tab. 25: Range of GMT Material Properties 286

Tab. 26: Physikalische und mechanische Eigenschaften unterschiedlicher Laminate 289

Tab. 27: Composite Eigenschaften im Vergleich 290

Tab. 28: Werkstoffe und ihre zugehörigen Einsatzverfahren 292

Tab. 29: Mechanische Kennwerte für UD-ES für typische Verbundwerkstoffe 303

Tab. 30: Vergleich unterschiedlicher Werkstoffe für den Einsatz als Krafteinleitungselement 320

Tab. 31: Kennwerte aus Glasgehaltsbestimmungen und Zugversuchen 344

Tab. 32: Härtungssystem Cobalt/AAP 353

Tab. 33: Rezepturerstellung von Füllstoffmischungen 356

Tab. 34: Typische technische Werte für Laminate 475

Tab. 35: Bewertungskriterien zur Verfahrensauswahl 525

Tab. 36: Gliederung des FB 1 549

Tab. 37: Gliederung des FB 2 549

Tab. 38: Gliederung des FB 4 549

Tab. 39: Gliederung des FB 5 550

Tab. 40: Europäische Gremien des Normenausschusses NA 054 550

Tab. 41: Zuständigkeiten von ISO, CEN und FNK 558

Tab. 42: CEN-Komitees, die ebenfalls FVK betreffen können 562

1 Vorwort

Dem Konstrukteur steht heute eine Vielzahl von Werkstoffen zur Lösung von anwendungsbezogenen Problemen zur Verfügung. Kunststoffe bilden eine dieser Werkstoffgruppen, die eine besonders große Typenvielfalt aufweisen.

Für verstärkte Kunststoffe waren zunächst die Duroplaste die wichtigste Werkstoffgruppe. Die schon im Jahre 1910 von dem Chemiker Baekeland aus Phenol und Formaldehyd entwickelte härtbare Formmasse, die nach ihm benannten „Bakelite", wurden zunächst auch mit kurzen Fasern, z.B. Asbestfasern verstärkt. Für längere Verstärkungsfasern wurden andere Reaktionsharze entwickelt.

Entscheidend dafür waren Entwicklungen Ende der 30er Jahre in den USA, die zu den so genannten ungesättigten Polyesterharzen führten. Bei diesen handelt es sich um längerkettige Moleküle, die auf Grund ihrer chemisch ungesättigten Struktur und gelöst in einer ebenfalls ungesättigten Verbindung als reaktives Flüssigharz zur Verfügung stehen. Durch Zusatz von Radikalbildnern kann eine Polymerisation eingeleitet werden, die zu einem hochmolekularen dreidimensional vernetzten Härtungsprodukt führt.

Der flüssige Ausgangszustand dieser Harze bietet neben der Möglichkeit, die verschiedenartigsten Füllstoffe hinzuzufügen, auch die Chance, durch Zusätze aus langen Fasern, die mechanische Festigkeit der gehärteten Produkte wesentlich zu erhöhen.

Als Fasern boten sich die bereits bekannten Glasfasern an, wobei es darauf ankam, deren Oberfläche so zu präparieren, dass eine gute chemische Anhaftung der Matrixharze gewährleistet werden konnte.

Diese umfangreichen Entwicklungen in den USA, die in vielen Patenten niedergelegt wurden, kamen dann nach dem zweiten Weltkrieg über europäische Lizenznehmer auf den hiesigen Markt.

Eine Reihe der schon in den USA entwickelten Anwendungen und Verfahrenstechniken fand auch bei uns schon bald Eingang in die Praxis. Meist waren es die offenen Verfahren in einteiligen Werkzeugen, wie z.B. das Handlaminierverfahren, die von Interesse waren. Eine wichtige Rolle spielte dabei ein Verfahren, das – zum Teil auch kontinuierlich arbeitend – zur Herstellung der so genannten transparenten Wellplatten und -bahnen diente, da die optischen Brechungen der Polyesterharze und der Glasfasern einander angepasst werden konnten. Die in der damaligen Zeit aufstrebende Bauwirtschaft machte vor allem beim Industriebau davon Gebrauch, um Lichtbahnen in Asbest- oder Wellblechabdeckungen einzubringen.

Dieses Anwendungsgebiet hatte zunächst einen Marktanteil von über 50% und die Herstellerfirmen fanden sich bereits 1958 zur Arbeitsgruppe „Wellplatten und -bahnen" zusammen. .

Insgesamt war das Grundwissen über diesen neuen Werkstoff recht lückenhaft. Deshalb wurde auf Initiative der Rohstoff-Industrie anläßlich der Kunststoffmesse 1959 in Düsseldorf beschlossen, eine „Arbeitsgemeinschaft Verstärkte Kunststoffe" (AVK) zu gründen, was 1960 geschah. Ziel dieser Gemeinschaft war es, durch abgestimmte Aufgabenstellungen verlässliche Grundlagen über Eigenschaften, Prüfungen und Normungen über verstärkte Kunststoffe zu schaffen und den Werkstoff bekannter zu machen.

Die AVK, deren Mitglieder aus allen betroffenen Bereichen kamen (Rohstoffhersteller, Verarbeiter, wissenschaftliche Institute, Anlagenbauer, Ingenieurbüros und Prüfämter), hat sich zunächst dem „Gesamtverband Kunststoffverarbeitende Industrie e.V." (GKV) angeschlossen. Durch das gemeinsam erarbeitete Grundlagenwissen wurde die AVK sehr bald national wie international zum anerkannten Fachgremium; speziell ausgerichtete Seminare sowie die bereits ab 1960 stattfindende internationale Fachtagung leisteten dazu einen entscheidenden Beitrag.

Seit 1967 ist die AVK als eingetragener Verein (AVK e.V.) selbstständig. Schließlich ging daraus die heutige „Industrievereinigung verstärkte Kunststoffe" als eigenständiger Industrieverband hervor. Sie ist Mitglied im europäischen Dachverband EuCIA und national im GKV und kooperiert mit anderen Fachverbänden auf dem Gebiet der verstärkten Kunststoffe.

Die ursprüngliche Ausrichtung auf duroplastische Reaktionsharze wurde durch faserverstärkte Thermoplaste erweitert, die wegen ihrer rationellen Verarbeitungsverfahren schnell an Bedeutung gewannen. Allen Anwendungen, aber auch den verstärkten Kunststoffen selbst gibt die AVK mit ihren Arbeitskreisen eine Plattform, um den Werkstoff weiter zu bringen.

Das vorliegende Handbuch fasst den derzeitigen Stand der Technik zusammen.

Einleitend werden die vielen, für das Verständnis wichtigen und allgemein gebräuchlichen Begriffe (auch in der genormten englischen Fachsprache) definiert. Es folgen Erläuterungen zu den Verbundwerkstoffen, zu den Märkten und den vielseitigen Anwendungen.

Danach werden die vielen inzwischen verfügbaren Matrixharze (Duroplaste und Thermoplaste) und Verstärkungsmaterialien sowie die daraus für die Verarbeitung entwickelten Halbzeuge ausführlich behandelt. Da die unterschiedlichen Verarbeitungsverfahren sehr spezielle Werkzeuge erfordern, ist den dafür bevorzugten Werkstoffen ein eigener Abschnitt gewidmet.

Einen breiten Raum nehmen die aus langjähriger Erfahrung gewonnenen Richtlinien für die Gestaltung und Berechnung eines Produktes sowie die Beschreibung der sehr unterschiedlichen Herstellverfahren und der Nachbearbeitungsmöglichkeiten ein. Deren detaillierte Kenntnis ist Voraussetzung für die Realisierung eines Produktes.

Auch in Zukunft sind weitere Neuentwicklungen zu erwarten; sie werden wie bisher in einschlägigen Fachzeitschriften publiziert. Unabhängig davon wird die AVK ihre erfolgreiche Informationspolitik über Fachseminare und vor allem über die internationale Fachtagung an wechselnden Orten weiter verfolgen.

2 Begriffe und Abkürzungen

2D	Zweidimensional
3D	Dreidimensional
Additiv (additive)	Substanz, die in geringer Dosierung eingesetzt wird, um bestimmte Eigenschaften einer Formmasse wie z.B. die Rheologie oder den Füllgrad und die Verarbeitbarkeit zu verbessern.
Ausgangsstoff (basic material, raw material)	Eine für den Aufbau eines Verbundwerkstoffes erforderliche Komponente.
Beschleuniger (accelerator/promoter)	In geringer Menge zugesetzte Substanz, die die Reaktionsgeschwindigkeit einer Härtung erhöht.
Biopolymere (biopolymers)	Polymerwerkstoffe auf Basis nachwachsender Rohstoffe (z.B. Pflanzenöle, Lignin)
BMC (bulk molding compound)	Feuchtpolyester-Formmasse
C-Fasern / Aramidfasern	HM = Hochmodul IM = Mittlerer Modul LM = Niedrigmodul HT/HST = Hohe Festigkeit
CFK (CRP – carbonfiber reinforced plastic)	Kohlenstofffaserverstärkter Kunststoff
Compound (compound)	Mischung aus einem oder mehreren Polymeren mit anderen Bestandteilen, wie Füllstoffen, Katalysatoren, Farbstoffen etc., die als FORMMASSE spanlos geformt werden kann.
D-LFT	Direkt LFT
Duroplast (thermoset)	Reaktionsharz, das mit Wärme oder anderen Mitteln härtbar ist und sich dabei in ein praktisch unschmelzbares und unlösliches Produkt mit räumlich vernetzter Struktur umwandelt.
EP	Epoxidharz
Filament (filament)	Als ENDLOSFASER bezeichnetes Textilelement von geringem Durchmesser und großer Länge. Zur Anwendung kommen überwiegend Filamentdurchmesser von 5–27 µm.
Formmasse (compound/ moulding compound)	Siehe unter C
Formstoff (moulding)	Aus einer Formmasse durch thermoplastische Umformung oder duroplastische Formgebung erhaltenes Erzeugnis

Füllstoff (filler)	Verhältnismäßig inerter, fester Stoff, der einem Kunststoff beigemischt wird, um dessen Festigkeit, Stabilität, Verarbeitungs- oder andere Eigenschaften zu verbessern oder um den Preis zu senken
FVK	Faserverbundkunststoff
Garn (yarn)	Allgemeine Bezeichnung für alle Arten gezwirnter und nicht gezwirnter Fäden und Garne aus Endlos- oder Stapelfasern
Gelcoat (Gelcoat)	Äußere, gelegentlich eingefärbte Harzschicht (FEINSCHICHT) auf einem faserverstärkten Kunststoff, die die Oberflächeneigenschaften verbessert.
Gesamtvolumenschwindung (total volume shrinkage)	Summe der Schwindung einer Harzmischung während des Härtens und des anschließenden Abkühlens von der Härtungs- zur Raumtemperatur
GFK (GRP – glass fiber reinforced plastic)	Glasfaserverstärkter Kunststoff
GMT	Glasmattenverstärkter Thermoplast
Haftvermittler (coupling agent)	Stoff, der die Haftung der Harz-Matrix auf der Oberfläche des Verstärkungsmaterials ermöglicht und verbessert. Der Haftvermittler wird mit der Schlichte auf die Verstärkung aufgebracht oder dem Kunstharz beigemischt.
Härtungsmittel/ Reaktionsmittel (curing agent)	Zur Aushärtung eines Duroplasten erforderliche Zusatzkomponente, die die Härtung einleitet und an der Reaktion teilnimmt.
Hybrid (hybrid)	Unter Verwendung von zwei oder mehr Faserwerkstoffen hergestellter Verbund
IMC	a) Injection Molding Compounder (Spritzgieß-Compounder) b) In-Mold-Coating/Oberflächenschicht im Werkzeug
Inhibitor/Verzögerer (inhibitor)	In kleiner Menge verwendeter Zusatzstoff, um eine chemische Reaktion zu verzögern
Katalysator (catalyst)	In geringen Mengen verwendeter Stoff, der die Geschwindigkeit einer chemischen Reaktion erhöht und an deren Ende unverändert vorliegt
LFT	Langfaserverstärkte Thermoplaste
LFG	Langfasergranulat
Matrix (matrix)	Duroplastischer oder thermoplastischer Kunststoff als Bindemittel von Verbundwerkstoffen
Nachschwindung (post shrink age)	Schwindung eines Kunststoffproduktes infolge Nachbehandlung (Temperung), Lagerung oder Gebrauch

Nenndurchmesser (nominal diameter)	Zur Bezeichnung von Textilglasprodukten verwendeter Endlos- oder Stapelfaserdurchmesser, der dem mittleren wirklichen Durchmesser entspricht.
Oberflächenbehandlung (finishing)	Aufbringen einer Schlichte auf das Fasermaterial, um die Haftung der Matrix zu verbessern oder die Weiterverarbeitung (weben, zwirnen, schneiden) zu erleichtern.
Oberflächenmatte (surfacing mat)	Gelege von gebundenen Stapel- oder Endlosfasern, das zur Erzielung einer harzreicheren Oberflächenschicht von Verbundwerkstoffen eingesetzt wird.
PA	Polyamid
Polyaddition (addition polymerisation)	Bildung von Makromolekülen durch wiederholte Addition der Ausgangsprodukte aneinander, ohne dass dabei eine Abspaltung von Wasser oder anderen Molekülen erfolgt.
Polykondensation (condensation polymerisation)	Aufbau von Makromolekülen durch wiederholten Kondensationsprozess der Ausgangsstoffe unter Abspaltung einfacher Moleküle wie z.B. Wasser
Polymerisation (polymerisation)	Verfahren, bei dem ein Monomer oder ein Monomerengemisch durch Aufspaltung von ungesättigten Bindungen (Doppelbindungen) in ein Polymer umgewandelt wird.
PP	Polypropylen
Prepreg (prepreg)	Mischung von Kunstharzen (mit oder ohne Füllstoff), Additiven und Verstärkungsmitteln in Gewebe- oder Faserform, bereit zur Verarbeitung
Recyclat (recycled product)	Erneut einsetzbares Erzeugnis, das durch Aufarbeitung eines bereits gebrauchten Kunststoffproduktes erhalten worden ist.
Roving (roving)	Strang aus parallelen Spinnfäden (assemblierter Roving) oder Endlosfasern (Direktroving)
RTM	Resin Transfer Molding (Harz-Injektionsverfahren)
Schlichte (sizing)	Während des Herstellprozesses auf Textilglasfasern aufgebrachter Stoff zur Erleichterung der Weiterbehandlung (zwirnen, weben, schneiden)
Schüttdichte (bulk density)	Scheinbare Dichte von Pulvern, Granulat, Mahlgut usw.
SMC	Sheet molding compound (Flächige Formmasse)
Spinnfaden (strand)	Verbund gleichzeitig hergestellter paralleler endloser Glasfasern
Stabilisator (stabilizer)	Kunststoffrezepturen zugesetzte Substanz, die während Verarbeitung und Anwendung das Beibehalten der anfänglichen Eigenschaften unterstützt.

Stapelfaser (staple fiber)	Einzelfaser von kleinem Durchmesser und geringer Länge.
Tex (tex)	Zur Kennzeichnung der Fadenfeinheit (lineare Dichte) benutzte Einheit, die in g/km angegeben wird.
Textilglas (textile glass)	Allgemeine Bezeichnung für alle aus Glas bestehenden textilen Produkte aus Endlos-(Filament-) und Stapelfasern
Thermoplast (thermoplastic)	Kunststoff mit der Eigenschaft, in einem für ihn typischen Temperaturbereich in der Wärme zu erweichen und beim Abkühlen wieder zu erhärten
Topfzeit (pot life)	Gebrauchsdauer eines Reaktionsharzes bzw. einer Formmasse während der Verarbeitung
UD	Unidirektional = Fasern in einer Richtung
UP	Ungesättigtes Polyesterharz
Verarbeitungsschwindung (moulding shrinkage)	Differenz der Dimension eines Formteiles und des Formnestes, in dem es hergestellt wurde, wobei Formteil und Werkzeug bei Raumtemperatur gemessen werden.
Verbundwerkstoff (composite)	Feststoff bestehend aus zwei oder mehr unterschiedlichen Phasen, umfassend eine Matrix und eine aus Teilchen oder Fasern bestehende Phase. (Es werden auch Feststoffe aus zwei oder mehr Schichten unterschiedlicher Materialien wie Kunststofffolien oder -platten, Holz, Metall, Schaumstoff usw. mit oder ohne Klebstoffzwischenschichten als Verbundwerkstoffe bezeichnet.)
Verstärkungsmaterial (reinforcement)	Fasermaterial wie Strang, Garn, Matte oder Gewebe, das zur nachhaltigen Verbesserung der mechanischen Eigenschaften eines Matrixharzes eingesetzt wird.

3 Grundlagen

3.1 Verbundwerkstoffe

Verbundwerkstoffe sind Werkstoffe, bei denen verschiedene Komponenten miteinander kombiniert werden. Faserverbundkunststoffe (FVK) oder auch faserverstärkte Kunststoffe bzw. Composites sind eine Untergruppe der Verbundwerkstoffe.

Diese sind eine moderne Werkstoff-Klasse, die sich durch ihre maßgeschneiderten Eigenschaften und auf die jeweilige Anwendung zugeschnittenen Verarbeitungsverfahren in vielen Anwendungsgebieten behauptet haben.

So werden beispielsweise großflächige Bauteile wie Boote oder Windkraft-Flügel in großen Kunststoff-Formen oder auch Kunststoff-Werkzeugen mit flüssigen Reaktionsharzen und Verstärkungsmaterial hergestellt. Andere, kleiner dimensionierte Bauteile, z. B. für die Fahrzeug- oder Elektro- Industrie, können aus vorgefertigten Zwischenprodukten in großen Serien in Metallformen mit zwei Formhälften im Press- oder Spritzgieß-Verfahren gefertigt werden.

Faserverbundkunststoffe zeichnen sich dadurch aus, dass die Fasern – wie Muskelfasern den menschlichen Körper oder Holzfasern in Bäumen – Kunststoffe verstärken und auf ein höheres mechanisches Niveau anheben. Entscheidend ist dabei das Zusammenspiel zwischen Faser und Kunststoff-Matrix. Fasern alleine können zwar hohe Zugkräfte aufnehmen, aber keine auf Biegung oder Druck beanspruchte Bauteile darstellen. Unverstärkte Kunststoffe können zwar Bauteile sein, sind aber teilweise spröde (duroplastische Reaktionsharze) oder zu flexibel (Thermoplaste).

Erst durch die Kombination von Fasern und Kunststoff und die feste Anbindung der Kunststoff-Matrix an die Fasern können hoch belastbare Bauteile wie Flugzeugteile, Fahrzeugteile oder Sportgeräte wie Skier oder Tennisschläger produziert werden.

Verstärkungsfasern sind heute im Wesentlichen Glasfasern (bei über 90% der gesamten Composites-Menge), Kohlenstofffasern, Aramidfasern und Naturfasern. Diese Fasern haben eine niedrige Dichte und geben den zu verstärkenden Kunststoffen hohe Festigkeit und Steifigkeit. Deshalb haben die verstärkten Kunststoffe bezogen auf das niedrige Gewicht ein hohes Leistungsniveau.

In der Nicht-Fachwelt wird oft nur von den Fasern gesprochen, wenn von FVK-Bauteilen wie Fiberglas-Hochsprungstäben oder Kohlenstofffaser-Karosserieteilen die Rede ist. Immer sind aber die faserverstärkten Kunststoffe gemeint, denn ohne die gestalt- und oberflächengebende Kunststoff-Matrix wären die Bauteile gar nicht herstellbar.

Bezeichnungen wie GFK (glasfaserverstärkter Kunststoff) oder CFK (kohlenstofffaserverstärkter Kunststoff) sind dagegen richtig.

Höchste mechanische Eigenschaften werden erreicht, wenn die Fasern endlos und gerichtet (unidirektional, isotrop) eingebracht werden. Abminderungen gibt es, wenn die Fasern endlich und ungerichtet (anisotrop) vorliegen. Aber selbst kurze Fasern mit 1 mm Faserlänge können z.B. im Spritzgießverfahren hergestellte Thermoplast-Teile noch verstärken. In Kenntnis der Belastungsart können Faserverbundkunststoffe durch Variation der Faser-Art und Faser-Anordnung je nach Lastfall maßgeschneidert werden.

Alle Fasern haben ein nahezu elastisches Verhalten bis zum Bruch, wobei Kohlenstofffasern deutlich steifer und leichter als Glasfasern sind, weshalb diese beispielsweise für Flugzeug- Teile verwendet werden.

Nähere Einzelheiten zu den Matrix- und Fasereigenschaften werden in den entsprechenden Kapiteln dieses Handbuches beschreiben.

3.2 Der Markt für Faserverbundkunststoffe/Composites

3.2.1 Einordnung in die Kunststoff-Industrie und Marktbeschreibung

Im Laufe der letzten fünf Jahrzehnte ist die weltweite Kunststoff-Produktion kontinuierlich um durchschnittlich fast 10% jährlich gewachsen. Basierend auf den spezifischen Materialeigenschaften hängt diese „Erfolgsstory" vor allem eng zusammen mit dem hohen Innovationspotenzial der Werkstoffe und dem Substitutionspotenzial gegenüber anderen Materialien. So war in den letzten drei Jahrzehnten das durchschnittliche jährliche Mengenwachstum von Kunststoffen beispielsweise etwa dreimal so hoch wie das von Stahl.

Derzeit wird etwa ein Viertel der gesamten Weltproduktion von Kunststoffen in Europa gefertigt. In Europa ist Deutschland mit einem Drittel dieser Produktion das größte Erzeugerland. Die Kunststoff-Industrie ist in Deutschland mit ca. 6% der gesamten Industrieproduktion ein bedeutender volkswirtschaftlicher Sektor. Die Hauptanwendungsgebiete für den Kunststoff-Verbrauch in Europa sind der Verpackungsbereich, das Bauwesen, der Automotive-Bereich und die Elektronik- & Elektro-Industrie.

Die Unternehmen der Kunststoff-Industrie lassen sich entsprechend der Wertschöpfungskette grob gliedern in die Gruppen:

- Kunststoff-Erzeuger
- Kunststoff-Verarbeiter und
- Kunststoff-Maschinenbau.

In Deutschland (wie auch in anderen europäischen Ländern) machen dabei die Kunststoff-Verarbeiter den größten Teil dieses Industriezweiges aus, und zwar sowohl hinsichtlich der Anzahl der Unternehmen, der Summe der Beschäftigten als auch was den Umsatz betrifft. Die Landschaft der Kunststoff-Verarbeiter weist dabei die Besonderheit auf, dass sie, z.B. im Gegensatz zur Stahlerzeugung, geprägt ist durch kleine (und kleinste) sowie mittelständische Unternehmen. Die Bedeutung des Mittelstandes für die deutsche Industrie als „Motor der Entwicklung" findet hier eine anschauliche Bestätigung.

Der Markt für Faserverbundkunststoffe ist ein relativ kleines, aber aufgrund bestimmter Spezifika, bedeutendes Segment der gerade beschriebenen Kunststoff-Industrie. Das Produktionsvolumen liegt europaweit zwar unter 5% der gesamten Kunststoffmenge, die Anwendungen sind aber häufig sehr innovativ, auf einem technisch sehr hohen Niveau und nehmen oft eine gewisse „Leuchtturm-Funktion", was die Potenziale von Kunststoffen betrifft, ein (z. B. in den Bereichen Luft- und Raumfahrt, Fahrzeugbau oder alternative Energien).

Die Hauptanwendungen für FVK sind zu jeweils etwa einem Drittel der Transport- und der Baubereich sowie außerdem die Elektronik- & und Elektroindustrie und zu einem nicht unbeträchtlichen Teil der Sport- und Freizeitbereich.

Als Verstärkungsmaterial für die Kunststoffmatrix werden dabei derzeit immer noch am häufigsten Glasfasern eingesetzt. Daneben gibt es Kohlenstofffasern, Aramidfasern, Naturfasern und andere. Konsistente Produktionsmengen-Erhebungen über einen längeren Zeitraum in Europa liegen derzeit aber fast ausschließlich für glasfaserverstärkte Kunststoffe (GFK) vor.

Das Marktsegment für FVK lässt sich als eigener Industriezweig kaum vollständig erfassen. Das hängt einmal damit zusammen, dass es in den amtlichen Statistiken kein valides Datenmaterial gibt, was u.a. auf die bereits erwähnte Unternehmensstruktur mit Klein- und Kleinstunternehmen zurückzuführen ist, die statistisch nicht erfasst werden. Zum anderen gibt es Unternehmen, bei denen die Faserverbund-Verarbeitung nur eines von mehreren Geschäften ist und oft nicht gesondert aufgeführt wird. Die oben vorgenommene Unterscheidung in Erzeuger, Verarbeiter und Maschinenbau lässt sich für den FVK-Markt wie folgt detaillieren:

- Erzeuger und Händler von Rohstoffen: z. B. Harze, Fasern, Reaktionsmittel, Füllstoffe, Additive
- Verarbeiter: Hersteller von Halbzeugen (z. B. SMC, BMC, Prepregs, GMT) und Hersteller von Zwischen- und Fertigprodukten (z. B. Profile, Rohre, Platten) bzw. Bauteilen
- Maschinenbauer: Ausrüster für die eingesetzten Verfahren (z. B. Pressen, Spritzgießen, Umformen, Laminieren, Pultrudieren, Injizieren, Wickeln, Schleudern)

Daneben gibt es auch in diesem Marktsegment Dienstleister unterschiedlichster Art, die Services für die Unternehmen anbieten (z. B. Institute, Prüforganisationen, Ingenieurbüros und Verbände/Vereinigungen).

Ein wesentliches Merkmal für den FVK-Markt ist, dass im Wesentlichen alle Unternehmen im Business-to-Business-Bereich arbeiten, das heißt, dass die Kunden auch Unternehmen (und nicht private Endkunden) sind. Diese Unternehmen stammen aus den skizzierten Hauptanwendungsindustrien für FVK: Transport, Bau, Elektronik & Elektro sowie Sport & Freizeit. Die Mehrstufigkeit der Wertschöpfungskette bedingt spezifische Marktmechanismen, für die auch und vor allem die Nachfrage und Entwicklung der Endkunden-Bedürfnisse entscheidend ist. Das bedeutet, dass erfolgreiche Unternehmen im FVK-Markt nicht nur ihre direkten Kunden kennen (sollten), sondern auch deren Kunden, also die Endkunden.

In Europa ist der Anteil an der gesamten Produktionsmenge je Land sehr unterschiedlich. Die bedeutendsten Herstellerländer der FVK-Produktion sind derzeit Deutschland, Frankreich, Italien, Spanien und UK. In diesen Ländern werden insgesamt derzeit etwa drei Viertel der Gesamtproduktionsmenge (West-) Europas hergestellt. Hierzu muss aber angemerkt werden, dass mangels Datenmaterial etliche osteuropäische Länder mit hohem Wachstumspotenzial in der Betrachtung noch gar nicht erfasst sind.

Die Anwendungen in einzelnen Ländern sind insgesamt durchaus verschieden: So spielen in skandinavischen Ländern z. B. der Bootsbau, die Rohrherstellung und Behälter eine starke Rolle. Letztere haben ebenfalls in Italien und Spanien einen hohen Stellenwert. In Deutschland dominieren dagegen immer noch der Automobil- und der Windenergiebereich.

3.2.2 Anwendungen und Verfahren

Etwa ein Viertel der gesamten produzierten GFK-Menge in Europa sind duroplastische SMC- und BMC-Halbzeuge. Hauptanwendungen finden sich im Automotive-Sektor: Bei SMC-Teilen vor allem im Exterieur-Bereich sowohl für PKW als auch für LKW, bei BMC vor allem für Fahrzeugscheinwerferreflektoren bzw. generell für Elektroteile.

Mit einem weiteren Viertel der GFK-Produktion sind die nicht (bzw. nur gering) automatisierten so genannten offenen Verfahren – Handlaminieren und Faserspritzen – immer noch eine weitere vorherrschende Herstellungspraxis. Für die vielen kleinen Verarbeiter, die einen großen Marktanteil ausmachen, geben dafür die relativ geringen Investitionskosten und der geringe Werkzeugaufwand den Ausschlag. Produziert werden mit den offenen Verfahren oft Spezialaufträge mit geringen Stückzahlen. Dies sind primär großflächige Teile (z. B. Segelflugzeuge, Sportboote) sowie Anwendungen vor allem in den Bereichen Bau (z. B. Maschinengehäuse für Windkraftanlagen), Nutzfahrzeuge und Freizeitmobile.

Die Produktion von den mit geschlossenen RTM-Verfahren hergestellten Teilen in Europa hat immer noch ein relativ überdurchschnittliches Wachstum. Dabei werden für einige Anwendungen die gerade erwähnten offenen Verfahren nach und nach komplett substituiert (z. B. Rotorblätter von Windkraftanlagen). Vorteilhaft bei diesem Verfahren ist beispielsweise die Produzierbarkeit beidseitig glatter Flächen, die bei offenen Verfahren so nicht möglich ist.

Mit dem so genannten Pultrusionsverfahren werden GFK-Profile für den Transport- und vor allem Bausektor hergestellt (z. B. Brücken, Kabelkanäle). Die Wickel- und Schleuderverfahren werden vor allem zur Produktion von Rohren und Tanks eingesetzt.

Neben den genannten Anwendungen mit duroplastischer Matrix werden primär in der Automobilindustrie auch thermoplastische Formmassen und Halbzeuge eingesetzt: neben kurzfaserverstärkten Thermoplasten auch langfaserverstärkte Thermoplaste und glasmattenverstärkte Thermoplaste. Die letztgenannten vor allem für Hochleistungsverbundwerkstoffe.

Neben den GFK spielen vor allem auch naturfaserverstärkte und kohlenstofffaserverstärkte Kunststoffe (NFK bzw. CFK) eine immer wichtigere Rolle im FVK-Segment. Aus Kundensicht sind es meist die spezifischen Materialeigenschaften, die den Ausschlag geben, entsprechende Bauteile zu kaufen. Die den so genannten Biowerkstoffen zuzuordnenden NFK werden vor allem im Automobil-, Bau- und Möbelbereich eingesetzt, CFK primär für den Flugzeugbau sowie für den Windkraft-, Sport- und Transportbereich.

3.2.3 Marktchancen

Das Anliegen aller FVK-Marktteilnehmer ist es, die sich bietenden Wachstumspotenziale aufgrund möglicher Produkt- und Prozessinnovationen und aufgrund der Substituierbarkeit anderer Werkstoffe (z. B. Stahl und Aluminium) ausnutzen zu können.

Chancen ergeben sich dabei vor allem aus den spezifischen Materialeigenschaften, wie beispielsweise Korrosionsbeständigkeit sowie beispielsweise aus der weiterhin kontinuierlich steigenden Anforderung unterschiedlicher Anwendungsindustrien nach Leichtbau-Lösungen. Diese Anforderung resultiert aus dem Druck auf die Industrie, insbesondere zur Energie- aber auch zur Kosteneinsparung, immer leichtere Strukturen bei gleicher Festigkeit zu produzieren.

Die derzeit große Herausforderung ist es, die vermutete Vorteilhaftigkeit der Werkstoffe hinsichtlich einer besseren „gesamtheitlichen" Nachhaltigkeit auch nachweisen zu können. Dies bedarf einer komplexen Betrachtung sowohl der ökonomischen, der ökologischen als auch der sozialen Wirkungen der Herstellung entlang des gesamten Produkt-Lebenszyklus.

Aber auch neue regionale Märkte bieten noch enormes und unausgeschöpftes Potenzial für das Wachstum europäischer und deutscher FVK-Unternehmen. Gesättigte Märkte in Deutschland oder Europa sind in anderen Regionen der Welt (z. B. Asien, Osteuropa etc.) noch entwickelbar bzw. noch gar nicht vorhanden.

Auf den heimischen Märkten gilt es vor allem in den Entwicklungsabteilungen der Anwendungsindustrien Akzeptanz für die oftmals unbekannten Werkstoffe zu schaffen, um so eine Substitution zu ermöglichen. Hier können auch unternehmensübergreifende Organisationen, wie z. B. die AVK als Fach- und Branchenverband, Unterstützung bieten. Viele Verbandsleistungen dienen dazu, die Vorteilhaftigkeit der Werkstoffe gegenüber den Kunden darzustellen, bzw. vorab den Mitgliedsunternehmen eine Plattform zu bieten, diese herauszuarbeiten. Diese Art Marketing als Vorbereitung betrieblicher Vertriebsaktivitäten ist durch das einzelne Unternehmen nicht zu leisten. Das erforderliche Selbstverständnis der Organisationen manifestiert sich in dem Slogan des europäischen Dachverbandes für die FVK-Industrie – EuCIA: „We show the world of composites – we know the world of composites – we grow the world of composites“.

4 Werkstoffe

4.1 Rohstoffe

4.1.1 Harze

4.1.1.1 Ungesättigte Polyesterharze

Einführung

Synthetische Esterverbindungen gab es bereits Ende des 19. Jahrhunderts. Diese besaßen aber keine Bedeutung als technische Kunstharze. Erst nach Entdeckung der Polyesterreaktion mit Styrol (Ellis-Foster-Patent 1937) und Entwicklung der Textilglasverstärkung entstand mit den „Glass Reinforced Plastics" eine neue Werkstoffgruppe.

In Deutschland wurden die „Unsaturated Polyester Resins" nach 1945 bekannt. Ab etwa 1950 wurden in der Bundesrepublik Deutschland sowie im übrigen Westeuropa dann die teilweise heute noch geläufigen Marken „Alpolit" „Leguval", „Palatal" und „Vestopal" auf den Markt gebracht.

Ungesättigte Polyesterharze (UP-Harze) gehören zu den Reaktionsharzen, die durch Copolymerisation bzw. Mischpolymerisation mit reaktiven Monomeren zu duroplastischen Formstoffen vernetzen. Als „ungesättigte Polyester" bezeichnet man Polymere, die durch Polykondensation von zweiwertigen Alkoholen (Diole) mit gesättigten und ungesättigten Dicarbonsäuren hergestellt werden.

Bei der Polykondensation entstehen unter Abspaltung von Wasser Ester in Form von langkettigen Molekülen, die abwechselnd aus Diol- und Dicarbonsäuregliedern gebildet werden und zunächst als Festharze vorliegen.

Handelsübliche „UP-Harze" sind Festharzlösungen in einem reaktiven Monomer, meistens in Styrol, einem Benzolderivat mit einer reaktiven Vinylgruppe (Strukturformel siehe Abbildung 1).

Ungesättigtes Polyesterharz und Styrol copolymerisieren (härten) unter bestimmten Bedingungen zum duroplastischen Formstoff, der durch eine räumlich vernetzte Makromolekularstruktur gekennzeichnet und – im Gegensatz zu thermoplastischen Formstoffen – weder schmelzbar noch umformbar ist.

UP-Harzformstoffe besitzen ausgeprägte mechanische und thermische Eigenschaften und verfügen über eine differenzierte chemische Widerstandsfähigkeit.

UP-Harze werden als Lackharze oder als Bindemittel sowie für Beschichtungen und für Pressmassen aus füllstoffhaltigen und/oder faserverstärkten Formstoffen bei selbsttragenden Bauteilen verwendet.

Im Verbund mit flächigen Faserverstärkungen (Rovings, Matten, Gewebe) werden Schichtstoffe oder Laminate mit erhöhten mechanischen Eigenschaften hergestellt (Faserverbundwerkstoffe, FVW).

Voraussetzung für die praktische Anwendung von UP-Harzen sind Angaben über den chemischen Aufbau sowie die Verarbeitungs- und die Formstoffeigenschaften in Kenndatenblättern der Hersteller. Außerdem müssen Listen mit Angaben zur chemisch/thermischen Beständigkeit vorliegen. Daneben müssen die Verarbeiter bzw. Formstoffhersteller über ausreichende Erfahrungen mit der Auslegung (Gestaltung, Berechnung) von FVW-Bauteilen verfügen und die Verarbeitungsverfahren beherrschen.

Die Fertigungsbedingungen und die für die planmäßige Ausführung und den bestimmungsgemäßen Betrieb einzuhaltenden Formstoffeigenschaften sind als Bedingung für die Gültigkeit rechnerischer, experimenteller und empirischer Verwendbarkeitsnachweise gegenüber den Abnehmern nachzuweisen.

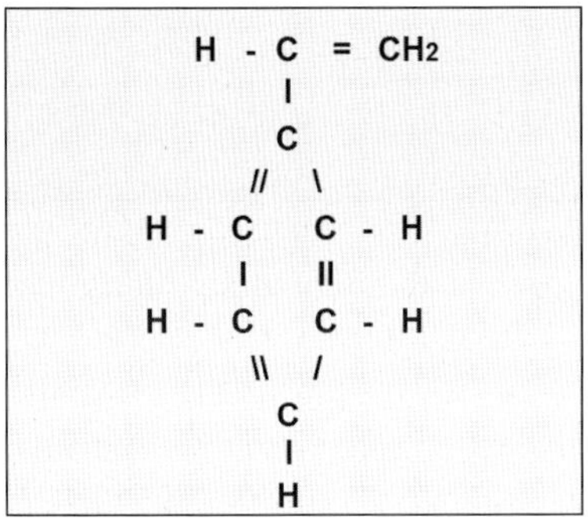

Abb. 1: Styrol (Vinylbenzol)

Chemischer Aufbau

Die mechanischen und die thermischen Eigenschaften sowie die chemische Widerstandsfähigkeit der Harzformstoffe werden vom chemischen Aufbau der Harze vorgeprägt: im Wesentlichen durch die Art sowie die Anteile der gesättigten und der ungesättigten Dicarbonsäuren und die verwendeten Diole.

Bei der Herstellung handelsüblicher UP-Harze werden häufig aromatische gesättigte Dicarbonsäuren wie die Orthophthalsäure (OPS) und die Isophthalsäure (IPS) mit der Summenformel C6H4(COOH)2 (Strukturformeln siehe Abbildung 2), die Terephthalsäure (TPS), die Tetrahydrophthalsäure (THS) mit der Summenformel C6H8(COOH)2 oder ihre Anhydride verwendet.

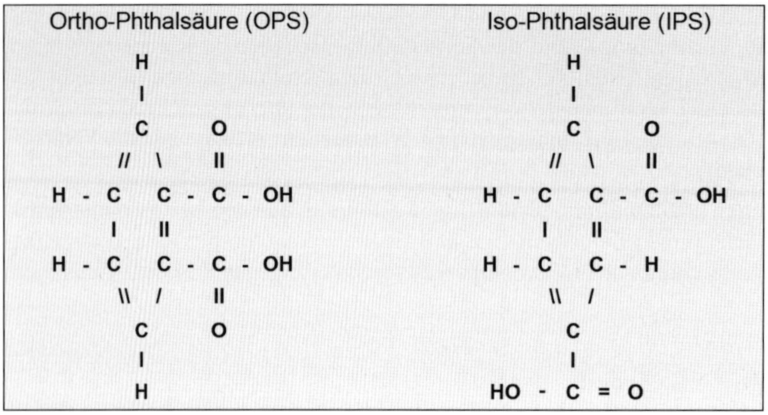

Abb. 2: Gesättigte Dicarbonsäuren

Adipinsäure, Bernsteinsäure und andere aliphatische gesättigte Dicarbonsäuren sind aufgrund ihrer Methylengruppen (-CH2-) zwischen den endständigen Carboxylgruppen -COOH zur Herstellung von flexibilisierenden Mischharzen geeignet.

Da eine der Dicarbonsäuren ungesättigte Kohlenstoff-Doppelbindungen aufweisen muss, um eine Copolymerisation zum duroplastischen Formstoff zu ermöglichen, werden aliphatische ungesättigte Dicarbonsäuren, beispielsweise Ethylendicarbonsäuren wie Fumarsäure oder Maleinsäure (Abbildung 3) und zyklische ungesättigte Dicarbonsäuren wie das Dicyclopentadien (DCPD), verwendet.

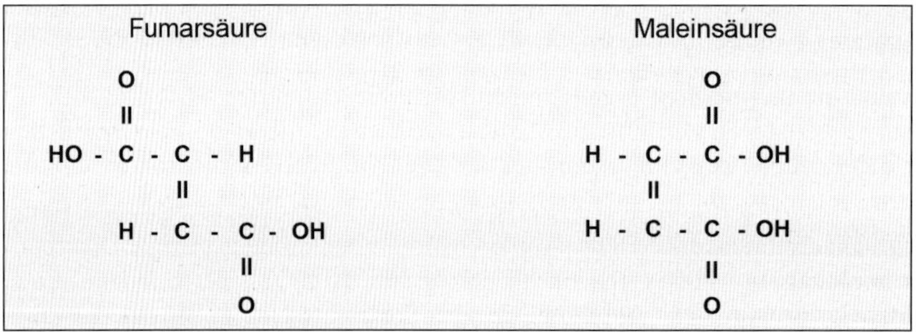

Abb. 3: Ungesättigte Dicarbonsäuren

Als zweite Kondensationskomponente von UP-Harzen werden zweiwertige Alkohole (Diole, Glykole), für Standardharze vorwiegend Ethylen- oder Diethylen-, Propylen- oder Dipropylenglykol und Butandiol verwendet, die unterschiedlich styrolverträgliche Harze und zähharte Harzformstoffe ergeben. Daher werden vielfach Diolgemische der vorgenannten Standardglykole eingesetzt (Abbildung 4).

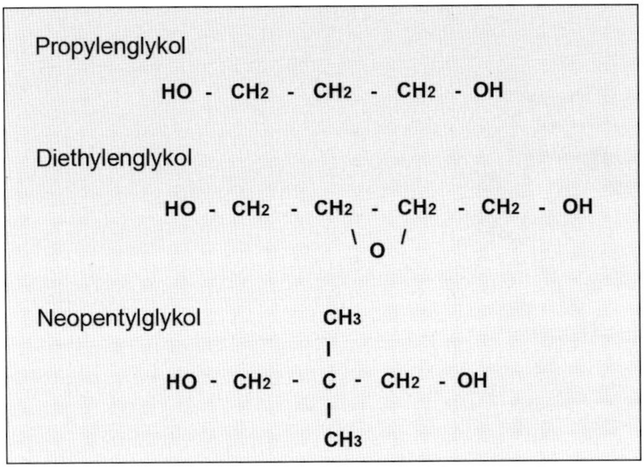

Abb. 4: Zweiwertige Alkohole

UP-Harze für Formstoffe mit erhöhter chemischer Beständigkeit werden mit Neopentylglykol (NPG) in Kombination mit gesättigten Dicarbonsäuren (OPS, IPS) und ungesättigten Diethylencarbonsäuren hergestellt (siehe Abbildung 3).

UP-Harze für Formstoffe mit erhöhter chemisch/thermischer Beständigkeit entstehen bei Veresterung von Ethylendicarbonsäuren (ungesättigt) mit aromatischen Diolen auf Basis von ethoxiliertem oder von propoxiliertem BisphenolA (UP/BA), die auch bei der Herstellung von Vinylester- und Epoxidharzen verwendet werden (siehe die Abschnitte weiter unten).

Der Polykondensationsprozess verläuft nach dem Schema „organ. Säure + Alkohol = Ester + Wasser" bei Temperaturen zwischen 160°C und 220°C unter Anlagerung des Diols an die Hydroxylgruppe der Dicarbonsäure unter ständiger Entfernung des freiwerdenden Wassers.

Nach Erreichen des Sollwertes der Molmasse wird das UP-Harz abgekühlt und durch Zugabe von Reaktionsinhibitoren stabilisiert.

Die im UP-Harz enthaltenen ungesättigten Dicarbonsäureglieder stehen für die Copolymerisation mit einem reaktiven Monomer zur Verfügung.

Das als Monomer meistens verwendete Styrol (C6H5-CH=CH2) enthält in der Vinylgruppe -CH=CH2 die reaktive Doppelbindung (siehe Abbildung 1), die sich bei der Vernetzungsreaktion aufspaltet und mit Doppelbindungen der Dicarbonsäureglieder zum duroplastischen Formstoff copolymerisiert (Abbildung 5).

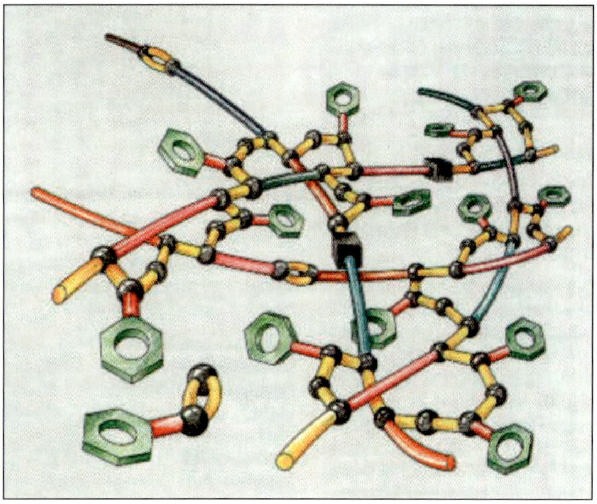

Abb. 5: Schemabild der Vernetzungsreaktion

In DIN 18820 Teil 1 sind die UP-Harze nach ihrem chemischen Aufbau und dem Styrolgehalt in fünf Gruppen, den UP-Harzgruppen 1 bis 4 und 6, eingeteilt. Die VE-Harze bilden die Harzgruppe 5.

Tabelle 2 der DIN EN 13 121-1 unterscheidet acht UP-Harzgruppen und drei VE-Harzgruppen.

Die Vernetzungsreaktion (Härtung) erfolgt über freie Radikale organischer Peroxide bei Temperaturen oberhalb 80°C, der Zerfallstemperatur der Peroxide (Heißhärtung), bei Raumtemperatur (Kalthärtung) oder etwas erhöhten Temperaturen zwischen 40 und 50°C (Warmhärtung) nach Vorbeschleunigung der Harze mit tertiären Aminen und/oder organischen Metallsalzen (siehe Abschnitt Reaktionsmittel).

Während der Vernetzung tritt bei UP-Harzen nach dem Gelieren ein Volumenschrumpf von ca. 8% auf, der – insbesondere bei Heißhärtung – deutliche Eigenspannungen im Formstoff zur Folge hat. Diese Eigenspannungen können, wie bei SMC- oder BMC-Formmassen, durch höhere Füllstoffanteile verringert bzw. praktisch vermieden werden (siehe weiter unten).

Die Copolymerisation von UP-Harzen mit Styrol verläuft exotherm und auch bei „Kalthärtung" bis zu einem angehärteten Zustand, der durch Nachhärtung bei Umgebungstemperatur und/oder thermische Nachbehandlung bei Temperaturen über 80°C („Tempern") eine weitgehende Einbindung des Styrols ergibt. Die Reaktionssysteme sind den Härtungsbedingungen entsprechend zu wählen.

Der im Formstoff enthaltene Anteil an monomerem Styrol („Reststyrolgehalt") stellt ein Maß für den Polymerisations- bzw. Aushärtungsgrad dar. Dabei gilt ein Monomerstyrolgehalt von höchstens 2 Mass.%, bezogen auf den UP-Harzformstoffanteil, im Allgemeinen als zulässig.

Die erreichbare Formbeständigkeitstemperatur und die chemisch/thermische Widerstandsfähigkeit der Formstoffe ist jedoch nur bei weitgehender Vernetzung und Monomerstyrolgehalten < 1 Mass.% gewährleistet und erfordert generell eine thermische Nachbehandlung oder eine Abstimmung mit dem Harzhersteller.

Bei Verwendung im Lebensmittelbereich sind Reststyrolgehalte < 0,2 Mass.% einzuhalten. Eine ausreichende Geschmacksneutralität erfordert zusätzlich das Ausdämpfen der Bauteile.

Im Anwendungsfall ist der chemische Aufbau des UP-Harzes für die Vorauswahl hinsichtlich der – bei bestimmungsgemäßen Betrieb – zu erwartenden chemisch/thermischen Beanspruchungen maßgebend.

Dies gilt grundsätzlich auch für die mechanischen Eigenschaften des UP-Harzformstoffes, die jedoch meistens durch den Einfluss der Füll- und/oder Verstärkungsstoffe bestimmt werden. Dies gilt jedoch nicht für die Reißdehnung des UP-Harzformstoffes, die das mechanische Beanspruchungsverhalten des Verbundwerkstoffes in jedem Fall mitbestimmt.

Harzeigenschaften

Die für die Verarbeitung wesentlichen Eigenschaften der UP-Harze (Viskosität, Reaktivität) werden vom Harzhersteller in Kenndatenblättern veröffentlicht und auf Anforderung bei der Lieferung bescheinigt.

In den Kenndatenblättern sind eine Reihe weiterer Eigenschaftswerte, u. a. Farbzahl, Säurezahl, im Allgemeinen als Richtwerte angegeben, die den herstellerinternen Spezifikationen entsprechen und das jeweilige Harz charakterisieren. Diese sind für die Verarbeitung jedoch meistens weniger bedeutend.

Handelsübliche UP-Harze enthalten die zur Vernetzung erforderlichen Styrolanteile zwischen 25 und 45 Mass.% und besitzen meistens eine zur Verarbeitung geeignete Viskosität.

Styrolzusätze zur weiteren Herabsetzung der Viskosität sind möglich, werden jedoch im Allgemeinen nicht empfohlen, da sich die Formstoffeigenschaften, insbesondere auch die chemische Widerstandsfähigkeit, durch Bildung von Styrol- und Polystyrolbrücken im Netzwerk verschlechtern können. Die (dynamische) Viskosität g der UP-Harze wird, nach DIN EN ISO 307 (früher DIN 53015) oder nach ASTM D445, bestimmt, in [mPa s] angegeben (früher in [cP]) und hängt vom Polykondensationsgrad bei der Harzherstellung sowie vom entsprechenden Gehalt an monomerem Styrol ab.

Teilweise wird die mit dem DIN-Becher Nr. 4 bestimmte Auslaufzeit genannt, die für werkstattmäßige Kontrollen geeignet erscheint. Das Verfahren ist in der DIN EN ISO 2431 beschrieben (früher DIN 53211). Bei allen Angaben zur Viskosität sind die Prüfbedingungen, insbesondere die Temperatur, zu beachten, damit ein Vergleich der Kennzahlen möglich ist.

Die Reaktivität eines UP-Harzes ergibt sich ebenfalls durch die Bedingungen bei der Harzherstellung und ist durch die Art sowie die Mengenanteile gesättigter und ungesättigter Dicarbonsäuren bestimmt. Wegen unterschiedlicher Bedingungen bei der Verarbeitung sind die vom Harzhersteller angegebenen Daten über die Reaktivität als Vergleichswerte anzusehen, die nach internen Laborverfahren ermittelt werden und die manchmal auch nur als „gering", „mittel" oder „hoch" charakterisiert sind.

In der Praxis entscheidend ist die nach der verfügbaren bzw. erforderlichen Verarbeitungszeit für den Harzansatz („Topfzeit") im Einzelfall zu ermittelnde und zu dokumentierende Mischungsrezeptur mit den jeweils auf 100 Mass.% bezogenen Anteilen der Reaktionsmittel.

In DIN EN ISO 2535 ist ein Verfahren zur Bestimmung der Gelzeit für UP-Harzmischungen angegeben (Zeit vom Anmischen bis zum Angelieren eines Harzansatzes), das jedoch auch nur Vergleichswerte liefert.

Die Kenndatenblätter enthalten vielfach Diagramme mit Angaben zum Härtungsverhalten der Harze bei variierten Rezepturen und verschiedenen Verarbeitungstemperaturen, die wichtige Hinweise für die Wahl von Art und Zusatzmengen geeigneter Reaktionsmittel enthalten.

In den Kenndatenblättern sind häufig auch Dichte, Brechzahl, Farbzahl und Säurezahl der Harze, der Volumenschrumpf bei der Polymerisation sowie thermische Kennzahlen der Formstoffe enthalten, die zur Charakterisierung des jeweiligen Harzes gehören.

Der Styrolgehalt, die Verträglichkeit mit Styrolzusätzen und die Mischbarkeit mit anderen UP-Harzen, z. B. zur Flexibilisierung des Formstoffs, sowie Hinweise über Lagerungsbedingungen und -dauer sind wichtige Angaben für den Verarbeiter.

Der ebenfalls angegebene Flammpunkt von etwa 32°C ergibt sich aus dem hohen Styrolanteil, so dass UP-Harze in die Gefahrklasse AII nach der Verordnung über brennbare Flüssigkeiten und als „leicht entzündlich" im Sinne der Gefahrstoffverordnung einzustufen sind.

Nach wasserrechtlichen Bestimmungen gehören UP-Harze zur Wassergefährdungsklasse 2 (WGK2), so dass die Lagerung in doppelwandigen Behältern oder in einwandigen Behältern mit Auffangwannen erfolgen muss. UP-Harzformstoffe sind wasserunlösliche Feststoffe und damit nicht wassergefährdend.

Formstoffeigenschaften

UP-Harzformstoffe werden im Wesentlichen durch Dichten von etwa 1,2 g/cm³, durch Reißdehnungen zwischen 2% und 4% und Formbeständigkeitstemperaturen zwischen 70°C und 120°C charakterisiert.

In DIN 16946 Teil 2 werden außerdem die Biegefestigkeit, die Zugfestigkeit und das Elastizitätsmodul als Kriterien für die Zuordnung zu einem der fünf Harztypen 1100 bis 1140 angegeben.

Die Formstoffdichte kann bei der Abschätzung des Luftgehalts von UP-Harzformstoffen und -laminaten herangezogen werden und ist als Qualitätsmerkmal anzusehen. Der gemessene Dichtewert ist wegen des Luftgehalts vL kleiner als der aus den Dichten des Formstoff- und des Verstärkungsstoff- bzw. Füllstoffanteils berechnete, theoretische (luftfreie) Dichtewert.

Mit vL = (1- deff/dtheor) 100 [Vol.%] erhält man Luftvolumengehalte, die bei Press- oder Wickellaminaten erfahrungsgemäß zwischen 3 und 5 Vol.% und bei Hand- oder Spritzlaminaten zwischen 5 und 8 Vol.% liegen. Mit bloßem Auge erkennbare Lufteinschlüsse weisen auf eine fehlerhafte Fertigung hin.

Die Reißdehnung des Harzformstoffs ist für Mikrorissbildungen in Verbundwerkstoffen maßgebend.

Bei entsprechender Darstellung von Last-/Verformungs- bzw. Spannungs-/Dehnungs-Diagrammen ist bei Laminaten gleichen Verstärkungsaufbaus und Formstoffen mit unterschiedlichen Reißdehnungen eine Abweichung vom linearen – quasi „Hooke'schen – zu einem flacheren, nichtlinearen Kurvenverlauf zu erkennen, die – abhängig von der Reißdehnung des Harzformstoffs – zwischen 25% und 40% der Bruchlast bzw. Bruchspannung liegt und als „Puck'sches Knie" oder als „Knistergrenze" bekannt ist.

Vordergründig zeigt diese Abweichung eine Änderung bzw. Verringerung des Elastizitätsmoduls an.

Darüber hinaus ist die Mikrorissbildung, die auch als „Zwischenfaserbruch" bezeichnet wird, jedoch als Schädigung anzusehen, die das Kriech- und das Zeitstandbruchverhalten beeinflusst.

Die „Schädigungsgrenze" liegt bei Verwendung von UP-Harzformstoffen mit Reißdehnungen < 2% und je nach Fasergehalt zwischen 25% und 30% der Bruchlast und bei Reißdehnungen zwischen 2% und 4% über 30% bis 40% der Bruchlast des Verbundwerkstoffes.

Bei der Auslegung von Bauteilen aus textilglasverstärkten Formstoffen, in der Praxis kurz „GfK", ist dieses Schädigungskriterium zu berücksichtigen.

Der Sicherheitsnachweis für GfK-Bauteile ist nach den technischen Regeln grundsätzlich mit dem Abminderungsfaktor $A = A_1 \times A_2 \times A_3 \times A_4 \geq 2{,}0$ und dem Sicherheitsbeiwert S = 2,0 zu führen.

Damit liegt die jeweils zulässige Spannung: $K_{zul} = K / A \times S$ mit K = Kennwert (vgl. „Knistergrenze").

Die Formbeständigkeitstemperatur von UP-Harzformstoffen wird als Glasübergangstemperatur TG oder als „Heat Deflection Temperature" (HDT) beschrieben.

Die „Martenstemperatur" nach DIN 53458 oder DIN 53462 hat für UP-Harzformstoffe, wie für andere Duroplaste, praktisch keine Bedeutung.

Die Glasübergangstemperatur wird aus dem Torsionsschwingversuch nach DIN EN ISO 6721-1 und -2 (Schubmodulkurve) oder durch Differential-Thermoanalyse (DSC) nach ASTM D 2236 ermittelt.

Die Glasübergangstemperatur TG ist als Temperatur am Wendepunkt der Schubmodulkurve definiert, die mit der Temperatur für das Maximum der Dämpfungskurve übereinstimmt.

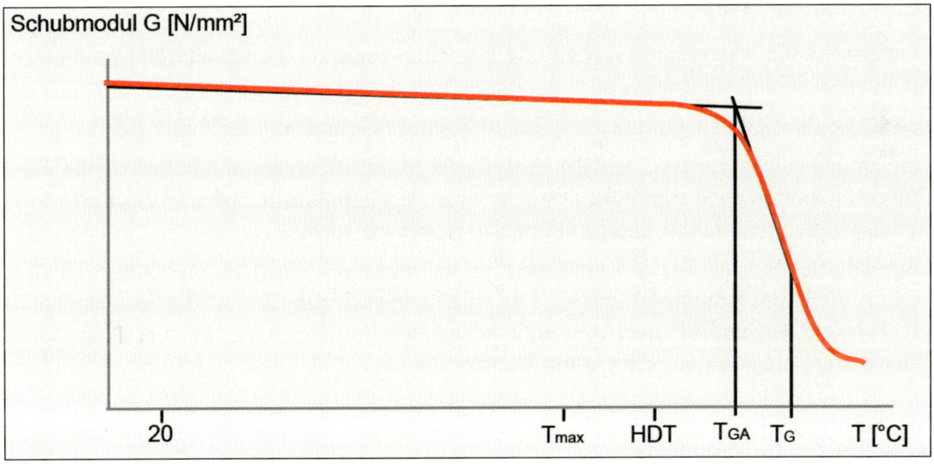

Abb. 6: Schematische Darstellung einer Schubmodulkurve G = f (T).

Zur Abschätzung der maximalen Anwendungstemperatur ist der TG-Wert von Harzformstoffen wegen unterschiedlicher Neigungen der Schubmodulkurven in diesem Bereich nicht ohne Weiteres geeignet.

Eine bessere Ermittlung ergibt sich, wenn man vom Schnittpunkt des als linear angenommenen ersten Kurvenabschnitts mit der Tangente durch den Wendepunkt des zweiten Kurvenabschnitts ausgeht – in der vorstehenden Darstellung als TGA bezeichnet – und die maximal zulässige Anwendungstemperatur mit einem Sicherheitsabstand, z. B. Tmax = (TGA – 20) °C, festlegt.

International wird die im Biegekriechversuch bei konstanter Last und unter steigender Prüftemperatur bestimmte Formbeständigkeitstemperatur nach ISO 75, Verfahren A (Prüfspannung 1,80 N/mm^2) zur Abschätzung einer zulässigen Anwendungstemperatur verwendet und in den Kenndatenblättern der Harzhersteller meistens als „Heat Deflection Temperatur" (HDT) nach ISO 75/A bezeichnet.

Dieses Verfahren wurde an Stelle von DIN 53461 als DIN EN ISO 75 übernommen.

Da die Formbeständigkeitstemperatur HDT im Allgemeinen. etwa 30 grad unter der Glasübergangstemperatur TG liegt, würde sich bei einem Sicherheitsabstand von 20 Grad zur HDT ein Tmax = (TG – 50) °C ergeben.

Hinweis: Das Verfahren nach ASTM D648 liefert wegen anderer Probekörperabmessungen im Allgemeinen um etwa 5 Grad höhere HDT-Werte als das Verfahren A nach DIN EN ISO 75.

Der obere Abschnitt der Schubmodulkurve wird als kennzeichnend für eine lineare Abhängigkeit der Formstoffeigenschaften von der Temperatur angesehen, so dass der werkstoffabhängige Teilfaktor für den Temperatureinfluss, im technischen Regelwerk mit A3 bezeichnet, als lineare Funktion der HDT des verwendeten Harzformstoffs und der Auslegungstemperatur TD angesetzt werden kann :

$$A3 = 1 + 0{,}4\ (TD - 20)\ /\ HDT - 40)$$

Der Subtrahend „-20" im Zählerterm berücksichtigt, dass die Werkstoffkennwerte bei Raumtemperatur (~20°C) ermittelt werden, d. h. für TD = 20°C beträgt A3 = 1,0.

Im Nennerterm ist die Raumtemperatur zzgl. eines (Sicherheits-)Abstands zur HDT enthalten, der in der Praxis mit höchstens 20 Grad angenommen wird.

Bei TD = HDT – 20 ergibt sich mit der o. a. Bestimmungsgleichung ein Teilfaktor A3 = 1,4.

Diese Betrachtung geht davon aus, dass der Einfluss der Betriebstemperatur auf die Tragfähigkeit des Verbundwerkstoffes im Wesentlichen von der Formbeständigkeitstemperatur des Formstoffs bestimmt wird. Dies entspricht dem internationalen Stand der Technik.

Die Erläuterung des Einflusses der Temperatur auf das mechanische Beanspruchungsverhalten dient der Ermittlung des Einflussfaktors A3. Die zulässige Auslegungs- bzw. Betriebstemperatur TD liegt höchstens bei und oft unter der Anwendungstemperatur Tmax, wenn die chemische Beständigkeit auf eine geringere Temperatur begrenzt ist.

Chemische Widerstandsfähigkeit

UP-Harzformstoffe werden vielfach unter chemisch/thermischen Betriebsbedingungen eingesetzt, die eine sorgfältige Vorauswahl der Ausgangsmaterialien erfordern, insbesondere im Verbund mit Füll- und Verstärkungsstoffen.

Prinzipiell darf nicht angenommen werden, dass es chemische Beanspruchungen vernachlässigbarer Art gibt, weil bereits Wasser bzw. Feuchte das Verhalten der Formstoffe erkennbar und bei erhöhten Temperaturen deutlich beeinflussen.

Daher ist eine geeignete Schutzschicht für das Traglaminat immer erforderlich.

Derartige Schutzschichten bestehen aus einer einwandfrei hergestellten, intakten Formstoffoberfläche mit einem der Beanspruchung entsprechenden Aufbau und stellen eigentlich Verschleißschichten dar, die bei der Berechnung als nichttragend betrachtet werden und unberücksichtigt bleiben.

Art und Aufbau der Schutz- bzw. Verschleißschichten entsprechen allgemeiner betrieblicher Erfahrung sowie den fertigungstechnischen Möglichkeiten, und werden u. a. in DIN 18820 Teil 3 beschrieben, in einschlägigen Beständigkeitslisten vorausgesetzt oder sind in Spezifikationen festzulegen.

Generell wird zwischen geringen, deutlichen und erheblichen Veränderungen der Beschaffenheit und der Tragfähigkeit der Wandungswerkstoffe durch chemische Einflüsse unterschieden. Die chemischen Einflüsse sind wie die mechanischen und thermischen Beanspruchungen für die betriebliche Eignung der Formstoffe und eine gesicherte Verwendungsdauer der Bauteile maßgebend.

Es ist zu beachten, dass die Abschätzung des Medieneinflusses bereits in qualitativer Hinsicht eine anspruchsvolle Aufgabe darstellt und Fehleinschätzungen, insbesondere bei wechselnden Medien und Mediengemischen mit synergistischen Effekten, niemals ausgeschlossen werden dürfen.

Voraussetzung für eine begründete Abschätzung des Medieneinflusses sind zunächst die Kenntnis der im Betrieb zu erwartenden chemisch/thermischen Beanspruchungen und vollständige Angaben über den planmäßigen Ablauf der betrieblichen Verfahren.

In diesem Sinne ist auch die Angabe wichtig, ob die angegebene Betriebstemperatur ständig, häufig oder nur kurzzeitig (als Einfülltemperatur) auftritt.

Dabei ist zu beachten, dass die hinsichtlich des Umweltschutzes zu erfüllenden Anforderungen an den Anlagenbetrieb zunächst nicht in den Vordergrund gestellt werden dürfen, weil die Gefahren für die Umwelt, bestimmt nach der Wassergefährdungsklasse und der Anlagengröße, nur indirekt etwas mit der Frage von Verträglichkeit der Werkstoffe mit den Betriebsbedingungen zu tun hat. Dagegen stellt die Verwendung geeigneter Werkstoffe und die Anwendung beherrschter Fertigungsverfahren eine entscheidende Voraussetzung für die Annahme dar, dass die für den Umweltschutz und den Betrieb der Anlage vorgesehenen Sicherheitsmaßnahmen ausreichen.

Nach den technischen Regeln zur Auslegung (Entwurf, Gestaltung, Berechnung) von GF-UP-Bauteilen muss der qualitativen Abschätzung und der Entscheidung für einen bestimmten Werkstoff, d. h. für die Spezifikation von UP-Harz und Textilglas, teilweise auch des Reaktionssystems, die Festlegung des Einflussfaktors A2 zur Berücksichtigung der chemisch/thermischen Einwirkungen folgen.

Grundlagen für die Auswahl des UP-Harzes nach der chemischen Widerstandsfähigkeit sind:

- betriebliche Erfahrungsnachweise (Aufzeichnungen, Berichte, Protokolle),
- Beständigkeitslisten der Harzhersteller (mit Angaben über die Einstufungskriterien),
- einschlägige Werkstoff-/Medienlisten (unter Beachtung des Geltungsbereichs) und
- Betriebs- oder Laborversuche (mit planmäßig durchgeführten Kontrollen).

Betriebliche Erfahrungen sind anlagenbezogen, nicht ohne Weiteres übertragbar und setzen gegebenenfalls eine vollständige Dokumentation über den Entwurf und den Betrieb der bestehenden Anlage voraus, um bei der Gestaltung und Berechnung einer Neuanlage verwendet werden zu können.

Die Spezifikationen und Beständigkeitslisten der Harzhersteller stellen die wichtigsten Unterlagen für die Auswahl eines geeigneten Harzes dar. Diese Unterlagen müssen Angaben über Eigenschaften zur Verarbeitung der Harze (Viskosität, Reaktivität) und über mechanische und thermische Eigenschaften der Formstoffe (Reißdehnung, Formbeständigkeitstemperatur) enthalten und sollten einer Normgruppe und einem Normtyp zugeordnet werden können.

Die Beständigkeitsangaben müssen sich auf die chemische Charakterisierung der Medien (Struktur- oder Summenformel, Konzentration, pH-Wert) sowie die jeweils gewährleistete Gebrauchstemperatur und entsprechend einzuhaltende Verarbeitungsbedingungen beziehen (Reaktionssystem, Aushärtung).

Die Angaben in den Beständigkeitslisten der Harzhersteller gehen von einer ausreichenden Härtung der Formstoffe aus. Als ausreichend wird eine Härtung bei Raumtemperatur und eine Nachhärtung bei der für das jeweilige Harz angegebenen Formbeständigkeitstemperatur (HDT) angesehen.

Die Nachhärtung („Tempern") muss oberhalb der Anspring- oder Zerfallstemperatur der Peroxidhärter, d. h. bei mindestens 80°C erfolgen und die Nachhärtungsdauer beträgt mindestens 4 Stunden in Abhängigkeit von der Laminatdicke.

Nachhärtungstemperaturen über der HDT ergeben keine verbesserten Formstoffeigenschaften und keine Verkürzung der Nachhärtungsdauer, sondern führen eher zu erhöhten Eigenspannungen.

Beständigkeitslisten mit Angabe der Beurteilungskriterien (Änderungen der Masse, der Härte und von mechanischen Eigenschaften) sind als besonders qualifiziert anzusehen.

Da die Beständigkeitslisten der Harzhersteller im Allgemeinen keine quantitativen Angaben zum Medieneinfluss enthalten, ist eine Abschätzung des A2-Faktors erforderlich, der in den technischen Regeln zwischen 1,1 (Einfluss von Feuchte bei Raumtemperatur) und 1,4 (Einfluss des Mediums bei max. zulässiger Betriebstemperatur) liegt. Bei A2-Faktoren > 1.4 wird der Formstoff als ungeeignet angesehen und gegebenenfalls die Verwendung eines höherwertigen Harzes für erforderlich gehalten. Im Allgemeinen ist anzuraten, vor der Bauteilbemessung eine gutachterliche Empfehlung zur Abschätzung des A2-Faktors einzuholen. Einschlägige Werkstoff-/ Medienlisten, die z. B. bei allgemeinen bauaufsichtlichen Zulassungen zur Beurteilung herangezogen werden, enthalten konkrete Angaben über die Voraussetzungen für ihre Anwendbarkeit und quantitative Angaben über den Medieneinflussfaktor A2 in Abhängigkeit von der Normgruppe des Harzes und der Auslegungs- bzw. Betriebstemperatur.

Die Angaben in diesen Listen beziehen sich auf bestimmte Medien, selten auf Mediengemische oder sonstige Zubereitungen, sind als konservativ anzusehen und bedürfen im bauaufsichtlichen Verfahren keiner zusätzlichen Nachweise.

Anmerkung: In der Praxis werden die Angaben in den Werkstoff-/Medienlisten bei der Abschätzung des A2-Faktors auch für „ähnliche Fälle" verwendet. Die Listen dürfen dabei nur zur Orientierung dienen.

In Anwendungsfällen, die nicht durch einschlägige Erfahrungen, Beständigkeitslisten der Harzhersteller oder Werkstoff-/Medienlisten erfasst werden, sind Betriebs- oder Laborversuche erforderlich.

Betriebsversuche haben den Vorzug, dass sie praxisnah durchgeführt und vergleichsweise kurzfristig bzw. dem betrieblichen Einsatz vorlaufend umgesetzt werden können. Derartige Versuche bedürfen einer sorgfältigen Planung mit einem objektbezogenen Programm, dessen Einhaltung überwacht werden muss. Die Ergebnisse von Betriebsversuchen erfordern generell eine Bewertung durch interne und/oder externe Sachverständige.

Laborversuche sind gegebenenfalls in amtlichen Verfahren vorgesehen und haben den Vorteil, dass sie von unabhängigen Prüfstellen nach einem vereinbarten Programm in Anlehnung an DIN EN 13121-2 (beinhaltet den „AVK-Versuch" nach DIN 53393), DIN ISO 175 oder ASTM 581 durchgeführt werden können.

Für spezielle Fälle ist ein Betriebsversuch im Vergleich zum Laborversuch wirtschaftlicher.

Eine fachgerechte Bewertung der Beurteilungsgrundlagen und von Versuchsergebnissen setzt sowohl chemische Kenntnisse als auch praktische Erfahrungen voraus.

Verarbeitungsverfahren

Bei der Verarbeitung von UP-Harzen werden Gieß-, Injektions-, Spritz- und Pressverfahren angewendet, um Beschichtungen sowie Klein- oder Formteile herzustellen. Dabei werden meist pigmentierte, gefüllte oder verstärkte Formmassen verwendet.

Für Bauteile aus faserverstärkten UP-Harzformstoffen werden meistens Wickel- und Schleuder- sowie Zieh-, Press- und Handlaminierverfahren angewendet.

Eine ausführliche Darstellung der Verarbeitungsverfahren folgt im entsprechenden Abschnitt des Handbuchs.

Anwendungsgebiete

Die vielfache Anwendung von UP-Harzen ergibt sich weitgehend aus den Verarbeitungsmöglichkeiten, der niedrigen Dichte, dem Leistungsprofil ihrer mechanischen, chemischen und thermischen Formstoffeigenschaften und den relativ günstigen Materialkosten.

Dies gilt für die Herstellung von Massenartikeln (z. B. Beschichtungen, Knöpfe, Wellplatten) und von Leichtbauteilen (z. B. im Automobil- und Flugzeugbau) ebenso wie für die Herstellung von Gehäusen, Abdeckungen oder Verkleidungen sowie von Behältern und Rohren.

Eine erfolgreiche Anwendung von UP-Harzen setzt entsprechende Erfahrungen bei der Auswahl und der Verarbeitung sowie bei der Qualitätssicherung voraus und zwar unabhängig vom Produkt.

Qualitätssicherung

Das moderne Haftungsrecht verlangt, unbeschadet der Vorschriften des technischen Regelwerks, vom Hersteller konkrete Nachweise für die Einhaltung der spezifizierten Eigenschaften seiner Produkte.

Vom Empfänger eines Produkts soll die Einhaltung vereinbarter oder anzunehmender Eigenschaften stets erwartet werden. Bei Mängeln besteht zunächst eine gesetzlich verbriefte Gewährleistung, danach im Allgemeinen eine zugesagte Garantieleistung.

Für den betrieblichen Alltag sind diese gesetzlichen Rahmenbedingungen jedoch unzureichend und werden durch Maßnahmen ergänzt, die sich unter dem Zwang zur Einhaltung von Terminvorgaben sowie zur Wahrung der Wirtschaftlichkeit im internen Betriebsablauf und im Verhältnis zwischen den Betrieben herausgebildet und sich als „Qualitätssicherung" bewährt haben.

Die Organisation der Qualitätssicherung wird als „Qualitätsmanagement" bezeichnet und in der Normenreihe DIN EN ISO 9000 beschrieben.

Die Qualitätssicherung dient der Erfassung und Dokumentation von Produkteigenschaften sowie der Zuordnung von Verantwortlichkeiten, um Fehler oder Mängel zu einem möglichst frühen Zeitpunkt zu entdecken und unverzüglich beseitigen zu können.

In diesem Sinne entspricht die Spezifikation von Produkteigenschaften unter Anwendung genormter oder vereinbarter Prüfverfahren und einer zugeordneten Dokumentation wirtschaftlichen Forderungen.

Eine Spezifikation von UP-Harzen enthält für den Lieferzustand mindestens die Angabe

- der chemischen Basis (Glykole, gesättigte und ungesättigte Dicarbonsäuren),
- der Harzgruppe nach DIN 18820 Teil 1 und des Harztyps nach DIN 16946 Teil 2, bzw. der Harzgruppe nach DIN EN 13121-1,
- des Anteils an monomerem Styrol, mit Angabe der Bestimmungsmethode,
- der Harzdichte nach DIN EN ISO 1675 (Pyknometerverfahren),
- der Viskosität nach DIN EN ISO 307 oder nach ASTM D 445 und
- der Reaktivität, mit Angabe der Bestimmungsmethode.

Und für den Harzformstoff die Angabe

- der Formstoffdichte nach DIN 53479 oder ISO 7822,
- der Zugfestigkeit, des E-Moduls und der Reißdehnung nach DIN EN ISO 527-2 sowie
- der Biegefestigkeit nach DIN EN ISO 178 und
- der Formbeständigkeitstemperatur (HDT/A) – DIN EN ISO 75 oder ASTM D 648.

Zusätzlich sollte die Glasübergangstemperatur nach DIN EN ISO 6721-1 und -2, nach ASTM D 2236 (Schubmodulkurve) oder nach ASTM E 1356 (Differential Scanning Calorimetry, DSC) verfügbar sein.

Außerdem werden häufig die Färbung oder die Farbzahl und die Brechzahl angegeben, die ebenfalls zur Charakterisierung des jeweiligen UP-Harzes gehören.

Harze einer entsprechenden Spezifikation erhalten eine herstellerinterne Kennzeichnung und werden unter einem eingetragenen Handelsnamen angeboten.

Ermittlung und Dokumentation der einer Herstellungscharge zuzuordnenden, wesentlichen Kenndaten erfolgen in werkseigenen Labors, die vom Herstellungsbetrieb unabhängig tätig und der Firmenleitung direkt unterstellt sind.

Die Freigabe einer Herstellungscharge erfolgt erst bei nachweislicher Einhaltung der Spezifikation.

Die an Kunden oder Verarbeiter gelieferten Harzmengen sind entweder einer nummerierten Herstellungscharge, meistens jedoch einer definierten und gesondert nummerierten Lagercharge zugeordnet.

Harzlieferungen bestehen aus einer Charge oder sind Teil einer Charge. Damit können verschiedene Lieferungen zur gleichen Charge gehören.

Die Einhaltung der Spezifikation des Harzes wird bereits durch Angabe des Handelsnamens und der Chargen-Nummer im Lieferschein bestätigt. Damit ist beim Empfänger eine konkrete Eingangskontrolle und in Zweifelsfällen die Rückverfolgbarkeit sichergestellt.

Aus praktischen und wirtschaftlichen Gründen stellen Harzlieferanten üblicherweise Bescheinigungen nach DIN EN 10204 mit Angabe der Chargen-Nummer und kennzeichnender Eigenschaften aus, z. B. für die Viskosität, den Styrolanteil und die Reaktivität.

Da diese Eigenschaften nach festgelegten bzw. genormten Verfahren von einem von der Fertigung unabhängigen Labor ermittelt werden, sind für Reaktionsharze als wesentlicher Werkstoffkomponente Bescheinigungen 3.1 nach DIN EN 10204 (Abnahmeprüfzeugnisse 3.1) auszustellen.

Anmerkung: In der Neufassung der DIN EN 10204 entspricht das Abnahmeprüfzeugnis 3.1 dem bisherigen Abnahmeprüfzeugnis 3.1.B nach DIN 50049.

Dies gilt verbindlich, wenn die Harze bei der Herstellung überwachungspflichtiger Produkte verwendet werden, oder dies in der Produktnorm oder der Produktspezifikation vorgesehen ist.

Literatur

- Weitergehende Informationen finden Sie in entsprechenden Veröffentlichungen der Harzhersteller oder in der einschlägigen Fachliteratur.

4.1.1.2 Vinylesterharze

Einführung

Vinylesterharze (VE-Harze) gehören zu den Reaktionsharzen, die – ebenso wie die UP-Harze – durch Copolymerisation zu duroplastischen Formstoffen vernetzen können.

Die VE-Harze wurden von der Shell Comp. entwickelt (1960), deren Patente 1980 von der Ashland Inc. übernommen wurden. VE-Harze der Ashland Inc. tragen den Handelsnamen „Hetron".

Die Dow Chemical Comp. hat ab 1967 VE-Harze unter dem Handelsnamen „Derakane" entwickelt. Gegenwärtig werden VE-Harze auch unter den Handelsnamen „Atlac", „Dion" und „Palatal" angeboten.

Als „Vinylesterharze" bezeichnet der Chemiker Polymere, die durch Polyaddition bzw. Veresterung von Bisphenol A oder von Novolak, beides Phenolderivate, mit Acryl- oder Methacrylsäure entstehen.

Anmerkung : Die in DIN 18820 verwendete Bezeichnung „Phenacrylatharze" ist zutreffend, jedoch ungebräuchlich. Üblicherweise wird die Bezeichnung „Vinylesterharze" verwendet.

Handelsübliche VE-Harze sind Festharzlösungen in einem reaktiven Monomer, meistens in Styrol. Vinylesterharz und Styrol copolymerisieren (härten) unter denselben Bedingungen wie UP-Harze zum duroplastischen Formstoff, der durch eine räumlich vernetzte Makromolekularstruktur gekennzeichnet und – im Gegensatz zu thermoplastischen Formstoffen – weder schmelzbar noch umformbar ist.

VE-Harzformstoffe besitzen im Vergleich mit UP-Harzformstoffen teilweise günstigere mechanische und thermische Eigenschaftswerte sowie eine erhöhte chemisch/thermische Widerstandsfähigkeit.

VE-Harze werden für Beschichtungs- und Pressmassen sowie für Verbundwerkstoffe bei Bauteilen mit hohen betrieblichen Anforderungen verwendet.

Voraussetzung für die Anwendbarkeit von VE-Harzen sind die Spezifikationen der Harzhersteller mit Angaben über den chemischen Aufbau, die Verarbeitungs- und die Formstoffeigenschaften sowie die chemisch/thermische Beständigkeit der Formstoffe. Maßgebend für die Anwendbarkeit von VE-Harzen sind vom Verarbeiter bzw. Formstoffhersteller beherrschte Verfahren und die nachweisliche Einhaltung der bei bestimmungsgemäßem Betrieb erforderlichen Formstoffeigenschaften als Bedingung für die Gültigkeit rechnerischer, experimenteller oder empirischer Verwendbarkeitsnachweise.

Chemischer Aufbau

Die mechanischen und die thermischen Eigenschaften sowie die chemische Widerstandsfähigkeit der Harzformstoffe werden grundlegend vom chemischen Aufbau der VE-Harze bestimmt.

Der Aufbau von VE-Harzen ist durch Molekülketten aus Bisphenol A (BA) oder einem Novolak (NO) mit endständigen Acryl- bzw. Methacrylsäure- oder Ethylendicarbonsäureresten gekennzeichnet.

Bisphenol A mit Acrylsäureresten wird auch als „ethoxiliert", mit Methacrylsäureresten als „propoxiliert" bezeichnet. Harzformstoffe auf Basis von ethoxiliertem und von propoxiliertem Bisphenol A besitzen unterschiedliche mechanische, thermische und chemische Eigenschaften.

Bisphenol A und Novolake enthalten Kohlenstoff-Doppelbindungen in den reaktionsträgen Phenol- bzw. Benzolringen (Phenol = Hydroxylbenzol C6H5OH). Bisphenol A besteht aus zwei Phenolringen, die durch eine -C- Brücke mit gegenständigen Methylgruppen -CH3 verbunden sind (siehe Abbildung 7).

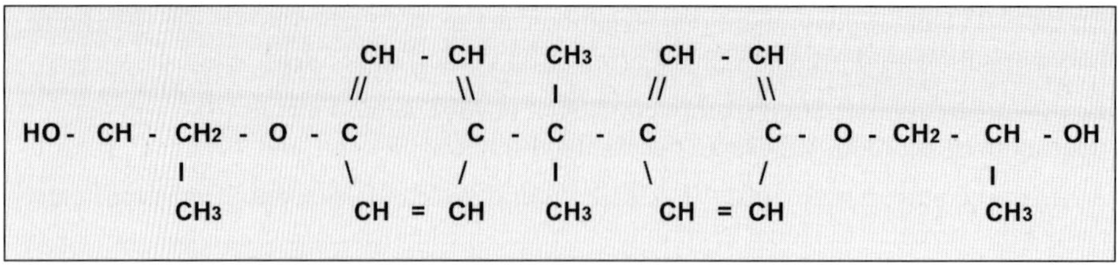

Abb. 7: Propoxiliertes Bisphenol A, Grundbaustein für VE/BA-Harze

Novolake bestehen aus mindestens zwei Phenol- oder Kresolringmolekülen, die durch Methylenbrücken, -CH2-, verbunden sind (siehe Abbildung 8).

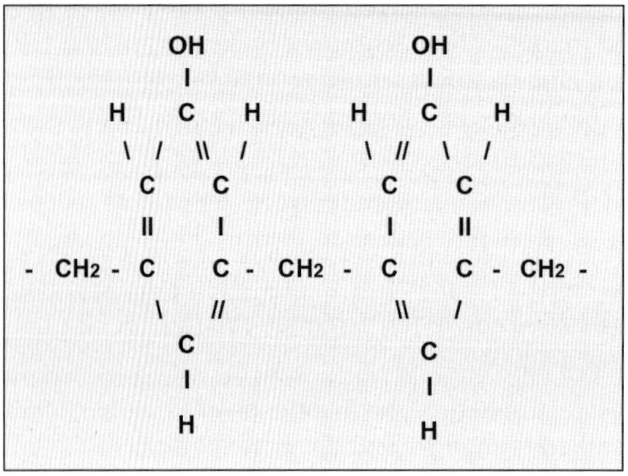

Abb. 8: Phenol-Novolack mit n = 2 Grundbausteinen

Bei der Herstellung von VE/NO-Harzen werden Phenol- oder Kresol-Novolak mit endständigen Acryl-, H2C=CH-COO-, oder Methacrylsäureresten, H2C=CCH3-COO-, verbunden.

Die reaktiven Doppelbindungen befinden sich in den Acrylsäure- bzw. Methacrylsäureresten oder in Ethylendicarbonsäuren, z.B. der Fumarsäure, HOOC-HC=CH-COOH.

Bei der Herstellung handelsüblicher VE/BA-Harze werden Bisphenol A und Methacrylsäure verwendet.

VE/U/BA-Harze enthalten zwischen den beiden Bisphenol A-Ringen und den Acrylsäure- oder den Methacrylsäureresten zusätzlich Urethan-Gruppen (siehe Abbildung 9).

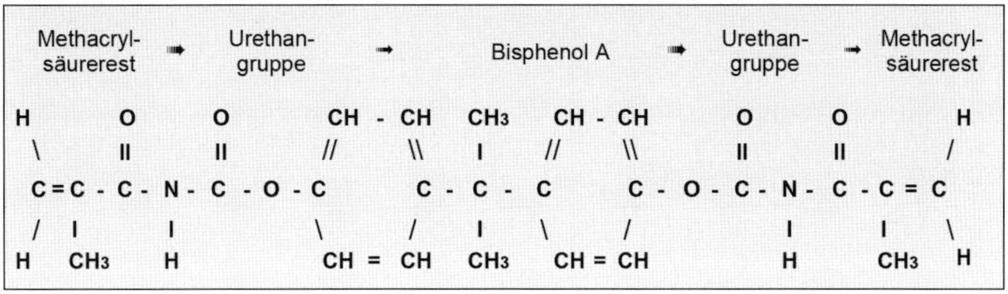

Abb. 9: Grundschema eines Vinylester-/Urethan-Harzes

Wie bei UP-Harzen können „selbstverlöschende" Eigenschaften durch Verwendung halogenhaltiger Komponenten erreicht werden, die im Brandfall allerdings korrosive und toxische Gase freisetzen.

Durch Verwendung dünnflüssiger VE-Harze und Beimischung von Aluminiumoxidhydrat sind jedoch auch halogenfreie Formstoffe mit selbstverlöschenden Eigenschaften möglich.

Als monomeres Lösemittel wird – wie bei den UP-Harzen – üblicherweise Styrol, C6H5CH=CH2, mit der reaktiven Kohlenstoff-Doppelbindung der Vinylgruppe, -CH=CH2, verwendet.

Die Styrolanteile liegen im Lieferzustand mit 35 bis 50 Mass.% bei handelsüblichen VE/BA-Harzen tendenziell höher als bei VE/NO-Harzen mit 30 bis 40 Mass.% (vgl. UP-Harze: 25 bis 45 Mass.%).

DIN 18820 Teil 1 ordnet VE-Harze – dort PHA-Harze genannt – der Gruppe 5 zu und unterteilt unter Hinweis auf DIN 16946 Teil 2 in die Harztypen 1310 (VE/BA) und 1330 (VE/NO). Die DIN EN 13121-1 definiert drei VE-Harz-Gruppen (VE/BA, VEU/BA und VE/NO).

Für die Vernetzungsreaktion bei VE-Harzen (Abbildung 10) gelten grundsätzlich die Angaben im Abschnitt zu den UP-Harzen einschließlich der Bedingungen für die Wärmeformbeständigkeit und die chemische Widerstandsfähigkeit entsprechend den Angaben der Harzhersteller.

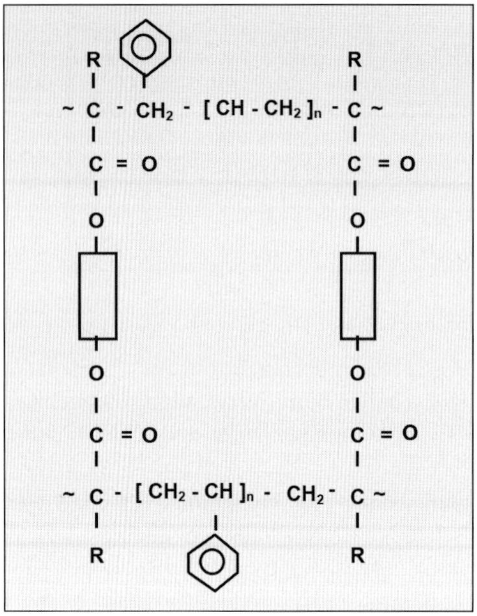

Abb. 10: Schematische Darstellung der Vernetzungsreaktion

Wesentliches Merkmal bei der Polymerisation von VE-Harzen ist der weitgehend vor dem Gelieren eintretende Volumenschwund, der zu relativ niedrigen Eigenspannungen im Formstoff führt.

Die Verwendung eines VE-Harzes ist wegen der im Betrieb zu erwartenden chemisch/thermischen Beanspruchungen von entscheidender Bedeutung. Dies gilt grundsätzlich auch für die mechanischen Eigenschaften von VE-Harzformstoffen, die gegebenenfalls von Füll- oder Verstärkungsstoffen überdeckt werden. Aufgrund der relativ hohen Reißdehnung von etwa 4,0% bei VE/NO-Formstoffen und etwa 6,0% bei VE/BA-Formstoffen, besitzen VE-Harze prinzipielle Vorteile gegenüber den UP-Harzen.

Dies gilt insbesondere hinsichtlich der zulässigen Dehnungen in Traglaminaten aus GF-VE/BA.

Harzeigenschaften

Die für den Verarbeiter wesentlichen Eigenschaften der VE-Harze (Styrolanteil, Viskosität, Reaktivität) werden von den Harzherstellern in Kenndatenblättern veröffentlicht.

Die Kenndatenblätter enthalten teilweise eine Reihe weiterer Eigenschaftswerte im Allgemeinen als Richtwerte (u. a. Farbzahl, Säurezahl), die den herstellerinternen Spezifikationen entsprechen und die das jeweilige Harz charakterisieren, für die Verarbeitung jedoch weniger interessant sind.

Die (dynamische) Viskosität g wird nach DIN EN ISO 307 (früher: DIN 53015) oder nach ASTM D445 bestimmt, in [mPa s] (früher: [cP]) angegeben und hängt von den Polyadditionsbedingungen bei der Harzherstellung sowie vom Gehalt an monomerem Styrol ab.

Manchmal wird die mit dem DIN-Becher Nr. 4 bestimmte Auslaufzeit genannt, die für werkstattmäßige Kontrollen geeignet erscheint. Das Verfahren ist in DIN EN ISO 2431 (früher DIN 53211) beschrieben.

Bei allen Angaben zur Viskosität sind die Prüfbedingungen (z. B. die Prüftemperatur) zu beachten, um die Kennzahlen vergleichen zu können.

Die Reaktivität eines VE-Harzes ergibt sich aus dem chemischen Aufbau und wird vielfach als „gering" oder „mittel" angegeben. In den Kenndatenblättern der Harzhersteller sind meistens Diagramme mit Angaben zum Härtungsverhalten bei variierten Rezepturen und Verarbeitungstemperaturen der Harze enthalten, die wichtige Hinweise für die Wahl von Art und Menge geeigneter Reaktionsmittel enthalten.

Beim Verarbeiter wird die Reaktivität der Harze durch Vorversuche unter Beachtung der erforderlichen Verarbeitungszeit für den Harzansatz („Topfzeit") ermittelt.

Ein Verfahren, welches Vergleichswerte zur Bestimmung der Gelzeit (Zeit vom Anmischen bis zum Angelieren eines Harzansatzes) liefert, ist in DIN EN ISO 2535 angegeben.

Die Festlegung der Rezeptur bleibt bei jedem Anwendungsfall in der Verantwortung des Verarbeiters.

Die in den Kenndatenblättern enthaltenen Angaben über Dichte, Brechzahl, Farbzahl und Säurezahl der Harze sowie thermische Kennzahlen der Formstoffe gehören zur Charakterisierung der VE-Harze.

Für den Verarbeiter wichtig sind Angaben über den Styrolgehalt, die Verträglichkeit mit Zusätzen von Styrol, die Mischbarkeit mit anderen VE-Harzen und deren Lagerfähigkeit. Verschiedentlich werden VE-Harze gleicher chemischer Basis mit unterschiedlichen Styrolanteilen und entsprechenden Viskositäten sowie als vorbeschleunigte oder als elastifizierte Formulierung angeboten.

Der wegen des Styrolanteils angegebene Flammpunkt von etwa 32°C kennzeichnet VE-Harze als brennbare Flüssigkeiten der VbF-Gefahrklasse AII und nach der Gefahrstoffverordnung als „leicht entzündlich".

Nach wasserrechtlichen Vorschriften sind VE-Harze als „wassergefährdend" (WGK 2) einzustufen.

Formstoffeigenschaften

Die nach der Härtung vorliegenden duroplastischen VE-Harzformstoffe werden im Wesentlichen durch Dichten von etwa 1,1 g/ml, Reißdehnungen zwischen 4% und 6% (VE/BA- und VE/UBA-Basis) sowie 3% bis 4% (VE/NO-Basis) und Formbeständigkeitstemperaturen zwischen 100°C und 130°C (VE/BA-Basis) sowie 120°C bis 150°C (VEU/BA- und VE/NO-Basis) charakterisiert.

Spezielle VE-Harze für Formstoffe mit Formbeständigkeitstemperaturen bis zu 200°C haben sich aus Gründen der Verarbeitbarkeit, z. B. Bedingungen bei der thermischen Nachbehandlung, bisher nicht durchgesetzt.

Die DIN 16946 Teil 2 verwendet u. a. auch die Glasübergangstemperatur, die Biegefestigkeit sowie die Festigkeit und den Elastizitätsmodul aus dem Zugversuch zur Charakterisierung der VE-Harztypen 1310 (VE/BA) und 1330 (VE/NO).

Zur Abschätzung des Luftgehalts von VE-Harzformstoffen und -laminaten kann die Formstoffdichte herangezogen werden, die als Qualitätsmerkmal anzusehen ist.

Die Reißdehnung des Harzformstoffs ist maßgebend für Mikrorissbildungen bei Verbundwerkstoffen, die in Abhängigkeit vom Harztyp und Fasergehalt bei einer ausgeprägten „Knistergrenze" auftreten und als Schädigungen zu interpretieren sind.

Bei entsprechender Darstellung von Last-/Verformungs- bzw. Spannungs/Dehnungs-Diagrammen ist bei Laminaten gleichen Verstärkungsaufbaus und Formstoffen mit den o. a. Reißdehnungen eine Abweichung vom linearen – quasi „Hooke'schen" – zu einem flacheren Kurvenverlauf zu erkennen, die bei Faserverbundkunststoffen zwischen 30% und 50% der Bruchlast liegt („Puck'sches Knie") und eine Änderung/Verringerung des Elastizitätsmoduls anzeigt.

Diese „Schädigungsgrenze" liegt bei Verwendung von VE-Formstoffen mit hoher Reißdehnung (>5%) und in Abhängigkeit vom Fasergehalt bei 40% bis 50%, bei VE-Formstoffen mit mittlerer Reißdehnung (>3%) bei 40% bis 45% der Bruchlast des GF-VE Verbundwerkstoffs.

Mikrorissbildungen, die auch als „Zwischenfaserbrüche" bezeichnet werden, beeinflussen das Kriech- und das Zeitstandbruchverhalten und sind bei der Auslegung von GfK-Bauteilen, insbesondere beim Sicherheitsnachweis, grundsätzlich zu berücksichtigen.

Die Forderung von A x S $\geq$ 4 (mit A= Abminderungsfaktor; S = Sicherheitsbeiwert) im sicherheitstechnischen Regelwerk gilt auch bei Einsatz von VE-Harzen. Die bei VE-Harzen – ähnlich wie bei Epoxidharzen – charakteristische Reaktionsschwindung während der Gelierphase ergibt relativ geringe Eigenspannungen im Formstoff und wahrscheinlich auch einen verbesserten Verbund mit Faserverstärkungen, so dass bei Verwendung von VE-Harzen und gleichem Laminataufbau generell höhere mechanische Kennwerte und geringere Kriechneigungen gemessen werden als bei Verwendung von UP-Harzen.

Dies führt erfahrungsgemäß zu einem Teilfaktor für den Zeitstand- oder Kriecheinfluss von A1 $\geq$ 1,25 (bei Verwendung von UP-Harzen: A1 $\geq$ 1,40) und darf bei der Berechnung und Güteüberwachung von GF-VE-Bauteilen berücksichtigt werden.

Die Formbeständigkeit von VE-Harzformstoffen wird – analog dem Abschnitt für UP-Harzformstoffe – durch die Glasübergangstemperatur TG oder die „Heat deflection temperature" (HDT) beschrieben.

Die dort getroffenen Annahmen und Folgerungen, u. a. zur Bestimmung des Teilfaktors A3 = 1,4 für den Temperatureinfluss, gelten auch für Formstoffe bzw. für Verbundwerkstoffe aus VE-Harzen.

Chemische Widerstandsfähigkeit

VE-Harzformstoffe werden vielfach unter chemisch/thermischen Betriebsbedingungen eingesetzt, mit denen die Anwendungsgrenzen nach dem derzeitigen Stand der Technik erreicht sind. Dies ist nur in Verbindung mit ihrem relativ günstigen, mechanischen Beanspruchungsverhalten möglich und stellt an die Vorauswahl der VE-Harze und die Verarbeitungsbedingungen sowie an die Bauteilauslegung und die Qualitätssicherung entsprechend erhöhte Anforderungen.

Generell besitzen VE-Harzformstoffe gegenüber chemisch/thermischen Beanspruchungen aufgrund ihres strukturellen Aufbaus mit endständig reaktiven -C=C-Doppelbindungen und den stabilen BA- oder NO-„Kernen" eine relativ hohe Hydrolysebeständigkeit.

Für eine optimale Polymerisation ist die Verwendung von Beschleunigergemischen aus tertiären Aminen und organischen Metallsalzen, z. B. Co/Amin-Gemischen, eine Anhärtung bei Raumtemperatur (>10°C) sowie eine thermische Nachbehandlung bei der Formbeständigkeitstemperatur des VE-Harzformstoffs erforderlich, mindestens jedoch bei 80°C, der Sauerstoffzerfallstemperatur der Peroxide (Härter).

Die Einhaltung eines Monomerstyrolanteils (Reststyrolgehalt) von < 3 Mass.% vor der Auslieferung und bei Nachhärtung während einer Zwischenlagerung bis zur Inbetriebnahme wird bei GF/VE- Bauteilen als ausreichend angesehen.

Die erreichbare Formbeständigkeitstemperatur und chemisch/thermische Widerstandsfähigkeit der Formstoffe ist jedoch nur bei thermischer Nachbehandlung oder einer entsprechenden Nachhärtung und einem nachgewiesenen Reststyrolgehalt unter 1 Mass.% gewährleistet.

Zur Auswahl der VE-Harze werden die gleichen Grundlagen wie für UP-Harze verwendet:

- betriebliche Erfahrungsnachweise,

- Beständigkeitslisten der Harzhersteller,
- einschlägige Werkstoff/Medienlisten und
- Betriebs- oder Laborversuche.

Für die Anwendung dieser Grundlagen gelten die im obigen Abschnitt enthaltenen Hinweise.

Da VE-Harze bei Betriebsmedien mit geringem oder mit deutlichem Einfluss auf das Langzeitverhalten aus Kostengründen allenfalls bei Betriebsbedingungen verwendet werden, für die keine geeigneten UP-Harze vorhanden sind, wird im Folgenden auf erhebliche chemisch/thermische Beanspruchungen eingegangen. Dabei ist zu beachten, dass bei als „gering" oder als „deutlich" eingestufter chemischer Beanspruchung sowohl die Anwendungstemperaturen in den Beständigkeitslisten der Harzhersteller, als auch die in den einschlägigen Werkstoff-/Medienlisten angegebenen zulässigen Temperaturen auf Werte begrenzt sind, die unter der aufgrund der Formbeständigkeit zulässigen Temperatur liegen. Dies kann bereits bei Betriebstemperaturen über 60°C der Fall sein und die Verwendung von hochwertigen Formstoffen auf Basis von UP/BA- oder von VE-Harzen erfordern.

Als „erheblich" werden chemische Beanspruchungen wie hohe Acidität (pH-Werte < 1), hohe Alkalität (pH-Werte > 10) sowie hydrolisierende und oxidierende Einflüsse angesehen, die insbesondere bei erhöhten Temperaturen (TD > 40°C) eine ausgeprägte Widerstandsfähigkeit der Formstoffe erfordern. Zu den Betriebsmedien mit „erheblichen" Einflüssen zählen anorganische sowie organische Laugen und Säuren, Lösemittel, Amine und Tenside. Diese Medien werden in einschlägigen Unterlagen, z. B. den Werkstoff-/Medienlisten des DIBt, nach der in DIN 18820-3 vorgenommenen Klassifizierung einer der Medienklassen I bis X zugeordnet. Dabei ist die Verwendbarkeit auch von VE-Harzen teilweise auf Betriebstemperaturen bis 40°C und auf VE/BA-Harze oder auf VE/NO-Harze beschränkt.

Die Werkstoff-/Medienlisten gelten verbindlich für GfK-Behälter und -Rohrleitungsteile als Bauprodukte und generell nur in Verbindung mit definierten Schutzschichten.

Anmerkung: In der Praxis werden die Angaben in den Werkstoff-/Medienlisten bei der Abschätzung des A2-Faktors auch für „ähnliche" Fälle verwendet. Die Listen dürfen dabei nur der Orientierung dienen und stellen kein rechtliches Indiz dar.

Nach dem derzeitigen Stand der Technik sind Reinharz- oder Vliesschichten nur bei Temperaturen bis 40°C zulässig. Bei Anwendungstemperaturen über 40°C bis 60°C werden Chemieschutzschichten oder thermoplastische Auskleidungen („Liner") verwendet.

Bei Anwendungen mit erheblicher chemischer Beanspruchung und Temperaturen über 60°C bis 80°C werden aufgrund ihrer vergleichsweise günstigen mechanischen Eigenschaften generell Formstoffe auf Basis von VE-Harzen eingesetzt. Dies gilt wegen der günstigen Reißdehnungen insbesondere bei hohen mechanischen Beanspruchungen im chemischen Apparatebau, obwohl UP/BA-Harzformstoffe (DIN-Gruppe 6) unter dem Gesichtspunkt chemisch/thermischer Beanspruchungen gleichwertig oder überlegen scheinen, jedoch wegen Reißdehnungen von etwa 2,0 % rissanfällig sind.

Aufgrund von Erfahrungen bei Betriebstemperaturen > 60°C oder wechselnden Temperaturen werden zusätzliche Verschleißschichten mit einem Aufbau entsprechend dem jeweiligen Traglaminat an Stelle der harzreichen Chemieschutzschichten (CSS) empfohlen.

Damit wird die unterschiedliche Wärmedehnung harzreicher Schutzschichten und der relativ harzarmen Traglaminate sowie die sich daraus ergebenden Spannungen zwischen den Schichten vermieden, die zu Ablösungen und zur Blasenbildung führen können. Es ist allerdings umstritten, ob diese Mängel als sicherheitstechnisch bedenklich oder kritisch anzusehen sind, wenn sonst keine auffälligen Befunde vorliegen, z. B. große Ablösungen mit angebrochenen Rändern.

Nach den technischen Regeln zur Auslegung (Entwurf, Gestaltung, Berechnung) von GF-VE-Bauteilen muss einer qualitativen Abschätzung die Festlegung des Medieneinflussfaktors A2 zur Berücksichtigung chemisch/thermischer Einwirkungen folgen. Bisher gilt ein A2 > 1,4 als nicht regelkonform, weil eine betriebsbedingte Minderung der mechanischen Eigenschaftswerte auf weniger als 70% des Werts der Traglaminate im Neuzustand als sicherheitstechnisch bedenklich bzw. nicht zulässig angesehen wird.

Aus Gründen der Betriebssicherheit und der Wirtschaftlichkeit soll in diesen Fällen ein höherwertiges Harz verwendet oder die Anwendung eingeschränkt und angemessen überwacht werden.

Die Anwendungsmöglichkeiten von VE-Harzen gehen über den allgemeinen Erfahrungsstand hinaus, so dass außerhalb des in den einschlägigen Werkstoff-/Medienlisten relativ eingeschränkten Bereichs eine konservative Abschätzung oder ein experimenteller Nachweis des Teilfaktors A2 erforderlich ist. Wie bereits vorher dargelegt, erscheint die Fortschreibung des technischen Regelwerks auch unter diesem Aspekt geboten.

Eine fachgerechte Bewertung der Beurteilungsgrundlagen und von Versuchsergebnissen setzt sowohl chemische Kenntnisse als auch praktische Erfahrung voraus.

Verarbeitungsverfahren

Bei der Verarbeitung von VE-Harzen werden die gleichen Verfahren angewendet wie bei UP-Harzen.

Eine ausführliche Beschreibung der Verarbeitungsverfahren folgt weiter unten im Handbuch.

Anwendungsgebiete

Die Anwendungsmöglichkeiten von VE-Harzen ergeben sich im Wesentlichen aus den verschiedenen Verarbeitungsverfahren und den spezifischen Formstoffeigenschaften.

Spezielle Anwendungen als Beschichtungsmaterialien im „schweren" Korrosionsschutz, als Bindemittel von Reaktionsharzestrichen und Reaktionsharzbeton und als Wandwerkstoffe für Druckbehälter und -rohre im chemischen Apparatebau sind wegen des chemisch/thermischen Beanspruchungsverhaltens in Bereichen möglich, für die herkömmliche Werkstoffe nicht geeignet oder nicht konkurrenzfähig sind.

Gleiches gilt für Großbauteile wie Waschkolonnen einschließlich Gaskühler (Quenche), Reingasrohre und Kamine sowie für Lagerbehälter im Bereich von Rauchgasreinigungsanlagen.

Die relativ hohen Preise von VE-Harzen erscheinen bei sachgerechter Bauteilauslegung und den sich dabei ergebenden Einsparungen an Material und Verarbeitungszeit für die Verwendung von VE-Harzen nicht ausschlaggebend.

Eine erfolgreiche Anwendung von VE-Harzen setzt entsprechende Erfahrungen bei der Auswahl und der Verarbeitung sowie bei der Qualitätssicherung voraus, u. z. unabhängig vom Produkt.

Qualitätssicherung

Die Anmerkungen für UP-Harze im vorherigen Abschnitt gelten uneingeschränkt auch für VE-Harze.

Spezifikationen von VE-Harzen enthalten meistens folgende Angaben für die Harze im Lieferzustand:

- chemische Basis (Bisphenol A, ggfs. urethanmodifiziert, oder Novolak),

- Harzgruppe nach DIN 18820-1, Harztyp nach DIN 16946-2 bzw. DIN EN 13121-1,
- Anteil an monomerem Styrol, mit Angabe der Bestimmungsmethode,
- Harzdichte nach DIN EN ISO 1675 (Pyknometerverfahren),
- Viskosität nach DIN EN ISO 307 oder nach ASTM D 445 und
- Reaktivität, mit Angabe der Bestimmungsmethode sowie für die Harzformstoffe nach der Aushärtung,
- Formstoffdichte nach DIN 53479, ISO 1183 oder ISO 7822,
- Zugfestigkeit, -E-Modul und Reißdehnung nach DIN EN ISO 527-2,
- Biegefestigkeit nach DIN EN ISO 178 und
- Formbeständigkeitstemperatur (HDT/A) nach DIN EN ISO 75 oder ASTM D 648.

Zusätzlich sollte die Glasübergangstemperatur nach DIN EN ISO 6721-1 und -2, nach ASTM D 2236 (Schubmodulkurve) oder nach ASTM E 1356 (Differential Scanning Calorimetry, DSC) verfügbar sein.

Außerdem werden häufig die Färbung oder die Farbzahl und die Brechzahl angegeben, die ebenfalls zur Charakterisierung von VE-Harzen gehören.

Harze einer entsprechenden Spezifikation erhalten eine herstellerinterne Kennzeichnung und werden unter einem eingetragenen Handelsnamen angeboten.

Hinsichtlich Dokumentation und Bestätigung der Eigenschaften und Kennwerte von VE-Harzen gelten die Feststellungen aus Abschnitt Qualitätssicherung für UP-Harze.

4.1.1.3 Diallylphthalatharze

DAP-Harze werden vorwiegend in der Elektronik verwendet, da sie sehr vorteilhafte elektrische Eigenschaften aufweisen, die auch nach längerer Lagerung unter ungünstigen klimatischen Verhältnissen erhalten bleiben.

Die guten elektrischen – fast an die von Polystyrol heranreichenden – Eigenschaften sind auf die im DAP-Harz vorliegenden relativ langen Kohlenstoff-Ketten zurückzuführen.

Das Diallylphthalat ist in unpolymerisiertem Zustand eine wasserklare Flüssigkeit.

Es enthält im Molekül zwei ungesättigte Gruppen und kann daher direkt zu vernetzten Produkten polymerisieren. Es wird auch vielfach Polyester-Formmassen an Stelle des Styrols zugesetzt.

Für die eigentlichen Diallylphthalat-Formmassen aber wird das monomere Diallylphthalat an einer der beiden Doppelbindungen durch ein besonderes Verfahren vorpolymerisiert. Dabei entsteht ein weißes Pulver, das eigentliche DAP-Harz. Dieses Prepolymere wird wie andere Harze zum Aufbereiten von härtbaren Formmassen entweder im Schmelzfluss- oder Flüssigharzverfahren (Harzlösung) eingesetzt.

Über die zweite Doppelbindung können die DAP-Harze durch eine radikalische von Peroxiden ausgelöste Polymerisation vernetzt werden. Der Aushärtevorgang gleicht dem von Polyester-Formmassen. Eine hervorzuhebende Eigenschaft ist die gute Chemikalienbeständigkeit.

DAP-Formmassen lassen sich in hellen, vergilbungsbeständigen Farbtönen herstellen. Sie sind in dieser Hinsicht die bisher am besten geeigneten härtbaren Formmassen.

4.1.1.4 Methyl-Methacrylatharze

Einführung

Wie bei vielen Polymerstoffen hat auch die Chemie der von Acryl- und Methacrylsäure abgeleiteten Polymethacrylate eine lange Vorgeschichte. Acrylsäure (Propensäure) ist die einfachste ungesättigte Carbonsäure und bereits 1843 durch Oxidation von Acrolein (Propenal) labormäßig hergestellt worden. Die nächste Voraussetzung für die Entwicklung war die 1873/1877 gelungene Darstellung von Methacrylsäure und ihrer Polymerisation.

Die Ester der Methacrylsäure (Abbildung 11) und ihre Polymerisate werden als „Methacrylate" bzw. „Polymethacrylate" bezeichnet.

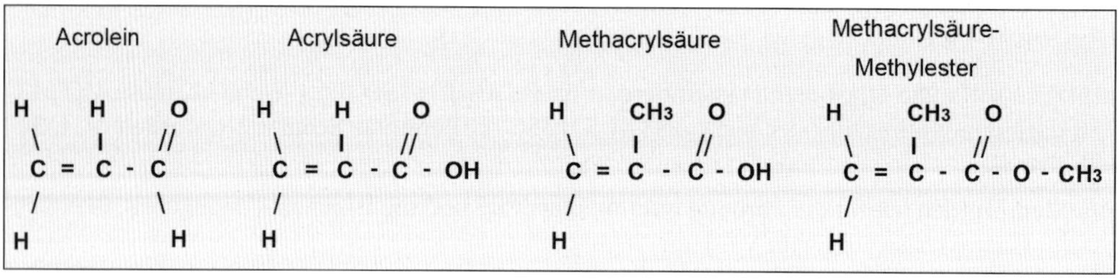

Abb. 11: Strukturen der Grundbausteine bei der Entwicklung von MMA-Harzen.

Anmerkung: Abbildung 11 stellt die MMA-Strukturen, jedoch keinen Herstellungsprozess dar.

Die Dissertation von O. Röhm „Über Polymerisationsprodukte der Acrylsäure" wurde 1901 geschrieben. Die ersten Patente zur Herstellung von Polymethacrylaten wurden 1932 (ICI) und 1933 (Röhm) erteilt. Methacrylate werden zur Herstellung von polymeren Werkstoffen, Lacken, Thermoplasten und Reaktionsharzen verwendet.

Die bekanntesten Thermoplaste auf Methacrylatbasis sind die Copolymere des Methylmethacrylats, PMMA, die unter den Handelsnamen „Plexiglas" oder „Degalan" bekannt sind. PMMA-Formstoffe werden wegen ihrer optischen, mechanisch/thermischen und chemischen Eigenschaften hauptsächlich als Kunststoffgläser verwendet. Außerdem gehören neben dem Einsatz im Bauwesen (u. a. Lichtelemente, Lärmschutzwände, Wintergärten) auch die Herstellung von Beleuchtungskörpern, von Verbundglas sowie die Anwendung als Modellbaustoff und – wegen ihrer physiologischen Unbedenklichkeit – in der Medizintechnik zu den Anwendungen. Dabei ist die Anpassungsfähigkeit an das jeweilige Anforderungs- bzw. Eigenschaftsprofil besonders hervorzuheben.

PMMA-Formmassen sind in DIN 7745 genormt und werden seit den dreißiger Jahren im Spritzgussverfahren verarbeitet. Extrusionsverfahren mit PMMA-Formmassen gehen auf Entwicklungen in den fünfziger Jahren zurück.

Für beide Verfahren werden konfektionierte Granulate verwendet.

Räumlich vernetzende, duroplastische Polymerisate entstehen durch Zusatz von Acrylverbindungen, die zwei oder mehrere Doppelbindungen enthalten und als Vernetzer fungieren, die MMA-Harze. Diese Reaktionsharze sind mehr oder minder viskos und können sowohl linear (thermoplastisch) als auch unterschiedlich vernetzt (elastomer, duroplastisch) polymerisieren.

Chemischer Aufbau

Die Struktur des Methyl-Methacrylat lässt sich von der Acrylsäure ableiten, indem man an Stelle des Wasserstoffs der Vinylgruppe (H2C=CH-) und des Wasserstoffs der Carboxylgruppe (-COOH) jeweils einen Methylrest (-CH3) einbaut. Die polymerisationsfähige Doppelbindung der Vinylgruppe ermöglicht die Bildung hochmolekularer Polyacrylate, deren Eigenschaften durch eine (-C-C-)- Kette stabiler Hauptvalenzen gekennzeichnet sind (Abbildung 12).

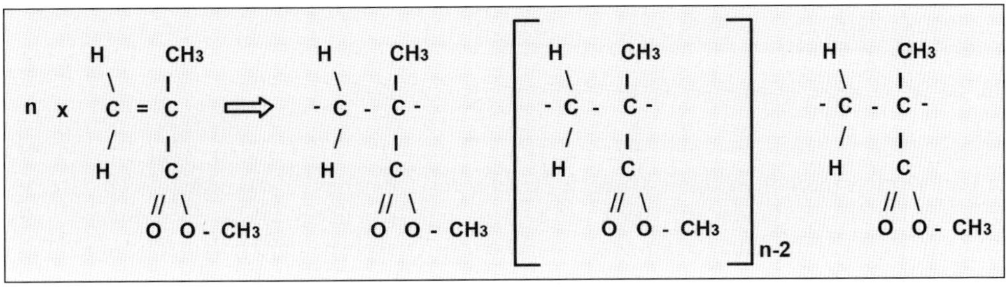

Abb. 12: Polymerisation von Methacrylsäuremethylester (PMMA).

Bei der Polymerisation von MMA-Harzen mit mindestens zwei Doppelbindungen (Abbildung 13) erhält man aufgrund der Struktur ein räumliches Netzwerk, d. h. PMMA-Formstoffe mit duroplastischen Eigenschaften.

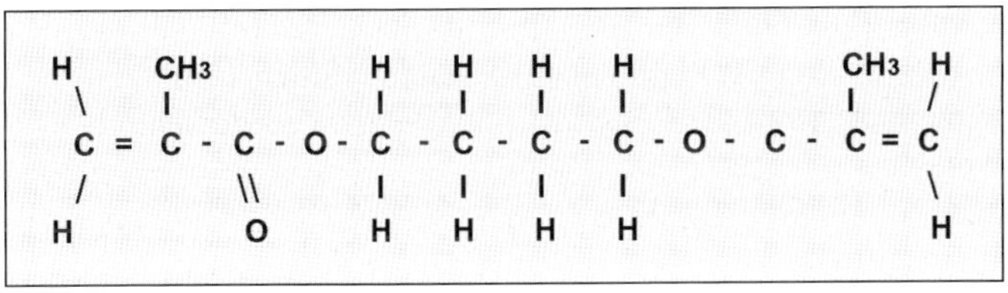

Abb. 13: Monomeres 1,4-Butandiol-dimethacrylat

Handelsübliche Reaktionsharze werden als Mischungen von Methylmethacrylat mit anderen Acrylaten verwendet, z. B. 1.4-Butandiol-dimethacrylat, Butyl- oder Ethylhexylmethacrylat, und sind durch tertiäre Amine, wie Dimethyl-p-toluidin oder Diisopropanol-p-toluidin im Sinne von Aktivatoren vorbeschleunigt.

Zur Stabilisierung bzw. zur Verbesserung der Lagerfähigkeit der hochreaktiven, unter Normalbedingungen zur Polymerisation neigenden Harze werden Inhibitoren, z. B. Hydrochinon, verwendet.

Die Harze polymerisieren („härten") nach Zugabe eines Peroxids, meist Dibenzoylperoxid, vollständig und zwar auch bei Temperaturen unter dem Gefrierpunkt (Abbildung 14).

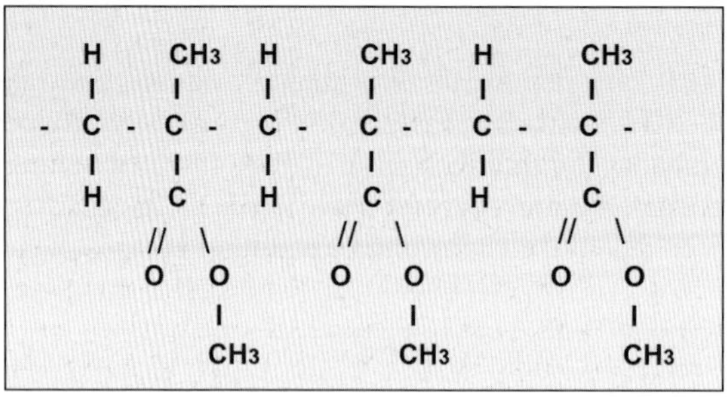

Abb. 14: Schematische Darstellung des Harzes in gehärtetem Zustand

Die Formstoffeigenschaften können je nach Zusammensetzung des Reaktionsharzes von „sprödhart", wie bei MMA-Harzen auf Basis von reinem und vernetztem MMA, bis „zähhart" oder „elastisch" durch Abmischungen mit „weichmachenden", gegebenenfalls polyurethanmodifizierten Acrylaten variieren.

Harzeigenschaften

MMA-Reaktionsharze bestehen aus polymerisierbaren Mischungen oder Lösungen von polymeren in monomeren Methacrylsäureestern mit Zusätzen von Aktivatoren (Beschleunigern) und Inhibitoren. Kenzeichnende Eigenschaften von MMA-Reaktionsharzen sind in der folgenden Tabelle angegeben.

Tab. 1: Eigenschaftswerte von MMA-Reaktionsharzen

Eigenschaft	Methacrylsäuremethylester	MMA-Reaktionsharze
Aussehen	farblos	farblos
Dichte [g/cm³]	0,943	0,97 bis 1,01
MMA-Anteil [%]	100	50 bis 75
Viskosität [mPas]	0,53	20 bis 1500
Flammpunkt [°C]	9	10

Das wasserhelle Aussehen von MMA-Harzen bleibt in unpigmentierten, ungefüllten Harzformstoffen erhalten. Die Viskosität von MMA-Harzen kommt einer handwerklichen Verarbeitung entgegen und kann durch monomeres MMA als „reaktiver Verdünner" weiter herabgesetzt werden.

MMA-Harze weisen einen charakteristischen, subjektiv auch unangenehm scharfen Geruch auf und sind leichtflüchtig.

Aufgrund des Flammpunktes waren MMA-Harze nach der ersetzten VbF der Gefahrklasse AI zuzuordnen und gelten nach der Definition in §4 der Gefahrstoffverordnung in Verbindung mit Anhang VI, Nr. 2.2.4 der Richtlinie 2001/59/EG (August 2001) als „leichtentzündlich" (Flammpunkt 0°C bis < 21°C).

In der Verwaltungsvorschrift über wassergefährdende Stoffe (VwVwS) vom Mai 1999 sind MMA-Harze und der Methylester der Methacrylsäure als „schwach wassergefährdend" (WGK1), der Methylester der Acrylsäure als „wassergefährdend" (WGK2) eingestuft.

In DIN 16946 Teil 2 sind zwei Typen von MMA-Reaktionsharzformstoffen genormt, die sich in den Anforderungen an die Biegefestigkeit und die Formbeständigkeitstemperatur sowie durch den „Vernetzungsgrad" geringfügig unterscheiden. Harzformstoffe des Typs 1200-0 sind duroplastisch vernetzt, die des Typs 1220-0 thermoplastisch „unvernetzt" (Abbildung 16). Diese Eigenschaften ergeben sich aus den jeweiligen Anteilen von Acrylat-Monomeren mit einer (Methacrylsäure-Methylester) oder zwei und mehr Doppelbindungen, (1.4-Butandiol- dimethacrylat, Methylhexylacrylat, Polyurethan-Methacrylate) in den MMA-Mischungen.

Formstoffeigenschaften

Die Polymerisation (Härtung) der MMA-Harze zu duroplastischen Formstoffen erfolgt durch Aktivierung mit Azoverbindungen oder Peroxiden, meist Dibenzoylperoxid, bei erhöhten Temperaturen zwischen 70°C und 100°C entsprechend der so genannten Anspringtemperatur des so genannten Starters, meistens jedoch unter Zusatz von Beschleunigern (tert. Aminen) bei Umgebungstemperaturen.Die Härtung durch energiereiche Strahlen ist ebenfalls möglich.

Die Polymerisation bei MMA-Harzen ist durch die exotherme Reaktion, einer Änderung der Dichte infolge einer systemabhängigen Volumenschwindung und – aufgrund der hohen Reaktivität – durch kurze Verarbeitungszeiten gekennzeichnet.

Die Anforderungs- und Richtwerte für die in DIN 16946 Teil 2 definierten MMA-Formstoffe Typ 1200-0 („vernetzt") und Typ 1220-0 („unvernetzt") sind in Tabelle 2 zusammengestellt.

Tab. 2: Eigenschaftswerte von Methylmethacrylat – Harzformstofftypen.

Formstofftyp DIN 16946 Teil 2	**1200 – 0**	**1220 – 0**
Dichte [g/cm³]	1,18	1,18
Biegefestigkeit [N/mm²]	120	110
Schlagzähigkeit [kJ/m²]	15,0	15,0
Kerbschlagzähigkeit [kJ/m²]	1,5	1,5
Druckfestigkeit [N/mm²]	140	140
Zugfestigkeit [N/mm²]	70	70
Formbeständigkeitstemperatur [°C]	90	85
Martens-Temperatur [°C]	95	90

Zu dem in DIN 16946 Teil 2 als „unvernetzt" bezeichnete Formstofftyp 1220-0 zählen auch schwach vernetzte Formstoffe mit thermoplastischen Eigenschaften, die als Spritzguss- und Extrusionsmassen in Pulver- oder Granulatform verwendet werden.

Die Kennwerte der mechanischen Eigenschaften entsprechen denen von höherwertigen EP-, UP- und VE-Normtypen und die thermischen Kenndaten liegen in deren Standardbereich.

MMA- und UP-Harzformstoffe besitzen ähnliches Brandverhalten und sind der Baustoffklasse B2 („normal entflammbar") zugeordnet.

Besonderes Augenmerk ist auf die Brechzahl 1,492 zu richten, weil die hohe Lichtdurchlässigkeit von 92% bei Textilglasverstärkung aus E-Glas mit der Brechzahl 1,548 erheblich beeinträchtigt wird, während dies mit Verstärkungen aus A-Glas mit der Brechzahl 1,490 vermeidbar ist.

Für die Auslegung bzw. den Sicherheitsnachweis von Kunststoffbauteilen sind einschlägige technische Regeln vorhanden, die u. a. im Abschnitt „Ungesättigte Polyesterharze" ausführlich beschrieben sind. Unter der Annahme, dass diese Regeln auch auf Bauteile aus MMA-Harzformstoffen, unverstärkt oder verstärkt anwendbar sind, wird eine Abschätzung von Einflussfaktoren für das mechanische und das thermische Verhalten unter betrieblichen Beanspruchungen erforderlich.

Dazu gehört zunächst die Kenntnis von Zeitstand-Bruch- oder -Kriechkurven sowie die Abschätzung von Schädigungsgrenzen, die bisher nur für PMMA-Formstoffe (Acrylgläser) vorliegen. Bis auf Weiteres erscheint eine Übertragung auf Formstoffe aus MMA-Harzen nicht ausreichend belegt.

Dies gilt analog für die Anwendbarkeit der Bestimmungsgleichung für den Teilfaktor A3, die eine lineare Abhängigkeit der mechanischen Eigenschaften von der Temperatur und die Kenntnis der Schubmodulkurve, mindestens aber der Glasübergangstemperatur TG, des Formstoffs erfordert.

Für MMA/MA-Copolymerisate sind Schubmodulkurven bekannt, die bei MMA-Anteilen über 80% bis etwa 70°C quasi linear verlaufen und Glasübergangstemperaturen TG >100°C ausweisen.

Chemische Widerstandsfähigkeit

MMA-Formstoffe gelten als besonders witterungsbeständig, d. h. bei Einwirkung von Feuchte im Bereich von -40°C bis 60°C und unter UV-Strahlung sind keine Anquellungen, Farbänderungen oder Rissbildungen zu erwarten.

Dies gilt nicht ohne Weiteres bei Beanspruchungen durch industrielle Abgase, bei höheren Betriebstemperaturen oder bei Herstellungsfehlern.

Bei Beanspruchungen durch anorganische und organische Laugen oder Säuren (außer Flusssäure) und deren hydrolysierende Salze sowie gesättigte aliphatische Kohlenwasserstoffe (z. B. aromatenfreies Benzin, Paraffinöl, tierische und pflanzliche Öle, Biodiesel) ist bei Temperaturen bis 25°C eine hohe chemische Widerstandsfähigkeit gegeben, meistens unabhängig von der Konzentration.

Bei höheren Temperaturen (>25°C) sind die Beständigkeitslisten der MMA-Harzhersteller zu beachten.

Im Zweifel sind Voruntersuchungen im Labor oder vorlaufende Betriebsversuche erforderlich und dabei ist zu entscheiden, welche – gegebenenfalls erheblichen – Veränderungen anwnedungstechnisch vertretbar sind.

Chemische Beanspruchungen durch Chlorkohlenwasserstoffe, Aldehyde, Alkohole, Ester, Ketone und aromatische Kohlenwasserstoffe sowie durch oxidierende Medien – dazu gehören auch Salpetersäure > 70% oder Schwefelsäure > 96% – führen bereits bei Raumtemperatur zu erheblichen Anquellungen (> 2 Mass.%) oder zum Abbau (Hydrolyse, Lösung) mit deutlichem Masseverlust. Dabei können beide Effekte gleichzeitig auftreten.

Die Neigung zur Spannungsrissbildung, manchmal auch als „Spannungsrisskorrosion" bezeichnet, ist als spezielles Phänomen der chemischen Widerstandsfähigkeit anzusehen, weil sie auch bei Medien ohne oder mit geringem Einfluss auf das Formstoffverhalten auftritt, wenn gleichzeitig Zugbeanspruchungen vorliegen, sei es durch äußere Lasten oder infolge von Eigenspannungen.

Eigenspannungen lassen sich durch geeignete Gestaltung bei Verwendung von Füllstoffen oder durch die Temperaturführung bei der Herstellung vermindern. Bei der Bauteilauslegung sind die

Zug- oder Biegespannungen auf höchstens 10% der Festigkeit zu begrenzen, wenn trotz ausreichender chemischer Widerstandsfähigkeit mit Spannungsrissempfindlichkeit zu rechnen ist.

Die Beständigkeitslisten der MMA-Harzhersteller enthalten meist nur den qualitativen Hinweis, ob der Formstoff gegen das Medium, definiert durch die chemische Bezeichnung und Angabe der maximalen Konzentration und Anwendungstemperatur, als „beständig", „bedingt beständig" oder als „unbeständig" angenommen werden darf. Außerdem werden häufig die Beurteilungskriterien, z. B. Grenzwerte der Änderung von Masse und Festigkeit sowie das Prüfverfahren angegeben.

Nach den technischen Regeln für die Auslegung von tragenden Kunststoffbauteilen ist eine Abschätzung des Teilfaktors A2 für den chemisch/thermischen Einfluss des Betriebsmediums erforderlich.

Formstoff-/Medium-Kombinationen, die – teils konzentrations- und temperaturabhängig – als „bedingt beständig" oder „unbeständig" bezeichnet werden, gelten von vornherein als nicht zulässig.

Die Auslegungsregeln gehen von Einflussfaktoren A2 zwischen 1,1 bis 1,4 aus, so dass bei der Angabe „beständig" ohne weiteren Nachweis A2 = 1,4 angesetzt werden darf.

Verarbeitungsverfahren

Bei der Verarbeitung von MMA-Reaktionsharzen werden Gieß-, Injektions-, Spritz- und Pressverfahren angewendet, um Klein- oder Formteile, vor allem jedoch um Beschichtungen herzustellen.

Dabei werden meist Harze verwendet, die bereits Aktivatoren (Beschleuniger) und zur Lagerstabilität erforderliche Inhibitoren enthalten. Füllstoffe und Pigmente sowie der Härter, meist Dibenzoylperoxid in Pulver- oder Pastenform, werden erst unmittelbar vor der Verarbeitung bzw. an der Baustelle nach den Anweisungen des Harzherstellers eingemischt.

Wie bereits erwähnt, lassen sich MMA-Harze wegen der hohen Reaktivität bei niedrigen Temperaturen verarbeiten. Für die Herstellung von Betonbeschichtungen auf Basis von MMA-Harzen werden Verarbeitungstemperaturen zwischen 5°C und 30°C und Verarbeitungszeiten zwischen 15 und 60 Minuten angegeben. Diese Beschichtungsmassen härten auch bei Temperaturen bis -10°C, in Sondereinstellungen bis -30°C aus.

Als Verstärkungsstoffe kommen grundsätzlich Textilglasmatten oder -gewebe für Verfahren in Betracht, bei denen die relativ kurzen Verarbeitungszeiten berücksichtigt werden können. (Dies gilt für Pressverfahren und kontinuierliche Verfahren zur Plattenherstellung.)

Auf die Bedeutung der Brechzahl von A-Glas für hochtransparente Wellplatten und ähnliche Bauteile wurde bereits hingewiesen.

Anwendungsgebiete

Für die Verwendung von MMA-Harzen kommen Bereiche infrage, in denen spezifische Eigenschaften für die Verarbeitung und das Anwendungsgebiet besondere Vorteile bieten. Zu diesen gehören u. a. die geringe Viskosität und die hohe Reaktivität der Harze sowie die Lichtdurchlässigkeit als typische Eigenschaften der Harzformstoffe.

Die Lichtdurchlässigkeit der MMA-Formstoffe wird im Bauwesen bei der Herstellung von Lichtplatten, Wellplatten und Trennwänden genutzt, die auch bei mechanisch höher beanspruchten Bauteilen durch den Verbund mit Textilglasverstärkungen möglich ist.

Der chemische Apparatebau, insbesondere der Laborbereich und der Modellbau, stellen weitere Anwendungsgebiete dar.

Aufgrund der Verarbeitbarkeit bei tiefen Temperaturen und der guten Haftfestigkeit auf mineralischem Untergrund werden MMA-Harze im Betonbau als Beschichtungsmaterialien, zur Betoninstandsetzung, u. a. auch bei Betonrissbildungen, sowie zur Herstellung von Polymerbeton oder -estrich verwendet.

Qualitätssicherung

Unter Beachtung des modernen Haftungsrechts und der Entwicklung des Europäischen Rechts erhält die Qualitätssicherung steigende Bedeutung für Hersteller und Verarbeiter.

Nachweise für die Einhaltung von Spezifikationen und Rückverfolgbarkeit der verwendeten Werkstoffe, wie sie für Werkstoffe im Druckbehälterbau bekannt sind, werden für alle Bauprodukte und Druckgeräte gefordert.

Dies gilt auch für polymere Werkstoffe auf Basis von MMA-Harzen, wenn Anwendungen in diesen Bereichen verbesserte Chancen haben sollen.

Es wurde bereits in den vorangehenden Kapiteln über UP-, VE-, und EP-Harze auf die Möglichkeiten hingewiesen, wie im Rahmen der Organisation der Qualitätsssicherung, dem „Qualitätsmanagement", vorgegangen werden kann, um gleichzeitig rechtliche und wirtschaftliche Forderungen bei Verwendung von Polymerwerkstoffen zu erfüllen.

Eine Spezifikation für MMA-Harze oder -Formmassen sollte mindestens Angaben über

- die chemische Basis (Polyacrylate, Monomere),
- den Monomerenanteil und mögliche Zusatzstoffe,
- die Dichte, die Viskosität, die Säurezahl sowie den Wassergehalt enthalten.

Für den Harzformstoff sollten

- die Dichte, die Biege-, Druck- und Zugfestigkeit sowie den Zug-E-Modul und die Reißdehnung,
- die Schlagzähigkeit und die Kerbschlagzähigkeit sowie
- die Formbeständigkeitstemperatur nach DIN EN ISO 75, Verfahren A, angegeben sein.

Dem Verarbeiter ist das jeweilige Produktdatenblatt und das zugehörige Sicherheitsdatenblatt sowie gegebenenfalls die Schubmodulkurve G = f (T) zur Verfügung zu stellen.

Hinsichtlich Dokumentation und Bestätigung der Eigenschaften und Kennwerte von MMA-Harzen gelten die Feststellungen für UP-Harze sinngemäß.

Literatur

- Rauch-Puntigam / Völker : Acryl- und Methacrylverbindungen, Springer 1967.
- Vieweg / Esser : Polymethacrylate, Kunststoff-Handbuch; Bd. IX, Hanser 1975.
- Becker / Braun : Polymethacrylate, Kunststoff-Handbuch; Bd. 5, Hanser 1988.

4.1.1.5 Epoxidharze

Einführung

Epoxidharze (Harzkomponenten) gehören zu den Reaktionsharzen, die mit Aminen oder Anhydriden (Härterkomponenten) durch Polyaddition zu duroplastischen Formstoffen vernetzen können.

Die Entwicklung der EP-Harze beginnt 1934 mit einer Patentanmeldung der IG Farben (P. Schlack) zur Darstellung phenolischer Polyglycidylether und führt, über die technische Anwendung, durch die Reaktion mit Säureanhydriden oder Polyaminen (1938, 1943) zur Herstellung von Klebstoffen für Metalle (1952) sowie von Gießharzen bzw. Lackharzen und Träufelharzen (1966) durch die CIBA.

Durch Verwendung von niedrigviskosen Epoxidharzsystemen wurde die Benetzung von Textilglas und die Herstellung von mechanisch/dynamisch hochbeanspruchten Bauteilen im Druckbehälter-, Rohrleitungs- und Flugzeugbau möglich.

Als „Epoxidharze" bezeichnet der Chemiker Polymere, die durch Polykondensation von Bisphenol A oder Bisphenol F sowie Polymere, die durch Polykondensation aliphatischer oder cycloaliphatischer Kohlenwasserstoffe mit Epichlorhydrin unter Abspaltung von Chlorwasserstoff entstehen. Außer Epichlorhydrin werden auch andere oxidierende Verbindungen zur Anlagerung von Epoxidgruppen an die Kohlenwasserstoffe verwendet.

Handelsübliche EP-Harze sind bei Raumtemperatur fest oder mittel- bis hochviskos und werden in Gemischen mit Polyamin- oder Anhydridhärtern und teilweise unter Zusatz von Aminbeschleunigern verarbeitet, die – wie UP- und VE-Harzformstoffe – durch räumlich vernetzte Makromolekularstrukturen als Duroplaste charakterisiert sind.

EP-Harzformstoffe besitzen im Vergleich mit UP-Harzformstoffen günstigere mechanische und bedingt auch erhöhte thermische Eigenschaftswerte. Mit VE-Harzformstoffen haben sie ein ähnliches Eigenschaftsprofil. Dies gilt jedoch im Allgemeinen nicht für die chemische Widerstandsfähigkeit.

Die elektrischen Eigenschaften von EP-Harzformstoffen sind besonders hervorzuheben und werden als Gieß- und Laminierharze in der Elektroindustrie verwendet.

EP-Harze werden als Matrixharze für Faserverbundwerkstoffe, als Klebstoffe bei Bauteilen mit hohen mechanischen Anforderungen, für Beschichtungs- sowie Pressmassen und als Bindemittel für Mörtel verwendet.

Voraussetzung für die erfolgreiche Verwendung von EP-Harzen sind die Spezifikationen der Harzhersteller mit Angaben über den chemischen Aufbau sowie die Verarbeitungs- und die Formstoffeigenschaften.

Angaben zur chemischen Widerstandsfähigkeit von EP-Harzformstoffen sind wegen der vielfältigen Kombinationsmöglichkeiten bei den Polyadditionskomponenten vergleichsweise wenig vorhanden.

Maßgebend für die erfolgreiche Anwendung von EP-Harzen sind vom Verarbeiter bzw. Bauteilhersteller beherrschte Verfahren und die nachweisliche Einhaltung der bei bestimmungsgemäßem Betrieb erforderlichen Formstoff- und Verbundwerkstoffeigenschaften als Bedingung für die Gültigkeit rechnerischer, experimenteller oder empirischer Verwendbarkeitsnachweise.

Chemischer Aufbau

Der Aufbau der meisten handelsüblichen EP-Harze ist durch Molekülketten aus Bisphenol A (EP/BA-) und/oder Bisphenol F (EP/BF-Harze) und Epichlorhydrin gekennzeichnet.

Bisphenol A (Dioxydiphenylpropan) und Bisphenol F (Dioxydiphenylmethan) werden durch Umsetzung von Phenol (= Hydroxylbenzol C6H5OH) mit Aceton (CH3-CO-CH3) bzw. von Phenol mit Formaldehyd (H2C=O) hergestellt.

Bisphenol A besteht aus zwei Phenolringen, die durch eine Kohlenstoffbrücke mit seitlichen Methylgruppen (CH3-) verbunden sind (Abbildung 15).

```
          CH - CH    CH3    CH - CH
         //      \\   I    //      \\
H - O - C          C - C - C          C - O - H
         \        /   I    \        /
          CH = CH    CH3    CH = CH
```

Abb. 15: Struktur des Bisphenol A

Bisphenol F besteht aus zwei Phenolringen mit einer Methylenbrücke (-CH2-).

Epichlorhydrin ClH2C-(CH – CH2) = O wird durch Umsetzung von Salzsäure (HCl) mit dem dreigliedrig zyklischen Ethylenoxid (H2C-CH2)=O hergestellt.

Der frühere Begriff „Äthoxilinharze" für EP-Harze ist nicht mehr gebräuchlich. Wegen der Sauerstoffbindung zwischen Epichlorhydrin und jeweils einem der Kondensationspartner werden die EP-Harze in der Chemie als „Diglycidylether" bezeichnet (Abbildung 16 und 17).

```
 Epichlorhydrin                 Epoxidgruppe

H2C - CH - CH2Cl                H2C - CH
   \ O /                           \ O /
```

Abb. 16: EP-Basisstrukturen

```
                                CH - CH    CH3    CH - CH
                               //      \\   I    //      \\
H2C - CH - CH2 - O - C          C - C - C          C - O - CH2 - CH - CH2
   \  /                \        /   I    \        /              \  /
    O                   CH = CH    CH3    CH = CH                 O
```

Abb. 17: EP/BA-Harz (einfacher Bisphenol A-Diglycidylether)

Die Kondensationsreaktion zwischen den zweiwertigen Bisphenolen und dem Epichlorhydrin erfolgt im alkalischen Milieu (Natriumhydroxid) und führt in mehreren Stufen sowie unter Bildung von Wasser und Natriumchlorid zu flüssigen oder – bei mehrfacher Umsetzung – zu festen Diglycidylethern (EP-Harzen).

Aufgrund der sterischen Behinderung durch die Methylgruppen sind EP/BA-Harze für die Verarbeitung mit g > 10.000 mPas oft zu hochviskos. EP/BF-Harze sind mit g ~ 5.000 mPas zwar niedriger viskos, neigen aber zur Kristallisation. Daher werden häufig EP-Mischharze (EP/BA/BF) angeboten, die diese Nachteile vermeiden.

Zur Verringerung der Viskosität sind auch aliphatische und cycloaliphatische Epoxidharze geeignet, die den EP/BA-Harzen als „reaktive Verdünner" zugemischt (Abbildung 18) werden können.

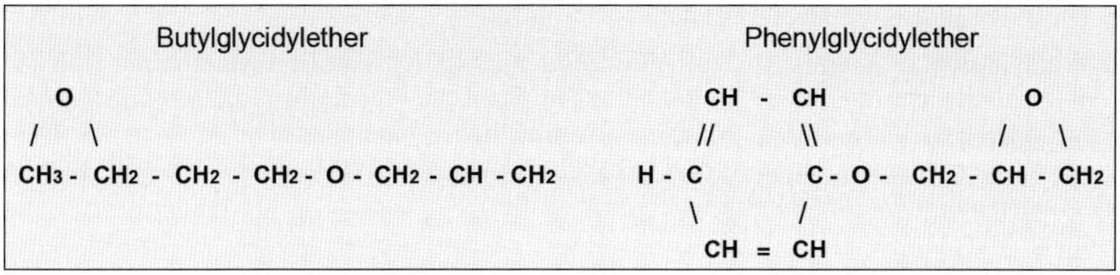

Abb. 18: Reaktive Epoxidharzverdünner

Aliphatische EP-Harze erhält man durch Epoxidation von Aliphaten mit Epichlorhydrin.

Dabei entstehen dünnflüssige EP-Harze, die aufgrund ihrer endständigen Epoyxidgruppen als „reaktive Verdünner" oder – bei Verwendung langkettiger Aliphate – auch als „reaktive „Flexibilisatoren" eingesetzt werden.

Typische Vertreter dieser Verdünner sind der aliphatische Butyldiglycidylether mit einer dynamischen Viskosität von ή ~ 15 mPas, der auch flexiblisierend wirkt, und der cycloaliphatische Tetrahydrophthalsäurediglycidylester mit ή ~ 350 mPas.

Cycloaliphatische Epoxidharze können wie die Bisphenolharze durch Umsetzung mit Epichlorhydrin oder durch die Anlagerung von Epoxidgruppen (Epoxidation) unter Verwendung anderer oxidierender Verbindungen, z. B. Peressigsäure, hergestellt werden.

Durch Umsetzung von Tetrahydrophthalsäure mit Epichlorhydrin entstehen Harze mit von ή ~ 650 mPas, die bei Harzen auf Basis von Hexahydrophthalsäure g ~ 750 mPas beträgt.

Cycloaliphthatische Epoxidharze, die aus Olefinen wie Butadien oder Acetaldehyd durch Epoxidation mit anorganischen oder mit organischen Perverbindungen (Wasserstoffperoxid, Peressigsäure) oder mit unterchloriger Säure entstehen, sind auch als reaktive Verdünner geeignet und als chlorarme EP-Harze in der Elektroindustrie von Bedeutung (Abbildung 19).

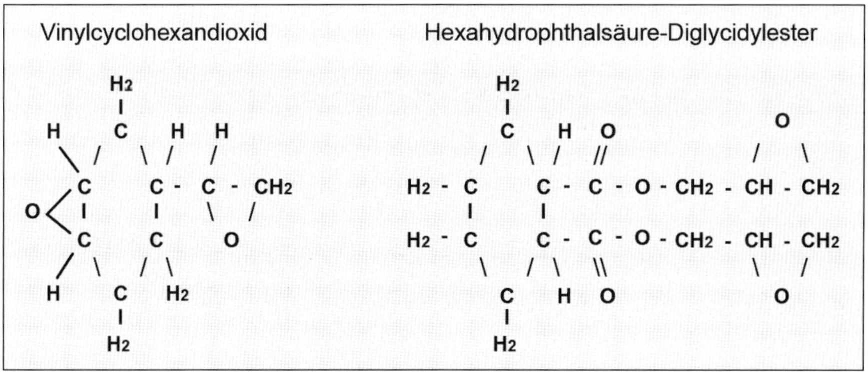

Abb. 19: Cycloaliphatische Epoxidharze

Die Polyadditionsreaktion wird durch Mischung der Harz-Komponente mit der Härterkomponente und teilweise unter Verwendung von Reaktionsbeschleunigern eingeleitet.

Als Härterkomponente werden aliphatische oder cycloaliphatische und aromatische Polyamine sowie Dicarbonsäureanhydride verwendet.

Primäre aliphatische Polyamin wie das Ethylendiamin (EDA), das Diethylentriamin (DETA) oder das Triethylentetramin (TETA), modifizierte aliphatische Polyamine (Addukte von Aminen und Glycidylethern), hydroxilierte primäre Polyamine und cycloaliphatische Amine , beispielsweise das Isophorondiamin (IPD), werden zur Verarbeitung von EP/BA- oder von EP/BF-Harzen bei Raumtemperatur bei relativ kurzen Gebrauchszeiten („Topfzeiten" < 30 Minuten) verwendet (Abbildung 20).

Ethylendiamin (EDA)

$H_2N - CH_2 - CH_2 - NH_2$

Diethylentriamin (DETA)

$H_2N - CH_2 - CH_2 - NH - CH_2 - CH_2 - NH_2$

Triethylentetramin (TETA)

$H_2N - (CH_2 - CH_2 - NH)_2 - CH_2 - CH_2 - NH_2$

Abb. 20: Aliphatische Aminhärter

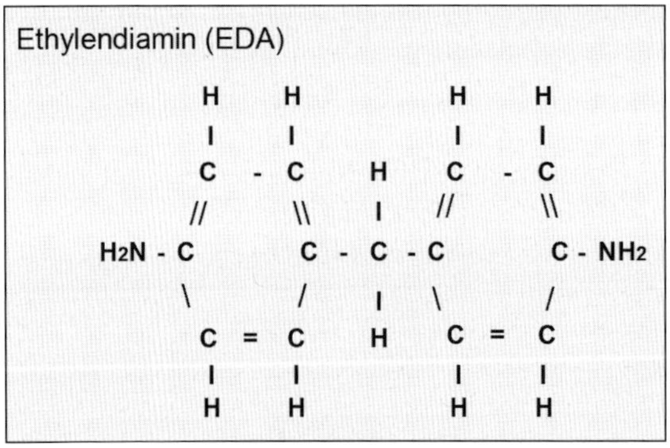

Abb. 21: Aromatischer Aminhärter

Aromatische Polyamine, wie das m-Phenylendiamim oder das Methylendianilin (Abbildung 21) liegen oft in fester (pulveriger) Form vor und müssen zur Verarbeitung bei über 60°C erschmolzen werden. Die Gebrauchsdauer der Harzansätze beträgt bei Raumtemperatur ebenfalls weniger als 30 Minuten und zur Durchhärtung der Formstoffe ist eine thermische Nachbehandlung („Tempern") erforderlich.

Achtung: Beim Umgang mit Polyaminen ist wegen erhöhter Gesundheitsgefährdung (ätzend, giftig, sensibilisierend) und deutlicher Wassergefährdung (WGK2) generell besondere Vorsicht geboten. Aromatische Polyamine dürfen für Formstoffe im Lebensmittelbereich nicht verwendet werden.

Carbonsäureanhydride, wie das feste Orthophthalsäure-, das pastöse Hexahydrophthal- und das bei Raumtemperatur flüssige Methyltetrahydrophthalsäureanhydrid sind sowohl für die Verarbeitung von EP-Harzen auf Bisphenolbasis als auch von cycloaliphatischen EP-Harzen geeignet (Abbildung 22).

Die Mischungsansätze besitzen bei Raumtemperatur eine Gebrauchsdauer („Topfzeit") von mehreren Tagen und bei erhöhter Temperatur, beispielsweise bei 50°C zwischen 8 und 100 Stunden und bei der jeweiligen Schmelztemperatur fester Anhydride mindestens 3 Stunden.

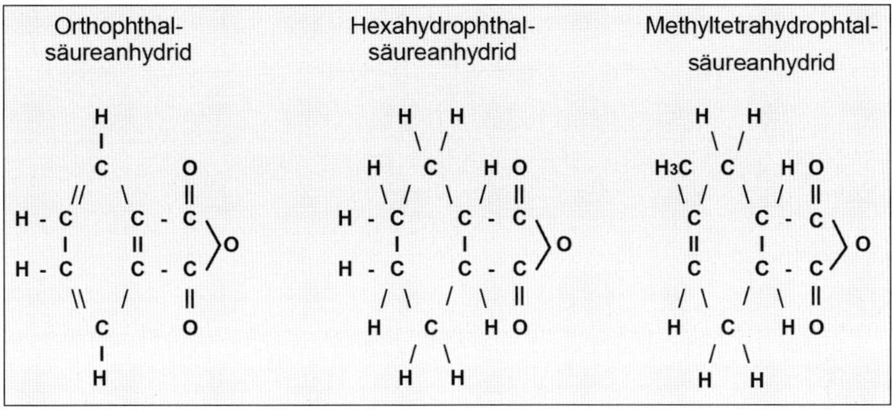

Abb. 22: Carbonsäureanhydridhärter

Wegen der relativ hohen Gebrauchsdauer der Harzansätze betragen die Härtungszeiten bei Härtungstemperaturen von 90°C oder 120°C etwa 12 Stunden bzw. 2 Stunden.

In der Praxis wird daher mit Beschleunigern gearbeitet, um die Verarbeitungszeit und die Härtungszeit den jeweiligen Erfordernissen anzupassen.

Als Beschleuniger werden tertiäre Amine, wie Tridimethylaminomethylphenol („DMP-30"), Benzyldimethylamin oder Triethylamin in Verbindung mit Anhydridhärtern eingesetzt.

Die Verwendung von „DMP-30" ergibt z. B. bei einem EP-Harz/Anhydridhärter-Ansatz, der bei 50°C ohne Beschleunigerzusatz eine Topfzeit von über 8 Tagen und praktisch keine Härtungsreaktion zeigt, nach 1 Mass.% Beschleunigerzusatz auf 100 Mass.% Harz bei der gleichen Verarbeitungstemperatur eine Topfzeit von etwa 8 Stunden und eine Härtungsdauer von etwa 72 Stunden. Unter sonst gleichen Bedingungen und Verarbeitung bei 90°C würde die Topfzeit etwa 45 Minuten und die Härtungsdauer etwa 6 Stunden betragen, bei 120°C reicht etwa 1 Stunde zur Aushärtung (Abbildung 23).

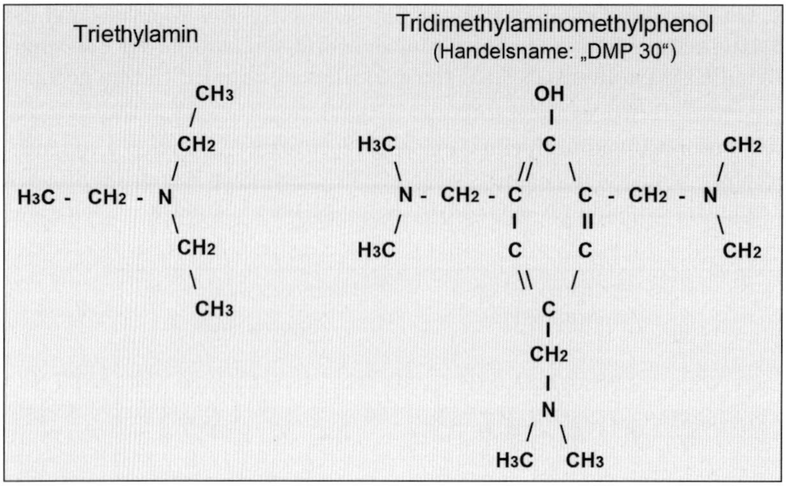

Abb. 23: Aminbeschleuniger

Die chemische Formel im gehärteten Zustand zeigt Abbildung 24.

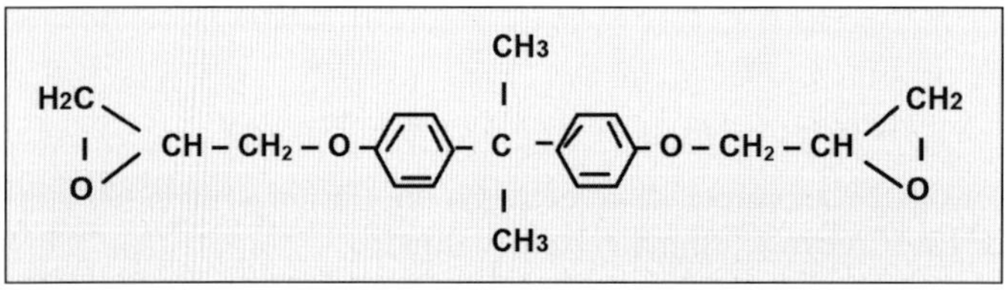

Abb. 24: Schematische Darstellung des vernetzten Harzes

Da Epoxidharz-Formstoffe in einer Polyadditionsreaktion entstehen, erhält man die jeweils günstigsten Eigenschaften bei Einhaltung des stöchiometrischen Verhältnisses von Harz- und Härterkomponente.

Die chemische Berechnung (= Stöchiometrie) des Mengenverhältnisses von Harz und Härter erfolgt mit Hilfe des Epoxid-Äquivalents und der Aminzahl (Aminäquivalent) bzw. dem Anhydridgehalt des Härters, deren Bestimmung nach den in DIN 16945 beschriebenen Verfahren erfolgen kann.

Der als Kennzahl für Epoxidharze angegebene Epoxidwert entspricht 100/Epoxidäqivalent und beträgt z. B. etwa 0,54 bei einem Epoxidäquivalent von 185.

Bei Verwendung von Aminhärtern sind deren stöchiometrische Mengenverhältnisse von Harz zu Härter zwischen 100:10 bis 100:35 möglichst einzuhalten, weil Abweichungen spröde (Überhärtung) oder weiche (Unterhärtung) und vor allem weniger beständige Formstoffe ergeben.

Dies gilt nicht in gleicher Strenge bei Verwendung von Anhydridhärtern, die bei Abweichung vom stöchiometrischen Mengenverhältnis, das zwischen 100:35 bis 100:80 liegt, bis etwa 15 Mass.% keine wesentliche Beeinträchtigung der Formstoffeigenschaften zeigt.

Wie bei den UP-und VE-Harzen können bei EP-Harzformstoffen „selbstverlöschende” Eigenschaften durch Verwendung halogenhaltiger Komponenten erreicht werden.

Außer Tetrachlor- oder Tetrabrombisphenol als Basis für EP-Harze wird das bekannte HET-Säureanhydrid als Härterkomponente in Verbindung mit Antimontrioxid eingesetzt. Die Harzformstoffe entwickeln im Brandfall jedoch korrosive und toxische Gase.

Durch Verwendung dünnflüssiger EP-Harze und Beimischung von Aluminiumoxidhydrat sind jedoch auch halogenfreie Formstoffe mit selbstverlöschenden Eigenschaften möglich.

Für die praktische Anwendung sind außer der Vorauswahl hinsichtlich der im Betrieb zu erwartenden mechanischen, chemischen und thermischen Beanspruchungen auch die Verarbeitungseigenschaften der EP-Harze und der Härter bzw. der Harz/Härtergemische wesentlich.

Harz- und Härtereigenschaften

Die für den Verarbeiter wichtigen Eigenschaften der Harz-/Härterkomponenten (Viskosität und Reaktivität) sowie die zur Formulierung der Harz-/Härter-Gemische, die so genannten Rezepturen, benötigten Angaben werden von den Harzherstellern meistens zusammen mit den Verarbeitungsdaten (Temperaturen und Zeiten) in Kenndatenblättern veröffentlicht.

Die Kenndatenblätter enthalten meistens auch Angaben über die Dichte und über die charakteristische Färbung im Allgemeinen, aber nicht immer Angaben über das Epoxidäquivalent der Harzkomponenten oder über die Aminzahl bzw. den Anhydridgehalt der Härterkomponenten.

Das gleiche gilt für Angaben über den chemischen Aufbau der Harz- und Härterkomponenten, die im Allgemeinen nur mit dem Handelsnamen und einem Buchstaben- und Zahlencode bezeichnet sind.

Auf die Viskosität der Harzansätze und die Möglichkeiten, ihre Verarbeitungseigenschaften durch Erwärmung oder durch Verwendung reaktiver Verdünner zu verbessern, wurde bereits im vorigen Abschnitt hingewiesen.

Generell ist davon auszugehen, dass niedermolekulare und cycloaliphatische EP-Harze relativ höhere Reaktivitäten besitzen als EP-Harze auf Bisphenolbasis. Die Reaktivität der EP-Harzsysteme wird weitgehend durch die Härterkomponenten mitbestimmt.

In der Praxis ist der Viskositätsverlauf der Harz-/Härteransätze und damit ihre Gebrauchsdauer vor der Verarbeitung zu prüfen. EP-Harzmischungen zeigen – im Gegensatz zu UP- oder VE-Harzsystemen – eine stetig ansteigende Viskosität, d. h. keine ausgeprägt kurze Gelierphase.

EP-Harzsysteme sind – ähnlich wie VE-Harzsysteme – durch eine geringe Reaktionsschwindung nach der Anhärtung gekennzeichnet, die zu relativ geringen Eigenspannungen im Formstoff führt. Aufgrund der unterschiedlichen Dichten von Harzmasse und -formstoff muss die Gesamtschwindung jedoch in der Größenordnung von UP-Harzsystemen liegen.

EP-Harze gelten arbeitsphysiologisch zwar als weniger gefährlich als die Härter, müssen aber als „reizend" bis „sensibilisierend" oder „giftig" im Sinne der Gefahrstoffverordnung angesehen werden, weil sie bei wiederholtem Hautkontakt Überempfindlichkeiten oder Entzündungen hervorrufen können.

Dies gilt für EP-Harze wegen geringer Epichlorhydrinanteile (Restmonomere) und vor allem für aminische Härter.

Polyamine sind aufgrund ihrer Alkalität als „ätzend" anzusehen, während die Anhydridhärter allenfalls geringfügige Hautreizungen hervorrufen können. Bei Verarbeitungstemperaturen >100°C verdampfen Anhydridhärter und erfordern eine ausreichende Absaugung oder geschlossene Systeme.

Der Flammpunkt aliphatischer Amine liegt bei 44°C (EDA), aromatischer Amine bei 60°C (MPDA), so dass sie generell als „entzündlich" eingestuft werden müssen.

EP-Harze und Anhydridhärter werden generell als „schwach wassergefährdend" (WGK 1) klassifiziert.

Aminhärter und Beschleuniger gelten als „(deutlich) wassergefährdend" (WGK 2).

Die zugehörigen Sicherheitsdatenblätter informieren über Maßnahmen für den Umgang mit EP-Harzen und -Härtern. Liefergebinde und Lager sind entsprechend zu kennzeichnen.

Formstoffeigenschaften

Die mechanischen Eigenschaften von EP-Harzformstoffen sind durch Festigkeiten zwischen 60 und 80 N/mm², Elastizitätsmoduln zwischen 3000 und 4500 N/mm² gekennzeichnet.

Durch Füllstoffe oder durch Faserverstärkungen werden diese Werte erheblich verändert und dienen daher hauptsächlich der Charakterisierung.

Die Reißdehnungen von EP-Harzformstoffen liegen mit 2% bis 6% im gleichen Bereich wie bei den UP- und VE-Harzformstoffen und bestimmen zusammen mit der charakteristischen Volumenschwindung das mechanische Beanspruchungsverhalten ganz wesentlich.

Die jeweils spezifizierten Kennwerte gelten für ausreichend gehärtete Formstoffe.

Die Aushärtung wird durch Bestimmung des acetonlöslichen Formstoffanteils kontrolliert, der nicht >2 Mass.% betragen soll.

Die Anwendungsgrenzen von EP-Harzformstoffen werden durch ihre Formbeständigkeitstemperatur (HDT) begrenzt, die durch die Härterkomponente und den Aushärtungsgrad maßgeblich bestimmt sind.

Die für UP- und VE-Harzformstoffe sowie ihre Verbundwerkstoffe geltenden technischen Regeln sind auch auf Formstoffe und Verbundwerkstoffe aus EP-Harzen anwendbar, z. B. hinsichtlich der Abschätzung des Temperatureinflussfaktors A3 (siehe die vorherigen Abschnitte).

Mit aliphatischen Polyaminhärtern werden Formbeständigkeitstemperaturen zwischen 60°C und 80°C, mit aromatischen Polyaminen bei thermischer Nachbehandlung zwischen 120°C und 150°C erreicht.

Bei Einsatz von Carbonsäureanhydriden, die stets eine thermische Nachbehandlung erfordern, ergeben sich entsprechende Formbeständigkeitstemperaturen von über 200°C.

Diese Temperaturen gelten bei mechanischer und nicht bei gleichzeitiger chemischer Beanspruchung.

Eine besondere Bedeutung haben die elektrischen Eigenschaften der EP-Harzformstoffe, die aufgrund der – nur für Duroplaste geltenden – Alterungsbeständigkeit auch bei erhöhten Temperaturen gute Durchschlags- und Kriechstromfestigkeiten besitzen.

EP-Harzformstoffe auf Basis chlorfrei epoxidierter, cycloaliphatischer EP-Harze, die mit Anhydriden verarbeitet wurden, besitzen die günstigsten Werte.

Chemische Widerstandsfähigkeit

EP-Harzformstoffe werden vielfach unter mechanisch/thermischen Betriebsbedingungen eingesetzt, mit denen die Anwendungsgrenzen nach dem jeweiligen Stand der Technik erreicht werden.

Dies gilt in ähnlicher Weise für erhöhte chemisch/thermische Beanspruchungen und es sind wieder die Härterkomponenten maßgebend für den speziellen Einsatzbereich.

Mit Polyaminen, insbesondere mit aromatischen Polyaminen gehärtete EP-Harzformstoffe gelten als besonders alkalienbeständig und bei Einsatz von Anhydridhärtern ergeben sich EP-Harzformstoffe mit hervorragender Säure- und Witterungsbeständigkeit. Gegenüber organischen Säuren und Lösemitteln werden mit aromatischen Polyaminen gehärtete EP-Harzformstoffe generell als beständig bezeichnet.

Derart allgemeine Angaben sind für praktische Anwendungen unzureichend, weil u. a. Begrenzungen auf bestimmte Konzentrationen und Betriebstemperaturen vielfach fehlen.

Als Grundlagen für die Auswahl von EP-Harzen und zugehörige Härterkomponenten sind meistens nur spezielle betriebliche Erfahrungsnachweise und gegebenenfalls Angaben der Harzhersteller verfügbar. Beständigkeitslisten oder einschlägige EP-Formstoff-/Medienlisten sind nicht vorhanden.

Bei erheblichen chemisch/thermischen Beanspruchungen ist der Anwender daher im Allgemeinen auf Betriebs- oder Laborversuche angewiesen. Dies wird sich erst ändern, wenn eine übersichtliche Gliederung für EP-Harzsysteme vorliegt.

Nach den technischen Regeln zur Auslegung (Entwurf, Gestaltung, Berechnung) von GF-EP-Bauteilen z. B. von Druckbehältern, muss einer qualitativen Beurteilung der chemischen Widerstandsfähigkeit die Festlegung des Einflussfaktors A2 unter Berücksichtigung chemisch/thermischer Einwirkungen folgen. Eine fachgerechte Bewertung der Beurteilungsgrundlagen und von Versuchsergebnissen setzt sowohl chemische Kenntnisse als auch praktische Erfahrung voraus.

Verarbeitungsverfahren

Bei der Verarbeitung von EP-Harzen werden die gleichen Verfahren angewendet wie bei UP- oder bei VE- Harzen. Besonderer Erwähnung bedarf die Verwendung als Bindemittel bzw. Klebstoff. Eine ausführliche Beschreibung der Verarbeitungsverfahren folgt im weiteren Verlauf in diesem Handbuch.

Auf die Gefahren bei der Verarbeitung von Epoxidharzen, insbesondere beim Umgang mit Härtern und die einschlägigen EG-Richtlinien, die Gefahrstoffverordnung sowie die Merkblätter der BG Chemie wird gesondert hingewiesen.

Anwendungsgebiete

Die vielfache Anwendung von EP-Harzen ergibt sich im Wesentlichen aus den günstigen Formstoffeigenschaften und den zahlreichen Verarbeitungsmöglichkeiten.

Dies gilt für die Herstellung von Leichtbauteilen, z. B. im Automobil-, Waggon- und Flugzeugbau sowie in der Raumfahrttechnik, ebenso wie für die Herstellung von Rohren und Behältern, z. B. im chemischen Apparatebau, in der Waffentechnik sowie für Anwendungen im Bauwesen, z. B. Reaktionsharzbeton, Betonbeschichtungen und bei Betonsanierungen, als Korrosionsschutz im Rohrleitungs- und Behälterbau, im Werkzeugbau sowie in der Elektrotechnik und Elektronik.

Eine erfolgreiche Anwendung von EP-Harzen setzt entsprechende Erfahrung bei der Auswahl und der Verarbeitung sowie bei der Qualitätssicherung voraus, und zwar unabhängig vom Produkt.

Qualitätssicherung

Das moderne Haftungsrecht verlangt, unbeschadet der Vorschriften des technischen Regelwerks, vom Hersteller konkrete Nachweise für die Einhaltung der spezifizierten Eigenschaften seiner Produkte.

Vom Abnehmer eines Produktes darf die Einhaltung vereinbarter bzw. zugesagter Eigenschaften stets angenommen werden. Bei Mängeln gilt zunächst die gesetzliche Gewährleistung, danach im Allgemeinen eine vereinbarte Garantieleistung.

Für den betrieblichen Alltag sind diese gesetzlichen Rahmenbedingungen unzureichend und werden durch Maßnahmen ergänzt, die sich unter dem Zwang zur Einhaltung von Vorgaben und zwecks Wahrung der Wirtschaftlichkeit im internen Betriebsablauf sowie im Verhältnis zwischen den Betrieben herausgebildet haben und unter dem Titel „Qualitätssicherung" zusammengefasst werden.

Die Organisation der Qualitätssicherung wird als „Qualitätsmanagement" bezeichnet und in der Normreihe DIN EN ISO 9000 beschrieben. Die Qualitätssicherung dient der Erfassung und Dokumentation von Produktdaten sowie der Zuordnung von Verantwortlichkeiten, um Fehler oder Mängel zu einem frühen Zeitpunkt zu entdecken und unverzüglich zu beseitigen.

In diesem Sinne entspricht die Spezifikation von Produkteigenschaften, die Anwendung von genormten oder spezifizierten Prüfverfahren und eine zugeordnete Dokumentation wirtschaftlichen Forderungen.

Eine Spezifikation von EP-Harzkomponenten enthält mindestens Angaben für die Reaktionsharze im Lieferzustand über

- die chemische Basis (Bisphenol A, Bisphenol F, cycloaliphatisch, aliphatisch),
- das Epoxidäquivalent und/oder den Epoxidwert (Bestimmungsmethode),
- die Harzdichte nach DIN EN ISO 1675 und
- die Viskosität nach DIN EN ISO 307 oder nach ASTM D 445

und für die Härter/Beschleuniger über

- die chemische Bezeichnung des Anhydrids oder des Amins,
- das Molekulargewicht, den Anhydridgehalt/die Aminzahl (Bestimmungsmethode),
- die Dichte nach DIN EN ISO 1576 sowie
- die Viskosität nach DIN EN ISO 307, gegebenenfalls den Schmelzpunkt und

für die Harzformstoffe nach der Aushärtung über

- die Formstoffdichte nach DIN 53479, ISO 1183 oder ISO 7822,
- die Zugfestigkeit, den E-Modul und die Reißdehnung nach ISO 527-2,
- die Biegefestigkeit nach ISO 178 und
- die Formbeständigkeitstemperatur (HDT/A) nach DIN EN ISO 75 oder nach ASTM D 648.

Zusätzlich sollte die Glasübergangstemperatur nach DIN EN ISO 6721-1 und -2, nach ASTM D2236 (Schubmodulkurve) oder nach ASTM E 1356 (Differential Scanning Calorimetry, DSC) verfügbar sein.

Außerdem werden die Harz- und die Härterkomponenten durch die Färbung oder die Farbzahl, die Brechzahl und den Flammpunkt charakterisiert.

Ermittlung und Dokumentation der einer Herstellungscharge zuzuordnenden, wesentlichen Kenndaten erfolgen in werkeigenen Labors, die vom Herstellungsbetrieb unabhängig tätig und der Firmenleitung direkt unterstellt sind.

Bei Einhaltung der Spezifikation erfolgt eine Freigabe des Labors für die Herstellungscharge.

Die an Kunden oder Verarbeiter gelieferten Reaktionsharz- bzw. Reaktionsmittelmengen sind jeweils nummerierte Herstellungschargen, meistens jedoch Teilen definierter und gesondert nummerierter Lagerchargen zugeordnet.

Die Lieferungen bestehen aus einer Charge oder sind Teil einer Charge, d. h. mehrere Lieferungen können der gleichen Charge entnommen sein.

Für jede an Kunden bzw. Verarbeiter gelieferte Harz- bzw. Härtermenge gilt die jeweils zugehörige Spezifikation. Dies wird durch den Handelsnamen und die Chargen-Nummer bestätigt. Damit wird beim Empfänger jeder Lieferung eine konkrete Eingangskontrolle ermöglicht und in Zweifelsfällen die Rückverfolgbarkeit sichergestellt.

Aus praktischen und wirtschaftlichen Gründen stellen die Hersteller Bescheinigungen nach DIN EN 10204 mit Angabe der Chargen-Nummer und kennzeichnender Eigenschaftswerte aus, z. B. für die Viskosität, die Dichte und das Epoxidäqivalent bzw. den Anhydridgehalt oder die Aminzahl.

Da diese Kennwerte nach festgelegten Verfahren von einem herstellungsunabhängigen Labor ermittelt wurden, sind für Harze, Härter und gegebenenfalls Beschleuniger, die als wesentliche Werkstoffkomponenten angesehen werden müssen, Abnahmeprüfzeugnisse 3.1 nach DIN EN 10204 (früher: Bescheinigung 3.1.B nach DIN 50049) auszustellen.

Dies gilt verbindlich, wenn die Reaktionsharze sowie die Härter- und die Beschleunigerkomponenten zur Herstellung überwachungspflichtiger Erzeugnisse verwendet werden sollen oder die Produktnormen bzw. Produktspezifikationen entsprechende Nachweise vorsehen.

Literatur

- Weitergehende Informationen finden Sie in entsprechenden Veröffentlichungen der Harzhersteller oder in der einschlägigen Fachliteratur.

4.1.1.6 Polyurethane

Einführung

Im Jahr 1937 veröffentlichten Otto Bayer und Mitarbeiter erste Ergebnisse des von ihnen entwickelten „Diisocyanat Polyadditionsverfahrens". Neben der Polymerisation und der Polykondensation besaß man damit ein weiteres Verfahren zur Herstellung makromolekularer Kunststoffe.

Die Grundlagen des „Diisocyanat Polyadditionsverfahrens" sind im DRP 728 981 (1937) niedergelegt.

Seit 1938 wurden in den USA (Du Pont) ebenfalls Polyadditionsverfahren entwickelt, die sich teilweise mit den Arbeiten in Deutschland überschneiden.

Das Polyadditionsverfahren vereinigt die wichtigsten Vorteile der bekannten und bewährten Verfahren zur Herstellung von Kunststoffen: Niedermolekulare Verbindungen werden schnell und weitgehend quantitativ bei Raumtemperatur durch reine Additionsreaktion ohne Abspaltung von Wasser verknüpft.

Das Prinzip der Polyaddition lässt sich technisch auf fast jeden gewünschten Effekt zuschneiden und hat dadurch breite Anwendungsmöglichkeiten gefunden. Durch planmäßige Komponentenauswahl können gezielt besondere Eigenschaften erreicht werden, so dass mit der Kenntnis der umfangreichen Grundlagen nach 1945 eine rasante Entwicklung auf dem Gebiet der Herstellung von „Polyurethanen" (PUR) einsetzte. Diese Bezeichnung hat sich aufgrund der Bildung von „Urethanen" bei der Umsetzung von Polyisocyanaten mit Polyhydroxylgruppen eingebürgert.

Die „Polyurethanchemie" ist auf der Reaktion von Polyhydroxylverbindungen mit der Isocyanat-Gruppe (-N=C=O) aufgebaut (Abbildung 25).

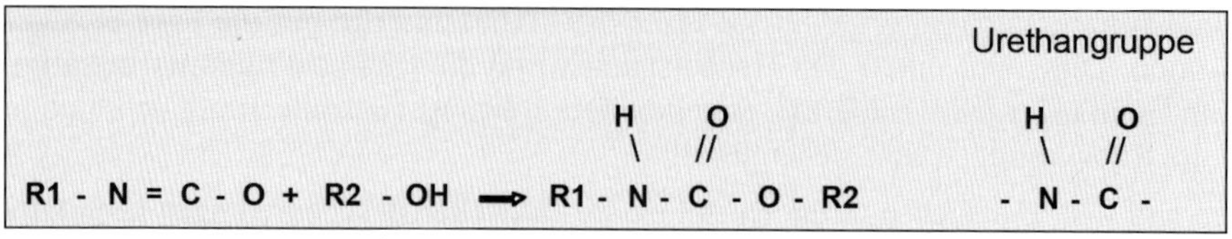

Abb. 25: Grundschema der Polyurethane

R1 und R2 sind aliphatische, cycloaliphatische oder aromatische Kohlenwasserstoffreste.

Polyurethane werden als Fasern, Folien, Lacke, Klebstoffe sowie weiche, halbharte oder harte Schaumstoffe und als elastomere oder thermoplastische Formstoffe verwendet.

Chemischer Aufbau

Polyurethane entstehen durch Polyaddition von mehrwertigen Isocyanaten mit Polyolen, die zwei oder drei endständige Hydroxylgruppen (Polyhydroxylverbindungen) aufweisen.

Die Herstellung von Diisocyanaten erfolgt durch Umsetzung von Diaminen mit Phosgen. Grundsätzlich ist die Herstellung von Diisocyanaten durch Phosgenierung von Aminbasen oder von Aminhydrochloriden möglich (Abbildung 26).

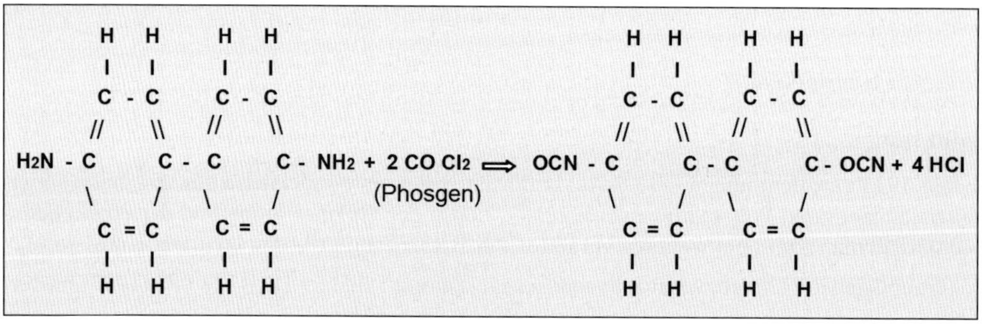

Abb. 26: Salzsaure Phosgenierung von Diphenyl-Diisocyanat

Isocyanate sind farblose bis schwach gelbliche Flüssigkeiten bzw. niedrig schmelzende Feststoffe (TDI) oder schwarzbraune Flüssigkeiten (MDI), die Haut, Schleimhäute und Atemwege reizen. Sie werden daher als sensibilisierend und als giftig oder minder giftig eingestuft. Bei der Verarbeitung ist die maximale Arbeitsplatzkonzentration mit einem MAK-Wert von 0,02 ppm zu beachten.

Reaktionspartner der Diisocyanate sind Polyole (Polyester oder Polyether).

Bei der Umsetzung des Aminhydrochlorids mit der Aminbase wird in der 1. Stufe Salzsäure benötigt aber nicht verbraucht. Dann reagiert die Aminbase mit Phosgen und bildet in der 2. Stufe das Isocyanat. Dabei wird Salzsäure frei (siehe Abbildung 26).

Als Diisocyanate sind u. a. das Methyl-diphenyl-Diisocyanat (Abbildung 27) und das Toluylen-Diisocyanat (Abbildung 28) bekannt, die durch basische Phosgenierung hergestellt und hauptsächlich bei der Herstellung von Schaumstoffen eingesetzt werden.

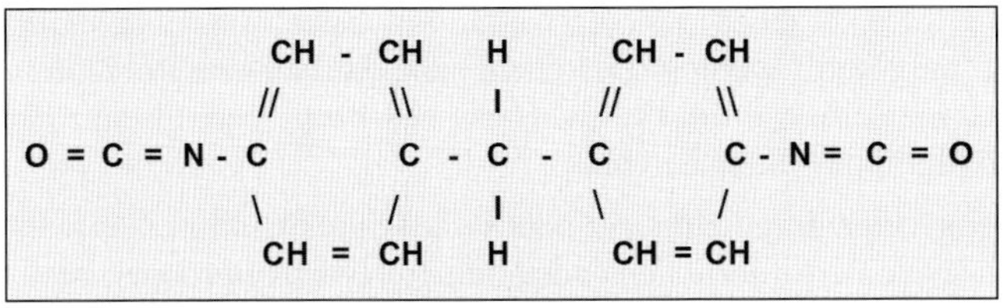

Abb. 27: Methyl-diphenyl-Diisocyanat (MDI)

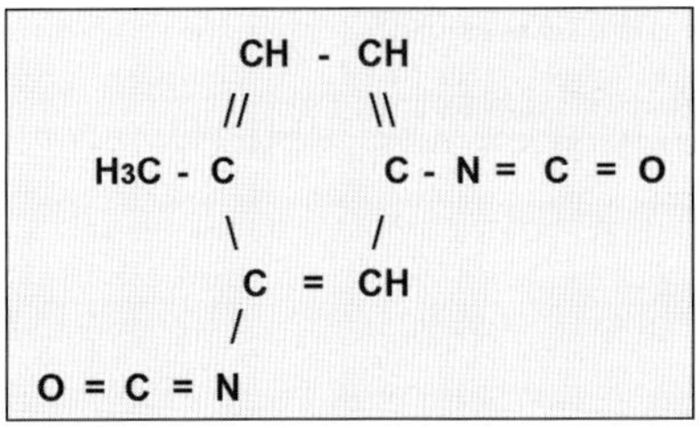

Abb. 28: Toluylen-Diisocyanat (TDI)

Diisocyanate können aufgrund der Isocyanatgruppen (-N=C=O) mit Hydroxylverbindungen zu linearen, zu weniger oder stark vernetzten Polyurethanen (PUR) reagieren.

In den Reaktionssystemen übernehmen die Isocyanate prinzipiell die Rolle des „Härters".

Wegen der gesundheitlichen Gefahren werden diese Härterkomponenten durch Addition mit Polyolen oder durch Trimerisation zu Präpolymeren umgesetzt, die nicht als giftig eingestuft sind.

Als „Harzkomponenten" verwendete Polyester entstehen durch Polykondensation von mehrwertigen Alkoholen (Glykolen), z. B. Ethylen- oder Diethylenglykol sowie Propylen- oder Dipropylenglykol und gesättigten Dicarbonsäuren, z. B. Orthophthalsäure oder Adipinsäure bzw. deren Anhydride (Abbildung 29).

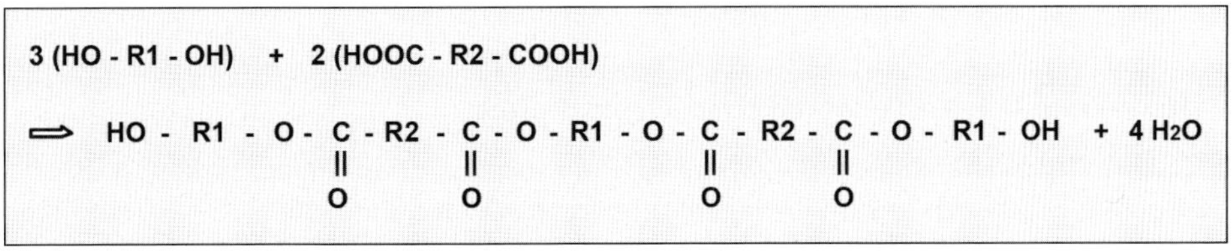

Abb. 29: Aufbau eines Polyesters aus einem Diol und einer Dicarbonsäure

Ungesättigte Dicarbonsäuren, z. B. die bei der Herstellung von UP-Harzen (siehe 4.1.1.1) gebräuchliche Fumarsäure, werden für Polyurethan-Formstoffe nicht verwendet.

Langkettige Glykole ergeben durch Polyaddition mit aliphatischen Diisocyanaten, z. B. Hexyldiisocynat, lineare Polyurethane mit thermoplastischen Eigenschaften, die als Spritzgussmassen verwendbar sind.

Lineare Polyester, z. B. aus Adipinsäure und Butylenglykol, ergeben bei Polyaddition mit Diisocyanaten aufgrund weniger Quervernetzungen elastomere Polyurethane. Bei Verwendung zwei- oder dreiwertiger Glykole (Diolen, Triolen) ergeben sich verzweigte Polyester, mit denen räumlich hochvernetzte PUR-Formstoffe hergestellt werden. Der chemische Aufbau von Polyethern als Harzkomponenten ist durch Polymerisationsprodukte auf Basis des Propylenoxids mit der von den EP-Harzen bekannten Epoxidgruppe gekennzeichnet.

Diese Polyether stellen Polypropylenglykole dar, die lineare oder verzweigte Strukturen aufweisen und die zur Reaktion mit Diisocyanaten erforderlichen endständigen Hydroxylgruppen besitzen (Abb. 30).

$$H_2O + n[CH_3 - \underset{\diagdown O \diagup}{CH - CH_2}] \Longrightarrow HO - \overset{CH_3}{\overset{|}{CH}} - CH_2 - [O - \overset{CH_3}{\overset{|}{CH}} - CH_2]_{n-2} - O - CH_2 - \overset{CH_3}{\overset{|}{CH}} - OH$$

Abb. 30: Aufbau eines Polyethers (Polypropylenglykol) aus Propylenoxid

Die Herstellung von PUR-Formstoffen ist grundsätzlich ohne Zusatz von Beschleunigern möglich. In der industriellen Praxis werden jedoch sowohl Reaktionsbeschleuniger als insbesondere auch Füll- und Farbstoffe sowie Additive als Fertigungshilfen verwendet.

Als Reaktionsbeschleuniger werden aminische und organometallische sowie alkalische Verbindungen zur Steuerung des Reaktionsablaufs oder für bestimmte Eigenschaften eingesetzt. Als Beispiel sei erwähnt, dass beim Ausschäumen von Hohlräumen die Steigzeit des Schaums und eine erwünschte Verklebung mit den Wandungen durch Kombination verschiedener Beschleuniger erreicht werden kann.

Geeignete aminische Beschleuniger sind meistens tertiäre Amine wie Triethylamin oder Ethylpiperazin für Polyester- und speziell das Triethylendiamin für Polyetherschaumstoffe.

Bei der Herstellung von Schaumstoffen und von Elastomeren werden organische Metallverbindungen und insbesondere Organozinnverbindungen in Kombination mit tertiären Aminen verwendet.

Zu den alkalischen Beschleunigern gehören verschiedene Alkali- und Ammoniumsalze (Schaumstoffe) und die bekannten Hydroxide (Elastomere).

Polyol- (Harz-) und Polyisocyanat- (Härter-)eigenschaften

Die allgemeinen Eigenschaften der Polyole und der Polyisocyanate wie Dichte, Viskosität, Brechzahl, Siedepunkt, gegebenenfalls Schmelzpunkt, Flammpunkt und Farbzahl sind den jeweiligen Produktdatenblättern der Hersteller zu entnehmen.

Die Flammpunkte handelsüblicher Polyole und Polyisocyanate liegen über 200°C.

Bei den Polyolen sind außerdem Angaben über die chemische Basis, die Hydroxyl- und die Säurezahl sowie den Wassergehalt wichtig. Die Verwendung praktisch wasserfreier Polyole (<0,2%) ist zwecks Vermeidung unerwünschter Nebenreaktionen, u. a. unkontrollierter Schaumbildung, bei Mischung mit Polyisocyanaten wesentlich. Polyole gelten generell als schwach wassergefährdend (WGK1).

Bei den Isocyanaten ist die Angabe des Isomerengehalts sowie des Chlorgehalts aus den Resten der bei der Herstellung verwendeten Lösemittel und des hydrolisierbaren Chlor, der aus dem Phosgenierungsprozess stammt (siehe Abbildung 28), als Reinheitskriterium wesentlich.

Wie bereits erwähnt, ist beim Umgang mit Polyisocyanaten zu beachten, dass deren Dämpfe die Augen und die Schleimhäute reizen. Die aktuellen MAK-Werte sind zu beachten. Augen und Augenlider sind durch Spritzer von Polyisocyanaten gefährdet. Hautreizungen sind bei längerer Einwirkung von Polyisocyanaten ebenfalls zu erwarten, so dass gegebenenfalls eine sofortige Reinigung erforderlich ist.

Nach wasserrechtlichen Vorschriften sind die meisten Polyisocyanate als „(deutlich) wassergefährdend" (WGK2) einzustufen.

Formstoffeigenschaften

Aufgrund der unterschiedlichen Möglichkeiten der Vernetzung lassen sich aus Polyolen und Polyisocyanaten duroplastische, thermoplastische und elastomere Formstoffe herstellen. Duroplastische Polyurethane sind durch stark vernetzte Strukturen gekennzeichnet. Thermoplastische Polyurethane bzw. elastomere Polyurethane mit thermoplastischen Eigenschaften sind durch vorwiegend linear und räumlich schwach vernetzte Strukturen gekennzeichnet.

Die für Thermoplaste typische Verformbarkeit bei höheren Temperaturen wird durch eine Rückspaltung von räumlich vernetzten Stellen erklärt, die unter der Voraussetzung als reversibel angenommen wird, dass die Umformung unterhalb der Zersetzungstemperatur (ab etwa 230°C) erfolgt.

Thermoplastische Polyurethan-Formmassen lassen sich im Spritzgieß- oder im Extrusions- verfahren verarbeiten. Die entsprechenden Formstoffe besitzen Reißfestigkeiten zwischen 25 und 45 N/mm², Elastizitätsmoduln zwischen 30 und 160 N/mm² sowie Reißdehnungen zwischen 450 und 650 % mit Härtewerten zwischen 65 bis 95 Shore A oder Festigkeiten zwischen 50 und 60 N/mm², E-Moduln bis zu 160 N/mm² und Reißdehnungen bis 400 % mit Härtewerten zwischen 35 und 65 Shore D.

Der beherrschbare Temperaturbereich thermoplastischer Polyurethan-Formstoffe lässt sich am ehesten aus den Schubmodulkurven ablesen, die im Torsionsschwingversuch nach DIN EN ISO 6721-1 und -2 (ersetzt DIN 53445) ermittelt werden. Dabei ist zu beachten, dass der Einsatzbereich – im Gegensatz zu den duroplastischen Formstoffen – oberhalb der so genannten Glasübergangstemperatur beginnt. Angaben der Martens- und der Vicat-Temperatur stellen lediglich Vergleichswerte dar.

Mit sprödem Verhalten ist bei Temperaturen unter -30°C (Glasübergangstemperatur TG) zu rechnen und bei Temperaturen über 80°C ist generell thermische Alterung zu erwarten. Bei TPU-Formstoffen auf Basis von Etherpolyol kann die Glasübergangstemperatur bei -40°C liegen.

Formmassen auf Basis thermoplastischer Polyurethanelastomere können durch Zusatz geeigneter Füll- und Verstärkungsstoffe ein spezifisches Leistungsprofil erhalten, das vor allem durch vergleichsweise hohe Elastizitätsmodule gekennzeichnet ist, die z. B. bei einem Kurzglasfaseranteil von etwa 20 Mass.% bei 1600 N/mm² mit Reißfestigkeiten von etwa 50 N/mm² und Reißdehnungen von etwa 20% liegen.

Bei neueren Entwicklungen werden niedrigviskose Polyole und Diisocyanate im Injektions- verfahren zusammen mit geschnittenem Textilglas zu Bauteilen aus langfaserverstärkten Inte-gralschaumstoffen verarbeitet (RIM-Verfahren), die Reißfestigkeiten bis 100 N/mm² erreichen.

Elastomere Polyurethane werden hauptsächlich aus glykolvernetzten Polyestern und Diisocyanaten hergestellt und besitzen Reißfestigkeiten zwischen 20 und 40 N/mm² sowie Reißdehnungen zwischen 400 und 600% und sind durch Härtewerte zwischen 70 und 90 Shore A gekennzeichnet. Bei höheren Härtewerten (> 90 Shore A) verringern sich die Reißdehnungen erheblich. Weiche Polyurethanelastomere auf Basis glykolvernetzter Polyether mit Härtewerten <60 Shore A besitzen Festigkeiten unter 20 N/mm² mit Reißdehnungen von 300 und 600%.

Generell werden weiche Polyurethanelastomere erst unterhalb -40°C deutlich spröde. Andererseits ist bereits bei Temperaturen ab 70°C mit thermischer Alterung zu rechnen.

Die aus relativ schwach vernetzten Polyurethanen bestehenden Weichschaumstoffe und die höher vernetzten Hartschaumstoffe werden im Rahmen dieses Handbuchs nicht behandelt.

Chemische Widerstandsfähigkeit

Allgemeingültige Aussagen über die chemische Widerstandsfähigkeit von PUR-Formstoffen sind – ähnlich wie bei den EP-Harzen – nur bedingt möglich, weil die Vielfalt der Polyadditionskomponenten unter gleichen chemisch/thermischen Beanspruchungen zu erheblichen Abweichungen im Langzeitverhalten führen können.

Grundsätzlich nimmt die chemische Beständigkeit von Polyurethan-Formstoffen mit fallender Härte ab.

Die chemischen Beständigkeiten der Polyurethanelastomere auf Basis von Polyestern und von Polyethern unterscheiden sich meistens nur graduell.

Bei Polyurethanelastomeren ist mit hydrolytischen Effekten, d. h. mit Zerlegung der Molekularstruktur durch wässerige Säuren und Laugen sowie Heißwasser (ab ca. 60°C) zu rechnen.

Das gleiche gilt für thermoplastische Polyurethane, insbesondere auch bei Einwirkung oxidierender Medien wie Natriumhypochlorit (Bleichlauge).

Dagegen besitzen elastomere Polyurethan-Formstoffe, zumindest bei Raumtemperatur, ein günstiges Beanspruchungsverhalten unter Einwirkung von aliphatischen und aromatischen Kohlenwasserstoffen, wie Mineralölen, Benzinen, benzolhaltigen Kraftstoffgemischen sowie Lösemitteln.

Thermoplastische Polyurethane sind in bestimmten Lösemitteln, z. B. Dimethylformamid, -acetamid oder Tetrahydrofuran, löslich und hydrolysieren bei erhöhter Temperatur. Außerdem werden sie auch durch Heißwasser oder Wasserdampf abgebaut und sind Säuren und Laugen gegenüber unbeständig.

PUR-Formstoffe auf Polyether- oder Polyesterbasis besitzen eine mäßige Lichtbeständigkeit.

Die für Spritzguss-, Extrusions- und Blasformteile eingesetzten Polyurethane werden anhand von Kenndatenblättern der Hersteller ausgewählt, in denen Angaben über die chemische Beständigkeit meist nicht enthalten sind.

Alle Hersteller verfügen jedoch über Beständigkeitslisten, die anhand von Laborversuchen oder von Praxiserfahrungen aufgestellt und aktualisiert werden. Die Übertragung von Angaben aus diesen Listen auf konkrete Anwendungsfälle ist bei ausreichender Kenntnis der Versuchsbedingungen bzw. der tatsächlichen Betriebsweise bedingt möglich.

Bei unbekannten oder geänderten Formstoff-/Medien-Kombinationen sind Laborversuche erforderlich – meistens Einlagerungsversuche mit begleitender Kontrolle und Dokumentation der

Eigenschafts- und Kennwertänderungen. Beständigkeitsaussagen allein anhand von Laborversuchen sind grundsätzlich als vorläufig anzusehen und müssen durch planmäßig überwachte und dokumentierte Erfahrungen in der Praxis bestätigt werden.

Verarbeitung

Die Verarbeitung von Polyol-Isocyanatharzsystemen erfolgt bei Verwendung flüssiger Vorprodukte durch Gieß- oder Spritzverfahren, bei Verwendung elastomerer und thermoplastischer Formmassen durch Spritzgießen, Extrudieren, Blasformen oder Kalandrieren. Eine ausführliche Beschreibung der Verarbeitungsverfahren erfolgt an anderer Stelle innerhalb des Handbuchs.

In diesem Zusammenhang sei nochmals auf die Gefahren beim Umgang mit Polyisocyanaten bei der Lagerung und während der Verarbeitung hingewiesen.

Anwendungsgebiete

Die zahlreichen Anwendungsgebiete von PUR-Formstoffen ergeben sich aus den vielen Möglichkeiten der Polyadditionsverfahren und der Verarbeitungstechnologie.

Als Anwendungen sind u. a. Dichtungen und Bauelemente im Bereich des Maschinenbaus und der Elektrotechnik, Reifenbeläge und Lagerelemente in der Bahntechnik und für die Automobilindustrie sowie Schläuche, Folien und Membranen im Bereich der chemischen Industrie zu nennen. Besonders zu erwähnen sind auch Entwicklungen zur Herstellung von Bauteilen aus faserverstärkten Polyurethan-Formstoffen im Bereich der Automobilindustrie und im chemischen Apparatebau. Auf die breite Verwendung als weiche, halbharte und harte Schaumstoffe sowie als Beschichtungs- und Klebstoffe sowie Lackrohstoffe, vor allem in der Bauindustrie, wird hingewiesen.

Qualitätssicherung

Unter Beachtung des modernen Haftungsrechts und der Entwicklung des Europäischen Rechts erhält die Qualitätssicherung steigende Bedeutung für Hersteller und Verarbeiter.

Nachweise für die Einhaltung von Spezifikationen und Rückverfolgbarkeit der verwendeten Werkstoffe, wie sie für Werkstoffe im Druckbehälterbau bekannt sind, werden zukünftig für alle Bauprodukte und Druckgeräte gefordert. Dies gilt auch für polymere Werkstoffe.

Es wurde bereits in den vorhergehenden Abschnitten auf die Möglichkeiten hingewiesen, wie im Rahmen der Organisation der Qualitätssicherung vorgegangen werden kann, um rechtliche und wirtschaftliche Forderungen bei Verwendung von Kunststoffen zu erfüllen.

Eine Spezifikation von PUR-Komponenten oder -Formmassen sollte mindestens folgende Angaben enthalten:

- bei Polyolen die chemische Basis (Polyester, Polyether), ggfs. Zusatzstoffe , z.B. Flammschutzmittel, Dichte und Viskosität, Hydroxylzahl, Hydroxylgehalt, Säurezahl und Wassergehalt.
- bei Isocyanaten die chemische Basis, Isocyanat, Isocyanatanteile und Isomerengehalt, Dichte und Viskosität, Gehalt an hydrolisierbarem Chlor und Gesamtchlorgehalt.
- bei PUR-Elastomeren die Dichte, die Härte in Shore A oder Shore D, die Reißfestigkeit, die Reißdehnung, die Formbeständigkeits- und die Versprödungstemperatur. Außerdem sollte die Schubmodulkurve verfügbar sein.

- bei Spritzgussmassen die Dichte, die Reißfestigkeit bzw. die Streckgrenze, die zugehörige Dehnung, die Formbeständigkeitstemperatur und zusätzlich die Schubmodulkurve.
- Dem Verarbeiter ist das Produktdatenblatt und außerdem das Sicherheitsdatenblatt zur Verfügung zu stellen.

Hinsichtlich Dokumentation und Bestätigung der Eigenschaften und Kennwerte der Vorprodukte für Polyurethan-Formstoffe gelten die Feststellungen für UP-Harze sinngemäß.

Literatur

- Vieweg/Höchtlen „Kunststoff-Handbuch Band VII – Polyurethane", Hanser Verlag.
- Wagner/Sarx „Lackkunstharze", Hanser Verlag.
- Saechtling „Kunststoff Taschenbuch", Hanser Verlag.
- Römpp „Chemie Lexikon", Franckh'sche Verlagsanstalt.
- Weitere Informationen sind im Handbuch sowie in Broschüren/Veröffentlichungen der Herstellerfirmen enthalten.

4.1.1.7 Phenol-Formaldehydharze

1907 veröffentlichte L. H. Baekeland (1863-1944) in seinem „Hitze-Druckpatent" grundlegende Vernetzungsreaktionen. Ausgangsstoffe für die Herstellung von Phenolharzen (PF) sind Phenol und Formaldehyd. In Abhängigkeit von den Reaktionsbedingungen (sauer oder alkalisch) entstehen bei ihrer Umsetzung Novolake oder Resole.

Die Vernetzung von Phenol und Formaldehyd erfolgt über eine Polykondensationsreaktion. Dabei wird ein Spaltprodukt, meist Wasser, frei. Da dies ein endothermer Vorgang ist, muss bei den Kondensationsreaktionen Energie zugeführt werden. Die meist flüssigen und daher gießbaren Resole enthalten Methylen- und Etherbrückenbindungen. Sie besitzen reaktive Methylol-Endgruppen und können deshalb durch Säure oder durch Wärme gehärtet werden. Durch Zugabe starker Säure (z.B. Salzsäure, Phosphorsäure usw.) ist es möglich, die Kondensation der Resole ohne zusätzliches Erwärmen herbeizuführen.

Gegenüber den Resolen besitzen die Novolake keine reaktiven Gruppen und müssen deshalb unter Zugabe von Reaktionsmitteln gehärtet werden. Hierzu wird am häufigsten Hexamethylentetramin verwendet, ein Reaktionsprodukt aus Formaldehyd und Ammoniak. Die Vernetzung setzt bei den überwiegend pulverförmigen Harzen zwischen 110°C und 120 °C ein. Die Härtung mit Hexamethylentetramin hat den Vorteil, dass kein Wasser freigesetzt wird.

Phenolharze weisen durch die kurzkettige Verknüpfung über Methylenbrücken ein sprödes Verhalten auf. Neben ihren traditionellen Einsatzgebieten (Elektrolaminate, Klebstoffe, Lacke, Reibbeläge, Schaumstoffe, Schleifscheiben), werden Phenolharze auch als Kohlenstoffbildner für Hochtemperaturanwendungen eingesetzt.

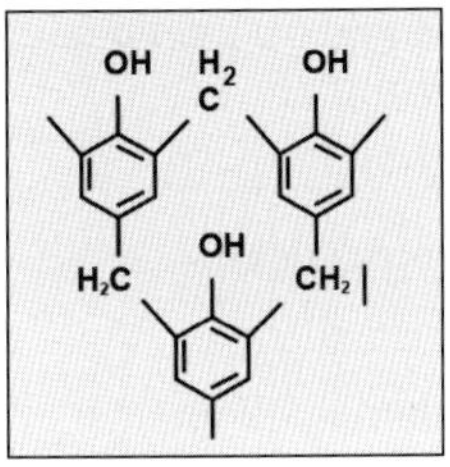

Abb. 31: Schematischer Aufbau der Formaldehydvernetzung

Sie zeichnen sich durch gute Temperatur- und Chemikalienbeständigkeit, Schwerentflammbarkeit sowie niedrige Rauchgasdichte im Brandfall, verbunden mit einer geringen Toxizität der Rauchgase, aus.

Bei den Phenol-Formaldehydharzen liegt die wesentliche Anwendung im Bereich der darauf aufbauenden Formmassen, die sowohl im Pressverfahren als auch im Spritzguss verarbeitet werden können. Die Verarbeitungsparameter dieser Formmassen sind stark von der jeweiligen Rezeptur abhängig. Wegen der großen Bandbreite der möglichen Rezepturen hat sich die Typisierung solcher Formmassen bewährt.

Normalerweise werden Phenol-Formaldehyd-Formmassen auf Novolakbasis eingesetzt (z.B. Typ PF 31), da diese schneller härten als Formmassen auf Resolharzbasis (z.B. Typ PF 31.9). Werden elektrisch hochwertige Eigenschaften verlangt, dann wird dafür der Typ PF 31.5 empfohlen. Auch der Härtungsverlauf beider Formmassetypen ist unterschiedlich. Die von den Formmasseherstellern ausgegebenen Verarbeitungsparameter sind als Richtwerte zu verstehen, die einzuhalten sind.

Faserverstärkte Phenol-Formaldehyd-Formmassen werden zunehmend zur Herstellung von Funktionsteilen eingesetzt, die zuvor aus Aluminium-Druckguss gefertigt wurden. Solche Anwendungen finden sich im KFZ-Motorraum ebenso, wie beispielsweise bei der Elektromotorenherstellung. Vorteile der Kunststoffbauteile gegenüber den Metallversionen liegen in der komplexeren Formgebung, der Integrationsmöglichkeit mehrerer Funktionen in einem Bauteil sowie bei den günstigeren Herstellungskosten.

Nachteile der duroplastischen Werkstoffe sind die geringe Bruchdehnung und die Kerbempfindlichkeit. Somit ist die Weiterentwicklung dieser Eigenschaften, die sich am deutlichsten in der Kerbschlagzähigkeit und Formbeständigkeit widerspiegelt, ein permanentes Entwicklungsziel.

Häufig werden die PF-Formmassen mittels verschiedener Elastomerer modifiziert, um ihr Zähigkeitsverhalten zu verbessern. Diese lassen sich jedoch nur begrenzt wirkungsvoll einbringen, und es besteht die Gefahr der thermischen Alterung und Versprödung bei langer Einwirkung höherer Temperaturen. Neben der Elastomermodifizierung kann die Kerbschlagzähigkeit entscheidend durch eine geeignete Faserverstärkung beeinflusst werden. Um die Qualität der Fasern nicht zu beeinträchtigen ist es notwendig, eine möglichst faserschonende Aufbereitung zu praktizieren und dabei eine optimale Faserbenetzung zu erreichen.

4.1.1.8 Aminoharze

Aminoharze zählen zur Gruppe duroplastischer Kunststoffe, d.h. sie sind aufgrund ihrer chemischen Struktur in der Lage sich durch eine Polykondensationsreaktion irreversibel, dreidimensional zu vernetzen.

Vom chemischen Aufbau her enthalten die Aminoharze, wie der Name schon sagt, in irgendeiner Form Stickstoff im Molekül.

Man unterscheidet im Wesentlichen drei Arten von Aminoharzen:

- Harnstoffharze (UF), Polykondensationsprodukt aus Harnstoff und Formaldehyd
- Melaminharze (MF), Polykondensationsprodukt aus Melamin und Formaldehyd
- Melamin-Phenol-Harze (MP), Copolykondensationsprodukt aus Melamin, Formaldehyd und Phenol

Die Herstellung von **Harnstoffharzen** erfolgt je nach gewünschtem Einsatzzweck mit 1,5 bis 2-fachem Überschuss an Formaldehyd gegenüber Harnstoff in wässriger Lösung. Das gewonnene Harz wird in Form einer wässrigen Lösung oder als sprühgetrocknetes Pulver eingesetzt.

Die Weiterverarbeitung zu Harnstoffharz-Formmassen erfolgt zum überwiegenden Teil mit wässriger Harnstoffharzlösung, d. h. man imprägniert beispielsweise Zellulose oder auch Zellulosebahnen in diskontinuierlichen oder kontinuierlichen Knetern, trocknet anschließend, zerkleinert und granuliert das entstandene Produkt. Dabei ist auf genaue Temperaturführung zu achten, um eine vorzeitige Härtung des Produktes zu vermeiden. Die Farbgebung der Massen erfolgt meistens erst nach dem Trocknungsprozess bei der anschließenden Vermahlung.

Zur Herstellung von **Melaminharzen** lässt man Melamin und Formaldehyd in Gegenwart saurer oder alkalischer Katalysatoren miteinander reagieren. Dabei können bis zu sechs Mole Formaldehyd an ein Melaminmolekül angelagert werden.

Die erhaltenen Produkte reagieren über einen Polykonsationsprozess unter Abspaltung von Wasser zu verzweigten oder vernetzten Molekülen weiter. Der Grad der Vernetzung hängt von der Reaktionsführung ab. Die gebildeten Polykondensate werden je nach Verwendungszweck in flüssiger oder sprühgetrockneter pulvriger Form eingesetzt.

Bei der Herstellung von **Melamin-Phenolharzen** lässt man entweder Phenol, Melamin und Formaldehyd gemeinsam zu Co-Kondensaten reagieren, oder es werden erst bei der Herstellung der Formmassen Festharze aus Melamin und Phenol gemeinsam im bestimmten Verhältnis eingesetzt. Die Eigenschaften des Endproduktes sind im starken Maße vom Anteil des Phenolharzes abhängig. Will man beispielsweise helle Melamin-Phenolharz-Formmassen herstellen, darf die Menge an phenolischer Komponente nur gering sein.

Die Weiterverarbeitung zu Melaminharz- bzw. Melamin-Phenolharz-Formmassen erfolgt zum größten Teil ähnlich wie bei den Phenolharz-Formmassen nach dem Schmelzflussverfahren.

Hierzu werden die zerkleinerten Harze mit den pulverförmigen oder kurzfaserigen Füllstoffen, Gleitmitteln, Farbstoffen und anderen Additiven gut gemischt und anschließend auf beheizten Walzen, Knetern oder Extrudern miteinander verknetet, anschließend granuliert und schließlich homogenisiert. Das für die Weiterverarbeitung dieser Produkte wichtige Fließ-Härtungsverhalten wird über die Rezeptur und durch die Reaktionsführung des Schmelzflussverfahrens eingestellt.

Bezüglich der werkstoffspezifischen Eigenschaften zeichnen sich Aminoharze im Gegensatz zu Phenoplasten durch eine gute Lichtbeständigkeit aus. So ist es möglich, diese Formmassen in der ganzen Farbpalette von Weiß bis Schwarz herzustellen.

Zu beachten ist, dass die Harnstoffharz-Formmassen gegenüber den Phenoplasten eine geringere Wetter-, Wasser- und Wärmebeständigkeit besitzen.

Ein wesentlicher Vorteil der Formmassen auf Melamin- bzw. Melamin-Phenolbasis gegenüber den Phenolmassen ist ihre hohe Kriechstromfestigkeit. Außerdem zeigen sie eine sehr hohe Oberflächenhärte und sind in einer bestimmten Einstellung auch für den Lebensmittelsektor (z.B. Essgeschirr) zugelassen.

Nachteilig bei den Melaminmassen ist ihre hohe Verarbeitungs- und Nachschwindung, die bei der Werkzeuggestaltung beachtet werden muss.

Neben den in den ISO-Normen 14527 bis 14529 festgelegten standardisierten Typen gibt es noch so genannte Sondermassen, die mit ihren spezifischen Eigenschaftsprofilen eine ganze Reihe von speziellen Anforderungen erfüllen. Das sind z. B. solche mit sehr guter Spülmaschinenbeständigkeit, mit erhöhter Kratzfestigkeit am Formteil, mit reduzierter Nachschwindung, mit höherer thermischer Beständigkeit oder solche mit höherer UV-Beständigkeit. Neuerdings ist es auch möglich, laserbeschreibbare Formteile aus MF- bzw. MP-Sondermassen herzustellen.

Sondermassen auf Basis von Melamin-Phenol sind z.B. Formmassen mit Glasfaserfüllung, Formmassen, die eine erhöhte Kupferadhäsivität besitzen oder Formmassen, die besonders kratzfest gegenüber Messing sind.

4.1.2 Thermoplaste – Polypropylen

4.1.2.1 Einführung

Seit seiner erstmaligen Herstellung im Jahr 1954 hat Polypropylen eine sehr dynamische Entwicklung durchgemacht. Auf die strukturelle Analyse der ursprünglichen bunten Mischung von Stereostrukturen und Molmassen folgte eine laufende Optimierung der Katalysatoren, wobei neben der Ausbeute auch die Morphologie ein wesentlicher Faktor ist [1,2]. Parallel zur Entwicklung von verschiedenen Katalysator-Generationen erfolgte die Entwicklung von Polymerisationstechnologien, welche immer neuere und vielfältigere Produkte zugänglich machten [3,4] (siehe Abbildung 32 und 33).

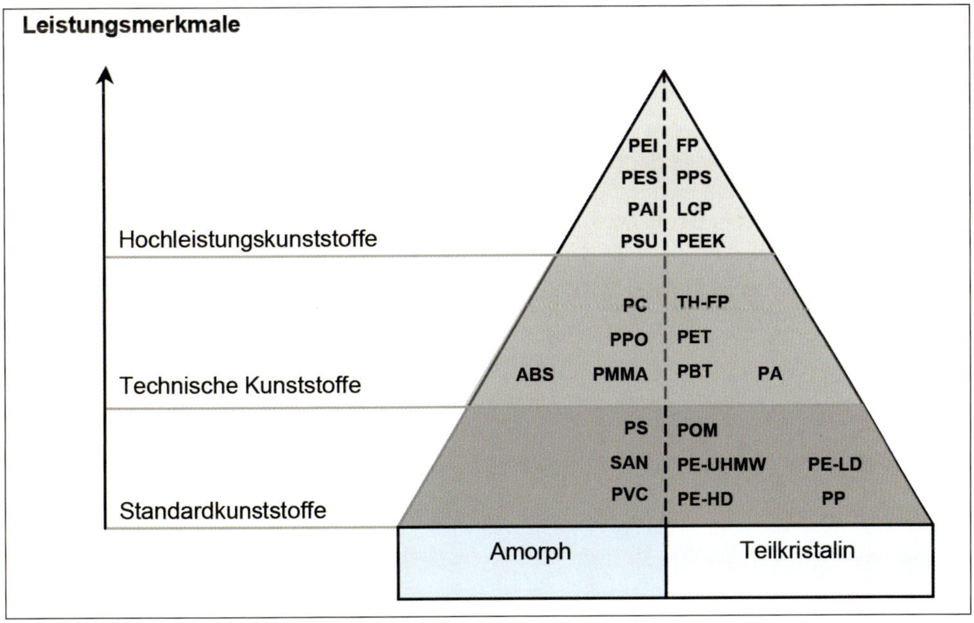

Abb. 32: Leistungsmerkmale von Kunststoffen

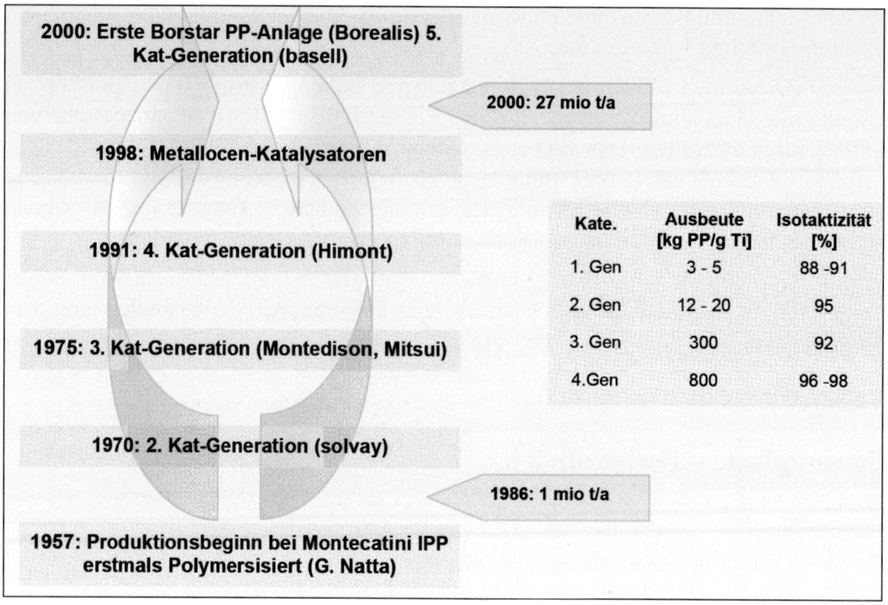

Kate.	Ausbeute [kg PP/g Ti]	Isotaktizität [%]
1. Gen	3 - 5	88 -91
2. Gen	12 - 20	95
3. Gen	300	92
4.Gen	800	96 -98

Abb. 33: Entwicklung von PP in Abhängigkeit vom technologischen Fortschritt

Ein wesentlicher Grund für die anhaltend positive Volumenentwicklung von PP war und ist das Vordringen in immer neue Anwendungsgebiete. Dies wird durch die Kombination der günstigen Basiseigenschaften – niedrige Dichte, chemische Beständigkeit und einfache Verarbeitbarkeit in einer Vielzahl von Prozessen – mit schon monomerbedingt günstigen Kosten und einer positiven Ökobilanz des Materials begründet. Dazu kam eine ständige Erweiterung des Eigenschaftsspektrums auf verschiedenen Strukturebenen, auf die in der Folge noch näher eingegangen werden soll.

In Summe ergab sich damit das in Abbildung 34 dargestellte Bild: Während man Mitte der 70er Jahre noch von einer Dominanz der Hochleistungs-Kunststoffe zum Ende des Millenniums ausging, haben diese auch heute noch einen weitaus geringeren Anteil. Besonders der "Massenthermoplast" PP konnte dabei in Bereiche vordringen, welche nur durch intensive Weiterentwicklung zugänglich wurden [6].

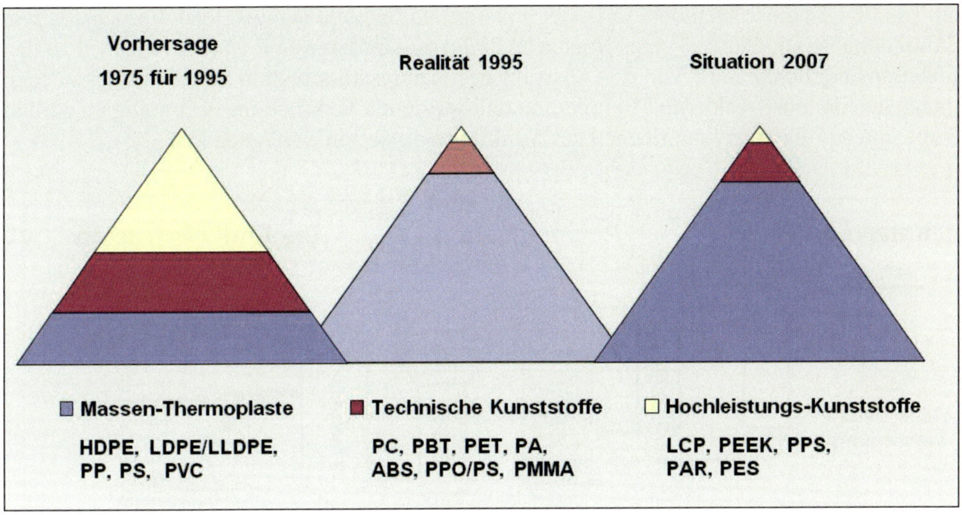

Abb. 34: Entwicklung des weltweiten Marktes für Thermoplaste (Quelle: PlasticsEurope)

4.1.2.2 Polymeraufbau

Selektive Werkstoffmodifizierung

Eine wesentliche Gemeinsamkeit bei der Entwicklung von Polymerwerkstoffen mit neuen mechanischen oder auch optischen Eigenschaften ist die Designarbeit auf verschiedenen Strukturebenen, wie sie in Abbildung 35 schematisch dargestellt sind [7,8]. Die Wahl des Modifikationsansatzes hängt dabei nicht nur von den technologischen Anforderungen, sondern auch vom absehbaren Anwendungsvolumen ab. Dies nicht zuletzt, da die Entwicklung neuer Molekülstrukturen wesentlich zeit- und kostenaufwändiger ist als etwa das Redesign auf Bauteilebene.

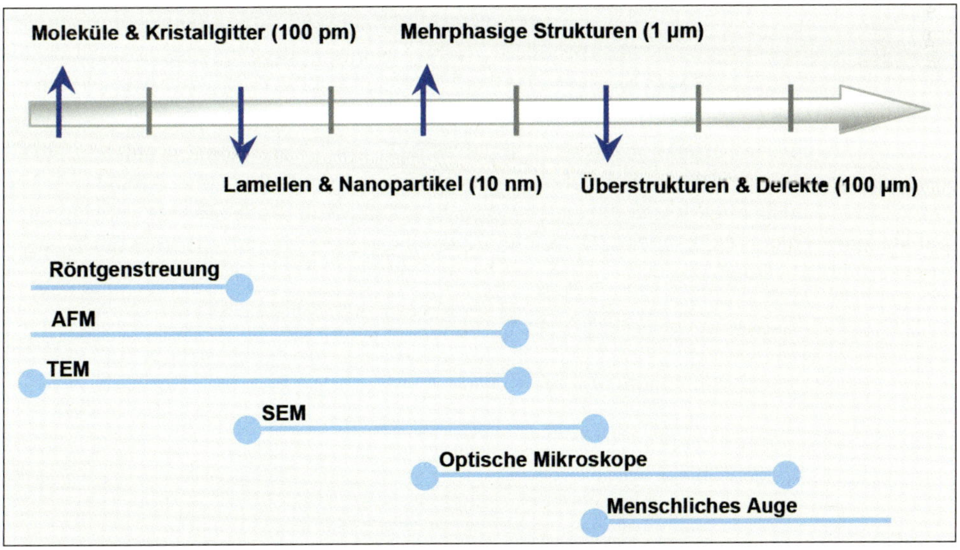

Abb. 35: Systematische Modifizierung von Polymerwerkstoffen

Im Fall von PP fällt diese Methodik mit einer holistischen Betrachtung des Herstellprozesses, wie er in Abbildung 36 am Beispiel eines Borstar™ PP Prozesses dargestellt ist (mit Angaben zu den Modifikationsmöglichkeiten). Von der Auswahl des Katalysators bis hin zu den verschiedenen Möglichkeiten der post-reaktiven Modifikation und speziellen Verarbeitungstechnologien wird in der Folge nun auf die einzelnen Ebenen der Strukturmodifikation eingegangen.

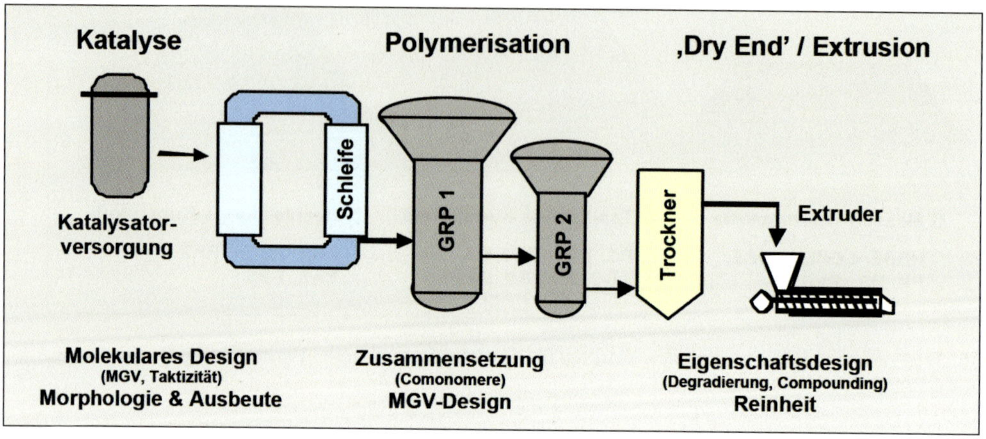

Abb. 36: Schematische Darstellung des PP-Herstellungsprozesses

Kettenstruktur und Molekulargewichtsverteilung

PP ist – im Gegensatz zu Polyethylen – ein Polymer mit stereospezifischer Kettenstruktur, wobei mit konventionellen Ziegler/Natta-(ZN)-Katalysatoren nur isotaktisches PP (iPP) mit verschiedener Stereoregularität bzw. Isotaktizität sowie ataktisches PP (aPP), welches amorph und von geringer technischer Bedeutung ist, zugänglich waren[1]. Die heterogenen Ziegler-Natta-Katalysatoren zur Herstellung von iPP bestehen vorzugsweise aus dem kristallinen Chlorid des vierwertigen Titans, das sich beim Zusammentreffen mit dem reduzierend wirkenden aluminiumorganischen Co-Katalysator an der Oberfläche in den gemischten anorganisch-organischen Komplex des überwiegend dreiwertigen Titans umwandelt. Wichtig ist das Auftreten von Koordinationslücken an den Ecken und Kanten des Kristalls, die dann von Monomer und Polymer besetzt werden können und damit den Polyinsertionsmechanismus ermöglichen.

Erst die Entwicklung von Metallocen-(MC)- bzw. "Single Site"-Katalysatoren machte andere Stereostrukturen mit grundsätzlich anderen Eigenschaften zugänglich (siehe Abbildung 37). Mittlerweile wird auch mit Mischkatalysatorsystemen ("Dual Site"- und ZN/MC-Mischungen auf gemeinsamen Träger) experimentiert, welche sicher noch eine weitere Expansion des Designspektrums erlauben werden.

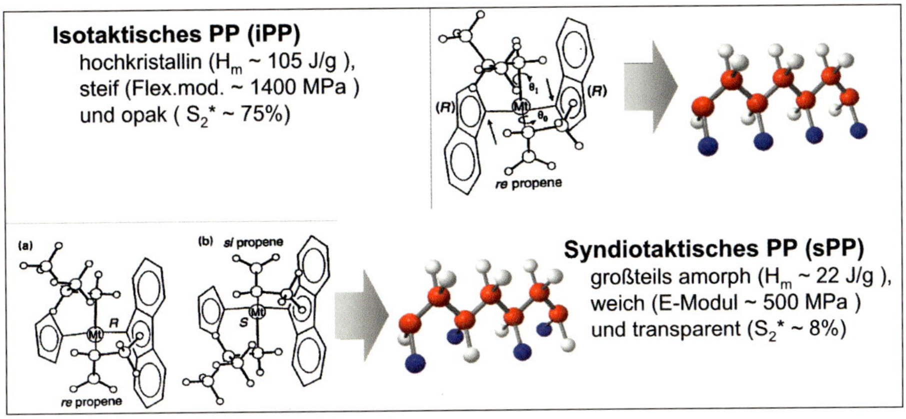

Abb. 37: MC-Katalysatoren für isotaktisches und syndiotaktisches PP, nach Ref. [1]

Aber auch im Fall von ZN-Katalysatoren, mit denen weiterhin etwa 99% der Weltproduktion von iPP hergestellt werden, sind weitere Entwicklungen möglich. So werden laufend neue Katalysatorgenerationen entwickelt und die serielle Herstellung schon von Homopolymeren in Reaktorkaskaden erlaubt eine optimierte Gestaltung der Molekulargewichtsverteilung (MGV) und der Sequenzlängen [9,10], welche auf die mechanische Festigkeit einen noch höheren Einfluss als die eigentliche Isotaktizität haben [11]. Hohe Breiten der MGV bis hin zu einer bimodalen Charakteristik wirken sich sowohl hinsichtlich der Steifigkeit (E-Modul) als auch hinsichtlich der Verarbeitbarkeit in Prozessen mit Elastizitätsanforderungen an die Schmelze – etwa Tiefziehen oder Rohrextrusion – positiv aus.

Vorteile weisen MC-Katalysatoren für iPP eher im Bereich enger Molekulargewichts-verteilungen auf, welche zuvor nur über kontrollierte Degradierung von Reaktorprodukten im "Controlled Rheology"-Prozess zugänglich waren [12]. Demgegenüber weisen MC-iPPs nicht nur eine von Natur aus enge MGV, sondern auch eine homogenere Kettenstruktur auf, was sich auch bei der Copolymerisation positiv auswirkt und etwa die löslichen Anteile des Materials reduziert [13]. Zielanwendungen sind derzeit Fasern oder dünnwandige Spritzgussteile, bei denen sich das Fließ- und Erstarrungsverhalten dieser Produkte positiv auswirkt.

Copolymerisation und Kristallisation

Die Struktur von Polymerketten kann darüber hinaus durch den Einbau von Comonomeren modifiziert werden. Im einfachsten Fall erfolgt der Einbau statistisch, wodurch eine einphasige Struktur mit homogenen Eigenschaften erhalten wird. Bei PP ist es das hauptsächlich verwendete Comonomer Ethylen, das etwa bis 8 mol% statistisch eingebaut werden kann. Über Reduktion von Kristallinität und Absenkung des Schmelzpunktes wird dadurch auch der E-Modul abgesenkt und die Transparenz verbessert [2,14,15]. Abbildung 38 verdeutlicht den Einfluss des Ethylen-Anteils auf den Schmelzpunkt und die Kristallinität (berechnet aus der Dichte) von statistischen EP-Copolymeren. Als weitere Comonomere werden Buten (auch in Terpolymeren mit Ethylen) und vereinzelt Hexen eingesetzt, welche beim Verhältnis zwischen Mechanik und löslichen Anteilen Vorteile bieten.

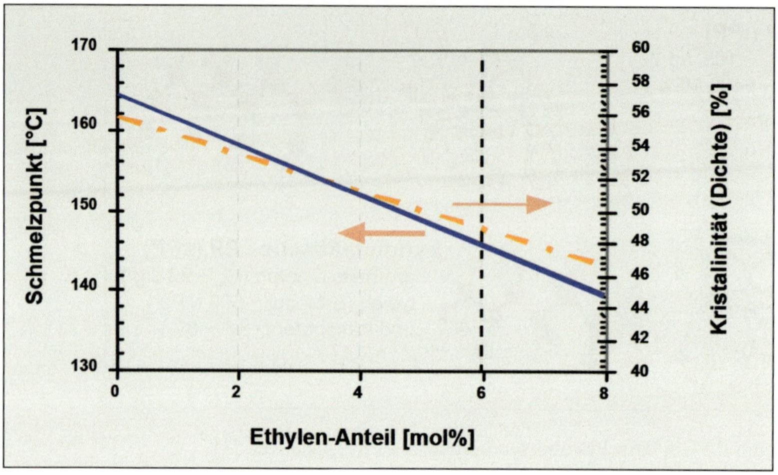

Abb. 38: Einfluss des Ethylen-Anteils auf Schmelzpunkt und Kristallinität

Diese Kettenmodifikationen hängen eng mit der kristallinen Struktur des Polymeren zusammen. Erhöht werden kann die Kristallinität, eine der wesentlichen Bestimmungsgrößen für die Mechanik, aber auch durch den Einsatz von Nukleierungsmitteln, welche als Keimbildner für die Kristallisation wirken. Verschiedenste Substanzen wie Talkum, Natriumbenzoat oder Organophosphate (z.B. Adekastab NA-11) [16,17] werden in Konzentrationen von 0,05-1 Gew.% eingesetzt, wobei für eine gute Wirkung eine Erhöhung der Keimzahlen um mehr als eine Dekade erfolgen muss (siehe Abbildung 39).

Bei der Verarbeitung wirken diese Zusätze durch Erhöhung der Kristallisationstemperatur auch beschleunigend, was sich etwa im Spritzguss in einer Verkürzung der Zykluszeiten ausdrückt.

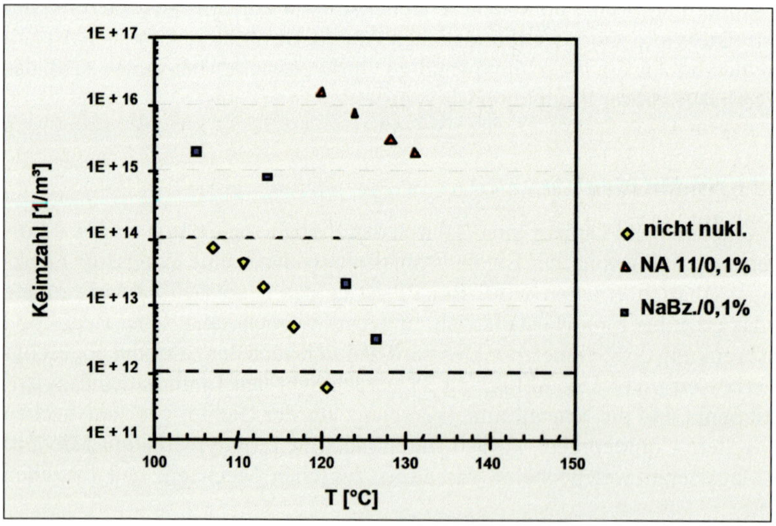

Abb. 39: Einfluss von Nukleierungsmitteln auf die Keimzahl eines PP-Homopolymers

Grundsätzlich bildet die isotaktische Kettenkonformation des PP eine Helix aus, was bei allen Kristallmodifikationen (α, β und γ-Modifikation) der Fall ist.

PP kristallisiert beim Übergang von der Schmelze in den Festzustand durch Kettenfaltung zu Lamellenblöcken, die über so genannte „tie-Moleküle" miteinander verbunden sind. Die Lamellen ordnen sich ihrerseits zu Sphärolithen, die mikroskopisch gut sichtbar gemacht werden können (Abbildung 40). Die Anordnung der Helices definiert die Kristallmodifikation.

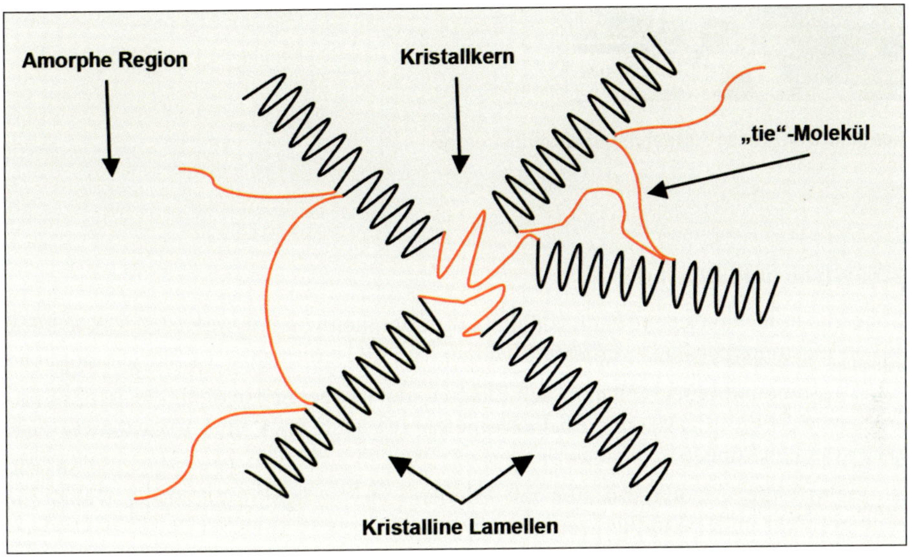

Abb. 40: Schematische Darstellung der Bildung eines Sphärolithen

Am häufigsten kommt die α-Modifikation vor, welche hauptsächlich bei ruhender, scherinduzierter und auch nukleierter Kristallisation von iPP (Homopolymer und heterophasisches Copolymer) gebildet wird. Die beiden anderen Modifikationen weisen eine geringere Dichte und einen niedrigeren Schmelzpunkt auf. Im Gegensatz zur γ-Modifikation ist die β-Modifikation nicht fähig, mit der α-Modifikation in einen Sphärolithen gemeinsam zu existieren, was folgende Abbildung 41 zeigt. In der lichtmikroskopischen Aufnahme der Sphärolithstruktur von kristallinem iPP wird das unterschiedliche Erscheinungsbild zwischen α-Modifikation (dunkle Sphärolithe) und β-Modifikation (helle Sphärolithe) deutlich sichtbar.

Abb. 41: Lichtmikroskopische Aufnahme Sphärolithstruktur

Mehrphasensysteme und Füllstoffe

Auf einer höheren Dimensionsebene kann vor allem die Zähigkeit von Polymerwerkstoffen durch den Einbau von Elastomerpartikeln verbessert werden. Bei PP ist dies auf zwei Wegen möglich:

- durch Eincompoundierung von externen Elastomeren (wobei neben olefin-basierten Elastomeren wie EPR, EPDM oder PE-Plastomeren[18] auch etwa Styrol-Elastomere zum Einsatz kommen können),
- durch mehrstufige Copolymerisation mit Ethylen (oder anderen α-Olefinen), wobei das Elastomer direkt im Reaktor hergestellt wird.

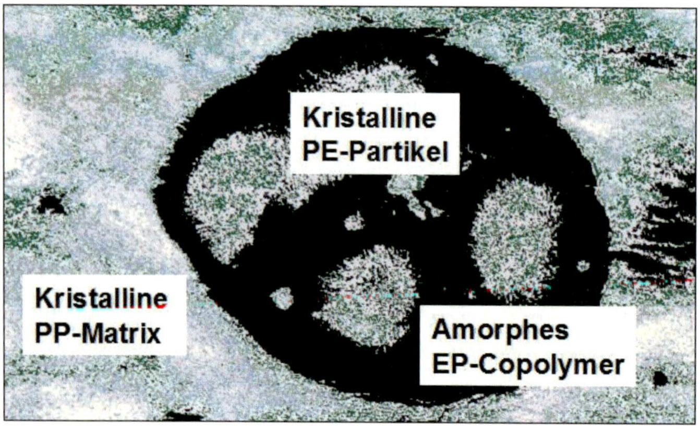

Abb. 42: Phasenstruktur von heterophasischen Copolymeren

Produkte aus letzterem Prozess werden gemeinhin noch meist als "Block-Copolymere" bezeichnet, obwohl sie richtigerweise als "Heterophasische Copolymere" bezeichnet werden sollten [2,19,20]. Die Struktur dieser Materialien ist in Abbildung 42 schematisch dargestellt,, wobei deutlich wird, dass das Polymer neben kristallinem PP und im Wesentlichen amorphem EPR auch kristallines PE enthält. Bei der Abbildung 42 handelt es sich um eine Transmissions-Elektronenmikroskopie-(TEM-)-Aufnahme nach Kontrastierung mit RuO4, – der Partikeldurchmesser liegt bei ~ 1µm.

Die Eigenschaften des Werkstoffs werden von Menge, Größe und Innenstruktur dieser Weichpartikel bestimmt [21,22]. So können Produkte mit moderater Schlagzähigkeit aber hoher Transparenz durch Einstellung der Partikelgröße unterhalb der Wellenlänge des sichtbaren Lichts erhalten werden.

Abbildung 43 zeigt die Abhängigkeit der mechanischen Eigenschaften (Charpy Kerbschlagzähigkeit ISO 179 1eA und Biegemodul ISO 178) von der Elastomer-Konzentration (EPR) in einem heterophasischem Ethylen-Propylen-Copolymer mit Random-copolymer Matrix, wobei die angegebene Beziehung nur für eine bestimmte Phasenmorphologie gültig ist.

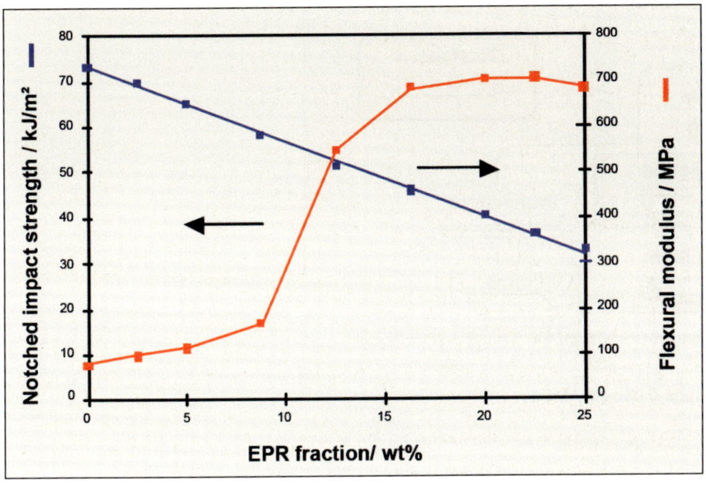

Abb. 43: Abhängigkeit mechanischer Eigenschaften von Elastomer-Konzentration (EPR)

Zusammenfassend soll in folgender Abbildung 44 noch einmal die gesamte Bandbreite an Eigenschaften dargestellt werden, die mit Polypropylen bzw. Ethylen-Propylen-Copolymer erzielbar sind.

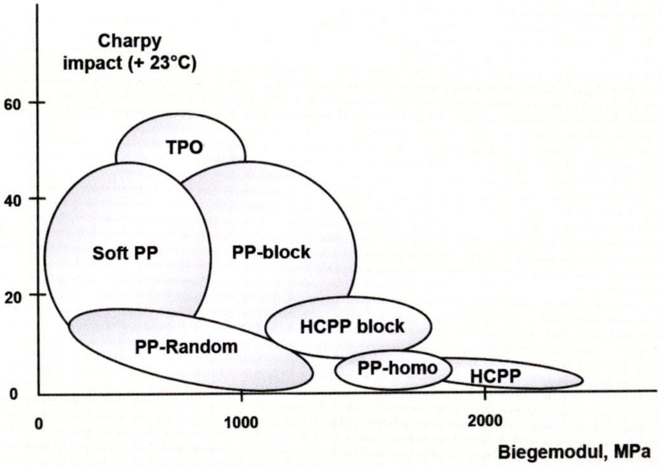

Abb. 44: Materialien mit verschiedensten Steifigkeits-/Schlagzähigkeits-Verhalten [37]

Nach dem Polymerisationsprozess sind weitere Modifikationen etwa durch die Einmischung von Füll- und Verstärkungsstoffen meist mineralischer Natur möglich, wozu im Allgemeinen Zweischneckenextruder mit spezieller mischintensiver Konfiguration eingesetzt werden. Abbildung 45 gibt einen schematischen Überblick der erreichbaren Mechanikprofile, welche neben den Eigenschaften des Basispolymers auch von Menge und Natur des Füllstoffes bestimmt werden [23,24]. Vor allem beim Einsatz von Glasfasern, welche die höchsten Festigkeitswerte eröffnen, kann durch Modifikation der Faseroberfläche (Schlichte) und den Einsatz von Haftvermittlern eine weitere Verbesserung erreicht werden.

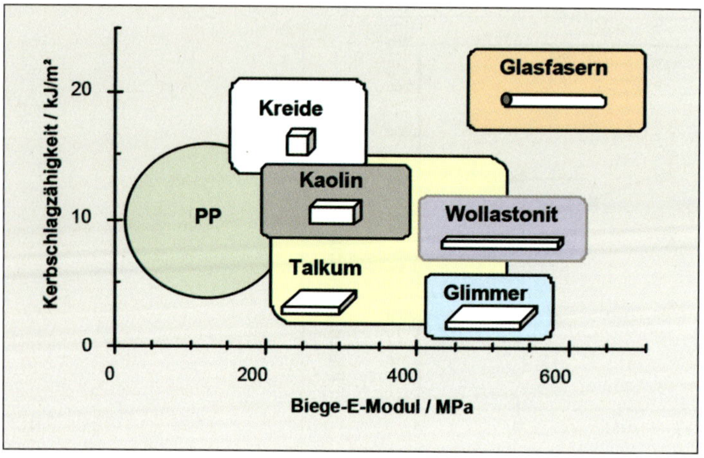

Abb. 45: Möglichkeiten der Modifikation mechanischer Eigenschaften von PP (nach Ref. [24])

Spezielle Verarbeitungstechnologien

Eine letzte Möglichkeit zur Optimierung von Bauteileigenschaften ist der Einsatz spezieller Verarbeitungstechnologien. Im Fall teilkristalliner Polymere – wie eben auch PP – hängen die mechanischen Eigenschaften stark von der Kristallinität, aber auch von der Morphologie der kristallinen Strukturen ab. So kann durch die gezielte Erzeugung orientierter Strukturen (Randschichten, scherinduzierte Kristallisation), wie sie etwa im SCORIM-Prozess [25,26] oder im "Push-Pull" Spritzgussprozess erfolgt, eine massive Erhöhung der Festigkeit erreicht werden. Abbildung 46 zeigt das Prinzip des SCORIM-Verfahrens und Beispiele für die Morphologie eines PP-Spritzgussteils in konventioneller Herstellung (oben) und SCORIM-Herstellung (unten) [Bilder aus Polarisations-Lichtmikroskopie, Modulwerte im Zugversuch] sowie die Konsequenzen für die Morphologie der Bauteile auf.

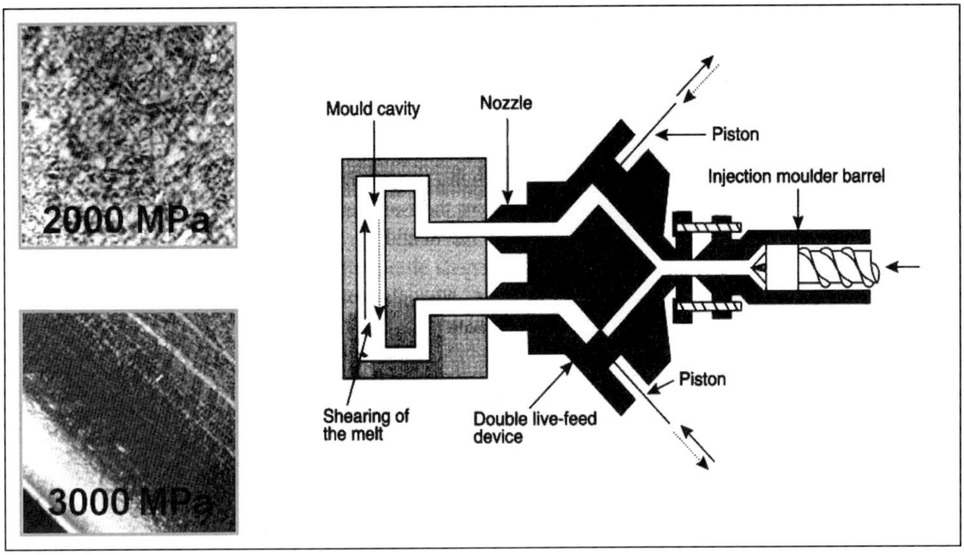

Abb. 46: Prinzip des SCORIM-Verfahrens

Noch größere Erhöhungen des E-Moduls, aber auch der Reißfestigkeit können etwa in Faserspinnprozessen durch die Nachverstreckung erreicht werden. Eine aktuelle Kombination dieser Möglichkeit mit Verwebung und Sinterung solcher hochfester PP-Fasern zu Platten, welche anschließend tiefgezogen werden können, wurde in der Gruppe von Prof. Ward in Leeds (UK) entwickelt und wird derzeit von BP unter dem Produktnamen "curv" vermarktet. Dabei werden Modulwerte bis zu 5000 MPa erreicht.

4.1.2.3 Eigenschaftspektrum

Wie im vorherigen Kapitel gezeigt wurde, kann das Eigenschaftsspektrum von PP auf verschiedenen Strukturebenen variiert werden. Zu bedenken ist allerdings, dass speziell in der Spritzgussverarbeitung das Bauteildesign (Geometrie) und Verarbeitungsparameter die Endeigenschaften eines Bauteils noch wesentlich beeinflussen. Dabei wird nicht nur Mechanik und Optik, sondern auch andere relevante Parameter wie Verarbeitungs- und Nachschwindung sowie thermische Ausdehnung verändert. Design und Werkstoffauswahl müssen daher immer parallel ablaufen.

Mechanische Eigenschaften

In Tabelle 3 sind wesentliche mechanische, thermische und optische Eigenschaften von PP-Typen im gesamten derzeit verfügbaren Eigenschaftsbereich zusammengefasst. Die Werte beziehen sich prinzipiell auf Spritzgussteile nach normgerechter Verarbeitung und sind lediglich als Anhaltspunkte für die Auswahl zu verstehen.

Wesentlich ist, dass innerhalb einer Typengruppe zwingende Zusammenhänge zwischen verschiedenen Eigenschaften – etwa zwischen Modul und Wärmeformbeständigkeit – bestehen. Die Schlagzähigkeit wird zudem wesentlich von der Molmasse des Polymers bestimmt, wobei eine positive Korrelation besteht. Damit ergibt sich auch eine Verknüpfung zum Schmelzindex (MFI) bzw. zur Verarbeitbarkeit (Fließfähigkeit).

Tab. 3: Überblick über wesentliche Eigenschaften von PP-Typen (nach Ref. [24])

		Unmodifizierte PP-Typen					Compounds		
		Super-weich (1)	Weich (2)	Standard	Steif (3)	Hochsteif (4)	Talkum 20-40 %	Glasfaser 20-40 %	Füllstoff & Elastomer
Dichte [g/cm³]	DIN 53479	0,890	0,900	0,905	0,905	0,905	1,05-1,25	1,04-1,22	0,95-1,15
Biege-E-Modul [MPa]	DIN 53457	50-300	300-700	700-1500	1500-2000	> 2000	2500-5000	5000-9000	1000-2000
Streck-spanng. [MPa]	DIN 53455	4-10	15-25	25-35	35-40	40-50	25-35	70-140	15-30
Streck-dehng. [%]	DIN 53455	0-100	15-25	5-15	5-10	4-7	2-4	2-4	5-10
Bruchdehng. [%]	DIN 53455	> 600	> 600	20-800	20-200	10-30	15-30	2-4	20-400
SZ Charpy [kJ/m²] + 23°C - 20°C	DIN 53453	k.B. 30-k.B.	k.B. 20-k.B.	70-k.B. 10-k.B.	50-k.B. 10-80	30-k.B. 10-40	15-k.B. 5-20	25-35 20-30	k.B. 20-k.B.
KSZ Charpy [kJ/m²] + 23°C - 20°C	DIN 53453	k.B. 5-k.B.	10-k.B. 2-20	3-40 2-10	3-10 1-5	2-4 1-2	2-10 1-3	7-15 4-10	15-30 5-20
Vicat-T. [°C] Vicat-A Vicat-B	DIN 53460	50-100 < 50	80-120 30-60	100-140 50-90	140-150 70-100	150-160 100-120	150-160 80-100	140-160 100-130	100-130 40-60
WFB [°C] HDT-A HDT-B	DIN 53461	< 30 < 60	35-45 50-70	40-60 70-100	50-70 100-120	60-80 110-130	60-90 120-140	130-150 150-160	40-60 70-100
Glanz 20° [%]	DIN 67530	20-50	30-60	60-80	70-80	70-80	5-30	20-40	20-40
KDH [N/mm²]	DIN 53456	<20	20-40	30-80	80-90	>90	80-90	100-120	40-60

Erläuterung zu Tabelle 3 – Überblick über wesentliche Eigenschaften von PP-Typen (1 – Weiche & elastische Typen, Versuchsstadium; 2 – Heterophasische und Random-Heterophasische PP-Copolymere; 3 – Homopolymere und Heterophasische PP-Copolymere; 4 – Homopolymere; SZ – Schlagzähigkeit; KSZ – Kerbschlagzähigkeit; WFB – Wärmeformbeständigkeit; k.B. – kein Bruch), nach Ref. [24]

Rheologische Eigenschaften

Für die Verarbeitung eines Thermoplasten sind natürlich die rheologischen Eigenschaften der entsprechenden Polymerschmelze von entscheidender Bedeutung. Generell zeigen Polymerschmelzen viskoelastisches Verhalten, d. h. sie vereinen flüssigkeits- und festkörperartige Eigenschaften, was rein phänomenologisch durch die Knäuelbildung der Moleküle und ihre Tendenz, immer wieder in den Gleichgewichtszustand zurückkehren zu wollen, erklärt werden kann.

Dabei muss zwischen dem linearen und dem nichtlinearen Bereich des viskoelastischen Verhaltens unterschieden werden. Der linear viskoelastische Bereich stellt den Grenzfall kleiner Deformationen bzw. Deformationsgeschwindigkeiten dar. Hier zeigt die Viskosität keine Scherratenabhängigkeit (newtonscher Bereich). In der Verarbeitungspraxis ist dieser Bereich aber nur von untergeordneter Bedeutung. Im Unterschied dazu liegt im nichtlinearen Bereich eine Abhängigkeit der Viskosität von der Scherrate vor. Diese verläuft bei hohen Scherrate linear auf einer log/log-Skala (power-law).

Polypropylen zeichnet sich hier – wie auch andere Polyolefine – durch zwei grundlegende Charakteristika aus:

- Die Viskositätskurve eines PP-Homopolymeren mit MFI (230°C/2,16kg) 8g/10min ist aufgrund der breiten Molekulargewichtsverteilung relativ "rund" und weist nur enge newtonsche und power-law-Bereiche in Verbindung mit einem breiten Übergangsbereich auf (siehe Abbildung 47 – entsprechende Scherratenbereiche verschiedener Verarbeitungsverfahren sind angegeben).
- Die Temperaturabhängigkeit ist im Verarbeitungsbereich (etwa 180-280°C) relativ flach und kann durch einen Arrhenius-Ansatz beschrieben werden [38].

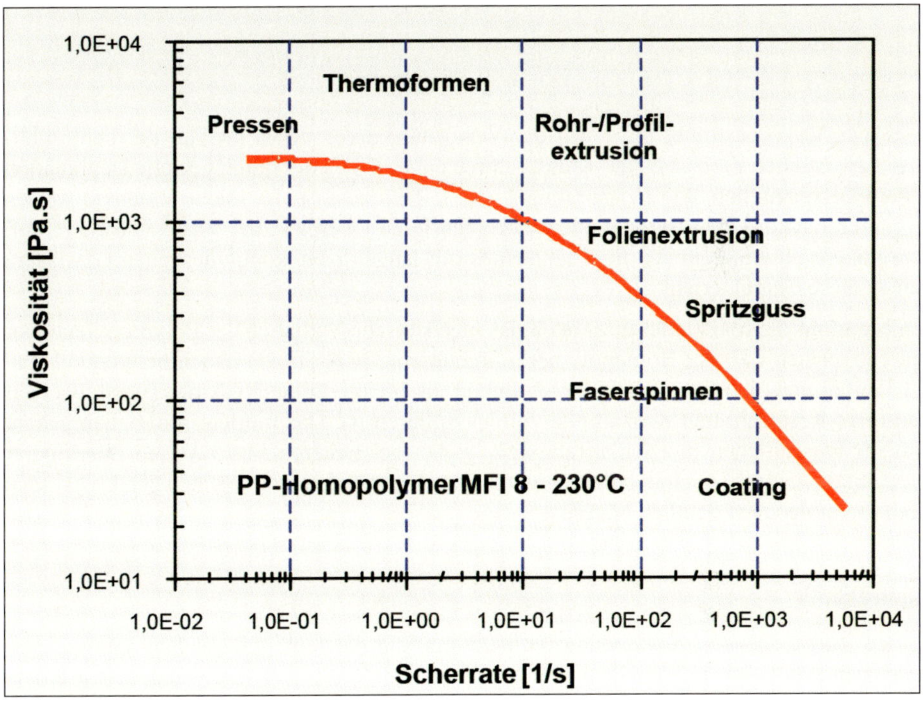

Abb. 47: Viskositätskurve eines PP-Homopolymeren

Die einfachste Form eines (Kapillar-)Rheometers stellt das Messgerät zur Bestimmung des MFI (Melt flow index) dar. Dabei wird durch eine Kapillare mit relativ niedrigem L/D-Verhältnis Polymerschmelze gedrückt. Registriert wird die Masse eines innerhalb einer bestimmten Zeit ausgetretenen Schmelzestranges (MFI) bzw. dessen Volumen (MVI, aussagekräftiger beim Vergleich von Materialien verschiedener Dichte).

Die MFI-Bestimmung als alleinige rheologische Charakterisierung einer Polymerschmelze weist jedoch einige prinzipielle Probleme auf:

- Da nur ein Punkt der scherratenabhängigen Viskositätskurve erfasst wird, können Materialien mit unterschiedlichem Verhalten gleiche Werte liefern (kann durch Messung bei zwei Belastungen umgangen werden).

- Aufgrund der geringen Kapillarlänge haben Einlauf- und Auslaufverluste einen relativ hohen Anteil am Gesamtwiderstand der Kapillare, dadurch wird Schmelzeelastizität überproportional erfasst.

Einen besseren Überblick über das gesamte Fließverhalten einer Polymerschmelze erhält man mit der in Abbildung 47 abgebildeten Viskositätskurve. Dabei wird die Viskosität üblicherweise in einem Scherratenbereich von ca. 0,1 s-1 bis 1000 s-1 bestimmt.

Im Detail wird das Fließverhalten von der Länge der Molekülketten, also der Molekulargewichtsverteilung (MGV) bestimmt. Das mittlere Molekulargewicht bestimmt dabei die Lage der Viskositätskurve, wobei eine sehr starke Abhängigkeit etwa zwischen der Grenzviskosität bei niedrigen Scherraten – Nullviskosität, $\eta 0$ – und dem Gewichtsmittel der MGV – Mw – besteht:

$$\eta\,0 = k\,Mw^{3,4}$$

Die Breite der MGV bestimmt die Form der Viskositätskurve, wobei im Fall der heute üblicherweise verwendeten Ziegler-Natta -Katalysatoren enge MGVs nur durch gezielte Degradation mittels Peroxid zugänglich sind (Visbreaking- oder CR-Prozess [12]). Solche Produkte weisen einen breiteren newtonschen Bereich und einen schärferen Übergang der Viskositätskurve auf; vor allem höhere Fließfähigkeiten für Composites mit langen bzw. kontinuierlichen Glasfasern haben meist diese Charakteristik.

Daneben bestimmt die MGV allerdings auch das mechanische Verhalten der Polypropylene, vor allem im einfachsten Fall der Homopolymere. Engverteilte (CR-)Typen haben bei vergleichbaren MFI-Werten eine deutlich niedrigere Steifigkeit als breitverteilte (Reaktor-)Typen, was auf eine niedrigere Keimzahl und Kristallinität zurückzuführen ist. Das mittlere Molekulargewicht bestimmt im Wesentlichen die Schlagzähigkeit, wobei bei höheren Mw -Werten (niedrigerer MFI) die Zähigkeit aufgrund einer höheren Anzahl von Verknüpfungen zwischen den kristallinen Bereichen (tie molecules) deutlich höher ist.

Thermomechanik

Um bei den entsprechenden Anwendungstemperaturen die notwendigen mechanischen Eigenschaften erbringen zu können, müssen dementsprechend optimierte Polymere eingesetzt werden. Grundsätzlich verliert Polypropylen-Homopolymer bei tiefen Temperaturen seine Zähigkeit, d.h. es tritt sprödes Bruchverhalten auf. Der Grund liegt in der Unterschreitung der Glasübergangstemperatur, die bei ungefähr +5 °C liegt. Wie bereits erwähnt, kann der Spröd/Zäh-Übergang durch die Einarbeitung von Elastomerpartikeln auf bis zu –40 ° C nach unten verschoben werden. Nach oben hin ist der Einsatz von Polypropylen durch die Abnahme in Steifigkeit und Festigkeit und die Verschlechterung des Kriechverhaltens limitiert.

Hier kann natürlich durch den Einsatz von Füllstoffen, im Besonderen von Glasfasern, die Dauergebrauchstemperatur angehoben werden.

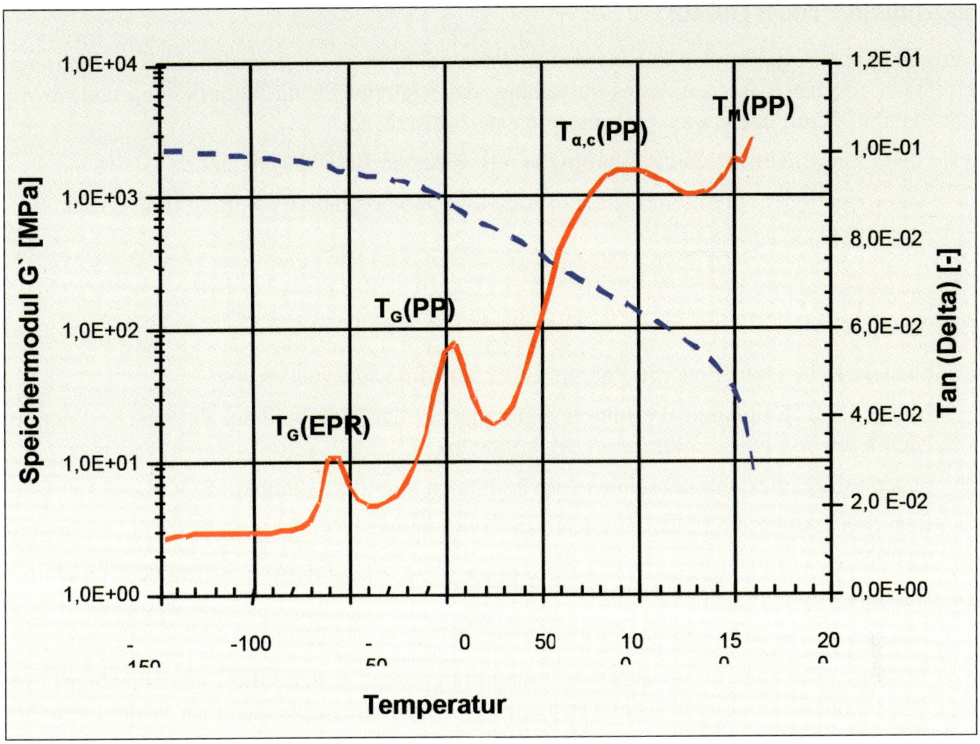

Abb. 48: Dynamisch-mechanische Analyse tieftemperatur-schlagzähes PP-Copolymer*

**Erläuterung zu Abbildung 48: Dynamisch-mechanische Analyse eines tieftemperatur-schlagzähen PP-Copolymers (Block-Copolymer) mit wesentlichen Übergängen; (blaue Linie) Speichermodul G' (proportional zum Modul); (rote Linie) Tangens des Verlustwinkels δ (proportional zur Beweglichkeit)*

Einen einfachen Überblick zum thermomechanischen Verhalten eines PP-Werkstoffes gewinnt man durch Untersuchung mittels dynamisch-mechanischer Prüfung als Funktion der Temperatur (DMA bzw. DMTA). Dabei wird ein Probekörper bei steigender Temperatur einer dynamischen Belastung (Zug, Biegung oder Torsion) im (linearen) Bereich kleiner Deformationen ausgesetzt und die Speicher- und Verlustanteile des Materialverhaltens aufgezeichnet. Übliche Ergebnisdiagramme (siehe Abb.48) enthalten den Speichermodul G' und den Tangens des Verlustwinkels (tan(δ)) und zeigen die Übergangsbereiche des Materialverhaltens deutlich an. Im Fall von mit Elastomerpartikeln modifizierten Copolymeren (oder Compounds) sind dies:

- der Glasübergang des Elastomer-(EPR-)-Anteils bei –60 bis –40 °C,
- der Glasübergang des PP-Matrixanteils bei 0 bis +10°C,
- der Mobilitätsübergang der kristallinen Phase im PP (Ta,c) zwischen 40 und 120°C und
- der Schmelzübergang oberhalb von 150°C.

Aus den Grenzen des jeweils untersten Glasüberganges (der bei Homopolymeren natürlich höher liegt) und des Schmelzüberganges ergeben sich die jeweiligen Anwendungsgrenzen eines Werkstoffes, wobei jedoch auch der erforderliche Widerstand gegenüber Belastung zu berücksichtigen ist.

Langzeitbeständigkeit [39, 40]

Da Produkte aus Polypropylen zunehmend in Anwendungen mit Lebensdauer bis zu mehreren Jahrzehnten eingesetzt werden, ist es notwendig, das Material für die Verarbeitung und für die Langzeitstabilität mit geeigneten Stabilisatoren auszurüsten.

Die für den Langzeiteinsatz von Polypropylen relevantesten Belastungen sind:

- Autooxidationen: thermooxidative (T, O2) und photooxidative Alterung (hn, T, O2),
- Chemikalienbeständigkeit.

Autooxidation

Die autokatalytische Oxidation von Polypropylen läuft folgendermaßen ab:

1. Bildung von Radikalen R• (durch Scherung bei der Verarbeitung, thermische Energie, energiereiche Lichtstrahlung (hv), Metallionen),
2. Sauerstoff reagiert mit gebildeten Alkylradikalen zum Peroxyradikal ROO•,
3. Reaktion vom Peroxyradikal mit RH zum Hydroperoxid ROOH (geschwindigkeitsbestimmend),
4. autokatalytische Kettenreaktion.

Ist das Polymer mit Sauerstoff gesättigt, tritt über die gesamte Materialdicke gleichmäßige Alterung auf. Bei hohen Temperaturen kann es jedoch von der Bauteiloberfläche zur Bauteilmitte hin zu abnehmender Schädigung kommen, da aufgrund der zu geringen Sauerstoffdiffusion in der Bauteilmitte ein O2-Mangel entsteht.

Grundsätzlich hängt die Autooxidation von der Löslichkeit des O2 und von der Diffusionsgeschwindigkeit des O2 im Polypropylen ab, wobei beide Parameter natürlich von der Temperatur und von der Polymerkristallinität (O2 großteils in amorpher Phase) abhängen.

Thermooxidative Alterung

Darunter wird die Polymerschädigung durch Wärmeenergie (in Anwesenheit von Sauerstoff) verstanden.

Bei Polypropylen führt thermooxidative Alterung zu Materialversprödung (reduziert Reißdehnung, Schlagzähigkeit, etc.) und zu Vergilbung. Um möglichst rasch Aussagen über das Oxidationsverhalten eines Materials zu erhalten, werden beschleunigte Prüfungen bei erhöhten Temperaturen durchgeführt, wobei zu beachten ist, dass die Extrapolation zur Lebensdauer bei der Einsatztemperatur aufgrund unterschiedlicher Reaktionsprozesse bzw. -kinetiken nur bedingt zulässig ist.

Folgende Prüfungen werden angewandt:

- beschleunigte Ofenalterung bei hohen Temperaturen (z. B.: 150°C) und anschließende Eigenschaftsbestimmung,
- Bestimmung der Oxidations-Induktions-Zeit mit Wärmekalorimetrie (DSC, z. B. nach Norm EN 728 (1997) oder Chemilumineszenz.

Photooxidative Alterung

Darunter wird die Polymerschädigung durch Lichtenergie verstanden, weshalb sie bei Außenanwendungen eine gravierende Rolle spielt. Dabei ist zu beachten, dass natürlich andere Parameter wie z. B. Temperatur, Luftfeuchtigkeit, industrielle Schadstoffe, Eigenfarbe, usw. einen Einfluss nehmen.

Freibewitterungen sind daher infolge ihrer Realitätsnähe trotz der langen Expositionszeiten unverzichtbar, wobei die Ergebnisse streng genommen nur für den jeweiligen Bewitterungsort gelten.

Die photooxidative Alterung wird natürlich ebenfalls in Prüfschränken simuliert, wobei die oben erwähnten Parameter einstellbar sein müssen. Wichtig ist, dass die gewählte Lichtquelle dem gewünschten Wellenlängenspektrum und der geforderten Intensität entspricht (Xenonbogenlampen, UV-Lampen, Kohlenbogenlampen).

Stabilisierungsmöglichkeiten

Die eingesetzten Stabilisatoren schützen Polypropylen gegen die Zerstörung durch Luftsauerstoff, Wärme, Sonnenlicht, Scherung und Metallionen.

Folgende Typen werden verwendet:

Antioxidantien (primäre Antioxidantien)

Sie schützen während der Herstellung, Formgebung und dem Gebrauch vor schädlichen Einflüssen von Sauerstoff und Wärme. Im Wesentlichen sind es Protonen-Donoren und Radikalfänger, die zum Abbruch der Kettenreaktionen während des Autooxidationsprozesses führen. Die Stabilisatoren werden in Abhängigkeit der Belastung irreversibel verbraucht.

Beteiligte kettenabbrechende Grundreaktionen (AH = Antioxidans mit H-Donor):

- ROO• + A-H → ROOH + A•
- RO• + A-H → ROH + A•
- HO• + A-H → H2O + A•
- ROO• oder R• + A• → ROOA oder R-A (stabiles Produkt)

z.B.: sterisch gehinderte Phenole, sterisch gehinderte aromatische Amine, sterisch gehinderte Amine

Costabilisatoren (sekundäre Antioxidantien)

Diese Stabilisatoren werden nur in Kombination mit primären Stabilisatoren eingesetzt (synergistische Wirkung), wobei auch sie irreversibel verbraucht werden. Die Wirkung beruht darauf, dass gebildeter Hydroperoxide zu Alkohol reduziert werden.

Z.B.: Phosphitester (Verarbeitung), Thioether (Langzeitwirkung)

Lichtschutzmittel

Zwei Typen von Lichtschutzmitteln werden eingesetzt:

1. UV-Absorber: absorbieren die schädliche UV-Strahlung und wandeln Lichtenergie in Wärme um (z. B.: Hydroxybenzophenone, Hydroxyphenylbenzotriazole,...),

2. Quencher: besitzen die Fähigkeit, die vom Polymer absorbierte Energie abzuleiten und in Form von Wärme oder Strahlung zu dissipieren (haben geringe Bedeutung).

Interessant ist, dass beide Typen durch die Lichteinwirkung nicht zerstört werden.

Metalldesaktivatoren

Der schädliche Einfluss von redoxaktiven Übergangsmetallionen (z.B. System Cu+, Cu2+), wird durch Komplexierung mit geeigneten Chelatliganden herabgesetzt oder ganz aufgehoben.

Chemikalienbeständigkeit [39]

Die Beständigkeit von Polypropylen wird üblicherweise anhand von qualitativen Angaben wie

- beständig – bedingt beständig – nicht beständig in Tabellen angegeben.

Für den Anwender sind diese Angaben bei einer Werkstoffevaluation nützlich. Bei gezielten Werkstoffentwicklungen mit definiertem Anforderungskatalog müssen allerdings weitere, vor allem quantitativ messbare Kriterien zur Beurteilung von Veränderungen nach Belastungen herangezogen werden.

Folgende generelle Angaben zur Beständigkeit von Polypropylen [39] können gemacht werden:

Säuren:	beständig
Laugen:	beständig
Oxidationsmittel:	unbeständig
Alkohole:	beständig
Ketone:	mäßig beständig
Ester:	mäßig beständig
Chlorierte Lösungsmittel:	unbeständig, quellbar
Aliphatische Kohlenwasserstoffe:	mäßig beständig
Aromatische Kohlenwasserstoffe:	unbeständig, quellbar, löslich bei hohen Temperaturen

Die Wirkung von Chemikalien auf Polypropylen ist unterschiedlich, wobei zwei Typen unterschieden werden können:

Physikalisch einwirkende Medien reagieren nicht mit dem Kunststoff. Sie führen jedoch zur Quellung (Erhöhung der Elastizität, Erniedrigung der Härte und der Glasübergangstemperatur) bis zur Auflösung und damit zu reversiblen Veränderungen der Eigenschaften. Ob dies auftreten kann, sollte über die Polaritäten der Komponenten abschätzbar sein.

Chemisch einwirkende Medien reagieren mit dem Kunststoff und verändern seine Eigenschaften irreversiebel (z. B: starke Oxidationsmittel).

4.1.2.4 Verarbeitungsverfahren und Anwendungsgebiete

Auf die hinlänglich bekannten Verarbeitungsverfahren

- Extrusion
- Spritzguss
- Formblasen
- Folienblasen
- Kalandrieren
- Tiefziehen

soll hier nicht näher eingegangen werden.

Anwendungen im Automobilbereich

Bei der Entwicklung moderner Kraftfahrzeuge spielt PP aufgrund der Kombination von Dichte (Bauteilgewicht) und Mechanik eine extrem große Rolle; von den etwa 15% Masseanteil, den Kunststoffe an PKWs haben, sind 70% Polypropylen. Eine insgesamt wichtige Funktion des Kunststoffanteils ist die Gewichtsreduktion im Vergleich zu Metallen, die für eine Reduktion des Treibstoffverbrauchs essentiell ist.

Ein wesentliches Anwendungsbeispiel sind Stoßfänger, wobei zu PKW-Anwendungen in den letzten Jahren auch LKW- und Busanwendungen kommen. Wichtig ist dabei neben der reinen Mechanik (mit Tieftemperatur-Schlagzähigkeit als wesentlichem Parameter) auch die Kombination mit anderen Produkteigenschaften wie Schwindung, thermischer Ausdehnung [27] oder auch Oberflächenqualität, Kratzfestigkeit und Lackierbarkeit. In Abbildung 49 ist ein relativ typisches Design für ein Mittelklassefahrzeug mit Kombination lackierter und nicht lackierter Teile dargestellt.

Abb. 49: Beispiel eines PP-Stoßfängers (mehrteilige Konstruktion, Opel Vectra)

Eine logische Weiterentwicklung der Stoßfänger-, Einstiegsleisten- oder sonstiger KFZ-Außenanwendungen ist der Einsatz in Karosseriebauteilen. Hier ist aus Gründen der Gesamtsteifigkeit normalerweise die Kombination mit speziellen glasfaserverstärkten Materialien erforderlich, welche etwa auch im Frontend- oder Unterbodenbereich angewendet werden. Die Modulwerte von normalen GF-Compounds (siehe Abb. 49) können dabei auf drei Wegen noch überschritten werden: Durch den Einsatz hochkristalliner Matrixpolymere, durch Langglasfasern (LFT) oder kontinuierliche Glasfasern (GMT). Das Direkt-Verfahren „POLYTECplast-D-LFT" hat sich im PKW-Unterbodenbereich als Steinschlagschutz und für Cw-Bodenverkleidungen bewährt.

Im Innenraumbereich hat vor allem das Bestreben nach Monomaterial-Lösungen einen verstärkten Einsatz von PP für praktisch alle Bauteile von der Armaturentafel bis zu Türverkleidungen gebracht.

Für „soft touch" – Effekte, welche früher zumeist mit Weich-PVC-Hinterschäumung erreicht wurden, kommen mittlerweile Polyurethane oder auch Polyolefin-Compounds zum Einsatz.

Letztere Entwicklungsrichtung ist für eine mögliche Ausweitung des PP-Einsatzes von besonderer Bedeutung [28], aber auch eine weitere Erhöhung der Kristallinität und Verarbeitbarkeit erscheint wichtig [29].

Hier, wie auch in den in der Folge ausgeführten Elektro- und Elektronikanwendungen, spielen spezielle Verarbeitungsverfahren eine wichtige Rolle. Ein Beispiel ist die Oberflächengestaltung von Bauteilen durch Hinterspritzverfahren, wobei im Fall komplexer Geometrien eine Kombination mit einem Thermoformprozess erforderlich ist [30]. Damit können etwa im Innenraum Textiloberflächen oder bei Karosserieteilen harte und hochglänzende Dekorfolien aufgebracht werden.

Der dritte wesentliche PP-Anwendungsbereich im Fahrzeugbau liegt unter der Motorhaube, wobei die Entwicklung im Lüftungsbereich begann und sich mittlerweile bis hin zu Ansaugkrümmern aus speziellen PP-GF-Compounds entwickelt hat. Liegen die Stabilisierungsanforderungen im Außenbereich auf UV-Belastung, so ist hier Hochtemperatur- und teilweise (etwa im Kühlkreislauf) Druckbeständigkeit essentiell.

Anwendungen im Elektro- und Elektronikbereich

Aufgrund seiner guten chemischen Beständigkeit und elektrischen Durchschlagfestigkeit ist PP für Anwendungen in diesem Bereich schon von Natur aus gut geeignet. In der Praxis reicht der Einsatz von Gehäuse- und Innenteilen des Weißgerätesektors über Steckersysteme für Niederspannung bis hin zu Kondensatorfolien, wofür PP-Homopolymere mit extrem hoher Reinheit eingesetzt werden [31] (diese werden nur von wenigen Produzenten weltweit hergestellt, darunter der Borealis GmbH).

Im Weißgerätesektor hängen die Detailanforderungen stark von der jeweiligen Anwendung ab. Ein extremes Beispiel sind Waschlaugenbehälter in Waschmaschinen, wobei neben der Steifigkeit und Stabilität gegenüber Langzeitversagen unter dynamischer Belastung auch die Waschlaugenstabilität bei erhöhten Temperaturen (bis 95°C) entscheidend ist. GF-PP-Compounds ersetzen hier immerhin Bauteile aus Stahl; für eine Erreichung der Anforderungen ist neben entsprechender Auswahl von Matrixpolymer und Fasern auch eine spezielle Additivierung entscheidend.

Eine gemeinsame Schlüsselanforderung für Sichtanwendungen von Haushaltsgeräten, wie z.B. von Toastern und Kaffeemaschinen bis hin zu Staubsaugern, ist die Oberflächenqualität. Da der "Referenz-Werkstoff" meist ABS ist, geht es um eine Kombination von Glanz und Härte bzw. Kratzfestigkeit, welche nur mit hochkristallinen PP-Typen erreicht werden kann [32].

Rohr- und Profilanwendungen

Der Einsatz von PP als Werkstoff für Rohre in verschiedenen Bereichen hat bereits eine gewisse Tradition. Zwei Modifikationen spielen dabei eine besondere Rolle: Random-Copolymere für Warmwasser- und Bodenheizungs-Installationen, und β-nukleiertes PP für Industrieanwendungen, beispielsweise Fittinge, Ventile oder Filterplatten). Bei letzterem Material wird die Polymorphie von PP genutzt, also die Möglichkeit, in verschiedenen Kristallmodifikationen (α, β und γ) zu kristallisieren. Die β-Modifikation, die durch den Zusatz spezieller Keimbildner (Nukleierungsmittel) erzeugt wird, zeichnet sich durch höhere Zähigkeit und – im Fall von Rohren – verbesserte Druckbeständigkeit aus [33].

Ein neues Anwendungsgebiet hat sich in den letzten Jahren für PP-Rohrwerkstoffe im Bereich der Abwasserentsorgung (drucklos) ergeben. Vor allem bei großen Durchmessern ist hier die Außenbelastung bei Bodenverlegung größer als die Innenbelastung, was etwa durch Mehrschicht-Rippenkonstruktionen gelöst wird. Zum Einsatz kommen hochsteife heterophasische (Block-)Copolymere, da auch hohe Zähigkeitsanforderungen gestellt werden. Die Entwicklung schreitet mittlerweile unter Einbindung von Großteilen wie Abwasserschächten zu kompletten Monomaterial-Lösungen fort.

Durch chemische Modifikation zugängliche langkettenverzweigte Polypropylene mit erhöhter Schmelzefestigkeit (LCB-PP, HMS-PP) wurde auch die Herstellung von Extrusionsschäumen möglich [34]. Im Rohrbereich können solche Materialien in Mehrschichtkonstruktionen etwa zur Isolation von Stahlrohren für den Pipelinebau, speziell in der Offshore-Ölgewinnung, eingesetzt werden.

Weitere technische Anwendungen

In mengenmäßig geringerem Umfang haben sich in den letzten Jahren technische Anwendungen von PP in verschiedenen Bereichen ergeben. Ein Beispiel ist die Medizintechnik, wobei speziell in Europa der Ersatz von PVC ein wichtiger Motivator war [35]. Große Bedeutung kommt hier der Entwicklung extrem weicher und nach Möglichkeit transparenter PP-Typen zu, da entsprechende Anwendungen wie Dialyse- und Infusionssysteme derzeit von relativ aufwendigen und teuren Compounds abgedeckt werden.

Eine wesentliche Zusatzanforderung im Medizinbereich ist die Sterilisierbarkeit, wobei je nach eingesetztem Verfahren die Anforderungen durchaus unterschiedlich sind. Stehen bei der Heißdampfsterilisation (> 121°C) Wärmeformbeständigkeit und Vermeidung der Versprödung durch Nachkristallisation im Vordergrund, so sind für die y-Bestrahlung spezielle Stabilisationssysteme zur Vermeidung von Verfärbung und abbaubedingtem Mechanikverlust erforderlich.

4.1.2.5 Aktuelle Entwicklungstrends und Zukunftsaussichten

Abbildung 50 zeigt das Marktwachstum von PP in Westeuropa gegliedert nach Wachstumsmotivatoren. Es wird deutlich, dass die massive Absatzsteigerung von PP zu mehr als drei Viertel auf Materialsubstitution zurückzuführen ist, wobei die Substitution jedoch oft ein komplettes Redesign bedeutet (ein Beispiel aus neuerer Zeit ist im Verpackungsbereich der Ersatz von Blechdosen durch Standbeutel). Aktuelle Entwicklungen von PP nehmen auf diesen Trend durch eine ständige Erweiterung des zugänglichen mechanischen wie optischen Eigenschaftsspektrums Rücksicht [36].

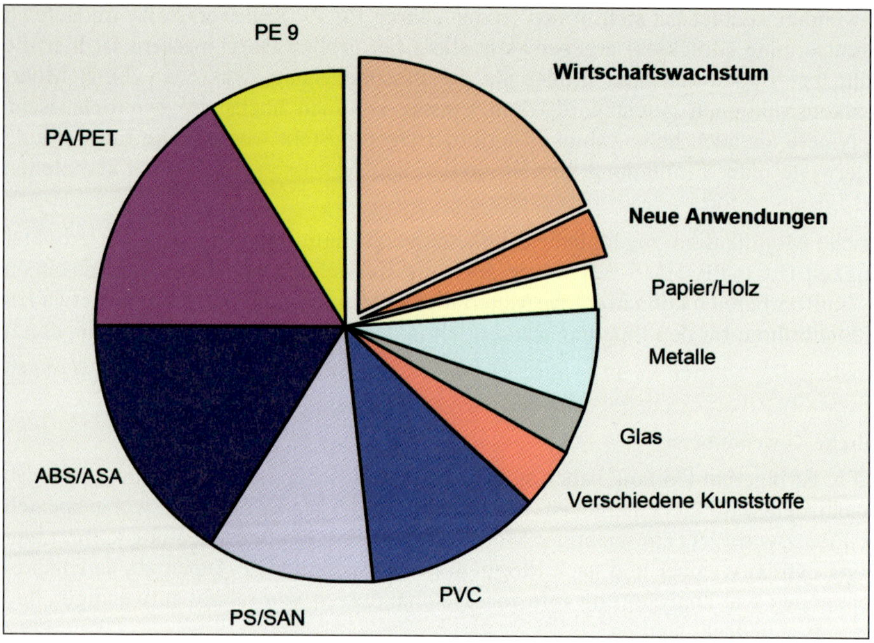

Abb. 50: Marktwachstum von PP in Westeuropa [Wachstumsmotivatoren]

Generelle Trends, welche sich aus Anforderungen in verschiedenen Anwendungsbereichen von PP ergeben, sind etwa:

- generelle MFI-Erhöhung unter Erhalt der Schlagzähigkeit,
- Lackierbarkeit, Bedruckbarkeit und Metallisierbarkeit ohne Vorbehandlung,
- Kombination von Transparenz mit Weichheit bzw. Tieftemperatur-Zähigkeit,
- Flammfestausrüstung ohne halogenierte Zusätze.

Neben der eigentlichen Polymerentwicklung sind hier in den nächsten Jahren Fortschritte vor allem durch den Einsatz spezieller Modifikationsverfahren nach der Polymerisation zu erwarten. Ein generelles Hoffnungsgebiet sind Mikro- bzw. Nanofüllstoffe, welche sich im Bereich von Polyamid bereits etabliert haben.

Literatur

[1] V. Busico, R. Cipullo, *Microstructure of polypropylene*, Prog.Pol.Sci. 26 (2001) S. 443-533

[2] E.P. Moore, *Polypropylene Handbook*, Hanser Publishers, München 1996

[3] W. Neißl, H. Ledwinka, *Polypropylen: Die Zukunft hat schon begonnen*, Kunststoffe 83 (1993), S. 228-35

[4] L.L. Böhm, H.-F. Enderle, M. Fleissner, F. Kloos, Polyethylen, *Polypropylen: Neue Perspektiven für Standardpolymere*, Angew.Makromol.Chem. 244 (1997), S. 93-120

[5] H.U. Schenck, *Industrial Polymer Research in Europe*, in: M. Galimberti (Ed.), *Polymers in Europe – Quo vadis?*, epf/AIM Sonderausgabe, Milano 2001, S. 15-18

[6] K.P. Nanavaty, *Polypropylene – The Material of the Millennium*, Proc. of Polypropylene 2001 Conference, Zürich / CH, 09/2001, S. 1 / 2

[7] G.H. Michler, *Microstructural construction of polymers with improved mechanical properties*, Polym.Adv.Technol. 9 (1998), S. 812-22

[8] W.G. Perkins, *Polymer toughness and impact resistance*, Polym.Eng.Sci. 39 (1999), S. 2445-59

[9] M. Gahleitner, W. Neißl, P. Pitkänen, P. Jääskeläinen, B. Malm, *Multitalent Polypropylen – Maßgeschneiderte PP-Produkte*, Kunststoffe 91 (2001), S. 59-60

[10] A. Wolfsberger, M. Kirchberger, P. de Mink, H. Crózier, *Kosten einsparen – Hochkristallines PP für moderne Verpackungslösungen*, Kunststoffe 91 (2001), S. 98-100

[11] P. Viville, D. Daoust, A.M. Jonas, B. Nysten, R. Legras, M. Dupire, J. Michel, G. Debras, *Characterization of the molecular structure of two highly isotactic polypropylenes* , Polymer 42 (2000), S. 1953-67

[12] K. Hammerschmid, M. Gahleitner, *Controlled Rheology PP*, in: J. Karger-Kocsis (Hrsg.), *Polypropylene – An A to Z Reference*, Kluwer Academic, Dordrecht 1999, S. 95-103

[13] H. Siebert, *Metocene: Properties and applications for injection moulding and extrusion*, Proc. of Polypropylene 2001 Conference, Zürich / CH, 09/2001, S. 9/1

[14] M. Avella, E. Martuscelli, G. Della Volpe, A. Segre, E. Rossi & T. Simonazzi, *Composition-properties relationships in propene-ethene copolymers obtained with high-yield Ziegler-Natta supported catalysts*, Makromol.Chem. 187 (1986), S. 1927-43

[15] A. Wolfsberger, M. Gahleitner & P. Niedersüß, *New PP resins for blown film technology – processing, properties and applications*, Proc. of „Special Polyolefins '99", Houston / TX 1999, S. 201-14

[16] J. Kurja, *Nucleating Agents for Semi-Crystalline Polymers*, in: H. Zweifel (Hrsg.), Plastic *Additives Handbook*, Hanser, München 2001, S. 949-72

[17] M. Gahleitner, J. Wolfschwenger, K. Bernreitner, W. Neißl & C. Bachner – *Crystallinity and Mechanical Properties of PP-Homopolymers as influenced by Molecular Structure and Nucleation*, J.Appl.Polym.Sci., 61 (1996) S. 649-57

[18] T.C.Yu, *Metallocene Plastomer Modification of Polypropylenes*, Polym.Eng.Sci. 41 (2001) S. 656-71

[19] T.A. Grocela, E.B. Nauman, H.P. Isermann, *Interparticle Distances in Impact-Modified Polymers*, Comput.Polym.Sci., 1 (1991), S. 123-5

[20] H. Schwager, *Polypropylen-Reaktorblends*, Kunststoffe 82 (1992), S. 499-501

[21] G.M. Kim, G.H. Michler, M. Gahleitner & J. Fiebig, *Relationship between Morphology and Micromechanical Toughening Mechanisms in Modified Polypropylenes*, J.Appl. Polym.Sci., 60 (1996) S. 1391-403

[22] J.U. Starke, G.H. Michler, W. Grellmann, S. Seidler, M. Gahleitner, J. Fiebig & E. Nezbedova, *Fracture Toughness of Polypropylene Copolymers: Influence of Interparticle Distance and Temperature*, Polymer, 39 (1998), S. 75-82

[23] R.N. Rothon (Hrsg.), *Particulate-Filled Polymer Composites*, Longman Scientific & Technical, Harlow, 1995

[24] K. Bernreitner, K. Hammerschmid, *Designing Properties of Polypropylene*, in: J. Karger-Kocsis (Hrsg.), *Polypropylene – An A to Z Reference*, Kluwer Academic, Dordrecht 1999, s. 148-57

[25] G. Kalay, P.S. Allan, M.J. Bevis, *Scherbedingte Orientierung*, Kunststoffe 87 (1997), S. 768-72

[26] C.I. Ogbonna, G.Kalay, P.S. Allan, M.J. Kalay, *The Self-Reinforcement of Polyolefins Produced by Shear Controlled Orientation in Injection Molding*, J.Appl.Polym.Sci. 58 (1995), S. 2131-35

[27] E. Seitl, F. Altendorfer, *Innovative Kunststoffe für den Stoßfängerbereich*, Kunststoffe 84 (1994), S. 1002-5

[28] P. Ellis, *Polypropylene based thermoplastic elastomers*, Proc. of Polypropylene 2001 Conference, Zürich / CH, 09/2001, S. 4 / 1

[29] R. Schwaiger, H. Herbst, G. Freudenthaler, *Trends von PP im Automobilbau*, Kunststoffe 88 (1998), S. 332-8

[30] G. Steinbichler, J. Gießauf, *Thermoformen im Spritzgußwerkzeug*, Kunststoffe 87 (1997), S. 1262-70

[31] K. Zipp, *Film capacitors: what, when, and why*, Proc. 18th Electr./Electron. Insul. Conf. (1987), S. 38-41

[32] R. Gubo, H. Herbst, *Kratzfest, steif, glänzend und schlagzäh*, Kunststoffe *90* (2000), S. 76-82

[33] K. Blöchl, R. Konrad, *Neue Chancen durch Modifikation für dickwandige Teile*, Plastverarbeiter 43/10 (1992), S. 115-9

[34] M. Rätzsch, H. Bucka, U. Panzer, *Polypropylene Foams*, in: J. Karger-Kocsis (Hrsg.), *Polypropylene – An A to Z Reference*, Kluwer Academic, Dordrecht 1999, S. 635-42

[35] Z.K. Hong, *An overview on PVC and alternatives in medical applications*, Proc. SPE ANTEC 58 (2000), S. 2704-9

[36] G. Krotinke, C. Sondern, B. Marczinke, R. Meyer, W. Schoene, *Polypropylen*, Kunststoffe 89 (1999), S. 42-50

[37] H. Grande, *New and exciting Product Properties with BorstarTM Polypropylene*, Polypropylen 99, 8th Annual World Congress, Zürich

[38] – M. Gahleitner, *Melt Rheology of Polyolefins*, Prog.Pol.Sci., 26 (2001), S. 895-944

[39] Samuel Affolter, *Langzeitverhalten von Thermoplasten*, Interstaatliche Hochschule für Technik, Buchs, Schweiz

[40] Hans Zweifel, *Plastics Additives Handbook*, Hanser-Verlag, München, 2001

4.1.3 Biopolymere

4.1.3.1 Beschreibung der Ausgangskomponenten

Biopolymere bezeichnen solche Polymere, deren Grundbausteine überwiegend aus nachwachsenden Rohstoffen bestehen. Dabei können die Grundbausteine sowohl von der Polymerkette als auch von der Seitenkette oder von den zum Polymer zu verknüpfenden Monomeren gebildet werden. Hieraus resultiert eine Vielzahl von Bildungsmöglichkeiten für Biopolymere. Abbildung 51 zeigt eine schematische Übersicht.

Die natürlich synthetisierten Polymere wie z. B. Stärke, Proteine und Zellulose müssen physikalisch oder chemisch umgewandelt werden, um als Thermoplaste verarbeitet werden zu können. Stärke kann beispielsweise durch Destrukturierung mit Hilfsmitteln (z. B. Glycerin und Wasser) [1,2] thermoplastifiziert werden. Häufig wird anschließend durch Zugabe von Copolymeren, die auch petrochemischen Ursprungs sein können, versucht, die Eigenschaften zu verbessern [3].

Aber auch durch partielle oder vollständige Veresterung der Seitenkettenhydroxylgruppen mit kurzkettigen organischen Säuren, wie z. B. Essigsäure und evtl. Zugabe von Weichmachern, kann dieser Effekt erzielt werden. Zusätzlich werden hierdurch auch andere physikalische, chemische, mechanische und thermische Eigenschaften des Biopolymers beeinflusst. Zur Thermoplastifizierung von Zellulose unter Erhalt der zellulosischen Kettenstruktur wird vornehmlich die Veresterung der Hydroxylgruppen an der Seitenkette vorgenommen [4,5].

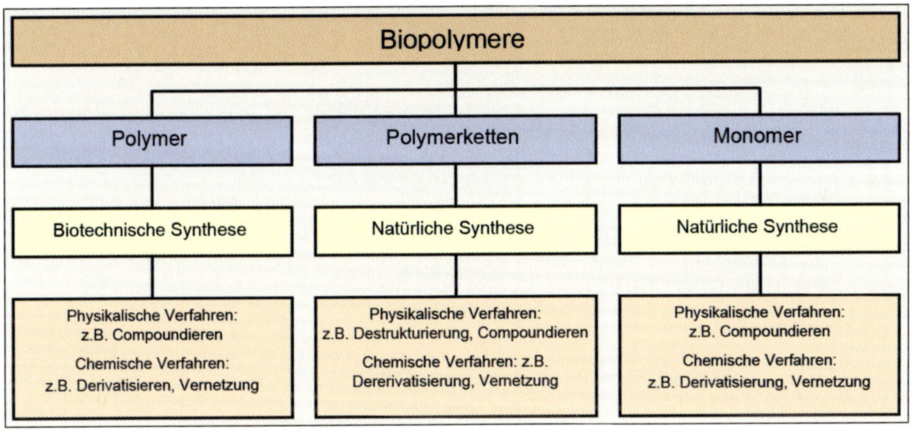

Abb. 51: Gliederung der Biopolymere

Auf dem Wege der biotechnischen Synthese, häufig fermentativ, werden vor allem durch Mikroorganismen aufgebaute Polymere gewonnen. Dabei dienen diese Polymere als Energiespeicher für die Mikroorganismen. Im Vergleich dazu wird die Aufgabe des Energiespeicherns in Pflanzen durch die Stärke erfüllt.

Als wichtigstes Beispiel für fermentierte Biopolymere seien hier die Polyhydroxybuttersäure und deren Copolyester aufgeführt [6].

Durch chemische Synthese werden überwiegend kleine Bausteine zu Polymeren verknüpft. Solche Monomere werden wiederum entweder gänzlich natürlich synthetisiert, wie z. B. die Milchsäure, oder durch chemische Modifikation gering verändert, wie z.B. verschiedene epoxidierte Sonnen-, Rüb- oder Sojaöle. Die zuletzt aufgeführten Grundbausteine können mit petrochemischen Härtern vernetzt werden [7, 5, 16].

Aber auch die anderen natürlichen Rohstoffe, wie Zellulose, Schellack und Lignin etc. lassen sich aushärten, da sie entsprechende Funktionalitäten besitzen und weitere zusätzlich eingeführt werden können:

Tab. 4: Ausgewählte Rohstoffe und deren Verwendung

Typ	Handelsname	Bemerkungen	Literatur
Zelluloseester	Bioceta, Cellidor	1865 entdeckt; seit 1927 in der Produktion: Folien, Filme, Lacke, Kunstseide, plastische Massen	[5]
Polyhydroxybuttersäureester	Biomer P, Biopol	1926 identifiziert; seit den 50er Jahren Beginn einer kleinen Produktion in den USA; seit Ende der 80er Jahre weltweite Produktion	[18]
Polymilchsäureester	Biomer L, EcoPLA, Lacea, PLLA	1845 entdeckt; seit den 70er Jahren Einsatz in medizinischen Anwendungen; seit 1994 Produktion	[19]
Stärke Blends und Derivate	BIOPar Typen, Bioplast, Getrex, Mater-Bi, Supol-Typen, Floralat Typen	Seit 1992 Produktion von Müllsäcken	[3]
Holz und verschiedene Naturmaterialien	Fasal Typen, Lignopol, Treeplast	Seit 1993 Produktion	[20]
Polyurethane	Elastoflex, Merginate Sovermol Typen	Seit 1997 Produktion	[7]
Epoxide	PTP, Merginamide, B4	Seit 1998 Produktion	[16]
Acrylate	Tribest Typen, Mercryl-Typen	Seit 1999 Produktion	[15]
Schellack	-	Um 1870 Erfindung; Beginn Produktion Grammophonplattenherstellung; ab Anfang 20. Jahrhundert neue synthetische Kunststoffe: Schellack zu teuer	[21]
Kasein	Galalith	1897 entdeckt; seit 1904 in der Produktion für Bijouteriewaren als Kunsthorn auf Basis von Kasein	[17]

Weiterhin befinden sich Furfurylalkohol basierte Harze in der Entwicklung. Der Rohstoff wird aus der Bagasse (Faserstoffe), dem Abfall bei der Zuckerrohrherstellung, gewonnen.

Aktuell fördert das Bundeslandwirtschaftsministerium drei große Verbundprojekte zur stofflichen Nutzung nachwachsender Rohstoffe. Der Fokus liegt dabei auf der Forschung und Entwicklung von biobasierten Kunst- und Werkstoffen, denn nachwachsende Rohstoffe sind die Basis der chemischen und Kunststoff-Industrie von morgen [24].

4.1.3.2 Voraussetzungen für die Verarbeitung

Die dargestellten Möglichkeiten der verfügbaren Matrices sind vielfältig [8-14], so dass eine auf die Anforderungen angepasste Werkstoffauswahl getroffen werden muss. Dabei erfolgt die Auswahl der Matrix für einen Hochleistungskonstruktionswerkstoff nach den Randbedingungen wie Einsatztemperatur, mechanische Belastung und Verarbeitungstechnik. Eine wichtige Anforderung an die Matrix ist eine hinreichend geringe Viskosität, damit eine gute Durchtränkung der Verstärkungsfaser erreicht werden kann.

Häufig erfüllen die thermoplastischen Polymere auf der Basis nachwachsender Rohstoffe nicht im ausreichenden Maße die an den Einsatz als Matrixmaterial in Verbundwerkstoffen geknüpften Bedingungen. Dieses Defizit liegt in ihrer Entwicklung begründet, da sie für den Verpackungsbereich ausgelegt worden sind. Insbesondere weisen sie meist eine zu hohe Bruchdehnung auf und ihr rheologisches Verhalten verhindert ihren Einsatz.

Von den in der Tabelle 4dargestellten thermoplastischen Biopolymeren können lediglich die Zelluloseester-basierten, die Polyhydroxybuttersäuren und die Polymilchsäure-Typen als Matrixwerkstoffe für Faserverbundkunststoffe eingesetzt werden.

4.1.3.3 Darstellung ausgewählter Typen und ihrer Charakteristika

Zellulosehaltige Thermoplaste

Zelluloseester-Formmasse bestehen zu etwa 50% aus Naturstoff (Zellulose) und sind dadurch nur teilweise von Erdöl, Gas bzw. Kohle abhängig. Je nach Säure oder Säurekombination, die zur Veresterung verwendet werden, wird zwischen Acetaten (CA), Propionaten (CP) und Acetobutyraten (CAB) unterschieden. Die Produkte enthalten monomere Weichmacher. Cellidor beispielsweise ist amorph und klar transparent mit einer Lichtdurchlässigkeit bis zu 90%. Sein Erscheinungsbild ist vergleichbar mit dem von natürlichem Horn. Der Farbgebung sind kaum Grenzen gesetzt. Daraus resultiert eine große Palette transparenter, transluzenter und gedeckter Einfärbungen. Sie zeigen hohe Brillanz und Tiefe. Hochglänzende Oberflächen lassen sich problemlos beim Spritzgießen und Extrudieren sowie durch Polieren erreichen. Am Formteil entstehende Kratzer werden meist durch Nachpoliereffekte im Gebrauch wieder beseitigt. Dadurch bleibt das ursprünglich gute Aussehen über lange Zeit erhalten. Elektrostatische Aufladungen fließen schnell ab. Staubfigurenbildung wird dadurch vermieden.

Verarbeitungsverfahren

Urformen:	Spritzgießen, Extrusion, Pressen
Umformen:	Warmformen (Vakuum-Ziehverfahren, Blasformen)
Bearbeitung:	Prägen, Sägen, Bohren, Drehen, Fräsen, Gewindeschneiden, Stanzen, Schneiden
Verbinden:	Kleben, Schweißen, Nageln, Nieten; lösbar: Schnappverbindung, Verschraubung (generell unlösbar)
Nachbehandlung:	Lackieren, Bedrucken, Beprägen, Polieren

Eigenschaften

Zugfestigkeit:	19 – 44 MPa
E-Modul:	900 – 1850 MPa

Feuchtigkeitsaufnahmeverhalten

Die mechanischen Eigenschaften von Zelluloseester werden vom Feuchtigkeitsgehalt in gewissem Maß beeinflusst, Wasser hat eine weichmachende Wirkung. Bei normaler und höherer Luftfeuchte erfolgt in beschränktem Maße eine Konditionierung: Zähigkeit und damit die Bruchsicherheit steigen. Gleichzeitig nehmen Steifigkeit und Härte jedoch etwas ab.

Für Anwendungen im Kontakt mit Wasser bei höherer Temperatur ist die gute Hydrolysebeständigkeit der Einstellungen mit niedrigem Weichmachergehalt vorteilhaft. Z.B. Cellidor B 501-07 A: 0,92 % bei 23 °C, 50 % rel. Luftfeuchtigkeit.

Schlagzähigkeit

Charpy-Schlagzähigkeit: 80 kJ/m² bis o. B. (23 °C); 80 kJ/m² o. B. (-40 °C)

Charpy-Kerbschlagzähigkeit: (23 °C): 10 kJ/m²

Wärmeformbeständigkeit und maximale Einsatztemperatur

Max. +103°C ohne Belastung, im Kältebereich bis -50°C

Stabilität gegenüber Umwelteinflüssen

Für den Außeneinsatz gibt es spezielle witterungsstabile Einstellungen, wobei CAB wirkungsvoller als CP stabilisierbar ist.

Polymilchsäurehaltige Thermoplaste

Polymilchsäurepolymere zählen zu den erfolgversprechendsten synthetischen Polymeren aus nachwachsenden Rohstoffen. Die mechanischen Eigenschaften sind denen des Polystyrols ähnlich und lediglich die niedrigere Glasübergangstemperatur von ca. 60°C limitiert den Gebrauchsbereich [25]. Im Gegensatz zu Anwendungen im Bereich der Medizintechnik sind bei einer Herstellung von PLA für den Verpackungssektor die Produktionskosten ein entscheidendes Kriterium. Derzeit stellt das japanische Unternehmen Mitsui Chemicals PLA im Pilotmaßstab her, während die Produktion von PLA im großtonnagigen Maßstab für den Bereich der Commodities bislang lediglich von dem Joint Venture Cargill Dow hergestellt wird. Die Fertigstellung einer Anlage mit einer Kapazität von 140.000 t/a erfolgte im April 2002 [26]. Das unverarbeitete Material ist zurzeit nur für ausgewählte Partner verfügbar, die im Bereich der Produktentwicklung mit Cargill Dow zusammenarbeiten. Das Preisniveau ist mit 1,80 – 4 €/kg sehr hoch, doch eine Ausweitung der Produktionskapazitäten lässt eine weitere Preisreduzierung erwarten.

Die Herstellung von Polylactid ist auf zwei unterschiedliche Arten möglich. Milchsäure kann direkt durch eine Polykondensation zu Polymilchsäure umgewandelt werden. Bei dieser Veresterung handelt es sich um eine Gleichgewichtsreaktion zwischen dem Edukt Milchsäure und den Produkten Polymilchsäure und Wasser sowie weiterer niedermolekularer Verbindungen.

Die japanischen Firmen The Japan Steel Works und Mitsui Chemicals haben lösungsmittelfreie Prozesse für die Polykondensation von Milchsäure entwickelt, mit welchen sehr hochmolekulare Polymilchsäuren (Mw > 300.000 g/mol) synthetisiert werden können [27, 28].

Nach der Synthese von niedermolekularen Prepolymeren wird die Polykondensation in der Schmelze in einem Zweiwellenextruder (The Japan Steel Works, [29]) oder unterhalb der Schmelztemperatur im kristallinen Zustand des Polymeren (Mitsui Chemicals [27]) abgeschlossen. Mitsui Chemicals betreibt diesen Prozess in einer Pilotanlage und vermarktet das erzeugte PLA neben den Polymeren von Cargill Dow unter dem Handelsnamen LACEA [29].

Die zweite Synthesemöglichkeit, die von Cargill Dow für die großtonnagige Produktion von PLA verwendet wird, besteht aus zwei Prozessschritten. Zunächst wird der ringförmige Diester der Milchsäure (Lactid) aus Milchsäure synthetisiert und aufgereinigt. Anschließend erfolgt die Synthese der Polymilchsäure bzw. des Polylactids durch eine Ringöffnungspolymerisation.

Als kritisch für den Anwendungsfall ist die thermische Stabilität anzusehen: Bei der Polymersynthesereaktion handelt es sich um eine Gleichgewichtsreaktion. Bei dieser Veresterung entsteht Wasser, das der Produktseite entzogen werden muss, damit hohe Molemassen entstehen können. Verbleibende Reste des Katalysators sowie Monomerreste begünstigen den Zersetzungsvorgang autokatalytisch. Insofern ist beim Einsatz von Bauteilen aus Polymilchsäure unter erhöhten Temperaturen und unter Einwirkung von Wasserdampf mit merklicher Instabilität zu rechnen. Bisher sind keine Stabilisatoren in Polymilchsäure bekannt geworden, die vor diesen Vorgängen das Polymer schützen. Allerdings wird zurzeit versucht, Monomerreste sowie Säurereste sehr gering zu halten. Insofern wird die Autokatalyse zurückgedrängt. [30, 31]

Typische Eigenschaften

Zugfestigkeit:	55-60 MPa
E-Modul:	3.500-4.000 MPa
Bruchdehnung:	2-5 %
Biege-E-Modul:	ca. 3.700 MPa
Schlagzähigkeit nach Charpy:	30-35 kJ/m²

Wärmeformbeständigkeit und maximale Einsatztemperatur

Glasübergangstemperatur:	55-60 °C
Wärmeformbeständigkeit:	durch entsprechende Verstärkungssysteme einstellbar (z.B. Schichtsilikate, Naturfasern, chemische Modifikation etc.)

Polyhydroxybutyrate und Copolymere (Valeriate)

Bei Polyhydroxybutyrat (PHB) handelt es sich um ein natürliches Polymer, das einige Bakterien auf enzymatischem Weg als Energiespeicher produziert. In den Bakterien entsteht aus Glucose zunächst Hydroxybutyrat, das dann zu langen Ketten verknüpft wird. Das Polymer hat ähnliche Eigenschaften wie Polyolefine, entsteht aus nachwachsenden Rohstoffen und wird in Wärme und an der Luft biologisch abgebaut, was das Interesse der Industrie an dem Naturstoff weckte. Die enzymatische Biosynthese kann zwar im Labor imitiert werden, sie ist aber aufwendig und teuer und das Produkt kann daher nicht mit PP konkurrieren.

Darüber hinaus ist »Bio-PHB« isotaktisch aufgebaut, das heißt die Methylgruppen sind sterisch gleich ausgerichtet, was den Naturstoff stabil, aber spröde macht. Zurzeit werden die PHB-Polymere fermentativ hergestellt und sind deshalb teuer. Einige neue Ansätze befinden sich aktuell in der Forschung:

- Mit einem neu entwickelten und patentierten Verfahren, das einen chemischen Vorbehandlungsschritt mit einem nachfolgenden enzymatischen Aufschluss verbindet, wird PHB unter ökologisch wie ökonomisch akzeptablen Bedingungen gewonnen. Aus diesem PHB wurden medizintechnische Produkte hergestellt und getestet. Der Produktionsprozess wurde im Rahmen des Projekts zunächst im 400 Liter-Maßstab entwickelt und wird in den Industriemaßstab überführt. Dem entwickelten, effizienten und umweltfreundlichen Aufarbeitungsverfahren kommt deshalb eine große Bedeutung zu.

- Die Verwendung von Methan als Rohstoffbasis für die PHB-Synthese im technischen Maßstab ist ein Novum. Am Umweltforschungszentrum Leipzig-Halle (UFZ) wurden die Grundlagen für ein solches nicht wachstumsassoziiertes, zweistufiges Verfahren entwickelt und patentiert. Die Arbeiten zur Biosynthese erfolgen in Druckfermentern unter Phosphatmangel als initiierendem Faktor für die PHB-Bildung. Die Abtrennung der Polyhydroxybuttersäure von den Zellen erfolgt bisher hauptsächlich durch chemisches Herauslösen aus den Bakterienzellen. Wegen der schlechten Löslichkeit des Polymers sind dafür große Mengen umwelt- und gesundheitsschädlicher organischer Lösungsmittel notwendig. Andere, weniger umwelt- und gesundheitsbelastende Aufarbeitungsverfahren gingen eindeutig zu Lasten von Ausbeute und Qualität der PHB. Hier zeitigte das neu entwickelte Verfahren, das durch reduktive chemische Vorbehandlung einen nachfolgenden enzymatischen Zell-Aufschluss erheblich erleichtert, deutliche Verbesserungen.
- Bei der Analyse des chemischen Aufbaus entdeckten die beiden Chemiker Professor Dr. Bernhard Rieger von der Universität Ulm und Dr. Gerrit Luinstra von der Polymerforschungsabteilung der BASF in Ludwigshafen, dass PHB auch aus zwei kleinen, technisch und industriell leicht zugänglichen Verbindungen aufgebaut werden kann: Propylenoxid und Kohlenmonoxid. Rieger und Luinstra entwickelten einen speziellen Katalysator auf Silizium-, Kobalt- und Stickstoffbasis, der die Synthese steuert. Vorbild solcher Katalysatoren sind in der Kunststoffchemie so genannte Ziegler-Natta-Katalysatoren und deren Weiterentwicklung, die Metallocene. Diese sandwichartigen Komplexe aus organischen Anionen mit einem zentralen Metallatom ermöglichen räumlich exakt bestimmbare chemische Reaktionen.
- Rieger, ein Experte für Metallocene, kann den Katalysator so variieren, dass aus den gleichen Grundbausteinen Polymere mit unterschiedlichen Eigenschaften entstehen. Die Kettenlänge (Molmasse) steuert die Reißfestigkeit, die Anordnung der Methylgruppen die Elastizität. Es resultieren harte und weiche PHB-Varianten, die sich beispielsweise zu Tüten, Bechern, Autoteilen oder Windeln weiterverarbeiten lassen. Joghurtbecher oder Windeln könnten auf den Kompost geworfen, ein Autobauteil wiederverwertet werden. Denkbar ist auch ein Einsatz des bioabbaubaren, sterilisierbaren Materials in der Medizin. Ganz ohne Erdöl kommt auch der neue Kunststoff nicht aus, denn dieses ist für die Herstellung des Epoxids nötig. Kohlenmonoxid entsteht aus Kohle und Wasser. Immerhin verbraucht die Synthese von PHB nur halb so viel Erdöl wie die von Polypropylen. Für ihre Entwicklung der katalysatorgestützten chemischen Synthese vo Polyhydroxybutyraten erhielten die beiden Wissenschaftler den Philip-Morris-Forschungspreis 2006.

Typische Eigenschaften

Zugfestigkeit:	15-27 MPa
E-Modul:	900-2.000 MPa
Bruchdehnung:	6-18 %
Biegefestigkeit:	17-35 MPa
Schlagzähigkeit nach Charpy:	21-80 kJ/m²
Wärmeformbeständigkeit und max. Einsatztemperatur:	-30 bis 120 °C

Pflanzenölbasierte Duromere

Grundsätzlich sind pflanzenölbasierte Rohstoffe in sehr großem Maßstab verfügbar, da mehrere Hunderttausendtonnen jährlich verarbeitet werden. Speziell für den Polymersektor sind die verfügbaren Mengen im Tausendtonnen-Bereich.

Duroplaste werden gewöhnlich aus teilpolymerisierten oder aus Polymer-Monomer-Mischungen hergestellt. Dabei wird die Vernetzung durch chemische Additive, Wärme oder Strahlung initiiert.

Für die oleochemisch basierten Duroplaste können maleinierte Triglyceride, epoxidierte Pflanzenöle, Polyole und aminierte Fette verwendet werden. Um diese Rohstoffe zu vernetzen werden Härter benötigt. Bevorzugt werden insbesondere Isocyanate, Amine und Polycarbonsäuren bzw. die entsprechenden Anhydride.

Abbildung 52 gibt schematisch einen Überblick über die verschiedenen Kombinationsmöglichkeiten von Monomeren auf Pflanzenölbasis, petrochemischer und anorganischer Basis.

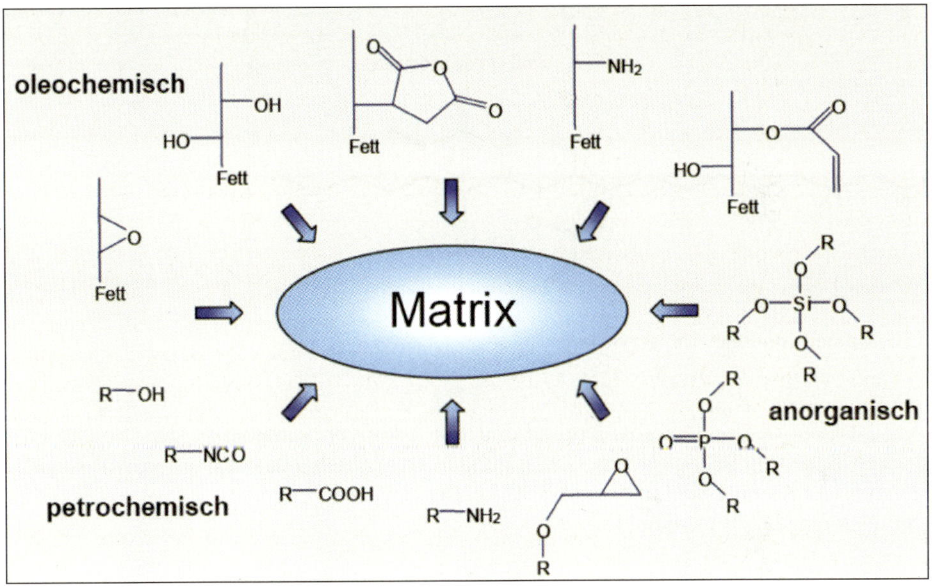

Abb. 52: Kombinationsmöglichkeiten für pflanzenölbasierte Duroplaste [15]

Neben den dargestellten Kombinationsmöglichkeiten können auch verschiedene Füllstoffe zugesetzt werden, z.B. organische (Stärke etc.) oder anorganische (Calciumcarbonat, Aluminiumphosphate, Magnesiumoxide etc.). Letztere spielen als stabilisierende Komponenten (Ionomere) eine wichtige Rolle.

Für die meisten duroplastischen Biopolymere wird das Pflanzenöl durch Addition von Luftsauerstoff an die ungesättigte Doppelbindung der Fettsäure epoxidiert. Das Epoxid bildet dann die Ausgangsverbindung für die Weiterverarbeitung zu einem speziellen Harztyp (Polyurethan, Epoxid, Acrylat).

Polyurethane (PUR)

Pflanzenölbasierte Polyole für den Einsatz in Polyurethanen sind bekannt. Hier sind Standardsysteme verfügbar, aber auch Rezepturen für spezielle Anwendungseigenschaften werden konventionell entwickelt. Die Bandbreite der einstellbaren Eigenschaften ist dabei groß.

Acrylate

Hierbei wird das Pflanzenölepoxid mit Acrylsäure zum Acrylat umgesetzt (Abbildung 53):

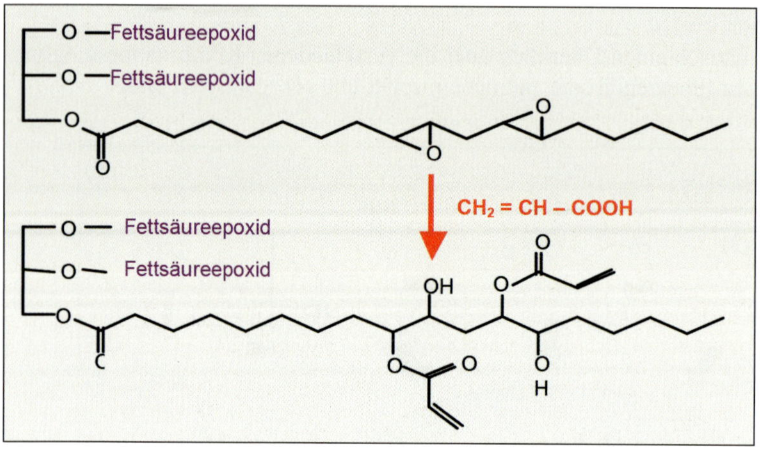

Abb. 53: Herstellung von Pflanzenölacrylaten

Dieses Acrylat kann dann mit Peroxiden und anderen Additiven vernetzt werden. Solche Produkte sind verfügbar und in zahlreichen Anwendungen erfolgreich getestet worden. Mit Aushärtetemperaturen von Raumtemperatur bis 160 °C können Aushärtezeiten von 30 Sekunden bis zu einigen Stunden eingestellt werden [15].

Epoxidharze

Epoxidharze bestehen grundsätzlich aus zwei Hauptkomponenten, dem Harz und dem Härter. Das vorliegende Harz besteht aus epoxidierten Pflanzenölen. Die Härterkomponente ist ein Polycarbonsäureanhydrid, das ebenfalls aus nachwachsenden Rohstoffen synthetisiert wird. Hierfür wird fermentierter Ethylalkohol und fermentierte Fumarsäure benötigt. In einem speziellen Prozess werden diese Komponenten zu einem zyklischen Polycarbonsäureanhydrid verbunden. In Kombination mit epoxidiertem Pflanzenöl (Triglyceriden) wird daraus ein Duroplast synthetisiert.

Die Vernetzungsdichte des Makromoleküls wird vorrangig durch das verwendete Pflanzenöl und sein spezielles Fettsäuremuster beeinflusst.

Tabelle 5 zeigt beispielhaft das Eigenschaftsprofil eines Duroplasten auf der Basis von Leinöl im Vergleich zu herkömmlichen petrochemischen Epoxidharzen [16].

Tab. 5: Vergleich mit einem herkömmlichen Epoxidharz

Eigenschaft	Leinöl basiertes EP	Referenz EP
E-Modul DIN EN ISO 527-1 [MPa]	1700 – 3000	2000 –3500
Wasserlöslichkeit (8 d, 23 °C) DIN EN ISO 175	Unlöslich	Unlöslich
Dichte DIN EN ISO 1183-3 [g/cm3]	1,24	1,20

Unabhängig von der Rohstoffbasis – ob petrochemisch oder natürlich – weisen die entsprechenden Verbundwerkstoffe ähnliche Eigenschaften auf. In Abbildung 54 werden exemplarisch die normierten spezifischen Biegekenndaten nach DIN EN ISO 14125 von flachsfaservliesverstärkten Polymeren (Faservolumenanteil 35-40 %) mit einer Referenz (glasfasermattenverstärktes ungesättigtes Polyesterharz mit einem Faservolumenanteil von 35%) verglichen.

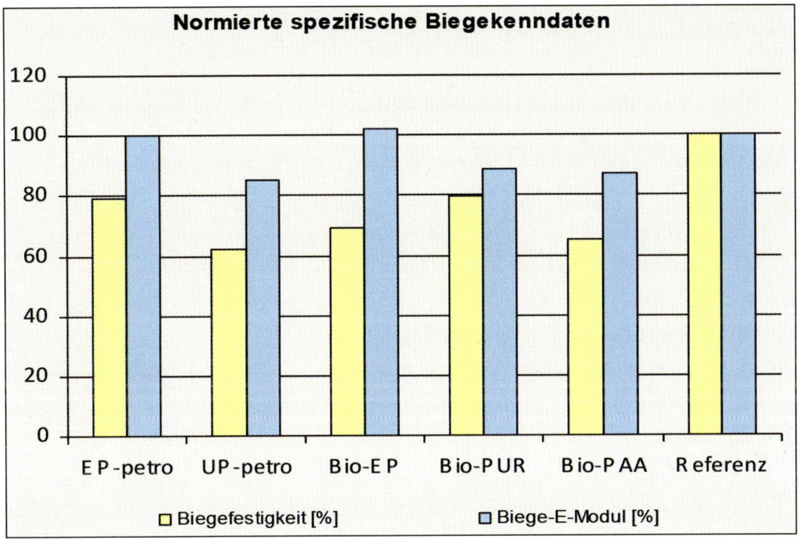

Abb. 54: Normierte spezifische Biegekenndaten ausgewählter Verbundwerkstoffe

Literatur

[1] Fritz, H.-G., 3.–4. Sept. 1997, Innovative Polymerwerkstoffe unter Einbeziehung nachwachsender Rohstoffe. In *Werkstoffe aus nachwachsenden Rohstoffen*, Tagungsband des 1. Internationalen Symposiums. Rudolstadt: Veranstalter Thüringisches Institut für Textil- und Kunststoff-Forschung e.V.

[2] Aichholzer, W., 3.-4. Sept. 1997, Bioabbaubare Faserverbundwerkstoffe auf der Basis nachwachsender Rohstoffe. In *Werkstoffe aus nachwachsenden Rohstoffen*, Tagungsband des 1. Internationalen Symposiums. Rudolstadt: Veranstalter Thüringisches Institut für Textil- und Kunststoff-Forschung e.V.

[3] Bastioli, C., 11.-12. Feb. 1998, Starch based bioplastics: Properties, applications and future perspectives. In *Biologisch abbaubare Werkstoffe (BAW)*, Tagungsband. Würzburg: Veranstalter Süddeutsches Kunststoffzentrum.

[4] Franz Rauscher GmbH & Co. Chemiewerkstoffe KG (1997). Bioceta – Biologisch abbaubares Zellulosediacetat. In: Bode, I. (Hrsg.). *Kunststoff + Kautschuk Produkte 97/98, Jahreshandbuch der Verarbeiter, Recyclingbetriebe, Zulieferer und Ausstatter* (S. 176/177). Darmstadt: Verlag Hoppenstedt.

[5] Eicher, T. & Fischer, W. (1975). Zelluloseester. In Bartholomé, E. Biekert, E., Hellmann, H. Ley, H. & Weigert, Wolfgang M. (Hrsg.). *Ullmanns Enzyklopädie der technischen Chemie*. 4. Auflage, Band 9 (S. 227-246). Weinheim: Verlag Chemie.

[6] Schack, D., 11.-12. Feb. 1998, Polyhydroxybutyrat/valerat Copolymere. In *Biologisch abbaubare Werkstoffe (BAW)*, Tagungsband. Würzburg: Veranstalter Süddeutsches Kunststoffzentrum.

[7] Scherzer, D., Juni 1997, Pflanzenfaserverstärkte Polyurethanschäume in industriellen Anwendungsbereichen. In *Neue Produkte aus pflanzlichen Fasern*. Tagungsband des Symposiums Branchendialog. Mainz: Veranstalter Bildungsseminar für die Agrarverwaltung Rheinland-Pfalz.

[8] Utz, H., 19.-20. Nov. 1992, Bioabbaubare Kunststoffe im Verpackungsbereich. In *Biologisch abbaubare Kunststoffe*. Tagungsband des Symposiums Nr. 16105/56.253 (Vortrag 9). Esslingen: Veranstalter Technische Akademie Esslingen Weiterbildungszentrum.

[9] Fritz, H.-G., Seidenstücker, T., Bölz, U., Juza, M., Schroeter, J. & Endres, H.-J. (1994). *Study on production of thermoplastics and fibres based on mainly biological materials*. EUR 16102, Directorate-General XII Science, Research and Development.

[10] Witt, U., Müller, R.-J. & Klein, J. (1997). *Biologisch abbaubare Polymere*. Braunschweig: Publisher Franz-Patat-Zentrums für Polymerforschung e. V.

[11] Herrmann, A. S., Nickel, J. & Riedel, U. (1998). Construction materials based upon biologically renewable resources – from components to finished parts. *Polymer Degradation and Stability, 59*, 251–261.

[12] Raschke, M., Marek, A., Otten, A., & Widdecke, H. (2000). *Technische Kennwerte und Verarbeitungsparameter von bioabbaubaren Kunststoffen für das Spritzgießen*. Wolfsburg: Herausgeber Institut für Recycling.

[13] Riedel, U. & Nickel, J. (1999). Natural fibre-reinforced biopolymers as construction materials – new discoveries. *Die Angewandte Makromolekulare Chemie,* 272, 34-40.

[14] Riedel, U. (1999). *Entwicklung und Charakterisierung von Faserverbund-werkstoffen auf Basis nachwachsender Rohstoffe*. Düsseldorf: Verlag VDI (Fortschritt-Berichte VDI, Reihe 5, Nr. 575).

[15] Skwiercz, M. 11.-12. Oktober 2000, Duroplaste aus nachwachsenden Rohstoffen. In *Stoffliche Verwertung Nachwachsender Rohstoffe*. Tagungsband der 7. Internationalen Konferenz (Block C, Werkstoffe und Verarbeitung – Teil 1, S. 85-88). Chemnitz: Herausgeber TU Chemnitz.

[16] Schönfeld, U. 11.-12. Oktober 2000, PTP-Epoxidharz aus nachwachsenden Rohstoffen. In *Stoffliche Verwertung Nachwachsender Rohstoffe*. Tagungsband der 7. Internationalen Konferenz (Block C, Werkstoffe und Verarbeitung – Teil 2, S. 105-110). Chemnitz: Herausgeber TU Chemnitz.

[17] Sutermeister, E. (1932). *Das Kasein. Chemie und technische Verwertung*. Berlin: Verlag von Julius Springer.

[18] Asrar, J.; Gruys, K. J. (2002): Biodegradable Polymer (Biopol). In Doi, Y.; Steinbüchel, A. (Hrsg.). *Biopolymers. Polyesters III*. Volume 4 (S.55-56). Weinheim: Wiley-VCH Verlag GmbH.

[19] Gruber, P.; O'Brien, M. (2002): Polylactides „Nature Works PLA". In Doi, Y.; Steinbüchel, A. (Hrsg.). *Biopolymers. Polyesters III*. Volume 4 (S.237). Weinheim: Wiley-VCH Verlag GmbH.

[20] Firmenbroschüre Borregaard Deutschland.

[21] Bose, P. K. ; Sankaranarayanan Y. ; Sen Gupta, S. C. (1963): Chemistry of lac. Namkum : Indian Lac Research Institute.

[22] Ehrenstein, G. W. (2006). *Faserverbund-Kunststoffe*. 2. Auflage. München: Carl Hanser Verlag.

[23] Michaeli, W. & Wegener, M. (1989). *Einführung in die Technologie der Faserverbundwerkstoffe*. 1. Auflage. München: Carl Hanser Verlag.

[24] Pressemitteilung des Bundesministerium für Ernährung, Landwirtschaft und Verbraucherschutz (BMELV) vom 17.6.2009

[25] Drumright, R.E.; Gruber, P.R.; Henton, D.E.: "Polylactic Acid Technology"; Advanced materials 12 (2000) 23 S.1841-1846

[26] www.cargilldow.com

[27] Terado, Y.; Suizu, H.; Takagi, M.; Ajioka, M.; Hiraoka, S.; Sakai, M.; Suzuki, H.; Shinagawa, R.; Ogawa, S.; Kotaki, Y.: US 6,140,458: "Preparation process of polyester"; (2000)

[28] Miyoshi, R.; Sakai, T.; Hashimoto, N.; Sumihiro, Y.; Yokota, K.; Koyanagi, K.: US 5,574,129: "Process for producing lactic acid polymers and a process for the direct production of shaped articles from lactic acid polymers"; (1996)

[29] Kawashima, N.; Ogawa, S.; Obuchi, S.; Matsuo, M.; Yagi, T.: "Polylactic acid "LACEA"" in "Biopolymers", 4: „Polyesters III"; Ed. Doi, Y.; Steinbüchel, A.; Wiley-VCH; (2002) S.251-274

[30] Riedel, U., Nickel, J.: Abschlußbericht: Biologisch abbaubare, mittragende Leichtbauteile für den Automobilinnenbereich auf der Basis nachwachsender Rohstoffe. Braunschweig, DLR, Interner Bericht IB, 131-98/53, 1998.

[31] Heinemann, M.; Fritz, H.-G.: POLYLACTID – STRUKTUR, EIGENSCHAFTEN UND ANWENDUNGEN. In 19. Stuttgarter Kunststoff-Kolloquium 2005 1/V3.

4.1.4 Reaktionsmittel

4.1.4.1 Chemische Grundlagen

In diesem Handbuch werden nur solche Harze behandelt, die industriell in faserverstärkter Form zur Herstellung von Verbundwerkstoffen und Formstoffen nach DIN 16948 eingesetzt werden. Die oben beschriebenen Matrixharze sind nach DIN 16945 als Reaktionsharze definiert. Es sind flüssige oder schmelzbare Polymere, die für sich allein nicht zu festen unschmelzbaren Filmen und Formstoffen härten können. Sie müssen mit Hilfe von Reaktionsmitteln in einen vernetzten Zustand überführt werden. Die Molekülvergrößerung erfolgt dabei durch eine Polymerisations- oder Polyadditionsreaktion ohne eine Abspaltung von Wasser, Alkohol oder einer anderen kurzkettigen Substanz.

Phenolharze und Aminoharze gehören chemisch zu den Polykondensationsharzen, die zur Härtung keine Reaktionsmittel benötigen. Die Vernetzung zu unschmelzbaren Formstoffen erfolgt ohne Zusatz eines Härters bei erhöhter Temperatur. Saure Beschleuniger können dabei die Abspaltung von Wasser oder Alkohol fördern.

In die Klasse der Thermoplaste gehören Polyethylen, Polypropylen, Polyamide, Polycarbonat und einige Biopolymere. Diese Matrixharze sind ohne Zersetzung schmelzbar. Oberhalb der Gebrauchstemperatur beginnen sie zu fließen und sind unter Wärmezufuhr reversibel verformbar.

In diesem Kapitel werden die Reaktionsmittel beschrieben, die notwendig sind, um die in den vorangegangenen Abschnitten erläuterten Matrixharze zu härten. Jedes Harz benötigt spezifische Reaktionsmittel, um optimal zu vernetzten. Es wird empfohlen, die in DIN 16945, DIN 16946 und DIN 16948 genormtem Begriffe und Prüfverfahren für unverstärkte und faserverstärkte Formstoffe zu beachten.

In der Norm DIN 16945 wird zwischen Härtern und Beschleunigern unterschieden. Zu den Reaktionsmitteln im weiten Sinn gehören auch Verzögerer (Inhibitoren) und Fotoinitiatoren. Zur Einleitung von chemischen Reaktionen können auch energiereiche Strahlen (Elektronen, Ultraviolett) angewendet werden.

Auswahl und Zusatzmenge der Reaktionsmittel richten sich nach der Art der Reaktionsharze, der Reaktivität, der benötigten Verarbeitungszeit und dem eigentlichen Reaktionsvorgang (Polymerisation oder Polyaddition). Auch die Umgebungstemperatur hat einen Einfluss auf das Härtungsverfahren.

4.1.4.2 Reaktionsmittel für Polymerisate

Die Vernetzung ungesättigter Polyesterharze, Vinylesterharze, Diallylphtalatharze, Acrylat- und Methacrylatharze wird eingeleitet durch

- Zugabe von Härtern und Beschleunigern („Kalthärtung") oder
- Zugabe von Härtern und Beschleunigern bei erhöhter Temperatur („Warmhärtung"),
- Zugabe von Härtern und Erhöhung der Temperatur über 100°C ohne Beschleuniger („Heißhärtung").

Die Härtung der Matrixharze zusammen mit den reaktiven Lösungsmitteln – chemisch spricht man von vernetzender Copolymerisation – wird durch Initiatoren ausgelöst. In der Praxis hat sich der Begriff Härter oder Katalysatoren eingebürgert. Streng genommen sind organische Peroxide als Initiatoren zu bezeichnen, weil sie direkt an der Polymerisationsreaktion teilnehmen und dabei auch verbraucht werden. Die Norm spricht übergeordnet von Härtern, um auch andere Verbindungen als „Starter" zuzulassen.

Oligomere ungesättigte lineare Polyester sind handelsüblich in Monostyrol gelöst. Außer dem preisgünstigen Monostyrol finden auch andere polymerisierbare Verbindungen Anwendung. Sie werden mit ins Makromolekül eingebaut und verleihen ihm besondere mechanische oder thermische Eigenschaften. Beispiele sind Divinylbenzol, Vinylacetat, Crotonvinylester und verschiedene Diallylverbindungen.

Bei der Auswahl der Härter muss man diese reaktiven Verdünnungsmittel berücksichtigen. Vinyl- und Allylverbindungen reagieren unterschiedlich schnell mit UP-Harzen. Vinylacetat ist derart reaktionsträge, dass es erst bei hoher Temperatur von Härtern aktiviert werden kann.

Monostyrol wird mühelos bei Raumtemperatur durch Peroxide ins Polyestermolekül einpolymerisiert. Divinylbenzol und Allylester mehrbasischer Säuren sind wegen ihrer mehrfachen Doppelbindungen schon in geringster Menge wirksamer als Styrol und andere Monomere mit nur einer Doppelbindung. Die Härtermenge kann entsprechend reduziert werden.

Als Härter für die genannten faserverstärkten Reaktionsharzmassen kommen in der Hauptsache organische Peroxide in Betracht. Gebräuchlich sind für die

Kalthärtung und Warmhärtung stets mit Beschleunigern:

- Ketonperoxide
- Benzoylperoxid

Heißhärtung ohne Beschleuniger:

- Perester
- Perketale
- Percarbonate

Die Wirkungsweise der Peroxide ist praktisch identisch mit dem Schema der Radikalketten-Polymerisation. Sie startet mit dem Zerfall des Peroxides, initiiert durch Beschleuniger oder Wärme. Einzelheiten sind der SpezialLiteraturhinweise: und den Merkblättern der Peroxidhersteller zu entnehmen. Die zur Anregung der Polymerisation benötigte Menge Härter ist abhängig von:

- der Zusammensetzung (Konzentration) des Peroxides,
- der Natur des Reaktionsharzes und seines Verdünnungsmittels,
- der gewünschten Härtungstemperatur,
- der Verarbeitungszeit,
- der Umgebungstemperatur und
- den Lagerbedingungen der Komponenten.

Es konnte nachgewiesen werden, dass immer nur eine bestimmte Menge des eingesetzten Peroxides in das Netzwerk des Makromoleküls aufgenommen wird. Bei zu großer Peroxidkonzentration wird ein Teil davon nicht zur gewünschten Wachstumsreaktion benutzt.

Es bilden sich nach dem Zerfall in Radikale unerwünschte niedermolekulare lösliche Reaktionsprodukte.

Die übliche Konzentration beträgt – je nach Lieferform – ca. 1-4% Peroxid, bezogen auf die eingesetzte Menge Harz.

Inhibitoren

Die Reaktionsharze müssen vor ihrer Verarbeitung oft viele Monate unter nicht immer gleichen Umweltbedingungen transportiert und gelagert werden. Damit nicht während dieser Zeit ein unerwünschter Anstieg der Viskosität oder sogar eine Gelierung eintritt, setzt man den Monomeren und/oder dem ungesättigten Harz so genannte Inhibitoren zu. Sie haben die Aufgabe, eventuell durch Wärme und Licht gebildete Radikale abzufangen.

Stabilisatoren dieser Art sind phenolische Verbindungen wie Hydrochinon. Als zusätzliche Komponenten werden Verzögerer (Inhibitoren) wie 4-tert.Butylcatechol oder 3,5-ditert.butyl-p-kresol beigefügt. Sie dienen dazu, Verarbeitungs- oder Gelierzeiten exakt einzustellen und veränderte Reaktionsbedingungen (z.B. Sommer/Winter) auszugleichen.

Manchmal werden bei der Warmhärtung auch Inhibitoren wie p-Benzochinon eingesetzt, um so die notwendige Fließzeit des Harzes bzw. der Formmasse im beheizten Werkzeug zu verlängern. Damit lässt sich das Formennest besser ausfüllen, ehe die Härtung beginnt.

Kalthärtung

Die Kalthärtung wird bei den handwerklichen Verfahren, dem so genannten Handauflegen und dem Harz-/Faserspritzen, aber auch dem Wickeln und Schleudern angewandt.

Hier kommen hauptsächlich (> 90%) Methylethylketonperoxid (MEKP) und Benzoylperoxid (BP) zum Einsatz.

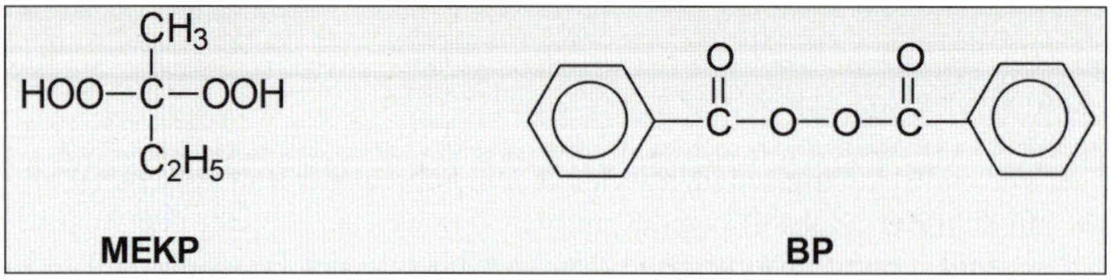

Abb. 55: Schematische Darstellung Methylethylketonperoxid und Benzoylperoxid

Die zusätzliche Verwendung von Beschleunigern ist notwendig, um die Härtung auch schon bei Raumtemperatur zu ermöglichen.

Die Radikalbildung von Peroxiden und Beschleunigern verläuft nach folgendem Schema:

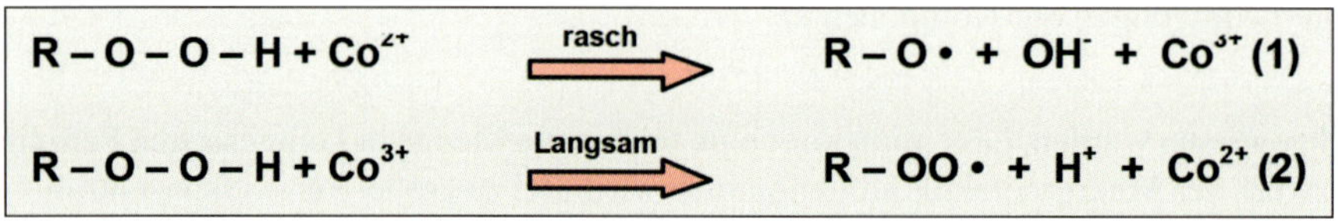

Abb. 56: Schematische Darstellung – Radikalbildung von Peroxiden und Beschleunigern

Die Reduktion des dreiwertigen Cobalt nach (2) läuft sehr viel langsamer ab als der Oxidationsvorgang nach (1).

Daher verteilt sich die Radikalbildung über einen gewissen Zeitraum. Dieser Umstand ist für den ganzen Polymerisationsvorgang, vor allem für die Gelierzeit, verantwortlich. Zur Verkürzung der Gelierzeit setzt man manchmal in Verbindung mit Cobaltbeschleunigern tertiäre Amine, u.a. Dimethylanilin (DMA) ein. Diese Verbindungen haben die Funktion, das dreiwertige Cobalt möglichst schnell wieder in seine rascher mit dem Peroxid reagierende zweiwertige Form zu bringen.

Die Beschleuniger müssen, um ihre volle Wirkung entfalten zu können, sehr genau auf das betreffende Peroxid abgestimmt sein. Teilweise sind Beschleuniger schon in die Harze in Form von Aminen eingebaut.

Warmhärtung

Aufgrund der großen Unterschiede bei den gängigen Verfahren in Bezug auf

- Härtersystem,
- Lagerzeiten,
- Temperaturprofile,

unterscheidet man sinnvollerweise zwischen

- Härtung bei erhöhter Temperatur und
- Heißhärtung.

Im ersten Fall liegen die Verarbeitungstemperaturen bei ca. 50°C-140°C.

Typische Verfahren sind:

- Nasspressen (à verschiedenste Formteile),
- Pultrusion (à Profile),
- Kontinuierliches Imprägnieren (à Platten, Wellplatten),
- Schlauchinlining (à CIPP Cured-in-place pipes).

Als Peroxide kommen vor allem Kombinationen aus Percarbonaten und Perester sowie MIKP zum Einsatz, die bereits bei Temperaturen > 50°C anspringen. Die Lagerzeiten betragen oft nur wenige Stunden. Hauptvertreter und wichtigstes Kicker-Peroxid für Pultrusion und Schlauchlining ist Di-tert.butylcyclohexyl peroxydicarbonat.

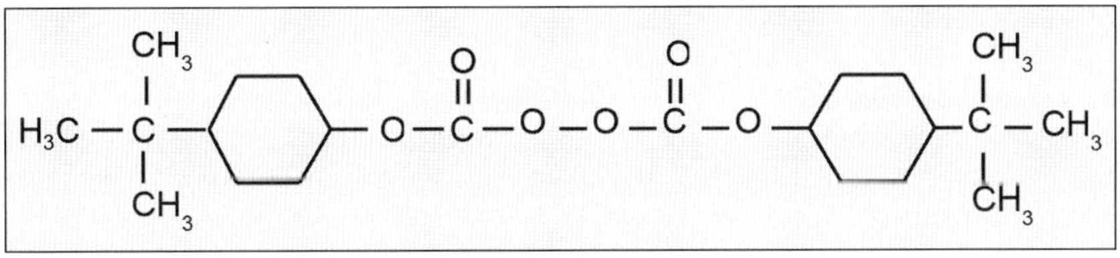

Abb. 57: Di-tert.butylcyclohexyl peroxydicarbonat

Die Heißhärtung kommt überwiegend beim so genannten Heißpressen von SMC/BMC zum Einsatz.

Da die Lagerzeiten von SMC-Pressmassen mehrere Wochen oder sogar Monate betragen können, können hier die wesentlich stabileren Perester und Perketale eingesetzt werden, die folgerichtig auch deutlich höhere Verarbeitungstemperaturen von > 120°C erfordern.

Typische Vertreter sind

- tert.Butylperoxy-2-ethylhexanoat (TBPEH) und
- 1,1-Di(tert.Butylperoxy) cyclohexan (CH).

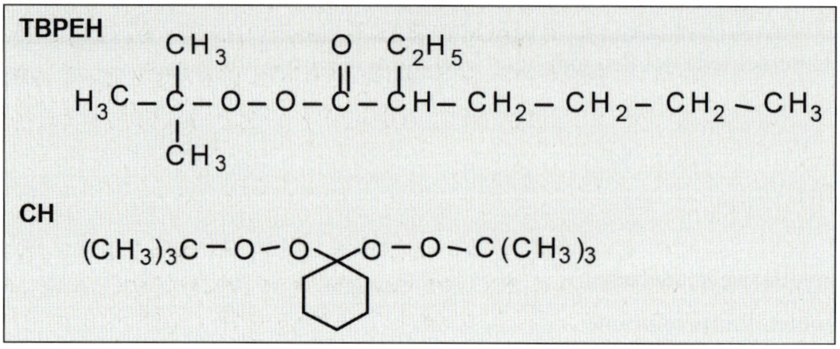

Abb. 58: Darstellung von TBPEH und CH

4.1.4.3 *Reaktionsmittel für Polyadditionsreaktionen*

Die eigentliche Geschichte der Epoxidharze setzt mit der Veröffentlichung des Schweizer Patents 211 116 am 31. August 1940 durch Pierre Castan ein. Diese Patentschrift ist so charakteristisch und klar ausgelegt, dass sie als Arbeitsanweisung für heute noch technisch angewendete Härtungsreaktionen dienen kann.

Während zur Anregung einer Polymerisation schon kleinste Mengen eines Peroxides genügen, um Radikale zu bilden, müssen zur Härtung von Epoxidharzen stöchiometrische Mengen der Reaktionspartner eingesetzt werden.

Kennzeichen aller Epoxidharze sind eine oder mehrere endständige Epoxidgruppen. Bei jeder Reaktion werden im ersten Schritt diese Ringe durch ein aktives Wasserstoffatom des Reaktionsmittels unter Ausbildung einer Hydroxylgruppe geöffnet. Es folgt dann durch Anlagerung (Addition) eine Molekülvergrößerung gemäß dem folgenden Schema:

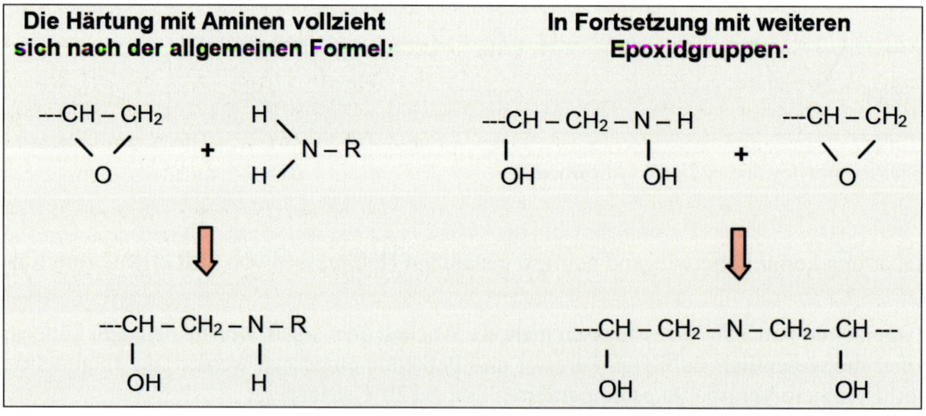

Abb. 59: Epoxidharze – Molekülvergrößerung

Die Verknüpfung der ursprünglich linearen Epoxidketten untereinander zum dreidimensionalen Netzwerk erklärt sich durch die Polyfunktionalität der Reaktionsmittel, in diesem Fall der Polyamine. In Anlehnung an das dargestellte einfachste Reaktionsschema kann die Härtung von Produkten, die eine oder mehrere Epoxidgruppen haben, im Wesentlichen nach drei verschiedenen Methoden erfolgen:

a) mit Hilfe von polyfunktionellen Reaktionsmitteln,

b) mit Hilfe von Katalysatoren, die Epoxidgruppen polymerisieren,

c) mit Hilfe von Wärme durch Reaktion mit anderen zur Addition fähigen Verbindungen.

Zu a)

Eine Vernetzung über Säureanhydride muss immer über Wärme erfolgen. Katalytisch wirkende Aminoverbindungen, Friedel-Kraffts-Produkte und metallorganische Verbindungen können die Anspringtemperatur herabsetzen. Das Molekulargewicht der Harz- und Härterkomponente ist verantwortlich für die physikalischen Eigenschaften des gehärteten Formstoffs. Ebenfalls kann man durch ein Temperaturprogramm die Vernetzungsdichte des Makromoleküls beeinflussen.

Zu b)

Die katalytische Härtung von Polyepoxidverbindungen ist an dieselben Vorbedingungen geknüpft, wie die Reaktion mit polyfunktionellen Reaktionsmitteln: es muss an einer Stelle der Epoxidring geöffnet und eine OH-Gruppe gebildet werden. Anorganische oder organische Basen bewirken dann eine Polymerisation.

Zu c)

Selbsthärtende Epoxidharz-Vorprodukte enthalten in ihrem Molekül alle Gruppen, die für eine wirksame Durchhärtung notwendig sind, z.B. Iminogruppen, phenolhaltige Verbindungen oder Polyglycidether. Systeme der Gruppe c) sind in faserverstärkter Form nicht üblich. Ihre Entwicklung wird vorangetrieben, weil die Anwendung technische Vorteile gegenüber kalt härtenden Vernetzungsreaktionen hat.

Kombinationen von Epoxidharzen mit Isocyanaten, Phenol- oder Aminoharzen haben sich in Beschichtungsmaterialien durchgesetzt. Gelcoats auf dieser Basis besitzen eine ausgezeichnete Wetter- und Chemikalienbeständigkeit.

Isocyanate reagieren mit denselben Reaktionsmitteln wie Epoxidharze, also mit Verbindungen, die bewegliche Wasserstoffatome im Molekül tragen wie z.B. Polyole, Polyamine oder Dicarbonsäuren. Ohne reaktivierende Zusätze setzt die Polyaddition unmittelbar nach dem Vermischen der Komponenten ein. Die Reaktion kann durch Temperatur und Beschleuniger (Amine, Säuren) gesteuert werden.

Freie Isocyanatgruppen sind viel empfindlicher gegen Luftfeuchtigkeit als Epoxidgruppen. Sie werden deshalb oft mit anderen Verbindungen abgesättigt (verkappt). Diese Blockierungsmittel werden erst bei der Verarbeitungstemperatur abgespalten, so dass die ursprüngliche Reaktionsbereitschaft wieder hergestellt ist.

4.1.4.4 Sicherer Umgang mit Reaktionsmitteln

Beim Umgang mit allen Reaktionsmitteln sind, ebenso wie bei der Handhabung von Reaktionsharzen und anderen Chemikalien, die allgemein notwendigen Maßnahmen zum Gesundheitsschutz und zur Arbeitssicherheit zu treffen. Dabei müssen zusätzlich die örtlichen Vorschriften beachtet werden.

Für Transport, Lagerung und Handhabung von Chemikalien müssen die Sicherheitsvorgaben der Hersteller bzw. Lieferanten genau befolgt werden.

Für das sichere Arbeiten mit organischen Peroxiden sind wertvolle allgemeine Informationen im Merkblatt M001 (7/99) BGI 752 der BG Chemie „Gefahrstoffe: Organische Peroxide" zu finden. Für die allgemeinen Lagerbedingungen ist insbesondere die BGV B4 (bisherige VBG-58) heranzuziehen.

Organische Peroxide sind immer im Originalgebinde aufzubewahren und die Gebinde geschlossen zu halten. Niemals dürfen Reste in das Originalgebinde zurückgefüllt werden. Grundsätzlich sind Schutzbrille und Handschuhe beim Arbeiten mit organischen Peroxiden zu tragen.

Niemals dürfen Peroxide und Beschleuniger zusammengegeben werden! Schon kleine Verunreinigungen können – oft unbemerkt – eine Zersetzung bewirken. In der Folge kann sich dabei die Mischung erwärmen und explosionsartig zerfallen.

Eine wertvolle Hilfe für das sichere Arbeiten im Laboratorium und im technischen Betrieb sind die jährlich aktualisierten Listen der „Maximalen Arbeitsplatz Konzentration (MAK)", „Biologische Arbeitsstoff-Toleranzwerte (BAT)" und die „Expositionsäquivalente für krebserzeugende Arbeitsstoffe (EKA)". Die Deutsche Forschungsgemeinschaft veröffentlicht dazu eine arbeitsmedizinisch-toxikologische Begründung. Die jährlich überarbeiteten Listen dienen als wissenschaftliche Empfehlung für die Gesetzgebung.

Literatur

[1] A. M. Paquin: Epoxydverbindungen und Epoxidharze, Springer–Verlag, Heidelberg

[2] H. Wagner, H. F. Sarx: Lackkunstharze, Carl Hanser Verlag, München

[3] R. Vieweg, A. Höchtelen: Kunststoff-Handbuch, Band VII: Polyurethane

[4] Ullmanns: Encyklopädie der Technischen Chemie, 11. Band Lacke, Verlag Urban & Schwarzenberg, Berlin

[5] H. J. Saechtling: Kunststoff Taschenbuch, Carl Hanser Verlag, München

[6] DIN Taschenbuch 21: Duroplast–Kunstharze, Duroplast–Formmassen, Normen, Beuth Verlag, Berlin

4.1.5 Verstärkungsfasern

4.1.5.1 Textilglasfasern

Einleitung

Bereits vor etwa 3.500 Jahren wurden in Ägypten die ersten Glasgefäße hergestellt und auch das Ziehen von Glasfäden entdeckt (siehe Abbildung 60).

Glasstücke – das damalige Glas bestand aus gemahlenen Quarzkieseln, Kalkstein und Holzasche – wurden in teigigem Zustand unter einer Metallstange zu Stäben von der Dicke eines Bleistifts ausgerollt. Diese Stäbe wurden anschließend nach erneutem Erhitzen zu Fäden gezogen, die allerdings noch verhältnismäßig grob waren. Diese Glasfäden sind zweifelsohne als erster „künstlicher" Faserstoff anzusehen.

Abb. 60: Glasfadenerzeugung 1600 v.Chr. in Ägypten

Die Idee, feine Glasfasern in Webprozessen als Textilglas zu verarbeiten, entwickelte der französische Physiker und Zoologe Ferchault de Réaumur (1683 bis 1757) bereits im 18. Jahrhundert. Erst im 20. Jahrhundert (1935) wurden in Newark (Ohio, USA) Endlos-Glasfasern industriell hergestellt. In Deutschland wurden die ersten Ziehdüsen 1938 im Werk Herzogenrath verwendet. Nennenswerte Mengen von Glasfasern wurden zunächst für Elektro-Anwendungen im Hochtemperaturbereich (E-Glas) eingesetzt. Seitdem wird die Glasfaserherstellung durch neue Verfahren und Anwendungsbereiche fortlaufend sowohl evolutionär als auch revolutionär optimiert.

Laut einer Definition des International Bureau for the Standardisation of Man-made Fibres (BISFA) sind Glasfasern "Fasern in textiler Form, gewonnen durch Ziehen aus der Glasschmelze" [BISFA2009]. Es muss hierbei zwischen textilen Glasfasern und jenen für Isolationsanwendungen unterschieden werden. Die textile Faser beschreibt über ihre Länge gleichmäßige, meist runde Fasern, die in textilen Prozessen (Weben, Flechten etc.) verarbeitet werden können. Diese können als Endlosfilamente und Stapelfasern vorliegen. Endlosfilamente sind wiederum zu Filamentgarnen oder Rovings zusammengefasst. Auf ein Filamentgarn kann eine Drehung aufgebracht werden. Rovings sind grundsätzlich nicht gedreht und können direkt gesponnen oder aus mehreren Filamentgarnen zusammengefasst werden. Für textile Anwendungen (Isolation, Dekoration, etc.) werden in der Regel Filamente mit einem Durchmesser zwischen 5 und 13 µm verwendent. Filamente für Verstärkungszwecke haben einen Durchmesser von 9-24 µm. Die Prozesskette vom Rohstoff bis zum textilen Produkt ist in der folgenden Abbildung 61 dargestellt.

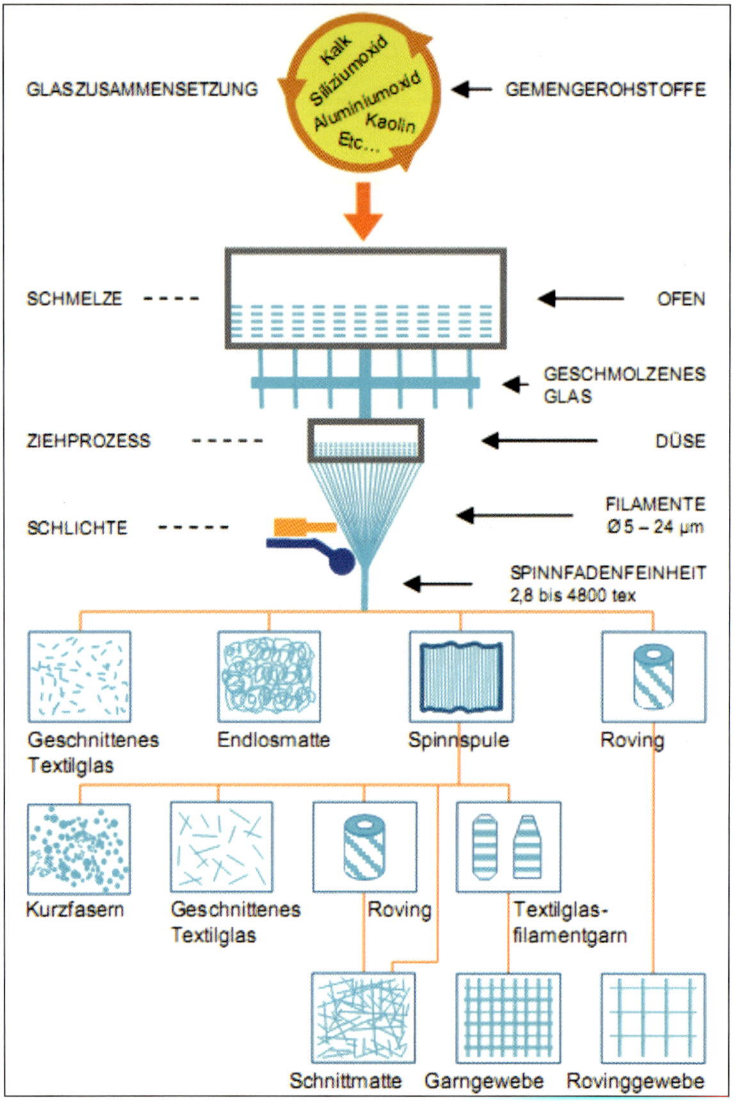

Abb. 61: Schematische Prozesskette vom Rohstoff bis zum textilen Glasfaserprodukt

Rohstoffe

Textile Glasfasern werden aus Rohstoffen hergestellt, die traditionell zur Glasfabrikation verwendet werden, nämlich Quarzmehl, Kaolin, Colemanit, Dolomit, Kalkstein und Flussspat. In Tabelle 6 ist dargestellt, aus welchen Oxiden die Rohstoffe aufgebaut sind. Die einzelnen Materialien werden zunächst in Gesteinsmühlen auf eine Partikelgröße kleiner 2 mm zerkleinert und anschließend in dem Verhältnis vermischt, das der Zielzusammensetzung der Fasern entspricht (siehe Tabelle 7). Sofern nötig, werden auch reine Metalloxide hinzugegeben.

Tab. 6: Rohmaterialien für die Glasfaserherstellung

Primär eingebrachtes Oxid	Siliziumdioxid	Aluminiumoxid	Bortrioxid	Magnesiumoxid	Calciumoxid	Fluor
Natürliches Gestein	**Quarz**	**Kaolin**	**Colemanit**	**Dolomit**	**Kalkstein**	**Flussspat**
Typische Zusammensetzung [in gew.%]						
SiO_2	98,05	44	4-5	<1	44	<1
Al_2O_3	0,85	37	0,5	<0,6		<1
CaO		0,6	27-28	31	55,4	70,2
Na_2O+K_2O	0,5	2	0,2-0,3	<0,6		
Fe_2O_3	0,1	<1	<0,1	<0,4	<0,05	<0,25
H_2O	0,1	<1			<0,4	<0,4
B_2O_3			40-42			
MgO			2-3	20		
P_2O_5					<0,1	
MnO_2					<0,1	
F_2						47,3

Faserherstellung

Das aus den Rohstoffen zusammengesetze Gemenge wird einer Schmelzwanne kontinuierlich zugeführt und bei etwa 1400 °C aufgeschmolzen, homogenisiert und geläutert. Für den folgenden Prozessschritt wird zwischen zwei Herstellungsmethoden unterschieden: Dem direkten Spinnen aus der Schmelze (Direktschmelzverfahren) sowie dem zweistufigen Prozess, in dem zunächst Glaspellets hergestellt werden, welche anschließend wieder aufgeschmolzen werden. Der zweistufige Weg ist der ältere Prozess und wird heute besonders für dünne und Spezialfasern verwendet. Entweder direkt aus dem Ofen oder nach dem Wiederaufschmelzen der Pellets gelangt die flüssige Glasschmelze in das Bushing. Dies ist eine Wanne aus einer Platin-Rhodium-Legierung, in deren Boden sich die 1-2 mm großen Spinndüsen (Tips) befinden. Ein Bushing hat bis zu 8000 Düsen.

Das Glas fließt bei einer Viskosität zwischen 30-100 Pas durch diese Düsen und bildet die Filamente. Danach werden die Glasfäden zur Vermeidung der Kristallisation in Luft und Wasser rasch abgekühlt und zu Filamenten von 5-24 µm Durchmessser gezogen. Durch ein Aufwickelsystem werden die Glasfasern mit einer linearen Geschwindigkeit von bis zu 80 m/s über eine Applikationswalze gezogen und dort mit einem Sizing (Fadenschlichte) versehen. Ein schematischer Überblick über die Glasfilamentherstellung ist in Abbildung 62 dargestellt (Direktschmelzverfahren).

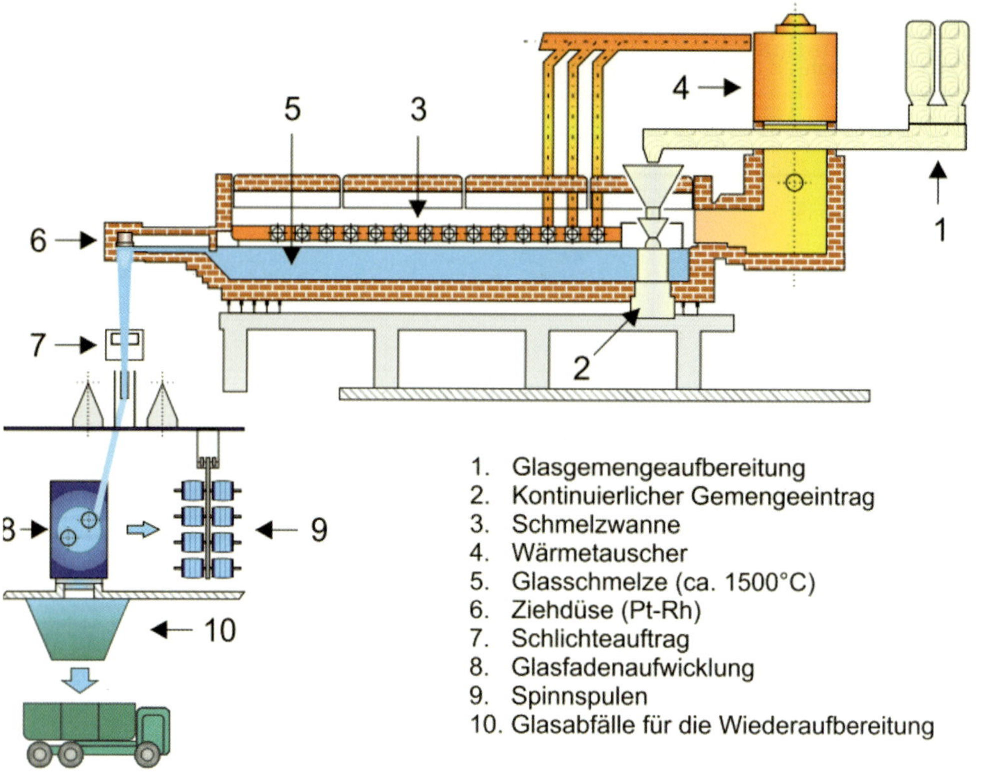

Abb. 62: Schematische Darstellung des Direktschmelzverfahrens

Die Herstellung von Stapelfasern als Verstärkungsmaterial kann prinzipiell auf demselben Weg erfolgen wie die Produktion von Filamenten. Die abgezogenen Filamente werden jedoch über rotierende Walzen oder Schneideinrichtungen auf eine definierte Faserlänge abgelängt. Zudem kann die Ablängung von noch nicht erstarrten Filamenten über Rotationskräfte oder Blasvorrichtungen erreicht werden.

Abhängig von der Zusammensetzung werden verschiedene Glasfaserarten unterschieden. In Tabelle 7 ist eine Übersicht hierzu dargestellt. Die Zusammensetzung beeiflusst die Eigenschaften und somit das Anwendungsgebiet der Fasern.

Tab. 7: Chemische Zusammensetzung von handelsüblichen Glasfasertypen

Chemische Zusammensetzung	Polyvalentes Glas	Säurebeständiges Glas		Alkaliresistentes Glas	Hochfestes Glas		Glas mit guten dielektrischen Eigenschaften	
Bestandteile in Gew.%	TYP E	ECR	TYP C	AR	TYP R	TYP S	TYP D	Quarz
SiO_2	53-54	54-62	60-65	62	60	62-65	73-74	100
Al_2O_3	14-15	9-15	2-6	0,2	25	20-25		
CaO	20-24	17-25	14	5,3	6			
MgO		0-4	1-3	9	10-15	0,5-0,6		
B_2O_3	6-9		2-7			0-1,2	22-23	
Na_2O	0-0,7	0-2	8-10	14,3		0-1,1	1,3	
ZrO_2				17,3				
K_2O							1,5	
Fe_2O_3		0-0,8						
TiO_2		0-4						

Des Weiteren werden durch die chemische Zusammensetzung des Sizings der Anwendungsbereich und das Leistungsspektrum des Endprodukts bestimmt. Das Sizing muss dabei verschiedenen Anforderungen genügen. Das textile Sizing muss die Kohäsion zwischen den Filamenten sicherstellen und den Reibungskoeffizienten zwischen Faser und Maschinenteilen sowie die elektrostatische Aufladung reduzieren. Im Falle der Nutzung als Verstärkungsfaser im Kompositbauteil muss das Sizing die Verbindung zwischen Faser und Matrix sicherstellen und die Kraftübertragung von der Matrix auf die festigkeitsgebende Faser ermöglichen (Abbilung 63). Zudem hat das Sizing einen Einfluss auf die Imprägnierbarkeit von Textilien. Aufgrund der vielschichtigen Anforderungen ist ein Sizing in der Regel ein Mehrkomponentensystem aus Haftvermittlern (z.B. Silanen), Filmbildnern, Gleitmitteln und Antistatika.

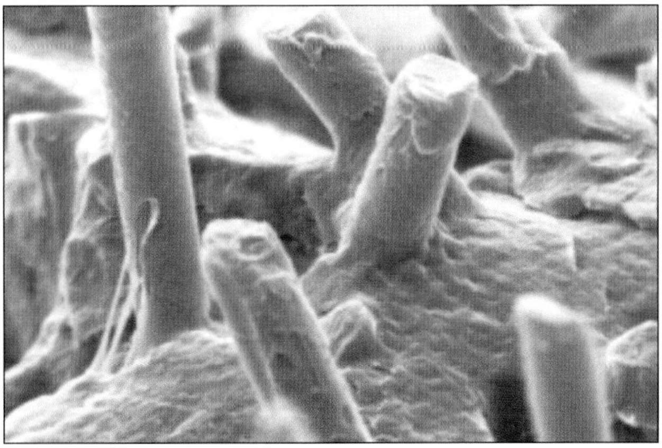

Abb. 63: Grenzfläche Glasfaser/Harzmatrix im Verbundwerkstoff

Eigenschaften

Charakteristisch für Glasfasern ist ihre hohe Festigkeit bei niedriger Dichte. Diese Kombination zusammen mit einem niedrigen Preis hat dazu geführt, dass Glasfasern die am meisten verwendetsten Verstärkungsfasern in Kunststoffen darstellen. Vor allem in Anwendungen, in denen eine extrem niedrige Dichte und eine sehr hohe Steifigkeit notwendig sind, so z.B. in der Luft- und Raumfahrtindustrie), werden Glasfasern durch andere Verstärkungsfasern ersetzt.

Tab. 8: Typische Eigenschaften von Textilglas

Glasart/ Eigenschaften	E-Glas	E-CR-Glas	D-Glas	R-Glas	AR-Glas	C-Glas
Dichte [g/cm³]	2,60	2,72	2,14	2,53	2,68	2,52
Zugfestigkeit [MPa]						
Filament, nicht imprägniert	3400	3445	2500	4400	3000	2400
Faden, imprägnierter Formstoff	2400	- / -	1650	3600	- / -	- / -
Zug-E-Modul [MPa]	73.000	73.000	55.000	86.000	73.000	70.000
Bruchdehnung [%]	4,8	4,8	4,6	4,8	4,4	4,8
Feuchtigkeitsaufnahme [%]	< 0,10	< 0,10	< 0,10	< 0,10	< 0,10	< 0,15
Linearer Ausdehnungs-koeffizient α [m/m, grd]	5,0 x 10-6	5,9 x 10-6	3,5 x 10-6	4,0 x 10-6	6,5 x 10-6	6,3 x 10-6
Durchschlagsfestigkeit [kV/mm]	8-12	10	- / –	11	- / -	- / -
Relative Dielektrizität ε	6,4-6,7	6,9	3,85	6,0	8,1	6,9
Dielektrischer Verlustfaktor tan ς bei 1 MI Iz	0,0025	0,0028	0,0005	0,0019	0,0031	0,0085
Brennverhalten	nicht brennbar					
Erweichungspunkt [°C]	846	882	775	985	773	750

Das mechanische Verhalten bei Zugbelastung ist rein elastisch. Spannungs-Dehnungs-Diagramme zeigen einen linearen Verlauf bis zum Versagen durch Sprödbruch. Viele weitere Eigenschaften sind von der Glasart abhängig. Typische Eigenschaften von Textilglas sind in Tabelle 8 wiedergegeben.

Weiterverarbeitung und Produkte

Vor Verarbeitung zur industriellen Lieferform erfolgt eine Nachbehandlung der textilen Vorprodukte. Die geläufigsten Textilglasprodukte sind Rovings, Matten, geschnittenes Textilglas und Garne.

Rovings werden durch die Glasart (z.B. E-Glas), den Faserdurchmesser (z.B. 10 µm) sowie die Feinheit (z.B. 1200 tex) spezifiziert.

Direktrovings sind durch besondere Merkmale wie Spannungsgleichheit, Strangintegrität (wenig Ausfasern und Abrieb) und Geschmeidigkeit gekennzeichnet, die dem jeweiligen Verwendungszweck (Weben, Wickeln, Extrudieren, Profilziehen, kontinuierliches Imprägnieren) angepasst werden. Direktrovings werden als zylindrische Spulen mit Innen- oder Außenabzug verwendet (siehe folgende Abbildung 64).

Abb. 64: Direktrovings mit Innenabzug und mit Außenabzug

Abb. 65: Spule mit assemblierten Rovings mit Innenabzug

Assemblierte Rovings werden aus einer bestimmten Anzahl Spinnfäden zusammengefügt und ebenfalls zu zylindrischen Spulen aufgewickelt (Abbildung 65). Assemblierte Rovings sind durch den „offenen" Faserstrang gekennzeichnet, der sich vor allem für Schneidverfahren (Faserspritzen, kontinuierliche Harzmattenherstellung und Plattenfertigung), teilweise mit speziellen Schlichten eignet (Abbildung 66).

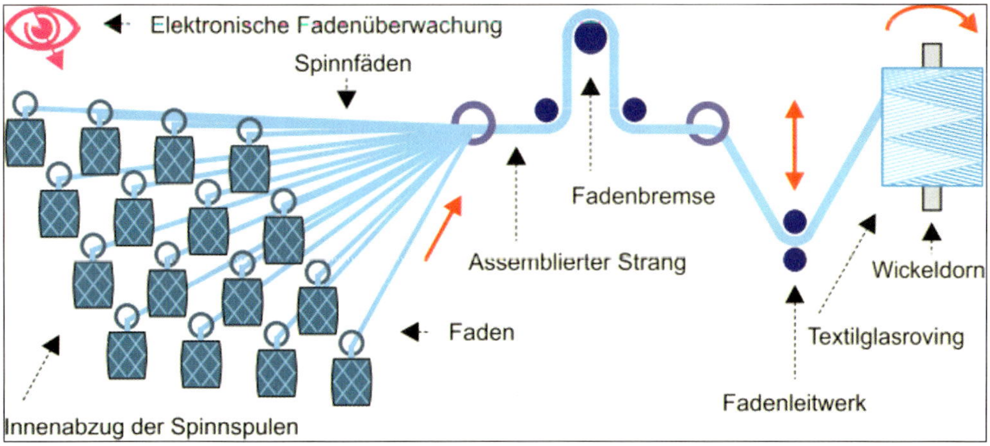

Abb. 66: Schema der Rovingherstellung durch Assemblieren

Bei den **Textilglasmatten** lassen sich Schnitt- und Endlosmatten unterscheiden. Bei Ersteren fallen die auf bestimmte Längen (z.B. 50 mm) geschnittenen Rovings regellos auf ein Transportband der Produktionsanlage (siehe Abbildung 67) und werden unter Zugabe von Bindemitteln, Befeuchtung, Trocknen, Polymerisieren und Verdichten zu einem flächigen Gebilde fixiert und aufgerollt. Schnittmatten sind durch Fadenfeinheit, Fadenlänge, Flächengewicht – meistens 300 oder 450 g/mm² – und Binderart (leicht oder schwer löslich in Styrol) gekennzeichnet. Typische Einsatzgebiete sind das Handlaminieren, Nasspressen oder die kontinuierliche Plattenherstellung.

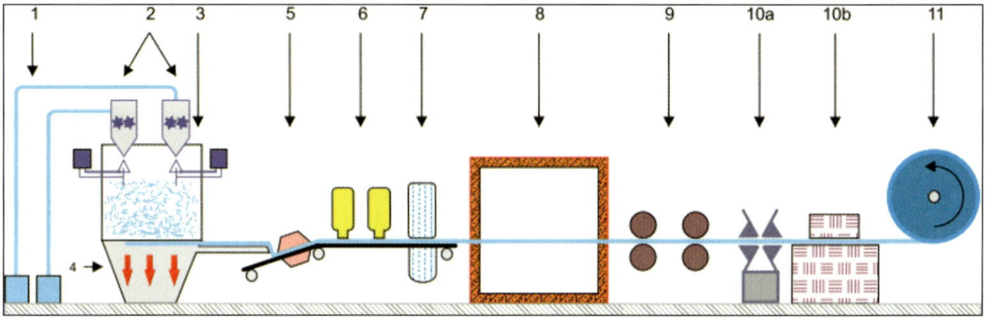

Erläuterungen zur Abbildung:
1. Rovingzufuhr; 2. Schneidwerke; 3. Formkammer; 4. Absaugzone (u. Vakuum); 5. Faserschnitt; 6. Binderbeschickung; 7. Flüssigbinderverteilung; 8. Trocknungs- u. Polymerisationszone; 9. Presskalander; 10a. und 10b. Besäum- und Querschneidvorrichtung; 11. Rollenwicklung

Abb. 67: Schema der Schnittmattenherstellung

Für die Herstellung von **Endlosmatten** fallen die im Direktverfahren hergestellten Spinnfäden ungeschnitten und regellos in mehreren Lagen auf ein Transportband, werden durch Bindersysteme und Verdichten zu einem flächigen Gebilde fixiert und aufgerollt (siehe Abbildung 68).

Endlosmatten sind – außer durch ihre Faserstruktur – ebenfalls durch die Fadenfeinheit, das Flächengewicht, die Binderart und zusätzlich durch die Schlingenart gekennzeichnet. Typische Einsatzgebiete sind das Profilziehen, kontinuierliche Herstellungsverfahren, die Herstellung von Vorformlingen und das Nasspressen.

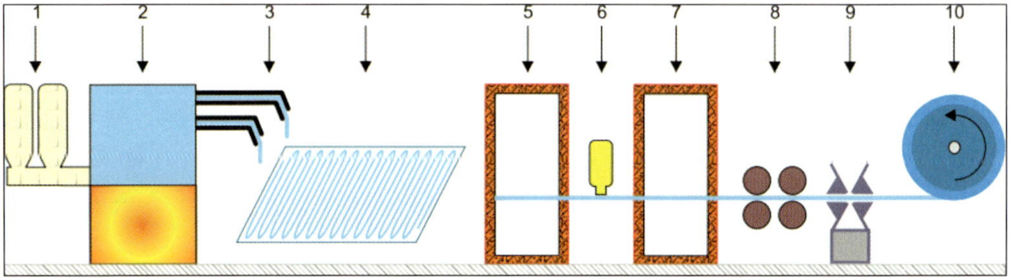

Erläuterungen zur Abbildung:
1. Gemenge; 2. Ofen; 3. Düsen; 4. Endlosverlegung; 5. Trockenofen; 6. Binderauftrag; 7. Trockenofen; 8. Kalander; 9. Schneidvorrichtung; 10. Aufwicklevorrichtung

Abb. 68: Schema der Endlosmattenherstellung

Typische Produkt-Aufmachungen von Schnitt- und Endlosmatten zeigen die folgenden Abbildungen 69 und 70:

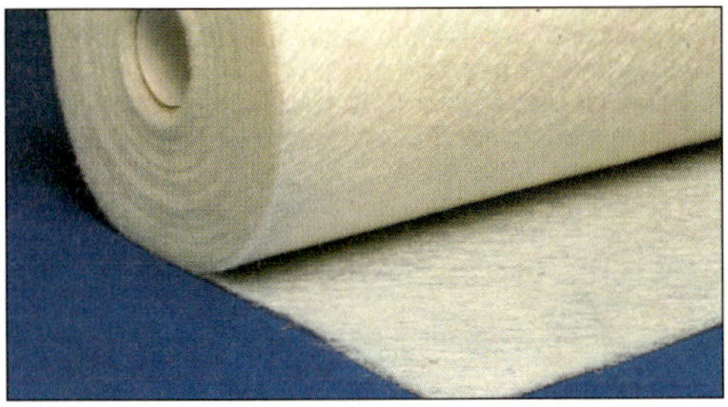

Abb. 69: Schnittmatte

Abb. 70: Endlosmatte

Auf bestimmte Längen geschnittene Spinnfäden sind verwendbar als Verstärkung zur Herstellung von rieselfähigen Formmassen, von Pressmassen oder von Granulaten aus Duroplasten und aus Thermoplasten, aber auch zur Verstärkung von Gips, Papier oder Zement. Dabei variieren Merkmale wie Filamentdurchmesser, Schlichteart und -menge sowie Faserlänge und Fadenfeinheit je nach Verwendungszweck (Abbildung 71).

Abb. 71: Geschnittenes Textilglas

Textilglasgarne werden durch das Umspulen von Textilglasfäden, die auf Spinnspulen gewickelt sind, auf Garnträger produziert. Dabei erhält der Spinnfaden eine bestimmte Zahl von Drehungen in eine vorgegebene Richtung (S- oder Z-Richtung).

Zwirne werden hergestellt, indem zwei oder drei Textilglasgarne mit einer definierten Anzahl von Drehungen in einer vorgegebenen Drehrichtung miteinander verdreht, also verzwirnt, und auf Hülsen umgespult werden (Abbildung 72)

Abb. 72: Textilglasgarne und -zwirne

Textilglas wird als Garn oder Roving zu Faserhalbzeugen weiterverarbeitet. Garne oder Zwirne werden versponnen, geflochten oder gewebt. Beim Umspinnen werden Garne oder Zwirne um einen elektrischen Leiter gewickelt, der damit eine Isolierung erhält. Beim Flechten werden auf speziellen Anlagen gewirkte Schläuche (Strümpfe) hergestellt. Das Weben von Textilglasgarnen oder von Rovings entspricht im Wesentlichen der in der Textiltechnik gängigen Praxis. Nach dem Prinzip von Kette und Schuss werden Garn- oder Rovinggewebe aus entschlichteten Vorprodukten mit besonders geringer Drehung nach Endbehandlung (Finish) mit speziellen Schlichten zur Verbesserung der Abriebfestigkeit und spezifischer Haftung zur Harzmatrix unter Spannungsausgleich und mit schonenden Führungen hergestellt.

Markt

Insgesamt wurden im Jahr 2012 4,33 Millionen Tonnen Glasfaserrovings hergestellt. Die hergestellte Menge hat in den letzten Dekaden stark zugenommen. Aktuell beläuft sich die jährliche Wachstumsrate auf ca. 7%. Der größte Teil der Rovings wurde in Asien hergestellt. Die größten Hersteller weltweit sind OCV Reinforcements (USA), Saint-Gobain Vetrotex (Frankreich), Jushi Group (China), PPG Fiber Glass Corp. (USA), Taishan Fiberglass (China) und COIC Fiberglass (China). Deutsche Hersteller sind PD Fiberglass Group und Lanxess.

Der größte Teil (26,2%) der hergestellten Rovings wurde im Transportsektor eingesetzt. Weitere Großabnehmer sind der Bausektor (24%), die Hersteller von elektrischen bzw. Elektronikbauteilen (15,6%) sowie die Windkraftanlagenindustrie (9%).

Literatur

[1] Anonym, Eigenschaften von Vetrotex-Textilglasfasern, Firmenschrift GEVETEX.

[2] Hartmann, Greenwood, Miller, Hochfeste Textilglasfasern, Firmenschrift OCF.

[3] Glocker, W. Glastechnik – Technikgeschichte im Deutschen Museum

[4] Kleinholz, R. Verstärkungswerkstoffe nach Maß, Vetrotex-Textilglasreport Nr. 18

[5] Schnmidt, K. A. F. Textilglas für die Kunststoffverarbeitung

[6] Becker, G. Struktur und mechanische Eigenschaftenvon Filamentgarnen.

[7] Loy, W. Hochleistungsfasern zur Verstärkung von Kunststoffen

[8] DIN 61 853-1, -2 : – Textilglasmatten für die Kunststoffvertärkung

[9] DIN 61 854-1, -2 : – Textilglasgewebe für die Kunststoffverstärkung

[10] DIN EN 14 020-1, -2 : Spezifikation für Textilglasrovings

[11] Loewenstein, K.L.: The Manufacturing Technology of Continuous Glass Fibers, Elsevier, New York 1993.

[12] Pico, D.; Wilms, C., Seide, G.; Gries, T.: Glass Fibers. In: Ullmann's Encyclopedia of Industrial Chemistry, Wiley, Weinheim, 2012

[13] JEC Magazin 78 (2013), S. 17-19

4.1.5.2 Aramidfasern

Einleitung

Eine große Anzahl von synthetischen Verstärkungsfasern wurde in den 60er und 70er Jahren entwickelt. Ein Anlass hierfür war die Reifenindustrie, für die die chemische Industrie eine Alternative zu den üblichen Stahlkordverstärkungen entwickeln wollte.

Mitte der 60er Jahre gelang es DuPont eine para-Aramidfaser (Kevlar®) herzustellen, die Anfang der 70er Jahre in den Markt eingeführt wurde. Als weitere Firmen stießen Mitte der 80er Jahre noch Akzo (Twaron®) und Teijin (Technora®) dazu.

Neben para-Aramiden werden Fasern auch aus meta-Aramid hergestellt. Für Verstärkungszwecke werden jedoch lediglich para-Aramidfasern eingesetzt. Meta-Aramidfasern weisen wesentlich schlechtere mechanische Eigenschaften auf, sie werden u.a. aufgrund ihrer flammhemmenden Eigenschaften in den entsprechenden Anwendungen eingesetzt. Die unterschiedlichen Eigenschaften von meta- und para-Aramiden sind durch die verschiedenen Verbindungen zwischen den einzelnen aromatischen Ringen bedingt. Bei para-Aramiden sind diese Verbindungen gestreckt, wohingegen bei meta-Aramiden ein Winkel von 120° vorliegt (Abbildung 73).

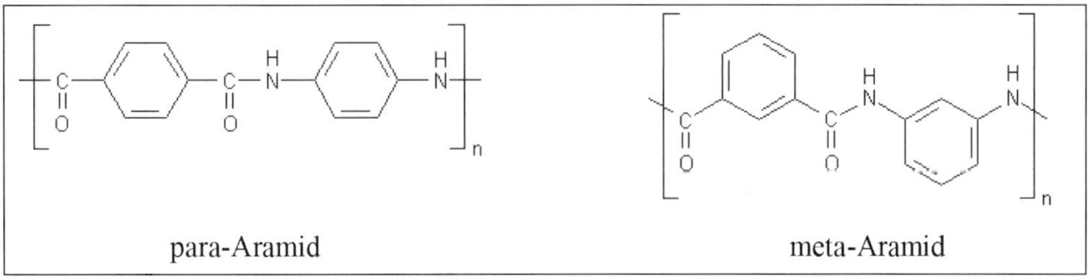

Abb. 73: Strukturformel von para- und meta-Aramid

Der in der Vergangenheit zu beobachtende rasante Anstieg der Aramidfaserproduktion ist auf die Vielzahl der neu erschlossenen Anwendungsgebiete zurückzuführen. Schnell stellte sich heraus, dass die Faser nicht nur im Reifensektor, sondern auch z.B. in der Ballistik und als Asbestersatz einsetzbar war. Auch heutzutage ist dieser Trend ungebrochen.

Im Weiteren wird die para-Aramidfaser hauptsächlich als Verstärkungsfaser für Kunststoff-Matrices betrachtet.

Rohstoffe

Bei den geläufigen Aramidfasern handelt es sich um die Gruppe der PPTA-Fasern (Poly-Paraphenylen-Terephtalamide). Das PPTA-Polymer zur Herstellung der Aramidfasern wird aus den Monomeren Para-Phenylendiamin (PPD) und Terephtaloyldichlorid (TDC) hergestellt. Unter Zuhilfenahme eines geeigneten organischen Lösungsmittels (z.B. N-Methylpyrolidon) reagieren beide Monomere in einem Polykondensationsprozess, batchweise oder kontinuierlich, zum Polymer PPTA. Es handelt sich hierbei um eine Fällungspolymerisation, bei der das Polymer als Feststoff ausfällt.

Eine zweite Art von Aramidfasern besteht im Gegensatz dazu aus drei Komponenten: PPD, TDC und 3,4‘ DAPE (3,4‘-Di-Amino-Di-Phenyl-Ether). Das entstehende Polymer ist in organischen Lösungsmitteln löslich, so dass in einem kontinuierlichen Prozess polymerisiert und gesponnen werden kann. Die Spinnlösungen weisen jedoch nur geringe Polymerkonzentrationen auf, so dass eine Heißverstreckung notwendig ist, um hohe Festigkeiten zu erreichen. Die auf den genannten drei Komponenten basierenden Aramidfasern verfügen über etwas andere Eigenschaften als die Aramidfasern aus zwei Komponenten.

Faserherstellung

Das hergestellte PPTA-Polymer ist nur schwer löslich. Da der Schmelzpunkt über der Zersetzungstemperatur liegt, ist ein Spinnen aus der Schmelze heraus nicht möglich. Als Lösungsmittel stehen nur wenige, sehr starke Säuren, wie z. B. die relativ kostengünstige 100%ige Schwefelsäure zur Verfügung. Die 96%ige Schwefelsäure wird kurz vor der Verarbeitung mit Oleum versetzt. Die daraus gewonnene 100%ige Schwefelsäure wird mit dem PPTA-Polymer zu einer dickflüssigen Lösung (ca. 20% Polymeranteil) vermischt.

Diese dickflüssige Lösung wird kurz vor der Spinndüse noch etwas erwärmt und dann mittels Druck zu feinen Filamenten gesponnen. Als Spinnverfahren wird das Luftspaltspinnen genutzt, in dem die Filamente einen kurzen Luftspalt (ca. 1 cm) durchlaufen, bevor sie ins Koagulationsbad eintauchen (Abbildung 74). Die Gasschicht erlaubt eine höhere Prozesstemperatur (80°C bis 100°C) und somit auch eine höhere Konzentration von PPTA-Polymeren in der Spinnlösung. Dadurch kann die Linienproduktivität erhöht werden. Sie beträgt bis zu mehreren hundert Metern in der Minute. Nach dem Luftspalt treten die Filamente in das mit 0-4°C kaltem Wasser gefüllte Spinnbad ein. Dort koaguliert das Polymer durch diffusive Auswaschung des Lösungsmittels. Die einzelnen Filamente haben einen Durchmesser von 12 µm.

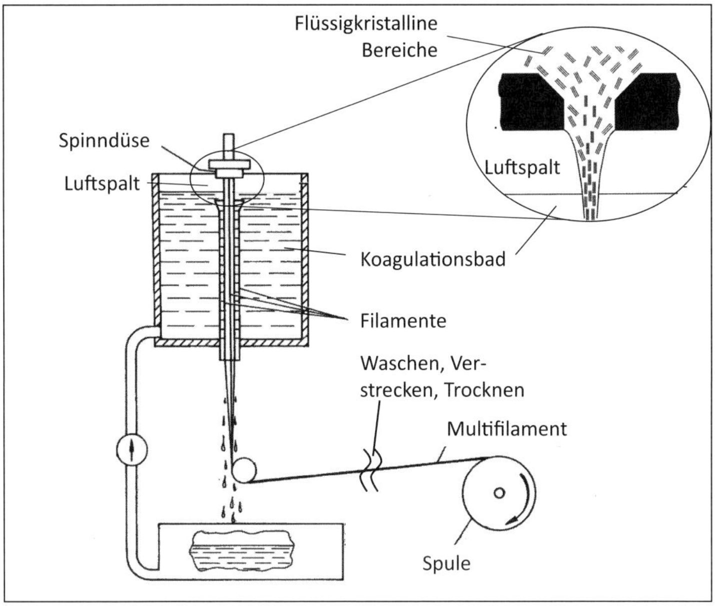

Abb. 74: Schematische Darstellung des Herstellungsprozesses von Aramidfasern

Für die Herstellung von hochfesten und hochsteifen Fasern ist es wichtig, dass die Spinnlösung sich in einem flüssigkristallinen Zustand befindet. Moleküle in flüssigkristallinen Lösungen werden durch die Einwirkung von Scherkräften stark orientiert. Diese Eigenschaft wird bei der Herstellung von Aramidfasern ausgenutzt. Durch das Extrudieren der Lösung durch die Spinndüse entstehen gerade solche Scherkräfte.

Das aus einer Vielzahl von Filamenten bestehende Garn wird nun in mehreren Schritten gewaschen und neutralisiert. Die Faseravivage wird je nach Fasertyp vor oder nach dem Trocknen aufgebracht. Diese Avivage dient bis auf wenige Ausnahmen nicht zur Haftverbesserung, sondern lediglich dazu, die Verarbeitung wie z. B. Weben, Zwirnen oder Flechten zu vereinfachen. Die aufgebrachten Avivagetypen sind zum Teil sehr gut kompatibel zu den gängigen Harzsystemen wie UP, VE und EP. Aufgrund der verschiedensten Verwendungszwecke der Aramidfasern sollte dies aber vor der Verarbeitung mit dem Garnhersteller abgeklärt werden. Zur Verbesserung der Haftung kann die Avivage auch leicht durch Abwaschen oder thermisch entfernt werden.

Abschließend wird das Garn auf Hülsen aufgewickelt. Das so hergestellte Aramidgarn, bestehend aus vielen Einzelfilamenten, ist hochkristallin und die Molekülketten sind stark orientiert. Das Material wird nun als Endlosgarn an Konverter bzw. Endkunden geliefert oder in weiteren Schritten zu z.B. Pulpe, Kurzschnitt- oder Stapelfasern weiterverarbeitet.

Eigenschaften

Aramidfasern haben eine Reihe von speziellen Eigenschaften, die sie für die Anwendung als Verstärkungsfasern interessant machen:

- hohe Zugfestigkeit,
- hoher Zugelastizitätsmodul,
- hohe Bruchdehnung,

- niedrige Dichte,
- sehr hohe spezifische mechanische Eigenschaften,
- hohe Energieaufnahme,
- negativer thermischer Ausdehnungskoeffizient,
- gute Chemikalienbeständigkeit,
- gute Temperaturbeständigkeit,
- niedrige Wärmeleitfähigkeit,
- niedrige elektrische Leitfähigkeit,
- selbstverlöschend.

Die in Faserverbundwerkstoffen eingesetzten Aramidfasern lassen sich im Wesentlichen in zwei Gruppen einteilen, die sich hauptsächlich durch den Zug-Modul und die Bruchdehnung unterscheiden, während die Festigkeit ungefähr gleich bleibt (Tabelle 9). Insbesondere die hochmoduligen Typen werden aufgrund der geringeren Deformationen unter Last in Bauteilen aus Faserverbundwerkstoffen verwendet.

Die mechanischen Eigenschaften der Aramidfasergarne werden im Allgemeinen nach den Methoden der Textilfaserindustrie ermittelt. Das heißt, dass die mechanischen Eigenschaften an gedrehten, nicht an mit Harz imprägnierten Garnzugprüfkörpern ermittelt werden. Die folgenden Werte stellen diese Ergebnisse dar Tabelle 9).

Tab. 9: Typische Eigenschaften von Aramidfasern

Eigenschaft	Aramid – Standardmodul	Aramid – Hochmodul
Zugfestigkeit [MPa]	3000	3000
Zugmodul [GPa]	72	130
Bruchdehnung [%]	4,0	2,7
Dichte [g/cm³]	1,44	1,45
Spez. Zugfestigkeit [km]	212	211
Spez. Zugmodul [km]	5097	7382

Erläuerung: Mechanische Daten wurden ermittelt an gedrehten Prüfkörpern gemäß BISFA

Vergleichsweise dazu werden in Tabelle 10 für einen Garntyp die mittleren mechanischen Eigenschaften dargestellt, wie sie an ungedrehten, mit Harz imprägnierten Garnzugprüfkörpern und an nicht mit Harz-imprägnierten, gedrehten Garnzugprüfkörpern ermittelt wurden.

Tab. 10: Vergleich mechanischer Eigenschaften

Eigenschaft	Twaron® 2200 1610 dtex	Twaron® 2200 1610 dtex
Garnzugprüfkörper	gedreht, nicht imprägniert	ungedreht, imprägniert
Zugfestigkeit [MPa]	3100	3750
Zugmodul [GPa]	105	124
Bruchdehnung [%]	2,70	2,80
Dichte [g/cm³]	1,45	1,45
Spez. Zugfestigkeit [km]	218	264
Spez. Zugmodul [km]	7382	8717
Ermittelt analog zu	BISFA 2002	DIN 65382

Erkäuterung zur Tabelle 10: Twaron ist ein registrierter Markenname der Teijin Ltd. / Japan

Die Comonomerfasern basierend auf PPD, TDC und 3,4‘ DAPE verfügen über etwas andere Eigenschaften als die Aramidfasern aus zwei Komponenten. Die Fasern haben eine höhere Festigkeit und Bruchdehnung als die Aramidfasern aus zwei Monomerkomponenten. Diese Kombination macht diese Faser sehr gut geeignet z.B. für Gummiverstärkungen. Die bessere Chemikalienbeständigkeit erlaubt es überdies, die Faser in extrem belasteten Umgebungen einzusetzen. Da diese Fasern nur wenig Einsatz in Faserverbundwerkstoffen finden, wird im weiteren Verlauf nicht auf sie eingegangen.

Die o.g. speziellen Eigenschaften bzw. die Kombination einiger dieser Eigenschaften machen Aramidfasern zu einem bevorzugten Material in den verschiedensten Anwendungen, wo extreme Anforderungen an Gewicht und mechanische Eigenschaften gestellt werden.

Nachteilig kann sich zum Teil die Restfeuchte von einigen wenigen Prozent in Aramidgarnen auswirken. Diese Restfeuchte sollte rechtzeitig während der Konstruktionsphase und der Bauteilherstellung bzw. der Verarbeitung berücksichtigt werden. Ein weiterer Schwachpunkt von Aramidfasern ist die Druckfestigkeit. Während die Zugfestigkeiten der Faser, und auch der Laminate, sehr hoch sind, versagt das Material früh unter Druckbeanspruchung. Der Druckelastizitätsmodul liegt im Bereich des Zugelastizitätsmoduls, während die Dehnungsobergrenze für die Druckbelastung bei ca. 0,5% liegt.

Weiterverarbeitung & Produkte

Aramidfasern werden, wie oben beschrieben, als Endlosgarn hergestellt. Das Garn wird bei der Produktion auf zylindrische Papphülsen aufgewickelt und in Kartons verpackt verschickt.

Die Fasern werden üblicherweise ohne Drehung und Tängelung hergestellt und geliefert. Für einige Anwendungen kann eine Drehung oder Tängelung jedoch von Vorteil sein. Diese Garnmodifikationen können direkt bei der Produktion des Garnes beim Hersteller stattfinden oder in einem zweiten Produktionsschritt auf internen oder externen Verarbeitungsmaschinen.

In weiterführenden Verarbeitungsschritten können andere Produkte hergestellt werden wie Pulpe, Kurzschnitt- oder Stapelfasern. Diese Produkte werden üblicherweise lose in Plastiktüten und dann in Kartons verpackt. Alle anderen, weiterführenden Produkte oder Lieferformen werden von Konvertern hergestellt. Dazu gehören Produkte wie Korde, Seile, Gewebe, Gelege, Prepregs und gesponnene Garne.

Aramidfasern werden nicht nur in Faserverbundwerkstoffen verwendet, sondern in einem viel größeren Maße in Bereichen wie z.B.:

- Asbestersatz in Reib- und Bremsbelägen,
- Gummiverstärkung, inkl. Einsatz in Reifen,
- ballistische Anwendungen aller Art,
- Lichtwellenleiterkabeln,
- Honigwabenstrukturen.

In der Faserverbundwerkstoffindustrie finden Aramidfasern hauptsächlich Anwendung, wenn besondere Anforderungen an das Gewicht (Leichtbau), das Energieaufnahmevermögen (Schadentoleranz) oder die elektrischen Eigenschaften gestellt werden. Typische Anwendungen gibt es in der Elektroindustrie (z.B. Schaltstangen), im Ballistikschutz (Westen, Helme (siehe Abbildung 75)), im Transportwesen (Luftfrachtcontainer, Kühlfahrzeuge), in Bootsrümpfen, Abdeckungen und bei Bauwerksverstärkungen. Das hohe Energieaufnahmevermögen, die hohe Verformbarkeit der Faser und der Laminate führen zu einem größeren Schutz von Bauwerken bei bestimmten Anforderungen. Die mit Aramidfasern verstärkten Laminate können bei bestimmten Lastfällen das Bauwerk länger verstärken und unterstützen, während andere Materialien längst die Versagensverformung erreicht haben. Beim Aufprall von z.B. Fahrzeugen auf Brückenpfeilern bieten mit Aramidfasern verstärkte Laminate den besten Schutz.

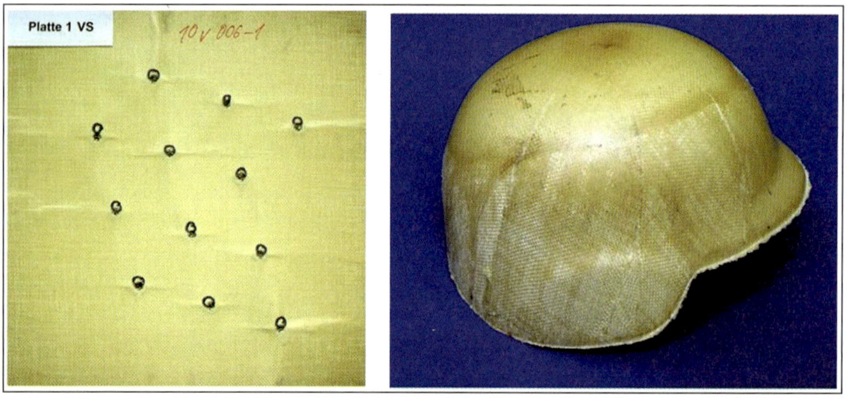

Abb. 75: Ballistische Anwendung von Aramidfilamenten

Aramidfasern können prinzipiell mit allen herkömmlichen Harztypen, UP, VE und EP, aber auch mit thermoplastischen Matrices kombiniert werden. Als Herstellungsweise kommen fast alle Methoden zur Anwendung. So werden die Fasern direkt im Nasswickelverfahren verarbeitet, wie auch in der Pultrusion und bei der Herstellung von UD-Prepegs. Halbzeuge wie Vliese, Gewebe und Gelege können z.B. im RTM- oder Handlaminierverfahren verarbeitet oder auch zu Prepegs verarbeitet werden. Dagegen erlaubt die große Zähigkeit von Aramidfasern es nicht, die Fasern im Faserspritzverfahren, einer üblichen Verarbeitungsmethode von Glasfasern, zu verarbeiten.

Markt

Der weltweit für 2012 geschätzte Markt für Aramidfasern liegt bei ca. 63.000t, wovon ca. 2.500t in Faserverbundwerkstoffanwendungen eingesetzt werden. Dennoch ist auch dieser Markt wichtig, da überdurchschnittliche Wachstumsraten erwartet werden.

Der Markt für Aramidfasern wird dominiert von den Firmen DuPont (USA) und Teijin (Japan), die ca. 85% der weltweit verwendeten Aramidfasern herstellen. Die geschätzten Produktionskapazitäten liegen bei 27.600t im Falle von DuPont und 26.400t von Teijin. Kolon Industries (Südkorea) ist mit 5.000t der drittgrößte Anbieter. Bis 2015 plant die ebenfalls südkoreanische Fa. Hyosung auf die gleiche Produktionskapazität zu expanideren (momentan ca. 1.000t). In Weißrussland, Russland und China existieren weitere Anbieter, deren Kapazität jedoch unbekannt ist.

Literatur

- *Dr. H. Blumberg*: Stand und Entwicklungstendenzen für Hochleistungs-Polymer- und Kohlenstoffasern, Vortrag auf der 28. Internationalen Chemifasertagung, Dorbirn/Österreich
- K.-H. Hillermeier: Aramidfasern – Ingenieurwissen – Kohlenstoff- und armamidfaserverstärkte Kunststoffe / VDI-Verlag GmbH
- Dr. H. Caesar: Poly-Para-Phenylene-Terephtalamide (PPTA), The dominant high performance fiber in many applications, Vortrag "Chemfibres – 2000", The Russian Engineering Academy
- R.F. Maleniak: Aramid Fibers – Internetartikel, http://www.chem.uwec.edu/Chem405_s01/malenirf/project.html
- Chawla, K. K.: Composite Materials: Science and Engineering. Springer Verlag, Second Edition, 1998
- Wulfhorst, B.; Büsgen, A.: Faserstofftabelle Aramid. Deutscher Fachverlag, 1989
- NN: JEC magazine 76 (2012), S. 22 – 24

4.1.5.3 Kohlenstoff-Fasern

Einleitung

Die Geschichte der Kohlenstoff-Faser begann mit ihrer Verwendung als Glühfaden in elektrischen Beleuchtungsmitteln. Die Herstellung dieser Fäden aus natürlichen Fasern wurde bereits 1878 von Swan und 1879/1892 von Edison durch Patente geschützt. 1897 melden Fremery und Urban ein Verfahren zur Herstellung von Kupferseide an, aus der in Oberbruch, dem späteren Produktionsstandort der Tenax Kohlenstofffaser, Kohlenstoff-Glühfäden hergestellt wurden.

In der Zeit zwischen 1940 und 1950 wurden einige grundlegende Arbeiten zur Verwendung von Polyacrylnitril (PAN) als Ausgangsmaterial (Precursor) zur Herstellung von Kohlenstofffasern bei DuPont und Union Carbide durchgeführt.

Shindo und Watt erkannten in den 60er Jahren des zwanzigsten Jahrhunderts unabhängig voneinander die Notwendigkeit, den Schrumpf des PAN-Precursors während der so genannten Stabilisierungsreaktion zu steuern. Als Alternative zum PAN wurde 1963 von S. Otani ein Verfahren zur Herstellung von Hochmodul-Kohlenstofffasern aus Pech entwickelt.

Die kommerzielle Kohlenstofffaser-Produktion begann 1971 bei Toray, Japan. 1976 startete Toho Rayon, die heutige Toho Tenax, ihre kommerzielle Produktion in Japan..Ab 1986 startete Tenax Fibers in Deutschland die Produktion von Kohlenstofffasern und ist heute, eingebunden in die international tätige Teijin Gruppe, der größte Kohlenstofffaser-Produzent Europas.

Stimuliert durch das hohe technische Potential dieser Verstärkungsfasern, sind neue Produzenten mit ihren Produkten auf dem Weltmarkt vertreten und werden dazu beitragen, den wachsenden globalen Bedarf zu decken.

Rohstoffe

Carbonfasern basierend auf drei Ausgangsmaterialien sind aktuell am Markt verfügbar. 86% der 2012 hergestellten Fasern basieren auf PAN. Weitere Ausgangsmaterialien sind Cellulose (11%) und Pech (4%). Filamente für Verstärkungsanwendungen werden nur aus PAN und Pech hergestellt.

PAN wird in der Regel aus Rohöl über die Zwischenstufe Propen synthetisiert. Zur Carbonfaserherstellung wird in der Regel jedoch nicht das Homopolymer PAN eingesetzt, da es sich nicht kontrolliert stabilisieren lässt. Als Verabreitungshilfsmittel werden Comonomere eingesetzt, die einerseits die Spinnbarkeit, aber auch die thermische Umwandlung beeinflussen. Methacrylat, Vinylacetat und Methylmethacrylat verbessern beispielsweise die Löslichkeit des Polymers im Lösungsmittel und beeinflussen die Precursorfasermorphologie. Comonomere wie Itaconsäure, Methacrylsäure, Acrysäure und Acrylamid setzen die Initiierungstemperatur für die Stabilisierung der Precursorfasern herab und reduzieren die Exothermie dieser Reaktion. Eine typische Precursorfaser enthält 90-94% Acrylnitril, 6-9% Methacrylat und 1% Itaconsäure.

Um einen Pech-Precursor herzustellen, muss zuerst das Pech gewonnen werden. Je nach Ausgangsprodukt durchläuft es beispielsweise einen Raffinerieprozess oder einen Destillationsprozess. Bei der Raffination werden durch Erwärmen und das Anlegen eines Vakuums niedrig siedende Komponenten entfernt und anschließend feste Partikel herausgefiltert. Dieser Prozess sorgt zugleich für eine Zyklisierung und macht das Pech schmelzspinnbar. Entweder kann das gewonnene Pech direkt verwendet werden, um eine „General Purpose Grade“(GP)-Carbonfaser herzustellen, oder es wird modifiziert, um eine „High Performance Grade“(HP)-Faser mit deutlich bessere mechanische Eigenschaften zu erzielen. Bei Pechfasern wird zwischen isotropen und anisotropen Fasern unterschieden. Um eine anisotrope Fasern zu erhalten, werden in dem verwendeten Pech durch einen Tempervorgang so genannte Mesophasen gebildet, woraus die deutlich besseren mechanischen Eigenschaften resultieren. Durch die verschiedenen Ausgangsprodukte, die verschiedenen Gewinnungs- und Mesophasenbildungsverfahren entstehen Precursoren mit unterschiedlichen Eigenschaften, die von Hersteller zu Hersteller variieren.

Faserherstellung

PAN-Precursoren werden in einem Lösungsmittelspinnprozess hergestellt. Das Polymer PAN ist nicht schmelzbar, so dass es zur Faserbildung in einem geeigneten Lösungsmittel gelöst werden muss. Neben den organischen Lösungsmitteln Dimethylformamid, Dimethylsulfoxid und Dimethylacetamid kommen anorganische Materialien wie Natriumthiocyanat, Zinkchlorid und Salpetersäure zum Einsatz. Die Polymerkonzentration in der Lösung beträgt zwischen 8 und 30%. Die Lösung wird durch eine Spinndüse mit bis zu 500.000 Kapillaren in ein Koagulationsbad gesponnen, in dem sich der PAN-Faden bildet. In anschließenden Wasch- und Verstreckschritten wird das Lösungsmittel aus den Fasern entfernt sowie die Moleküle und Fibrillen in Faserrichtung ausgerichtet. Abschließend wird die Faser getrocknet, mit einer Präparation versehen und aufgewickelt. Prozessgeschwindigkeiten erreichen bis zu 100m/min. Schematisch ist ein Lösungsmittelspinnprozess in der folgenden Abbildung 76 dargestellt.

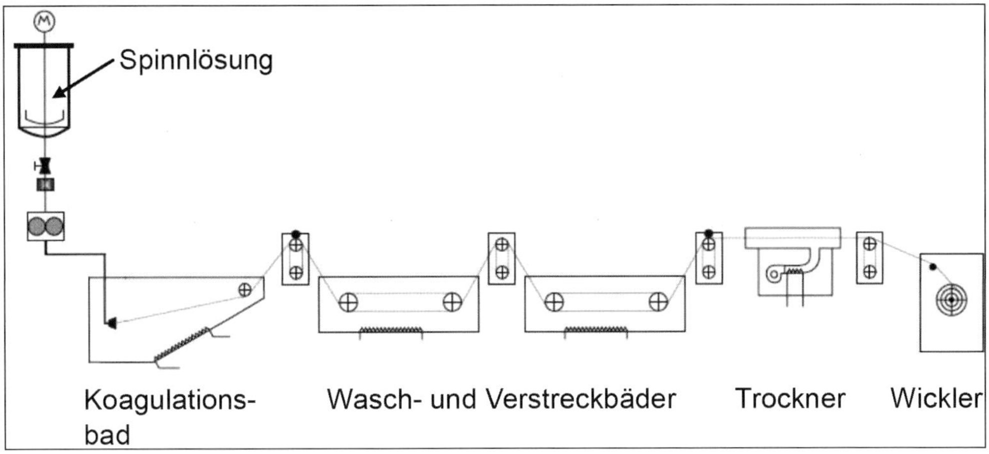

Abb. 76: Schematische Darstellung des Lösungsmittelspinnprozesses von PAN-Fasern

Die Umwandlung der Precursors in eine Carbonfaser ist zeit- und energieaufwändig. Die hintereinander ablaufenden Prozessschritte sind:

- Stabilisierung des Precursors,
- Carbonisierung,
- Behandlung der Faseroberfläche,
- Aufbringen einer Präparation / eines Sizings,
- Aufspulen auf Hülsen.

In der Stabilisierungsstufe reagiert das thermoplastische PAN in einem oxidierenden Milieu. Dabei erfolgt neben der Abspaltung von Wasserstoff eine Vororientierung des Moleküls zu einem so genannten Leiterpolymeren, aus dem durch Cyclisierung eine Kette von Pyridin-Sechsringen entsteht. Die so erhaltene Faser ist unschmelzbar, was Voraussetzung für die nachfolgende Carbonisierung ist. Die vollständige Stabilisierung von PAN-Fasern dauert ca. 60-120 Minuten. Hierbei werden die Fasern bei Temperaturen zwischen 200 und 300°C unter definierter Fadenspannung behandelt.

Während der Carbonisierung lagern sich die Pyridin-Ketten unter Abspaltung von Cyanwasserstoff und Stickstoff zu molekularen Bändern zusammen. Gleichzeitig erfolgt eine Orientierung in der dritten Dimension, so dass eine graphitartige Struktur entsteht. Je nach Endbehandlungstemperatur unterscheidet man drei Faserklassen. Hochfeste Fasern (HT-Type) werden zwischen 1.200°C und 1.500°C, Zwischenmodulfasern (IM) zwischen 1.500°C und 1.800°C und Hochmodulfasern und Ultrahochmodulfasern (HM, UHM) bis 3.000°C geglüht. HM und UHM Fasern werden einem Graphitierungsschritt unterzogen, in dem die genannten 3.000°C erreicht werden. Die Carbonisierung und Graphitierung läuft in Schutzgasatmosphäre (Stickstoff oder Argon) ab. In der folgenden Abbildung 77 sind zusammenfassend die Prozessschritte vom Precursor bis zur fertigen Carbonfaser dargestellt.

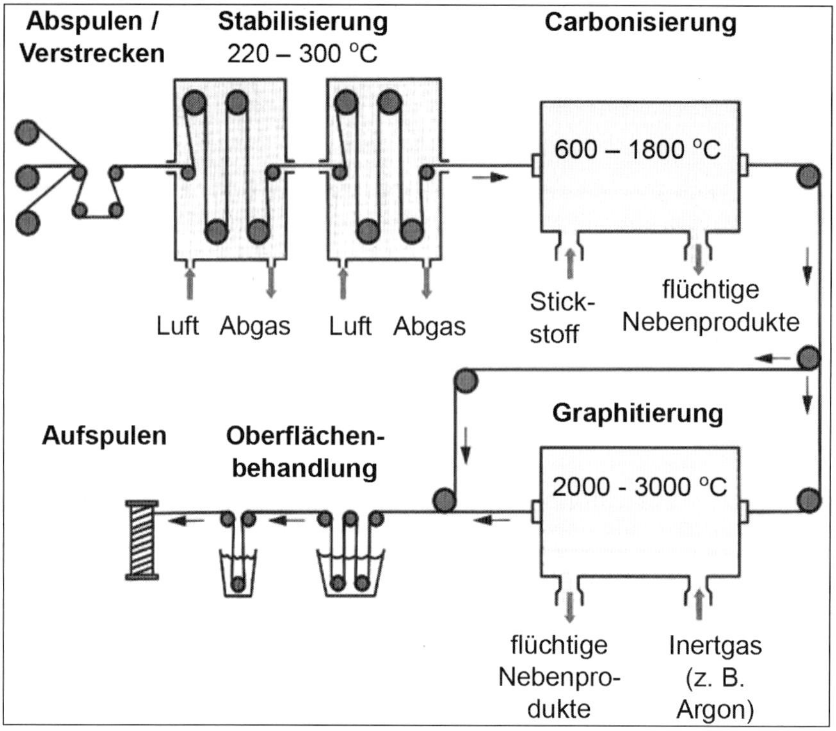

Abb. 77: Herstellungsprozess von Carbonfasern basierend auf PAN

Aufgrund seiner Thermoplastizität kann Pech aus der Schmelze versponnen werden. Das Schema des Schmelzspinnprozesses zur Herstellung eines anisotropen Mesophasen-Pech-Precursoren ist in Abbildung 78 abgebildet. Die Spinnbarkeit des Pechs ist dabei stark von seiner Schmelztemperatur und der Viskosität der Pechschmelze abhängig. Letztere wird wiederum stark von der Zusammensetzung des Pechrohstoffes, dem Mesophasengehalt und der Koaleszenz der Mesophasen, beeinflusst. Bei Pech mit hohem Mesophasengehalt stellt sich die für den Spinnprozess wichtige stabile Viskosität erst bei hohen Temperaturen ein. Da diese Viskosität für ein Erspinnen der Fasern zu niedrig ist, muss die Schmelze unter Rühren oder Ähnlichem abgekühlt werden, um ein Trennen der Phasen und eine erneut schwankende Viskosität zu verhindern. Alternativ kann die Spinnviskosität durch eine Kombination aus vernetzenden und nicht-vernetzenden Zusatzstoffen eingestellt oder verbessert werden.

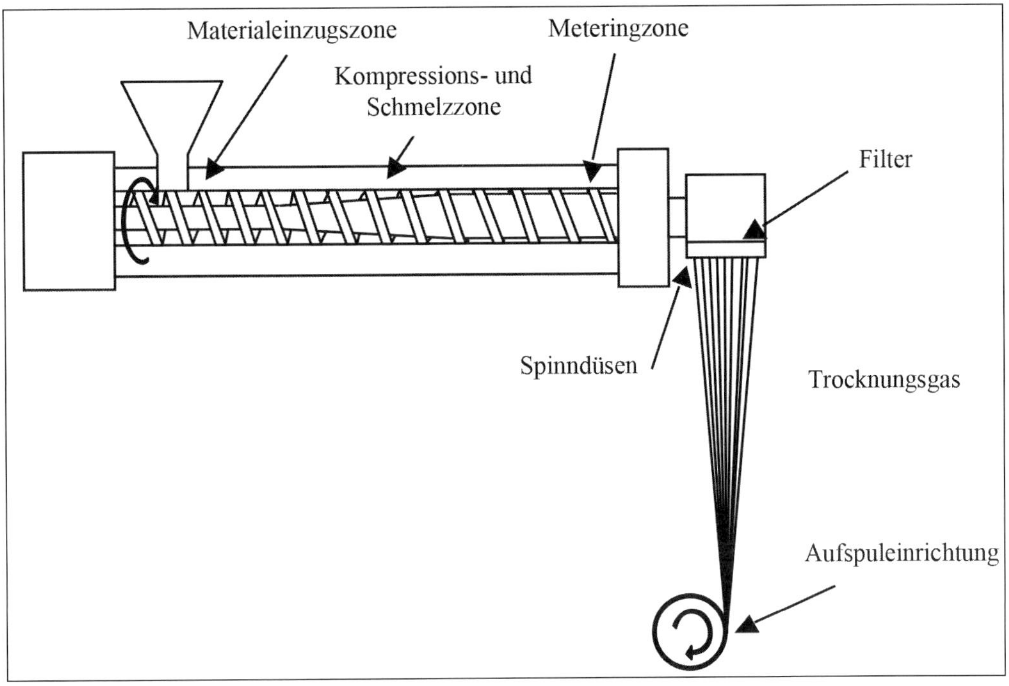

Abb. 78: Prinzipskizze des Schmelzspinnprozesses Mesophasen-Pech-basierter Precursoren

Obwohl der Schmelzspinnprozess ein im Vergleich zu einem Lösungsspinnprozess sehr ökonomisches Spinnverfahren ist, muss bei der Herstellung von Pechfasern ein relativ großer vorheriger Aufwand getrieben werden. Die billigen Ausgangsprodukte, die zuerst hohe Zuwachsraten erwarten ließen, kommen durch die teuren Behandlungsschritte wie die Mesophasenbildung und die Spinnbarmachung und die starke Empfindlichkeit während der Verarbeitung nur wenig zum Tragen.

Bei den weiteren Schritten zur Herstellung einer Carbonfaser aus dem Pechprecursor wird analog zu der PAN-Carbonfaser-Herstellung vorgegangen. Da die Pechfasern allerdings noch empfindlicher und vor allem brüchiger als PAN-Fasern sind, muss sehr vorsichtig vorgegangen werden. Pechfasern sind nach dem Spinnprozess thermoplastischer Natur weshalb sie zunächst stabilisiert werden müssen, um ein Schmelzen oder Zusammenkleben der Fasern während der Carbonisierung zu verhindern. Die dafür notwendigen chemischen und strukturellen Veränderungen in der Faser finden wie bei PAN während einer oxidativen Behandlung statt. Für diese wird am häufigsten eine Luftatmosphäre gewählt, die sowohl die einfachste als auch günstigste Methode darstellt. Eine Alternative stellt mit Ozon angereicherte Luft dar, die die Stabilisierung bei niedrigeren Temperaturen ablaufen lässt und die Vernetzungsreaktionen verbessert.

Die notwendigen Stabilisierungszeiten und -temperaturen variieren zwischen 5 und 60Minuten bei Temperaturen von 250-350°C. Isotrope Peche benötigen aufgrund der weniger ausgebildeten aromatischen Ringstruktur, des höheren Wasserstoffgehalts und des niedrigeren Erweichungspunktes eine deutlich längere Zeit für Oxidation, Dehydrieren, Zyklisierung und Vernetzung. Diese beträgt typischerweise etwa 3 Stunden bei 300-350 °C.

Im Anschluss an die Stabilisierung erfolgt wieder die Carbonisierung. Anders als bei der Stabilisierung kann die Faser bei diesem Prozessschritt durch einen oder mehrere Öfen mit verschiedenen Temperaturzonen geführt werden. Meist wird die Carbonisierung bei niedrigen Temperaturen von etwa 700°C begonnen, um eine Zerstörung der Struktur und einen zu großen Masseverlust zu verhindern. Die Endtemperaturen können bis über 2.000°C ansteigen. Die Carbonisierung findet meist innerhalb von 30 Sekunden bis 5 Minuten in einer Stickstoffatmosphäre statt.

Die Oberfläche von Kohlenstofffasern ist von der graphitischen Strukturierung und den Gitterfehlstellen geprägt. An diesen Fehlstellen haben die Kohlenstoffatome unabgesättigte Valenzen und stellen daher Zonen erhöhter Energie und Reaktivität dar. Mit zunehmender Temperatur, der die Faser im Herstellungsprozess ausgesetzt wurde, wird die Graphitstruktur perfekter, da die Orientierung der Bänder in Faserrichtung erhöht wird und die Fehlstellen ausheilen. Als direkte Folge davon werden die Angriffsmöglichkeiten der Matrix geringer. Damit sinkt die Faser/Matrix-Haftung. Die nicht abgesättigten C-Randatome sind chemisch gesehen immer noch sehr reaktionsträge. Eine Ankopplung der Matrix ist lediglich über Van-der-Waals-Bindungen möglich und führt zu geringen mechanischen Kennwerten im Verbundwerkstoff.

Um die mechanischen Eigenschaften von Kohlenstofffaser-Verbundwerkstoffen zu optimieren, wurde eine Vielzahl von Oberflächenmodifikationsmethoden entwickelt. Grob werden diese in nicht-oxidative (z.B. Whiskerbildung, Elektropolymerisation) und oxidative Verfahren (Nassoxidation, thermische sowie anodische Oxidation) unterschieden. Industriell wird zumeist die anodische Oxidation verwendet. Hierbei wird die Faser durch ein Elektrolytbad geleitet und als Anode geschaltet. Als Elektrolyte werden verdünnte Säuren, Basen oder Salzlösungen verwendet. Typische Werte für das Anodenpotenzial liegen zwischen 1 und 12 Volt mit Verweilzeiten zwischen 0,5 und 5 Minuten. Die Aufrauhung der Oberfläche ist in Abbildung 79 zu erkennen.

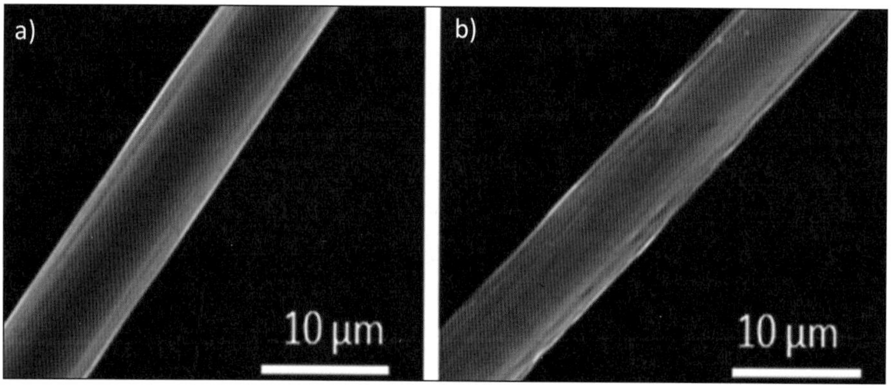

Abb. 79: REM-Aufnahmen von Carbonfasern a) vor und b) nach der Oberflächenbehandlung

Nach der Oberflächenbehandlung wird eine Präparation bzw. ein Sizing auf die Carbonfaser aufgebracht. Präparationen sind Hilfsstoffe, die unterschiedliche Aufgaben haben:

- Verbesserung der Verarbeitbarkeit bei der Herstellung von flächigen oder dreidimensionalen textilen Halbzeugen,
- Verbesserung der Benetzbarkeit mit der Matrix,
- Modifikation der Grenzfläche zwischen Faser und Matrix zur Verbesserung der mechanischen Eigenschaften des Verbundwerkstoffes (Erhöhung der Ausnutzung der Fasereigenschaften im Verbundwerkstoff).

Unterschiedliche Verarbeitungsprozesse stellen unterschiedliche Anforderungen an das Kohlenstofffaser-Garn und damit an die Präparation.

Beim unidirektionalen Ablegen des Garns auf einen Harzfilm zur Herstellung von Prepregs ist die durch Spreizung erreichbare Breite des Garns sehr wichtig zum Erzielen des gewünschten Faserflächengewichtes ohne Auftreten von Spalten. Die Präparation darf dabei keine sehr hohe Adhäsion zwischen den Filamenten bewirken, muss das Garn vor mechanischen Schädigungen schützen und darf die Penetration des Harzes in das Garnbündel nicht behindern.

Bei Verarbeitungsmethoden wie Weben, Flechten und Filamentwickeln wird das Garn relativ stark mechanisch beansprucht. Eine Präparation muss hier einen guten Fadenschluss bewirken, damit die einzelnen Filamente geschützt werden, damit das Garn einen geringen Reibungswiderstand an Leitorganen aufweist und gebrochene Filamente sich nicht in Ösen und Garnleitorganen aufstauen und zum Abriss des Garnes führen. Dieser Fadenschluss darf jedoch weder während des Herstellungsprozesses wie beim Filament-Wickelverfahren noch später bei der Durchtränkung des Halbzeugs einer Imprägnierung des Garnbündels und der Benetzung des Filaments entgegenwirken.

Die Präparationslösung muss hinsichtlich ihrer Imprägnier- und Benetzungsfähigkeit an die nachfolgenden Prozesse und die Anwendung angepasst sein. Die Zusammensetzung der Präparation muss auf das später verwendete Matrixmaterial angepasst sein, da hier eine kovalente Bindung entstehen muss. So sind Epoxidharze oft die Basis für Präparationen von Kohlenstofffasern, die auch in Epoxidharzen eingebettet werden.

Eigenschaften

Kohlenstofffasern haben vielseitig nutzbare Eigenschaften. Sie weisen bei relativ niedrigem spezifischem Gewicht eine hohe Festigkeit und hohe Steifigkeit auf, sind chemisch weitgehend inert, elektrisch leitend, thermisch stabil, unschmelzbar, biokompatibel und durchlässig für Röntgenstrahlen. Dies ermöglicht einen Einsatz in den unterschiedlichsten Bereichen. Verantwortlich für diese hervorragenden Eigenschaften ist die Art der chemischen Bindungen der Kohlenstoffatome in der graphitähnlichen Struktur der Fasern. In der folgenden Abbildung 80 sind die Zugfestigkeiten und E-Moduli der oben genannten Faserklassen dargestellt.

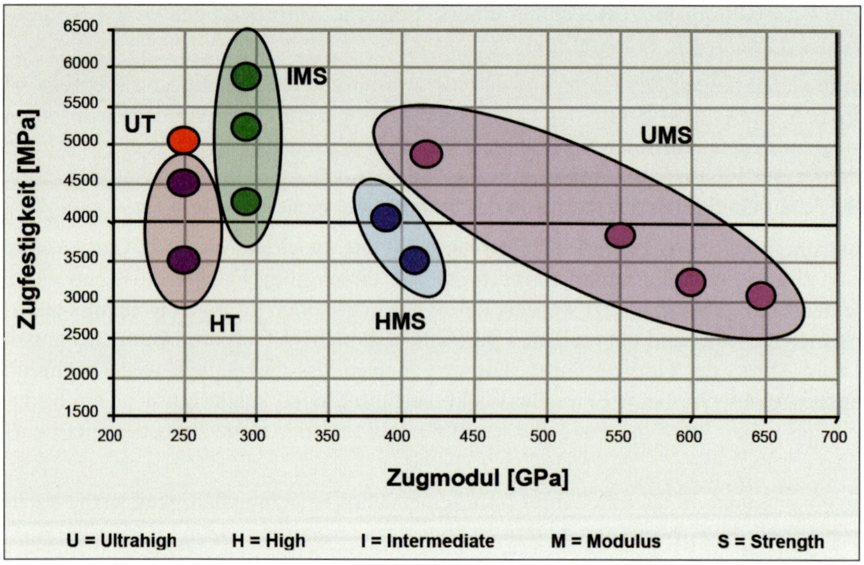

Abb. 80: Charakteristik der Kohlenstofffaser

Die Ausprägung der graphitischen Bandstruktur nimmt mit zunehmender Endtemperatur bei der Carbonisierung zu. Die Ausrichtung der Bänder in Faserlängsrichtung ist die Voraussetzung für die Nutzung der starken Kohlenstoff-Kohlenstoff-Bindungen für hohe Faserfestigkeit und hohen Elastizitätsmodul. Wesentlich für das Eigenschaftsprofil der Kohlenstofffaser ist, dass diese Bänder nicht endlos parallel zur Faserachse verlaufen und keine perfekte Graphitstruktur besitzen. Dies hätte zur Folge, dass Schichten gegeneinander abgleiten würden und sich die Bindungsenergie der kovalenten Bindung nicht ausnutzen ließe.

Die Verarbeitung von Kohlenstofffasern erfolgt direkt zum Endprodukt oder über Halbzeuge. Im Filament-Wickelverfahren können direkt rotationssymmetrische Bauteile wie Druckbehälter, Wellen und Rohre hergestellt werden. Dabei wird das Garn mit Harz getränkt und auf einen Wickelkörper abgelegt und anschließend ausgehärtet. Im Profilziehverfahren wird das mit Harz getränkte Garn durch eine beheizte Form gezogen. Stäbe und Profile können so direkt und kontinuierlich hergestellt werden.

Verarbeitungsverfahren, die zu einem Halbzeug führen, sind:

- Weben,
- Flechten,
- Multiaxial-Gelege-Herstellung,
- Vorimprägnieren (unidirektionales Ablegen des gespreizten Garns auf einen Harzfilm oder Tränken eines Gewebes mit flüssigem Harz oder Harzlösungen),
- Sticken.

Die folgende Abbildung 81 zeigen eine kleine Auswahl (*Links: Geflochtener Spant; Mitte: Multiaxialgelege; Rechts: Lokal verstärktes Carbongewebe):

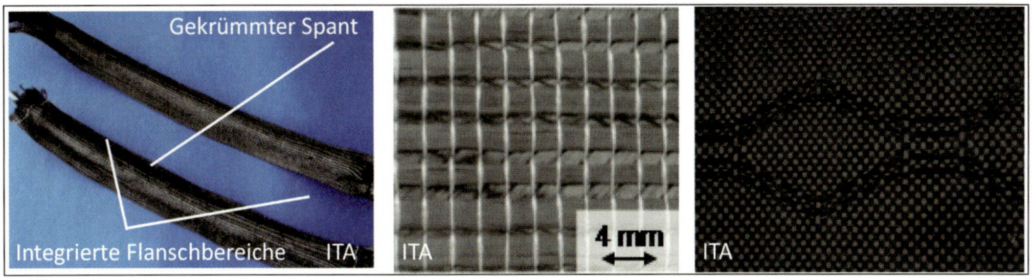

Abb. 81: Textile Flächen aus Carbonfasern

Die Einsatzmöglichkeiten der Kohlenstofffasern sind sehr vielfältig und das Potenzial ist noch lange nicht ausgeschöpft. Ohne Kohlenstofffasern wären viele konstruktive Lösungen im Bereich Luft- und Raumfahrt nicht zu realisieren gewesen. Im Bereich der Energieindustrie werden diese Verstärkungsfasern zur Realisierung von Windkraftanlagen, Schwungrädern, in der Brennstoffzellentechnik für Gas-Hochdruckbehälter und Gasdiffusionslagen, für die Erdölexploration in Steigleitungen und für die Aufarbeitung nuklearer Brennstoffe in Zentrifugen eingesetzt. In der Medizintechnik findet man Kohlenstofffasern in Röntgentischen, Prothesen und Fixateuren wieder. Industrielle Anwendungen sind beispielsweise Walzen für die Papier- und Druckindustrie. Für Anwendungen im Freizeitbereich stehen Sportgeräte (Tennisschläger, Golfschläger-Schäfte, Fahrradrahmen, Masten für Segelboote und Surfbretter, Helme, Angelruten) und Musikinstrumente (Streichinstrumente).

Die Lösung vieler technischer Herausforderungen ist ohne den Einsatz von Kohlenstofffasern nicht denkbar. Beispiele sind der zunehmende Anteil von CFK-Strukturen in Verkehrsflugzeugen wie dem Airbus A380 sowie der Boeing 787 oder deren Nachfolgern, dem Bau sehr großer Windkraftanlagen sowie von Wasserstoff-Druckbehältern zur Verwirklichung einer Wasserstoffwirtschaft.

Durch Aktivitäten der Automobilindustie, beispielsweise der Bau des i3 und i8 der Firma BMW, gerät die Nutzung von CFK-Bauteilen zur Verringerung des Treibstoffverbrauchs von Pkw durch Gewichtsreduzierung immer mehr in den Fokus der Öffentlichkeit. Es ist jedoch erst mit einer Großserienanwendung von CFK im Automobil zu rechnen, wenn der Preis auf unter 10€/kg gesunken ist.

Markt

Verglichen mit Glasfasern ist die Nachfrage nach Carbonfasern gering (4.330.000t im Vergleich zu 47.220t). Grund hierfür ist der mit ca.18€/kg hohe Preis, der einer breiteren Anwendung im Wege stehen. Dennoch werden dem Carbonfasermarkt bis 2020 zweistellige Wachstumsraten vorhergesagt. Bereits geplante Anlagenerweiterungen der etablierten Carbonfaserhersteller und neuer Teilnehmer belegen dies. In Abbildung 82 ist die aktuelle Produktionskapazität der verschiedenen Hersteller und eine Prognose für die Jahre 2015 und 2020 gegeben.

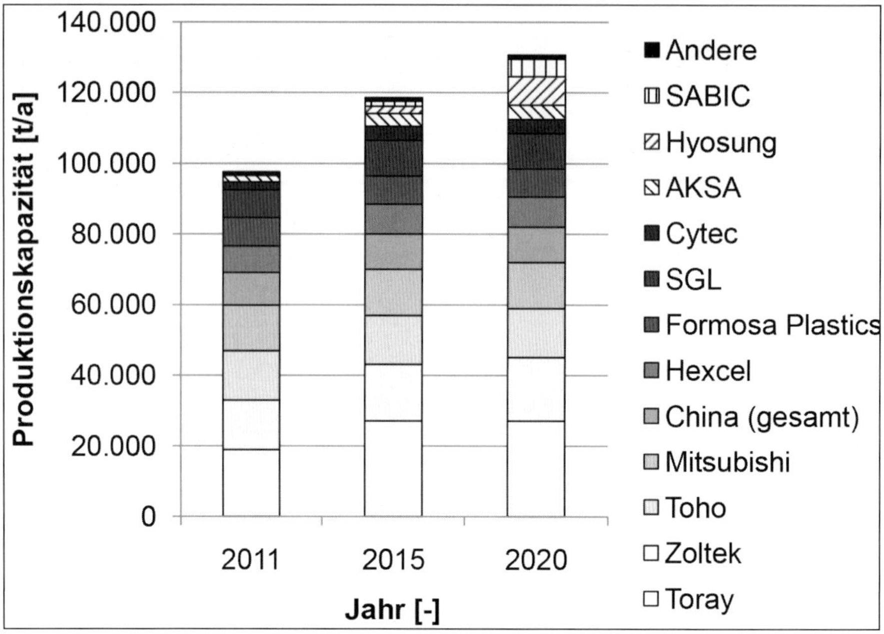

Abb. 82: Produktionskapazität Carbonfaserhersteller – 2011 [Prognosen 2015; 2020]

Hohe Wachstumsraten werden vor allem auf dem Bereich der Industriegüter gesehen, welche sich von den Luftfahrtanwendungen und Konsumgütern abgrenzen. Bei den Industriegütern wird dem Windenergiesektor eine entscheidende Zugkraft zugeschrieben. Zudem werden hohe Zuwachsraten auf dem Gebiet des Druckbehälterbaus prognostiziert.

Für den Einsatz von Kohlenstofffasern in der Automobilindustrie im Hochvolumensegment rückt neben dem Preis auch die Ökobilanz der Herstellkette der Verbundwerkstoffe stärker in den Fokus. Dabei ist die Ökobilanz der Kohlenstofffaserherstellung von großer Bedeutung im Wettbewerb der Materialien. Beide Messgrößen (Preis und Ökobilanz) verhindern aktuell die Nutzung von Carbonfasern im mittleren und Hochvolumensegment.

Weltweit gibt es Forschungsanstrengungen, preiswertere und energieeffizientere Precursoren und Herstellverfahren zu entwickeln. Eine Alternative zum heutigen, hochspezialisierten PAN zu entwickeln ist jedoch eine anspruchsvolle Herausforderung, da es hinsichtlich Kohlenstoffausbeute und Hochorientierbarkeit während der Stabilisierungs- und Pyrolyseprozesse nahezu ideale Eigenschaften besitzt. Die aktuell als aussichtsreich geltenden Materialien sind Lignin, Cellulose, schmelzspinnbares PAN und Polyolefine.

Neben Innovationen auf der Ebene der Rohstoffe müssen die Prozessschritte der Faserherstellung und Konvertierung zur Carbonfaser neu überdacht werden. Im Bereich der Faserherstellung gilt die Nutzung des schnelleren Schmelzspinnverfahrens als ein Schlüssel zu niedrigeren Kosten und einer günstigeren Ökobilanz. In der Konvertierung werden neuartige Heizprinzipien für die thermische Stabilisierung von unterschiedlichen Forschergruppen weltweit untersucht. Zudem bieten alternative Stabilisierungsmethoden eine Möglichkeit der Kostenreduktion.

Literatur

- Donnet, J.B. et al., Carbon fibers, third edition, revised and expanded, Marcel Dekker, Inc, 1998,
- Kim, J.K., Mai, Y.W., Engineered interfaces in fiber reinforced composites, Elsevier science, 1998
- Morgan, P., Carbon Fibers and their composites, CRC Press, 2005
- Peebles, L.H., Carbon fibers: formation, structure, and properties, CRC Press, 1995
- Carson, E.: The future of carbon fibre to 2017. In: The Smithers Group (Hrsg.): 15th Annual Global Outlook for Carbon Fibre 2012, London, UK, 2-4 October 2012. – Akron, OH : Smithers Rapra, 2012, Datei: Ed_Carson.pdfFlemming, Ziegmann, Roth 1995
- Sloan, J.: SURPLUS in carbon fiber's future?. High-performance composites (2013), H. 3, S. 46 -52
- NN. Glass fibre production worldwide: keeping pace. JEC Composites Magazine (2013), H. 78, S. 17 – 18
- Black, S.: Carbon fiber market : Gathering momentum. High-performance composites, March 2012, S. 42-45, URL: http://www.compositesworld.com/articles/carbon-fiber-market-gathering-momentum
- Vicari, A.: Stronger, Lighter...Cheaper, Better? Harnessing the Power of Carbon Fiber. Carbon fibre future directions conference 2013, Geelong (AUS), 26.02.2013
- Macheleidt, M.: Kohlenstoffasern – Entwicklung, Herstellung, Eigenschaften und Anwendung. Textiltechnik 40 (1990), S. 158-163
- Kompalik, D.: Zur Herstellung von Kohlenstoffasern aus Pech. Karlsruhe, TH Karlsruhe, Dissertation, Eigenverlag, 1986

4.1.5.4 Weitere Verstärkungsfasern

Neben den zuvor genannten Verstärkungsfasern werden viele weitere Faserwerkstoffe in Verbundmaterialien eingesetzt. Zum einen sind dies Textilfasern, die auch verstärkende Wirkung in Kompositen zeigen, zum anderen aber auch speziell für Verstärkungszwecke entwickelte Fasern. Die heute und in naher Zukunft bedeutendsten Fasern sind:

- Naturfasern,
- Basaltfasern,
- Quarzfasern,
- Keramikfasern.

Diese werden im Folgenden vorgestellt und ihr Potenzial abgeschätzt.

Naturfasern

Schon aus dem Altertum sind Verbundwerkstoffe bekannt, bei denen bildsame, aber nicht sehr feste Massen durch faserige bis strangartige, zugfeste Körper verstärkt wurden. Zu nennen sind hier insbesondere Naturfasern zur Verstärkung von Mörtel oder Putzschichten.

In heutigen Anwendungen bieten Naturfasern beispielsweise gegenüber Glasfasern die Vorteile, dass sie eine deutlich geringere Dichte und damit hervorragende Leichtbaueigenschaften besitzen und zudem energetisch effizienter hergestellt werden können. Mit der Verwendung von Biopolymeren könnte der zuletzt genannte Aspekt noch stärker betont werden.

Naturfasern lassen sich in pflanzliche, tierische und mineralische Fasern unterteilen. In Abbildung 83 sind die verschiedenen Naturfaserarten genannt. Mineralische Fasern werden aufgrund ihrer zum Teil krebserregenden Wirkung nicht mehr in technischen Neuentwicklungen verwendet. Alle pflanzlichen Fasern (Baumwolle, Jute, Flachs, Hanf usw.) sind aus Zellulose aufgebaut. Fasern tierischen Ursprungs dagegen aus Protein (Wolle, Seide, Haare).

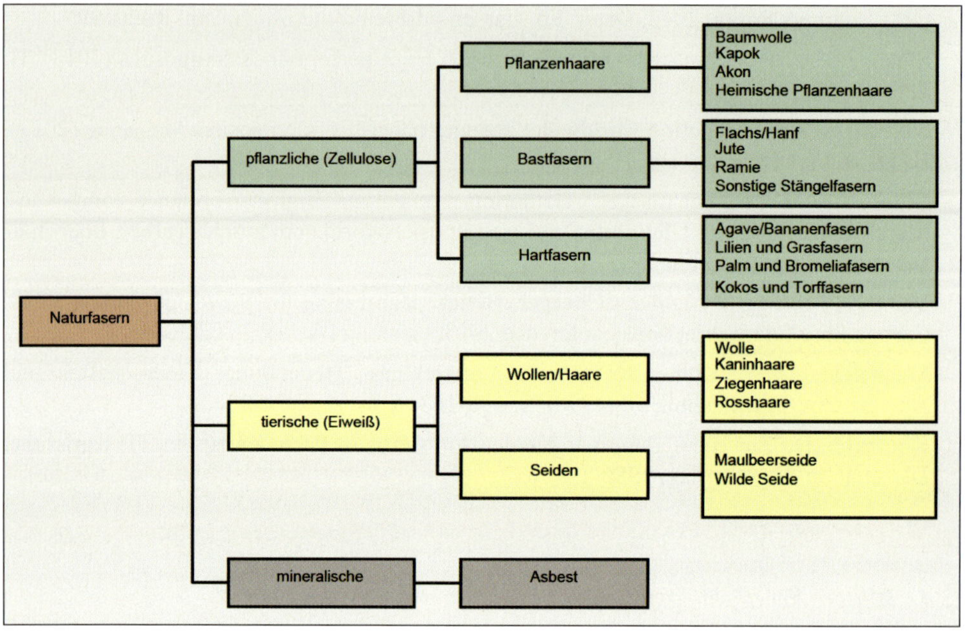

Abb. 83: Einteilung der Naturfasern

Die Faserherstellung besteht aus der Abtrennung der eigentlichen Fasern von den übrigen Pflanzenbestandteilen der Stängel und Blätter sowie der Auflösung der Faserbündel untereinander. Die gewonnenen Langfasern erreichen eine technische Faserlänge von 100 bis 600 mm und bestehen aus aneinander haftenden Elementarfasern, die eine Länge von 20-50 mm besitzen. Wergfasern sind mit einer Faserlänge von 20-100 mm gegenüber Langfasern wesentlich kürzer. Während die Langfasern in die Textilindustrie zur Garnverarbeitung gelangen, werden die Wergfasern zu einem großen Teil zu Nadelfilzen verarbeitet. Hierzu werden sie entweder direkt im Wirrschnitt eingekürzt oder parallelisiert und zu einem so genannten Kardenband zusammengelegt.

Naturfasern besitzen im Gegensatz zu Glasfasern oder Kohlenstofffasern eine endliche Länge. Damit die Fasern ihre Verstärkungswirkung entfalten können und technisch handhabbar sind, müssen sie zu unterschiedlichen textilen Halbzeugen verarbeitet werden. Dabei wird zwischen Gelegen, Geweben, Filzen und Garnen unterschieden, um die für die Faserverbundtechnik wichtigsten Verstärkungsarten zu nennen. So können Naturfasern als Langfaserverstärkung verwendet werden.

Charakteristisch für die meisten Naturfasern ist der hohle Aufbau (Lumen). Naturfasern sind damit für den Leichtbau prädestinierte Werkstoffe. Zur Beschreibung dieses Leichtbaupotenzials werden bei der Verwendung von Naturfasern in Verbundwerkstoffen deren spezifische mechanische Eigenschaften benötigt. In der folgenden Tabelle 11 werden die absoluten und die spezifischen Festigkeiten der technisch interessantesten pflanzlichen Naturfasern mit denen von Glasfasern verglichen. Getestet wurde dabei im Einzelelementtest mit dem System Dia-Stron.

Tab. 11: Mechanische Eigenschaften (Mittelwert (Mw) und Median (Md)) von Naturfasern

Faserart (Anzahl der getesteten Elemente)		Dichte [g/cm³]	Festigkeit [MPa]	Spezifische Festigkeit [MPa*cm³/g]	E-Modul [MPa]	Spezifischer E-Modul [MPa*cm³/g]
Sisal	Mw:	1,30	428	329	4.575	3.519
(84)	Md:		424	326	4.387	3.375
Flachs	Mw:	1,46	874	599	14.583	9.988
(84)	Md:		790	541	12.840	8.795
Hanf	Mw:	1,50	827	551	12.984	8.656
(66)	Md:		588	392	8.285	5.523
Jute	Mw:	1,42	571	402	17.339	12.211
(93)	Md:		540	380	16.350	11.514
Baumwolle	Mw:	1,51	618	409	11.844	7.844
(117)	Md:		561	372	10.490	6.947
Lyocell	Mw:	1,54	815	529	8.633	5.606
(93)	Md:		837	544	8.273	5.372
Ramie	Mw:	1,54	1.250	812	35.958	23.349
(158)	Md:		1.271	825	35.285	22.912
Abaca	Mw:	1,44	1.100	765	-	-
E-Glas	Mw:	2,60	3.500	1.346	72.000	28.235

Ein Großteil der Naturfasern wird für Textilien, Papiere und Dämmstoffe eingesetzt. Im Jahr 2003 wurde von den 188.671t Flachsfasern, die in der EU hergestellt wurden, lediglich 17.000t für Verstärkungsmaterialien eingesetzt. Ein ähnliches Bild ist bei den Hanffasern zu beobachten. Auch hier wurden ca. 10% der 24.000t in Verbundwerkstoffen eingesetzt. In Abbildung 84 ist ein automobiler Dachhimmel aus einem Flachs-Polyproyplen-Verbund gezeigt. Durch die Nutzung einer thermoplastischen Matrix ist dieser Dachhimmel komplett recycelbar.

Abb. 84: Recycelbarer Dachhimmel aus Flachs-PP-Komposit

Basaltfasern

Basaltfasern werden hauptsachlich aus basaltischen Naturgesteinen hergestellt. Basalte sind vulkanische (Erguss-) Gesteine (Vulkanite), die durch die Erstarrung von aus dem Erdinneren ausgetretenem Magma an der Erdoberfläche oder am Meeresboden im Rahmen von vulkanischen Aktivitäten entstehen. Die chemische Zusammensetzung von Basalten ist unterschiedlich und abhängig vom geographischen Ort des Vorkommens. Basalt besteht aus einer Mischung von verschiedenen Oxiden (SiO2 45 % – 52 %, Al2O3 12 % – 16 %, Eisenoxide 6 % – 18 %, Erdalkalioxide 10 % – 20 % und Alkalioxide 2 % – 8 %).

Basaltfasern wurden in die ehemalige Sowjetunion am Anfang der 60iger Jahre für Militäranwendung entwickelt. Die kommerzielle Anwendung von Basaltfasern wurde ab 1991 erlaubt. Basaltfasern werden in einem zu Glasfasern sehr ähnlichen Herstellungsprozess gesponnen. Der Spinnprozess ist in Abbildung 62 dargestellt. Das Verhältnis zwischen Viskosität und Temperatur in der E-Glas-Schmelze erlaubt die Anwendung von Wannen mit über 5000 Ziehdüsen. Basalt zeigt eine deutlich höhere Liquidustemperatur (ca. 1.300°C) als E-Glas (1.200°C) und eine kleinere Temperaturspanne zwischen Faserbildungstemperatur und Liquidustemperatur (136°C für E-Glas und ca. 80°C für Basalt). Aus diesem Grund ist die Größe der Schmelzwanne aus Platin/Rhodium für Basaltfaserherstellung auf maximal 1000 Ziehdüsen beschränkt.

Aufgrund der schwankenden Zusammensetzung der Gesteine ist der Spinnprozess schwierig zu kontrollieren. In einem alternativen Verfahren werden Basaltfasern aus hochreinen Oxiden anstatt Naturgestein gesponnen.

Im Vergleich zu E-Glasfasern, dem Benchmark, zeigen Basaltfasern eine deutlich höhere alkalische und thermische Beständigkeit. Die Fasern haben sehr gute mechanische Eigenschaften (Zugfestigkeit bis 4,84GPa und Steifigkeit bis 110GPa). Basaltfasern enthalten einen großen Anteil an Eisenoxiden, die eine Färbung von dunkelgrau zu goldbraun in Abhängigkeit von der Zusammensetzung bewirken.

So wie Glasfasern werden Basaltfasern in Form von verschiedenen Textilprodukten wie Rovings, Matten, geschnittenes Textilglas und Garne auf den Markt verkauft. Hauptanwendungen vom Basaltfasern sind der faserverstärkte Beton für die Bauindustrie und in faserverstärkten Kunststoffen als Ersatz von Glasfasern. In Abbildung 85 ist der Weg von der erstarrenden Lava bis zur Basaltspule bildlich dargestellt.

Abb. 85: Basalt, links: erstarrende Lava – mittig: Gestein – rechts: Spule

Basaltfasern haben eine weltweit Produktionskapazität von ungefähr 15.000 Tonnen. Im Vergleich zur Glasfasern (4,3 Milionen Tonnen) ist die Anwendung vom Basaltfasern noch begrenzt. Der entscheidende Parameter ist der Preis, welcher deutlich höher als der für E-Glasfaser ist. Nur in Nischenanwendungen sind Kunden bereit, für die etwas besseren Eigenschaften den Mehrpreis zu zahlen. Die größten Basaltfaserhersteller sind in den ehemaligen Nationen der Sowjetunion Kamenny Vek, Vulkan (Russland) und Technobasalt (Ukraine). In den letzten Jahren wurden in China (GBF Basalt Fiber Co., Hebei Tong Hui Science Technology Co.) Basaltfaser-Spinnanlage aufgebaut. In Europa werden Basaltfasern von Isomatex (Belgien), DBF – Deutsche Basalt Faser GmbH (Deutschland) und ASAMER Basaltic Fibers (Österreich) hergestellt.

Quarzglasfasern

Quarzfasern gehören zu der Familie der amorphen Silikatfasern und bestehen wie Glas- und Basaltfasern hauptsachlich aus Siliziumoxid. Sie werden aus hochreinen Siliziumoxid-Stäben in einem Schmelzspinnverfahren gewonnen. Zuerst werden Siliziumoxid-Stäbe hergestellt. Die Rohstoffe hierfür können Naturgesteine oder Siliziumchlorid sein. Als Naturgesteine kommen Feinsand und Quarzgesteine infrage. Die Naturgesteine, unabhängig von ihrer mineralogischen Struktur, können bis zu 99,99% SiO_2 enthalten. In Abhängigkeit von den Naturgesteinen können die Fasern Spuren von Fremdstoffen enthalten (z.B. Al, OH-, Na). Siliziumoxid-Stäbe können über Siliziumchlorid durch Oxidation unter einer Plasmaflamme produziert werden. Der Prozess ist deutlich teurer, aber die hergestellten Fasern enthalten weniger Fremdstoffe.

Die Schmelztemperatur von Siliziumoxid liegt deutlich über der normaler Gläser und keine Legierung wäre geeignet, um die Fasern aus einer Ziehdüse zu ziehen. Der Herstellungsprozess ist in Abbildung 86 dargestellt. Die Spitze jedes einzelnen Quarzstabes wird direkt beheizt und aus der entstehenden Schmelze wird direkt eine Faser abgezogen. Die Faser wird danach über eine Schlichtewalze geführt und auf einem Wickler aufgewickelt. Bis zu 4800 einzelne Quarzfasern werden so gleichzeitig in einem Roving aufgewickelt.

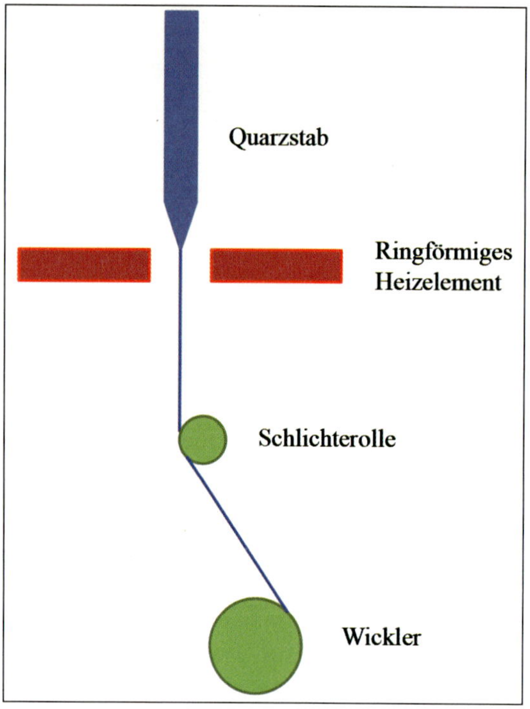

Abb. 86: Quarzfaser-Spinnverfahren

Quarzfasern gehören zu der Familie der amorphen Silikat-Glasfasern. Die Zugfestigkeit einer unbehandelten Quarzfaser beträgt bis zu 6.0GPa mit einer Dichte vom 2,2 g/cm³. Siliziumoxid hat einen Erweichungspunkt von 1665°C, etwa 450°C über dem Erweichungspunkt von E-Glas. Quarzfasern sind bis 1090°C thermisch stabil.

Quarzfasern werden, so wie Glasfasern, als Gewebe, Garne, Roving und in Form aller möglichen Textilprodukte verkauft. Die zwei Haupthersteller von Quarzfasern sind JPS Composite Materials (Astroquartz®) und Saint-Gobain Quartz (Quartzel®). Anwendungen finden diese Fasern meistens im Nischenmarkt wie Weltraumanwendungen, Kugelkalotten an Flugzeugen (Airbus A320, A330-200 und A380 [Abbildung 87] oder in hochthermisch stabilen Platinen.

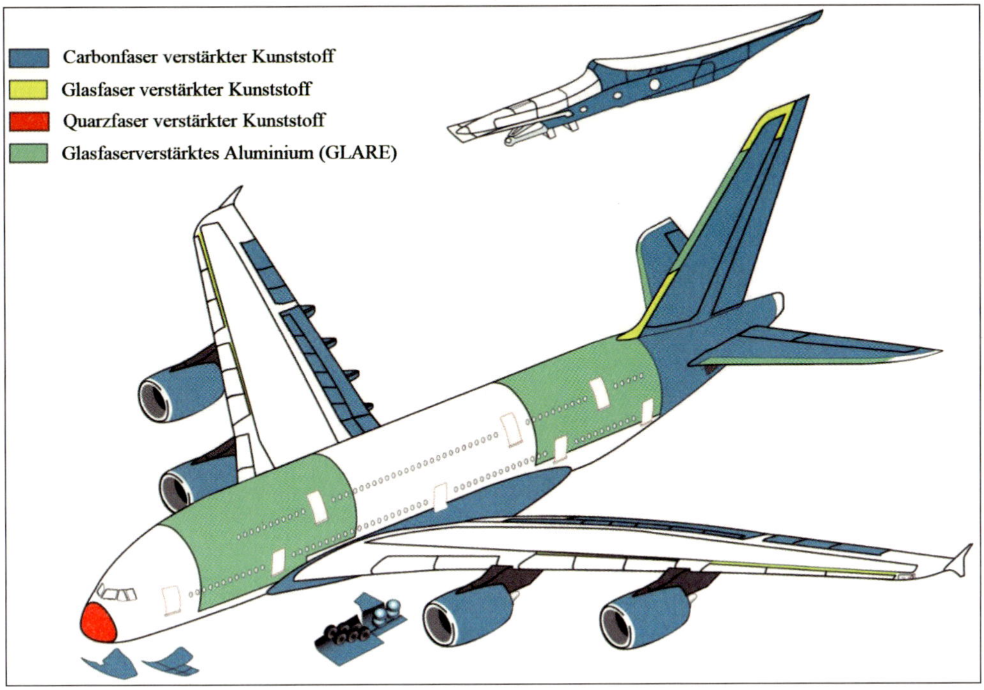

Abb. 87: Airbus A380 und dessen faserverstärkte Bauteile

Keramikfasern

Keramiken sind anorganische, nichtmetallische Verbindungen und liegen meist in polykristalliner Form vor. Technische Keramiken sind darüber hinaus auf eine technologische Anwendung hin ausgerichtet und besitzen dementsprechende technische charakteristische Werkstoffeigenschaften. Diese machen sie insbesondere im Hinblick auf Temperaturschockbeständigkeit und Zähigkeit für bestimmte Anwendungen anstelle von Metallen oder Kunststoffen attraktiv. Aus Keramiken lassen sich direkt Bauteile herstellen oder in einem Spinnprozess Keramikfasern herstellen, die durch ihre Faserform für besondere Anwendungsfälle infrage kommen. Keramikfasern werden insbesondere in Kombination mit anderen Materialien als Verbundwerkstoffe eingesetzt.

Eine Einbringung der Fasern in eine ebenfalls keramische oder metallische Matrix verbessert die Grundwerkstoffe hinsichtlich der positiven mechanischen Eigenschaften von Keramiken in Faserrichtung. Zudem verhindern sie die Rissausbreitung in monokristallinen Keramiken. Man unterteilt technische Keramiken nach Material und Herstellungsverfahren wie in Abbildung 88 zusammengefasst. Einige Materialien lassen sich dabei auf unterschiedliche Arten herstellen.

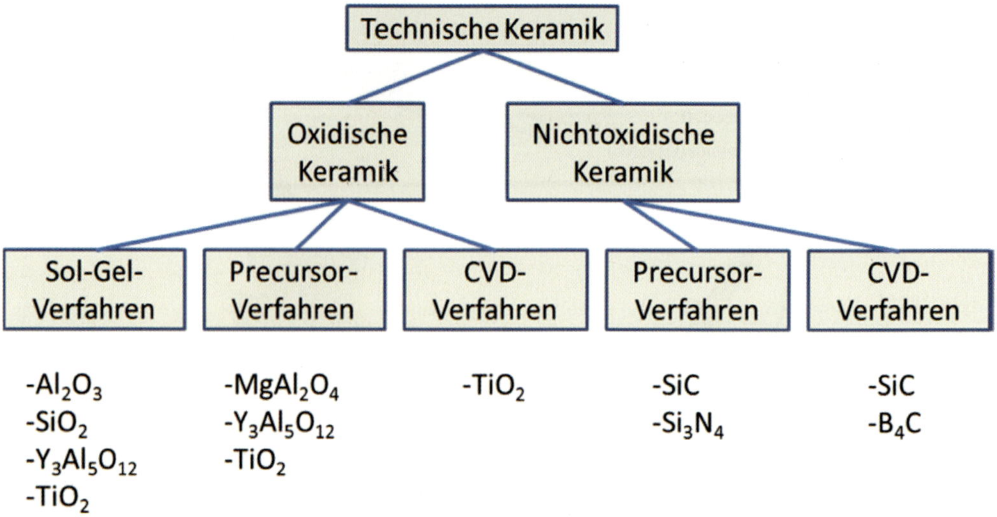

Abb. 88: Keramikfasern und ihre Herstellungsverfahren

Es werden oxidische und nichtoxidische Keramiken unterschieden, die sich durch ihr Bindungsverhalten unterscheiden. Dieses ist bei oxidischen Keramiken stark ionisch ausgeprägt, was durch die große Elektronegativitätsdifferenz zwischen Sauerstoff und dem Bindungspartner möglich ist. Diese Bindung ist stärker als metallische Bindungen, aber geringer als kovalente, was sich in den technischen Eigenschaften widerspiegelt.

Oxidische Keramiken zeichnen sich durch hohe chemische Inertheit sowie Härte und thermische Stabilität aus. Nichtoxidische Keramiken besitzen namensgemäß keinen oxidischen Bindungspartner, die Bindungen sind daher vorwiegend kovalent. Aus diesem Grund besitzen sie eine höhere chemische Inertheit, einen höheren E-Modul und können in höheren Temperaturbereichen eingesetzt werden. Auch in Anwendungsgebieten mit hohen Temperaturen neigen sie nicht zu Oxidation bzw. Korrosion.

Fasern aus Aluminiumoxid (Al2O3), die wirtschaftlich relevanteste Keramik, werden nach dem Sol-Gel-Verfahren produziert. Unter dem Sol-Gel-Verfahren versteht man ein nass-chemisches Herstellungsverfahren, bei dem lösliche Salze in der Spinnmasse verwendet werden und mithilfe eines Calcinierprozesses in Oxide überführt werden. Die Lösung wird kontinuierlich in ihrer Konsistenz hin zu einem Gel verändert, ein solches Netzwerk enthält dabei Flüssig- und Festphasen. Hydrolyse und Polykondensationsreaktionen formen dann das Kolloid (Füssigphase mit dispersierten Feststoffanteilen). Hierbei sind die Salze molekular- bzw. kolloiddispers in einem Lösungsmittel, meistens Wasser, gelöst. Darüber hinaus befinden sich im Lösungsmittel organische Polymere (z.B. Polyethylenoxide oder Polyvinylalkohole), die das rheologische Verhalten für den Spinnvorgang optimieren.

Das Sol-Gel-Verfahren bietet gegenüber traditionellen Sintermethoden mit Pulvern als Ausgangsmaterial mehrere Vorteile. Diese sind einerseits die Synthese echter multinärer Materialien in einem System mit homogener Elementverteilung und andererseits die Herstellung sauerstofffreier keramischer Fasern. Multinär sind hierbei Verbindungen, die mehr als zwei Elemente als Hauptbestandteile enthalten. Anders als durch Sinterung lassen sich mit Sol-Gel-Verfahren auch Keramiken in Faserform herstellen. Die Eigenschaften von Al2O3-Fasern sind in der folgenden Tabelle 12 dargestellt:

Tab. 12: Eigenschaften von Al_2O_3-Fasern

Eigenschaften	Kennwerte
Einsatztemperatur ohne mechanische Belastung	1000-1500 °C
Gute elektrische Isolation	Ca. 10^{15} Ωcm
Hohe mechanische Festigkeit	300-630 MPa
Sehr hohe Druckfestigkeit	2000-4000 MPa
Hohe Härte	15 bis 19 GPa
Mittlere Wärmeleitfähigkeiten	20 bis 30 W/mK
Hohe Korrosions- und Verschleißbeständigkeit	-
Gute Gleiteigenschaften	-

Siliziumcarbide (SiC) gehören ebenfalls zu den meistproduzierten Keramikfasern weltweit. Diese Fasern können über die Polymer-Precursor-Route hergestellt werden. Bei der Herstellung von Keramikfasern über Polymer-Precursoren bedient man sich der im Namen genannten polymerbasierten Vorstufen, die über mehrere Zwischenschritte durch Pyrolyse in einen Keramik-Grünling mit anschließender Sinterung überführt werden.

Im Fall von SiC wird Polycarbosilan als Precursor verwendet, das in einem Spinnprozess in eine Precursorfaser überführt wird. Polycarbosilan lässt sich durch Erhitzen unter Stickstoffatmosphäre durch Polykondensation aus Polydimethylsilan herstellen. Für eine gute Keramisierbarkeit der Precursoren wird eine möglichst vollständige Vernetzung zu einem duroplastartigen Material angestrebt. Diese Vernetzung wird durch lange thermische Einwirkung unter hohem Energie- und Isolationsaufwand über mehrere Stunden erreicht. Im Anschluss sind die organischen Lösungsmittel entfernt und der Precursor kann im Pyrolyseofen unter Stickstoffatmosphäre zu einer Grünfaser gewandelt werden. Hierbei finden die oben als gewünscht bezeichneten Polykondensationsreaktionen statt. Im Anschluss erfolgt die Sinterung zur Keramikfaser, die dann aufgerollt werden kann. Die Eigenschaften von SiC-Fasern sind zusammenfassen in der folgenden Tabelle 13 dargestellt:

Tab. 13: Eigenschaften von SiC-Fasern

Eigenschatt	Kennwert
Einsatztemperatur ohne Kontakt mit Sauerstoff	bis 1800°C
Hoher E-Modul	170 – 420 GPa
Hohe Härte	HV10 ≥ 2200 GPa
Hohe Wärmeleitfähigkeit	120 - 200 W/mK
Geringe Dichte	3,07 - 3,15 g/cm³
Sehr hohe Korrosions- und Verschleißbeständigkeit	-
Sehr gute Temperaturwechselbeständigkeit	ΔT 1100 K

Anwendung finden Keramikfasern als Flitrationsmedien oder in Verbundmaterialien, zumeist mit einer keramischen Matrix. Diese keramikfaserverstärkten Keramiken können in Turbinen, Wärmekraftwerken und Verdichtern eingesetzt werden. Durch ihre Temperaturstabilität können die Temperaturen in diesen Prozessen und damit der Wirkungsgrad erhöht werden. In Abbildung 89 ist ein der Flechtprozess von Keramikfasern sowie deren Anwendung als Aluminiumverstärkung dargestellt. Das linke Bild zeigt einen Flechtprozess und die Bilder im rechten Bereich eine keramikfaserverstärkte Aluminiumfahrradkurbel.

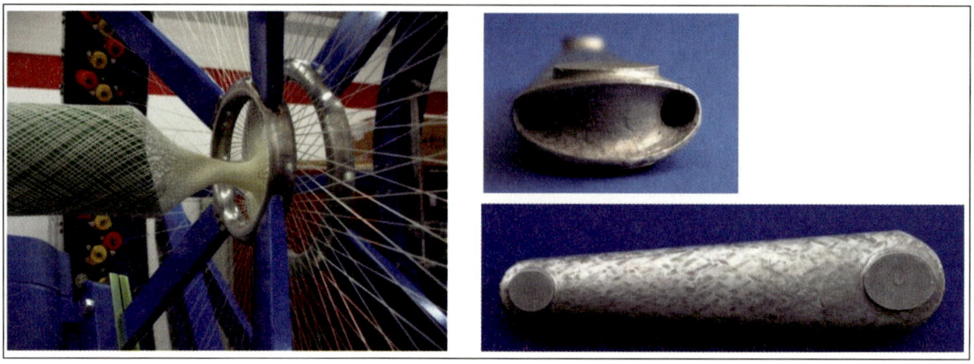

Abb. 89: Keramikfasern für Verbundanwendungen

Literatur

[1] DIN 60001 (1990). *Textile Faserstoffe – Naturfasern*. Deutsches Institut für Normung, Berlin.

[2] Wagner, E. (1961). *Teil T 12: Die textilen Rohstoffe (Natur- und Chemiefaserstoffe). Handbuch für Textilingenieure und Textilpraktiker* (1. Aufl.). Wuppertal-Elberfeld: Verlag Dr. Spohr-Verlag.

[3] Flemming, M., Ziegmann, G. & Roth, S. (1995). *Faserverbundbauweisen, Fasern und Matrices* (1. Aufl.). Berlin Heidelberg: Verlag Springer-Verlag.

[4] Satlow, G., Zaremba, S. & Wulfhorst, B. (1994). Faserstoff-Tabelle: Flachs sowie andere Bast- und Hartfasern. *Chemiefasern/Textilind*ustrie, *96* (44).

[5] Haudek, H. W. & Viti, E. (1980). *Textilfasern* (S. 15-73, 122-141, 156-161). Heidelberg, Wien: Verlag Johann L. Bondi & Sohn.

[6] „Landolt-Börnstein" Schmidt, E (Hrsg.) (1955). Zahlenwerte und Funktionen aus Physik, Chemie Astronomie, Geophysik und Technik, Bd. 4, Technik 1.Teil: Stoffwerte und mechanisches Verhalten von Nichtmetallen, 6. Aufl. (S. 158-295, 322-420). Berlin: Springer-Verlag.

[7] Carus, M,; Vogt, D.; Breuer, T.: Studie zur Markt- und Konkurrenzsituation bei Naturfasern und Naturfaser-Werkstoffen (Deutschland und EU). Gülzower Fachgespräche Band 26, Herausgeber: Fachagentur Nachwachsende Rohstoffe, 2008.

[8] Müssig, J; Cescutti, G.; Fischer, H.: Le mangement de la qualité appliqué à l'emploi des fibres naturelles dans l'industrie. In: Bouloc, P. (Editor): Le chanvre industriel – production et utilisations. Paris: GROUP FRANCE AGRICOLE, 2006, (Editions France Agricole) (ISBN 2-8557-130-8), p. 235-269.

[9] Wielage, B., Leonhardt, G. (2001). *Verbundwerkstoffe und Werkstoffverbunde*. Weinheim: Verlag WILEY-VCH.

[10] Riedel, U. (1999). *Entwicklung und Charakterisierung von Faserverbundwerkstoffen auf Basis nachwachsender Rohstoffe*. Verlag VDI (Fortsch.-Berichte, Reihe 5, Nr. 575).

[11] Michaeli, W. & Wegener, M. (1989). *Einführung in die Technologie der Faserverbundwerkstoffe* (1. Aufl.). München: Verlag Carl Hanser.

[12] Carlsson, L. A. & Byron Pipes, R. (1989). *Hochleistungsfaserverbundwerkstoffe – Herstellung und experimentelle Charakterisierung* (1. Aufl.). Stuttgart: Verlag B. G. Teubner.

[13] Ehrenstein, G. W. (2006). *Faserverbund-Kunststoffe*. 2. Auflage. Carl Hanser Verlag.

[14] Flemming, M., Ziegmann, G. & Roth, S. (1996). *Faserverbundbauweisen, Halbzeuge und Bauweisen* (1. Aufl.). Berlin Heidelberg: Verlag Springer-Verlag.

[15] Guarte, R. (2001). Proposal for a new technology transfer project – Abaca fiber project. In *Second environment forum Magdeburg*. Magdeburg: Veranstalter United Nations Environment Programme und DaimlerChrysler.

[16] Food and Agriculture Organization of the United Nations (FAO) (2007). FAOSTAT 2007.

[17] Renault, Ch.: Evaluation study on the hemp and flax common market organisation. 3. EIHA-Konferenz, Hürth, 29.11.2005.

[18] Riedel, U. *Naturfaserverstärkte Kunststoffe*. Vorlesungsskript an der Fachhochschule Braunschweig/Wolfenbüttel.

[19] Müssig, J. (2001): *Untersuchungen der Eignung heimischer Pflanzenfasern für die Herstellung von naturfaserverstärkten Duroplasten – vom Anbau zum Verbundwerkstoff*. Düsseldorf: Verlag VDI (Fortschritt-Berichte VDI, Reihe 5, Grund- und Werkstoffe / Kunststoffe, Nr. 630), (ISBN 3-18-363005-2); 214 Seiten.

[20] Riedel, U., Nickel, J.: Abschlußbericht: Biologisch abbaubare, mittragende Leichtbauteile für den Automobilinnenbereich auf der Basis nachwachsender Rohstoffe. Braunschweig, DLR, Interner Bericht IB, 131-98/53, 1998.

[21] Prömper, E.; Bogdanov, N.; Kreitlow, R.: Neue Automobil – Interior – Bauteile aus nachwachsenden Rohstoffen. In: AVK-TV (Veranst.): 7. *Internationale AVK-TV Tagung*

[22] Patent DP-RTM Verfahren benennen

[23] Riedel, U. et. al.: Bioconcept-Car. In: AVK (Veranst.): 9. *Internationale AVK Tagung*, Essen, 19.09.-20.09.2006.

[24] Pabsch, A.; Sigle, C.; Piening, M.: Vorrichtung und Verfahren zur Herstellung von großflächigen Bauelementen nach dem RTM-Verfahren. *DE 195 36 675 C1* (1995).

[25] Scherübl, B. R.; Hintermann, M.: Use of natural-fibre reinforced plastics in automobile exterior`s. In: AVK-TV (Veranst.): *8. Internationale AVK-TV Tagung*, Baden-Baden.

[26] Chawla, Krishan Kumar: Composite materials. Band. Aufl. 2. ed., corr. 2. Print. New York: Springer 2001

[27] Clauß, Bernd. Keramische Verbundwerkstoffe

[28] http://fbi-biomaterialien.de/ima/weblication/deutsch/mains/2_precursor.htm, Zugriff am 20.04.2013

[29] Kroschel, Matthias: Amorphe B/Si/C/N-Hochleistungskeramiken aus Einkomponentenvorläufern. Bonn, Universität Bonn, Dissertation, 2001

[30] Kickelbick, Guido: Chemie für Ingenieure. München, Boston: Pearson Studium 2008

[31] Krenkel, Walter: Keramische Verbundwerkstoffe. Band. Aufl. Weinheim: Wiley-VCH [u.a.] 2003

[32] Hench, Larry L.; West, Jon K.: The sol-gel process. Chemical Reviews, 90 (1990), H. 1, S. 33–72

[33] D. Pico, C. Wilms, G. Seide, T. Gries: "*Natural volcanic rock fibers*"; Chemical Fibers International, **61**(2011), H. 2, S. 90 – 91.

[34] Anonimous: „Aramid and basalt: still challenger fibres"; JEC Composite Magezine Nr 76 October –November 2012

[35] A. Bartl, D. Pico: "*Revolutionary high-performance fiber based on basaltic rock*"; Man-Made Fiber Year Book 2009, **59** (2009), S. 43 – 44.

[36] Zhang, X.; Zou, G.; Shen, Z.: Experimental research on continuous basalt fiber and basalt fibers reinforced polymers; International Conference on Experimental Mechanics 2008. Nanjing. 8.-11. November 2008

[37] Wallenberger, Frederick T., et al. Advanced inorganic fibers: Processes, structures, properties and applications. 1999.

[38] V. E. Khazanov, Yu. I. Kolesov and N. N. Trofimov, Glass fibers, in *Fibre science and technology*, V. I. Kostikov, ed., Chapman and Hall, London, pp. 15–230 (1995).

[39] Marker, Timothy R. *Full-scale test evaluation of aircraft fuel fire burnthrough resistance improvements*. National aviation facilities experimental center atlantic city nj, 1999.

[40] R. Thévenin "Advanced Repair Technologies to Meet Future MRO Demand" ; Aircraft Composite Repair Management Forum – September 26, 2011 Madrid Spain

4.1.6 Vliesstoffe

4.1.6.1 Einführung

Vliesstoffe oder, im englischen Sprachgebrauch, „Nonwovens" (auch Tissues, Veils) sind textile Flächengebilde aus Fasern endlicher oder unendlicher Länge, die chemisch, thermisch oder mechanisch miteinander verbunden sind. Ihr Erscheinungsbild reicht von sehr dicht und papierartig flach bis zu Isolationsvliesen mit sehr geringer Dichte und gegebenenfalls hohem Volumen.

Abgesehen von der chemischen-physikalischen Natur der Faser (natürliche oder synthetische Fasern, Faserfeinheit, Kräuselung) resultieren die Eigenschaften eines Vliesstoffes vornehmlich aus seinem Herstellungsverfahren, d.h. Faserlegung und Bindung, seinem Flächengewicht und der Faserorientierung. Aufgrund des Verfahrens zur Faserlegung lassen sich Vliesstoffe in drei Gruppen unterscheiden:

1. Trocken gelegtes Vlies,
2. Nassvlies,
3. Spinnvlies.

Alternativ lassen sie sich entsprechend des Faserverfestigungsverfahrens ebenfalls in drei Gruppen einteilen:

a) Binder- oder chemisch gebundene Vliese,
b) Thermisch gebundene Vliese,

c) Mechanisch gebundene Vliese.

4.1.6.2 Herstellungsverfahren

Faserlegeverfahren – Trocken gelegtes Vlies/Stapelfaservlies (hier speziell Krempelvlies):

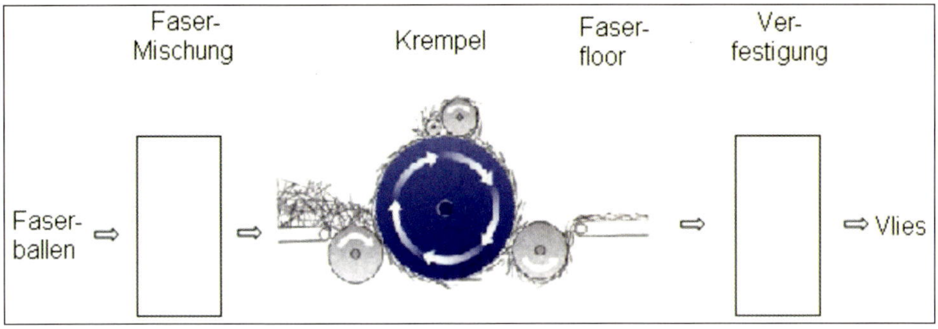

Abb. 90: Faserlegung trocken gelegter Vliesstoff

Spricht man von Stapelfasern so versteht man darunter Fasern, die eine endliche Länge aufweisen (meist <100mm und bevorzugt 30-80mm). Ihre Faserfeinheit, auch Titer genannt, ist ihr auf eine Länge bezogenes Gewicht und wird z.B. in Dezitex (dtex) gemessen. Dabei bedeutet 1dtex = 1g/10.000m Länge. Üblicherweise werden Fasern im Bereich von 1-100 dtex für die Vliesstoffherstellung eingesetzt, in seltenen Fällen aber auch feinere (Mikro- oder Nanofasern) oder gröbere Fasern.

Die als Ballen angelieferten Stapelfasern werden zur Herstellung des Vlieses zunächst geöffnet, d.h. sie werden aufgelockert, bzw. aufgefasert und im Fall von Mischungen im Anschluss in einer Mischkammer miteinander vermischt. Dann werden sie z.B. über eine Krempel (Abbildung 90) ausgekämmt und damit vereinzelt.

Der von der Krempel gebildete Faserflor kann dann mittels eines Vliestäflers auf die notwendige Anzahl von Florlagen gebracht werden, um das gewünschte Fasergewicht des Vlieses zu halten. Dabei sind Gewichte von 10-200g/m² und mehr erreichbar. Hier lässt sich auch die Orientierung der Fasern, welche maßgeblich das Längs-/Quer-Verhältnis des mechanischen Verhaltens bestimmt, beeinflussen. Zur anschließenden Verfestigung bieten sich wie bereits erwähnt grundsätzlich drei Methoden an:

a) Mechanische Verfestigung durch Nadeln oder Wasserstrahlen

Hier werden die Fasern mechanisch durch spezielle Filznadeln oder Hochdruck-Wasserstrahlen miteinander „verschlauft" (Abbildung 91) und man erhält je nach Stärke der Verschlaufung dichte Vliese mit hoher Festigkeit und wenig Drapiervermögen oder Vliese geringerer Dichte, bzw. geringerer Festigkeit und besserem Drapiervermögen. Ein Vorteil mechanisch gebundener Vliese besteht unter anderem darin, dass sie ausschließlich aus dem Faserpolymer und gegebenenfalls seiner Schlichte bestehen und keine weiteren Bestandteile enthalten (wie z.B. Bindemittel im chemisch gebundenen Vlies).

Nadelvliesstoffe finden häufig Verwendung z.B. als Saugvliese im Vakuuminjektionsverfahren.

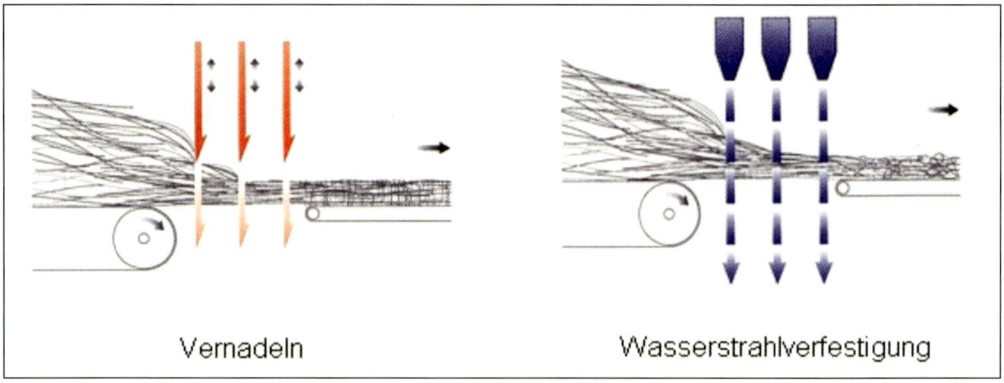

Abb. 91: Mechanische Verfestigung

b) Chemische Bindung

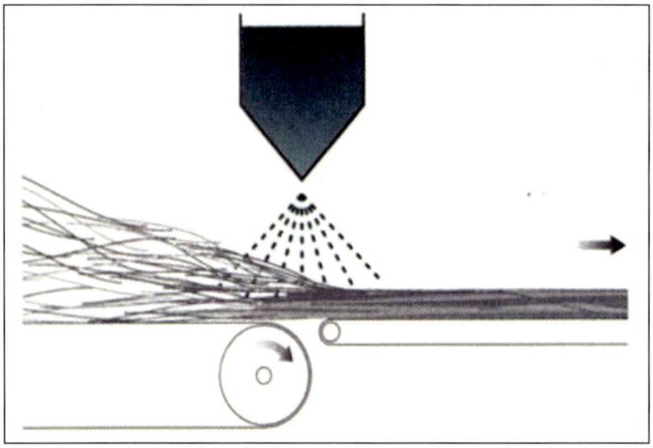

Abb. 92: Beispiel Bindersprühauftrag

Dabei werden die Fasern durch einen Binder („Klebstoff") miteinander verbunden. Der Binderauftrag kann mittels Tränkung, Streichen oder Sprühen (Abbildung 92) erfolgen. In der Regel werden offene Vliesstoffe erhalten, deren Volumen je nach Florgewicht und Faser einstellbar ist (Dicke von kleiner 1 mm bis mehrere cm). Als Binder werden alle erdenklichen Polymere, wie z.B. Latices, Acrylate, Urethane usw. eingesetzt. Über ihn wird maßgeblich die Haptik des Vlieses (weich, niedrige TG vs. hart, hohe TG) beeinflusst, das Verhalten bei erhöhten Temperaturen (thermoplast. Binder vs. vernetzter Binder (Duroplast)) oder die Löslichkeit in organischen Lösungsmitteln (Styrol löslich vs. unlöslich). Zusätzlich lassen sich über den Binder weitere Eigenschaften der Vliesstoffe generieren, wie z.B. Leitfähigkeit durch Zugabe von Ruß, Flammhemmung durch Zugabe entsprechender Additive oder Aufbau schaumartigen Volumens durch Zugabe expandierender Partikel (siehe Kernmaterial).

Glasfasern bzw. Glasfaservliesstoffe, die häufig in der Oberfläche zum Einsatz kommen, werden vornehmlich auf diese Art und Weise gebunden.

c) Thermische Bindung

Die thermische Bindung beschränkt sich hauptsächlich auf synthetische Polymerfasern. Zur Bindung der Fasern macht man sich die thermoplastischen Eigenschaften von Polymeren zu eigen. In der Regel verwendet man eine Mischung aus Matrixfaser und Bindefaser (mit niedrigerem Schmelzpunkt) und erhitzt den Faserflor, so dass die Bindefaser schmilzt und die Matrixfasern verbindet. Als Bindefasern werden in der Regel Copolymere der Matrixfaser oder amorphe Matrixfasern eingesetzt, um ein chemisch ähnliches Polymer zu verwenden aber den nötigen, niedrigeren Schmelzpunkt zu erzielen.

Der Energieeintrag erfolgt über heiße Luft oder über einen temperierten Kalander (siehe Abbildung 93). Im letzteren Fall erhält man sehr dichte, „folienartige" Vliese, während im ersteren Fall offene Vliese erzielt werden, deren Volumen über Florgewicht und Fasern einstellbar ist. Thermisch gebundene Vliesstoffe werden gerne für die Außenabwicklung von Rohren und Tanks verwendet, um möglichst glatte Oberflächen zu erzielen.

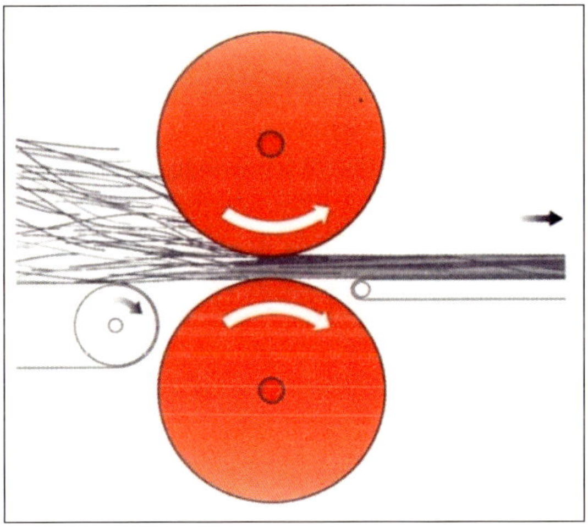

Abb. 93: Thermische Verfestigung mittels Kalander

Faserlegeverfahren – Nassvlies

Im Gegensatz zum trocken gelegten Vlies werden im Nassvlies-Bereich Kurzschnittfasern eingesetzt. Ihre Länge liegt zwischen 5 mm und 30 mm. Die Legung des Faserflors erfolgt in der Art und Weise, dass zunächst die Fasern in großer Verdünnung in Wasser dispergiert werden (siehe Abbildung 94, Abmischungen sind möglich) und sie anschließend ähnlich der Papierherstellung auf einem Sieb abgelegt werden. Der erzeugte Faserflor wird dann meist thermisch oder chemisch gebunden. Eine mechanische Bindung durch Wasserstrahlvernadelung ist bei ausreichender Länge der Fasern auch möglich. Der Vorteil eines Nassvlieses liegt darin, dass sich hier sehr dichte Vliese mit isotropen Faserverteilungen sowie Vliese mit sehr geringen Gewichten herstellen lassen (ab ca. 15g/m2). Weitere Charakteristika von Nassvliesen sind: hohe Festigkeit, Kurzdehnigkeit und niedrige Weiterreißkraft (vergleichbar Papier).

Die im GFK-Bereich eingesetzten Glasfaservliese basieren weitestgehend auf dieser Technik.

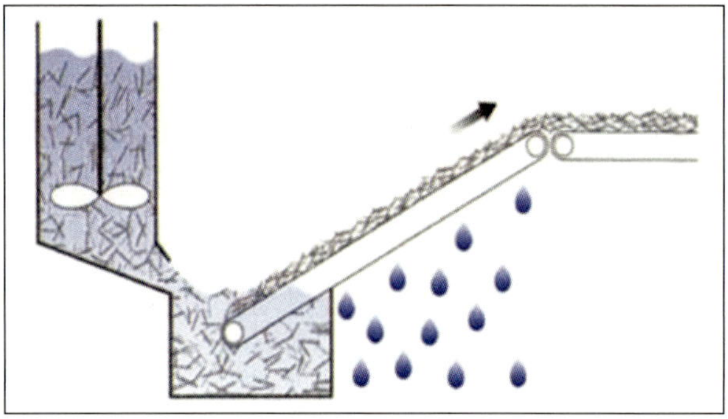

Abb. 94: Florlegung via Nassvliesverfahren

Faserlegeverfahren – Spinnvlies

Im Spinnvlies-Bereich werden Endlosfasern eingesetzt, die man erst während der Vliesproduktion herstellt. Ausgehend vom Granulat wird das Polymer über einen Extruder den Spinndüsen zugeführt und die Fasern gesponnen und verstreckt. Gezielt gesteuertes Ablegen der Fasern bietet die Möglichkeit, das Längs-/Quer-Verhältnis des Vlieses zu variieren (Abbildung 95). Die Verfestigung des Flors kann chemisch, thermisch oder mechanisch erfolgen. In der Regel werden eher leichtere Flächengewichte thermisch verfestigt, schwerere Flächengewichte mechanisch. Besondere Eigenschaften der Spinnvliese sind einerseits die hohe Dichte und andererseits die hohen Weiterreißkräfte (vergleichbar Nassvlies).

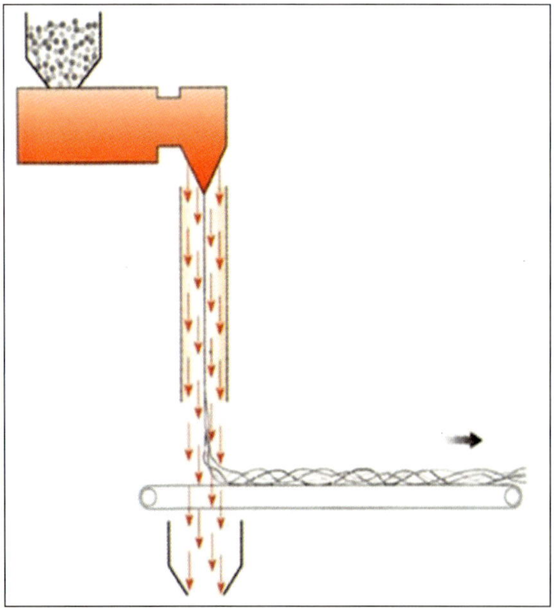

Abb. 95: Florlegung via Spinnvliesverfahren

4.1.6.3 Verwendungszweck

Vliesstoffe werden vornehmlich für folgende Anwendungen eingesetzt:

1. als Harzträger bzw. als Abdeckmaterial zum Aufbau einer faserverstärkten Harzschicht zur Oberflächenvergütung,
2. als Saugvliesstoffe für das Vakuuminjektionsverfahren,
3. als Träger für Kernmaterial.

1. Vliesstoffe in der Oberflächenvergütung

Eine einwandfreie Oberfläche ist ein wesentliches Verkaufsargument für Bauteile aus faserverstärkten Kunststoffen. Je nach Anwendung werden hohe Anforderungen, z.B. in Bezug auf eine glatte oder chemisch beständige Oberfläche gestellt, die auch thermischen und mechanischen Belastungen standhalten.

Wird die Oberfläche nicht mit einer „Schutzschicht" versehen, können sich die Verstärkungsmaterialien, wie Matten, Gewebe oder Rovings bis an die Oberfläche drücken.

Dies erscheint zunächst nicht kritisch, da die Oberfläche durch eine geschlossene Harzschicht abgedeckt sein sollte und die Fasern der Verstärkungsmaterialien als relativ beständig gelten. Durch die Tatsache aber, dass die Harzkonzentration unterschiedlich sein kann, können insbesondere bei einer zu dicken Harzschicht Oberflächenspannungen entstehen, die zu einer Rissbildung führen können. Die Folge ist, dass an der Grenzfläche zwischen Fasern und Matrix aggressive Medien eindringen können. Die Fasern der Verstärkungsmaterialien können in diesem Fall sogar das Eindringen von Flüssigkeiten über Kapillarkräfte begünstigen (Dochteffekt). Hierdurch können sich Risse und Spalten weiter vergrößern. Dies kann die Funktion und die Lebensdauer des Bauteils merklich negativ beeinflussen. Tragende Bauteile sollten deshalb mit einer harzreichen Oberfläche als Schutz- oder Feinschicht versehen werden.

Durch die Verwendung von Vliesstoffen kann die Oberfläche des Bauteils gleichmäßig abgedeckt werden, so dass ein Durchdrücken der Faserarmierung vermieden wird. Durch die gleichmäßige Harzaufnahme der Vliesstoffe lassen sich die geforderten Harzschichten von 0,3mm -0,9mm je nach Type in einer oder mehreren Lagen homogen aufbringen. Im Gegensatz zum „Gelcoat" kann „Nass in Nass" weitergearbeitet werden.

Die mit Vliesstoff verstärkten Schutzschichten bieten zudem weitere Vorteile:

⇨ Verbesserte Oberflächenglätte, da

- keine Migration von Fasern aus inneren Schichten,
- keine freiliegenden Fasern an der Oberfläche.

⇨ Verbesserter Langzeit-Schutz gegen ...

- mechanische Belastungen, wie z.B. Schlag oder Biegung,
- Beschädigung der Oberfläche durch Abrieb,
- Rissbildung infolge von Temperaturschwankungen,
- Korrosion bei Kontakt mit aggressiven Chemikalien.

Bei Verwendung von „Gelcoats" kann durch den Einsatz von Vliesstoffen die Haftung zum tragenden Laminat verbessert und ein Durchdrücken der Armierungsfasern bei nicht voll ausgeliertem „Gelcoat" vermieden werden.

Auswahl des geeigneten Oberflächen-Vliesstoffes

Je nach Verarbeitungsverfahren und Anforderung an die Oberfläche werden Vliesstoffe mit unterschiedlichen Fasern, Faserbindesystemen und Gewichten eingesetzt.

Die Gewichte der Oberflächenvliesstoffe liegen in der Regel zwischen 15g/m2 und 70g/m2 mit Festigkeiten von bis zu 350N/5cm.

Je nach der geforderten Chemikalienbeständigkeit und Bewitterungsstabilität werden Vliesstoffe mit folgenden Fasern angeboten:

⇨ Vliesstoffe auf Basis synthetischer organischer Polymere

PES:

- gute Beständigkeit gegen Säuren, wässrige Salzlösungen und viele organische Lösungsmittel
- eingeschränkte Beständigkeit gegen Laugen
- geringe Aufnahme von Wasser bzw. Feuchtigkeit

PAN:

- Chemikalienbeständigkeit vergleichbar mit PES, aber bessere Beständigkeit gegen Laugen
- hervorragende UV-Stabilität (Þ geringer Vergilbungseffekt)
- geeignet für transparente Teile (Þ Brechungsindex ähnlich wie UP-Harze)

⇨ Vliesstoffe auf Basis von Glasfasern

E-Glas:

- geeignet für Allzweck-Teile ohne spezifische Anforderungen an die Beständigkeit gegen Säuren
- gute Beständigkeit gegen Laugen
- ideal geeignet für transparente Teile

C-Glas:

- sehr gute Beständigkeit gegen Säuren
- bessere Beständigkeit gegen Laugen als E-Glas
- geringere Transparenz als E-Glas

ECR-Glas:

- bessere Beständigkeit gegen Säuren als E-Glas, gute Alkalibeständigkeit

Je nach Erfordernissen des Herstellungsverfahrens können Vliesstoffe mit unterschiedlichen mechanischen Eigenschaften eingesetzt werden, die vornehmlich durch die Faserorientierung und durch das Bindesystem beeinflusst werden (siehe vorangegangener Abschnitt):

Beispiele

- Vliesstoffe mit isotrop orientiertem Fasergefüge und mit styrollöslichem Bindersystem werden in Verfahren eingesetzt, bei denen eine hohe Verformbarkeit des harzimprägnierten Vliesstoffes erforderlich ist, um diesen an komplizierte Formen anzupassen (z.B. für das Handlaminier- oder Faserspritz-Verfahren).
- Vliesstoffe mit schwer- bzw. unlöslichem Bindersystem werden für Verfahren verwendet, für die der Vliesstoff eine hohe mechanische Stabilität sowohl im „trockenen“ (ursprüng-

lichen) als auch im „nassen“ (imprägnierten) Zustand aufweisen muss, um während der Verarbeitung formstabil zu bleiben. Beispiel ist das Wickelverfahren: Hier werden gerne Vliesstoffe mit längsorientiertem Fasergefüge eingesetzt, damit ausreichende Festigkeit auch nach Durchlaufen einer Tränkwanne vorhanden ist.

- Vliesstoffe mit hoher Drapierfähigkeit im trockenen Zustand (wie z.B. gefordert in Pultrusions- oder in geschlossenen Verfahren) können durch mechanische Bindung der Fasern erzielt werden.

Je nach Anforderung an das Bauteil können Oberflächenvliesstoffe auch in leitfähiger Ausführung, z.B. aus Karbonfasern, graphitiert oder metallisiert geliefert werden. Auch lässt sich die Oberfläche durch bedruckte Vliesstoffe optisch gestalten.

In welcher Aufmachung sind Oberflächenvliesstoffe lieferbar?

Oberflächenvliesstoffe sind lieferbar in Rollen. Zuschnitte sind grundsätzlich möglich. Die Standardrollenabmessung ist je nach Hersteller unterschiedlich und variiert in der Rollenlänge von 100 lm -2000 lm. Die Breite richtet sich nach der maximalen Breite bei der Vliesstoffherstellung.

2. (Saug-)Vliesstoffe (engl. Breather oder Bleeder) für das Vakuuminjektionsverfahren

Die Vliesstoffe werden in diesem Fall unter der Abdeckfolie eingesetzt, um einen gleichmäßigen Aufbau des Vakuums und damit einen optimalen Gas- und Harzfluss zu erzielen. Gleichzeitig nehmen die Vliesstoffe überschüssiges Harz auf. Man nennt sie deshalb auch Saug- oder Absaugvliesstoffe.

In der Regel werden für diese Anwendung Nadelvliesstoffe oder genadelte Spinnvliesstoffe eingesetzt, die bei einer hohen Luftdurchlässigkeit gleichzeitig eine hohe Druckfestigkeit aufweisen müssen. Je nach Anforderungen werden unterschiedliche Fasern, z.B. aus Polyester, Polyamid oder Viskose sowie in Abmischungen in der Gewichtsklasse 100g/m2- 600g/m2 eingesetzt.

3. Vliesstoffe als Träger für Kernmaterialien

Vliesstoffe werden auch für die Herstellung von Kernmaterialien auf Basis von expandierbaren Partikeln („Microspheres“) zur Gewichtseinsparung in Leichtbauteilen verwendet. Hierbei dient der Vliesstoff als Trägermaterial für die Mikrohohlkugeln. Die Einbindung erfolgt mittels geeigneter Binder. Je nach Anwendung können die Binder wie bei den Oberflächenvliesstoffen in Styrol löslich (z.B. für das Handauflegeverfahren) oder unlöslich sein (z.B. für geschlossene Verfahren).

Kernmaterialien aus Vliesstoff und „Microspheres“ haben den Vorteil gegenüber anderen Kernmaterialien, dass sie sich durch eine höhere Verformbarkeit leichter auf komplizierten Oberflächen verarbeiten lassen. Durch ihre gleichmäßige Oberflächenstruktur eignen sie sich auch zur Abdeckung der groben Glasfaserverstärkung, um die Optik des Endprodukts merklich zu verbessern. Durch einen speziellen Aufbau kann sogar der Harzfluss, z.B. bei der Anwendung im Vakuuminjektionsverfahren, verbessert werden.

4.1.7 Füllstoffe

4.1.7.1 Einführung/Geschichtliches

Ein Füllstoff wurde vorher in diesem Handbuch nach DIN EN 923 und DIN 55943 definiert als „feinteilige Substanzen in körniger oder Pulverform, die im Anwendungsmedium unlöslich ist". Die Rohstoffbasis kann dabei außerordentlich unterschiedlich sein. Eine Abgrenzung zu Pigmenten wird nicht gemacht, obgleich diese kurze Definition auch auf die meisten Farbmittel zutrifft. Verstärkungsfasern werden in diesem Kapitel nicht behandelt, denn selbst so genanntes Glasmehl hat noch ein L:D (Länge zu Durchmesser)-Verhältnis von über 5:1.

Die Funktionen eines Füllstoffs können sehr vielseitig sein. Der Einfluss auf die mechanischen Werte der Matrix wurde schon genannt. Andere Eigenschaften, wie chemische, optische, thermische und elektrische Werte der faserverstärkten Formmassen lassen sich ebenfalls durch spezielle Füllstoffe oder ausgewählte Füllstoffstrukturen beeinflussen. Sehr wichtig ist der Einfluss von Füllstoffen auf die Verarbeitbarkeit und Nachbehandlung der faserverstärkten Formstoffe.

4.1.7.2 Morphologie und Kristallstruktur

Tabelle 14 listet die Füllstoff-Rohstoffe auf, die für verstärkte Kunststoffe zum Einsatz kommen können. Sie sind nach ihrer chemischen Struktur eingeteilt. Ihr natürliches Vorkommen und ihre synthetische Darstellung sind ebenso wie die handelsübliche Aufbereitung sehr variationsreich. Es ist nicht möglich, auf jeden Füllstoff einzugehen. Bezüglich der Einzelheiten sei auf die Fach-Literaturhinweise: und die Angaben der Lieferanten verwiesen.

Tab. 14: Natürliche und synthetische Füllstoffe für faserverstärkte Kunststoffe

Carbonate:	Kreide	**Oxide:**	Aluminiumhydroxid
	Kalksteinmehl		Magnesiumhydroxid
	Calcit	**Organische Füllst.:**	Holzmehl
	Dolomit		Korkmehl
	Gefälltes Calciumcarbonat		Schalenmehl
Sulfate:	Bariumsulfat	**Sonstige:**	Graphit
	Calciumsulfat		Aluminiumflakes
Silikate:	Talk	**Kieselsäuren:**	Quarz
	Glimmer		Kieselerde
	Kaolin		Pyrogene Kieselsäure
	Schiefermehl		Glasmehl
	Wollastonit		Glaskugeln
	Feldspat		Hohlglaskugeln

Aus Tabelle 15 können die wesentlichen Eigenschaften eines Füllstoffs abgelesen werden. Zum Vergleich, unter welchen Bedingungen die charakteristischen Kennwerte gewonnen worden sind, sind neben den Eigenschaften des Füllstoffs die entsprechenden Prüfverfahren und Prüf-bedingungen angegeben.

Tab. 15: Eigenschaften ausgewählter Füllstoffe

Bezeichnung	Chem. Beschreibung	Härte nach Mohs	Kornform	Dichte g/cm³	Mittlerer Brechungsindex	Verfügbare Kongrößen D50-Wert µm	Oberer Schnitt µm
Talcum	Magnesium-hydrosilikat	1	PL	2,7-2,8	1,57	1 – 20	10 – 100
Aluminium-hydroxid	$Al(OH)_3$	2 – 3	PL	2,4	1,58	0,2 – 100	2 – 300
Kaolin	Aluminium-hydrosilikat	2 – 2,5	PL	2,6	1,56	0,5 – 5	5 – 100
Glimmer	Aluminiumsilikat	2,5 – 3	PL	2,7 – 3,2	1,58	2 – 20	10 – 100
Calcium-carbonat	$CaCO_3$	2,5 – 3	Komp.	2,7 – 2,8	1,59	0,7 – 150	3 – 300
Dolomit	$CaMg(CO_3)_2$	3,5 – 4	Komp.	2,8 – 2,9	1,61	3 – 100	10 – 300
Wollastonit	$CaSiO_3$	4,5 – 5,5	nadelig	2,8 – 2,9	1,57	3 – 25	10 – 200
Glaskugeln	A-Glas	5,5 – 6	rund	2,5	1,52	25 – 150	50 – 600
Kieselglas	SiO_2	6	Komp.	2,2	1,46	3 – 50	15 – 250
Quarz	SiO_2	7	Komp.	2,65	1,55	3 – 50	10 – 250
Aluminium-oxid	Al_2O_3	9	Komp.	3,8 – 3,95	1,76	1 – 100	2 – 250

PL = plättchenförmig, Komp.= kompakt

Die morphologischen Erscheinungen eines Füllstoffs bestimmen seine Eigenschaften und seine Einsatzgebiete. Ein Füllstoff kann in verschiedenen Kristallstrukturen vorkommen. Umgekehrt findet man die gleiche Kristallform in verschiedenen Füllstoffen in verschiedener chemischer Zusammensetzung. Diese Erkenntnis ist für das Arbeiten mit Füllstoffen wie auch mit Pigmenten gleich wichtig, weil viele anwendungstechnische Eigenschaften fester Körper durch ihre kristalline Beschaffenheit bestimmt sind.

Während der Synthese von Füllstoffen und Pigmenten können Zwischenprodukte mit unregelmäßiger Anordnung der Atome im Kristallgitter entstehen. Diese meist instabilen Produkte mit „Baufehlern" im Kristallgitter müssen durch Nachbehandlung stabilisiert werden. Dabei entstehen – vornehmlich bei Pigmenten – oft mehrere Strukturformen, die sich in der Regel in ihren physikalischen und anwendungstechnischen Eigenschaften unterscheiden. In handelsüblichen Füllstoffen und Pigmenten liegt der thermodynamisch stabilste Zustand vor.

Die Kristallstrukturen können durch Röntgenanalyse bestimmt werden.

Zu einer Nachbehandlung gehören Glühen (stabile Struktur), Mahlen (Korngröße), Sieben bzw. Windsichten (Korngrößen-Verteilung) und Oberflächenbehandlung mit organischen und anorganischen Substanzen (siehe Literaturhinweise:hinweise).

An der Grenzfläche zweier nicht miteinander mischbaren Phasen – z.B. Reaktionsharz/Füllstoff – entsteht eine elektrochemische Doppelschicht. Diese elektrisch aufgeladene Zone im Grenzbereich beider Oberflächen versteht man als diffuse Durchdringung einiger Atom- oder Molekülschichten. Sie ist von der Gegenwart elektrischer Ladungsträger wie Ionen, Elektronen oder orientierter Dipole abhängig. Diese Doppelschicht ist auf der einen Seite positiv, auf der anderen Seite negativ aufgeladen. Die Größe des Potenzials im diffusen Teil der Grenzfläche ist für jedes System charakteristisch. Dieses so genannte Zeta-Potenzial kann gemessen werden. Es muss bei jedem Dispergiervorgang mechanisch überwunden werden.

Aufgabe von Additiven ist es anschließend, das homogenisierte Fest-Flüssig-System elektrochemisch und/oder sterisch zu stabilisieren. Die Verteilung der Energiezentren auf den Oberflächen und im Additiv spielt dabei eine große, noch nicht erforschte Rolle.

Funktionelle Reaktionspartner

Die meisten Füllstoffe haben wie die Glasfasern und Pigmente eine hohe Oberfächenspannung. Die Grenzflächen müssen also im oben genannten Sinn optimiert werden, damit sie im ersten Arbeitsschritt gut benetzt werden. Die flüssige Phase muss fehlerfrei auf der festen Oberfläche spreiten. Aber Vorsicht, viele gut wirkende Netzmittel verursachen Schaum oder versagen bei Alterung in feuchter Umgebung, oder sie reichern sich an der Oberfläche der härtenden Formmasse an (siehe Kapitel Additive).

Füllstoffe sind nicht nur Füllmaterial aus gemahlenen Natursteinen. Sie können durch spezielle Nachbehandlung zu funktionellen Reaktionspartnern aufgewertet werden. Das macht sie im Einkauf teuerer, aber spezifischer für eine bestimmte Anwendung und damit effektiver im Einsatz. An der Oberfläche modifizierte Füllstoffe gleiten besser im Extruder und erhöhen den Durchsatz. Sie werden besser vom Bindemittel benetzt und sichern die Beständigkeit eines faserverstärkten Formstoffs gegen Witterungseinflüsse.

Füllstoffe können in Partikelform, Struktur und Morphologie sehr variabel hergestellt werden. Es ist einmal möglich, einen Teil der teuren Weißpigmente durch einen billigeren Füllstoff zu ersetzten, ohne einen Verlust an Weißgrad, Deckvermögen und Kontrast zu erleiden.

Natürliches Calciumcarbonat ist ein Beispiel dafür, wie das Grundmaterial durch verschiedene Zerkleinerungsschritte von grob zu ultrafein und Aufteilung in verschiedene Fraktionen in seinen physikalischen Eigenschaften gezielt verändert werden kann.

Die spezifische Oberfläche des Füllstoffs und damit der Bindemittelbedarf kann durch eine spezielle Behandlung des natürlichen Rohstoffs nach Wunsch unabhängig von der Partikelgröße eingestellt werden. Solche Füllstoffe haben den Namen „Funktional Performance Extender (FPE)“ erhalten.

4.1.7.3 Ausgewählte Füllstoffe – eine Übersicht

Um die Sortenvielfalt zu gliedern, bieten sich verschiedene Möglichkeiten an:

- Nach ihrem Chemismus unterscheiden wir anorganische und organische Materialien,
- nach ihrer Entstehung natürliche oder synthetische,
- nach der Form kugelförmige, kompakte, plättchenförmige, nadlige oder faserförmige Füllstoffe.

Der Chemismus erlaubt vor allem bei den Mineralien noch weitere Unterteilungen in Oxide, Sulfate, Carbonate und Silikate. Natürlich können auch reine Metalle als Füllstoffe Verwendung finden. In Tabelle 15 sind die typischen Füllstoffe in der Reihenfolge der Härte nach Mohs mit wesentlichen Eigenschaften aufgelistet und werden in dieser Reihenfolge behandelt.

Talkum

In seiner reinsten Ausprägung ist es das weichste bekannte Mineral. Der Begriff Talk erfasste jedoch eine breite Spanne natürlich vorkommender Gesteine vom fast reinen Talkum bis zum talkartigen Seifenstein. Seine plättchenförmige Ausprägung verleiht dem Talkum-Füllstoff eine verstärkende Wirkung in Thermoplasten. Eingesetzt wird Talkum in großen Mengen in Polypropylen, aber auch Polystyrol, wobei die Verbesserung der Schlagzähigkeit und der Kriechfestigkeit im Vordergrund stehen. In Duroplasten erfolgt der Einsatz nur selten.

Aluminiumhydroxid

Als Mineral kommt es mit der Bezeichnung Gibbsit in der Natur vor. Technische Produkte werden ausschließlich synthetisch aus Bauxit hergestellt. Sie stellen auch einen Zwischenschritt in der Herstellung von Aluminiummetall dar. Der Füllstoff Aluminiumhydroxid ist als Flammschutzmittel bedeutsam, weil 35 % seines Gewichtes aus chemisch gebundenem Wasser bestehen, das im Temperaturbereich von 200°C-400 °C unter Verbrauch einer großen Wärmemenge (ca. 1200 kJ/kg Füllstoff) freigesetzt wird. Dadurch wird der Brandherd gekühlt, Wasserdampf verdrängt den Sauerstoff aus der Umgebung des Brandherdes und vermindert die Rauchgasdichte deutlich. Die Einsatzmöglichkeiten und Verbrauchsmengen von Aluminiumhydroxid sind in den letzten Jahren stark gewachsen, weil in faserverstärkten Duroplasten zum Erreichen bestimmter Brandklassen hohe Ladungsmengen erforderlich sind.

Kaolin

Kaolin ist ein natürliches, durch Verwitterung entstandenes Lockergestein mit dem Hauptmineral Kaolinit. Dieses ist wie auch die wesentlichen Begleitminerale ein Aluminiumhydrosilikat. Seine Primärkristalle sind sehr kleine sechseckige Plättchen, sein pH-Wert liegt im sauren Bereich. Kaolin wird auf trockenem oder nassem Weg aufbereitet, wobei der nasse Weg meistens zur Beseitigung von störenden Nebenelementen benutzt wird.

Durch eine thermische Behandlung bei ca. 800 °C wird der kristallwasserfreie calcinierte Kaolin aus gut gereinigten Rohkaolinen gewonnen. Beide Formen, die wasserhaltige und die wasserfreie, werden auch in oberflachenbehandelter Form angeboten.

Als chemisch beständiger Füllstoff erfolgt der Einsatz in Formstoffen, an die hohe Anforderungen der Chemikalienbeständigkeit und Außenbewitterung gestellt werden.

Calciumcarbonat

Calciumcarbonat wird gerne als Sammelbezeichnung für eine Vielzahl von Gesteinen verwendet, die im Wesentlichen von dem Mineral Calcit gebildet werden. Zu ihnen zählen die als Meeresablagerungen entstandenen erdig-weichen Kreidevorkommen (z. B. im Pariser Becken), mittelharte Kalksteinbänke, die sich unter hohem Druck und hoher Temperatur aus ehemaligen Meeresablagerungen gebildet haben und auch relativ harte metamorphe oder aus dem Schmelzfluss gebildete Kalkspate und Marmorvorkommen. Kalksteine gehören zu den stark verbreiteten Gesteinsbildungen.

Unter den mineralischen Füllstoffen nimmt Calciumcarbonat in nahezu allen Anwendungen unbestritten die erste Stelle ein, da es fast überall in ausreichender Menge, in abgestuften Qualitäten und zu vergleichsweise niedrigen Preisen, angeboten wird und bei einer Härte von ca. 3 auch gut zu verarbeiten ist. Sein einziger grundsätzlicher Nachteil, die Säurelöslichkeit, kann durch geeignete Oberflächenbehandlung wenigstens zum Teil etwas abgemildert werden.

Trocken vermahlene Calciumcarbonate stehen bis zu einer Kornobergrenze von ca. 10µm zur Verfügung, nassvermahlene Typen bis zu einer Obergrenze von ca. 3µm. Gefälltes Calciumcarbonat (ccp) steht in noch niedrigerer Feinheit zur Verfügung und lässt sich auch in seiner Kornform steuern.

Dolomit

Ist ein Calcium-Magnesium-Mischcarbonat, das in einem weiten Bereich von Anwendungseigenschaften dem Calciumcarbonat sehr ähnelt und – wo es verfügbar ist – auch wie dieses gebraucht wird.

Glaskugeln

Glasschrott mit ausgewählter chemischer Zusammensetzung, in der Regel A-Glas, wird gewaschen und zerkleinert. Übergroße Partikel und der zu schnell schmelzende Feinstaub werden ausklassiert, bevor das Glasgranulat in einen aufsteigenden Heißgasstrom eingegeben wird. Bei Gastemperaturen, die 50-100 °C über dem Erweichungspunkt des Glases liegen, schmelzen die Partikeloberflächen schnell auf und werden von der Oberflächenspannung des flüssigen Glases zu Kugeln verformt. Bevor das Ende der Flugstrecke erreicht ist, hat das Glas auch an der Oberfläche der Kugeln die Erweichungstemperatur unterschritten. Der gesamte Schmelzprozess dauert nur ca. 1 Sekunde. Im Anschluss an den Schmelzprozess werden die Glaskugeln in die gewünschten Fraktionen zerlegt und bei Bedarf oberflächenbehandelt.

Ursprünglich wurden Glaskugeln ausschließlich als Reflexperlen für Verkehrszeichen und Fahrbahnmarkierung verwendet. Die dazu nicht geeigneten Körnungen, vor allem unter 50µm, haben sich danach einen bemerkenswerten Füllstoffmarkt in höherwertigen Thermoplasten und Duroplasten erschlossen. In der GFK-Industrie werden sie zur Herstellung abriebfester Oberflächen verwendet, z.B. für Tabletts. Sie verursachen wegen ihrer Form einen niedrigeren Maschinen- und Werkzeugverschleiß und haben einen niedrigen Bindemittelbedarf.

Hohlglaskugeln

Als speziellen Füllstoff kann man auch Hohlglaskugeln ansehen. Sie werden dort eingesetzt, wo das spezifische Gewicht der Formmasse reduziert werden soll. Die in einem speziellen Prozess hergestellten Hohlglaskugeln sind in einer Kornverteilung von 20-100µm in Duroplasten im Einsatz. Die gröberen Hohlglaskugeln bringen zwar die größere Reduzierung des spezifischen Gewichts, sind aber sehr empfindlich in der Einarbeitung und beim Verpressen.

Quarz

Als natürliches Mineral kommt Quarz in vielen Ausbildungsformen vor. Bergkristall, Gangquarz, Quarzit, Sandstein, Quarzsand sind die technisch bedeutendsten. Er wird in großen Mengen als Glasrohstoff, in der Gießerei-Industrie als Formgrundstoff, in der Keramik und der Bauchemie verwendet.

Sein Einsatzgebiet als Füllstoff liegt vor allem in der Gießharztechnologie, z.B. zur Herstellung von elektrischen Isolierteilen. Auch bestimmte Niederdruckpressmassen sind quarzgefüllt. Im Spritzguss- und Hochdruckpressverfahren werden quarzgefüllte Formmassen wegen des hohen Werkzeugverschleißes nicht gern eingesetzt. Sie ergeben aber elektrisch sehr hochwertige Formteile, besonders was die Durchschlagfestigkeit betrifft.

Saubere Quarzmehle erlauben bei entsprechender Auswahl der Additive und der Verfahrenstechnik durchsichtige Polyesterharz-Einstellungen, die für qualitativ hochwertige Sanitärteile genutzt werden. Auch mehlartige Füllstoffe, die unter der Bezeichnung „Amorphus Silica“ oder „Soft-Quarz“ im Handel sind, sind dem Quarz zuzurechnen.

Aluminiumoxid

Es wird als das natürliche Mineral Korund gewonnen und entsteht auch auf dem Weg der Aluminium-Herstellung durch Calcination aus Aluminiumhydroxid. Wegen seiner chemischen Beständigkeit wird es als Füllstoff in Gießharzen verwendet, aus denen Hochspannungsisolatoren für druckgekapselte Energieverteilungsanlagen gefertigt werden.

Da das Material hart und zäh zugleich ist, wird es auch mit gutem Erfolg als Antirutschfüllstoff verwendet. Wegen seiner sehr guten Wärmeleitfähigkeit kommt es auch in Elektronikvergussmassen zum Einsatz.

Bariumsulfat

Als Schwerspat mit dem Trivialnamen bezeichnet, wird die Anwendung schon ausgedrückt. Überall dort, wo eine Körperschalldämmung durch Masse erreicht werden muss, setzt man diesen Füllstoff ein. Er trägt außerdem zu einer guten Aufhellung bei.

Leitfähige Füllstoffe

Für besondere Anwendungen ist der hohe Oberflächenwiderstand von über 1012 W der langfaserverstärkten Duroplaste ein Hindernis. Zur Vermeidung gefährlicher elektrostatischer Aufladung ist ein Oberflächenwiderstand von > 105 W und < 109 W gefordert. Gleichzeitig muss aber wegen der Isolationswirkung die Durchschlagfestigkeit bei 2,5mm Wandstärke > 2,5 kV liegen.

Erreicht werden kann dies durch leitfähige Füllstoffe wie Graphit, spezielle Leitruße oder – falls die schwarze Farbe stört – durch Aluminiumflakes.

Da der Werkstoff elektromagnetische Strahlung und Funkwellen passieren lässt, ein Vorteil für viele Anwendungen als „Verkleidung“ (man kann z.B. die Pkw-Antennen in Heckspoilern oder zweischaligen Heckdeckeln verstecken), kann dies auch ein Nachteil bei anderen Anwendungen sein. Die Einarbeitung von leitfähigen Füllstoffen oder auch Stahlfasern ist dann erforderlich.

Organische Füllstoffe

Vor allem bei einigen rieselfähigen Pressmassen, den klassischen Duroplasten aus Phenol-, Melamin- oder Harnstoffharzen werden organische Füllstoffe eingesetzt. Infrage kommen Holzmehl, Mehle aus verschiedenen Nussschalen und Fasermehle. Nachteil dieser Mehle ist der hohe Bindemittelbedarf und die meist hohe Wasseraufnahme.

Nanocomposites

Es handelt sich hierbei um eine erst in jüngster Zeit entwickelte Füllstoffvariante. Der Name Nanocomposites deutet darauf hin, dass es sich um Compounds mit Füllstoffen in der Größenordnung der Nanometerskala handelt. Die bislang beschriebenen Füllstoffe bewegen sich in ihren Dimensionen im niedrigen Mikrometerbereich. Bestimmte Schichtsilikatmineralien wie Montmorillonit, können im Polymer in einzelne Plättchen aufgelöst werden, so dass sich Teilchengrößen im Nanometerbereich ergeben. Schon die Zugabe von wenigen Prozenten dieser Substanzen ergibt Eigenschaftsverbesserungen, die sonst nur mit einem Vielfachen von Glasfasern erreicht werden können. Ein wirtschaftlicher Einsatz in Duroplasten erfolgt allerdings bisher noch nicht.

4.1.7.4 Verfahrenstechnik

Auf die Herstellung der verschiedenen Füllstoffe soll hier nicht eingegangen werden, da sie sehr spezifisch ist. Theoretisch gibt es für jeden Füllstoff bzw. jede Füllstoffkombination ein optimales Aufarbeitungsverfahren. Hier sei auf die umfangreiche technische Literaturhinweise: verwiesen.

Zur Einarbeitung und Homogenisierung niedrigviskoser Reaktionsharzmassen steht eine Vielzahl von Geräten zur Verfügung:

- Dissolver,
- geschlossene Schnellmischer,
- Kneter,
- Perl- und Kugelmühlen sowie Ringspaltmühlen.

Je nach Anwendungsfall und Viskosität der Harzpasten müssen die geeigneten Geräte ausgewählt werden.

4.1.7.5 Anwendungshinweise für GFK

Die Füllstoffe sollen der Reaktionsschwindung des Harzes entgegenwirken und eine möglichst glatte Oberfläche erbringen. Sie erhöhen die Temperaturfestigkeit der gehärteten Formmasse und verbessern die Temperaturleitfähigkeit. Dadurch ist in vielen Fällen ein schnellerer Durchlauf beim Dispergieren möglich. Ihre Kornverteilung ist daher in der Regel nach oben auf etwa 10µm begrenzt, weil sie das Geflecht der 10-15µm dicken Fasern durchdringen müssen. Gröbere Anteile in nennenswerten Mengen würden die Glasfasern auseinanderdrücken und so zu Entmischungen führen.

In den Faserzwischenräumen ist ein möglichst hoher Füllgrad bei noch beherrschbarer Viskosität erwünscht. Man erreicht das durch Mischen einer größeren Menge (60-80 %) eines groben Füllstoffs (d50-Wert um 5µm) mit einer kleinen Menge eines viel feineren Füllstoffes.

Eine weitere Möglichkeit zur Füllgraderhöhung bietet die Verwendung oberflächenbehandelter Füllstofftypen.

Das Beschichtungsmaterial hat aber häufig mehr als eine Funktion zu erfüllen:

- Es kann den Herstellprozess des Füllstoffes erleichtern (Dispergierhilfe), aber auch erschweren.
- Es erleichtert die Einarbeitung (Viskositätssenkung).
- Es beeinflusst die Endeigenschaften des fertigen, gefüllten Formteils.

Angestrebt werden dabei immer positive Werte. Folgende Hinweise sollen zeigen, dass eine sorgfältige Vorauswahl wichtig ist:

- Gerade die feinstteiligen, oberflächenbehandelten Füllstoffe neigen oft zu starker Staubbildung.
- Chemische Coatings, die nicht restlos verankert sind, können an die Oberfläche der Teile auswandern und so z.B. die Lackierbarkeit beeinträchtigen.
- Bei silanbehandelten silikatischen Füllstoffen kann eine unsachgemäße Temperaturbehandlung, die vor der Einarbeitung erfolgt, zu einem deutlichen Viskositätsanstieg führen.

4.1.7.6 Ausblick

Füllstoffe verleihen den Thermoplasten und langfaserverstärkten Duroplasten besondere Eigenschaften. Bei Thermoplasten werden sie zu Recht als Verstärkungsstoffe bezeichnet, da sie z.B. den E-Modul der Matrixwerkstoffe beträchtlich erhöhen.

Bei den Duroplasten lassen sich durch eine geeignete Auswahl der Füllstoffe Eigenschaften verbessern, wie Schwindung, Witterungsbeständigkeit, Oberfläche, Chemikalienbeständigkeit, Brandverhalten und Abriebfestigkeit sowie Kosten des Werkstoffes senken.

Die Nanotechnik steht erst am Anfang ihrer Entwicklung. In der Zukunft sind hier weitere Fortschritte zu erwarten, vor allem wenn die Produkte preiswerter werden und in Serie eingeführt werden können.

Die folgende Tabelle 16 zeigt die wesentlichen Prüfverfahren für Füllstoffe:

Tab. 16: Allgemeine Prüfverfahren und -bedingungen für Füllstoffe

Prüfverfahren	Prüfbedingungen, Normen	Bemerkungen
Siebrückstand	DIN 53195: 1990-09 DIN EN ISO 787-18: 1995-10 ISO 787-7: 1981	Maschengröße 0,063 und 0,045 mm
Partikelgrößenanalyse	DIN 66165-2	Siebanalyse
Korn-(Teilchen-)-größen-Verteilung(-kennlinie)	DIN 66115 DIN 66116 DIN 66118	Sedimentationsanalyse Im Schwefelbad Sichtanalyse
Grafische Darstellung von Korn-(Teilchen) -größenverteilungen	DIN 66143 DIN 66144 DIN 66145	Potenznetz Logarithm. Verteilungsnetz RRSB – Netz
Spezifische Oberfläche	DIN 66131 DIN 66132	BET – Methode N2-Adsorption im Einpunkt-Differenzverf. n. Haul/ Dümbgen
Dichte [g/cm³]	DIN EN ISO 787 – 10 DIN EN ISO 787 – 23	Pyknometerverfahren mit Zentrifuge
Schüttdichte [g/100 ml] Schüttvolumen [ml/100g]	Nach Vereinbarung	Lose Schüttung
Stampfdichte [g/100 ml] Stampfvolumen [ml/100 g]	DIN EN ISO 787 – 11	
Ölzahl g/100 g	DIN EN ISO 787 – 5	
DOP – Zahl [ml/10 g] (Dioctyl-phtalat-Zahl)	Nach Vereinbarung	DOP – Bedarf bis zum Flow – point
Wasserbedarfszahl [ml/100 g]	Norm in Vorbereitung	Absorbierte Wassermenge
PH – Wert	DIN EN ISO 787 – 9	Wässrige Suspension
Spezifischer Widerstand [W x m] Spezifische Leitfähigkeit [µS]	DIN EN ISO 787 – 14	Wässriger Extrakt
Gehalt an wasserlöslichen Anteilen [Masse-%]	DIN EN ISO 787 –3 DIN EN ISO 787 – 8	Heißextraktionsverfahren Kaltextraktionsverfahren
Gehalt an salzsäurelösl. Anteilen [Masse-%]	DIN 55920	
Bestimmung wasserlösl. Sulfate, Chloride, Nitrate [Masse-%]	DIN EN ISO 787 -13	
Gehalt an salzsäurelösl. Kupfer [Masse-%]	DIN 55920	
Gehalt an salzsäurelösl. Mangan [Masse-%]		

Literatur

- DIN Taschenbuch Nr. 49: Pigmente, Füllstoffe, Farbstoffe
- DIN Taschenbuch Nr. 157: Farbmittel, Füllstoffe
- Lückert: Pigment- und Füllstofftabellen, Vincenth-Verlag Hannover (1994)
- Kittel: Lehrbuch der Lacke und Beschichtungen, Oberschwandorf (1980)
- Karsten: Lackrohstoff-Tabellen 9. Aufl., Vincentz-Verlag, Hannover (1992)
- Kwade, A.: Autogenzerkleinerung von Kalkstein in Rührwerksmühlen, Dissertation TU, Braunschweig und Verlage Shaker, Aachen, 1996

4.1.8 Additive

4.1.8.1 Einführung

Additive sind laut internationaler Definition Substanzen, die in geringer Dosierung eingesetzt werden, um bestimmte Eigenschaften einer Formmasse bzw. eines Formstoffes zu verbessern. Sie werden auch oft Zuschlagstoffe genannt.

Zu unterscheiden sind sie von den ebenfalls zur Verbesserung oder Modifizierung von Eigenschaften eingesetzten Füllstoffen, die in wesentlich größeren Mengen zugesetzt werden.

Charakteristisch für Additive ist ihr jeweiliger Wirkungsmechanismus, der sowohl chemischer als auch physikalischer Natur sein kann. Die durch Additive erzielbaren Verbesserungen betreffen in erster Linie die Verarbeitung der Formmassen. Erst in zweiter Linie betreffen sie die Qualität der Formstoffe selbst.

Ein Universaladditiv gibt es nicht. Für jede Rezeptur müssen entsprechend den jeweiligen Anforderungen die geeigneten Additive gefunden und deren Dosierung ermittelt werden. Die Zahl der Additive ist aufgrund der Vielzahl der Formmassen und Verarbeitungstechniken sehr groß. Daher erscheint es sinnvoll, sie nach ihrer Wirkungsweise zu gliedern und die Zusammenhänge zwischen chemischer Struktur und deren Wirkungsweise zu betrachten.

Faserverstärkte Polymere – seien es Reaktionsharze oder Thermoplaste – werden nur in Ausnahmefällen als reine Stoffe eingesetzt. Anwendungstechnische Anforderungen verlangen meist eine Modifizierung der Grundmatrix durch Zusatzstoffe – hier Additive genannt. Füllstoffe und Extender werden meist aus Kostengründen eingesetzt.

Eine kurze Charakteristik von Additiven für faserverstärkte Kunststoffe findet sich ebenfalls in diesem Handbuch. Die Zahl der Additive, die in faserverstärkten Polymeren Anwendung finden, ist so groß, dass sie in diesem Kapitel nur allgemein beschrieben werden können.

Ein Matrixsystem besteht in der Regel aus Bindemittel (Reaktionsharz, Thermoplast), Pigment, Füllstoff und Faser.

Aufgrund der hohen Anforderungen an moderne Formmassen sind Additive oft unerlässlich. Der Formulierer muss dabei genau wissen, welche Eigenschaften im Endprodukt erreicht werden sollen, um die richtigen Additive auszuwählen.

Es ist unmöglich, in diesem Kapitel alle bewährten oder möglichen Kombinationen von Additiven in verschiedenen Rezepturen zu nennen. Es sollen aber charakteristische Zusammenhänge zwischen chemischer Struktur und anwendungstechnischer Wirkung aufgezeigt werden. Um die Neutralität zu wahren, muss dabei auf handelsübliche Produktnamen und Warenzeichen verzichtet werden.

Es ist üblich, Additive nach ihrer Wirkung während und nach der Verarbeitung der Formmassen einzuteilen. Als allgemeine Übersicht, die keinen Anspruch auf Vollständigkeit erhebt, sind im Folgenden die Anwendungsbereiche von Additiven aufgeführt. Additive können in mehrfacher Weise wirken. Hierauf wird an den entsprechenden Stellen eingegangen.

Eine Grundvoraussetzung bei der Formulierung ist die Verträglichkeit der Additive mit anderen Komponenten der Formulierung. Diese kann beeinflußt werden durch:

- reaktive Gruppen innerhalb des Moleküls. Additive sind dann wirksam, weil sie im chemischen Molekül eine oder mehrere reaktive Gruppen haben, die ihre elektrochemische Aktivität in positiver oder negativer Richtung auf benachbarte Moleküle in der Matrix und auf ein Substrat bzw. die Wand des Werkzeugs wirken lassen. Es ist kann vorteilhaft sein, wenn ein Additiv mit einer seiner funktionellen Gruppen chemisch fest in der Matrix gebunden werden kann., vor allem bei Anwendungen, bei denen eine Migration des Additives kritisch wäre.
- Kurzkettige Silicon- und Fluorverbindungen neigen in besonderem Maße dazu, sich an der Oberfläche anzureichern. Sie können eine nachfolgende Behandlung der Oberfläche z.B. ein Gelcoat, Bedrucken oder Verkleben, nachteilig beeinflussen. Tenside auf der Basis von Ethylen-Propylenoxid-Copolymeren haben sich bei der Verbesserung der Zwischenhaftung zum farbigen Gestalten gut bewährt – wenn sie nicht im „Überschuss" eingesetzt wurden. Theoretisch braucht man nicht mehr als eine monomolekulare Schicht über der Oberfläche aller Matrixkomponenten.
- Lange- oder verzweigt-kettige Moleküle können Verlaufsstörungen durch Unverträglichkeiten verursachen. Dieser Effekt tritt bei Additiven auf der Basis von Mineralölen, Polyacrylaten und modifizierten Siliconen auf, wenn eine zu hohe Dosierung gewählt wurde.
- Die Länge hydrophiler Seitenketten hat einen Einfluss auf die Viskosität polarer Matrixharze (EP, PUR), während hydrophobe Gruppen im Molekül des Additivs die Viskosität neutraler Bindemittel beeinflussen (UP).

4.1.8.2 Beschreibung der Additive

Entlüfteradditive

Einführung

Während der Herstellung von duroplastischen Formmassen und der weiteren Verarbeitung zu GFK-Teilen (Glasfaser-verstärkten Kunststoffen) können Lufteinschlüsse auftreten. Die Einarbeitung von Luft während der Herstellung, der Weiterverarbeitung (z.B. Aufstreichen oder Verspritzen) und der Faserbenetzung, ist unvermeidlich.

Effekte von eingeschlossener Luft sind:

- Reduktion der Beständigkeit,
- schlechtes optisches Erscheinungsbild,
- negative Beeinflussung der mechanischen Eigenschaften von GFK-Teilen.

Diese negativen Effekte können durch die Zugabe von Entlüfteradditiven vermieden werden.

Ziel eines Entlüfteradditives ist es, die eingeschlossene Luft vor Erreichen des Gelpunktes aus dem Harz zu entfernen.

Theoretische Betrachtung

Alle Systeme streben einen Zustand der niedrigsten Energie an. Flüssigkeiten tendieren zu einem Zustand mit einer möglichst kleinen Oberfläche. Luftblasen in einer Flüssigkeit haben ein höheres Energieniveau verglichen mit dem der Flüssigkeit.

In der Praxis wird die Energieeinbringung und Luftblasenbildung durch z.B. Rühren, Spritzen usw. verursacht.

Aufgrund dieses höheren Energieniveaus können eingeschlossene Luftblasen schnell aus dem System entweichen. Dieser Zustand ist jedoch nur vorhanden, wenn es sich um absolut reine Flüssigkeiten handelt. Da aber ungesättigte Polyesterharze keine reinen Flüssigkeiten sind, gibt es lösliche Verunreiningungen im Harz, welche die Luftblasen stabilisieren und das Entweichen verhindern. Diese oberflächenaktiven Substanzen (z.B. Tenside) tragen hydrophile und hydrophobe Gruppen. Sie orientieren sich in der Grenzfläche zwischen Luft und Flüssigkeit. (siehe Abbildung 96)

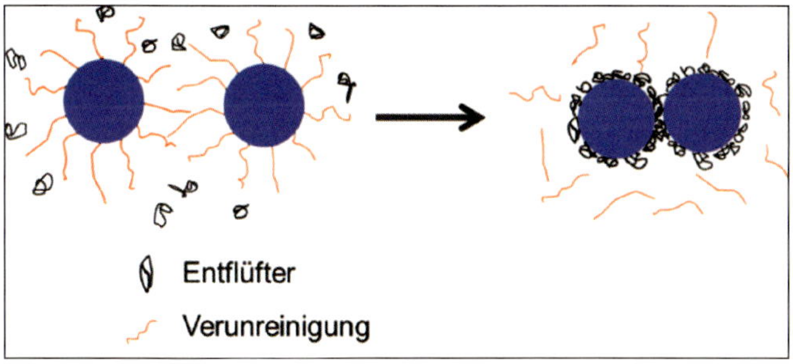

Abb. 96: „Stabiliserung" eines Lufteinschlusses

Wenn die Luftblasen an die Oberfläche aufgestiegen sind, bildet sich ein Schaum auf der Harzoberfläche, der durch die oberflächenaktiven Substanzen stabilisiert wird. Aufgabe des Entlüfters ist es nun diesen Schaum zu zerstören. Daher wird auch oft der Begriff Entschäumer verwendet. Theoretisch kann man diese Additivgruppe in zwei Kategorien unterteilen. Entlüfter und Entschäumer:

- Entlüfter wirken im Harz und beschleunigen das Aufsteigen der Luftblasen.
- Entschäumer zerstören Oberflächenschaum.

In der Praxis hat sich gezeigt, dass ein Additiv immer beide Eigenschaften aufweist. Daher ist die obige Einteilung lediglich von theoretischem Wert.

Weitere wichtige Faktoren bezüglich der Stabilität von Luftblasen sind die Viskosität der Flüssigkeit und die Größe der Luftblasen.

Stoke'sches Gesetz: $V = \frac{r^2}{\eta}$

V = Geschwindigkeit der Luftblase

r = Radius der Luftblase

η = Viskosität der Flüssigkeit

Entlüfteradditive helfen, die Entlüftungsgeschwindigkeit zu erhöhen, indem sie die oberflächenaktiven Substanzen an der Grenzfläche zwischen Luft und Flüssigkeit verdrängen.

Die Verdrängung der oberflächenaktiven Substanzen sorgt dafür, dass kleine Luftblasen zusammenfließen und sich zu größeren entwickeln können. Wie im Stock'schen Gesetz beschrieben, steigen größere Luftblasen schneller auf als kleine, so dass die Entlüftung durch diesen Vorgang beschleunigt wird.

Entlüfteradditive arbeiten in drei Schritten (Abbildung 97):

- Verdrängung der Luft von Füllstoffen, Pigmenten und Verstärkungsfasern,
- kleine Luftblasen formieren sich zu großen,
- Zerstören der Luftblasen an der Oberfläche.

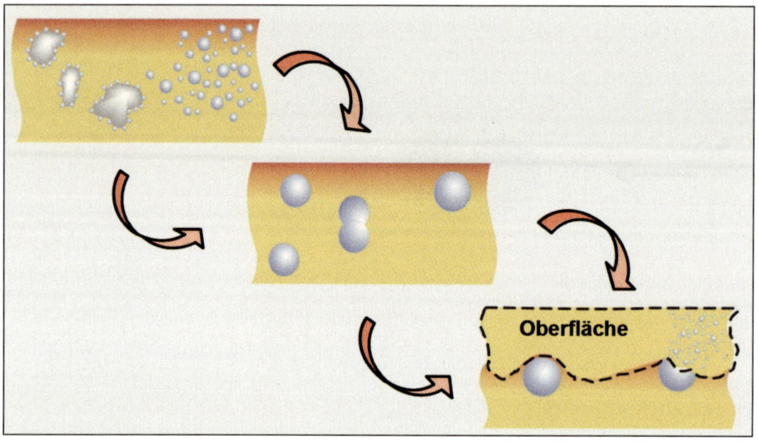

Abb. 97: Wirkungsweise von Entlüfteradditiven

Praktische Beispiele

Entlüftungs-Prüfmethode:

Diese Prüfung erlaubt die optische Beurteilung der Entlüftung von ungesättigten Polyesterharzen.

Das Entlüfteradditiv wird in ein beschleunigtes UP-Harz eingemischt. Die Dosierung des Entlüfters liegt in einem Bereich von 0,1-0,5%, bezogen auf das Harz. Das Peroxid wird nach Empfehlung des Harzherstellers – üblicherweise Methyl Ethyl Keton Peroxid (MEKP) – in Anteilen von 1,0-1,5%, bezogen auf das Harz, zugegeben.

Nach der Zugabe des Härters wird das Harz unter hoher Scherkraft aufgerührt, um so viel Luft wie möglich einzuarbeiten. Anschließend wird das Harz in einen Metallring gegossen. Nach 30 Sekunden Entlüftungszeit wird die Oberfläche des Harzes mit einem Stück Folie abgedeckt.

Nachdem der Gießling komplett ausgehärtet ist, wird er entformt. Der Luftgehalt in dem Probekörper kann nun optisch untersucht werden.

Das Ergebnis ist in Abbildung 98 zu sehen. Es ist deutlich zu erkennen, dass die Probe mit dem Entlüfteradditiv nahezu frei von Lufteinschlüssen ist. Der Entlüfter wird sofort nach Einarbeitung in das Harz aktiv und zeigt selbst während des Rührvorgangs eine hervorragende Entlüftungswirkung.

Abb. 98: Beispiel einer Entlüftungs-Prüfmethode mit Hilfe eines Gießlings

Die folgenden Bilder (Abbildung 99) zeigen einen klaren Isophtalsäure Gelcoat, welcher „Airless“ gespritzt wurde. Die Vergrößerung beträgt 1:50. Man sieht sehr deutlich die hohe Anzahl von Luftblasen in der Probe ohne Additiv (links).

Nach der Einarbeitung eines Entlüfteradditives (rechts) in einen Gelcoat wird der Anteil der Luftblasen drastisch reduziert.

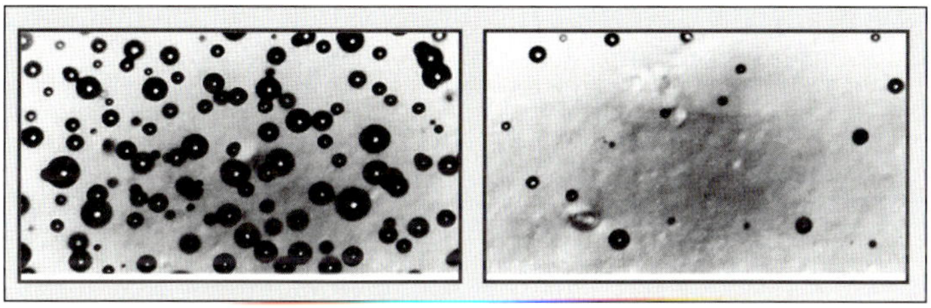

Abb. 99: Verwendung von Entlüfteradditiven in einem Gelcoat

Abbildung 100 zeigt das Prüfergebnis eines weiß pigmentierten Isophtalsäure Gelcoat's, welcher eine Schichtstärke von 500µm aufweist und 98°C heißem Wassers ausgesetzt war.

Der Effekt des reduzierten Luftgehaltes im Gelcoat ist leicht zu erkennen. Das Muster ohne Additiv zeigt eine stark zerstörte Oberfläche (Risse) nach 300 Stunden Heißwasser-Belastung. Die Probe mit Entlüfter zeigt nach dieser Lagerung eine hervorragend geschlossene Oberfläche ohne Risse.

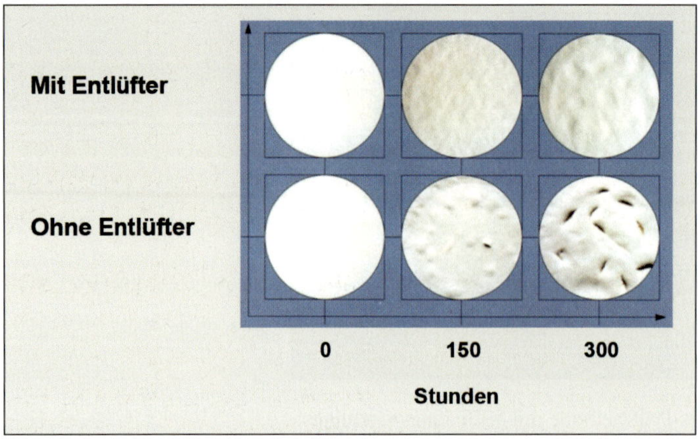

Abb. 100: Weiß-pigmentierter Isophtalsäure-Gelcoat mit und ohne Additiv

Glasfaserbenetzung beim Profilziehen

Für die hohen Glasgehalte bei relativ kompliziertem Aufbau der Verstärkung ist eine optimale Benetzung des Faseraufbaus essentiell, um ein hohes und homogenes Festigkeitsniveau zu erreichen und die Ziehgeschwindigkeit optimieren zu können. Hierfür werden auch zur Entlüftung der Formmasse vor der Düse Entlüfter mit benetzenden Eigenschaften eingesetzt.

Je nach Prozessanordnung mit Tränkbad oder Injektion wirkt der Entlüfter an unterschiedlichen Stellen im Prozess. Beim Tränkbad wird während des gesamten Prozesses kontinuierlich entlüftet. Das bedeutet, dass auch die durch den Rückfluss von der Düse eingebrachte Luft wieder entfernt wird.

Beim Injektionsverfahren muss die Entlüftung nach dem Dispergieren möglichst weit fortgeschritten sein. Eine Nachentlüftung im Druckbehälter wird nur sehr uneffektiv sein.

Zusammenfassung

Entlüfteradditive sind bei modernen Fomulierungen nicht mehr wegzudenken. Sie erhöhen die Entlüftungsgeschwindigkeit der Systeme bei nahezu allen Anwendungen und verbessern somit die Qualität der Bauteile.

Netz- und Dispergieradditive

Einführung

Einer der wichtigsten Schritte bei der Herstellung eines gefüllten oder pigmentierten Harzsystemes ist die homogene und feine Verteilung der Füllstoff- oder Pigmentteilchen in der flüssigen Phase. Wenn dieser Fertigungsschritt nicht optimal verläuft, resultiert daraus:

- eine hohe Viskosität des gefüllten Systems,
- Ausschwimmen der Pigmente,
- Sedimentation der Füllstoffe oder Pigmente,
- Farbtonabweichungen.

Theoretische Betrachtung

Die Einarbeitung von Füllstoffen/Pigmenten kann in drei Schritte aufgeteilt werden (vergleiche auch Abbildung 101):

1. **Benetzungsprozess**

   Der Feststoff wird mit der Flüssigkeit in Kontakt gebracht. Luft und Feuchtigkeit werden durch die Flüssigkeit von der Oberfläche des Füllstoffes/Pigmentes verdrängt und der Feststoff benetzt.

   Die Grenzfläche Fest/Gas (Füllstoff/Luft) wird umgewandelt in Fest/Flüssig (Füllstoff/ Harzlösung).

2. **Dispergierungsprozess**

   Durch Scherung wird mechanische Energie in das System eingebracht. Hierbei werden Feststoffagglomerate und Feststoffaggregate zerstört, wodurch sich die Partikelgröße reduziert.

3. **Stabilisierung**

   Nach der Dispergierung und dem Zerschlagen der Agglomerate und Aggregate in Primärteilchen muss das System stabilisiert werden, um eine Reagglomeration zu verhindern.

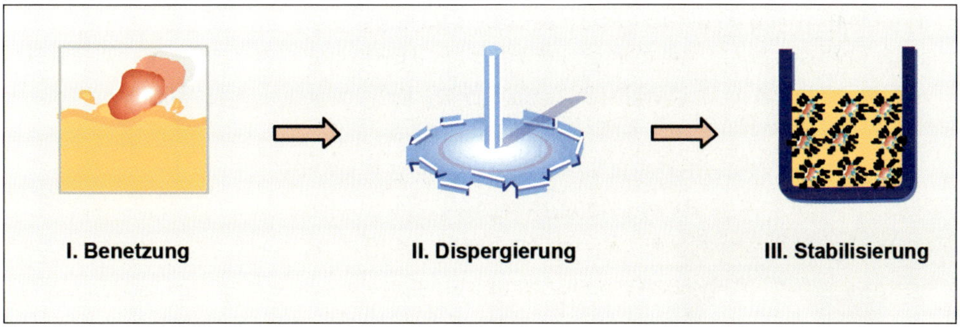

Abb. 101: Schematischer Einarbeitungsprozess von Füllstoffen/Pigmenten

Praktische Beispiele

Die Auswahl des richtigen Netz- und Dispergieradditives hängt im Wesentlichen von folgenden Faktoren ab:

- Art des verwendeten Harz Systems,
- Art der Füllstoffe,
- Art der Pigmente,
- Art des zu erzielenden Effektes.

Die UP-Harz-Systeme lassen sich in drei Kategorien einteilen:

1. SMC, BMC und Profilzieh-Formulierungen,
2. BPO gehärtete Systeme, z.B. Spachtelmassen,
3. Cobalt-beschleunigte Systeme, z.B. Faserspritzen oder Laminieren.

Angemerkt sei an dieser Stelle, dass manche Additive nicht in Cobalt beschleunigten Systemen verwendet werden können. Sie komplexieren Cobalt und setzen die Reaktivität des Systems stark herab.

Einarbeitung und Dosierung:

Das Netz- und Dispergieradditiv sollte vor den Füllstoffen/Pigmenten zum Harz zugegeben werden. Nur so kann das Additiv seine volle Wirkung entfalten.

Die Dosierungshöhe für eine optimale Wirksamkeit liegt in der Regel zwischen 0,5-1,5%, bezogen auf den Füllstoffgehalt. Sie ist jedoch abhängig von der Harztype, der Füllstoffart, der Partikelgröße und der Formulierung. In der Praxis wird sie durch Konzentrationsreihen ermittelt.

Netz- und Dispergieradditive für SMC, BMC, TMC und Profilziehen

Zur Erreichung der bei SMC, BMC, TMC und dem Profilziehen heute verlangten Qualitätsmerkmale werden die geforderten Füllgrade nur durch Einsatz von Netz- und Dispergieradditiven erreicht. Beispiele sind die Class A SMC Anwendungen im Bereich Automobil, hoch-flammgeschützte SMCs für den Bereich Schienenverkehr und Reflektoren aus BMC für Fahrzeuge. Auch um eine gleichbleibende Qualität zu gewährleisten, sind diese Additive im Einsatz. Wie im Bild gezeigt, ist eine hochgefüllte Paste ohne Additiv nicht verarbeitbar, während mit Hilfe des Additivs eine gute Verarbeitungsviskosität einstellbar ist (vgl. Abbildung 102-104).

- Abbildung 102 zeigt ein Beispiel für eine hochgefüllte Paste, die auf eine schräge Glasplatte gegossen wird – links ohne und rechts mit Additiven.
- Abbildung 103 zeigt die Viskositätsreduktion bei der Verwendung von Additiven in einem Orthophtalsäure-Harz.
- Abbildung 104 zeigt ein Beispiel, wie sich ein fester Bodensatz verhindern lässt.

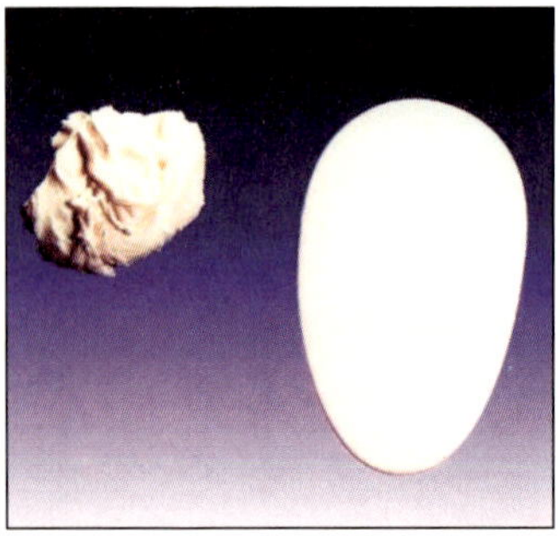

Abb. 102: Beispiel für eine hochgefüllte Paste

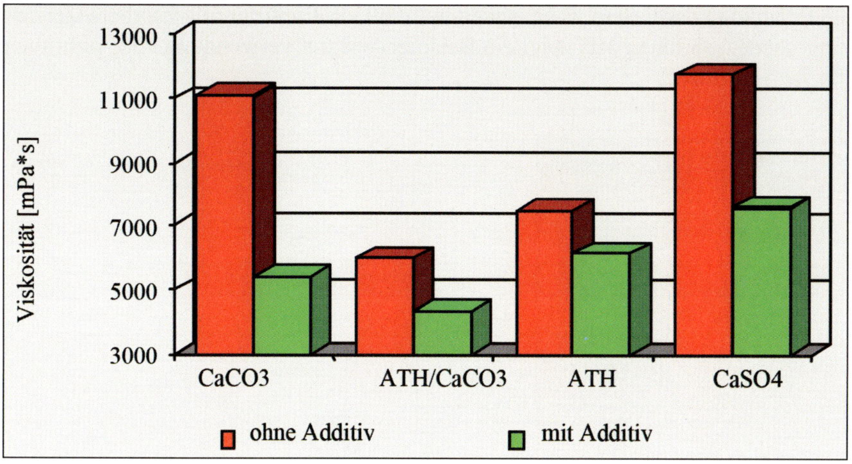

Abb. 103: Viskositätsreduktion in einem Orthophtalsäure-Harz

Abb. 104: Beispiele zur Verwendung von Additiven (links ohne; rechts mit Additiv)

Netz- und Dispergieradditive für kalthärtende ungesättigte Polyesterharze sorgen für:

- einen höheren Füllgrad,
- keinen festen Bodensatz,
- verbessertes Laminierverhalten durch kürzere „Rollzeiten".

Additive für das RTM-Verfahren

Zur Verkürzung der Injektionszeiten bei ungefüllten Systemen empfiehlt sich der Einsatz von Faserbenetzungsadditiven.

Diese stellen sicher, dass in der zur Verfügung stehenden Zeit das gesamte Fasergelege mit der Harzmatrix vollständig imprägniert wird. Es können so Einfallstellen durch schlechte Innenimprägnierung und Nachsinken des Harzes verhindert werden.

Bei gefüllten Systemen ist ein Netz- und Dispergieradditiv zwingend erforderlich, um eine optimale Teilchenverteilung und niedrige Viskosität zu erreichen. Ein Ausfiltern der Füllstoffe kann so größtenteils verhindern werden.

Um eine optimale Benetzung der Fasern zu erreichen, wird oft ein Entlüfter mit faserbenetzenden Eigenschaften eingesetzt. Abbildung 105 zeigt ein Beispiel, wie die Verwendung von Addititven die Bauteiloberfläche beeinflusst.

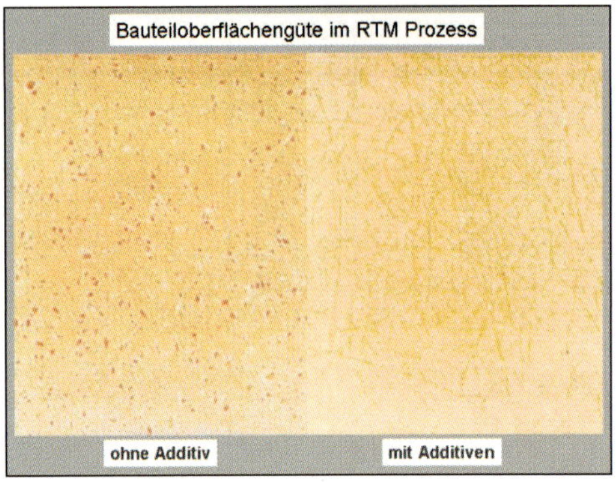

Abb. 105: Verwendung von Additiven im RTM-Prozess

Weitere duroplastische Harzsysteme

Alle Additivgruppen werden ebenfalls in Harzsystemen wie Epoxiden, Polyurethanen, Acrylaten und Phenolen verwendet. Bedingt durch die verschiedenen Polaritäten und spezifischen Eigenschaften der unterschiedlichen Harze müssen z.T. andere Additive ausgewählt werden als bei ungesättigten Polyester- oder Vinylesterharzen.

Additive zur Emissionsreduzierung

In den vergangenen Jahren wurden in vielen Ländern der Welt von den jeweiligen Regierungen Auflagen erlassen, die Styrolbelastung am Arbeitsplatz sowie die Abgabe an die Umwelt zu reduzieren.

Diese Auflagen schlagen sich in den Umweltschutz-, Gesundheits- und Sicherheitsgesetzen nieder. In Deutschland wird durch die „Technische Anleitung Luft" ein maximaler Anteil von 85 mg/m^3 Monostyrol im Luftstrom erlaubt.

Zusätzlich zur Reduzierung des Styrolgehaltes im Harz ist es möglich, die Emission an die Umwelt durch Nachverbrennung oder Installation von Biofiltersystemen zu vermeiden.

Neben Umweltschutzgesetzen gibt es noch Gesundheits- und Sicherheitsverordnungen, welche die maximale Arbeitsplatzkonzentration festlegen.

Betrachtung der unterschiedlichen Wirkungsmechanismen von verschiedenen Additiven

Paraffinwachs

Paraffinwachs ist das am weitesten verbreitete Additiv, um die Styrolemission zu reduzieren.

Paraffinwachs wird in Monostyrol aufgeschmolzen und in einem Bereich von 0,05-0,15% bezogen auf das Harz zugegeben. Es kristallisiert nach der Applikation an der Harzoberfläche und bildet einen geschlossenen Film, welcher die Verdunstung verhindert.

Paraffinwachse wirken gut in Orthophthal-Harzen, mäßig in Isophthal-Harzen und kaum in Vinylester-, Bisphenol- und DCPD-Harzen.

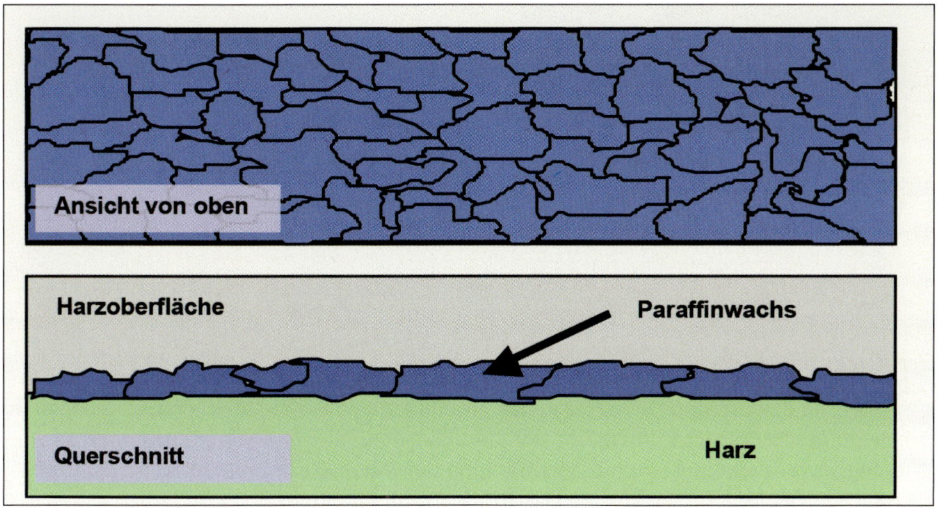

Abb. 106: Harzoberfläche mit Paraffinwachs

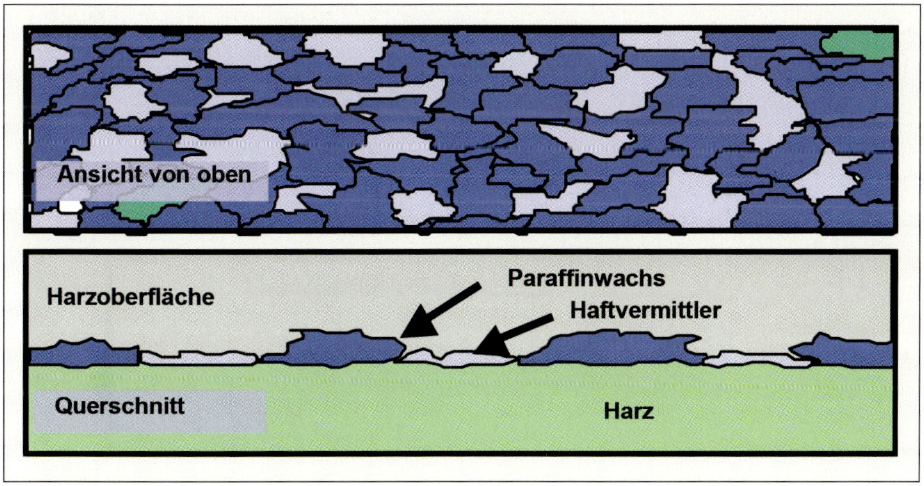

Abb. 107: Harzoberfläche mit Haftvermittler

Paraffinwachs mit Haftvermittler

Aufgrund der Trenneigenschaft von Paraffinwachs ist es sehr schwer, eine gute interlaminare Haftung zu erreichen. Durch Kombination jedoch von Paraffinwachs mit speziellen Haftvermittlern lässt sich eine gute emissionsreduzierende Wirkung unter Beibehaltung der interlaminaren Haftung erzielen.

Abb. 108: Interlaminare Haftung eines Orthophthalsäure-Harzes

Spezielles Wachs mit polaren Komponenten

Paraffinwachs ist in den meisten DCPD-, Vinylester- und einigen Isophthal-Harzen zu gut löslich, als dass sich ein geschlossener Film an der Harzoberfläche bildete. Die Styrol emissionsreduzierende Wirkung bleibt daher aus. Durch Modifikation der Wachse mit polaren Komponenten ist es möglich die Löslichkeit zu verringern. Das Additiv bildet dann auch bei den oben genannten Harzen einen Film an der Oberfläche aus, der wiederum die Styrolemission reduziert.

Durch die polare Komponente wird zusätzlich eine gute Verbindung zwischen den Laminatschichten ermöglicht (Abbildung 109).

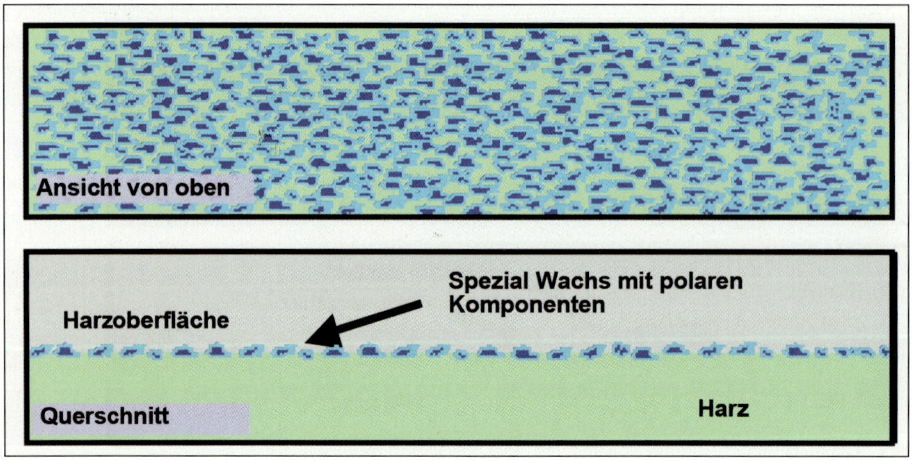

Abb. 109: Harzoberfläche mit Additiv

Praktische Beispiele

Bei Einsatz des richtigen Additives ist es möglich, die Styrolemission während der Aushärtung des GFK-Teiles um bis zu 90% zu reduzieren (Abbildung 110).

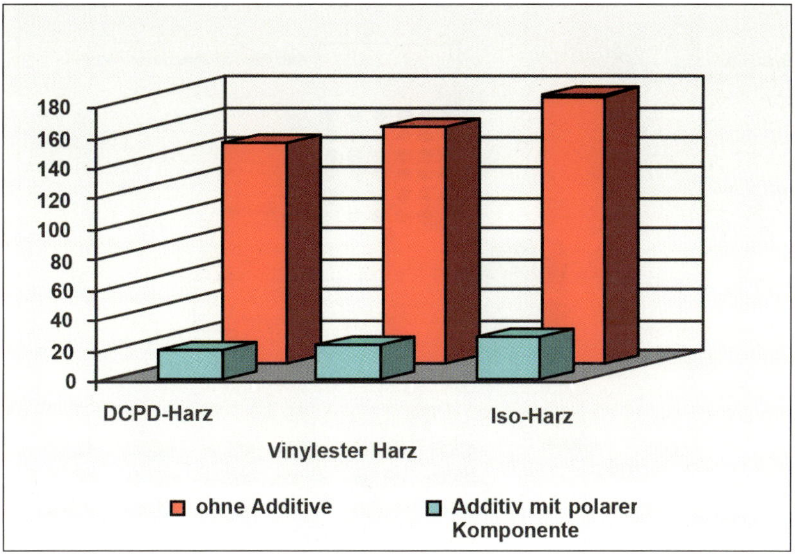

Abb. 110: Beeinflussung der Styrolemission durch Additive

Zusammenfassung

Um die Anforderungen moderner Umweltschutzgesetze, Sicherheitsgesetze und Gesundheitsbestimmungen an die Monostyrol-Emission am Arbeitsplatz zu erfüllen, müssen folgende Punkte beachtet werden:

- Arbeitsplätze mit einem Be- und Entlüftungssystem ausstatten,
- Harze mit niedrigem Styrolgehalt verwenden,
- hohe Temperaturen in der Produktion vermeiden,
- Harze mit Styrol emissionsreduzierenden Additiven verwenden.

Additive zur Separationverhinderung

Einführung

Formmassen neigen häufig auch im gefüllten Zustand als Paste und als Compound zur Agglomeration und Separation des Harzsystems.

Theoretische Betrachtung

Ein Gemisch polarer und unpolarer Systeme neigt zur Separation. Ungesättigter Polyester ist relativ polar (Dipolmoment: 2,0-2,5), wogegen Polystyrol relativ unpolar ist (Dipolmoment: ca. 0,8). Additive erhöhen die Verträglichkeit beider Komponenten.

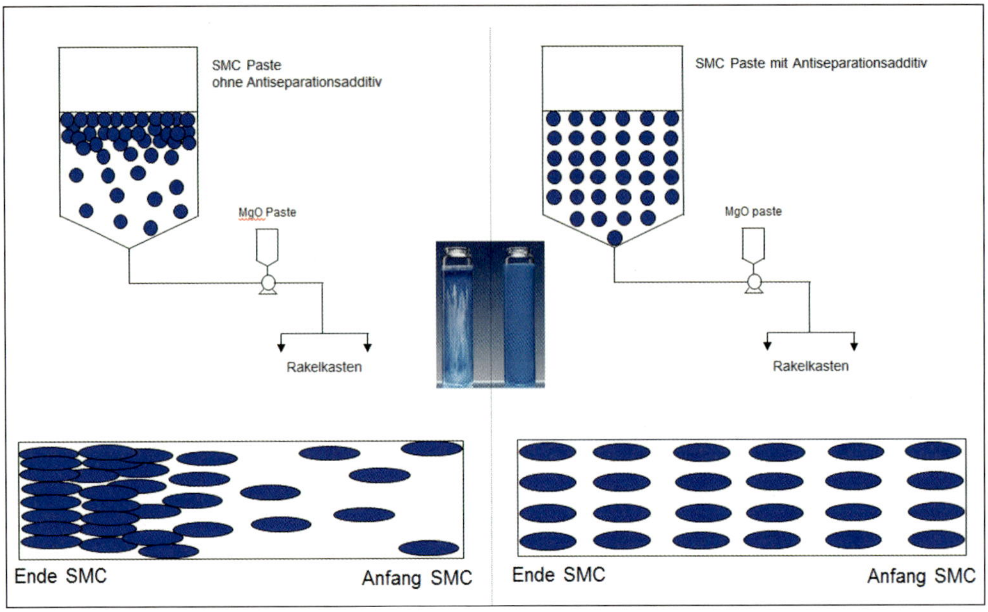

Abb. 111: Beispiel einer Separation und der Einfluss auf die SMC-Fertigung

Praktische Beispiele

Bei der Pastenherstellung erreicht man bessere Reproduzierbarkeit von Charge zu Charge, verbesserte Pastenhomogenität und keine Separierung von LS-/LP-Systemen. Beim Compoundieren ergibt sich eine verbesserte Faserimprägnierung. Die Vorteile beim Verpressen sind reproduzierbare Schwindung und weniger Anhaftung an der Folie. Die Formteile sind homogener. In Abbildung 111 sieht man die Separation eines gefüllten Systems nach Dispergieren im linken Glas und die Stabilisierung mittels Additiv im rechten Glas.

Zusammenfassung

Antiseparationsadditive verbessern die Compatibilität und gewährleisten eine Qualitätskonstanz bei der Compoundierung und Verarbeitung.

Prozessadditive

Einführung

Prozessadditive werden zur Verringerung verschiedener nicht gewünschter Effekte eingesetzt und beeinflussen die Verarbeitbarkeit des Compounds aufgrund von starken Homogenisierungs- und Stabilisierungseffekten (Abbildung 112).

Theoretische Betrachtung

Die multifunktionalen Additive bilden ein Netzwerk mit den eingesetzten Füllstoffen und Harzsystemen und verhindern so eine Ausrichtung und Separation beim Fließvorgang des Compounds.

Praktische Beispiele

a) Low Fogging BMC

Fogging (Ausgasen) tritt bei neuen Generationen von Fahrzeugscheinwerfern mit Reflektoren aus BMC auf, wenn diese durch das Leuchtmittel aufgeheizt werden, wobei flüchtige Bestandteile sublimieren und an den kalten Flächen der Klarglas- oder Polykarbonatabdeckung wieder kondensieren. Unter Einsatz des Prozessadditivs und Anpassung der Formulierungen vermeidet man diese Ausgasungen (Abbildung 112).

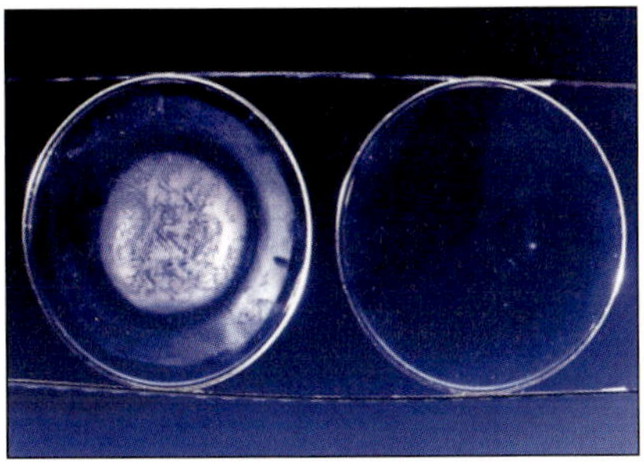

Abb. 112: Beispiel für Fogging bei BMC-Bauteilen

b) Prozessadditive für SMC/BMC

Die Homogenisierung von SMC/BMC mittels Prozessadditiv führt zur Optimierung der Farbhomogenität der Bauteile wie in Abbildung 113 verdeutlicht. Auch das Fließverhalten ist bedingt durch die Homogenisierung stark verbessert. Ebenso wird die Oberflächenqualität von Pressteilen verbessert.

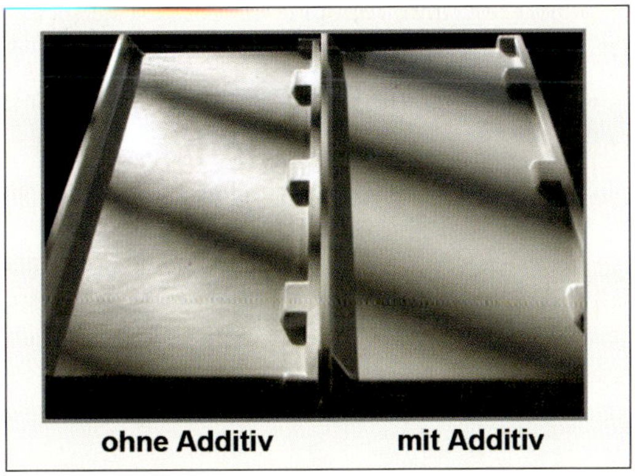

Abb. 113: Homogenisierung von SMC/BMC mittels Prozessadditiv

Zusammenfassung

Prozessadditive werden je nach Compound gezielt zur Verbesserung des Fließverhaltens und der Farbhomogenität sowie der Verarbeitung und der Qualität der Bauteile eingesetzt. Verbessert werden außerdem die Formteiloberfläche, die Lackhaftung und Verklebbarkeit von Bauteilen.

Rheologie

In vielen Fällen wird in Mehrkomponentensystemen zur besseren Verarbeitung ein definiertes rheologisches Verhalten verlangt. Die Viskosität soll sich z.B. bei der Einarbeitung von Füllstoffen und Pigmenten nicht wesentlich ändern, damit die eingebrachten Scherkräfte voll ausgenutzt werden können. Bei vielen Applikationsverfahren, z.B. Spritzverfahren, hingegen ist eine möglichst niedrige Viskosität erwünscht.

Das rheologische Verhalten hat wesentlichen Einfluss auf die Entlüftung und den Verlauf und somit auf den optischen Eindruck der Kunststoffoberfläche. Weiterhin wird durch das Fließverhalten die gleichmäßige Orientierung von Effektpigmenten (Aluminium- und Perlglanzpigmenten) gesteuert und bei Druckfarben beispielsweise die Abbildungsschärfe.

Eine richtig eingestellte Rheologie verhindert außerdem die Sedimentation von Pigmenten und Füllstoffen während der Lagerung und erlaubt gleichzeitig ein gutes Fließen beim Verpressen in kleinste Unebenheiten und Hinterschneidungen.

Rheologieadditive

Für eine optimale Einstellung der rheologischen Eigenschaften werden deshalb spezielle Rheologieadditive eingesetzt. In den meisten Fällen werden sie verwendet, um eine Bodensatzbildung bei Lagerung oder ein Ablaufen an senkrechten Flächen zu vermeiden.

Es gibt eine Vielzahl von Additiven am Markt, die gezielt die Rheologie beeinflussen. Die Additive bauen in der flüssigen Phase (z.B. durch Wasserstoffbrückenbindungen) räumlich ausgedehnte dreidimensionale Netzwerk-Strukturen auf, die bei Scherung reversibel zusammenbrechen und dadurch ein pseudoplastisches oder thixotropes Fließverhalten erzeugen.

Schichtsilikate wie Bentonit, Montmorillonit und Hectorit sind wirksame anorganische Zusatzmittel mit reversibler thixotroper Wirkung. Organische Zusatzmittel sind Cellulosederivate, Stärkeprodukte und Acrylatverbindungen. Das Molekulargewicht dieser Zusatzstoffe bestimmt die Eigenviskosität der Additive und damit die Zusatzmenge, die üblicherweise über ein Gewichtsprozent beträgt. Die Wirkung der einzelnen Stoffe hängt überdies vom pH-Wert des Systems ab.

Sensibel gegen Temperaturänderung sind polare oxidierte Polyethylenwachse und hydriertes Rizinusöl. Langkettige Polyamide müssen bei erhöhter Temperatur eingearbeitet werden, damit sie ihre volle Wirksamkeit erreichen könnnen. In der Praxis können sie einen negativen Einfluss auf die Zwischenhaftung vom Gelcoat zum Laminat oder beim Bedrucken haben.

Kunststoffoberfläche

Viele Kunststoffoberflächen werden nach der Herstellung zusätzlich lackiert. Sei es aus optischen Gründen oder um das Bauteil vor z.B. Witterung zu schützen. Bei der Lackierung eines Kunststoffes kann es zu Oberflächenstörungen kommen, welche die Optik der Beschichtung oder ihre Schutzfunktion beeinträchtigen (Abbildung 114).

Typische Oberflächendefekte sind:

- schlechte Untergrundbenetzung,
- Kraterbildung (siehe Abbildung 114),
- Bildung Bénard'scher Zellen, Ausschwimmen,
- schlechter Verlauf, Narbigkeit,
- Zugluftempfindlichkeit.

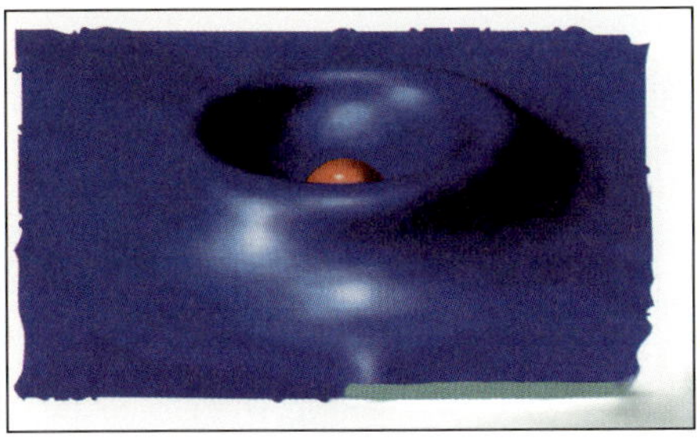

Abb. 114: Beispiel für einen Oberflächendefekt – Kraterbildung

Ein wesentlicher Parameter bei allen Defekten dieser Art ist die Oberflächenspannung der beteiligten Materialien. Hier sind insbesondere Oberflächenspannungsdifferenzen von entscheidender Bedeutung. Oberflächenspannungsdifferenzen können auftreten durch:

- Verdunstung der Lösemittel,
- Vernetzungsreaktion der Bindemittel,
- Einfall von Spritznebel oder Staub,
- Verunreinigung des Untergrundes,
- Art des Beschichtungssystems,
- Art des Untergrundes.

Oberflächenaktive Additive

Oberflächenaktive Additive können die Oberflächenspannung der Beschichtung oder des Kunststoffes beeinflussen und somit vorhandene Oberflächenspannungsdifferenzen minimieren. Im Wesentlichen handelt es sich bei solchen Produkten um Polysiloxane (Silikone) und Polyacrylate (Acrylatadditive).

Polysiloxane werden eingesetzt, wenn große Oberflächenspannungsdifferenzen auszugleichen sind. Sie können – abhängig von ihrer chemischen Struktur – die Oberflächenspannung der flüssigen Beschichtung sehr stark reduzieren. Daher werden Sie bevorzugt zur Verbesserung der Untergrundbenetzung und als Anti-Krater-Additive verwendet. In Abhängigkeit der Molmasse können Silikonadditive die Oberflächenglätte des ausgehärteten Films erhöhen oder die Blockneigung verringern.

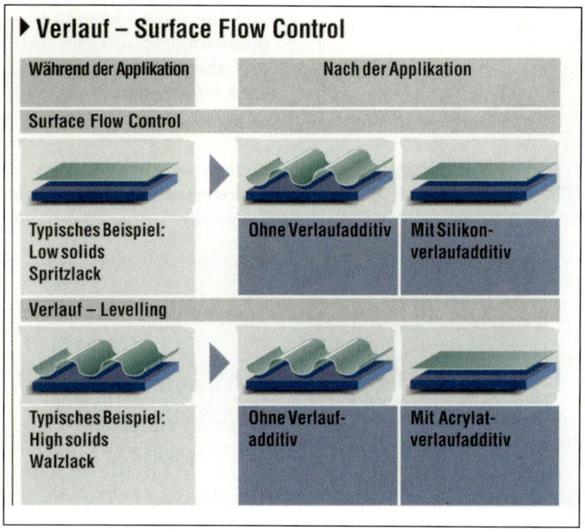

Abb. 115: Optimierung des Verlaufs nach der Applikation – hier am Beispiel Lack (grün)

Polyacrylate können nur geringe Oberflächenspannungsdifferenzen ausgleichen und reduzieren die Oberflächenspannung der flüssigen Beschichtung nur minimal. Sie werden in erster Linie zur Verlaufsverbesserung eingesetzt und können bei ausreichender Unverträglichkeit zur Entschäumung beitragen.

Daneben gibt es noch die Gruppe der niedermolekularen Tenside, die aufgrund ihrer typischen Tensidstruktur (polar/unpolar) ebenfalls grenzflächenaktiv sind und zur Reduzierung der Oberflächenspannung eingesetzt werden können.

Additive zum Alterungsschutz

Kunststoffartikel werden bei ihrer Herstellung wie auch während ihrer Verwendung unterschiedlichen Arten von Belastungen ausgesetzt, die zur Zersetzung der Polymermatrix führen. Im Verarbeitungsprozess entsteht Schädigung insbesondere durch thermische Belastung während der Erwärmung/Schmelze sowie durch dabei auftretende Scherkräfte. In der Endanwendung verursachen UV-Einstrahlung und Wärmeinwirkung sowie Luftsauerstoff, Chemikalien oder Wechselwirkungen mit anderen Additiven einen Abbau des Polymers.

Schädigungen des Kunststoffes durch derartige Einwirkungen äußern sich durch:

Verfärbungen,

Verlust der mechanischen Eigenschaften wie Schlagzähigkeit, E-modul, Steifigkeit...,

Verlust der Oberflächengüte wie Verminderung des Glanzes, Auftreten von Rissen ....

Die folgende Abbildung 116 verdetulicht die genannten Schädigungen:

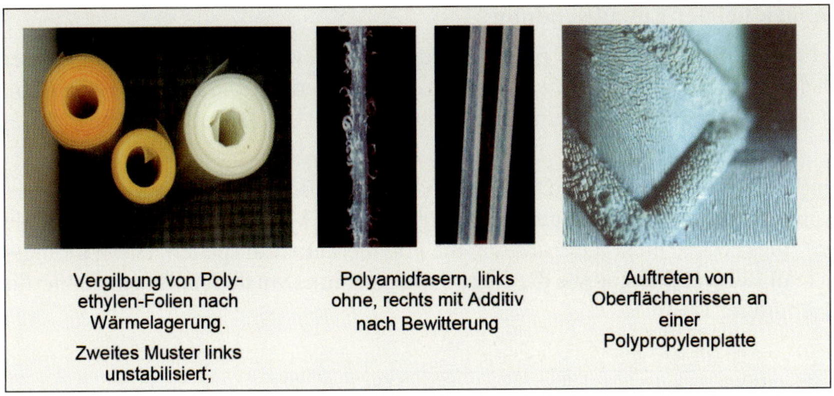

Abb. 116: Beispiele für die Schädigung von Kunststoffen

Wird die Polymermatrix geschädigt so entstehen Radikale, die über Kettenspaltungen oder –vernetzungen zur Schädigung der Polymermatrix führen.

Polymerschädigungen beim Verarbeitungsprozess

Beim Verarbeitungsprozess werden je nach Kunststoff Temperaturen bis zu 350°C angewandt. Die dabei entstehenden Radikale und Peroxide können durch entsprechende Antioxidantien inaktiviert werden. Dabei wird häufig eine Kombination von sterisch gehinderten Phenolen (primäre Antioxidantien, Wirkung bei rt bis 180°C) und Phosphiten/Phosphoniten (sekundäre Antioxidantien, Wirkung bei 160°C bis 350°C) eingesetzt. Im Folgenden (Abbildungen 117 und 118) sind zwei gängige Beispiele aufgeführt:

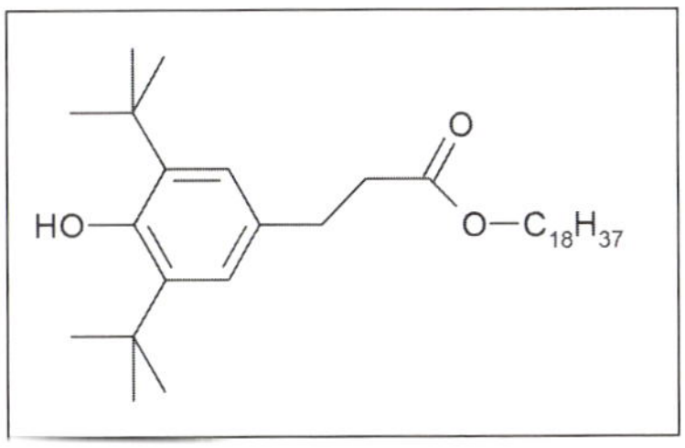

Abb. 117: Sterisch gehindertes Phenol zur Desaktivierung von Radikalen R., ROO.

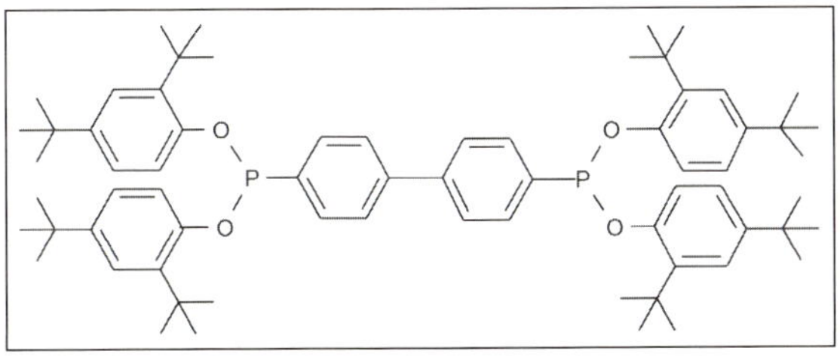

Abb. 118: Phosphonit zur Desaktivierung von Hydroperoxiden ROOH

Polymerschädigungen bei der Endanwendung

In der Endanwendung werden Kunststoffe durch Einflüsse wie Bewitterung und Wärme weiter geschädigt. Durch den Einfluss von Sonnenlicht werden die Polymerketten in Radikale gespalten. Um den Zersetzungsmechanismus zu verhindern, können zwei Arten von Schutzmechanismen genutzt werden:

a) Verringerung der UV-Belastung durch Einsatz von UV-Absorbern: Diese Verbindungen enthalten konjugierte Doppelbindungen, die energiereiche UV-Strahlung in Wärmeenergie umwandeln – diese reicht nicht mehr aus, um die Polymerketten zu spalten. Die Wirkungsweise kann man sich vereinfacht wie die eines Sonnenschirms vorstellen. Beispiele hierfür sind (siehe Abildung 119):

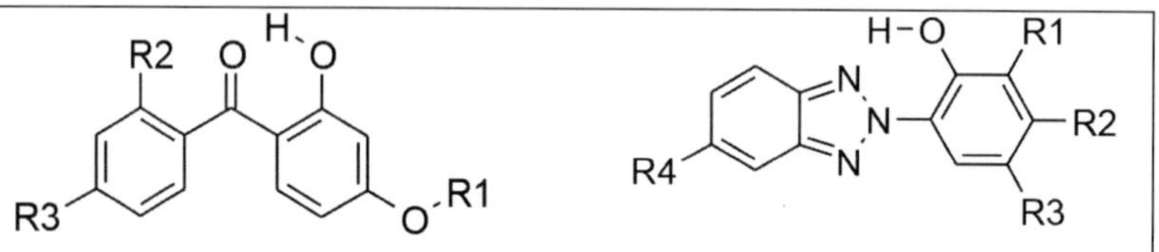

α-Hydroxy-benzophenon α-Hydroxy-benzophenon

Abb. 119: Beispiele für UV-Absorber

b) „Reparieren“ der Polymerketten durch Abfangen der entstandenen Radikale mit so genannten HALS (Hindered Amine Light Stabilizers).

Diese Additive haben eine sekundäre cyclische Aminstruktur (N-H, Piperidylgruppe). Um eine bessere Resistenz gegen Säuren, Pestizide o.Ä. zu bieten, wurden in den letzten Jahren vermehrt N-O-R und N-R Strukturen entwickelt:

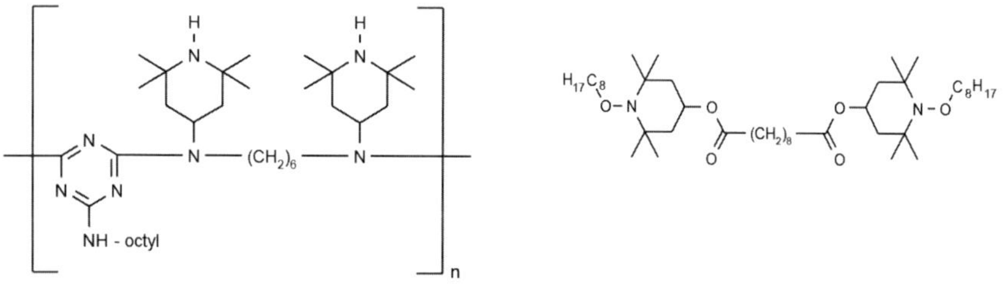

Hochmolekuares, migrationsbeständiges HALS

Niedermolekulares, chemikalienresistentes NORHALS

Abb. 120: Schematische Darstellung von Hindered Amine Light Stabilizers

Der Mechanismus der Radikalbildung und -inaktivierung verläuft nach folgendem Schema (siehe Abbldung 121):

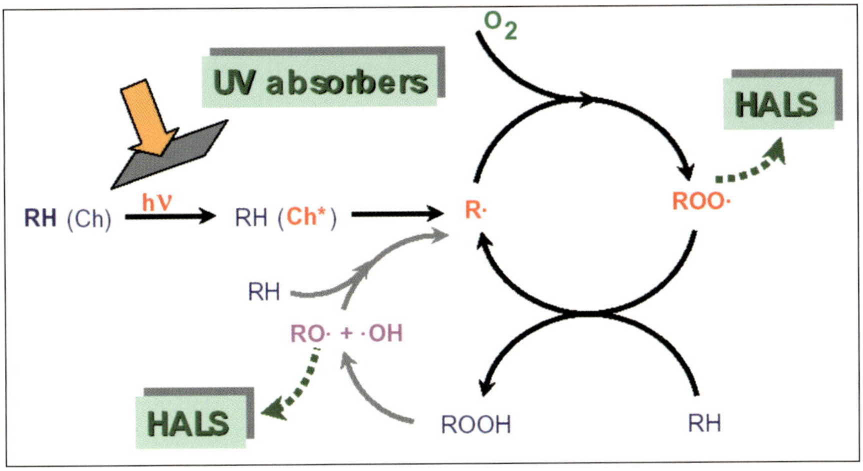

Abb. 121: Schematsiche Darstellung der Radikalbildung und -inaktivierung

Um einen ausreichenden Schutz zu gewährleisten werden häufig Kombinationen von UV-Absorbern und HALS in der Praxis verwendet.

Fazit

Um eine optimale Zusammensetzung und Konzentration von Verarbeitungsstabilisatoren und Lichtschutzmitteln wählen zu können, ist es entscheidend, die Verarbeitungsbedingungen (Temperatur, Scherkräfte im Verarbeitungsprozess, Reste von Polymerisations-katalysatoren...) sowie die Endanwendung (Außenanwendung, Wasserkontakt, Chemikalienkontakt, erwartete Lebensdauer...) möglichst genau zu kennen.

Literatur

- Entlüftung und Styrolemission, C. Biecker, BYK-Chemie GmbH
- Netzen -und Dispergieren, C. Biecker, H. Steinbach, BYK-Chemie GmbH
- Prozessdadditive, G. Reestman, H. Steinbach, BYK-Chemie GmbH

4.1.9 Farbmittel

4.1.9.1 Einführung/Geschichtliches

Der Begriff „Farbmittel" ist gemäß DIN 55944 die Sammelbezeichnung für alle farbgebenden Stoffe, die eingeteilt werden in anorganische und organische Farbmittel.

Bei den organischen. Farbmitteln wird wiederum unterschieden in natürliche und synthetische Farbmittel sowie in Farbstoffe und Pigmente (vom lat. Pigmentum = Malerfarbe). Die anorganischen Farbmittel (natürlich und synthetisch) sind Pigmente und haben häufig auch Füllstoffeigenschaften wie bereits im Kapitel über Füllstoffe beschrieben und definiert.

Natürliche anorganische Pigmente wie einige Erdpigmente wurden bereits für Höhlenmalereien vor über 20. 000 Jahren verwendet, um ca. 2.000 v. Chr. wurden Erdpigmente wie Ocker gebrannt und für Töpferwaren verwendet. Obwohl der Beginn der industriellen Herstellung von Pigmenten mit der Herstellung von Berliner Blau, Cobaltblau sowie Ultramarin-, Eisen- und Cadmium-Pigmenten ins 18. u. 19. Jahrhundert zurückdatiert, wurden fast alle heute wichtigen synthetischen Pigmente erst im 20. Jahrhundert entwickelt, viele erst in den letzten 50 Jahren.

Die heute gültigen Umweltschutz- und Gesundheitsschutz-Standards haben insbesondere in den letzten Jahren die Entwicklung neuer Pigmente und Pigmentmodifikationen befördert. Diese neuen Anforderungen haben inzwischen zu einem nahezu vollständigen Austausch von ehemals wichtigen Pigmenttypen wie z.B. solcher auf der Basis von Schwermetallen geführt.

Der im allgemeinen Sprachgebrauch häufig verwendete Terminus „Farbe“ soll für Farbmittel nicht verwendet werden. Farbe ist der durch das menschliche Auge vermittelte Sinneseindruck, der sich durch den selektiv absorbierten (nicht reflektierten) Anteil des einfallenden Lichts im sichtbaren Spektralbereich (400-720 nm Wellenlänge) ergibt. Bei der „Farbmetrik“ wird daher der „Farbort“ über die Remissionsmessung unter Berücksichtigung von Absorption und Streuung bestimmt. Bei völliger Reflexion entsteht der Sinneseindruck Weiß, bei vollständiger Absorption der Farbeindruck Schwarz.

4.1.9.2 Grundlagen

Da für den Einsatz in FVK fast ausschließlich Farbmittel in Form von Pigmenten eingesetzt werden, beschränkt sich die folgende Gliederung auf die wesentlichen Gruppen von FVK-relevanten Pigmenten.

Anorganische Pigmente

Die natürlichen anorganischen Pigmente wie z.B. Kreide, Ocker, Graphit, natürliche Eisenoxide, Grünerde usw. werden mittels mechanischer Behandlung (Mahlen, Schlämmen, Trocknen Brennen usw.) hergestellt und werden in FVK meist als Füllstoffe (Kreide) und nicht vorrangig zur Farbgebung eingesetzt.

Die wichtigsten und meistverwendeten Pigmenttypen auch für FVK sind synthetische anorganische Pigmente.

Hierzu gehören unter anderem folgende Gruppen: Metalloxide, -hydroxide und -oxidhydrate; Metallsulfide, Metallsulfate, Metallchromate und Metallmolybdate; schwefelhaltige Silicate; Mischphasenpigmente und Mischpigmente (anorganisch/organisch). Die Herstellung erfolgt über chemische und/oder physikalische Umwandlung wie z.B. Glühen, Fällen oder Aufschließen.

Die meisten anorganischen Pigmente sind chemisch stabil, beständig gegen anorganische Medien und besitzen eine gute bis ausgezeichnete Licht-, Wetter- und Temperaturstabilität.

Organische Pigmente

Natürliche organische Pigmente wie z.B. Indigo, Sepia oder Kasseler Braun finden in der Kunststoff-Einfärbung keine Verwendung.

Die synthetischen organischen Pigmente haben in den letzten Jahren eine zunehmende Bedeutung auch für die Kunststoffeinfärbung gewonnen. Insbesondere bei den Buntfarben wurden toxikologisch oder ökologisch problematische, anorganische Metallverbindungen nahezu vollständig durch entsprechende synthetische organische Pigmente ersetzt. Zu den wichtigsten synthetischen organischen Pigmenten gehören z.B. Azo-Pigmente (Mono- oder Di-azo) sowie polycyclische Pigmente (z.B. Kupfer-phtalocyanin-Pigmente, Chinacridon- und Perylen-Pigmente).

Eine zunehmende Bedeutung haben heute auch entsprechende Mischungen (co-processed blends) von organischen Pigmenten untereinander oder mit anorganischen „Trägermaterialien", die insbesondere in FVK-Anwendungen sowohl wirtschaftliche als auch technische Vorteile bieten können.

Bei der Verwendung von organischen Pigmenten ist außer den ökonomischen Gesichtspunkten (oftmals hohe Kosten) insbesondere auch auf die Temperatur-, Licht- und Lösungsmittelbeständigkeit und auf die Dispergierfähigkeit zu achten.

4.1.9.3 Farbmittel in Faserverstärkten Kunststoffen

Faserverstärkte Kunststoffe werden meist aus dekorativen Gründen eingefärbt. Farbe dient u. a. als Gestaltungs- und/oder Unterscheidungsmerkmal.

Durch die Verwendung von entsprechenden Pigmenten können jedoch auch die technischen Eigenschaften der FVK verbessert werden.

Typische Beispiele hierfür sind die Verbesserung der UV-Beständigkeit durch UV-Absorption bei der Pigmentierung mit Pigmentrußen oder die Veränderung der elektrischen und/oder thermischen Leitfähigkeit. Die eingesetzten Pigmente und Pigment-Konzentrate (als Pigment-Masterbatches oder Pigment-Pasten) können und sollen gezielt auf die jeweiligen Anforderungen der spezifischen Anwendung abgestimmt werden.

Wechselwirkungen/Einflüsse Farbmittel und Rezepturkomponenten

Bei der Auswahl geeigneter Farbmittel sind deren Auswirkungen nicht nur auf die optischen und koloristischen Eigenschaften zu beachten, sondern auch mögliche physikalische und/oder chemische Einflüsse in der Kunststoff-Formulierung und während des gesamten Herstellprozesses zu berücksichtigen. Die Dichte der verwendeten Pigmente hat aufgrund der geringen Einsatzmengen in den Gesamtformulierungen meist keinen großen Einfluss. Für die organischen Pigmente liegt die Dichte in den Bereichen von <1,0-1,8 g/cm³, bei den anorganischen Pigmenten zwischen 1,5-6 g/cm³.

Die wesentlichen Einflussparameter der Pigmente ergeben sich durch Oberflächenstruktur, Pigment-Harte/Abrasivität, Teilchengröße (sowohl als Primärteilchen als auch nach Aufbereitung), Agglomeration/Flockulation, ph-Wert, elektrische Ladung, Einfluss auf Reaktivität, thermische Spaltprodukte und andere mehr.

Mögliche Einflüsse der wesentlichen FVK-Komponenten können sich ergeben durch:

Unterschiedliche Harze: beeinflussen die Pigmentierung durch z.B. unterschiedliche Polarität, Brechungsindex, Morphologie, Reaktivität und unterschiedliche Gel-Zeiten (Thermoplast/ Duroplast), Fließverhalten, Fließwege, Verarbeitungsprozess, Exothermie etc..

Einflüsse der Füllstoffe ergeben sich aus z.B. Oberflächenstruktur, Coating, ph-Wert, Korngrößenverteilung (Sieb-/Filtereffekte), Härte, Eigenfärbung und Verunreinigungen.

Die Pigmentbelegung der Fasern im Halbzeug und im Fertigteil ist unter anderem abhängig von Faserart und von der gegebenenfalls verwendeten Schlichte oder sonstiger Oberflächenbehandlung. Die Kompatibilität aller Komponenten untereinander und die jeweiligen Einflüsse und Auswirkungen müssen also berücksichtigt werden.

4.1.9.4 Übersicht ausgewählter Pigmente

Eine praxisgerechte Übersicht über die wichtigsten Pigmente gliedert sich entsprechend der Farbtöne:

Weißpigmente

Weißpigmente repräsentieren mit einem Volumenanteil von über 75% aller in Kunststoffen verwendeten Pigmente die größte und wichtigste Gruppe. Hierbei ist grundsätzlich zu unterscheiden in zwei Pigment-Klassen: Titandioxid-basierende und Zinksulfid-basierende Typen.

Titandioxid-Pigmente werden heute nach zwei unterschiedlichen Produktionsverfahren (Sulfat-Prozess und Chlorid-Prozess) hergestellt, ihre Anwendungseigenschaften unterscheiden sich jedoch vielmehr durch die Art der Nachbehandlung, bei der bis zu 8% organische und anorganische Substanzen dem reinen Titandioxid-Pigment zugefügt werden.

Die meist verwendeten Titandioxid-Typen sind Rutil-Typen (Rutil-Kristallgitter), die sich durch eine ausgezeichnete Licht- und Witterungsbeständigkeit auszeichnen, jedoch bedingt durch die hohe Pigmenthärte (Mohs 6,5 für Rutil) und die Kristallform sowohl Abrieb in Werkzeugen als auch Faserschädigungen verursachen können.

Eine geringere Bedeutung für den Einsatz in FVK haben die meist in der Faserherstellung eingesetzten Anatase-Typen, die zwar eine geringere Härte (Mohs 5,5) und eine weniger abrasive Kristallform besitzen, jedoch ein wesentlich schlechteres Bewitterungsverhalten (bei Anwesenheit von Feuchtigkeit) in Kunststoffen aufweisen.

Zu den ***Zinksulfid-basierenden Weißpigmenten*** gehören die unter ihren Handelsnamen bekannten Sachtolith- und Lithopone-Pigmente. Beide besitzen eine deutlich geringere Farbstärke als Titandioxid, sind jedoch durch ihre geringe Härte (Mohs 3) und ihre jeweilige Oberflächenstruktur sehr faserschonend und nicht abrasiv.

- Die Lithopone-Typen sind co-gefällte Zinksulfid-Bariumsulf-Pigmente mit unterschiedlichen ZnS : BaSO4 -Anteilen (60:40 bis 30:70). Bei höherem Zinksulfid-Anteil (z.B. Lithopone 60 = 60% ZnS) ergibt sich eine höhere Deckkraft/Farbstärke oder auch Aufhellvermögen gegenüber den Lithopone-Typen mit geringerem ZnS Anteil.
- Die Sachtolith-Typen sind reine Zinksulfid-Pigmente mit unterschiedlichen Nachbehandlungen und Dispergierfähigkeiten. Ihre Farbstärke liegt höher als die der Lithopone, jedoch geringer als bei Titandioxid.

Gegenüber Titandioxid (Rutil) ist die Bewitterungstabilität der Zinksulfid-basierenden Weißpigmente deutlich geringer. Insbesondere beim Einsatz von nicht verchromten Werkzeugen in Pressverfahren und auch in der Extrusion werden Sachtolith und/oder Lithopone-Pigmente in großem Umfang als Weißpigment eingesetzt.

Schwarzpigmente

Schwarzpigmente sind mit ca. 15% Volumenanteil/Gesamtpigmentmenge die zweitgrößte Farbgruppe unter den in Kunststoffen eingesetzten Pigmenten. In FVK werden meist synthetische Eisenoxide (Fe2O3) und verschiedene Pigmentruße als Schwarzpigment verwendet.

Eisenoxidschwarz-Pigmente sind gut zu dispergieren und besitzen eine hohe Temperatur- und Wetterbeständigkeit. Sie werden vor allem als schwarze Tönkomponente in Mischfarben eingesetzt, der Einsatz von größeren Mengen Fe2O3 kann jedoch zu einer Erhöhung der Reaktivität in einigen FVK-Typen führen (vor allem in UP-Formulierungen). Eisenoxide weisen einen starken Magnetismus auf; dies führt häufig zu Agglomeration und Reagglomeration von Eisenoxid-Partikeln, die durch Ladungsverschiebung (z.B. verstärkt durch Füllstoffe) vermehrt auftreten können. Eisenoxidschwarz-Pigmente sind deutlich weniger farbstark als Pigmentruße.

Für schwarze und dunkle Einfärbungen werden daher meist Pigmentruße verwendet. Pigmentruße ergeben eine hohe Farbstärke bei geringen Einsatzmengen, sie sind Licht- und UV-absorbierend und verbessern daher die UV-Beständigkeit der so eingefärbten Kunststoffe.

Die Herstellung der Ruße erfolgt durch die unvollständige Verbrennung von Kohlenwasserstoffen wie z.B. Schweröl, flüssigem KW, Erdgas oder Acetylen. Pigmentruße werden meist im Flamm-, Gas- oder Furnace (Reaktor)-Prozess hergestellt.

Viele Typen sind oxidativ nachbehandelt und können dann bis zu über 20% flüchtige Anteile besitzen. Diese nachoxidierten Typen sind meist leichter zu dispergieren und besser zu verteilen.

Pigmentruße sind sehr feinteilig und bilden in ihrer Primärform bereits Agglomerate und Aggregate. Sie sind daher oft sehr schwierig zu benetzen und zu dispergieren und weisen häufig eine ausgeprägte Thixotropie in Anwendungen auf. Bedingt durch die großen Oberflächen und hohe Struktur der Pigmentruße kann auch eine Adsorption von Härtern und/oder Inhibitoren an den Rußoberflächen stattfinden. Die mittlere Primärteilchengröße von Pigmentrußen liegt zwischen 12-100 nm. Die in FVK üblicherweise eingesetzten Typen liegen im Bereich von 15-40nm.

Die unterschiedlichen koloristischen Eigenschaften der Pigmentruße sind meist auf unterschiedliche Primärteilchengrößen zurückzuführen und hängen auch vom Füllgrad oder sonstigen Pigmentkomponenten ab. Die für Kunststoffanwendungen wesentlichen Auswahlkriterien sind jedoch zumeist: Rheologie, Dispergierfähigkeit und Flockulationsbeständigkeit.

Aufgrund der Dispergier- und Verteilungsproblematik und zur Vermeidung von Kontamination werden in der Kunststoffverarbeitung nahezu ausschließlich Pigmentkonzentrate in Form von Masterbatches oder Rußpasten eingesetzt. Die üblichen Rußkonzentrationen liegen hier bei 15-50% Rußgehalt.

Auf die „Sondergruppe" der Leitfähigkeitsruße und Graphite wird hier nicht weiter eingegangen, da es sich hierbei nicht um klassische „Farbmittel" handelt, sondern eher um Funktionsfüllstoffe.

Blaupigmente

Als Blaupigmente für den Einsatz in FVK werden Phtalocyaninblau-, Ultramarinblau- und Kobaltblau-Pigmente verwendet.

Kobaltblau-Pigmente zeichnen sich durch eine sehr gute Benetzungs- und Dispergierfähigkeit aus und weisen eine hervorragende thermische- und Bewitterungs-Beständigkeit auf. Wegen der hohen Kosten und der sehr geringen Farbstärke ist ihre Anwendung insbesondere in hoch gefüllten Systemen jedoch limitiert. Sie werden deswegen vor allem in ungefüllten oder niedrig gefüllten FVK eingesetzt oder als blaue Tönkomponenten verwendet.

Auch Ultramarinblau-Pigmente werden häufig in ungefüllten oder niedrig gefüllten System oder als blaue Tönpigmente eingesetzt. Ultramarinblau-Pigmente haben je nach Type und Herstellungsverfahren einen unterschiedlichen Schwefelgehalt. Ihre Temperatur- und Witterungsbeständigkeit ist gut.

Die organischen Phtalocyaninblau-Pigmente gehören zur Gruppe der polycyclischen Pigmente (kondensierte aromatische Kohlenstoffsysteme). Sie sind sehr schwierig zu benetzen und zu dispergieren. Phtalocyaninblau-Pigmente können stark flockulieren und insbesondere nach der Einarbeitung in duroplastischen und auch zum Teil in thermoplastischen Systemen bilden sich häufig noch starke Reflockulation und Agglomeration von Phtalocyaninblau.

PC-blau-Pigmente sind in zwei verschiedenen Kristallmodifikationen verfügbar: die etwas rötlichere alpha-Modifikation ergibt eine geringere Beständigkeit gegen aromatische Kohlenwasserstoffe als die etwas stabilere und grünlichere beta-Modifikation. Alle Phtalocyaninblau-Pigmente besitzen eine hohe Farbstärke und gute Temperatur-Beständigkeit.

Grünpigmente

Phtalocyaningrün- und Chromoxidgrün-Pigmente sowie grüne Mischphasenpigmente (Spinellform) und grüne Mischpigmente werden je nach Anwendung eingesetzt.

Die Eigenschaften der Phtalocyaningrün-Pigmente entsprechen weitgehend den oben beschrieben Eigenschaften der beta-Modifikation des PC-blau; Phtalocyaningrün-Pigmente weisen jedoch meist einen höheren Chlorgehalt und eine etwas höhere Pigmenthärte auf.

Chromoxidgrün-Pigmente werden häufig bevorzugt als Tönkomponenten eingesetzt, da sie wegen ihrer hohen Pigmenthärte sowohl zur Faserschädigung als auch zum Abrieb in Werkzeugen beitragen können. Die Benetzungsfähigkeit und das Dispergierverhalten sind gut, ebenso die Temperatur- und Witterungs-Beständigkeit.

In neueren Anwendungen werden zum Tönen auch verstärkt Mischphasen-Grünpigmente mit einer Spinell-Struktur eingesetzt (Ti/Ni/Co Komplex), die ähnliche Eigenschaften aufweisen wie Kobalt-Blaupigmente.

Als weitere Grünpigmente werden auch Pigmentmischungen verwendet; hier handelt es sich meist um Mischungen von organischen Blaupigmenten (Phtalocyanin) mit organischen Gelbpigmenten. Deren Eigenschaften ergeben sich dann aus der Zusammensetzung der spezifischen Mischung und der Art des verwendeten Herstell-/Mischprozesses.

Rot- und Gelbpigmente

Für den Einsatz als Tönpigmente (insbesondere in Grau-, Beige-, Braun-Mischfarben) sollten bevorzugt gelbe und rote synthetische Eisenoxide eingesetzt werden. Sie sind kostengünstig und weisen gute Farbstärke bei guter Temperatur- und Bewitterungs-Beständigkeit auf und sind leicht zu benetzen und zu dispergieren. Mit diesen Eisenoxiden können jedoch keine reinen, brillanten Gelb- oder Rotfarbtöne erzielt werden.

Die ehemals wichtigsten (bis ca. 2006/2007) anorganischen Rot-, Gelb- und Orangepigmente waren schwermetallhaltige Blei-, Chrom- oder Molybdat-Verbindungen. Aufgrund ihrer toxikologischen und ökologischen Bedenklichkeit und der entsprechenden heutigen Regulierung und entsprechender Verwendungsverbote sind diese Pigmenttypen heute nahezu vollständig durch entsprechende unbedenklichere Alternativen substituiert worden.

Für den Gelbbereich sind hier u.a. die Bismut-Vanadate zu nennen; mit sehr guter Lichtechtheit, hoher thermischer Stabilität und sehr guter Dispergierfähigkeit. Nachteilig sind hier die geringe Farbstärke, der hohe Preis sowie die fehlende Brillanz (im Vergleich zu organischen Alternativen).

Viele heute verfügbare organischen Gelb- und Rotpigmente können wegen ihrer nicht ausreichenden Temperatur- und Lösungsmittelbeständigkeit z.B. in heißhärtenden Kunststoffen nicht eingesetzt werden. Die ausreichend stabilen Typen (einige Chinacridon-, Isoindolin-, Azo- oder Dioxazin-Pigmente) sind jedoch immer noch sehr teuer und zeigen auch häufig eine schlechtere Bewitterungsstabilität (im Vergleich zu den früher eingesetzten schwermetallhaltigen, anorganischen Typen). Dies gilt auch für viele Mischungen aus organischen und anorganischen Pigmenten.

Vor allem in den letzten Jahren gibt es jedoch eine Vielzahl neuer Anbieter, Produkte und Modifikationen bei den organischen Gelb- und Rot-Pigmenten und neue, verbesserte „Blends", die zu deutlichen technischen Fortschritten und einem verbessertem Preis-/Leistungsverhältnis geführt haben.

4.1.9.5 Pigmentpräparationen und Aufbereitung

Bei der Herstellung von Faserverstärkten Kunststoffen werden heute nur noch selten pulverförmige Pigmente verwendet. Die meist übliche Verwendung von Pigmentkonzentraten als Farb-Masterbatches oder Pigmentpasten zur Einfärbung vermeidet nicht nur eine Kontamination mit Pigmentstäuben in der Fertigung, sondern es werden, durch die entsprechenden optimierten Aufbereitungsverfahren bei der Masterbatch- oder Pigment-Pastenfertigung, auch deutlich geringere Pigmenteinsatzmengen ermöglicht. Daneben wird durch eine bessere Dispergierung und bessere Verteilung der Pigmente im Gesamtsystem eine bessere Reproduzierbarkeit der Einfärbung erreicht.

Neben der richtigen Pigmentauswahl ist insbesondere der Pigmentaufbereitungsprozess, d.h. die optimale und auf die jeweilige Pigmenttype abgestimmte Benetzung und Dispergierung der Pigmente ein wesentliches Qualitätsmerkmal. Die hierfür einzubringenden Scher- und Prallkräfte sind abhängig von der Pigmentkonzentrat-Viskosität (Abbildung 122).

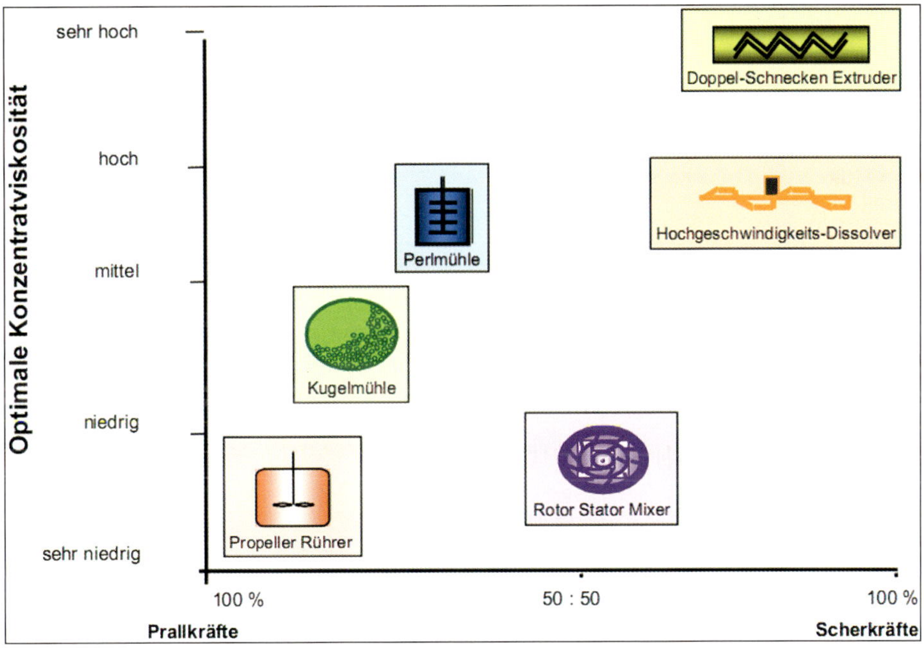

Abb. 122: Mahlen und Dispergieren von Pigmenten abhängig von Viskosität und Konzentration

Zu Herstellung von flüssigen und pastösen Pigmentkonzentrationen werden daher Hochleistungs-Dissolver und Perlmühlen kombiniert eingesetzt. Bei der Fertigung von thermoplastischen Masterbatches erfolgt vorzugsweise die Verarbeitung mittels Doppelschnecken-Extruder. Die Wirkungsweise der Perlmühle wird in Abbildung 123 und 124 veranschaulicht.

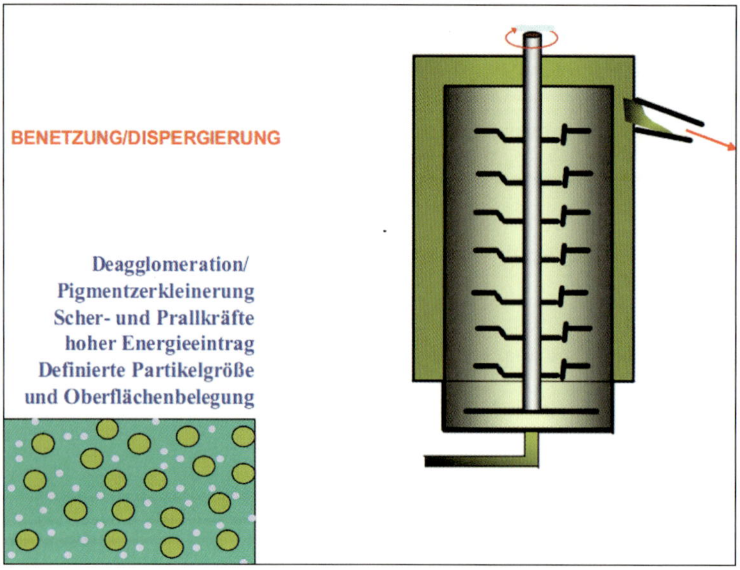

Abb. 123: Perlmühle

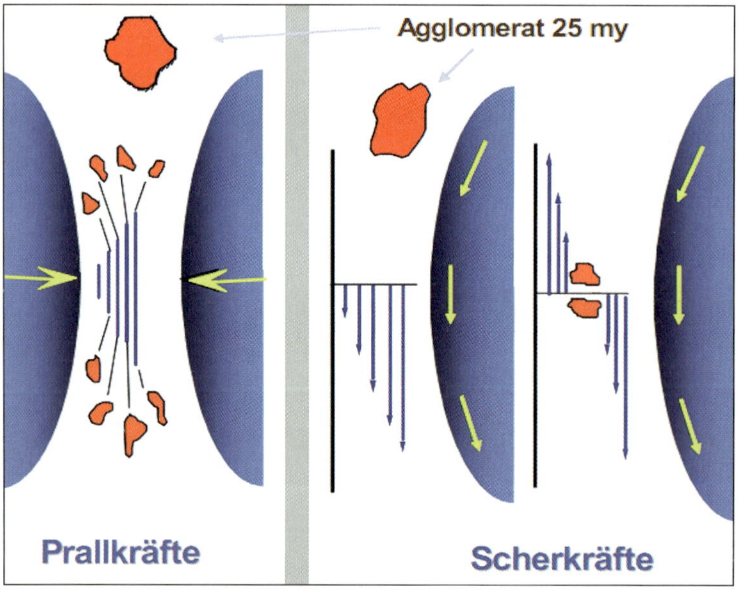

Abb. 124: Schaubild Prall-/Scherkräfte – Wirkungsweise in Perlmühle

Entsprechend der oben beschriebenen Wirkungsmechanismen sollte auch bei der Einarbeitung in die Gesamtformulierung eine ausreichende gute Dispergierung und gleichmäßige Verteilung der Pigmente/Pigmentkonzentrationen herbeigeführt werden.

4.1.9.6 Ausblick

Eine der wesentlichen künftigen Herausforderungen beim Einsatz von Farbmitteln wird die weitere Optimierung von Produkten und Prozessen an die veränderten ökonomischen, ökologischen und technologischen Anforderungen sein. Insbesondere in den Bereichen Recycling, Einsatz von Biopolymeren und Naturfasern sowie beim Einsatz von sonstigen regenerativen Rohstoffen ergeben sich viele neue Herausforderungen, die gemeinsam innerhalb der gesamten Wertschöpfungskette zur Lösung anstehen.

In diesen Fällen, wie auch allgemein, müssen Projekte, Entwicklungen und Lösungen künftig verstärkt gemeinsam zwischen Pigmenthersteller und/oder Pigmentkonzentrat-Hersteller, Kunststoff- oder Halbzeug-Hersteller, Kunststoff-Verarbeiter und industriellem Endverbraucher unter Berücksichtigung aller Komponenten und Verfahrensprozesse im System erarbeitet und abgestimmt werden.

Literatur

- DIN Taschenbuch Nr. 49: Pigmente, Füllstoffe, Farbstoffe
- DIN Taschenbuch Nr. 157: Farbmittel, Füllstoffe
- Lückert: Pigment- und Füllstofftabellen, Vincent Verlag Hannover (1994)
- Neumüller: Römpps Chemie Lexikon, Bd. 2 u. 4, Sttgt., 1981, 8. Aufl, Franckh´sche Verlagshdl.
- Sachtleben Chemie: div. Publikationen
- Evonik AG: div. Publikationen

4.1.10 Trennmittel

4.1.10.1 Einleitung

Der Einfluss der Trennmittel in der kunststoffverarbeitenden Industrie wird oft unterschätzt, obwohl die Auswahl des richtigen Trennmittels aufgrund der hohen Bedeutung bei der Entformung von Bauteilen nicht unerheblich für einen reibungslosen Produktionsablauf ist.

Ein gutes Timing ist essentiell wichtig bei der Trennmittel-Vorauswahl. Holen Sie den Lieferanten Ihres Vertrauens rechtzeitig ins Boot, eventuell müssen vor Produktionsstart noch Versuche gefahren werden!

Auf viele verschiedene „Kleinigkeiten" muss geachtet werden, z.B. auch darauf, welches Lösungsmittel für welche Formentemperatur tauglich ist und ob Wachse einsetzbar sind, da sie in der Regel eine höhere Formenverschmutzung verursachen. Es ist wichtig zu wissen, ob die Formteile anschließend lackiert werden oder nicht, da sich die Anzahl der möglichen Trennmittel durch diese Anforderung reduziert. Dies liegt daran, dass sich Trennmittel in der Regel auch auf die Formteile übertragen und unter Umständen dann beim anschließenden Verkleben oder Lackieren Probleme verursachen könnten.

Besonderes Augenmerk ist im Bereich Trennmittel aufgrund ihrer Eigenschaften auf Silikone zu legen, wobei nicht davon auszugehen ist, dass Silikone bei einer derartigen Anforderung generell auszuschließen sind. Es gibt eine Vielzahl von Silikonverbindungen und nicht jede verursacht Probleme beim anschließenden Lackieren. Silikonverbindungen, z.B. Silikonharze, sind aber für Bereiche, in denen eine hohe Formentemperatur vorhanden ist, unerlässlich, da Wachse bei höheren Temperaturen vercracken können, und somit eine größere Verschmutzung der Form verursachen können.

Es reicht aber nicht, das richtige Trennmittel für die Anwendung zu haben, sondern es ist notwendig, dieses auch richtig einzusetzen. Das bedeutet oft einen erhöhten Zeitaufwand, es ist aber unerlässlich für einen problemlosen und dadurch schnelleren Produktionsablauf. So sorgt eine sorgfältig auf die Form aufgetragene und polierte Trennpaste nicht nur für eine problemlose Trennung, sondern auch für einwandfreie Formteiloberflächen, die nicht mehr nachbehandelten werden müssen, also dadurch wieder Zeit und zusätzliches Material spart.

Natürlich hat die Trennmittel-Auswahl auch Einfluss auf den Glanzgrad der Formteiloberfläche. Es ist möglich, durch die richtige Auswahl und Anwendung des Trennmittels die gewünschte Formteiloberfläche, z.B eine glänzende oder gleichmäßig matte, zu erzielen. Ein Beispiel sind die PVA-Lacke, mit denen man, je nach Produkteinstellung, von hochglänzenden bis sehr matte Oberflächen fertigen kann.

Es wird also deutlich, dass es im Bereich der Trennmittel nicht mehr ausschließlich um eine leichte Entformung geht, sondern sehr viele andere Faktoren mittlerweile auch eine Rolle bei der Auswahl des Trennmittels spielen.

In der kunststoffverarbeitenden Industrie sind Systeme, die gänzlich ohne externes Trennmittel auskommen oder möglichst wenig davon verbrauchen, ohne großen Aufwand bei der Anwendung natürlich der Idealzustand. Interne Trennmittel, die dem Harz zugesetzt werden, kommen diesem Wunsch schon recht nahe, sind aber auch nicht unproblematisch, da ein externes Trennmittel als „Starttrennmittel“ eingesetzt werden muss und eine exakte Dosierung des internen Trennmittels notwendig ist.

Eine weitere Möglichkeit den Arbeitsaufwand zu reduzieren, sind semipermanente Trennmittel, die – korrekt aufgebracht – eine Mehrzahl von Entformungen ermöglichen und auf dem entformten Teil vernachlässigbare Trennmittelrückstände hinterlassen. Es ist aber beim Einsatz von semipermanenten Trennmitteln unbedingt darauf zu achten, auf sauber gereinigten Formenoberflächen zu starten und die vorgeschriebenen Wartezeiten je nach Temperatur einzuhalten. Nur so ist auch wirklich gewährleistet, dass das Trennmittel richtig auspolymerisiert und die erwünschte Anzahl von Entformungen bringt.

4.1.10.2 Trennmittelsysteme

Man sieht also, dass es eine Vielzahl von verschiedenen Trennmittelsystemen gibt, die man wie folgt unterteilen kann (Auf diese Zuordnung kommen wir im weiteren Verlauf noch zurück):

a) Grundierungen
b) Polierbare wachshaltige Trennmittel
c) Semipermanente Trennmittel, lösemittelhaltig
d) Semipermanente Trennmittel, wässerig
e) Interne Trennmittel
f) PVA-Trennmittel
g) Silikonhaltige Trennmittel

Mit Ausnahme einiger interner Trennmittel enthalten alle Trennmittel Lösungsmittel. Das kann Wasser sein, verschiedene Alkohole oder diverse Benzine.

Wie schon erwähnt, ist es enorm wichtig, das richtige Trägermedium für die trennaktiven Wirkstoffe zu wählen. So macht es z.B. wenig Sinn, ein wässeriges Trennmittel bei einer Anwendung bei Raumtemperatur zu wählen. Nicht nur, dass das Wasser eventuell nicht rechtzeitig abtrocknet, auf „kalten" Formen benetzen wässerige Trennmittel zudem schlechter als auf warmen Oberflächen.

Was auch nie vernachlässigt werden sollte, ist eine sorgfältige Reinigung der Formen vor der Verwendung. Normalerweise ist eine Reinigung auch während der Produktion ab und an erforderlich, da immer Trennmittelreste auf der Form verbleiben und diese möglicherweise als mehr oder weniger harter Aufbau die Produktion stören können.

Ebenso muss bei Bedarf (Nachbehandlung?) das Formteil gereinigt werden, da sich je nach Trennmittelsystem ein Teil des Trennmittels auf das Formteil übertragen und eventuell Benetzungsstörungen verursachen kann.

Da bilden die schon erwähnten semipermanenten Trennmittel eine Ausnahme, da diese einen sehr dünnen, festhaftenden Trennfilm bilden, der eine hohe Anzahl von Entformungen ermöglicht und sich nur in sehr geringen Maße auf das Formteil überträgt. Aus einer Rotorblattfertigung wissen wir, dass hier mit einem lösemittelhaltigen Versiegler und einem wässerig-semipermanenten Trennmittel insgesamt ein Jahr bei 5-6 Blatt pro Woche komplett ohne Formenreinigung produziert wurde.

Ein Trennmittel ist aber in Regel nicht in der Lage, eine sehr schlechte Form komplett auszugleichen. Es gibt zwar Systeme, mit denen kleinere Fehler oder stark porige Formen auszugleichen sind, aber eine stark zerstörte Formenoberfläche lässt sich nur durch Aufarbeiten wieder für den Einsatz in der Produktion herrichten (Achtung: Trennmittelspuren können sehr tief in das Gefüge der Form hineindiffundieren). Im Folgenden haben wir einige typische Anwendungsbeispiele für Sie zusammengefasst.

4.1.10.3 Anwendungsfelder

Das Modell

Mit der Vorbereitung des Urmodells beginnt die Herstellung einer Form. Zunächst ist die vollständige Aushärtung der Lackschicht auf dem Urmodell zu prüfen. Aus Zeitmangel wird hier schon oft der erste Fehler begangen: Alle üblichen Grundierungen enthalten neben den trennwirksamen Substanzen einen hohen Anteil an Lösungsmitteln. Diese können einen nicht vollständig ausgehärteten Lack angreifen und somit eine zerstörungsfreie Entformung verhindern. Zweckmäßig ist es daher, zunächst im äußeren Randbereich die Grundierung mit einem weichen Lappen oder Watte in kreisförmigen Bewegungen aufzutragen. Falls der Lack abfärbt, muss mit diesem Arbeitsschritt bis zur vollständigen Aushärtung gewartet werden.

Grundierung

Zur Grundierung eines Modells eignen sich besonders silikonfreie polierfähige Wachstrennmittel oder Trennsprays. Pastöses Trennwachs ist besonders für alte Lackschichten mit Fehlstellen oder für Modelle und Formen gedacht, die mit Spachtelmasse repariert worden sind. Für fehlerfreie Modelle oder Formenoberflächen können sehr gut Trennsprays eingesetzt werden.

Außerdem wird durch das enthaltene Wachs das Aufzugsverhalten von Trennlacken verbessert. Dieses kann bei glänzenden Oberflächen mit hohen Oberflächenspannungen schon ein Problem darstellen. Durch die Verwendung von wachshaltigen Trennmitteln wird dieser Effekt dagegen vermindert oder sogar aufgehoben.

Der Formenbau

Bei der Herstellung von Formen aus Polyester- oder Epoxidharzen mit spritzfähigen Gelcoats hat sich der Einsatz von Trennlacken bewährt. Ein Trennlack bietet einen guten Schutz gegen Styrol (Polyester) und nach dem Abwaschen von der Form eine neutrale Oberfläche für die Serienvorbereitung. Gerade im Hinblick auf die spätere Verarbeitung von oberflächensensitiven Materialien ist dies wichtig. Trennlacke gibt es in streich- und sprühfähiger Einstellung mit oder ohne Einfärbung und in verschiedenen Mattigkeitsstufen.

Bei der Verwendung von Deckschichten aus hoch gefüllten Polyester- und Epoxidharzen sollte auf den Einsatz von Trennlacken verzichtet werden. Dieses ist in den hohen Abriebskräften der Füllstoffe begründet, die den Trennfilm zerstören. Um aber auch hier eine gute Trennwirkung zu erreichen, wird die Grundierung in drei sich wiederholenden Arbeitsgängen aufgetragen. Zwischen diesen Arbeitsschritten ist für eine vollständige Ablüftung der Lösungsmittel zu sorgen. Nach jedem Auftrag wird der Wachsfilm auspoliert. Erst dann kann mit der nächsten Schicht begonnen werden.

(Semipermanente) Versiegelung

Vor dem ersten Einsatz muss die Form von allen alten Fett- und Trennmittelrückständen sorgfältig gereinigt werden. Wir empfehlen hierfür Durchschleifen und anschließend mit einem geeigneten Reiniger nachzureinigen. Die Versiegelung wird im Ersteinsatz in drei bis fünf Arbeitsgängen dünn und gleichmäßig auf die Form mit einem sauberen und fusselfreien Tuch aufgetragen. Jeweils nach dem Aufbringen einer Schicht sollte eine Wartezeit von 5 Minuten eingehalten werden. Nach dem Aufbringen der letzten Schicht ist noch eine Wartezeit von 30-60 Minuten (je nach Formentemperatur) einzuhalten. Danach folgt in gleicher Manier das semipermanente Trennmittel. Die so eingetrennte Form lässt eine Anzahl von Entformungen zu. Bei nachlassender Trennwirkung genügt ein ein- oder zweimaliges Aufbringen des Trennmittels auf die warme Form (so genanntes "Touch-Up"), wobei danach eine Wartezeit von 30 Minuten einzuhalten ist.

Das Werkzeug in der Produktion

In Gegensatz zum Formenbau, der in der Regel mit einem Minimum an verschiedenen Trennmitteln auskommt, stehen dem Verarbeiter je nach Anforderung und Material des zu fertigenden Teils verschiedene Trennmittelformulierungen zur Verfügung. Zur Festlegung eines Produktes für die ersten Versuche sollte man nach den Kriterien **der Parameter zur Trennmittelbestimmung** vorgehen.

Nach ersten Versuchen mit einem hierdurch festgelegten Trennmittel kann bei Bedarf noch eine Feinabstimmung zum Spezifizieren bestimmter Produktmerkmale vorgenommen werden. Auf diese Weise ist es zum Beispiel möglich, einen Trennlack mit einer höheren oder niedrigeren Mattigkeit auszuwählen.

Alte oder beschädigte Werkzeuge

Länger im Einsatz befindliche Formen werden porös und sind in der Regel auch schon an verschiedenen Stellen repariert. Hier ist eine Aufarbeitung der Oberflächen notwendig. Die einfachsten Lösungen bestehen darin, wachshaltige Pasten oder eine Art semipermanenten Reparaturlack einzusetzen. Sie verschließen feine Poren sowie Haarrisse oder mit Spachtelmasse ausgebesserte Fehlstellen.

Wie schon im Vorwort zu dieser Auflistung genannt, seien Sie sich bitte bewusst, dass es für beschädigte oder poröse Werkzeuge wirklich keine bessere Kur als eine sorgsame Aufarbeitung gibt.

Ein Füllen mit Trennpasten oder semipermanenten Fillern stellt immer nur eine temporäre Lösung dar, die sich binnen kurzer Zeit abnutzt und daher nur als Überbrückung bis zur nächsten Wartungsphase geeignet ist.

4.1.10.4 Parameter zur Trennmittelbestimmung

Anwenderanforderungen

- Oberfläche verkaufsfertig nach der Entformung
- Lackierbarkeit und/oder Verklebbarkeit
- mit Vorbehandlung
- ohne Vorbehandlung
- Polierfähigkeit des Trennmittels
- geringer Aufbau durch Trennmittel
- Mehrfachentformung
- Glanzgrad
- Reinigung

Kundenspezifische Verarbeitungsparameter

- Applikation des Trennmittels
  - Sprühauftrag
  - Handauftrag, z.B. mit Tuch
- Formenmaterial
  - Epoxidharz
  - Polyesterharz
  - Vinylesterharz
  - Aluminium oder Stahl (poliert, verchromt)
  - Galvanisch veredelte Formen
- Formenoberflächen
  - glänzend glatt
  - glänzend strukturiert
  - matt und glatt
  - matt und strukturiert
  - porös und durch hohe Abformrate beschädigt
- Formentemperatur
  - 20°C-80°C
  - 80°C-140°C
  - > 140°C

- Formengeometrie
  - tiefe und schwierige Geometrien mit geringer Konizität
  - flache und geometrisch einfache Teile
  - geometrisch schwierige Teile mit strukturierten Oberflächen
- Produktionsverfahren
  - Handauflegeverfahren
  - Vakuum-Injektionsverfahren
  - Pressen
  - kalt
  - heiß
  - RTM-Verfahren
  - Wickelverfahren
  - Schleuderverfahren
- Deckschicht- und Matrixharze
  - Epoxidharze
  - Polyesterharze
  - Vinylesterharze
  - Phenolharze
  - gefüllt/ungefüllt
  - flammhemmende Einstellungen
- Polymerbeton
  - mit Gelcoat
  - ohne Gelcoat
  - gebrochenes grobes Füllgut
  - feines Füllgut
  - Werkstückgröße in cm (L/B/H)

4.1.10.5 Trennmittelwahl nach Fertigungsmethode

Zu diesem Zweck kommen wir noch einmal auf die verfügbaren Trennmitteloptionen zurück:

a) Grundierungen
b) Polierbare wachshaltige Trennmittel
c) Semipermanente Trennmittel, lösemittelhaltig
d) Semipermanente Trennmittel, wässerig
e) Interne Trennmittel
f) PVA- Trennmittel
g) Silikonhaltige Trennmittel

Im Folgenden ist die Zuordnung der Trennsysteme nach Fertigungsverfahren dargestellt:

a) **Faserspritzen**

Harz: in erster Linie Polyester

Faser: ausschließlich Glasrovings

Kernmaterialien: keine (müssen ggf. gesondert eingebracht werden)

- **Typische Anwendungsbereiche**

Behälterbau, Abdeckungen, gering belastete Bauteile wie Verkleidungen, LKW-Aufbauten, Nasszellen, kleinere Wasserfahrzeuge

- **Bewährte Trennmittel-Optionen**

A), B), C), D), F), G) (Benetzung Folgeverfahren?)

b) **Handauflegeverfahren**

Harz: alle Typen, z.B. Epoxyd, Polyester, Vinylester

Faser: alle Typen, Ausnahme: schwere Aramidfasergelege (schlecht zu tränken)

Kernmaterialien: alle Typen

- **Typische Anwendungsbereiche**

Boots- und Yachtbau, Rotorblätter für Windkraftanlagen, architektonische Sonderlösungen, Behälterbau.

- **Bewährte Trennmittel-Optionen**

A), B), C), D), F), G) (Benetzung Folgeverfahren?)

c) **Vakuumverfahren**

Harz: überwiegend Epoxyd, seltener Phenol. Polyester und Vinylester härten nicht aus, wenn ihnen der Styrol-Anteil durch das Vakuum zu schnell entzogen wird.

Faser: alle Typen, auch hohe Flächengewichte

Kernmaterialien: alle Typen

- **Typische Anwendungsbereiche**

Bau von großen Hochleistungsyachten, Teile für Rennfahrzeuge, hochwertige Rotorblätter für Windkraftanlagen.

- **Bewährte Trennmittel-Optionen**

A), B), C), D)

d) **Faser-Wickelverfahren – Filament Winding**

- **Gebräuchliche Materialien**

Harz: alle Typen

Faser: alle Typen, immer direkt von der Spule

Kernmaterialien: alle Typen möglich, meistens sind die Bauteile aber monolithisch

- **Typische Anwendungsbereiche**

Chemietanks, Masten, Druckzylinder, Druckkabinen, Kompressorbehälter

- **Bewährte Trennmittel-Optionen (nur Rohre und Masten/Teile mit Kern)**

  C), D), F)

e) Pultrusionsverfahren

- **Gebräuchliche Materialien**

  Harz: alle Typen, meistens Epoxyd, Vinylester und Phenol

  Fasern: alle Typen

  Kernmaterialien: keine

- **Typische Anwendungsbereiche**

  Träger und Absteifungen für Dachkonstruktionen, Leitern, Fensterprofile, Rahmenkonstruktionen.

- **Bewährte Trennmittel-Optionen**

  E), G)

f) Harzübertragungsverfahren – RTM

- **Gebräuchliche Materialien**

  Harz: Überwiegend Epoxyd, Polyester und Vinylester-Fasern: Alle Typen, bevorzugt als Nähgelege mit extra eingearbeiteten „Lücken" zur Verbesserung des Harzflusses.

  Kernmaterial: Alle, außer Waben, denn die Zellen würden sich mit Harz füllen. Manche Schäume vertragen die auftretende Druckbelastung nicht.

- **Typische Anwendungsbereiche**

  Kleine Automobil-, Bahn- und Flugzeugkomponenten mit komplexen Geometrien, z.B. Sitzschalen, Deckelklappen, Verkleidungen etc.

- **Bewährte Trennmittel-Optionen**

  C), D), E)

g) Prepregs

- **Gebräuchliche Materialien**

  Harz: meistens Epoxyd, manchmal Polyester, Vinylester. Für spezielle Anwendungen aller bisher beschriebenen Typen.

  Faser: Alle Typen, entweder direkt von der Spule oder in vorkonfektionierter Form

  Kernmaterial: Alle Typen. Für hohe Aushärtungstemperaturen (>80°C) sind spezielle Schaumtypen erforderlich.

- **Typische Anwendungsbereiche:**

  Strukturkomponenten an Flugzeugen (z.B. Leitwerke, Tragflächen, Druckkalotten), Rennfahrzeuge (F1), hochwertige Sportgeräte wie Tennisschläger, Skier, Snowboards etc.

- **Bewährte Trennmittel-Optionen**

  C), D), G)

h) Heißpressverfahren

- **SMC**
  - **Typische Anwendungsbereiche:**
    Kabinendächer, Außenverkleidungen, Außenträger, Außenkonsolen und Sockelblenden für LKW
  - **Bewährte Trennmittel-Optionen**
    C), D), E)
- **BMC**
  - **Typische Anwendungsbereiche:**
    Scheinwerfer-Reflektoren, Elektronik-Bauteile, KFZ-Außenteile
  - **Bewährte Trennmittel-Optionen**
    C), D), E)

4.1.10.6 Fehlerquellen

Wie schon am Anfang erwähnt, ist die richtige Auswahl und Anwendung des Trennmittels von großer Bedeutung. Und natürlich gibt es da diverse Fehlerquellen. Dazu ist es wichtig, die weiter oben aufgelisteten Parameter möglichst genau anzugeben, da sonst keine optimale Empfehlung ausgesprochen werden kann, was wiederum dann zu Problemen führen könnte.

Fangen wir mit der Auswahl an:

Es ist sehr wichtig, die Formentemperatur zu beachten. Wenn z.B. bei einer Form bei Raumtemperatur ein wässeriges Trennmittel eingesetzt wird, dann tauchen in der Regel Benetzungsprobleme aufgrund der Oberflächenspannung des Wassers auf.

Und als zweites wird die Verdunstung des Wassers zum Problem. Diese Problematik hat man natürlich auch, wenn ein Benzin mit einem hohen Siedepunkt auf einer Form bei Raumtemperatur eingesetzt werden soll. Auch ist die Formentemperatur wichtig für die Auswahl der Wirkstoffkomponente.

Wenn ein Wachs in einem Temperaturbereich eingesetzt werden soll, bei dem es schon geschmolzen ist, kann sich die Trennwirkung stark reduzieren und selbst wenn das Formteil noch entformt werden kann, werden wahrscheinlich Blasen im Gelcoat zu sehen sein, die entweder von einem Pre-release-Effekt kommen, der von zusammengeflossenen Wirkstoffen herrührt, oder durch Gase aus verdampften Wachsanteilen. Eine bessere Alternative wäre hier ein Wachs mit einem höheren Schmelzpunkt oder ein semipermanentes Trennmittel gewesen

Was auch häufig zu Problemen führt, ist eine falsche Lagerung des Trennmittels. So sollten Trennmittel, wie alle anderen chemisch-technischen Produkte in der Regel vor Kälte und Hitze geschützt gelagert werden, und weder der prallen Sonne noch Frost ausgesetzt werden. So empfehlen wir einen Raum mit Temperaturen zwischen 10 und 35°C. Die Folge einer falschen Lagerung kann die irreversible Zerstörung des Trennmittels sein. So wird ein wässeriges Produkt durch Frosteinwirkung möglicherweise komplett zerstört, da die Emulsion solchen Temperaturen nicht standhält. Eine Trennpaste, die der Sonne mit Temperaturen über 30°C ausgesetzt wird, verliert ihr Gefüge, verflüssigt sich und lässt sich auch durch abkühlen nicht wieder in den Urzustand zurückversetzen. Natürlich lassen sich einige Pasten auch durch kräftiges Rühren verflüssigen, aber dieses geschieht dann im eigenem Ermessen des Kunden und kann auch, falls nicht mit Fingerspitzengefühl durchgeführt, zu Konsistenzproblemen führen.

Der Begriff „Rühren“ ist bei der Verarbeitung unserer Erzeugnisse ein wesentliches Stichwort. Alle flüssigen Trennmittel müssen gerührt (oder Kleingebinde ausgiebig geschüttelt) werden!

Bei wachshaltigen Produkten tendieren die Wirkstoffe nach einer gewissen Zeit zum Separieren und müssen daher durch den Rührvorgang wieder gleichmäßig verteilt werden.

Schon bei Gebinden mit einem Inhalt von 5 kg/Liter und mehr ist weder durch Schütteln noch Rollen eine ausreichende Vermischung zu erzielen. Hier hilft eigentlich nur ein geeignetes Rührgerät, das mittels Drehzahl oder Drehmoment die Wirkstoffe wieder gleichmäßig im Trennmittel verteilt.

Vor dem Trennmittelauftrag oder bei einem Wechsel des Trennmittelsystems muss die zu behandelnde Form auf jeden Fall mit einem geeigneten Formenreiniger gesäubert werden (auch wenn sie vorher durchgeschliffen wurde). Anschließend sind unbedingt saubere und fusselfreie Tücher zum Aufbringen des Trennmittels einzusetzen. Ein dünner und gleichmäßiger Trennmittelauftrag ist die Basis eines erfolgreichen Arbeitens und eines guten Gelingens. Vergessen Sie daher bitte nicht, dass ein gutes Tuch ein Applikationswerkzeug ist, das für eine gute Oberfläche mitverantwortlich sein kann.

Zu dicke Trennmittelschichten

- schließen Lösemittel ein und verursachen Störungen durch nachträgliches Ausgasen,
- unterbinden ein Aushärten semipermanenter Trennschichten,
- erschweren ein nachträgliches Polieren des Trennfilms oder machen es unmöglich,
- machen eine vorzeitige und aufwendigere Formenreinigung notwendig,
- können durch Saugwirkung eine schlechtere Trennwirkung hervorrufen.

Natürlich spielt auch die Güte der Formenoberfläche eine große Rolle: Bei der Verwendung eines semipermanenten Trennmittels können zum Beispiel Beschädigungen wie Riefen, Löcher usw. eine ungleichmäßige Trennmittelverteilung oder sogar einen Verzahnungseffekt von Form- zu Formteil nach sich ziehen. Dadurch wird die Entformung natürlich stark erschwert. Mit jeder Abformung muss dann etwas mehr Gewalt angewendet werden, die ebenfalls wieder erneute Beschädigungen nach sich zieht. Somit sollte nach jeder Abformung eine Sichtkontrolle stattfinden, um eventuell aufgetretene Beschädigungen sofort zu reparieren und/oder glattzuschleifen.

Eine weitere Möglichkeit besteht darin, wachshaltige Pasten einzusetzen, um eventuelle Beschädigungen zuzuspachteln und auf diese Weise zu egalisieren. Wer auf Maßhaltigkeit angewiesen ist oder die Teile hinterher ohne aufwendige Reinigung verkleben oder lackieren möchte, der wird von dieser Methode Abstand nehmen.

Auch eine relativ harte Wachspaste ist keine Spachtelmasse!

Feine Poren, feine Risse und Riefen können durchaus mit einem wachshaltigen Produkt überbrückt werden. Diese Art der Ausbesserung ist aber in der Regel und in den meisten Fällen nach jeder Entformung zu erneuern. Fein ausgebesserte Oberflächen lassen auch den Einsatz eines semipermanenten Trennmittels zu, wobei die kritischen Stellen allerdings beobachtet werden sollten, weil es dort infolge unterschiedlichen Benetzungsvermögens sehr viel früher zu einer notwendigen Nachbehandlung kommen kann.

Kritische Situationen können sich auch zeigen, wenn für ein Harzsystem mit einer überdurchschnittlichen langen Topfzeit ein wachshaltiges Trennmittel zur Anwendung kommt. Durch die lange, offene Zeit des Harzsystems wird das Trennmittel angegriffen und stellenweise regelrecht aufgelöst. Diesem Mangel kann man begegnen, indem man zusätzlich zu dem wachshaltigen Trennmittel einen PVA-Lack (Trennlack) einsetzt oder aber das gesamte System gegebenenfalls auf ein semipermanentes Produkt umstellt.

Abbildung 125 zeigt einige typische Fehler, die durch falsche Verwendung/den falschen Umgang mit Trennmitteln hervorgerufen werden können:

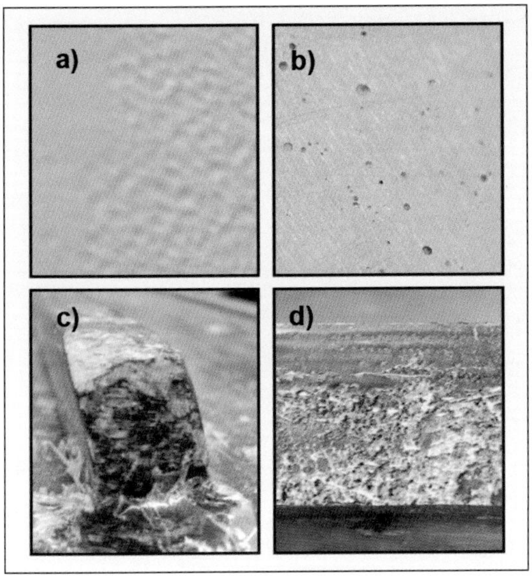

a) Orangenhaut am Rotorblatt/Gelcoat-Störung durch zu starken Trennmittelauftrag

b) Lunker in einer Aluminium-Formoberfläche

c) Beschädigter Formensteg/Teile wurden mittels Hammer entformt

d) Formteil-Oberflächenabriss/Trennmittel versagte wegen verlängerter Topfzeit des Harzes

Abb. 125: Fehlerbilder Trennmittelverwendung

Die folgende Tabelle 17 zeigt einige Fehlermöglichkeiten, wie sie bei der Trennmittelverarbeitung auftreten können und mögliche Fehlerbilder:

Tab. 17: Fehlermöglichkeiten bei Trennmittelverarbeitung

Fehlermöglichkeiten bei der Trennmittelverarbeitung	Schlechte Trennung	Keine Tren-nung	Trenn-mittel-aufbau in der Schale	Gelcoat-Ab-lösungen	Benet-zungs-störung im Gelcoat
Trennmittel nicht gerührt (*)	X	X	X	X	X
Zuviel Trennmittel aufgetragen (*)			X	X	X
Zuviel Trennmittel aufgetragen (**)			X	X	X
Zuwenig Trennmittel aufgetragen	X	X			
Verschmutztes Tuch benutzt					X
Trennmittel nicht polymerisiert (**)	X		X		X
Zu niedrige Temperatur beim Polymerisieren (**)	X		X		X
Zu früh/zu warm entformt (**)	X		X		
Trennfilm zu stark poliert (*)	X	X			
Verschleppung von Trennmittel-Sprühnebeln				X	X
Anbruchgebinde zu lange gelagert (**)	X	X			

(*) bezieht sich auf wachshaltige Trennmittel wie z.B. ACMOSAN 82-263-3
(**) bezieht sich auf semipermanente Trennmittel wie z.B. ACMOScoat 82-9062

4.1.10.7 Beispielhafte Anwendungen

- Abbildung 126: Abformung CFK-Teile unterschiedlichster Größe mit einem semipermanenten Sealer und einem wässrig-semipermanenten Trennmittel
- Abbildung 127: GFK-Rotorblatt, über 60 Meter Länge, für ein Offshore-Windkraftwerk (semipermanenter Sealer + wässrig-semipermanentes Trennmittel)
- Abbildung 128 (links): Herstellung EP-Langlaufskier mit einem semipermanenten Trennmittel
- Abbildung 128 (mitte) Herstellung von PE-Rotationsteilen mit einem semipermanenten Trennmittel
- Abbildung 128 (rechts): Herstellung von Drainagerinnen aus Polymerbeton mit internem & externem wässerigen Trennmittel

Abb. 126: Verwendung wässrig-semipermanenter Trennmittel

Abb. 127: Verwendung semipermanenter Sealer + wässrig-semipermanenter Trennmittel

Abb. 128: Trennmitteleinsatz (Praktische Beispiele)

4.1.10.8 Schlusswort

Ein Trennmittel ist nicht in der Lage, alle in der Produktion auftretenden Probleme zu lösen. Aber man kann mit entsprechender Beratung und Zusammenarbeit sicher ein funktionierendes und für den Kunden zufriedenstellendes System anbieten. Sprechen Sie Ihren kompetenten Berater in Trennmittelfragen an, um sich alle möglichen und sinnvollen Trennsysteme für Ihre Anwendung vorstellen zu lassen.

4.2 Halbzeuge

4.2.1 Faserhalbzeuge

4.2.1.1 Herstellung von Faserhalbzeugen

Faserhalbzeuge sind Flächengebilde oder dreidimensionale Strukturen, welche üblicherweise aus Endlosfilamenten in Form von Rovings (Strängen) hergestellt werden. Die gängigsten Faserhalbzeuge im Verbundwerkstoffbereich sind flächige Textilien wie Gewebe, Geflechte und Gelege aus Textilglas, Aramid oder Kohlenstofffasern. Diese werden in den folgenden Unterpunkten erläutert. Die Herstellung von Matten und Vliesen wird in anderen Kapiteln in diesem Handbuch beschrieben. Außerdem werden einige Sonderformen wie Mehrlagengewebe, Abstandsgewebe und -gewirke vorgestellt. Durch den Einsatz solcher auf das Bauteil und das Anforderungsprofil angepasster textilen Verstärkungshalbzeuge wird die Verarbeitung im Vergleich zu unidirektionalen Faserverstärkungen bei nicht zylindrischen Bauteilen wesentlich vereinfacht [4].

Um komplexere Bauteile einfach herstellen zu können, werden teilweise Halbzeuge zu so genannten Vorformlingen verarbeitet. Diese Vorformlinge bestehen aus zugeschnittenen Halbzeugen, die mittels spezieller Fügeverfahren zusammengesetzt werden. Auf die Konfektion von Faserhalbzeugen wird in diesem Kapitel abschließend eingegangen.

Gewebe

Nach DIN 60000 werden Gewebe definiert als Flächengebilde, die mittels Fachbildung aus sich rechtwinklig verkreuzenden Fäden zweier Fadensysteme, Kette und Schuss, hergestellt sind. Die Kettfäden laufen vom Kettbaum, auf dem sie aufgewickelt sind, über den Streichbaum, der einerseits zum Ausgleich der Fadenspannung und andererseits als Abtastorgan für Kettablassvorrichtungen dient.

Jeder Kettfaden wird nun durch Litzen geführt, die in die Schäfte eingehängt sind. Die Schäfte mit den Litzen werden bei mechanischen Webstühlen durch Exzenter gegenläufig auf und ab bewegt. Dadurch hebt sich ein Teil der Kettfäden, der andere senkt sich.

Im Zwischenraum, Fach genannt, werden die querliegenden Schussfäden durch ein Schusseintragssystem eingeführt. Das Fach wird gewechselt, der eingetragene Schuss durch das an der Lade befestigte Webblatt an das fertige Gewebe angeschlagen und auf dem Warenbaum aufgewickelt [7]. In der folgenden Abbildung 129 ist eine Webmaschine schematisch dargestellt.

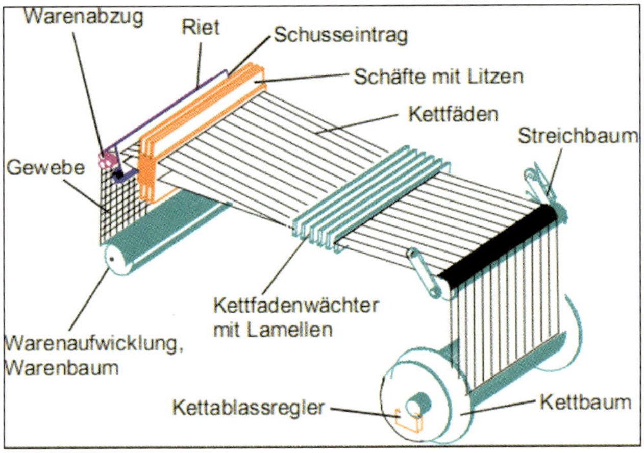

Abb. 129: Schema einer Webmaschine

Die Art und Verkreuzung von Kett- und Schussfaden nennt man Bindung. Eine vielseitige Beeinflussung der Gewebeeigenschaften bzw. der Gewebegestaltung ergibt sich durch die Wahl der Bindungsart. Die Bindung entscheidet, wie oft ein Faden auf einer bestimmten Länge verkreuzt wird. Man spricht hier von Flottierung. Es gibt drei Grundbindungen, nämlich Leinwand-, Köper- und Atlasbindung. Die ersten beiden Arten sind in der folgenden Abbildung 130 dargestellt:

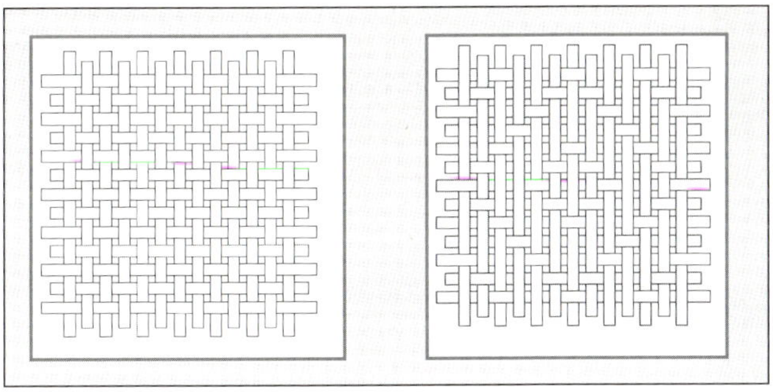

Abb. 130: Leinwand- und Köperbindung

Die Leinwandbindung hat die kleinste Fadenflottierung und zeichnet sich durch hohe Verschiebefestigkeit aus. Über die Köperbindung hin zur Atlasbindung nimmt die Fadenflottierung zu. Gleichzeitig sinkt die Verschiebefestigkeit des Gewebes, was sich z.B. beim Einsatz im Pressverfahren durch Verrutschen der Fäden negativ bemerkbar machen kann.

Die Drapierbarkeit, die als sphärische Verformbarkeit ohne Faltenbildung definiert wird, erhöht sich tendenziell mit zunehmender Fadenflottierung.

Im Vergleich zu unidirektionalen Verstärkungen ist die Hantierbarkeit von Geweben einfacher. Im Verbundwerkstoff führt der wellenförmige Fadenverlauf der Gewebe zu Einbußen bezüglich der mechanischen Eigenschaften. Festigkeit und Elastizitätsmodul von gewebeverstärkten Laminaten sind zwischen 10% und 40% geringer als bei unidirektionalen Verstärkungen. Bei Auswahl geeigneter Schuss- und Kettfadendichte sowie geeigneter Bindungen können diese Nachteile minimiert werden, indem die Fadenkrümmung reduziert wird [4].

Eine spezielle Gewebeart sind die unidirektionalen Gewebe, bei denen ein Anteil von 95% des Flächengewichtes auf die Kettfäden entfällt und lediglich 5% des Gewichts auf die Schussfäden. Diese Gewebe kommen den mechanischen Eigenschaften unidirektionaler Verstärkungen sehr nahe.

Neben der Verarbeitung gleicher Materialien in Kett- und Schussfadenrichtung werden für bestimmte Anwendungsfälle auch Kombinationen verschiedener Faserarten eingesetzt. Diese Mischgewebe bezeichnet man als Hybridgewebe. Oft werden für Verbundwerkstoffanwendungen Textilglasrovings, Aramid- und Kohlenstofffasern in Hybridgeweben eingesetzt.

Wenn die Verarbeitung technischer Fasern in der Form von Rovings erfolgt, werden aus diesem Material hergestellte Gewebe als Rovinggewebe bezeichnet. Damit grenzt man Gewebe mit Endlosfasern von Spinnfasergeweben, den so genannten Garngeweben ab.

Geflechte

Nach DIN 60000 werden Geflechte definiert als Flächen oder Körpergebilde mit regelmäßiger Fadendichte und geschlossenem Warenbild, deren Flecht-Fäden sich in schräger Richtung zu den Warenkanten verkreuzen. Bei der Herstellung von Geflechten werden, im Unterschied zu anderen textilen Prozessen, offene Garnenden miteinander verkreuzt (Abbildung 131).

Abb. 131: Flechtmaschine mit stehendem Klöppelfeld

Zur maschinellen Herstellung von Geflechten müssen die Fäden oder Fadenbündel mit Hilfe der so genannten Klöppel (Spulenträger) in einer achterbahnartigen Bewegung geführt werden, wobei jeder Faden abwechselnd eine Überlage und eine Unterlage einnimmt.

Die Bewegung der Klöppel erfolgt mit so genannten Flügelrädern, die Einschnitte, auch Flügel genannt, besitzen. Mit deren Hilfe werden die Klöppel an- und aufgenommen, um sie weiter zu transportieren. Bei den meisten Flechtmaschinen sind diese Flügelräder in einer Kreisform angeordnet. Das fertige Geflecht wird nach oben über ein Flechtauge abgezogen.

Dabei ist das Verhältnis von Abzugsgeschwindigkeit und der Geschwindigkeit der Klöppel auf ihren Bahnen ausschlaggebend für den Verkreuzungswinkel der Flechtfäden. Auf diese Weise sind individuelle und sehr flexible Fadenarchitekturen möglich (Abbildung 132).

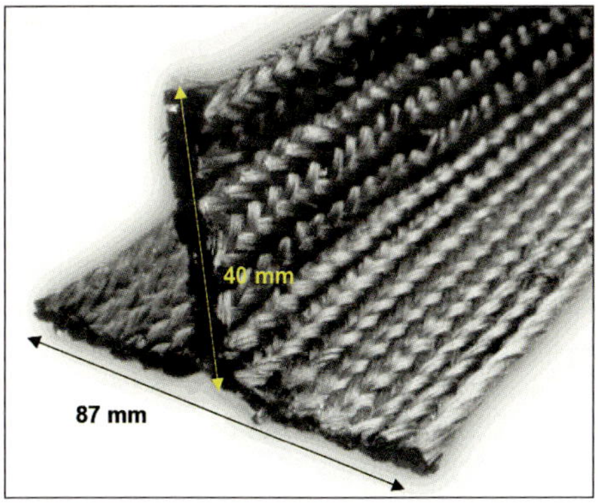

Abb. 132: Geflochtenes T-Profil

Der Kreuzungswinkel kann in großen Bereichen verstellt werden, wodurch die mechanischen Eigenschaften des Laminats beeinflusst werden.

Es werden drei Flechttypen unterschieden, Litzengeflecht, Rundgeflecht, und 3D-Geflechte. Beim Flechten von Litzen laufen die Klöppel hintereinander, bei der Herstellung von Rundgeflechten laufen zwei Klöppelreihen in einer sinusförmigen Kreisbahn gegeneinander [6]. Rundgeflechte werden zur Verstärkung rotationssymetrischer Bauteile eingesetzt. Litzen weisen eine sehr gute Drapierbarkeit auf, werden aber nur begrenzt eingesetzt, da die Herstellung breiter Litzengeflechte nur mit großem maschinellem Aufwand möglich ist [4].

Größtmögliche Flexibilität bezüglich der Fadenablage und damit der Geometrie der textilen Halbzeuge bieten so genannte 3D-Flechtmaschinen.

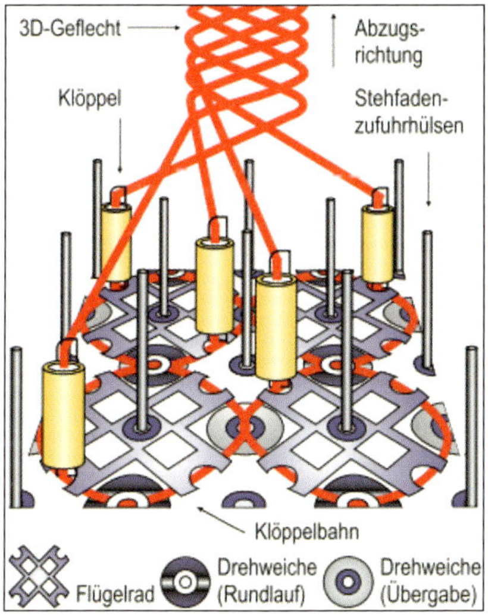

Abb. 133: Prinzip des 3D-Geflechts

Bei dem Maschinentyp in Abbildung 133 werden die Klöppel auf dem Flechtfeld von matrixförmig angeordneten Flügelrädern angetrieben, die sich paarweise gegeneinander drehen. Um eine flexible Klöppelbewegung zu ermöglichen, ist darüber hinaus in jedes Flügelrad eine steuerbare Flügelrad-Kupplung so integriert, dass jedes einzelne Flügelrad, und damit zugleich die daran befindlichen Klöppel, individuell bewegt oder stillgesetzt werden können. Zusätzlich sind zwischen benachbarten Flügelrädern Weichen eingefügt, die den Klöppel, je nach Schaltzustand, an dem Flügelrad halten oder ihn an das benachbarte Flügelrad übergeben. Auf diese Weise können die Klöppelbahnen bei jedem Schritt (Vierteldrehung der Flügelräder) gezielt verändert und damit individuelle, belastungsgerechte Einzelfadenführungen innerhalb des Querschnitts erreicht werden.

Problematisch bei der Herstellung von Geflechten ist die Aufrechterhaltung der Fadenspannung, da sich die Spulen während des Flechtens auf das Flechtauge, den Flechtmittelpunkt, ständig zu und wieder fort bewegen. Unterschiedliche Gewichts- oder Federsysteme kompensieren diese unterschiedlichen Fadenlängen. Die dadurch verursachte Reibung kann vor allem die Glas- und Carbonfasern schädigen. Durch geeignete chemische Gleitmittel sowie Verwendung von gedrehten Garnen wird das Ausmaß der Schädigung verringert. Erst in jüngster Zeit wurden Klöppel entwickelt, die den Anforderungen der Hochleistungsfasern für die Verbundtechnik gerecht werden [7].

Gelege

Gelege werden laut EN 13473-1 definiert als textile Strukturen, welche aus einer oder mehreren parallelen Lagen gestreckter, nicht gewebter Fäden bestehen, wobei die Möglichkeit besteht, dass diese Lagen in verschiedenen Orientierungen und in unterschiedlichen Fadenfeinheiten aufgebaut sein können. Außerdem können Faservliese, Beschichtungen, Schäume und andere Materialien integriert sein. Fixiert werden die verschiedenen Lagen durch ein Maschensystem oder durch chemische Bindesysteme.

Das Verstärkungssystem kann je nach Maschinengröße aus bis zu acht Faserlagen und zusätzlich zwei Vlieslagen als Deckschichten bestehen, die in der Regel mittels Franse- oder Tricotbindung fixiert werden. Die Arbeitsweise einer Kettenwirkmaschine mit multiaxialem Schusseintrag wird nachfolgend beschrieben.

Die Verstärkungsfäden werden vom Spulengatter abgezogen und von den Schusslegewagen in den geforderten Orientierungen eingetragen. Dabei pendeln die Schusslegewagen zwischen den Nadeltransportketten, welche die abgelegten Fasern während des Transports auf der Maschine fixieren. Die Schusslegewagen können dabei fest (90°) oder variabel (+/- 30°- +/- 60°) zur Produktionsrichtung angebracht sein. Von den Kettbäumen können direkt 0°-Fäden zugeführt werden.

Darüber hinaus besteht die Möglichkeit, Vliese oder Matten für glatte Oberflächen als Decklagen über Walzen zuzuführen. Die Fixierung des so gebildeten mehrschichtigen Fadengeleges erfolgt in der Wirkeinheit. Die Maschenfäden werden dabei von den Kettbäumen entnommen. Das fertige Multiaxial-Gelege (MAG) wird am Ende auf einen Warenbaum aufgewickelt [7] (Abbildung 134 und 135).

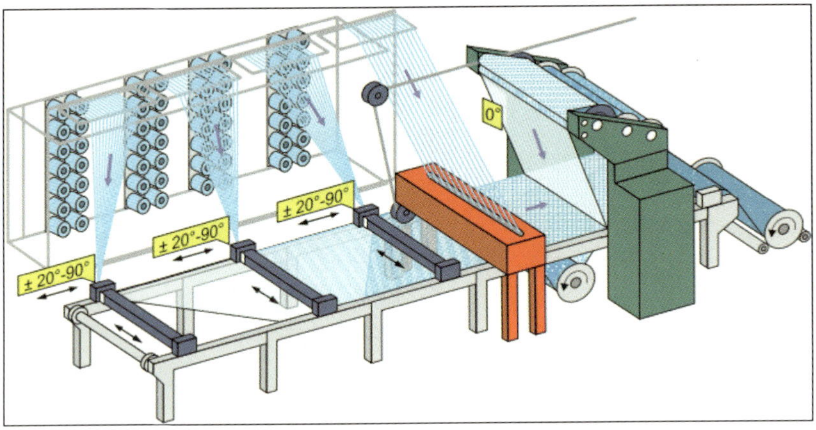

Abb. 134: Prinzip der Multiaxial-Wirktechnik

Im Gegensatz zu Geweben oder Geflechten liegen die Verstärkungsfasern bei Gelegen nicht wellenförmig, sondern weitgehend gestreckt vor, so dass eine Auslenkung der Verstärkungsfasern in den MAG lediglich durch die Wirkfäden erfolgt. Die flach abgelegten Verstärkungsfasern werden durch Maschen abgebunden, wodurch die Verstärkungsfäden fixiert sind. Über den Bindungstyp des Maschensystems, vergleichbar zu Geweben, kann die Drapierbarkeit der Gelege beeinflusst werden. Die bekanntesten Maschensysteme sind Franse- und Trikotbindung.

Abb. 135: Fadenabzug, Fadenablage und Warenabzug eines Multiaxialgeleges

Die mechanischen Eigenschaften der MAG kommen damit den idealen unidirektionalen Verstärkungen sehr nahe. Die Faserorientierung kann in großen Bereichen eingestellt werden, wodurch das Halbzeug den Verstärkungsanforderungen angepasst wird [4].

Neben der Möglichkeit durch Maschinenparameter die Textileigenschaften zu variieren, sind auch durch Materialkombinationen und Fadenanzahl verschiedene Gelegetypen realisierbar (Abbildung 136).

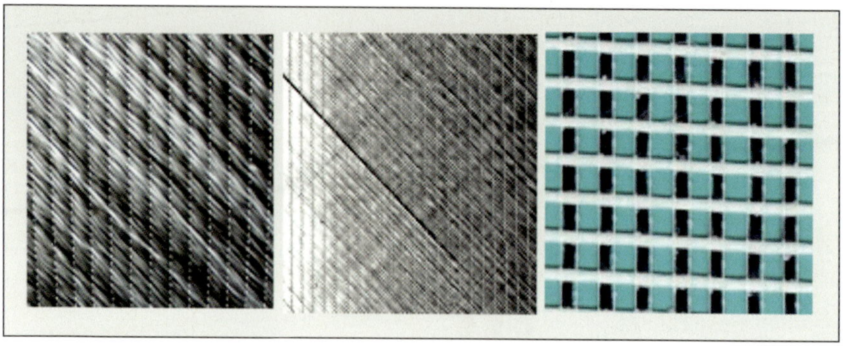

Abb. 136: Beispiele für quadraxiale, triaxiale und biaxile Gelegetypen

Sonderformen

Neben der Verwendung flächiger Textilien können zur Herstellung von Faserverbundstrukturen auch komplexere und konturnahe Strukturen verwendet werden. Unter dem Begriff 3D-Textil wird eine volumenmäßige Ausdehnung des textilen Körpers ohne die vorherige Einwirkung umformender Maßnahmen verstanden. Dabei wird ein Volumen von der Textilstruktur gebildet oder umschlossen, unabhängig von der Anzahl der Fadensysteme und der durch sie gebildeten Struktur [9]. Hier werden als Beispiele die Mehrlagengewebe, Abstandsgewebe und -gewirke sowie Rundgewirke dargestellt.

Während die konventionellen Gewebe meistens nur in zwei Achsen orientiert sind, d.h. orthotrope Fadensysteme aufweisen, stellen Mehrlagengewebe räumliche Gebilde dar.

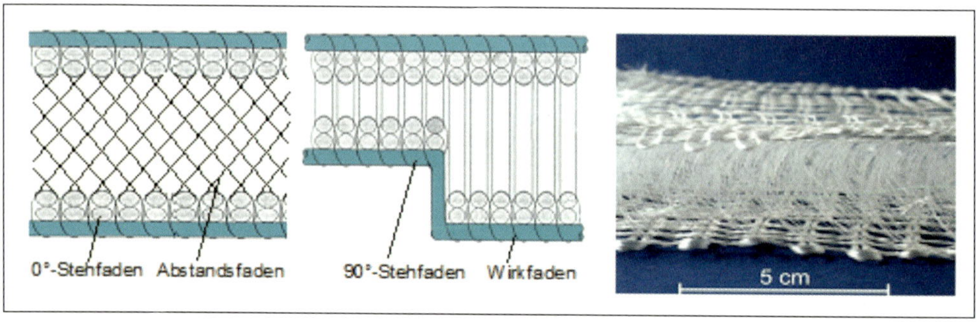

Abb. 137: Darstellung von Abstands- bzw. Konturengewirken, Foto: Abstandsgewirk (Quelle: ITA, Aachen)

Mehrlagengewebe sind einlagige aus mindestens zwei Schichten bestehende monolithische Strukturen. Die Dicke reicht von 0,15 mm bis zu mehreren Millimetern. In bestimmten Fällen kann die Dicke der Mehrlagengewebe variieren, es sind streifen- oder rippenartige Verdickungen ausführbar.

Abstandsgewebe (vgl. Abbildung 137) bestehen hingegen aus zwei Decklagen, die durch Steg- (Pol-)Fäden miteinander verbunden sind. Die Steghöhen können dabei von 2-16mm variieren. Einen größeren Abstand der beiden Deckschichten erreicht man durch die Herstellung von so genannten Abstandsgewirken. Steghöhen sind in Bereichen von 1,5 mm bis 60mm ausführbar.

Diese Textilien können für verschiedene ebene oder auch konturierte Composite-Strukturen verwendetet werden.

Durch die entsprechenden Harzinjektionsverfahren mit nachgeschalteten Kalanderwalzen können die Abstände der Deckschichten von Abstandsgeweben und -gewirken nahezu beliebig dünn eingestellt werden. Es lassen sich somit eine Vielzahl unterschiedlicher Laminat-Eigenschaften erzielen [8].

Zur Herstellung von Schläuchen und Rohren bieten sich geschlossene Verstärkungsstrukturen an. Diese bestehen meistens aus einem oder mehreren Fadensystemen zur Kraftübertragung, und einer Fadenschar als Bindesystem.

Bekannt sind multiaxial verstärkte Rundgewirke sowie mittels Ultraschall geschweißte Schlauchgelege, siehe Abbildung 138 [10].

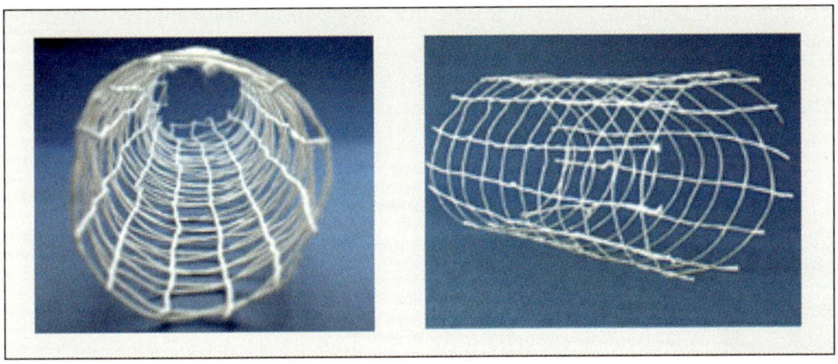

Abb. 138: links: Rundgewirk (Quelle [10]) – rechts: Ultraschall-geschweißtes Rundgelege (Quelle [10])

4.2.1.2 Konfektion von Faserhalbzeugen

Die Anwendung der Nähtechnik zur Herstellung dreidimensionaler Verstärkungstextilien bietet eine alternative Möglichkeit zur Erzeugung komplexer Faserverbundstrukturen [1].

Nähen von Verstärkungstextilien, z.B. von Geweben, multiaxialen Gelegen und Geflechten ist ein textiles und belastungsgerechtes Fügeverfahren. Dabei wird ein Kraftfluss in der Fügezone bzw. eine senkrechte Verstärkung der Fügezone erzielt. Lokal können Verstärkungen appliziert werden (Abbildung 139). Aus flächigen Strukturen werden 3D-Verstärkungstextilien hergestellt. Durch den Einsatz diverser Verstärkungstextilarten in einem Bauteil können spezielle mechanische Eigenschaften eingestellt werden. Zusätzlich ist durch den Einsatz von Nähtechniken die Fertigung von endkontur-genauen Textilvorformlingen (Preforms) möglich.

Die Anforderungen an eine Fügezone in FVK-Bauteilen sind unterschiedlich. Kräfte und Momente müssen ohne Einschränkung der Belastbarkeit durch die Fügezone übertragen werden. Dabei müssen Wanddicken- bzw. Steifigkeitsunterschiede und Eigenspannungen infolge unterschiedlicher Wärmeausdehnung von vornherein vermieden werden.

Abb. 139: Vernähtes T-Profil aus Glasfaser-Multiaxialgelegen

Als Nähverfahren kommen z.B. der Doppelsteppstich und der Doppelkettenstich sowie diverse einseitige Nähverfahren zur Anwendung (Abbildung 140).

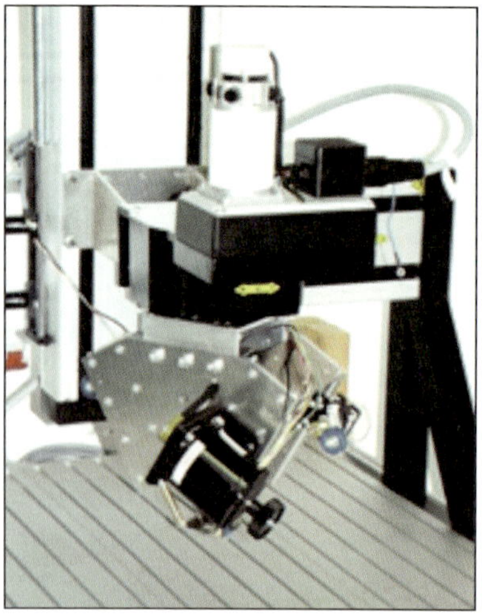

Abb. 140: Computergesteuerter Nähkopf (Prototyp ITA)

Eine weiteres textiles Fügeverfahren ist das Tufting, das sich von den Nähverfahren insofern unterscheidet, als die eingebrachten Fäden nicht miteinander verkreuzt werden. Die Fügekräfte werden hierbei nur durch die Reibung zwischen den eingebrachten Schlaufen und dem Nähgut aufgebracht [2].

Weiterhin kann das Kleben von Textilstrukturen zu den Fügeverfahren gezählt werden, da mit diesem Verfahren auch sehr komplexe Vorformlinge im Handfügeverfahren hergestellt werden können.

Literatur

[1] Gries, T.; Laourine, E.; Pickett, A.: Potentiale nähtechnischer Fügeverfahren für Faserverbundwerkstoffe; DWI Reports 2002/125, S. 327-338

[2] Klopp, K.; Anft, T.; Pucknat, J.; Gries, T.: Mechanische Festigkeiten konventioneller Nähte in Faserverbundkunststoffen; Technische Textilien 44 (2001), 310-313

[3] Michaeli, Walter; Huybrechts, Dirk; Wegener, Martin: Dimensionieren mit Faserverbundkunststoffen : Einführung und praktische Hilfen; München; Wien : Hanser, 1994

[4] Michaeli, W.; Wulfhorst,Burkhard: Werkstoffe I, Vorlesung II; Vorlesungscript, Institut für Textiltechnik, Aachen 1995

[5] Milwich, Markus: Faserverbundwerkstoffe; Vorlesungscript, Institut für Textil- und Verfahrenstechnik, Denkendorf 2002

[6] Schmitz, Claus: Analyse des technischen und wirtschaftlichen Entwicklungspotentials von Faserverbundkunststoffen mit thermoplastischer Matrix; Studienarbeit am Institut für Textiltechnik der RWTH Aachen, Februar 1993

[7] Wulfhorst,Burkhard: Werkstoffe II, Vorlesung I; Vorlesungscript, Institut für Textiltechnik, Aachen 1995

[8] Hörsch, F.: Dreidimensionale Verstärkungsmaterialien für Faserverbundwerkstoffe; Vortrag 23. AVK-Tagung Mainz, 1990

[9] Büsgen, W.-A.: Neue Verfahren zur Herstellung von dreidimensionalen Textilien für den Einsatz in Faserverbundwerkstoffen; Promotionsschrift am Institut für Textiltechnik der RWTH Aachen, 1993

[10] Roye, A.: Entwicklung eines textilen Fertigungsverfahrens zur Herstellung schlauchförmiger Gelege. Diplomarbeit am Institut für Textiltechnik der RWTH Aachen, Dezember 2001

[11] Roye, A.: Hochleistungsdoppelraschelprozess für Textilbetonanwendungen, Promotionsschrift am Institut für Textiltechnik der RWHT Aachen, 2007; Zugl. Aachen : Shaker, 2007

4.2.2 Prepregs

4.2.2.1 Einleitung

Prepregs (preimpregnated materials) sind vorimprägnierte Halbzeuge, bei denen Fasern und Matrix in einem definierten Verhältnis zueinander eingestellt sind. Es können sowohl thermoplastische als auch duroplastische Matrixmaterialien zum Einsatz kommen.

Die ersten Prepregs wurden um 1960 bei der Fa. Boeing entwickelt. Damals handelte es sich um unidirektional faserverstärkte duroplastische Harze für die Herstellung von Strukturbauteilen. In der Luft- und Raumfahrt konnte sich der Einsatz von Prepregs schnell etablieren und dominiert auch heute noch den Einsatz von Verbundwerkstoffen.

Ende der 80er Jahre wurden auch endlosfaserverstärkte, vollständig imprägnierte und konsolidierte Halbzeuge mit thermoplastischen Matrixmaterialien entwickelt. Aufgrund sehr hoher Materialkosten konnten sich diese auf Doppelbandpressen hergestellten Halbzeuge aber zunächst nicht am Markt durchsetzen. Mit der Reduktion der Fertigungskosten durch den Einsatz alternativer Fertigungsverfahren konnten die Halbzeugkosten reduziert werden und die Thermoplastprepregs finden zunehmend Anwendung im Markt.

Während bei den Duroplastprepregs eine unidirektionale Faserverstärkung dominiert, kommen bei den Prepregs mit thermoplastischer Matrix vornehmlich Gewebeverstärkungen zum Einsatz.

Neben den vollständig vorimprägnierten Halbzeugen sind seit kurzem so genannte Binderrovings verfügbar. Hier handelt es sich um weitgehend trockene, nicht mit Matrix imprägnierte aber partiell mit einen Bindermaterial ausgestattete Halbzeuge. Diese werden zur Herstellung von formstabilen Vorformen, wie sie für die Flüssigimprägnierverfahren benötigt werden, eingesetzt.

4.2.2.2 Herstellung und Eigenschaften von Duroplastprepregs

Die kontinuierliche Prepregfertigung bedingt die Umsetzung konstanter Breiten, üblich sind 30 oder 60 cm, die bei der späteren Weiterverarbeitung auf Maß zugeschnitten werden.

Zur Imprägnierung der Fasern kann man die so genannte Lösungsmittelimprägnierung einsetzen, wobei das Harz/Härtergemisch bei Raum- oder leicht erhöhter Temperatur soweit mit Lösungsmittel versetzt wird, bis die zur vollständigen Imprägnierung erforderliche Viskosität erreicht ist. Die Fasergelege werden dann in einem Tränkbad kontinuierlich imprägniert.

Es schließt sich ein Trockenturm an, in dem bei erhöhter Temperatur das Lösungsmittel weitgehend entfernt wird und eine Vorvernetzung des Harzes abläuft. Das Verfahren ist relativ aufwändig und wegen der Lösungsmittelreste in der Verarbeitung unter Umweltgesichtspunkten problematisch und immer seltener im Einsatz.

Am Markt durchgesetzt hat sich das Verfahren der Schmelzharzimprägnierung. Hier wird das Matrixharz in einem getrennten Prozess bei erhöhter Temperatur auf eine Trägerfolie aufgerakelt und zwischengelagert. Anschließend erfolgt die Imprägnierung der Fasern in einer gesonderten Vorrichtung. Dabei wird die Harzfolie durch beheizte Kalanderwalzen temperiert und die Harzviskosität damit in einem für die Imprägnierung günstigen Bereich eingestellt. Gleichzeitig unterstützt der Walzendruck die Imprägnierung der Fasern und der definiert eingestellte Walzenspalt gestattet eine exakte Justierung des Faservolumengehalts, gebräuchlich sind hier 60%. Nach dem Durchlaufen einer Kühlstrecke erfolgen die Aufwicklung und der Randbeschnitt. Der Prozess bewirkt eine sehr gute Reproduzierbarkeit des Flächengewichts (Abbildung 141).

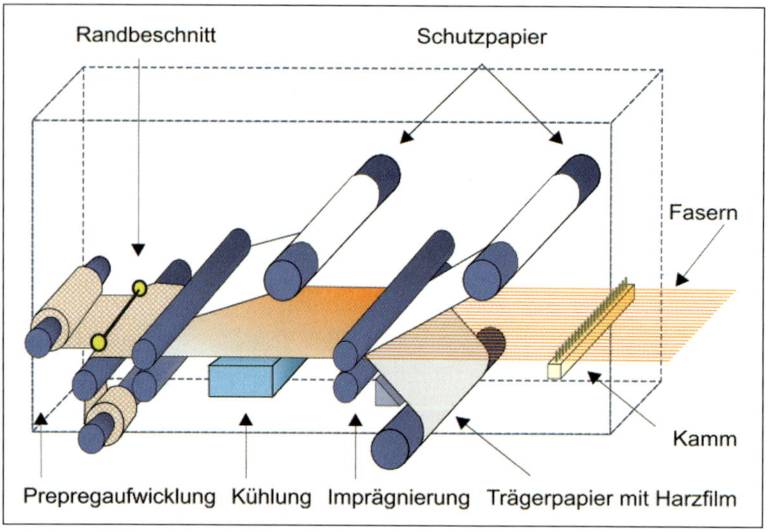

Abb. 141: Anlagenschema zur kontinuierlichen Herstellung duroplastischer Prepregs

Prepregs werden in einem großen Dickenbereich gefertigt. Die wesentliche Herausforderung stellt dabei die Vergleichmäßigung der einzelnen Verstärkungsfilamente, die rovingbasiert zugeführt werden, über den Querschnitt dar. Für Hochleistungsanwendungen sind Halbzeugdicken im Bereich 0,125 bis 0,250 mm üblich. In diesem Dickenbereich kann die Faser/Matrix-Verteilung über den Querschnitt sehr homogen eingestellt werden. Mit zunehmender Dicke lassen sich die Rovings nicht mehr gleichmäßig spannen und es kommt zur Ausprägung von faser- bzw. matrixreichen Zonen. Das mechanische Eigenschaftsprofil dieser Prepregs ist naturgemäß etwas ungünstiger. Aufgrund der höheren Produktivität lassen sich die Prepregs mit großer Dicke, über 0,4 mm, aber kostengünstiger fertigen. Für dickwandige Bauteile unter moderater Belastung, wie sie zum Beispiel im Sport- und Freizeitbereich zum Einsatz kommen, stellen dickere Prepregs eine interessante Alternative dar.

Abhängig vom verwendeten Harzsystem sind Duroplastprepregs nur begrenzt lagerstabil. Das nicht vernetzte Matrixmaterial zeigt ein autokatalytisches Verhalten und sollte zur Stabilisierung bis zur Verarbeitung kühl gelagert werden. Eine Lagerung in Tiefkühlräumen ist dabei durchaus üblich. Abhängig von den Bedingungen ist eine Lagerung über mehrere Wochen möglich.

Bei der Verarbeitung sind Prepregs nur sehr begrenzt drapierfähig. In Grenzen lässt sich dies über eine Temperierung und damit einhergehend einer Reduktion der Harzviskosität positiv beeinflussen.

In der Regel werden Prepregs aber nur für die Umsetzung von geometrisch einfachen Bauteilen verwendet. Aufgrund der exakten Faserausrichtung lassen sich hier aber höchste Festigkeits- und Steifigkeitswerte einstellen. Prädestiniert sind Prepregs deshalb für den Aufbau von dünnwandigen Schalenstrukturen.

4.2.2.3 FVK-Halbzeuge mit thermoplastischer Matrix

Neben der Faserart und -anordnung werden thermoplastische endlosfaserverstärkte Halbzeuge durch das verwendete Matrixmaterial und den Grad der Imprägnierung unterschieden.

Voll imprägnierte und konsolidierte Halbzeuge werden häufig als **Organobleche** bezeichnet. Noch nicht vollständig imprägnierte und konsolidierte Halbzeuge werden als **Prepregs** bezeichnet. Liegt das Matrixmaterial in Faserform vor und wird über einen textiltechnischen Prozess eine definierte Verteilung von Verstärkungs- und Matrixfasern eingestellt, jedoch noch keine Imprägnierung vollzogen, so spricht man von **Hybridgarn-Prepregs**.

Thermoplast-Prepregs

Es gibt unterschiedliche Prepreg-Verfahren und entsprechend unterscheidet man zwischen:

- Lösungsmittel-Prepregs
- Film-Prepregs
- Schmelze-Prepregs
- Pulver-Prepregs

Bei den Lösungsmittel-Prepregs wird, in Analogie zur Duroplastprepreg-Herstellung, das thermoplastische Matrixmaterial in Lösung gebracht. Hier lassen sich sehr geringe Viskositäten erreichen und demzufolge ist eine ausgezeichnete Imprägnierungsqualität kennzeichnend. Voraussetzung ist die Verfügbarkeit eines für den zu verwendenden Thermoplast geeigneten Lösungsmittels. Neben arbeitssicherheitstechnischen Fragestellungen, z.B. MAK-Wert, ist vor allem ein gutes Abdampfverhalten notwendig. Bei ungünstiger Prozessführung kann es zur Ausbildung von Lösungsmitteleinschlüssen kommen.

Liegt der Thermoplast in Form einer Folie vor, so kann diese Folie in einem Kaschierverfahren mit der textilen Verstärkungsstruktur verbunden werden. Alternativ kann auch, direkt aus einer Breitschlitzdüse gefördert, ein Schmelzefilm aufgetragen werden. Bei Pulver-Prepregs erfolgt der Pulverauftrag entweder mittels eines Streuers, einer elektrostatischen Anbindung oder in einem Imprägnierbad.

Eine pauschale Bewertung der Verfahren gegeneinander ist nicht möglich, eine Auswahl ist immer abhängig von der eingesetzten Matrixart, deren verfügbaren Vorformen und den angestrebten Materialdurchsätzen.

Hybridgarn-Prepregs

Wenn der Matrixwerkstoff in Filamentform erhältlich ist, kann er zusammen mit den Verstärkungsfasern bereits im Textilherstellungsprozess eingesetzt werden. Geschieht dies bereits bei der Fadenherstellung erhält man Mischgarne oder Mischrovings, die unter dem Begriff Hybridgarne bekannt sind. Da hier die Matrix- und die Faserkomponente bereits sehr gut vermischt vorliegen, sind im Halbzeugherstellungsprozess nur geringe Fließwege der Matrix erforderlich. Es muss lediglich die im Garn befindliche Luft durch den Pressprozess verdrängt werden.

Die Weiterverarbeitung solcher Hybridgarne zu Plattenhalbzeugen beinhaltet zumeist einen ebenen Textilherstellungsschritt wie z.B. das Weben oder Legen. Alternativ können die Hybridgarne auch direkt in den Halbzeugherstellungsprozess integriert werden, was eine Kombination eines ebenen, kontinuierlichen Textilprozesses mit einem kontinuierlichen Pressprozess bedeutet.

Als dritte Alternative können die Verstärkungs- und die Matrixfasern noch im ebenen Textilprozess kombiniert werden. Hier sind Techniken wie das Co-weaving oder Co-knitting zu nennen. Diese Techniken bringen jedoch keine Verkürzung des zurückzulegenden Fließweges mit sich.

Den Vorteilen der Textil-Prepregs, wie z.B. die gute Drapierbarkeit, Lösungsmittelfreiheit und die Verwendung rationeller, textiler Verarbeitungsprozesse, steht der relativ hohe Aufwand der Herstellung der Polymerfilamente gegenüber. Außerdem ist der Volumengehalt der Verstärkungsfaser beschränkt und liegt unter 50%.

Organobleche

Zur Herstellung thermoplastischer FKV-Plattenhalbzeuge wird in Abhängigkeit von den zu erzielenden Materialdurchsätzen in Film-Stacking-, Prepreg- und Direktverfahren unterschieden.

Für hohen Materialdurchsatz werden im Fall der Direktverfahren die Matrix- und die Textilkomponente direkt im Bereich des Materialeinlaufs des Pressprozesses zusammengeführt. Dies ist in der Regel mit einem hohen anlagentechnischen Aufwand verbunden.

Für geringe bis mittlere Mengen wird neben den Prepreg-Verfahren häufig das Film-Stacking-Verfahren eingesetzt. Hierbei durchläuft ein aus alternierend angeordneten Folien- und Textillagen bestehender Aufbau den Pressprozess.

Die Art des Pressprozesses orientiert sich am geforderten Materialausstoß und der Materialvielfalt. Hier unterscheidet man nach zunehmendem Materialdurchsatz zwischen statischen, semikontinuierlichen und kontinuierlichen Verfahren. Der anlagentechnische Aufwand und die Anlagenkosten steigen dabei mit der Zunahme des Materialdurchsatzes.

Literatur

- Neitzel, M., Mitschang, P.: Handbuch Verbundwerkstoffe, Hanser Verlag, München/Wien, 2004
- Mayer, C.: Prozessanalyse und Modellbildung bei der Herstellung gewebeverstärkter, thermoplastischer Halbzeuge,

- Wöginger, A.: Prozesstechnologie zur Herstellung kontinuierlich faserverstärkter thermoplastischer Halbzeuge, IVW-Schriftenreihe Band 41, Institut für Verbundwerkstoffe GmbH, Kaiserslautern, 2004

4.2.3 Preform

4.2.3.1 Einleitung

Es gibt nur sehr wenige Verfahren, die direkt von der Verstärkungsfaserspule zu einem Bauteil führen. Die Herstellung zwei- oder dreidimensionaler Bauteilstrukturen wird oft über den Zwischenschritt von endkonturnahen Faser(vor)formlingen – oder *Preforms* – realisiert.

Diese Preform ist ein wesentlicher, die Kosten und Eigenschaften dominierender Bestandteil der Produktionskette von den Ausgangsrohstoffen (Matrix und Verstärkungsfasern) zum Bauteil. Die Abgrenzung einer Preform gegenüber ihren Ausgangsmaterialien gelingt am besten, wenn man die Aufgaben einer Preform zugrunde legt:

Generell soll eine Preform möglichst gut sowohl die äußere, ggf. dreidimensionale Geometrie als auch die mechanisch belastbare, innere Verstärkungsstruktur des späteren Bauteils abbilden. Dabei sind sowohl die verwendeten Verstärkungsstrukturen (Glas,- Aramid- oder Kohlenstofffaser), deren Lieferform (Garn, Textil usw.) als auch das verwendete Matrixmaterial (reaktive, thermoplastische oder hydraulisch abbindende Matrixsysteme, Keramik, Metall usw.) zunächst unerheblich für die allgemeine Eingrenzung einer Preform gegenüber deren Ausgangsmaterialien. In der Regel sind in der Preform noch keine oder nur geringe Anteile der späteren Matrix enthalten.

Generell ist die Reduktion der gesamten Zykluszeiten der Bauteilproduktion durch eine optimal angepasste Preform eine besonders wichtige Anforderung. Kurze Zykluszeiten während der Preform-Produktion, aber auch im sich anschließenden Infusionsvorgang mit der Matrix, sind wichtige Grundlagen für eine hohe Kosteneffizienz der gesamten Herstellungskette. Bislang stellen in der Produktionskette von der Verstärkungsfaser zum Bauteil die Kosten zur Herstellung einer Verstärkungsstruktur, die alle Bauteil-Anforderungen abbildet, den größten Anteil dar [1]. Mit zunehmenden Ansprüchen an das Bauteil steigen auch die Aufgaben der Verstärkungsstruktur. Vor diesem Hintergrund sind gängige Anforderungen an eine Preform:

- endkonturnahe Abbildung der Geometrie des späteren Bauteils,
- Faser-Orientierungen entweder quasiisotrop oder entlang der gegebenen mechanischen Belastungsausrichtungen,
- geringe Abfallrate,
- Automatisierungsgrad der Preform-Herstellung, die den Stückzahlen des Bauteils entspricht. Bei geringen Stückzahlen sind manuelle Verfahren ausreichend und aufgrund der geringen Investitionskosten zielführend. Allerdings müssen für größere Stückzahlen Verfahren zur Herstellung der Preform angewendet werden, die einen hohen Automatisierungsgrad bieten. Auf diese Weise können kosten- und zeitintensive Zwischenschritte eingespart werden, die zudem einen erhöhten Qualitätsmanagement-Aufwand erfordern würden.

Um die vielen verschiedenen Verfahren zur Herstellung von Preformen zu unterscheiden, ist das folgende Diagramm hilfreich (Abbildung 142). Die Y-Achse charakterisiert den Matrixanteil, der direkt bei der Herstellung der Preform eingebracht wird. Die restliche Menge an Matrix bis zum fertigen Bauteil wird dann in einem nachfolgenden Infusionsvorgang eingebracht. Einige der Verfahren zur Preformherstellung basieren auf Materialien, die bereits einen (polymeren) Binder beinhalten. Diese Binderanteile liegen ungefähr im Bereich von 3-7 Gewichtsprozent des Verstärkungsmaterials [2, 3]. Der Binder soll dazu beitragen, dass die Geometrie und der Zusammenhalt fixiert werden. Hierzu wird der Binder direkt als Haftvermittler aufgetragen. Oder der Binder wird erwärmt und ist solange tacky (d.h. klebfähig), bis er wieder abgekühlt ist und die dann aufgebauten Haftverbindungen zu anderen Verstärkungsschichten/-materialien behält. Auf diese Weise entsteht eine Preform, die ausreichend stabil und robust ist für die folgenden Arbeitsschritte, etwa beim Einlegen in ein Infusionswerkzeug.

Die X-Achse in Abbildung 142 beschreibt die mögliche Faserausrichtung. Faserverbundwerkstoffe sind in ihren mechanischen Eigenschaften umso leistungsfähiger, je mehr die Verstärkungsfasern den gegebenen Belastungsrichtungen angepasst werden können. Natürlich existieren auch viele Anwendungen, die isotrope oder quasiisotrope mechanische Eigenschaften fordern. Diese Bauteile werden dann mit ungerichteten Fasern abgebildet.

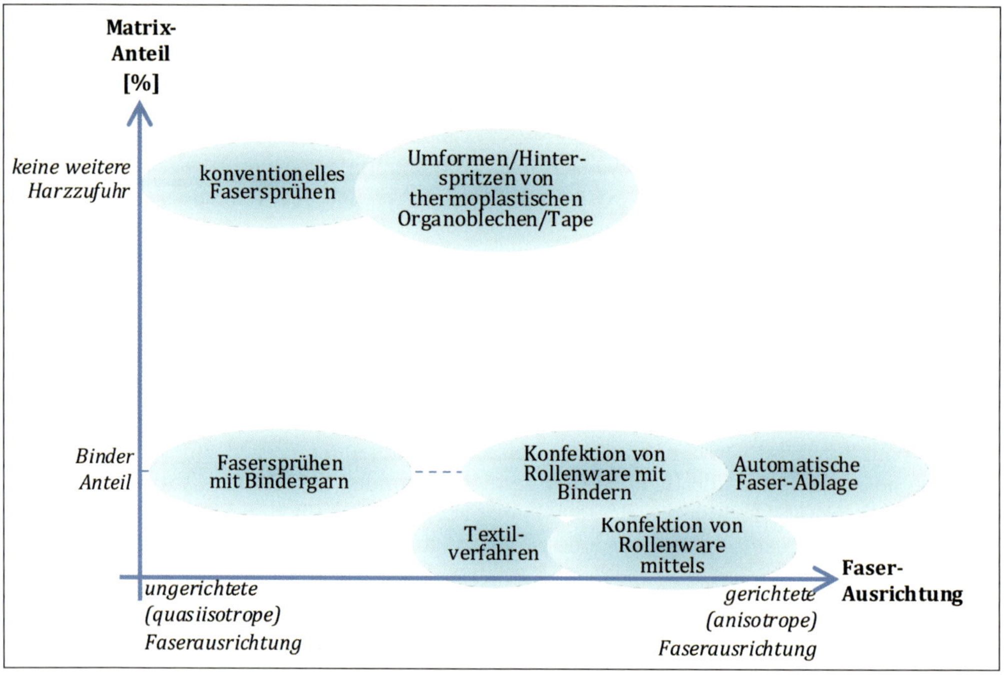

Abb. 142: Einteilung der Verfahren zur Herstellung von Preformen

Eine Einteilung der Verfahren hinsichtlich der erreichbaren Umformgerade der Verstärkungsmaterialien scheint ebenso sinnvoll. Allerdings kann es beispielsweise aus Effizienzgründen sinnvoll sein, die Preform in mehreren Schritten zur endgültigen Geometrie aufzubauen und umzuformen. Insbesondere das direkte Ausbilden von komplexen (Innen-)Ecken kann mit automatisierten Verfahren länger dauern als wenn diese Geometrien durch einen abschließenden Umformvorgang in einem weiteren Schritt ausgebildet werden. Zudem bieten gerade Preformen basierend auf thermoplastischen Materialien die Chance, die Geometrie gezielt sukzessive anzupassen, wenn in jedem Schritt erneut Wärme zugeführt wird.

4.2.3.2 Verfahren zur Herstellung von Preformen

Die folgende Aufzählung der Verfahren soll einen Überblick über die wichtigsten Methoden geben. Aufgrund des hohen Potenzials, in diesem Fertigungsschritt Kosten einzusparen, ist damit zu rechnen, dass zukünftig weitere Verfahren entwickelt werden. Bislang etablierte Verfahren sind die folgend genannten:

1. Manuelle Verfahren zur Preformfertigung

Gerade bei kleinen Serien kann es unter Kostenaspekten sinnvoll sein, dass die Preform manuell aufgebaut wird. In der Regel werden dabei unterschiedlichste Materialien (Textilien usw.) zugeschnitten, zusammengefügt und in ihre endgültige Lage drapiert und durch polymere Binder zusammengehalten. Aufgrund der vielen Zwischenschritte und des Einflussfaktors Mensch ist gerade bei diesem Ansatz eine spätere Automatisierung oder ein durchgehendes Qualitätsmanagement besonders schwierig. Zudem wird die wichtige, gestreckte Faserorientierung der Verstärkungsfasern oft durch Falten und ggf. notwendige Einschnitte während des Drapiervorgangs gestört, so dass die mechanischen Eigenschaften im Bauteil reduziert werden. Lösungen hierfür können innovative Biaxial-Gelege sein, bei denen verschiebbar eingelagerte Garne die Faltenbildung beim Drapieren verringern [4]. Gut bekannte Anwendungen der beschriebenen manuellen Verfahren sind in Bauteilen von Rennsport-Wagen zu finden.

2. Nähverfahren

Der Zusammenhalt von verschiedenen Textilien zu einer Preform kann auch durch Nähverfahren realisiert werden (siehe Beschreibung im vorangegangenen Kapitel). Durch die Nähte können einige mechanische Eigenschaften parallel zur Nahtrichtung verbessert werden (etwa Risszähigkeit G1c). Allerdings reduzieren sich die mechanischen Eigenschaften in der Fläche, da die Durchstichpunkte oder der Nähfaden selber die Verstärkungsfasern aus der getreckten Lage auslenken. Eines der bekannten Bauteile, das nach diesem Verfahren hergestellt wird, ist die Druckkalotte des Airbus A380 [5].

In Abwandlung des Nähverfahrens werden in Stickverfahren einzelne Verstärkungsfasern auf einer Grundfläche entsprechend den Lastrichtungen abgelegt. Diese Verfahren können vor allem lokale Verstärkungen – etwa um Lochlaibungen – oder stark gekrümmte, ebene Strukturen abbilden [6].

3. Textilverfahren

Die Weiterentwicklung der klassischen Textilverfahren (weben, flechten, wirken) hat dazu geführt, dass direkt angepasste Preformen erstellt werden können (siehe vorheriges Kapitel). Beispielsweise ermöglicht das Weben in Jacquard-Technik durch das gezielte Ansteuern einzelner Kettfäden ein Webmuster, so dass ein Gewebe entsteht, das direkt zu einer profilartigen Struktur aufgeklappt werden kann [7]. Parallel dazu werden mehrlagige Gewebe entwickelt, die direkt einen profilartigen Querschnitt aufweisen. Alternativ wird auch das Flechtverfahren so weiter entwickelt, dass geometrisch komplexe Kerne zugeführt werden können, die den späteren Bauteilabmessungen nahe kommen. Auch beim Flechtverfahren gibt es darüber hinaus noch die Möglichkeit, durch so genannte dreidimensionale Flechtverfahren Preformen zu erstellen [8]. Beispielsweise hat sich die Umflechttechnik für die Produktion von Fahrradrahmen etabliert.

4. Fasersprühen

Beim Fasersprühen werden in der Regel Glasfasern innerhalb einer Sprühpistole in Schnittfasern geschnitten und manuell auf ein Werkzeug gesprüht [9]. Um die Lage zu fixieren und eine aufwändige Infusion der Matrix zu vermeiden, wird die flüssige Matrix gleichzeitig gespritzt. In einem folgenden Schritt wird diese Preform dann unter Vakuum (oder Druck) verpresst und ausgehärtet. Dabei ist zu beachten, dass mit Glasfasern in der Regel Faservolumenanteile von 30 bis 40 Gewichtsanteilen beim Fasersprühen erreicht werden [10]. Zudem kann die flüssige und ggf. in der Umgebungsluft fein verteilte Matrix unter Umständen ein erhebliches gesundheitliches Risiko darstellen. Dieses Verfahren wird aufgrund seiner Vielseitigkeit und geringen Investitionshöhe im Bereich des Boots- und Behälterbaus angewendet.

Aktuell werden Fasersprühverfahren entwickelt, die auch die mechanischen Potenziale von Kohlenstofffasern nutzen können. Hierzu ist es erforderlich, dass die Faservolumenanteile auf 45 bis 50 Gewichtprozente gesteigert werden. Zudem ist eine gestreckte Lage der kurz geschnittenen Kohlenstofffasern wichtig, da gebogene oder geknickte Verstärkungsfasern deutlich weniger Last aufnehmen können [11]. Abbildung 143 zeigt eine Preform aus gesprühten Kohelnstofffasern mit einem Faservolumenanteil von 50 Gewichtsprozenten. Es ist zu erkennen, wie die geschnittenen Kohlenstofffasern auch komplizierte Geometrien – mit Innenradien – gut abbilden.

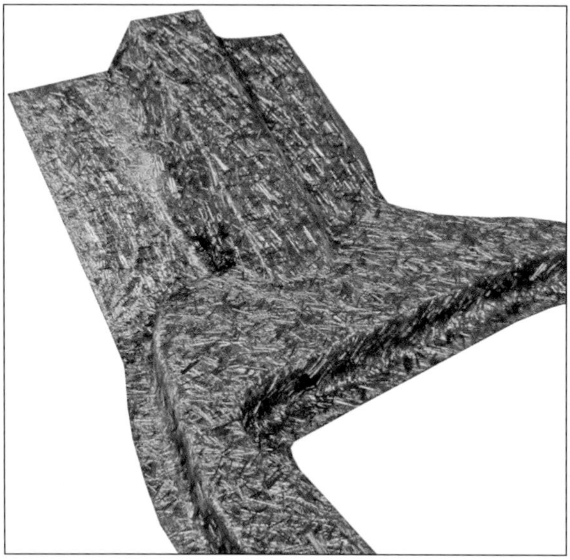

Abb. 143: Preform aus gesprühten Kohlenstofffasern (Quelle [11])

Zwar werden gerade im Fasersprühprozess quasiisotrope Werkstoffe angestrebt, doch gibt es hier zahlreiche Anstrengungen, durch eine geschickte Führung der Faserablage eine Ausrichtung der Fasern in Lastrichtung zur lokalen Verstärkung zu erreichen.

5. Automatische Verfahren zur Ablage von gestreckten Fasern

In der Luftfahrtindustrie werden bereits seit langem Verstärkungsfasern in Form von so genannten Prepregs (vorimprägnierte Fasern) abgelegt. Die polymere Matrix ist bereits vollständig in diesen Tapes erhalten und sorgt beim Ablegen für die Fixierung der Verstärkungsfasern. Da die

Ablegemaschinen bislang sehr groß und kostenintensiv sind und zudem nur mit teuren Prepreg-Materialien funktionieren, war der Einsatz auf flächige, große Anwendungen in der Luftfahrtindustrie beschränkt [12, 13, 14].

Seit einigen Jahren werden neue Materialien und Maschinen entwickelt, die weniger Investitionsaufwand erfordern und höhere Durchsatzraten ermöglichen. Beispielsweise kommen bei der Herstellung von Rotoren für Windkraftanlagen Maschinen zum Einsatz, die gestreckte Fasern ablegen und gleichzeitig die notwendige Matrix aufsprühen.

Parallel dazu werden Verstärkungsfasern entwickelt, die bereits einen Binder als Teil der Garn-Präparation beinhalten. Diese bändchenförmigen Materialien können dann in angepassten Ablegeköpfen gefördert, erwärmt und abgelegt werden [11]. Wenn die Ablegeköpfe oder das zu belegende Werkzeug zum Beispiel an einem Roboterarm montiert ist, können beliebige Geometrien abgefahren und eine Preform sukzessive aufgebaut werden [13]. Diese so genannten Bindergarne werden beispielswiese von Toho Tenax Europe entwickelt und eignen sich ebenso für die oben genannten Fasersprühvorgänge.

Durch die Mischung der beiden Verfahren zu einer Preform kann ein Kompromiss zwischen mechanischer Leistungsfähigkeit mit gestreckten Verstärkungsfasern und einer kostengünstigen Produktion durch den schnellen Austrag von gesprühten Fasern erreicht werden [11]. Abbildung 144 zeigt ein exemplarisches Automobil-Bauteil aus einer Preform, die in weiten Bereichen aus gesprühten Kohlenstofffasern besteht. An den Stellen der Krafteinleitung (runde Anschraubpunkte) und den höher belasteten Bereichen (Schweller, mittlerer Gurt) nehmen gelegte Fasern in Richtung der Kraftpfade die Last gezielt auf. Auf diese Weise ist ein Kompromiss zwischen kostengünstiger Preform und hochbelastbarer, gerichteter Verstärkungsstruktur möglich, die bauteilgerecht jedes Mal neu angepasst werden kann.

Abb. 144: Bauteil basierend auf einer Preform (Quelle [11])

Ein weiteres Verfahren zur automatischen Ablage gestreckter Fasern ist das so genannte Fiber Patch Preforming: Kleine Flächen aus parallel abgelegten und bebinderten kurzen Verstärkungsfaserstücken werden voll automatisiert zu einer Gesamtpreform gefügt. Dabei werden diese Patches kraftflussgerecht ausgerichtet [14].

4.2.3.3 Ausblick

Viele Herausforderungen sind bei der Herstellung von Preformen zukünftig noch zu lösen. Gerade bei zunehmender Automatisierung der Preform-Herstellung müssen auch die benachbarten Schritte weiter automatisiert werden. Hierzu gehört unter anderem eine automatisierte Qualitätskontrolle der Preform. Nicht-zerstörende Verfahren, wie etwa bildgebende Methoden bieten geeignete Ansätze. Allerdings muss die dabei parallel ablaufende digitale Bildverarbeitung auch mit den Ablegegeschwindigkeiten der Fasern Schritt halten.

Weitere wichtige Anforderungen ergeben sich aus dem automatisierten Zuschnitt der Preformen. Bei größeren Stückzahlen und eher ebenen Preformen können Stanzverfahren zum Einsatz kommen. Bei komplexeren Geometrien sind robotergestützte Schnittköpfe, die beispielsweise mit Ultraschall-Messern arbeiten, das Mittel der Wahl. Zudem müssen Preform-Werkzeuge vorliegen, die nicht nur die abschließende Geometrie darstellen, sondern auch die Preform (und deren Einzelteile) sicher aufnehmen und am Ende automatisch auswerfen. Gerade bei komplexen 3D-Geometrien entstehen an dieser Stelle bislang zu hohe Kosten.

Wenn zukünftig Preformen als Produkte in der Lieferkette ausgetauscht werden sollen, sind auch geeignete Spezifikationen und Untersuchungsnormen zu erstellen, die unter anderem die Geometrie (mit einer sinnvollen Schwankungsbreite), die Robustheit usw. sinnvoll definieren. Zudem kommt der kosteneffizienten Logistik der Preformen besondere Bedeutung zu.

Literatur

[1] Weimer, Ch.: Automatisierte Preform-RTM-Fertigung, Kunststoffe 6/2003, Hanser Verlag, München

[2] Schneider, M. et al.: Kohlenstofffaser-Produkte für automatisierte Verfahren, Vortrag anlässlich der Euroforum-Konferenz, München, 26. und 27. Oktober 2011

[3] N. N.: Produktdatenblatt HexForce G0926 D 1304 TCT, Hexcel, Dagneux, 2007

[4] N.N.: Produktdatenblätter DRAPFIX und DRAPTEX, Gustav Gerster GmbH, Biberach, 2012

[5] Filsinger, J., .Bischoff, T. et al.: Nähen als textile Preform-Technik zur Herstellung von Faserverbundstrukturen für Luftfahrtanwendungen am Beispiel der A380-Druckkalotte, DGLR-2003-024, Deutscher Luft- und Raumfahrtkongress 2003, München 2003

[6] Gliesche, K.: Preforming und Tailored Fibre Placement, Vortrag anlässlich der Sitzung der Arbeitsgruppe Herstellverfahren im Carbon Composite e.V., 2009, Augsburg

[7] Mohamed, M. H.: Three dimensional textiles, American Scientist78: 530-541, 1990

[8] Schneider, M.: Konstruktion von dreidimensional geflochtenen Verstärkungstextilien für Faserverbundwerkstoffe, Dissertationsschrift am Institut für Textiltechnik der RWTH Aachen, Shaker Verlag, Aachen 2000

[9] N. N.: Produktdatenblatt ME 3040L, Owens Corning Composite Materials, 2011, Ohio (USA), 2011

[10] Dahl, J. et al.: F3P Fiber Preforming for the Aston Martin Vanquish, SAMPE Europe International Conference Proceedings, Paris, März 2001

[11] Schneider, M: Neue Faserstrukturen aus Kohlenstofffasern, Vortrag anlässlich der Fachtagung SAMPE 2007, Bayreuth, Februar 2007

[12] Muser, M.: Meeting the Productivity Challenge in Fiber Placement, Fachtagung SEMAT 10, SAMPE Europe 1st Symposium on Automation in Composite Technology, München 2010

[12] Schmalzried, S: Automation in rotor blade fabrication – continuous processes for economic and quality assured manufacturing, Fachtagung SEMAT 10, SAMPE Europe 1st Symposium on Automation in Composite Technology, München 2010

[13] Gallet, C.: Processing Different Materials with same Fiber Placement Robot, Fachtagung SEMAT 10, SAMPE Europe 1st Symposium on Automation in Composite Technology, München 2010

[14] Meyer, O.: Kurzfaser-Preform-Technologie zur kraftflussgerechten Herstellung von Faserverbundbauteilen, Dissertationsschrift am Institut für Flugzeugbau der Universität Stuttgart, 2008

4.2.4 SMC/BMC

4.2.4.1 Werkstoff SMC

Unter SMC (aus dem Englischen **S**heet **M**oulding **C**ompound, nach DIN 16 913 Harzmatte genannt, auch unter dem Sammelbegriff "Prepreg" zusammengefasst) versteht man eine verarbeitungsfähige, fließfähige, flächige Formmasse aus vernetzungsfähigen Harzen, meist ungesättigten Polyesterharzen, Textilglasfasern, mineralischen Füllstoffen und notwendigen Zuschlagstoffen. Unter Einfluss des Pressdruckes fließt SMC und füllt die Werkzeugkavität. Die Aushärtung wird über die Werkzeugtemperatur gestartet und beschleunigt.

Geschichtliche Entwicklung

Die SMC-Technik geht auf den Anfang der 60er Jahre zurück und kann im Wesentlichen als Entwicklung der deutschen Chemieindustrie angesehen werden. Man hatte entdeckt, dass bestimmte Polyesterharze mit Erdalkalioxiden eindickbar sind, d.h. einen beträchtlichen Viskositätsanstieg aufweisen, so dass Anfangsviskositäten im Bereich von 5.000-20.000 mPa.s auf Werte um oder über 100 Mio. mPa.s gebracht werden können. [1].

Am Anfang der Entwicklung standen zur Herstellung von SMC nur wenige modifizierte Polyesterharze und Textilglasmatten zur Verfügung. Auf relativ einfachen Anlagen wurden diese Matten mit den Harzpasten imprägniert und nach der erfolgten Eindickung als Formmassen, hauptsächlich für elektrotechnische Teile, verarbeitet.

Da die Verarbeitung der Textilglasmatten zu Harzmatten umständlich und teuer ist, entwickelte man 1970 so genannte Breitschneidwerke, die ab 1971 für den industriellen Einsatz bereit standen. Auf diesen Breitschneidwerken, deren Arbeitsbreite für Harzmatten zwischen 1.000 und 1.500 mm liegt, kann eine Vielzahl von Textilglas-Rovings gleichzeitig geschnitten werden, so dass die Zwischenstufe der Glasmattenherstellung ausgeschaltet wird. Durch diese Anlagen war man in der Lage, freizügig hinsichtlich Fasergehalt, Schnittlänge und Flächengewicht, SMC den Anforderungen entsprechend herzustellen.

Neben dem Einsatz für die Elektroindustrie begann vor allem in den USA die Verwendung des Werkstoffes SMC für die Automobilindustrie in immer stärker werdendem Umfang. Niedriger Verarbeitungsdruck, niedrige Werkzeugkosten, gute Oberfläche und Lackierbarkeit, geringes spezifisches Gewicht, gute Steifigkeit und hohe Temperaturbeständigkeit waren entscheidende Kriterien für den Einsatz dieser neuen Werkstoffgruppe.

Bei allen Verarbeitungsverfahren für ungesättigte Polyester- und Vinylesterharze, gleichgültig ob es sich um das Handlaminierverfahren, das Nasspressen oder das Pressen von SMC handelt, war der deutliche Volumenschrumpf des Harzes beim Härten ein großes Hindernis für die Konturstabilität der Werkstücke. Mit Hilfe von zum Teil komplizierten Erkaltungslehren war es jedoch möglich, annähernd formstabile Teile zu erhalten, wobei die entstandenen Schrumpfspannungen eingefroren wurden. Bei nachträglichem Erwärmen können sich aber die durch die Erkaltungslehren eingefrorenen Spannungen ausgleichen, wobei unerwünschte Verformungen entstehen.

Durch entsprechende SMC-Formulierungen ist es gelungen, den linearen Schrumpf zunächst auf etwa 0,3% zu senken. Anfang der 60er Jahre gelang es durch Einsatz von Polyäthylenpulver, Formteile mit vermindertem Schrumpf und verbesserter Oberflächen herzustellen.

Die SMC-Technik erlaubte den Konstrukteuren gegenüber dem Nasspress- oder Handlaminierverfahren eine große Gestaltungsfreiheit hinsichtlich des Anbringens von Rippen und Wandstärkenverdickungen, des Einpressens von Buchsen usw.

Als nachteilig erwies sich jedoch, dass sich Rippen infolge der Härtungsschwindung auf der Gegenseite als deutliche Einfallstellen abzeichneten.

Ende der 60er Jahre kamen Informationen aus den USA, dass es durch Zusatz von in Styrol gelösten thermoplastischen Additiven zu den SMC-Formulierungen gelingt, den Schwund des Polyesterharzes teilweise oder ganz auszugleichen, so dass man wesentlich formstabilere Werkstücke mit nur geringen Markierungen von Rippen auf der gegenüberliegenden Seite erhält.

Chemiker haben den Wirkungsmechanismus der Schwundkompensation folgendermaßen erklärt: Die in Monostryrol gelösten Thermoplaste liegen in feiner Tröpfchenform in der Harzmischung vor. Die Größe kann je nach Thermoplast zwischen etwa 1 und 100μ liegen. Im Verlaufe der Härtung reagiert durch Copolimerisation zuerst das Harz mit dem freien Monostyrol, ehe das Monostyrol in den feinen Thermoplastpartikeln zu polymerisieren beginnt. Dadurch entsteht in den Mikrohohlräumen ein Druck, der dem Volumenschwund des Harzes entgegenwirkt.

Viele Entwicklungen dieser Rezeptvarianten kamen aus den USA und die deutsche bzw. europäische Kunststoff-Industrie musste sich dieser Entwicklung anpassen. Über Lizenzabkommen stehen dem europäischen Markt diese neu entwickelten Low-Profile (LP)- oder Low-Shrink (LS)-Harzmatten zur Verfügung [2].

- **Low-Shrink** (LS) sind unbeschränkt einfärbbar, die Verarbeitungsschwindung beträgt ca. 0,10 % [3].
- **Low-Profile** (LP)-Formmassen sind in der Regel nicht einfärbbar, daraus hergestellte Formteile müssen gegebenenfalls lackiert werden. Die Schwindung liegt unter 0,05%.
- **Class-A-Formmassen** sind Weiterentwicklungen der LP-Formmassen, die den hohen Ansprüchen der europäischen Automobilindustrie, vor allem hinsichtlich Oberflächenqualität und Formstabilität, entsprechen. Die Verarbeitungsschwindung kann bis zu -0,10 % betragen, d.h. die Formteile weisen eine Ausdehnung auf (immer kaltes Formteil gegen kaltes Werkzeug gemessen).

Von Jahr zu Jahr kamen von der amerikanischen Rohstoffindustrie und den SPI-Konferenzen die Nachrichten über die weiteren Fortschritte der Rohmaterialien und die damit erzielten Erfolge in der Anwendung [4]. Heute stehen Harzsysteme zur Verfügung, die nicht nur eine lackierfähige Oberfläche bei den Werkstücken bringen, sondern auch nahezu verzugsfrei sind und Erkaltungslehren überflüssig machen, dies alles bei wirtschaftlich niedrigen Taktzeiten. Nach jahrelangen

Entwicklungen konnten solche neuen Materialsysteme selbst die höchsten Ansprüche der Automobilindustrie erfüllen [5].

Zusammensetzung des SMC

Eine SMC -Rezeptur beinhaltet in der Regel folgende Bestandteile (siehe Abbildung 145):

- Ungesättigtes Polyester- oder Vinylesterharz als Matrix,
- Thermoplastische Additive zur Schwundkompensation,
- Mineralische Füllstoffe zur Kosten- und Schwindungsreduktion aber auch als ATH,
- (Aluminiumhydroxyd) zur Flammwidrigkeit,
- Interne Trennmittel, externe Trennmittel werden nur zum Anfahren neuer Werkzeuge verwendet,
- Organische Peroxide zur Steuerung der Härtereaktion,
- Inhibitoren zur Optimierung der Lagerstabilität,
- Farbpasten,
- Fasern, üblich sind Glasfasern. Aber auch Kohlenstofffasern, Naturfasern oder Polymerfasern sind möglich,
- Additive, funktionale Additive zur Steuerung der Produkteigenschaften z.B. Leitfähigkeit oder als Fertigungshilfsmittel (Viskositätsreduzierer).

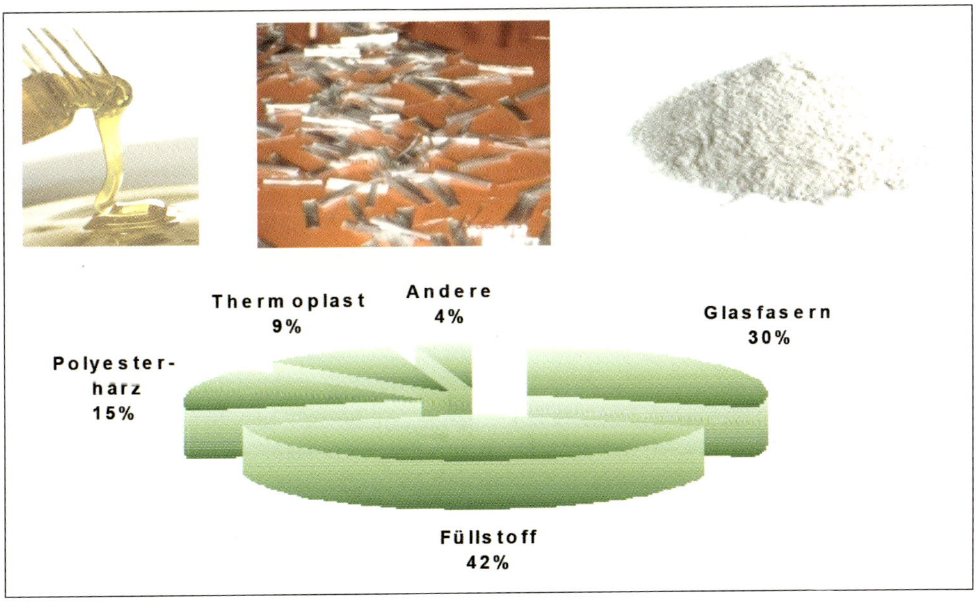

Abb. 145: Typische SMC-Rezeptur

Herstellung und Lieferform der Formmassen

Die ursprünglich sehr einfachen SMC-Anlagen, in denen eine Textilglasmatte imprägniert wurde, waren für eine großtechnische Produktion nicht geeignet. Ab 1971 kamen Anlagen mit Breitschneidwerken zum Einsatz [6].

Das Schneiden der Glasfasern direkt auf der SMC-Anlage vereinfacht die Anpassung an Kundenwünsche enorm. Breite, Flächengewicht und Glasgehalt können einfach durch Einstellungen an der SMC-Anlage realisiert werden (Abbildung 146).

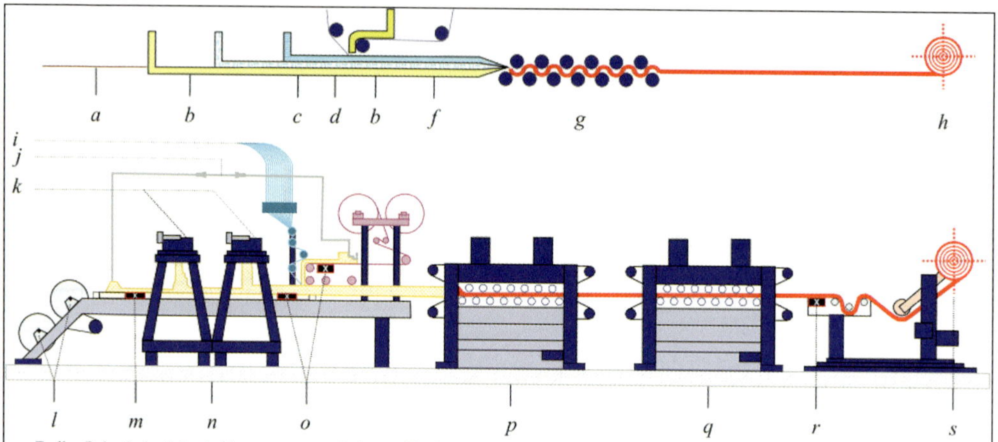

a: Endlos Polyethylenfolie, ***b***: Harzpaste, ***c***: geschnittene Glasfaser, ***d***: Endlos-Glasfasern, Harzpaste, ***f***: Polyethylenfolie, ***g***: Tränkrollen, Verdichten und Homogenisieren, ***h***: aufgerolltes SMC, ***i***: Endlos-Glasfasern, ***j***: UP-Harzpaste, ***k***: Glasrovings für die Schneidwerke, ***l***: Folienrollen, ***m***: Kraftmessdose, ***n***: Breitschneidwerke, ***o***: Kraftmessdose, ***p***: Tränkstation 1, ***q***: Tränkstation 2, ***r***: Kraftmessdose, ***s***: Wickelstation

Abb. 146: Schema SMC-Anlage

Die SMC-Prozesskette besteht in allen Fällen aus den folgenden Einzelschritten: Rohstofflagerung – Rohstoffdosierung und Mischung (Harzpaste) – SMC-Herstellung – Reifung – Versand. In der Regel werden Materialdosierung und Mischung zur Harzpastenherstellung durch Prozessrechner gefahren, auch die SMC-Anlagen werden über Prozessrechner geregelt und gesteuert. Wie in vielen chemischen Betrieben werden die Rezepturen über einen Zentralrechner verwaltet, die jeweils benötigte Rezeptur für eine Fertigung wird vom Zentralrechner in die Fertigung übernommen und am Ende der Fertigung zusammen mit Prozessdaten archiviert.

Die Rohstoffe werden über Straßentankfahrzeuge bzw. Silofahrzeuge angeliefert und in die entsprechenden Lagertanks gefördert. In einem geschlossenen Kreislauf gelangen die Rohstoffe über Rohrleitungen zur Weiterverarbeitung (Abbildung 147).

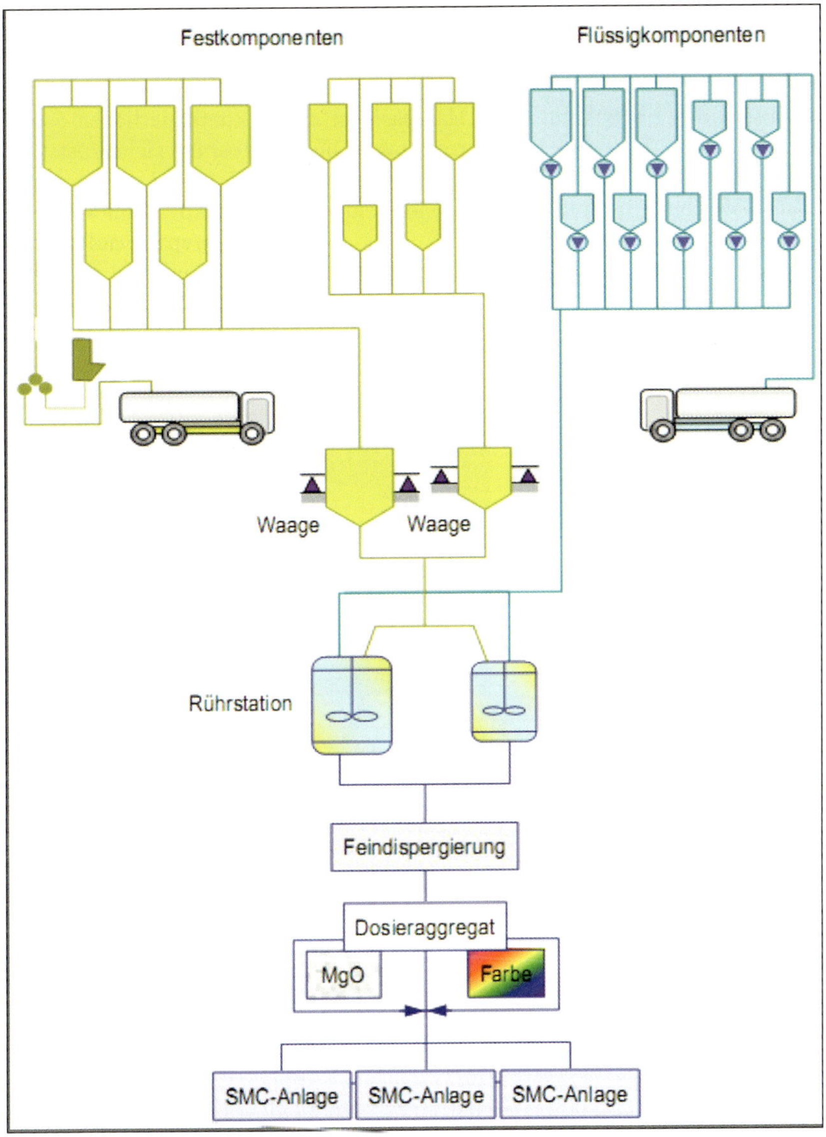

Abb. 147: Schematische SMC-Herstellung

Die Harzpastenrezeptur, die in der Regel aus acht bis zwölf unterschiedlichen Komponenten besteht, wird aufgrund der unterschiedlichen Konsistenz der Rohstoffe in zwei Bereiche aufgeteilt:

- Flüssigkomponenten-Großmengen, wie Harze, Thermoplastlösungen,
- pulverförmige Stoffe, wie Füllstoffe.

Nach der Dosierung aller Rohstoffe (Ausnahme Eindickmittel und Fasern) werden flüssige und pulverförmige Rohstoffe in schnelllaufenden Mischwerken gemischt, bis eine gleichmäßige Verteilung aller Rohstoffe gewährleistet ist.

Bevor die fertigen Pasten-Chargen zur Verarbeitung an die SMC-Anlage gelangen, werden zur Qualitätskontrolle deren Eigenschaften, wie Viskosität, Farbe, Reaktivität usw. überprüft. Danach wird die Harzpaste zur SMC-Anlage transportiert.

An der SMC-Anlage wird das Eindickmittel der Harzpaste in einem kontinuierlichen Strom zugeführt, ebenso die Glasfasern. Eine gute Prozessregelung ist unabdingbar um sicherzustellen, dass die Mischungsverhältnisse von Eindickmittel zu Harzpaste und Glasfasern zu Harzpaste korrekt sind, denn diese Mischung beeinflusst später entscheidend Eigenschaften und Verarbeitungsverhalten. Über genau justierte und regelbare Rakelmesser wird die Harzpaste auf Trägerfolien aufgegeben und einem oder zwei Schneidwerken zum Auftragen der Glasfasern zugeführt (Abbildung 148).

Abb. 148: Aufrakelung der Harzpasten & Schneidwerk SMC-Anlage

Flächengewicht, Glasgehalt, Eindickung und Imprägnierung der Fasern finden auf der SMC-Anlage statt und haben extremen Einfluss auf das spätere Verarbeitungsverhalten von SMC. Moderne Anlagen erlauben ein Flächengewicht mit Toleranzen von ± 5 %, wobei der Glasgehalt keine größere Schwankung als ± 3 % aufweist.

Meist wird SMC auf Stahlkernen mit Bordscheiben aufgewickelt, styroldicht verpackt und gelangt dann in das Reifelager. Möglich sind auch Zickzackgelege in Kartons oder Kisten, die meist für den Export eingesetzt werden.

Im Reifelager erfolgt bei kontrollierter Temperatur das Eindicken (Abbildung 149). Die ursprüngliche Viskosität der Harzpaste von 15.000 bis 30.000 mPa.s erhöht sich durch die Zugabe des Eindickmittels auf für die Verarbeitung notwendige 20-200 Millionen mPa.s. Dabei reagiert das Magnesiumoxid mit den endständigen Säuregruppen des Harzes, ohne dass es jedoch zu einer räumlichen Vernetzung kommt. Je nach Rezeptur und Temperatur ist ein Mindestzeitraum von ein bis dreiTagen für die kontrollierte Eindickung erforderlich.

Die Eindickung ist ein entscheidendes Element der SMC-Technologie, sie bestimmt das Fließverhalten im Werkzeug, den gleichmäßigen Fasertransport im Werkzeug und ist sehr wichtig für die Handhabung von SMC vor dem Einlegen ins Presswerkzeug.

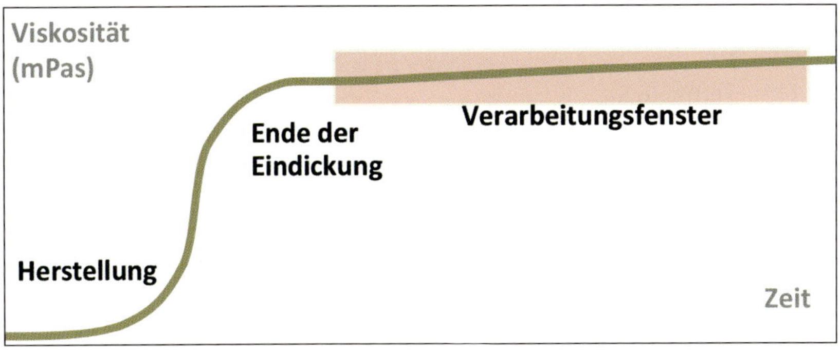

Abb. 149: Eindickung von SMC

Anschließend wird SMC an die Verarbeiter ausgeliefert. Auch hierbei ist auf die Temperatur zu achten. Niedere Temperaturen bis 5°C schaden nicht, höhere Temperaturen über 25 °C sollten vermieden werden, da sonst der Inhibitor langsam abgebaut wird und das Material zu härten beginnt. Im Sommer und in warmen Ländern ist ein Kühltransport erforderlich. Die Lagertemperatur sollte zwischen 15°C und 20°C liegen.

Verarbeitung und Nachbearbeitung von SMC

Die Verarbeitung von SMC wird im Kapitel über die Verarbeitungsverfahren ausführlich beschrieben. Sie erfolgt überwiegend unter Druck und Temperatur im Pressverfahren, wobei die Formmasse unter gleichzeitiger Mitnahme der Glasfasern das gesamte Formnest ausfüllt.

Von der flächigen Formmasse werden Platinen geschnitten, die Trägerfolien abgezogen, den Erfordernissen entsprechend gestapelt und in das Werkzeug eingelegt. Bei automatischen Schneidanlagen wird die Folie vor dem Schneiden in der Anlage entfernt.

Nach dem Entformen können die Teile direkt entgratet werden. Die weitere Nachbearbeitung wird im Kapitel über die Pressverfahren beschrieben.

Sonderaufmachungen von SMC können auch im Spritzguss verarbeitet werden.

Werkstoffeigenschaften

Die Vielzahl der zur Verfügung stehenden Rohstoffe ermöglicht Werkstoffkombinationen, die sehr unterschiedlichen Eigenschaftsprofilen gerecht werden. Besondere Bedeutung haben die schrumpfmindernden Additive, die es erlauben, verzugsfreie Teile mit hervorragender Oberfläche herzustellen.

Weitere Eigenschaften können durch Einsatz der entsprechenden Komponenten eingestellt werden:

- hohe Formbeständigkeit in der Wärme,
- Chemikalienbeständigkeit,
- besondere elektrische Eigenschaften,
- Witterungsbeständigkeit,
- selbstverlöschende Eigenschaften
- verminderter Oberflächenwiderstand,

- niedriges spezifisches Gewicht,
- dekorative Oberflächen,
- gute Lack- und Klebstoffhaftung,
- exzellente Maßtreue und Genauigkeit,
- hohe mechanische Festigkeiten in Faserrichtung durch längsorientierte Fasern.

Die grundlegenden Eigenschaften einer typischen Elektrorezeptur sind in den Tabelle 18 und die einer typischen Class-A-Automobilformulierung in den Tabellen 19, im weiteren Verlauf dieses Textes, aufgeführt.

Die mechanischen Eigenschaften von SMC werden in erster Linie durch den Glasgehalt bestimmt (Abbildung 150 und 151).

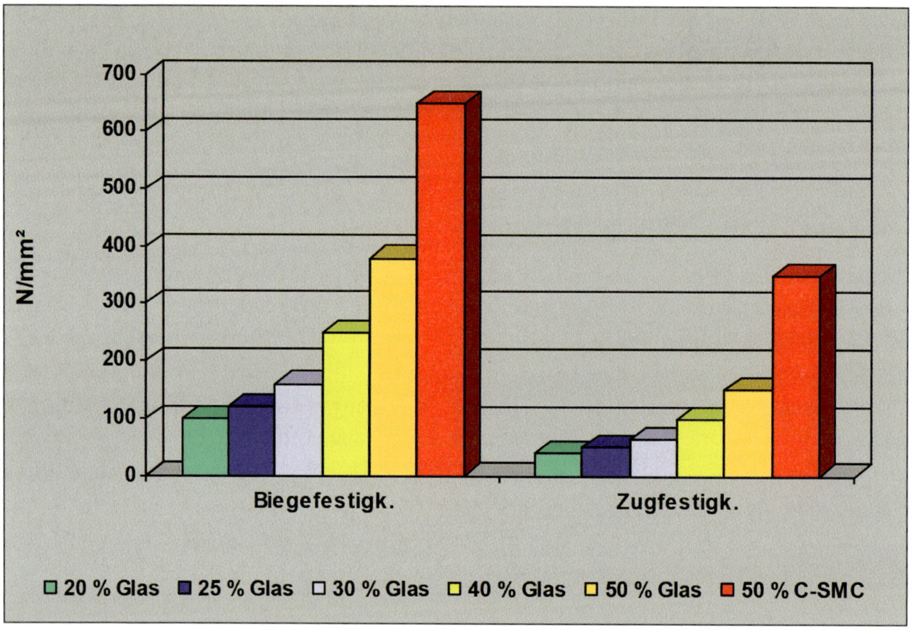

Abb. 150: Abhängigkeit der Biege- und Zugfestigkeit vom Glasgehalt

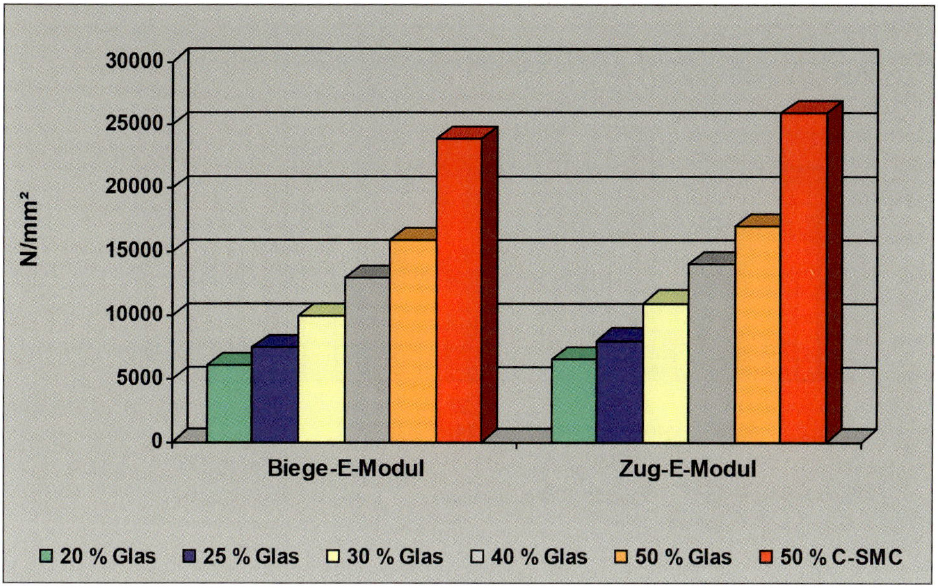

Abb. 151: Abhängigkeit der E-Moduli vom Glasgehalt

Auf einige Besonderheiten wird im Folgenden eingegangen:

Fließabhängige Eigenschaften

Bei SMC handelt es sich um ein sehr gut fließfähiges Material, das zum einen eine sehr komplexe Formteilgestaltung erlaubt, es andererseits aber nicht vermeidbar ist, dass in Fließ-richtung Faserorientierungen auftreten – dies ist typisch für alle Faserverstärkten Werkstoffe.

Die Arbeitsgruppe SMC/BMC der AVK (Industrievereinigung Verstärkte Kunststoffe) hat sich dieses Themas besonders angenommen und ein Prüfverfahren zur Ermittlung fließabhängiger (anisotroper) Werkstoffeigenschaften entwickelt. Verschiedene Hersteller und Verarbeiter von SMC beteiligten sich an einem umfangreichen Versuchsprogramm, in dem durch unterschiedliche Werkzeugbelegungen die in der Praxis auftretenden Fließverhältnisse simuliert wurden. Die Zuschnittgrößen lagen dabei zwischen 25 und 90% der Werkzeugoberfläche. Letztendlich wurde in einem Arbeitspapier vereinbart [7], fließabhängige Kennwerte mit einer häufig angewandten Werkzeugbelegung zwischen 25 und 30% zu ermitteln.

Diese Methode ist zu einer internationalen Norm ausgearbeitet und wird Eingang in ISO 1268 – 8: "Fibre reinforced plastics – Methodes of producing test plates, Part 8 Moulding of SMC, BMC" finden

Die European Alliance for SMC hat sich als europäische Gruppe der SMC herstellenden und verarbeitenden Betriebe die Aufgabe gestellt, den Bekanntheitsgrad dieses Werkstoffes zu erweitern. Sie stellt auf Anfrage Konstruktionsrichtlinien zur Verfügung, führt spezielle Lehrgänge durch und stellt Anwendungsbeispiele auf Messen und Tagungen aus.

In der folgenden Abbildung 152 ist die Zugfestigkeit verschiedener SMC-Formulierungen bei Belegung des Formnestes mit 90% längs, 25% längs und 25% quer dargestellt. Erwartungsgemäß ergeben sich bei langen Fließwegen deutliche Unterschiede in der Festigkeit längs und quer. Im Schnitt steigt die Festigkeit in Fließrichtung auf 130-140 % und fällt dafür quer auf 50-60% ab.

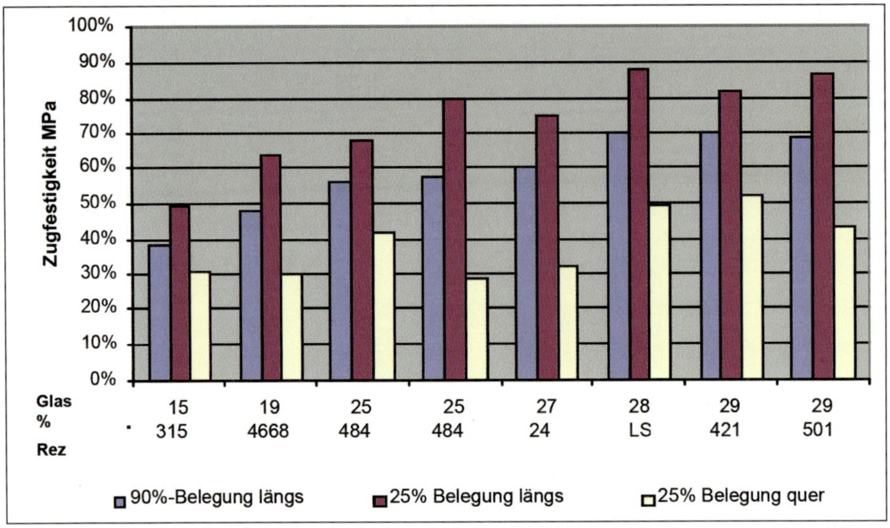

Abb. 152: Zugfestigkeit in Abhängigkeit der Werkzeugbelegung

Bei der in Abbildung 153 wiedergegebenen Biegefestigkeit ähnlicher SMC-Rezepturen wurden ähnliche Verhältnisse gefunden. Bei den E-Moduli treten die Unterschiede nicht ganz so deutlich zu Tage, da der E-Modul wenig von der Faserlänge abhängt, Ausnahme ist SMC mit endloser Faserlänge (C-SMC, HPC).

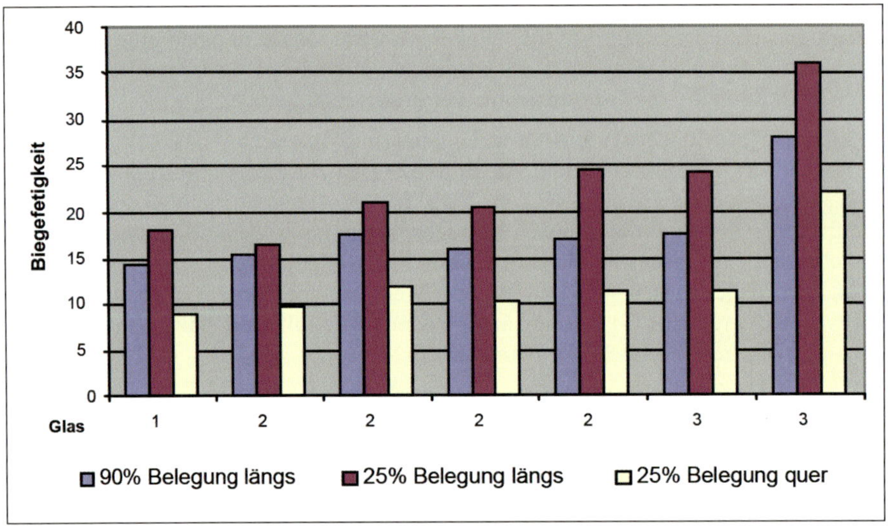

Abb. 153: Biegefestigkeit in Abhängigkeit der Werkzeugbelegung

Die häufig sehr komplexe Gestaltung von Bauteilen aus SMC erfordert mitunter Werkzeug-belegungen, die z.T. noch unter 25% der projizierten Oberfläche liegen. Bei der Auslegung solcher Bauteile ist darauf zu achten, dass die nicht zu vermeidende Faserorientierung in Fließrichtung zu keiner Beeinträchtigung der Funktion des Bauteiles führt.

Die in Abbildung 154 gezeigte Röntgenaufnahme eines Formteiles lässt die deutlichen Faserorientierungen besonders hinter Durchbrüchen und bei deutlichen Wandstärken-Änderungen erkennen.

Abb. 154: Röntgenaufnahme eines SMC-Teiles

Sofern Material und Verarbeitungsbedingungen optimiert werden, ist sichergestellt, dass ein vollständiges Ausfüllen des Formennestes und ein einwandfreier Transport der Glasfasern bis an das entfernteste Ende des Fließweges stattfindet [8].

In Abbildung 155 wird die veraschte Probe eines Pressteilrandes gezeigt, an der man erkennen kann, dass der Glasfasertransport einwandfrei erfolgt ist.

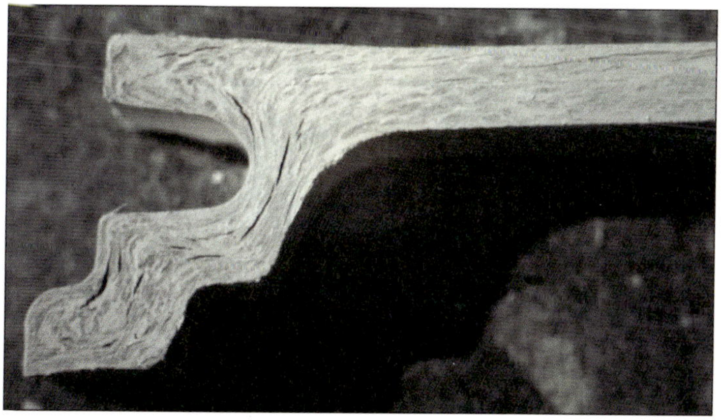

Abb. 155: Verstärkter Randabschnitt einer veraschten Probe

Gleichzeitig erkennt man einige Besonderheiten:

Aus Gründen der Steifigkeit und der Verarbeitungstechnik musste der Rand in dieser verstärkten Ausführung gefertigt werden. Eine gewisse Faserorientierung lässt sich mit zunehmender Fließweglänge nicht vermeiden. Unangenehm wirken sich zum Teil Wandstärkenverdickungen aus, wenn das Material von einer dünneren Zone in eine dickere Zone strömt. Dieser Strömungszustand entspricht einer verzögerten Strömung und führt bei Gasen und Flüssigkeiten zu Wirbelbildung, bei hochviskosen Medien wie SMC sind Wirbel nicht möglich, wohl aber Faserstauchung (Ziehharmonika-Effekt), siehe auch Abbildung 155. Da der Längenausdehnungskoeffizient stark von der Faser dominiert wird, sind die Ausdehnungsunterschiede längs oder quer zur Faser extrem, dies führt zu sichtbaren Wellen an der Oberfläche.

Ermüdungsverhalten

Häufig wird nach dem Ermüdungsverhalten von SMC-Bauteilen gefragt. Fasst man die verschiedenen Arbeiten der letzten Jahre der weltweiten SMC-Industrie zusammen, zeigt sich in Wöhler-Kurven das in Abbildung 156 dargestellte Verhalten der Biege-Wechselfestigkeit.

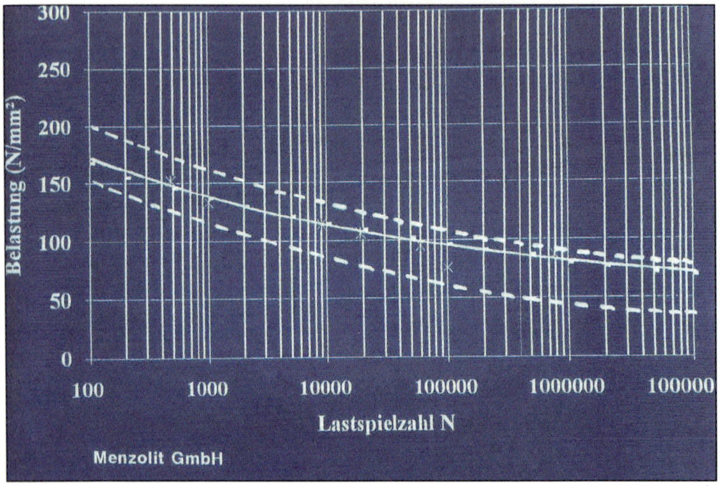

Abb. 156: Wöhler-Kurven von SMC –Biege-Wechselfestigkeit

Die breite Spanne der gestrichelten Linien fasst die verschiedenen geprüften Formulierungen zusammen, so dass man die Aussage machen kann, dass der Werkstoff SMC bei einer Dauerbelastung von 26-40% einer Bruchkraft als dauerbelastbar angesehen werden kann [9].

SMC mit längsorientierten Fasern (C-SMC, HPC)

Für besondere Konstruktionen können die Faserorientierungen zum Erzielen hoher Festigkeiten in Faserrichtung ausgenutzt werden. Diese besonderen SMC-Entwicklungen mit gerichteten Fasern, so genannte "C-SMC", weisen in Faserrichtung Eigenschaftswerte dicht unter denen der Advanced Composites auf (siehe Beispiel in Abbildung 157).

Unter diesen Werkstoffen versteht man Hochleistungs-Verbundwerkstoffe, die durch gezielte Faserorientierungen und besondere Herstellverfahren wie Profilziehen, Wickeln usw. sehr hohe Festigkeitswerte erreichen. Quer zur Faserrichtung liegen die Eigenschaften allerdings auf annähernd normalem Niveau [10]. Anhand der Werkstoff -Tabelle können die besonderen Eigenschaften dieses Materials diskutiert werden.

Abb. 157: Endlose Rovingstränge zur Herstellung gerichteter Faserstrukturen (C-SMC)

Neben Glasfasern können auch Kohlenstofffasern, Aramidfasern und andere Chemiefasern eingesetzt werden. Wegen der hohen Steifigkeit sind besonders Kohlenstofffasern interessant.

Eigenschaften typischer SMC-Rezepturen

Die Eigenschaften typischer SMC-Rezepturen sind in anhängenden Tabellen zusammengefasst. Diese sind die Grundlage der neuen EN-Normen 14598 Teil 1-3:

„Reinforced thermosetting moulding compounds – Specification for Sheet Moulding Compound (SMC) and Bulk Moulding Compound (BMC)“, die die alte DIN 16913 ersetzen sollen.

Ausblick

Der Werkstoff SMC ist in seinen Eigenschaften vielen Anforderungen in den industriellen Anwendungen gewachsen. Durch die Verarbeitung im Pressverfahren können gezielte Faserverstärkungen mit hohem mechanischem Niveau genutzt werden.

Durch die Auswahl der verschiedenen Rohstoffe können ganz spezifische Eigenschaften dieses steifen duroplastischen Werkstoffes eingestellt werden.

Class-A -Anforderungen der Automobilindustrie werden genauso erfüllt wie die hohen Brandschutz-Anforderungen der Schienenfahrzeuge.

In der Elektroindustrie hat sich der Werkstoff seit nahezu vierzig Jahren bewährt.

Die Herstellung der Formmassen auf modernen Anlagen erlaubt eine hohe Gleichmäßigkeit der gefertigten Produkte.

Erklärung zu den nachfolgenden Tabellen:

SMC war bisher in DIN 16913 genormt. Die darin aufgeführten Typen sind hauptsächlich Formmassen für die elektrotechnische Industrie. Inzwischen werden bedeutende Mengen in der Automobilindustrie, für Schienenfahrzeuge und viele andere Anwendungen eingesetzt. Daher musste die Anzahl der Typen deutlich erweitert werden.

Auch die Anforderungen an die Werkstoffkennwerte sind gestiegen. Die Angaben in DIN 16913 reichen bei Weitem nicht mehr aus. Schwindung, Dichte, Brennbarkeit, linearer Ausdehnungskoeffizient sind Beispiele von Angaben, die von jeder Formmasse abgefragt werden.

Die in DIN 16913 angeführten Normen sind überholt und durch internationale Normen zu ersetzen, wenn immer möglich durch DIN EN ISO, sonst zumindest DIN EN.

Da die vorliegenden Tabellen Grundlage der EN 14598 sind, wurde die englische Form gewählt.

Bedeutungen:

SMC-properties which shall be specified	Festgelegte SMC-Eigenschaften
SMC-properties which may be specified	Weitere SMC-Eigenschaften
Proc.	Verarbeitungsverfahren
Q	Pressen
M	Spritzgießen
T	Transferpressen
G	Alle obigen Verarbeitungsverfahren
Characteristics	Eigenschaften der Formmassen
Standard	Schwindung > 0,15%
LS	Schwindung 0,05-0,15%
LP	Schwindung 0,05 bis – 0,5%
LP Class A	Schwindung < -0,05%
E	Elektrotechnische Anwendung
FR	Selbstverlöschend
Extremly FR	Nicht brennbar
M	Hohe mechanische Eigenschaften
LP Class A flex	Flexible Class A-Rezeptur
N	Lebensmittelgeeignet
C	Besondere Chemikalienbeständigkeit
Sanitary	Anwendung im Sanitärbereich
E3	Besondere Durchschlagfestigkeit
E4	Geringer Oberflächenwiderstand
T	Besonders hohe Temperaturbeständigkeit
UD	Unidirektional, Längsverstärkung

Tab. 18: SMC-properties which shall be specified

	Property	Unit	Proc.*)	Max. min.	1	2	3	4
					Type/Grade SMC prEN 14598 – UP. . .			
					GF15 G	GF20 G	GF25 G	GF25 G
1. Mechanical properties								
1.1	Tensile modulus E t	MPa	Q	>	7000	8000	8500	9000
1.2	Stress at break σ B	MPa	Q	>	40	45	50	55
1.3	Strain at break ε B	%	Q		1,2	1,5	1,5	1,4
1.4	Flexural modulus E f	MPa	Q	>	7000	8500	9000	9500
1.5	Flexural strength σ f M	MPa	Q	>	100	120	145	150
1.6	Charpy impact strength a c U	kJ/m²	Q	>	35	40	50	60
2. Thermal properties								
2.1	Temperature of deflect. under load T f 1,8	°C	Q	>	180	180	180	190
2.2	Coefficient of linear thermal expansion	10E -6/K	Q		18	18	18	18
3. Electrical properties								
3.1	Dissipation factor tan δ 100	-	Q/M	<	0,01	0,01	0,01	0.01
3.2	Volume resistivity ρ e	Ω cm	Q/M	>	10^{13}	10^{13}	10^{14}	10^{14}
3.3	Surface resistivity σ e	Ω	Q/M	>	10^{12}	10^{12}	10^{12}	10^{12}
3.4	Proof tracking index CTI	-	Q/M	>	600	600	600	600
4. Flammability, Burning behaviour								
4.1	UL 94 (ISO 1210)	class	Q/M		HB	HB	HB	V1
4.2	ISO 3795	class	Q/M		NBR	NBR	NBR	NBR
4.3	Glow bar IEC 60707-3	step	Q/M		BH 2-95	BH 2-95	BH2-95	BH 2-30
5. Chemical and physical properties								
5.1	Density	g/cm³	Q/M		1,9	1,85	1,85	1,9
5.2	Moulding shrinkage	%	Q		0,16	0,15	0,15	0,14
6. Rheological and processing properties								
6.1	Glass content	%	Q/M		15	20	25	25
7. Remarks								
7.1	Characteristic				standard	standard	standard, E	LS,E,FR
7.2	Typ to DIN 16913 or other standards						830, 830.5	831. 831.5
7.3	Special properties							

*) Proc. = Processing; Q = Compression moulding; M = Injection moulding
Properties to be specified are those, which should typically appear on a data sheet. A selection of these properties also should be included on the certificate of conformity

Tab. 18: Teil 2: SMC-properties which shall be specified

	5	6	7	8	9	10	11
	Type/Grade SMC prEN 14598 – UP. . .						
	GF30 Q	GF30 Q	GF30 Q	GF25 Q,M,T	GF30 Q,M,T,	GF28 Q	GF27 Q
1. Mechanical properties							
Tensile modulus E t	10500	10500	10000	10000	11500	7000	8500
Stress at break σ B	70	70	65	55	80	65	60
Strain at break ε B	1,4	1,4	1,5	1,4	1,5	1,5	1,3
Flexural modulus E f	10500	10500	9500	9500	10500	7000	7500
Flexural strength σ f M	165	165	155	140	180	150	125
Charpy impact strength a c U	70	70	55	55	90	70	60
2. Thermal properties							
Temperature of deflect. under load T f 1,8	200	200	190	180	200	190	180
Coefficient of linear thermal expansion	18	16	16	17	10	10	12
3. Electrical properties							
Dissipation factor tan δ 100	0,01	0,01	0,01	0,01	0,01	0.01	0,01
Volume resistivity ρ e	10^{14}	10^{14}	10^{14}	10^{14}	10^{14}	10^{14}	10^{14}
Surface resistivity σ e	$10x^{12}$	10^{12}	10^{12}	10^{12}	10^{12}	10^{12}	$10x^{12}$
Proof tracking index CTI	600	600	600	600	600	600	600
4. Flammability, Burning behaviour							
UL 94 (ISO 1210)	V 0	V1	V0	V0	HB	HB	HB
ISO 3795	NBR	NBR	NBR	NBR	NBR	NBR	NBR
Glow bar IEC 60707-3	BH 2-10	BH 2-30	BH 2-10	BH 2-10	BH2-95	BH 2-95	BH 2-95
5. Chemical and physical properties							
Density	1,8	1,85	1,85	1,85	1,9	1,8	1,8
Moulding shrinkage	0,12	0,12	0,07	0,07	-0,08	-0,08	-0,06
Water absorption	0,2	0,2	0,2	0,2	0,5	0,5	0,5
6. Rheological and processing properties							
Glass content	32	32	30	25	30	28	27
7. Remarks							
Characteristic	LS,E,FR,M	LS,E,FR,M	LS,E, FR,	LS,E,FR,	LP Class A	LP Class A flex	LP, Low press.
Typ to DIN 16913 or other standards	832, 832.5	833, 833,5	834, 834.5				
Special properties							

*) Proc. = Processing; Q = Compression moulding; M = Injection moulding
Properties to be specified are those, which should typically appear on a data sheet
A selection of these properties also should be included on the certificate of conformity

Tab. 18: Teil 3: SMC-properties which shall be specified

	12	13	14	15	16	17	18
	Type/Grade SMC prEN 14598 – UP. . .						
	GF25 Q	GF25 Q	GF20 Q	GF25 Q	GF25 Q	GF25 Q	GF30 Q
1. Mechanical properties							
Tensile modulus E t	9000	9000	8000	6000	9000	10500	10000
Stress at break σ B	70	70	45	45	55	60	60
Strain at break ε B	1,5	1,5	1,3	1,3	1,5	1,4	1,2
Flexural modulus E f	9000	9000	8000	6000	9000	10500	9000
Flexural strength σ f M	160	160	115	120	155	155	160
Charpy impact strength a c U	70	70	45	45	60	60	70
2. Thermal properties							
Temperature of deflect. under load T f 1,8	200	200	200	180	200	200	180
Coefficient of linear thermal expansion	15	16	18	18	14	18	16
3. Electrical properties							
Dissipation factor tan δ 100	0,01	0,01	0,01	0,01	0,01	0.01	0,01
Volume resistivity ρ e	10^{14}	10^{14}	10^{14}	10^{14}	10^{14}	10^{15}	10^{10}
Surface resistivity σ e	10^{12}	10^{12}	10^{12}	10^{12}	10^{12}	10^{14}	10^{7}
Proof tracking index CTI	600	600	600	600	600	600	600
4. Flammability, Burning behaviour							
UL 94 (ISO 1210)	HB	HB	VO	HB	VO	HB	VO
ISO 3795	NBR	NBR	NBR	NBR	NBR	NBR	NBR
Glow bar IEC 60707-3	BH 2-95	BH 2-95	BH 2-10	BH 2-95	BH1	BH 2-95	BH 2-10
5. Chemical and physical properties							
Density	1,8	1,7	1,8	1,4	1,9	1,8	1,75
Moulding shrinkage	0,03	0,06	0,08	0,02	0,0	0,03	0,14
Water absorption	0,2	0,2	0,2	0,2	0,2	0,2	0,2
6. Rheological and processing properties							
Glass content	25	25	20	20	25	25	30
7. Remarks							
Characteristic	LP, N	LS, C	LS, Sanitary	LP, Low density	LP, extremely FR	LS,E3	LS,FR,E4,
Typ to DIN 16913 or other standards							
Special properties							

*) Proc. = Processing; Q = Compression moulding; M = Injection moulding
Properties to be specified are those, which should typically appear on a data sheet
A selection of these properties also should be included on the certificate of conformity

Tab: 18: Teil 4: SMC-properties which shall be specified

	19	20	21	22	23	24	
	Type/Grade SMC prEN 14598 – UP			Type/grade SMC prEN 14598 – VE			
	GF35 Q			GF25 Q	GF50 Q	GF50 Q	
1. Mechanical properties							
Tensile modulus E t	18000/9000			9500	13000	25000/11000	
Stress at break s B	200/29			80	160	320/50	
Strain at break e B	1,7/0,8			1,4	1,8	1,5/0,9	
Flexural modulus E f	18000/5500			9500	12000	24000/9000	
Flexural strength s f M	500/75			160	280	450/160	
Charpy impact strength a c U	| | 180/35 ⊥			80	150	| | 280/50 ⊥	
2. Thermal properties							
Temperature of deflect. under load T f 1,8	200			200	180	190	
Coefficient of linear thermal expansion	| | 12/25 ⊥			16	14	| | 11/25 ⊥	
3. Electrical properties							
Dissipation factor tan d 100	0,01			0,01	0,01	0.01	
Volume resistivity r e	10^{14}			10^{14}	10^{14}	10^{14}	
Surface resistivity s e	10^{12}			10^{12}	10^{12}	10^{12}	
Proof tracking index CTI	600			600	600	600	
4. Flammability, Burning behaviour							
UL 94 (ISO 1210)	HB			HB	HB	HB	
ISO 3795	NBR			NBR	NBR	NBR	
Glow bar IEC 60707-3	BH 2-95			BH 2-95	BH2-95	BH 2-95	
5. Chemical and physical properties							
Density	1,8			1,8	1,7	1,8	
Moulding shrinkage	-0,03/0,24			-0,05	0,03	-0,03/0,25	
Water absorption	0,2			0,2	0,2	0,2	
6. Rheological and processing properties							
Glass content	35			25	50	50	
7. Remarks							
Characteristic	LS, M, UD			LS, M, T	LS, M, T	LS, M, T, UD	
Typ to DIN 16913 or other standards							
Special properties							

*) Proc. = Processing; Q = Compression moulding; M = Injection moulding
Properties to be specified are those, which should typically appear on a data sheet
A selection of these properties also should be included on the certificate of conformity

Tab. 19: SMC-properties which may be specified

	Property	Unit	Proc. *)	Max. min.	1	2	3	4
					Type/Grade SMC prEN 14598 – UP. . .			
					GF15 G	GF20 G	GF25 G	GF25 G
1. Mechanical properties								
1.1	Compressive strength	MPa	Q/M		140	140	160	160
1.2	Compressive Modulus	MPa	Q/M		8000	8500	9000	9500
2. Thermal properties								
2.1	Dynamic mechanical properties	MPa	Q/M					
2.2	Damping, absorption	log. Dekr.	Q/M					
2.3	Glass transition temperature	°C	Q/M		160	160	160	170
3. Electrical properties								
3.1	Dielectric strength	kV/mm	Q/M		25	25	25	25
3.2	Dielectric constant		Q/M	>	4,6	4,6	4,6	4,0
3.3	Insulation resistance	Ω	Q/M	>	10^{12}	10^{12}	10^{12}	10^{12}
4. Flammability, Burning behaviour								
4.1	Oxygen index	%	Q/M		22	22	22	32
4.2	Constructions DIN 4102 Burning behaviour	class	Q/M		B2	B2	B 2	B2
4.3	Fire hazard testing Glow-wire test	°C	Q/M		650	650	650	850
5. Chemical and physical properties								
5.1	Poisson´s ratio		Q/M		0,3	0,3	0,3	0,3
5.2	Chemical resistance		Q/M					
5.3	Chemical resistance	%	Q/M	<			0,2	0,2
6. Rheological and processing properties								
6.1	Curing characteristics		Q/M					
6.2	Flowability							
7. Remarks								
7.1	Characteristic				standard		standard	LS, FR
7.2	Typ to DIN 16913 or other standards						830, 830.5	831, 831.3
7.3	Special properties							

*) Proc. = Processing; Q = Compression moulding; M = Injection moulding

Relevant properties can be included on certificate of conformity if parties mutually agree to do so

Tab. 19: Teil 2 SMC-properties which may be specified

	5	6	7	8	9	10	11
	Type/Grade SMC prEN 14598 – UP. . .						
	GF30 Q	GF30 Q	GF30 Q	GF25 M	GF30 Q,M,T,	GF28 Q	GF27 Q
1. Mechanical properties							
Compressive strength	165	160	160	145	150	140	140
Compressive Modulus	10500	10500	10500	9500	10000	7500	9500
2. Thermal properties							
Dynamic mechanical properties							
Damping, absorption							
Glass transition temperature	170	170	170	160	180	170	170
3. Electrical properties							
Dielectric strength	25	25	28	20	25	25	25
Dielectric constant	4,5	4,5	4,5	4,4	4,9	4,9	4,5
Insulation resistance	10^{12}	10^{12}	10^{12}	10^{12}	10^{12}	10^{12}	10^{12}
4. Flammability, Burning behaviour							
Oxygen index	28	28	31	32	24	24	22
Constructions DIN 4102 Burning behaviour	B 2	B 2	B2	B 2	B2	B2	B 2
Fire hazard testing Glow-wire test	850	850	950	950	650	650	650
5. Chemical and physical properties							
Poisson´s ratio	0,3	0,3	0,3	0,3	0,3	0,3	0,3
Chemical resistance							
Water absorption	0,2						
6. Rheological and processing properties							
Curing characteristics							
Flowability							
7. Remarks							
Characteristic	LS, FR, M	LS, FR, M	LS, FR	LS, E, FR	LP Class A	LP Class A flex	LP.Low press.
Typ to DIN 16913 or other standards	832, 832.5	833, 833.5	834, 834.5				
Special properties							

*) Proc. = Processing; Q = Compression moulding; M = Injection moulding
Relevant properties can be included on certificate of conformity if parties mutually agree to do so

Tab. 19: Teil 3 SMC-properties which may be specified

	12	13	14	15	16	17	18
	Type/Grade SMC prEN 14598 – UP. . .						
	GF25 Q	GF25 Q	GF20 Q	GF25 Q	GF25 Q	GF25 Q	GF30 Q
1. Mechanical properties							
Compressive strength	165	145	130	120	160	160	160
Compressive Modulus	10500	10500	9500	6500	10000	10500	9500
2. Thermal properties							
Dynamic mechanical properties							
Damping, absorption							
Glass transition temperature	180	180	170	170	180	180	170
3. Electrical properties							
Dielectric strength	25	25	25	20	25	30	0,5
Dielectric constant	4,5	3,9	4,0	4,6	4,0	4,4	
Insulation resistance	10^{12}	10^{12}	10^{12}	10^{12}	10^{12}	10^{15}	10^{7}
4. Flammability, Burning behaviour							
Oxygen index	22	22	33	22	82	22	22
Constructions DIN 4102 Burning behaviour	B 2	B2	B 2	B 2	B 1	B 2	B 2
Fire hazard testing Glow-wire test	650	650	950	650	950	650	650
5. Chemical and physical properties							
Poisson´s ratio	0,3	0,3	0,3	0,3	0,3	0,3	0,3
Chemical resistance							
Water absorption							
6. Rheological and processing properties							
Curing characteristics							
Flowability							
7. Remarks							
Typ to DIN 16913 or other standards	LP, N	LS, C	LS,Sanitary	LP,Low density	LP, extre-mely FR	LS,E3	LS,FR,E4,
Special properties							
Typ to DIN 16913 or other standards							

*) Proc. = Processing; Q = Compression moulding; M = Injection moulding
Relevant properties can be included on certificate of conformity if parties mutually agree to do so

Tab. 19: Teil 4 SMC-properties which may be specified

	19	20	21	22	23	24	25
	Type/Grade SMC prEN 14598 – UP. .			Type/grade SMC prEN 14598 – VE –			
	GF35 Q			GF25 Q	GF50 Q	GF50 Q	
1. Mechanical properties							
Compressive strength	330/150			150	250	450/160	
Compressive Modulus	17000/8000			9500	12000	21000/10000	
2. Thermal properties							
Dynamic mechanical properties							
Damping, absorption							
Glass transition temperature	170			180	170	170	
3. Electrical properties							
Dielectric strength	30			25	20	30	
Dielectric constant	4,5			4,7	4,2	4,0	
Insulation resistance	10^{12}			10^{12}	10^{12}	10^{12}	
4. Flammability, Burning behaviour							
Oxygen index	22			22	23	24	
Constructions DIN 4102 Burning behaviour	B 2			B 2	B2	B2	
Fire hazard testing Glow-wire test	50			650	650	650	
5. Chemical and physical properties							
Poisson´s ratio	0,17/0,3			0,3	0,3	0,13/0,4	
Chemical resistance							
Water absorption							
6. Rheological and processing properties							
Curing characteristics							
Flowability							
7. Remarks							
Typ to DIN 16913 or other standards	LS, M, UD			LS, M, T	LS, M, T	LS, M, T, UD	
Special properties							
Typ to DIN 16913 or other standards							

*) Proc. = Processing; Q = Compression moulding; M = Injection moulding
Relevant properties can be included on certificate of conformity if parties mutually agree to do so

Literatur

[1] Grünewald, Dr. R. u. Walter, O.: 15 Jahre Erfahrung mit Harzmatte. Plastverarbeiter Nr. 9/1975.

[2] Schönthaler, W.: Schrumpfarme UP-Preßmassen und -Prepreg, AVK-Tagungshandbuch (1970).

[3] Demmler und Lawonn: Schrumpfarme ungesättigte Polyesterharze für das Warmpressen, AVK-Tagungshandbuch (1970).

[3b] Pelzer und Schulz-Walz: Wirkungsmechanismen in der Schwundkompensation bei Low-Profile-UP-Harzsystemen, AVK-Tagungshandbuch (1976).

[4] Liebold, R.: SMC- und BMC-Anwendungen im Fahrzeugbau, Eindrücke von der 34. SPI – Konferenz 1979, Plastverarbeiter 30 (1979), S. 458.

[5] Hablitzel, H. u. H. Schicht: Wirtschaftliche Herstellung von Duromer-Formteilen, Reihe „Kunststofftechnik", VDI-Verlag GmbH, Düsseldorf, (1978).

[6] Mai: Herstellung von Harzmatten mit Breitschneid-Anlagen, AVK-Tagungshandbuch (1972).

[7] Liebold, R.: Ermittlung fließabhängiger (anisotroper) Werkstoffkennwerte von SMC, AVK-Tagung Baden-Baden 1996.

[8] Cherek, H. und andere: Preßverfahren und Auslegung von Preßwerkzeugen, 12. Kunststofftechnisches Kolloquim, IKV, Aachen, 1984.

[9] Liebold, R.: Wöhler-Kurven von SMC unter Mitverwendung von Recyclat, AVK-Tagung Baden-Baden 1994.

[10] Ehnert, G.P.: Hochfestes SMC im PKW-Bereich, AVK-Tagungshandbuch Oktober 1998.

Weiterführende Literatur

- Liebold, R.: Witterungsbeständigkeit von SMC und deren Prüfmethoden, AVK-Tagung Baden-Baden 1998.
- Heck, W.: Stand der Lackiertechnik am Beispiel des Porsche 924, Reihe Kunststofftechnik, VDI-K (Hrsg.) VDI-Verlag, Düsseldorf, 1978.
- Liebold, R.: Optimierung bei der Herstellung von lackierfähigen Teilen aus SMC, AVK, Frankfurt am Main, Jahrestagung Freudenstadt, 1978.
- Ehnert, G.P.: Automatisiertes Lackieren von SMC-Formteilen für die Automobil-Industrie im Preßwerkzeug, Kunststoffe 73 (1983), Seite 232 / 235.
- Derek, H.: Zur Technologie der Verarbeitung von Harzmatten Diss. RWTH Aachen, 1982
- Brüssel, R.: Prozeßgeregelte vollautomatische Fertigung von PKW-Stoßfängerträgern, AVK-Tagung Berlin 1994.
- Goedel, Dr. M.: SMC in Schienenfahrzeugen, 28. AVK-Tagung Baden-Baden 1997.
- Breulet, H.: Utilisation of Composites in trains – French Standard NF F 16-101/102.
- Rolling Stock Seminar der European Alliance for SMC, Wesel, November 1997.
- Halogen-free UP challenges phenolics in railways, Reinforced Plastics November 1995.
- A new Generation o fire retarded Polyester Composite for Mass Transportation, Technical Newsletter Martinswerke 08.95.

- Staufer, G.: Brandschutz, Kunststoffe 4/95, Verhalten von SMC in der Freibewitterung am Beispiel von Kabelverteilergehäusen. (1986), Nr.3.
- Brüssel, R.; Weber, U.: Automatische Fertigung von SMC – Teilen in neuen Zeitdimensionen, 22. AVK-Tagung, Mainz 1989.
- Derek, H.: Information der SMC Technologie.
- Menges, G. Ermert, W.: Moderne Fertigungsverfahren bei Kunststoff-Faser-Verbundstoffen, Reihe Kunststofftechnik, VDI-K (Hrsg.), VDI-Verlag, Düsseldorf, 1982.
- Haldenwanger, G. / Schäper, S.: Faserverstärkte Kunststoffe als tragende Strukturteile der Karosserie, Reihe Kunststoffe, VDI-K (Hrsg.) VDI-Tagung, Düsseldorf, 1983.
- Liebold, R.: Vom Experimentierfeld zur Großserie, Plastverarbeiter, 35 (1984) 5, Seite 118/124.
- Liebold, R. Interessante GFK-Anwendungen aus den USA, Plastverarbeiter, 32 (1981) 5, Seite 508/512.
- Liebold, R.: Das IMC-Verfahren – Fortschritte und kritische Betrachtungen, Kunststoffe 76 (1986), 3, Verarbeiters. 19. AVK – Tagung 1984, Freudenstadt.
- Hörsting, K., Engelen, P.: Zukunftsweisende Innovative Kunststoff-Anwendungen im neuen DC-C-Klasse Sport Coupe, 4. Internationale AVK-TV Tagung Baden-Baden, Oktober 2001.
- Ritter, M., Michaeli, W.: Qualitätsüberwachung bei der Pressverarbeitung, 4. Internationale AVK-TV Tagung Baden-Baden, Oktober 2001.
- Schemme, M.: Sicherung der Produktqualität bei der Herstellung und Verarbeitung von SMC-Werkstoffen, Technisch-Wissenschaftlicher Bericht, Erlangen, 1997.

4.2.4.2 BMC Polyesterformmassen

Geschichtliche Entwicklung

Nachdem die Herstellung von Polyesterpressmassen 1945/1950 in den USA aufgenommen worden war, wurde die erste, damals noch glasfreie Pressmasse in Deutschland angeboten. Ab 1954 gab es dann glasfaserverstärkte Polyesterpressmasse in Deutschland [1,2,3,4] und England [5].

Für die mehr oder weniger teigigen bzw. feuchten Formmassen hat sich heute die Bezeichnung „BMC“ eingebürgert, abgeleitet vom englischen **bu**lk **m**olding **c**ompound. Daneben gibt es noch folgende Bezeichnungen, die teilweise auch nur für Spezialmassen Verwendung finden:

- **Dough Molding Compound** oder DMC (im britisch-englischen Sprachraum).
- **R-BMC**, dabei steht das R für Roving, es ist ein BMC hergestellt nach dem CIC-Verfahren Continuous Impregnated Compound.
- **ZMC** (die Buchstaben sind willkürlich gewählt) ist ein BMC im Rahmen eines ZMC-Systems, bestehend aus BMC nach einem speziellen Herstellungsverfahren und einem besonderen Verarbeitungsverfahren vorwiegend für Großteile [6].

Die wirtschaftliche Bedeutung von BMC lag bis Ende der 70er Jahre vorwiegend auf dem Elektrosektor. Dies änderte sich dann entscheidend durch drei Anwendungen 1980.

BMC ist seitdem speziell für Autoreflektoren, Zylinderkopfdeckel und Heckklappen entwickelt und eingesetzt worden [6,7,8].

Zusammensetzung des BMC und kurze Angaben zur Chemie

BMC sind leicht fließende Formmassen, die als wesentliche Bestandteile ungesättigte Polyesterharze (UP-Harz), Katalysatoren, Füllstoffe und Verstärkungsfasern enthalten [9].

Die Zusammensetzung der einzelnen Bestandteile kann abgestimmt auf die jeweilige Anwendung in weiten Bereichen variabel sein (Tabelle 20).

Tab. 20: Übersicht zur BMC-Rezeptur

Rohstoff	Funktion	Menge in %
UP-Harz	Bindemittel	10 – 35
Katalysatoren	beschleunigen die Härtung	1 – 3
Stabilisatoren	bestimmen die Lagerzeit und die Fließzeit	< 0,1
Internes Trennmittel	bewirkt die Entformung	1 – 2
Füllstoff	hat mehrere Funktionen (siehe weiterer Text)	0 – 70
Verstärkungsfasern	beeinflusst die mechanischen Eigenschaften stark	10 – 50

Weitere mögliche Komponenten sind:

- Farbpigmente/-pasten,
- Zusätze zur Reduzierung der Dichte,
- Eindickungsmittel Magnesiumoxyd zur Erhöhung der Plastizität des BMC,
- Zusätze zur Reduzierung der Schwindung,
- Zusätze zur Elastifizierung des BMC.

Kurze Beschreibung zur Funktion der einzelnen Rezepturbestandteile.

UP-Harz

Es kommen alle UP-Harze infrage, die für die Heißhärtung geeignet sind. Die Eigenschaften sind aus den Datenblättern der Harzhersteller zu entnehmen.

Folgende Eigenschaften des später daraus hergestellten BMC werden wesentlich durch die UP-Harze bestimmt [12]:

- die Reaktivität,
- die mechanischen Eigenschaften,
- die chemische Beständigkeit und die Beständigkeit gegen Feuchtigkeit/Wasser und damit die elektrischen Eigenschaften, die von der Wasserbeständigkeit unmittelbar beeinflusst werden,
- die thermische Beständigkeit und die Dauergebrauchstemperatur,
- die Elastizität/Zähigkeit,
- die Oberfläche der Formteile aus BMC zusammen mit den entsprechenden Zusätzen zur Reduzierung der Schwindung.

Reaktionsmittel

Über die Reaktionsmittel bzw. deren Mischung und Menge wird im Zusammenhang mit den Stabilisatoren die Reaktivität, also die für die jeweilige Anwendung benötigte Härtezeit, eingestellt. Ferner wird bestimmt, bei welcher Werkzeugtemperatur das BMC später verarbeitet werden kann [18].

Stabilisatoren

Diese erfüllen je nach Art und Menge zwei Funktionen. Neben der Härtezeit wird durch die Stabilisatoren auch die Lagerzeit und damit der Zeitraum bis zu dem das fertige BMC verarbeitungsfähig ist, bestimmt [17].

Diese Vorgänge sind sehr komplex und voneinander abhängig, man kann z.B. nicht ohne Weiteres kürzeste Härtezeit und lange Lagerzeit einstellen.

Interne Trennmittel

Ohne Zusatz von internen Trennmitteln ist ein Entformen aus dem Werkzeug nach der Härtung nicht möglich.

Füllstoffe

Die Füllstoffe haben diverse Einflüsse auf die Rezeptur, sie bewirken einen gleichmäßigen Fasertransport beim Verarbeiten, ergeben ein glatte Oberfläche, da sie die Faserstruktur abdecken und vermeiden Rissbildung durch Reduzierung des Schrumpfes, den alle UP-Harze beim Härten haben.

Hauptfüllstoffe sind Kreide (Calcium-Carbonat) und Aluminiumtrihydrat (ATH). Neben den oben erwähnten Eigenschaften werden die Materialkosten reduziert.

Über den Anteil des ATH in der Rezeptur kann die Flammwidrigkeit des BMC von selbstverlöschend bis praktisch unbrennbar eingestellt werden [13].

Weitere Füllstoffe, die bei besonderen Anforderungen eingesetzt werden, sind z.B. Kaolin für hohe Säurefestigkeit, Glaskugeln für Oberflächenhärte sowie Hohlglaskugeln für reduzierte spezifische Gewichte.

Verstärkungsfasern

Mit weitem Abstand werden Glasfasern verwendet, die gleichzeitig einen wesentlichen Einfluss auf die mechanischen Eigenschaften im BMC haben.

Daneben werden organische Fasern für spezielle abriebfeste BMC verwendet. Im Rahmen der Versuche in Richtung „BMC mit nachwachsenden Rohstoffen“ stehen ebenfalls organische Fasern (Jute, Baumwolle, Brennnessel) in der Diskussion.

Aufbereitung – Lieferform des BMC

Die Aufbereitung des BMC ist von entscheidender Bedeutung für dessen Qualität. Einerseits sollen alle Verstärkungsfasern optimal benetzt sein, andererseits sollen zu hohe Scherkräfte vermieden werden, die speziell bei einer Glasfaserverstärkung zu einer Schädigung der Fasern und damit zu niedrigen mechanischen Eigenschaften führen. Es muss aber auch alles vermieden werden, was zu ungetränkten Fasern oder gar zu teilweise trockenen Fasernestern führt.

Der erste Arbeitsschritt, die Herstellung der Matrix, d.h. die Mischung aller Bestandteile bis auf die Faser, ist normalerweise problemlos, es muss lediglich bei einigen Rohstoffen eine gewisse Reihenfolge eingehalten werden. Die Mischung erfolgt normalerweise, soweit es von der Viskosität her möglich ist, auf einem Dissolver.

Bei den meisten BMC-Rezepturen kann in dieser Phase noch nicht der gesamte Füllstoff mit eingebracht werden, da die Viskosität für eine Übergabe in den Endmischer zu hoch würde. Wichtig ist dabei nur, dass die Temperatur nicht zu hoch wird, um vorzeitiges Anspringen der Härtung zu vermeiden. Es gilt also immer den Kompromiss zwischen optimaler Durchmischung und nicht zu hoher Temperatur zu finden.

Der zweite Schritt zur Herstellung des BMC, die Einmischung des restlichen Füllstoffs und der Verstärkungsfaser, kann nun auf verschiedene Art geschehen.

Im Z-Kneter werden in die vorgemischte Matrix der restliche Füllstoff und danach die Verstärkungsfaser eingemischt (Abbildung 158).

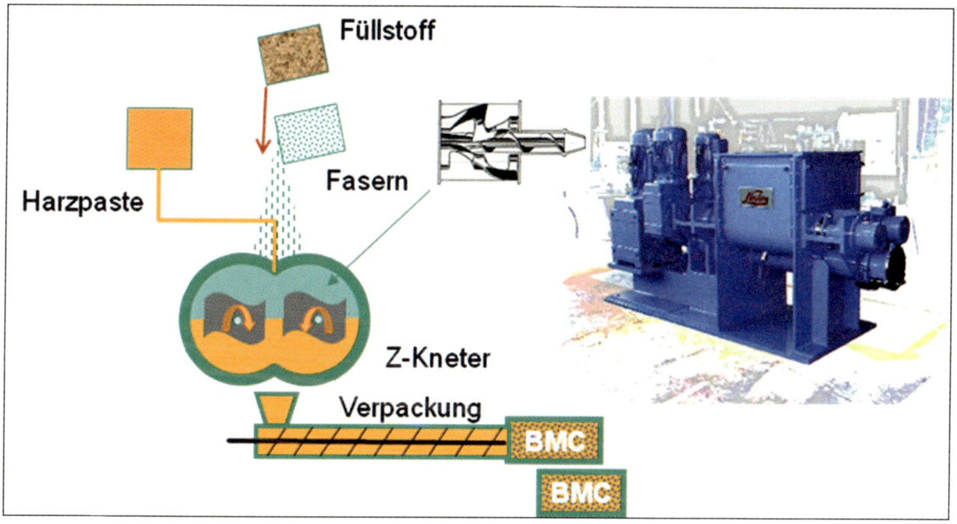

Abb. 158: BMC-Herstellung

Der zweite Schritt zur Herstellung des BMC, die Einmischung des restlichen Füllstoffs und der Verstärkungsfaser, kann nun auf verschiedene Art geschehen.

Bei der ersten BMC-Produktion 1954 wurden Glasfaserstränge durch die Matrix gezogen und dann auf einem Cutter geschnitten. Die Matrix musste hierfür sehr niedrigviskos sein, um überhaupt eine Tränkung zu erreichen. Das war neben der geringen Produktionsmenge [3,4] von großem Nachteil.

Nachdem man herausgefunden hatte, dass bei deren Verwendung für BMC ein Abstand zwischen Trogwand und Kneterarm von 8-10 mm notwendig ist, um die Schädigung der eingebrachten Glasfasern auf ein Mindestmaß zu beschränken, wurde die Produktion dann bald auf herkömmliche Z-Kneter [10] umgestellt.

Dieses Verfahren ist auch heute noch üblich und bei entsprechender Anpassung der Kneterkonstruktion an die BMC-Erfordernisse, speziell bei sehr hoch gefülltem BMC, vorteilhaft. Nachteilig ist die längere Mischzeit gegenüber schnelllaufenden Mischern (Turbomischer, Pflugscharmischer).

Sehr schnell ist die Herstellung des BMC auf einem so genannten Turbomischer (Pflugscharmischer)/Drais-Mischer [10], der aus einem geschlossenen System in Form eines Zylinders mit entsprechenden Mischschaufeln besteht. Dieser Mischer läuft mit hohen Geschwindigkeiten und großem Krafteintrag, daher sind die Mischzeiten kurz, müssen aber sehr genau eingehalten/kontrolliert werden, damit das BMC nicht zu stark erwärmt wird. Der Ablauf kann bei diesem Mischer sehr weit automatisiert werden.

Während die vorstehenden Herstellungsverfahren für BMC mehr oder weniger chargenweise erfolgen, gibt es auch kontinuierliche Verfahren.

Bereits 1980 wurde über einen in den USA entwickelten „Farrel-Mischer“ berichtet, der BMC kontinuierlich herstellen und gleichzeitig dosieren konnte (Abbildung 159). Dieser Mischer war z.B. in eine Pressenstrasse eingebunden. Ein BMC mit Sisalfasern wurde über den Farrel-Mischer hergestellt, portioniert und auf mehreren Werkzeugen zu Lüftungsabdeckungen für PKW verarbeitet. Der Farrel-Mischer hat in Europa allerdings keinen Eingang gefunden.

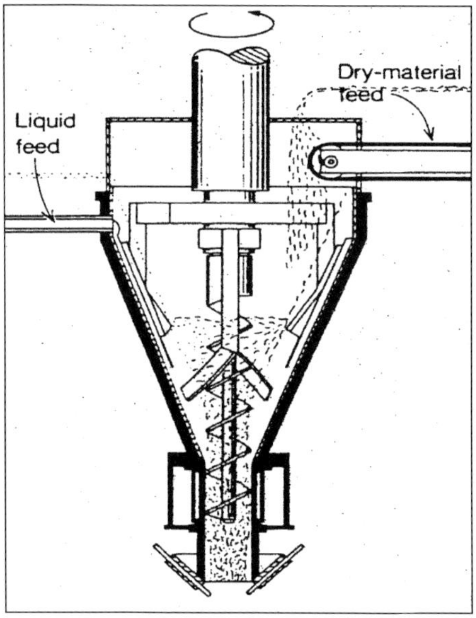

Abb. 159: Farrel-Mischer für die kontinuierliche Herstellung von BMC

Mit dem CIC-Verfahren (Continuous Impregnation Compound) gibt es ein System für eine vollautomatische BMC-Herstellung (Abbildung 160). Die Maschine hierfür wurde von der SMC-Anlage abgeleitet. Die fertige Formmasse wird dabei nicht zwischen Folien aufgewickelt, sondern abgestreift [11].

Die Verpackung erfolgt direkt auf/an der Maschine

- entweder lose über einen Trichter direkt in Behälter auf einem Transportband. Das Transportband hat je nach Bedarf und Behälter mehrere Stationen, die Aufgabestation des leeren Behälters, die Füllstation und die Abgabestation des gefüllten Behälters.
- oder die von der Kalanderwalze abgetragene CIC-Formmasse wird von einem Kompaktierkolben verdichtet. Beim Ausstoßhub fährt der Kolben in seine Endposition und eine Schneideeinrichtung trennt die CIC-Formmasse ab. Die Menge kann zwischen 5 und 30 kg vorgewählt werden. Die Portionen werden dann in Beuteln verpackt.

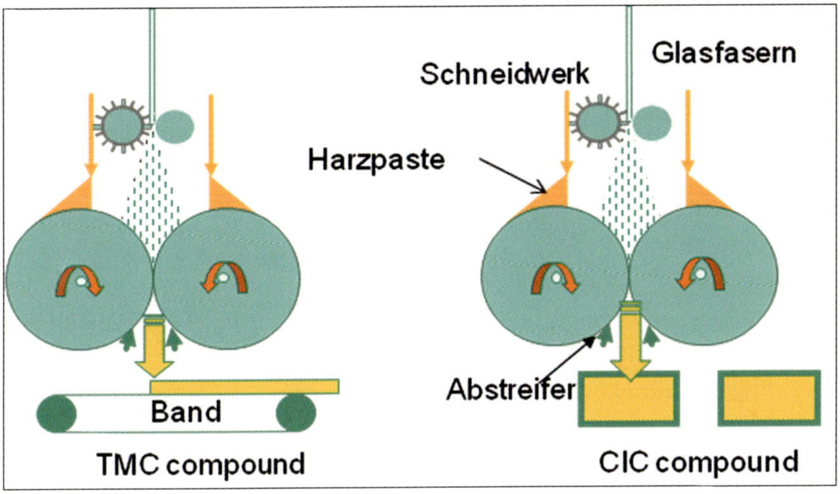

Abb. 160: Prozess für die kontinuierliche Herstellung von CIC oder TMC

Wird an Stelle der Einzelverpackung ein Band benutzt, kann man eine flächige Formmasse, ähnlich SMC, jedoch mit extrem hohem Flächengewicht herstellen (TMC). Die Bandgeschwindigkeit bestimmt das Flächengewicht (kg/m2). Eine langsame Bandgeschwindigkeit ergibt ein sehr hohes Flächengewicht und eine sehr dicke Formmasse. Eine hohe Bandgeschwindigkeit ergibt eine dünne Schicht (geringes Flächengewicht).

Ebenso wie BMC kann TMC oder CIC entweder durch Pressen oder Spritzguss verarbeitet werden, üblich ist jedoch Spritzgießen.

Lieferformen

BMC wird heute aus Kostengründen ausschließlich in styroldichten, mehrschichtigen Polybeuteln geliefert. Diese Beutel werden in Gitterboxen oder Spezialbehältern verpackt.

Die Gebindegröße kann den Kundenwünschen angepasst werden. Das Gewicht liegt je nach Anforderung bei 5-30 kg. Für große Mengen und Verarbeitung über eine Zuführungseinrichtung an Spritzgussmaschinen können auch Behälter mit größerem Inhalt, z.B. 200-300kg verwendet werden.

BMC kann entweder verdichtet (Vakuum) für die Beschickung von Dosiereinrichtungen von Spritzgussmaschinen oder unverdichtet geliefert werden.

Eigenschaften und Prüfung

Eigenschaften

BMC hat eine Reihe von hervorragenden Eigenschaften, die nachfolgend aufgeführt sind:

- hohe mechanische Festigkeiten,
- kein Abfall der mechanischen Festigkeiten (Versprödung) bis -60° Celsius,
- ausgezeichnete elektrische Isoliereigenschaften,
- hoher Oberflächenwiderstand (Es ist aber auch ein geringerer Oberflächenwiderstand für Explosionsschutz-Anwendungen einstellbar.),

- Spitzenstellung in der Kriechstromfestigkeit; sehr hohe Lichtbogenfestigkeit,
- hohe Flammwidrigkeit bis nahezu unbrennbar, halogen- und antimonfrei,
- hohe Wärmebeständigkeit allgemein [16],
- Keine Schwindung ist möglich, keine Nachschwindung, Wärmeausdehnungskoeffizient wie Stahl (ca. 10 x 10 -6 m/mK),
- Höchste Präzision aller „net shaped" Werkstoffe!,
- Oberflächen in „Class A-Ausführung" z.B. auf dem KFZ-Sektor für Sichtteile oder Reflektoren,
- BMC kann einem Recycle-Verfahren zugeführt und erneut verwendet werden, die Eigenschaften der damit hergestellten Rezepturen verschlechtern sich nicht,
- BMC ist bei richtiger Rezeptierung problemlos lackierbar,
- für Ummantelungen wärmeempfindlicher Bauteile kann BMC auch für eine Härtungstemperatur von 90-100° Celsius eingestellt werden,
- hohe Beständigkeit gegen viele Chemikalien.

Diese Eigenschaften sind natürlich nicht alle in einer Rezeptur zu vereinigen, es muss das BMC jeweils entsprechend den Forderungen eingestellt werden.

Für BMC bestehen zwei Typisierungen nach DIN 16911, für eine Standardausführung der Typ 801 und für eine flammwidrige Einstellung der Typ 803 (Tabelle 21).

Daneben gibt es eine ganze Reihe von Einstellungen, die in dem einen oder anderen Punkt über die Typwerte hinausgehen. BMC kann, wie schon weiter oben erwähnt, auf den jeweiligen Anwendungsfall zugeschnitten werden.

Tab. 21: Sauerstoffindex (LOI-Wert) verschiedener BMC-Einstellungen

BMC-Typ	**Oxygen Index**
Typ 801	< 22
Typ 803	25 – 30
Schwer brennbares BMC	38 – 44
Typ „Keramikersatz"	60 – 65
Typ „unbrennbar	95 – 98

Da es nicht möglich ist, die Eigenschaftstabellen von allen BMC-Sondereinstellungen, die den vorstehend erwähnten Eigenschaften zuzuordnen sind, hier aufzuführen, werden im Anhang die im Entwurf DIN EN 14598 Teil 3 gelisteten Typen aufgeführt (siehe Tabelle 22 und 23).

Die Flammwidrigkeit kann stufenlos eingestellt werden und wird über die Menge an ATH gesteuert. Der Sauerstoffindex besagt, bei welchem Sauerstoffgehalt in der Prüfluft der Prüfling weiter brennt. Beim BMC verbessert sich mit der höheren Flammwidrigkeit auch die Kriechstrom- und Lichtbogenfestigkeit.

Für einige Anwendungen in der Elektroindustrie z.B. Schaltschütze und Kontaktträger, Schaltwellen, Relaisgehäuse usw. wird eine hohe Gleit- und Verschleiß-/Abriebfestigkeit verlangt. Für derartige Forderungen ist Glasfaser als Verstärkung nicht geeignet, daher werden spezielle Baumwollfasern als Verstärkungsfasern eingesetzt.

In der Tabelle 22 sind die Eigenschaften eines BMC dargestellt, das diese Forderung erfüllt und darüber hinaus korrosionsneutral, flammwidrig und klimabeständig ist.

Für eine nach dem kontinuierlichen CIC-Verfahren (siehe unter Herstellung des BMC) produzierte BMC-Formmasse sind die Eigenschaften aus der Tabelle 23 (Anhang) ersichtlich. Auch dieses BMC kann über die Standardtype hinaus zusätzlich mit reduzierter Schwindung oder flammwidrig geliefert werden.

ZMC heißt ein Spritzgießsystem zur Herstellung von großflächigen PKW-Teilen wie z.B. Heckklappen. Es handelt sich dabei um die Zusammenarbeit eines Formstoffentwicklers, eines Spezialisten für die Entwicklung der Werkzeuge, (hier spielte die Anspritzung und der Anguss eine große Rolle) mit dem Produzenten einer neu entwickelten Spritzgussmaschine für diese großflächigen Teile mit einem Stückgewicht von ca. 12kg [6,7,8].

Zum Schluss muss noch ein BMC erwähnt werden, das für PKW-Reflektoren entwickelt wurde und mit ca. 18.000 t/Jahr in Europa einen nicht unerheblichen Anteil an der BMC-Produktion hat.

Dieser Typ ist durch entsprechende Schrumpfreduzierer auf eine Schwindung um Null eingestellt, muss gut fließfähig sein, soll eine absolut glatte Oberfläche ergeben, muss gute Lackhaftung haben und darf anschließend keine Probleme beim Bedampfen mit Aluminium verursachen.

In der Prüfung wird dann noch eine möglichst geringe Ausdampfung irgendwelcher Bestandteile bei Belastungen bis 220°C verlangt, die einen Belag auf der Oberfläche ergeben könnten.

Prüfungen

Neben den selbstverständlichen Eingangsprüfungen der einzelnen Rohstoffe, die schon nach ISO vorgeschrieben sind, werden auch in der Produktion während der einzelnen Produktionsschritte Überprüfungen von z.B. Viskosität und Reaktivität vorgenommen.

Das fertige BMC wird dann nach den durch die DIN EN ISO und IEC-Vorschriften vorgegebenen Methoden auf die typisierten oder die mit dem Abnehmer vereinbarten Werte geprüft.

Ebenso wird das Fließverhalten, die Reaktivität und, an Rückstellungsmustern, die Lagerzeit der einzelnen Fertigungen überwacht.

Dieses sind nur einige Hinweise. Die gesamte Prüfung ist noch weit umfangreicher, da die zunehmende Automatisierung immer engere Toleranzen der Verarbeitungs-Eigenschaften verlangt.

Verarbeitung

BMC auf Basis ungesättigter Polyesterharze ist ein Duroplast, der erst in der letzten Stufe, beim Verarbeiter, unter Druck und Temperatur gehärtet, d.h. in den unschmelzbaren, unlöslichen Zustand überführt wird.

Die Duroplaststruktur kommt dadurch zustande, dass das lineare Polyestermolekül durch das in den Harzen als Lösungsmittel enthaltene monomere Styrol quervernetzt wird und somit ein duromeres Gitter bildet.

Die Geschwindigkeit der Vernetzung hängt von den eingesetzten Reaktionsmitteln, der Reaktivität des UP-Harzes und der Temperatur ab.

Die Verarbeitung erfolgt bei:

- einer Temperatur von 125 – 180°C, in Spezialfällen ab 90° und bis 200°C,
- einem Pressdruck ab 50bar, beim Ummanteln empfindlicher Bauteile auch bei niedrigerem Druck. Für hohe elektrische Werte wie z.B. Durchschlagfestigkeit oder hohe Forderungen an chemische Beständigkeit sollte der Druck deutlich höher liegen (Abbildung 161).

Es sind daher für die Verarbeitung Metallwerkzeuge notwendig.

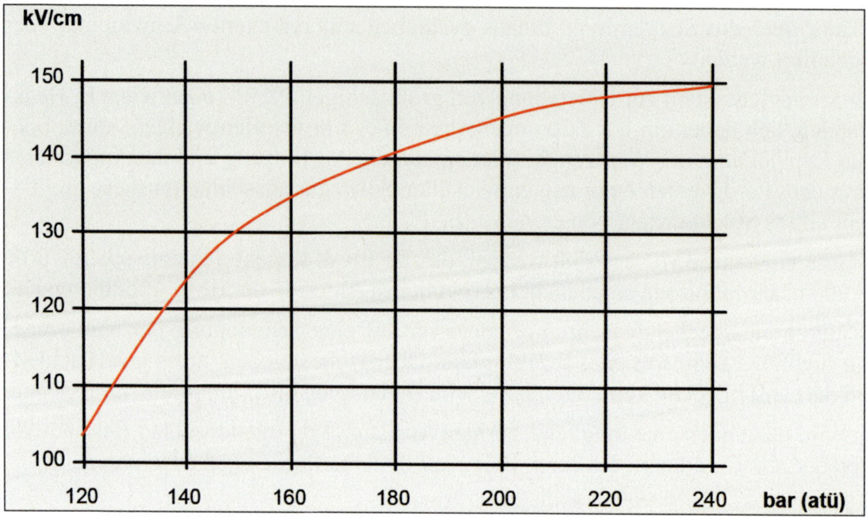

Abb. 161: Abhängigkeit der elektrischen Durchschlagfestigkeit vom Pressdruck

Die Formgebung kann durch folgende Verfahren [14] erfolgen:

- Pressverfahren mit Beschickung von Hand oder durch Dosiergeräte,
- Transferverfahren, Beschickung des Werkzeugs wie beim Pressverfahren,
- Spritzguss mit spezieller Materialzuführung (Stopfer) auf den Spritzgussmaschinen, siehe hierzu gesonderte Abhandlung [15].

Anhang

Beschreibung:

Baumwollfaserverstärkte Polyesterharze (UP)-Formmasse (BMC, kittartig).

Falmmwidrige Einstellung (halogenfrei), besonders geeignet für die Herstellung abriebbeanspruchter Formartikel (z.B. Schaltschütz). Enthält KEINE Glasfasern.

Baumwollfaserlänge 0,3 mm bis 10 mm

Verarbeitung:

Geeignet für alle einschlägigen Verfahren.

Empfohlene Werkzeugtemperatur: > 150°C

Lagerstabilität: 3 Monate bei 20°C

Eigenschaften:

Tab. 22: Abriebfeste Polyesterharz Formmasse mit Baumwollfasern

Eigenschaft	Methode	Einheit	Wert
Dichte	ISO 1183	g/cm^3	1,65
Schwindung	ISO 2577	%	0,1-0,61
Nachschwindung	ISO 2577	%	< 0,1
Biegefestigkeit	ISO 178	MPa	60-80
E-Modul	ISO 178	MPa	8.000
Schlagzähigkeit	ISO 179	kJ/m^2	6-12[2]
Druckfestigkeit	ISO604	MPa	120-150
Zugfestigkeit	ISO 527	MPa	30
Wärmeausdehnung	VDE 0304/T.1	$10^{-6}\,K^{-1}$	35
Formbeständigkeit HDT-A	ISO 75	°C	>200
Entflammbarkeit	UL subject 94	class	V-0 bei 1,6 mm
Wasseraufnahme	ISO 62	mg (1d)	< 100
Oberflächenwiderstand	IEC 60093	Ω	1011
Spez. Widerstand	IEC 60093	Ω cm	1012
Diel. Verlustfaktor	IEC 60250		< 0,05
Diel. Konstante	IEC 60250		ca. 4,5
Durchschlagfestigkeit (1mm)	IEC 60243	kV/mm	20-30
Kriechstromfähigkeit	IEC 60112	CTI	600
Lichtbogenfestigkeit	ASTM D 495-61	s	188

[1)] je nach Harzsystem
[2)] je nach Länge der eingesetzten Baumwollfaser

BMC Polyesterharz- (UP)-Formmasse

Hergestellt nach dem CIC-Verfahren mit hohen mechanischen Festigkeiten und guten thermischen, elektrischen und optischen Eigenschaften.

*Zusatz zur Sortenkennzeichung

U = Standardharz, normale Verarbeitungsschwindung

NA = Standardharz, schwindungsreduzierender Zusatz

LS = Spezialharz, reduzierte Verarbeitungsschwindung

LP = Spezialharz, Low Profile

-F = zusätzlich flammfest

S- = Sondereinstellung

Tab. 23: Technische Daten einer BMC-Formmasse hergestellt nach dem CIC-Verfahren

Eigenschaft	Methode	Einheit	Wert
Rohdichte	ISO 1183	g/cm^3	1,75
Verarbeitungsschwindung	ISO 2577	%	U : 0.20 NA: 0,15 LS: 0,10 LP: 0.50
Nachschwindung 168h/110°C	ISO 2577	%	0
Biegefestigkeit	DIN EN ISO 178	N/mm^3	140
Biege E-Modul	DIN EN ISO 178	kN/mm^3	10
Zugfestigkeit	ISO 527	N/mm^3	70
Schlagzähigkeit	DIN EN ISO 179	kJ/m^3	80
Druckfestigkeit	DIN EN ISO 604	N/mm^3	140
Längenausdehnungskoeffizient	DIN 53762	10-6* K-1	20
Spez. Durchgangswiderstand	DIN IEC 60093	Ohm*cm	1014
Oberflächenwiderstand	DIN IEC 60093	Ohm	1013
Durchschlagfestigkeit	DIN IEC 60243-1	kV/mm	> 20
Kriechstromfestigkeit	DIN 53482 DIN IEC 60112	Stufe	KC 600 CTI 600
Dielektrischer Verlustfaktor (1 kHz)	DIN IEC 60250	tan δ	< 0,02
Dielektizitätszahl	DIN VDE 0303		4-5
Formbeständigkeit n. Martens HDT	DIN 53463 ISO 75/C (8 MPa)	°C °C	220 200
Lichtbogenfestigkeit	ASTM D-495	sec	F: 160
Glutbeständigkeit	DIN EN 60707		F: BH2-10
Glühdrahtprüfung	DIN EN 60695	bei 960°C	F: erfüllt
Brennbarkeit	UL 94	bei 3,2 mm	F: VO
Wasseraufnahme (4d/23°C)	DIN EN ISO 62	mg	< 50

Verarbeitung:

Pressen, Spritzpressen und Spritzgießen: 140-160°C – Bedingt durch die kompakte (vorverdichtete) Lieferform sollte das Material maschinell dosiert werden.

Literatur

[1] N.N. (1953): Merkblatt für Polyesterpressmasse der Firma IGG (23.2.1953)

[2] Bajko, L. (1955) : Kunststoffe 36

[3] Gruenewald, Dr. R. in P.H. Selden (1967): Glasfaserverstärkte Kunststoffe. Berlin, Heidelberg-New York, Springer-Verlag

[4] Walter, O., in R. Vieweg, L. Goerden, (1973): Kunststoffhandbuch Bd. VIII: Polyester. München Karl Hanser Verlag.

[5] Schreiber, B. (1965): Beitrag zur Untersuchung der Zubereitung von Teig-Polyesterpressmassen. Preprint – 1. Int. Tagung über glasfaserverstärkte Kunststoffe und Epoxidharze. Berlin-Adlershof – F 17/1-11.

[6] Kleinholz, Dr.-Ing. R., D. Gullion, B. Monnet (1982): ZMC – ein Spritzgießsystem zur Herstellung von großflächigen Formteilen aus Polyesterharz-Formmassen. Firmenprospekt der Fa. Gevetex Textilglas-GmbH, Aachen.

[7] Buisson, G., R. Kleinholz (1990): Spritzgießen von UP-Harz-Formmassen weiterentwickelt. Kunststoffe 80, Heft 9, Seite 991-996.

[8] Buisson, G. (1989): Karosserieteile aus duroplastischen Spritzgussverbundwerkstoffen. Vetrotex Textilglas Report, 21. Jahrg. 2/1989, Seite 29-31

[9] Harms, W. in Dr. Wilbrand Woebcken (1988): Duroplaste Kunststoff Handbuch, Seite 312-323. Carl Hanser Verlag, München Wien.

[10] Demez, Karin (1993): Pkw-Heckklappe aus Spritzguß-BMC. Preprint AVK-Tagung, Vortrag 25, Seite A17-1-10.

[11] Signorelli E. (1988): Kneader Moulded Compound (KMC) – BMC mit verbesserten Eigenschaften. Kunstoffe 78, Heft 3, Seite 227-230.

[12] Inhoffen, E. (1973): Einfluss des chemischen Aufbaues der UP-Harze auf die Formstoffeigenschaften. Preprint AVK 1973.

[13] Loeffler, Chr., H. Hentschel, B. Schreiber, G. Wingenbach (1976): Aluminiumhydroxid, seine Anwendungsmöglichkeiten in glasfaserverstärkten Kunststoffen als Flammschutzmittel und Füllstoff. Preprint AVK 1976, Seite 30/1-5

[14] Harms, W. (1980): Verfahren zur Verarbeitung von feuchten faserverstärkten Polyesterharzpressmassen. Kunststoff-Journal Heft 10, Seite 76-86.

[15] Harms, W. (1982): Neue Entwicklungen auf dem Gebiet der Spritzgießverarbeitung von Polyesterpressmassen,. Preprint AVK 1982, Seite 23/1-6.

[16] Schulz-Walz, Dr. Hansjochen (1978): Dauerwärmebeständigkeit von UP-Harz- Formteilen. Preprint AVK 1978, Seite 27/1-7.

[17] Schulz-Walz, Dr., D.I. Hahnel (1974): Beeinflussung der Fließfähigkeit von Harzmatten. Preprint AVK 1974, Seite 9/1-6.

[18] Demmler, Dr .K., Dr. E. Ropte (1968): Der Verlauf der Härtung ungesättigter Polyesterharze. Preprint AVK 1968, Seite 6/1-8.

4.2.5 Thermoplastische Formmassen

4.2.5.1 Einführung

Ursprünglich verstand man unter langfaserverstärkten Thermoplast-Formmassen nur GMT (Glasmattenverstärkte Thermoplaste), in ihrer klassischen Form ein Verbundwerkstoff aus einer Textilglasmatte und einem thermoplastischen Kunststoff, meist Polypropylen.

Im Zuge der technischen Entwicklung kamen G-LFT (Granulat-Langfaserverstärkter Thermoplast) und D-LFT (Direkt-Langfaserverstärkter Thermoplast) hinzu. GMT und G-LFT werden in verschiedenen Aufmachungen von den Formmassen-Herstellern angeboten. Wie der Name schon ausdrückt, wird D-LFT direkt verarbeitet, d. h. die Formmasse gelangt aus dem Extruder direkt in die Presse. Dieses Verfahren wird nur bei hohen Stückzahlen angewendet, da die kostenintensive Anlage inklusive der Presse möglichst langfristig und kontinuierlich produzieren soll.

GMT und G-LFT werden als Halbzeug bis über den Schmelzpunkt der thermoplastischen Matrix erwärmt und unter Druck in formgebenden temperierten Werkzeugen meist im Fließpressverfahren zu Formteilen verarbeitet. GMT kann auch durch Formpressen (s.u.) verarbeitet werden.

In den letzten Jahren ist das Interesse an sogenannten Continuous Fiber Reinforced Plastics, oder CFRP, in Hochleistungsanwendungen ständig gewachsen. Diese Materialien basieren auf Geweben oder Uni-Directional Gelegen (UD) mit Glas-Rovings oder Karbon-Garn. Nach Imprägnierung mit einem thermoplastischen Kunststoff können diese durch Laminierung und anschließende thermische Umformung zu Halb- oder Fertigprodukt umgearbeitet werden. In diesem Beitrag wird die UD-Technologie im Zentrum der Betrachtung stehen, da sie im Hinblick auf den Massenherstellungscharakter am ehesten mit GMT, G-LFT und D-LFT verwandt ist.

4.2.5.2 Ausgangsstoffe

GMT

Wie der Name glasmattenverstärkte Thermoplaste bereits veranschaulicht, bestehen diese Halbzeuge aus einer thermoplastischen Matrix, die durch Glasmatten verstärkt wird. Als Matrix wird fast ausschließlich PP eingesetzt. Halbzeuge mit einer Matrix aus PA6 sind ebenfalls in der Serie.

Zu Beginn der GMT-Entwicklung wurden standardmäßige, im Handel erhältliche Glasmatten verwendet, die aus endlos verlegten und chemisch gebundenen Glasfasern bestanden. Die Halbzeuge, die aus diesen, ehemals für duroplastische Laminate entwickelten Matten hergestellt wurden, besaßen marginale Fließfähigkeit und konnten nur in einem Formpressverfahren verarbeitet werden, jedoch bei geringen Werkzeugdrücken (-Kosten) und waren somit für kleine Serien interessant.

Um die Wirtschaftlichkeit der Bauteilherstellung zu verbessern, und auch um mehr konstruktiven Spielraum bei Wanddickenunterschieden, Rippen und dreidimensionaler Verformung zu gewinnen, wurden diese zugekauften Glasfasermatten bald durch eigengefertigte ersetzt, die an Stelle einer chemischen eine textile Bindung durch Vernadelung der Matten erhielten. Dadurch war eine Fließfähigkeit der Halbzeuge erreicht worden, so dass erstmals komplexe Bauteile aus einfachen, rechteckigen Zuschnitten hergestellt werden konnten.

G-LFT:

Thermoplastische Composites in Granulatform bilden die Familie der G-LFT-Werkstoffe. Die Verstärkungsfasern sind hier bereits im Granulat vorhanden. Als Fasern werden überwiegend Glas-, Carbon- und Aramidfasern verwendet. Für elektrisch leitfähige Anwendungen sind auch Edelstahlfasern im Einsatz. Als Matrix-Werkstoffe kommen Polypropylen (PP), Polyamid (PA), Polybutylen- Terephthalate (PBT) und Polycarbonate (PC) zum Einsatz. Neben den genannten Faser-/Matrixkombinationen können theoretisch alle anderen Thermoplaste und Endlosfaserwerkstoffe kombiniert werden, um die Granulate herzustellen.

Aufgrund der Kostensituation dominieren glasfaserverstärkte Polypropylene und Polyamide den Markt. Aufgrund des Kostenvorteils deckt Polypropylen die größeren Marktanteile ab. Alle anderen Werkstoffkombinationen haben dagegen nur einen sehr geringen Marktanteil.

D-LFT:

Für den Direkt-LFT-Prozess können grundsätzlich beliebige thermoplastische Materialien in Granulatform verarbeitet werden. Die Verstärkungsfasern sind nicht im Granulat vorhanden, sondern werden erst bei der Weiterverarbeitung zugefügt (siehe Kapitel Hochdruckpressen von GMT/LFT). Für Anwendungen mit hohen Stückzahlen (> 100.000 St/a), wie sie in der Regel in der Automobilindustrie eingesetzt werden, wird fast ausschließlich Polypropylen mit Glasfaserverstärkung verwendet. Zum Teil kommen auch Naturfaserverstärkungen zum Einsatz [1, 2].

Als Glasfaserverstärkung werden meistens E-Glas-Rovings der Feinheit 2400tex mit einer thermoplastkompatiblen Schlichte verwendet. Typische Materialdaten der Rohstoffe sind in Tabelle 24 illustriert [3, 4, 5, 6, 7, 8].

CFRP:

In ein Unidirektionalgelege, oder UD, werden die Fasern parallel orientiert eingebracht und durch das Matrixmaterial fixiert. Die Fasern oder ein ungedrehtes Garn werden dabei direkt vom Roving oder aus einem so genannten Gatter abgewickelt. Anschließend werden die Fasern gestreckt und bei konstantem Druck und konstanter Kraft mit der Thermoplastmatrix imprägniert.

Materialseitig sind Glas/Polypropylen und Karbon/Polyamid die am meisten verwendeten Kombinationen. Bei der Herstellung von Karbonfaser-UD werden auch weniger bekannte Thermoplaste wie PolyPhenylenSulfid (PPS) und PolyEtherEtherKeton (PEEK) als Matrixsysteme verwendet.

Die so entstehenden UD-Einzellagen können in einem weiteren Schritt auch zu Herstellung von mehrschichtigen Laminaten mit unterschiedlicher Faserorientierung der jeweiligen Lagen verwendet werden. Diese Mehrschichtlaminate werden als Cross-Ply bezeichnet. Daneben können die UD-Laminate aber auch in weiteren Verfahren, beispielsweise beim Tape-Wickeln oder Continuous Compression Moulding verwendet werden.

Tab. 24: Typische Materialeigenschaften von PP und E-Glas

PP-compound		
Material properties	**Typical value**	**Unit**
Melt flow rate (230°C/2.16 kg)	50	g/10 min
Density	920	kg/m^3
Flexural modulus (5 mm/min)	1420	MPa
Tensile modulus (1mm/min)	1530	MPa
Stress at yield (50 mm/min)	35	MPa
Strain at yield (50 mm/min)	8	%
Charpy impact, unnotched (23°C)	60	kJ/m^2
Charpy impact, unnotched (-20°C)	11	kJ/m^2
Charpy impact, V-notched (23°C)	2	kJ/m^2
Heat deflection temp. (0.45 MPa)	102	°C
E-glass roving		
Material properties	**Typical value**	**Unit**
Nom. Filament diameter	15	µm
Nom. size content	1	%
Nom.roving fineness	1200 / 2400	tex
Nom. strand fineness	75	tex
Density	2.55	kg/m^3
Tensile strength	3500	MPa
Elastic modulus	77	GPa
Elongation at break	4.7	%

Assumption: PP-Compound: Values determined on standard injection moulde specimes conditioned at 23°C and 50% relative humidity after at least 96 hours storage time.

E-Glass: silane finish, PP compatible

4.2.5.3 Herstellverfahren

GMT

Die Herstellung der Matten (siehe Abbildung 162, oben) beginnt durch Abziehen der Rovings aus den vom Glasfaserhersteller gelieferten Spulen, die einer Verlegeeinrichtung zugeführt werden. Dort wird eine bestimmte Anzahl von Rovings endlos oder geschnitten auf ein Transportband abgelegt, entsprechend den erforderlichen Halbzeugeigenschaften. Je nach Fasergehalt des herzustellenden Halbzeuges haben die Matten unterschiedliche Flächengewichte.

Das ungebundene Fasergebilde wird mit dem Transportband in einen Nadelstuhl geführt. Dieser arbeitet einseitig oder beidseitig mit Nadelbrettern, die mit einer Vielzahl entsprechender Textilnadeln bestückt sind und je nach Produkt, unterschiedlich oft und tief in das Fasergebilde einstechen. Der Nadelungsprozess erfüllt bei der Herstellung der Glasfasermatten verschiedene Aufgaben:

- Aufschließen der Faserbündel zu Einzelfilamenten, um eine vollständige Tränkung der Einzelfilamente mit der thermoplastischen Matrix zu gewährleisten.
- Kürzen von endlosen oder langen Fasern, um die gewünschte Fliessfähigkeit zu erzielen.
- Verfestigen des lockeren Fasergebildes, um die Glasfasermatte handhaben zu können. Die Matten werden aufgerollt oder gefaltet und dann zur Herstellung des Halbzeuges bereitgestellt.
- Durch die Nadelung wird eine dreidimensionale Struktur der Glasmatten erzeugt.

Diese hat einen wesentlichen Einfluss auf die Verhinderung von extremen Fließorientierungen bei langen Fließwegen. Fließtechnisch wird die Faserinteraktion wesentlich verstärkt und eine scherinduzierte Ausrichtung der Fasern verhindert.

In dieser ersten Stufe steckt das wesentliche Know-how der GMT-Herstellung, denn die Struktur und die Eigenschaften der Glasfasermatten bestimmen die wesentlichen Verarbeitungs-, Werkstoff- und Bauteileigenschaften.

In der zweiten Stufe der Halbzeugherstellung werden die Glasfasermatten oder -gewebe/-gelege mit dem Thermoplasten getränkt, um ein flächiges Halbzeug zu erzeugen (siehe Abbildung 162, unten). Die zentrale Einheit ist eine Doppelbandpresse, bei der zwei umlaufende Stahlbänder zunächst eine Heizpress-, und dann eine Kühlpresszone durchlaufen.

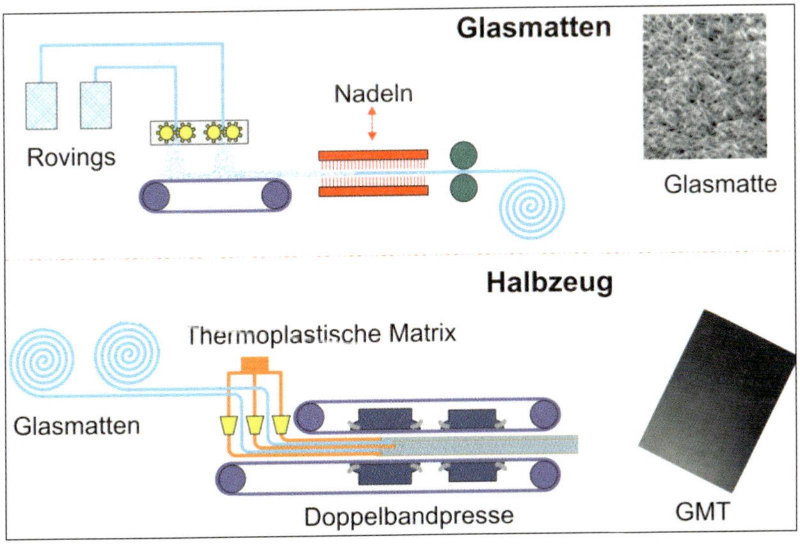

Abb. 162: GMT-Herstellung

Zur Herstellung des Halbzeuges werden üblicherweise zwei Glasfasermatten und drei Thermoplastschichten verwendet, wobei die Glasfasermatten zwischen die Thermoplastschichten eingeführt werden. Beim ursprünglichen Verfahren wurden für die beiden äußeren Schichten des Thermoplastes extrudierte Folien verwendet; lediglich die Kernschicht wurde direkt vor der Doppelbandpresse über eine Breitschlitzdüse als Schmelzefilm zugeführt. Mittlerweile sind Neuanlagen ausschließlich mit drei Breitschlitzdüsen ausgestattet, so dass alle drei Thermoplastschichten online extrudiert werden.

Die eingesetzten Extruder haben sich von einfachen Einwellenmaschinen, die lediglich als Aufschmelzaggregate arbeiteten, zu Doppelschneckenmaschinen entwickelt, die alle Aufgaben einer Reaktionsextrusion erfüllen, wie Compoundierung, Additivierung und reaktivem Abbau. Die Einarbeitung von Regranulaten aus Produktionsabfällen und Bauteilen erfolgt in der Regel über speziell ausgerüstete Seitenextruder. Die Herstellung von Halbzeugen mit unterschiedlichen Recyclat-Anteilen ist seit Jahren Stand der Technik.

In der konisch gestalteten Einlaufzone der Doppelbandpresse wird die lockere Schichtung von Thermoplast und Glasfasermatten kontinuierlich verdichtet.

Durch die Beheizung der Stahlbänder wird die Viskosität der Schmelze reduziert, um eine vollständige Penetration der Glasfasermatten mit der Schmelze sicherzustellen. Nur eine vollständige Einbindung der Verstärkungsfasern kann eine optimale Nutzung der Verstärkungsfasern im Verbundwerkstoff sicherstellen. Ferner bedeuten ungetränkte Fasern eine Verschlechterung der Fließfähigkeit und eine Beeinträchtigung der Oberflächeneigenschaften der Bauteile.

Nach dem Imprägnierschritt wird das Laminat in der Kühlpresszone unter Druck abgekühlt, um nach dem Verlassen der Doppelbandpresse die Ränder direkt beschneiden zu können und das Laminat in kunden- und anwendungsspezifische Zuschnitte zu vereinzeln. Dies geschieht in modernen Anlagen längs durch Sägen und quer durch eine Schlagschere. Die Abstapelung erfolgt manuell oder vollautomatisiert auf Transportpaletten.

G-LFT:

Die thermoplastische Pultrusion ist die am meisten genutzte Produktionstechnik, um langfaserverstärktes Granulat zu gewinnen.

In diesem Prozess wird der Thermoplast in einem Extruder aufgeschmolzen und ein kontinuierlicher Faserstrang in die Schmelze eingezogen und möglichst vollständig imprägniert. Nach Düsenaustritt wird die faserhaltige Schmelze gekühlt und je nach späterer Verarbeitungstechnologie und Anwendung konfektioniert. Typische Pelletlängen für Spritzgussverarbeitung sind 5-12,5 mm. Für Plastifizier-Pressen und Spritzprägen werden Pelletlängen > 12,5 mm bis meist 25 mm bevorzugt.

Neben der klassischen Methode versuchen neue Techniken, sich im Markt zu etablieren, die die klassische Verfahrenstechnik in modifizierter Weise anwenden. Bei einem der Verfahren werden die Fasern nicht durch die Schmelze gezogen, sondern mit der Schmelze imprägniert. Ein Vorteil dieses Prozesses im Vergleich zum Strangziehen liegt in einer höheren Produktionsgeschwindigkeit.

Neben diesen Verfahren wird auch das so genannte Drahtummantelungsverfahren (wire coating) auf Endlosfasern übertragen. Der große Unterschied im Vergleich zum Strangziehen liegt darin, dass die Faser nicht vollständig imprägniert, sondern nur mit der Thermoplastschmelze ummantelt wird. Die Fertigungsgeschwindigkeiten liegen deutlich über denen der genannten Alternativprozesse. Die Problematik der unvollständigen Imprägnierung kann durch eine speziell entwickelte Faserschlichte gelöst werden. Diese Schlichten besitzen eine hohe Kompatibilität mit den Thermoplasten und gewährleisten die Faserimprägnierung in der Schmelze beim Spritzguss- oder Extrusionsprozess während der Bauteilproduktion.

D-LFT:

Beim Direkt-LFT-Verfahren handelt es sich um ein „direktes Verfahren", bei dem die Halbzeugherstellung entfällt (siehe Abschnitt Hochdruckpressen von GMT/LFT).

CFRP

Zur UD-Fertigung aus single end Rovings (Abbildung 163) ist die Zuführung über ein so genanntes Gatter unumgänglich. In diesem laufen die Rovingspulen. Einen wichtigen Faktor gilt es zu beachten: Der Abzug muss immer von der Außenseite der Spule erfolgen, da ein Abzug von der Innenseite eine Verdrehung des Fadens verursachen würde, der das notwendige Spreizen des Fadens verhindern würde. Um eine möglichst problemfreie Fertigung zu garantieren, sollte darüber hinaus stets ein Gatter mit individuellen Einstellmöglichkeiten hinsichtlich des Fadenabzuges bzw. entsprechender Verzögerungen beim Abzug eingesetzt werden. So kann ein regelmäßiger Ablauf und ggf. eine direkte Unterbrechung, ohne eine höhere Spannung im Faden zu verursachen, gewährleistet werden.

Beispielsweise ermöglicht der Einsatz eines Gatters mit einem kontrollierten Ablauf eines 2400 Tex Rovings mit einer Bremsspannung von 1500-2000cN und einer Spreizung mittels einer Kaskade von Umschlägen ein minimales Fasergewicht von 200g/m2. Im Falle des Einsatzes eines 12k Karbon-Garns scheint beispielsweise ein Gewichtvon 40g/m2 das Minimum zu sein.

Für die Imprägnierung von solchen dünnen Faserschichten ist die Kombination eines Kalanders und eines Extruders mit Foliendüse sehr effektiv, besonders bei Anwendung mit einer Anlage für thermische Nachspreizung.

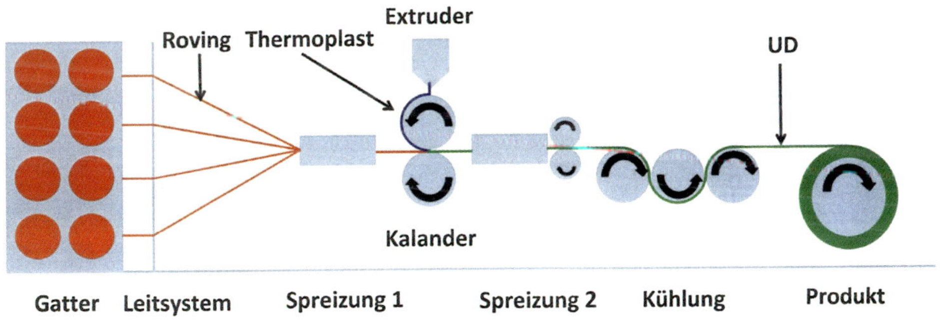

Abb. 163: UD-Maschine

Die Herstellung eines Cross-Ply (CP) erfolgt in aller Regel durch den Zuschnitt einzelner UD-Segmente. Anschließend werden diese entsprechend der gewünschten Faserorientierung ausgerichtet – normalerweise 0/90° – gestapelt und anschließend verpresst.

Um den manuellen Fertigungsanteil gering zu halten und hohe Taktzeiten erreichen zu können, kann dieser Vorgang auch in einem kontinuierlichen Prozess auf einer CP-Maschine erfolgen. Hierbei ist auch die Fertigung entsprechender Multiaxialstrukturen möglich. D.h. die Kombination verschiedener Lagenaufbauten in einem Mehrschichtlaminat ist möglich. Neben der Fertigung von flächigen Strukturen ist, aufgrund des thermoplastischen Matrixmaterials, auch die Fertigung von bereits vorgegebenen Geometrien möglich.

Aufgrund der gerichtetetn Verarbeitung von Endlosfasern verfügen die CFRP über erstklassige machanische Eigenschaften, die deultich über denen von vergleichbaren Produkten aus Schnittfasermatten oder ungerichteten Langfasern liegen. Aber auch gegenüber gewebeverstärkten Materialien gibt es Vorteile: Durch die Aufspreizung der Fasern und einer gezielten Verteilung in einer Dünnschicht, ist die Imprägnierung mit dem Matrixmaterial deutlich effektiver und die späteren Eigenschaften werden verbessert. Außerdem kann die Orientierung und Kombination der UD-Einzelschichten so ausgewählt werden, dass sie optimal für die spätere Belastung des Endproduktes ist.

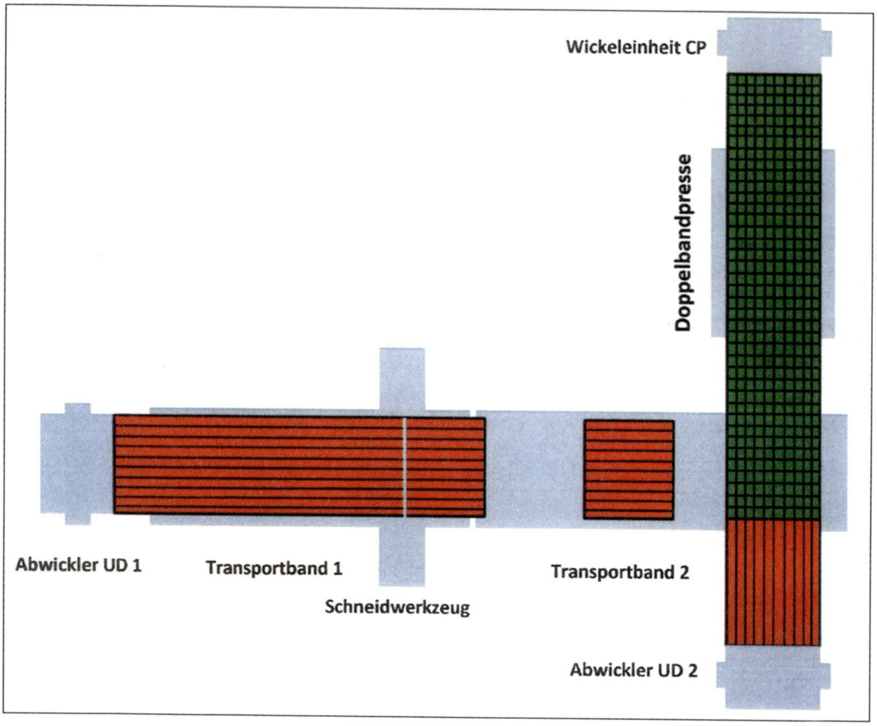

Abb. 164: CP-Maschine

4.2.5.4 Eigenschaften

GMT:

Wie bei allen Faserverbundwerkstoffen werden die mechanischen Eigenschaften auch beim GMT vor allem durch die Verstärkungsfasern bestimmt: Neben Art und Anteil der Fasern ist hier vor allem die Faserlänge zu nennen (siehe Tabelle 24 und Abbildung 165).

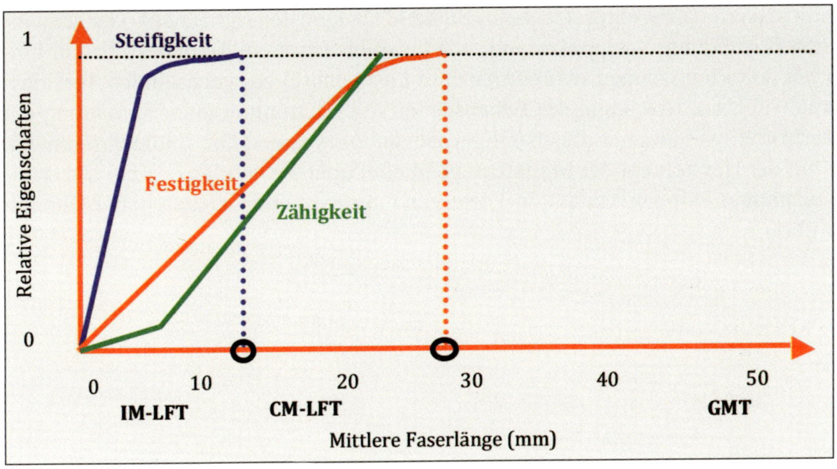

Abb. 165: Eigenschaften von LFT&GMT-Verbundwerkstoffen

Wie aus unterschiedlichen wissenschaftlichen Untersuchungen hervorgeht, kann bereits mit relativ kurzen Fasern die maximal erreichbare Steifigkeit eines bestimmten Faser-Matrix-Systems erzielt werden. Sind Bauteile auf Festigkeit zu dimensionieren, sind bereits deutlich höhere Faserlängen erforderlich.

Neben der Faserlänge ist auch die Anordnung der Fasern (Faserorientierung) im fließgepressten Bauteil von entscheidender Bedeutung: Auch längere Fasern können infolge von scherinduzierten Fließorientierungen extrem niedrige Festigkeiten senkrecht zur Hauptfließrichtung aufweisen. Messungen am Bauteil ergeben hier Festigkeiten, die unter denen der Matrixfestigkeit liegen.

In verstärktem Maße gilt dies für Bauteile, die auf Schlagbeanspruchung bis hin zum „Crash" des Bauteils bei einem Unfall ausgelegt werden müssen. Hier ist neben der Fähigkeit, Energie durch elastische Verformung aufnehmen zu können, vor allem entscheidend, wie die elastisch gespeicherte Energie nach dem ersten Anriss den weiteren Schädigungsverlauf beeinflusst. Im schlimmsten Fall ist der Risswiderstand des Werkstoffes so gering, dass sich ein Anriss durch das ganze Bauteil ausbreitet und zu einem schlagartigen Versagen des Bauteiles mit Ausprägung von scharfen Bruchkanten führt.

Die weiter oben bei der Herstellung der Glasfasermatten erwähnte dreidimensionale Faserstruktur beim GMT erzeugt dagegen einen hohen Risswiderstand im Werkstoff, der dazu führt, dass selbst hohe Schlagenergien durch lokales Delaminieren dissipiert und Risse gestoppt werden. Bei GMT wird dieses Versagensverhalten durch Fließorientierung bei der Bauteilherstellung nicht verschlechtert, da die hohe Faserinteraktion infolge der Nadelung eine extreme Faserausrichtung verhindert.

Bei crashgefährdeten Strukturen kommen GMT-Typen zum Einsatz, die neben den Wirrfasern auch Anteile von endlosen Fasern enthalten (z.B. GMTex vgl. Tabelle 25). Diese werden in der Form von unidirektionalen oder multiaxialen Gelegen und Geweben eingesetzt. Zunehmend finden diese als dünne „Organobleche" in hybriden Bauteilen Anwednung.

Zu nennen wären hier Reserveradmulden, die bei einem Heckcrash trotz erheblicher Beschädigung das Reserverad im Fahrzeug halten müssen oder lokale Verstärkungen bei Heckklappen, die ein Brechen der Struktur beim Offset-Heckcrash verhindern.

Ferner werden Endlosfasern dann eingesetzt, wenn Bauteile Dauerlasten (Kriechen) oder schwingenden Belastungen (Ermüdung) ausgesetzt sind, wie beispielsweise ein Trägerteil für ein hinteres Differential bei Allradfahrzeugen, wo permanente Lastwechsel zu wechselnden Torsionsmomenten im Bauteil führen. Hier kann die Lebensdauer von Aluminium unter Ermüdung um ein Vielfaches übertroffen werden, bei gleichzeitiger Gewichtsersparnis. Die Endlosfaseranteile werden entweder bei der Herstellung der Matten eingearbeitet oder sie werden erst bei der Halbzeugherstellung, zusammen mit den Matten, in Form von Geweben und Gelegen in die Doppelbandpresse eingeführt.

Tab. 25: Range of GMT Material Properties

	GMT / 20%	GMT / 30%	GMT / 40%	GMTex/UD1) 40-60%
Physikalische Eigenschaften				
Dichte (g/cm³)	1.05	1.13	1.22	1.2 – 1.37
Schwindung (%)	0.3 – 0.5	0.2 – 0.35	0.15 – 0.3	0.1 – 0.25
Mechanische Eigenschaften				
Zugfestigkeit (MPa)	43 – 60	65 – 80	82 – 100	84 – 330
Reissdehnung (%)	2.1 – 2.5	2 – 2.5	1.9 – 2.5	1.7 – 2.8
Zug-E-Modul (MPa)	3000 – 3500	4000 – 4500	5000 – 5800	4600 – 22000
Schlagzähigkeit / Charpy (kJ/m²)	45 – 50	60 – 75	66 – 90	67 – 280

Faseranteile bei UD- und Gewebetypen: 38-52 Gewichtsprozent 30.07.2009 – QPC AG

Die temperaturabhängigen und chemischen Eigenschaften von thermoplastischen Verbundwerkstoffen werden vor allem durch die Eigenschaften von PP bestimmt. Höhere Faseranteile und endlose Fasern verbessern das Erweichungsverhalten der Verbundwerkstoffe bei GMT und vor allem GMTex gegenüber reinem PP oder kurzfaserverstärktem PP ganz erheblich.

G-LFT:

Im Wesentlichen werden zwei Verfahrenstechniken für die Verarbeitung von langfaserverstärktem Granulat verwendet: Das Spritzgießverfahren (IM-LFT, IM von Injection Moulding) überwiegend für Bauteile mit komplexer Geometrie und das Plastifizier-Pressverfahren (hauptsächlich für flache Produkte).

Für beide Verfahren muss festgestellt werden, dass die Bauteileigenschaften nicht nur durch die Einzelwerkstoffe, sondern auch durch die Faserverteilung, Faserlänge sowie die Orientierung der Fasern in dem Produkt wesentlich bestimmt werden.

Auch die Formstabilität (Verzug) der Bauteile wird hiervon beeinflusst. Ein weiterer Aspekt ist eine gute Imprägnierung der Fasern, die auch konstante Fasergehalte nach langen Fließwegen in dünnen Rippen gewährleistet. Auch die Oberflächenqualität wird durch gute Faserimprägnierung optimiert.

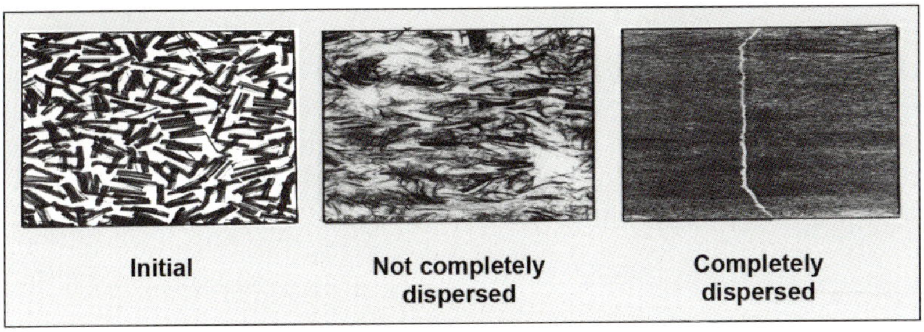

Abb. 166: Optimale Faserverteilung bei G-LFT

Im G-LFT-Spritzgussprozess betragen die Faserlängen im Durchschnitt 2-6mm. Durch den Einsatz von Spezialschnecken sind auch längere Fasern im Bauteil erreichbar. Dies ist auch durch Spritzprägen möglich.

Je nach Fasergehalt kann die Steifigkeit bei dieser Faserlänge 95% der Steifigkeit langer Fasern erreichen. Schlagzähigkeiten von Spritzgussanwendungen liegen in der Regel unter denen von gepressten oder im Spritzprägeverfahren hergestellten Bauteilen. Dies liegt an den höheren Faserlängen (8-10mm; je nach Schneckenkonfiguration auch länger) im Bauteil, die mit diesen Verfahren erreicht werden.

Neben den genannten Eigenschaften spielt die lokale Faserorientierung im Bauteil eine wichtige Rolle. Der unterschiedliche Einfluss der Faserorientierung auf den E-Modul für den G-LFT-Prozess ist in Abbildung 167 dargestellt.

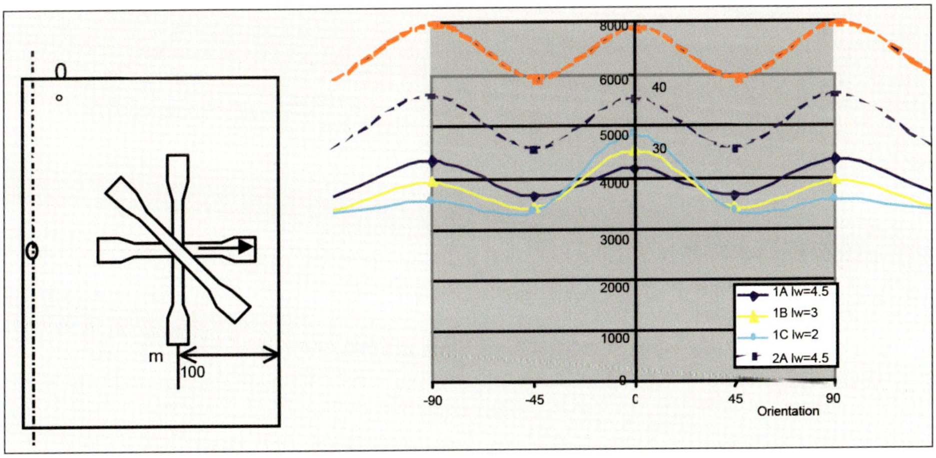

Abb. 167: Zugfestigkeit in Abhängigkeit der Faserorientierung bei G-LFT

Produktionsabfälle wie Anfahrware, Stanzabfälle oder Ausschussteile können nach geeigneter Zerkleinerung – sowohl bei der Verarbeitung von G-LFT als auch bei D-LFT – dem Verarbeitungsprozess wieder zugefügt werden. Der Recyclat-Anteil richtet sich hierbei nach den Anforderungen an die mechanischen Eigenschaften des Bauteils.

Rücknahme und Einarbeitung von Recyclaten durch G-LFT-Hersteller ist bei ausreichender Menge in dafür geeigneten Pultrusionsverfahren ebenfalls möglich.

D-LFT:

Die Werkstoffeigenschaften beim D-LFT werden maßgeblich durch die hohen Faserlängen beeinflusst [9]. Die Eigenschften in Abhängigkeit von der Faserlänge sind beispielhaft in Abbildung 168 dargestellt. Die kürzeren Fasern (bis ca. 25 mm Faserlänge) orientieren sich senkrecht zur Fließfront, die langen Fasern können aufgrund ihrer Länge nur parallel mit der Fließfront transportiert werden (in Abhängigkeit der Komplexität der Geometrie).

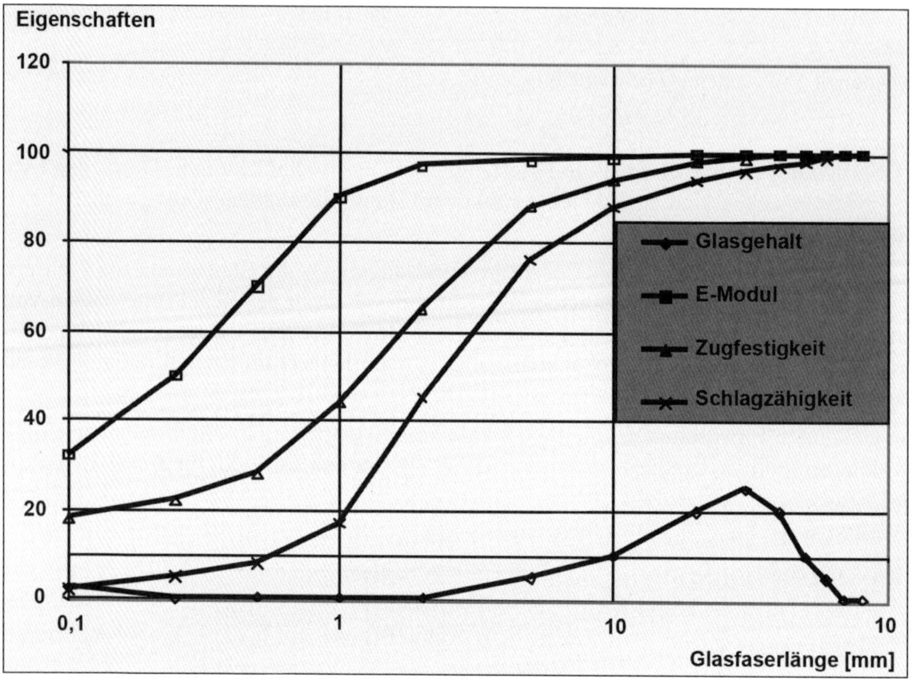

Abb. 168: D-LFT Eigenschaften in Abhängigkeit der Faserlänge

Die mechanischen Eigenschaften typischer Werkstoffformulierungen von D-LFT, GMT und SMC (Sheet Moulding Compound) sind in Abbildung 165 dargestellt [10]. Sehr deutliche Unterschiede der einzelnen Werkstoffe findet man beim Elastizitäts- sowie beim Biegemodul und der Biegefestigkeit. Eine qualitative Darstellung verschiedener Werkstoffeigenschaften zeigt Abbildung 169. Je nach Wertung der einzelnen Kriterien kann hier ein optimaler Werkstoff ausgewählt werden. Die in der Darstellung abgebildeten Eigenschaften entsprechen Standard-Produkten. Durch spezielle Werkstoffkombinationen können erhebliche Eigenschaftsänderungen erreicht werden.

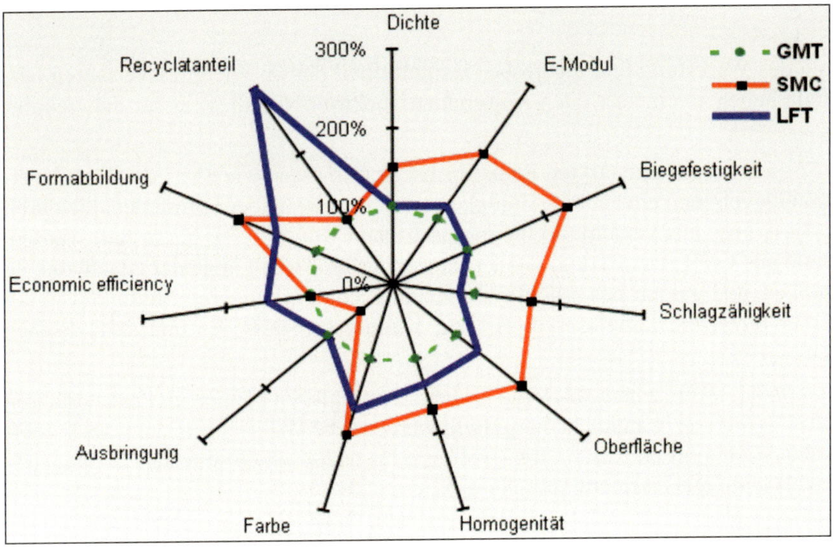

Abb. 169: D-LFT Material- und Prozess-Vergleich

CFRP

In Tabelle 26 sind die physikalischen und mechanischen Eigenschaften von Glas/Polypropylen-UD und Karbon/Polyamid-UD sowie der entsprechenden CP-Laminaten zusammengefasst. Zum besseren Vergleich sind auch die Daten von duroplastischen CP-Laminaten vermekt.

Hinsichtlich der Datenbasis gilt Folgendes zu beachten: für die Zugfestigkeitsprüfung wurden DU-Laminate verwendet, während die 3-Punkt-Biegeprüfungen mit Multischicht-CP-Laminaten durchgeführt wurden. Die höhere Zugfestigkeit der Duroplaste (40-70%) kann teilweise durch einen höheren Matrixgehalt (15%) erklärt werden. Eine bessere Imprägnierung (dank niedriger Viskosität der duroplastischen Harze im vergleich zu den Thermoplasten), eine bessere Bindung an die Oberfläche der Karbon- und Glasfasern und eine höhere Steifigkeit des Matrixmaterials werden wahrscheinlich für die restlichen gemessenen Unterschiede verantwortlich sein.

Tab. 26: Physikalische und mechanische Eigenschaften unterschiedlicher Laminate

Faserverbundwerkstoff	Glas/PP	Glas/Epoxy	Karbon/PA6	Karbon/Epoxy
Dichte (g/cm³)	1.60	1.87	1.41	1.43
Faservolumenanteil (%)	44	52	45	51
Zugfestigkeit UD (MPa)	674	988	1343	2089
Zug E-Modul UD (GPa)	32	48	85	104
Biegefestigkeit CP (MPa)	408	700	668	921
Biege E-Modul CP (GPa)	18	28	62	56
Schlagzähigkeit (kJ/m²)	92		46	

4.2.5.5 Ausblick

Die Eigenschaften des Werkstoffs und die große Designfreiheit der im Fließpressverfahren hergestellten Formteile haben zu einem weiten Anwendungsspektrum vor allem in der Fahrzeugindustrie geführt.

Im Vergleich zu Formteilen aus verstärkten Reaktionsharzformmassen wie SMC und BMC werden ein geringeres Gewicht und eine höhere Zähigkeit erreicht. Gegenüber Formteilen, die durch konventionellen Spritzguss aus verstärkten thermoplastischen Kunststoffen hergestellt werden, haben die Formteile aus GMT, D-LFT und G-LFT wegen der größeren Länge der Glasfilamente eine höhere Zähigkeit und zeigen bei erhöhter Temperatur einen geringeren Steifigkeitsabfall (Tabelle 27). Ferner bietet die Langfaserverstärkung Vorteile im statischen und dynamischen Langzeitverhalten.

Mit geringerem werkzeugtechnischem Aufwand als beim Spritzgießen können im Pressverfahren große Formteile mit geringerer Wanddicke hergestellt werden. Die Wirtschaftlichkeit des Direktverfahrens nutzt die Automobilindustrie in der Großserie für technische Frontends (Montageträger), Unterbodenverkleidungen, Armaturenträger usw.

Tab. 27: Composite Eigenschaften im Vergleich

Eigenschaften	Einheit	Norm	G/D-LFT	GMT	SMC
Glasfaseranteil	[%]	ISO 3451, Teil 1	40	40	30
Recyclat-Anteil	[Masse-%]	Angabe Hersteller	30	---	5
Zugfestigkeit	[MPa]	ISO 527-1,-2,-4	80	65	60
E-Modul	[MPa]	ISO 527-1,-2,-4	7,200	6,100	9,500
Biegefestigkeit	[MPa]	ISO 178 / 14 125	110	110	160
Biegemodul	[MPa]	ISO 178 / 14 125	5,400	4,100	8,900
Schlagzähigkeit	[kJ/m²]	Charpy 179	60	75	70
Dichte	[g/cm³]	ISO 1183	1,21	1.21	1.80

Bei Fertigungsvolumina < 1.000 t/a erweist sich, bedingt durch die Flexibilität, die G-LFT-Fertigung zum Beispiel bezüglich mechanischer Eigenschaften, Farbeinstellungen, Geruchs- und Emissionsverhalten als wirtschaftliche Alternative. Spritzgussteile konnten durch den Einsatz von G-LFT auf PP-Basis bereits schon teurere Thermoplaste und beim Einsatz von Polyamiden auch Metalle substituieren.

Durch Einsatz anderer Matrixwerkstoffe und die damit verbundene Erweiterung des Eigenschaftenspektrums lassen sich mit diesem relativ jungen Werkstoff künftig sicher noch weitere interessante Anwendungsbereiche erschließen.

Nachdem Faserverbundbauteile in den letzten Jahren vor allem in der Luftfahrtindustrie eingesetzt worden sind, wird in den kommenden Jahren vielfach eine Zunahme der Anwendung vor allem in den Bereichen Sport & Freizeit, Mobilität und Militär erwartet. Hierfür ist eine Zunahme der Kapazitäten im Bereich der Kohlenstofffaserindustrie erforderlich. Daneben müssen die Herstellungsverfahren für CFK-Bauteile verbessert werden, um Bauteile in großer Stückzahl und mit kurzen Zykluszeiten herstellen zu können. Da duroplastische Materialien vor allem im Bereich der Aushärtezeiten vor diesem Hintegrund noch problematisch sind, öffnet sich für thermoplastische CP-Laminate in diesem Bereich zukünftig ein sehr interessantes Anwendungsfeld.

Literatur

[1] N.N., Fahrzeugteile vom Feld, Hightech Report '99, company magazine DaimlerChrysler

[2] p. 82 R. Bräuning, Determination on improvement of mechanical properties and optimisation of processing conditions of sisal fibre reinforced polypropylene compounds for automotive applications, diploma thesis, ICT, Pfinztal, Germany, April 2000

[3] N.N., company magazine Borealis

[4] N.N., company magazine AT compounds

[5] H. Saechtling, Kunststofftaschenbuch, Carl Hanser-Verlag, München, Germany, release 26

[6] N.N., company magazine Owens Corning

[7] N.N., company magazine PPG

[8] K. Hörsting, R. Kaldenhoff, B. Wulfhorst, Einführung in die Werkstoff- und Verarbeitungseigenschaften von Glasfasern, Verlag Shaker, Herzogenrath, Germany, 1993, p. 47

[9] P. Stachel, Long Fibre Reinforced Thermoplastics, 13. Annual Advanced Composites Conference, Michigan, USA, September 1998

[10] ASM Handbook, Compression Moulding GMT/LFT

4.3 Werkzeug-Werkstoffe

Formmassen werden nach sehr unterschiedlichen Verfahren verarbeitet. Für die dafür erforderlichen Werkzeuge werden die verschiedenartigsten Werkstoffe eingesetzt, um den jeweiligen Anforderungen genügen zu können.

Prinzipiell lassen sich für die Formgebung zwei Gruppen von Werkzeugen unterscheiden, die geschlossenen Werkzeuge und die offenen Werkzeuge. Jeder dieser Werkzeuggruppen können charakteristische Verarbeitungsverfahren zugeordnet werden, bei denen die zum Einsatz kommenden Werkzeugwerkstoffe weitgehend identisch oder sehr nahe verwandt sind.

4.3.1 Werkstoffe für geschlossene Werkzeuge

Für nachfolgende Verfahren werden ausschließlich metallische Werkzeuge eingesetzt. Auswahlkriterien für die dafür zweckmäßigsten Werkstoffe sind die erforderlichen Drücke und Temperaturen sowie die für die einzelnen Werkzeugteile auftretenden Belastungen.

a) Heißpressen von Formmassen mit Drücken > 50 bar und Temperaturen > 120°C

b) Spritzgießen von Formmassen mit Drücken > 300 bar und Temperaturen > 120°C

c) Pultrudieren (Strangziehen) von Formmassen und/oder vorimprägnierten Verstärkungsmaterialien bei Temperaturen > 120°C

d) Injektionsverfahren (RTM) bei Drücken < 5 bar und Temperatur < 80 °C

e) Nasspressen von Formmassen

Die Tabelle 28 gibt einen Überblick über die gebräuchlichsten Werkstoffe und ihren Einsatz bei den genannten Verarbeitungsverfahren.

Tab. 28: Werkstoffe und ihre zugehörigen Einsatzverfahren

Formgebungswerkstoff	Heißpressen / Spritzgießen / Putrudieren			RTM	Nasspressen
	Großserie	*Kleinserie*	*Prototyp*		
Stahl 1.2311	1	1	1/3	1	1/3
Stahl 1.2738	1	1			
Stahl 1.1730	2	2	1/3		
Stahl 1.2764	3	3			
Stahl 1.2767	3	3			
Stahl 1.2080	4	4			
Stahl 1.2379	4	4	4		
Stahl 1.2842	5	5	5		
Stahlguss	1	1			
Späroguss	1	1			
Aluminium		1	1	1	1
Zamak			1	1	1
Duroplast, galvanisiert				1	1
EP				1	1
UP				1	1
Holz				1	(1)

Legende: 1=Formgebende Teile; 2=Unterbau; 3=Formeinsätze; 4=Schieber; 5=Leisten

Für eine rationelle und kostengünstige Serienfertigung sind hochwertige Werkzeuge mit optimalen Eigenschaften erforderlich. Die formgebenden Teile werden in der Regel aus den Werkstoffen 1.2311 und 1.2738 hergestellt. Beides sind Vergütungsstähle mit einer Festigkeit von ca. 900N/mm². Der Stahl 1.2738 hat Nickelbestandteile, die eine Vergütung bis in größere Tiefen erlaubt, ist aber nicht ganz so gut flammhärtbar. Die nicht formgebenden Teile werden meist aus dem Stahl 1.1730 gefertigt.

Großserienwerkzeuge enthalten oft spezielle Formeinsätze, Schieber und Gegendruckplatten. Formeinsätze können aus Einsatzstählen 1.2767 oder 1.2764 hergestellt werden sowie aus dem gleichen Stahl wie die formgebenden Teile.

Bei höherem Verschleiß muss nitriert werden. Schieber und Gegendruckplatten sind hoch beanspruchte Teile, wofür die Werkstoffe 1.2080 oder 1.2379 eingesetzt werden müssen; bei geringerer Biegebelastung kann auch der Werkstoff 1.2842 verwendet werden.

Je nachdem, welche Werkstoffe verarbeitet und welche Anforderungen an die Formteiloberfläche gestellt werden, wird die formgebende Fläche hartverchromt oder ATC-beschichtet. Beim Einsatz sehr großer Werkzeuge kann aus Gewichtsgründen Stahlguss eingesetzt werden, da dieser ebenfalls ein Vergütungsstahl und dem Werkstoff 1.2311 ähnlich ist.

Alle genannten Aspekte treffen weitgehend auch für Kleinserien zu. Je nach Anspruch an das Bauteil ist auch Walzaluminium mit einer Festigkeit von > 450 N/mm² einsetzbar. Derartige Werkzeuge müssen aber aus Verschleißgründen hartverchromt werden.

Wenn Formteile mit speziellen Oberflächen wie Holz- oder Steinimitationen hergestellt werden sollen, kommen Galvanowerkzeuge aus besonderen Zinklegierungen zum Einsatz. Eine weniger bekannte Variante ist der Einsatz von speziell legiertem Späroguss.

Zur Herstellung von Prototypen, die aus seriennahem Ausgangsmaterial hergestellt werden müssen, wird der Stahl 1.2311 bevorzugt, weil er gut flammhärtbar und schweißbar ist und leicht Variationen des Formnestes zulässt; in manchen Fällen ist aber auch der Werkstoff 1.7030 ausreichend.

Aluminium kommt dann zum Einsatz, wenn flache Formteile gefertigt werden sollen.

Zamak ist eine niedrig schmelzende Legierung, die bei niedrigen Temperaturen gegossen werden kann. Für hochwertige Prototypen ist aber auch hier Kopieren notwendig. Zamak kann nach Gebrauch eingeschmolzen und erneut verwendet werden. Aufgrund der Hochgeschwindigkeitstechnik beim Fräsen bzw. Kopieren sind die Kosten für Stahlwerkzeuge in den Bereich von Aluminiumwerkzeugen gelangt.

Für die Punkte d) Injektionsverfahren und e) Nasspressen von Formmassen können wegen der geringeren Druck- und Temperaturbelastungen auch nichtmetallische Werkstoffe eingesetzt werden, wie z.B. duroplastische Kunstharze oder auch Holz. Stückzahl und Qualität des zu fertigenden Formteiles bestimmen schließlich die Auswahl des Werkstoffes für das Werkzeug.

4.3.2 Werkstoffe für offene Werkzeuge

Offene Werkzeuge werden hauptsächlich bei Verfahren zur Einzel- oder Serienfertigung von Bauteilen aus langfaserverstärkten Reaktionsharz-Formstoffen verwendet.

Dazu gehören insbesondere folgende Fertigungsverfahren:

a) Handlaminieren,

b) Faser-/ Harzspritzen,

c) Vakuumpressen und -injizieren,

d) Drucksackpressen,

e) Radial- und Diagonalwickeln und

f) Schleudern.

Mit jedem dieser Verfahren ist die Fertigung von Einzel- und Serienprodukten einer großen Bandbreite möglich. Die Formgebung, der jeweiligen Baugröße, Gestalt und Stückzahl entsprechend, wird durch angepasst konzipierte Werkzeuge mit den unterschiedlichsten Werkstoffen ermöglicht. Diese Werkzeuge werden häufig von den Fertigungsfirmen selbst in Bauweisen hergestellt, mit denen sie individuelle Erfahrungen gemacht und die sich für ihre Fertigungsverfahren bewährt haben.

Zur Herstellung offener Werkzeuge können grundsätzlich alle Werkstoffe verwendet werden, die im vorhergehenden Abschnitt aufgeführt und für Serienfertigungen wirtschaftlich einsetzbar sind.

Für das Handlaminieren und das Harz-/Faserspritzen, die sich insbesondere für Einzelfertigungen und Kleinserien eignen, werden meistens Formwerkzeuge aus Verbundkonstruktionen verwendet. Dazu gehören beispielsweise Unterkonstruktionen aus Holz oder Stahl mit ausreichender Steifigkeit, in die von Urmodellen abgenommene Formschalen eingebaut werden. Die Formschalen bestehen meistens aus verstärkten Harzformstoffen mit einer Deckschicht (Gelcoat) aus styrolbeständigen Formstoffen. Bei der Auswahl der Harze ist die Härtungstemperatur bei der Fertigung zu beachten.

Hochbelastete Formwerkzeuge erhalten Hinterfütterungen, z.B. aus Reaktionsharzbeton, der weniger rissanfällig ist als Stahlbeton. Durch die Hinterfütterung wird vermieden, dass sich die Unterkonstruktion in der Formschale abzeichnet.

Die Oberflächengüte der Bauteile wird durch die Werkzeugfläche und das Trennmittel bestimmt.

Werkzeuge für Vakuum- und Drucksackverfahren bestehen im Prinzip aus einer biegesteifen Schale und einer biegeschlaffen Gegenschale oder Folienbahnen bzw. -säcken. Aufgebaut sind sie wie die Formwerkzeuge für das Handlaminieren oder das Harz-/Faserspritzen.

Wickel- und Schleuderverfahren werden in der Serienfertigung angewendet und erfordern zunächst eine Antriebs- und Werkzeugaufnahmeeinheit. Die Hauptabmessungen der Bauteile sind durch diese Einheit begrenzt. Die Werkzeuge bestehen beim Wickeln meistens aus einem drehbaren Stahlgerüst mit Blechbeplankung (Wickeldorn), und beim Schleudern aus Stahl- oder Leichtmetallrohren.

Zur Entformung der Wickelbauteile werden die Wickeldornflächen mit Trennmittel und zusätzlich mit Trennfolien versehen. Wickeldorne mit größeren Durchmessern sind oft als Klappkern oder mit einem einziehbaren Streifen in der Beplankung ausgeführt, der die Entformung erleichtert. Andernfalls werden besondere Abziehvorrichtungen erforderlich.

Für das Schleuderverfahren werden rohrförmige Werkzeuge mit leichter Konizität verwendet. Zur Entformung der Schleuderbauteile ist ebenfalls eine Oberflächenbehandlung erforderlich.

5 Werdegang eines Produktes

5.1 Gestaltung eines Produktes

In der heutigen betrieblichen (Ingenieurs-)Praxis besteht immer noch einige Unsicherheit darüber, wie bei der Entwicklung und Dimensionierung eines Bauteils aus faserverstärkten Kunststoffen vorgegangen werden soll. Bei FVK ergeben sich zusätzliche Freiheitsgrade im Vergleich zu klassischen, isotropen Werkstoffen:

Eine Kombination von Faser- und Matrixmaterial, Faserlänge, Faserorientierung, Faservolumengehalt und außerdem ein geeigneter Fertigungsprozess sind zu wählen.

Auch das mechanische Verhalten muss anders berücksichtigt werden als bei isotropen, homogenen Werkstoffen. Es existieren zahlreiche Verfahren zur Berechnung der Eigenschaften von FVK, die unterschiedlichen Informationsgehalt liefern und unterschiedlichen Aufwand verlangen. Am IKV wurde deshalb eine Auslegungsstrategie entwickelt, die mit angemessenem Aufwand systematisch zu einem ausreichend genauen Ergebnis führen soll.

Eine detaillierte Beschreibung dieser Strategie ist über die Bibliothek des IKV zu beziehen [1] und gekürzt in [2] erschienen.

Hier soll in einem groben Überblick darauf hingewiesen werden, wo die wichtigsten Eckpunkte im Entwicklungsprozess einer faserverbundgerechten Konstruktion liegen und zu welchem Zeitpunkt sie zu berücksichtigen sind.

Von entscheidender Bedeutung ist das Bewusstsein, dass der faserverstärkte Kunststoff erst während des Verarbeitungsprozesses entsteht (Abbildung 170).

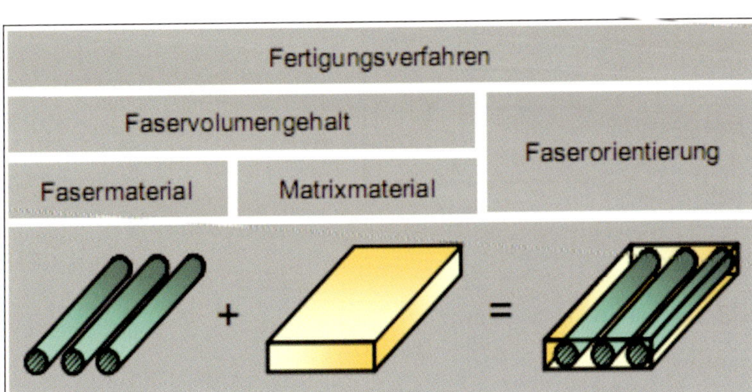

Abb. 170: Einflussgrößen auf die Eigenschaften eines faserverstärkten Werkstoffes

Deshalb besteht eine starke Kopplung zwischen der Bauteilgeometrie, dem Fertigungsverfahren und den Werkstoffeigenschaften.

Abbildung 171 zeigt den Ablauf des Auslegungsprozesses. Von besonderer Bedeutung und faserverbundspezifisch sind die farbig hinterlegten Punkte.

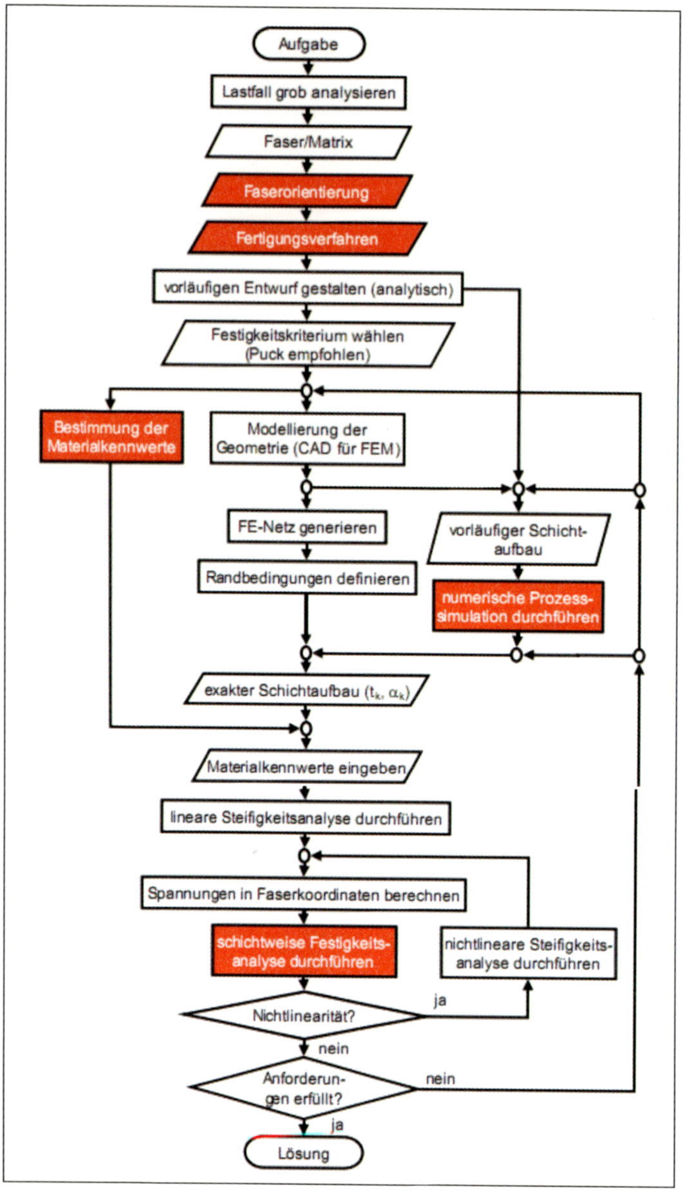

Abb. 171: Ablaufdiagramm für die Dimensionierung eines FVK-Bauteils

Ausgehend von der Aufgabe, die das Bauteil erfüllen soll, lässt sich grob der Lastfall analysieren (z.B. Zug/Druck, Biegung, Torsion).

Aus dem Anforderungsprofil folgt unter Umständen direkt eine Auswahl von Faser- und Matrixwerkstoff (z.B. Kohlenstofffaser aufgrund der Steifigkeit oder geringer thermischer Ausdehnung, Glasfaser wegen höherer Bruchdehnung, Phenolharz wegen Brandschutzanforderungen, thermoplastische Matrix wegen Schlagzähigkeit, Hochtemperaturthermoplast wegen Einsatztemperatur etc.).

Weiterhin lassen sich aus dem Lastfall meist schon die ungefähre Faserorientierung und eine grobe Geometriestruktur ableiten (z.B. Fachwerk aus Zug-/Druckstäben mit 0°-Faser-orientierung, Biegebalken mit 0°-Fasern oder Sandwichplatte mit 0°/90°-Deckschichten, Schubfeldträger mit 0°-Gurten und ±45°-Schubfeld, ±45°-Torsionsrohr etc.). Manchmal kann aber auch durch die funktionale Struktur der Geometrie ein unerwünschter Lastfall in einen erwünschten umgewandelt werden, an den die Faserorientierung besser anpassbar ist (Abbildung 172).

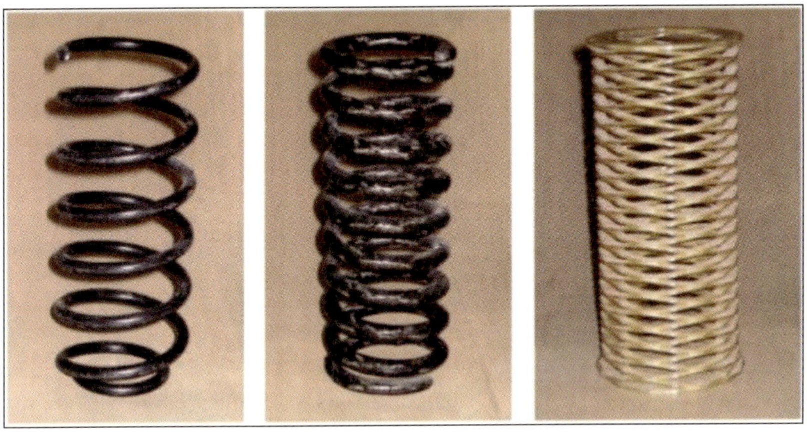

Abb. 172: Weiterentwicklung einer Schraubfeder mit Umwandlung der Werkstoffbeanspruchung

Bei einer Schraubenfeder aus Stahl (links) sind die Windungen auf Torsion beansprucht. Eine geometrische 1:1-Substitution aus FVK müsste also ±45°-Wicklungen in den Windungen haben, welche eine komplizierte Fertigungstechnik erfordern (Mitte). Wird jedoch eine netzartige Struktur (rechts) hergestellt, so entsteht ein System von Blattfedern, die nun auf Biegung beansprucht sind und dafür die geeignete Faserorientierung aufweisen.

Schon jetzt – dies ist besonders wichtig – muss die Frage nach dem geeigneten Fertigungsverfahren gestellt werden.

Die Auswahl des Fertigungsverfahrens kann abhängen von:

- den erforderlichen Werkstoffeigenschaften (z.B. Prepreg-/Autoklavverfahren wegen minimalen Fehlstellengehalts, RTM statt Handlaminieren aufgrund des hohen Faservolumengehalts, Handlaminieren mit Gelcoat statt RTM wegen hoher Oberflächenqualität),
- der gewünschten Geometrie (z.B. Fließpressen bei hoher Komplexität, Pultrusion bei Stabform, Wickeln bei Rotationssymmetrie) oder
- den Stückzahlen bzw. Kosten (z.B. Vakuuminfusion statt RTM oder RIM wegen niedriger Werkzeugkosten, RTM statt Handlaminieren wegen Mittelserie, Fließpressen statt RTM wegen Großserie).

Für den Berechnungsingenieur ist die Kenntnis des gewählten Fertigungsverfahrens von großer Bedeutung, da er Faktoren wie die realisierbare Faserorientierung (unidirektionale Rovings, bidirektionales Gewebe, Wirrfasern, geodätische Linie beim Wickeln), Abminderungsfaktoren aufgrund üblicher Fertigungstoleranzen und das anzuwendende Festigkeitskriterium (z.B. Puck [3] für unidirektionale Schichten (UD-Schichten), Tsai/Wu [4] für Wirrfaserschichten) danach ausrichten muss.

In einem ersten Schritt kann nun ein Konzept oder auch schon ein vorläufiger Entwurf gestaltet werden, der sich noch mit analytischen Methoden so weit dimensionieren lässt, dass man eine Einschätzung des ungefähr notwendigen Materialeinsatzes und des Laminataufbaus bekommt. Sind das Verstärkungshalbzeug und damit auch das Festigkeitskriterium ausgewählt, so steht fest, welche mechanischen Kennwerte ermittelt bzw. in welchen experimentellen Anordnungen diese gemessen werden müssen. Nun sollte bereits die unter Umständen zeitaufwändige Bestimmung der Materialkennwerte beginnen, damit die Werte später rechtzeitig zur Verfügung stehen.

Gleichzeitig kann mit der Erstellung eines CAD-Modells begonnen werden, bei dem gegebenenfalls noch unklare Maße parametrisiert sind. Wenn ein dünnwandiges Laminat mit Schalenelementen berechnet werden soll, ist in der Regel darauf zu achten, dass der Berechnungsabteilung möglichst ein reines Flächenmodell zur Verfügung gestellt wird. Die üblichen Volumenmodelle der 3D-CAD-Programme sind leider für die FEM-Simulation von FVK meist schlecht geeignet, es sei denn, das verwendete FEM-Programm verfügt über spezielle mehrschichtige Volumenelemente und die Wanddicke soll nicht mehr variiert werden.

Ebenfalls gleichzeitig kann mit dem vorläufig festgelegten Laminataufbau eine numerische Simulation des Fertigungsprozesses durchgeführt werden. Dies ist für viele FVK-Fertigungsverfahren durchaus sinnvoll, da nicht nur Fehler bei der Prozessauslegung frühzeitig erkannt werden können, sondern auch Einflüsse auf die mechanische Berechnung zu berücksichtigen sind. Folgende Möglichkeiten bieten sich an:

- Simulation des Fließpressens: beste Zuschnittgeometrie, lokale fließbedingte Anisotropie, optimale Prozessführung,
- Simulation des Wickelns: Realisierbarkeit einer vollständigen Bedeckung, lokale Schichtdicken, lokale Faserorientierung,
- Drapiersimulation für geometrisch komplexere gewebeverstärkte Bauteile: Prüfen der Drapierbarkeit, Vermeidung von Falten, lokale Faserorientierung und Aufdickung nach dem Drapiervorgang,
- Füllsimulation für RTM und S-RIM: Realisierbarkeit des gewünschten Faservolumengehaltes, wenn Druckbedarf und Zuhaltekraft unter Umständen mit gegebener Anlagentechnik nicht bewältigt werden können, erforderliche maximale Harzviskosität, Lufteinschlüsse, Füllzeit.

Oft steht also erst nach der Prozesssimulation die exakte Information für die Eingabe des Schichtaufbaus, insbesondere die lokale Faserorientierung, zur Verfügung. Nachdem die inzwischen ermittelten mechanischen Kennwerte eingegeben wurden, kann eine erste lineare Steifigkeits- und Verformungsanalyse des Bauteils erfolgen. Daraus lassen sich die Spannungen in Faserkoordinaten in den einzelnen Schichten ermitteln (vgl. Abschnitt 5.2.4).

Spätestens nach der Festigkeitsanalyse kann entschieden werden, ob gegebenenfalls noch nichtlineare Effekte berücksichtigt werden sollen, wie beispielsweise das Spannungs-/Dehnungsverhalten bei fasersenkrechter Beanspruchung [11] oder sogar die so genannte Verzerrungsinteraktion, d.h. die Wechselwirkung zwischen fasersenkrechter Schub- und Zug-/Druckbelastung [13] (vgl. auch 5.2.6).

Werden die Anforderungen durch den Entwurf erfüllt, so ist die Lösung gefunden. Ist dies nicht der Fall, so müssen entweder die Wanddicken oder die gesamte Geometrie modifiziert werden. Jede Geometrieveränderung ist jedoch unter Berücksichtigung des Fertigungsverfahrens zu vollziehen, damit nach mehreren Iterationsschleifen nicht unmerklich eine scheinbar optimale Lösung entsteht, die aber nicht herstellbar ist.

Nach der mechanischen Auslegung stehen der Werkzeugbau und die Fertigung des Bauteils bzw. der Serie an. Sobald die endgültige Geometrie festliegt, kann mit der Werkzeugkonstruktion begonnen werden. Wurde eine Prozesssimulation durchgeführt, so liegen bereits wertvolle Anhaltspunkte zu den verfahrenstechnischen Daten vor, mit denen die Fertigung zufriedenstellend gelingt. Es kann z.B. eine RTM-Füllsimulation die richtige Positionierung von Anspritzpunkten und Entlüftungsöffnungen vorgeben. Auch kann eine konkrete Vorstellung vom korrekten Druckverlauf während des SMC-Pressens zur Qualitätssicherung in der Serie dienlich sein. Weiterhin kann die wirtschaftliche Halbzeugausnutzung bei Kenntnis der optimalen Zuschnittgeometrie gemäß der Drapiersimulation von Geweben oder der Simulation des Fließpressens geplant werden.

In der Produktion sind genügend Kapazitäten für die Nachbearbeitung entformter Bauteile und für die Vor- und Nachbereitung der Werkzeuge (Eintrennen, Belegen, Reinigen) einzuplanen. Dem Personal sind geeignete Zuschnittschablonen zur Verfügung zu stellen. Es ist ein Belegungsplan des Werkzeugs mit Position, Faserorientierung und Reihenfolge der zu platzierenden Verstärkungsmaterialien zu erstellen und mit dem Fertigungspersonal zu besprechen.

Weiterhin ist ein Augenmerk auf Kleinigkeiten, wie spezielles Werkzeug zu legen, das unter Umständen angeschafft werden muss (Scheren, Waagen, Lösemittel etc.). Je nach Matrixsystem, Formtrennmittel oder Lösemittel, sind auch die Anforderungen an den Arbeitsschutz zu beachten. Steigt ein Unternehmen neu in die Produktion von Bauteilen aus FVK ein, so sollte das Personal frühzeitig entsprechend geschult werden; hierfür gibt es passende Lehrgangsprogramme. Die betroffenen Arbeitskräfte sollten mit den Besonderheiten des neuen Werkstoffes vertraut gemacht werden. Da dies nicht nur für das Personal in der Produktion gilt, sondern auch für den Ingenieur, der die Konstruktion erarbeiten muss, wird im nächsten Abschnitt ein kurzer Überblick der wichtigsten Zusammenhänge bei der mechanischen Dimensionierung von FVK-Laminaten gegeben.

5.2 Konstruktion und Berechnung

Aufgrund des richtungsabhängigen (anisotropen) Werkstoffaufbaus ist es bei FVK notwendig, andere Berechnungsmethoden anzuwenden als bei isotropen Werkstoffen. Denn nur unter Beachtung der werkstoffspezifischen Restriktionen zeigen faserverstärkte Werkstoffe ihre spezifischen Vorteile gegenüber anderen Materialien.

Der industrielle Einsatz von FVK vollzieht sich allerdings mit unterschiedlicher Dynamik.

In Bereichen mit extremen Leichtbauanforderungen wie der Luft- und Raumfahrt oder im Motor- und Freizeitsport spielen diese Hochleistungswerkstoffe heute eine unverzichtbare Rolle. FVK sind aber ebenso für den allgemeinen Maschinenbau hochinteressant, gelten dort allerdings immer noch als exotisch. Dementsprechend verfügen viele Betriebe noch nicht über die nötigen Fertigungseinrichtungen und es fehlt ihnen an Erfahrung, mit diesem nicht ganz einfachen Konstruktionswerkstoff umzugehen. Der FVK-Konstrukteur besitzt einige zusätzliche Freiheitsgrade, die daraus resultieren, dass er nicht nur das Bauteil, sondern auch den „Werkstoff FVK“ selbst gestaltet.

Dieses Kapitel soll helfen, die vielfach vorhandene Scheu vor der Auslegung eines Bauteils mit einem anisotropen Werkstoff abzubauen. Neben einigen Ausführungen zu den tatsächlichen Werkstoffeigenschaften von FVK sollen gerade die kurze und verständliche Erläuterung von Berechnungsmethoden und die Vorstellung geeigneter Rechnerprogramme als Konstruktionshilfsmittel hierzu beitragen.

5.2.1 Umdenken in Schichten und Faserkoordinaten

Im Unterschied zu Metallen sind FVK-Laminate in der Regel mehrschichtig aufgebaut. Diese Schichten können unterschiedliche Faserorientierungen besitzen und auch aus unterschiedlichen Materialien bestehen. Da es ein entscheidender Unterschied ist, ob eine bestimmte Spannung parallel zu den Fasern oder senkrecht zu den Fasern auftritt, muss in der Berechnung zum einen schichtweise vorgegangen werden und zum anderen die Faserorientierung in jeder Schicht berücksichtigt werden. (Eine Betrachtung des Gesamtlaminats ist zwar bei der Verformungsanalyse angebracht, ermöglicht jedoch keine aussagekräftige Festigkeitsanalyse.) Dies führt zu einem höheren Rechenaufwand als bei Metallen. Rechnerprogramme nehmen dem Konstrukteur daher den mathematischen Aufwand ab. Deshalb reicht ein entsprechendes Hintergrundverständnis für die Dimensionierung von FVK häufig aus.

Der FVK-Konstrukteur muss mindestens zwei Koordinatensysteme unterscheiden (vgl. Abbildung 173):

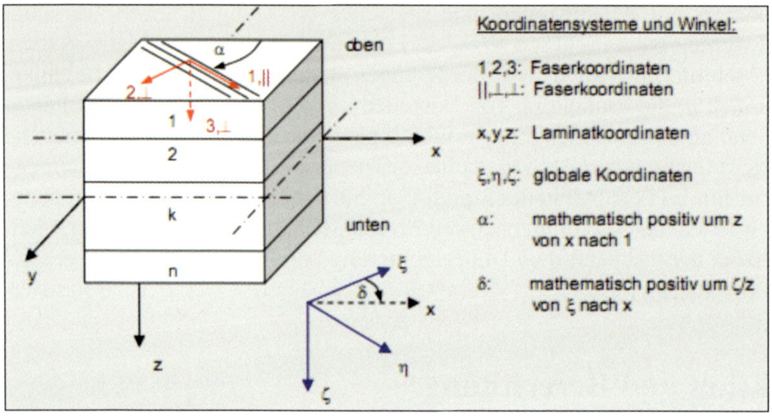

Abb. 173: Koordinatensysteme

Das Laminat-Koordinatensystem (x, y, z-Koordinaten), in dem die Kräfte angreifen, und das Faser-Koordinatensystem (||, ⊥, ⊥-Koordinaten, häufig auch 1, 2, 3-Koordinaten). Unter Umständen stimmt das Laminat-Koordinatensystem auch nicht mit dem globalen oder Bauteil-Koordinatensystem (hier als ξ, η, ζ-Koordinaten bezeichnet) überein.

Weil die Verformungsberechnung normalerweise in globalen Koordinaten erfolgt, die eigentlichen Werkstoffkennwerte für die Festigkeitsanalyse aber in Faserkoordinaten vorliegen, müssen Transformationen zwischen den Koordinatensystemen stattfinden.

Da jede Schicht eine andere Faserorientierung aufweisen kann, muss also die Spannungs- und die Festigkeitsanalyse für jede Schicht getrennt stattfinden. Die Spannungsanalyse geschieht heute rechnergestützt mit der unten beschriebenen Methode der „Klassischen Laminattheorie" (CLT). Im Folgenden wird als Berechnungseinheit die so genannte unidirektionale Einzelschicht (UD-ES), ebenfalls auch Parallelfaser-Einzelschicht (P-ES) genannt, behandelt. In einer UD-ES liegen die Fasern völlig gestreckt und parallel vor. Dies ist ein einfaches Werkstoffmodell, das sich gut zur Berechnung eignet. Reale FVK-Laminate (z.B. 0°/90°-Gewebe) weisen nicht unbedingt echte UD-ES auf, lassen sich aber meist entsprechend idealisieren (z.B. eine UD-ES unter 0° und eine unter 90°). Einzelschichten aus nahezu isotropen Wirrfasermatten oder Pressmassen lassen sich mit isotropen Materialmodellen berechnen.

5.2.2 Eigenschaften des Verbundes aus Fasern und Matrix

Faserverstärkte Werkstoffe gehören nicht nur zu den modernsten, sondern auch zu den ältesten Werkstoffen: Holz und manche Knochen sind Vorbilder aus der Natur für diese Werkstoffgruppe. Sowohl natürliche als auch die heutigen, modernen FVK nutzen die festigkeitssteigernde Wirkung einer faserartigen Werkstoffstruktur.

Grundsätzlich müssen funktional zwei Komponenten unterschieden werden: Die Fasern tragen aufgrund ihrer hohen Festigkeiten den Hauptanteil der auf das Bauteil einwirkenden Lasten. Die Matrix dient zur Fixierung der Lage der Fasern, zum Schutz vor Ausknicken bei faserparalleler Druckbelastung und zur Kraftübertragung der einwirkenden Lasten in die Fasern. Außerdem schützt sie die Fasern vor schädlichen Umgebungs- bzw. Medieneinflüssen. Die Fasern besitzen sehr gute mechanische Eigenschaften, während die Matrix, in welche die Fasern eingebettet sind, dagegen nur mäßige mechanische Eigenschaften besitzt. Die Eigenschaften des Werkstoffverbundes liegen meist in der Summe unter dem Eigenschaftsniveau der Fasern alleine. Je nach Faservolumengehalt, der im Wesentlichen vom Fertigungsverfahren abhängig ist, kann dieser Unterschied beträchtlich sein.

Lehrreich ist der Vergleich der Spannungs-/Dehnungs-Diagramme für reine Fasern, reine Matrix und den Verbund. Die Verbundsteifigkeit in Faserrichtung liegt unterhalb der reinen Fasersteifigkeit, und in der Regel ist die Bruchdehnung identisch mit der reinen Faserbruchdehnung, während die Bruchspannung etwa proportional zum Faservolumengehalt abnimmt (Abbildung 174, links). Bei der Belastung einer UD-ES senkrecht zur Verstärkungsrichtung (Abbildung 174, rechts) verschlechtern sich die mechanischen Eigenschaften erheblich und liegen oft sogar unterhalb derer der reinen Matrix. Besonders eine starke Abnahme der Bruchdehnung ist zu verzeichnen. Die Ursache ist, dass durch die steifen Fasern in der vergleichsweise weichen Matrix eine Art mikroskopische Kerbwirkung hervorgerufen wird, die zu einer Dehnungsüberhöhung führt, welche ihrerseits die Entstehung von Rissen begünstigt.

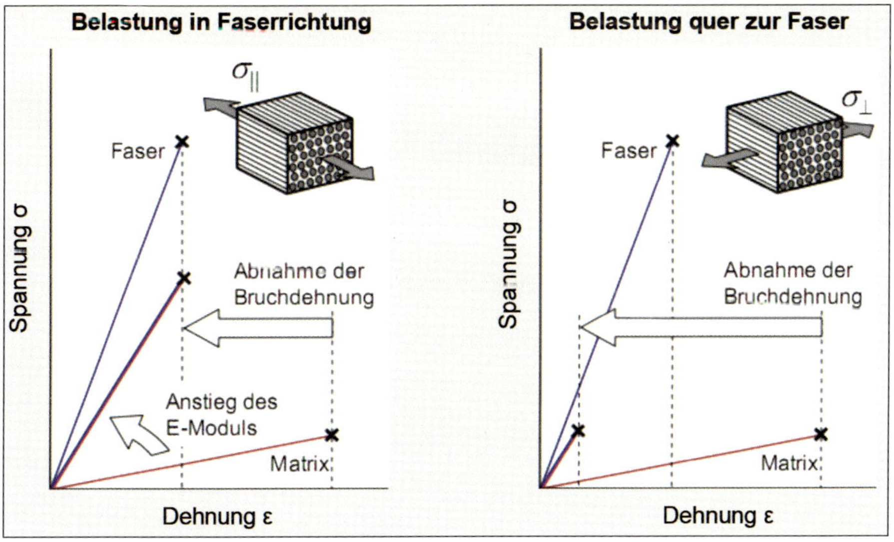

Abb. 174: Qualitative Spannungs-/Dehnungsdiagramme einer UD-ES

Abbildung 175 zeigt die Steifigkeit und Festigkeit, welche ein UD-ES (S-Glas/Epoxid) in unterschiedlichen Winkeln (Zugbelastung in X-Richtung) zur Belastungsrichtung aufweist.

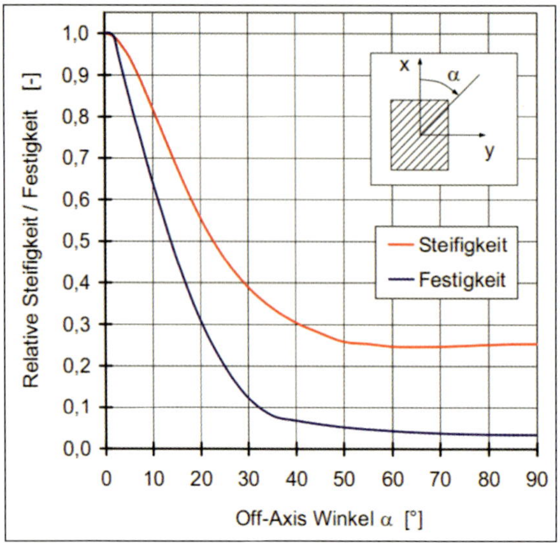

Abb. 175: Winkelabhängigkeit der mechanischen Eigenschaften einer UD-ES

Das Diagramm wurde berechnet für GFK (S-Glas/Epoxidharz) bei einem Faservolumengehalt von 60%. Es ist zu erkennen, dass nur noch 55% der Steifigkeit und nur noch 30 % der Zugfestigkeit genutzt werden, wenn die Fasern um nur 20° aus der Belastungsrichtung gedreht werden.

In Tabelle 29 sind für die wichtigsten Faser/Matrix-Verbunde die mechanischen Kennwerte für eine UD-ES mit 60% Faservolumengehalt aufgeführt. Besonders zu beachten sind dabei:

- die Unterschiede zwischen den E-Moduln $E_{||}$ und $E_{\perp}$ bei jedem Verbundwerkstoff,
- die geringe Größe des Schubmoduls $G_{||\perp}$,
- die Unterschiede zwischen den Festigkeiten $R_{||}$ und $R_{\perp}$ bei jedem Verbundwerkstoff.

Tab. 29: Mechanische Kennwerte für UD-ES für typische Verbundwerkstoffe

			GFK	CFK
Dichte	p	[g/cm³]	2,0	1,6
faserparalleler Elastizitätsmodul	E‖	[MPa]	45.000	140.000
fasersenkrechter Elastizitätsmodul	E⊥	[MPa]	14.000	12.000
fasersenkrechter/-paralleler Schubmodul	G⊥‖	[MPa]	5.000	6.000
fasersenkrechte/-parallele Querkontraktionszahl	v⊥‖	[-]	0,27	0,26
faserparallele Zugfestigkeit	$R\|^t$	[MPa]	1.300	2.000
faserparallele Druckfestigkeit	$R\|^c$	[MPa]	800	1.400
fasersenkrechte Zugfestigkeit	$R\perp^t$	[MPa]	35	50
fasersenkrechte Druckfestigkeit	$R\perp^c$	[MPa]	140	200
fasersenkrechte/-parallele Schubfestigkeit	R⊥‖	[MPa]	75	80

Die mechanischen Kennwerte werden in der Regel in Kurzzeit-Prüfungen ermittelt. Eine weitere Möglichkeit, die Steifigkeitskennwerte der UD-ES zu ermitteln, folgt aus der Mikromechanik, mit deren Hilfe die Schichteigenschaften aus den Eigenschaften der Fasern (F) und Matrix (M) berechnet werden können.

Hier seien einige halbempirische Berechnungsgleichungen nach [5] gegeben, die vom IKV empfohlen werden: (Gl. 1)

$$E_{\|} = \varphi \cdot E_{F\|} + (1-\varphi) \cdot E_M$$

$$E_{\perp} = \frac{E_M(1+0{,}85\varphi^2)}{\varphi \cdot \frac{E_M}{E_{F\perp}} + (1-\varphi)^{1{,}25}}; \qquad E_M^* = \frac{E_M}{1-\nu_M{}^2}$$

$$G_{\perp\|} = \frac{G_M(1+0{,}6\varphi^{0{,}5})}{\varphi \cdot \frac{G_M}{G_{F\perp\|}} + (1-\varphi)^{1{,}25}}$$

$$\nu_{\perp\|} = \varphi \cdot \nu_{F\perp\|} + (1-\varphi)\nu_M$$

$$\nu_{\|\perp} = \nu_{\perp\|}\frac{E_{\perp}}{E_{\|}}$$

Bei den Querkontraktionszahlen stellt der erste Index die Richtung der Kontraktion dar und der zweite Index die Wirkrichtung der Kraft (deutsche Schreibweise). Die Steifigkeitskenngrößen der Faser unterscheiden wiederum zwischen faserparalleler und fasersenkrechter Richtung, da im

Gegensatz zu Glasfasern z.B. Kohlenstofffasern und Aramidfasern auch in sich anisotrop sind; dies kann hier durch Einsetzen der entsprechenden Kennwerte berücksichtigt werden.

Die Festigkeitskennwerte können praktisch nicht zufriedenstellend berechnet werden. Da Einflüsse des Fertigungsverfahrens kaum rechnerisch erfasst werden können, müssen diese Werte gemessen werden. Liegen die Basisfestigkeiten für einen bestimmten Faservolumengehalt vor, so können sie auf einen anderen Faservolumengehalt umgerechnet werden. Mit den so gemessenen oder berechneten Werten kann eine Steifigkeits- und Festigkeitsanalyse für eine UD-ES durchgeführt werden. Wie rechnerisch damit umgegangen wird, wird im nächsten Abschnitt über mehrschichtige Laminate erläutert. Denn natürlich lässt sich auch eine einzelne UD-ES als Spezialfall eines Laminats mit nur einer Schicht auffassen.

5.2.3 Eigenschaften mehrschichtiger Laminate

Das Verformungsverhalten von Laminaten kann verglichen mit dem der isotropen Werkstoffe sehr verschieden sein. Bei isotropen Werkstoffen rufen Normalspannungen nur Dehnungen und Schubspannungen nur Schiebungen hervor. Diese Entkopplung ist bei FVK-Laminaten jedoch nur unter bestimmten Voraussetzungen gegeben. So zeigt auch ein so genannter orthotroper Werkstoff (d.h. Anisotropie mit rechtwinklig aufeinander stehenden Symmetrieachsen) eine solche Entkopplung nur, wenn die äußeren Lasten in Richtung der Orthotropieachsen angreifen. Eine UD-ES hat stets eine orthotrope Struktur; ihre Orthotropieachsen verlaufen parallel und senkrecht zur Faserrichtung in der Schichtebene (Abbildung 176 und 177).

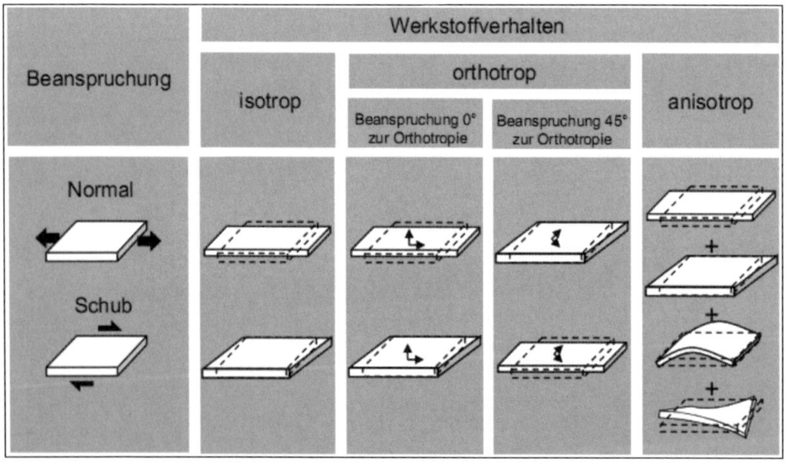

Abb. 176: Verformungsverhalten von FVK-Laminaten

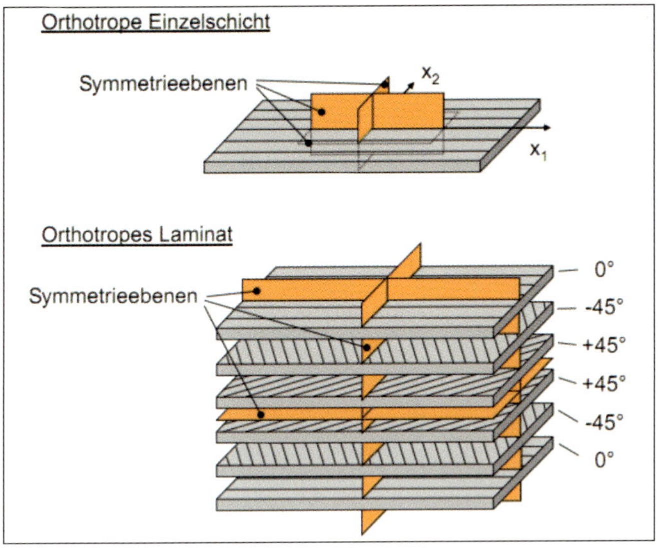

Abb. 177: Orthotropie einer Einzelschicht und eines Laminats

Ein Schichtverbund aus mehreren UD-ES ist nur dann orthotrop, wenn die Einzelschichten in Schichtdicke und Faserorientierung symmetrisch zur Mittelebene angeordnet werden und bei einer 180°-Drehung des Laminats um die Längsachse ein identischer Schichtaufbau vorliegt: Beispielsweise ist (0°/-45°/+45°/+45°/-45°/0°) ein orthotropes Laminat (Abbildung 177), nicht aber (0°/-45°/+45°/-45°/+45°/0°), da es unsymmetrisch ist.

Bei einem nicht-orthotropen Laminat stellt sich schon bei einachsiger Beanspruchung ein mehrachsiger Verformungszustand ein: Normalspannungen können nicht nur zu einer Dehnung, sondern auch zu einer Schiebung sowie zu Krümmung und Drillung des Laminats führen, was in der Regel nicht erwünscht ist (vgl. Abbildung 176).

Dieses Verhalten nicht-orthotroper Laminate kann z.B. auch bewirken, dass ebene Platten, die bei erhöhter Temperatur warmgehärtet werden, sich nach dem Entformen bei Raumtemperatur durch Eigenspannungen verbiegen oder verdrillen. Dieses Verhalten lässt sich in der Regel durch einen symmetrischen Schichtaufbau beheben.

5.2.4 Dimensionierung mit der Klassischen Laminattheorie (CLT)

Die prinzipielle Vorgehensweise innerhalb der Klassischen Laminattheorie (engl.: classical laminate theory – CLT) ist in Abbildung 178 dargestellt und wird im Folgenden näher beschrieben. Sie umfasst 7 Schritte.

Diese Berechnungsschritte finden heutzutage in analytischen PC-Programmen Anwendung. Aber auch FEM-Programme gehen in der unten beschriebenen Weise vor, wobei die beschriebene Prozedur für jedes finite Element durchlaufen wird.

(Auf die rechnerische Behandlung von thermischer Ausdehnung und Quellung durch Feuchteaufnahme wird hier verzichtet, der interessierte Leser sei z.B. auf [6, 7, 8, 9] verwiesen.)

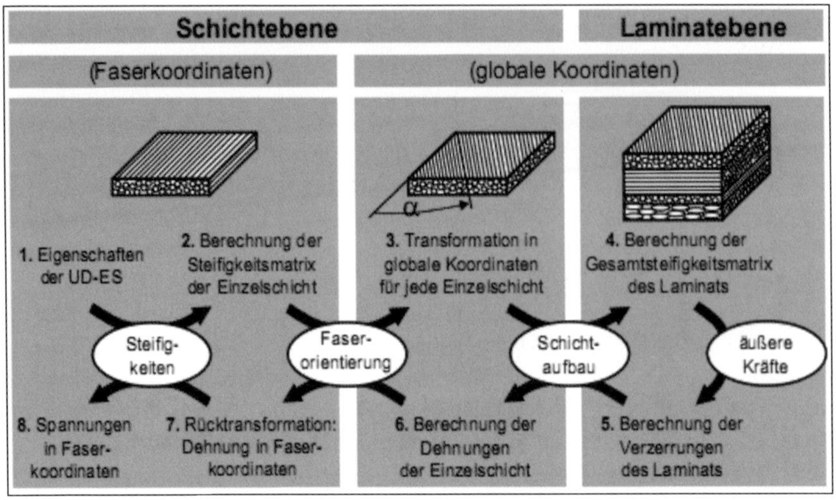

Abb. 178: Prinzipielle Vorgehensweise der CLT

Die Berechnungsschritte im Einzelnen sind:

1. Aus den „Ingenieurskonstanten“ (siehe Gleichung im vorangegangenen Abschnitt), die das Werkstoffverhalten bei einachsiger Beanspruchung und reiner Schubbeanspruchung beschreiben, wird die symmetrische 3x3-Steifigkeitsmatrix [Q] der Einzelschicht in Faserkoordinaten mit den „Steifigkeiten“ Qij aufgebaut, die das Werkstoffverhalten unter mehrachsiger Beanspruchung beschreibt. Dies geschieht für jede Einzelschicht k (Gl. 2):

$$[Q]_k = \begin{bmatrix} Q_{11} & Q_{12} & 0 \\ Q_{21} & Q_{22} & 0 \\ 0 & 0 & Q_{33} \end{bmatrix}_k = \begin{bmatrix} \dfrac{E_{\parallel}}{1-\nu_{\perp\parallel}^2 \frac{E_\perp}{E_\parallel}} & \dfrac{\nu_{\perp\parallel}E_\perp}{1-\nu_{\perp\parallel}^2 \frac{E_\perp}{E_\parallel}} & 0 \\ \dfrac{\nu_{\perp\parallel}E_\perp}{1-\nu_{\perp\parallel}^2 \frac{E_\perp}{E_\parallel}} & \dfrac{E_\perp}{1-\nu_{\perp\parallel}^2 \frac{E_\perp}{E_\parallel}} & 0 \\ 0 & 0 & G_{\perp\parallel} \end{bmatrix}_k$$

2. Diese Steifigkeitsmatrix muss durch eine Drehung um den Faserorientierungswinkel α vom Faserkoordinatensystem ins Laminat-Koordinatensystem transformiert werden. Dadurch wird aus [Q] die voll besetzte, ebenfalls symmetrische Matrix [Q‘] (Gl. 3).

$$[Q']_k = [T]_k [Q]_k [T]_k^T = \begin{bmatrix} Q'_{11} & Q'_{12} & Q'_{13} \\ Q'_{21} & Q'_{22} & Q'_{23} \\ Q'_{31} & Q'_{32} & Q'_{33} \end{bmatrix}_k$$

Für jede Schicht muss dafür abhängig vom jeweiligen Winkel die Transformationsmatrix [T] gebildet werden (Gl. 4), die bei den in Abbildung 173 gegebenen Definitionen folgendermaßen aussieht:

$$[T]_k = \begin{bmatrix} \cos^2\alpha_k & \sin^2\alpha_k & -2\sin\alpha_k\cos\alpha_k \\ \sin^2\alpha_k & \cos^2\alpha_k & 2\sin\alpha_k\cos\alpha_k \\ \sin\alpha_k\cos\alpha_k & -\sin\alpha_k\cos\alpha_k & (\cos^2\alpha_k - \sin^2\alpha_k) \end{bmatrix}$$

3. Mit der zusätzlichen Information über den Schichtaufbau (Schichtdicken, Schichtreihenfolge) wird das Laminat zusammengesetzt, was zur Gesamtsteifigkeitsmatrix des Laminats führt (eine 6x6-Matrix, die aufgrund ihrer Unterteilung in vier Quadranten (A, 2 mal B, D) häufig als ABD-Matrix bezeichnet wird). A heißt der „Scheibenquadrant", B der „Koppelquadrant" und D der „Plattenquadrant". Sie werden nach folgender Berechnungsvorschrift ermittelt (Gl. 5):

$$A_{ij} = \sum_{k=1}^{n} Q'_{ij,k}\,(z_{k+1} - z_k)$$

$$B_{ij} = \tfrac{1}{2}\sum_{k=1}^{n} Q'_{ij,k}\,(z_{k+1}^{\;2} - z_k^{\;2}) \qquad mit\; i,j = 1,2,3$$

$$D_{ij} = \tfrac{1}{3}\sum_{k=1}^{n} Q'_{ij,k}\,(z_{k+1}^{\;3} - z_k^{\;3})$$

Über die verwendeten z-Koordinaten für jede Schichtgrenze wird die Lage jeder Schicht im Gesamtlaminat gegenüber der Bezugsebene angegeben und gewissermaßen ihr Hebelarm hinsichtlich Biege- und Drillverformungen berücksichtigt. Dadurch werden die bereits beschriebenen Verformungseffekte berechenbar.

4. Erst auf der Laminatebene und in Laminatkoordinaten (vgl. Abbildung 178) können die äußeren Lasten aufgebracht werden. Wird die Gesamtsteifigkeitsmatrix des Laminats zur Nachgiebigkeitsmatrix invertiert und mit dem Lastvektor multipliziert, so ergeben sich die Verzerrungen der Bezugsfläche (Index 0) des Gesamtlaminats (Gl. 6).

$$\begin{Bmatrix} \varepsilon_{x,0} \\ \varepsilon_{y,0} \\ \gamma_{xy,0} \\ \hline \kappa_x \\ \kappa_y \\ \kappa_{xy} \end{Bmatrix} = \left[\begin{array}{ccc|ccc} A_{11} & A_{12} & A_{13} & B_{11} & B_{12} & B_{13} \\ A_{21} & A_{22} & A_{23} & B_{21} & B_{22} & B_{23} \\ A_{31} & A_{32} & A_{33} & B_{31} & B_{32} & B_{33} \\ \hline B_{11} & B_{12} & B_{13} & D_{11} & D_{12} & D_{13} \\ B_{21} & B_{22} & B_{23} & D_{21} & D_{22} & D_{23} \\ B_{31} & B_{32} & B_{33} & D_{31} & D_{32} & D_{33} \end{array}\right]^{-1} \cdot \begin{Bmatrix} N_x \\ N_y \\ N_{xy} \\ \hline M_x \\ M_x \\ M_{xy} \end{Bmatrix}$$

Der Scheiben- und der Plattenquadrant sind für alle Laminate mit Werten besetzt, im Spezialfall eines orthotropen Laminats verschwindet aber der Koppelquadrant. In diesem Fall führen Normalkräfte N nur zu Dehnungen ε und Momente M nur zu Krümmungen κ. Ist dagegen der Koppelquadrant besetzt, so rufen Momente auch Dehnungen ε oder Normalkräfte auch Krümmungen κ hervor (Kopplungserscheinungen).

5. Diese Verzerrung der Bezugsfläche lässt sich über die Annahme fest miteinander verbundener Schichten in die Dehnungen der Einzelschichten in Laminatkoordinaten umrechnen (Gl. 7):

$$\begin{Bmatrix} \varepsilon_x(z_k) \\ \varepsilon_y(z_k) \\ \gamma_{xy}(z_k) \end{Bmatrix} = \begin{Bmatrix} \varepsilon_{x,0} \\ \varepsilon_{y,0} \\ \gamma_{xy,0} \end{Bmatrix} + z_k \begin{Bmatrix} \kappa_x \\ \kappa_y \\ \kappa_{xy} \end{Bmatrix}$$

Jede Schicht wird dabei über ihre z-Koordinate angesprochen.

6. Durch eine Rückdrehung um den Faserorientierungswinkel lassen sich diese in die Dehnungen in Faserkoordinaten transformieren (Gl. 8).

$$\begin{Bmatrix} \varepsilon_{\parallel} \\ \varepsilon_{\perp} \\ \gamma_{\parallel\perp} \end{Bmatrix}_k = [T]_k^T \begin{Bmatrix} \varepsilon_x(z_k) \\ \varepsilon_y(z_k) \\ \gamma_{xy}(z_k) \end{Bmatrix}$$

7. Über die Steifigkeitsmatrix der Einzelschicht (GI. 2) ergeben sich schließlich die Spannungen in der Einzelschicht in Faserkoordinaten (Gl. 9).

$$\begin{Bmatrix} \sigma_{\parallel} \\ \sigma_{\perp} \\ \tau_{\parallel\perp} \end{Bmatrix}_k = [Q]_k \begin{Bmatrix} \varepsilon_{\parallel} \\ \varepsilon_{\perp} \\ \gamma_{\perp\parallel} \end{Bmatrix}_k$$

Diese Spannungen werden schließlich benötigt, um sie in das Festigkeitskriterium einzusetzen, mit dem die Werkstoffbeanspruchung in jeder Schicht überprüft wird.

5.2.5 Festigkeitsanalyse

Bei UD-ES sind mehrere verschiedene Bruchmodi zu unterscheiden. Im Wesentlichen sind dies Faserbruch (Fb) und Zwischenfaserbruch (Zfb), die sich jeweils in Unterarten aufgliedern (Abbildung 179).

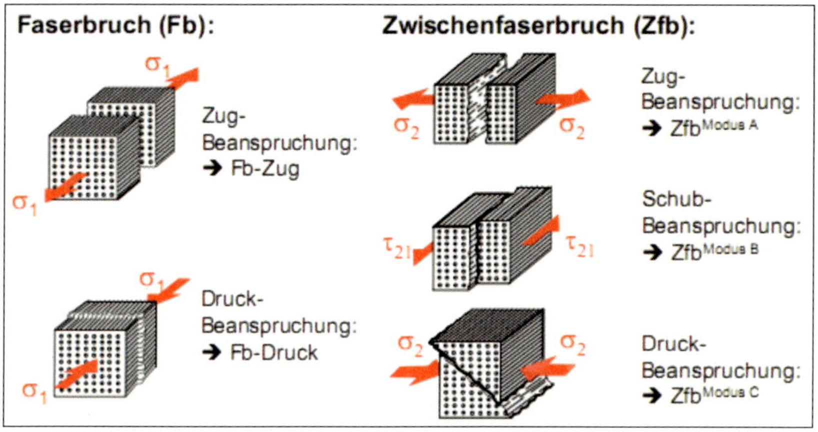

Abb. 179: Versagensformen und Bruchmodi einer UD-ES

Unter rein einachsiger Beanspruchung treten diese Bruchmodi bei den in Tabelle 29 als „Basisfestigkeiten“ angegebenen Spannungen ein. Die hier beschriebene Theorie geht dabei von sprödem Bruchverhalten aus, was für gängige duroplastische Matrixsysteme (Epoxidharz, Polyesterharz, Phenolharz) gegeben ist.

Faserbruch leitet stets katastrophales Versagen des Bauteils ein. Eine verbreitete Meinung ist, dass dies für Zwischenfaserbruch in mehrschichtigen Laminaten nicht gilt. Dies stimmt aber nur für die Zfb-Modi A und B; sie können häufig toleriert werden (z.B. wird bei FVK-Druckbehältern oft Modus A toleriert). Besonders kritisch ist jedoch Modus C. Dieser führt sofort zu katastrophalem Bauteilversagen, da er durch seine Keilwirkung das Laminat sprengt (vgl. Abbildung 179 rechts unten).

Um zu beurteilen, ob unter kombinierter Beanspruchung ein Versagen auftritt, wird jedoch ein mathematisches Festigkeitskriterium benötigt, da nicht für jeden erdenklichen Spannungszustand der entsprechende Festigkeitskennwert gemessen werden kann. In einem Koordinatensystem, in dem die Spannungen auf den Koordinatenachsen aufgetragen werden, bildet die mathematische Formulierung des Festigkeitskriteriums die Bruchgrenze ab. Für den Fall des ebenen Spannungszustands liegen drei Spannungskomponenten vor ($\sigma\|$, $\sigma\perp$, $\tau\perp\|$), die in einem kartesischen Koordinatensystem dargestellt werden können. Das Festigkeitskriterium bildet dann die Oberfläche eines Volumenkörpers, welcher auch Bruchkörper genannt wird.

Fünf Basisfestigkeiten sind die Stützstellen dieser Fläche auf den Koordinatenachsen, also die einachsig ermittelten Festigkeitskennwerte (Abbildung 180). Für eine stark anisotrope UD-ES kann das Festigkeitskriterium durch einen in die Länge gezogenen Bruchkörper dargestellt werden.

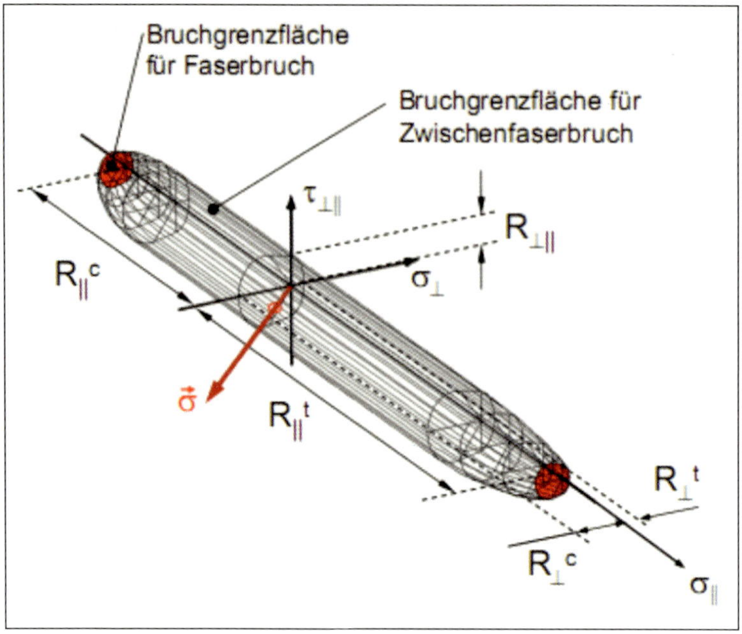

Abb. 180: Typischer Bruchkörper einer UD-ES im (σ||, σ⊥, τ⊥||)-Spannungszustand

Der in der Spannungsanalyse berechnete Spannungszustand in Faserkoordinaten stellt einen Vektor im Spannungsraum, d.h. in diesem Koordinatensystem, dar. Ist dieser Vektor lang genug, um die Oberfläche des Bruchkörpers zu durchstoßen, so tritt ein Versagen ein. Für die unterschiedlichen Bruchmodi sind unterschiedliche physikalische Vorgänge je nach vorliegendem Spannungszustand (vgl. Abbildung 179) verantwortlich, die zu unterschiedlichen mathematischen Bruchbedingungen führen.

Die Oberfläche des Bruchkörpers für eine UD-ES setzt sich deshalb aus mehreren Teilflächen zusammen. Durchstößt der Spannungsvektor die in Abbildung 180 markierten Stirnflächen, so zeigt dies Faserbruch an. Durchstößt er die Mantelfläche, die ihrerseits aus mehreren Teilflächen besteht, so zeigt dies einen der drei Zfb-Modi (A, B oder C) an. (Bei Wirrfaser-Einzelschichten wie Matte oder Pressmassen kann man makroskopisch von einem einzigen Bruchmodus ausgehen. Für die Festigkeitsanalyse bei Pressmassen mit leichter fließbedingter Anisotropie ist deshalb das für UD-ES Kriterium nach Tsai/Wu [4], das hier nicht näher dargestellt wird, besser geeignet.)

Die heute noch gebräuchliche Hypothese für Faserbruch ist ein einfaches Maximalspan-nungskriterium und sieht folgendermaßen aus (die Quadrierung dient zur Beseitigung des Vorzeichens) (Gl. 10):

$$\sqrt{\left(\frac{\sigma_{\|}}{R_{\|}}\right)^2} = 1 \quad mit \begin{cases} R_{\|} = R_{\|}^{t} \; für \; \sigma_{\|} > 0 \\ R_{\|} = R_{\|}^{c} \; für \; \sigma_{\|} < 0 \end{cases}$$

Zur Veranschaulichung sei hier eine einfache Hypothese für Zwischenfaserbruch angegeben (sie beschreibt eine Ellipse in der (σ⊥, τ⊥||)-Ebene) (Gl. 11):

$$\sqrt{\left(\frac{\sigma_\perp}{R_\perp}\right)^2 + \left(\frac{\tau_{\perp\|}}{R_{\perp\|}}\right)^2} = 1 \quad mit \begin{cases} R_\perp = R_\perp^t \; für \; \sigma_\perp > 0 \\ R_\perp = R_\perp^c \; für \; \sigma_\perp < 0 \end{cases}$$

Die Hypothesen des so genannten wirkebenebezogenen Kriteriums nach Puck werden nach ähnlichem Muster gebildet. Sie können in [3, 8, 10, 11, 20] nachgelesen werden. Die mathematische Formulierung des Kriteriums nach Puck ist zwar relativ komplex, so dass es nicht „mit Bleistift und Taschenrechner" manuell anwendbar ist; führt jedoch zu sehr genauen Festigkeitsberechnungen. Zur Kalibrierung dieses Puck-Kriteriums werden neben den fünf Basisfestigkeiten allerdings auch noch weitere Materialkennwerte, die „Steigungsparameter", benötigt.

Setzt man die berechneten Spannungen in ein Festigkeitskriterium des Schemas (GI. 10) bzw. (GI. 11) ein, so nimmt die rechte Seite einen Wert gleich oder ungleich 1 an. Bei dem Wert 1 ist die Bruchbedingung erfüllt, wie in Gl. 10 und Gl. 11 dargestellt. Dieser Wert auf der rechten Seite entspricht weiterhin dem Anstrengungsfaktor fE jedes Werkstoffes im Hinblick auf Faserbruch bzw. Zwischenfaserbruch. Beträgt fE,Zfb z.B. 0,5, so ist die Zfb-Festigkeit des Werkstoffes zu 50% ausgenutzt, und erst eine gleichzeitige Erhöhung aller Spannungskomponenten um den Faktor 2 würde einen Zwischenfaserbruch einleiten.

5.2.6 Nichtlineares Materialverhalten

Das Verhalten einer unidirektionalen (UD) Einzelschicht ist für Belastungen in Faserrichtung in erster Näherung linear. Da in einem materialgerecht gestalteten Bauteil die Lasten vorwiegend von den Fasern getragen werden und die Fasern somit das Materialverhalten dominieren, liefert eine lineare Steifigkeits- und Festigkeitsberechnung wertvolle Informationen über das Bauteilverhalten [9]. Dennoch weisen UD-Schichten und infolgedessen auch Laminate ein mitunter ausgeprägt nichtlineares Verhalten auf. Obwohl die Vernachlässigung der nichtlinearen Effekte bei einer spannungsbasierten Festigkeitsanalyse meist zu einer konservativen Auslegung führt, kann sie zu einer falschen Vorhersage von Bruchmodi und infolgedessen eine Fehleinschätzung des Laminatverhaltens kommen. Im Zuge einer präzisen Auslegung sollten nichtlineare Effekte daher berücksichtigt werden [8].

So tritt in einer durch Schubspannungen verzerrten UD-Schicht eine *Faserwinkeländerung* auf (Abbildung 181): Das Schichtkoordinatensystem rotiert relativ zur Lastrichtung und zum Laminatkoordinatensystem, so dass sich die Laminatsteifigkeit ändert [21].

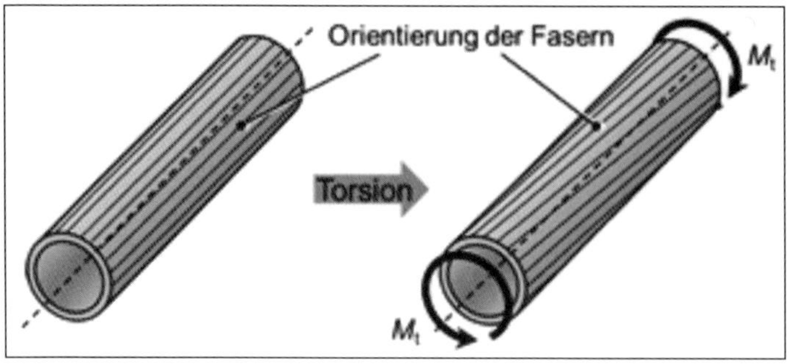

Abb. 181: Beispiel für eine Faserwinkeländerung unter äußerer Last

Ebenfalls verhält sich eine UD-Schicht bei fasersenkrechter Druckbelastung und unter Schub ausgeprägt nichtlinear, da die Steifigkeit der Matrix lange vor der Ausbildung eines makroskopischen Zwischenfaserbruchs durch so genannte *Mikroschädigungen* reduziert wird [13]. Mikroschädigungen können sich in Form von Rissen in der Größenordnung einiger Faserdurchmesser ausbilden und führen insbesondere unter einer Schub- oder Querdruckbeanspruchung zu einem degressiven Verlauf der Moduln. Abbildung 182 zeigt beispielhaft die Mikroschädigungen an einem repräsentativen Volumen und deren Auswirkungen auf den Schubmodul für ein beispielhaftes CFK.

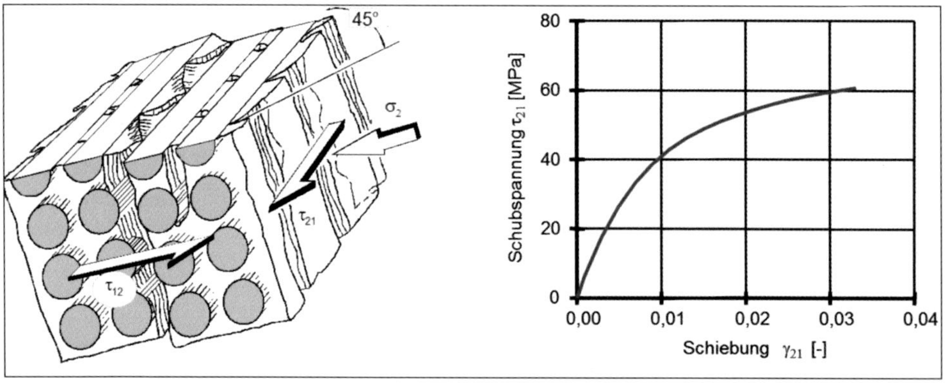

Abb. 182: Mikroschädigungen an einem repräsentativen Volumen

Ein Beispiel für die Auswirkungen der Nichtlinearitäten vor Zwischenfaserbruch lassen sich eindrucksvoll am Beispiel eines Stabilisators für Rennwagen verdeutlichen. Ein Stabilisator dient zur Verbesserung der Straßenlage in Kurven und ist für gewöhnlich als Drehstabfeder ausgeführt. Gegenüberliegende Räder werden durch einen Hebel mit dieser Feder verbunden und so die Verschiebung der Räder gekoppelt.

Die Drehstabfeder kann voreilhaft als Rohr aus CFK ausgeführt werden. Durch die Berücksichtigung nichtlinearer Effekte vor Zwischenfaserbruch lassen sich im Vergleich zu einem konventionell ohne die Berücksichtigung nichtlinerarer Effekte ausgelegten FVK 40% an Gewicht bzw. Material und damit Kosten einsparen.

Zwischenfaserbrüche führen nicht notwendigerweise zum Totalversagen des Laminats, Lasten können in Laminaten durch angrenzende Schichten aufgenommen werden. Abbildung 183 zeigt die entsprechenden Auswirkungen eines Zwischenfaserbruchs auf eine UD-Schicht (oben) und in einem Laminat (unten).

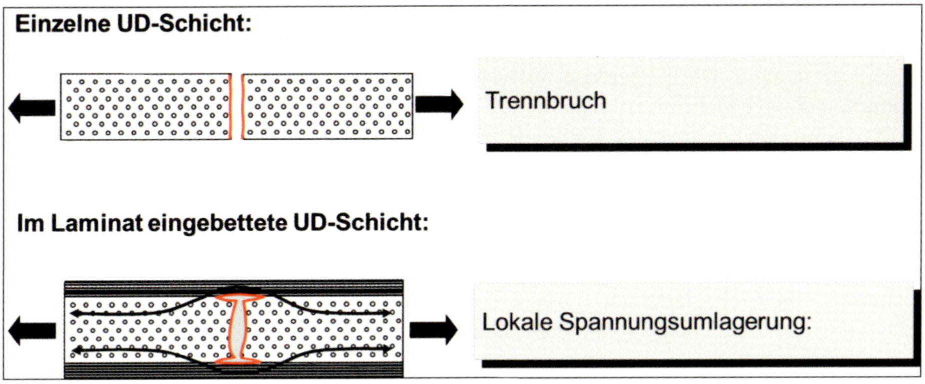

Abb. 183: Auswirkungen eines Zwischenfaserbruchs des Moduls A

Über eine entsprechende *Steifigkeitsdegradation* der geschädigten Einzelschicht muss das Verhalten der Schicht nach Auftreten solcher tolerierbaren Zwischenfaserbrüche modelliert werden [8, 21].

Jede Nichtlinearität im Spannungs-Dehnungs-Verhalten der Einzelschicht hat komplexe Auswirkungen auf das Laminat als Ganzes: Änderungen der Schichtsteifigkeiten relativ zu den anderen Schichten führen zu *Spannungsumlagerungen*, also Umverteilungen von Spannungen von steifigkeitsreduzierten Schichten in die anderen Schichten des Laminats [3, 20, 21]. Darüber hinaus verschieben sich die neutralen Ebenen des Laminats, so dass es unter Umständen sogar zur Richtungsumkehr von Spannungen in einzelnen Schichten kommen kann. Der Verlauf dieser Ereignisse bis zum Bruch wird als *sukzessives Bruchgeschehen* bezeichnet und kann mit entsprechenden Programmen iterativ berechnet werden.

5.2.7 Hilfsmittel für die Berechnung

Analytische PC-Programme

Unter PC-Programmen werden hier solche Softwaresysteme verstanden, die auf der Basis rein analytischer Gleichungen Berechnungen zur Dimensionierung von FVK-Laminaten durchführen. Dies steht im Gegensatz zu Finite-Elemente-Programmen, in denen die Lösung komplexer Gleichungssysteme numerisch approximiert wird. Analytische Programme beschränken sich deshalb auf geometrisch einfache Systeme wie ebene Platten, gerade Balken oder Rohre, für die eine geschlossene Lösung der Gleichungen angegeben werden kann.

Die auf dem Markt verfügbaren Programme weisen recht unterschiedliche Ausstattungen und Zielsetzungen auf. Je nach Produkt sind z.B. die Berechnung der Verbundkennwerte für UD-ES, die Steifigkeits- und Festigkeitsanalyse von mehrschichtigen Laminaten nach der CLT, die Verformungs- und Festigkeitsanalyse von geometrisch einfachen Strukturelementen, Instabilitätsberechnungen (z.B. Beulen von Platten) oder auch die automatische Optimierung eines Laminataufbaus auf einen bestimmten Lastfall hin möglich.

Nicht alle Programme stellen dem Anwender dabei zeitgemäße Festigkeitskriterien zur Verfügung, welche eine sichere Unterscheidung der verschiedenen Versagensformen zulassen.

An einigen Hochschulinstituten wurden MS-Excel®-basierte Programme entwickelt, welche dem Anwender eine Anbindung an kommerzielle Programme (z.B. FE-Programme, siehe unten) erlauben. Hierzu sind beispielsweise der COMPOSITOR des IKV Aachen oder AlfaLam der TU Darmstadt zu nennen. Die kostenlose Software AlfaLlam.nl der TU Darmstadt erlaubt die Berücksichtigung einiger nichtlinearer Effekte [22]. Für eine Analyse, die beispielsweise die Verschiebung der neutralen Ebenen des Laminats einbezieht, kann auf die Software *inca Studio* zurückgegriffen werden, die von einer Ausgründung des IKV Aachen entwickelt wurde [23].

FEM-Programme

Zur Berechnung von FVK-Bauteilen müssen solche Finite-Elemente-Programme verwendet werden, die geeignete Elementtypen anbieten. Dünnwandige FVK-Laminate können mit mehrschichtigen, anisotropen Schalenelementen berechnet werden [14].

Deren wichtigster Vorteil ist, dass mit geringem Aufwand neue Wanddicken zugewiesen werden können, ohne dass sich die Geometrie des Modells ändert und infolgedessen neu vernetzt werden muss. Die Lage der Laminatbezugsebene wird hier über die Position der Knoten angegeben (Knotenebene mittig, oben oder unten). Für dickwandige Bereiche sind Volumenelemente mit orthotropen Materialeigenschaften zu empfehlen; einige Programme bieten auch mehrschichtige Volumenelemente an.

Hier sei der wichtige Hinweis gegeben, dass der Anwender in der Regel nach der eigentlichen Lösung des Modells weitere Operationen ausführen muss, bevor er die Schichtspannungen in Faserkoordinaten bestimmt hat und auswerten kann. Dies liegt daran, dass die primäre Lösung des FE-Modells zunächst nur die Verschiebungen in globalen Koordinaten enthält. Es müssen deshalb noch diejenigen Rechenschritte folgen, die den Schritten 5 bis 7 der CLT entsprechen. Die meisten FE-Programme bieten zur Festigkeitsanalyse das Tsai/Wu-Kriterium an, das allerdings nicht die wichtige Unterscheidung von Faserbruch und Zwischenfaserbruch liefert. Gegebenenfalls ist es deshalb empfehlenswert, im Rahmen des „Postprocessing" eine differenzierte Auswertung mit Hilfe geeigneter Festigkeitskriterien vorzunehmen. So kann der Spannungszustand in einzelnen kritisch erscheinenden finiten Elementen auch lokal mit einem analytischen PC-Programm manuell analysiert werden. Aufgrund des zunehmenden Einsatzes von FVK und den dadurch gestiegenen Bedarf an einer präzisen Festigkeitsberechnung, bieten FE-Programme zunehmend auch differenzierende Festigkeitskriterien, wie das Puck-Kriterium, an.

5.2.8 Lebensdauer von FVK

Eine Abschätzung der Lebensdauer von FVK-Laminaten gestaltet sich prinzipiell schwierig, da die tatsächlich auf das Bauteil wirkenden Lastkollektive häufig nicht bekannt sind (z.B. Spitzenlasten, Mittellast, Frequenz etc.). Darüber hinaus ist das Materialverhalten sehr komplex und wird von einer Vielzahl von Einflussgrößen (Faserwerkstoff, Matrixwerkstoff, Faser-Matrix-Haftung, Schichtdicke etc.) bestimmt.

Bei zyklischer Dauerbelastung zeigen Untersuchungen, dass die Ermüdungsfestigkeit von CFK etwa 20 bis 30% unter der statischen Kurzzeitfestigkeit liegt [15]. Im Gegensatz dazu wird bei GFK ein deutlich größerer Festigkeitsabfall beobachtet. Die Dauerfestigkeit bei zyklischer Beanspruchung kann bis zu 70% geringer sein als die Kurzzeitfestigkeit. Das Versagen äußert sich in der Regel zunächst in Form von Mikrorissen in der Matrix und an den Faser-Matrix-Grenzflächen. In fortgeschrittenem Stadium tritt schließlich Delamination auf [8].

Die rechnerische Berücksichtigung einer zyklischen Beanspruchung kann ähnlich zu metallischen Werkstoffen anhand von experimentell ermittelten Wöhlerkurven geschehen. Mehrere Wöhlerkurven für verschiedene Spannungsverhältnisse können dann in einem so genannten Goodman-Diagramm dargestellt werden. Hierzu sei auf weiterführende Literaturhinweise:stellen verwiesen [8, 16].

5.2.9 Verhalten bei Crash

Es ist bekannt, dass faserverstärkte Kunststoffe ein Versagensverhalten aufweisen, welches bei der Zerstörung des Werkstoffes mit einer hohen gewichtsspezifischen und besonders gleichmäßigen Energieabsorption einhergeht [17, 18].

Diese lässt sich auf viele kleinere Bruchmechanismen des heterogenen Werkstoffes zurückführen (z.B. Trennung von Faser und Matrix, Biegung der Fasern etc.) In speziellen Energieabsorptionselementen, die z.B. Teil einer Fahrzeugstruktur sein können, wird diese Eigenschaft gezielt ausgenutzt [19]. Um das Potenzial der faserverstärkten Kunststoffe in solch anspruchsvollen Anwendungen vollständig ausschöpfen zu können, sind allerdings sorgfältige Deformations-, Festigkeits- und Versagensanalysen der Bauteile unerlässlich. Ein Energie absorbierender Zerstörungsmechanismus setzt einerseits einen angepassten Laminataufbau voraus und andererseits eine spezielle Geometrie zur Einleitung des Versagens, eine so genannte Trigger-Geometrie. So zeigt zum Beispiel ein Rohrelement mit einem Laminataufbau mit außen und innen liegenden ±45°-Schichten, die eine 0°-Schicht einschließen, und mit einem axialen Crash belastet wird, eine besonders hohe Energieabsorption. Die Trigger-Geometrie ist hierbei eine 30°-Faser am Rohrauslauf [17].

5.2.10 Krafteinleitungselemente

Ein besonderes Augenmerk ist bei FVK auf eine werkstoffgerechte Krafteinleitung zu legen, die gewährleisten sollte, dass die Kraftflüsse gut auf die Fasern übertragen werden können. Generell sollten Fasern nicht unnötig durchtrennt werden, eine flächige Kraftübertragung, z.B. durch Schub, ist anzustreben. Klebungen sind daher Verschraubungen vorzuziehen, wenn möglich mit Schäftung. Zug/Druck-Schlaufen, wie in Abbildung 184 dargestellt, ermöglichen hochfeste Anbindungen. Sollen Laminate in der Ebene auf Lochleibung beansprucht werden, so sollte lokal ein (0°/90°/±45°)-Schichtaufbau mit näherungsweise gleichen Anteilen der Schichten (quasi-isotrop) vorliegen. Berechnungshilfen für gängige Krafteinleitungsprobleme finden sich z.B. in [9, 12].

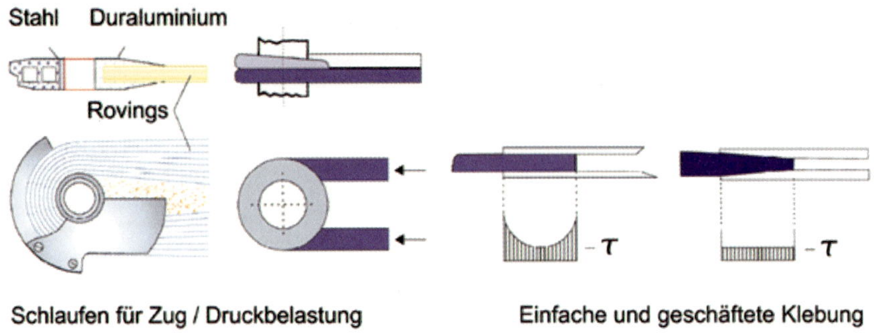

Abb. 184: Beispiel für faserverbundgerechte Krafteinleitung

5.2.11 Anwendungsbeispiel „PKW-Motorhaube“

Wie bereits in Abschnitt 5.1 beschrieben, stellt die Gestaltung von Bauteilen aus Faserverbundkunststoffen aufgrund der komplexen Materialeigenschaften und vielfältigen Konstruktionsfreiheitsgraden besondere Anforderungen an den Auslegungs- und Entwicklungsprozess.

Ziel der Produktentwicklung ist es, die vielfältigen, z.T. gegensätzlichen Anforderungen zur Funktionserfüllung in einem Bauteil zu vereinen. Die Bauteileigenschaften hängen dabei stärker als bei gängigen Konstruktionsmaterialien nicht alleine von der Materialauswahl und geometrischen Gestaltung ab, sondern ergeben sich insbesondere auch aus dem Produktionsprozess. Dieser hat wiederum Einfluss auf Bauweise und Formgebung sowie die Materialauswahl (Abbildung 185).

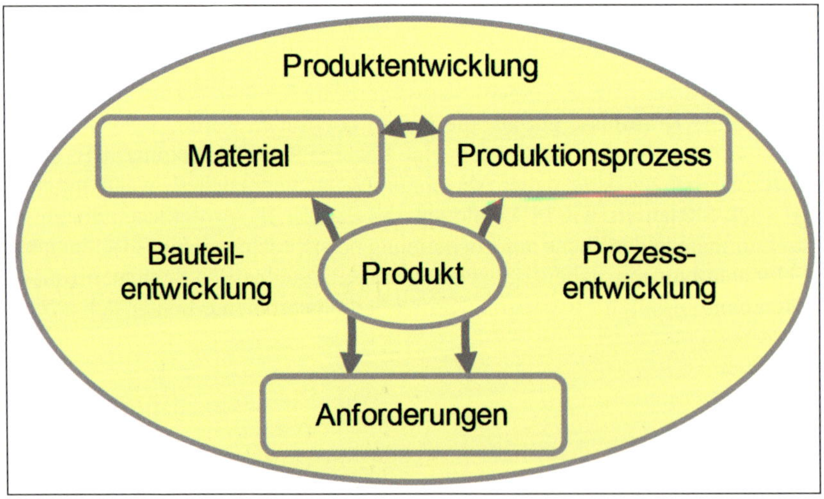

Abb. 185: Die FVK-Produktentwicklung im Spannungsfeld Anforderung – Material – Prozess

Als Anwendungsbeispiel wird im Folgenden die Entwicklung einer CFK-Motorhaube für einen Ford Focus dargestellt (Produktionsszenario: 10.000 Einheiten/Jahr). Die Entwicklung erfolgte innerhalb eines durch das Land NRW im Rahmen des Förderwettbewerbes „Hightech.NRW“ finanzierten Projekts in Zusammenarbeit des Instituts für Kraftfahrzeuge (ika) mit dem Institut für Kunststoffverarbeitung (IKV) an der RWTH Aachen sowie den Industriepartnern Ford Forschungszentrum GmbH, Henkel AG & Co. KGaA, Evonik Industries AG, Toho Tenax Europe GmbH, und Composite Impulse GmbH. Abbildung 186 zeigt den Ablauf der Entwicklung. Dabei sind die Einflussfaktoren auf die Bauteilentwicklung sowie die daraus resultierende Ableitung einer werkstoff-, verarbeitungs- und anwendungsgerechten Bauteilgeometrie berücksichtig.

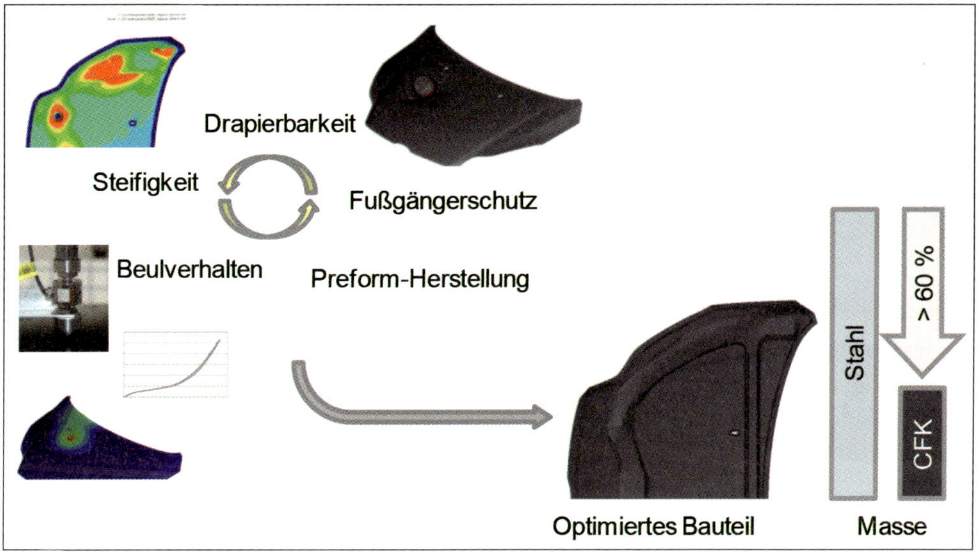

Abb. 186: Einflussfaktoren auf die Bauteilentwicklung

Das großserientaugliche Spaltimprägnierverfahren stellt besondere Anforderungen an die Bauteilauslegung. Aufgrund der zu realisierenden Werkzeugbewegung und durch die Drapierbarkeit der Halbzeuge werden Grenzen der geometrischen Komplexität des Bauteils gesetzt. Zur Reduktion der Preforming-Kosten sollte auf komplexe Zuschnitte verzichtet werden. Diese prozessseitigen Anforderungen wurden bei der Bauteilauslegung berücksichtigt.

Für die automobile Serie spielt der Fußgängerschutz eine zentrale Rolle. Die funktional notwendigen globalen Steifigkeitsanforderungen stellen jedoch oft einen Zielkonflikt zu der notwendigen Nachgiebigkeit bei einem Kopfaufprall dar. Die auf einen Kopf wirkende Beschleunigung beim Aufprall auf die Fahrzeugmotorhaube wird zum einen durch die Nachgiebigkeit der Struktur, zum anderen durch ihre Massenträgheit beeinflusst. Für eine optimale Verzögerung unter Einhaltung biomechanischer Belastungsgrenzen ist eine hohe Initialbeschleunigung mit anschließender Degression charakteristisch. Konzeptionell konnte mit Hilfe einer integralen Sandwichkonstruktion die aufgrund der Gewichtsreduktion fehlende Massenträgheit durch hohe lokale Steifigkeiten ausgeglichen werden. Abbildung 187 stellt eine Schnittansicht der CFK-Motorhaube und Detailansichten der Rahmenstruktur und des monolithischen Randbereiches dar.

In Kombination mit dem hohen Energieaufnahmevermögen des verwendeten CFK-Sandwich-Materials wird so ein hohes Fußgängerschutzniveau realisiert [24].

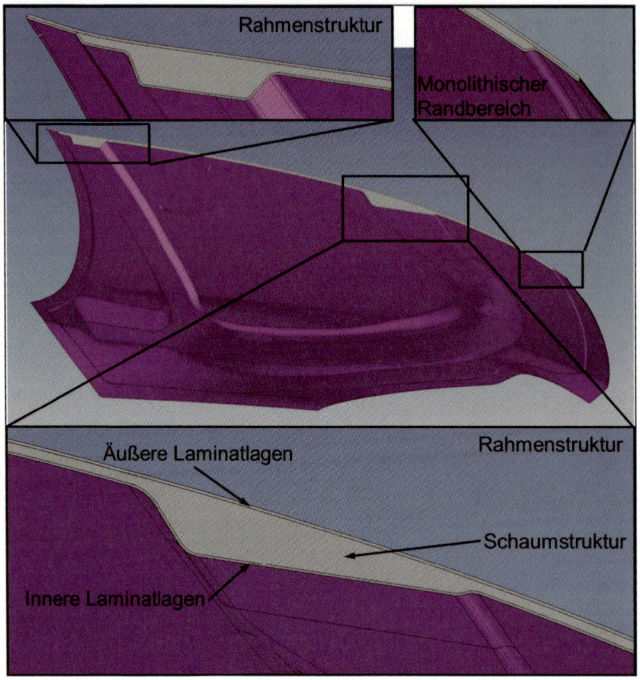

Abb. 187: Schnittansichten des CFK-Motorhaubenmodells

Zur Fertigung der Sandwichkonstruktion wurde das Spaltimprägnierverfahren ausgewählt (siehe Abschnitt 6.6). Dabei handelt es sich um ein dem Resin Transfer Moulding (RTM) ähnliches Verfahren, bei dem durch eine spezielle Werkzeugtechnik und Prozessführung die Vorteile bestehender Flüssigimprägnierverfahren kombiniert werden und so die automatisierte Herstellung von hochwertigen FVK-Bauteilen in einem robusten und reproduzierbaren Herstellungsprozess ermöglicht wird. Dabei wird ein trockener Preform, bestehend aus Schaumkern, integrierten Anbindungselementen zur Montage der Haube sowie Decklagen aus multi-axialen Kohlenstofffaser-Gelegen in das Werkzeug eingelegt. Durch eine spezielle Werkzeugstrukturierung kann der Vorbereitungsaufwand für den nachfolgenden Off-Line-Lackierprozess minimiert werden [25] (Abbildung 188).

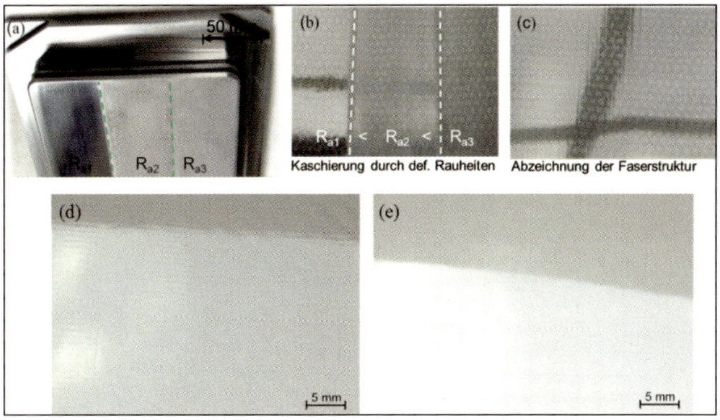

Abb. 188: Werkzeugmodifikation zur Optimierung der Oberflächenqualität

Erläuterung Abbildung 188: (a: Werkzeugoberfläche mit unterschiedlichen Rauheiten; b: Laminatoberfläche; c: Welligkeiten ohne Werkzeugoptimierung; d: lackierte Oberfläche ohne Optimierung; e: lackierte Oberfläche mit Optimierung (Ra3= 0,5 μm)

Integration von Krafteinleitungselementen in die Preform/Schaumstruktur

Die Motorhaube des Ford Focus wird über zwei Scharniere, die sich im Bereich unterhalb der Windschutzscheibe befinden, mit der Karosserie über Schraubverbindungen fixiert und ausgerichtet. Weiterhin erfolgt im vorderen Bereich der Motorhaube die Anbindung über einen Schnapphaken, der in ein an der Karosserie befestigtes Schloss zum Verschließen der Motorhaube einrastet. Aufgrund dieser Kraftübertragung müssen an dem vorderen Krafteinleitungselement nur Zugkräfte berücksichtigt werden, da alle anderen auftretenden Kräfte vernachlässigbar klein sind. Durch die Anbindung der Motorhaube über die Scharniere an die Karosserie treten hier mehrdimensionale Spannungszustände auf. Neben Zugspannungen treten Momente, Druck- und Schubspannungen auf. Abbildung 189 stellt die drei Bereiche für die Anbindungselemente dar.

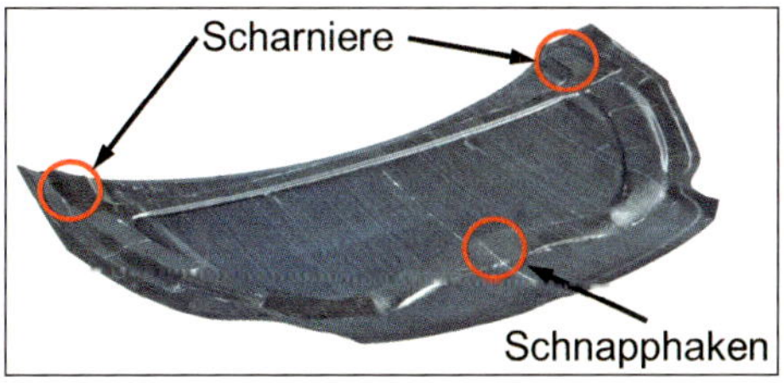

Abb. 189: Darstellung der Position der Anbindungselemente

Durch die vollständige Integration der Krafteinleitungselemente durch Einkleben in die Schaumstruktur wird eine Ausrichtung und Zentrierung der Elemente erreicht. Abbildung 190 zeigt das Konzept für die vollständige Integration der Krafteinleitungselemente in den Preform. Eine zusätzliche Fixierung oder Ausrichtung über in das Werkzeug integrierte Elemente kann hierdurch vermieden werden.

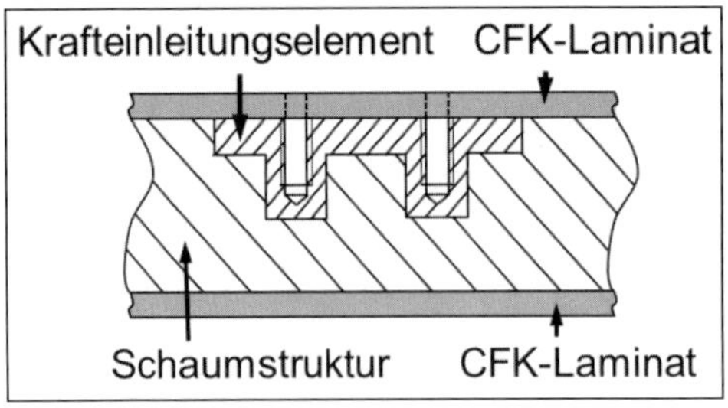

Abb. 190: Schnittansicht eines integrierten Krafteinleitungselementes

Im Bereich des Schnapphakens werden die Kräfte über vier Verschraubungen in das Krafteinleitungselement eingeleitet, da der Schnapphaken vier Befestigungspunkte aufweist. Die Scharniere werden jeweils über zwei Krafteinleitungselemente befestigt. Bei der metallischen Bauweise der Motorhaube werden Krafteinleitungselemente mit Außengewinde verwendet. Zur vollständigen Integration des Krafteinleitungselementes in den Preform müssen bei dem Element an vorgegebenen Stellen Innengewinde angebracht werden, die während der Preformimprägnierung durch einschraubbare Einsätze gegen das Eindringen von Harz geschützt werden. Bei der Konstruktion des Krafteinleitungselementes sind neben den auftretenden Kräften auch die Herstellungsverfahren zu berücksichtigen.

Zur Bewertung der mechanischen Eigenschaften wurden drei verschiedene Krafteinleitungselementtypen konstruiert und angefertigt. Abbildung 191 zeigt diese Konstruktionen für die Krafteinleitungselemente im Bereich des Schnapphakens und der Scharniere.

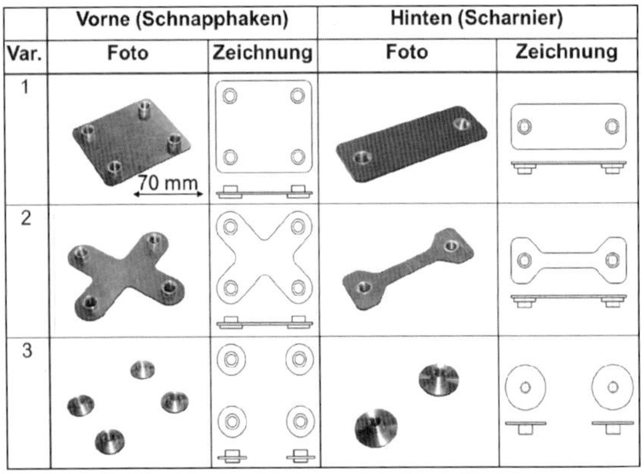

Abb. 191: Untersuchte Krafteinleitungsgeometrien für den Schnapphaken- und Scharnierbereich

Weiterhin wurden bei den Krafteinleitungselementen verschiedene Werkstoffe berücksichtigt und bezüglich Ihrer Eignung für den Einsatz in der CFK-Motorhaube bewertet. Zu den Kriterien zählen neben einer guten Haftung zwischen den verwendeten Materialien vor allem die mechanischen Eigenschaften, ein niedriges Gewicht und ein niedriger Preis zur Erhöhung der Wirtschaftlichkeit bei der Bauteilfertigung.

Als mögliche Werkstoffe für die Krafteinleitungselemente für die CFK-Motorhaube werden Titan, Stahl und Aluminium berücksichtigt und ihre Eigenschaften bewertet. Tabelle 30 zeigt eine Bewertung der Werkstoffalternativen.

Tab. 30: Vergleich unterschiedlicher Werkstoffe für den Einsatz als Krafteinleitungselement

Eigenschaft	Stahl	Aluminium	Titan
Dichte	-	+	0
Festigkeit	0	-	+
Klebstoffeignung	+	+	+
Wärmeausdehnung	0	-	+
Kontaktkorrosion mit Kohlenstofffasern	+	-	+
Preis	+	0	-
Spanende Bearbeitung	0	+	-

Eine Problematik, die sich abhängig von der Werkstoffauswahl ergibt, ist die galvanische Korrosion, auch Kontaktkorrosion genannt. Kontaktkorrosion entsteht in der Regel, wenn unterschiedlich edle, elektrisch leitfähige Materialien in Kontakt sind. Kohlenstofffasern sind in Verbindung mit Metallen kontaktkorrosionsanfällig. Im Vergleich zu Stahl ist Aluminium aber stärker anfällig. Durch das zusätzliche Einbringen einer Trennschicht, z.B. einer Lage Glasfaserhalbzeug, kann ein direkter Kontakt der beiden Materialien vermieden werden.

Als Vorgabe seitens des Anwenders wurde als Mindestzugkraft simulativ eine Zugkraft von 2 kN ermittelt und dient somit bei den Versuchen als Referenzwert.

Mit allen Krafteinleitungselementgeometrien und -materialien konnten erfolgreich Außreiß- und Schubversuche durchgeführt werden. Abbildung 192 stellt exemplarisch den Kraft-Weg-Verlauf für eine Zugbelastung des Krafteinleitungselementes für die Befestigung der Scharniere der Varianten 1, 2 und 3 aus Aluminium gegenüber.

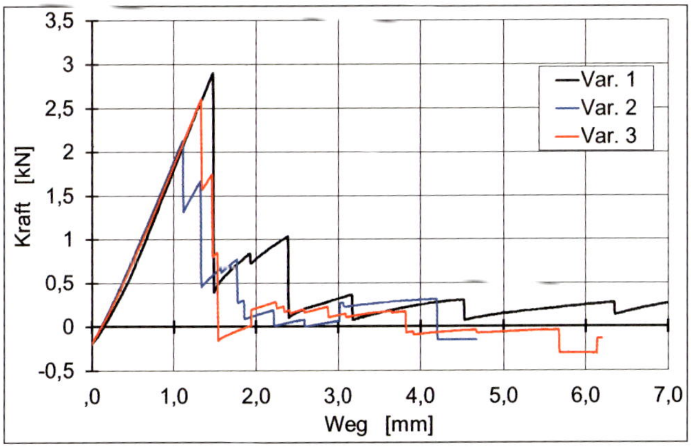

Abb. 192: Vergleich der maximalen Zugkräfte von drei Krafteinleitungsvarianten

Die Variante 1 ermöglicht maximale Zugkräfte von 2,9 kN. Die gewichtsoptimierte Variante 2 weist mit 2,15 kN eine um ca. 25 % geringere Zugkraft auf. Variante 3 hingegen ermöglicht mit 2,6 kN eine Übertragung höherer Zugkräfte im Gegensatz zu der Variante 2. Sowohl Aluminium als auch Stahl eignen sich für die Verwendung als Krafteinleitungselement und weisen vergleichbare mechanische Eigenschaften auf.

Aus ökonomischen Gründen und zur Verhinderung der Kontaktkorrosion wird Stahl als Werkstoff für die Krafteinleitungselemente ausgewählt. Die Untersuchung der verschiedenen konstruktiven Ausführungen zeigt, dass die Variante 3 als eine rotationssymmetrische Ausführung ausreichende mechanische Eigenschaften bietet. Durch diese Variante kann neben Material- und Fertigungskosten auch das Komponentengewicht minimiert werden. Die erreichten Zugkräfte erfüllen sogar in diesem Versuchsaufbau für alle Varianten und Materialien die seitens des Endanwenders definierten Grenzlastfälle.

Dimensionierung gegen statische und crash-artige Belastungen

In der Automobilindustrie hat sich die Finite-Elemente-Methode (FEM) als eines der zentralen Entwicklungshilfsmittel zur beanspruchungsgerechten Strukturauslegung etabliert. Wichtige Voraussetzung für den Einsatz neuer Werkstoffe in der automobilen Serie ist daher auch die Möglichkeit einer simulationsgestützten Bauteilanalyse und -optimierung. Die komplexen anisotropen mechanischen Eigenschaften von faserverstärkten Kunststoffen stellen besonders hohe Anforderungen an die Simulation mit Hilfe der FEM.

Heute lassen sich FVK unter statischer Beanspruchung bereits mit hoher Vorhersagequalität und geringem Mehraufwand gegenüber metallischen Werkstoffen berechnen. Mit steigender Nicht-Linearität der Berechnungsaufgabe erhöht sich jedoch der Aufwand deutlich und die Vorhersagbarkeit der Ergebnisse sinkt. Am ika wurde daher eine Simulationsmethodik etabliert, die eine hohe Vorhersagequalität aufweist, aber auch hinsichtlich Modellierungsaufwand und Rechenzeit eine Bauteilbewertung innerhalb des automobilen Entwicklungsprozesses zulässt. Die Materialcharakterisierung erfolgt dabei auf der meso-skopischen Ebene einer Gelege-Einzelschicht. Hierzu wurden sowohl quasi-statische Coupon-Tests als auch dynamische Fallturmversuche an monolithischen CFK und CFK-Sandwich-Platten durchgeführt. Die Modellierung der Laminate erfolgt mit Hilfe geschichteter Schalenelemente (Layered-Shell-Methode). Der Laminataufbau kann so in der Simulation als Kombination von Gelege-Einzelschichten definiert und variiert werden. Zudem verringert sich der Aufwand zur Materialcharakterisierung, da eine Variation des Laminataufbaus keine erneute Kalibrierung der FEM-Materialkarte erfordert. Die Bauteilauslegung erfolgt in einem mehrstufigen Prozess unter Berücksichtigung der statischen und dynamischen Bauteilanforderungen, der Prozessanforderungen und insbesondere des Fußgängerschutzes [26].

Die Simulation ergibt eine Laminatdicke von 1 mm im äußeren Bereich. Die Laminatdicke auf der inneren Bauteilseite variiert als Ergebnis der Simulation in einem Bereich von 0,50 mm-1,50 mm. Zur Kostenreduktion und zur Minimierung des Preformingaufwandes wurde eine Anpassung der inneren Halbzeuglagen zu durchgehenden flächigen Lagen mit konstanter Laminatdicke durchgeführt. Durch eine zusätzliche simulative Absicherung bezüglich Steifigkeiten und Fußgängerschutz ergibt sich als finale Bauteilkonstruktion mit einem Faservolumenanteil von 50% eine konstante Laminatdicke von 1mm auf der Außenseite und von 0,75 mm auf der Innenseite. Die Faserorientierung auf der Außenseite wird auf [+60°/-60°/+30°/-30°] und auf der Innenseite auf [-30°/+30°/+90°] festgelegt. Die 0°-Orientierung liegt hierbei in der Symmetrieachse des Bauteils.

CFK kann beim Bruch relativ scharfe Kanten aufweisen, die zu einer Gefährdung äußerer Verkehrsteilnehmer führen könnten. Wie in den Simulationen prognostiziert, kommt es beim Aufprall des Kopfes auf die CFK-Motorhaube jedoch zu keiner optisch sichtbaren Beschädigung des Materials (Abbildung 193 – Versuch und Simulation). Die Aufprallenergie wird im Wesentlichen durch das Versagen des Schaumkerns an der Grenzschicht zu den CFK-Decklagen absorbiert. Das Verhalten der CFK-Motorhaube wird in der Simulation zufriedenstellend wiedergegeben. Die Abweichung für die maximale Kopfverzögerung zwischen Versuch und Simulation liegen bei 2%. Der HIC-Wert (Head Injury Criterion) zur Bewertung der Verletzungsschwere weicht um 5% ab.

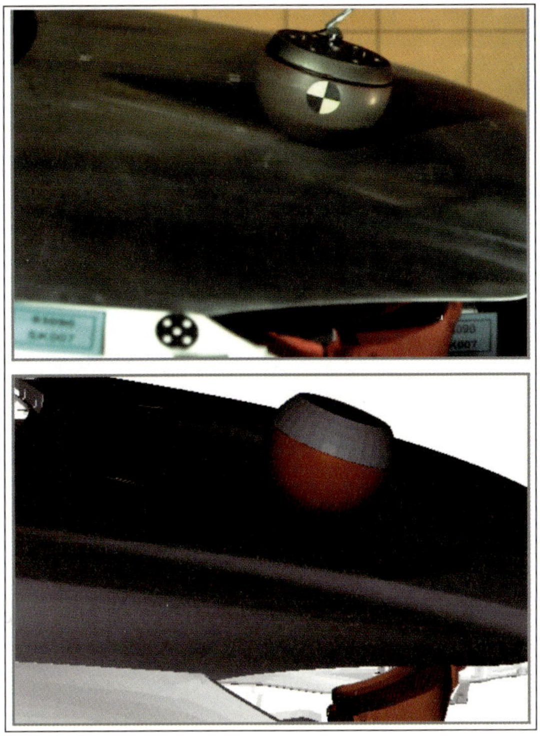

Abb. 193: Kopfaufprall an der CFK-Motorhaube nach Euro NCAP (Quelle [24])

Durch die CFK-Sandwichkonstruktion wurden hohe lokale Steifigkeiten mit einem guten Energieaufnahmevermögen kombiniert und so ein mit der Referenzstruktur vergleichbares Fußgängerschutzniveau realisiert. Die für den automobilen Entwicklungsprozess angepasste Simulations- und Auslegungsmethodik ermöglicht die Beurteilung des statischen und dynamischen Bauteilverhaltens und so eine gezielte und zeiteffiziente Bauteiloptimierung. Durch gleichzeitige Berücksichtigung der werkstoff- und prozessseitigen Anforderungen konnte somit das volle Leichtbaupotenzial des Werkstoffes genutzt und gegenüber der Stahl-Referenz-Motorhaube eine Gewichtsreduktion von 60% erzielt werden.

Literatur

[1] Michaeli, W.; Fischer, O.; Lehmann, B.: Entwicklung einer ingenieurgerechten Auslegungsstrategie für Bauteile aus Faserverbundkunststoffen anhand verschiedener Beispielbauteile, Institut für Kunststoffverarbeitung, RWTH Aachen, Abschlussbericht zum AiF-Forschungsvorhaben Nr. 11478 N, 2000

[2] Michaeli, W.; Fischer, O.; Lehmann, B.: Ingenieurgerechte Auslegungsstrategie für Faserverbund-Bauteile, Gummi Fasern Kunststoffe GAK 54 (2001) 7, S. 452-456

[3] Puck, A.: Festigkeitsanalyse von Faser-Matrix-Laminaten – Modelle für die Praxis. München/Wien: Carl Hanser 1996

[4] Tsai, S. W.; Wu, E. M.: A General Theory of Strength for Anisotropic Materials. Journal of Composite Materials 5 (1971) 58-80

[5] Puck, A.: Zur Beanspruchung und Verformung von GFK-Mehrschichtverbund-Bauelementen, Kunststoffe 57 (1967) 4, S. 284

[6] Daniel, I. M.; Ishai, O.: Engineering Mechanics of Composite Materials, Oxford University Press, New York Oxford 1994, ISBN 0-19-507506-4

[7] Gibson, R. F.: Principles of Composite Material Mechanics, McGraw-Hill series in mechanical engineering, New York 1994, ISBN 0-07-113335-6

[8] N.N.: VDI-Richtlinien 2014: Entwicklung von Bauteilen aus Faser-Kunststoff-Verbund, Blatt 3: Berechnungen. Berlin: Beuth-Verlag, 2006

[9] Schürmann, H.: Konstruieren mit Faser-Kunststoff-Verbunden. Berlin, Heidelberg, New York: Springer-Verlag, 2005

[10] Puck, A.; Schürmann, H.: Failure analysis of FRP laminates by means of physically based phenomenological models Composites Science and Technology 58 (1998) 7, S. 1045-1067

[11] Kopp, J.: Zur Spannungs- und Festigkeitsanalyse von unidirektionalen Faserverbundkunststoffen, Dissertation an der RWTH Aachen, 2000, ISBN 3-89653-438-6

[12] Michaeli, W.; Huybrechts, D.; Wegener, M.: Dimensionieren mit Faserverbundkunststoffen – Einführung und praktische Hilfen. München/Wien: Carl Hanser, 1994

[13] Puck, A.; Mannigel, M.: Physically based non-linear stress–strain relations for the inter-fibre fracture analysis of FRP laminates. Composites Science and Technology 67 (2007) 9, S. 1955-1964

[14] Barbero, E. J.: Finite element analysis of composite materials. CRC Press, 2008, ISBN 1-4200-5434-1

[15] Dharhan, C.K.H.: Fatigue failure in graphite fibre and glass fibre-polymer composites. Journal of Materials Science 10 (1975), S, 1665-1670

[16] Nijssen, R.P.L.: Fatigue life prediction and strength degradation of wind turbine rotor blade composites, Disser-tation an der TU Delft, Niederlande, 2006, ISBN 90-9021221-3

[17] Mamalis, A.G.; Robinson, M.; Manolakos, D.E.; Demosthenous, G.A.; Ioannidis, M.B.; Curruthers, J.: Crash-worthy capability of composite material structures, Composite Structures 37 (1997) 2, S. 109-134

[18] Peter, J.: Experimentelle und numerische Untersuchungen zum Crashverhalten von Strukturbauteilen aus kohle-faserverstärkten Kunststoffen, Dissertation an der Universität der Bundeswehr München, 2004

[19] Marsolek, J.S.: Energieabsorptionsverhalten zylinderschalenförmiger Strukturelemente aus Metall und Faserver-bundwerkstoff, Dissertation an der RWTH Aachen, 2002

[20] Knops, M.: Analysis of Failure in Fiber Polymer Laminates. Berlin, Heidelberg, New York: Springer Verlag, 2008

[21] Knops, M.: Sukzessives Bruchgeschehen in Faserverbundlaminaten. RTWH Aachen, Dissertation, 2003

[22] N.N.: Downloads – Fachgebiet Konstruktiver Leichtbau und Bauweisen – Technische Universität Darmstadt. URL: http://www.klub.tu-darmstadt.de/forschungsbericht/downloads_3/downloads_3.de.jsp, 17.06.2013

[23] N.N.: INCA software & engineering | Composite Analysis Software. http://www.inca-studio.com, 17.06.2013

[24] Seidel, K.; Eckstein, L.; Bastian, R.: Integrativer Leichtbau mit CFK – Konstruktion einer Motorhaube für die Serienproduktion zur Fertigung im Spaltimprägnierverfahren. ATZlive – Werkstoffe im Automobilbau, Stuttgart, 17.01.2013

[25] Eckstein, L.; Seidel, K.; Ickert, L.; Bastian, R.: CFK-Motorhaube in Integralbauweise. ATZ Automobiltechnische Zeitschrift 115 (2013) 3, S: 198-203

[26] Eckstein, L.; Seidel, K.: Entwicklung einer CFK-Motorhaube für die automobile Serienproduktion – Simulations- und Auslegungsmethoden für kohlenstofffaser-verstärkte Kunststoffe. VDI-Berichte Nr. 2169, SIMVEC 2012 – Berechnung, Simulation und Erprobung im Fahrzeugbau, Düsseldorf, VDI Verlag GmbH, 2012

6 Herstellungsverfahren

6.1 Handlaminieren/Faserspritzen

6.1.1 Einleitung

Das Handlaminieren ist das älteste und einfachste Herstellungsverfahren für die Produktion glasfaserverstärkter duroplastischer Bauteile.

Bereits während der 40er Jahre in den USA entwickelt, fand es Anfang der 50er Jahre mit der Einführung von UP- und EP-Harzen sowie den geeigneten Textilglasverstärkungen (Matten, Gewebe) auch Anwendungen in Europa. Zu dieser Zeit wurde das damals so genannte „Handauflegeverfahren", hauptsächlich im Boots- und Segelflugzeugbau sowie für Becken- und Behälterauskleidungen eingesetzt, aber ausschließlich als handwerkliches Herstellungsverfahren.

Eine Weiterentwicklung stellt das Harz-Faser-Spritzen (folgend als „Faserspritzen" bezeichnet) dar, welches durch den Materialauftrag mit Faserspritzmaschinen das Verfahren teilweise mechanisierte, aber weiterhin mit einem hohen handwerklichen Anteil aufwies. (Abbildung 194 und 195).

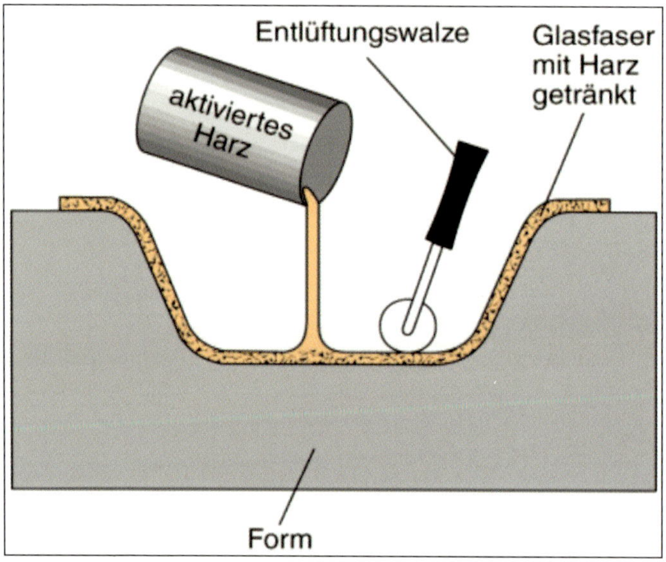

Abb. 194: Schema Handlaminierverfahren

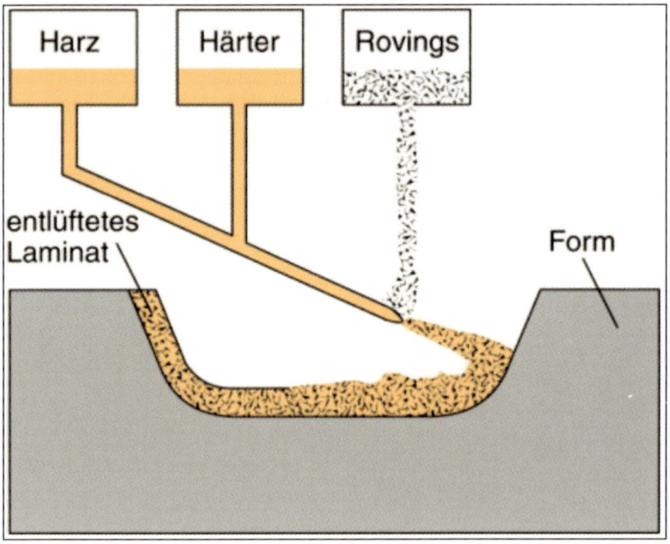

Abb. 195: Schema Faserspritzverfahren

In den 60ér Jahren wurden beide Verfahren auf Initiative von Instituten und der AVK weiterentwickelt und werden auch heute noch in vielen Bereichen der Composites-Fertigung eingesetzt, wie z.B. beim Prototypen- und Formenbau, bei der Herstellung von Auskleidungen, Verkleidungsteilen, großen und komplexen Bauteilen sowie bei Einzelanfertigungen und Baureihen mit geringer Stückzahl, eingesetzt.

6.1.2 Verfahrensgrundlagen

Das Handlaminieren und das Faserspritzen sind durch folgende Merkmale gekennzeichnet:

- Verwendung offener Formwerkzeuge mit vorwiegend muldenartigen oder gewölbten Flächen,
- Vielseitigkeit der Bauteilgestaltung, bei geteilten Werkzeugen auch mit Hinterschneidungen,
- Darstellung beliebiger Laminataufbauten (Wirrfaser-, Mischlaminate), außer Wickelstrukturen,
- Bauteile mit einer formglatten oder formstrukturierten und einer faserstrukturierten Oberfläche,
- hoher Personalaufwand durch mehr oder längere Fertigungszeiten,
- bedingte Reproduzierbarkeit der Fertigungsprozesse durch handwerkliche Einflüsse,
- Wirtschaftlichkeit bei Einzelfertigung, z. B. Formenbau, und bei kleinen bis mittleren Stückzahlen.

Voraussetzung für die Herstellung einwandfreier und reproduzierbarere Bauteilqualitäten sind geeignete Formwerkzeuge, qualifiziertes Personal, sorgfältige Wartung der Handwerkzeuge und -geräte sowie eine genaue Arbeitsvorbereitung.

Handlaminierte und fasergespritze Bauteile besitzen einen lagenweisen Wandungsaufbau, der zunächst mit einer meist deckend, eingefärbten Oberflächenschicht auf der Formseite („Gelcoat") beginnt, gefolgt von einem eingefärbten oder nicht eingefärbten Traglaminat („Harzmatrix") und einer häufig eingefärbten Oberflächenschicht („Topcoat") auf der Innenseite (bzw. Rückseite) des Bauteils. Die Oberflächenschichten – ursprünglich nur aufgestrichen oder aufgerollt – werden heute hauptsächlich im Spritzverfahren hergestellt (vgl. Abbildung196).

Die Laminatstruktur setzt sich aus den Verstärkungsmaterialien und der Harzmatrix zusammen

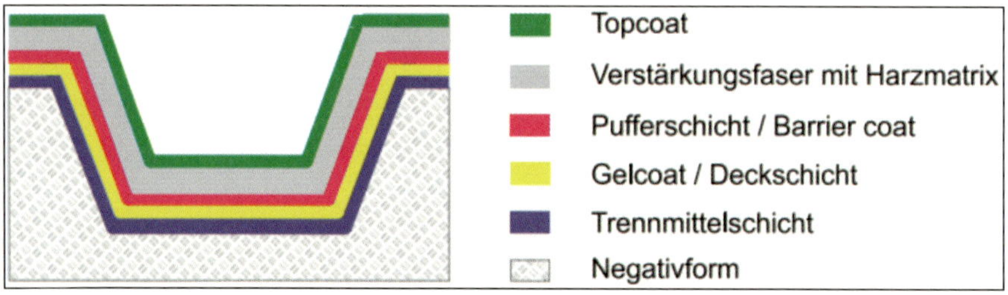

Abb. 196: Struktur handlaminierter/fasergespritzter Bauteile

Vor dem Auftragen der Deckschicht („Gelcoat") sind die Formflächen gründlich zu säubern, mit einem geeigneten Trennmittel zu versehen und gründlich zu polieren. Im Markt sind hierfür z. B. wachsbasierte oder semipermanente Trennmittel verfügbar. Wichtig ist hierbei zu prüfen, ob die Verträglichkeit des Gelcoats mit dem Trennmittel gegeben ist. Bei einer vorhandenen Nichtverträglichkeit können später Fehler in der Gelcoatoberfläche die Folge sein.

Nach dem Auftragen des „Gelcoats" in die Form und anschließender ausreichender Anhärtung wird der planmäßige Lagenaufbau des Handlaminats aus passend zugeschnittenen Textilglasmatten, gegebenenfalls im Wechsel mit Textilglasgeweben oder -gelegen, gemäß Vorgabe und nach Verteilung des Laminierharzes eingelegt und mit Handrollen oder -walzen entlüftet und verdichtet. Hierbei ist eine Vielzahl an Verstärkungsmaterialien und Harzsystemen, entsprechend der Anforderunegn an das Bauteil, erhältlich.

Der Grundaufbau eines Handlaminats besteht in der Regel aus passend zugeschnittenen Textilglasmatten, gegebenenfalls im Wechsel mit Textilglasgeweben oder -gelegen, die Schicht für-Schicht mit der Harzmatrix versehen und mit Handrollen oder -walzen auch lagenweise entlüftet und verdichtet werden. Bei diesem Prozeß ist die Einhaltung der Glas-/Harzverhältnisses und die gewissenhafte Entlüftung des Laminates äusserst wichtig.

Beim Faserspritzen erfolgt die Vorgabe und Verteilung des Laminierharzes gleichzeitig mit geschnittenem Textilglas unter Verwendung einer sogenannten Faserspritzanlage. Diese Anlage besitzt eine Spritzpistole mit aufgesetztem Schneidwerk („Cutter"), das die zwischen Andruckrolle und Messerwalze zugeführten Textilglasrovings auf vorgegebene Faserlängen schneidet, bzw. bricht. Die Schnittelängen bewegen sich meistens im Bereich 12-25 mm, andere Längen finden seltener Verwendung.

Die dafür verwendeten „Schneidrovings", meistens 2500Tex, sind mit einer speziell schneidfähigen Ausrüstung versehen.

Die Antriebe der Schneidwerke werden hauptsächlich mit Druckluft angetrieben. Die geschnittenen Fasern werden aus dem Schneidkopfgehäuse herausgeschleudert und auf den Spritzächer des Laminierharzes an definierter Stelle aufgetragen. Die Spritzpistolen werden meistens mit Kolbenpumpen im so genannten. „Airless"- oder „luftunterstütztem Airless"- Verfahren betrieben. (Abbildung 197 bis 199).

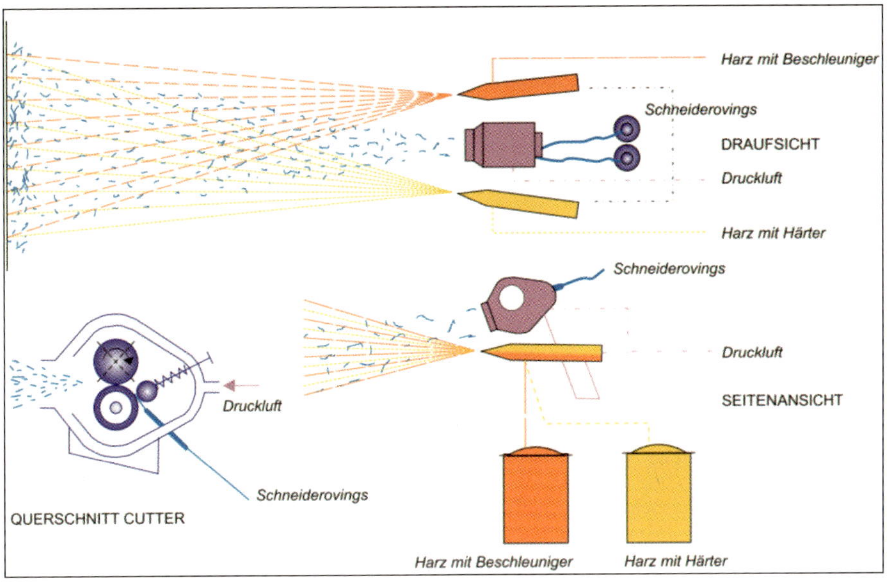

Abb. 197: Faserspritzverfahren (Quelle [2])

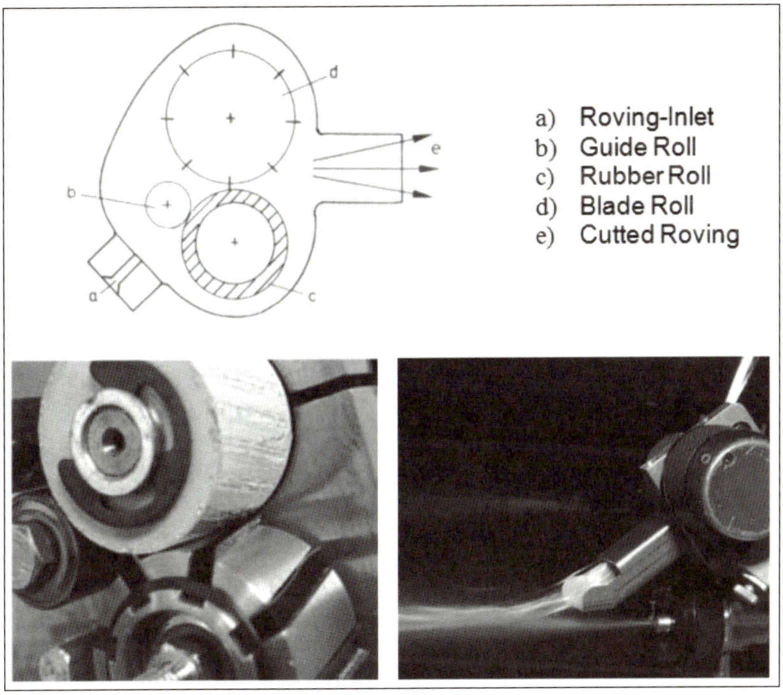

Abb. 198: Airless-Spritzpistole (Außenmischung) mit Schneidwerk

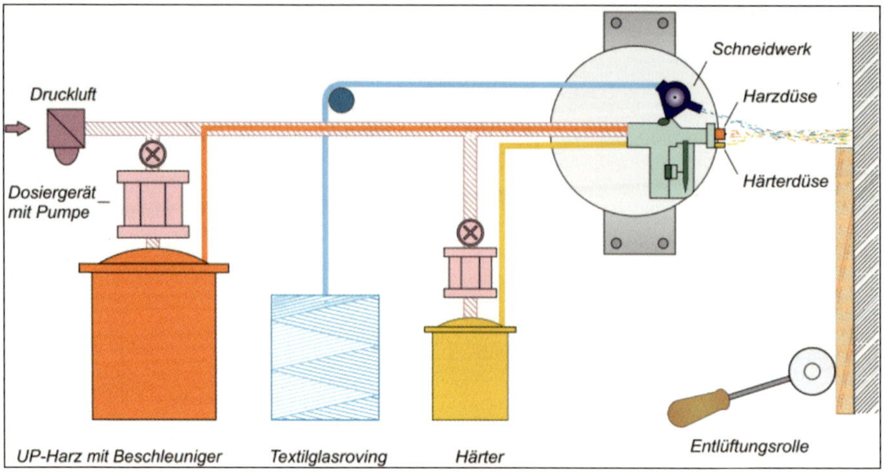

Abb. 199: Faserspritzen mit Hochdruckanlage(Quelle [3])

Die beim Faserspritzverfahren aufgetragenen Faserschichten müssen – wie beim Handverfahren – lagenweise entlüftet und verdichtet werden. Mit Zwischenlagen aus Geweben oder Gelegen ergeben sich so genannte Mischlaminate, die gezielt höhere Festigkeiten ermöglichen und in definierten Richtungen Kräfte aufnehmen können. Bei der Verwendung unpigmentierter bzw. nicht eingefärbter Harzsysteme ist eine Sichtkontrolle während der Entlüftung und Verdichtung möglich.

Nach dem Aushärten des Laminats kann durch Streichen, Rollen oder Spritzen eine Oberflächenschicht („Topcoat") auf der Innenseite aufgebracht werden, die zur Abdeckung der Fasern als Verschleiß- bzw. Witterungsschutz dient und zudem optische Anforderungen erfüllt.

6.1.3 Betriebsmittel / Werkzeuge

Beim Handlaminier- und beim Spritzverfahren werden ebene, muldenförmige oder gewölbte, offene Formwerkzeuge oder Negativformen verwendet. Diese Negativformen werden von einem Urmodell abgeformt, das der Geometrie des Bauteils exakt entspricht und zur Abformung des Werkzeugs oberflächenbehandelt werden muss.

Negativformen können aus Stahl, Aluminium, Holz, EP-Harzen und aus UP-Harzen gefertigt sein. Die Schrumpfung des ausgehärteten Laminates ist bei der Formerstellung zwingend zu beachten, um maßhaltige Bauteile fertigen zu können. Die Materialauswahl ist nach den Anforderungen an die Geometrie der Bauteile und die Anzahl der Abformungen zu treffen.

Hauptsächlich sind folgende Punkte zu betrachten:

- Anzahl der mit dieser Form zu fertigenden Bauteile (Anzahl der Entformungen),
- Genauigkeit der Bauteilgeometrie,
- Oberflächengüte des Bauteils,
- Größe des Formwerkzeugs,
- Investitionspotenzial des Betriebes,
- Notwendigkeit einer Formbeheizung.

Grundsätzlich sind Metallformen deutlich teurer als aus Holz- oder Laminaten gefertigte Formen, jedoch kann sich die Investition lohnen, wenn z.B. eine möglichst hohe Anzahl von Entformungen angestrebt wird. Auch sehr hohe Oberflächenqualitäten sind mit Metalloberflächen leichter zu realisieren. Die Metallformen sind durch die Umformtechnik bei komplizierter Bauteilgeometrie allerdings nur mit hohem Aufwand oder nur bedingt herzustellen. Die Verwendung von Urmodellen ist teilweise nicht möglich.

Die Negativformen aus Laminaten sind in Betrieben dominierend, in denen mit dem Handlaminier- oder Faserspritzverfahren GFK-Bauteile hergestellt werden, da sie von handwerklich versierten Laminierern angefertigt werden können und keine Umform- oder Werkzeugmaschinen erforderlich sind.

Die Baukosten, verglichen mit Metallformen, sind niedrig und daher bieten sie sich insbesondere für den Prototypenbau und für kleine Produktionsserien an sowie bei Bauteilserien, bei denen Änderungen öfter umgesetzt werden müssen.

Aber auch die Fertigung großer Bauteile, z.B. Bootsrümpfe und Windkraftanlagen-Maschinenhäuser, erfolgt in der Regel in GFK-Formen. Komplexe Formgeometrien sind einfacher vom Urmodell abzubilden, da die Laminatsysteme während der Verarbeitung flüssig bzw. anformbar sind.

Bei den Harzsystemen haben sich die UP-Harze durchgesetzt, da sie im Vergleich zu EP-Systemen in der Anwendung unkomplizierter und preiswerter sind. In den meisten Fällen sind die Gelier- und Härtezeiten einfacher anzupassen. Zudem geht man dem Umgang mit den oft toxischen oder auch sensibilisierenden EP-Härtern aus dem Weg.

Es ist zu beachten, dass die UP-Harze bei der Härtung einen Volumenschrumpf erfahren. Dieser Volumenschrumpf kann unter Umständen zu Verformungen infolge von Eigenspannungen führen.

Bei Verwendung von VE-Harzen tritt nach der Anhärtung praktisch kein Volumenschrumpf mehr auf, so dass Eigenspannungen vermieden werden, wenn die Bauteile bei Raumtemperatur angehärtet und danach in der Form getempert werden.

Beim Bau von Negativformen hängen die Formgenauigkeit und die Oberflächengüte vom Urmodell ab, dessen Maßabweichungen, Unebenheiten und auch der Glanzgrad vom Formwerkzeug dann vollständig im Bauteil wieder abgebildet werden.

Das Urmodell, aus z.B. Holz oder Gips, ist so herzustellen, dass eine Warmhärtung der Negativform auf dem Modell möglich ist, d.h. die Materialien müssen bis 60°C formbeständig sein. Auch Bauteile können als Positivmodell verwendet werden, allerdings ist zu beachten, dass die entstehende Form aufgrund der Schwindung geringere Abmessungen aufweist.

Sofern die Oberflächen des Urmodells eine Lackbeschichtung besitzen, ist auf die Styrolbeständigkeit der Beschichtung zu achten, da hier Anlösungen durch die styrolhaltigen UP-Systeme auftreten können. Die Prüfung der Beschichtung ist mit einem styrolgetränkten, abgedeckten Lappen möglich, der für ca. 1 Stunde an einer später nicht einsehbaren Stelle abgelegt wird. Bei Veränderung der Oberfläche ist eine Neulackierung erforderlich, z.B. mit einem styrolresisteneten „DD-Lack".

Das Programm für den Bau eines Formwerkzeugs ist zwischen dem Hersteller und dem Verwender abzustimmen und jeder Bauabschnitt nachweislich zu befolgen, um die Fertigung einer einwandfreien Negativform sicherzustellen. Dies gilt auch für den Eigenbau (Abbildung 200 bis 203).

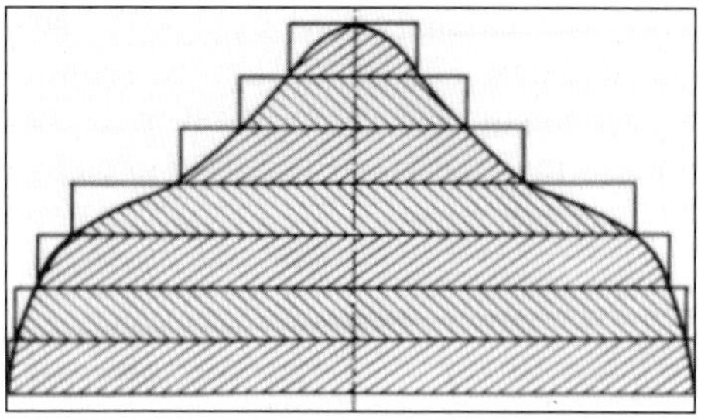

Abb. 200: Holzrohling für ein Bootsmodell (Quelle [2])

Abb. 201: Bootsmodell zum Laminieren einer zweischaligen Form (Quelle [2])

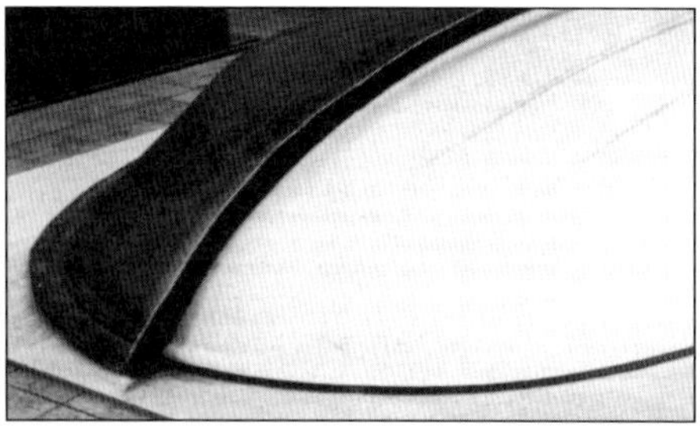

Abb. 202: Laminierte Bootsformhälfte (Quelle [2])

Abb. 203: Fertige Bootsform (Quelle [2])

Vor Baubeginn ist auf eine saubere, staubfreie Umgebung zu achten, die Bereitstellung des Urmodells sowie der vorgesehenen Ausgangsmaterialien und Werkzeuge zu überprüfen, am Besten bereits am Vortage. Dazu gehört insbesondere die Kontrolle des Werkstattklimas, das auch über Nacht trocken (60 bis 75% rel. Feuchte) und temperiert sein muss (20 bis 24°C), um Taupunktunterschreitungen sicher zu vermeiden.

Folgende Schritte sind im Wesentlichen zu beachten:

1. Vorbereitung (Trennmittelbehandlung) des Urmodells

   Bei der Vorbereitung der Formschalenfertigung muss davon ausgegangen werden, dass ein geprüftes und für die Fertigung freigegebenes Urmodell bereitsteht. Außerdem muss das vorgesehene Trennmittel mit dem Gelcoat der Negativform verträglich sein.

   Das Auftragen des Trennmittels ist nach den Vorgaben des Herstellers durchzuführen. Da das gleichmäßige Auftragen von Wachsen und das Polieren nach der vorgegebenen Entlüftung handwerkliche Erfahrung und Gewissenhaftigkeit erfordert, kann die Verwendung eines Trennlacks vorteilhaft sein. Während der Entlüftung des Trennwachses oder des Trennlacks ist das Urmodell luftdurchlässig abzudecken.

   Falls eine glänzende Formoberfläche benötigt wird, sollte Trennlack vermieden werden und nur entsprechende Trennwachse eingesetzt werden.

2. Auftrag des Gelcoats und der ersten Laminatlage (Pufferschicht)

   Der Formenbau-Gelcoat-Typ ist den Herstelleranweisungen entsprechend aufzutragen und zu härten. Der Auftrag des Gelcoates erfolgt bei dem Pinselauftrag („Modler") im so genannten Kreuzstrich mit je 500-600µm „nass in nass" und möglichst blasenfrei. Zur Vermeidung von Pinselschaum sind die Pinsel öfter in Styrol zu spülen. Wegen der Verdunstungskälte sollte kein Aceton oder Methylenchlorid verwendet werden. Zum besseren Erkennen von Luftblasen kann für den ersten Aufstrich ein farbloses oder ein transparent eingefärbtes Gelcoat gewählt werden. Für den zweiten Gelcoat-Strich ist eine dunkle oder schwarze Einfärbung zu wählen, um Fehlerstellen während der Bauteilfertigung leichter erkennen zu können.

   Das Laminat der Formschale wird nach dem Anhärten des Gelcoats aufgetragen, beginnend mit einer Pufferschicht aus einem Textilglasvlies mit mindestens 40g/m^2 Flächengewicht oder einer Textilglasmatte mit 225 oder 300g/m^2, die mit ausgezupften Schnittkanten und faltenfrei einzulegen ist.

   Die Pufferschicht verhindert Lufteinschlüsse zwischen Gelcoat und Laminat, die zu Einbrüchen führen, sowie Abbildungen der Laminatstruktur („Faserabdrücke") in der Gelcoat-Oberfläche des Formwerkzeugs, die sich auf die Bauteiloberflächen übertragen können. Zusätzlich erzeugt eine erste „harzreiche" Schicht in der Regel eine höhere Chemikalienbeständigkeit.

   Es können auch sogenannte „Barrier Coats" als erste Schicht hinter dem Gelcoat eingesetzt werden. Der Vorteil liegt hier in der Möglichkeit, dass dieser im Spritzverfahren schnell appliziert werden kann.

3. Aufbau des Laminats und Härtung der Formschale

   Der Aufbau des Traglaminats erfolgt im Handlaminierverfahren nach einem Laminatplan mit bestimmter Lagenfolge bis zur vorgesehenen Laminatstärke. Hierzu werden mehrere Matten mit z.B. 450 oder 600g/m^2 Flächengewicht oder Matten im Wechsel mit Rovinggeweben, beispielsweise mit 580g/m^2 und – wegen der besseren „Schmiegsamkeit" bevorzugt mit Köperbindung – nach Harzvorgabe aufgelegt, verdichtet und abschließend lagenweise entlüftet. Meistens werden drei oder fünf Laminatschichten aufgetragen.

Es ist darauf zu achten, dass vor der ersten Gewebelage mindestens drei Mattenlagen auf der Pufferschicht aufgebracht wurden.

Durch eine Zwischenhärtung werden thermisch bedingte Eigenspannungen vermieden. Je nach Wartezeit und eingesetztem Laminierharz kann ein Anschleifen vor dem weiteren Aufbau sinnvoll sein. Der weitere Aufbau wird immer mit einer Mattenlage begonnen.

Nach Abschluss der Laminierarbeiten findet zunächst eine Härtung bei Raumtemperatur oder bei 40 bis 50°C auf dem Urmodell statt, um Verformungen infolge Eigenspannungen zu vermeiden. Danach ist das Urmodell mit der gebotenen Sorgfalt und Vorsicht behutsam zu entformen.

Bei Formwerkzeugen für erhöhte Beanspruchungen ist eine thermische Nachbehandlung (Temperung) bei mindestens 80°C (bis 120°C) über mehr als vier Stunden (bis 16 Stunden) erforderlich. Dies erfolgt in der Form.

Neuere Formenbauharzsysteme sind schrumpfreduziert eingestellt, was zu ausgezeichneten Oberflächen führt, Eigenspannungen in der Form vobeugt und insbesondere eine hohe Maßhaltigkeit gewährleistet. Darüber hinaus können solche Systeme in hoher Schichtdicke in einem Arbeitsgang aufgetragen werden, was zu einer wesentlichen Reduzierung der Formenbauzeit und der Personalkosten führt.

4. Versteifung der Formschale und Unterbau

Die Aufnahme der Laminatform erfolgt in einem entsprechend ausgelegten und angefertigten Gerüst aus verschweißten Rohr- oder Vierkantprofilen aus Stahl. Zwangskräfte zwischen Form und Traggerüst können durch ca. 10 mm dicke Unterlagen aus Hartschaumstoff vermieden werden. Form und Gerüst werden punktuell durch zwei oder drei Lagen Textilglasmatte mit 450g/m^2 an dem Stahlprofilen verbunden. Voll einlaminierte Rahmen können zu Verzug führen und Abzeichnungen in der Formoberfläche ergeben.

Flächige und gerade Formen werden vorzugsweise in Sandwichbauweise mit 10 bis 30 mm dickem Balsaholz bzw. PVC- oder PU-Hartschaumstoff mit einer Raumdichte von etwa 60kg/m^3 in einem entsprechenden Traggerüst aufgehängt oder mit ihm verschraubt.

Die Sandwichkerne und das Formlaminat werden mit Klebharz verbunden und komplett überlaminiert. Vor dem Überlaminieren sind die Kernmaterialfugen mit Klebharz zu verspachteln, um Anreicherungen mit Laminierharz und damit Schrumpfabzeichnungen zu vermeiden.

5. Nachbehandlung der Formoberfläche

Zum Nachpolieren der Formoberfläche ist ein von Formbauherstellern empfohlenes und bewährtes Poliermittel zu benutzen. Das Poliermittel muss zu dem anschließend verwendeten Trennmittel passen und ist mit dem Trennmittelhersteller abzustimmen oder zu erproben.

Bei der Anwendung des Trennmittels sind die Angaben des Trennmittelherstellers in den technischen Merkblättern zu beachten. Weitergehende Informationen sind dem Abschnitt „Trennmittel" in diesem Buch zu entnehmen.

6. Die erste Entformung

Mindestens für die erste Entformung bzw. bei Einzelanfertigungen wird zusätzlich zum Trennmittel die Verwendung eines Trennlacks empfohlen, um anfängliche Komplikationen, z.B. ein „Hängenbleiben" des Bauteils zu vermeiden.

Das verwendete Trennmittel hat wesentlichen Einfluss auf die Beschaffenheit der Bauteiloberfläche. Grundsätzlich gilt, dass die Kombination von Formoberfläche, Applikationsverfahren und Trennmittel aufeinander abgestimmt sein muss. In der Praxis bestimmt die Erfahrung, welche möglichen „Fehler" zu beachten bzw. zu vermeiden sind.

Nicht angepasste oder falsch verarbeitete Trennmittel können nachhaltige Folgen für die Qualität der Bauteiloberflächen haben. Beispiele sind verstärktes Auftreten von Mikroporen aufgrund ungenügend getrockneter oder schlecht auspolierter Trennmittel. Auch muss sichergestellt sein, dass das Trennmittel kein Zusammenlaufen des Feinschichtharzes bewirkt („Quecksilbereffekt"). Zusätzlich können auch Oberflächenfehler durch Unverträglichkeiten zwischen Gelcoats und Trennmitteln hervorgerufen werden. Die Verträglichkeit sollte in jedem Fall vor der Anwendung geprüft werden.

6.1.4 Ausgangsstoffe für handlaminierte oder fasergespritzte Bauteile

Für GFK-Bauteile, die im Handlaminier- oder Spritzverfahren hergestellt werden, sind im Allgemeinen Ausgangsstoffe mit speziellen Eigenschaften zu verwenden.

Die vorwiegend eingesetzten thixotropierten UP- und VE-Harze erfordern eine zur Verarbeitung geeignete Viskosität von 400 bis 800 mPa.s, die im Lieferzustand vorhanden ist oder – bei entsprechender Verträglichkeit – durch Styrolzusatz erreicht wird.

Außerdem ist eine mittlere bis hohe Reaktivität erwünscht, die von den Harzherstellern als spezifizierte Gelierzeit, meist im Bereich von 15-25 Minuten bei 25°C, angegeben wird.

Bei der Verarbeitung wird die Gelier- und Härtzeit maßgeblich durch Art und Menge der Reaktionsmittel bestimmt. Üblich sind Reaktionssysteme auf Basis kobaltbeschleunigter Harze und dazu passender organischer Peroxide, die eine ausreichend lange Verarbeitungszeit und eine weitgehende Durchhärtung ergeben.

Beim Faserspritzverfahren werden meistens vorbeschleunigte Harze eingesetzt, da die Anlagensysteme in der Regel keine Beschleunigerdosierung beinhalten.

In den technischen Datenblättern der Harzhersteller werden geeignete Reaktionssysteme angegeben. Die Hersteller bestätigen u.a. die Viskosität und die Reaktivität der Harze durch eine Bescheinigung nach DIN EN 10204 bei jeder Lieferung (siehe Kapitel über Harze).

Da das Handlaminieren und das Faserspritzen „offene" Verfahren mit verhältnismäßig hohem Styrolverdunstungsgrad darstellen, werden seit einiger Zeit verschiedene Harzsysteme mit Blick auf Reduzierung der Styrolverdunstung entwickelt. So genannte „Low Styrene Emission"-Harze (LSE-Harze) bauen nach Abschluss der Laminiertätigkeit (dynamische Phase) eine Haut auf, welche bis zum Gelieren und Härten des Harzes (statische Phase) die Emissionen im Vergleich zu herkömmlichen Harzen um bis zu 75% reduziert.

Diese Harze enthalten Zusätze entsprechend wirksamer „Hautbildner", die zu einer Herabsetzung der interlaminaren Haftfestigkeit führen können, wenn nach längeren Wartezeiten kein Anschleifen erfolgt. So genannte „Low Styrene Content"-Harze (LSC-Harze) reduzieren im Vergleich zu herkömmlichen Harzen sowohl in der dynamischen als auch in der statischen Phase die Styrol-Emission. Neueste Lamierharztypen sind styrolfrei und somit nahezu emissionsfrei, sowohl in der dynamischen als auch in der statischen Phase.

Als Verstärkungsstoffe werden meistens Textilglasmatten oder – beim Faserspritzen ausschließlich – Schneidrovings, teilweise in Kombination mit Textilglasgeweben oder -gelegen eingesetzt.

Textilglasmatten sind durch die Glasart, durch Flächengewichte zwischen 225 und 600 g/m^2 sowie durch ihren – in diesem Fall – in Styrol leichtlöslichen Binder gekennzeichnet.

Die für das Faserspritzverfahren verwendeten Schneidrovings sind – wie die Wickelrovings – durch die Feinheit von üblicherweise 1200 oder 2400tex spezifiziert, besitzen jedoch eine „harte" Schlichte, mit der die Schneidfähigkeit erreicht wird und eine „offene" Struktur, die beim Schneiden eine weitgehend gleichmäßige Faserverteilung ergibt. Reell betrachtet wird der Roving im Schneidwerk „gebrochen", nicht geschnitten.

Bei ausgeprägt sphärischer Bauteilkontur erscheint das Faserspritzen geeigneter als die Verarbeitung von Mattenzuschnitten (Abbildung 204), da sich der Glasanteil in Form von kleinen „Rovingschnitzeln" leichter an die Formgeometrie anpasst als eine Schnittmatte, die in die Formgeometrie sorgfältig hereingearbeitet werden muss.

Für die Oberflächenschichten sind Feinschichten (Gelcoats) üblich, auch Vliesschichten werden angewendet. Die so genannten Gelcoats werden beim Verarbeiter konditioniert oder von Firmen, die sich darauf spezialisiert haben, in streich- oder spritzfähiger Konsistenz geliefert. Gelcoats bestehen aus Systemen auf Basis von Standard- oder Spezialharzen, sind thixotropiert und/oder vorbeschleunigt und meistens deckend eingefärbt.

Die Harzsysteme für Vliesschichten werden meistens beim Verarbeiter konditioniert und zusammen mit Einlagen aus Oberflächenvliesen aus Textilglas oder Synthesefasern mit Flächengewichten von 20 bis 30g/m² verarbeitet.

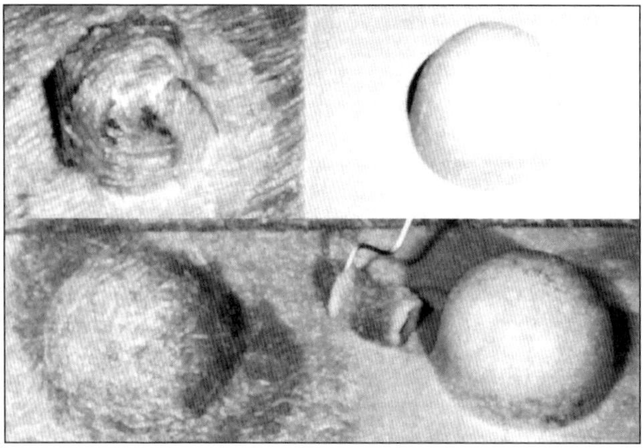

Abb. 204: Handlaminieren und Faserspritzen bei ausgeprägt sphärischer Gestalt (Quelle [2])

6.1.5 Verfahrensablauf

Ausgehend von der Annahme, dass die Negativform einwandfrei mit Trennmittel behandelt wurde und nach mehreren Entformungen „eingefahren" ist, beginnt eine Bauteilfertigung mit dem Auftragen einer ersten Oberflächenschicht als Feinschicht (Gelcoat) oder der Vliesschicht, die mindestens 0,4 mm dick sein muss, um eine Unterhärtung durch zu hohe Styrolverdunstung zu vermeiden. Es ist generell darauf zu achten, dass Styrolverlust oder damit verbundene Verdunstungskälte keine Unterhärtung hervorrufen. Der Einsatz von Azeton als Verdünnungmedium erhöht diese Gefahr.

Zudem kann eine zu dünne Schichtstärke den notwendigen Polymerisationsprozess verhindern bzw. erschweren. In diesem Fall tritt ein physikalischer Trocknungsvorgang auf, keine ordnungsgemäße Vernetzung des Materials. Unzureichend gehärtete bzw. „getrocknete" Gelcoats oder Vliesschichten führen beim folgenden Harzauftrag zur Anlösung der ersten Oberflächenschicht und zur Bildung der so genannten „Elefantenhaut" [3] (Abbildung 205).

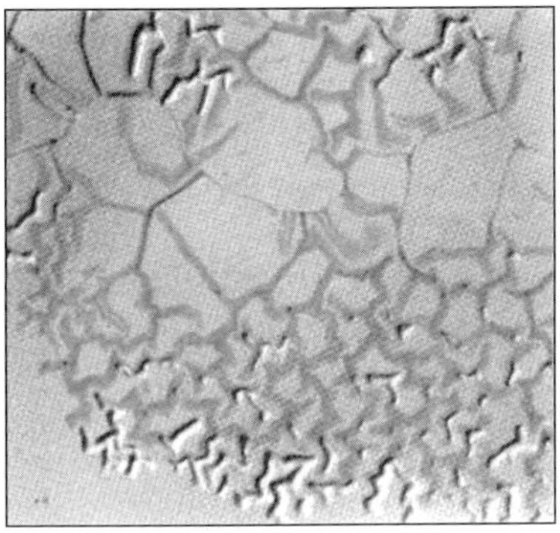

Abb. 205: „Elefantenhaut" (Quelle[4])

Durch zu hohe Schichtstärken wird die Erkennbarkeit und Beseitigung von Luftblasen erschwert. Außerdem können Harzanreicherungen auftreten, die zunächst interne Spannungen in der Schicht hervorrufen und in der Folge zur Rissbildung führen oder ein Abschrumpfen aus der Form nach sich ziehen.

Bei tiefen Bauteilformen ist auf eine ausreichende Belüftung zu achten, da die Styroldämpfe schwerer sind als Luft und sich in der Form sammeln. Diese wirken dann reaktionsverzögernd (inhibierend).

Auch der Luftsauerstoff inhibiert die Reaktion des Gelcoat-Harzes und kann zu einer leichten Klebrigkeit der Oberfläche führen. Bei Verwendung von Reaktionssystemen mit erhöhtem Beschleunigerzusatz wird dieser Effekt vermieden.

Auf jeden Fall muss man sich von einer ausreichenden Anhärtung der Oberflächenschicht überzeugen bevor mit den Laminierarbeiten begonnen wird. Dies geschieht am einfachsten durch Überstreichen mit dem Finger: Ein quietschendes Geräusch bestätigt eine ausreichende Anhärtung.

Wartezeiten von mehr als sechs Stunden bis zum Beginn der Laminierarbeiten sollten vermieden werden, um den chemischen Verbund mit der Oberflächenschicht zu gewährleisten.

Gelcoat-Harze können durch Streichen, Rollen oder Spritzen aufgetragen werden.

Das Streichen mit einem Pinsel (Modler) ist die einfachste Möglichkeit, ein Gelcoat-Harz mit geringer Styrolemission und guter Entlüftung aufzubringen. Die Pigmentierung und die Thixotropie des Harzes sollte hierbei so beschaffen sein (Streicheinstellung), dass Pinselansätze nicht sichtbar sind, wenn in zwei Lagen mit je 300 µm Dicke gearbeitet wird. Die zweite Lage ist erst aufzutragen, nachdem die erste Schicht so weit angeliert ist, dass deren Aufreißen vermieden wird. Eine vollflächig gleichmäßige Schichtdicke ist bei dieser Auftragsform allerdings kaum zu erreichen.

Eine weitere Auftragsart ist das Aufrollen des Gelcoat-Harzes mit kurzhaarig besetzten „Plüschrollen". Das Rollen wird bevorzugt bei der Herstellung von eher ebenen, großflächigen Formteilen eingesetzt und ergibt dabei eine relativ kurze Auftragszeit.

Zum Aufrollen werden teilweise Harze mit Sondereinstellungen gewählt.

Der Auftrag von Gelcoat-Harz durch Spritzen erfolgt weitaus schneller und gleichmäßiger als beim Streichen oder Rollen. Für das Spritzen werden bezüglich Viskosität und Entlüftung spezielle Harze in „Spritzeinstellung" angeboten. Durch den Spritzvorgang kann – bei Verwendung von Becherpistolen mit reiner Druckluftzerstäubung – ein hoher Luftanteil in das Harz eingetragen und zusätzlich die Styrolemission erheblich erhöht werden.

Da jeweils eine begrenzte Menge vorbeschleunigtes Gelcoat-Harz mit Peroxid versetzt und umgetopft wird, findet die Becherpistole ihren Einsatz im Bereich kleiner Bauteile und bei häufigem Farbwechsel. Vorteilhaft ist auch die Möglichkeit, das Gelcoat-Harz unter Verwendung geeigneter Düsen mit Flitter- oder Feingranulat zu verspritzen.

Für eine andere Art des Gelcoat-Spritzens, das so genannte „Airless"-Verfahren, wird eine Ausrüstung mit Hochdruckpumpen benötigt. Moderne Airless- oder Air-Assisted-Airless-Systeme arbeiten in der Regel im so genannten Nieder- bzw. im Mitteldruckbereich.

Die Zugabe des Peroxides zu dem Harz erfolgt in Außen- oder Innenmischungspistolen. In seltenen Fällen wird das Peroxid direkt hinter den Pumpensystemen zugefügt („Maschineninnenmischung").

Alle Verfahren eignen sich für eine kontinuierliche Serienfertigung oder für große Teile. Die Peroxiddosierung erfolgt automatisch und hat den Vorteil des ständig frisch zugesetzten Härters, so dass sich ein von der Gelierzeit unabhängiger Arbeitsablauf ergibt und keine „rauchenden" Töpfe – wie bei der Becherpistole – auftreten können.

Beim Spritzauftrag der ersten Schicht mit ca. 200 µm Dicke kann nach kurzer Entlüftungszeit „nass in nass" bis zur Gesamtdicke von ca. 600 µm im Kreuzgang gearbeitet werden. Je nach Gelcoat-Type und Temperaturbedingungen in der Fertigungsstätte kann die Entlüftungsphase entfallen. Es bietet sich jedoch an, die Entlüftungsgüte der Gelcoat-Schicht frühzeitig zu prüfen.

Für minimale Styrolemissionen und optimale Entlüftung ist eine möglichst große Tröpfchengröße beim Spritzfächer anzustreben; dies kann hauptsächlich durch einen möglichst niedrigen Spritzdruck der Spritzanlage erzielt werden, oft in Verbindung mit größerer Düsenbohrung. Sehr wichtig ist der Einsatz einer nicht verschlissenen Spritzdüse. Ist der Hartmetallkern der Düse abgenutzt oder beschädigt, kann kein definiertes Spritzbild bei einer möglichst geringen Oversprayentwicklung erreicht werden.

Bei Verwendung von Vliesschichten gelten die vorstehenden Hinweise für den Harzauftrag mit der Besonderheit, dass in die erste Harzschicht mit 200 bis 300 µm Dicke eine Vlieseinlage faltenfrei eingesenkt wird. Damit kann eine harzreiche Oberflächenschicht gleichmäßiger Dicke hergestellt werden. Normalerweise wird nach dem Angelieren der ersten Schicht weitergearbeitet. Dabei ist das Einlegen eines zweiten Vlieses möglich.

Wenn Vliesschichten mit unpigmentierten Harzen hergestellt werden, sind Falten, Harzüberschüsse und Luftblasen leicht erkennbar. Diese Fehler lassen sich mit Flachpinsel oder Mohairrolle beseitigen.

Versuche, nach dem Auftrag der Vliesschicht „nass in nass" zu laminieren, um einen optimalen Verbund mit dem Traglaminat zu erreichen, sind nur bei praktischer Erfahrung erfolgreich.

Vor dem Handlaminieren sind die planmäßig vorbereiteten Matten- und gegebenenfalls Gewebezuschnitte zu wiegen, um die Harzansätze mengenmäßig zuzuordnen und den spezifizierten Glasgehalt einzuhalten.

Die Mattenzuschnitte sollten an den Schnittkanten ausgezupft oder abgerissen werden, um Absätze im Bereich der Überlappungen zu vermeiden. Überlappungen sollten 30 bis 40 mm breit sein. Prinzipiell ist dies auch bei Gewebezuschnitten durch Ausziehen der Randrovings möglich.

Die Harzansätze sind häufig eingefärbt, grundsätzlich vorbeschleunigt, besitzen die zur Verarbeitung erforderliche Viskosität und sind oft etwas thixotrop eingestellt.

Beim Handlaminieren werden die Harzansätze unmittelbar vor der Verarbeitung mit dem Peroxidhärter aktiviert. Die Ansatzmenge und die Reaktivität des Harzes richtet sich nach der Anzahl der in der Topfzeit zu verarbeitenden Zuschnitte und der Bauteilgröße. Die Harzmengen entsprechen etwa dem Doppelten der Zuschnittmenge (Glasgehalt ca. 33 Mass.%).

In früheren Zeiten wurde der Harzansatz sehr oft in einem „Ansetztopf" mit dem Peroxid versetzt und nach Vermischung in einen Arbeitstopf umgefüllt.

Heute werden meist Harz und Härter volumetrisch in den Arbeitstopf eingetragen und in diesem vermischt.

Grundsätzlich sind die Zuschnitte, beginnend mit einer Mattenlage, nach Vorlage und Verteilung der entsprechenden Harzmenge einzulegen und nach kurzer „Einsinkzeit" (Nutzung des Kapillareffekts) zu entlüften und zu verdichten. Hierfür werden Entlüftungsrollen eingesetzt, die in diversen Größen und Oberflächenstrukturen erhältlich sind, z.B. Rillenwalzen.

Lufteinschlüsse („Lunker") werden ausgerollt, schwer zugängliche Bereiche mit dünnen Plüschrollen oder Rillenwalzen ausgearbeitet und Harzanreicherungen mit dem Pinsel ausgetupft. Abbildung 206 zeigt einige Geräte, die zum Handlaminieren benötigt werden.

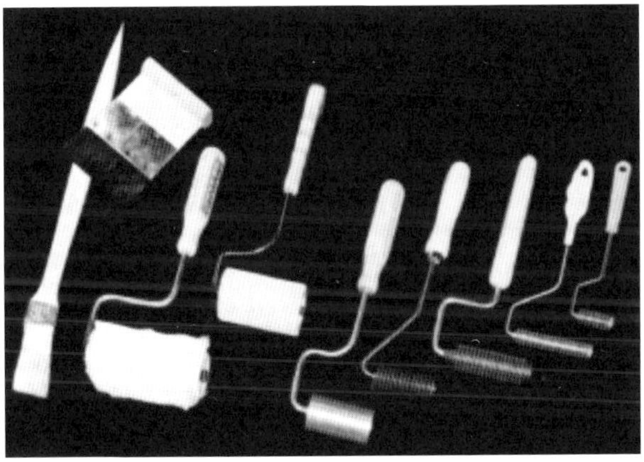

Abb. 206: Geräte für das Handlaminieren (Quelle [2])

Sobald die Topfzeit des Harzansatzes endet, erkennbar an einem deutlich zunehmenden Styrolgeruch, muss die Laminierarbeit unterbrochen werden bzw. ein neuer Harzansatz eingegsetzt werden.

Bei Laminatdicken von mehr als 8 mm muss oftmals eine Zwischenhärtung abgewartet werden, um schädliche Temperaturspitzen zu vermeiden.

Vor dem restlichen Laminieren, wieder beginnend mit einer Mattenlage, wird – wie bei der Herstellung der Formschale – empfohlen, das gehärtete Laminat im Bedarfsfall anzuschleifen.

Moderne Laminierharze können innerhalb der ersten 24 Stunden auch ohne Anschleifen überlaminiert werden.

Generell endet der Laminataufbau mit einer Mattenlage, die mit einer Reinharzschicht, dem so genannten „Topcoat" abgedeckt wird, der meistens deckend eingefärbt ist und einen Paraffinzusatz beinhaltet.

Falls die Struktur der Matte als zu grob empfunden wird, kann als letzte Lage auch eine Vliesschicht eingesetzt werden.

Die Einhaltung der Einzelschichtdicken und der Gesamtdicke des Laminats wird damit bereits während der Fertigung hinreichend kontrolliert.

Bei Unterbrechung und nach Beendigung der Laminierarbeiten sind die Handwerkzeuge zu reinigen oder in ein Lösemittelbad zu legen. Als Lösemittel wird – obwohl als hochentzündlich eingestuft – Aceton empfohlen. Das in früheren Zeiten oft verwendete Methylenchlorid (Dichlormethan) ist in der Praxis nur noch in den seltensten Fällen anzutreffen, da es physiologisch äußerst bedenklich ist. Die Werkzeuge dürfen nur getrocknet weiterverwendet werden, um kein Lösungsmittel in das Laminat „einzuschleppen". Im Markt sind auch alternative Reinigungsmittel erhätlich.

Beim Faserspritzverfahren ist eine sorgfältige Gerätewartung erforderlich und die Anweisungen der Gerätehersteller zu beachten [1]. Es sollte nur von ausgebildetem und eingewiesenem Personal durchgeführt werden.

Die Spritzdüsen sind entsprechend der Anwendung zu wählen. Harztype, Austragsleistung und Spritzwinkel sind bei der Wahl zu beachten. Der geeignete Spritzfächer stellt sicher, dass die aus dem Schneidwerk ausgeworfenen geschnittenen Rovings auch effizient auf das Bauteil übertragen werden können.

Die Faserlänge wird durch die Anzahl der Messer auf der Messerwalze bestimmt. Der Glasgehalt des Laminates ist durch Drehzahleinstellung am Schneidwerk, die Anzahl der Rovings und durch Einsatz der geeigneten Spritzdüse einzustellen. Die Lagenstärke wird durch die Kontrolle des Materialdurchsatzes, Anzahl der Spritzgänge und der Bewegungsgeschwindigkeit erzeugt.

Dazu können die Schneidrovings und das Harz probeweise in Gefäße gespritzt und ausgewogen werden. Eine Kontrolle des Materialdurchsatzes ist auch während der Fertigung möglich, wenn die Schneidrovingspulen und das Harzgefäß auf Waagen gestellt werden.

Eine gleichmäßige Materialverteilung bedarf erheblicher Erfahrung und Aufmerksamkeit und ist beim Spritzen der Folgelagen oder beim Entlüften und Verdichten kaum auszugleichen.

Die Schichtdicke wird mit einem Nassschichtdickenmesser überprüft. Dies empfiehlt sich generell und insbesondere bei weniger erfahrenem Personal.

Das Schneidwerk darf keine Verunreinigungen enthalten, z.B. klebrige Harzreste, die zu erheblichen Störungen im Fertigungsablauf führen können (Verstopfungen).

Der Aufbau des Laminates beim Faserspritzverfahren erfolgt in einem Arbeitsgang oder Kreuzgang, wenn die planmäßige Laminatdicke dies erlaubt. Andernfalls ist eine Zwischenverdichtung oder – nach mehreren Lagen – eine Zwischenhärtung erforderlich.

Zu den abschließenden Arbeiten gehören, wie beim Handlaminieren, im Allgemeinen das Auftragen eines Topcoats und danach eine Durchhärtung („Tempern") des Laminats. Oft wird dies unterstützt durch eine Warmbehandlung bei 40 bis 50°C über mehrere Stunden, wenn ein hoher Vernetzungsgrad erzielt werden soll. Diese Warmbehandlung wird generell vor dem Entformen durchgeführt.

Nach dem Aushärten des Bauteils kann die Entformung mit flachen Werkzeugen erfolgen, z.B. Keilen aus Holz oder PE, die man vorsichtig mit Gummihammer zwischen Bauteil- und Formrand schlägt. Eisen- oder Hartmetallkeile, Schraubenzieher sowie Hammer aus Eisen sind unbedingt zu vermeiden, um die Oberflächen von Form und Fertigteil vor Beschädigungen zu schützen. Vielfach sind mechanische oder pneumatische Auswerfer in die Negativformen eingebaut.

Beschädigungen der Formoberfläche oder der Bauteiloberfläche müssen vermieden werden, da sie aufwendige Nacharbeiten zur Folge haben.

Je nach Art des Randes der Negativform oder des Bauteils kann ein Besäumen mit Trennscheibe oder Säge und ein Beschleifen vorgenommen werden. Falls dabei Glasfasern oder Lufteinschlüsse freigelegt werden, wird eine Versiegelung bzw. Verspachtelung mit anschließendem Polieren erforderlich.

Wenn ein höchstmöglicher Vernetzungsgrad erreicht werden soll, z.B. durch einen Reststyrolgehalt unter 0,3 Mass.%, ist eine thermische Nachbehandlung bei einer Temperatur entsprechend der Formbeständigkeitstemperatur (Heat Deflection Temperature) des Harzformstoffs über mindestens vier Stunden erforderlich. Die HDT ist in den technischen Datenblättern der Harzhersteller angegeben.

Diese Art der Nachbehandlung wird im Allgemeinen als „Tempern" bezeichnet und erfolgt grundsätzlich oberhalb der Anspringtemperatur des Peroxidhärters, z.B. 80°C bei MEKP.

6.1.6 Gestaltungsparameter

Mit dem Handlaminieren und dem Faserspritzen stehen Verfahren mit höchstmöglichen Gestaltungsfreiheiten zur Verfügung, die selbst von Künstlern zur Herstellung von Skulpturen entdeckt wurden.

Im technischen Bereich ist nach der betrieblichen Verwendbarkeit handwerklich hergestellter Bauteile und dem Brauchbarkeitsnachweis im sicherheitstechnischen Sinne gefragt [5].

Gestaltung („Design") schließt die Realisation von Maß und Form sowie die mit dem verwendeten Material mögliche Bemessung ein.

Die Abmessungen von handlaminierten oder fasergespritzten Bauteilen sind eher von den Maßen der Werkstätten sowie der Transportmittel und -wege begrenzt als durch die Herstellungsverfahren.

Allerdings kann das Handling der Form bzw. das Gewicht der Fertigteile Grenzen für den Boots-, den Schwimmbecken- oder den Waggonbau aufzeigen.

Somit ist die Einzel- oder Kleinserienfertigung von kleinen bis mittelgroßen, sphärisch geformten Bauteilen für die Anwendung von Handlaminier- und Faserspritzverfahren charakteristisch.

Bei „in situ"-gefertigten GFK-Auskleidungen bzw. -abdichtungen von Stahlbetonauffangwannen für den Gewässerschutz oder von Schwimmbädern sind die Abmessungen, wie die Gestaltung, allerdings nicht eingeschränkt (Abbildung 207 und 208).

Abb. 207: Faserspritzen eines Wohnmobildachs

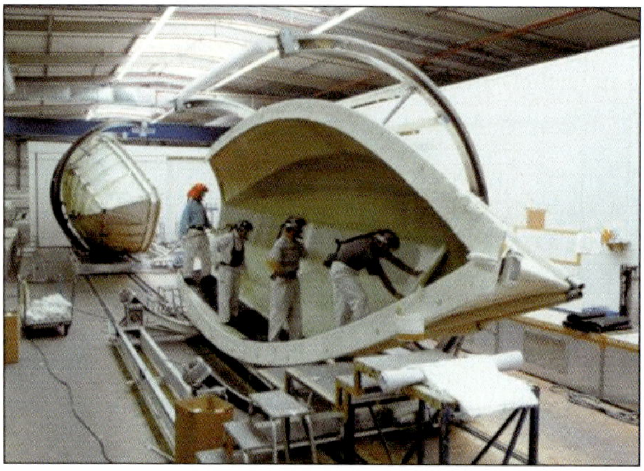

Abb. 208: Bootsrumpf-Fertigung

Entscheidend für die Gestaltungsmöglichkeiten in diesen Verfahren sind die Ausgangswerkstoffe und die handwerkliche Verarbeitung zu Verbundwerkstoffen, eine spezielle Art des „Urformens".

Mit den Reaktionsharzen stehen streich-, roll- oder spritzfähige Formmassen und mit den Matten, Geweben und geschnittenen Fasern schmiegsame Verbundkomponenten zur Verfügung, die nur auf die Formwerkzeuge warten, in denen sie Gestalt annehmen können.

Kennzeichnend für handlaminierte oder fasergespritzte Bauteile sind vollflächige und relativ dünne Wandungen mit nahezu beliebig gewölbten oder muldenartigen Formen.

Die mechanische Belastbarkeit dieser Bauteile kann durch einen ensprechenden Aufbau des Laminats, u.a. Einsatz gewebter oder unidirektionaler Rovinglagen, in weitem Rahmen optimiert werden.

Chemische und thermische Beanspruchungen müssen durch die Verwendung entsprechend geeigneter Harze sowie ein ausreichendes Tempern gewährleistet werden und können nicht durch die Wirrfaser- oder Mischlaminatstruktur beeinflußt werden.

6.1.7 Eigenschaften/Qualität

Die Beschaffenheit handlaminierter oder fasergespritzter GFK-Bauteile ist durch das handwerkliche Herstellungsverfahren gekennzeichnet. Damit erscheint die Reproduzierbarkeit der Eigenschaften schwierig. Da bei Anwendung dieser Verfahren relativ einfache Laminatstrukturen entstehen, liegen die Güteeigenschaften von Handlaminaten aber nicht zwangsläufig in größeren Streubereichen als bei Press- oder Wickellaminaten.

Der wesentliche Unterschied bei den Verfahren liegt in der maschinellen gegenüber der manuellen Reproduzierbarkeit. Bei entsprechender handwerklicher Qualifikation des Fachpersonals kann die Laminatqualität durchaus als in akzeptablen Grenzen reproduzierbar angenommen werden.

Die Qualifikation des Fachpersonals sollte in Anlehnung an das für Kunststoffschweißer eingeführte Verfahren [6] nach der Richtlinie für die Prüfung von Laminierern und Klebern durchgeführt werden [7].

Vor dem selbständigen Einsatz als Laminierer oder eines Spritzgerätes ist eine gründliche praktische Ausbildung erforderlich, ergänzt durch eine theoretische Schulung über die Grundlagen.

Die praktische Ausbildung erfolgt durch Anlernen. Die Anlernzeit sollte mindestens sechs Monate betragen, in der Anzulernende und ein bereits qualifizierter Mitarbeiter zusammenarbeiten. Die theoretische Schulung wird im Rahmen von Fachkursen durchgeführt und mit einem Nachweis der Qualifikation abgeschlossen. Eine kurze Einweisung muss als unzureichend angesehen werden und führt in der Praxis zwangsläufig zu unkalkulierbaren Kosten und Risiken.

Die Qualitätssicherung beginnt mit der Festlegung des Laminatplans und der Harzsysteme nach den statischen und den betrieblichen Anforderungen wie bei allen GFK-Bauteilen.

Außerdem ist der Fertigungstermin mit der Werkstatt abzustimmen und

- bei neuen Bauteilen nach Abschnitt „Betriebsmittel, Werkzeuge" zu verfahren,
- der Zustand der Negativform rechtzeitig vor dem Fertigungstermin zu prüfen und abzunehmen,
- die erforderliche Anzahl der Handwerkzeuge und der Zustand des Spritzgeräts zu prüfen sowie
- die Beschaffung und Eingangskontrolle der Ausgangsstoffe durchzuführen.

Die Fertigungsqualität von handlaminierten oder fasergespritzten Bauteilen ist anhand von Kriterien festzustellen, die zwischen Besteller und Hersteller abgestimmt sind.

Dazu gehören Kriterien, die nach der Fertigung und zerstörungsfrei nachprüfbar sind, wie Einhaltung der Wanddicken, der Farbe, des Glanzgrads, die Beschaffenheit der Oberflächen und der Bauteilränder sowie gegebenenfalls von Anschlüssen oder auch das Bauteilgewicht und die Kennzeichnung, mindestens mit dem Herstellerzeichen, dem Baujahr und der Werkzeugnummer.

Zu den Kriterien, die nur während der Fertigung oder durch zerstörende Prüfungen nachzuweisen sind, gehören die Einhaltung des Laminataufbaus, die Verwendung von speziell vereinbarten Harzen und die einwandfreie Beschaffenheit der Laminatstruktur sowie ein Nachweis der mechanischen Kennwerte und des Glasgehalts.

Der Laminataufbau und die verwendeten Harze sind durch Aufzeichnungen oder Protokolle zu belegen und bei entsprechender Vereinbarung durch die Bescheinigungen 2.3 oder 3.1.B (Werksprüfzeugnisse/Abnahmeprüfzeugnisse B) nach DIN EN 10204 zu bestätigen.

Bei Bestätigung einer einwandfreien Laminatstruktur ist von lunkerfreien und vollständig durchtränkten Schichten auszugehen. Kugelförmige, verteilt auftretende Lufteinschlüsse gelten nicht als Fehler.

Es wird nochmals darauf hingewiesen, dass Einfärbungen die Sichtkontrollen generell behindern. Bei zulassungspflichtigen Bauteilen sind Einfärbungen aus diesem Grund unzulässig.

Die Laminatdicken ergeben sich durch die Glasmenge in g/m² und den Glasgehalt in Mass.%, so beträgt z.B. die Dicke einer Wirrfaserlage mit 450 g/m², einwandfrei harzgetränkt und entlüftet, etwa 1mm.

Der Glasgehalt und die mechanischen Kennwerte können an Bauteilausschnitten bzw. -abschnitten oder bedingt anhand von Parallelmustern bestimmt werden. Bei entsprechender Vereinbarung mit dem Besteller werden die erforderlichen Prüfmuster einem zusätzlichen Bauteil entnommen.

Die Dichte („Rohdichte" aus Masse und Volumen eines Probekörpers) einwandfrei hergestellter Hand- oder Spritzlaminate – ohne die harzreichen Deckschichten – liegt zwischen 1,3 (Glasgehalt 25 Mass.%) und 1,4 g/cm³ (Glasgehalt 35 Mass.%). Darunter liegende Dichtewerte weisen auf eine fehlerhafte Fertigung hin, z.B. auf zu hohen Luftanteil (> 5 Vol%).

Die mechanischen Kennwerte ergeben sich aus der Struktur handlamininierter oder fasergespritzter Werkstoffe, die bei Glasgehalten zwischen 25 und 40 Mass.% und Reaktionsharzsystemen auf Basis von UP- und VE-Harzen erreicht werden können.

Die folgende Tabelle 31 enthält Kennwerte aus Glasgehaltsbestimmungen sowie aus Zugversuchen nach DIN EN ISO 527-2 und aus Biegeversuchen nach DIN EN ISO 14125 für handlaminierte/fasergespritzte Wirrfaser- und Mischlaminate (ohne Deckschichten):

Tab. 31: Kennwerte aus Glasgehaltsbestimmungen und Zugversuchen

Laminattyp	**Wirrfaser-Laminat**		**Misch-Laminat**	
Harzbasis	***UP-Harz*** 1)	***VE-Harz*** 2)	***UP-Harz*** 1)	***VE-Harz*** 2)
Glasgehalt [Mass.%]	25 – 35	25 – 35	30 – 40	30 – 40
Dichte[g/cm³]	1,30 – 1,40	1,25 – 1,35	1,35 – 1,45	1,30 – 1,40
Zugfestigkeit[MPa]	100 – 120	130 – 150	140 – 160	150 – 180
Zug-E-Modul[MPa]	7800 – 9000	8200 – 10000	9000 – 10000	9500 – 11000
Reißdehnung[%]	2,5 – 3,0	3,5 – 4,5	2,5 – 3,0	3,5 – 4,5
Biegefestigkeit [MPa]	150 – 180	180 – 220	200 – 240	180 – 220
Biege-E-Modul [MPa]	6500 – 8000	7000 – 8500	7000 – 9000	7500 – 9000

1) OPS/SG-Harz Typ 1130 und 2) VE/BA-Harz, Typ 1310 nach DIN 16946 Teil 2.

Abschließend wird auf einige Regeln für die Verarbeitung von Reaktionsharzsystemen hingewiesen. Die vorgeschriebenen Arbeitsschutzmaßnahmen sind in den Gefahrenhinweisen (R-Sätze) und den Sicherheitsratschlägen (S-Sätze) [8] sowie den Merkblättern der BG Chemie [9] und den einschlägigen Unfallverhütungsvorschriften (UVV) angegeben. Zu diesen Maßnahmen gehören:

- saubere Arbeitskleidung tragen,
- Schutzbrille, Sicherheitshelm und Sicherheitsschuhe tragen,
- Schutzhandschuhe tragen, mindestens aber Arbeitsschutzsalbe verwenden,

- während der Arbeit nicht essen oder rauchen,
- Einatmen von Harz- und Härterdämpfen vermeiden,
- Kontakt mit Lösemitteln ausschließen,
- für den Laminierer gilt: „Vor dem Stuhl und nach dem Essen: Händewaschen nicht vergessen!".

Bei der Lagerung und beim Umgang mit Reaktionsmitteln ist die Trennung von Beschleunigern und Peroxidhärtern wegen der akuten Explosionsgefahr strikt zu beachten [10].

Die Auflagen für den Emissionsschutz führen in den Werkstätten zu einem erhöhten Luftaustausch und zu Zugluft, die unmittelbar nach der Applikation des frisch aufgetragenen Gelcoats oder Laminats eine erhebliche Styrolverdunstung zur Folge haben kann.

In diesem Zusammenhang wird auf das Handbuch Umweltschutz der AVK verwiesen.

Literatur

[1] Hanusch, H. : „Rationalisierung und Verbesserungen bei der Anwendung des Faser-Harz-Spritzverfahrens". 5. AVK-Tagung 1965, S. 79 – 80.

[2] Selden, P. : „Glasfaserverstärkte Kunststoffe", Springer-Verlag 1967, S. 536 – 552.

[3] Menges,O., Neise, E.: „Automatisiertes Faserspritzen", 13. AVK-Tagung 1984, Vortrag 13

[4] Seemann, K.H.: „Einige häufig vorkommende Verarbeitungsfehler beim Herstellen von GFK-Bauteilen", 6. AVK-Tagung 1966, S. 18 – 22.

[5] Fahlbusch, H.: „Konstruktionsmerkmale für die Anwendung von GFK im Fahrzeug- und Flugzeugbau". 5. AVK-Tagung 1965, S. 39 – 41.

[6] Richtlinie DVS 2212 : „Prüfung von Kunststoffschweißern" Deutscher Verlag für Schweißtechnik, Düsseldorf. Teil 1 und Teil 2

[7] Richtlinie DVS 2220: „Prüfung von Kunststofflaminierern und -klebern, Prüfgruppe II – Laminate, Laminat- und Klebverbindungen aus GFK (UP-GF, EP- GF). " Deutscher Verlag für Schweißtechnik, Düsseldorf.

[8] Hommel, G.: „Handbuch der gefährlichen Güter", Springer-Verlag.

[9] BG Chemie: „Styrol und styrolhaltige Zubereitungen", Merkblatt M054, JedermannVerlag.

[10] BG Chemie: „Organische Peroxide", ZH 1 / 284, Verlag Chemie, Weinheim.

Nachweis der Abbildungen

1. Darstellung des Handlaminierverfahrens & Faserspritzverfahren (aus Vorlage Schröbel)
2. Schematische Darstellung des Faserspritzverfahrens (aus Vorlage Schröbel)
3. Schematischer Aufbau eines handlaminierten GFK-Bauteils (aus Vorlage Schröbel)
4. Faserspritzverfahren (aus /5/ Selden S. 549)
5. Faserspritzen mit Hochdruckanlage (aus /4/ Menges, Neise)
6. Schema eines geschichteten Holzrohlings für ein Bootsmodell (aus /5/ Selden, S. 654)
7. Bootsmodell zum Laminieren einer zweischaligen Bootsform (aus /5/ Selden, S. 656)

8. Laminierte Bootsformhälfte (aus /5/ Selden, S. 656)
9. Fertige Bootsform (aus /5/ Selden, S. 657)
10. Vergleich zwischen Handlaminier- und Faserspritzverfahren (Selden, S. 551)
11. Feinschicht mit „Elefantenhaut" (aus /3/ Seemann)
12. Geräte für das Handlaminierverfahren (aus /5/ Selden S. 539)
13. Faserspritzen eines Wohnmobildachs (aus Vorlage Schröbel)
14. Bootsrumpffertigung im Handlaminierverfahren (aus Vorlage Schröbel)

6.2 Nasspressen

6.2.1 Einführung

Die Pressverfahren gehören zu den bedeutendsten mechanischen Fertigungsverfahren zur Verarbeitung von GF-UP und haben sich schon seit Beginn der industriellen GFK-Verarbeitung für größere Teileserien etabliert.

Die Einsatzgrenzen werden durch die Teilegröße und die Seriengröße gesetzt. Hier werden beispielhaft für GFK die glasfaserverstärkten UP-Harze und VE-Harze behandelt.

Bei Verwendung anderer Duroplaste müssen die systemspezifischen Anforderungen des entsprechenden Duroplasten berücksichtigt werden.

In der Diskussion um Umweltschutz und Arbeitsschutz, hier insbesondere im Hinblick auf die Styrolbelastung der Arbeitsplätze, gewinnt die Presstechnik als geschlossenes Verfahren besondere Bedeutung.

6.2.2 Verfahrensgrundlagen

Das Nasspressen wird als Bindeglied zwischen den offenen Laminierverfahren, den Injektionsverfahren und dem Heißpressen von Formmassen bezeichnet.

Mit diesem Verfahren ist die rationelle Serienfertigung hochwertiger GF-UP-Formteile mit zwei glatten Sichtseiten für einen großen Anwendungsbereich möglich.

Unter Nasspressen versteht man die Verarbeitung flüssiger Reaktionsharzmassen und Verstärkungsfasern in zweiteiligen Formen, die mittels einer meist hydraulischen Presse geschlossen werden.

Während des Schließvorganges verteilt sich die vorab zugegebene Harzmasse über den Formenraum und benetzt die Verstärkungsfaser.

Das Formteil härtet in der Form aus und kann nach Überschreiten der Maximaltemperatur entformt werden.

6.2.3 Verfahrensablauf

Der Verarbeitungszyklus besteht aus folgenden Elementen:

- Auftragen von Trennmittel auf die Oberfläche von Formenoberteil und -unterteil,
- Einlegen von Verstärkungsfaserzuschnitten (Vlies, Matte, Vorformlinge, Gewebe) entsprechend der Formenkontur,
- Es besteht die Möglichkeit, vor Einlegen der Zuschnitte eine Reinharzschicht (Gelcoat) auf die Formenoberfläche aufzutragen und erst nach deren Aushärtung die Zuschnitte einzulegen,
- Mischen des Reaktionsharzansatzes mit den Reaktionsmitteln,
- Eingießen des Reaktionsharzansatzes,
- Schließen der Presse,
- Schließzeit bis zur Aushärtung des Pressteiles in der geschlossenen Form,
- Öffnen der Presse,
- Entformen des Pressteils.

Das Schließen der Presse erfolgt wegen kurzer Gelierzeit des Harzansatzes und aus Gründen der Wirtschaftlichkeit mit möglichst hoher Schließgeschwindigkeit. Allerdings muss vor dem Eintauchen des Formstempels in das Harz die Schließgeschwindigkeit stark verringert werden, da beim schnellen Eintauchen des Formstempels in das Reaktionsharz die hohen Strömungsgeschwindigkeiten der verdrängten Harzmasse ein Aufschwemmen der Verstärkungsmatten oder Faltenbildung verursachen können. Bei der Matteneinlegetechnik können zwar solche Störungen berücksichtigt und Zuschnitt und Einlage entsprechend vorgenomment werden, aber eine Optimierung der Eintauchgeschwindigkeit ist von Vorteil.

Die erforderlichen Pressdrücke liegen je nach Form und Bauteil zwischen 0,4 bis 2,5 N/mm², in der Regel sind 1,0 N/mm² ausreichend. Für die Auslegung der Presskräfte sind die Werkzeuggewichte und für die Rückzugskräfte zusätzlich die Losbrechwiderstände anzusetzen.

6.2.4 Betriebsmittel

Hydraulische Pressen

Für die GFK-Presstechnik kommen ausschließlich hydraulische Pressen zum Einsatz. Man unterscheidet Unterkolben- und Oberkolbenpressen; nur letztere sind in Deutschland verbreitet. Spindelpressen sind für Produktionszwecke nicht geeignet.

Die Kenndaten einer hydraulischen Presse sind:

- Presskraft,
- Rückzugkraft,
- Tischgröße,
- Öffnungshöhe und Pressenhub,
- Geschwindigkeitsbereiche für Schließen und Öffnen.

Abb. 209: Hydraulische Oberkolben-Schiebetisch-Presse

Um die Wartezeiten während des Aushärtens produktiv zu nutzen, werden für das Nasspressen auch Schiebetischpressen eingesetzt, die mit einem Formenstempel abwechselnd zwei Formenunterteile bedienen. Dadurch wird die Beschickung einer Form mit Gelcoat oder Zuschnitten während der Schließzeit der anderen Form möglich (Abbildung 209).

Moderne elektronische Steuerungen mit differenzierten Schließzyklen und wegabhängigen Geschwindigkeitsprogrammen, wie bei der SMC-Verarbeitung heute üblich, werden immer häufiger auch beim Nasspressen eingesetzt. Der Grund liegt in der besseren Beherrschbarkeit der Fließvorgänge und damit in einer höheren Qualität und geringeren Ausschussquote.

Wegabhängige Steuerungen bieten die Möglichkeit, für unterschiedlichste Werkzeuge alle Parameter zu speichern, was das manuelle Einstellen der Endschalter für die verschiedenen Geschwindigkeiten, Endlagen und Umkehrpunkte unnötig macht (Abbildung 210).

Für die Produktqualität hat die Stabilität der Pressenständer und Pressentische sowie eine sehr gute Tischführung besondere Bedeutung, da selbst eine geringste Abweichung beim planparallelen Schließen der Presse zu spürbaren Veränderungen beim Harzfluss führen.

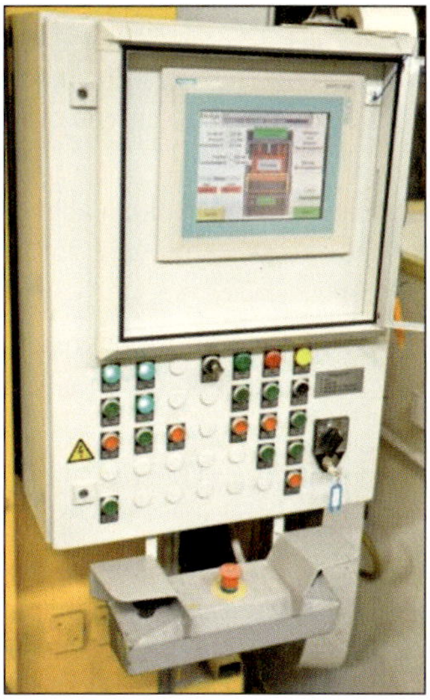

Abb. 210: Steuerungspanel mit Touchscreen und Visualisierung aller Betriebszustände

An die Sicherheitstechnik werden höchste Anforderungen gestellt, die in der Betriebssicherheitsverordnung, der BGR 500, Kapitel 2.3 und der europäischen Norm EN 954-1 „Sicherheit von Maschinen – Sicherheitsbezogene Teile von Steuerungen“ geregelt ist.

Die EN 954-1 hat sich im Bereich Maschinensicherheit als internationaler Stand der Technik etabliert. Sie gilt für alle sicherheitsbezogenen Teile von Steuerungen, unabhängig von der verwendeten Energieart, z.B. elektrisch, hydraulisch, pneumatisch, mechanisch.

Größte Bedeutung haben dabei die Schutzeinrichtungen gegen Verletzungen durch das Presswerkzeug, die insbesondere das Hineingreifen in die schließende Presse verhindern. Zweihandbedienung, Lichtschranken und Presseninnenraumüberwachung müssen sicherstellen, dass das Schließen der Presse nicht möglich ist, falls sich ein Mitarbeiter im Presseninnenraum befindet (Abbildung 211).

Abb. 211: Schutzgitter, Innenraumscanner und Lichtvorhang

Presswerkzeuge

Formen aus GFK: Für das Nasspressen können vorteilhaft Kunststoffwerkzeuge aus glasfaserverstärktem Polyesterharz oder Epoxidharz verwendet werden. Damit sind Stückzahlen von einigen tausend Einheiten möglich.

Wesentlich für die Lebensdauer einer Kunststoffform sind Formenaufbau, Harzauswahl, Nachbehandlung, mechanische Belastung, Formenpflege, Trennmittelauswahl und -verarbeitung sowie die Temperaturbelastung.

Wichtiges Argument für Kunststoffwerkzeuge sind die vergleichsweise geringen Formenkosten. Dadurch können auch schon Kleinserien von einigen Hundert Stück wirtschaftlich durch Nasspressen hergestellt werden.

Aufgebaut sind die Formen aus einer GFK-Schale mit einem hoch beständigen Gelcoat, die in einen Stahlrahmen gesetzt und mit Polymerbeton hinterfüttert wird. Verwendung von Bolzenführungen zwischen Ober- und Unterteil sind obligatorisch.

Ein interessanter Kompromiss, insbesondere beim Einsatz von Schiebetischpressen, bei welchen der Stempel zwei Formunterteile bedient, ist die Kombination von Formunterteilen aus Kunststoff mit einem Stahlstempel.

Stahlformen: Die größten Vorteile von Stahlwerkzeugen sind die wesentlich längere Standzeit und die bessere Maßhaltigkeit. Da bei Stahlwerkzeugen hinsichtlich der Spitzentemperatur keine Beschränkungen bestehen, können reaktivere Harzansätze eingesetzt und dadurch kürzere Taktzeiten erreicht werden. Bei Stahlwerkzeugen kann fast vollständig auf Trennmittel verzichtet werden, ausgenommen in der Quetsch- oder Tauchkante. Stahlformen brauchen nicht eingefahren zu werden. Der Nachteil liegt in den wesentlich höheren Investitionskosten.

Galvanoformen: Eine Zwischenlösung stellen Formen auf Basis von „Galvanos“ dar. Über ein Formenmodell wird in einem Galvanisierbad eine 3 mm dicke Nickelschicht und anschließend eine 5 mm starke Kupferschicht aufgetragen. Wie bei Kunststoffformen wird die so gewonnene Formschale in einen Rahmen gesetzt und mit Polymerbeton hinterfüttert.

Aluminiumformen: Gefräste Aluminiumformen mit gehärteter Oberfläche sind eine preisgünstige Alternative zu Stahlwerkzeugen. Mit Ausnahme einer kürzeren Standzeit weisen sie ähnliche Eigenschaften wie Stahlwerkzeuge auf.

Kantenausbildung

Beim Nasspressen werden Werkzeuge mit Quetschkante oder mit Tauchkante eingesetzt. Die Kante des Werkzeuges hat wichtige Funktionen. Da die Kante das Werkzeug geringfügig abdichtet, bevor die Form vollständig geschlossen ist, kann eingeschlossene Luft nicht mehr so schnell entweichen und verhindert damit einen zu schnellen Harzfluss. In der Kante wird die Glasarmierung verdichtet und erzeugt durch den erhöhten Fließwiderstand einen Druckaufbau. Harz, welches die Kante erreicht, kann deutlich schlechter entweichen als Luft. Dadurch wird erreicht, dass das Werkzeug vollständig mit Harz gefüllt wird.

In einer Quetsch- oder Tauchkante verringert sich die Wandstärke auf ein Drittel bis ein Viertel der ursprünglichen Wandstärke. Dadurch wird eine gezielte Überpressung erreicht. Diese Überpressung sollte umlaufend gleichmäßig stark ausgebildet sein, um ihre Funktion zu erfüllen. Ist die Kante zu eng, besteht die Gefahr, insbesondere bei Kunststoffformen, dass das Werkzeug beschädigt wird. Möglicherweise sitzt die Patrize auch auf der Kante auf und die Form schließt nicht vollständig, was Wandstärkenabweichungen des Pressteils zur Folge hat. Ist die Kante zu weit, erfüllt sie die Funktion des Druckaufbaus nicht mehr. In beiden Fällen ist es zwar möglich, durch mehr oder weniger Glasmatten in der Kante Abhilfe zu schaffen. Das verursacht jedoch Material- bzw. Arbeitsaufwand.

Da in der Kante durch den starken Abrieb das Trennmittel normalerweise bei jeder Pressung entfernt wird, sollte dem Trennmittelauftrag in der Quetschkante besondere Beachtung gewidmet werden.

Der Quetschkantenbereich am Formteil wird beim späteren Besäumen des Teils abgetrennt und ist Abfall. Wichtig für die Güte der Formteile sowie für die Sicherheit der Form sind gute Führung der Formen mit stabilen Führungsbolzen sowie eine spielarme, großflächige Führung des Pressentisches.

Temperaturführung

Der reaktive Harzansatz reagiert an der wärmeren Werkzeugseite zuerst und schwindet somit von der kühleren Seite ab. Somite ergibt sich die bessere Oberfläche und auch eine geringere Verschmutzung des Werkzeugs immer auf der wärmeren Werkzeugseite. Temperaturdifferenzen von 2-8°C ermöglichen somit eine gute Beeinflussung der Oberflächenqualität.

Die Temperaturführung zwischen den Werkzeughälften soll nicht nur eine konstante Temperatur über den Tag sicherstellen und optimale Taktzeiten garantieren, sondern auch eine konstante Qualität der Fertigteile sicherstellen.

Auf einer Schiebetischpresse mit einem Stempel und zwei Unterteilen erwärmt sich der Stempel schnell, da er im Vergleich zu den jeweiligen Unterteilen doppelt so oft Reaktionswärme ausgesetzt ist. In solchen Fällen kann sogar eine Werkzeugkühlung auf der Stempelseite notwendig werden.

Reinigung von Formen

Formen verschmutzen hauptsächlich durch Trennmittel, aber auch durch Harzreste, die sich normalerweise an der kälteren Werkzeugseite aufbauen. Trennmittel reagieren mit Styrol und bauen mit der Zeit einen Belag auf, der die Oberflächenqualität des Formteils negativ beeinflusst.

Um unproduktive Zeiten zu minimieren, werden meist semipermanente Trennmittel eingesetzt, mit denen viele Entformungen möglich sind. Einmaliges Eintrennen pro Arbeitsschicht ist erreichbar. Teilweise ist nur in Bereichen mit starkem Abrieb (Überlappungen, Radien und Quetschkanten) häufiger Trennmittel aufzutragen. Durch eine Minimierung des Trennmittelauftrags reduziert sich auch der Reinigungsaufwand.

Bei der Reinigung sollte auf scharfkantige Gegenstände verzichtet werden. Je nach Formbaumaterial sind Holz- oder Plastikspachtel, Messingbleche oder Stahlwolle besser geeignet und werden meist in Verbindung mit chemischen Reinigungsmitteln eingesetzt. Um die Trennmittelreste zu entfernen, eignen sich spezielle Cleaner, die auf das jeweilige Trennmittel abgestimmt sind.

Bei Verwendung solcher Cleaner können Gesundheitsgefahren durch Lösungsmitteldämpfe, insbesondere bei beheizten Werkzeugen, gegeben sein!

6.2.5 Ausgangsstoffe

6.2.5.1 Reaktionsharze

Für das Nasspressen können prinzipiell alle Reaktionsharze, die im Kapitel „Reaktionsharze" dieses Handbuches beschrieben sind, eingesetzt werden.

Aus verfahrenstechnischen Gründen haben aber lediglich die UP-Harze und VE-Harze wirtschaftliche Bedeutung erlangt, weshalb dieser Abschnitt sich ausschließlich mit diesen Harzsystemen befasst.

Bei der Ermittlung der besten Harzrezeptur ist ein Temperaturmesssystem die wichtigste Voraussetzung. Zur Temperaturmessung können Messdrähte in die Lagen eingelegt werden, die dann an ein Messgerät angeschlossen werden. Erfahrungswerte zeigen, dass die Gelierung von Polymerisationssystemen, je nach Formtemperatur, bei 5-7 °C Temperaturerhöhung einsetzt. Selbstverständlich kann die Temperaturaufzeichung auch durch in die Form eingebaute Thermoelemente erfolgen.

Die Steilheit des Temperaturanstiegs und der Abfall nach Erreichen der Temperaturspitze können wertvolle Hinweise zur Bewertung von Zykluszeiten oder bei Problemen im Fertigteil geben.

Härtungssysteme

Beim Nasspressen wird mit unterschiedlichen Werkzeugmaterialien gearbeitet. Es werden Stahl-, Aluminium- und Kunststoffformen eingesetzt. Es wird bei Raumtemperatur bis hin zu 80°C Formtemperatur gepresst.

Teile mit Wandstärken von 1mm bis > 10 mm können gefertigt werden.

Das Härtungssystem muss auf die Reaktivität des Harzes sowie die aus den verschiedenen Wanddicken der Formteile resultierende Exothermie abgestimmt werden.

Im Bereich der Polymerisationssysteme gibt es mehrere Härtungssysteme, um den unterschiedlichen Anforderungen gerecht zu werden.

Die Anforderungen an das Härtungssystem:

- Es muss sichergestellt werden, dass die Form vollständig mit Harz gefüllt und die Matte gut getränkt ist, bevor das Harz zu gelieren beginnt. Nach dem vollständigen Schließen der Form fließt das Harz wegen der Elastizität der Werkzeuge noch einige Sekunden. Daher sollte nach Formschluss immer noch etwas Zeit bis zum Gelieren verstreichen. Diese Zeit muss empirisch festgelegt werden. Sie ist abhängig von der Teilegröße, der Geschwindigkeit des Druckaufbaus der Presse sowie von der Elastizität der Form.
- Eine Regel lautet, dass das Harz ca. eine Minute, nachdem kein Harz mehr aus der Quetschkante strömt, gelieren darf. Eine Gelierung des Harzansatzes vor dem Ende der Fließbewegung wird zu Ausschuss führen, weil die Form nicht vollständig mit Harz gefüllt ist oder Teile mit unterschiedlicher Wandstärke und Glasgehalt erhalten werden.
- Die Spitzentemperatur muss hoch genug sein, um eine gute Aushärtung zu gewährleisten. Allerdings kann eine zu hohe Spitzentemperatur zu Harzrissen, „Nadelstichlöchern" oder auch zur Bildung weißlicher Flecken führen. Bei Verwendung von Kunststoffformen verringert sich durch hohe Spitzentemperaturen beim Pressen deren Standzeit.
- Die optimale Spitzentemperatur ist von vielen Faktoren abhängig, jedoch haben sich Spitzentemperaturen in der Laminatmitte von 100°-120°C als zweckmäßig erwiesen.

- Der Reaktionsverlauf sollte schnell sein, d.h. der Anstieg der Exothermiekurve sowie der Abfall nach Erreichen der Spitzentemperatur sollte so steil wie möglich sein, um kurze Entformungszeiten zu erreichen. Der Reaktionsgeschwindigkeit sind Grenzen gesetzt, denn je steiler die Kurve, desto höher ist die Spitzentemperatur und somit die Gefahr von Spannungsrissen.
- Lebensmittelechte Teile sollen einen sehr geringen Reststyrolgehalt aufweisen.
- Bei Teilen, die besonders maßhaltig sein müssen, ist eine spannungsarme Härtung erwünscht.

Um die Wahl des richtigen Härtungssystemes zu erleichtern, werden verschiedene Härtungssysteme vorgestellt. Es ist zu empfehlen, bei Problemen immer eine Beratung von Peroxid-Spezialisten in Anspruch zu nehmen.

Die angegebenen Rezepturen sind Beispielrezepturen, die immer auf die jeweiligen Anforderungen abgestimmt werden müssen. Alle Zeit- und Temperaturangaben sind ca.-Angaben.

Cobalt – AAP – Härtung

Das Härtungssystem Cobalt/AAP (Acetylacetonperoxid) ist beim Nasspressen weit verbreitet. Es ist für Werkzeugtemperaturen von Raumtemperatur bis ca. 70°C geeignet. Da AAP recht hohe Spitzentemperaturen erzeugt, eignet es sich für Werkzeugmaterialien mit hoher Wärmeleitfähigkeit und für Wanddicken des Formteiles bis ca. 8mm. Es ist ein relativ preisgünstiges System, welches kurze Entformzeiten ergibt. Die folgende Tabelle 32 zeigt die entsprechenden Kennwerte bei einer Beispielrezeptur (Gew.-Teile) für ein Stahlwerkzeug, ca. 55°C, 5 mm Formteil-Wanddicke:

Tab. 32: Härtungssystem Cobalt/AAP

Harz	100
CoB 1%ig	0,8
Inhibitor 10%ig	0,2
AAP, hochaktiv	1,5
Gelierzeitpunkt	ca. 2min
T max.	ca. 5 min, zwischen 100°C und 120 °C
Entformzeit	ca. 8min

Durch eine Änderung des Inhibitors wird der Gelierpunkt verschoben, die Spitzentemperatur ändert sich kaum. Mit einem Promotor kann die Härtungsgeschwindigkeit gesteigert werden. Durch Variationen des AAP-Anteils kann die Spitzentemperatur eingestellt werden.

Cobalt – MEKP – Härtung

MEKP (Methylethylketonperoxid) ergibt etwas geringere Spitzentemperaturen im Vergleich zu AAP und ist daher eher für Teile mit größerer Wanddicke geeignet. Ebenso ist der Einsatz bei

Kunststoffwerkzeugen zu empfehlen. Es ist ein preisgünstiges System, bringt aber nicht so kurze Entformzeiten wie AAP.

Härtungssysteme für Vinylester – Harze

VE-Harze neigen bei großen Wandstärken und beheizten Formen zu Spannungsrissbildung. Geeignete Härtungssysteme sind Cobaltbeschleuniger mit Cumylhydroperoxid (CuHP) oder Cobaltbeschleuniger mit Methylisobutylketoneperoxid (MIKP).

Amin-BP-Härtungssystem

Wegen der niedrigen Anspringtemperatur der Aminsysteme sind sie besonders für unbeheizte Werkzeuge geeignet. Wegen der Vergilbung unter Licht ist bei der Produktion transparenter Teile von Aminsystemen abzuraten. Die Giftigkeit von Aminbeschleunigern ist ein weiterer Nachteil.

Allerdings können statt Aminbeschleunigern auch Aminvorbeschleuinigte Harzytypen in Mengen von 10-20 Gewichtsprozent eingesetzt werden.

6.2.5.2 Verstärkungsmaterialien

Beim Nasspressen werden verschiedene Verstärkungsarten verwendet:

Endlosmatten

Endlosmatten sind die beim Nasspressen meist verwendeten Verstärkungsmaterialien. Sie haben große Trockenreißfestigkeit, so dass sie beim Schließen der Form nicht einreißen. Der Fließwiderstand ist vergleichsweise gering und somit werden sie vom Harzstrom kaum verschoben.

Endlosmatten sind bei der Verarbeitung im Zuschnitt einfach zu handhaben, da sie sich nicht verziehen. Üblicherweise werden die Matten außen mit einem feineren Faden hergestellt, damit die Faserzeichnung an der Oberfläche nicht so deutlich wird. Es sind auch Typen mit ein- oder beidseitiger Vliesabdeckung erhältlich. Ebenso gibt es Varianten, die in einer Richtung eine geringe Dehnbarkeit aufweisen.

Gewebe

Verfahrensbedingt können alle unterschiedlichen Gewebearten eingesetzt werden, also Filamentgewebe, Rovinggewebe, Unidirektionalgewebe sowie die verschiedenen Bindungsarten. Gewebe werden in Laminaten eingesetzt, um besonders hohe Zugfestigkeitswerte zu erreichen.

In Laminaten können durch Einsatz von Rovinggewebe Zugfestigkeiten bis zu 300 MPa und bei Verwendung von Unidirektionalgewebe bis zu 600 MPa erreicht werden. Meistens werden Gewebe zusammen mit Matten eingesetzt, da mehrere Lagen Gewebe übereinander liegend, nur geringe interlaminare Scherfestigkeit aufweisen, weil die Bindung zwischen den einzelnen Gewebelagen nicht optimal ist. Werden Gewebe in Kombination mit Matten eingesetzt, ist auf einen symmetrischen Laminataufbau zu achten. Da sich in Gewebelagen höhere Glasgehalte ergeben als in Mattenlagen, neigen asymmetrische Laminate zum Verwerfen.

Gelege

Gelege sind vorgefertigte, aus mehreren Lagen bestehende Verstärkungen. Dabei kann es sich um Kombinationen aus Geweben und Matten handeln, aber auch um auf Vliese aufgesteppte Gewebe oder um so genannte Mehrlagengelege. Solche Gelege sind für spezielle Anwendungsfälle geeignet. Es gelten die gleichen Grundsätze wie bei der Verwendung von gemischten Matten- und Gewebelagen.

Gestricke

Gestricke haben gegenüber anderen Verstärkungen den Vorteil, sehr gut sphärisch verformbar zu sein. Da sie aber bei Weitem nicht die Festigkeitswerte von Geweben erzielen, werden sie nur sehr beschränkt eingesetzt.

Vliese

Vliese werden beim Nasspressen wie auch bei anderen Verfahren zur Verbesserung von Oberflächen eingesetzt. Das Abzeichnen der Fasern an der Oberfläche wird durch die harzreiche Schicht deutlich verringert. Daneben wird die Chemikalien- und Witterungsbeständigkeit verbessert. Durch Einpressen von bedruckten Vliesen können Teile sehr einfach und dauerhaft gekennzeichnet werden. Bei der Verwendung von Vliesen ist Folgendes zu beachten:

- Die harzreiche Schicht, die durch ein Vlies erzeugt wird, ist beim Pressen durch den Druck dünner als bei drucklosen Verfahren.
- Vliese neigen im Vergleich zu Matten eher zum Rutschen in der Form, es kann also notwendig sein, sie vorab mit Harz in der Form zu fixieren.
- Manche Vliese, insbesondere Polyesterfaservliese, zeichnen sich farblich im Laminat ab, was besonders bei Faltenbildung in der Vliesschicht störend ist. Abhilfe schafft die Verwendung von C-Glas-Vliesen.

Vorformlinge:

Es gibt zwei Verfahren zur Herstellung von Vorformlingen:

1. Freiformen von geschnittenen Fasern
2. Tiefziehen von thermoplastisch gebundenen Matten

6.2.5.3 Füllstoffe/Farbmittel

Technische und wirtschaftliche Gründe können für die Verwendung von Füllstoffen sprechen:

- Durch Verringerung der Schwindung wird die Maßhaltigkeit und die Oberfläche verbessert.
- Temperaturspitzen werden gesenkt.
- Die Harzrissempfindlichkeit wird gesenkt.
- Kosten können durch entsprechende Wahl und Zugabemengen des Füllstoffes gesenkt werden.
- Die Schlagzähigkeit und der E-Modul werden erhöht.

Nachteile beim Füllstoffeinsatz:

- Die meisten Füllstoffe setzen sich aufgrund ihres spezifischen Gewichtes nach unten ab, so dass das Harz im Vorratsbehälter in Bewegung gehalten werden muss.
- Füllstoffe müssen gut im Harz dispergiert werden, um Klumpenbildung zu vermeiden.
- Die Viskosität der Harzmischung nimmt zu, es bilden sich also leichter Schwemmfalten.
- Einige Füllstoffe können durch Matten ausgefiltert werden.
- Transparente Teile können nur mit wenigen Füllstoffen und dann auch nur mit Einschränkungen produziert werden.
- Die Teile werden meistens schwerer.

Allgemeingültige Regeln bei der Verwendung von Füllstoffen

Rezepturerstellung von Füllstoffmischungen

Bei der Rezepturerstellung von Füllstoffhaltigen Mischungen muss festgelegt werden, ob der prozentuale Füllstoffgehalt auf die Gesamtmischung oder auf den Harzanteil bezogen werden soll. Da die Rezepturangaben sich meist auf 100 Gewichtsteile Harz beziehen, ist es sinnvoll, dies auch bei Füllstoffhaltigen Mischungen entsprechend zu handhaben. (siehe nachfolgende Tabelle 33)

Tab. 33: Rezepturerstellung von Füllstoffmischungen

Harz	100 Gewichtsteile
CoB 1%ig	0,8
MEKP	1,5
Calziumcarbonat	20

Würde der Füllstoffgehalt auf die gesamte Mischung bezogen, hätte man 20 Teile Füllstoff auf 122,3 Teile, also 16,35 %.

Insbesondere bei komplexen Rezepturen mit einer Vielzahl von Komponenten und Gewichtsteilen führt der Bezug auf 100 Gewichtsteile Harz zu einfacher Nachvollziehbarkeit und vermindert Fehler bei der Berechnung und Herstellung der Mischung .

Wird beim Nasspressen Füllstoff eingesetzt, so ist zu beachten, wie viel Harz der Füllstoffanteil tatsächlich ersetzt. Die Reaktionsmittel bleiben außer Betracht.

Beispielhaft soll ein Pressteil mit einer Harzmenge von 10kg berechnet werden.

Harz hat eine Dichte von 1,1g/cm^3 und somit ist ein Volumen von 9,1 l zu füllen.

Calciumcarbonat hat eine Dichte von 2,7 g/cm^3 und somit ein Volumen von 370 cm^3/kg. Daraus folgt, dass ein Kilogramm Kreide nur 0.41kg Harz ersetzt.

Für das obige Beispiel bedeutet dies, dass man 8,43 l Harz und 0,67 l Calziumcarbonat benötigt, um ein Volumen von 9,1 l zu erhalten. In Gewichten ausgedrückt: 9,3 kg Harz und 1,8 kg Kreide. Man hat also nur 0,7 kg Harz eingespart.

Dieses Beispiel zeigt, dass zur Kosteneinsparung recht hohe Füllstoffgehalte eingesetzt werden müssen, was möglicherweise zu Verarbeitungschwierigkeiten führen kann. Füllstoffe sollten beim Nasspressen also in erster Linie zur Qualitäts- oder Prozessverbesserung eingesetzt werden.

Je höher der Füllgrad, desto stärker sind die qualitätsverbessernden Eigenschaften wie Oberflächenverbesserungen, geringere Harzrissempfindlichkeit oder Senkung der Temperaturspitzen. Die mechanischen Festigkeitswerte nehmen bei Füllgraden ab ca. 30% ab, während bei steigendem Füllgrad Verarbeitungsprobleme deutlich zunnehmen.

Daher haben sich in der Praxis Füllstoffanteile zwischen 10% und 30% als sinnvoller Kompromiss bewährt.

Dies gilt allerdings nicht, falls Zugabemengen in ursächlichem Zusammenhang mit der Funktionalität des Füllstoffs und damit des Fertigteils stehen, z.B. Einsatz von Aluminiumtrihydrat für selbstlöschende GFK-Artikel. Hier müssen dann die spezifischen Zugabemengen strikt eingehalten werden.

Einrühren von Füllstoffen

Es ist zu aufwendig, jeden einzelnen Harzansatz separat mit Füllstoff zu versetzen, daher wird meist ein größerer Ansatz in einem Vorratsbehälter hergestellt.

Einfache Propellerrührwerke mischen den Füllstoff nur unzureichend ein.

Die beste Mischqualität erhält man, wenn man mit einem Schnelläufer, z.B. einem Dissolver, eine Stammpaste hergestellt und diese dann mit einem einfachen Rührer in die Harzmischung im Vorratsbehälter einarbeitet. Sollte diese Möglichkeiten nicht gegeben sein, wird ein kleiner Teil des Harzes mit der Gesamtmenge Füllstoff im Vorratsbehälter so gut wie möglich vermischt, da dies zu hoher Scherkraft führt.

Dann wird das restliche Harz unter ständigem Rühren eingerührt.

In jedem Fall sollte die Mischung vor dem Pressen durch ein Sieb laufen, da kleine Klümpchen Füllstoff im Harz zu Ausschussteilen führen können.

Da die meisten Füllstoffe im Vergleich zum Harz ein deutlich höheres spezifisches Gewicht haben, setzen sie sich im Vorratsbehälter unten ab. Bereits über ein Wochenende kann so am Behälterboden eine feste Füllstoffschicht entstehen, die auch mit dem besten Rührer nicht wieder aufgerührt werden kann. Deshalb müssen solche Mischungen in Bewegung gehalten werden. Das kann zum Beispiel mittels Druckluft geschehen oder mit einem Rührwerk, welches mit einer Zeitschaltuhr regelmäßig eingeschaltet wird. Vorsicht: Zuviel Rühren erwärmt die Mischung!

Es besteht zwar theoretisch die Möglichkeit, den Füllstoff mittels eines Thixotropiemittels, z.B. hochdisperser Kieselsäure, in der Schwebe zu halten. Dabei erhöht sich aber zwangsläufig auch die Viskosität des Harzes. Die höhere Viskosität führt dann leicht zu Faltenbildung, da die Matte dann eher vom Harzstrom verschoben wird.

Die Wahl des richtigen Füllstoffes:

Bei der Auswahl der Füllstoffe und deren Zugabemengen sollte immer die Funktionalität des Prozesses und des Endproduktes im Vordergrund stehen.

Soll ein Füllstoff zur Kosteneinsparung eingesetzt werden, sind der Preis und das spezifische Gewicht, also der Volumenpreis, zu bewerten.

Die meisten Füllstoffe verschlechtern die chemische Beständigkeit. Bei hoher chemischer Beanspruchung ist also von der Verwendung von Füllstoffen abzuraten bzw. Füllstoffe mit höherer chemischer Beständigkeit auszuwählen.

Füllstoffe erhöhen die Harzviskosität. Je kleiner die spezifische Oberfläche des Füllstoffes ist, desto geringer ist die Auswirkung auf die Viskosität. Die spezifische Oberfläche wird in m^2/g angegeben. Auch die Gestalt des Füllstoffes beeinflusst die Viskosität.

Im Hinblick auf Viskositätserhöhung haben runde Körner wie Glaskugeln den geringsten Einfluss, gefolgt von plättchenförmigen wie Talkum, China Clay und quaderförmigen wie Kreide und Aluminiumhydroxid. Den höchsten Viskositätsanstieg ergeben faserförmige Füllstoffe.

Zur Herstellung transparenter Teile ist Aluminiumhydroxid am besten geeignet, da es den geringsten Einfluss auf die Transparenz hat.

Füllstoffe werden entsprechend ihrem Verwendungszweck oft mit Schlichten oder Haftvermittlern vorbehandelt. Um hier das Optimum zu erhalten, ist eine Beratung seitens der Lieferanten unumgänglich.

Darüber hinaus gibt es eine Vielzahl an Additiven, wie z.B. Dispergiermittel oder Viskositätsreduzierernde Mittel. Eine Beratung seitens der Lieferanten ist angeraten.

Farbpasten

Um eingefärbte Teile herzustellen, wird dem Harz im Vorratsbehälter eine Farbpaste zugemischt. Die Zugabemenge richtet sich nach der gewünschten Farbqualität und dem Farbton. Meistens liegen die Zugabemengen zwischen 1% und 3%.

Bei manchen Farbpasten, besonders wenn sie Ruß als schwarzes Pigment enthalten, entsteht eine Ausfilterung der gröberen Pigmentpartikel. Dieser Effekt tritt hauptsächlich in Überlappungszonen mit besonders hohem Glasanteil auf. Werden gleichzeitig Füllstoffe verwendet, wird dieser Effekt deutlich verstärkt.

Erkennbar ist diese Erscheinung, wenn, in Fließrichtung gesehen, hintereinander liegende Zonen unterschiedliche Farbschattierungen aufweisen.

Es gilt des Weiteren zu beachten, dass die Reaktivität von Fertigmischungen durch bestimmte Farbpasten über die Lagerzeit verändert werden kann.

6.2.6 Qualität von Pressteilen

Die Qualität eines Pressteiles ist wesentlich von der Art des Zuschnittes und der Sorgfalt des Einlegens abhängig, d.h., das Personal in der Vorbereitung und an der Presse hat eine hohe Verantwortung und benötigt großes handwerkliches Geschick und Erfahrung.

Die Anforderungen an ein Pressteil sind unterschiedlich. Meist kommt jedoch der Oberfläche eine besondere Bedeutung zu.

Es gibt mehrere Faktoren, mit denen man die Oberflächengüte beeinflussen kann:

- Oberflächenqualität des Werkzeuges,
- Temperaturführung des Werkzeuges,
- Verwendung eines Vlieses,
- Einbringen einer Vorschicht,
- Verringerung der Schwindung durch Füllstoffe.

Oberflächenqualität des Werkzeuges

Mit einem schlechten Werkzeug kann man kein gutes Pressteil produzieren, so dass eine gute Werkzeugoberfläche die unbedingte Voraussetzung für eine glatte Oberfläche des Fertigteils ist. Man kann zwar trotz einer guten Werkzeugoberfläche eine schlechte Oberfläche produzieren, aber der umgekehrte Fall wird niemals gelingen, selbst wenn die anderen Faktoren optimal eingestellt sind. Die beste Oberflächenbehandlung des Werkzeuges wurde bereits im Kapitel „Presswerkzeuge" beschrieben.

Temperaturführung des Werkzeuges

Polyesterharz schwindet während der Aushärtung. Die Volumenschwindung eines ungefüllten Harzes beträgt ca. 8%, das entspricht einer Längenschwindung von etwa 2%. Die Schwindung eines verstärkten Harzes ist geringer. Durch die Schwindung zeichnen sich die Glasfasern an der Oberfläche ab. An der wärmeren Formenseite härtet das Harz früher und schwindet von der kälteren Werkzeugseite ab. Daher ist auf der wärmeren Seite stets die bessere Oberfläche.

Es ist also wichtig, dass entweder das Formunterteil oder der Stempel, je nachdem, auf welcher Seite man die bessere Oberfläche erzeugen will, um einige Grad wärmer gefahren wird. Diese Aussage gilt jedoch nur, wenn beide Werkzeugteile aus dem gleichen Material hergestellt sind. Handelt es sich um verschiedene Materialien, zum Beispiel um einen Stahlstempel und ein Kunststoffunterteil, kann man die Oberflächentemperaturen nicht direkt miteinander vergleichen. Bei diesen Werkzeugmaterialien wird sich das Harz aufgrund der wesentlich besseren Wärmeleitfähigkeit des Stahls auf der Stempelseite schneller erwärmen, dafür aber keine so hohe Spitzentemperatur aufbauen. Daher ist in einem solchen Fall die richtige Oberflächentemperatur durch Versuche festzustellen. Man erhöht auf der Seite, auf der man die bessere Oberfläche erzeugen will, die Temperatur gerade soweit, bis die Fasern sich nur noch auf der kälteren Seite abzeichnen. Der Temperaturunterschied sollte dabei nicht größer sein als unbedingt notwendig, da ansonsten auf der kälteren Seite Probleme wie Klebrigkeit, Unterhärtung und Verschmutzen des Werkzeuges auftreten können.

Wichtig: Um gute Oberflächen zu erhalten, ist die Oberflächentemperatur des Werkzeuges entscheidend, nicht die Temperatur der Formheizung!

Verwendung eines Vlieses

Die Qualität der Oberfläche ist nicht nur eine optische Angelegenheit.

Bei besonderen Ansprüchen im Hinblick auf die Chemikalien- oder Witterungsbeständigkeit muss zumeist eine harzreiche Schicht aufgebracht werden, da diese wesentlich beständiger ist. Die Verwendung eines Oberflächenvlieses kann eine solche Harzschicht sicherstellen, allerdings ist die Schichtdicke im Vergleich zu einem Gelcoat geringer und weniger definiert.

In den Überlappungszonen der Glasfaserlagen muss eine zu dicke Überlappung vermieden werden, da dadurch das Glasfaservlies zu stark komprimiert wird und dadurch die Schichtdicke der Reinharzschicht abnimmt.

Einbringen einer Vorschicht

Beim Nasspressen kann eine Vorschicht, auch Feinschicht oder Gelcoat genannt, in definierter Dicke eingebracht und angehärtet werden, allerdings verlängert dieser zusätzliche Arbeitsschritt die Taktzeit erheblich.

Durch die Verwendung von beheizten Werkzeugen kann die Anhärtung der Feinschicht beschleunigt werden, bei Verwendung unbeheizter Werkzeuge wird die Härtungszeit der Vorschicht oft als zu lang empfunden.

Durch das Einbringen eines Gelcoats wird besonders bei beheizten Werkzeugen die Arbeitsplatzbelastung mit Styrol stark ansteigen, was den Vorteil eines geschlossenen Systems in Frage stellt.

Eine Vorschicht erzeugt eine defnierte Reinharzschicht und damit eine sehr chemikalien- und witterungsbeständige Oberfläche, so dass trotz der genannten Nachteile in manchen Fällen die Verwendung einer Vorschicht notwendig ist.

Bei richtiger Temperaturführung des Werkzeuges ist die Faserzeichnung der Matte auf der Oberfläche fast vollständig verschwunden. Da die Matte auf der Vorschicht „klebt", wird Faltenbildung durch ein Verschieben der Matte deutlich reduziert, manchmal sogar ganz beseitigt. Die Standzeit der Form wird durch den Einsatz von Gelcoat verlängert.

Normung

Die meisten Hersteller folgen in der Qualitätssicherung den Vorgaben der ISO 9001.

Darüber hinaus kommen oft, je nach Endanwendung, außer den unten genannten Normen weitere Normen für die Ausführung, Qualitätsbestimmung und Qualitätssicherung zur Anwendung:

- EN 13 121 Oberirdische Lagertanks
- Verschiedene Normen im Bereich selbstlöschender Anwendungen
- ISO 178 / ISO 527 / ISO 604 / ISO 1183 / ISO R62 zur Überprüfung der mechanischen Kennwerte

Aufgrund des breiten Einsatzes von Pressteilen können zudem weitere spezifische Normen durch den Endkunden oder Benutzer zur Anwendung kommen.

6.2.7 Mögliche Fehler und ihre Ursachen

Die Form ist nicht vollständig mit Harz ausgefüllt:

- Zu frühes Gelieren – Rezeptur langsamer einstellen (siehe unten),
- zu wenig Harz verwendet, Laminatdicke an verschiedenen Stellen prüfen und falls Dicke in Ordnung, Harzmenge erhöhen,
- auf einer Seite läuft mehr Harz aus der Form, während auf der anderen Seite Harz fehlt – die Quetschkante schließt nicht richtig.

Überpressungen , d.h. stellenweise zu viel Matte:

- Überpressung entlang der Überlappungen – Zuschnitt an den betreffenden Stellen etwas kleiner machen und die einzelnen Lagen mehr gegeneinander versetzen,
- kleine punktförmige Überpressung – vermutlich Fremdkörper eingepresst.

Harzrisse, glasarme Stellen:

- In solchen Bereichen muss mehr Glas in die Form eingelegt werden, entweder durch Vergrößerung des Zuschnitts, falls die Harzrisse in Überlappungszonen auftreten oder durch zusätzliche Mattenstücke in den betreffenden Bereichen.

Faltenbildung:

- Matte hat sich beim Formschließen verschoben – Matte besser durch Mattenhalter fixieren oder Einstreichen der Form mit vorbeschleunigtem Harzansatz. – Dadurch „klebt“ die Matte etwas in der Form.
- Kurze Querfalten in den Radien – Der Zuschnitt ragt zu weit über den Radius hinaus, entweder einschneiden/einreißen oder Zuschnitt verkleinern.
- Komplizierte Formgebungen bzw. starke sphärische Verformungen können zu Faltenbildung führen. Prüfen, ob dehnbare Verstärkungsarten verwendet werden können oder Zuschnitte optimieren.
- Schwemmfalten, die durch ein Verschieben der Matte durch den Harzstrom verursacht werden – das Eintauchen des Werkzeugstempels ist zu verlangsamen. Besseres Verschachteln der einzelnen Mattenlagen in den Überlappungszonen schafft ebenfalls Verbesserungen.

6.2.8 Ausblick

Die Wirtschaftlichkeit des Nasspressverfahrens wird stark von den Investitionskosten der Maschinen und Werkzeuge bestimmt und ist daher erst bei Serienfertigung ab einigen Hundert Stück vertretbar. Von der Seriengröße ist auch die Wahl des Werkzeuges – Kunststoff- oder Metallform – abhängig.

Durch geeignete Maßnahmen beim Zuschnitt und an der Presse lassen sich Personalkosten und Stückzeiten maßgeblich beeinflussen. So ist mittels Einsatz von Dosiereinrichtungen und Vorrichtungen für das Entformen großer Teile eine Einmannbedienung der Pressen möglich. Der Zuschnitt kann mit entsprechendem Investitionsaufwand automatisiert werden.

Im Wirtschaftlichkeitsvergleich kann die Reihenfolge Handlaminieren – Faserspritzen – Injektion – Nasspressen – Pressen von Formmassen für vergleichbare Formteile angenommen werden, soweit Dimensionen oder das Anforderungsprofil des Fertigteils den Einsatz eines dieser Verfahren fordert.

6.3 Wickelverfahren

6.3.1 Einleitung

Die Wickeltechnik ist ein Verfahren zur Herstellung von rotationssymmetrischen Körpern. Erste Ansätze zur Faserverstärkung von Bauteilen mittels der Wickeltechnik wurden bereits Ende der 1940er Jahren unternommen.

Die heute noch genutzte Methode mit vorwiegend Glas- und Kohlenstofffasern als Verstärkungsfasern wurde bereits 1947 durch die Young Development Labs. in Princeton, Kanada, vorangetrieben. Hier wurden in der Folgezeit auch die ersten kommerziell erhältlichen Wickelanlagen hergestellt. Eine Serienfertigung entstand dann bei McClean-Anderson ab 1961 in den USA. In Europa nahm die Firma Bolenz & Schäfer in Deutschland die Produktion 1965 auf. Im Lauf der Zeit wurden die Anlagen auf Einzelmotoren umgestellt, so dass eine freie Wahl veränderlicher Winkel ermöglicht wurde.

Inzwischen hat sich die Anlagentechnik durch die Umstellung auf CNC-Steuerungen und die Automatisierung der Anlagen grundlegend weiterentwickelt, hin zu komplexen Fertigungsinseln und kontinuierlich arbeitenden Wickelanlagen. Mit modernen Anlagen können heute bis zu 300.000 Druckbehälter pro Jahr vollautomatisch gefertigt werden.

Die Einsatzgebiete gewickelter Teile sind weit gestreut. Sie reichen von Behältern über Rohre für den Transport flüssiger und gasförmiger Stoffe, Masten für Segelboote, kleinvolumige Drucktanks und Futtersilos, bis hin zu höchstbeanspruchten Boostern für Raketen. Für die Zukunft zeichnet sich ein besonderes Marktpotenzial sowohl im Bereich der Energiespeicherung als auch in der Wasserwirtschaft ab.

Vor allem in Entwicklung befindliche Fahrzeuge mit Wasserstoff- oder Erdgasantrieb benötigen Drucktanks mit hoher Leichtbaugüte. Die Anforderung an Betriebsdrücke geht dabei heute bis zu 700 bar. Hierbei bietet sich die Wickeltechnik insbesondere wegen der erzielbaren hohen Festigkeits- und Steifigkeitswerte an.

Wickelanlagen werden als Einzelanlagen oder als kontinuierliche Fertigungsstraßen von den Herstellern angeboten. Übliche Abmessungen für die Bauteile reichen von Durchmessern von 0,1 bis 10m und einer Länge von 1-12 m. Bei größeren Längen werden einzeln gewickelte Abschnitte durch Verkleben, Verschrauben und/oder Überlaminate zusammengefügt.

Bei der Fertigung von Raketenstufen der Ariane 5 werden Durchmesser von 3 m bei einer Länge von 11 m realisiert. In Chemieanlagen sind gewickelte Waschtürme mit einem Durchmesser von über 10m sowie Tanks von über 1.000 m3 im Einsatz.

6.3.2 Verfahrensgrundlagen

Mit Hilfe der Wickeltechnik werden vorzugsweise Formteile wie Behälter, Rohre, Achsen, Walzen und Wellen hergestellt. Grundsätzlich ist aber eine Vielzahl von Teilegeometrien vorstellbar (Abbildung 212).

Die Teilegeometrie wird dabei durch den Wickelkern vorgegeben, auf welchem die mit Harz imprägnierten Fasern abgelegt werden.

Bei zylinder- und kegelförmigen Teilen, bzw. solchen mit einseitigem Boden, kann der Kern wiederverwendet werden. Bei anderen geometrischen Formen verbleibt der Kern im Bauteil – als *verlorener Kern* oder *Liner* bezeichnet. Er kann dabei gleichzeitig eine Funktionseigenschaft wie z.B. Diffusionssperre oder Korrosionsbeständigkeit übernehmen.

Bei kleineren Behältern und für geringe Stückzahlen werden auch ausschmelzbare Kerne verwendet. Für große Durchmesser werden klappbare oder zerlegbare Kerne eingesetzt.

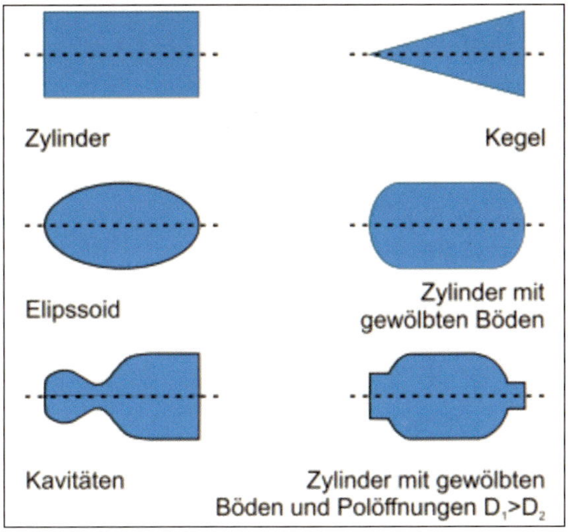

Abb. 212: Grundformen durch Wickeln herstellbarer Körper

Mit der Konstruktion und den Lastannahmen werden die wickeltechnischen Vorgaben für das Bauteil und damit die kinematischen Forderungen an die Wickelanlage festgelegt.

Gleichzeitig ergeben sich daraus der oder die Wickelwinkel sowie die Breite des Rovingbandes bzw. die erforderliche Zahl der Rovings. Hierzu sind entsprechende Berechnungsprogramme verfügbar.

Beim Wickeln von Druckbehältern wird als Lagenaufbau häufig eine Kombination des Kreuzwickelns als ausgeglichenem Winkelverbund mit entprechenden Umfangslagen vorgenommen (Abbildung 213).

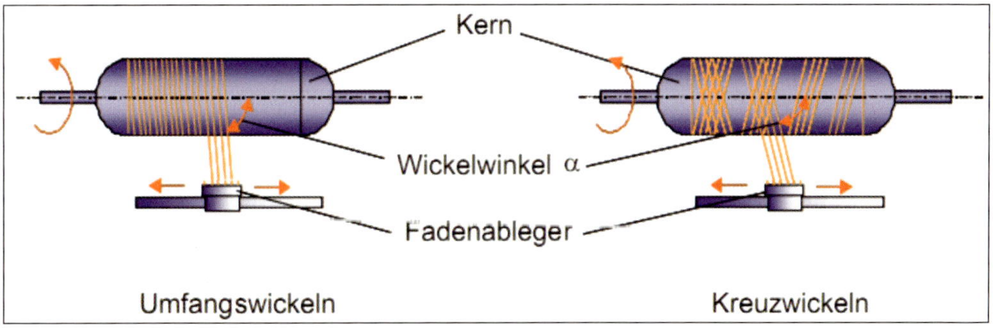

Abb. 213: Definition von Umfangs- und Kreuzlagen

Für die Aufnahme von Axialkräften können auch Fasern parallel zur Rotationsachse des Körpers abgelegt werden. Man spricht dabei von einem Wickelwinkel von 0°, da dieser gegen die Rotationsachse gemessen wird. Da am Ende des Körpers keine Fixierung durch Umschlingung der Struktur mehr möglich ist, kommen hier Stiftkronen (*Pins*) zum Einsatz, die die Axialkräfte in den abgelegten Fasern aufnehmen. Dies in selteneren Fällen für Rohre genutzte Vorgehen hat allerdings den Nachteil, dass die Enden der Teile mit den Pins nach der Aushärtung entfernt werden müssen. Als potenziell effizientere Methoden bieten sich das diskontinuierliche Tapelegen oder die Herstellung pultrudierter 0°- Schichten als Halbzeug an.

Die Geometrie des Wickelkörpers schränkt allerdings die Wahl des Wickelwinkels ein. In Abbildung 214 ist dargestellt, wie sich in Abhängigkeit von der Breite des Bandes und dem Wickelwinkel in einem Schnitt senkrecht zur Achse die so genannte Teilung darstellt. Sie bestimmt wie viele Bänder über dem Umfang nötig sind, um eine volle Bedeckung der Oberfläche zu erreichen. Um den Aufbau vollständig zu charakterisieren, fehlt noch das Wickelmuster. Kommt z.B. nach dem dritten Hin- und Rückhub des Fadenablegers das (vierte) Band wieder neben dem ersten zu liegen, so spricht man von einem Dreier-Wickelmuster, wobei mit einem positiven oder negativen Vorzeichen der Bandversatz angegeben wird. Bei positivem Versatz liegt das vierte Band hinter dem ersten, bei negativem davor. Im rechten Teil des Bildes ist die Abwicklung eines Wickelmusters dargestellt. Die Überdeckung ist hier beispielhaft negativ, d.h. zwischen den Bändchen entstehen jeweils Lücken.

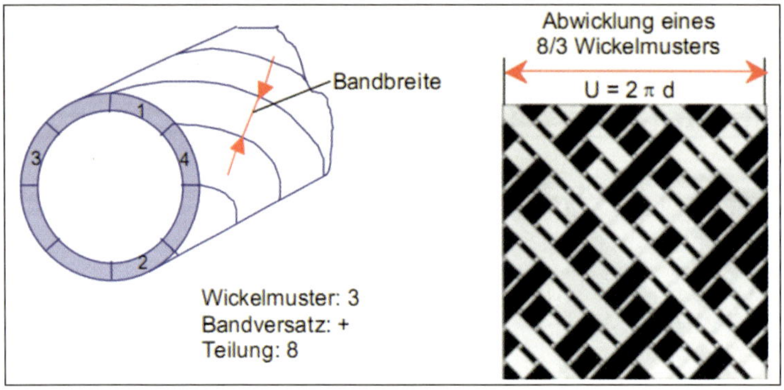

Abb. 214: Darstellung eines Wickelmusters am Bauteil und als Abwicklung

Im Vergleich der Skizze mit der Abwicklung wird der Unterschied zwischen Theorie und Praxis deutlich. In der Skizze kann man eine Lage erkennen, bei der alle Fasern unter + 45° nebeneinander abgelegt sind. Die – 45° Lage würde die dargestellte Lage überdecken. In der Realität wird aber erst ein einzelner Faserstrang unter + 45° abgelegt; am Ende des Bauteils ändert die Maschine in der Wendezone den Winkel von + 45° auf – 45° und legt auf dem Rückweg die Fasern über die bereits platzierten ab. Am Kreuzungspunkt entsteht so eine Stufe. Je nach Muster und Teilung entsteht ein charakteristisches Erscheinungsbild. Bei zylindrischen Körpern wird die Wendezone meist abgetrennt und entsorgt, da hier keine definierte Faserrichtung mehr herrscht und das Laminat stark aufdickt. Bei Druckbehältern müssen die Wendezonen so ausgelegt werden, dass sie am Bauteil verbleiben können. Durch die Querschnittsverjüngung an den Polkappen kommt es aber auch hier zu einer Laminataufdickung. Für eine Serienfertigung erfolgen häufig auch Vorversuche.

Abbildung 215 zeigt, wie der Wickelpfad um eine Polkappe mit Öffnung geführt wird. In Abhängigkeit vom Reibungskoeffizienten zwischen Faser/Matrix und Untergrund ist es möglich eine Bahn zu wählen, die von der Geodätischen – der kürzesten Verbindung zwischen zwei Punkten auf einer gekrümmten Oberfläche – abweicht. So können gegebenenfalls Wickelmuster realisiert werden, die auf herkömmliche Weise nicht möglich wären.

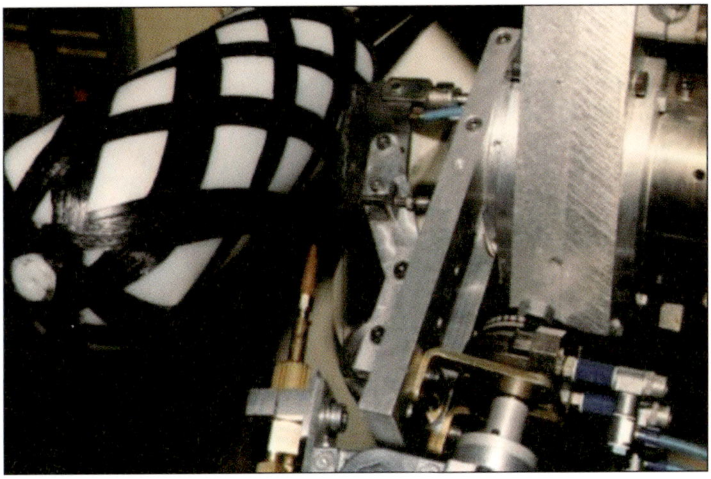

Abb. 215: Wickelpfad beim Behälterwickeln

6.3.3 Anlagentechnik

Die heutige Anlagentechnik bietet ein breites Angebot von Maschinen für den jeweilig optimalen Einsatzfall. Wesentliche Merkmale sind die Bauart und die Zahl der verfügbaren mechanischen und elektrischen Achsen. Für alle Anlagen gültig ist die Definition der Bewegungsachsen. Die sechs Freiheitsgrade sind in Abbildung 216 dargestellt.

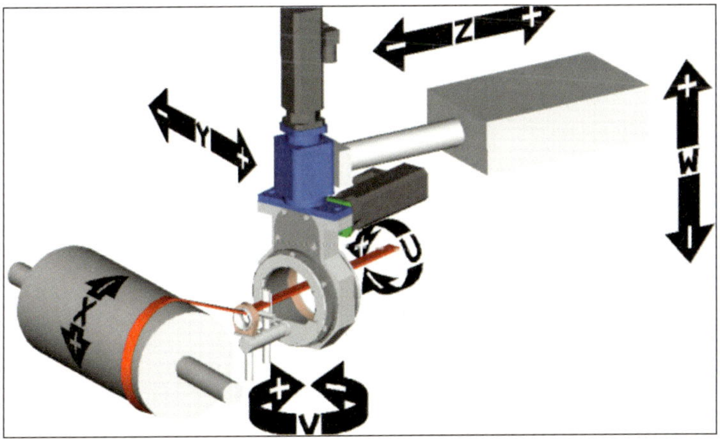

Abb. 216: Bewegungsachsen einer Wickelanlage

In der Reihenfolge ihrer Bedeutung sind dies die Rotationsachse (X), die Bewegung des Fadenauges parallel zur Rotationsachse (Y), der Abstand des Fadenauges von der Rotationsachse (Z), die Drehung des Fadenauges um seine waagerechte Achse (U), die Drehung um seine senkrechte Achse (V) und seine Vertikalachse (W).

Das Wickeln zylindrischer Rohre ist mit nur zwei Bewegungsachsen möglich.

Die Hauptaufgabe aller Wickelmaschinen besteht in der exakten Ablage von Rovings in einer vom Benutzer vorab definierten Anordnung. Während früher lediglich rotationssymmetrische Körper gewickelt werden konnten und nur gleichförmige Bewegungsabläufe möglich waren, kann man inzwischen mit Hilfe moderner elektronischer Anlagensteuerungen ein breites Spektrum an Bauteilformen erzeugen. Je komplexer die Geometrie des anzufertigenden Wickelkörpers ist, desto höher sind allerdings die Anforderungen an die Anzahl der Freiheitsgrade der Wickelmaschine.

Die meisten der in Gebrauch befindlichen Anlagen müssen nach Wicklung eines Bauteils mit geringem Aufwand umgerüstet werden, d.h. der Bauteilkern ist vor der Fertigung des nächsten Teils auszutauschen (diskontinuierliches Wickeln).

Zunehmend kommt es jedoch inzwischen zur Anwendung des kontinuierlichen Wickelns, womit der Nachteil einer Unterbrechung des Fertigungsprozesses umgangen wird. Dazu sind speziell ausgelegte Anlagen erforderlich, die eine kontinuierliche Übergabe der Rovings an den nächsten Kern erlauben.

Zur Erzeugung langer, zylindrischer Bauteile setzt man alternativ auch Wickelanlagen mit stationärem Fadenauge ein. Dabei wird der Wickelkern gleichzeitig sowohl translatorisch als auch rotatorisch bewegt. Die Vorteile dieses Verfahrens liegen in der einfachen Installation des Tränkbades und der Rovingspulen, was eine nicht unerhebliche Platzersparnis der gesamten Anlage mit sich bringt.

Durch Einsatz so genannter Ringfadenaugen (Abbildung 217) kann eine Vielzahl von Rovings gleichzeitig auf dem Kern abgelegt werden, wodurch kurze Fertigungszeiten möglich sind. Ist dabei die Anzahl und Breite der abgelegten Fasern für einen Wickelwinkel exakt auf dem Umfang des Körpers abgestimmt, so kann mit einem Ringfadenauge eine vollständige Lage in einem Hub abgelegt werden. Je nach Länge und Durchmesser des Bauteils kann sich der Ring um das Bauteil drehen und auch gleichzeitig verfahren wie bei Verseilmaschinen oder umgekehrt. Da der konstruktive Aufwand sehr hoch ist und derartige Anlagen nicht mehr so flexibel hinsichtlich der Wahl von Durchmesser und Bandbreiten sind, kommen sie vorzugsweise für die Serienfertigung von Standardrohren zum Einsatz.

Abb. 217: Ringfadenauge im Einsatz

Auch komplexere Teile wie der in Abbildung 217 dargestellte Konus können sinnvoll mit Ringfadenaugen hergestellt werden, wobei hier zusätzlich noch mit Führungsstiften gearbeitet wird. Eine solche Maschine eignet sich dann auch zum Flechten von einfacheren Konturen.

Neben den geometrischen Daten der Maschinen spielt die installierte Steuerungs- und Regelungstechnik eine entscheidende Rolle für das Einsatzspektrum der Anlagen und bestimmt auch wesentlich die Kosten. Hier bieten sich allerdings heute auch Möglichkeiten zur Koppelung von Peripherieeinrichtungen im Sinne eines geregelten Gesamtprozesses an, z.B. beim Thermoplastwickeln den Aufbau autonomer Fertigungszellen planen.

Die meisten Anlagen werden als Flachbett- oder Portalanlagen konstruiert (Abbildung 218).

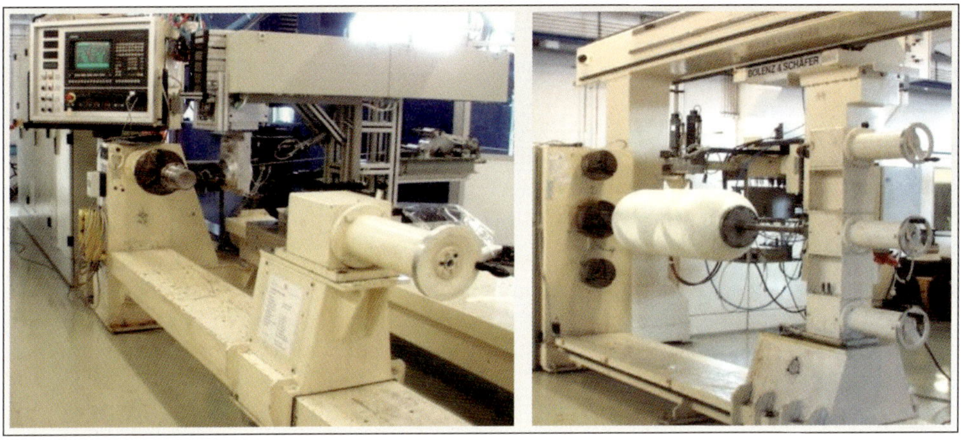

Abb. 218: Flachbett-Wickelanlage (links) und Portal-Wickelanlage (rechts)

Eine interessante Alternative zum kontinuierlichen Herstellen von Rohren in Großserie bildet eine Anlage mit Liner als Kern, der translatorisch durch das rotierende Fadenauge bewegt wird. Dabei können mehrere Ringfadenaugen hintereinander geschaltet werden, um eine vollständige Bedeckung des Kerns (Liners) zu erzielen und gleichzeitig durch unterschiedliche Drehrichtung einen ausgeglichenen Winkelverbund zu erzeugen. Der anlagentechnische Aufwand ist allerdings sehr hoch. Der mögliche Einsatz zielt auf die kontinuierliche Herstellung von Rohren mit Längen von bis zu 2km für die Erdölförderung im Offshore-Bereich.

6.3.4 Duroplastwickeln

Das klassische Wickelverfahren wird oft als Duroplastwickeln bezeichnet. Bei diesem Verfahren werden Rovings eingesetzt, die auf Spulen mit Innenabzug oder Außenabzug geliefert werden und in einem Imprägnierbad oder mit Impragnierwalzen mit einem Duroplast imprägniert werden.

In Abbildung 219 ist dieser Imprägniervorgang schematisch dargestellt.

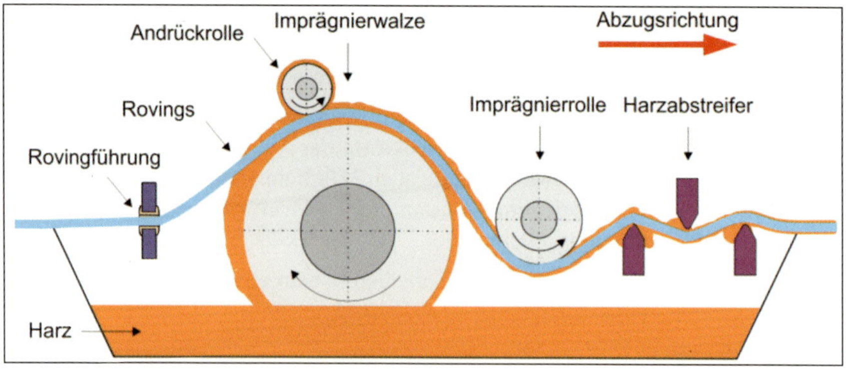

Abb. 219: Imprägnierbad einer Duroplastwickelanlage

Die Rovings werden, von der Spule kommend, durch ein Harzbad mit dem flüssigen Reaktionsharz gezogen und dann der Ablegeeinheit zugeführt. Das Harzbad ist je nach Materialsystem auch temperierbar, da manche Harzsysteme nur bei erhöhter Temperatur eine zum Imprägnieren ausreichend niedrige Viskosität erreichen.

Die zum Einsatz kommenden Harze sollten im günstigsten Fall eine Viskosität von weniger als 2 Pa.s und eine Topfzeit aufweisen, die über der vorgesehenen Wickelzeit liegt. Erst mit ausreichend niedriger Viskosität wird eine vollständige und schnelle Imprägnierung der Rovings möglich.

Aufgrund der Belastungsannahmen wird für die mittels Wickeltechnik hergestellten Teile ein definierter Faservolumen-Gehalt gefordert. Hierzu ist eine konstante Fadenspannung durch die Tränkeinrichtung sicherzustellen. Dabei dienen die an den Abstreifern auf das Rovingband einwirkenden Kräfte und die beim Aufwickeln auf den Kern resultierenden Radialkräfte als Stellgrößen. Beide Anteile sind eine Funktion der Fadenspannung. Die Fadenkraft wird durch eine Bremskraft gegen die rotierenden Wickelachse aufgebracht. Dazu sind einfache Bandbremsen bis hin zu elektronisch geregelten Servobremsen verfügbar.

Beim Wickeln von Behältern kommt es jedoch im Polkappenbereich zu einem kurzzeitigen Abfall der Fadenspannung durch die Querschnittsverjüngung und gleichzeitig notwendiger verminderter Wickelgeschwindigkeit. Dieser Effekt führt zu einem Nachlaufen der Rovingspulen. Zum Ausgleich kommen so genannte Tänzereinheiten zum Einsatz, wie sie auch in Webereien und Spinnereien üblich sind. Hierbei spannt eine Feder die gesamte Spule gegenüber der Bandbremse vor, so dass bei einem Spannungsverlust die Federspannung ausgleichend wirkt. In einzelnen Fällen erfolgt eine Regelung auch über eine entsprechend empfindliche Regelstrecke.

Nach dem Durchlaufen des Harzbades werden die getränkten Fasern mittels einer Ablegeeinheit unter dem geplanten Winkel auf dem Kern abgelegt. Dabei können mehrere Rovings als Bänder gleichzeitig positioniert werden. Sie passieren dabei ein Fadenauge oder einen Abstreifbügel, wie sie in Abbildung 220 zu erkennen sind. Der nachgeschaltete Kamm sorgt für eine gleichmäßige Auffächerung, konstante Lagendicke und Ablagebreite jedes einzelnen Rovings.

Bei der Serienherstellung einfacher zylindrischer Teile, wie Rohre oder Wellen, bei denen mit einem Ringfadenauge gearbeitet wird, ist es üblich, über eine geeignete zusätzliche Umlenkstrecke die Fadenkraft ohne besondere Steuer- oder Regelbremsen einzuleiten.

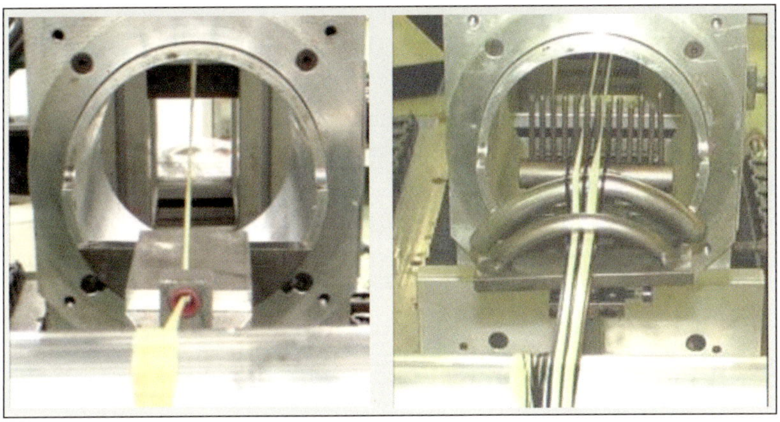

Abb. 220: Fadenauge und Fadenableger einer Duroplastwickelanlage

Abbildung 221 zeigt eine komplette Wickelanlage mit Spulenständer, Harzbad und 3-Spindel-Portal-Wickelmaschine.

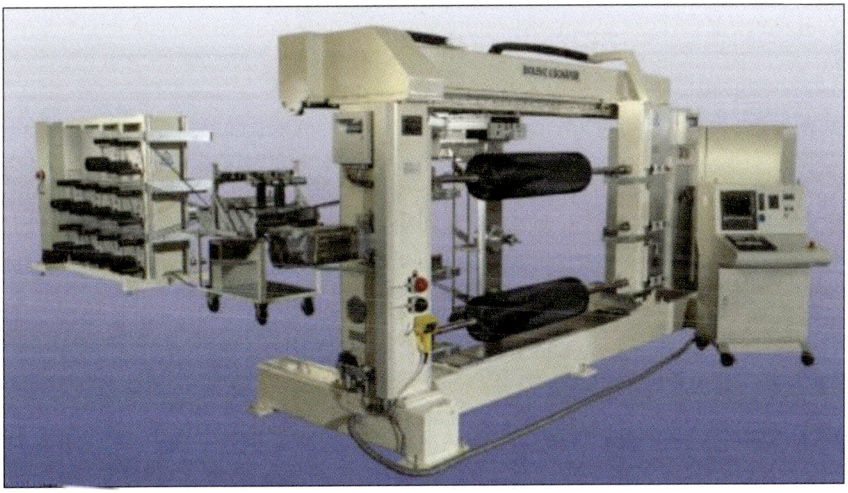

Abb. 221: Komplette Duroplastwickelanlage

Eine spezielle Variante der Wickeltechnik, bei welcher meist ungesättigte Harztypen verwendet werden, ist das Chop-Hoop-Verfahren. Bei diesem Verfahren werden mittels einer Faserspritzanlage geschnittene Glasfasern und die Harzmatrix auf den Rotationskörper projeziert und diese Mischung durch Zugfäden komprimiert. Bei diesem Verfahren können mit vergleichweise kurzen Zykluszeiten Rundkörper mit mittleren Fasergehalten hergestellt werden.

Das Prinzip des Chop-Hoop-Verfahrens findet auch bei kontinuierlich arbeitenden Wickelanlagen Anwendung. Über einen Rohrunterbau gleitet kontinuierlich ein Stahlband, welches dadurch die zylindrische Form bildet, die sich dadurch rotationssymetrisch und transitorisch bewegt. Nach Aufrollen einer Trennfolie wird in der Folge eine harzgetränkte Vliesschicht aufgrebracht, auf welcher nach Anhärtung eine Schnittfaserlage mit Harz getränkt wird.

Diese Faser-Harz-Schicht, oftmals zusätzlich mit Füllstoffen berieselt, wird mittels Zugfäden komprimiert und vor Erreichen der Härtestrecke mit einem Oberflächenvlies belegt. Die Aushärtung erfolgt kontinuierlich in einem entsprechend gesteuerten Härtungsofen.

Theoretisch können endlos lange Teile hergestellt werden, aber im Hinblick auf Gewicht, Transport und Handhabung werden je nach Rohrdurchmesser Abschnitte von 2-12 m vorgenommen. Die typischen Durchmesser liegen zwischen 0,3-5 m.

Aufgrund der langen Rüstzeiten eignen sich solche Anlagen nur für entsprechend große Losgrößen mit gleicher Nennweite und Laminataufbau.

6.3.5 Thermoplastwickeln

Analog dem allgemein zunehmenden Einsatz langfaserverstärkter Thermoplaste haben sich auch entsprechende Faser-Matrix-Kombinationen in der Wickeltechnik etabliert. Ursächlich hierfür sind vor allem Vorteile hinsichtlich kürzerer Verarbeitungszeiten, verbesserter mechanischer Eigenschaften sowie der Umweltverträglichkeit. Als Nachteile sind die hohen Matrixviskositäten, vergleichsweise höhere Verarbeitungstemperaturen und eine aufwändigere Prozessführung in Kauf zu nehmen.

Ausgeglichen oder sogar überkompensiert werden diese Einschränkungen durch die Verkürzung der Prozesskette aufgrund des Wegfalls der aufwändigen Aushärtung in separaten Öfen und durch die Möglichkeit einer Online-Prozessregelung, die im Wesentlichen auf mechanischen und thermodynamischen Prozessgrößen basiert.

Hierfür ist statt des in der Duroplast-Wickeltechnik üblichen Tränkbades eine Peripherie-Anlagentechnik erforderlich, die neben einer Bremseinrichtung eine entsprechende Aufheizstation beinhaltet, mit der z.B. vorimprägnierte Rovings am Ablagepunkt auf dem Kern aufgeschmolzen sowie gleichzeitig die bereits abgelegte, untere Lage ebenfalls auf eine entsprechende Temperatur gebracht wird.

Grundsätzlich besteht auch die Möglichkeit, Fasern und Schmelze unmittelbar am Konsolidierungspunkt zusammenzubringen, so dass dann von einer Direktimprägnierung gesprochen wird. Technologisch und wirtschaftlich bedeutet dies den Vorteil, auf die Halbzeugstufe des relativ teuren Tapes verzichten zu können. Allerdings ist für die Anlagentechnik ein zusätzlicher Extruder erforderlich, der den Schmelzefilm auf den Rovings ablegt.

Insgesamt kann dadurch eine Kostenreduzierung des Prozesses erreicht werden, die jedoch auch abhängig ist von der Seriengröße und der Bauteilgeometrie.

Mit der Verfügbarkeit von Garnen aus Mischungen von Glas- und Polymerfasern, den so genannten Comingled Yarns, bieten sich auch solche Halbzeuge an. Allerdings ist die Auswahl der Polymerfasern für diesen Zweck eingeschränkt.

Für den Vorgang der Verfestigung des thermoplastischen Halbzeugs am und hinter dem Konsolidierungspunkt wird häufig der Begriff der In-Situ-Konsolidierung verwendet. Das Halbzeug ist mit den bereits auf den Wickelkern abgelegten Rovinglagen so zu verschmelzen, dass ein fehlerfreies Gefüge, möglichst ohne Lufteinschlüsse, mit einer gleichmäßigen Einbettung der Fasern in der Matrix entsteht.

Funktionsweise und Aufgaben der entsprechenden Anlagenelemente sind in Abbildung 222 prinzipiell dargestellt. Durch den Einsatz einer entsprechenden Regelungstechnik für die Wärmequellen und die meist gekühlte Andruckrolle kann in Verbindung mit der gewählten Wickelgeschwindigkeit eine geregelte Prozesskette aufgebaut werden, die zu gleich bleibender Qualität der Bauteile führt. Dies ist beim Duroplastwickeln wegen des vergleichsweise trägen Reaktionsverlaufs nicht in gleicher Weise erreichbar.

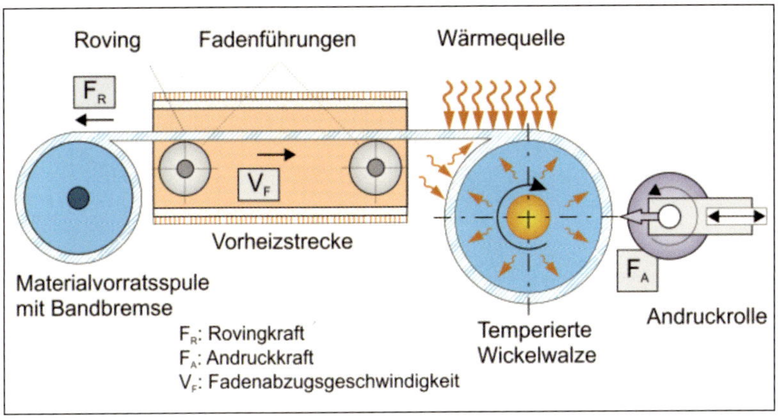

Abb. 222: Prinzipskizze – Wickelanlage zur Verarbeitung kontinuierlich faserverstärkter Thermoplaste

Prinzipiell existieren zwei Alternativen zum Aufschmelzen thermoplastischer Halbzeuge. Man unterscheidet die Kontakterwärmung, die jedoch bedingt durch schwierige Prozesshandhabung (z. B. Verkleben) kaum Anwendung findet, und berührungslose Aufheizungsmethoden (z.B. Heißluft, Heißgas, Strahlung).

Grundsätzlich lässt sich das Thermoplastwickeln unterteilen in die drei Prozessschritte:

- Führen (Bandbremse; Bandführungseinrichtungen),
- Heizen (Vorheizstrecke; Heizgeräte am Konsolidierungspunkt; Wickelkernheizung),
- Konsolidieren (Andruckkraft; Bandzugkraft).

Von der Vorratsspule läuft das Halbzeug über die Bremseinrichtung und Umlenkrollen sowie Führungselemente und die Vorheizstrecke zu dem Ablagepunkt auf dem Wickelkern. Dort wirken eine oder mehrere Heizquellen auf das Halbzeug, die die thermoplastische Matrix aufschmelzen und die einzelnen Lagen miteinander verschweißen. Eine Unterstützung der Konsolidierung kann durch Andruckrollen oder Andruckschuhe erfolgen. Nach Abschluss bzw. bereits während des Wickelprozesses wird die Matrix dabei möglichst mit definierter Abkühlrate abgekühlt. Durch die eingestellte Abkühlrate kann beispielsweise die Kristallinität der Matrix im fertigen Bauteil maßgeblich beeinflusst werden.

Die am häufigsten eingesetzten Aufheizmethoden sind Verfahren mit Laser, Infrarotstrahlern, Heißgas oder offener Flamme. Daneben existieren noch weitere Methoden, die jedoch in der Praxis von untergeordneter Bedeutung sind. Darunter fallen Ultraschall-, Mikrowellen-, Induktions-, UV-Licht-, Teilchenstrahl- und Hochfrequenz-Heizverfahren.

Abbildung 223 zeigt den prinzipiellen Aufbau des laserunterstützten Wickelprozesses zur Verarbeitung von thermoplastisch vorimprägnierten Bändern. Hierbei wird die Strahlung des Lasers in den Zwickelbereich zwischen einlaufendem Band und bereits abgelegtem Material eingebracht. Die zum Aufschmelzen benötigte Energie kann örtlich und mengenmäßig exakt definiert in das Material eingebracht werden. Dieses ist möglich, da Laser über kurze Ansprechzeiten (10ms) verfügen und so die Strahlleistung sehr schnell geändert werden kann. Als Eingangsgrößen zur Ansteuerung des Lasers kann die Wickelgeschwindigkeit oder die Bandtemperatur am Konsolidierungspunkt dienen. Insbesondere die Erfassung der Bandtemperatur verhindert ein Überhitzen des zu verarbeitenden Materials [3].

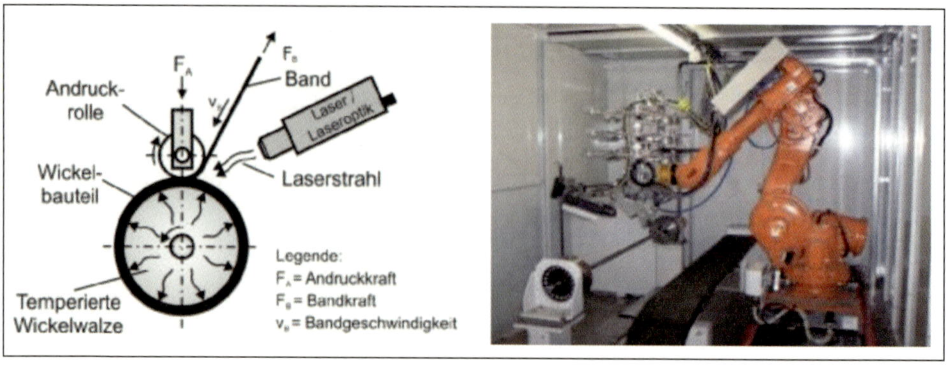

Abb. 223: Prinzipskizze und Darstellung einer Laser-Wickelanlage

Prinzipiell können CO2-Laser (Wellenlänge 10,6 μm), Nd:YAG-Laser (Wellenlänge 1,06 μm) und Diodenlaser (Wellenlängen 808 bis 980nm) in der Wickeltechnik eingesetzt werden. Durch die Entwicklung von Diodenlaser zu Leistungen im kW-Bereich bieten sich diese auch wegen der geringeren Baugröße und der Möglichkeit der Anpassung an das Absorptionsmaximum des Polymers besonders an.

Der Absorptionsgrad des Polymers hängt neben dem Material selbst auch von der Wellenlänge der Strahlung ab. Der Absorptionsgrad von Kunststoffen liegt bei ca. 90%.

Die Eindringtiefe der Strahlung hängt sehr stark von der Wellenlänge des eingesetzten Lasers und der Materialbeschaffenheit ab, wobei die Transmission der Laserstrahlung exponentiell mit der Materialdicke abnimmt

Das Infrarot-Aufheizverfahren beschränkt sich zumeist auf die Verwendung von Linienstrahlern, seltener von Punktstrahlern. Abbildung 224 zeigt die wichtigsten Bauelemente einer Infrarotheizung und deren Anordnung. Im Bereich der Konsolidierungszone kann eine Andruckrolle eingesetzt werden, die die einzelnen Halbzeuglagen konsolidiert.

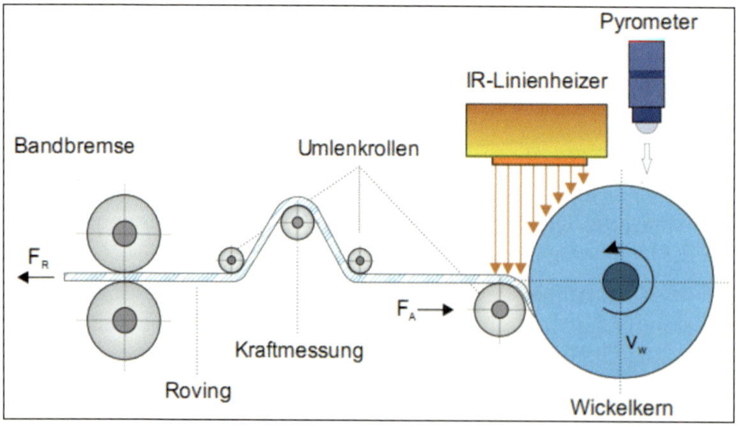

Abb. 224: Prinzipskizze der Bauelemente einer Infrarot-Wickelanlage

Infrarot-Heizgeräte sind in der Lage, ihre Energie konzentriert auf einen sehr schmalen Wirkungsbereich, der als Fokuslinie bezeichnet wird, abzugeben. Mit Ansprechzeiten im Sekundenbereich reagieren diese Geräte vergleichsweise träge. Der Gesamtwirkungsgrad eines Infrarot-Linienheizers erreicht ungefähr 80%. Quarzlampen emittieren ihre Strahlung in einem Spektrum oberhalb elektromagnetischer Wellen bei einer Wellenlänge von 0,72 µm bis 1,00 µm. Kohlenstofffasern absorbieren Strahlungen in einem Bereich von 0,85 µm bis 1,10 µm und lassen sich dementsprechend gut erwärmen. Glasfasern reflektieren Infrarotstrahlung, so dass die Aufheizung stark eingeschränkt ist. Abhilfe kann durch Abstimmung der Wellenlänge auf das Matrixmaterial oder das Füllen des Polymermaterials, beispielsweise mit Ruß, geschaffen werden.

Eine verbreitete Verarbeitungsmethode in der Wickeltechnik ist das Heißgas-Verfahren unter Verwendung von Heißluft oder Inertgas (Abbildung 225). Inertgas (z.B. Stickstoff) wird eingesetzt, um eine unerwünschte Oxidation des Laminats im Verarbeitungsprozess zu verhindern. Heißgas-Wickelanlagen zeichnen sich durch ihre unempfindliche und kompakte Bauweise aus. Ferner sind die Anschaffungskosten für die Anlagenkomponenten gering.

Mit Hilfe von Heißgas-Wickelanlagen ist es möglich, variable Bandbreiten zu verarbeiten, wobei Wickelgeschwindigkeiten im Bereich von 6 bis 18 m/min realisiert werden können. Die Leistungsdichte beträgt ca. 200 bis 300 W/cm2, wobei allerdings von einem Gesamtwirkungsgrad von nur etwa 3-5% auszugehen ist.

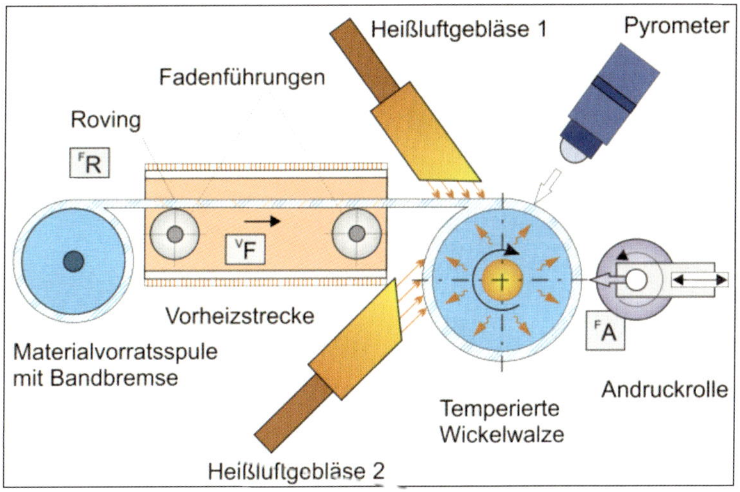

Abb. 225: Prinzipskizze der Bauelemente einer Heißgas-Wickelanlage

Beim Flammverfahren wird das zu verarbeitende thermoplastische Halbzeug mit Hilfe einer offenen Flamme erhitzt. Es kommen dabei im Wesentlichen Propan/Luft-, Propan/Sauerstoff- sowie Wasserstoff/Sauerstoff-Gemische zum Einsatz. Der prinzipielle Aufbau einer nach dem Flamm-Verfahren arbeitenden Wickelanlage ähnelt stark der Heißgas-Wickelanlage. Der wesentliche Unterschied ergibt sich aus den verschiedenartigen Wärmequellen. Wickelgeschwindigkeiten von bis zu 60 m/min können derzeit bei der Verarbeitung vorimprägnierter Bänder erreicht werden.

Die Leistungsdichte beträgt ca. 300 bis 450 W/cm² bei einem Gesamtwirkungsgrad von etwa 4-6%. Geringes Bauvolumen am Ablegekopf, geringes Gewicht sowie die Regelbarkeit der Heizquelle haben diesem Verfahren zum industriellen Einsatz bei der Herstellung von Gasdruckbehältern verholfen.

Einen wesentlichen Beitrag zur Steigerung der Wickelgeschwindigkeit und Erhöhung der Produktivität leisten Vorheizsysteme, welche in der vorgestellten Anlagentechnik integriert werden können. Diese Vorheizsysteme stellen zusammen mit den Heizgeräten am Konsolidierungspunkt eine Funktionseinheit dar. Durch die Vorheizung muss dem einlaufenden Material für das Aufschmelzen am Konsolidierungspunkt nur noch vergleichsweise wenig Heizleistung zugeführt werden. Dadurch sind höhere Wickelgeschwindigkeiten möglich. Vorheizsysteme bestehen zumeist aus einer mit Heißluft durchströmten Kammer oder aus entsprechend angeordneten Infrarotheizzonen, die vom Band durchlaufen werden.

Die heutigen Bemühungen zur Weiterentwicklung des Thermoplast-Wickelverfahrens betreffen vor allem die Steigerung der Materialdurchsatzraten und Steigerung der Wirtschaftlichkeit.

Abbildung 226 zeigt das Funktionsprinzip für eine kontinuierlich arbeitende Thermoplast-Wickelanlage, wobei auf ein thermoplastisches Grundrohr (2) mit Hilfe eines Ablegerings (3) axial kontinuierlich faserverstärktes thermoplastisches Halbzeug (4) abgelegt wird.

Mit Hilfe eines Wicklers werden in Umfangsrichtung ebenfalls kontinuierlich faserverstärktes thermoplastisches Halbzeug (5) abgelegt. Bei Bedarf kann die Außenfläche des auf diese Weise gefertigten Rohres mit einer zusätzlichen Außenschicht (1) versehen werden.

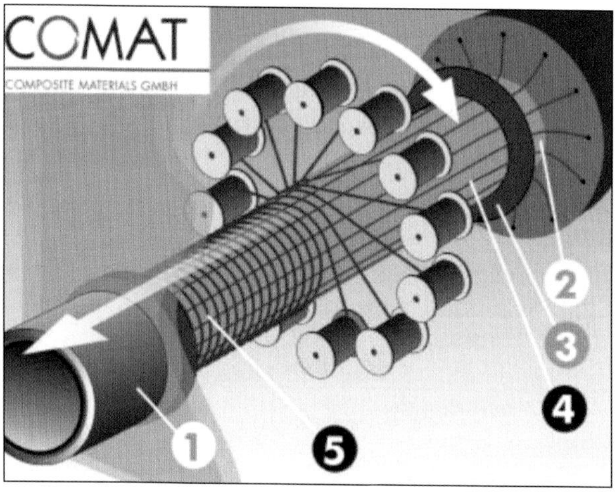

Abb. 226: Funktionsprinzip einer kontinuierlich arbeitenden Thermoplast-Wickelanlage

Entsprechend dieses Funktionsprinzips einer kontinuierlich arbeitenden Thermoplast-Wickelanlage werden beispielsweise kontinuierlich Druckrohre sowie der zylindrische Bereich von Druckluftbehältern für Nutzfahrzeuge aus thermoplastischen Faserverbundwerkstoffen gefertigt. Derartige Druckluftbehälter zeichnen sich insbesondere durch ihr niedriges Gewicht in Verbindung mit Korrosionsbeständigkeit aus und stellen eine Alternative zu den bisher eingesetzten Stahl- bzw. Aluminiumbehältern dar [1].

6.3.6 Qualität

Die meisten Hersteller folgen in der Qualitätssicherung den Vorgaben der ISO 9001.

Aufgrund des breiten Einsatzes von rotationssymetrischen Körpern in Form von Tanks, Rohren, Masten und Behältern, können oftmals zusätzliche spezifische Normen der Endanwendung zur Anwendung kommen, wie z.B. Druckbehälterverordnung, Vorgaben der Wasserwirtschaft, Tankbaunormen etc.

Oftmals benötigen die Endprodukte auch landesspezifische oder europäische Zulassungen, welche oftmals auch die Notwendigkeit einer externen Qualitätssicherung oder Auditierung nach sich ziehen.

6.3.7 Weitere Entwicklung

Die Wickeltechnik wird weiterhin ein wichtiges Verfahren zur Verarbeitung faserverstärkter Kunststoffe bleiben. Neben den zu erwartenden steigenden Anwendungen zur Speicherung von Druckluft sowie zur Lagerung und zum Transport von Gasen, insbesondere für Erdgas und Wasserstoff, werden sich Wickelteile z.B. in der Luftfahrt, der Elektrotechnik und im Maschinenbau weiter durchsetzen.

Aufgrund der langjährigen Erfahrungen und der gut verstandenen Prinzipien der Wickeltechnik werden sich, wie schon eingangs bemerkt, vor allem die Anlagenkonzepte weiterentwickeln. Die Senkung der Zykluszeiten gegenüber der bisher eingesetzten Fertigungstechnik für das Bewickeln von Behältern mit duromeren Harzsystemen ist z.B. durch die gleichzeitige Zuführung des imprägnierten Fasermaterials an mehreren Stellen des Kerns möglich. Um die Baulänge einer Wickelanlage gering zu halten, müssen die Ablegevorrichtungen radial beweglich sein. Bisher gefertigte Ringfadenaugen weisen diese Verstellung nicht auf.

Das in Abbildung 227 dargestellte Ringfadenauge ist mit acht am Umfang verteilten Fadenablegern ausgestattet und erlaubt somit, im Vergleich zu herkömmlichen Wickelanlagen, bei gleicher Verfahrgeschwindigkeit, einen entsprechend höheren Materialausstoß [2]. Zudem werden die Rovings durch eine siphonähnliche Imprägniereinheit gezogen und mit der exakt dosierten Menge Harz getränkt.

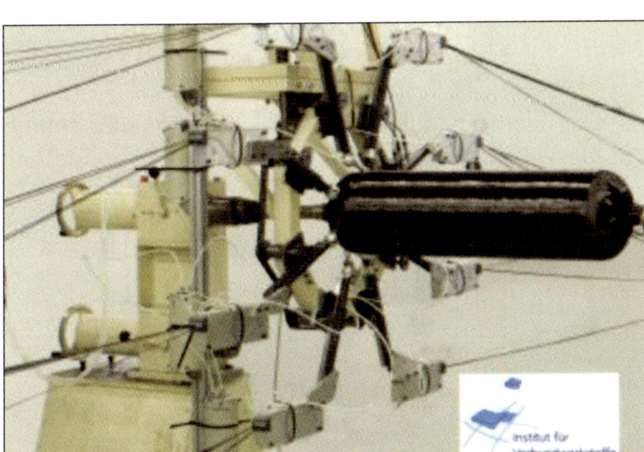

Abb. 227: Ringfadenauge mit Imprägniereinheiten

Auf Basis der hohen Produktivität und der Perspektive besonders mittels des Thermoplastwickelns zu geschlossenen, geregelten und damit qualitätsgesicherten Prozessketten zu kommen, liegen hier besondere Chancen.

Erste Serienanwendungen dieses Fertigungsverfahrens zeigen sich bereits in der o.g. Herstellung von Druckluftbehältern. In angrenzenden verfahrenstechnischen Methoden wie dem Tape-Legen werden sich im Flugzeugbau ebenfalls Möglichkeiten aufgrund der sehr guten Reproduzierbarkeit der Verfahrensabläufe ergeben.

Literatur

[1] Funck, R.: Processing continuous fibre reinforced thermoplastics to hybrid structures, Composites in Automotive & Aerospace, München, 2008

[2] Schledjewski, R., Schlottermüller, M., Bayerl, T.: Steigerung der Effizienz des duroplastischen Wickelprozesses, 15. Symposium Verbundwerkstoffe und Werkstoffverbunde, Kassel, 2005

[3] Kölzer, P.: Temperaturerfassungssystem und Prozessregelung des laserunterstützten Wickelns und Tapelegens von endlos faserverstärkten thermoplastischen Verbundkunststoffen, Diss. RWTH Aachen, 2008

[4] Neitzel, M., Breuer, U.: Die Verarbeitungstechnik der Faser-Kunststoff-Verbunde, Hanser Verlag, München/Wien, 1997

[5] Funck, R.: Entwicklung innovativer Fertigungsverfahren zur Verarbeitung kontinuierlich faserverstärkter Thermo-plaste im Wickelverfahren, Fortschritt-Berichte VDI-Reihe 2 Nr. 393, VDI Verlag, Düsseldorf, 1996

[6] Christen, O.: Entwicklung eines Thermoplast-Direktimprägnierverfahrens für die wickeltechnische Herstellung von Druckbehältern, Fortschritt-Berichte VDI Reihe 2 Nr. 529, VDI Verlag, Düsseldorf, 1999

[7] Haupert, F.: Thermoplast-Wickeltechnik: Einfluss der Verarbeitungstechnologie auf Struktur und Eigenschaften kontinuierlich faserverstärkter Verbundwerkstoffe, VDI Fortschritt-Berichte VDI Reihe 2 Nr. 435, VDI Verlag, Düsseldorf, 1997

[8] Bäumer, T.: Verarbeitungs- und Anlagentechnik für die Herstellung langfaserverstärkter Faserverbundbauteile im Wickel- und Legeverfahren, Shaker Verlag, Aachen, 1992

[9] Schmidt, R.: Einsatz von Hochleistungslasern für die Fertigung von Faserverbundbauteilen mit thermoplastischer Matrix im Wickelverfahren, VDI Fortschritt-Berichte VDI Reihe 2 Nr. 321, VDI Verlag, Düsseldorf, 1994

[10] Vor dem Esche, R.: Herstellung langfaserverstärkter Thermoplastbauteile unter Zuhilfenahme von Hochleistungslasern als Wärmequelle, Berichte aus der Produktionstechnik Band 18/2001, Shaker Verlag, Aachen, 2001

6.4 Profilziehverfahren

6.4.1 Einleitung / Geschichtliches

Das Profilziehverfahren ist eines der ältesten Verfahren zur Herstellung langfaserverstärkter Duroplaste und in diesem Bereich zugleich der älteste kontinuierlich arbeitende Verarbeitungsprozess.

Einer der Pioniere der Faserverbundtechnik, W. B. Goldworthy, legte bereits 1954 der Fachwelt in den USA eine detaillierte Beschreibung der Prozess- und Anlagentechnik vor [1], mit der vorzugsweise Profile für einachsige Beanspruchung herstellbar waren, wie sie dann z.B. für Angelruten, Skistöcke, Hammerstiele, Stäbe zum Stabhochsprung etc. eingesetzt wurden.

Auch in anderen Ländern begann in den 50er Jahren die Ausnutzung der hohen Zugfestigkeit der Glasfasern für das Strangziehen von Profilen, wobei sich parallel zur horizontalen Arbeitsweise auch die Vertikalziehtechnik entwickelte [2 und 3]. Diese war vor allem für komplexe Profilquerschnitte, in erster Linie Hohlprofile, vorgesehen, bei denen die Faserzuführung um einen zentrisch aufgehängten Formkern weniger Probleme bereitete, als bei horizontaler Arbeitsweise. So konnten schon in den 60er Jahren eine Vielzahl von Profilquerschnitten angeboten werden, wie Abbildung 228 verdeutlicht.

Abb. 228: Beispiele diverser stranggezogener Profile

Im Laufe der Jahre sind zur Erweiterung des Eigenschaftsprofils eine Reihe von Varianten der Verfahrenstechnik entwickelt worden, so dass heute eine Fülle von Profilen für unterschiedlichste Anwendungen zur Verfügung steht, sowohl was die Abmessung und Formgebung der Profile als auch die Komplexität des Verstärkungsaufbaues betrifft.

Im angelsächsischen Sprachraum hat sich für diese Verfahrenstechnik aufgrund der Tatsache, dass Profile durch eine Formdüse gezogen werden, in Anlehnung an die bei Thermoplasten übliche Extrusion der Begriff „Pultrusion" eingeführt und international durchgesetzt. Im vorliegenden Beitrag wird daher im Weiteren auch die Benennung Pultrusionsverfahren verwendet.

6.4.2 Verfahrensgrundlagen

Das Pultrusionserfahren ist ein kontinuierliches Verfahren zur Herstellung von Profilen. Eine Vielzahl von Verstärkungsarten (Roving, Matte, Gewebe, Komplexe, Vliese) werden je nach Festigkeitsanforderungen von Spulen und Rollen einem Werkzeug zugeführt. Durch den Abzug des gehärteten Profils mit hydraulisch bewegten Klemmen oder mit Bandabzügen werden Verstärkungsmaterialien durch ein Werkzeug mit den Geometrien des herzustellenden Profils gezogen. Die Verstärkungen werden vor dem Werkzeug präzise geführt und in einem Bad bzw. durch Injektion im Werkzeug mit der Matrix (Harz, Füllstoffe, Additive) durchtränkt. Beim Durchlaufen des Werkzeugs wird durch Wärmezufuhr die Matrix ausgehärtet.

Aushärtung

Die mit Harz imprägnierten Verstärkungsmaterialien werden bei Eintritt in den Werkzeugeinlaufbereich im Querschnitt komprimiert und im Werkzeug je nach Harzsystem auf bis zu 160°C erwärmt. Wird bei Polymerisationssystemen die Zerfallstemperatur der Peroxide oder bei Polyadditionssystemen die systemrelevante Härtungstemperatur erreicht, setzt die exotherme Vernetzungsreaktion der Matrix von der Werkzeugoberfläche bis zur Profilmitte ein. Abbildung 229 verdeutlicht diesen Vorgang).

Die Matrix geliert und verfestigt sich. Je nach Formgebung entstehen dadurch hohe Reibungskräfte an der Werkzeugwand bzw. bei Hohlprofilen an den Werkzeugdornen. Die in Längsrichtung durchlaufenden Rovingstränge nehmen die erforderlichen hohen Abzugskräfte auf. Durch in die Matrix eingebrachte Trennmittel können die Reibungskräfte reduziert werden.

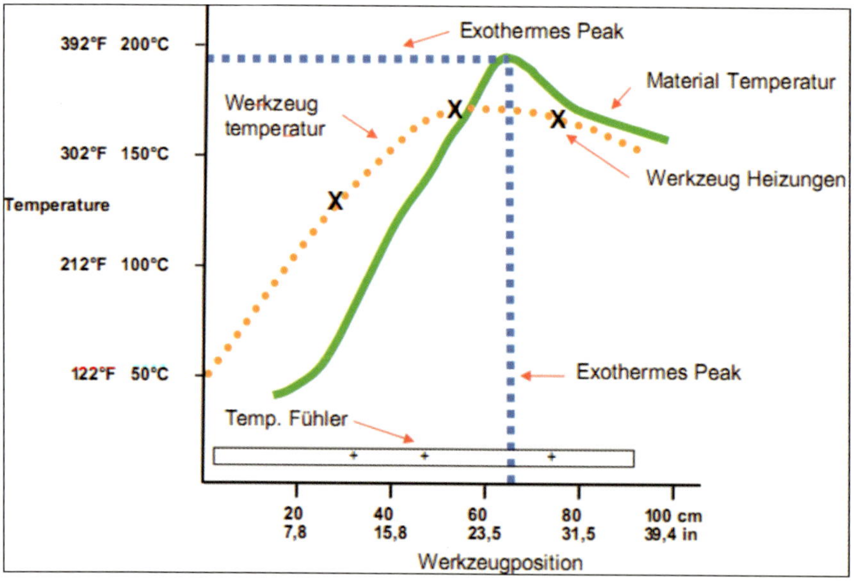

Abb. 229: Aushärtereaktion (Quelle: Trevor Starr, Pultrusion for engineers 1999)

Bei ungesättigten Harzsystemen kann dem Schrumpfprozess auch durch Zugabe von geeigneten Additiven vorgebeugt werden, zudem wird durch solche Additive eine sehr gute Dimensionsstabilität und Oberfläche sichergestellt.

Die Temperaturen im Einzugsbereich des Werkzeuges in Ziehrichtung können durch Kühlbereiche, falls notwendig zur Vermeidung von zu frühen Reaktionen der Matrix, gesteuert werden Abbilduing 230 zeigt schematisch den Verfahrenabslauf im Werkzeug.

Die Erwärmung der Werkzeuge erfolgt durch elektrische Heizungen. Messfühler, in verschiedene Werkzeugzonen eingebracht, geben genaue Informationen über den Temperaturverlauf der jeweiligen Zone und können zur Steuerung der Heizleistung genutzt werden.

Die erzielbaren Abzugsgeschwindigkeiten hängen von vielen Faktoren ab und werden im Hinblick auf optimale Aushärtung, Dimensionsstabilität und Oberflächengüte gesteuert.

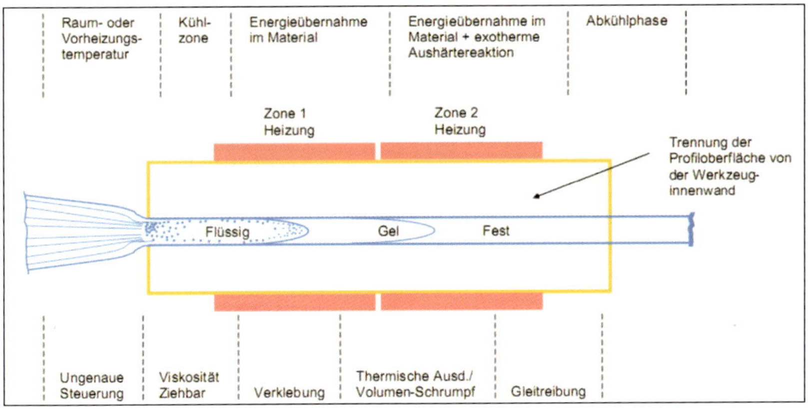

Abb. 230: Verfahrensablauf im Werkzeug (Quelle: Trevor Starr, Pultrusion for engineers, 1999)

Abzug

Der kontinuierliche Prozess wird bei einfachen Profildimensionen mit Rollen- oder Raupenabzügen und bei komplizierter Formgebung oder Profilen mit hohen Wanddicken durch hydraulische Klemmen, die gemeinsam, einzeln oder abwechselnd betrieben werden können, sichergestellt. Abzugskräfte von 6000kg und mehr sind erreichbar.

Die Prozessgeschwindigkeiten sind stark unterschiedlich und abhängig von der Wanddicke, der Werkzeuglänge, dem Verstärkungsaufbau und der Komplexität des Querschnitts sowie bei duroplastischen Systemen von der Reaktivität der Harzsysteme. Werte von 0,02 – 3,0 m/min sind realisierbar. Bei Verwendung einer thermoplastischen Matrix sind Werte von 20 m/min erreichbar.

6.4.3 Anlagenteile

Zu der Anlage gehören Spulengatter und Aufhängungen für flächige Verstärkungsmaterialien, Tränkeinrichtungen mit diversen Tränkhilfen, Führungselemente zur Einführung der Verstärkungen in die Ziehwerkzeuge sowie verschiedenartige Abzugselemente und Sägevorrichtungen.

Das spezielle Verfahrens-Know-how der einzelnen Anlagenvarianten liegt in der jeweiligen Ausführung und Anordnung der Anlageteile.

Nachfolgend werden einige dieser Varianten schematisch dargestellt. Pultrusionsanlagen werden sowohl von spezialisierten Anlagenherstellern angeboten, als auch von Herstellern, die solche Anlagen als Eigenkonstruktionen erbaut haben.

Pultrusionsanlagen

Im Folgenden werden verschiedene Anlagen bildlich dargestellt:

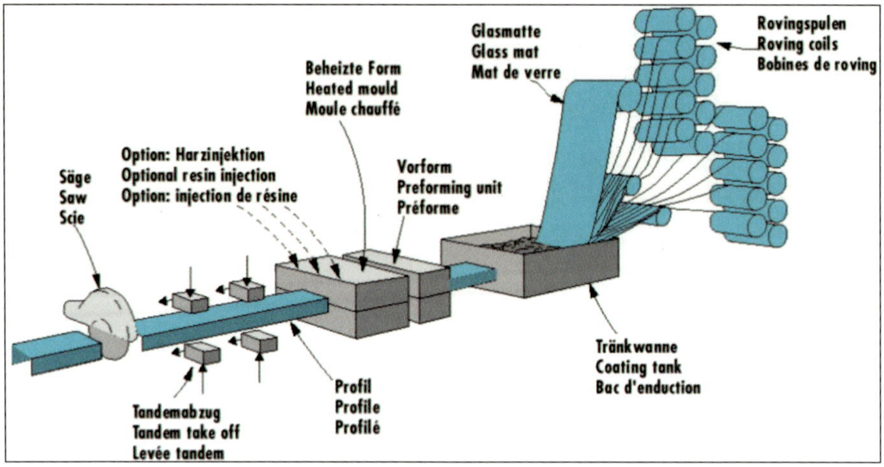

Abb. 231: Standardversion des Horizontalziehverfahrens

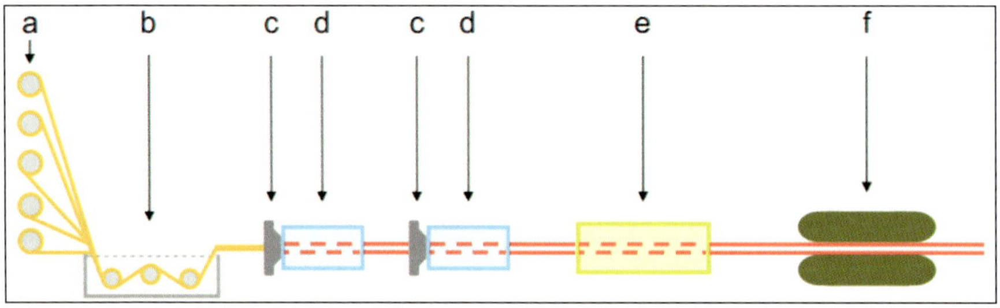

a Spulengestell, b Imprägnierbad, c Ziehdüse, d Hochfrequenzelektrode, e Nachhärtung, f Ziehvorrichtung

Abb. 232: Schema einer Ziehanlage mit Hochfrequenz-Erwärmung

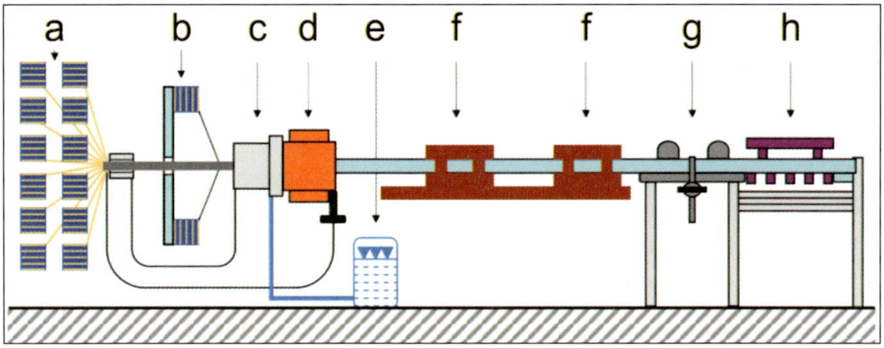

a Spulengestell, b Wickelvorrichtung, c Werkzeug (Tränk- und Formgebungszone), d Heizung, e Drucksystem, f Abzugsvorrichtung, g Sägevorrichtung, h Entnahmevorrichtung

Abb. 233: Darstellung einer Horizontalziehanlage mit Wickelkopf und Injektionstränkung

Werkzeuge

Die Ziehwerkzeuge sind meist 0,75 bis 1,5 m lang und in der Breite und Höhe entsprechend den Profilquerschnitten aus hochlegierten Stählen mehrfach geteilt. Um einen geringen Reibungswiderstand und eine gute Oberflächenqualität zu erreichen, wird die Innenform häufig poliert und verchromt.

Ein längeres Ziehwerkzeug ermöglicht zwar schnellere Abzugsgeschwindigkeiten, allerdings wird auch die Oberflächenreibung erhöht, so dass die Werkzeuglänge meist ein Kompromiss aus Ziehgeschwindigkei und Abzugskräften darstellt.

6.4.4 Ausgangsstoffe

Für das Profilziehen steht eine Vielzahl duro- und thermoplastischer Harzsysteme zur Verfügung. Im Wesentlichen sind dies ungesättigte Polyester-, Vinylester-, Epoxid- und Phenolharze, Methacrylatharze und Polyurethansysteme sowie diverse Thermoplaste.

Ungesättigtes Polyesterharz (UP)

Spezielle Typen dieser Harzsysteme sind für das Profilziehen geeignet; sie lassen sich aufgrund der Viskosität gut mit Füllstoff anreichern, z.B. Kaolin, Kreide, aber auch Aluminiumtrihydrat (ATH) oder Ammonium-Polyphosphat (APP).

Insbesondere hochreaktive Ortophthalsäure- oder Maleattypen werden in Verbindung mit schwundreduzierenden Additiven für maßgenaue Profile mit kompliziertem Aufbau oder für Profile mit erhöhten Anforderungen an die Oberflächengüte und Glanz eingesetzt.

Vinylesterharze (VE)

Vinylesterharztypen werden für Profile mit erhöhten Anforderungen an die chemische Beständigkeit eingesetzt.

Vinylesterharze zeigen zudem eine gute Faseranbindung an entsprechende Carbonfasern oder Carbon-Glasfaserverstärkungen.

Additive zur Schwundkompenzierung

Es gibt verschiedene Additive zur Schwundreduktion, LS-Additive (low shrinkage), meist Lösungen von speziellen Polystyrol-Typen, LP-Additive (low profile), meist Lösungen von speziellen Polyvinylacetaten und Class-A-Additive (Lackierbare SMC-Autoteile), meist Lösungen gesättigter Polyester.

LP-Additive sind die meist verwendeten Additive, da sie in der Schwundkompensation den LS-Additiven vergleichbar sind, aber darüber hinaus die Oberflächengüte und den Glanz optimieren.

Von der Verwendung von Class-A-Additiven ist abzuraten, da diese das Profil an die Formoberfläche andrücken und somit die Reibungskräfte erhöhen.

Methacrylatharz

Vier bis fünf verschiedene Methacrylatharztypen stehen zur Verfügung.

Vorteile gegenüber einfachen Polyestertypen sind:

- erhöhter Füllgrad – ATH bis zu 200 Teilen (erfüllt höchste Brandschutzanforderungen),
- extrem hoher Flammschutz bei Zugabe von ATH & APP,
- hohe Reaktivität (relativ hohe Ziehgeschwindigkeit),
- geringer Schrumpf (gute Oberfläche, keine exothermen Rissbildungen),
- gute Einfärbbarkeit.

Phenolharze

Phenolharze sind die ältesten Harzsysteme. Man unterscheidet zwischen Novolac-Typen (meist pulverförmige Produkte) und Resolen, Wasser- oder Lösungsmittel-haltige flüssige Produkte.

Bei der Pultrusion werden nur Resole eingesetzt. Bei Zugabe von Härtungsadditiven und Wärme härten Resole durch eine Kondensationsreaktion aus, bei welcher Wasser als Abspaltprodukt entsteht. Dadurch können bei der Aushärtung Risse und Poren entstehen, was zu erheblichen Verarbeitungsproblemen führen kann.

Phenolharzprofile haben eine sehr geringe Entflammbarkeit.

Phenolharzprofile sind nicht einfärbbar und haben eine unruhige Oberfläche mit kleinen Poren.

Epoxydharze

Es gibt eine Vielzahl von Epoxydharzsystemen, der wesentliche Unterschied liegt in der Mechanik und der Glasübergangstemperatur. Epoxydharze stellen hohe Ansprüche im Hinblick auf Wiegegenauigkeit und optimale Vermischung der Komponenten.

Epoxydharze werden im Wesentlichen für Carbonfaserprofile und Profile mit sehr hohen Glasfasergehalten eingesetzt.

Polyurethanharze

Polyurethane für Pultrusion werden als Zwei-Komponenten-Systeme angeboten. Aufgrund der schnellen Reaktionszeit wird das Fasermaterial im Einzugsbereich der Formkavität in einer Injektionsform getränkt.

Die wesentlichen Vorteile sind eine sehr gute Mechanik, die Herstellung von Carbonfaser- und Mischfaserprofilen und Profilen mit hohen Fasergehalten.

Hybridharze

Hybridharze sind Zwei-Komponenten-Systeme, bestehend aus einem speziellen radikalisch härtenden Harztyp und einem Isocyanat.

Im Hinblick auf Anwendung der Profile und insbesondere Mechanik der Profile sind Hybridharze mit Epoxydharzen und Polyurethansystemen vergleichbar.

Aufgrund der längeren offenen Zeit können Hybridharze wie radikalische Systeme auch in Tränkbädern verwendet werden.

Thermoplaste

Glasfaser-Thermoplast-Kombinationen sind eine weitere Option, um spezielle Eigenschaften wie z.B. Gleiteigenschaften, nachträgliche Verformung unter Wärme, Abriebfestigkeit und chemische Beständigkeit zu verbessern. Als Matrix kommen vorwiegend Polyethylene, Polypropylene und Polyamide zum Einsatz.

Verstärkungsfasern

Verstärkungsfasern aus Textilglas und Kohlenstoff, in Sonderfällen auch hochfeste Fasern wie Aramid oder Dyneema, bestimmen im Wesentlichen die Festigkeiten und Steifigkeiten von Profilen.

Neuerdings werden auch Basaltfasern für den Pultrusionsprozess angeboten.

Für optimale Faser-Matrixanbindung ist darauf zu achten, dass die Schlichte mit dem gewählten Harzsystem kompatibel ist.

Glasfaserverstärkungen

Rovings

Glasfilamente der Typen E-, C- oder S-Glas, gebündelt im Schmelzspinnverfahren zu Rovings mit einem Gewicht von 600 bis 9600 tex, bilden als unidirektionale Verstärkung in Ziehrichtung häufig einen wesentlichen Bestandteil der Verstärkungen. Die Filamente sind von einer Schlichte (Silan) umgeben, die die Vernetzung mit der Matrix (Haftung) wesentlich fördert.

Beim Profilziehen kommen drei Arten zum Einsatz: Glattroving, texturierter Roving und Spinnroving. Bei den letzteren ist eine erhöhte Querfestigkeit trotz unidirektionaler Anordnung erreichbar.

Endlosmatten

Endlosmatten (CFM = Continous filament mat) mit einer multiaxialen Anordnung von verklebten oder vernadelten Glasfilamenten bilden die Hauptverstärkungen an der Oberfläche von großflächigen Profilen, insbesondere bei hohen Anforderungen an die Oberflächengüte wie geringe Rauigkeit und Porösität. Mattengewichte mit 300, 450, 600 g/m² sind erhältlich.

Oberflächenvlies

Polyester- oder Glasvliese bilden auf vielen Profilen eine Außenlage, die eine geschlossene hochwertige Oberfläche ergibt und für die Wetter- und UV- Beständigkeit sowie Farbe und Chemikalienbeständigkeit von großer Wichtigkeit ist, da Profile meistens nicht lackiert werden. Gewichtsklassen 30-100 g/m².

Gewebe/Gelege

Mit diesen Verstärkungsstrukturen können die Querfestigkeiten erhöht werden. Faserkombinationen in der 0°-, 45°- und 90°-Richtung, aber auch Hybridgelege (z.B. Glas/Kohlefaser) mit unterschiedlichen Lagen, z.B. Roving unten / 0°/90° Matte oben, aber auch Matte unten und Endlosmatte oben zur Erreichung von harzreichen und somit glatten Oberflächen werden hergestellt.

Brandschutzvlies

Zusätzliche Einlagen an der Oberfläche wie Graphitvliese führen zur Erreichung der DIN 5510 S4 mit einem nur gering gefüllten Standardpolyester, da sie im Brandfall aufschäumen und dadurch den Sauerstoff vom Brandherd fernhalten. (Die Graphitfaser expandiert bei 160°C um den Faktor 9.)

Die meisten beschriebenen Glasfasermaterialien sind auch basierend auf Carbon- und Basaltfasern erhältlich. Für bestimmte Lastaufnahmen kommen auch Mischgewebe (Carbon-/Glasfaser) in Betracht.

6.4.5 Gestaltungsparameter

Bei Einhaltung folgender Parameter sind fast alle Profilquerschnitte herstellbar:

- max. Länge 12m (Transport),
- max. Breite 1350mm/900mm brandklassenabhängig,
- Wanddicke mindestens 1,5mm, in der Regel 3-3,5mm, maximal 60mm (Vermeidung von extremen Wanddickesprüngen),
- Farbgebunge nach RAL oder Kundenwunsch, homogene Einfärbung setzt den Einsatz von Oberflächenvliesen voraus, da Glasfasern nur bedingt einfärbbar sind,
- Hinterschnitte möglich,
- unterschiedliche Wanddicken möglich,
- Hohlkammern möglich (Wanddickentoleranzvariationen bei Einsatz von schwimmenden Dorn beachten),
- Radien sind je nach Schwundverhalten des Harzsystems einzuplanen oder es muss ein schwundkompensiertes Harzysytem zur Anwendung kommen, typisch sind 0-2mm.

Die folgende Abbildung 234 zeigt Beispiele für Standardprofile. Angaben zu den Abmessungen der einzelnen Profile sind bei den jeweiligen Herstellern erhältlich.

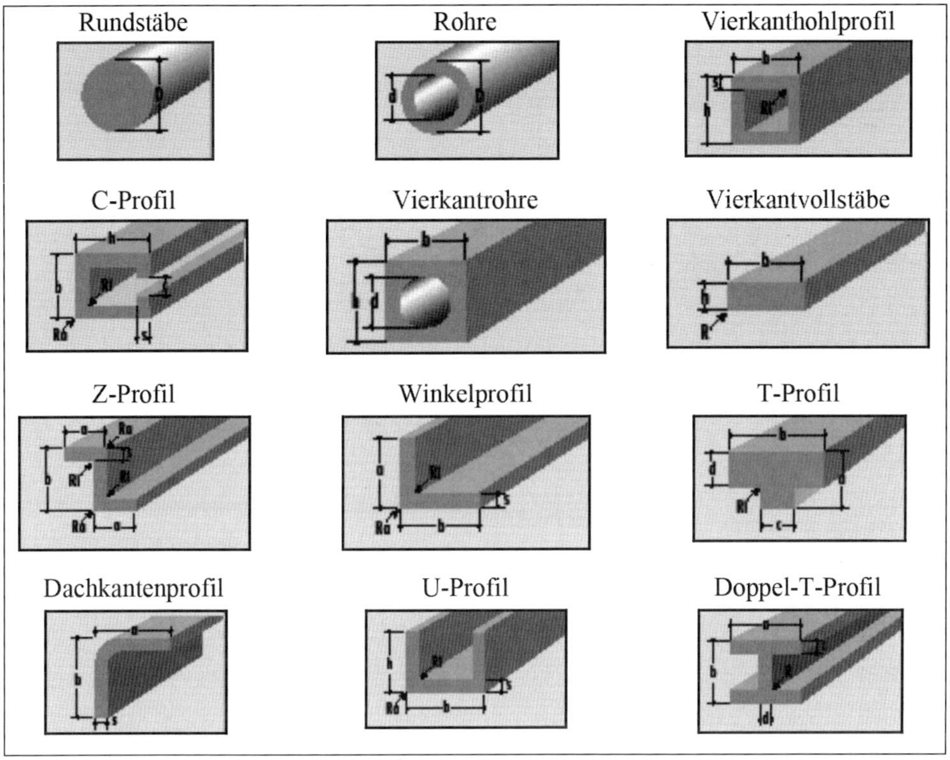

Abb. 234: Pultrusion – Beispiele für Standardprofile

Daneben ist aber auch die Fertigung deutlich komplexerer Profile bzw. entsprechender Sonderprofile möglich:

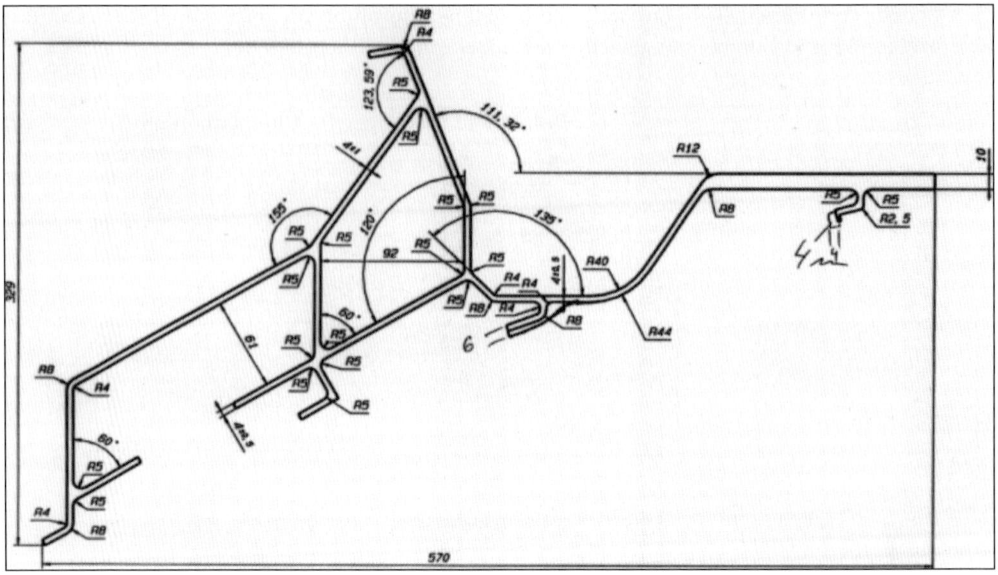

Abb. 235: Beispiel Hohlkammerprofil mit unterschiedlichen Wanddicken (Multifunktionskanal)

6.4.6 Eigenschaften

GFK-Profile haben einen anisotropen Aufbau und richtungsabhängig unterschiedliche Festigkeiten. Abhängig vom Laminataufbau sind die nachfolgend genannten Wertebereiche realisierbar:

- Dichte 1,65-2,15g/cm³
- Biegefestigkeit längs 440/500MPa
- Biegefestigkeit quer 200/300MPa
- Biege E-Modul längs 17,5/25,0GPa
- Biege E-Modul quer 12,0/17,0GPa
- Druckfestigkeit senkrecht 240/350MPa
- Zugfestigkeit längs 430/900MPa
- Zugfestigkeit quer 60/200 MPa
- Bruchdehnung längs 2,2%
- Bruchdehnung quer 1,6%
- Ausdehnungskoeffizient 1,5-5 x 10^-6xK^-1
- Wasseraufnahme 1,16/2,5%

Brandklassen

Folgende Brandklassen können bei einer Mindestwanddicke von 3 bis > 5 mm bei Einsatz eines entsprechenden Matrixmaterials erreicht werden:

- DIN 5510 S4 SR2 ST2
- DIN 4102 B2/B1

- NF F 16101 M1/F0
- UL94V0
- ASTM E 162
- ASTM E 662
- BS 7239
- BS 476 – Pt.7 1997: Cl 1 (0)
- BS 476 – Pt.6 1 B
- BS 6853 – 1999 D 8,4: 4,76/4,87 on/off (2,2/2,5)

6.4.7 Qualität

Die meisten Hersteller folgen in der Qualitätssicherung den Vorgaben der ISO 9001.

Darüberhinaus stehen folgende Normen für die Ausführung, Qualitätsbestimmung und Qualitätssicherung zur Verfügung:

- PrEN 13706 Europ. allgem. Norm Pultrusion
- DIN 18820 Verstärkte Laminate für tragende Bauteile
- DIN 2768 Freimaßtoleranzen
- ISO 178 / ISO 527 / ISO 604 / ISO 1183 / ISO R62 zur Bestimmung der mechanischen Kenndaten
- IEC 93 & 112 Materialprüfnorm

Aufgrund des breiten Einsatzes von Profilen können zudem noch spezifische Normen der Endverbraucher zur Anwendung kommen.

6.4.8 Weiterverarbeitung

Profile werden überwiegend mit diamantbelegten Werkzeugen bearbeitet

- Bohren, Sägen und Fräsen,
- Schleifen mit herkömmlichen gehärteten Werkzeugen,
- Be-/Verkleben,
- Lackieren/Beschichten/Folienbekleben,
- Verschrauben mit/und ohne Einsätze.

6.4.9 Anwendungsbeispiele

Pultrudierte Profile finden in vielen Bereichen Anwednung: beispielsweise im Sport- und Freizeitbereich, bei Infrastrukturanwendungen, in der Luft- und Raumfahrt, im Bereich Mobilität (Bahn- und Automobilanwendungen) sowie in der Medizintechnik.

Einige Beispiele für Anwendungen finden Sie im Folgenden. [Die Abbildungen zu Anwendungsbeispielen wurden von folgenden Firmen als Bildmaterial zur Verfügung gestellt: AVK; Exel GmbH; Fiberline; Röchling-Haren]. Weitere Produktbeispiele finden Sie auch auf der Website der European Pultrusion Technology Association (EPTA) unter www.pultruders.com.

Abb. 236: Bahntechnik – Innenverkleidung

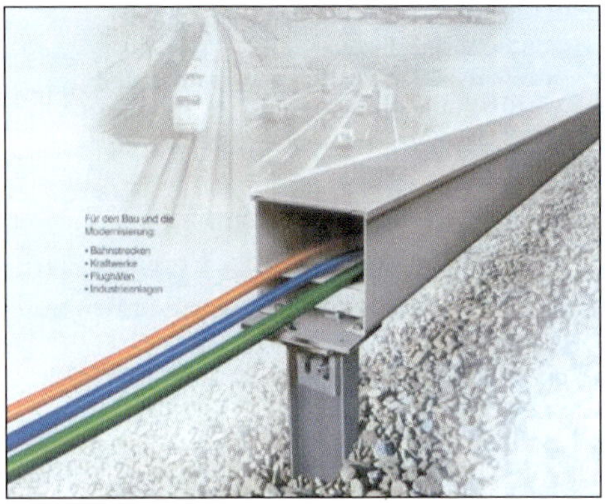

Abb. 237: Kabelkanäle

Abb. 238: Brückenbauprofile

Abb. 239: Kläranlagenabdeckung

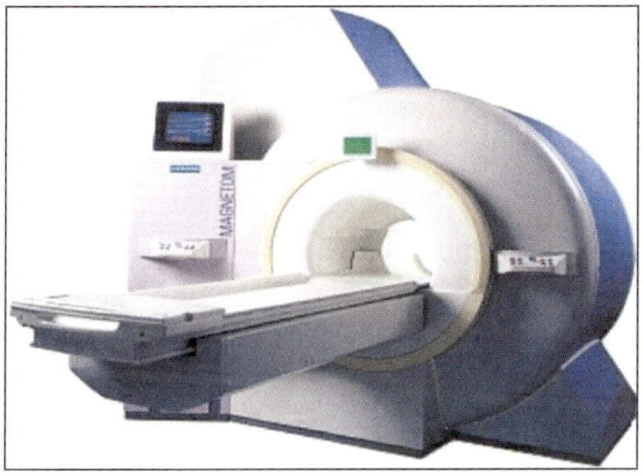

Abb. 240: Medizintechnik – Lattenrost für Bestrahlungseinrichtung

Abb. 241: Flugplatzbefeuerungen

Literatur

[1] Goldsworthy, W.B.: Reinforced Plastics Div., Soc. Of Plastics Industry Conference 1954

[2] Michaeli / Wegener: Einführung in die Technologie der Faserverbundwerkstoffe, Hauser Verlag 1989

[3] Wende, A., Saile, H., Gzirr, G., Plötz, G.: Plaste und Kautschuk 9 (1962)

[4] Kannebley, G.: International Reinforced Plastics Conference British Plastics Federation, London (1968)

[5] Pultrusion for engineers, Trevor Starr, Woodhead 2000

6.5 Injektionsverfahren

6.5.1 Einführung

Faserverbundkunststoffe (FVK) haben sich als Konstruktionswerkstoff für Strukturbauteile nicht nur in der Luft- und Raumfahrt fest etablieren können [3]. Hier ist im zivilen Flugzeugbau mit der Entwicklung und Zulassung des Airbus A320 in den späten 80er Jahren ein Anteil an FVK am Strukturgewicht von 17% erreicht worden [20]. Ebenfalls ist der Anteil von FVK-Strukturen bei Hubschraubern sehr hoch, wie die FVK-Rotorblätter des EC 135 und die Faserverbundzelle des BK 117 von Eurocopter zeigen [1].

Auch in anderen Bereichen des Transportsektors, wie z.B. bei Schienenfahrzeugen, im Bootsbau oder bei Nutzfahrzeugen und im Automobilbau sind endlosfaserverstärkte Bauteile aus Kunststoffen mehr und mehr zu finden [4; 8; 22; 9].

Als mögliches Fertigungsverfahren zur Herstellung von lang- und endlosfaserverstärkten Kunststoffen hat sich das Harzinjektionsverfahren RTM (Resin Transfer Moulding) etablieren können. Das Verfahren beruht auf der Verwendung von trockenen Faserhalbzeugen, die über ein im Werkzeug anliegendes Druckgefälle imprägniert werden.

Insbesondere für die Herstellung flächiger Bauteile in kleinen bis mittleren Serien hat sich das Harzinjektionsverfahren RTM bewährt [19, 13].

Durch seine Vorteile ist es möglich, ein besonders breites Bauteilspektrum zu realisieren und mit anderen Fertigungsverfahren (SMC-Verarbeitung oder auch Prepreg/Autoklav-Verarbeitung) konkurrieren zu können (Abbildung 242):

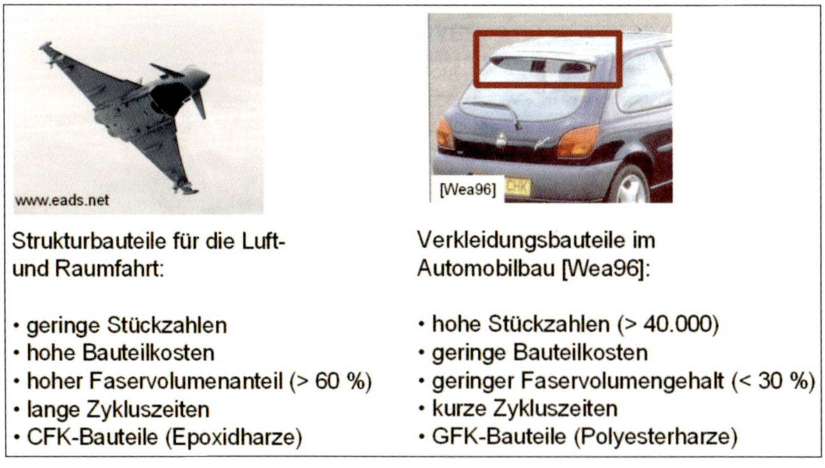

Abb. 242: Bauteilspektrum des Harzinjektionsverfahrens RTM

Als Beispiele für Strukturbauteile seien hier die Längskraftbeschläge des Seitenleitwerks der Airbusfamilie [21] und die Triebwerksverkleidung der DO 328 [14] genannt. Diese Bauteile bestehen aus carbonfaserverstärkten Epoxidharzen mit einem Faservolumengehalt von 60%.

Bauteile mit Glasfaserverstärkung und geringem Faservolumengehalt sind Verkleidungselemente von PKW (Heckspoiler des Ford Fiesta [24], Heckspoilerdeckel des Porsche 911 Turbo [15]), von Nutzfahrzeugen (Fronthauben [23] und Hochdächer [7] für LKW) und Schienenfahrzeugen (Straßenbahnwagen in Vollkunststoffbauweise des Dortmunder Stadtwagens [8], Straßburger Eurotram mit externen RTM-Panelen [16]).

6.5.2 RTM-Verfahrensablauf

Der Ablauf des RTM-Prozesses lässt sich in vier einzelne Prozessschritte unterteilen (Abbildung 243).

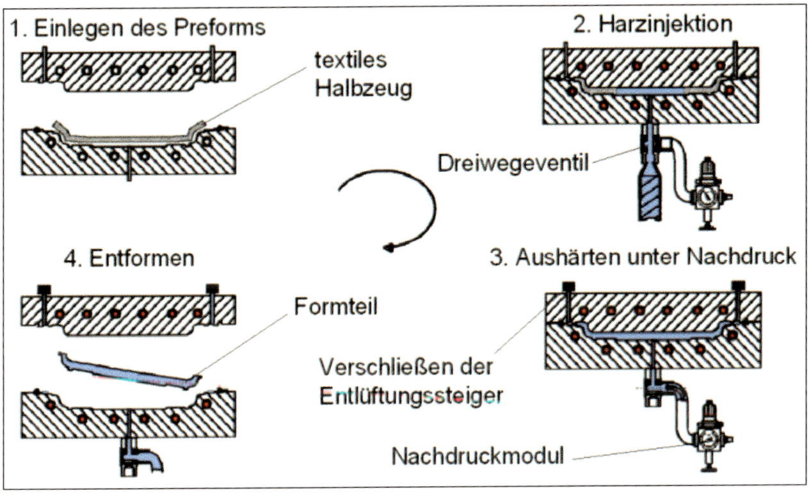

Abb. 243: Das Harzinjektionsverfahren RTM

In ein meist zweigeteiltes und vorbereitetes Werkzeug werden ungetränkte Verstärkungsfasern in Form eines Vorformlings, auch Preform genannt, eingelegt [18]. Zu der Vorbereitung des Werkzeuges zählen das Reinigen und Eintrennen der Kavität.

Nach dem Schließen des Werkzeuges wird das reaktive Harzsystem über den Anguss volumenstrom- oder druckkonstant in das Formnest (Kavität) injiziert. Bei der Injektion durchströmt das Harz die Faserlagen und tritt nach der Durchtränkung an den Entlüftungen (Steigern) aus.

Nachdem die Kavität vollständig gefüllt ist, kann sich an die eigentliche Injektion zusätzlich eine Spülphase anschließen, bei der zusätzliches Harz durch die Kavität gefördert wird, um mögliche trockene Bereiche noch zu imprägnieren und/oder Poren innerhalb des Laminats herausspülen zu können. Treten während des Spülvorganges keine Luftblasen mehr aus den Steigern aus, werden die Entlüftungen verschlossen und falls nötig ein Nachdruck (z.B. mit Hilfe von Druckluft) über ein außerhalb des Werkzeuges befindliches Harzreservoir bis zur vollständigen Aushärtung des Harzes in der Kavität angelegt. Nach der Aushärtung des Bauteils kann dieses im letzten Schritt aus dem Werkzeug entnommen werden [6; 12].

6.5.3 Verfahrensgrundlagen

Eine wichtige Prozessgröße ist die Einspritzgeschwindigkeit und die sich daraus ergebende Fließfrontgeschwindigkeit des Harzes im Werkzeug. Durch sie wird das Tränkungsverhalten maßgeblich mitbestimmt, wobei es aufgrund der sich verändernden Kavitätsquerschnitte sowie Faservolumengehalte schwierig ist, sie während der Injektion konstant zu halten. Zusätzlichen Einfluss auf die Laminatqualität haben der Faservolumengehalt und die Viskosität des Harzes. Schreitet die Fließfront zu schnell voran, können Luftblasen im Harz eingeschlossen oder einzelne Bereiche des Faservorformlings verschoben werden, wodurch es zu ungetränkten Bereichen im Bauteil kommen kann. Schreitet die Fließfront zu langsam voran, so kann die Vernetzung des Harzes vor Beendigung der Füllphase beginnen, wodurch das Bauteil entweder nur teilgefüllt wird oder die mechanischen Eigenschaften des Bauteils deutlich verschlechtert werden.

Eine Möglichkeit, das Durchtränkungsverhalten von Faserlagen beim Durchströmen eines Harzes theoretisch zu beschreiben, bietet das Fließgesetz von Darcy [5].

Das Gesetz beschreibt die Durchtränkungsgeschwindigkeit des Fluids in Abhängigkeit vom anliegenden Druckgefälle, der Viskosität des Harzes sowie der Permeabilität des Faservorformlings.

$$\vec{v} = -\left(\frac{\overline{K}}{\mu}\right) \cdot \nabla p$$

mit:

$\vec{v}$: Fließfrontgeschwindigkeit

$\overline{K}$: Permeabilität des Faservorformlings

μ : Viskosität des Harzes

∇p : Druckgradient

Mit der Permeabilität wird die Durchlässigkeit eines porösen Mediums gegenüber einem durchströmenden Fluid beschrieben. Örtliche und zeitliche Schwankungen der Permeabilität im Vorformling können zu einer uneinheitlichen Ausbreitung der Harzfront und zu möglichen Lufteinschlüssen und Fehlstellen im Bauteil führen, die den Ausschuss des Bauteils zur Folge haben. Die Schwankungen der Permeabilität resultieren oft aus verarbeitungs- und strömungstechnisch induzierten Gründen (z.B. der Channelling-Effekt, oder auch Race-Tracking genannt, am Werkzeugrand und an Kanten) sowie aus bauteilspezifischen Restriktionen.

Bei der Verarbeitung führen Schwankungen im Flächengewicht der Faserhalbzeuge, ein uneinheitliches Zuschneiden der Faserlagen, ein unsachgemäßes Einlegen des Faservorformlings und eine ungleichmäßige Verpressung des Vorformlings zu lokalen Schwankungen im Faservolumengehalt und verhindern eine homogene und reproduzierbare Ausbreitung der Fließfront. Weitere Strömungseffekte innerhalb und außerhalb des Vorformlings können zusätzlich zu der Entstehung von Fehlstellen beitragen. Diese sind z. B. ein hoher Faservolumengehalt, mögliche Kanten oder enge Radien im Bauteil, die Integration von Inserts, dickwandige Bauteilbereiche oder Dickensprünge innerhalb des Bauteils.

Eine weitere, für die Qualität des Bauteils verantwortliche Größe, ist der Härtungsprozess des Harzes. Dieser dominiert die Zykluszeit, die je nach verwendetem Harzsystem Minuten aber auch Stunden betragen kann. In Abbildung 244 ist ein qualitativer RTM-Zyklus dargestellt, der exemplarisch die Verarbeitung eines glasfaserverstärkten Bauteils mit Epoxidmatrix zeigt. Deutlich geht aus der Darstellung die zykluszeitverlängernde Vernetzungsreaktion gegenüber den anderen Prozessschritten hervor. Durch die Verwendung von hochreaktiven Harzsystemen ist es aber möglich, die Vernetzungszeit auf unter 3 min zu reduzieren. So bietet aber jeder der hier aufgeführten Prozessschritte spezielle Potenziale, wie z.B. die Optimierung der Vorformtechnik, des Harzinjektionsablaufs, die Handhabung des Formenträgers oder auch die Reinigung der Kavität, um in einer Serienfertigung die Zykluszeit zu verkürzen.

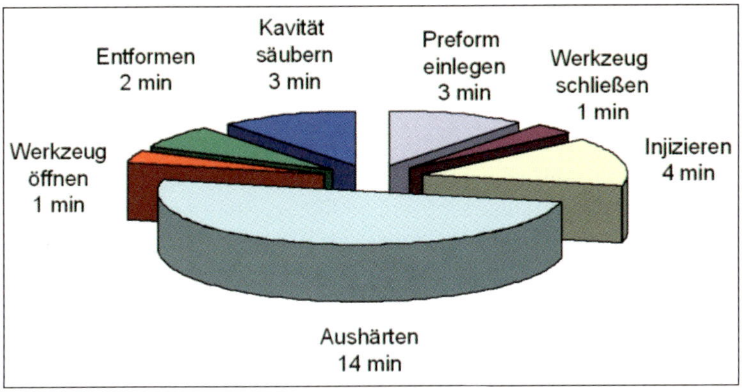

Abb. 244: Qualitativer Verlauf eines RTM-Zyklus

6.5.4 Betriebsmittel

Abbildung 245 zeigt den Aufbau eines typischen RTM-Versuchsstandes, mit dem es möglich ist, im Labormaßstab RTM-Bauteile zu fertigen. In ähnlicher Form können aber auch industrielle RTM-Fertigungseinheiten aufgebaut sein, wobei nicht selten auf die Messtechnik verzichtet wird.

Abb. 245: RTM-Versuchsstand zur Fertigung von RTM-Bauteilen

Die gezeigten Komponenten sind ein Werkzeugformenträger mit dem montierten und modular aufgebauten RTM-Versuchswerkzeug, das durch seine Vierteilung den Austausch der beiden Kavitätsplatten unter Wiederverwendung der Temperierplatten ermöglicht, verschiedene, flächige Bauteile im RTM-Verfahren herzustellen. Ebenfalls in der Abbildung zu sehen ist die RTM-Injektionsanlage (Kolbenanlage mit volumenstromkonstanter Injektion), der hydraulische Werkzeugformenträger mit dem geschlossenen Plattenwerkzeug, das Temperieraggregat und die Messwerteinheit zur Erfassung der Werkzeugtemperatur und des Kavitätinnendruckes als wichtige RTM-Prozessgrößen.

Für die Serienanwendung werden Zahnrad- oder Kolbenpumpen verwendet, die es ermöglichen, Harz und Härter in getrennten Kreisläufen zu fördern und erst direkt vor dem Eintrag in das Werkzeug mit Hilfe eines Statikmischers oder eines dynamischen Mischers zusammenzuführen (siehe Abbildung 246) [25; 11].

Bei kurzen Füllzeiten lassen sich somit auch sehr reaktive Harzsysteme verarbeiten. Durch eine genaue Kontrolle des Mischungsverhältnisses und der Dosiervolumina ist es möglich, den Volumenstrom exakt einzustellen und sehr reproduzierbar Bauteile im RTM-Verfahren zu fertigen.

Als kostengünstige Alternative zu Injektionsanlagen können auch so genannte Drucktöpfe zum Einsatz kommen, bei denen die Injektion mit einem konstanten Injektionsdruck zwischen 0,5bar und ca. 8bar erfolgt. Die einzelnen Komponenten des Harzsystems werden vor der Überführung in den Drucktopf zusammen vermischt. Dies verbietet den Einsatz von Harzsystemen mit kurzer Topfzeit, um ein vorzeitiges Vernetzen schon im Drucktopf vor der eigentlichen Injektion zu vermeiden. Daher ist die Drucktopfinjektion nicht für den Einsatz bei größeren Serien geeignet.

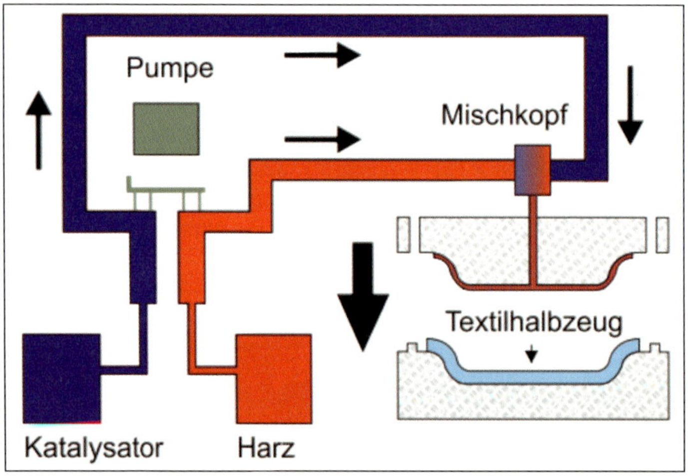

Abb. 246: RTM-Injektion mittels Kolbenpumpen (Quelle: www.plastech.co.uk)

6.5.5 Ausgangstoffe

Bekannte Fasern, die beim Harzinjektionsverfahren eingesetzt werden, sind Carbon-, Glas- und auch Aramidfasern. Dabei können die Fasern in Form von verschiedenen Faserhalbzeugen mit unterschiedlicher Architektur verarbeitet werden. Neben Gelegen, Geweben, Vliesstoffen und Matten werden aber auch Gestricke und Geflechte für die Herstellung von Faserverbundbauteilen eingesetzt. Diese Faserhalbzeuge werden zumeist zu Vorformlingen (Preforms) weiterverarbeitet. Der eingesetzte Preform kann durch manuelles Zuschneiden und Drapieren oder durch einen automatisierten Preforming-Prozess hergestellt werden.

Die einzelnen Komponenten des Harzsystems (mögliche Komponenten sind: Harz, Härter, Beschleuniger und/oder Inhibitoren, Additive, Füllstoffe, Dispergiermittel usw.) werden vor der Injektion vermischt. Beim RTM-Verfahren werden überwiegend ungesättigte Polyester-, Vinylester, Epoxid-, Acrylat- sowie Phenolharze verarbeitet.

6.5.6 Prozessvarianten/Gestaltungsoptionen

Ein Sonderverfahren zum RTM ist das **Vakuum Assisted (VA)RTM**-Verfahren. Das Vacuum-Assisted-RTM benötigt ebenfalls wie das klassische RTM zwei starre Werkzeughälften und kombiniert das Anlegen eines Überdrucks an der Injektionsöffnung mit dem Anlegen eines Vakuums an den Entlüftungen (Steigern) während der Injektion.

Dies ermöglicht die Realisierung eines höheren Druckgefälles innerhalb der Kavität ohne den Absolutdruck während der Injektion zu erhöhen. Ein weiterer Vorteil des anliegenden Vakuums ist die Evakuierung der Kavität und die Vermeidung von möglichen Lufteinschlüssen bei der Tränkung des Vorformlings.

Beim **Compression-RTM** wird das Werkzeug mit dem eingelegten Verstärkungsmaterial zunächst nicht vollständig verriegelt [17]. Dadurch ist der Fließwiderstand in den noch nicht komplett verpressten Fasern sehr gering und die nun folgende Harzinjektion wird durch den geringeren Faservolumengehalt erheblich erleichtert. Die Kavität wird nur teilweise gefüllt, so dass beim Zufahren des Werkzeuges durch die Relativbewegung der Werkzeughälften wie beim Nasspressverfahren ein weiterer Harzfluss initiiert wird. Dabei durchtränkt das Harzsystem die noch trockenen Fasern innerhalb der Kavität. Der wesentliche Vorteil liegt in der Reduzierung der Injektionszeit, jedoch müssen meist teure Tauchkantenwerkzeuge eingesetzt werden. Eine Weiterentwicklung dieses Verfahrens stellt die Spaltimprägnierung dar, welche ebenfalls in diesem Buch beschrieben wird. Dieses Verfahren bietet großes Potenzial zur Zykluszeitverzögerung.

In vielen Bereichen des Leichtbaus werden bevorzugt Hohlkörper eingesetzt. Als typische Anwendungen können hier Rohre, Krümmer und Krafteinleitungselemente genannt werden. Das **Schlauchblas-RTM-Verfahren** bietet hier die Möglichkeit, mit Hilfe von expandierbaren Kernen (Blasschläuche), verlorene Kerne (z.B. mehrteilige Metallkerne, gegossene Kerne aus Wachs, Metalllegierungen, oder auch Gips) oder auch im Bauteil verbleibende Kerne (z.B. Schaumkerne) zu ersetzen und hohle Strukturen zu realisieren [10]. Der Vorteil dieses Verfahrens liegt in der Herstellung von hohlen Bauteilen mit hoher Laminatqualität bei der Verwendung von preiswerten Ausgangsmaterialien sowie einfacher Schlauchfolien. Von Nachteil ist jedoch der manuelle Aufwand beim Handhaben der textilen Halbzeuge und der Erzeugung des Vorformlings, das Einspannen des Schlauches in die Be- und Entlüftungsbausteine und das Entfernen des verwendeten Blasschlauches am fertigen Bauteil.

Das **DP-RTM**-Verfahren (Differential Pressure-RTM) zeichnet sich durch die Verwendung von nur einer starren Werkzeughälfte aus [14]. Die andere Hälfte wird durch eine flexible Metallplatte oder auch Polymerfolie gebildet, die luftdicht mit der unteren Werkzeughälfte abschließt. In einem Autoklav (Druckofen) wird über einen Drucktopf Harz injiziert, und der zum Injektionsdruck benötigte Gegendruck an der flexiblen Werkzeughälfte wird im Autoklav durch einen Überdruck erzeugt. Die fertigen, meist flächigen Bauteile weisen bei einem sehr hohen Faservolumengehalt eine ausgezeichnete Laminatqualität auf. Nachteilig ist jedoch die Verwendung eines kostenintensiven Autoklaven.

6.5.7 Zusammenfassung

Die gemeinsamen Vorteile aller RTM-Verfahren können abschließend wie folgt zusammengefasst werden:

- geschlossener Prozess,
- Verwendung von trockenen Faserhalbzeugen und Harzen mit niedriger Viskosität,
- bei der Verwendung zweier starrer Kavitätshälften beidseitig gute Oberflächenqualität,
- hoher Faservolumengehalt möglich (> 60%),
- sehr gute Laminatqualität mit geringem Porengehalt,
- enge Fertigungstoleranzen bezüglich Bauteilgewicht, Faservolumengehalt und Bauteilabmaßen,
- Stückzahlen von 100/a bis max. 800/Tag [24],
- Fertigung von komplexen, dreidimensionalen Bauteilen möglich,
- Integration von Inserts und Schaumkernen möglich,
- hoher Automatisierungsgrad möglich.

6.5.8 Qualität

Die meisten Hersteller folgen in der Qualitätssicherung den Vorgaben der ISO 9001. Es gibt keine spezifischen Normen für im Injektionsverfahren hergestellte Teile. Meistens geben Verwender aus der Endanwendung resultierende Normen vor. Mechanische Werte werden gemäß den für Duroplastteile typischen Normen bestimmt. Teilweise können die Endprodukte auch landesspezifische oder europäische Zulassungen benötigen, die auch die Notwendigkeit einer externen Qualitätssicherung oder Auditierung nach sich ziehen.

Literatur

[1] [Ban00] Bansemir, H.: Faserverbundstrukturen für Hubschrauberentwicklungen und deren Einfluss auf Industriean-wendungen. In: 6. Nationales Symposium SAMPE Deutschland e.V., Verbundwerkstoffe für Mobilität im neuen Jahr-tausend. Stuttgart, 16.-17. März 2000

[2] [BH98] Beckwith, S.W.; Hyland, C.R.: Resin Transfer Moulding: A decade of technology advances. In: SAMPE Journal, Vol. 34, No. 6, November/December 1998, S. 7-19

[3] [BN98] Becker, H.; Neise, E.: CFK beflügelt den Flugzeugbau. In: Kunststoffe 88 (1998) 4, S. 488-492

[4] [Bro97] Brokopf, C.: Faserverstärkte Kunststoffe in der maritimen Technik. In: DGM Tagung „Verbundwerkstoffe und Werkstoffverbunde“. 17. – 19. September 1997, S. 482-485

[5] [Dar56] Darcy, H.: Les fontaines publique de la ville de Dijon, Paris, Dalmont, 1856

[6] [Dyc95] Dyckhoff, J.: Resin Transfer Moulding: Beitrag zur Verbesserung der Formteiloberflächenqualität, Rheinisch-Westfälisch Technische Hochschule Aachen, Dissertation, 1995

[7] [Fra01] Fraunhofer, K.: PUR-Sandwichkern im LKW-Hochdach – Kunststoff hat die Nase vorn. In: Plastverarbeiter 52 (2001) 3, S. 48 – 50

[8] [Goe98] GOEDEL, M.: Straßenbahnwagen in Vollkunststoff-Bauweise. In: Kunststoffe 88 (1998) 12, S. 2180-2182

[9] [HR01] HÖRSTING, K.-H.; RECKTENWALD, K.: Qualitätssicherung für Class A – Prozesskontrolle im SMC-Prozess. In: Kunststoffe 91 (2001) 3, S. 41-43

[10] [Leh99] Lehmann, U.: Herstellung von endlosverstärkten, hohlen Formteilen mit innendruckbeaufschlagten Kernen im Harzinjektionsverfahren, Rheinisch-Westfälische Technische Hochschule Aachen, Dissertation, 1999

[11] [NN95] N.N.: Fully automated RTM – the solution to reliable, clean and economic composite molding. In: Firmenschrift von Plastech Thermoset Tectonics, Gunnislake, England, 1995

[12] [NN96] N.N.: RTM/SRIM: Serienfertigung von Faserverbundbauteilen In: VDI-Z Integrierte Produktion. Herausgeber: Institut für Kunststoffverarbeitung Aachen, VDI-Verlag, Düsseldorf, 1996

[13] [NN99a] N.N.: Vom Schwer- zum Leichtgewicht – LKW-Fahrerkabine leichter durch Faserverbundwerkstoff. In: K-Zeitung 12-24. Juni 1999, S. 12

[14] [NN99b] N.N.: Differential Pressure-RTM: Ein Beitrag zur Mobilität. In: K-Zeitung 12-24. Juni 1999, S. 9-10

[15] [NN00a] N.N.: Sandwichbauweise für Heckflügel. In: Plastverarbeiter 51 (2000) 3, S. 62-63

[16] [NN00b] N.N.: RTM panels for hi-tech trains. In: REINFORCEDplastics April 2000, S. 4

[17] [Phe97] PHELAN, F.R.: Analysis of injection/compression liquid composite molding. In: Proceedings of the 5th Inter-national Conference on Automated Composites, 4.-5. September 1997, Glasgow, Schottland, S. 417-424

[18] [Pot97] Potter, K.: Resin Transfer Moulding. Chapman & Hall, 1997

[19] [Pot99] Potter, K: The early history of the resin transfer moulding process for aerospace applications. In: Composi-tes Part A, 30 (1999) S. 619-621

[20] [Räc97] Räcker, B.: Faserverbundwerkstoffe, Entwicklungstrends am Beispiel des Airbus. In: DGM Tagung, Verbundwerkstoffe und Werkstoffverbunde. 17.-19. September, Kaiserslautern, S. 3-14

[21] [Räc00] Räcker, B.: Faserverbundwerkstoffe im Airbus 6. In: Nationales Symposium SAMPE Deutschland e.V. Verbundwerkstoffe für Mobilität im neuen Jahrtausend Stuttgart, 16.-17. März 2000

[22] [RC95] Robinsion, A. M.; CARRUTHERS, J.: Composites make tracks in railway engineering. In: Reinforced Plastics, November 1995, S. 20-26

[23] [Tra99] Trapp, G.: LKW-Frontpartie in einem Schuß. In: Plastverarbeiter 49 (1999) 6, S. 106-107

[24] [Wea96] WEeaver, A.: Fiesta´s RTM spoiler breaks new ground. In: Reinforced plastics, March 1996, S. 20-24

[25] [Wol96] Wolfangel, R.: Wolfangel keeps RTM Simple. In: Reinforced Plastics 40 (1996) 3, S. 36-38

6.6 Das Spaltimprägnierverfahren

6.6.1 Einleitung

Für die Herstellung von flächigen Bauteilen aus faserverstärkten Kunststoffen (FVK) mit duroplastischer Matrix, kraft-flussorientierten Verstärkungsfasern und hohen Faservolumengehalten von über 50% bietet der Einsatz von Flüssigimprägnierverfahren, bei denen ein endkonturnaher Faserpreform mit einer flüssigen Matrix imprägniert und anschließend ausgehärtet wird, ein hohes Potenzial zur wirtschaftlichen Bauteilfertigung [1/2/3/4/5]. Gründe hierfür sind neben den im Vergleich zu teuren Prepregs günstige Faserhalbzeuge, der reduzierte Aufwand zur Herstellung der Laminataufbauten durch moderne Preformingtechnologien und der Verzicht auf klimatisierte Lagerung und Verarbeitung der Faserhalbzeuge [1/6].

Die heute verfügbaren Flüssigimprägnierverfahren, wie beispielsweise RTM und Harzinfusion, bieten aufgrund der jeweiligen Prozessführung und der eingesetzten Werkzeugtechnik spezifische Vor- und Nachteile:

Die Harzinjektionsverfahren ermöglichen die Fertigung von Bauteilen mit einfachen bis komplexen Geometrien. Durch die Verwendung von mehrteiligen, druckstabilen Formwerkzeugen lässt sich der Fertigungsprozess gut automatisieren, die Bauteile weisen allseitig hohe Oberflächengüten auf und können mit engen Fertigungstoleranzen gefertigt werden. Im Vergleich zu anderen Verfahren fallen jedoch hohe Werkzeugkosten an. Für die Imprägnierung muss die Matrix den gesamten Preform in der Preformebene durchströmen, was bei hohen Faservolumengehalten und langen Fließwegen zu hohen Fließwiderständen und langen Imprägnierzeiten führt. Die Harzinjektionsverfahren eignen sich für die Fertigung von Bauteilen in kleinen bis mittleren Serien.

Bei Harzinfusionsverfahren wird die Oberform durch einen flexiblen Vakuumsackaufbau gebildet. Die Unterform muss lediglich eine ausreichende Eigenstabilität aufweisen. Daher lassen sich auch großflächige Bauteile in kleinen Serien wirtschaftlich fertigen. Der Vakuumsackaufbau besteht meist aus einer Vakuumfolie und verfahrensspezifischen Fertigungshilfsmitteln, wie Abreißgewebe, Verteilmedien, semipermeablen Membranen, Absaugvliesen, etc. Das Anbringen des Vakuumsackaufbaus erfolgt überwiegend manuell und ist nur bedingt automatisierbar. Daher nimmt der Vorbereitungsaufwand bei Harzinfusionsverfahren in der Regel deutlich mehr Zeit in Anspruch als bei Harzinjektionsverfahren. Zudem sind die Vakuumsackmaterialien häufig nur einmal verwendbar und müssen nach der Bauteilfertigung entsorgt werden.

Vorteile ergeben sich durch den Imprägniermechanismus der Harzinfusionsverfahren, bei dem die Matrix zunächst mit geringem Fließwiderstand durch hochporöse Verteilmedien flächig über dem Preform verteilt wird und anschließend in Dickenrichtung in den Preform eindringt. Dadurch lassen sich auch große Bauteile mit langen Fließwegen von mehreren Metern sehr schnell und mit hoher Laminatqualität imprägnieren.

Keines der genannten Verfahren wird bis heute für die Fertigung von Bauteilen mit Faservolumengehalten über 50% und Endlosfaserverstärkung in großen Stückzahlen, wie sie beispielsweise im Bereich der Automobilindustrie gefordert sind, eingesetzt. Hierfür ist es notwendig, vollständig automatisierte Prozessketten mit robusten Fertigungsprozessen zu entwickeln, die kurze Zykluszeiten ermöglichen [6/7].

Einen Ansatz zur Reduzierung der Zykluszeiten und zur Erhöhung der Prozessrobustheit stellt das am Institut für Kunststoffverarbeitung an der RWTH Aachen (IKV) entwickelte Spaltimprägnierverfahren dar. Durch eine spezielle Werkzeugtechnik und Prozessführung lassen sich bei diesem Verfahren die Vorteile der Harzinjektionsverfahren (Automatisierbarkeit; allseitig hohe Oberflächengüten, enge Fertigungstoleranzen) und der Harzinfusionsverfahren (schnelle, flächige Verteilung der Matrix; Imprägnierung des Preforms in Dickenrichtung) kombinieren. Das

Verfahren eignet sich derzeit für flächige, schwach gekrümmte Bauteile wie sie beispielsweise für Außenhautanwendungen im Automobilbau verwendet werden.

6.6.2 Konzept des Spaltimprägnierverfahrens

Zur Realisierung der Prozessführung erfordert das Spaltimprägnierverfahren eine spezielle Werkzeugtechnik [8/9]. Die Komponenten eines Spaltimprägnierwerkzeugs zur Herstellung von Bauteilen mit monolithischem Aufbau und den schematischen Verfahrensablauf zeigt Abbildung 247.

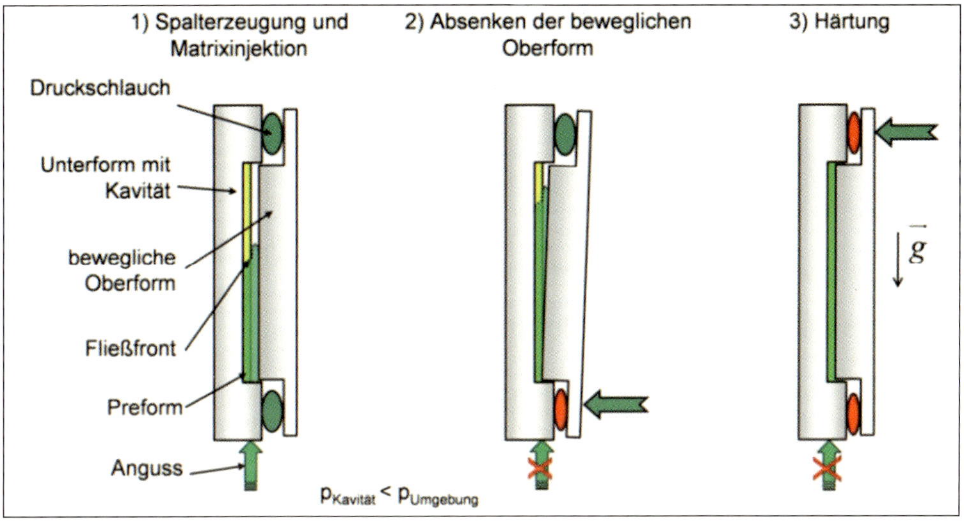

Abb. 247: Konzept des Spaltimprägnierverfahrens

Das Werkzeug besteht aus einer Unterform mit Kavität (Matrize) und einer beweglichen Oberform (Patrize) mit Tauchkantenverschluss. Für die Bauteilherstellung wird ein endkonturnaher Preform in die Kavität eingelegt. Anschließend wird die Kavität mit der beweglichen Oberform luftdicht verschlossen und durch Anlegen von Vakuum evakuiert. Die Abdichtung der Kavität erfolgt durch eine umlaufende O-Ring-Dichtung aus Silikon im Bereich der Tauchkante der beweglichen Oberform. Im nächsten Schritt wird auf einer Seite des Preforms ein Fließspalt durch Anheben der Oberform gegen definierte Anschläge erzeugt.

Das Anheben der beweglichen Formhälfte gegen die Druckdifferenz zwischen der evakuierten Kavität und dem Umgebungsdruck erfolgt durch Beaufschlagen von Druckschläuchen mit Druckluft.

Anschließend wird der Anguss geöffnet und die Matrix durch die anliegende Druckdifferenz zwischen Kavität und Umgebung in die Kavität gefördert. Um eine optimale Abfuhr von Luftblasen zu gewährleisten, wird das Werkzeug so positioniert, dass die Fließrichtung der Matrix entgegen der Schwerkraft orientiert ist. Durch den Fließspalt kann die Matrix sehr schnell über dem Preform verteilt werden. Die eigentliche Imprägnierung des Preforms erfolgt in Dickenrichtung, so dass die Matrix nur kurze Fließwege innerhalb des Preforms zurücklegen muss. Da der Preform während der Imprägnierung dekomprimiert ist, wird die Imprägnierung zusätzlich unterstützt. Nachdem eine ausreichende Menge Matrixmaterial eingeleitet wurde, wird der Anguss verschlossen und der Fließspalt durch Kippen der Oberform im Angussbereich keilförmig geschlossen. Die Matrix wird durch die Kippbewegung im Fließspalt in Richtung Absaugung verdrängt und imprägniert so die noch trockenen Bereiche des Preforms. Im letzten Schritt wird der Fließspalt vollständig verschlossen und das Laminat auf den im Fertigbauteil angestrebten Faservolumengehalt komprimiert. Nachdem die Matrix ausgehärtet ist, wird das Bauteil endkonturnah aus dem Werkzeug entformt. Die Nachbearbeitung beschränkt sich auf das Entfernen eines umlaufenden Reinharzgrats mit einer Dicke von 0,15mm.

Für die Fertigung von Sandwichbauteilen ist es erforderlich, auf beiden Seiten des Preforms einen Fließspalt zu erzeugen. Hierfür wird ein Werkzeugkonzept mit zwei beweglichen Formhälften verwendet. Als Preform wird ein endkonturnaher Schaumkern mit beidseitig aufgebrachten Verstärkungsfasern verwendet. Durch die Verwendung von geschlossenzelligen Schaumkernen lässt sich gewährleisten, dass das Harz nicht in den Schaumkern eindringt und nach der Bauteilfertigung als zusätzliches Gewicht im Bauteil verbleibt. Die Imprägnierung erfolgt analog zur Imprägnierung von monolithischen Bauteilen.

Aufgrund der speziellen Werkzeugtechnik und der Prozessführung vereinigt das Spaltimprägnierverfahren die gute Automatisierbarkeit, die beidseitig hohen Oberflächengüten, die engen Fertigungstoleranzen und den geringen Anteil an Produktionsabfall der Harzinjektionsverfahren mit dem schnellen Imprägniermechanismus der Harzinfusionsverfahren.

6.6.3 Formfüllvorgang im Spaltimprägnierverfahren

Vor der Fertigung von ebenen Bauteilen mit monolithischem Aufbau wurden Formfüllstudien und Fertigungsstudien durchgeführt. Hierfür wurde ein zweiteiliges Werkzeug verwendet. Das Werkzeug besteht aus einer elektrisch temperierbaren Unterform aus Aluminium. In der Unterform befindet sich die Kavität mit den Abmaßen 250 x 800 x 22mm3. Im unteren und oberen Bereich der Kavität sind jeweils zwei Anguss- bzw. Absaugeinsätze integriert. Die Kavität wird über einen Tauchkantenverschluss mit der Oberform luftdicht verschlossen. Das Werkzeug kann mit verschiedenen Oberformen ausgerüstet werden (Abbildung 248).

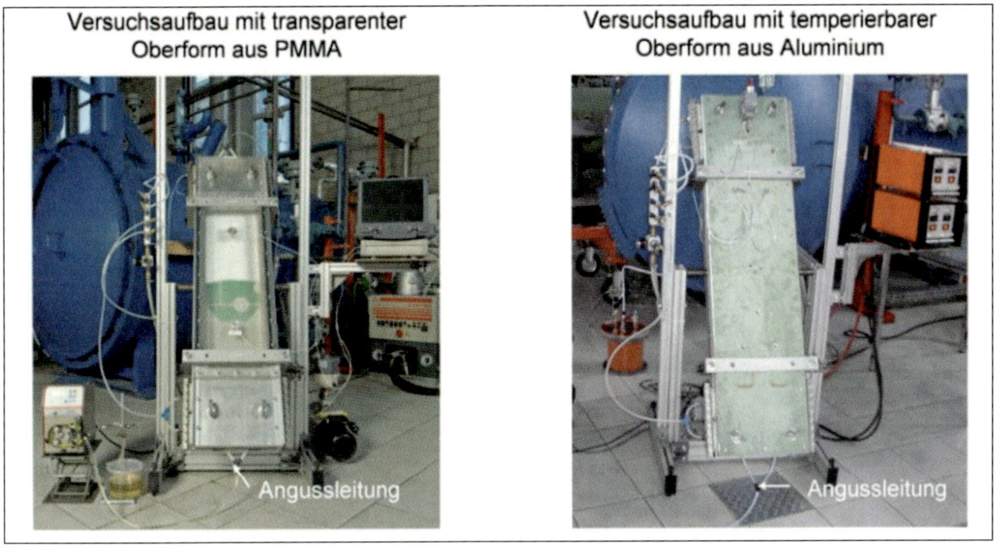

Abb. 248: Versuchsaufbau Formfüllstudien (links) und Fertigungsstudien (rechts)

Um die Vorgänge während des Formfüllvorgangs grundlegend zu analysieren, wurden mit der transparenten Oberform zunächst Formfüllstudien an ebenen Bauteilen durchgeführt. Wie Abbildung 249 exemplarisch zeigt, war die Imprägnierung des 800mm langen Preforms nach ca. 40Sekunden abgeschlossen. Anhand dieser Formfüllstudien konnten geeignete Prozessparameter für die Fertigung von Bauteilen abgeleitet werden.

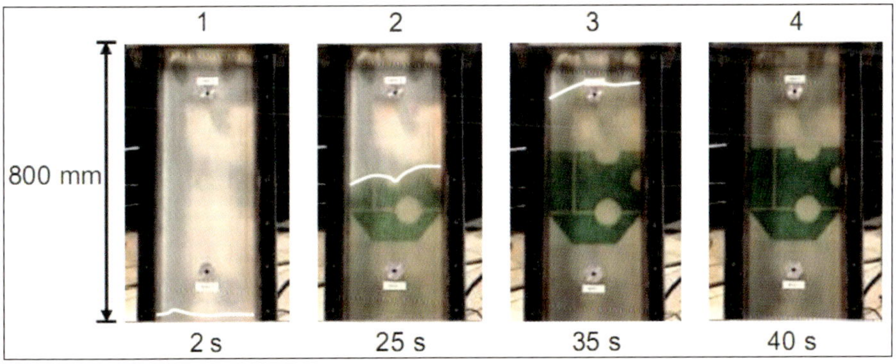

Abb. 249: Formfüllstudie mit dem Sichtwerkzeug

6.6.4 Fertigung von ebenen, monolithischen Bauteilen

Im Rahmen der durchgeführten Fertigungsstudien an monolithischen Bauteilen wurden zunächst Vorversuche zur Validierung geeigneter Preformingprozesse durchgeführt. Hierfür wurden Preforms aus verschiedenen Verstärkungshalbzeugen aufgebaut. Neben den Preforms aus einzelnen Lagen des für die Sichtversuche verwendeten Quadraxialgeleges wurden Preforms mit orthotroper Faserorientierung (Produktionsrichtung entspricht der Imprägnierrichtung) aus einem Kohlenstofffasergewebe „452" der Firma Schlösser & Cramer KG, Haan (Flächengewicht: 200g/m2, Bindungsart: Köper 2/2, Roving Kette/Schuss: Toho Tenax HTA, 200tex) verwendet.

Dem Preforming kommt beim Spaltimprägnierverfahren besondere Bedeutung zu. Durch die Erzeugung des Fließspalts wird der Preform während der Imprägnierung nicht komprimiert. Dadurch führen bereits kleine Kräfte, die durch die Fließgeschwindigkeit während der Absenkung der beweglichen Formhälfte von der Matrix auf den Preform ausgeübt werden, zu Verschiebungen der Verstärkungsfasern. Daher besteht die Forderung nach einer flächigen Fixierung der Verstärkungshalbzeuge mit einer hohen Verschiebefestigkeit der einzelnen Verstärkungsfasern und einer hohen Eigenstabilität des Preforms. Hierfür können beispielsweise pulverförmige Binder (duroplastisch oder thermoplastisch) oder flüssige duroplastische Binder auf die Verstärkungshalbzeuge aufgetragen werden. Eine ausreichende Fixierung der einzelnen Gewebelagen wurde durch die Verwendung eines thermoplastischen Bindervlies Spunfab, PA 1541A-06, Hänsel Verbundtechnik GmbH, Iserlohn erzielt. Spunfab besteht aus einem niedrigschmelzenden Co-Polyamid mit einem geringen Flächengewicht von 6g/m2. Durch die Aufmachung als Rollenware lässt sich eine gleichmäßige und gut reproduzierbare Verteilung des Bindergehalts im Preform gewährleisten. Für das prototypische Preforming wurde das Bindervlies zwischen die einzelnen Lagen des verwendeten Verstärkungshalbzeugs eingelegt, mit einem Vakuumsackaufbau versehen, welcher anschließend auf einen Absolutdruck von 100bar evakuiert wurde und in einem Heißluftofen bei einer Temperatur von 120°C aufgeschmolzen. Aus den fixierten Lagen wurden anschließend Preforms mit einem Cutter herauspräpariert. Die so hergestellten Preforms wurden ohne zusätzliche Fixierung in die Kavität eingelegt und bei einer Werkzeugtemperatur von 40°C imprägniert.

Für die Imprägnierung der Preforms wurde ein langsam reagierendes Epoxidharzsystem SR8100 (Harz)/SD8822 (Härter) der Firma Sicomin, Chateauneuf-Les-Martigues, Frankreich verwendet (Viskosität: 110 mPas bei 40°C, Topfzeit: 440min bei 20°C). Die Laminate wurden bei einer Temperatur von 80°C über einen Zeitraum von 240min ausgehärtet.

Abbildung 250 zeigt den Einfluss des Bindervlies auf die Bauteilqualität exemplarisch an einem Bauteil mit 6 Lagen Kohlenstofffasergewebe „452" als Verstärkung.

Ohne Fixierung der Lagen mit dem thermoplastischen Bindervlies wurde der gesamte Preform während der Komprimierungsphase in Richtung der Absaugung verschoben. Das ausgehärtete Bauteil weist sehr starke Faserverschiebungen auf. Das Bauteil mit Bindervlies konnte ohne Verschiebung des Preforms und ohne Verschiebungen der Verstärkungsfasern gefertigt werden.

Die Qualität der so hergestellten Bauteile ist exemplarisch anhand von repräsentativen Messungen des Faservolumengehalts (φF) und Schliffbilduntersuchungen bestimmt worden.

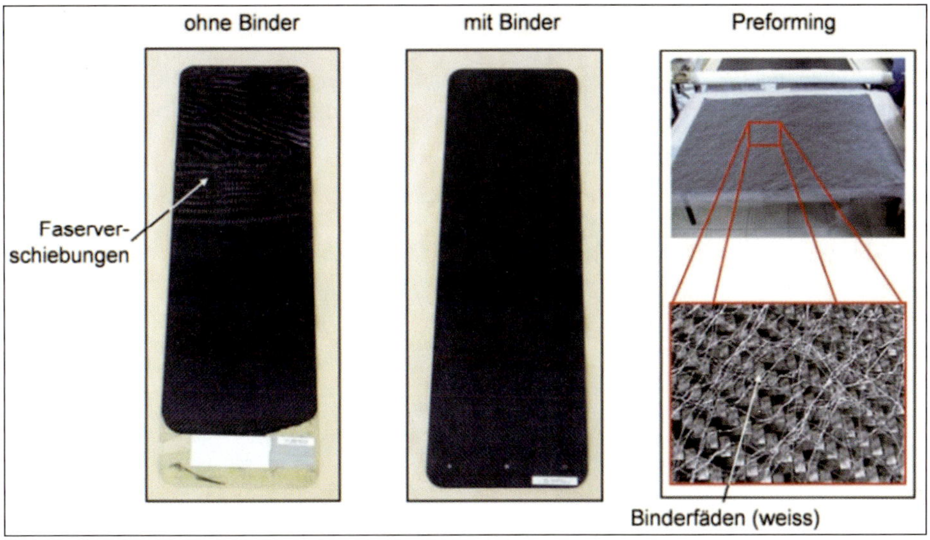

Abb. 250: Einfluss des Preformings auf die Bauteilqualität

Die Faservolumengehaltsmessungen wurden indirekt über die Messung des Fasergewichtsgehalts mittels Thermogravimetrischer Analyse durchgeführt. Die Messungen wurden mit einem Gerät „TGA 2950" der Firma TA Instruments, Waters, USA unter Stickstoffatmosphäre durchgeführt (23°C-700°C, Aufheizrate 20°C/min). Aus dem ermittelten Restgewichtsanteil wurde unter Berücksichtigung der Dichte von Fasern (1,8 g/cm3) und Matrix (1,1 g/cm3) der Faservolumengehalt berechnet. Der Faservolumengehalt beträgt entlang der Bauteillänge ca. 60%. Der dargestellte Laminatquerschnitt zeigt, dass das Laminat gleichmäßig konsolidiert ist und eine hohe Qualität aufweist. Innerhalb des Laminats sind keine Poren erkennbar.

Im Rahmen einer Prozessoptimierung wurde untersucht, welche minimale Zykluszeit sich mit den eingesetzten Materialien erreichen lässt.

Hierfür wurde ein schnell reagierendes Harzsystem LY564 (Harz)/HY951 (Härter) der Firma Huntsman Advanced Materials (Deutschland) GmbH, Bergkamen verwendet (Viskosität: 160 mPas bei 40°C, Topfzeit: ca. 4 min, bei 20°C). Die Aushärtezeit dieses Harzsystems beträgt zwischen 15min bei 100°C und 30min bei 80°C.

Es konnten Bauteile, bestehend aus 10 Lagen Kohlenstofffasergewebe „452", mit Dicken von 2 mm (entsprechend Faservolumengehalten φF von ca. 55%) bei einer isothermen Werkzeugtemperierung von 100°C innerhalb von 15min imprägniert, konsolidiert, ausgehärtet und entformt werden. Die Imprägnierung und die Konsolidierung erfolgte jeweils innerhalb 60s. Berücksichtigt man die erforderliche Zeit zum Reinigen und Vorbereiten des Werkzeuges (Anbringen von Anguss- und Absaugleitungen, Einlegen des Preforms, Schließen der Kavität) von ca. 15min, können mit dem verwendeten Spaltimprägnierwerkzeug Zykluszeiten von ca. 30min erreicht werden.

6.6.5 Analyse der Fertigung von gekrümmten Sandwichbauteilen

Neben Untersuchungen zur Fertigung von ebenen, monolithischen Bauteilen wurde das Spaltimprägnierverfahren zur Fertigung von gekrümmten Sandwichbauteilen weiterentwickelt (Abbildung 251).

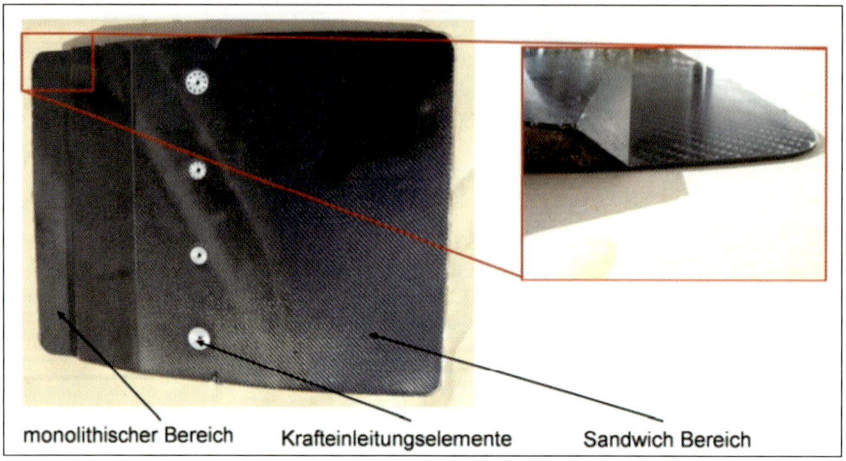

Abb. 251: Sandwich/Monolith-Bauteil mit integrierten Krafteinleitungselementen

Die Bauteile weisen parallel zur Anströmrichtung orientierte Flächen, gegenüber der Anströmrichtung geneigte Flächen, unterschiedlich große Verrundungsradien, scharfkantige Übergänge und Dickensprünge auf.

Die Untersuchungen haben gezeigt, dass sich mithilfe der entwickelten Werkzeugtechnologie Sandwichbauteile mit hoher Laminatqualität und integrierten Krafteinleitungselementen fertigen lassen [12].

Ein weiterer Aspekt, der untersucht wurde, ist die Verarbeitung von partikelgefüllten Harzen im Spaltimprägnierverfahren. Partikelgefüllte Harzsysteme werden beispielsweise zur Gewährleistung des Flammschutzes von Bauteilen in besonders gefährdeten Bereichen, wie Innenverkleidungen von Schienenfahrzeugen, verarbeitet. Die Zugabe von partikelförmigen Flammschutzmitteln stellt eine Alternative zur Verarbeitung von inhärent flammgeschützten Phenolharzen, welche über sehr spröde Materialeigenschaften verfügen und während der Verbrennung Kohlenmonoxid freisetzen, dar [10].

Durch die Zugabe der ATH-Partikel erhöht sich mit steigendem ATH-Gehalt (Aluminium-Tri-Hydroxid) die Viskosität des Matrixsystems (bei 40 °C etwa Faktor 4 bei 60 phr gegenüber 0 phr ATH). In konventionellen Flüssigimprägnierverfahren führt die erhöhte Viskosität besonders bei hohen Faservolumengehalten zu einer Reduzierung der Fließgeschwindigkeit und somit zu einer deutlichen Zunahme der Zykluszeit. Zudem besteht bei der Fertigung von Bauteilen mit hohen Faservolumengehalten in Harzinjektionsverfahren, bei denen die Imprägnierung in der Preformebene erfolgt, die Möglichkeit, dass sich die Partikel entlang des Fließwegs ausfiltern [9/11]. Durch diesen Filtereffekt reduziert sich sukzessive der für die Verteilung der Matrix zu Verfügung stehende Querschnitt innerhalb des Preforms, damit die effektive Permeabilität, und die erforderliche Imprägnierdauer nimmt weiter zu [9/11]. Zudem lässt sich im Falle einer Ausfilterung keine gleichmäßige Verteilung der Partikel über der Bauteilfläche und somit kein gleichmäßiger Flammschutz gewährleisten.

Die Ergebnisse der Untersuchungen zur Verarbeitung partikelgefüllter Harzsysteme im Spaltimprägnierverfahren haben gezeigt, dass sich durch den Fließspalt auch partikelgefüllte Matrixsysteme sehr schnell flächig über dem Preform verteilen lassen [12]. Dies ist eine wichtige Voraussetzung zur Gewährleistung eines gleichmäßigen Flammschutzes über der Bauteilfläche. Aufgrund der flächigen Verteilung und der Imprägnierung in Dickenrichtung müssen die Partikel nur kurze Fließwege innerhalb des Preforms zurücklegen. Da der Preform im Spaltimprägnierverfahren während der Imprägnierung nicht komprimiert wird, stehen zudem größere Fließkanäle innerhalb des Preforms zum Verteilen der Füllstoffpartikel zur Verfügung.

6.6.6 Fazit und Ausblick

Fazit

Die vorgestellten Ergebnisse zeigen, dass sich mit Hilfe des Spaltimprägnierverfahrens flächige Bauteile aus faserverstärkten Kunststoffen (FVK) in kurzen Zykluszeiten und mit hoher Laminatqualität fertigen lassen.

Als wichtigster Prozessparameter konnte die Höhe des Fließspalts identifiziert werden. Durch Variation der Höhe des Fließspalts wurde gezeigt, dass die Ausbildung von „race-tracks" mit zunehmender Fließspalthöhe abnimmt. Der Fließspalt trägt somit zu einer hohen Robustheit des Fertigungsprozesses bei. Dies ist eine wichtige Voraussetzung für einen serientauglichen Prozess, da mit steigender Prozessrobustheit die Ausschussquote reduziert werden kann.

Für eine reproduzierbare und qualitativ hochwertige Bauteilfertigung wurden unterschiedliche Preformingstrategien untersucht. Hierbei hat sich eine Fixierung der Faserlagen mit einem thermoplastischen Bindervlies als geeignet erwiesen. Aus den so hergestellten Preforms konnten Bauteile ohne Faserverschiebungen mit hoher Laminatqualität und Faservolumengehalten von bis zu 60% gefertigt werden.

Aufbauend auf den an ebenen Bauteilen erarbeiteten Erkenntnissen wurde ein Versuchswerkzeug zur Untersuchung von uniaxial gekrümmten Sandwichbauteilen entwickelt. Mit diesem Werkzeug lässt sich auf beiden Seiten des Preforms ein Fließspalt erzeugen. Hinsichtlich einer serientauglichen Fertigung wurde ein auswechselbarer Rahmeneinsatz entwickelt. Diese Neuentwicklung ermöglicht bei Verwendung von mehreren Rahmeneinsätzen die Reduzierung der Werkzeugbelegungszeit auf die für Imprägnierung, Konsolidierung und Aushärtung erforderliche Zeit.

Mit dem Versuchswerkzeug wurden Bauteile hergestellt und durch Schliffbilder und Faservolumengehaltsmessungen charakterisiert.

Die Untersuchungen haben ergeben, dass sich sowohl Sandwichbauteile mit durchlaufendem Schaumkern als auch Bauteile mit einem Übergang von monolithischen Bereichen auf Bereiche mit Sandwichaufbau (Dickensprung) mit einer Fließweglänge von 800mm in 30min fertigen lassen.

Es wurden weiterhin Untersuchungen zur Integration von Krafteinleitungselementen durchgeführt. Die Krafteinleitungselemente konnten mit hoher Genauigkeit in den Bauteilen fixiert werden und hatten keinen negativen Einfluss auf die Imprägnierung der Bauteile.

Gegenüber den, mit hohem manuellen Aufwand verbundenen Harzinfusionsverfahren konnte der hierbei anfallende verfahrensspezifische Produktionsabfall (Abreißgewebe, Verteilmedium inklusive dem darin befindlichen Restharz, Vakuumdichtband, Harzleitungen, Vakuumfolie, semipermeable Membranen, etc.) bis auf die Harzleitungen vollständig vermieden werden. Des Weiteren weisen Bauteile, die mit Hilfe des Spaltimprägnierverfahrens gefertigt wurden, beidseitig hohe Oberflächengüten und enge Fertigungstoleranzen auf. Durch die Verwendung von mehrteiligen Formwerkzeugen mit definierter Kavität ist das Spaltimprägnierverfahren gut automatisierbar.

Im Vergleich zu Harzinjektionsverfahren wird die Matrix beim Spaltimprägnierverfahren zunächst flächig über dem Preform verteilt und dringt anschließend in Dickenrichtung in den Preform ein. Dadurch lässt sich eine schnelle Imprägnierung des Preforms bei geringeren Injektionsdrücken gewährleisten. Es konnte gezeigt werden, dass sich durch die spezielle Prozessführung beim Spaltimprägnierverfahren flächige, schwach gekrümmte Bauteile mit langen Fließwegen von 800mm und hohen Faservolumengehalten von über 50% innerhalb weniger Minuten mit hoher Laminatqualität imprägnieren und konsolidieren lassen.

Ausblick

Zukünftige Projekte haben zum Ziel, die erreichbaren Zykluszeiten weiter zu reduzieren und den Prozess vollständig zu automatisieren. Weiterhin sind Untersuchungen zur Optimierung der Oberflächenqualität geplant.

Zur weiteren Reduzierung der Zykluszeiten wird das Spaltimprägnierverfahren im Rahmen einer von der Deutschen Forschungsgemeinschaft (DFG) geförderten Forschergruppe 860 zu einem vollständig automatisierten Fertigungsprozess weiterentwickelt. Ziel dieses Projekts ist es, Bauteile mit Faservolumengehalten von über 50% und Fließwegen von ca. 500mm in Zykluszeiten unter 10min reproduzierbar mit hoher Laminatqualität herzustellen. Hierfür wird eine vollständig automatisierte Spaltimprägnieranlage aufgebaut, die es ermöglicht, sämtliche Bewegungen der beweglichen Formwerkzeuge und Prozessphasen während der Beschickung, Bauteilimprägnierung, Aushärtung und Bauteilentnahme zentral zu steuern (siehe Abbildung 252).

Im Rahmen eines vom Land Nordrhein-Westfalen geförderten Projekts wurde das Spaltimprägnierverfahren für die industrielle Anwendung an einer CFK-Motorhaube für den Ford Focus untersucht. Hierbei wurden die mechanischen Eigenschaften untersucht und mit Crash-Tests belegt. Darüber hinaus wurde das Verfahren im Hinblick auf die Serienfertigung, hier insbesondere im Hinblick auf die Gesamtzykluszeit, und die in der Automobilindustrie geltenden Qualitätsstandards untersucht. Das Bauteil mit Abmessungen von 1,02 x 1,58m kann als gutes Beispiel für viele im Automobilsektor übliche Bauteile angesehen werden.

Abb. 252: Vollautomatisierte Spaltimprägnieranlage

Literatur

[1] Eberth, U.; Herrmann, A.S.:: Technische Textilien für Luftfahrt- und Fahrzeuganwendungen. Technische Textilien, Kapitel 6: Mobiltextilien. Frankfurt am Main, Deutscher Fachverlag GmbH, 2006

[2] Ehrenstein, G. W: Faserverbundkunststoffe: Werkstoffe – Verarbeitung – Eigenschaften. München, Wien: Carl Hanser Verlag, 1992

[3] Flemming, M., Ziegmann, G., Roth, S.: Faserverbundbauweisen – Fertigungsverfahren mit duroplastischer Matrix. Berlin, Heidelberg, New York: Springer Verlag, 1999

[4] Michaeli, W., Wegener, M.: Einführung in die Technologie der Faserverbundwerkstoffe. München Wien, Carl Hanser Verlag, 1989, ISBN: 3-446-15786-7

[5] Mitschang, P., Neitzel, M.: Handbuch Verbundwerkstoffe – Werkstoffe, Verarbeitung, Anwendung. München Wien, Carl Hanser Verlag, 2004, ISBN: 3-446-22041-0

[6] Mitschang, P., Schlüsseltechnologien für die Preform-LCM-Prozesskette. Tagungsband „8. Internationale AVK-TV Tagung für", Baden-Baden, 2005

[7] Herrmann, A.S., CFK – Prozessbeherrschung – Wege und Methoden. Tagungsband „12. Nationales Symposium SAMPE Deutschland e.V.", Braunschweig, 2006

[8] Heilmann, S., Kleba, I., Wassenberg, T.: Verfahren und Vorrichtung zur wirtschaftlichen automatisierbaren Herstellung von Bauteilen aus Faserverbundkunststoffen im Harzinfusions- bzw. Vakuumverfahren. Deutsches Patentamt, Aktenzeichen 101 57 655.2, 2001

[9] Meyer-Noack, S.: Konzeption und Erprobung des Spaltimprägnierformens. Dissertation RWTH Aachen, 2006, ISBN 3-86130-849-5

[10] Tipping, G.: New developments in fire resistant green composites. Tagungsband "Composites in fire 2", Newcastle England, 2001

[11] Lefevre, D., Comas-Cardona, S., Binétruy, C., Krawczak, P.: Modelling the flow of particle-filled resin through a fibrous preform in liquid composite molding technologies. Composites Part A, 38 (2007), S. 2154-2163

[12] Michaeli, W., Fischer, K.: Fertigung von Hochleistungsbauteilen aus faserverstärkten Kunststoffen mit Hilfe des Spaltimprägnierverfahrens. Zeitschrift Kunststofftechnik (2008) 4, S. 1-29

6.7 Heißpressen von SMC/BMC

6.7.1 Einführung/Geschichtliches

Unter Heißpressen versteht man die Verarbeitung bei Temperaturen über 120°C unter Druck in Stahlwerkzeugen. Für Versuche oder geringe Stückzahlen werden auch geeignete Werkzeuge aus Aluminium, Zamak und andere Metalle verwendet.

Das Verfahren wird überwiegend bei der Verarbeitung von SMC und BMC angewendet, aber auch beim Nasspressen, wobei die Verstärkungsfasern „trocken" in das Presswerkzeug eingelegt und mit einer Harzmischung während des Schließens des Werkzeuges getränkt (imprägniert) werden.

Die Anfänge des Heißpressens gehen auf die Verarbeitung der „klassischen“ Duroplaste wie Phenolharz, Melaminharz usw. zurück. Baekeland hatte mit seinem „Druck-Hitze-Patent“ 1908 die Grundlagen hierzu gelegt. Schon nach dem ersten Weltkrieg begann man, die duroplastischen Formmassen im Pressverfahren zu verarbeiten. Auf sehr einfachen, meist kleinen, Pressen wurden mit Handsteuerung Formteile für elektrotechnische Anwendungen hergestellt.

Im industriellen Aufschwung nach 1950 wuchs die Anwendung der verschiedenen duroplastischen Formmassen sprunghaft. Eine Vielzahl neuer Werkstoffe kam hinzu, zuerst BMC und ab 1960 SMC. Formteile und Pressen wurden immer größer, die Anforderungen an die Steuerung immer höher. Heute sind vollautomatische Hochgeschwindigkeitspressen bis zu 4000 t im Einsatz.

6.7.2 Verfahrensgrundlagen

Im Folgenden wird das Heißpressen am Beispiel von **SMC** und **BMC** erläutert, da für diese Formmassen besonders hohe Ansprüche an die Verarbeitungstechnik gestellt werden.

Die Grundsätze gelten aber auch bei der Verarbeitung von ähnlichen Pressmassen (z.B. **DMC**, britisch-englische Bezeichnung für BMC, **CIC**, zwischen einem Walzenpaar imprägnierte geschnittene Glasfasern; **ZMC**, in ähnlich einem Teigkneter imprägnierte geschnittene Glasfasern; **TMC** (thick moulding com-pound), ähnlich wie SMC hergestellt, Dicke über 25mm), und beim Nasspressen. Die Werkzeugtemperaturen und Pressdrücke können allerdings beim Nasspressen niedriger liegen.

Die Formmassen werden auf hydraulischen Pressen in beheizten Stahlwerkzeugen zu Formteilen verarbeitet. Die verwendeten Pressdrücke liegen zwischen 30 und 140bar und richten sich in der Regel nach den Formulierungen und der Formteilgestalt. Formmassen mit hohem Füllstoff- oder Glasfaseranteil erfordern hohe Pressdrücke. Teile mit hohen Seitenwänden, Rippen bzw. Nocken erfordern höhere Drücke als flache Pressteilformen.

6.7.3 Betriebsmittel

Die verwendeten Pressen sind dem Bedarfsfall angepasst. In Abbildung 253 ist eine einfache Presse zur Produktion von Elektroteilen oder nicht-oberflächenkritischen Teilen wiedergegeben. Der Antrieb erfolgt in diesem Fall über die Pressenhydraulik. Manche Pressbetriebe benutzen aber immer noch eine zentrale, wasserhydraulische Druckanlage.

Abb. 253: Konventionelles Pressen mit Standard-Pressen

Für viele Anwendungen reichen diese einfachen Pressen heute jedoch nicht mehr aus. Besonders bei großflächigen Teilen für die Automobilindustrie ist man auf gleichlaufgeregelte Hochgeschwindigkeitspressen angewiesen (Abbildung 254).

Abb. 254: Gleichlaufgeregelte Hochgeschwindigkeitspresse

Eine moderne gleichlaufgeregelte Hochgeschwindigkeitspresse unterscheidet sich von den älteren Pressen deutlich und ist mit den gleichen Steuer- und Regelstrategien ausgerüstet wie moderne Spritzgussmaschinen. Eine solche Presse erlaubt Schließgeschwindigkeiten im Eilgang bis zu 1.000 mm/sec. und kann in weniger als einer Sekunde das Formteil geregelt auspressen. Zur Automatisierung und Qualitätsverbesserung, beispielsweise für die Fertigung von Karosseriebauteilen, werden Pressen auch zu komplexen Fertigungszellen zusammengefasst. Zur Qualitätssicherung ist es möglich, eine Vielzahl der anfallenden Prozessdaten zu speichern und zu dokumentieren.

Erfasst werden können:

Zeiten

- Presse schließen (ab Zyklus-Auslösung bis Presskraft erreicht)
- Druckaufbauzeit: Zeit vom Erreichen einer Minimalkraft bis zur
  - vollen Presskraft
  - reinen Presszeit
- Presse öffnen: dekompressionsgeregeltes Öffnen, schnelles Hochfahren des Stößels bis der OT erreicht
- Pressenzyklus gesamt (ab Schließzyklus-Auslösung bis OT erreicht)
- Gesamtanlagentaktzeiten

Stößelposition

- Teiledicke

Phasengeregeltes Schließen

- Geschwindigkeitsabweichungen vom Sollwert über den gesamten geregelten Schließvorgang
- maximale Abweichungswerte
- Parallelitätsabweichung über geregelten Schließhub
- Arbeitsfaktor Hauptzylinder

Kräfte

- Presskraftprofil (Soll- und Istwerte)
- Parallelhaltung: Einzel- und Gesamtkraft

Phasengeregeltes Öffnen

- Parallelitätsabweichung während des geregelten Öffnungshubes

Temperaturen

- Matrize
- Patrize

Mit dem erweiterten Diagnosesystem ist es möglich, auf dem Bildschirm Messwerte direkt miteinander zu vergleichen und aufgrund der Abweichungen Rückschlüsse auf die Ursache aufgetretener Mängel zu ziehen und diese zu beheben.

Aus einem Verarbeitungszyklus können

- 40 interne Messgrößen,
- 8 externe Größen wie Forminnendruck, IMC-Einspritzdruck o.A.
- mehrere Auswertungen mit je 6 Messkurven auf dem Bildschirm dargestellt werden.

Die Installation entsprechender IT-Systeme gibt dem Hersteller die Möglichkeit, eine Verbindung zwischen der Pressensteuerung und einem Diagnoserechner im Lieferantenwerk herzustellen. Dadurch ist es möglich, kurzfristig qualifizierte Hilfe für eine Behebung von Mängeln oder Störungen zu geben.

In Mould Coating (IMC)-Beschichtung

Unter der IMC -Beschichtung versteht man das Aufpressen eines härtbaren Lackes im Pressprozess. Die Lackschicht kann als Grundierung des Formteils betrachtet werden.

Bei der Anwendung von IMC sind gleichlaufgeregelte Pressen unabdingbare Voraussetzung. Eventuell auftretende Poren können durch die IMC-Beschichtung versiegelt werden.

Das IMC-Verfahren läuft in folgenden Verfahrensschritten ab:

1. Einlegen des SMC-Zuschnittes,
2. Härten des SMC,
3. Leichtes Öffnen des SMC-Werkzeuges,
4. Einspritzen des IMC-Lackes,
5. Aufpressen und Härten des IMC-Lackes,
6. Entnehmen des beschichteten SMC-Formteils.

Kurz vor dem Aushärten des SMC-Formteils wird das Werkzeug um wenige Millimeter geöffnet. Nun wird über einen durch das beheizte Werkzeug geführten Spritzkopf der Lack eingespritzt. Anschließend wird das Werkzeug wieder geschlossen, wodurch der Lack auf das Formteil aufgepresst wird und aushärtet. Hierdurch erzielt man eine geschlossene Grundierung auf der SMC-Oberfläche, die problemlos weiterlackiert werden kann.

Durch Weiterentwicklung der Verfahrenstechnik ist man heute in der Lage, auf ein Öffnen des Werkzeuges zu verzichten und den IMC-Lack mit Hochdruck einzuspritzen. Im Presszyklus erfolgt eine Absenkung des Pressdruckes, so dass der IMC-Lack sich mühelos auf die gesamte Formteiloberfläche aufspritzen lässt. Durch diese Technik vermeidet man eine Verlängerung der Presszeit, so dass es durchaus möglich ist, IMC-beschichtete, dünne Außenhautteile im Zyklus von 60 Sekunden zu fertigen.

Bei der konstruktiven Auslegung IMC-beschichteter SMC-Teile ist die Lage des Einspritzpunktes sehr sorgfältig zu wählen, da diese stets eine kleinere Markierung im Formteil hinterlässt. Zur guten Verteilung des Lackes sollte der Einspritzpunkt möglichst zentral im Werkzeug liegen, was sich wegen der Sichtbarkeit des Einspritzpunktes nicht immer verwirklichen lässt. Geschickt kann der Einspritzpunkt häufig in den Bereich des Fahrzeug-Emblems gelegt werden. Bei sehr großen Fließwegen sind zwei Einspritzpunkte erforderlich.

Für die Konstruktion des Einspritzkopfes ist spezielles Know-how erforderlich. Der Einspritzkopf muss durch das beheizte Stahlwerkzeug geführt werden, ohne dass der reaktionsfähige Lack in der Leitung aushärtet, bevor er eingespritzt wird. Neben einer geeigneten Isolation sind die Leitungen für den Lackkreislauf und die Spülleitung zu integrieren. Daher die verschiedenen Leitungen, wie sie in Abbildung 255 zu sehen sind.

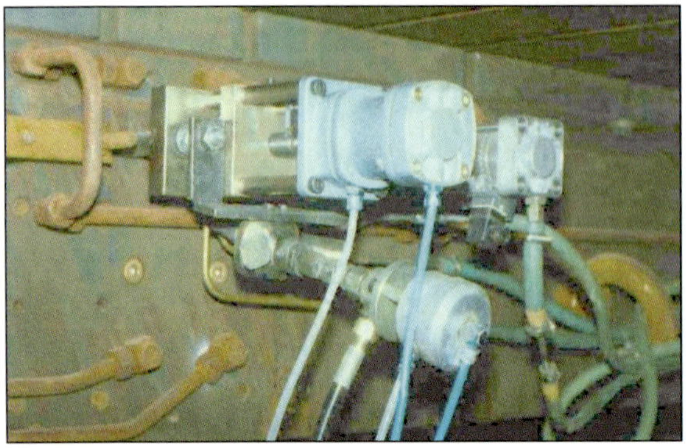

Abb. 255: Einspritzkopf

Die IMC-Anlage (Abbildung 256) umfasst den Behälter mit dem reaktionsfähigen Lack, alle Zuleitungen zum Spritzkopf und die Steuerelemente. Die Steuerung der IMC-Anlage wird mit der Steuerung der Presse verknüpft, so dass der Einspritzvorgang in den Presszyklus integriert ist und automatisch abläuft.

Abb. 256: IMC-Anlage

IMC-beschichtete Teile für den Automobilbereich erhalten in der Regel beim Bauteilhersteller noch den Auftrag des Serienfüllers, damit die Teile online decklackiert werden können.

Powder In Mould Coating (PIMC)

Beim PIMC-Verfahren wird ein Pulver (ähnlich Pulverlackierung) elektrostatisch auf die Werkzeugoberfläche gesprüht. Eine Maskierung des Werkzeuges ist notwendig, um übermäßige Verschmutzung des Werkzeuges zu vermeiden. Danach wird das SMC-Paket auf dem Werkzeug abgelegt, der weitere Pressprozess erfolgt wie bei normaler SMC-Verarbeitung. Das Verfahren hat den Vorteil, dass es auch zur Dekoration benutzt werden kann, es wurde besonders für Sanitäranwendungen entwickelt.

Vakuum-Presstechnik

Im Gegensatz zu Thermoplasten, die eine deutlich ausgeprägte Quellströmung zeigen, fließt SMC als Blockströmung, auch mit Voreilung der durch den Werkzeugkontakt aufgeheizten Randschichten. Dies kann dazu führen, dass im Formhohlraum vorhandene Luft mit SMC vermischt wird und Poren bildet. Dies kann vermieden werden, wenn der Formhohlraum evakuiert wird. Daher werden mehr und mehr Pressen für „Class-A-Außenhautteile" mit der Vakuumtechnik ausgerüstet (Abbildung 257). Das Werkzeug ist dabei mit einer Dichtung ausgerüstet, die es erlaubt, während des Schließens des Werkzeuges in der Formgebungsphase aus einem entsprechend groß dimensionierten Speicher schlagartig das Formennest mit Vakuum zu beaufschlagen. Dadurch wird die Entlüftung erleichtert, die Einbettung von Luft wird vermieden und das Material fließt leichter.

Abb. 257: Werkzeug mit Vakuumpresstechnik

Vollautomatische Pressen

Inzwischen wurden neben den hier erwähnten Pressen auch vollautomatische Pressen entwickelt. Durch verschiedene Faktoren wurde eine deutliche Verkürzung der Zykluszeit möglich:

Da eine vollautomatische Anlage zur Mattenpaketherstellung absolut reproduzierbare Pressbedingungen garantiert, z.B. für den Zeitpunkt des Entfernens der Deckfolien unmittelbar vor dem Schneiden der Harzmatte und bezüglich der extrem kurzen drucklosen Liegezeit des Paketes im Werkzeug, kann die Reaktivität der Harzmatte gesteigert werden.

So war es möglich, auf der Anlage Härtezeiten von 15-20 Sekunden bei einer Teiledicke von ca. 2mm zu realisieren.

Zu dieser Härtezeit addiert sich die „Trockenlaufzeit" von Presse und automatischer Peripherie von etwa 10 Sekunden einschließlich Werkzeugreinigung, so dass eine Zykluszeit von knapp 30 Sekunden erreicht werden konnte.

In den 10 Sekunden Trockenlaufzeit laufen folgende Einzelschritte ab:

- Das Einlegegerät mit dem Harzmattenpaket fährt in die geöffnete Presse,
- das Harzmattenpaket wird auf dem Werkzeug abgelegt,
- das Einlegegerät fährt aus dem Einbauraum der Presse heraus,
- die Presse schließt schnell,
- der Stößel setzt auf den Gegenhaltezylinder auf und die Stößelführung wird entkuppelt,
- das Harzmattenpaket wird geschwindigkeits- und parallelgeregelt ausgepresst,
- die Presse schaltet auf Kraftregelung bei gleichzeitiger Parallellaufregelung um,
- die Härtezeit startet,
- ab Härtezeitende erfolgt Kraftabbau und geschwindigkeits- und parallelgeregeltes Öffnen des Werkzeuges,
- Ende des Parallelhubes und Aktivierung der Stößelführung,
- die Presse öffnet sich,
- das Pressteil wird durch den Auswerfer abgehoben,
- das Werkzeugoberteil wird gereinigt,
- das Entnahmegerät fährt in die Presse ein,
- der Entnahmegreifer fasst das Pressteil,
- das Entnahmegerät hebt das Pressteil über das Werkzeug und die Auswerferstifte an,
- die Auswerferstifte fahren zurück,
- das Entnahmegerät fährt mit dem Pressteil aus dem Einbauraum der Presse heraus,
- das Werkzeugunterteil wird gereinigt,
- Einlegen des nächsten Pressenpaketes.

Bei dem vorgestellten System wird die Teiledicke des gerade ausgehärteten, noch unter Presskraft in der Kavität befindlichen Teiles über die hochauflösenden Wegmess-Systeme der Parallellaufregelung bestimmt und daraus die Geometrie des folgenden Zuschnittpaketes ermittelt.

Auf diese Weise wird die Zuschnittgeometrie ständig optimiert. Schwankungen der Harzmatten-Kennwerte (z.B. Flächengewicht) werden bezüglich ihrer Auswirkung auf die eigentliche Zielgröße, die Teiledicke, kompensiert. Eine derartige Regelstrategie wird erst durch die Vollautomatisierung des Pressenumfeldes ermöglicht. Selbstverständlich ist hierbei die Überwachung der einzelnen Prozessschritte (zum Beispiel wird mittels Lichtschranken geprüft, ob das Formmassepaket fehlerfrei an das Einlegegerät übergeben wurde). Über Temperaturfühler in verschiedenen Zonen des Werkzeuges wird die Werkzeugtemperatur in Bezug auf Grenzwerte überwacht.

Die programmierbaren Parameter Pressgeschwindigkeit und Presskraft werden durch Soll-/Ist-Vergleich und Vorgabe eines Toleranzbandes ebenfalls auf Über- und Unterschreiten von Grenzwerten kontrolliert. Dadurch ist es möglich, gleichzeitig die Fließfähigkeit des SMC in Grenzwerten zu überwachen. Eine zusätzliche Auswertung der Messwerte aus den hochauflösenden

Wegemess-Systemen der Parallelregelung bringt weitere Qualitätsdaten und Optimierungsmöglichkeiten. So ermöglicht die Erkennung des Schwindungshubs eine automatische Härtezeitsteuerung.

Werkzeugbeschickung und Werkstoffe für das Heißpressen

Unmittelbar vor der Verarbeitung wird SMC zu Platinen geschnitten. Die SMC-Platinen sind kleiner als die projizierte Formteiloberfläche. In den meisten Fällen liegt die Platinengröße zwischen 30% und 70%, je nach Schwierigkeitsgrad des Formfüllvorganges. Der Zuschnitt wird so platziert, dass die Fließwege zum Formteilrand nach allen Richtungen gleich groß sind, um unnötige Faserorientierungen durch Umlenkung des Materialflusses zu vermeiden.

Die Platinen werden entweder maschinell auf einer Schneidmaschine oder manuell an der Presse zugeschnitten. Nach dem Abziehen der Trennfolie werden mehrere Platinen übereinandergeschichtet, bis das Einsatzgewicht, das dem Werkstückgewicht plus Zugabe für den Pressgrat entspricht, erreicht ist.

Das SMC-Paket wird in das Werkzeug eingelegt. Die exakte Einlegeposition und deren Reproduzierbarkeit sind von enormer Bedeutung für eine konstante Qualität. Ebenso ist die Wartezeit zwischen Ablegen und Aufbringen des Pressdruckes wichtig. Die Zeitspanne soll so kurz wie möglich sein und in jedem Fall immer gleich lang. Unter Druck und Temperatur wird das SMC beim Schließen des Werkzeuges in der Werkzeugkontur verformt. Werkzeugtemperaturen von 135 bis 160°C – je nach Formulierung – sind dabei üblich.

Ist der Formenhohlraum gefüllt, wirkt der volle Pressdruck auf das Formteil. Wichtig ist, dass der Pressdruck auf dem Material ist und nicht durch Kraftkurzschluss nur auf das Werkzeug wirkt (siehe auch Distanzplatten im Abschnitt Presswerkzeug). Die Presse hält den Druck bis die Härtungsreaktion abgeschlossen ist. Es ist jedoch optimal, wenn die Presskraft ca. 5-10 Sekunden nach Verschluss des Werkzeuges um ca. 70% abgesenkt wird.

BMC, DMC, CIC und ZMC liegen als teigförmige Pressmasse vor. Da die Handhabung der Pressmasse umständlicher ist und die Pressteile oft kleiner sind, werden die Formmassen meist über Extruder oder Kolbenstopfer dosiert. Mit einem Unterkolben auf dem Pressentisch oder im Presswerkzeug lassen sich einfach mehrere Formnester mit einem Schuss füllen. Man spricht dann vom so genannten Transferpressen. Die Verpackungseinheiten der Pressmassen sind den Dosiereinheiten der Geräte angepasst und bestehen meist aus styroldichten Beuteln. Diese werden unmittelbar an der Dosieranlage aufgeschnitten und die Formmasse in den Stopfer gebracht.

6.7.4 Produktionswerkzeuge/Hilfsmittel

Produktionswerkzeuge

Die für die Presswerkzeuge infrage kommenden Werkstoffe sind in Abschnitt 4.3.1. ausführlich beschrieben.

Die meist hohen Stückzahlen bedingen die Verarbeitung in Stahlwerkzeugen. Günstig ist es, die Werkzeugoberfläche zu verchromen oder durch moderne Verfahren mit einer anderen verschleißfesten Schicht auszurüsten, um die Standzeit zu erhöhen. Bei Verarbeitung von harten Füllstoffen und Farbpigmenten wie Titandioxid sowie bei LP und Class-A-Formmassen ist ein Verchromen unerlässlich.

Sehr wesentlich ist die Gestaltung der Tauchkanten. Beim Fließpressen der Formmassen muss die Luft aus dem Presswerkzeug leicht entweichen können. Dabei soll aber möglichst das Material nicht austreten, da sonst ein aufwendiges Entgraten notwendig wird. Zudem begünstigt austretendes Material unerwünschte Glasfaserorientierungen und durch die Härte der Glasfasern werden die Tauchkanten ausgewaschen. Dem begegnet man durch einen gleichmäßigen Tauchkantenspalt von 0,02-0,05 mm. Abbildung 258 zeigt ein Beispiel für die Tauchkantengestaltung.

Die Tauchkanten der Presswerkzeuge müssen gehärtet sein, um längere Standzeiten zu gewährleisten. Besser sind eingesetzte Tauchkanten aus harten Stählen, die im Bedarfsfall einfacher zu reparieren sind, wenn der Verschleiß dies erfordert.

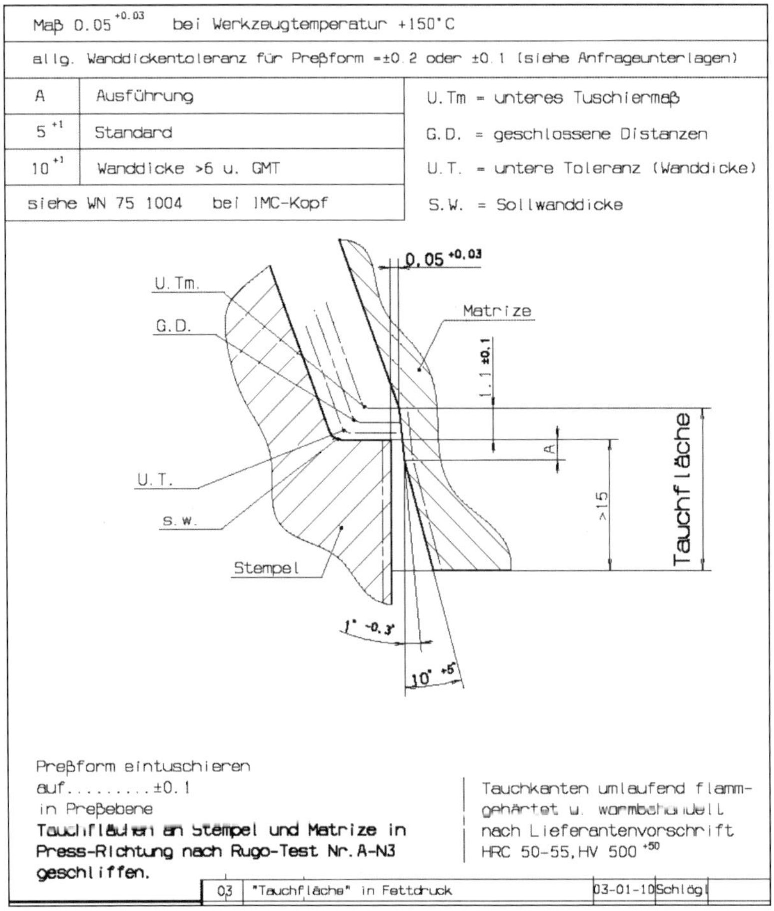

Abb. 258: Tauchkantengestaltung

Hilfsmittel – Datenerfassung und Auswertung bei der Verarbeitung

Die Technologie der SMC-Verarbeitung ist noch im hohen Maß von empirischer Betrachtung gekennzeichnet. Anhand von hergestellten Pressteilen wird eine Fehleranalyse durchgeführt, um die Verursachung von Fehlern zu erkennen und durch geeignete Maßnahmen an der Formmasse abzustellen.

Ein neuer und für die Zukunft entscheidender Weg ist es, durch Beobachtung von Prozesssignalen die individuellen Abläufe in der Formteilherstellung transparent zu machen und daraus eine differenzierte Sicht der technischen Abläufe herzuleiten.

Ebenso wie bei Spritzgussmaschinen oder beim Blasformen sind Prozessregelung und Prozessdokumentation durch eine Prozessdatenerfassung heute notwendiger Bestandteil einer modernen Verarbeitungsmaschine. Die zu beobachtenden Größen beziehen sich im Einzelnen auf das Arbeiten der Produktionsanlage, indem die Dosierungsfunktion und die dafür erforderliche treibende Kraft erfasst werden. Die Dosierungsfunktion besteht aus der Schließbewegung der Presse, deren Parallelität und einem möglichen elastischen Verhalten der Anlage. Im weiteren Verlauf des Prozesses können gegebenenfalls Schwindungsbewegungen oder andere Prozessdetails aufgelöst werden.

Aus den erfassten Daten kann abgeleitet werden, ob vor dem eigentlichen Dosiervorgang die Anlage ihre Grundfunktion ungestört und wie eingestellt abarbeitet oder ob durch Veränderungen an der Anlage neue Signalverläufe beobachtbar werden.

Ab dem Dosierbeginn wirkt sich der Widerstand des Materials gegen die eingeleitete Formgebung aus, so dass hieraus auch Rückschlüsse auf Zähigkeit und andere Merkmale des Eigenschaftsbildes der Formmasse gezogen werden können.

Ähnliche Informationen können durch die Beobachtung des Forminnendrucks abgeleitet werden.

Die Schließkraft ist eine summierende Größe für den Gesamtwiderstand des Materials, wohingegen die örtlich gemessenen Massedrücke in der Kavität Aufschluss über das Fülltiming und lokale Effekte geben, die auch für eine Simulation als Verifikationsdaten herangezogen werden können. Durch den Vergleich der berechneten örtlichen Drücke und des Fließfrontverlaufs kann über die gemessenen Daten die Stimmigkeit des Simulationsergebnisses geprüft werden.

Die Erfassung der Forminnendrücke liefert, neben Informationen zum genannten Druck, weitere Informationen über die Druckverteilung während der Flüssigphase der härtbaren Formmasse sowie Informationen über den zeitlichen und örtlichen Verlauf der Reaktionsschwindung.

Weitere wesentliche Informationen für die Bewertung des Prozessablaufes sind die Werkzeugtemperatur, die für jeden Heizkreis separat erfasst und überprüft werden sollte.

Die insgesamt einsetzbare Sensorik ist:

- die Wegmessung,
- die Kraftmessung an der Dosiereinheit,
- die Parallelitätskontrolle,
- die Messung der Forminnendrücke und
- der Werkzeugtemperaturen.
- In speziellen Fallen können
- die Massetemperatur und
- die dielektrisc
- he Leitfähigkeit der Formmasse über Ultraschallsensoren gemessen werden.

Aufschluss über die Abläufe bei der Vernetzungsreaktion geben spezielle Sensoren mit deren Hilfe Größen wie die Wärmekapazität oder die Reaktionsenthalpie von Formmassen unter ingenieurmäßigen Randbedingungen gemessen werden können.

Die Software erlaubt die Erfassung der Signale, deren Speicherung sowie die Visualisierung einzelner oder verschiedener Kurven (siehe Abbildung 259). Durch Vergleichsfunktionen ist es möglich, eine Messung mit gutem bzw. schlechtem Verarbeitungsergebnis so zu vergleichen, dass auf die Ursachen geschlossen werden kann.

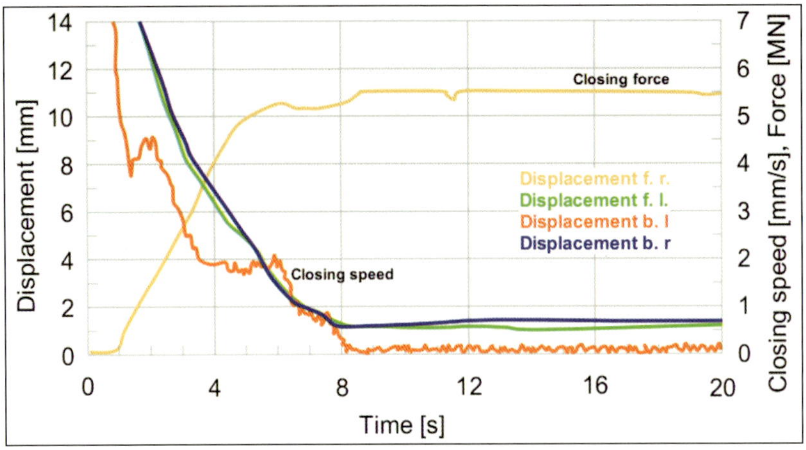

Abb. 259: Prozessdatenerfassung während des Pressens

Ein zusätzlicher Softwareaufsatz erlaubt die statistische Analyse und die quantitative Ermittlung von Prozesssignalen. Hierunter fallen z.B. Druck und Temperatur, Höhen, Druckanstiegsgeschwindigkeiten und viele andere Merkmale der Signalverläufe.

6.7.5 Gestaltungsrichtlinien

Grundsätzliche Überlegungen beim Konstruieren mit SMC

Die Erstellung der Werkzeuge für die Produktion von Formteilen aus SMC ist, im Vergleich mit Konkurrenzwerkstoffen, häufig kostengünstiger. Komplizierte Formteile aus Stahlblech oder Aluminium benötigen z.B. mehrere Umformvorgänge und damit mehrere Werkzeuge für ein Bauteil. Bei richtiger Konstruktion sind für die Fertigung eines SMC-Endproduktes weniger Formen und Verfahrensschritte erforderlich. Rippen, Nocken, Gewindebuchsen, Flansche und Aussparungen können, wie Abbildung 260 beispielhaft zeigt, gestalterisch in ein einziges Pressteil einbezogen werden.

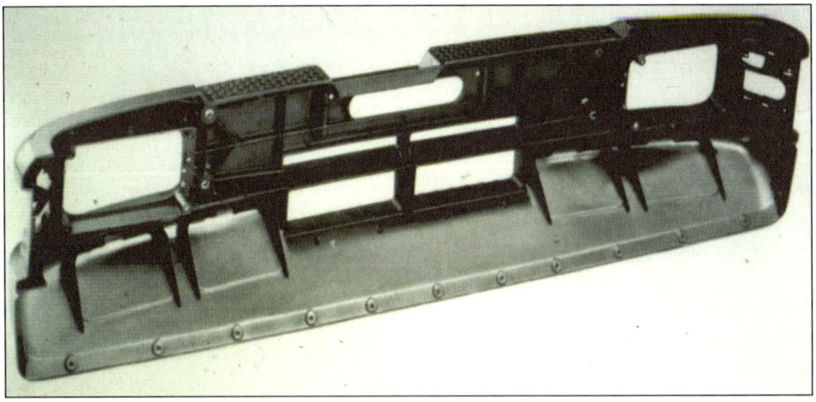

Abb. 260: Nutzfahrzeug-Stoßstange – Rückansicht

Viele Formteile werden aus pigmentiertem SMC hergestellt und weisen häufig eine strukturierte Oberfläche auf. Bei gängigem LP-SMC ist zwar ein Lackieren erforderlich; die glatte Oberfläche macht jedoch in der Regel Schleifarbeiten und andere Nachbehandlungen überflüssig.

Gute Produktgestaltung mit SMC verlangt dem Konstrukteur eine gewisse Flexibilität ab, wenn der Einsatz dieses Materials ein optimales Kosten-/Nutzenverhältnis erbringen soll.

Folgende Kriterien sollen dabei berücksichtigt werden:

- Klärung der funktionellen Anforderungen,
- Teileintegration,
- Strukturfestigkeit,
- Optik,
- Vergleichbarkeit mit anderen Werkstoffen,
- Montageparameter (z. B. Vereinfachung),
- Dauerbelastbarkeit,
- Temperatureinwirkung,
- elektrische Anforderungen,
- chemische Belastungen,
- Umwelteinflüsse,
- Oberflächenfinish,
- Farbgebung,
- spanende Bearbeitung,
- behördliche Vorschriften,
- technische Überwachung.

Bei der Konstruktion eines Teiles ist auf erforderliche Konizität, Wanddicke, etwaige Rippen und Nocken sowie Radien usw. zu achten. Häufig ist es notwendig, bei Neuentwicklungen einen Prototyp herzustellen. Zuverlässige Resultate erzielt man nur, wenn zur Herstellung des Prototyps bereits seriennahe Werkzeuge, Verfahren und Materialien benutzt werden. Durch Simulationsrechnungen ist man heute teilweise in der Lage, auf die Erstellung eines Prototyps zu verzichten.

Wanddicke Rippen und Nocken

Es ist anzustreben, eine möglichst gleichmäßige Wanddicke über das ganze Bauteil zu erhalten (Abbildung 261).

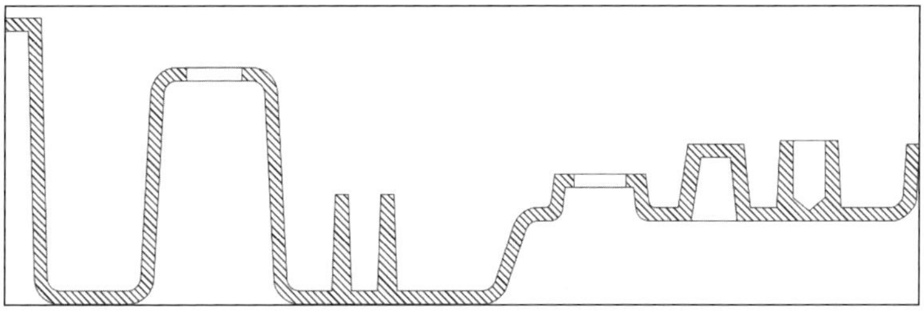

Abb. 261: Gleichmäßige Wanddicke über das Teil

Presstechnisch haben sich Wanddicken ab 1,2mm bewährt. Geringere Wanddicken sind zwar möglich, aber meist problematisch. Je nach Anforderungen an das Bauteil hat man zu entscheiden, ob die erforderliche Festigkeit und Steifigkeit durch Wanddickenerhöhung oder Versteifung der Flächen durch Sicken und Rippen erreicht werden soll. Zu beachten ist, dass die Erhöhung der Wanddicke genauso in die Presszeit eingeht wie das Anbringen von starken Rippen.

Bei der Gestaltung von Radien der Rippenanbindung ist zu entscheiden, ob man auf gute Oberflächen oder optimale Festigkeiten Wert legt. Die Oberfläche wird mit abnehmendem Radius besser, während die Querfestigkeit der Rippe abnimmt (Abbildung 262 und 263).

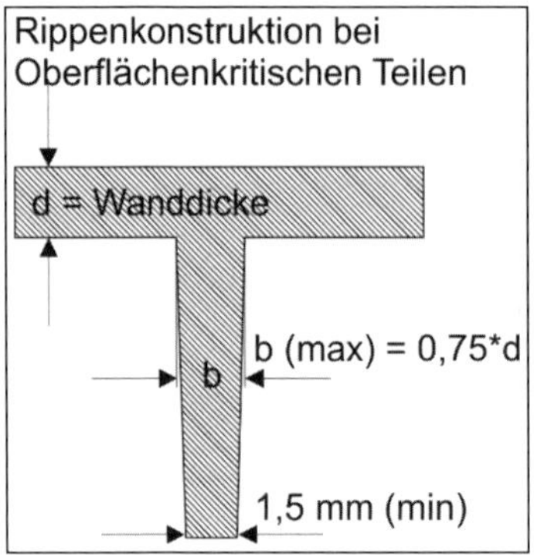

Abb. 262: Rippenkonstruktion bei oberflächenkritischen Teilen

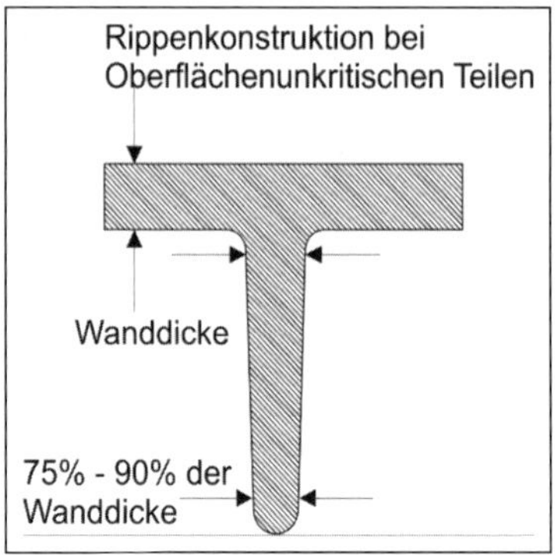

Abb. 263: Rippenkonstruktion bei oberflächenunkritischen Teilen

Wanddickensprünge sind zwar jederzeit möglich, können sich aber im Übergangsbereich negativ auf die Oberfläche auswirken. Häufig tritt im Bereich des Übergangs eine Welligkeit auf. Durch eine bewusst eingebrachte Schattenfuge oder andere stilistische Elemente kann der optische Eindruck verbessert werden. Bei der Kantenversteifung (Abbildung 264) ist daher ein Abbiegen der Ecken einem Verdicken der Ecken vorzuziehen.

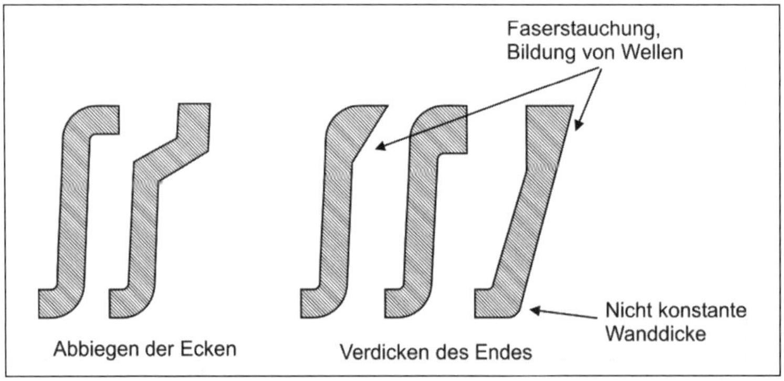

Abb. 264: Möglichkeiten von Randversteifung

Gestaltung von Rippen und Nocken

Durch Rippen, Sicken und Wölben (zweiachsiges Krümmen) können hohe Festigkeiten und Steifigkeiten bei Bauteilen mit geringen Wanddicken erreicht werden. Außerdem kann bei großen Flächen Verzug und bogenförmiges Verwerfen verhindert werden. Dimensionsangaben für die Gestaltung von Rippen sind in Abbildung 265 dargestellt.

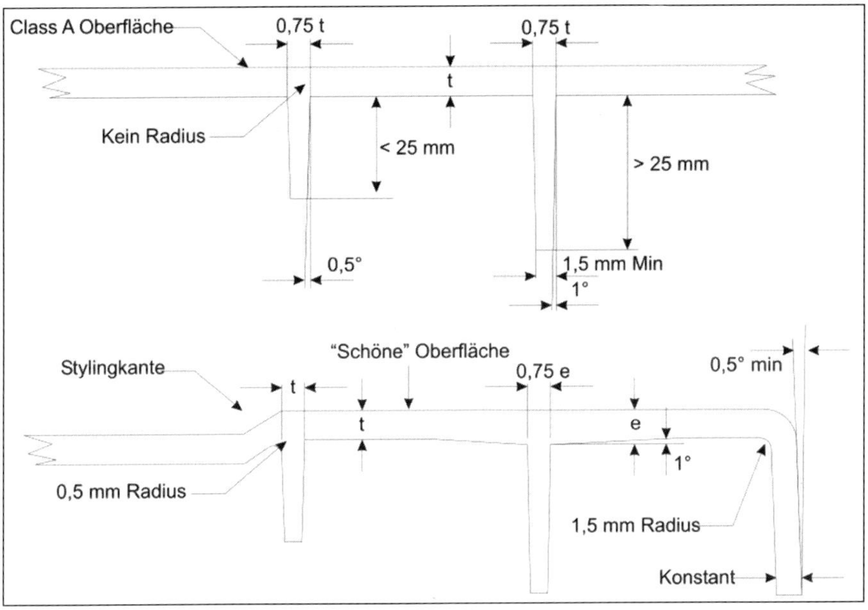

Abb. 265: Dimensionierung von Rippen bei oberflächenkritischen Teilen

Auf beiden Seiten sollte mindestens 1° Konizität vorhanden sein, um ein einwandfreies Entformen zu erlauben; 0,5° sind bei hervorragend gearbeiteten Werkzeugen möglich. Bei oberflächenkritischen Teilen sollte die Rippendicke an der Basis geringer sein als die Wanddicke des Teiles, und zwar im Verhältnis 3:4. Der Schnittwinkel zwischen zwei Rippen bzw. zwischen einer Rippe und anderen Elementen sollte nicht unter 30° liegen.

Das in Abbildung 266 gezeigte Teil weist eine Vielzahl von Rippen zur Erhöhung der Festigkeit und Steifigkeit auf.

Die im linken Bildteil erkennbaren Rippen und Nocken dienen gleichzeitig der Krafteinleitung von Verbindungselementen. Zur Montagehilfe erkennt man eine Reihe hohler Nocken, die zur Aufnahme von Muttern als Sechskant ausgeführt wurden. Durch diese komplexe Gestaltung konnte ein multifunktionelles Teil hergestellt werden, das sonst aus einer Vielzahl von Metallteilen hätte zusammengesetzt werden müssen.

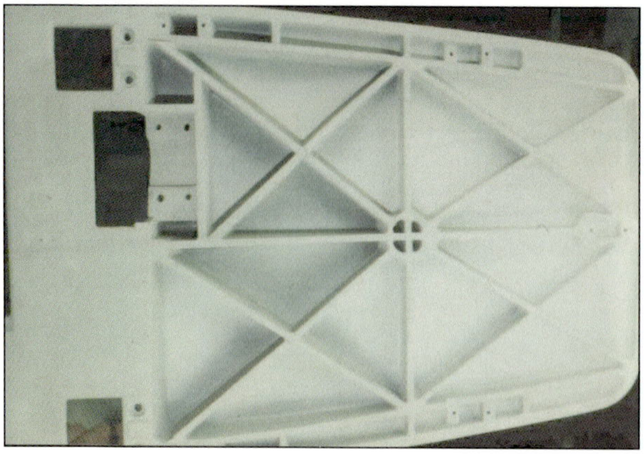

Abb. 266: Trägerteil eines Zahnarztstuhls

Entformschräge

Um eine problemlose Entformung zu gewährleisten, ist für alle Bereiche des Presslings eine Konizität von mindestens ½ ° vorzusehen. Unabhängig von formästhetischen Überlegungen gilt hier, dass lieber mit zu viel als mit zu wenig Konizität gearbeitet werden sollte. Bei strukturierten Oberflächen ist pro 0,025 mm Strukturtiefe jeweils 1° Konizität zuzugeben. Damit wird die Gefahr einer Beschädigung der Oberflächenstruktur beim Entformen weitgehend ausgeschaltet.

Gestaltung der Auswerfer

Die in vorangegangenen Abbildungen gezeigten stark verrippten Teile benötigen eine besondere Auswerferkonstruktion, wie in Abbildung 267 dargestellt.

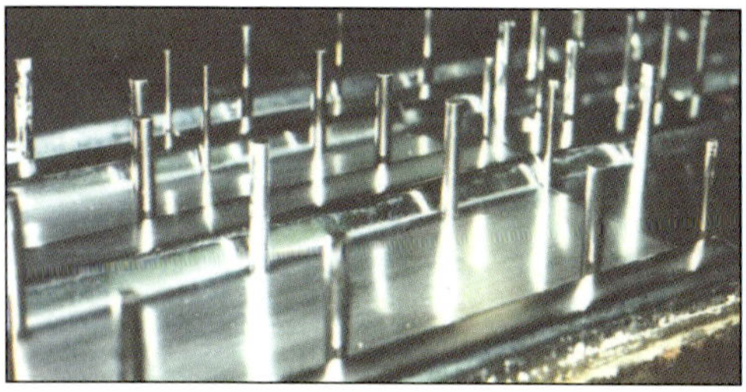

Abb. 267: Auswerferkonstruktion

Um die Vielzahl der Rippen sicher ausstoßen zu können, setzt man zweckmäßigerweise an jeden Kreuzungspunkt der Rippen einen Auswerfer. Unterstützt werden die Auswerfer durch die Buchsenaufnahmen, die gleichzeitig als Auswerfer wirken. Es ist erforderlich, dass die Auswerfer auf einer separaten Platte sitzen und durch Hydraulikzylinder ein planparalleles Auffahren der Auswerfertraverse erfolgt. Schon bei leichtem Verkanten sind sonst die langen Bauteile fast nicht entformbar oder es bricht ein Teil der Rippen an.

Da die meisten verwendeten Harzsysteme leicht fließende, thermoplastische Additive enthalten und diese in den Auswerferspalt gelangen können, ist für die Selbstreinigung ein entsprechend langer Weg der Auswerfer erforderlich.

Das leichte Spiel der Auswerfer begünstigt außerdem das Entlüften des Formennestes. Wurden in einem Presswerkzeug zu wenig Auswerfer für ein einwandfreies Entlüften des Formennestes gesetzt, kann anhand von Fließstudien festgestellt werden, wo aus entlüftungstechnischen Gründen zusätzlich Auswerfer benötigt werden.

Fließwege – Bindenähte

Die hervorragende Fließfähigkeit des Werkstoffes erlaubt es, oft nur Werkzeugoberflächen von 10-20% zu belegen. Trotzdem finden ein vollständiges Ausfüllen des Formennestes und ein einwandfreier Transport der Glasfasern bis an das entfernteste Ende des Fließweges statt, sofern Material und Verarbeitungsbedingungen optimiert wurden.

Wie jedes Material, das Fasern enthält und fließt, orientieren sich auch bei SMC die Fasern. Die Grundregel besagt: Bei einer beschleunigten Strömung orientiert sich die Faser in Fließrichtung, bei einer verzögerten Strömung kommt es zum Auffalten (Ziehharmonikaeffekt, vgl. Abbildung 268). Eine gewisse Faserorientierung lässt sich mit zunehmender Fließweglänge nicht vermeiden. Besonders kritisch ist die Faserstauchung, weil sich an der Oberfläche oder an Bindenähten sichtbare Wellen bilden können, siehe auch Abschnitt zu den Halbzeugen SMC/BMC.

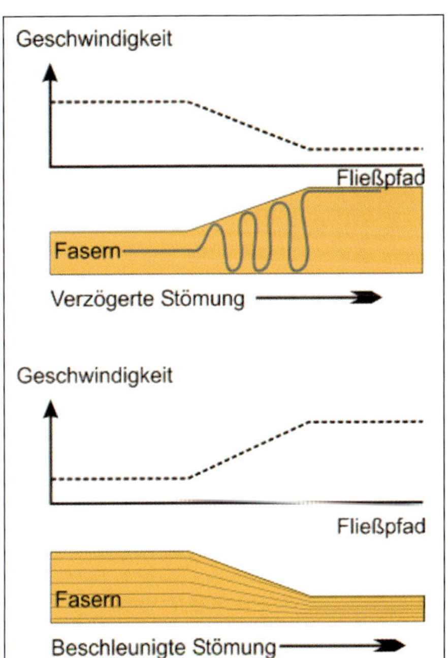

Abb. 268: Faserorientierung durch Strömungseffekt

Einfluss von Fließnähten

Wenn bei extremen Fließwegen Faserorientierungen auftreten sollten, ist dafür Sorge zu tragen, dass solche Zonen nicht quer zur Faserrichtung beansprucht werden. Besonders beim Umfließen von Öffnungen (Durchbrüchen) bilden sich Fließnähte, die nur geringe mechanische Belastung ertragen (Abbildung 269).

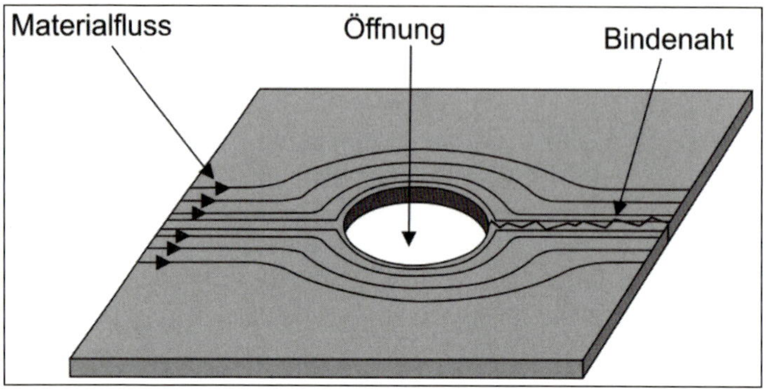

Abb. 269: Bildung von Bindenähten

Wie stark sich Faserorientierungen auf die Festigkeiten eines Bauteils bemerkbar machen können, geht aus Abbildung 270 hervor.

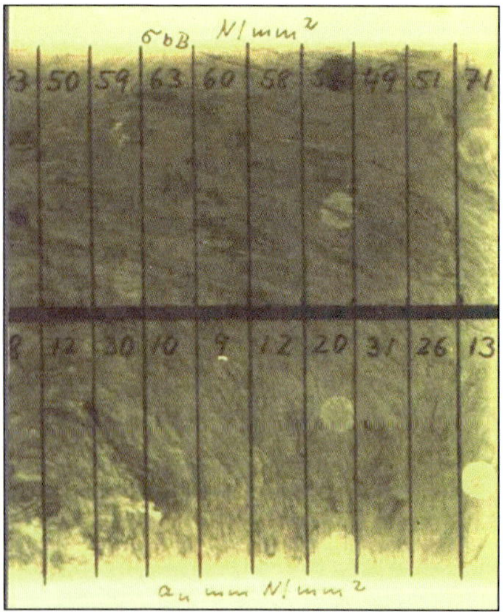

Abb. 270: Röntgenaufnahme, unterschiedliche Festigkeiten durch Faserorientierungen

In der Röntgenaufnahme eines Bauteilausschnittes ist oben die Biegefestigkeit und unten die Schlagzähigkeit eingezeichnet. Die Festigkeitswerte wurden an den gekennzeichneten Prüfstäben ermittelt. Je nach Faserorientierungen liegt die Biegefestigkeit dieses aus SMC spritzgegossenen Teils zwischen 43 und 154 N/mm² und die Schlagzähigkeit zwischen 4 und 30 kJ/m².

Zweischalige Bauteile

Werden bei Bauteilen niedriges Gewicht, hohe Steifigkeit und eine außerordentlich glatte Oberfläche gefordert, kommt man nicht umhin, eine zweischalige Konstruktion zu wählen, (Abbildung 271). Die tragende und versteifende Funktion übernimmt dabei das Innenteil, in das die Funktionselemente integriert werden. Der Gesamtverbund ergibt eine außerordentlich hohe Steifigkeit des fertigen Bauteils, wobei das Außenteil eine hervorragende Oberfläche aufweist. Das Verkleben der beiden Formhälften bereitet keine Probleme. Zum gleichmäßigen Kleberauftrag ist die Verwendung eines Roboters unbedingt erforderlich.

Abb. 271: Zweischalige Fahrzeugstruktur

Oberflächenstrukturen – Narbungen

Zur optischen Gestaltung können alle gängigen Narbungen aufgebracht werden. Ein Verchromen der Werkzeugoberflächen ist unumgänglich. Matte Oberflächen lassen sich ebenfalls erzeugen. Trotz Hartverchromen polieren sich infolge der hohen Scherbeanspruchung des Werkzeuges die Flächen besonders an Zonen mit Materialumlenkung im Laufe der Zeit auf, so dass ein Entchromen mit erneuter Oberflächenbehandlung erforderlich wird. Bei allen strukturierten oder matten Oberflächen ist darauf zu achten, dass die Stahloberfläche keine Schweißstelle aufweist, da sich sonst Unterschiede in der Oberflächenstruktur durch die unterschiedliche Härte des Materials ergeben.

Für begehbare und rutschsichere Pressteiloberflächen ist eine besondere Struktur vorzusehen, die durch eine Vielzahl pyramidenförmiger Erhöhungen gekennzeichnet ist, wie Abbildung 272 beispielhaft zeigt.

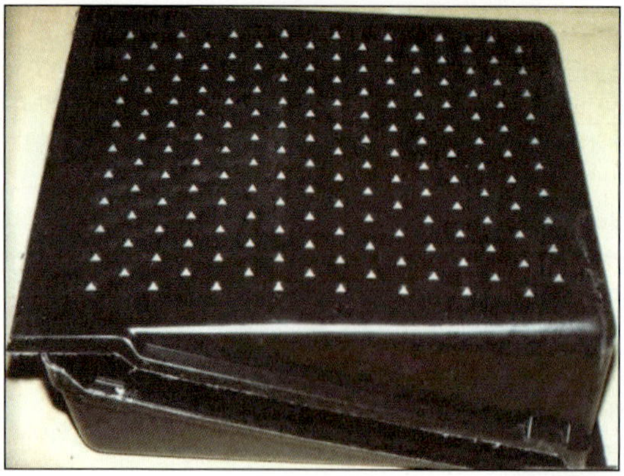

Abb. 272: Begehbare Batterieabdeckung eines Nutzfahrzeuges

Wie weit man in der Narbung gehen kann, ist in Abbildung 273 gezeigt. Die Innenverkleidung der Fahrerhaustür eines Nutzfahrzeuges wurde mit einer Narbung versehen, die eine Kunstle-derverkleidung nachahmt. Die hohe Kunst der Narbung und die Abbildungstreue durch den Werkstoff SMC werden hier in hervorragender Weise demonstriert, wenn dies auch als ein Extremfall angesehen werden sollte.

Abb. 273: Genarbte SMC-Oberfläche

Verpackung

Häufig wird bei der Konstruktion von Faserverbundwerkstoffen aus SMC die Verpackung vernachlässigt. Da die Formteile in der Regel große Dimensionen annehmen und häufig lackiert werden, sind Oberflächenbeschädigungen mit anschließend aufwendiger Nachbearbeitung die Folge.

Grundsätzlich ist die geeignete Verpackung in die konstruktiven Überlegungen mit einzubeziehen. Geeignete Transportgestelle sind schon innerhalb des Herstellerwerkes notwendig, um die Teile vor Beschädigungen zu schützen. Während des Transportes zum Anwender sind besonders lackierte Teile empfindlich gegen mechanische Beschädigungen. Verpackung und Transportmittel sind so zu konstruieren, dass ein Schaben lackierter Teile verhindert wird und die Teile bei starken Erschütterungen während des Transportes nicht von den Transportgestellen fallen können (Abbildung 274). Auf der anderen Seite ist eine leichte Handhabung erforderlich und auf geringes Volumen während des Rücktransportes zu achten.

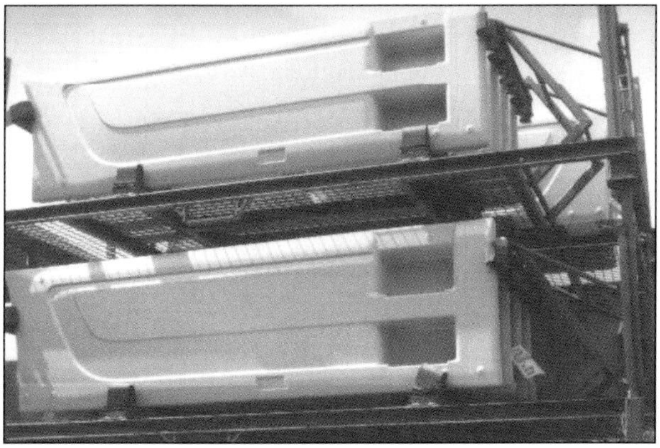

Abb. 274: Transportgestelle für lackierte Teile

6.7.6 Nachbehandlung

Pressteile aus SMC und BMC werden in der Regel direkt an der Presse entgratet. Bei vollautomatischen Linien ist dies ohne manuelle Tätigkeit ebenfalls eingeschlossen. Alle sonstigen Nachbearbeitungen werden im Abschnitt über die Fertigteilbearbeitung beschrieben.

6.7.7 Qualität/Eigenschaften

Der gesamte Prozess wird von Maßnahmen zur Qualitätssicherung begleitet. Das beginnt schon in der Konstruktionsphase mit einer FMEA (Fehlermöglichkeit- und Einflussanalyse). Die relevanten Betriebsmittel werden einer Maschinenfähigkeits-Analyse unterzogen.

Anschließend wird eine Prozessanalyse durchgeführt. Alles unter dem Motto: „Qualität kann nicht kontrolliert werden", sie ist zu produzieren. Viel Wert wird auf die Werker-Selbstkontrolle gelegt. Hierzu erfolgt eine Schulung mit Prozessvisualisierung an jedem Arbeitsplatz.

Für viele Anwendungsfälle (Automobilindustrie) ist die Rückverfolgbarkeit zur Pflicht geworden. Bei Sicherheitsbauteilen ist dies gesetzlich vorgeschrieben. Aufgrund der Teilekennzeichnung kann an jedem Bauteil die Prozessfolge genau rekonstruiert werden bis hin zu der Charge jeden Rohstoffes, der für die Formmasse eingesetzt wurde.

Die Bauteileigenschaften sind von dem verwendeten Material abhängig und entsprechen bei SMC den bereits in Kapitel 4 genannten Daten. Zu berücksichtigen sind nur einige fließabhängige Eigenschaften, z.B. die mechanischen Festigkeiten. Diese sind abhängig von der Faserorientierung und der Belastungsrichtung. Eine Orientierung der verstärkenden Textilglasfasern ist ein rein physikalischer Vorgang und nicht zu vermeiden. Es ist wichtig, dies bei der Auslegung der Bauteile und deren Herstellung zu beachten.

Literatur

- Brüssel, R.; Weber, U.: Automatische Fertigung von SMC – Teilen in neuen Zeitdimensionen. 22. AVK-Tagung, Mainz 1989
- Brüssel, R.: Prozeßgeregelte vollautomatische Fertigung von PKW-Stoßfängerträgern. AVK-Tagung Berlin 1994
- Kupper, S.: GMT-Frontend für den VW –Golf – Planung und Realisierung einer automatischen Großserienfertigung. 24. AVK-Tagung, Berlin 1991
- Liebold, R.: GFK – Verarbeitung Kunststoffe 88(1998) 12 (Messebericht)
- R. Brüssel: Ein Jahr Serienproduktion von Menzolit-Fibron Lang-Faserverstärktem Thermoplast mit dem Direktverfahren, 1.Internationale AVK-TV Tagung Baden-Baden 1998
- G. Koch: SMC-Projekte für Großserien PKW. 1. Internationale AVK-TV Tagung Baden-Baden 1998
- Liebold, R.: Langfaserverstärkte Kunststoffe pressen. Kunststoffe Jahrg. 90 (2000) 10
- Ehnert, G.P., Liebold, R.: Compression Molding of SMC. ASM International Handbook 2001
- Liebold, R.: Konstruktionsmerkmale von Faserverbundwerkstoffen aus SMC in der Praxis. „Ingenieur-Werkstoffe – Konstruieren mit Kunststoffen, Springer-VDI-Verlag 2001
- Schillert, S.: Auswirkung von Automatisierung auf Qualität und Wirtschaftlichkeit von SMC-Bauteilen am Beispiel der Audi 100 Reserveradmulde. 4. AVK-Tagung Berlin 1991
- Kühfusz, R.: Prozeßdatenerfassung im Preßprozeß am Beispiel eines PKW-Spoilers. 3. Internationale AVK-TV Tagung Baden-Baden 2000
- Hörsting, K., Engelen, P.: Zukunftsweisende Innovative Kunststoff-Anwendungen im neuen DC; C-Klasse Sport-Coupe, 4. Internationale AVK Tagung Baden-Baden, Okt. 2001
- Ritter, M., Michaeli, W.: Qualitätsüberwachung bei der Pressverarbeitung. 4. Internationale AVK-TV Tagung Baden-Baden, Oktober 2001
- Schemme, M.: Sicherung der Produktqualität bei der Herstellung und Verarbeitung von SMC-Werkstoffen, Technisch-Wissenschaftlicher Bericht, Erlangen, 1997

6.8 Hochdruckpressen von GMT/LFT

6.8.1 Einführung/Geschichtliches

Glasmattenverstärkte Thermoplaste (GMT) wurden Anfang der 80er Jahre in die europäische Automobilindustrie eingeführt. Um 1990 konnten dann erste Anwendungen langfaserverstärkter Granulate (G-LFT) im Markt etabliert werden [1]. Aufgrund der Forderungen der Automobilindustrie nach signifikanter Kostenreduzierung bei gleichen oder besseren mechanischen Bauteileigenschaften ist der Direkt-LFT-Prozess (D-LFT) entwickelt worden. Mitte der 90er Jahre konnte dieser Prozess für Montageträgeranwendungen erfolgreich in den Markt eingeführt werden.

6.8.2 Verfahrensgrundlagen

Es haben sich folgende Verfahrenstechniken entwickelt:

- das Formpressen,
- das Fließpressen,
- das Spritzgießen,
- das Extrusionspressen.

Die gemeinsame Forderung aller Verfahrenstechniken ist die jeweilige Formmasse vor dem Beschichten des Werkzeugs so rasch und gleichmäßig wie möglich auf die erforderliche Verformungstemperatur aufzuheizen und unmittelbar der Presse zuzuführen. Wichtige verfahrenstechnische Kriterien bei den einzelnen Formmassen sind im Folgenden aufgeführt.

GMT

Beim Formpressen ist der Zuschnitt so groß wie die Abwicklung des Fertigteils. Beim Schließen des Werkzeuges wird die Formmasse lediglich verdichtet. Fließvorgänge, Orientierungen, Anreicherungen und Verarmungen von Glasfasern treten nicht auf. Fertigteile werden zweckmäßig in Formpressen hergestellt, wenn sie sehr groß sind und nur geringe, aber gleiche Wanddicken haben.

Beim Fließpressen sind die Zuschnitte kleiner als das Fertigteil. Ihr Gewicht ist jedoch so groß wie das des Fertigteiles. Beim Schließen des Werkzeuges füllt die Formmasse die ganze Kavität aus. Dabei kommt es zu Fließvorgängen, die Orientierung, Anreicherungen und Verarmung von Glasfasern mit sich bringen. Fertigteile werden zweckmäßig im Fließpressverfahren hergestellt, wenn sie wechselnde Wanddicken und Stege haben oder wenn Metallteile einzubetten sind.

G-LFT

G-LFT-Granulate werden im Wesentlichen in zwei Verfahrenstechniken verarbeitet: Das Spritzgießverfahren wird überwiegend für Bauteile mit komplexer Geometrie verwendet. Das Extrusionspressverfahren wird hauptsächlich für flache und großflächige Produkte eingesetzt.

D-LFT

Dieses Produkt stellt insofern eine Ausnahme dar, als hier die Erzeugung der Formmasse in den Gesamtprozess integriert ist und der Vorgang der Formteilherstellung dann – wie bei GMT – durch Fließpressen erfolgt. D-LFT verbindet die Vorteile von Spritzgießen aufgrund seiner guten Fließfähigkeit mit denen von GMT durch das hohe mechanische Eigenschaftspotenzial.

Besonders zeichnet sich der D-LFT-Prozess durch kurze Taktzeiten, die Möglichkeit, dünne Bauteile mit Wandstärken < 1,8 mm wirtschaftlich herzustellen und die flexible Anpassung der Werkstoffformulierung an die geforderten Bauteileeigenschaften aus.

6.8.3 Betriebsmittel/Verfahrensablauf

GMT

Wie bereits bei der GMT-Herstellung (vgl. Kapitel Thermoplastische Formmassen) erwähnt, wurden die ersten GMT-Halbzeuge als Formpressmaterialien eingesetzt. Die dazu eingesetzten Pressen waren relativ einfach, ohne besondere Anforderungen an Geschwindigkeit sowie Parallelität und benötigten einen spezifischen Druck (projizierter Druck auf die Pressmasse) von ca. 50bar.

Mit der Entwicklung der Fließpressmaterialien stiegen die Anforderungen an die Pressen erheblich. Durch geometrische Limitierungen können die aufgeheizten Zuschnitte selten im Presskraftschwerpunkt positioniert werden, so dass beim Schließen des Werkzeuges erhebliche Seitenkräfte kontrolliert werden müssen, die in der Regel immer zu einem nicht parallelen Schließen des Werkzeuges führen. Ferner wirkt das Erstarren der thermoplastischen Matrix dem Ausformen des Bauteiles entgegen, was in Summe High-Tech-Pressen erfordert, die über extrem kurze Druckaufbauzeiten, hohe Schließgeschwindigkeiten und exakte Parallelität verfügen müssen. Bei modernen GMT-Pressen sind Geschwindigkeit, Parallelität und Presskraft geregelt, um definierte Schließkurven und somit Schergeschwindigkeitsprofile fahren zu können. Die üblichen spezifischen Drücke liegen bei ca. 200bar, die Pressgeschwindigkeiten bei Materialkontakt bei über 50mm/s.

Vor dem Einlegen der Zuschnitte in das Presswerkzeug müssen die Zuschnitte zunächst auf eine Verarbeitungstemperatur von 200-220°C aufgeheizt werden. Dies erfolgt mit Infrarot- oder Heißluftöfen. IR-Öfen haben verschiedene IR-Quellen und unterscheiden sich im Wesentlichen in Wellenlänge und Ansprechzeiten der Strahlungsquellen. Heißluftöfen werden in Form von Durchlauföfen oder Paternostersystemen eingesetzt. Die Anschaffungskosten für IR-Öfen sind niedriger; die Heißluftsysteme haben dagegen niedrigere Energiekosten, da sie mit Öl oder Gas betrieben werden. Heißluftsysteme benötigen längere Aufheizzeiten, was längere Verweilzeiten (und Öfen) erfordert, dafür aber präzisere Temperaturführung und Massetemperatur gewährleistet.

Die aufgeheizten Zuschnitte werden entweder manuell oder automatisiert ins Werkzeug eingebracht. Bei großen Stückzahlen und höheren Bauteilanforderungen wird eine automatisierte Beschickung über handelsübliche Robotersysteme eingesetzt, die mit so genannten Nadelgreifern ausgestattet sind. Schrägstehende Nadelpakete werden dabei in die heißen, auf dem Ofenband liegenden Zuschnitte eingestochen, um diese dann im Werkzeug durch Zurückziehen der Nadeln zu positionieren. Anschließend erfolgt das Verpressen.

D-LFT

Bei der D-LFT-Verfahrenstechnik wird mit handelsüblichen modifizierten Plastifizierextrudern gearbeitet. Schnecken- und Düsengestaltung beeinflussen dabei maßgeblich die Produkteigenschaften. Nach der Plastifikat-Förderung muss eine Beheizung der Pressformmasse gewährleistet sein, um ein vorzeitiges Abkühlen zu verhindern, was zu deutlichen Abzeichnungen auf der Bauteiloberfläche führen würde. Der Transport des Plastifikates sollte in jedem Fall automatisch erfolgen, da andernfalls kein reproduzierbares Fließverhalten und damit die geforderten mechanischen Eigenschaften nicht garantiert werden können.

Wie in Abbildung 275 illustriert, besteht eine D-LFT-Anlage [2] aus einem Zweischneckenextruder, in den das PP-Compound eingezogen wird. Anstelle eines Compound-Materials kann als kostengünstige Alternative auch eine In-line-Compoundierung durchgeführt werden, wobei Reaktorware und Masterbatch aufeinander abgestimmt werden können. Nach der Plastifizierung des Matrixsystems werden die Glasfaserrovings am Ende der Plastifizierstrecke in den Extruder eingezogen. Zur Vorimprägnierung der Glasfasern sind verschiedene Verfahrenstechniken bekannt. Durch das Einziehen der Glasfasern in die Schmelzzone des Extruders vermeidet man eine längerfristige Scherbelastung der Glasfasern, die zu einer starken Einkürzung der Fasern führen würde (vgl. Abschnitt Thermoplastische Formmassen).

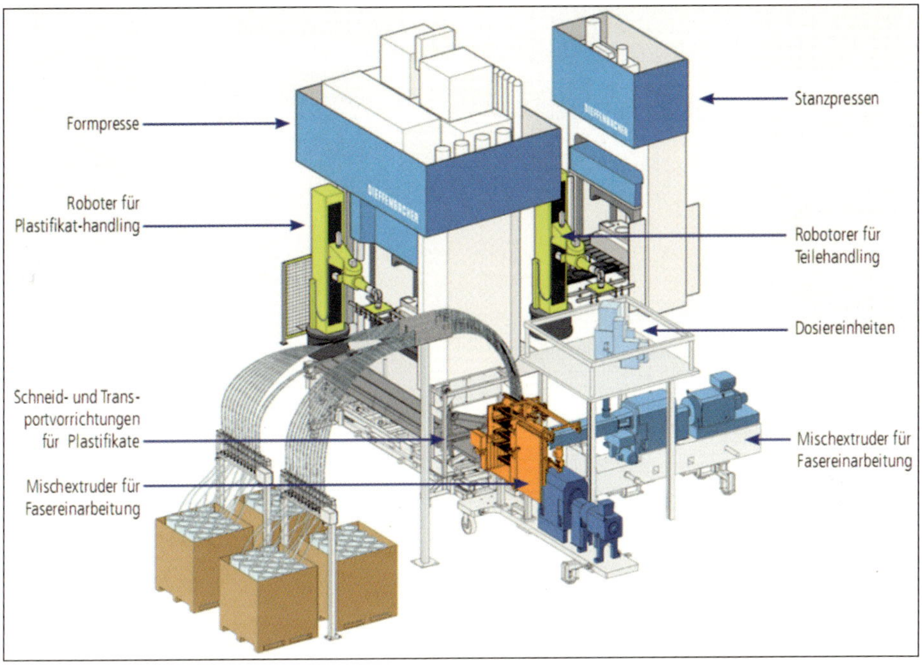

Abb. 275: D-LFT-Anlagenkonzept

Das Glasfaser-PP-Plastifikat wird beim Austritt aus dem Extruder auf einem Förderband abgelegt. Die Düsengeometrie ist in starkem Maße von der zu fertigenden Bauteilkontur abhängig.

Bei der Verarbeitung von PP verlässt das Plastifikat den Extruder bei ca. 220°C. Das endlos geförderte Plastifikat läuft in einen beheizten Tunnel, um optimale Fließ- und Oberflächeneigenschaften beim Verpressen gewährleisten zu können. Je nach Bauteilgeometrie wird das Plastifikat in die korrekte Länge geschnitten (siehe Abbildung 276) und mittels eines Nadelgreifers von einem Roboter- oder Linear-System in das Werkzeug transportiert und abgelegt. Im anschließenden Fließpressprozess füllt das Plastifikat die Kavität. Als Pressen kommen zur Zeit ausschließlich parallelgeregelte Hochgeschwindigkeitspressen (-70 mm/s Schließgeschwindigkeit bei Materialkontakt) zum Einsatz, die die hohen Qualitäts- und Produktivitätsanforderungen der Automobilindustrie erreichen können. Nach dem Entformen wird das Bauteil in eine Erkaltungslehre gelegt und steht dann für die Nachbearbeitung zur Verfügung.

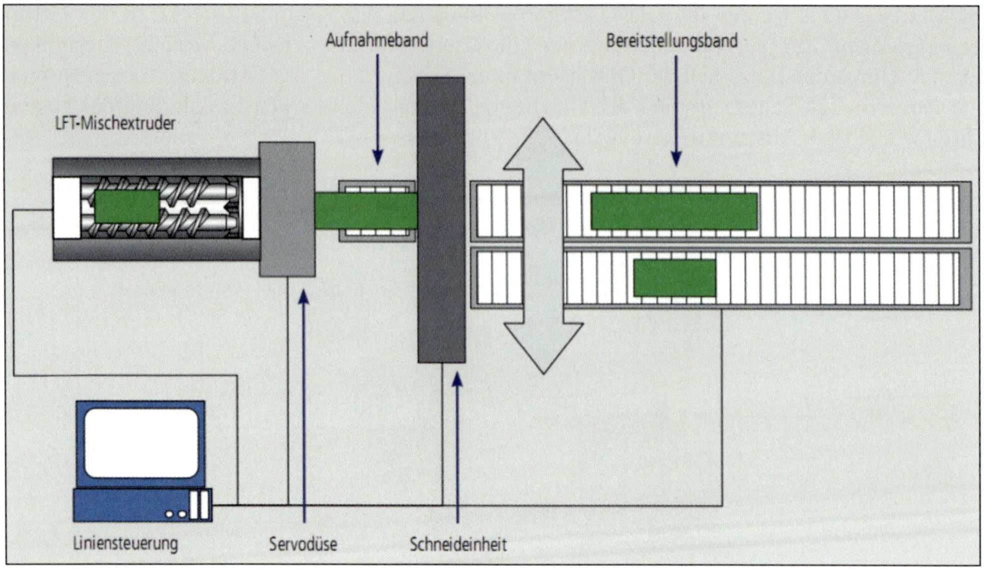

Abb. 276: D-LFT-Plastifikathandling

6.8.4 Ausgangsstoffe

Eine detaillierte Beschreibung von Thermoplastformmassen ist im entsprechenden Kapitel über Werkstoffe ausgeführt. Neben den genannten jungfräulichen Materialien sind auch recyclierte Werkstoffe einsetzbar. Dies können beispielsweise Glasfaser/PP-Chips sein, die aus Schneidabfällen oder Ausschussprodukten resultieren. Ein adaptierter Recyclingkreislauf ist am Beispiel des D-LFT-Prozesses in Abbildung 277 dargestellt.

Die Schneidabfälle werden z.B. in einem Lochblech-Schredder auf Chipgröße und dann im Compoundextruder aufgeschmolzen. Je nach Anwendung sind 20-40 Gew.% Recyclat einsetzbar. Damit kann ein voll geschlossener Recyclingkreislauf gewährleistet werden.

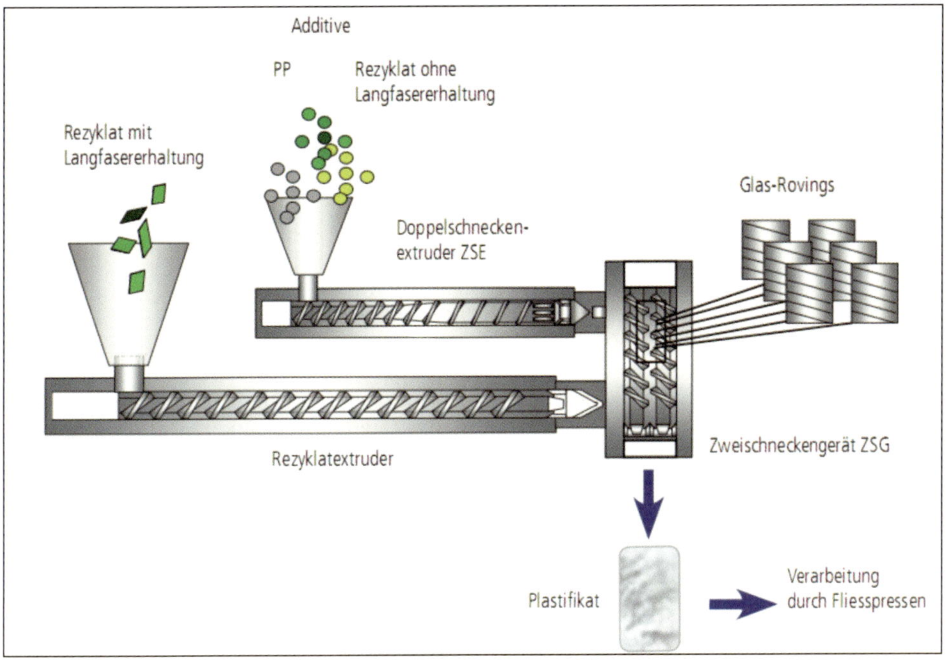

Abb. 277: Integration des Recyclingkreislaufes

6.8.5 Produktionswerkzeuge/Hilfsmittel

GMT

Die Presswerkzeuge bestehen aus Stahl und besitzen im Gegensatz zu Spritzgusswerkzeugen Tauchkanten, da während der Werkzeugfüllung noch eine Relativbewegung der beiden Werkzeughälften stattfindet. Dabei erreicht die Masse nicht zeitgleich die Tauchkanten, sondern geometriebedingt an manchen Stellen eher. Die Tauchkanten verhindern, dass hier Masse austritt. Die Tauchkanten sind mit geringen Toleranzen ausgeführt, so dass austretendes PP im schmalen Spalt erstarrt. Dieser minimale Austrieb wird nach der Entformung manuell oder automatisch entfernt. Bei einfachen Tauchkantengeometrien werden diese als Verschleißteile ausgelegt und können als Einsatz gewechselt werden. Dadurch wird ein Austrieb völlig unterbunden.

Entscheidend für die Wirtschaftlichkeit der GMT-Fertigung und die Qualität der Bauteile ist eine effiziente Werkzeugkühlung. Da mit jedem Zyklus eine definierte Pressmasse mit einem bestimmten Wärmeinhalt ins Werkzeug eingelegt wird, muss die Kühlung in der Lage sein, diese Wärmemenge in möglichst kurzer Zeit abzutransportieren, und zwar reproduzierbar in Intensität und Konstanz über die gesamte Bauteiloberfläche. Somit können die Bauteile kontrolliert erstarren und eine konstante Schwindung und Maßhaltigkeit gewährleisten.

G-LFT

Für die Auslegung von Spritzgusswerkzeugen können die Richtlinien zur Verarbeitung unverstärkter Thermoplaste angewendet werden.

D-LFT

Im Pressverfahren werden fast ausschließlich Tauchkantenwerkzeuge aus Stahl eingesetzt. Je nach Stückzahl müssen die Stahlwerkzeuge nicht unbedingt verchromt werden, da der Werkstoff sich deutlich weniger abrasiv verhält, wie beispielsweise SMC (Sheet Moulding Compound). Bei der Werkzeuggestaltung ist auf die Entlüftung von Ecken und Rippen zu achten, um Dieseleffekte zu vermeiden. Hinsichtlich der Bauteilgestaltung (Radien; Entformungsschrägen) gelten die üblichen Designvorgaben bei der Auslegung von Pressteilen [4].

6.8.6 Gestaltungsrichtlinien

Grundsätzlich gelten die gleichen Richtlinien, wie sie bereits im Kapitel für SMC beschrieben wurden. Nur ist darauf zu achten, dass die mittlere Verarbeitungsschwindung je nach Glasgehalt zwischen 0,2 und 0,4% liegt. Beim Formpressverfahren sind unterschiedliche Wandstärken, Randverstärkungen, Rippen, Sacklöcher in massiven Domen und Einpressbuchsen nicht möglich. Die folgenden Abbildungen 278 bis 282 zeigen einige Beispiele, wie werkstoffgerecht konstruiert werden sollte.

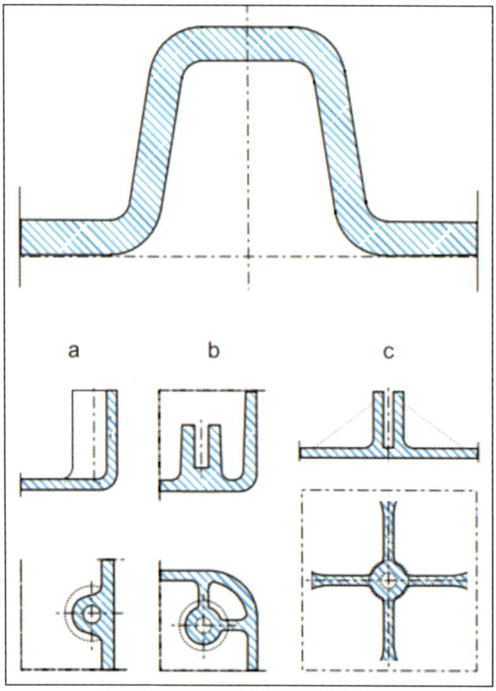

Abb. 278: Erhebungen, Dome beim Fließpressen

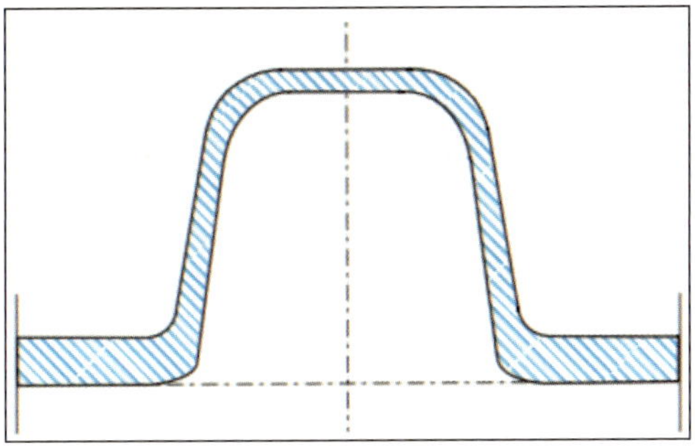

Abb. 279: Erhebungen, Dome beim Formpressen

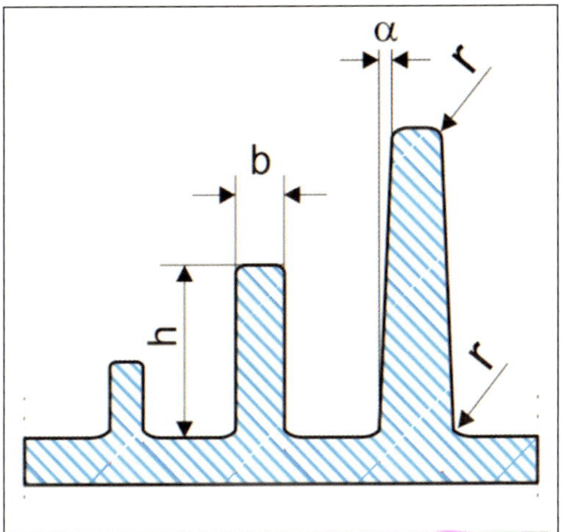

h(mm)	b:h	
bis 9	1:3	α ≥ 1°
9 bis 20	1:4	r ≥2 mm
20 bis 35	1:5	

Abb. 280: Rippengestaltung beim Fließpressen

Abb. 281: Randversteifungen beim Form- und Fließpressen

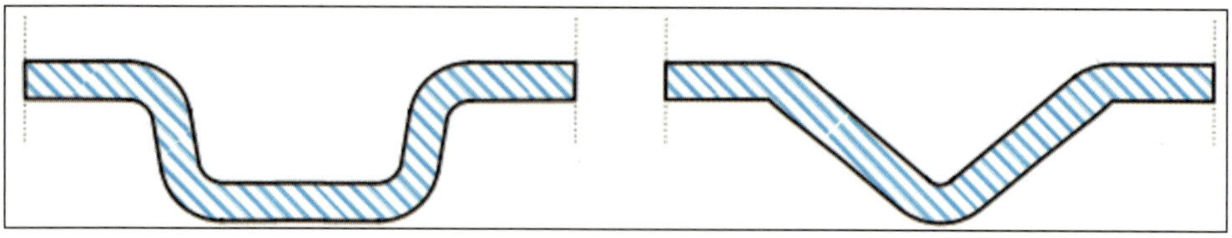

Abb. 282: Sicken beim Form- und Fließpressen

Für eine Rippenfüllung bei guter Glasverteilung sind die in Abbildung 280 gezeigten Geometrien empfehlenswert. Rippen sind bevorzugt auf die „Druckseite" zu legen. Zugbeanspruchte Rippen können infolge Glasverarmung im Kopf beträchtliche Festigkeitseinbußen aufweisen.

Die Formteile können nachträglich mechanisch bearbeitet werden. Das hat aber ein – meist nicht erwünschtes – Freilegen der Glasfasern an den Schnittkanten zur Folge. Dagegen werden Kanten der Formteile, die frei von Glasfasern sind, erreicht, wenn das Halbzeug (Formmasse) in Werkzeugen mit Tauchkanten verarbeitet wird. Beim Formpressen werden von Glasfasern freie Kanten der Durchbrüche durch Lochbildungsbolzen in den Werkzeugen erreicht.

6.8.7 Nachbehandlung

Nach Entnahme der Bauteile aus der Presse erfolgen die Nachbearbeitungsschritte, die zunächst mit der Entgratung und dem Einbringen von Löchern und Ausschnitten beginnen. Dies wird durch Stanzen, Fräsen und Schneiden mit Wasserstrahl oder Laser durchgeführt, je nach den erforderlichen Schnittqualitäten, Geometrien, der Variantenvielfalt, etc.

Als Beispiel für Nachbehandlungsprozesse ist in Abbildung 283 die Produktionslinie für das Volkswagen B5 Passat-Frontend (vgl. Abbildung 284) dargestellt [3]. Nach dem Pressen werden Funktionsbereiche gestanzt und wasserstrahlgeschnitten. Anschließend erfolgt die Montage von z.B. Schnappmuttern sowie das Nieten und Verpacken.

Oberflächen können für bestimmte Anwendungen mit einer dekorativen Narbung ausgestattet sein, die keine weitere Lackierung erfordert. Beispiele sind Innenteile bei Heckklappen und Schweller. Sollen die Teile eine andere Farbe als schwarz haben, ist eine Lackierung erforderlich. Zur Lackhaftung muss eine Aktivierung der Oberflächen erfolgen, was durch Beflämmen, Fluorieren, Plasma-Behandlung oder auch durch die Verwendung eines Reaktivprimers erreicht wird.

Faserverstärkte Thermoplast-Bauteile können durch Verschweißen, Verkleben, Schrauben und Nieten mit anderen Bauteilen verbunden werden. Konstruktionsrichtlinien der Hersteller helfen hier bei der Dimensionierung weiter.

Bei der Verarbeitung von G-LFT im Spritzgussprozess können einige der Nachbearbeitungsoperationen entfallen, da eine höhere Funktionsintegration (z.B. durch Schieber) im Spritzgusswerkzeug realisiert werden kann.

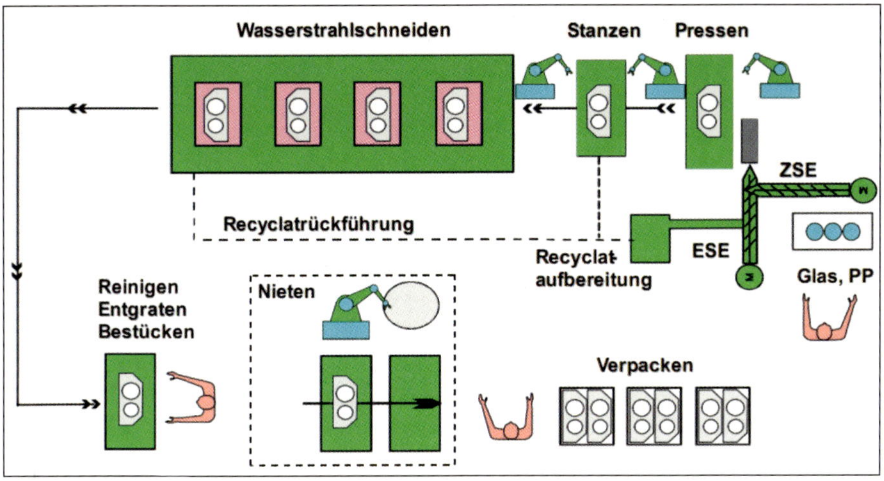

Abb. 283: D-LFT-Fertigung für den VW B5 Passat mit integriertem Recyclingkreislauf

Abb. 284: D-LFT-Anwendungen im Automobilbereich

6.8.8 Qualität/Eigenschaften

GMT

Der vermehrte Kostendruck in der Automobilindustrie hat in den letzten Jahren dazu geführt, dass einige klassische GMT-Anwendungen auf andere Materialien und Prozesse umgestellt wurden, nachdem die Anforderungen an die Bauteile bei den Materialspezifikationen gesenkt wurden.

Aus diesem Grund verlagern sich die Anwendungen für das klassische Wirrfaser-GMT hin zu höherwertigen Anforderungen, die im Wesentlichen bei crash-relevanten Bauteilen zu finden sind.

Ferner wird durch die Entwicklung der endlos- und gewebeverstärkten Typen das Produktportfolio zu den Hochleistungsverbundwerkstoffen hin verschoben. Der Einsatz von thermoplastischen Halbzeugen im Strukturbereich von Fahrzeugen wird schließlich durch den Einsatz von technischen Thermoplasten und die Verwendung von Kohlenstofffasern anstelle von Glasfasern vollzogen werden.

D-LFT

Die Kosten unterschiedlicher Verfahrenstechniken sind in Abbildung 285 gegenüber gestellt [3]. Die Kostenvorteile der D-LFT-Technik im Vergleich zu GMT und SMC sind geprägt durch den Wegfall der Halbzeugherstellung sowie die Möglichkeit, Produktionsabfälle und Rezyklate dem Neuprozess zuzuführen. Sie sind aber auch abhängig vom Bauteilgewicht sowie dem Produktionsvolumen.

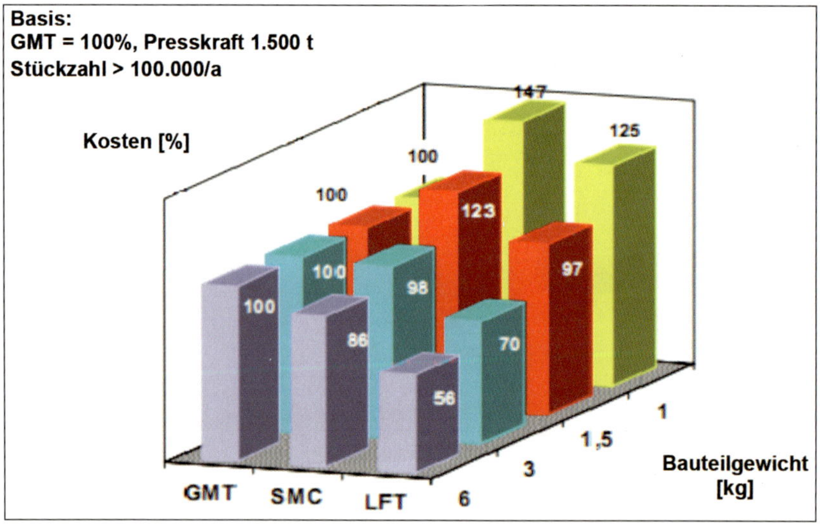

Abb. 285: Kostenvergleich verschiedener Verfahrenstechniken

Literatur

[1] R. Kühfusz, Langfaserverstärkte Thermoplaste, SKZ, Würzburg, Germany, November 1999

[2] R. Brüssel, LFT-Direktverfahren von Menzolit-Fibron, AVK-Tagung, Baden-Baden, Germany, September 1998

[3] N.N. ASM Engineered;Material-Handbook, Compression Moulding , ASM International, Ohio, USA, 2002

[4] N.N., SMC/BMC: Design for Success, Broschüre der European Alliance for SMC, Frankfurt, 2001

6.9 Spritzgießen von BMC

6.9.1 Einführung

Schon in den Jahren zwischen 1945 und 1950 wurde in den USA mit der Herstellung von Polyesterpressmassen begonnen. Später im Jahre 1953 wurde die erste, noch glasfaserfreie Polyesterpressmasse auf dem deutschen Markt angeboten. Erst seit dem Jahre 1954 sind in Deutschland glasfaserverstärkte Polyesterpressmassen erhältlich.

Seit den achtziger Jahren des 20. Jahrhunderts werden verstärkt Produkte aus BMC-Spritzgießformmassen in der Elektrotechnik und der Fahrzeugtechnik eingesetzt (siehe Abbildung 286). Die guten elektrischen Eigenschaften und die hohe mechanische Festigkeit haben dem Werkstoff BMC in diesen Anwendungsfeldern interessante Möglichkeiten eröffnet.

Die BMC-Masse ist in der Zusammensetzung dem SMC ähnlich und wird feucht-klebrig, halbtrocken oder klebfrei angeboten. Zur Verwendung im Spritzgießverfahren wird BMC in Flockenform aufbereitet.

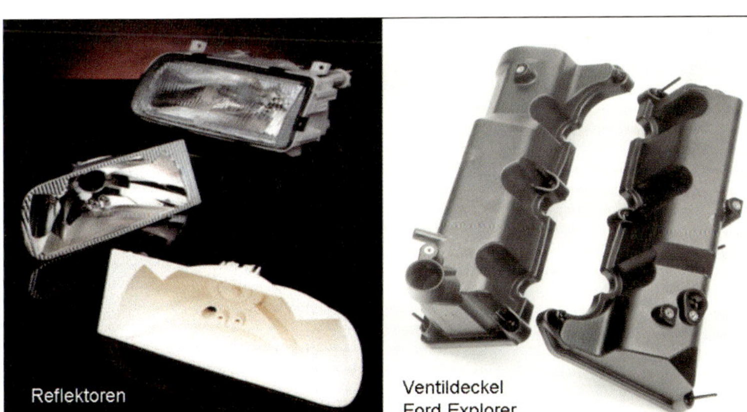

Abb. 286: Bauteile aus BMC

6.9.2 Verfahrensgrundlagen

Beim Spritzgießen von BMC handelt es sich um die Verarbeitung eines duroplastischen Kunststoffes mit Faserverstärkung. Die charakteristischen Phasen des Spritzgießprozesses sind:

- Dosierphase,
- Einspritzphase,
- Nachdruckphase,
- Härtungsphase,
- Entformung.

Dosierphase

Der aus dem Spritzgießverfahren bekannte Begriff Plastifizierung ist bei BMC-Spritzgießformmassen nicht ganz zutreffend, da BMC-Formmassen nicht im herkömmlichen Sinne aufgeschmolzen werden, sondern als hochviskose Suspension vorliegen.

Daher wird der Begriff Dosierphase verwendet. Die BMC-Formmassen werden hierbei nur auf niedrige Temperaturen, im Allgemeinen unter 60°C, temperiert und entsprechend dosiert.

Einspritz- und Nachdruckphase

Das dosierte Material wird in die Kavität mittels einer geschwindigkeitsgergelten Phase injiziert, welcher eine druckgeregelte Phase folgt.

Die erste Phase wird als Einspritzphase, die zweite als Nachdruckphase bezeichnet. Die Umschaltung zwischen beiden Phasen erfolgt in der Regel wegabhängig. Eine Umschaltung über den Hydraulik- oder Werkzeuginnendruck ist häufig aufgrund der Anfahrdruckverluste mit Schwierigkeiten verbunden und deshalb selten anzutreffen.

Je nach gewähltem Umschaltpunkt und Nachdruck ergibt sich ein mehr oder weniger großes Massepolster, mit dem die Reaktionsschwindung in der Zeit kompensiert werden kann, in der die Anschnitte noch nicht vernetzt vorliegen. Das Massepolster hat dabei den Vorteil, dass eine ungleichmäßige Dosierung ausgeglichen werden kann.

Insbesondere bei sehr reaktiven Formmassen muss berücksichtigt werden, dass der Werkstoff, welcher am Ende der Nachdruckphase das Polster bildet, über zwei Zyklen der Düsentemperatur ausgesetzt ist, so dass je nach Reaktivität und Verweilzeit unter Umständen Probleme aufgrund einer beginnenden Vernetzung auftreten können.

Die peroxidisch initiierte Vernetzungsreaktion erweist sich in diesem Zusammenhang als vorteilhaft, da praktisch kein Umsatz stattfindet, solange die Zerfalltemperatur des Initiators nicht überschritten wird.

Beim Einspritzen muss das Material zunächst die Düse des Plastifizieraggregates passieren. Die hier auftretenden Druckverluste sind erheblich, während zum Fließen in der Kavität bei den üblichen hohen Werkzeugtemperaturen (150-180°C) nur geringe Drücke erforderlich sind. Kleine Durchmesser der Maschinendüse erhöhen die Druckverluste sehr stark und führen zu einer dissipativen Aufheizung des Materials. Diese Aufheizung ist prinzipiell durchaus erwünscht, da die so aufgenommene Energie dem Werkstoff nicht mehr über Wärmeleitung in der Kavität zugeführt werden muss und die Zykluszeit reduziert werden kann.

Bei der sehr schnellen Vernetzung industrieller BMC-Mischungen sollte jedoch ein Überschreiten der Zerfalltemperatur des Initiators bereits im Angussbereich vermieden werden.

Weiterhin haben Bereiche mit kleinem Fließquerschnitt ein hohes Faserschädigungspotenzial, was sich auf die mechanische Beständigkeit der Endproukte negativ auswirken kann.

Härtungsphase

Nachdem die Kavität gefüllt ist, schließt sich die Härtephase an. Die Vernetzung von UP-Harzen mit Styrol läuft als Polymerisation ab. Ziel ist es, ein gleichmäßiges Netzwerk und damit gleiche Matrixeigenschaften zu erzielen.

Dieser Vorgang kann im Prozess durch die Werkzeugtemperatur und die Temperatur, mit der die Masse in die Kavität eintritt, beeinflusst werden. Mit der Vernetzung geht eine Reaktionsschwindung einher. In den formulierten BMC-Compounds kann die Volumenschwindung durch Zugabe geeigneter Additive in großen Bereichen variiert werden.

Die Reaktionsschwindung kann direkt am Werkzeuginnendruck abgelesen werden. Zunächst steigt die Druckkurve aufgrund der behinderten thermischen Ausdehnung schnell an. Am Druckmaximum besteht ein Gleichgewicht zwischen Dilatation und Reaktionsschwindung. Die Breite und der Betrag des Maximums sind von Reaktivität und Temperatur des Werkstoffes abhängig. Hierbei ist das Druckmaximum bei langsam vernetzenden Formmassen aufgrund der zunächst überwiegenden thermischen Dilatation höher. Bei schnell härtenden Formmassen kann die in den Randschichten beginnende Reaktionsschwindung der thermischen Dilatation des Kerns entgegenwirken, so dass das Druckmaximum geringer ausfällt. Auch aus diesem Grund neigen langsam härtende Formmassen in höherem Maße zur Gratbildung.

Entformung

Nach Abschluss der Härtungsphase wird die Form geöffnet und die Teile entnommen. Das automatische Auffahren der Form wird über eine Zeitregelung gesteuert.

Verfahrensvarianten

Duroplastische Formmassen wurden zunächst ausschließlich im Pressverfahren verarbeitet. Mit der Zeit hat sich das Spritzgießen immer stärker durchgesetzt, insbesondere weil der Prozess in seinen einzelnen Phasen beherrschbarer ist und mit geringerem Aufwand automatisiert werden kann.

Dennoch gilt das Pressverfahren nach wie vor als das Verfahren, welches die besten Formteileigenschaften im Hinblick auf Festigkeit und Verzug erlaubt. Die prozessbedingte Schädigung des Matrixwerkstoffes und insbesondere der Verstärkungsfasern ist nur geringfügig.

Aus diesem Grunde werden auch in Zukunft Formteile mit Hilfe des Pressverfahrens hergestellt werden.

Um aber einen möglichst großen Teil im Spritzgießverfahren herstellen zu können, wurden nach und nach Verfahrensvarianten entwickelt, die technologisch zwischen dem Spritzgießen und dem Pressen liegen.

Spritzprägen

Beim Spritzprägen wird die Form zunächst bis auf einen Prägespalt von einigen Millimetern geschlossen. Anschließend wird das aufdosierte Material geschwindigkeitsgeregelt in die Kavität eingespritzt.

Jetzt erst wird das Werkzeug vollständig geschlossen und die Prägephase setzt ein.

Auf diese Weise ist die Dicke der Fließkanäle im Werkzeug während der Einspritzphase im Vergleich zum Spritzgießen größer und damit die Scherbelastung der Formmasse geringer. Durchbrüche, die in Schließrichtung liegen, werden in der Einspritzphase überströmt, so dass im Idealfall keine Bindenaht entsteht. Anschließend werden die Flächen der Durchbrüche auf 0 mm geprägt, so dass nur eine dünne Schwimmhaut verbleibt.

Der Vorteil, beim Spitzprägen Problemstellen wie Bindenähte hinter Durchbrüchen eliminieren zu können, gilt jedoch nicht, wenn die Durchbrüche schräg zur Schließrichtung realisiert werden müssen.

In diesem Fall kann aber das so genannte Kernprägen Anwendung finden. Hierbei werden ein oder mehrere Kerne erst in der Nachdruckphase in die bereits mit Formmasse gefüllte Kavität eingefahren. Die Kerne verdrängen das injizierte Material, so dass Bindenähte hinter den Kernen vermieden werden.

Gerade die zuletzt genannte Verfahrensvariante ist eine Spezialität der Duroplastverarbeitung. Eine Sonderform des Kernprägens ist das Abprägen des Angusses mit dem Auswerfer, um eine automatische Trennung von Anguss und Formteil nach Entformung zu ermöglichen. Dazu wird in der Nachdruckphase der Auswerfer einen definierten Weg vorgefahren. Ein neben dem Anschnitt oder auch hinter dem Anguss angeordneter Auswerferstift prägt dabei den entsprechenden Teil des Verteilers oder des Angusses ab.

6.9.3 Betriebsmittel

Die Spritzgießmaschinen, die zur Verarbeitung von BMC Einsatz finden, ähneln solchen, die insgesamt für die Verarbeitung von duroplastischen Formmassen verwendet werden, zeigen aber einige Besonderheiten.

Da BMC-Formmassen nach der Reifung nicht mehr frei fließen, kann die Beschickung der Spritzgießmaschine nicht unter Ausnutzung der Schwerkraftförderung erfolgen. Die BMC-Formmasse muss zwangsgefördert werden.

Hierzu sind verschiedene Vorrichtungen entwickelt worden, die miteinander konkurrieren. Es handelt sich dabei um Schneckenstopf- und Kolbenstopfaggregate.

Kolbenstopfaggregate

Ein schon lange etabliertes System zur Beschickung von Spritzgießmaschinen mit BMC sind so genannte Kolbenstopfaggregate (Abbildung 287).

Das Aggregat besteht aus dem Stopfzylinder, in dem sich der Stopfkolben bewegt. Um die klassischen Materialien verarbeiten zu können, muss der hydraulisch angetriebene Stopfkolben das Material auf einen Druck von max. 40bar verdichten können. Der im Bereich der Einzugöffnung des Hauptzylinders erreichte Stopfdruck wird mit einem Sensor gemessen und geregelt.

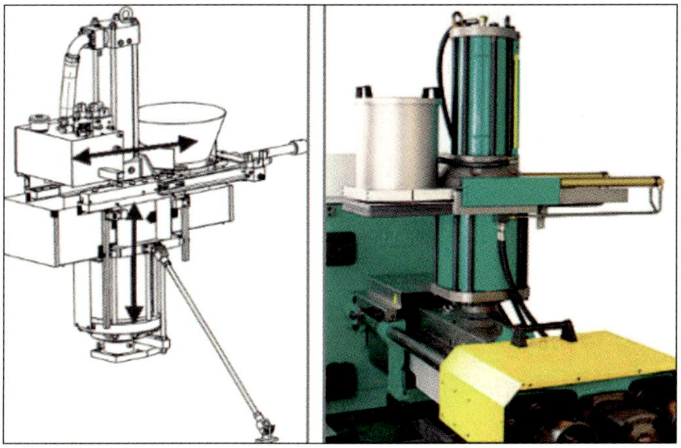

Abb. 287: Funktionsprinzip und Darstellung des Kolbenstopfaggregats (Quelle: Arburg)

Hat der Stopfkolben seine untere Endlage erreicht, wird der Stopfkolben nach dem Ende des Plastifizierens wieder in seine obere Endlage bewegt. Dann wird der gesamte obere Bereich der Stopfeinheit derart verschoben, dass der Vorratsbehälter über den Stopfzylinder gebracht wird. Ein darin befindlicher Ballen fällt in den Stopfzylinder. Daraufhin startet der skizzierte Ablauf in umgekehrter Reihenfolge, so dass der Stopfkolben wieder den erforderlichen Stopfdruck aufbauen kann.

Die Vorteile des Kolbenstopfaggregats liegen in der sehr einfachen Bedienung, in den geringen Investitionskosten und in der nur geringfügigen Schädigung der Glasfasern. Das Konzept stößt an seine Grenzen, wenn besonders harte und zähe Formmassen verarbeitet werden sollen.

Ferner kann aufgrund des Nachladevorgangs, der ca. 20 Sekunden dauert, das Kolbenstopfaggregat die Zykluszeit verlängern.

Schneckenstopfaggregate

Neben den Kolbenstopfaggregaten bietet der Markt auch so genannte Schneckenstopfaggregate. Eine schrägliegende Förderschnecke, die ohne Kompression arbeitet, fördert das Material über einen Zwischenflansch in die Plastifizierschnecke bzw. in das Spritzaggregat (siehe Abbildung 288). Der Materialtrichter dreht sich gleichsinnig mit der Förderschnecke, der so ständig Neumaterial zugeführt wird. Auf diese Weise wird vermieden, dass Material zu lange im Vorratstrichter verbleibt und durch Styrolverlust verhärtet. Der erreichte Stopfdruck wird im Übergangsflansch gemessen und über die Schneckendrehzahl geregelt.

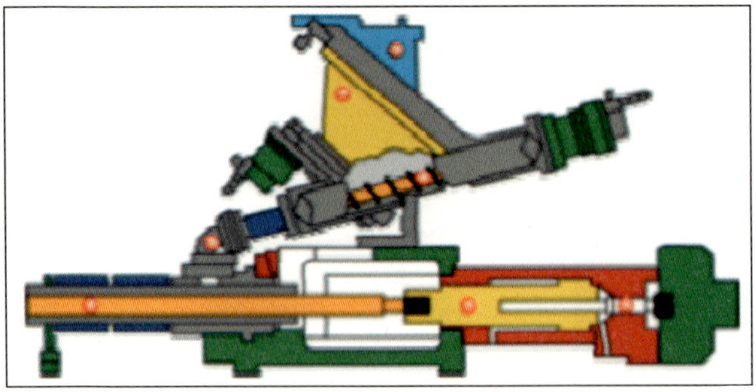

Abb. 288: Schneckenstopfaggregat (Quelle: Krauss-Maffei)

Vorteil dieses Schneckenstopfaggregats ist, dass das System ohne eine den Zyklus verlängernde Nachladezeit auskommt. Die erzielbaren Stopfdrücke liegen bei 70bar. Es können also auch sehr zähe BMC-Massen verarbeitet werden. Bei Materialwechsel reinigt sich das Aggregat in den meisten Fällen von selbst, so dass nach wenigen Zyklen die Produktion mit neuem Material fortgesetzt werden kann.

Zylinder

Für die Plastifizierung von BMC-Formmassen werden zumeist Bimetallzylinder verwendet. So kann ein Verschleiß des Zylinders aufgrund der teilweise sehr abrasiven Materialien verringert werden. Eine präzise Einstellung des Temperaturprofils entlang des Zylinders, welche insbesondere zur Abführung von überschüssiger Friktionswärme notwendig ist, wird durch eine Flüssigtemperierung mit Öl oder Wasser ermöglicht. .

Schnecken

Die Schnecken (vgl. Abbildung 289) für die Verarbeitung von BMC-Formmassen besitzen keine Kompressionszone und sind sehr tief geschnitten. Nur so kann das zähe, adhäsive Material gefördert werden, ohne dass zu starke Faserschädigung auftritt und Temperaturspitzen wegen zu starker Dissipation frühzeitig zu einer Vernetzung führen. Die Rückstromsperre kann flügellos ausgeführt sein, um eine weitere Faserzerstörung zu minimieren.

Abb. 289: BMC-Formmasse (feucht) und Sonderschnecke (Quelle: Arburg)

Düsen

Solange die Zerfalltemperatur des Initiators der BMC-Formmasse nicht überschritten wird, findet keine Vernetzungsreaktion statt. Daher finden bei BMC-Formmassen lange, flüssigkeitstemperierte Düsen Verwendung (Abbildung 290), um Materialverlust durch einen großen Anguss zu reduzieren. In vielen Fällen wird auch mit Kaltkanalsystemen gearbeitet. Zu beachten ist aber, dass der wesentliche Teil der Faserschädigung bei Durchströmen der Düse und des Angussystems auftritt.

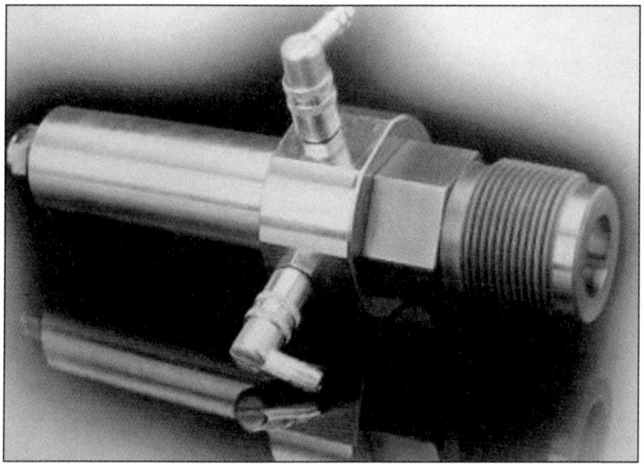

Abb. 290: Gekühlte Maschinendüse (Quelle: Krauss-Maffei)

Schließeinheit

Für die Verarbeitung von Feuchtpolyester werden fast ausschließlich vollhydraulische Maschinen eingesetzt, weil so die zahlreichen Sonderfunktionen gut realisiert werden können.

6.9.4 Produktionswerkzeuge

Auch das Spritzgießwerkzeug ähnelt dem, das für die Verarbeitung klassischer Duroplaste eingesetzt wird. Im Vergleich zu Werkzeugen, die zur Abformung von thermoplastischen Materialien herangezogen werden, wird hier das Werkzeug mit einer Heizung und nicht mit einer Kühlung versehen. Die meist elektrisch beheizten Werkzeuge können direkt über der Maschine versorgt werden. Als besonders hilfreich kann sich hier eine Heizstromüberwachung erweisen. Diese erlaubt es, frühzeitig den Ausfall von Heizpatronen zu detektieren.

Entlüften

Bei der Verarbeitung von BMC-Formmassen treten am Fließwegende, z.B. in Sacklöchern, häufig Brenner auf. Diese sind auf eingeschlossene, komprimierte Gase zurückzuführen (Diesel-Effekt – Vgl. Abbildung 291). Sofern diese Probleme nicht durch werkzeugtechnische Maßnahmen zur Entlüftung behoben werden können, hilft schließlich die Evakuierung der Kavität. Die Evakuierung kann zum einen über Freischliffe in der Dichtkante realisiert werden. Zum anderen kann eine Lippendichtung in die Trennebene eingelegt werden, um das Vakuum im Verlauf der Schließbewegung des Werkzeuges zu ziehen, wenn das Werkzeug bis auf einen der Dichtung angepassten, kleinen Spalt geschlossen ist. Die Evakuierung kann so relativ schnell über große Spalte erfolgen.

Abb. 291: Brandstelle an einem Befestigungsdom (Dieseleffekt)

6.9.5 Nachbehandlung

Die Methoden der Nachbehandlung bei BMC-Bauteilen entsprechen solchen, die auch bei duroplastischen Formteilen angewendet werden.

6.9.6 Qualität und Eigenschaften

Die Glasfaserorientierung bestimmt bei einem BMC-Formteil zu einem großen Teil die mechanischen Eigenschaften. Daher ist eine genaue Kenntnis der Strömungsvorgänge erforderlich, wenn das Werkstoffpotenzial optimal ausgenutzt werden soll.

Bei der Füllung eines Werkzeuges mit BMC erfolgt die Orientierung der Glasfasern wegen des Blockströmungsprofils im Wesentlichen senkrecht zur Fließrichtung.

In der nicht verdichteten Zone ist der orientierende Einfluss der Strömung gering, so dass hier eine regellose Struktur vorliegt.

Der Erfolg der BMC-Formmassen ist ganz entscheidend auf die Entwicklung der so genannten Low-Profile-(LP)-Formmassen zurückzuführen.

Durch die Zugabe thermoplastischer Kunststoffe, die bis zu 30% ausmachen können, kann die Schwindung beinahe beliebig eingestellt werden, so dass eine hohe Dimensionsstabilität gewährleistet werden kann.

Auf diese Weise können verzugarme Formteile mit guten Oberflächen hergestellt werden, da sich die Formteile während der Vernetzung nicht von der Oberfläche der Kavität ablösen.

Literatur

[1] Becker, G. W. ; Braun, D.: Kunststoff-Handbuch, 10. Duroplaste. Carl Hanser Verlag, München, 1988

[2] Weissler, E.P.; Braun, U.: Duroplastische Formmassen: Typen, Verarbeitungstechniken, Werkzeugbau, Qualitätssicherung. expert-Verlag, Böblingen, 1989

[3] Hunold, D.: Feuchtpolyesterverarbeitung auf modernen Spritzgießmaschinen. In: Tagungshandbuch der 4. internationalen AVK-TV Tagung, Baden-Baden, 11.-12.10.2001

[4] Niemann, K.; Schröder, K.: Spritzgießen von Duroplasten. Hüthig Verlag, Heidelberg, 1994

[5] Sommer, M.: SMC und BMC – Neue Anwendungen – neue Märkte. Kunststoffe 91 (2001) 10, S. 226-227

[6] Nardi, B.: SMC/BMC im Automobil – Review der JEC Composites Show 2002 in Paris. Kunststoffe 92 (2002) 8, S. 72-73

[7] Burns, R.: Polyester Molding Compounds. Marcel Dekker Inc., New York, 1982

Bildnachweis

- Abbildung 287 ist von Krauss-Maffei und zeigt eine Poly 700.
- Abbildung 288 ist ebenfalls von Krauss-Maffei und zeigt einen Schneckenstopfer vom Typ Polyload.
- Abbildung 289 zeigt eine Sonderschnecke der Firma Arburg.
- Abbildung 290 ist wiederum von der Firma Krauss-Maffei

6.10 Spritzgießen langfaserverstärkter Thermoplaste (LFT)

6.10.1 Einführung

Im Wettbewerb der Matrixwerkstoffe gelten Faserverbund-Thermoplaste als interessanteste Materialgruppe, sowohl hinsichtlich des werkstoff- und verfahrenstechnischen Entwicklungspotentials, als auch hinsichtlich der Wachstumsraten. So übertraf das jährliche Wachstum von LFT mit durchschnittlich mehr als 10% das Wachstum anderer Kunststoffe in den letzten Jahren deutlich.

Den mit Abstand größten Marktanteil haben langfaserverstärkte Kunststoffe (LFT) auf der Basis von Polypropylen (PP). Erst mit großem Abstand folgen Polyamide (PA), während alle anderen thermoplastischen Matrixwerkstoffe bisher keine nennenswerte Bedeutung haben.

Für die Verarbeitung von LFT kommen die Press- und Spritzgießtechnik infrage, was wiederum eine Klassifizierung hinsichtlich der mechanischen Eigenschaften und der Materialkosten gegenüber den relativen Faserlängen erlaubt. Abbildung 292 verdeutlicht die mechanischen Eigenschaften verschiedener langfaserverstärkter Thermoplaste (LFT) in Abhängigkeit von der relativen Faserlänge.

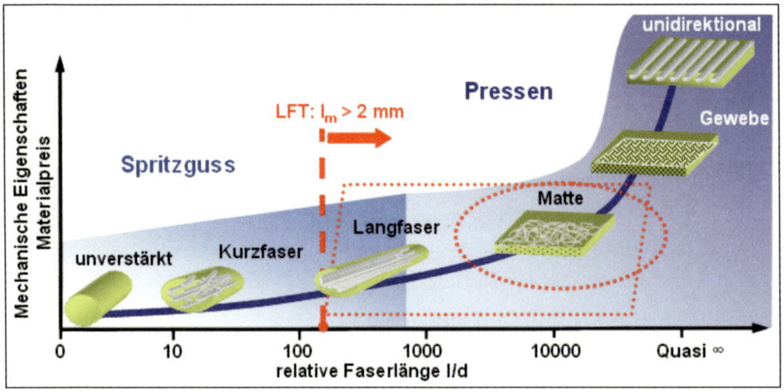

Abb. 292: Mechanische Eigenschaften verschiedener langfaserverstärkter Thermoplaste (Quelle: M. Schemme, Hochschule Rosenheim).

6.10.2 Prinzip der Langfaserverstärkung

Entscheidend für die mechanischen Eigenschaften eines faserverstärkten Bauteils ist eine gute Faser-/Matrix-Haftung. Die Länge der in einem Bauteil enthaltenen Verstärkungsfasern ist streng genommen keine konstruktionsrelevante Größe, da für die Auslegung eines Bauteils mechanische Kennwerte wie Festigkeit, Steifigkeit und Schlagzähigkeit von Bedeutung sind. Sie sind zwar eine Funktion der Faserlänge, aber ihr Zusammenhang ist sehr komplex.

Die isolierte Betrachtung der Faserlänge ist daher nur begrenzt zielführend; für tendenzielle Aussagen jedoch durchaus geeignet (Abbildung 293).

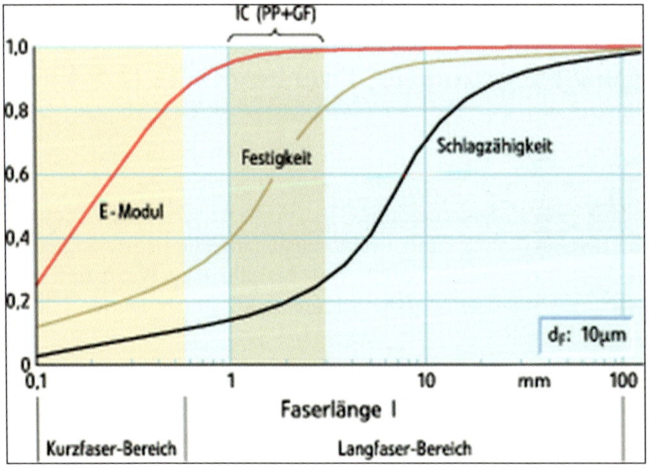

Abb. 293: Mechanische Eigenschaften als Funktion der Faserlänge (Quelle: KM/Kunststoffe)

So ist für die Festigkeit eine Faserlängenverteilung zwischen 1 und 10mm entscheidend. Die Steifigkeit wird vorwiegend durch den Faseranteil beeinflusst, wobei schon bei Faserlängen von unter einem Millimeter der maximale Modul erreicht wird.

Bei der Schlagzähigkeit spielen wiederum Fasern, die deutlich länger als 10mm sind, eine entscheidende Rolle.

Bei Schädigungen der Faserstruktur in Composites lassen die Versagensmechanismen teils auch Rückschlüsse auf den jeweiligen Verarbeitungsprozess zu. Zu unterscheiden sind dabei Faserbruch, Grenzflächenablösung (debonding) und Faser-Pullout (Abbildung 294 und 295).

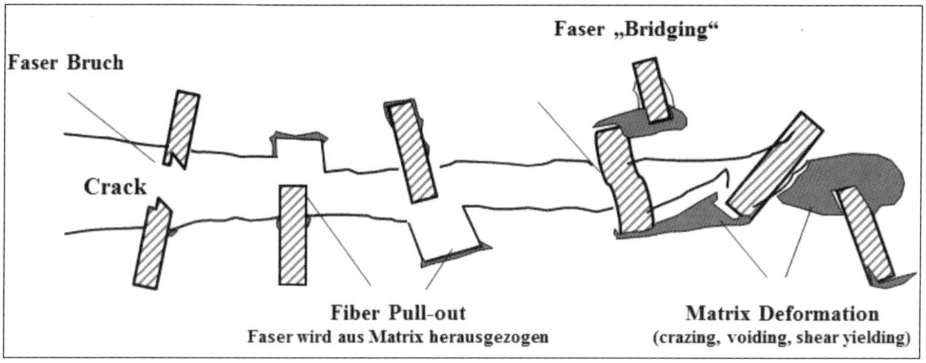

Abb. 294: Versagensmechanismen (Quelle: Ticona)

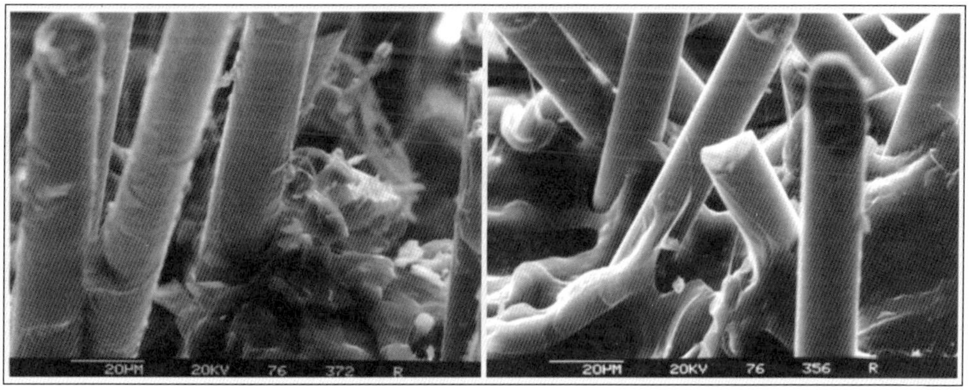

Abb. 295: Faser-Pullout – links gute und rechts schlechte Faserbenetzung (Quelle: Ticona)

Voll genutzt wird die Faserfestigkeit dann, wenn die Faser beim Versagen des Bauteils bricht und nicht aus der Kunststoffmatrix herausgezogen wird. Um die Festigkeit einer Faser voll auszunutzen, muss deren Länge über der so genannten kritischen Faserlänge lc liegen.

In der Literaturhinweise: findet man für einen Faser-/Matrix-Verbund aus PP und Glas lc-Werte zwischen 1,3 und 3,1mm. Mit speziellen Haftvermittlern (Schlichten) können Werte von bis zu 0,9mm erreicht werden.

$$l_c = \frac{\sigma_{Bf}}{\tau_B} \cdot \frac{d_f}{2}$$

Dabei ist σBf die Faserbruchfestigkeit, df der Faserdurchmesser und τB die Grenzflächen- bzw. Matrixschubfestigkeit

Aus der Gegenüberstellung der aktuellen zur kritischen Faserlänge lässt sich die Güte der Faser-Matrix-Kopplung ableiten:

Liegt die aktuelle Faserlänge im Bauteil im überkritischen Bereich, also oberhalb von lc, kann mit dem Bruch der Fasern gerechnet werden.

Wird die kritische Faserlänge unterschritten, besteht die Gefahr eines Faser-Pull-Outs, was als das Versagen in der Grenzschicht zwischen Faser und Matrix zu verstehen ist, wie es bei der für Kurzfasercompounds üblichen Faserlänge von 0,2 bis 0,6 mm erfolgen kann.

6.10.3 Verfahrensgrundlagen

Grundsätzlich lassen sich für die Verarbeitung von langfaserverstärkten Thermoplasten zwei Fertigungstechnologien unterscheiden,

das Pressen mit der Halbzeugstufe Mattentechnik und den Langfasercompounds,

das Spritzgießen von LFT-Granulaten und ebenfalls Langfasercompounds.

Eine weitere Verfahrenstechnologie für besonders hoch beanspruchte Bauteile sind die Hybridverstärkungen, eine Kombination aus lokalen Verstärkungen und dem Spritzgießen.

Bei den lokalen Verstärkungen handelt es sich um endlosfaserverstärkte und vorkonsolidierte (mit thermoplastischem Matrixmaterial imprägnierte) Gewebe.

Damit lässt sich die Designfreiheit eines spritzgegossenen oder auch fließgepressten Bauteils mit den lokal hohen mechanischen Kennwerten von gezielt orientierten unidirektionalen Endlosfasern oder Geweben kombinieren (Abbildung 296).

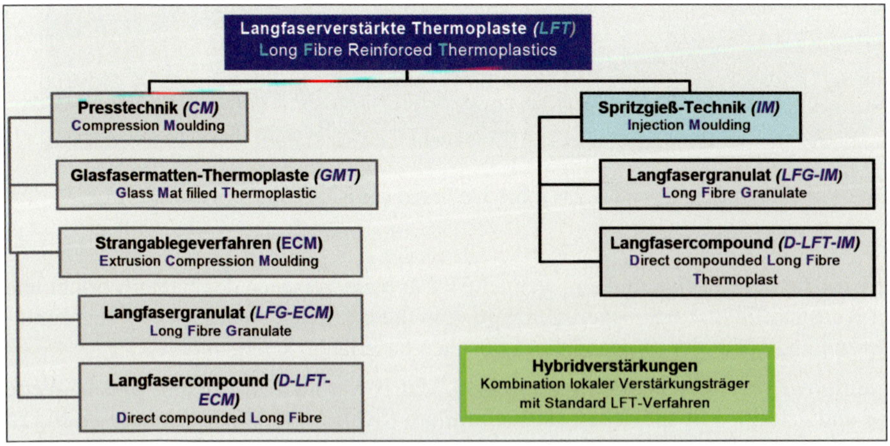

Abb. 296: Fertigungstechnologien langfaserverstärkter Thermoplaste (Quelle: M. Schemme, Hochschule Rosenheim)

6.10.4 Betriebsmittel/Verfahrensablauf

Wichtigstes Verarbeitungsverfahren mit steigender Tendenz ist das Spritzgießen mit seinen verfahrensspezifischen Prägevarianten. Bei der Verarbeitung von LFT-Granulaten (G-LFT) durchläuft das Faser-/Matrix-System im Plastifizieraggregat der Spritzgießmaschine den kompletten Aufschmelzprozess (Abbildung 297). Dabei ist die Dauer der mechanischen Belastung der Fasern verhältnismäßig lang. Insbesondere zu Beginn des Aufschmelzens werden die Fasern durch relativ große Kräfte beansprucht, da das Matrixmaterial noch nicht vollständig aufgeschmolzen ist. Die anfangs teilweise noch im Granulat eingespannten Fasern sind dann hohen Scherkräften ausgesetzt.

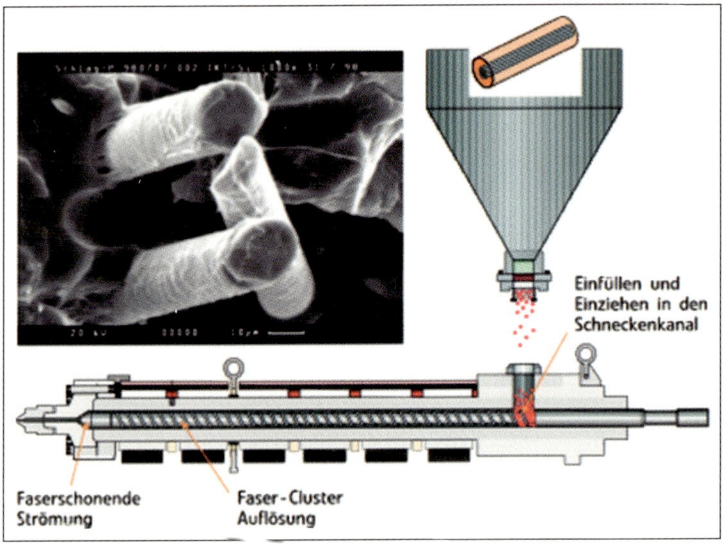

Abb. 297: Aufschmelzen von LFT-Granulaten in der Spritzgießmaschine (Quelle: KM/Kunststoffe)

In den Bereichen, in welchen die Fasern frei biegsam in der Schmelze vorliegen, werden sie hingegen durch Biegebeanspruchungen belastet. Dadurch kommt es häufig zu Bruch in der Fasermitte und somit zur Kürzung der Faserlänge.

Die beschriebenen Bruchmechanismen sind auch beim Einspritz- und Nachdruckvorgang im Angusssystem, im Heißkanal und in der Werkzeugkavität wirksam. Insbesondere beim Einspritzen sind die Fasern in der Strömung hohen dynamischen Kräften ausgesetzt, die zum Faserbruch führen.

Auf ein Minimum reduzieren lassen sich Faserschädigungen durch eine schonende Verarbeitung. Wichtig sind dabei eine abgestimmte Schneckengeometrie mit möglichst geringem Schereintrag sowie die spezielle Auslegung von Rückstromsperre, Heißkanal, Werkzeug und Angusssystem. Zur schonenden Verarbeitung trägt gegebenenfalls auch ein Prägevorgang bei (Abbildung 298 und 299).

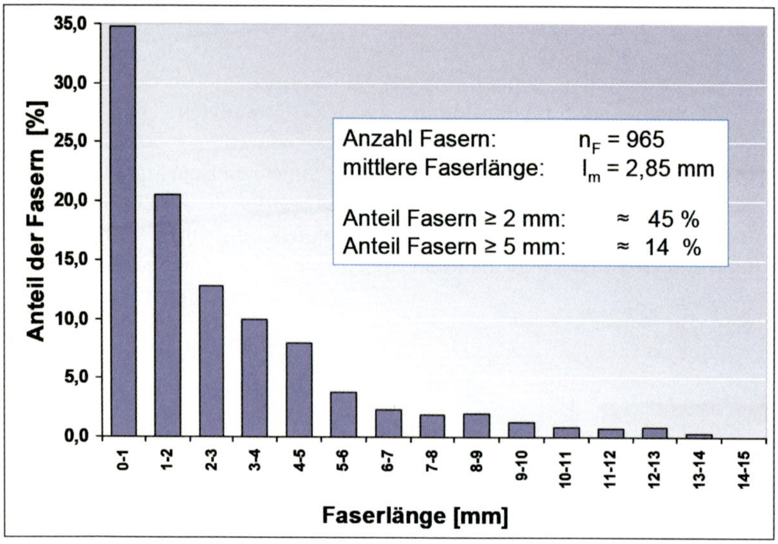

Abb. 298: Faserlängenverteilung Spritzgießprozess (Quelle: M. Schemme, Hochschule Rosenheim)

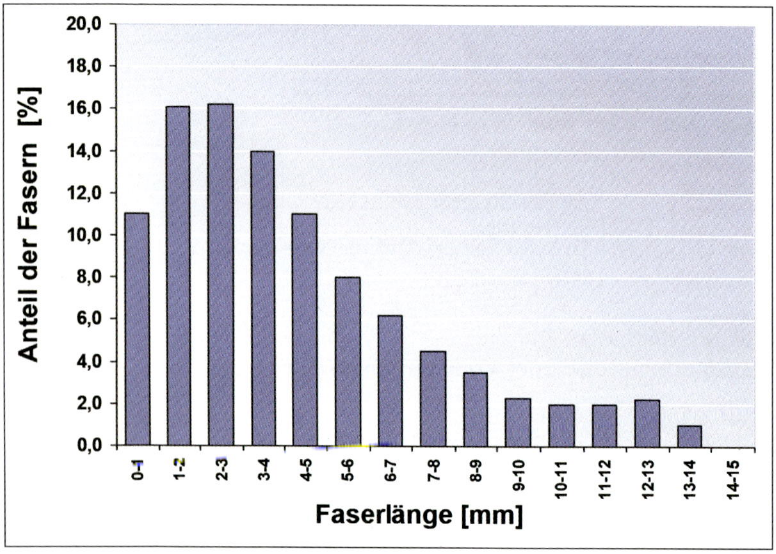

Abb. 299: Faserlängenverteilung Präge-/Pressprozess (Quelle: M. Schemme, Hochschule Rosenheim)

Die Energiezufuhr zum Aufschmelzen des Matrixwerkstoffes sollte überwiegend durch Wärmeleitung erfolgen. Dabei spielt auch die Verweilzeit des Faser-/Matrixsystems im Plastifiziersystem eine entscheidende Rolle. Beeinflusst wird die Verweildauer geometrisch durch eine verlängerte Schneckengeometrie, prozesstechnisch durch eine gezielte Abstimmung (Schneckendurchmesser, Schneckendrehzahl, unabhängiger Plastifiziervorgang) der Verweilzeit unter Berücksichtigung der gewünschten Zykluszeit. Typische Anwendungen für LFT-Granulate sind beispielsweise Türmodule für Pkw (Abbildung 300).

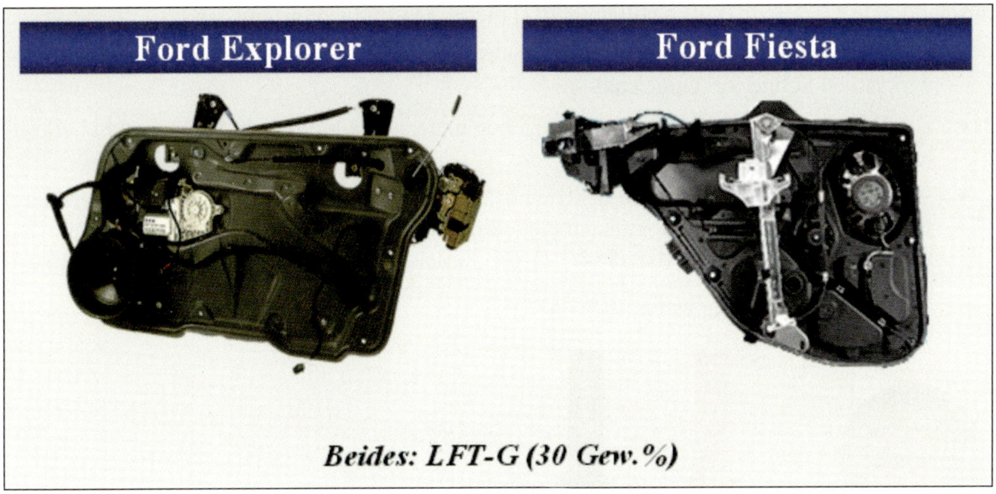

Abb. 300: Türmodul aus Langfasergranulat (G-LFT) spritzgegossen (Quelle: Faurecia)

Aus der Erkenntnis, dass die Fasern während des Aufschmelzens geschädigt werden, entwickelte sich schließlich die Direktverarbeitung. Dabei wird das reine Matrixpolymer in einem Extruder (Einschneckenmaschine oder gleichsinnig drehende Zweischneckenmaschine) aufgeschmolzen und die Fasern ‚downstream' dem bereits aufgeschmolzenen Polymer zugegeben. Der faserschädigende Zwischenschritt über ein fasergefülltes Granulat, das erneut einen Aufschmelzprozess durchlaufen muss, entfällt somit. Dazu entwickelte KraussMaffei vor mehr als zehn Jahren den so genannten Spritzgießcompounder IMC (Abbildung 301).

Abb. 301: Spritzgießcompounder

Entscheidende Merkmale (vgl. Abbildung 302) dieses Maschinenkonzepts sind:

- Der Plastifizierprozess ist vom Einspritzvorgang getrennt, somit findet keine Änderung der wirksamen Schneckenlänge statt.
- Die Fasern werden stromabwärts zugegeben und sind dadurch nicht den hohen Scherkräften beim Aufschmelzen ausgesetzt.
- Die kontinuierliche Fahrweise des gleichsinnig drehenden Zweischneckenextruders sorgt für konstante Förder- und Aufschmelzbedingungen und vermeidet Verdichtungsschwankungen (Kompaktierungsvorgänge) in der Feststoff- und Umwandlungszone des Extruders.

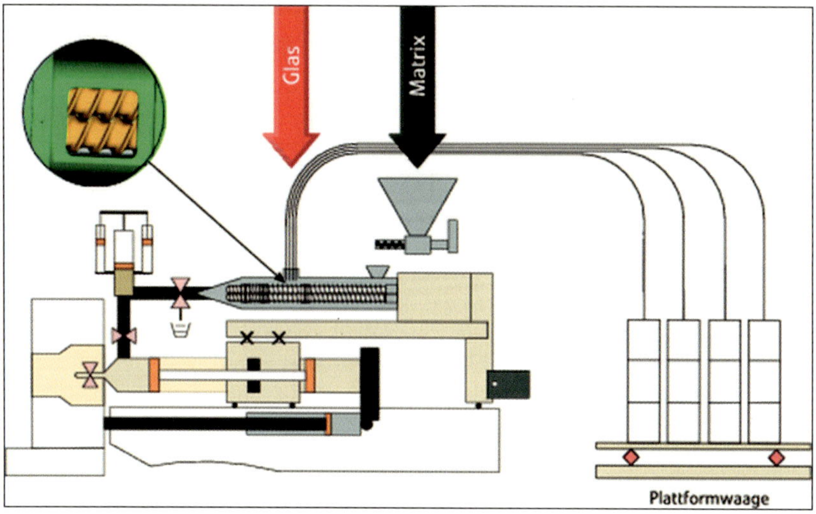

Abb. 302: Prinzip der Direktverarbeitung von Glasfaserrovings auf dem Spritzgießcompounder (Quelle: KM/Kunststoffe)

Statt geschnittener Fasern lassen sich auch endlose Rovings direkt in die Schmelze einbringen, wie auch der Haftvermittler unmittelbar zudosiert werden kann. Das wiederum erweitert den Einsatzbereich, etwa um durch eine geeignete Faserwahl (Faserart, Faserdurchmesser, Textur) in Verbindung mit entsprechenden Haftvermittlern die Faser-Matrix-Kopplung gezielt zu beeinflussen. Die Direktverarbeitung ermöglicht einem Verarbeiter schließlich eine flexiblere Produktion und die Option, das eingesetzte Material bedarfsgerecht maßzuschneidern (Abbildung 303).

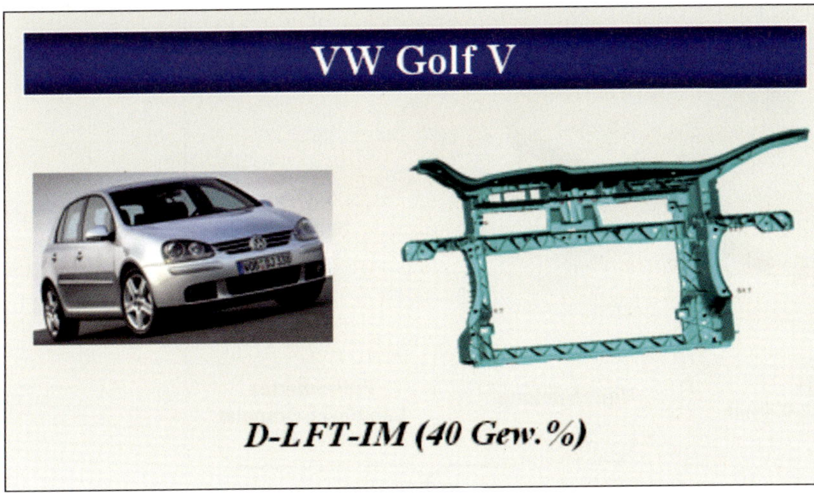

Abb. 303: Frontendträger – hergestellt im D-LFT-IM-Verfahren (Quelle: Aksys)

6.10.5 Ausgangsstoffe

Eine detaillierte Beschreibung von Thermoplastformmassen enthält Kapitel 4.2.5.

Langfaserverstärkte Thermoplaste werden in folgenden Formen geliefert:

- Compoundiertes PP-Langfasergranulat mit einer mittleren Faserlänge bis 2,5mm (bei Kurzfasercompounds mittlere Faserlänge 0,2 bis 0,4mm),
- Stäbchengranulate mit PP- oder PA-Matrix und einer Faserlänge von 10-50mm (was der Granulatlänge entspricht) und einem Fasergehalt von 20-60Gew.-%,
- Stäbchenförmiges Faser-/Matrix-Konzentrat mit Fasergehalten bis 75Gew.-%, hergestellt nach dem Co-Mingling-Verfahren aus PP und Glasfasern,
- das Konzentrat wird an der Spritzgießmaschine (im Materialtrichter) auf die gewünschten Fasergehalte mit PP verdünnt,
- Schnittfaser-/Granulat-Gemisch mit unterschiedlicher Glasfaserlänge sowie unter-schiedlichem Fasergehalt und angepasstem Haftvermittler.

Die Hersteller von Langglasfasergranulaten bieten ummantelte und pultrudierte Systeme an (Abbildung 304). Bei der Pultrusion werden die Fasern zunächst in einem Schmelzebad mit Matrixmaterial benetzt und dann zu einem Strang weiterverarbeitet. Dies hat den Vorteil, dass die einzelnen Fasern sehr gleichmäßig mit Matrixmaterial imprägniert sind. Beim ummantelten Granulat werden die Fasern zusammen mit dem Matrixmaterial extrudiert.

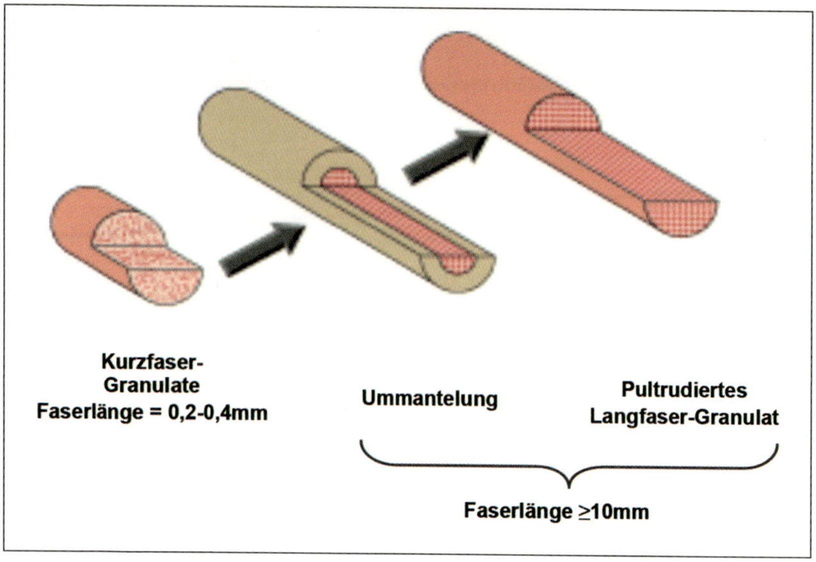

Abb. 304: Glasfaserverstärkte Granulate (Quelle KM/Kunststoffe)

Endlosfaserverstärkte und vorkonsolidierte Halbzeuge sind vereinfacht ausgerückt textilverstärkte Plattenhalbzeuge, basierend auf einer thermoplastischen Matrix. Als Verstärkung kann sowohl ein Gewebe als auch ein Gelege oder unidirektionales Gewebe dienen (Abbildung 305).

Das Halbzeug ist bereits vollständig imprägniert und konsolidiert, was bedeutet, dass die einzelnen Filamente der Faserrovings bereits vollständig mit dem Matrixmaterial benetzt sind und sich darin keine Luft mehr befindet. Geeignet sind verschiedene Matrixsysteme (z.B. PP, PA, PPS, PEI, PEEK) sowie unterschiedliche Fasern (Glas, Carbon, Aramid oder Mischformen). Die Gestaltungsfreiheit beim lageweisen Aufbau von Organoblechen gestattet somit eine an-wendungsgerechte Auslegung. Das ermöglicht Lagen mit unterschiedlichem Fasergehalt, vari-abler Faserorientierung und -art.

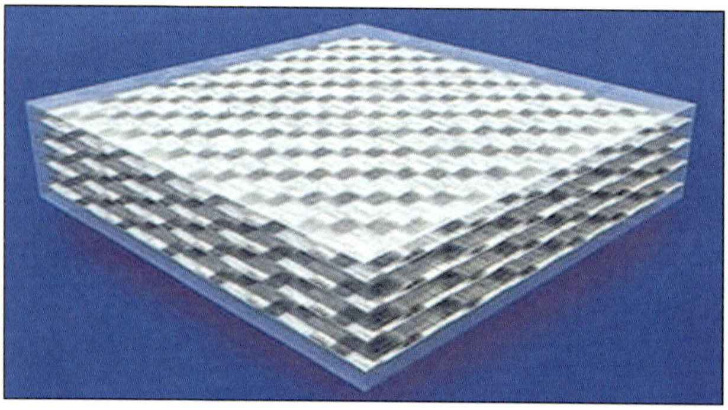

Abb. 305: Organobleche: Thermoplastische FVK-Halbzeuge (Quelle: Lanxess)

6.10.6 Verfahrenskombination für zielgerichtete Bauteilverstärkung

In einem Prozessvergleich unter Produktionsbedingungen wurden an gleichen glasfaserverstärkten Serienbauteilen das GMT- und das D-LFT-ECM-Verfahren (ECM=Extrusion Compression Moulding) sowie die D-LFT-IM-Technik (IM = Injection Moulding) untersucht.

Einander gegenübergestellt und bewertet wurden die Erfüllung der mechanischen Eigenschaften (u. a. Zugfestigkeit, E-Modul, Schlagzähigkeit) sowie wirtschaftliche Kriterien wie Ausschuss, Toleranzen und die Material-, Fertigungs- und Gesamtkosten.

Demnach erfüllt die GMT-Fertigung zwar zu 100% das mechanische Eigenschaftsprofil, weist allerdings deutliche Nachteile auf der Kostenseite auf.

Auf einen Gesamterfüllungsgrad berechnet, erreicht das GMT-Verfahren 86%.

Das D-LFT-ECM-Verfahren bildet den Übergang von der Halbzeugstufe „Mattentechnik" zur Materialaufbereitung mit einem Schneckenaggregat und einem anschließenden Materialeintrag in das geöffnete Werkzeug einer Presse. Auffällig sind die abfallenden mechanischen Eigenschaften, was insbesondere Zugfestigkeit und Schlagzähigkeit betrifft.

Zurückzuführen ist dies auf die kürzeren Fasern im Bauteil. Hier wurde ein Gesamterfüllungsgrad von 88% ermittelt.

Dem gegenüber erfüllt die D-LFT-IM-Technik die wirtschaftlichen Kriterien zwar voll, doch bleiben die mechanischen Eigenschaften, besonders die Zugfestigkeit und die Schlagzähigkeit unter den geforderten Sollwerten.

Gründe dafür sind wie bei D-LFT-ECM die Schneckenaufbereitung und zusätzlich der Materialeintrag in das geschlossene Werkzeug. Trotzdem erreicht dieses Verfahren ganzheitlich betrachtet einen Erfüllungsgrad von 92%. Aus dieser Erkenntnis lässt sich zweierlei ableiten:

- Die Spritzgießtechnik ist die geeignete Fertigungstechnologie für die Herstellung hochbeanspruchter FVK-Bauteile.
- Der hohe Erfüllungsgrad ist zugleich eine eindeutige Aufforderung, die Spritzgießtechnik mit ihrem Verfahrenspotenzial entsprechend weiter zu entwickeln.

Um die verschiedenen Verarbeitungstechnologien und ihre Auswirkungen auf die mechanischen Eigenschaften zu vergleichen genügt eine normierte Betrachtung (Abbildung 306).

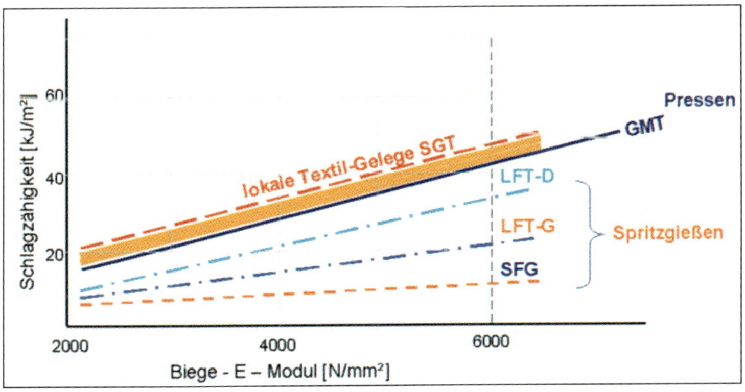

Abb. 306: Vergleich der Verarbeitungsprozesse in Bezug auf Bauteileigenschaften

Näherungsweise lassen sich der Biege-E-Modul und die Schlagzähigkeit in Wechselbeziehung zu einer Kennlinie für einen Verarbeitungsprozess bringen. Daraus ergibt sich eine Rangfolge der Verfahren zur Erfüllung bestimmter mechanischer Eigenschaften. Demnach können mit dem Spritzgießverfahren – hier also das Aufbereiten des Faser-Matrix-Plastifikats mit anschließendem Einspritzen in ein geschlossenes Werkzeug – noch nicht die mechanischen Kennwerte aus dem GMT-Prozess erreicht werden.

Die Qualitätsabstufungen führen von den spritzgegossenen Kurzfasergranulaten (SFG) über die Langfasergranulate (LFT-G) bis zu direkt verarbeiteten Compounds (LFT-D). Einen Sprung zu noch höheren Eigenschaften bieten gepresste glasmattenverstärkte Thermoplaste (GMT).

Um den beschriebenen Nachteil des Spritzgießens auszugleichen, bedarf es demnach einer Kombination aus LFT-Technik in Verbindung mit gezielten Textilverstärkungen. Nun sind Bauteile üblicherweise nicht in allen Bereichen hohen Belastungen ausgesetzt. Folglich liegt es nahe, kritische Bereiche gezielt zu verstärken, etwa durch Einleger aus konsolidierten Gelegen und Geweben. Das heißt, durch eine geeignete Kombination aus Materialauswahl (Matrix, Faser) in Verbindung mit dem idealen Verarbeitungsprozess (LFT-G oder LFT-D) sowie der passenden lokalen Verstärkung (Gewebe- oder UD-Verstärkung) werden die geforderten Bauteileigenschaften auf wirtschaftliche Weise und beanspruchungsgerecht erfüllt.

Damit kann mittels der Spritzgießtechnik das Eigenschaftsniveau von GMT erreicht werden. Ganz andere Perspektiven eröffnen sich in diesem Zusammenhang für hybride Hochleistungsverbunde auf Basis thermoplastisch gebundener Glas-, Kohlenstoff- oder Aramidfasergeweben mit langfaserverstärkten Matrixmaterialien.

Mit dem Ziel, das Festigkeitsniveau von spritzgegossenen Bauteilen weiter anzuheben, wird deshalb das Spritzgießen mit dem Thermoformen von endlosfaserverstärkten Halbzeugen kombiniert (Abbildung 307).

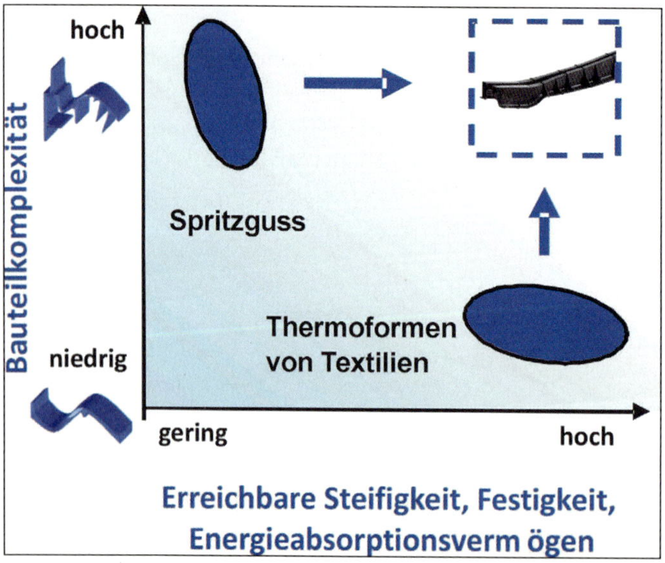

Abb. 307: Kombination von Spritzgießen und Thermoformen

Die Kombination beider Verfahren vereint die Vorteile der jeweiligen Technologie:

- durchgängige Faserorientierung,

- hohe Festigkeiten und Steifigkeiten,
- hohe Designfreiheit,
- hohe Bauteilkomplexität sowie
- hohe Funktionsintegration.

So wird etwa das Steifigkeits- und Festigkeitsverhalten der lasttragenden Bereiche von LFT-Bauteilen durch Endlosfasereinleger signifikant erhöht.

Mit solchen Materialkombinationen lassen sich insbesondere Crash-Anforderungen erfüllen. Vor allem in den Knotenpunkten und in den Seitencrashzonen spielen diese Hybridverbunde eine entscheidende Rolle.

Eine mögliche Kombination der beiden Verfahren wurde auf der K'2010 von der Firma KraussMaffei am Beispiel eines so genannten Technologieträgers, der einem Türaufprallträger nachempfunden wurde, vorgestellt (Abbildung 308). Dabei werden in einer Fertigungszelle aufgeheizte Organobleche im Werkzeug umgeformt und in einem einstufigen Prozess umspritzt.

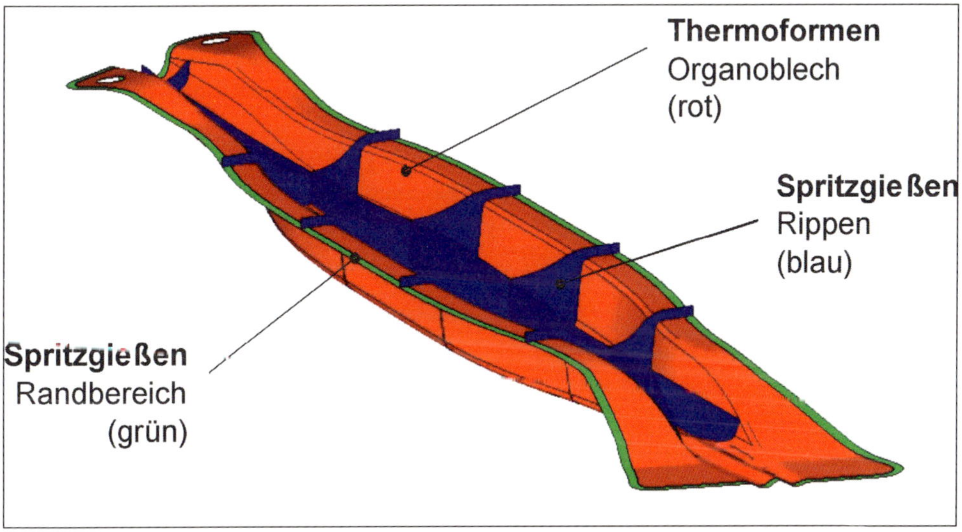

Abb. 308: Schematischer Aufbau von Voll-Kunststoff-Hybridbauteilen (Quelle: Audi AG)

Mit der aufgezeigten Technologie wird Verarbeitern und Anwendern künftig ein wirtschaftliches und technisch interessantes Verfahren für die Herstellung faserverstärkter Strukturbauteile, auch für CFK, zur Verfügung stehen. Die Kombination von Spritzgießen und Thermoformen zu einem einstufigen Prozess erspart Fertigungsschritte und reduziert die Zykluszeiten signifikant. Ein wesentlicher Vorteil ist, dass die Bauteile einbaufertig aus der Maschine kommen.

Seine große verfahrenstechnische Bandbreite erlaubt es, dieses Verfahren für vielfältige Anwendungen einzusetzen. Denkbar sind in der Automobilbranche neben dem vorgestellten Seitenaufprallschutz auch Semi-Strukturteile für die Frontpartie, Türen, Deckel, Klappen, Dach- und Bodengruppen sowie Sitzstrukturen. Darüber hinaus eröffnet das Verfahren aufgrund seiner Vielseitigkeit und Wirtschaftlichkeit zahlreiche weitere Anwendungsmöglichkeiten für Organobleche, gerade wenn es sich um mechanisch stark beanspruchte Konstruktionen handelt.

6.10.7 Ausblick und Entwicklungstendenzen

Als wichtigstes Verarbeitungsverfahren machte das Spritzgießen in den vergangenen Jahrzehnten die mit Abstand größten Entwicklungssprünge. Aus den Urformen thermoplastischer Kunststoffe entwickelte sich eine produktbezogene Verfahrenstechnik, deren Ziel die Herstellung komplexer Bauteile mittels Kombination verschiedenster Einzelverfahren ist.

Erst die passende Kombination aus Maschine, Werkzeug und Verfahren bietet den notwendigen Rahmen für eine wirtschaftliche Produktion. Und je anspruchsvoller sich Produktdesign und -funktionalität entwickeln, desto komplexer werden die Baugruppen, aus denen sich die Produkte zusammensetzen. Diese Entwicklung ist eng mit der Verfahrenstechnik verknüpft, deren Komplexität mit der der Bauteile zunimmt.

Wann die Geburtsstunde der „Verfahrenstechnik" war, wird sich vermutlich nicht genau feststellen lassen. Fakt ist, dass irgendwann Anwender wie Verarbeiter den Entschluss fassten, Bauteile mit mehreren Funktionen auszustatten, zugleich aber auf zusätzliche Montageschritte verzichten wollten. So entstanden zunächst „Sonderverfahren", die nach einigen Jahren zu weitgehend „normalen" Verarbeitungsverfahren wurden.

Neue Technologien befassen sich mit Verbunden aus vernetzenden Kunststoffen mit Thermoplasten. Hierbei werden spritzgegossene Trägerbauteile aus einem ersten Prozessschritt in einem nachgeschalteten Prozessschritt mit einem 2K-Lacksystem in einem geschlossenen Werkzeug überflutet, in einem Verarbeitungsschritt und ohne Nacharbeit. Nach dem Aushärten des Lacksystems kann das endlackierte Bauteil entformt werden.

Für die Verarbeitung langfaserverstärkter Thermoplaste (LFT) entstehen somit eine Reihe neuer Möglichketen. Die Herstellung von einschaligen Faserverbund-Bauteilen mit lackierfähigen Class-A-Oberflächen in Thermoplastbauweise ist derzeit nicht Stand der Technik. Herausforderungen gibt es hier v.a. mit Oberflächendefekten

- von Metalleinlegern,
- von Organoblech-Einlegern,
- von Bindenähten,
- von Einfallstellen bei starken Verrippungen,
- von eingelegter Antennen-, Aktoren- und Sensortechnik,
- von Schäumen.

Aktuelle Untersuchungen beschäftigen sich damit, in welchem Maße diese Oberflächendefekte durch das Überfluten des thermoplastischen Trägerbauteils mit einem 2K-Lacksystem in einem geschlossenen Werkzeug kaschiert werden können (Abbildung 309).

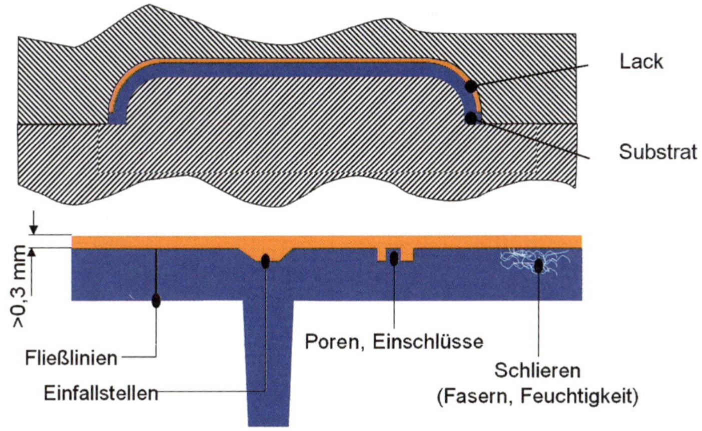

Abb. 309: Verbundtechnologie aus vernetzenden Kunststoffen mit FVK-Thermoplasten

6.11 Kontinuierliches Laminieren

6.11.1 Einführung

Kontinuierliche Laminierverfahren/-anlagen, wie sie seit den 50er Jahren bekannt sind („Filon-Verfahren"), werden zur Herstellung von gewellten und planen Platten und Bahnen eingesetzt.

Gewellte Produkte werden hauptsächlich für Bedachung eingesetzt, wurden aber durch thermoplastische Werkstoffe und Produkte wie z.B. Doppelstegplatten in hohem Maße verdrängt.

Aufgrund dieser Verdrängung ist die Herstellung von gewellten Platten und Bahnen zurückgegangen und heute werden auf kontinuierlichen Laminieranlagen in den USA und Deutschland fast nur noch hochwertige plane Produkte als Deckschicht von Sandwichbauteilen für die Bereiche Bau, LKW-Fahrzeugbau und Wohnmobil-Industrie hergestellt.

Plane glasfaserverstärkte Platten und Bahnen auf Basis ungesättigter Polyesterharze haben aufgrund ihrer Vorteile andere Werkstoffe wie Glas oder Alublech in bestimmten Marktsegmenten stark verdrängt und erfahren seit Jahren einen deutlichen Mengenzuwachs.

Dies lag daran, dass sich die durch kontinuierliches Laminieren hergestellten planen Produkte im Gegensatz zu den Wellplatten den Marktanforderungen gestellt haben und in ihren Eigenschaften wie Glanz, Oberflächengleichmäßigkeit und Bewitterungsverhalten erheblich verbessert wurden.

In erster Linie sind diese Produktverbesserungen auf moderne, verfahrenstechnisch verbesserte Anlagen zurückzuführen. Die heute zur Verfügung stehenden Ausgangsstoffe wie Glasfaserprodukte und Polyesterharze wurden zwar in den Materialeigenschaften kaum weiterentwickelt, jedoch anlagenspezifisch optimiert.

Moderne Anlagen gewährleisten eine qualitätskonstante und kostengünstige Herstellung von hochwertigen, kundenspezifischen planen Produkten auch in geringen Losgrößen. Es gibt kein vergleichbares kontinuierliches Verfahren, weder im Thermoplast- noch im Metall-Bereich, das unter Berücksichtigung der Investitionskosten eine derart flexible Fertigung von bahnenförmigen Produkten auf hohem Eigenschafts- und Qualitätsniveau erlaubt.

In der Technologie des kontinuierlichen Laminierens steckt noch sehr viel Potenzial, vorausgesetzt, dass sich auch die Weiterentwicklung der üblichen Rohstoffe Harz und Glas dem hohen Niveau der Verfahrenstechnik anpassen kann. Ansonsten besteht durchaus die Möglichkeit, die heutige Verfahrenstechnologie für andere Werkstoffe zu nutzen.

Weiteres Potenzial wird mittlerweile durch den Einsatz von Epoxidharzen und Carbonfaser- oder Glasfasergelegen erschlossen. Hierdurch ist der Sprung von der GfK-Deckschicht oder -Platte hin zu einem definierten Hochleistungswerkstoff gelungen.

6.11.2 Verfahrenstechnische Grundlagen

Das kontinuierliche Laminieren findet in der Regel zwischen zwei Folien statt und besteht aus folgenden Prozessschritten:

1. Herstellen und Transportieren der Harzmischung
2. Auftragen und Anhärten eines Gelcoats auf einer Träger-/Trennfolie
3. Imprägnierung der Verstärkungsmaterialien mit der Harzmischung (Laminieren)
4. Entlüftung des Laminates und Entfernung des Harzüberschusses
5. Formgebung zwischen Folien
6. Härtung des Laminates
7. Temperung
8. Nachbehandlung des Laminates

Abb. 310: Prozessschritte des kontinuierlichen Laminierens

Da beim kontinuierlichen Laminieren alle Prozessschritte ohne Unterbrechung nacheinander folgen, sind die Teilprozesse verfahrenstechnisch, maschinentechnisch und steuerungstechnisch aufeinander abzustimmen.

Geschwindigkeitsbestimmend für den Gesamtprozess ist die Aushärtung des Laminates.

Die Härtestrecke sollte deshalb entsprechend lang sein. Alle anderen Teilprozesse müssen auf die Laminataushärtung abgestimmt werden, wobei es kaum möglich ist, die einzelnen Anlagenteile so auszulegen, so dass oftmals nicht alle vom Markt gewünschten Produkte unter Kostengesichtspunkten optimal eingestellt werden können.

6.11.3 Ausgangsstoffe/Hilfsmittel

Im kontinuierlichen Laminierprozess werden höchste Ansprüche an Ausgangsstoffe und Hilfsmittel gestellt.

Verstärkungsmaterialien

Zur Verstärkung der Matrix sowie zur Erzielung bestimmter Oberflächeneigenschaften werden aufgrund der Verfügbarkeit (Flächenprodukt, Breiten bis 350cm) und niedriger Rohstoffpreise überwiegend Glasfaserprodukte auf Basis von Glasvliesen, Schnittmatten, Endlosmatten, Rovinggeweben und Glasseidengeweben eingesetzt.

Hochleistungswerkstoffe auf Basis von Glasfasergelegen oder Kohlefasern finden aufgrund der Forderungen des Marktes nach Leichtbauwerkstoffen immer mehr Anwendung.

Die Hauptanforderungen an Verstärkungsmaterialien/-fasern sind:

- Faserschlichten müssen harzverträglich und leicht benetzbar sein,
- die Produkte müssen sich leicht durchtränken lassen,
- die Faserverteilung muss möglichst homogen sein,
- Bindemittel müssen harz-/styrollöslich sein.

Glasvliese

Glasvliese werden als Oberflächenvliese zur Abdeckung der Faserstruktur bzw. zur Reduzie-rung der Faserabzeichnung der Verstärkungsmaterialien eingesetzt. Üblich sind Flächengewich-te von 25-50g/m². Chemiefaservliese finden aufgrund ihrer problematischen Verarbeitbarkeit bei großen Breiten kaum Verwendung.

Glasfasermatten

Glasfasermatten in Form von Schnittmatten und Endlosmatten sind die gängigsten und preisgünstigsten Verstärkungsmaterialien. Die Flächengewichte reichen von 150-525 g/m².

Schnittmatten bestehen aus geschnittenen, regellos verteilten Fadensträngen mit einer Fadenfeinheit von 12,5 bis 30tex bei einer Schnitt-/Stapellänge von ca. 50mm. Matten mit gröberer Fadenfeinheit lassen sich zwar leichter tränken, werden aber aufgrund der stärker sichtbaren Fadenstruktur im Endprodukt beim kontinuierlichen Verfahren nicht eingesetzt.

Die Fäden der Matten sind mit styrollöslichen Bindern verfestigt. Der Binderanteil liegt je nach Flächengewicht bei 4-8%. Ein höherer Binderanteil führt zu höherer Trocken-/Verarbeitungsfestigkeit der Matte, stört aber bei der Tränkung und Benetzung der Matte und kann auch zu Binderflecken führen, die insbesondere bei transparenten Produkten stören.

Schnittmatten führen zu einer gleichmäßigeren Oberfläche und geringerem Faserabdruck in den Endprodukten sowie zu einer homogenen Glasfaserverteilung.

Endlosmatten, die aus endlos verlegten Spinnfäden bestehen, werden meist in Verbindung mit Schnittmatten auf der Rückseite von Laminaten eingesetzt. Sie sind verfahrenstechnisch leicht zu verarbeiten, ermöglichen hohe Flächengewichte und gewährleisten eine ausgewogene mechanische Festigkeit der Endprodukte.

Die Oberfläche der daraus hergestellten Produkte ist unruhiger, weshalb Endlosmatten nur bei Anwendungen eingesetzt werden, bei denen die Mechanik im Vordergrund steht wie z.B. bei Dachbahnen.

Glasfaserrovings

Bei der Herstellung von Wellplatten wird überwiegend mit geschnittenen Glasfaserrovings gearbeitet und aus Kostengründen werden diese auch beim kontinuierlichen Laminieren immer häufiger eingesetzt. Die Rovings werden kontinuierlich in Einzel- oder Breitschneidwerken geschnitten. Die geschnittenen Faserstränge rieseln gleichmäßig verteilt auf eine mit Harz beschichtete Folie. Damit die Fasern im später folgenden Formgebungs- und Entlüftungsprozess nicht zurückgespült werden, laufen z.B. von oben kontinuierlich Fäden mit, die die Fasern im Harz abdecken und fixieren.

Die Verarbeitung von Glasfaserrovings ist die verfahrenstechnisch aufwendigere Variante im Vergleich zu der Verwendung von Glasfasermatten. Allerdings sind Glasfaserrovings deutlich preisgünstiger und kompensieren dadurch den höheren Investitionsaufwand.

Rovinggewebe

Rovinggewebe werden unter Verwendung von Glasfaser-Rovings mit 300-2400tex in Flächengewichten von 300-900g/m² in Leinwandbindung hergestellt. Sie finden dort Einsatz, wo hohe Anforderungen an die mechanischen Eigenschaften der Endprodukte gestellt werden, insbesondere an die Zugfestigkeit und Robustheit wie z.B. bei LKW-Innenwänden.

Durch Verbesserung der Wickel- und Webtechnologie ist es seitens der Glasgewebe-Hersteller gelungen, gut verarbeitbare Produkte auch in großen Breiten herzustellen.

Die in der Vergangenheit häufig aufgetretenen Probleme wie kantenversetzte Wicklung, inhomogene Wickelspannung, unterschiedliche Spannung der Kettfäden, Sackbildung beim Abwickeln, Fadenverschiebung bei offenen Geweben sind gelöst.

Glasseidengewebe

Glasseidengewebe mit Flächengewichten von 120-200g/m² werden zur Erzielung bestimmter Oberflächenstrukturen und zur Verbesserung der Biegsamkeit der Endprodukte eingesetzt. Zur Verstärkung wie – z.B. bei Pressartikeln – werden Glasseidengewebe aufgrund des hohen Preises nicht verwendet.

Gelege

Fadengelege sind beim kontinuierlichen Laminieren mittlerweile Standardverstärkungen. Die damit erzielbaren hohen mechanischen Festigkeiten ermöglichen die Entwicklung neuer Produkte für neue Märkte wie die Sportindustrie.

Harze

Grundsätzlich sind nahezu alle Harzarten (Polyesterharz, Epoxidharz, Phenolharz, Vinylesterharz, Acrylatharz) auf modernen, kontinuierlich arbeitenden Laminieranlagen einsetzbar. Aus Preisgründen, auf grund der Produktvielfalt und verfahrenstechnischen Eigenschaften werden überwiegend Harze auf Basis ungesättigter Polyester verwendet, wobei Epoxidharze immer häufiger zum Einsatz kommen.

Je nach Einsatzzweck unterscheidet man Gelcoatharze und Laminierharze.

Gelcoats/Gelcoatharze

Gelcoats sind unverstärkte Reinharzschichten, die ähnlich einer Lackschicht, die darunterliegende Laminatschicht abdecken. Der Gelcoat beeinflusst wesentlich die optischen und strukturellen Eigenschaften der Oberfläche, sowie deren Wetter-, Licht- und Chemikalienbeständigkeit.

Gelcoatharze für den Außenbereich bzw. Fahrzeugbau sind meist Polyesterharze auf Isophtalsäure-Basis, an die folgende Anforderungen gestellt werden:

- hohe Flexibilität und Zugdehnung,
- hervorragende Licht- und Wetterechtheit,
- hohe Chemikalienbeständigkeit,
- gleichmäßiger Verlauf,
- gute Entlüftbarkeit,
- hohe Pigmentverträglichkeit.

Übliche Schichtdicken liegen im Endprodukt bei 200-450μ. Um eine optimale Anhärtung nach Durchlauf der Gelierzone und eine spätere Aushärtung des Gelcoats zu gewährleisten, sollte die Schichtdicke des Nassfilmes ausreichend dick sein. Die Harzrezeptur sollte so eingestellt werden, dass eine schnelle Gelierung bei niedrigen Temperaturen möglich ist, um einen zu hohen Styrolverlust zu vermeiden.

Unzureichend angehärtete Gelcoatfilme quellen infolge des Eindringens von Styrol aus dem Laminatharz auf und führen zu erhöhter Schrumpfspannung nach dem Härten. Außerdem kann sich die so genannte „Elefantenhaut“ bilden.

Schleifbare Gelcoats finden bei Produkten Anwendung, die nachträglich lackiert werden müssen. Daher müssen diese Gelcoats gut füllbar sein, dürfen beim Schleifen nicht schmieren und können eine geringere Dehnung aufweisen.

Solche Gelcoats werden in der Regel mit Orthophtalsäure-Harzen hergestellt. Die Schichtdicken liegen bei 300-500μ.

Laminierharze

Als Matrixharze für das kontinuierliche Laminieren werden meist ungesättigte, styrolhaltige Polyesterharze auf Basis von Orthophtalsäure und Standardglykolen eingesetzt. Für bestimmte Anwendungen, z.B. Produkte für die Kanalsanierung, werden auch chemisch beständigere Vinylester-Harze verwendet.

Es werden Harze mittlerer bis höherer Reaktivität eingesetzt mit einer Viskosität von 200-800mPas. Meist enthalten die Harze Lichtschutzmittel sowie Additive zur besseren Entlüftung und Faserbenetzung.

Die Wärmeformbeständigkeit der Harze liegt je nach Anwendung bei 70-120°C.

Die ***Reaktivität der Harze*** und die ***Viskosität*** sind die für die Prozessführung entscheidenden Parameter. Auf modernen Anlagen können problemlos auch ***hochreaktive Harze*** mit steiler Härtungscharakteristik gefahren werden.

Zur Herstellung von Produkten mit hoher Oberflächenqualität und zur flexibleren Steuerung des Prozesses empfiehlt sich die Verwendung ***mittelreaktiver Harze***. Diese zeigen einen gleichmäßigeren Verlauf der Schwindung, insbesondere entlang der Faser sowie geringere Spannungen im Endprodukt.

Reaktionsmittel

Die Eigenschaften der kontinuierlich hergestellten Laminate hängen zwar in erster Linie von den eingesetzten Verstärkungsmaterialien und der Harzmatrix ab, vorausgesetzt, dass die Härtungsreaktion vollständig und gleichmäßig durchgeführt wurde. Die verfahrenstechnischen Parameter wie Geschwindigkeit und Temperatur werden nicht nur von dem Harzsystem, sondern auch von den verwendeten Reaktionsmitteln und deren Zugabemengen beeinflusst.

Härter

Härter sind organische Peroxide, welche die für den Härtungsvorgang benötigten freien Radikale liefern.

Aufgrund der beim kontinuierlichen Laminieren üblichen Temperaturen von 60-120°C werden in der Regel Ketonperoxide verwendet, die bei Temperaturen über 60°C zerfallen und Radikale bilden.

Übliche Peroxide sind MIKP (Methylisobutylketonperoxid), CHP (Cyclohexanonperoxid), MEKP (Methylethylketon-Peroxid) und AAP (Acetylacetonperoxid), wobei MIKP am häufigsten für die Härtung von Gelcoat- und Matrixharz verwendet wird. Je nach Prozesssteuerung werden auch Peroxidmischungen eingesetzt.

Beschleuniger

Beschleuniger erhöhen die Zerfallgeschwindigkeit der Peroxide und ermöglichen, dass eine Härtungsreaktion auch bei niedrigeren Temperaturen innerhalb kurzer Zeit ablaufen kann. Übliche Beschleuniger für kontinuierliche Verfahren sind Cobaltoctoate. Diese liegen in 1-%iger oder 10-%iger Lösung in Styrol oder Weichmachern vor.

Grundsätzlich ermöglichen die im kontinuierlichen Verfahren üblichen Temperaturen ein Arbeiten ohne Beschleuniger. Die Härtungsreaktion und damit die gesamte Prozessführung kann jedoch durch den Einsatz eines Beschleunigers schonender und genauer steuerbar eingestellt werden.

Inhibitoren

Inhibitoren verlängern bei der radikalischen Peroxidhärtung die Gelier- bzw. Topfzeit. Die Topfzeit ist entscheidend für die Verfahrensführung des gesamten kontinuierlichen Laminier-prozesses bis zum Beginn der Härtung.

Allerdings sollte man vor Benutzung von Inhibitoren die entsprechenden Prozessparameter wie Geschwindigkeit, Temperaturführung und Auswahl der Harze optimieren, so dass man mit geringen Mengen oder ohne Inhibitoren auskommt.

Da die Härtung die Eigenschaften des Endproduktes maßgeblich beeinflusst, muss das Härtungssystem, bestehend aus Härter, Beschleuniger und Inhibitor, so ausgewählt werden, dass eine möglichst schonende, spannungsarme Härtung bei möglichst langer Topfzeit gewährleistet ist. Jedoch sind dem Härtungssystem Grenzen gesetzt, so dass die Auswahl der richtigen Harz-type und die gesamte Verfahrensführung beim kontinuierlichen Laminieren und Härten von größter Bedeutung sind.

Lichtinitiatoren und UV-Härtung

Die kontinuierliche Härtung von pigmentierten und unpigmentierten Harzsystemen mittels UV-Licht unter Einsatz von Lichtinitiatoren ist heute Stand der Technik. Eine große Auswahl an Lichtinitiatoren und Lampensystemen steht mittlerweile zur Verfügung, so dass selbst hochpigmentierte Gelcoat-Schichten in Dicken bis 500µ problemlos mit UV-Licht gehärtet werden können. Für pigmentierte Systeme verwendet man in der Regel Hochdruckstrahler, die Licht im längerwelligen Bereich aussenden, um ein Absorbieren und Streuen des Lichtes durch z.B. Titandioxidpigmente zu verhindern. Für die Härtung von transparenten Harzsystemen reichen meistens schon übliche Leuchtstoffröhren aus.

Die Vorteile der Lichthärtung liegen in der einfachen Verfahrensführung (kurze Härtestrecke), der langen, offenen Verarbeitungszeit der Harze und der deutlich geringeren Styrolemission, besonders bei der Gelcoathärtung.

Nachteilig wirken sich die höheren Materialkosten (Lichtinitiatoren), die eingeschränkte Rohstoffpalette sowie die Einschränkungen der Härtung von pigmentierten Laminaten in höheren Schichtdicken (> 500µ) aus. Moderne Lichtinitiatoren verhindern das sonst häufig auftretende Vergilben nach der UV-Härtung.

Additive

Entlüfter

Durch das Mischen und Fördern des Harzsystems sowie beim Einlauf der Verstärkungsmaterialien in das Harz werden erhebliche Mengen Luft eingeschleppt.

Lufteinschlüsse wirken sich negativ auf die mechanische Festigkeit, auf die Materiallebensdauer, insbesondere des Gelcoats, auf die Vergilbung und auf den optischen Eindruck des Laminates aus.

Entlüfter z.B. auf Basis von Polyacrylaten bewirken eine Entlüftung des gesamten Systems indem sie durch Grenzflächenreaktionen dazu führen, dass sich kleine Luftblasen zu größeren Luftblasen zusammenschließen, die aufgrund des Auftriebes schneller an die Oberfläche gelangen und dort zerplatzen.

Je nach verfahrenstechnischen Möglichkeiten werden Entlüfter entweder beim Herstellen der Harzmischung zudosiert oder bereits bei der Harzherstellung zugesetzt. Letzteres gewährleistet eine kontinuierliche Entlüftung während des gesamten Herstellungs- und Verarbeitungsprozesses.

Verlaufsadditive

Verlaufsadditive werden meist beim Gelcoatharz eingesetzt, um einen gleichmäßigen Verlauf des Gelcoatharzes auf der Trägerfolie zu gewährleisten sowie das Auftreten von partiellen Benetzungsstörungen, so genannte „Fettaugen" oder „Fischaugen", zu vermeiden. Verlaufsadditive sind meist auf Basis von Polyacrylaten oder Polysiloxanen aufgebaut.

Farbmittel

Pigmente zur Farbgebung werden meist in Form von pump-/fließfähigen, niedrigviskosen Farbpasten zum Harzsystem zudosiert. Farbpasten basieren auf ***styrolhaltigen oder monomerfreien*** Polyesterharzen. Monomerfreie Farbpasten gewährleisten eine höhere Lagerzeit der Paste und ein geringeres Antrocknen der Farbpaste an der Behälterwandung der Produktionsanlage, insbesondere bei hochpigmentierten Systemen. Die Verträglichkeit zum Harzsystem muss aber auf jeden Fall geprüft werden.

Pigmente beeinflussen neben der Farbgebung auch erheblich das Bewitterungsverhalten des gehärteten Harzsystems. Geht man davon aus, dass nur hochlichtechte Pigmente verwendet werden, so ist die Einsatzkonzentration entscheidend. Übliche Einsatzmengen von hochkonzentrierten Pasten (70-80%ig) auf Basis von Weiß-/Titandioxidpigmenten liegen je nach Einsatzzweck des Endproduktes bei 5-20 Gew.%. Mit Einsatzmengen von 10-20Gew.% erzielt man eine ausreichende Lichtstabilität für den Außeneinsatz von UP-Harz-Produkten. Höhere Farbpasten- bzw. Pigmentkonzentrationen führen zum Auskreiden der Produktoberfläche nach längerer Bewitterung.

Hohe Pigmentkonzentrationen sind auch bei dünnen Laminaten notwendig, um eine ausreichende Deckkraft zu erzielen, damit nach der Weiterverarbeitung der Laminate die Unterkonstruktion bzw. der Kleber bei Sandwichelementen nicht durchscheint.

Pigmente wirken sich auch auf die Reaktivität des gesamten Harzsystems aus. Hochkonzentrierte Weißpigmentpasten wirken oft inhibierend, wogegen bestimmte Rot-/Gelbpigmente auch beschleunigend wirken. Ebenso können sich auch Pigmente auf die Reaktivität vorbeschleunigter Harzsysteme beim Zwischenlagern auswirken.

Styrol

Bei Harzmischungen für das kontinuierliche Laminieren wird Styrol oftmals zur Vebesserung der nachfolgenden Eigenschaften des Harzsystems eingesetzt:

- Einstellung der optimalen Verarbeitungsviskosität der Harze,
- Verbesserung der Faserbenetzung,
- Konzentrationsausgleich bei Verdunstungsprozessen.

Übliche Zusatzmengen liegen je nach verwendetem Harzsystem und angewandter Verfahrenstechnik bei 6-12%. Mit einer ***Versprödung*** des gehärteten Harzes ist ab einer Zugabe von 10% zu rechnen, daneben auch mit einem veränderten Reaktionsverhalten des Harzes (höhere exotherme Reaktion) sowie einer Zunahme des ***Volumenschrumpfes***. Allerdings macht sich letzteres bei den üblichen Laminatstärken in der Praxis kaum bemerkbar.

Füllstoffe

Füllstoffe auf anorganischer oder organischer Basis können dem Harzsystem zur Einstellung bestimmter Gebrauchseigenschaften wie Wärmestandfestigkeit, Härte, Gewichtsreduzierung oder Brandverhalten und zur Kostenreduzierung zugesetzt werden.

Sie sind jedoch beim kontinuierlichen Laminieren im Gegensatz zur SMC-Herstellung aufgrund der bisherigen Verfahrenstechnik weniger üblich. Dies liegt daran, dass sich Füllstoffe aufgrund ihrer viskositätserhöhenden Eigenschaften negativ auf den Imprägnierprozess auswirken und je nach Teilchengröße durch die Verstärkungsfaserstoffe ausfiltriert werden.

Hinzu kommt noch, dass die wesentlich aufwendigere Mischungsherstellung oft die Kosteneinsparung im Rohstoff relativiert. Verbilligende Füllstoffe wie z.B. Kreide erhöhen auch das Flächengewicht der Endprodukte, was gerade im Fahrzeugbereich unerwünscht ist. Außerdem wirken sich Füllstoffe erheblich auf die Farbgebung und das Auskreideverhalten von Harzen aus, so dass ein Einsatz nur in Verbindung mit einer Gelcoat-Schicht sinnvoll ist.

Für die Zukunft bietet der Einsatz von Füllstoffen bei kontinuierlich hergestellten Laminaten hohes Entwicklungspotenzial, vorausgesetzt die Verfahrenstechnik wird angepasst.

Folien

Wie eingangs erwähnt, laufen kontinuierliche Verfahren auf bzw. zwischen zwei Folien ab. Die Folien dienen als Transport- und Trennmittel für das Laminat und bestimmen auch die Laminatoberfläche.

Sie beeinflussen in entscheidender Weise die ***Oberflächenstruktur und den Oberflächenglanz*** der Endprodukte, verhindern das ***Abdampfen des Styrols, die Inhibierung des Harzes durch Luftkontakt*** und ***schützen die Anlagenteile vor Verunreinigung***. Folien sind somit die wichtigsten Hilfsmittel beim kontinuierlichen Laminieren.

Da die Folien mit dem Laminat den gesamten Prozess durchlaufen, müssen sie folgende Anforderungen erfüllen:

- hohe Zugfestigkeit in Verbindung mit zäh-elastischem Verhalten,
- Styrolbeständig,
- Wärmebeständig bis 200 °C,
- Kratzfestigkeit,
- nicht haftend,
- Durchsichtigkeit,
- kostengünstig.

Momentan erfüllen diese Anforderungen nur Polyesterfolien auf Basis Polyethylenterephtalat (PET, z.B. Typ „Hostaphan"). Übliche Foliendicken liegen je nach Anforderung bei 15µ bis 350µ und können in manchen Fällen auch mehrmals verwendet werden.

6.11.4 Kontinuierliche Herstellung planer Platten und Bahnen

Im Allgemeinen läuft das Kontinuierliche Laminieren wie in Abbildung 311 dargestellt ab.

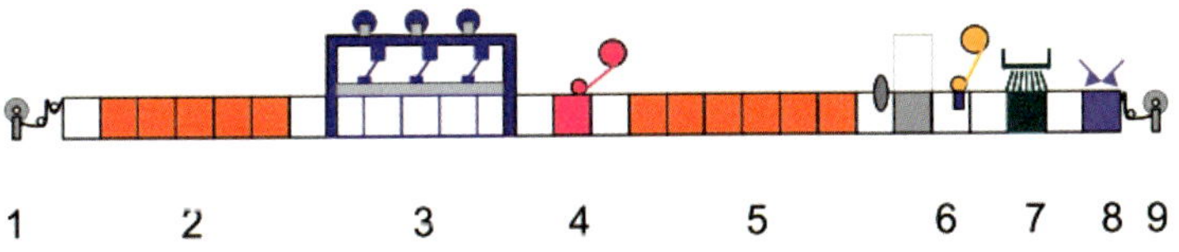

Abb. 311: Schematische Darstellung: Herstellung kontinuierlicher Laminate

Beschreibung des Ablaufes:

1. Einlauf einer Trenn-/Trägerfolie und Auftrag eines Gelcoatharzes.
2. Gelierung des Gelcoats auf einem Heiztisch durch Temperatur.
3. Auftrag des Laminatharzes und Imprägnierung der Verstärkungsmaterialien.
4. Zulauf der oberen Trennfolie. Abquetschen und Entlüftung des überschüssigen Harzes durch einen Walzenkalander.
5. Härtung des Laminates auf einem Heiztisch.

6. Abziehen der oberen Trennfolie und Besäumen der Materialbahn.
7. Nachbehandlung der Materialbahn durch Aufrauhen, Bürsten oder Coronabehandlung.
8. Trennen oder Formatieren der Warenbahn durch mitlaufende Sägen oder mittels Schlagschere.
9. Aufwicklung der Warenbahn bzw. Ablegen von Plattenware. Ggfs. Abziehen der unteren Trennfolie.

Der Ablauf der kontinuierlichen Herstellung von Platten und Bahnen lässt sich in vier Kernprozesse gliedern:

- Gelcoatierung,
- Laminierung,
- Härtung,
- Nachbehandlung.

Gelcoatierung

Ständig steigende Ansprüche an die Oberflächengüte von GFK-Produkten haben dazugeführt, dass auch bei planen Platten und Bahnen der überwiegende Teil mit einer Gelcoatharzschicht versehen wird.

Bei Produkten ohne Gelcoatschicht stellt man beim Außeneinsatz bereits nach zwei bis drei Jahren starke Abwitterungen bis hin zum Austritt von Glasfaserbündeln an der Oberfläche fest. Der Glasfaseraustritt lässt sich auch ohne Gelcoatschicht durch ein Oberflächen-Glasvlies hinauszögern, allerdings werden diese Oberflächen schnell stumpf und verschmutzen sehr leicht. Eine Gelcoatschicht von 50-100µ schützt das dahinter liegende Laminat ungefähr zehn Jahre.

Der Auftrag des Gelcoatharzes auf die Folie erfolgt beim kontinuierlichen Verfahren durch ein Rakelsystem (Abbildung 312). Es bieten sich verschiedene Rakelformen wie Rundrakel oder Messerrakel an. Wichtig für den Gelcoatprozess und den gesamten weiteren Prozessablauf ist die Spannung und Führung der Trägerfolie. Nicht gespannte Folienränder führen leicht zu Folienrissen beim Durchlauf unter dem Rakelmesser und zu unterschiedlichem Auftrag von Gelcoatharz.

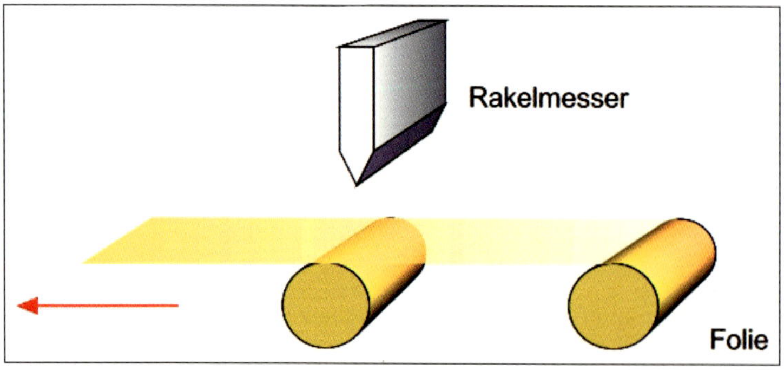

Abb. 312: Rakelsystem

Gelcoat-Spritzverfahren haben sich aufgrund der hohen Styrolemission, der Störempfindlichkeit und mangelnder Regelbarkeit nicht bewährt.

Die Zuführung und Herstellung der Gelcoatharz-Mischung kann kontinuierlich über ein Pumpensystem erfolgen. Kolbenpumpen, Kolbenmembranpumpen und Zahnradpumpen haben sich bewährt. Die Konstruktion des Systems ist so auszulegen, dass der Harzauftrag vor dem Rakel pulsationsfrei erfolgt.

Wie bereits im Kapitel „Ausgangsstoffe“ erwähnt, richtet sich die Auswahl des Gelcoatharzes nach den maschinellen Voraussetzungen und der Anwendung der Endprodukte. Das Harz sollte flexibel eingestellt sein und nach kurzer Zeit in der Wärmezone gelieren, um zu hohe Styrolverdunstung zu vermeiden.

Laminierung

Nach dem Passieren der Gelcoatzone erfolgt mittels Gießeinrichtung oder Rakelmesser die Verteilung und der Auftrag des Laminierharzes auf die Gelcoatschicht (zum Laminiervorgang vergleiche Abbildung 313).

In die Laminierharzschicht laufen von oben Verstärkungsmaterialien in Form von Matten oder Geweben zu. Beim Arbeiten vom Schnittroving fallen die geschnittenen Glasfaserstränge aus der Schneidkammer in die Harzschicht.

Der Tränkvorgang erfolgt immer von unten nach oben, damit die in den Materialzwischenräumen eingeschlossene Luft nach oben entweichen kann. Würde man das Harz auf die Faserverstärkung von oben gießen, könnte die Luft nicht ausreichend entweichen. Um ein schnelles Durchtränken zu erreichen und zur Vermeidung einer Harz- und Luftschicht unter den Glasmatten, die sich beim späteren Kalibrieren schwer entfernen lässt, drückt man die Glasmatten bzw. das Gewebe von oben mit spiralförmigen Walzen in die Harzschicht.

Das Kalanderquetschwerk entfernt überschüssiges Harz und Luft. Der Laminataufbau und der Abstand der Kalanderwalzen bestimmen die Dicke des Produktes.

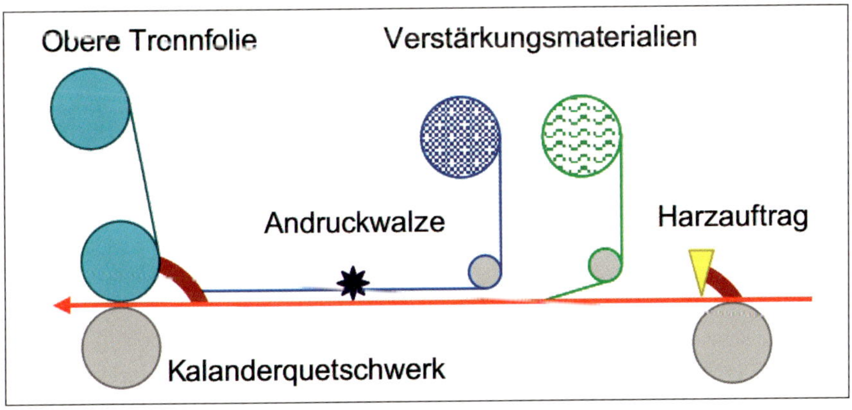

Abb. 313: Schematische Darstellung des Laminiervorganges

Die Qualität des Laminierprozesses wird unabhängig von den anderen Prozessschritten von den nachfolgenden Parametern beeinflusst:

- Harzviskosität, Harztemperatur, Harzreaktivität,
- Geschwindigkeit, Tränkzeit,
- Mattenanzahl/-art, Mattenbinder/-löslichkeit, Fadenfeinheit, Verstärkungsaufbau.

Eine Abstimmung dieser Faktoren erfordert sehr viel Erfahrung, jedoch ist die genaue Einstellung dieser Parameter qualitätsentscheidend und daher müssen alle Vorgaben konstant im Prozess und bei der Bereitstellung der Rohstoffe geprüft und geregelt werden.

Härtung

Nach der Laminierung bzw. dem Durchlauf des Folienpaketes durch das Kalanderquetschwerk erfolgt die Härtung des Laminates und des Gelcoats.

Der gesamte Härtevorgang gliedert sich in drei Phasen, wobei die Phasen fließend ineinander übergehen:

- Gelierung des Laminatharzes,
- Härtung des Laminates und des Gelcoats,
- Temperung des Laminates und des Gelcoats.

Moderne Anlagen besitzen in der Regel ein Transportsystem, welches das Folienpaket nach dem Kalanderdurchlauf erfasst und gleichmäßig über einen ebenen Heiztisch oder durch einen Umluftofen transportiert.

Am häufigsten arbeitet man mit Heiztischen, die aus einzelnen Heizsegmenten bestehen. Die Heiztische haben den Vorteil, dass das Folienpaket bei dicken Laminaten nicht durchhängt, die Prozessführung und -beobachtung einfacher ist und sich die Anlagenteile bei Verunreinigungen, insbesondere bei Folienrissen, leichter reinigen lassen. Als Wärmeträger dienen Wasser oder Thermoöl. Die einzelnen Heizsegmente müssen zur Steuerung des gesamten Gelier- und Härteprozesses regelbar sein.

Die Dimensionierung moderner Anlagen, d.h. die Länge des Heiztisches sowie die Steuerung der Folienführung und der Temperaturführung ermöglichen heutzutage auch die Verwendung von Harzen mit hoher Reaktivität. Bei dickeren Laminaten (> 3mm) kann die Verwendung von höherreaktiven Harzen in Verbindung mit hohen Styrolzusätzen zur Viskositätserniedrigung aufgrund mangelnder Abführung von frei werdenden Wärmemengen zu Problemen wie Blasenbildung oder Rissbildung führen.

Üblicherweise läuft der Härtungsprozess bei Temperaturen von 60-120°C ab. Die Maschinengeschwindigkeiten liegen je nach Anlagendimensionierung und Verfahrensführung bei 2m/min. bis 15m/min..

Nachbehandlung

Die Nachbehandlung richtet sich nach der Weiterverarbeitung und der späteren Verwendung der hergestellten Laminate. Nach dem Durchlaufen der Härtezone erfolgen das Abziehen der oberen Trägerfolie und ein Besäumen der Ränder.

Randbesäumung

Die Randbesäumung geschieht mittels Sägen, Rundmessern oder Wasserstrahlschneideanlagen. Rundmesser ermöglichen einen sauberen Schritt bei niedrigen Materialdicken (bis 1,5 mm) und Glasgehalten. Meist verwendet man Sägen mit Diamantsägeblättern, da diese für alle Materialdicken geeignet und leicht verstellbar sind.

Nachbehandlung (siehe dazu auch Abschnitt 6.16.)

Für eine Weiterverarbeitung des Materials als Deckschicht von Sandwich-Elementen wird die Rückseite der Materialbahn zur besseren Verklebbarkeit durch Aufrauhen, Bürsten oder Coronabehandlung nachbehandelt. Kontinuierlich hergestellte Platten und Bahnen weisen in der Regel eine Oberflächenspannung von mind. 40-42 Dyn/cm auf, was eine ausreichende Kleberbenetzung auch ohne Nachbehandlung gewährleisten sollte, jedoch bietet zweifelsohne eine Nachbehandlung mehr Sicherheitsreserven für den Klebeprozess..

- Aufrauung

  Das Aufrauen führt zu einem gleichmäßigen Materialabtrag über die gesamte Warenbahn und kalibriert gegebenenfalls Dickenschwankungen. Der maschinelle und steuerungstechnische Aufwand ist hoch. Die entstehenden Staubmengen sind enorm, führen zur Verunreinigung der Warenbahn und somit zu erheblichem Reinigungsaufwand sowie hohen Entsorgungskosten.

  Außerdem sind GFK-Stäube aufgrund ihrer elektrostatischen Aufladung explosiv. Die Aufrauhung erhöht die Materialoberfläche und ermöglicht eine physikalische Haftung des Klebers durch Verzahnung.

- Bürsten

  Das Bürsten ist als Klebevorbehandlung geeignet. Allerdings ist der Materialabtrag ungleichmäßiger als beim Aufrauhen. Eine Kalibrierung von Dickenschwankungen ist, wenn nötig, nicht möglich. Die entstehenden Staubmengen sind geringer als beim Aufrauhen. Ansonsten ergeben sich die gleichen Probleme.

- Coronabehandlung

  Bei der Coronabehandlung wird die Materialoberfläche mit Elektronen beaufschlagt. Komplexe Entladungs- und Oxidationsvorgänge führen zu einer Erhöhung der Oberflächenenergie der Warenbahn bis zu 60Dyn/cm und somit zu einer besseren Benetzung mit Klebern. Sie stellt das modernste und umweltfreundlichste Verfahren dar (Vgl. Abbildung 314)

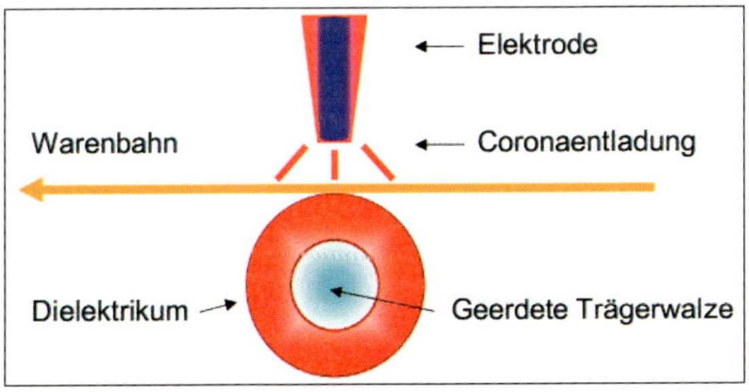

Abb. 314: Schematischer Aufbau einer Corona-Anlage

Formatierung

Eine Formatierung der Warenbahn zu Platten erfolgt in Längsrichtung mittels Sägen. In Querrichtung ist eine Formatierung durch mitlaufende Sägen oder mittels Schlagschere möglich. Mitlaufende Sägen stellen den maschinell höheren Aufwand dar, gewährleisten jedoch eine schonendere Materialbehandlung vor allem bei dickem Material.

Abziehen der unteren Trägerfolie

Ein Abziehen der unteren Trägerfolie am Prozessende verhindert Materialbeschädigung in Form von Kratzern. Häufig verbleibt die Folie als Schutzfolie für den Transport und für die Weiterverarbeitung auf dem Material.

6.11.5 Produkte – Konstruktion – Eigenschaften – Anwendungen

Die Gestaltungsrichtlinien für die Entwicklung und Produktion von glasfaserverstärkten Platten und Bahnen richten sich nach der Weiterverarbeitung und Anwendung der Produkte.

Produkte und Gestaltungsmöglichkeiten

Die Produktpalette, die im kontinuierlichen Laminierverfahren hergestellt werden kann, ist vielseitig:

Materialdicken:	0,6 mm bis 6,0mm
Materialbreiten:	20cm bis 340cm
Rollenlängen:	bis 300lfm., Formatware nach Kundenanforderungen
Oberflächen:	hochglänzend, matt, faserstrukturiert, gewebestrukturiert, gelcoatiert, Dekor-Struktur
Farben:	RAL-Farben, NCS-Farben, kundenspezifische Farben, gefärbte Oberflächen durch Einlauf bedruckter Vliese. Bedrucken der Oberfläche mittels Thermodiffusionsdruck
Glasgehalte:	18% bis 35% mit Glasmatten
	35% bis 70% mit Glasmatten, Rovinggeweben und Glasfasergelegen
Sonstiges:	lebensmittelecht, schwerentflammbar, chemikalienbeständig.

Die Angaben stellen übliche Produkteigenschaften dar und variieren je nach Anlagenkonstruktion.

Gestaltungsrichtlinien – Konstruktion

Früher galt als Grundregel für den Produktaufbau:

⇨ ***425g/m² Glasmatte pro 1mm Materialdicke.***

Übliche Glasgehalte lagen bei 25-28%.

Da dieser Regel weniger konstruktive Berechnungen zugrunde lagen als vielmehr jahrzehntelange Erfahrungen, liegen heute die Glasfasergehalte pro 1mm Dicke eher bei 325g/m² und somit bei 20-23%.

Diese Änderung liegt an der Forderung nach einer Verbesserung der Sichtfläche des Plattenmaterials in der Endanwendung.

Produkte mit einer Gelcoatschicht können durch den Kalibriervorgang im Vergleich zu Produkten ohne Gelcoatschicht nur einen um die Gelcoatschichtdicke reduzierten Glasanteil im Laminat aufnehmen.

Eigenschaften – Produktvorteile – Technische Werte

Wie im Rahmen der Einleitung bereits erwähnt, haben glasfaserverstärkte Platten und Bahnen aufgrund ihrer Eigenschaften und kontinuierlicher Weiterentwicklung Konkurrenzprodukte wie Alublech in bestimmten Anwendungen wie z.B. bei Wohnmobil-Seitenwänden verdrängt.

Wesentliche Eigenschaften und Vorteile sind:

- Hagelbeständigkeit,
- Korrosionsbeständigkeit, kein Lochfraß wie bei Alu,
- Durchfärbung im Gegensatz zur Lackierung,
- Reparierfähigkeit von Beschädigungen, Kratzern,
- hohe anwendungsspezifische Produktvielfalt in Verbindung mit kleinen Auftragsgrößen,
- Chemikalien- und Witterungsbeständig,
- leicht bearbeitbar und weiterverarbeitbar,
- hohe Ausreißfestigkeit von Verbindungselementen wie Schrauben oder Nieten,
- keine Knicke oder Beulen beim Verarbeiten,
- hohe Festigkeit bei geringem Gewicht,
- in Rollen oder als Formatware verfügbar,
- geringe Wärmeausdehnung,
- guter thermischer Isolationswert.

Typische technische Werte für Laminate sind in Tabelle 34 aufgeführt:

Tab. 34: Typische technische Werte für Laminate

Mechanische Eigenschaften			
Dichte	1,3 – 1,5	g/cm³	DIN 53 479
Zugfestigkeit (Mattenverstärkt)	60 – 90	N/mm²	DIN 53 455
Zugfestigkeit (Gewebeverstärkt)	90 – 150	N/mm²	DIN 53 455
Zugfestigkeit (Gelegeverstärkt)	< 900	N/mm²	DIN 53 455
Bruchdehnung	1 – 2	%	DIN 53 455
Biegefestigkeit	130 – 170	N/mm²	DIN 53 452
Druckfestigkeit	150 – 180	N/mm²	DIN 53 454
Schlagzähigkeit	40 – 60	kJ/m²	DIN 53 453
E-Modul (Biegeversuch)	7000 – 10.000	N/mm²	DIN 53 457
Barcol-Härte	40 – 60		EN 59
Wasseraufnahme Verfahren CI	30	mg	DIN 53 495

Thermische Eigenschaften			
Anwendungstemperatur	- 30 bis + 80	°C	
Anwendungsgrenztemperatur	- 50 bis + 130	°C	kurzzeitig
Linearer Wärmeausdehnungskoeffizient α	30 – 40 x 10-6	K-1	
Dampfdiffusionswiderstandszahl	60.000 – 90.000	µ	DIN 52 615
Wärmeleitzahl	0,21	W/mK	DIN 52 612
Wärmedurchgangszahl k	5,5	W/m^{2}K	DIN 4701

Elektrische Eigenschaften			
Spezifischer Durchgangswiderstand	1015 – 1016	Ω x cm	DIN 53 482
Durchschlagfestigkeit	15 – 25	kV/mm^2	DIN 53 481
Oberflächenwiderstand	1012 – 1013	Ω	DIN 53482

Optische Eigenschaften			
Lichtdurchgang im sichtbaren Bereich (380 – 780 nm), farbloses Material ca. 1 mm	80 – 90	%	

Wärmedurchgang			
Transmissionsdurchgang	58	%	
Bezogen auf das Sonnenspektrum	84	%	

Die Werte gelten für Laminate mit einem Glasgehalt von ca. 28%.

Anwendungen

Glasfaserverstärkte Platten und Bahnen werden meist zu Sandwich-Elementen (Abbildung 315) für den Fahrzeugbau weiterverarbeitet. Diese Sandwich-Elemente bestehen aus einem PU-Schaum- oder Styropor-Kern und haben beidseitig als Deckschicht eine GFK-Platte. Je nach gewünschter Steifigkeit, Festigkeit und zur Vermeidung von Abdrücken durch Unterkonstruktionen, die in den Kernen eingelegt werden, können als Zwischenlagen noch Sperrholz- oder Spanplatten auf den Kern geklebt werden.

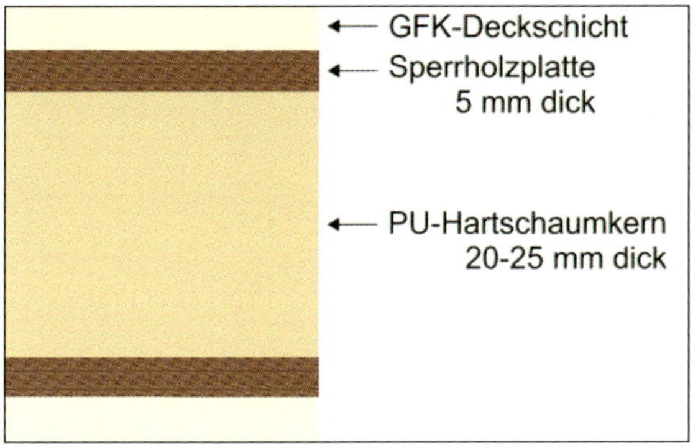

Abb. 315: Schematische Darstellung eines Sandwich-Elementes für Seitenwände

Sandwich-Elemente werden zur Herstellung von Aufbauten (Seitenwände, Dächer) bei LKW, Kleintransportern, Wohnmobilen und Bussen verwendet (Beispiele siehe Abbildungen 316-321). Außerdem finden sie noch Anwendung als Türfüllung in hochwertigen Haustüren und Labortüren, beim Containerbau, als Trennwand beim Messebau oder bei der Herstellung von Kühlräumen und Klimakammern.

Abb. 316: Sandwich-Elemente

Abb. 317: LKW-Aufbau

Abb. 318: Caravans und Reisemobile

Abb. 319: Bus

Abb. 320: Sportlaminate

Abb. 321: LAMILUX-Fassadenplatte

Platten und Bahnen finden weiterhin Anwendung als transparente oder transluzente Dachbahn im Fahrzeugbau, als Behälterseitenwand oder -deckel, als Überdachung von Lagerhallen, Sporthallen, Vorbauten oder Gewächshäusern, als Wandverkleidung, Bandenverkleidung, bei hinterleuchteten Straßenschildern und Wänden oder als robuste Oberfläche für Skateboardbahnen.

6.11.6 Qualität

Die meisten Hersteller folgen in der Qualitätssicherung den Vorgaben der ISO 9001.

Ein Qualitätsnachweis kann auch über die Online-Erfassung der Prozessdaten erfolgen.

Darüber hinaus stehen folgende Normen für die Ausführung, Qualitätsbestimmung und Qualitätssicherung zur Verfügung:

- ISO 178 / ISO 527 / ISO 604 / ISO 1183 / ISO R62 zur Bestimmung der mechanischen Kenndaten

Aufgrund des breiten Einsatzes von planen und gewellten Platten können auch Endanwendungsspezifische Normen zur Anwendung kommen.

Literatur

- Selden, Peter H.: Glasfaserverstärkte Kunststoffe, Springer-Verlag, 1967
- Schlüsener, E.: „Organische Peroxide", Glasfaserverstärkte Kunststoffe, Springer-Verlag 1967
- Mai, Manfred: „Textilglasfasern", Beitrag zum AVK-Handbuch, Frankfurt, 2002
- Kannebley, Günter: „Kontinuierliche Verfahren", Kunststoff-Handbuch, Teil 8
- Saechtling: Kunststoff-Handbuch, 25. Ausgabe, Hanser-Verlag, 1992
- Rothe, Katrin: Diplomarbeit, 2002
- Ehrenstein, Gottfried W.: Faserverbund-Kunststoffe, Hanser-Verlag, 1992
- VDI: GFK im Fahrzeugbau, VDI-Verlag GmbH, Düsseldorf, 1978
- Becker, Gerhard W. u. a.: „Duroplaste", Kunststoff-Handbuch, 2. Ausgabe, 1988
- Vetrotex: Memento 2002

6.12 Schleuderverfahren

6.12.1 Einführung

Das Schleuderverfahren ist in der Metallindustrie als „Schleuderguss"-Verfahren zur Herstellung zylindrischer Bauteile, insbesondere von Rohren, bekannt.

Die ersten GFK-Schleuderrohre wurden Ende der 40er Jahre in den USA für Einsätze im Ölfeldbereich nach einem von der Fibercast entwickelten und patentierten Verfahren mit separater Beschickung von Faserverstärkung und Harzmasse hergestellt.

Die durch eine glatte Außenfläche (Formfläche) gekennzeichneten Schleuderrohre werden in Lizenz auch in Europa hergestellt und haben sich u.a. im Bereich der Industrie- und insbesondere der Chemierohrleitungen bewährt.

Ende der 50er Jahre wurde in der Schweiz ein modifiziertes Schleuderverfahren mit kontinuierlicher Materialbeschickung von der Baseler Stückfärberei entwickelt und patentiert, um GfK-Hohlzylinder als Ersatz für Holzwalzen herzustellen.

Dieses Verfahren hat sich vor allem in der Bauindustrie (Kanal- und Schachtbau) inzwischen seit über sechzig Jahren bewährt.

Bei der Herstellung von GFK-Schleuderrohren werden entweder Verstärkungslagen mit beim Schleudern eingeführten Reaktionsharzmassen getränkt oder gleichzeitig Harzmasse und geschnittenes Textilglas zugeführt.

Bei Kanalrohren wird zwischen GFK-Sperrschichten eine Struktur- oder Kernschicht aus sandgefüllter Harzmasse zur Erhöhung der Steifigkeit eingebaut.

GFK-Schleuderrohre werden nach Nenndruckstufen, Nennsteifigkeiten und Beständigkeits- klassen, z.B. für Abwässer, Trinkwasser oder aggressive Medien, klassifiziert.

Druckrohre aus GF-EP-Formstoffen, geschleudert, sind in DIN EN ISO 16871 (Dez. 2003) genormt.

GF-UP-Kanalrohre – geschleudert, gefüllt – sind in DIN 16869 (Dez. 1995) genormt.

Für GF-UP-Rohre im Bereich der Wasserversorgung liegt die DIN EN 1796 (Jan. 2009) vor.

6.12.2 Grundlagen des Schleuderverfahrens

Die Schleudertechnik basiert auf der Fliehkraft rotierender Massen, die mit der Schwerkraft mindestens im Gleichgewicht stehen: $m \times g \leq m \times \omega \times r$.

Man erkennt sofort, dass sich die „schwere" und die „rotierende" Masse m aufheben und aufgrund der Winkelgeschwindigkeit $\omega = 2\pi n / 60$ eine nur vom Radius r [m] abhängige Mindestdrehzahl angegeben werden kann, die den Schleudervorgang ermöglicht:

$$n_{min}\,[\mathrm{Upm}] = 29{,}91 \times (1/r)^{0{,}5} \sim 30 \times (1/r)^{0{,}5}.$$

Da beim technischen Schleuderverfahren eine Materialverdichtung erwünscht ist, wird in der Praxis mit wesentlich höheren Drehzahlen gearbeitet, die abhängig vom Radius und dem verwendeten Material beim 10 bis 75fachen der Mindestdrehzahl liegen und somit dem 60 bis 200fachen der Erdbeschleunigung g entsprechen.

Bei Zentrifugen wird der dadurch entstehende Auftriebseffekt zur Trennung von Materialien unterschiedlicher Dichte eingesetzt.

Komponenten des Verbundmaterials mit erhöhter Dichte, wie Textilglasverstärkung oder Füllstoffe als Zuschläge, werden nach außen gedrängt und die leichtere Harzmasse bildet auf der Rohrinnenseite zwangsläufig eine mehr oder minder dicke Reinharzschicht.

Diese Reinharzschicht ist rissanfällig und demzufolge werden zumeist Harze mit erhöhter Zähigkeit eingesetzt.

Laminate von Schleuderrohren sind nahezu „luftblasenfrei".

6.12.3 Fertigungseinrichtungen

Das Schleuderverfahren erfordert beheizbare, zylindrische Kokillen (Matrizen) mit elektomotorischem Antrieb, dessen Drehzahl einstell- bzw. steuerbar ist. Die Drehzahlen liegen in Abhängigkeit vom Rohrdurchmesser zwischen 700 und 3000Upm.

Die Innendurchmesser der Kokillen müssen den Nennweiten der Schleuderrohre zzgl. der zweifachen Rohrwanddicke entsprechen. Die Kokillenlängen betragen bis zu sechs Meter.

Bei Kanalrohren liegen die Nennweiten zwischen DN100 und DN3000 und in Sonderfällen werden Schleuderrohre bis DN5000 hergestellt.

Für Druckrohrleitungen sind Schleuderrohre nach DIN 16871 (EP-GF) mit den Druckstufen PN10, DN100 bis DN500, PN16, DN65 bis DN500 und PN25, DN40 bis DN300 genormt.

Bei Herstellung von Druckrohren werden die für den Laminataufbau vorgesehenen Vlies- und Verstärkungsstoffe auf Zuschneidetischen vorbereitet und in der vorgebenenen Reihenfolge auf einen Hilfsdorn gewickelt.

Dabei werden Textilglasmatten und -gewebe im Wechsel und als innere Schicht ein Oberflächenvlies verwendet, um eine harzreiche Schutzschicht auf der Rohrinnenseite sicherzustellen.

Wickelrovings werden nicht verwendet, da die sich beim Schleudern nicht vom Hilfsdorn lösen.

Der entsprechend vorbereitete Hilfsdorn wird in der Kokille befestigt und ist zu Beginn am Schleudervorgang beteiligt.

Bei Verwendung von Einspritz- bzw. Injektionslanzen wird auf diese Vorbereitung verzichtet, da auf diesen „Befüllungslanzen" Schneidwerke aufgebracht sind, die während der Beschickung von Harzmasse und Füllstoffen gleichzeitig Textilglasrovings schneiden und in die Harz/Füllstoffmasse einbringen.

Die Befüllungslanzen bewegen sich während des Schleudervorgans in der Kokille um eine gleichmäßige Beschickung sicherzustellen.

Nach dem Härtungsvorgang und einer ausreichenden Abkühlung wird die Entformung mit Hilfe eines hydraulisch oder mechanisch betätigten Ziehdorns durchgeführt.

Das Besäumen der Rohrenden erfolgt mit diamantbesetzten Trennscheiben.

Für den innerbetrieblichen Transport und zum Verladen der Rohre sind Einrichtungen erforderlich, die den Außendurchmessern und den Längen der Rohre angepasst sind.

Die zu bewegenden Massen müssen sicher aufgenommen und Beschädigungen der Oberflächen sowie Schädigungen der Fertigteile durch Verformungen oder punktuell aufgebrachte Lasten vermieden werden.

6.12.4 Verfahrenstechnik

Die meistens horizontal gelagerten Schleuderformen werden mit einem geeigneten Trennmittel versehen und bei der so genannten „Heißhärtung" mit Thermoölen z.B. auf etwa 130°C vorgewärmt.

Bei Schleuderformen mit mehr als einem Meter Durchmesser wird auch die so genannte „Kalthärtung" angewendet, d. h. die Härtung wird bei Raumtemperatur mit vorbeschleunigten oder entsprechend reaktiven Harzmassen durchgeführt.

Die entsprechende Harzmenge wird entweder chargenweise oder kontinuierlich nach vorgegebenen Rezepturen angesetzt, in welchen das bestimmungsgemäße Harz sowie das auf die vorgesehenen Reaktionsbedingungen abgestimmte Reaktionssystem festgelegt sind.

Die Menge der einzuführenden Harzmasse wird in Abhängigkeit zu den Mengen an Verstärkungsmaterial und gegebenenfalls Zuschlägen festgelegt, um den vorgegebenen Harzgehalt, z.B. 50 Massenprozent einzuhalten.

Bei der Zugabemenge des Harzes wird ein leichter Harzüberschuss berücksichtigt, um die Bildung einer definierten Reinharzschicht (Feinschicht) auf der Rohrinnenseite zu gewährleisten.

Der Hilfsdorn mit dem planmäßigen Laminataufbau wird in der Kokille befestigt und beim Schleudern lösen sich die aufgewickelten Lagen und werden an die Kokillenwand gedrückt.

Der Hilfsdorn wird bei einem kurzen Halt der Anlage entfernt und die Kokille verschlossen.

Danach wird die Harzmasse über eine Lanze injiziert, die Füllseite der Kokille geschlossen und der Schleudervorgang fortgesetzt.

Bei der Herstellung von Kanalrohren mit Beschickungslanzen werden die Kokillen mit der Harzmasse und geschnittenem Textilglas für die Außenlage beschickt und dann die Füllstoff/Harz-Mischung für die Kernlage eingebracht.

Die anschließende Innenlage wird von einer Glas/Harz-Schicht gebildet und oftmals mit einer speziellen Reinharzschicht abgschlossen. Die verwendeten Komponenten zeigt Abbildung 322.

Abb. 322: Laminatkomponenten für sandgefüllte GfK-Schleuderrohre

Die Drehzahl der Kokille wird nach dem Einbringen aller Komponenten so weit erhöht, dass eine Tränkung und Verdichtung sowie eine weitgehende Entlüftung erfolgt.

Die Rotation der Kokille wird während der Härtung beibehalten und nach Abklingen der exothermen Reaktion beendet. Die Entformung erfolgt nach ausreichender Abkühlung.

6.12.5 Verfahrensbedingte Produktmerkmale

Mit dem Schleuderverfahren lassen sich vor allem zylindrische Bauteile, z.B. Behältermäntel (siehe Abbildung 323) oder Rohre und auch leicht konische Bauteile, z. B. Masten, herstellen.

Abb. 323: Schleuderanlage für Zylinder von GfK-Lagerbehältern DN2400

Die Auswahl der Reaktionsharze erfolgt im Wesentlichen unter dem Gesichtspunkt der chemischen und thermischen Beanspruchungen, welche an die Fertigteile bei deren bestimmungsgemäßem Gebrauch gestellt werden.

Bei der Bauteilauslegung bzw. dem Sicherheitsnachweis sind unabhängig vom Herstellungsverfahren entsprechende Einflussfaktoren zu berücksichtigen.

Die Reaktionssysteme und die Härtungsbedingungen müssen aufeinander abgestimmt sein.

Bei der Verwendung von UP- und VE-Harzen müssen die so genannten Anspringtemperaturen der Peroxide berücksichtigt werden. Bei Verwendung von EP-Harzen sind die entsprechenden Mindesttemperaturen zum Reaktionsstart einzuhalten.

Ungeeignete Temperaturspitzen, welche zu erhöhten Eigenspannungen und dadurch zur Gefahr von Rissbildungen führen können, sind durch moderate Temperaturführung zu vermeiden.

Falls zur kompletten Endaushärtung höhere Temperaturen empfohlen werden, sollte die Möglichkeit genutzt werden, die Endaushärtung durch eine thermische Nachbehandlung (Nach- härtung) erst nach der Entformung sicherzustellen.

Als Verstärkungsstoffe kommen Textilglasmatten oder Wirrfaserlagen aus Schneidrovings und Rovinggewebe in Leinen- oder Köperbindung, UD-Gewebe oder –Gelege in Betracht, jedoch wie bereits eingangs erwähnt, keine Wickelrovings.

Schleuderrohre können mit Wirrfaser- oder Mischlaminatstruktur, auch unidirektional und mit Textilglasanteilen bis etwa 50Gewichtprozent hergestellt werden. Höhere Textilglasanteile bis etwa 55Gewichtprozent sind durch Verwendung von Garngeweben und Wirrfaser-Zwischenlagen mit Flächengewichten von höchstens 300g/m² möglich. Laminate mit Textilglasanteilen über 55Gewichtprozent sind nur mit Wickelverfahren darstellbar.

Aus dem verfahrensbedingten Laminataufbau von Schleuderrohren ergeben sich bei der Bemessung jedoch keine Nachteile, weil die normgemäßen Nenndrücke bis zu PN16 oder PN25 durch eine vergleichsweise hohe Steifigkeit sicher erreicht werden.

Die relativ geringen Textilglasanteile bei Schleuderrohren sind auch unter dem Aspekt der chemischen Beanspruchung eher vorteilhaft.

Die unmittelbar auffälligen Produktmerkmale von GFK-Schleuderrohren sind die glatten Außen- und Innenflächen sowie die gleichmäßige Wanddicke.

6.12.6 Qualitätssicherung

Die meisten Hersteller von GFK-Rohren wenden nationale und europäische Regelwerke an und sind Mitglieder von einschlägigen Gütegemeinschaften, in deren Richtlinien eine Überwachung, bestehend aus Eigen- und Fremdüberwachung, vorgesehen ist.

Das Thema Qualitätssicherung wird in Einklang mit den Vorgaben der ISO 9001 bearbeitet.

Eine der Geschäftsführung direkt unterstellte, von der Fertigung unabhängige Güteüberwachung kann bei ausreichender personeller und einrichtungsmäßiger Ausstattung zur frühzeitigen Fehlererkennung und damit zur Vermeidung unkalkulierbarer Kosten beitragen.

Die Güteüberwachung ist für eine umfassende Qualitätssicherung erforderlich, um anhand der Zulieferdokumente vor der Verabeitung zu prüfen, ob die vorgesehenen Ausgangsstoffe den Produktspezifikationen entsprechen und damit die vorgesehenen Fertigungsparameter eingehalten werden könnnen.

Außerdem müssen die zum Nachweis bestimmter Anforderungen aus Normen oder Güterichtlinien für klassifizierte Rohre geforderten Prüfungen unter Aufsicht der internen Güteüberwachung und gegebenenfalls der fremdüberwachenden Stelle durchgeführt werden (Abbildung 324). Die Kennzeichnung der Produkte und die Ausstellung von Abnahmeprüfzeugnissen erfolgt, um die Freigabe zur Auslieferung und die Rückverfolgbarkeit zu gewährleisten.

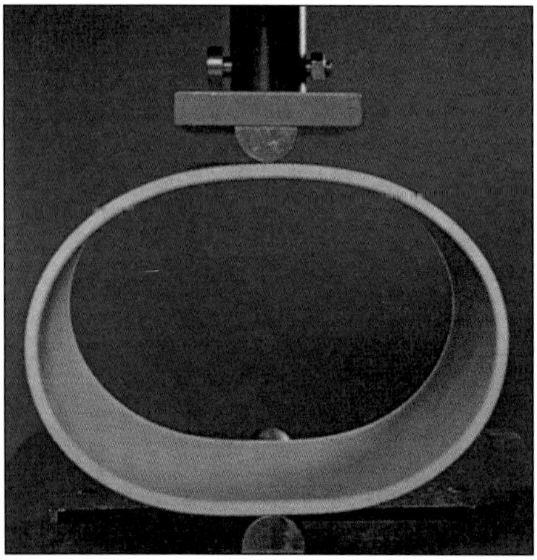

Abb. 324: Scheitellastversuch zum Nachweis der Nennsteifigkeit.

Die regelmäßige Wartung der Fertigungs- und Prüfeinrichtungen sowie der persönlichen Arbeitsgeräte ist ebenfalls ein wichtiger Teil der Qualitätssicherung.

Die Eingangskontrollen der Werkstoffkomponenten stellen eine Grundvoraussetzung für den planmäßigen Fertigungsablauf und die Einhaltung der Produktspezifikation dar.

Mit den Lieferanten ist zu vereinbaren, welche Stoffeigenschaften über Bescheinigungen nach DIN EN 10204 nachzuweisen sind, um die Verantwortung für die Qualität der Ausgangsstoffe deutlich zu machen.

Falls derartige Nachweise weder vom Lieferanten noch von der Eigenüberwachung geführt werden, erscheint eine Konformitätsbeurteilung der Produkte unzureichend begründet und wäre gegebenenfalls unter dem Gesichtspunkt der Herstellerverantwortlichkeit fahrlässig.

Die Produktprüfungen müssen sich grundsätzlich auf die gesamte Fertigung beziehen und dürfen unter bestimmten Voraussetzungen nach statistischen Grundsätzen durchgeführt werden. Art und Umfang der Prüfungen sind prozessabhängig festzulegen und dabei die Mindestvorgaben in den einschlägigen Normen und Richtlinien zu beachten.

Literatur

[1] B. Carlström: Herstellung und Verwendung von geschleuderten, sandgefüllten GfK-Rohren. 13. AVK-Tagung 1976.

[2] A. Bryde: Schleuderverfahren für rotationssymmetrische GfK-Körper. 14. AVK-Tagung 1977.

[3] H. K. Focke: GfK-Rohre, geschleudert / gewickelt. Seminarvortrag 1987.

6.13 Umformen endlosfaserverstärkter Thermoplaste

6.13.1 Einführung

Endlosfaserverstärkte Thermoplaste besitzen eine hohe Steifigkeit bei gleichzeitig niedriger Dichte. Der Einsatz thermoplastischer Matrices stellt aufgrund von potenziell kürzeren Bauteilherstellungszeiten [6 Jeh95], dem Potenzial zur Großserienfertigung [5] und der unbegrenzten Prepreg-Lagerfähigkeit einen Vorteil gegenüber den duroplastischen Matrices dar.

Die Halbzeuge bieten zudem eine höhere Bruchdehnung und größere Energieaufnahmefähigkeit bei schlagartigen Beanspruchungen [7]. Darüber hinaus können thermoplastische Faserverbundkunststoffe (TP-FVK) rohstofflich wiederverwertet werden [1].

Die Umformung der plattenförmigen Halbzeuge oder drapierfähigen Mischfilamentgewebe zu einem Bauteil kann für die Serienfertigung eine kostengünstige Alternative zu duroplastischen Faserverbundwerkstoffen oder Leichtmetallen darstellen [12].

6.13.2 Ausgangssituation

Heute am Markt verfügbare gewebeverstärkte thermoplastische Halbzeuge lassen sich nach dem Verarbeitungszustand und den verwendeten Matrices unterscheiden. Unter der Terminologie Prepreg („preimpregnated material“) versteht man ein bereits mit Matrix vorimprägniertes Halbzeug. (siehe auch das entsprechende Kapitel in diesem Handbuch)

Dabei handelt es sich um Halbzeuge, bei denen der Konsolidierungsvorgang abgeschlossen und somit eine gleich bleibende Laminatqualität gewährleistet ist.

Eine weitere Halbzeugform stellen Gewebe dar, die aus Hybridgarnen gewebt werden. In diesen Hybridgarnen sind sowohl Verstärkungsfilamente als auch die thermoplastische Matrix in Filamentform enthalten (Abbildung 325).

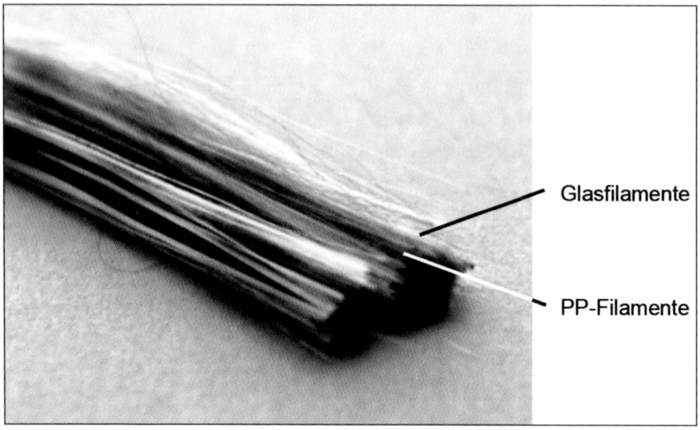

Abb. 325: Glas-PP-Hybridgarn

Bei den TP-FVK-Halbzeugen handelt es sich um endlosfaserverstärkte Materialien mit einem Faservolumengehalt zwischen 30% und 60%. Als Matrices werden sowohl günstige Standard- und Technische Kunststoffe wie Polypropylen (PP), Polyethylenterephthalat (PET) und Polyamide (PA12, PA6, PA6.6) als auch Hochleistungskunststoffe wie Polyphenylensulfid (PPS), Polyetherimid (PEI) oder Polyetheretherketon (PEEK) eingesetzt.Übliche Verstärkungsmaterialien sind Glas-, Kohlenstoff- und Aramidfasern.

6.13.3 Verfahrensablauf

Zur Umformung bzw. Formgebung der kommerziell erhältlichen Prepregs kommen unterschiedliche Verfahrenstechniken zur Anwendung. Allen Verarbeitungsverfahren gemein sind folgende Prozessschritte:

Bestückung: Manuelles oder automatisiertes Einlegen des Halbzeugs

Heizen: Bei Verwendung von konsolidierten Prepregs muss der Thermoplast über Schmelztemperatur erwärmt werden, bevor er umgeformt werden kann. Ein Hybridgarngewebe kann auch bei Raumtemperatur drapiert werden, muss jedoch zum Konsolidieren ebenfalls über die Schmelztemperatur aufgeheizt werden.

Umformen: Das Material wird zum Bauteil umgeformt.

Kühlen: Hat das Bauteil seine endgültige Geometrie erreicht, wird es unter die Erstarrungstemperatur der thermoplastischen Matrix abgekühlt.

Entformen: Ist die Entformungstemperatur erreicht, kann das Bauteil dem Werkzeug entnommen werden. Nun können weitere Nachbearbeitungsschritte (z.B. Besäumen, Bohren) folgen.

6.13.4 Umformverfahren, Betriebsmittel und Einsatzmöglichkeiten

Die Auswahl des geeigneten Verarbeitungsverfahrens hängt im Wesentlichen von der Bauteilgeometrie und den anvisierten Stückzahlen ab. Es können [nach 12] folgende Umformverfahren als etabliert angesehen werden (Abbildung 326).

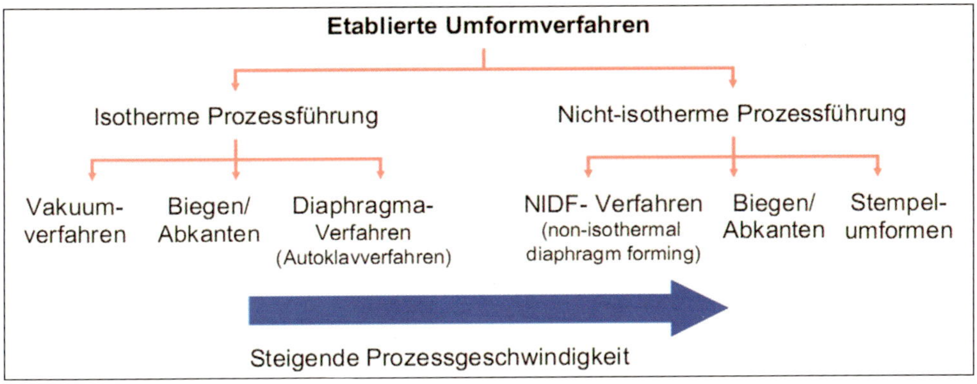

Abb. 326: Etablierte Formgebungsverfahren für TP-FVK

Im Folgenden werden die wichtigsten der genannten Verfahren, das Stempelumformen, die Diaphragmatechnik und das Vakuumverfahren, näher vorgestellt.

Stempelumformverfahren

Der Verarbeitungsprozess des Stempelumformens ist entsprechend Abbildung 327 in vier Schritte unterteilt. Das bereits konsolidierte Halbzeug wird in das Transportsystem eingelegt und auf die Fixierspitzen des Nachführsystems gepresst. IR-Strahler heizen das Halbzeug kontaktlos auf.

Nach Erreichen der Matrixschmelztemperatur wird das Prepreg in die Presse transferiert und in einem zweiteiligen Werkzeug (Stempel und Matrize) zum Bauteil umgeformt, wo es bis zum Erstarren der Matrix unter Druck verbleibt, bevor das Bauteil zur Nachbearbeitung entnommen werden kann.

Das Stempelumformverfahren findet in unterschiedlichen Branchen im industriellen Maßstab statt. Die Trennung von Aufheizen und Umformen sorgt für eine kurze Zykluszeit und damit Serientauglichkeit des Verfahrens. In Abhängigkeit der Prepreg-Dicke können Zykluszeiten von wenigen Minuten erreicht werden.

Die Vorteile dieses Verfahrens liegen in der Realisierung kurzer Zykluszeiten und der Möglichkeit, auch Hochleistungsthermoplaste verarbeiten zu können.

Für das Stempelumformverfahren sind eine Presse und relativ eng tolerierte zweiteilige Werkzeuge notwendig. Der Spalt, der sich durch die beiden Werkzeughälften ergibt, muss dabei exakt auf die Materialdicke im umgeformten Zustand abgestimmt werden. Geschieht dies nicht, so kann kein gleichmäßiger Druck auf das Material am Ende der Umformung ausgeübt werden. Die erforderliche Anpassung kann mit entsprechender Computersimulation unterstützt werden [9].

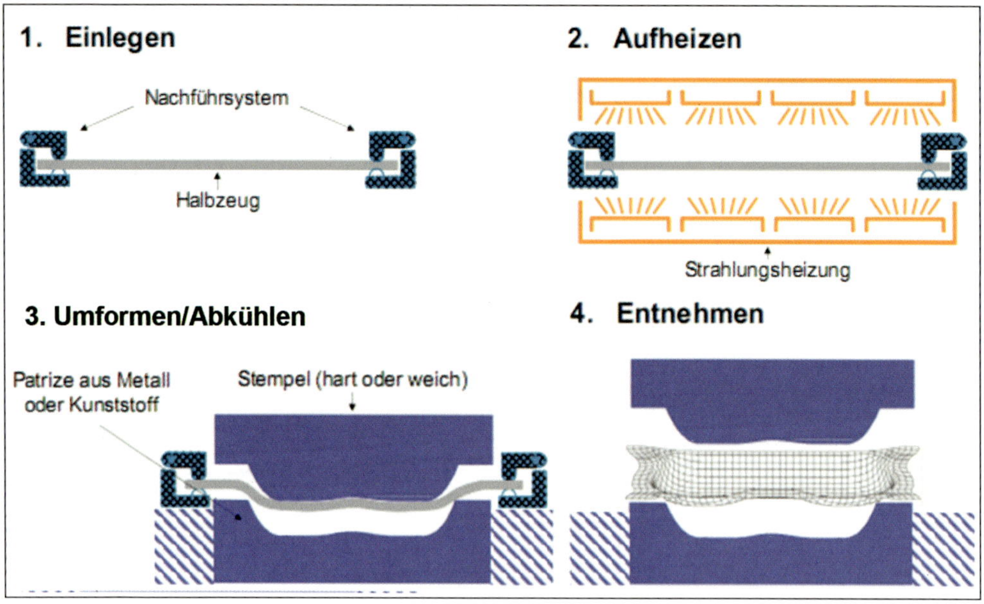

Abb. 327: Prozessablauf des Stempelumformverfahrens [12]

Durch Verwendung eines Elastomer- statt eines Metallstempels kann auch an steilen Werkzeugkanten ein gleichmäßiger Druck ausgeübt werden (Rubber-Block-Forming). Dabei wird der Elastomerstempel elastisch deformiert und übt so auf alle Bereiche einen gleichmäßigen Druck aus. Auch Kombinationen der Stempelvarianten sind möglich (elastomerbeschichteter Metallstempel) [6].

Das Aufheizen durch IR-Strahlung bedingt eine Abstimmung der Strahlerkonfiguration mit dem Absorbtionsspektrum des Halbzeuges. Zudem können ausschließlich konsolidierte Prepregs verarbeitet werden. Daher eignet sich das Stempelumformen vornehmlich für große Serien und kleine bis mittelgroße Bauteile. Serienanwendungen finden sich u.a. im Automobilbau, wo Stoßfänger aus glasgewebeverstärktem Polyamid für Serienfahrzeuge hergestellt werden [11].

Diaphragmaverfahren

Alle Varianten des Diaphragmaverfahrens verwenden einen Differenzdruck zur Formgebung. Daher ist nur eine negative oder positive Werkzeugform notwendig. Das aufgeschmolzene Halbzeug wird bei der Formgebung mittels einer Folie (Diaphragma) von der treibenden Druckluft getrennt.

Im isothermen Diaphragmaverfahren wird das Halbzeug zwischen zwei Folien über die Schmelztemperatur des Thermoplastmaterials erhitzt und isotherm, d.h. unter konstanter Temperatur, umgeformt. Dabei wird sowohl das Halbzeug als auch das Werkzeug mit IR-Strahlern aufgeheizt und nach erfolgter Umformung wieder abgekühlt.

Während des Prozesses liegt zwischen den Diaphragmen ein Vakuum an, das bei der Verarbeitung von Hybridgarnen oder nicht vollständig konsolidierten Halbzeugen Lufteinschlüsse vermeidet und eine vollständige Imprägnierung ermöglicht.

Mit speziellen dünnwandigen Werkzeugen kann eine Zykluszeit von ca. zehn Minuten realisiert werden [14]. Als Diaphragmen werden insbesondere zur Verarbeitung von Hochleistungsthermoplasten superplastisch deformierbare Metallfolien oder hochtemperaturbeständige Kunststofffolien verwendet. Hiermit sind Prozesstemperaturen bis 420°C erreichbar [13].

Vorteile des isothermen Diaphragmaverfahrens sind die homogene Druckverteilung während der Umformung sowie die Möglichkeit, große und komplexe Bauteile bei mittleren Zykluszeiten herzustellen.

Beim nicht-isothermen Diaphragmaverfahren (Non-Isothermal Diaphragm Forming, NIDF) werden die Halbzeuge ebenfalls zwischen zwei Diaphragmen gelegt und dort evakuiert. Anschließend wird das Halbzeug per Kontaktheizung in einer separaten Heizstation erwärmt, bis die Schmelztemperatur des Thermoplastmaterials überschritten ist.

Hierbei werden die Diaphragmen benötigt, um eine sichere Trennung der klebrigen Polymerschmelze von den Heizplatten zu gewährleisten.

Die Diaphragmen bestehen aus Silikonelastomeren, die für den Einsatz bis zu Temperaturen von ca. 290°C geeignet und im Gegensatz zu den plastisch deformierenden Diaphragmen mehrfach verwendbar sind.

Die begrenzte Temperaturbeständigkeit und die damit limitierten maximalen Prozesstemperaturen lassen bislang die Verarbeitung von faserverstärkten Hochleistungsthermoplasten mit wiederverwendbaren Diaphragmen im NIDF-Verfahren nicht zu. Nach dem Transfer des Materials in die Umformanlage wird es dort durch Anlegen eines Überdrucks auf das obere Diaphragma in das darunter liegende, entlüftete Werkzeug umgeformt. Die Werkzeugtemperatur liegt dabei unterhalb der Erstarrungstemperatur der Matrix, wodurch das Bauteil schnell auf Entformungstemperatur abkühlt und im letzten Schritt entnommen werden kann. Die Besonderheit des NIDF-Verfahrens liegt in der Trennung von Aufheiz- und Umformstation (nicht-isotherme Prozessführung), die eine kurze Zykluszeit von wenigen Minuten ermöglicht (< 2 min bei 1mm dickem Glas-PP-Halbzeug, Abbildung 328).

Vorteile des NIDF-Verfahrens liegen in der Verwendung preiswerter einteiliger Werkzeuge sowie in der Möglichkeit, sowohl konsolidierte, als auch nicht-konsolidierte Halbzeuge verarbeiten zu können. Zudem lassen sich Dekorschichten mitsamt dem Halbzeug einlegen und somit können Bauteile im Umformprozess integriert dekoriert werden. In einer speziellen Verfahrensvariante können auch Hinterschnittbauteile produziert werden.

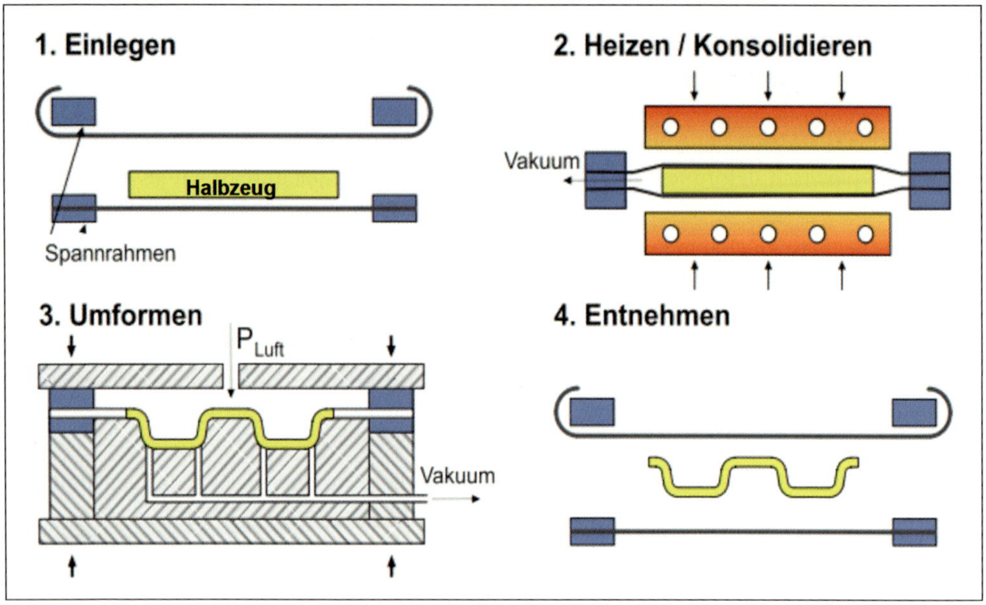

Abb. 328: Prozessablauf des nicht-isothermen Diaphragmaverfahrens (NIDF)

Vakuumformverfahren

Das Vakuumverfahren eignet sich zur Herstellung von mehrfach gekrümmten, komplexen und sehr großflächigen Bauteilen aus TP-FVK. Es können nur bei Raumtemperatur drapierfähige Hybridgarnhalbzeuge verwendet werden. Das Verfahren ähnelt dem Vakuumsackverfahren und dem Handlaminieren duroplastischer FVK [4].

Das einseitige Werkzeug wird oberflächenbehandelt und anschließend das Hybridgarngewebe analog zum „trockenen Gewebe" bei der Duroplastverarbeitung in die Form drapiert. Anschließend ist jedoch keine personalaufwändige Tränkung des Verstärkungsmaterials mit Matrix notwendig, da diese bereits in Form von thermoplastischen Filamenten im Halbzeug vorliegt. Die restlichen Schichten werden – wie in Abbildung 329 dargestellt – analog dem Vakuumsackverfahren aufgebaut, wobei sowohl die Trennfolie als auch die Vakuumfolie für die hohen Verarbeitungstemperaturen geeignet sein müssen.

Der Verarbeitungszyklus beginnt nach dem Anlegen des Vakuums mit dem Aufheizen des gesamten Aufbaus, wozu Werkzeuge mit ausreichender Temperaturstabilität, hoher Wärmeleitung und geringer Wärmekapazität notwendig sind.

Nach dem vollständigen Aufschmelzen und Konsolidieren des Materials erfolgt die Abkühlung. Beim Einsatz einer geeigneten Werkzeug- und Heiztechnik sind mit dieser Verfahrenstechnik großflächige Bauteile, wie z.B. Rotorblattflügel für Windkraftanlagen oder Bootsrümpfe aus thermoplastischen FVK in kleinen Stückzahlen kostengünstig zu fertigen [3].

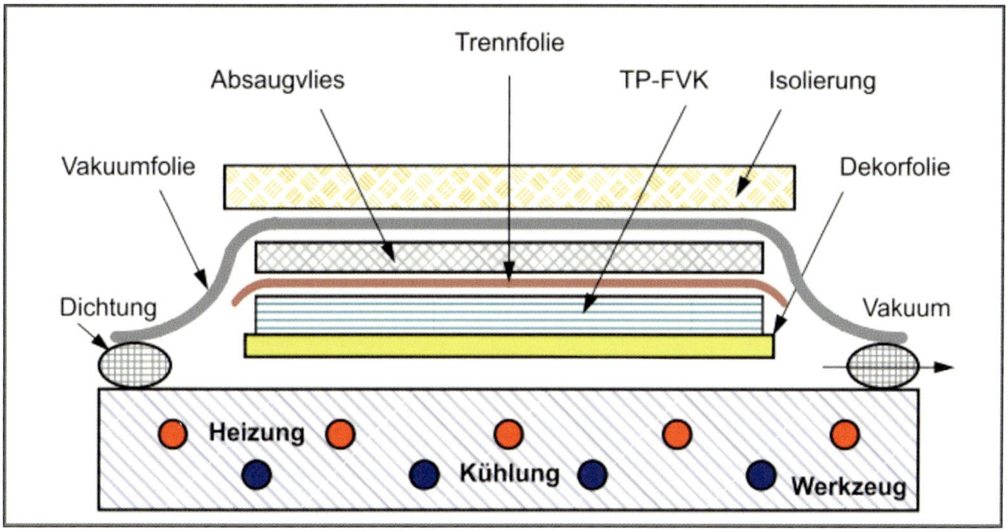

Abb. 329: Aufbau beim Vakuumformen von Mischfilamentgeweben

Für einfach gekrümmte oder durch Rippen versteifte Bauteile wird dieses Verfahren auch zur Konsolidierung von z.B. CF/PEEK verwendet [8].

Diese Verfahrenstechnik, die demnach für Prototypen sowie großflächige, hochwertige Bauteile und kleine Serien geeignet ist, weist von allen genannten Verfahren die geringste Prozessgeschwindigkeit auf. Die Zykluszeiten können zwischen mehreren Stunden bis zu mehreren Tagen, je nach Bauteilgröße und Komplexität, variieren.

Literatur

[1] BRAST, K: Faserschonendes Recycling von lang- und endlosfaserver-stärkten Formmassen. Tagungsumdruck 20. Kunststofftechnisches Kolloquium, IKV, März 2000, Aachen

[2] BISWAS, A.: Durchgängige Rechnerunterstützung für die Produktent-wicklung umgeformter gewebeverstärkter Thermoplastbauteile. Dis-sertation an der RWTH Aachen, 1996

[3] BOYCE, G. S., MICHAELI, W., POHL, C., MCMILLAN, A.: Processing of Large Surface Area Components from Thermoplastic Composites. Proceedings 20th International SAMPE Europe Conference, 13.-15. April 1999, Paris, Frankreich

[4] BOYCE, G. S.: Twintex Clean Moulding Technology. Proceedings 18th International SAMPE Europe Conference, 23.-25. April 1997, Paris, Frankreich

[5] DYCKHOFF, J., HALDENWANGER, H., REIM, H., SCHÖNLEBER, G.: Lenker aus einem Faserverbundwerkstoff mit Thermoplastmatrix. VDI-Fachtagung, Kunststoffe im Automobilbau '98 – Zukunft durch neue Anwendungen, 25.-26.3.1998, Mannheim

[6] [Jeh95] JEHRKE, M.: Umformen gewebeverstärkter thermoplastischer Prepregs mit Polypropylen- und Polyamidmatrix im Preßverfahren. Dissertation an der RWTH Aachen, 1995

[7] KERTH, S. DEHN, A. OSTGATHE, M. MAIER, M.: Crashverhalten von Faserverbundstrukturen mit thermoplastischer Matrix. Tagung-sumdruck, IVW-Kolloquium, 8.-9.10.1996, Kaiserslautern

[8] KEMPE, G., STELLBRINK, K.: Vakuumkonsolidierung. http://www.st.dlr.de/WB-BK/levell/ausst2.html, 24. September 1998

[9] MICHAELI, W., BISWAS, A.: Mit Geweben verstärkte Thermoplaste – Simulation des Umformprozesses. 7. internationales Techtextil Sym-posium, Band 3.3, Section 3.37, 20.-22. Juni 1995, Frankfurt

[10] N.N.: The roads to the future: A first for Tubus Bauer! Composites: A French-English Magazine, 29 (1998), S. 42

[11] N.N.: SPE Focuses on Automotive Composites, Composites Techno-logy. November/Dezember 2001, Wheat Ridge, USA

[12] POHL, C.: Umformen endlosfaserverstärkter, thermoplastischer Kunststoffe durch Differenzdruck bei nicht-isothermer Prozessfüh-rung. Rheinisch-Westfälische Technische Hochschule Aachen, Dis-sertation, 2000

[13] SCHERER, R.: Thermoforming von Hochleistungs-Faserverbundkunststoffen. Fortbildungsseminar: Theorie, Praxis und Qualitätssicherung in der Anwendung der Faserverbundkunststoffe SFK-CFK-GFK, 5.-9. März 1990, Bad Nauheim

[14] ZIEGMANN, G., DELALOYE, S., NIEDERMEIER, M.: The Diaphragm Forming Process – Fast manufacturing of Advanced Thermoplastic Composite Parts. Proceedings of the 16th International Sampe Europe Conference, 30. May – 1. Juni 1995, Salzburg, Österreich

6.14 Automatisierte Legeverfahren

6.14.1 Einleitung

Mit zunehmendem Einsatz von Faserverbundwerkstoffen in der Luft- und Raumfahrt stieg der Bedarf an einer automatisierten Fertigung großer schalenförmiger Strukturen. Entsprechend wurden in den 60er Jahren erste Konzepte für Legeverfahren entwickelt.

Legeverfahren erlauben die richtungs- und positionsvariable Ablage von unidirektional faserverstärkten Tapes. Aufgrund der definierten Ablage ist es möglich, Bauteile mit hervorragenden Leichtbaueigenschaften zu fertigen. Eine ähnliche Leichtbaugüte ist sonst nur im Handablegeverfahren oder mittels Wickeltechnologie möglich.

Erste Versuchsanlagen im industriellen Maßstab waren bereits 1965 verfügbar. Die Anlagen waren für die Verarbeitung von duroplastischen Werkstoffen konzipiert. Erst Ende der 70er Jahre konnte sich die Technologie kommerziell durchsetzen und zählt heute in der Luftfahrt zu den Schlüsseltechnologien für die kostengünstige Fertigung von Strukturbauteilen. Für die Verarbeitung von thermoplastischen Halbzeugen wird bereits seit Anfang der 80er Jahre an Anlagekonzepten gearbeitet.

Die derzeit am Markt verfügbaren Anlagen sind allerdings in der Regel nicht in der Lage, den Prozess so zu führen, dass eine vollständige Konsolidierung bereits beim Ablegen erfolgt.

Die gelegten Komponenten müssen somit in einem nachgeschalteten Prozess, z.B. im Autoklav, aufwändig konsolidiert werden. Die in situ-Konsolidierung stellt somit ein Schlüsselelement auf dem Weg zur Industrialisierung der Thermoplast-Tapelegetechnik dar. Die in den letzten Jahren entwickelten Prozesskonzepte bieten zumindest in sehr eingeschränkten Prozessfenstern mittlerweile auch die Möglichkeit einer in situ-Konsolidierung.

Mit der Zielsetzung einer möglichst schnellen Bauteilherstellung wird für Bauteile mit geringer Komplexität in den letzten Jahren auch verstärkt auf eine Prozesstechnik gesetzt, bei der die einzelnen Lagen des Laminats zunächst nur punktell fixiert werden. Dies geschieht in der Ebene und durch endkonturnahe Ablage kann der Randbeschnitt des späteren Fertigteils minimiert werden. Die Konsolidierung des Aufbaus erfolgt im Anschluss durch einen Pressprozess, analog zum Umformen endlosfaserverstärkter Thermoplaste. Allerdings muss hier im Vergleich mit etwas längerer Kernzykluszeit gepresst werden.

Legeanlagen sind dem Sondermaschinenbau zuzurechnen. Die umsetzbaren Bauteilgeometrien sind im Wesentlichen nur nach unten begrenzt. Definierend wirken hier die minimale Ablegelänge (Abstand zwischen Ablegepunkt und Schneidvorrichtung) und die Bändchenbreite. Die maximale Bauteilgröße geht bis in die Dimension großer Flugzeugkomponenten, z.B. Rumpf, Flügel oder Leitwerke.

6.14.2 Verfahrensgrundlagen

Legetechnologien heben die Limitierungen der Wickeltechnik mit ihrer Begrenzung auf geschlossene, rotationssymetrische Bauteile auf.

Legeverfahren arbeiten diskontinuierlich und erlauben somit nicht nur die Fertigung von Schalenbauteilen, sondern bieten auch die Möglichkeit, lokale Aufdickungen oder Verstärkungen umzusetzen. Verarbeitet werden unidirektional faserverstärkte Tapematerialien (Bänder) aber auch Binderrovings. Das zugeführte Material wird im Ablegepunkt mittels einer Anpresseinheit, in der Regel einer Rolle, konsolidiert bzw. kompaktiert. Da das Material ohne zusätzliche Zugspannung zugeführt wird, ist es möglich nicht nur konvexe, sondern auch konkave Geometrien zu bedienen. Der Materialtransport erfolgt über eine Vorschubeinheit oder durch Abrollen über die Anpresseinheit. Die Ablegepfade sind nur von der Drapierfähigkeit des verwendeten Halbzeuges limitiert und entsprechend lassen sich beliebige Faserorientierungen realisieren.

Abhängig von der darzustellenden Geometrie wird unterschieden zwischen Kontur-Tapeleger und Multi-Tapeleger.

Kontur-Tapeleger führen lediglich ein Band, welches bis zu 300mm breit sein kann. Hiermit lassen sich allerdings nur ebene oder leicht gekrümmte Oberflächen belegen, dies aber mit einem relativ hohen Massendurchsatz.

Für die Belegung komplexerer Geometrien wird bevorzugt mit Ablegeeinheiten gearbeitet, die mehrere Tapes parallel ablegen. Die Breite der einzelnen Bändchen ist deutlich geringer, maximal 15mm, und somit lassen sich auch in der Ebene relativ kleine Radien ohne nennenswerte Ondulationseffekte der Fasern gut realisieren. Die Anzahl der abgelegten Tapes ist außerdem individuell einstellbar und entsprechend lassen sich auch abgestufte Laminate problemlos herstellen. Obwohl sich über die Anzahl der Bändchen auch hier höhere Massendurchsätze erreichen lassen, ist in der Regel durch die darzustellende Bauteilkomplexität eine Begrenzung der gleichzeitig ablegbaren Bänder gegeben.

6.14.3 Anlagentechnik

Zur Umsetzung der vollen Flexibilität des Legeprozesses müssen alle räumlichen Freiheitsgrade verfügbar sein, d.h. drei rotatorische und drei translatorische Achsen. Der (Tape-)Legekopf (TLK) ist, abhängig von der Bauteilgröße und -komplexität, über geeignete Trägersysteme, z.B. Portalsystem oder Mehrachs-Roboter, zu führen. Kernelement der Anlagentechnik ist der TLK, in ihm sind die wesentlichen Module enthalten:

- die Materialtransporteinheit,
- die Schneidevorrichtung,
- der Materialpuffer (optional für Materialschnitt ohne Legepause),
- die Aufheizvorrichtung,
- die Kompaktierungseinheit und
- die Schutzfolien-Abzugsvorrichtung (nur bei Duroplastverarbeitung).

Beim Duroplast-Tapelegen ist das Material zusätzlich bis kurz vor dem Ablegepunkt zu kühlen, damit eine vorzeitige Aushärtung des Polymers verhindert wird.

Die Materialbevorratung kann kopfnah oder separiert erfolgen. Letzteres erfordert einen höheren Aufwand bezüglich der Materialführung, ermöglicht aber auch eine kompaktere Bauweise des Kopfes. Insbesondere bei der Duroplastverarbeitung ist aufgrund der notwendigen Materialtemperierung in der Regel eine kopfferne Materialbevorratung zu bevorzugen.

Als Werkzeuge können sowohl Positiv- als auch Negativformen zum Einsatz kommen. Wesentliche Anforderung an das Werkzeug ist dabei die eindeutige Fixierung des abgelegten Materials für die gesamte Legedauer.

Im Falle duroplastischer Materialien geschieht dies in der Regel über die Eigenklebrigkeit des noch nicht ausgehärteten Kunststoffes. Für thermoplastische Materialien sind aufwändigere Werkzeugkonzepte vorzusehen. Denkbar sind hier beispielsweise mikroporöse Werkzeuge, die mittels Unterdruck das Material halten, doppelseitiges Klebeband, eine elektrostatische Fixierung oder in Analogie zum Duroplast-Tapelegen eine thermisch aktivierte adhäsive Haftung zwischen Polymer und Werkzeugoberfläche. Der hier notwendige hohe Werkzeugaufwand, sowohl hinsichtlich fixer wie auch variabler Kosten, ist mit ein Grund für die bislang nicht umgesetzte Industrialisierung der Legeprozesse mit thermoplastischer Matrix.

Das Werkzeug ist in der Regel ortsfest positioniert, bei komplexeren Geometrien kann allerdings eine zusätzlich Rotationsachse auf der Werkzeugseite sinnvoll sein.

Als Aufheizvorrichtung können unterschiedliche Techniken zum Einsatz kommen.

Beim Duroplast-Tapelegen wird lediglich eine geringe Erwärmung des Materials zur Erhöhung der Klebrigkeit benötigt. Hier wird häufig mit Heißgas oder auch IR-Strahlern gearbeitet.

Für die Thermoplastverarbeitung ist der notwendige Energieeintrag deutlich größer, weil der Thermoplast bis auf Schmelztemperatur gebracht werden muss. Als Heizquellen bieten sich im Wesentlichen Laser, Flamme, Heißgas oder Infrarotstrahler an. Für die Verarbeitung von niedrigschmelzenden thermoplastischen Matrixmaterialien kann auch mit IR-Strahlern geheizt werden.

Die Auswahl ist vom Anwendungsfall abhängig und wird unter anderem durch die Art des Polymers, die geometrischen Rahmenbedingungen um den Ablegepunkt, die angestrebte Verarbeitungsgeschwindigkeit und den gewünschten Grad der Konsolidierung beeinflusst.

6.14.4 Duroplast-Tapelegen

Beim Duroplast-Tapelegen wird ein unidirektional faserverstärktes Prepreg eingesetzt, welches aus mit Duroplast getränkten Fasern besteht. Das Bändchen ist aufgrund seiner Klebrigkeit beidseitig mit einer Trägerfolie versehen.

Die Trägerfolie wird innerhalb des TLK abgezogen. Das Abziehen der Trägerfolie sollte sowohl im gekühlten, als auch im thermisch angeregten Zustand problemlos möglich sein. In ungünstigen Situationen kann es sonst zu einer Anhaftung des Tapes an der oben liegenden Schutzfolie kommen. Dies kann am Bahnanfang (Ansetzen) und Bahnende (Absetzen) zu Legefehlern führen.

Zur Steigerung der Klebrigkeit wird das Material vor dem Erreichen des Ablegepunktes leicht erhitzt. Das Bauteil wird sukzessive aus vielen einzelnen Tapes lagenweise aufgebaut und anschließend im Ofen oder Autoklav ausgehärtet.

6.14.5 Thermoplast-Tapelegen

Auch hier werden unidirektional faserverstärkte Bändchen verwendet. Das Material wird unmittelbar vor dem Ablegepunkt auf Schmelztemperatur gebracht. Die Anpresseinheit übernimmt nicht nur die Funktion der Konsolidierungseinheit, sondern muss auch die dem Material zugeführte Energie wieder entziehen und das Temperaturniveau so weit absenken, dass es zur Verfestigung kommt.

Aufgrund der sehr begrenzten Zeit, die normalerweise für die Konsolidierung zur Verfügung steht, ist bei den meisten Prozesskonzepten keine vollständige Konsolidierung im Prozess möglich. Die Bauteile müssen somit nach Abschluss der Materialablage in einem anschließenden Konsolidierungsprozess, z.B. im Ofen oder Autoklav, final konsolidiert werden. Bei einer geeigneten Prozessführung ist aber eine finale Konsolidierung während des Prozesses möglich.

Die Thermoplast-Tapelegetechnik bietet neben der Herstellung kompletter Bauteile auch die Option der nachträglichen lokalen Verstärkung komplexer Bauteile. Hierdurch erweitert sich das Einsatzpotenzial über die Luftfahrtanwendungen hinaus. Insbesondere für den automobilen Bereich eröffnen sich dadurch sehr interessante Anwendungsmöglichkeiten, wie z.B. die nachträgliche Applikation von unidirektionalen Verstärkungen entlang von Kraftflusspfaden auf geometrisch komplex geformten Bauteilen wie sie beispielsweise mittels Spritzguss oder Fließpressen gefertigt werden.

Literatur

- Neitzel, M., Mitschang, P.: Handbuch Verbundwerkstoffe, Hanser Verlag, München/Wien, 2004
- Beresheim, G.: Thermoplast-Tapelegen – ganzheitliche Prozessanalyse und –entwicklung, IVW-Schriftenreihe Band 32, Institut für Verbundwerkstoffe GmbH, Kaiserslautern, 2002
- Kölzer, P.: Temperaturerfassung und Prozessregelung des laserunterstützten Wickelns und Tapelegens von endlos faserverstärkten thermoplastischen Verbundwerkstoffen, Berichte aus der Produktionstechnik Band 15/2008, Shaker Verlag, Aachen, 2008

6.15 LFI-Verfahren

6.15.1 Einleitung

Verbundwerkstoffe entstehen, wenn mindestens zwei physikalisch unterschiedliche Werkstoffe durch die Bindung ihrer Grenzflächen miteinander so kombiniert werden, dass sich für den jeweiligen Verwendungszweck günstigere mechanische Eigenschaften einstellen.

Die so genannten Faserverbundwerkstoffe (FVK) sind durch die folgenden allgemeinen Besonderheiten gekennzeichnet:

- kostengünstige Bauweise durch weniger Einzelteile, geringer Materialabfall und gute Formbarkeit,
- geringe Wärmeausdehnung,
- gute Korrosionsbeständigkeit,
- stufenweises Versagen,
- hohe Schwingfestigkeit,
- günstiges Schlagverhalten.

Im Folgenden wird die Herstellung Faserverstärkter-Polyurethan (PUR)-Verbundwerkstoffe sowie die für das LFI-Verfahren notwendige Anlagentechnik vorgestellt.

6.15.2 Verfahrensablauf

Das LFI-Verfahren ermöglicht es, faserverstärkte, dreidimensionale, großflächige, komplex geformte Bauteile automatisiert herzustellen, ohne hierfür Endlosglasmatten, Glasgewebe oder Prepregs zu verwenden.

Durch die Verarbeitung der Fasern direkt vom Roving entfallen die mit Zeit, Kosten und Abfall verbundenen Arbeitsschritte des Zuschneidens und Vorformens. Es können neben Glasfasern auch Kohlenstofffasern, Basaltfasern und Naturfasern verarbeitet werden.

Das LFI-Verfahren lässt sich in acht Schritte unterteilen, wobei die nahezu zeitgleiche Kopplung einzelner Schritte die Wirtschaftlichkeit dieses Verfahrens unterstreicht.

1. ***Roving fördern***

   Es können bis zu vier Fäden parallel gefördert werden. Über die regelbare Fördergeschwindigkeit wird die Faseraustragsmenge gesteuert. Es sind Austragsmengen bis zu 300g/s möglich.

2. ***Roving schneiden***

   Das Schneiden der Fasern erfolgt kurz vor dem LFI-Mischkopf und somit kurz vor der Benetzung mit PUR. Das Konstruktionsprinzip ermöglicht die Vorwahl zweier unterschiedlicher Faserlängen in Abhängigkeit der Anforderungen innerhalb des Bauteils, z.B. können damit punktuelle Verstärkungen an einem Insert erzeugt werden.

3. ***PUR mischen***

   Der LFI-Mischkopf entspricht bezüglich der Vermischung der PUR- Komponenten einer Umlenkermischkopf. Die Mischkammer, in der die zwei PUR-Komponenten (Polyol, Isozyanat) nach dem Gegenstrom-Hochdruck-Mischprinzip vermischt werden, ist rechtwinkelig zur Auslaufkammer, in der in diesem Sonderfall die Benetzung der Fasern mit dem PUR-Gemisch stattfindet, angeordnet. Es existieren zwei Baugrößen dieses LFI-Mischkopfes, die einen Austragsbereich von 80-500g/s PUR abdecken.

4. ***Geschnittene Fasern mit PUR benetzen***

   Der Austritt aus dem LFI-MK ist so gestaltet, dass die geschnittene Faser zentrisch, koachsial in den schlauchförmig ausgebildeten PUR-Strom gefördert wird, wodurch eine optimale Benetzung der Fasern mit der PUR-Matrix gegeben ist.

5. ***Faser-PUR-Gemisch in Form eintragen***

   Der LFI-Mischkopf wird mittels eines Roboters über die offene Form gefahren. Somit ist der Eintrag, entsprechend der Bauteilgeometrie und den Anforderungen innerhalb des Bauteiles frei programmierbar. Zusätzlich besteht die Möglichkeit, durch steuerbare Luftdüsen die Geometrie des Austrittsstahles zu beeinflussen.

6. ***Form schließen.***

   Nach Beendigung des Gemischeintrages wird die Form geschlossen und so die endgültige Bauteilgeometrie erzeugt.

7. ***Bauteil aushärten***

   Im geschlossenen Zustand reagiert das Bauteil aus, was durch eine entsprechende Temperierung der Form beschleunigt wird.

8. ***Bauteil entformen***

   Nach Ablauf der Aushärtezeit öffnet die Form automatisch und das Bauteil kann entnommen werden.

Durch das zeitgleiche, automatisierte Eintragen der Matrix und der Faser und durch die relativ schnelle Reaktionszeit der PUR-Matrix ist die Gesamtzykluszeit, wirtschaftlich gesehen, sehr interessant.

6.15.3 Anlagentechnik

Die notwendige Anlagentechnik für den LFI-Prozess lässt sich grob in drei Baugruppen aufteilen: PUR-Dosieranlage – Roboter mit LFI-Mischkopf plus Faserschneidwerk – Form plus Formenträger.

PUR-Dosieranlage (vgl. Abbildung 330)

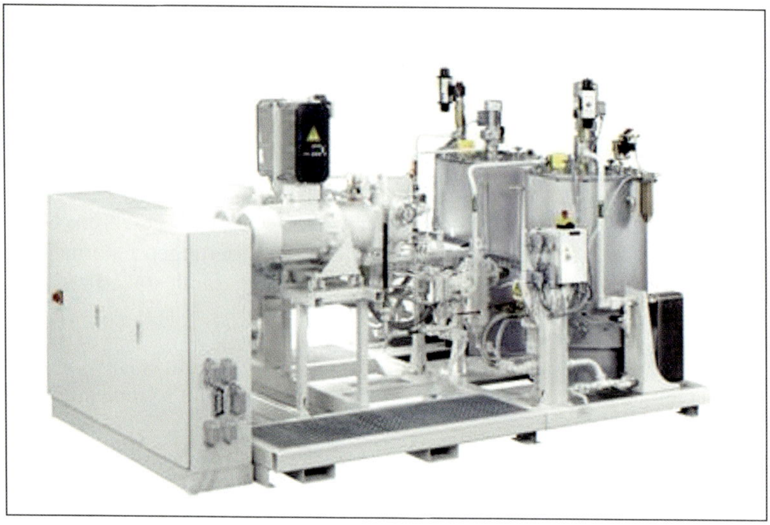

Abb. 330: Dosiermaschine

Für den faserverarbeitenden Prozess werden bislang bevorzugt Pumpendosiermaschinen eingesetzt. Beispielsweise haben die Maschinen der Serie RIM-STAR ihre Serientauglichkeit bereits in zahlreichen Produktionsanlagen unter Beweis gestellt und erfüllen auch alle Anforderung an eine faserverarbeitende Fertigung.

Frequenzgeregelte Pumpen und Volumenstromerfassung bilden in Verbindung mit dem Leitrechner einen geschlossenen Regelkreis und werden damit den hohen Standards gerecht, die seitens der PUR-Systeme als auch durch den Kunden an Dosiergenauigkeit und Reproduzierbarkeit gestellt werden.

Durch weitere Anlagenkomponenten und Funktionen, wie beispielsweise wartungsfreie Magnetkupplungen, automatische Pumpenentlüftung und Filtersysteme mit Differenzdrucküberwachung kann der Wartungsaufwand, bei gleichzeitiger Steigerung der Anlagenverfügbarkeit, reduziert werden.

Ein wichtiger Aspekt beim LFI-Prozess ist die Temperaturführung, da die meisten dafür infrage kommenden Schaumsysteme im Allgemeinen bei Rohstofftemperaturen von ca. 25°C verarbeitet werden, was besonders bei hohen Umgebungstemperaturen zu Problemen führen kann (siehe Abschnitt über Harze).

Höhere Verarbeitungstemperaturen beeinflussen den Produktionsprozess hinsichtlich der Startzeit des Schaumsystems und verändern die Materialviskositäten.

Zur Elimination erhöhter Umgebungstemperaturen werden Hochdruckwärmetauscher eingesetzt, die sich durch einen hohen Wirkungsgrad und maximale Kühlleistung auszeichnen. Durch die Platzierung der Wärmetauscher im Hochdruckbereich kann auch direkt auf die unvermeidliche Erwärmung des Materials durch die Hochdruckpumpe reagiert werden.

Um für den jeweils nächsten Schäumvorgang richtig temperiertes Material zur Verfügung zu stellen, werden die Rohr- und Schlauchleitungen in den Pausenzeiten ständig von den Dosierpumpen durchspült. Damit bei der Hochdruckdosierung keine zusätzliche Temperaturerhöhung eintritt, leiten Bypassventile im Niederdruckkreislauf das Material am Mischkopf vorbei. Erst kurz vor dem Beginn des jeweils nächsten Schäumvorganges schließen die Bypassventile. Die Komponenten zirkulieren nun über den Mischkopf, und der erforderliche Verdüsungsdruck kann aufgebaut werden.

Aufgrund der immer höher werdenden Ansprüche an die Bauteiloberfläche und der damit verbundenen Notwendigkeit der Verwendung von Füllstoffen werden auch beim LFI-Verfahren immer öfter Dosierkolben an Stelle von Pumpen eingesetzt.

Roboter mit LFI-Mischkopf plus Faserschneidwerk (vgl. Abbildung 331)

Abb. 331: Roboter mit LFI-Mischkopf plus Faserschneidwerk

Schneidwerk

Dem Schneidwerk kommen folgende grundlegende Aufgaben zu:

- Kontrollierter Abzug des Faserstranges von der Spule,
- Kürzen des Endlosfadens auf die gewünschte Faserlänge,
- Fördern der geschnittenen Fasern in den Mischkopf.

Das LFI-Glasfaserschneidwerk

Glasfasern sind amorphe, anorganische Fasern, die meist aus Aluminium-Borsilikat-Glas hergestellt werden. (siehe Abschnitt zur Glasherstellung)

Glasfasern haben folgende charakteristische Eigenschaften:

- hohe Zugfestigkeit,
- gute Beständigkeit gegen Chemikalien und Temperaturen,
- gutes Isoliervermögen gegen Wärme, Schall und Elektrizität.

Funktionsprinzip des Schneidwerks (vgl. Abbildung 332)

Eine rotierende Gummiwalze zieht den Glasfaserstrang von der Rovingspule ab und fördert ihn in den Schneidtrakt. Hier wird der Faserstrang zwischen der als Gegenhalter wirkenden Gummiwalze und der mit Messerklingen bestückten Schneidrolle gebrochen.

Dem Schneidtrakt nachgeschaltet ist eine Düse, welche nach dem Venturiprinzip arbeitet und die geschnittene Faser nach unten in den Mischkopf saugt, wo sie mit den Polyurethankomponenten benetzt und in die Form ausgetragen wird.

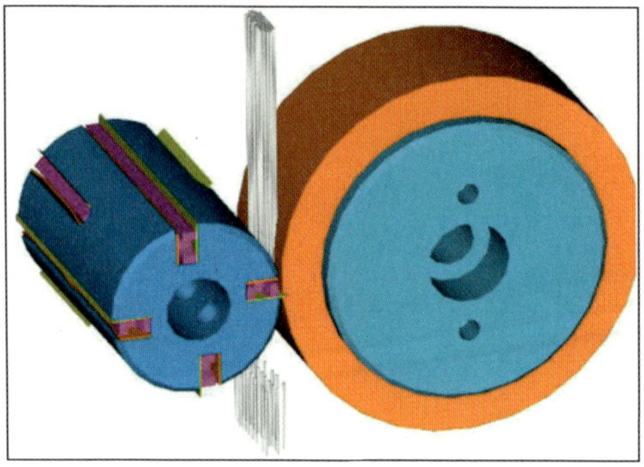

Abb. 332: Schneidvorgang der Glasfasern

Der Schneidprozess wird im Wesentlichen durch zwei Parameter bestimmt:

- die Menge der geschnittenen Fasern (ergibt sich über die Drehzahl der vorschiebenden Gummiwalze; es sind Werte bis 300 g/s erreichbar),
- die Länge der geschnittenen Fasern (ergibt sich über die Messerbestückung der Schneidwalze. Als Schnittlängen kommen 12,5mm beziehungsweise Vielfache davon in Frage).

Mischkopf (vgl. Abbildung 333)

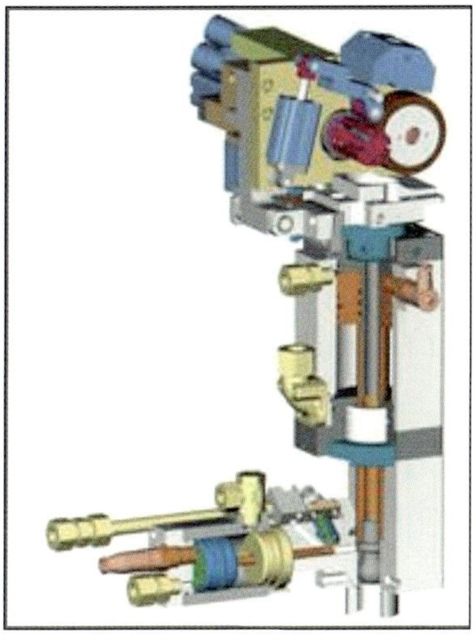

Abb. 333: Mischkopf mit Schneidwerk

Der Mischkopf ist das Kernstück der gesamten Anlage, da an dieser Stelle der Prozesskette die einzelnen, hinsichtlich Menge, Druck und Temperatur definierten Materialkomponenten zusammenkommen, miteinander vermischt und dann in die Bauteilform eingetragen werden.

Die entwickelten Mischköpfe arbeiten nach dem Hochdruck-Gegenstrom-Injektionsprinzip. Dabei wird Druckenergie in kinetische Energie umgewandelt, wodurch eine besonders intensive Vermischung der beiden Komponenten ermöglicht wird. Nach der Vermischung tritt das PUR-Gemisch in die Beruhigungskammer des Mischkopfes ein. Hier sorgt die strömungsoptimierte Geometrie des Reinigungskolbens dafür, dass eine gleichmäßige Schlauchströmung ausgebildet wird.

Im Innern dieser Schlauchströmung gelangen die geschnittenen und über die Blasluft der Venturidüse aus dem Schneidwerk geförderten Fasern in Kontakt mit den bereits vermischten Komponenten. Dieses 3-Phasen-Gemisch wird im Auslaufrohr als möglichst scharf abgegrenzter Sprühkegel ausgebildet, um den unerwünschten Overspray-Effekt zu minimieren.

Die Blasluft sorgt für das erforderliche Maß an kinetischer Energie, um das PU-Faser-Gemisch beim Auftreffen auch auf senkrechte Werkzeugpartien sicher haften zu lassen.

An dieser Stelle wird die Bedeutung der Blasluft erkennbar:

- Zu wenig Blasluft führt zu einer unzureichenden Vermischung und Benetzung der Fasern mit PU.
- Zu viel Blasluft sorgt für eine Verwirbelung des Gemisches und kann auch bereits in die Form eingetragenes Gemisch wieder verblasen.

Nicht immer ist ein scharf abgegrenzter Sprühkegel optimal. Gerade bei sehr großflächigen Formteilen kann im Sinne einer schnelleren Formfüllung eine Vergrößerung des Sprühkegelwinkels wünschenswert sein.

Vier einzeln und paarweise ansteuerbare Luftdüsen im Auslaufrohr bieten daher dem Anwender die Möglichkeit, den Sprühkegel entsprechend der Formgeometrie zu optimieren.

In Verbindung mit einem elektrischen Oszillator und entsprechend schnellen Pneumatikventilen können die jeweils gegenüberliegenden Luftdüsen wechselweise so angesteuert werden, dass ein entsprechend hochfrequent-oszillierender Sprühstrahl entsteht, der die zwei- bis dreifache Fläche des normalen Sprühkegels abdeckt.

Das Gesamtergebnis unterliegt somit einer ganzen Anzahl einzelner Parameter, die für das jeweils vorliegende Bauteil individuell optimiert werden können.

Jeder Mischkopf kann auf Grund seiner Strömungsquerschnitte nur einen begrenzten Bereich der Austragsleistung bedienen. Aus diesem Grund werden unterschiedliche Mischkopfgrößen zur Verarbeitung von faserverstärktem Polyurethan angeboten mit Gesamtaustragsleistungen zwischen 80 und 500g/s.

Federbelastete oder hydraulisch verstellbare Düsennadeln runden das Angebot an Mischköpfen ab. Damit ist es möglich, die Austragsleistung bei konstantem Verdüsungsdruck von Schuss zu Schuss zu variieren und an unterschiedlichste Bauteilgeometrien anzupassen.

Prozessroboter

Beim LFI-Verfahren müssen zur Füllung der Formwerkzeuge zum Teil komplexe Bahnkurven innerhalb einer optimal kurzen Zeit abgefahren werden. Gleichzeitig müssen aber auch große Massen bewegt werden, was äußerst hohe Anforderungen an die Mechanik des Roboters stellt. Für den Einsatz in derartigen Anlagen hat sich beispielsweise die Roboterserie IRB 6600 der Firma ABB als geeignet und zuverlässig erwiesen.

Aufgrund seiner steifen Konstruktion können mit diesem Roboter Wiederholgenauigkeiten von 0,1 mm erzielt werden, und das bei Handlasten bis 200 kg. Die automatische Last- und Trägheitserkennung garantiert gleichzeitig höchste Beschleunigung und Geschwindigkeit sowie gleichmäßige Bewegung über die gesamte Reichweite des Roboters.

In Verbindung mit einer in die Robotersteuerung integrierbaren, linearen Verfahreinheit kann ein Roboter mehrere stationäre Formträger bedienen.

Eine von der Herstellerfirma in Zusammenarbeit mit dem Anlagenbauer speziell auf den LFI-Prozess zugeschnittene Zusatzsoftware „Shotware“ erleichtert das Programmieren der Bahnkurven erheblich. So passt diese Software automatisch die Fahrgeschwindigkeit der einzelnen Bahnkurvenabschnitte an die in der PUC 07 vorgegebene Schusszeit an. Damit laufen Dosiermaschine und Roboter stets synchron, ohne dass der Bediener die Verfahrgeschwindigkeit mühsam anpassen muss.

Form plus Formenträger

Formträger

Insbesondere für die Herstellung komplizierter Teile wurde ein Shuttle-Formenträger (vgl. Abbildung 334) konstruiert, der auf den Konzepten bewährter Formenträger basiert und durch seine verfahrbare untere Formaufspannplatte für den Schaumeintragsprozess eine optimale Zugänglichkeit und Bewegungsfreiheit durch den Roboter mit angebauter Schaumeintragseinheit sicherstellt.

Abb. 334: Shuttle-Formenträger

Dies ist besonders bei Bauteilen von Vorteil, bei denen aufgrund tiefer Kavitäten sowie steiler Wandflächen und zerklüfteter Partien höchste Anforderungen an die Bahnprogrammierung und die Bewegungsfreiheit des Roboters gestellt werden. Gleichzeitig erleichtert das Formträger- system die Bedienung der oberen Formaufspannplatte und in vorgefahrener Position kann die Bedienung der unteren Formaufspannplatte von drei Seiten erfolgen.

Darüberhinaus kann der Werkzeugwechsel mittels Kran bewerkstelligt werden.

Derartige Formträger kommen in Stationäranlagen zum Einsatz, in denen von einem ebenfalls stationären Roboter je nach Anwendungsfall bis zu vier Formträger bedient werden können. Zudem kann durch die Einbindung einer siebten Roboterachse der Eintragsbereich des Roboters sowie die Anzahl der zu bedienenden Formenträger weiter vergrößert werden. Abbildung 335 zeigt eine Produktionsanlage bestehend aus zwei Shuttle-Formträgern mit gemeinsamer, zentraler Eintragseinheit und je zwei Arbeitsbereichen.

Abb. 335: Produktionsanlage bestehend aus zwei Shuttle-Formträgern

Für Anwendungen mit kleineren Abmessungen sind dementsprechend kleinere Formträger ausreichend, welche stationär oder auf Fördersystemen (bis hin zum Rundtisch) zum Einsatz kommen können. So erfüllt die klassische Rundtischanlage hinsichtlich der Großserienfertigung mit relativ geringer Variantenvielfalt nach wie vor alle Anforderungen an eine produktionssichere und wirtschaftliche Fertigung:

- einfaches Formträgersystem durch Schaumeintrag und Bedienung von vorne,
- günstige Logistik durch gezielten Materialfluss an festen Einlege- und Entnahmestationen,
- vollständige räumliche Trennung des Trennmittel- und Schaumeintrages gegen Einlege- und Entnahmetätigkeit.

Weitere bewährte Formträger- und Anlagekonzepte stehen zur Verfügung

Form

Aufgrund der Tendenz, immer häufiger mit dem LFI-Verfahren auch hochglänzende Sichtbauteile im „One Step-Verfahren" (In Mould Painting) herzustellen, sind die Anforderungen an die Werkzeuge (vgl. Abbildung 336) extrem gestiegen:

- hochglänzende Oberflächen,
- exakte Temperaturführung,
- spezielle Beschichtungen,
- Galvanoschalen,
- Verwendung von Spezialstählen.

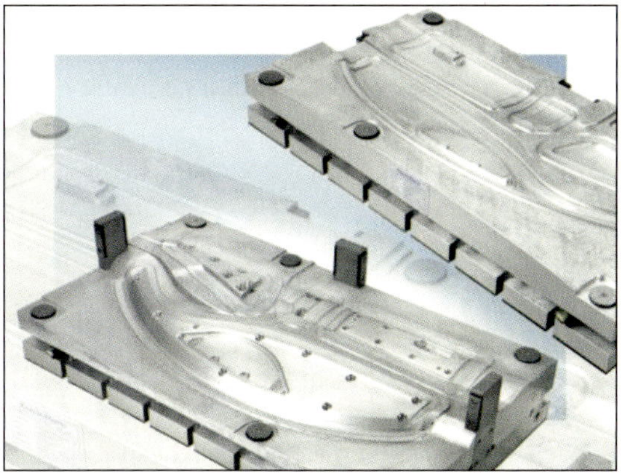

Abb. 336: LFI-Werkzeug

6.15.4 Prozessüberwachung

Die Anforderungen, die der Markt an Produktqualität, Fertigungsgenauigkeit, Prozesssicherheit und Dokumentation einer Produktionsanlage stellt, machen den Einsatz modernster Technologie im Prozessrechner unabdingbar.

Dazu gehören:

- präzise Regelung, kontinuierliche Überwachung und bequeme Handhabung sämtlicher Produktionsparameter,
- leicht verständliche Bedienbarkeit der gesamten Anlage,
- Verfahrensdokumentation in Form umfangreicher Protokollierung und statistischer Auswertung,
- Erkennung und Diagnose möglicher Fehlerquellen.

Bei den Dosieranlagen übernimmt z.B. das Prozessdatenerfassungssystem PUC 07/PUC 08 diese Aufgaben. Schnelle Regelkreise erkennen Sollwertabweichungen innerhalb einer Millisekunde und senden entsprechende Korrektursignale an die Stellglieder der Anlage.

Selbstverständlich übernimmt der Leitstand auch die Regelung sämtlicher für die Faserverarbeitung erforderlichen Parameter. So lassen sich für jedes Werkzeug sechszehn unterschiedliche Programme vorgeben und während des Schaumeintrages aufrufen. Damit können einzelne Bereiche eines Bauteils gemäß dem Anforderungsprofil mit dem jeweils erforderlichen Fasergehalt erzeugt werden.

Alle prozessrelevanten Parameter werden nicht nur erfasst und protokolliert, sondern auch über benutzerdefinierte Toleranzfelder überwacht, so dass Verläufe, die zu Ausschuss führen könnten, bereits frühzeitig erkannt und korrigiert werden können.

Auch die beste Produktionsanlage bleibt von gelegentlichen Störungen nicht verschont. Umso wichtiger ist es also, dem Bediener im Störfall die bestmögliche Unterstützung zu bieten. Das Störmeldesystem meldet daher nicht nur die Störung, sondern bietet darüber hinaus eine Liste denkbarer Fehlerquellen an.

In Verbindung mit einer photographischen Darstellung der betroffenen Anlagenkomponente ist es dem Bediener möglich, die Fehlerquelle in kürzester Zeit zu lokalisieren. Sollte dennoch einmal nichts mehr gehen, dann kann der Anlagehersteller-Service über ein Modem mit der Anlage Verbindung aufnehmen und so den Bediener bei der Fehlersuche unterstützen.

Sämtliche Störungen werden protokolliert und können statistisch ausgewertet werden. Damit ist es möglich, Schwachstellen in der Anlage aufzudecken und so die Anlagenverfügbarkeit weiter zu erhöhen.

6.15.5 Prozessvarianten

Ursprünglich wurde das LFI-Verfahren hauptsächlich zur Herstellung mechanisch beanspruchter, nicht sichtbarer Bauteile (Amaturentafelträger, Motorkapselung) eingesetzt.

Durch die Kombination mit IMP (In Mould Painting) und IMC (In Mould Coating) und die Verwendung gefüllter Polyole konnte die Oberflächenqualität bei diesem Verfahren so weit gesteigert werden, dass aktuell fertig lackierte Sichtbauteile hergestellt werden. Ebenfalls notwendig für diese Weiterentwicklung war eine entsprechende Entwicklung im Werkzeugbau, um hochglänzende Oberflächen direkt in der Form darzustellen. (Beispiele für Bauteile siehe Abbildung 340).

Durch die Möglichkeit am LFI-Mischkopf zwei Polyole zu verarbeiten, eröffnen sich weitere Anwendungsbereiche. So können durch den Einsatz von zwei unterschiedlich aktivierten Polyolen zwei unterschiedliche Reaktionszeiten realisiert werden. Dies ist Voraussetzung um beispielsweise großflächige Sandwichbauteile (vgl. Abbildung 337 und 338) herstellen zu können. Hierfür erfolgt, zuerst mit einem relativ langsam eingestellten System, der Eintrag einer ersten LFI-Schicht. Auf diese wird dann automatisiert eine Wabe gelegt und es erfolgt, jetzt mit dem schneller eingestellten System, der zweite LFI-Eintrag. Die Reaktionszeiten der zwei Systeme sind so eingestellt, dass sie nach dem Eintragsprozess in der dann geschlossenen Form in ihrer Reaktion synchron aushärten. Die Möglichkeit, bei diesem Prozess beidseitig Folien, Holzfuniere oder ähnliches in die Form einzulegen, ist ebenfalls gegeben.

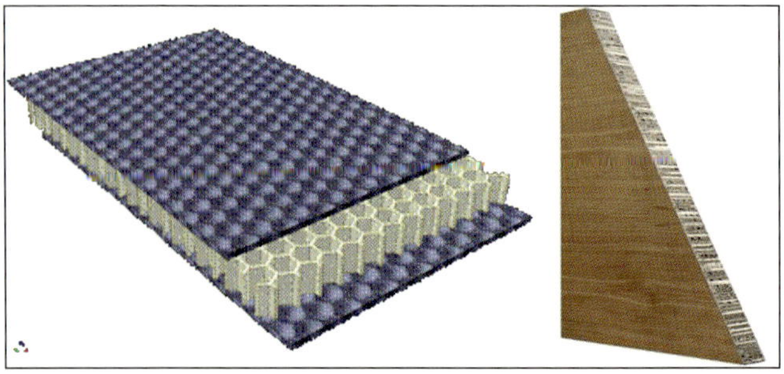

Abb. 337: links: Strukturbauteil – rechts: Sandwich mit Oberfläche

Eine weitere Variante besteht darin, die PUR-Matrix durch Epoxyharz zu ersetzen. Dies ist maschinentechnisch umsetzbar und abhängig vom Bauteil und den Bauteilanforderungen eine wirtschaftliche Alternative.

Das Fasersprühen (FCS – Fiber Composite Spraying) stellt eine vom LFI abgeleitete eigenständige Fertigungsvariante dar (siehe Zusammenfassung).

6.15.6 Zusammenfassung und Ausblick

Das LFI-Verfahren wird hauptsächlich bei Großserien in der Automobilindustrie eingesetzt. Beispiele dafür sind Karosserieteile, wie das Moduldach vom SMART, die Instrumententafelträger des 5-er und 7-er BMW sowie Struktur-Innenteile, wie z.B. die Hutablage bei Audi und beim Mercedes SLK (vgl. Abbildung 338).

Abb. 338: Abdeckung, Dachmodul

Aber auch immer mehr Non-Automotive-Bauteile werden mit dem LFI-Verfahren hergestellt, wie z.B. Haustüren oder Jetski (Abbildung 340).

Abb. 339: Haustüren, Jetski

Ein weiterer Meilenstein in dieser Entwicklung ist die Herstellung von Bauteilen unter der Verwendung des In-Mould-Painting -Verfahrens. Bei diesem Verfahren wird die Werkzeugoberfläche vor dem Eintrag des LFI mit der gewünschten Bauteilfarbe lackiert.

Die zukünftige Entwicklungsarbeit wird sich auf eine gleichzeitige Steigerung von Leistungsfähigkeit, Prozesssicherheit und Standzeit konzentrieren.

Es sind Glasfaserschneidwerke in Entwicklung, die je Sekunde 700g Fasern häckseln und ebenso LFI-Mischköpfe, die bis zu 1500g/s verarbeiten können.

FCS – Fiber Composite Spraying

Wirtschaftliche Produktion durch deutlich geringere Werkzeugkosten

Auch die neue FCS (Fiber Composite Spraying)-Technologie setzt Maßstäbe bei der Verarbeitung von Faserverstärkten Kunststoffen. Das FCS-Verfahren umfasst insgesamt drei Prozessschritte. Der erste Prozessschritt findet im 4-K-Mischkopf statt:

Der erste Prozessschritt besteht aus: Schneiden der Fasern, dem Mischen der Komponenten, Zerstäuben des PUR, Einbringen der Fasern von außen in den Sprühstrahl und Auftragen der einzelnen Schichten. Der zweite in der Aushärtung an der Luft und der dritte Prozessschritt aus der Nacharbeit.

Das FCS-Verfahren eignet sich optimal für die Verarbeitung der Materialien Polyurethan, Glasfaser und Kohlenstofffaser. Dabei können Faserlängen von 5-12mm sowie Faseranteile von 10-25% erreicht werden.

Vorteile auf einen Blick:

- nur eine Formhälfte und kein Formenträger nötig,
- Form kann aus Kunstharz bestehen (geringe thermische und mechanische Belastung),
- für Kleinserien und große Formteile geeignet (geringer Invest),
- sehr hoher Biege-E-Modul, geringes Gewicht,
- Sandwich mit variablen Schichtstärken und Arten (kompakt, geschäumt, gefüllt, ungefüllt) möglich,
- variable Fasergehalte und -längen,
- Oberflächentechnologien, wie z.B. Inmold Painting, Folie, Textilien einsetzbar.

Einen besonderen Vorteil bietet die 4-Komponenten-Fasersprühanlage (Abbildung 340). Durch eine geschickte Auswahl der verschiedenen PU-Komponenten kann man Sandwichbauteile mit unterschiedlichen Eigenschaften realisieren.

Abb. 340: FCS-Mischkopf, 4-Komponenten-FCS-Anlage

Literatur

- OwensCorning : Advanced Glass Fibres “A New Era in Composites Technology” Publikationen und Produktdatenblätter; Toledo, Ohio, USA 1997
- Mühlheimer Verstärkungsfasern GmbH „Composite“ Publikationen und Produktdatenblätter; Bärnau 2001

6.16 Fertigteilbearbeitung

Faserverbundkunststoffe bestehen aus einer duro- oder thermoplastischen Polymer-Matrix, in die Kurz- oder Langfasern eingearbeitet wurden. Die Langfasern können hierbei als Roving oder als Flächengebilde eingebracht werden.

Für die Formgebung dieser Werkstoffe existiert eine große Anzahl an Verarbeitungsverfahren, die bereits in den vorangegangenen Kapiteln beschrieben wurden. Zur Herstellung von Bauteilen aus Faserverbundkunststoffen sind in der Regel jedoch weitere Nachbearbeitungsoperationen erforderlich, um die Bauteile entsprechend ihrer Funktion und ihrer Geometriefeatures zu gestalten.

Entsprechend der DIN 8580 werden im Folgenden die wesentlichen Hauptgruppen für die Fertigteilbearbeitung beschrieben; dies sind: das Trennen (spanende Bearbeitung/Strahlbearbeitung), das Fügen sowie das Beschichten (Oberflächenbehandlung) von Bauteilen aus Faserverbundkunststoffen.

Im Gegensatz zu den metallischen Werkstoffen, bei denen das Bauteil oft „aus dem Vollen“ herausgearbeitet wird, versucht man Bauteile aus FVK endkonturnah herzustellen, so dass das Verhältnis des bearbeiteten Volumens zum Gesamtvolumen klein bleibt. Bei den trennenden Verfahren lassen sich zwei Grundtypen von Bearbeitungsaufgaben unterscheiden, für die sich jeweils eine Vielzahl von Bearbeitungstechniken eignen.

In Abbildung 341 ist sowohl die reine Nachbearbeitung als auch die Herstellung von Funktionsflächen an einem Bauteil dargestellt. Das Entgraten eines Pressteils kann beispielsweise mit einem speziellen Handschuh oder besser durch leichtes Abschmirgeln erfolgen. Für das Besäumen eines laminierten Bauteils eignet sich das Schneiden mit dem Wasser- oder dem Laserstrahl, das Umrissfräsen bzw. –schleifen sowie, mit einigen Einschränkungen hinsichtlich der erzeugbaren Kontur, auch das Sägen oder Stanzen. Steht hingegen die Herstellung von Funktionsflächen mit höheren Anforderungen an Maß- und Formgenauigkeit sowie Oberflächengüte im Vordergrund, so können diese Operationen mit den zur Verfügung stehenden Verarbeitungsverfahren meist gar nicht oder nur mit hohem wirtschaftlichen Aufwand verwirklicht werden. Als Beispiele seien hier die Erzeugung von Krafteinleitungsflächen oder Lagersitzen genannt. Hierfür kommen in der Regel nur die spanenden Verfahren Fräsen, Bohren, Drehen und Schleifen oder das Ultraschallschwingläppen in Frage, da sich nur mit diesen Verfahren eine qualitativ hochwertige Oberfläche erzielen lässt [1, 4, 5, 6, 7, 10, 11].

Für die Bearbeitung eines Bauteils aus Faserverbundkunststoff ist insbesondere das mechanische und thermische Werkstoffverhalten von Bedeutung. Bestimmt wird das Verhalten bei der spanenden wie auch bei der Strahl-Bearbeitung im Wesentlichen durch die Eigenschaften der im Verbund verwendeten Faserart. Diese beeinflusst maßgeblich die Verfahrensauswahl oder beispielsweise auch die Tauglichkeit von Werkzeugkonzepten.

Die Faser ist gekennzeichnet durch eine hohe Zugfestigkeit, ihren E-Modul sowie ihre im Gegensatz zur Matrix geringere Bruchdehnung. Hinzu kommen je nach Faserart stark unter-schiedliche thermische Kennwerte, die teilweise stark weit von denen der Kunststoff-Matrix abweichen.

Entsprechend ihrer jeweiligen Struktur weisen die Verstärkungsfasern jedoch ein unterschiedliches Verhalten bei einer mechanischen Beanspruchung auf. Abbildung 341 verdeutlicht dies am Bruchverhalten der Einzelfasern bei verschiedenen, definierten Lastfällen.

Die dargestellten Ergebnisse der Scherversuche ohne bzw. mit einer axialen Vorspannung lassen Rückschlüsse auf das Zerspanverhalten der jeweiligen Fasertypen zu.

Glas- und Kohlenstofffasern zeigen unter Zug-, Scher- oder Biegebelastung ein sprödes Bruchverhalten, wobei die Bruchfläche der Kohlenstofffaser eine etwas rauere Ausbildung aufweist. Die wesentlich zähere Aramidfaser neigt hingegen bei einer Scher- oder Biegebeanspruchung dazu, der Schneide auszuweichen, was bei der Bearbeitung zu einer ausgefransten Schnittfläche führen kann. Sie lässt sich nur unter Zug sauber trennen, wobei sie immer noch in Achsrichtung aufspleißt, wie in Abbildung 341 deutlich zu erkennen ist [1, 2].

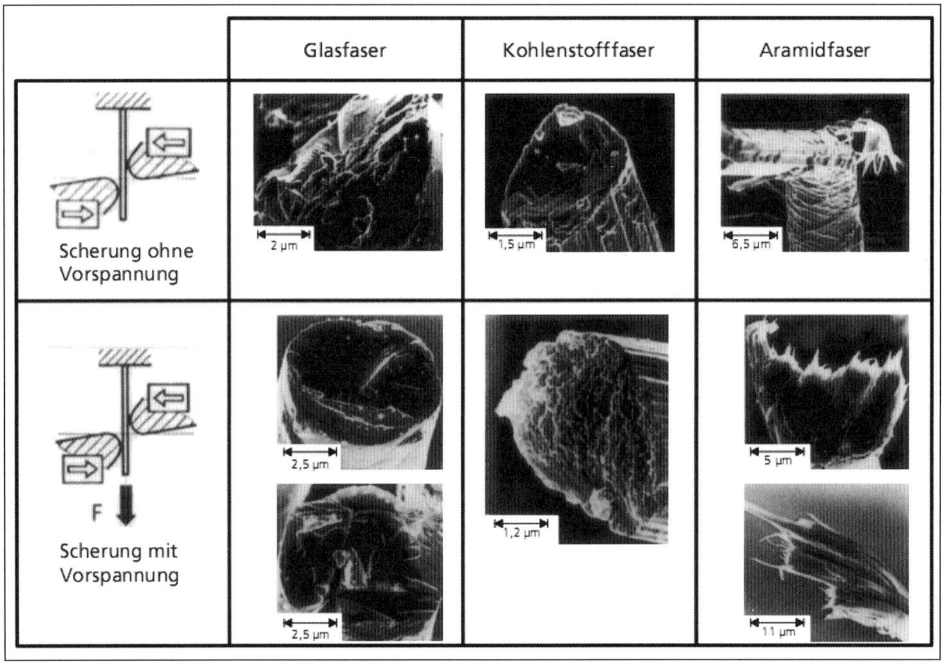

Abb. 341: Versagensverhalten der verschiedenen Fasertypen

Die Eigenschaften der Matrix haben eher Auswirkungen auf die Prozessführung. Ihr Zerspanverhalten ist gekennzeichnet durch einen niedrigen E-Modul, eine geringe Festigkeit, eine hohe Bruchdehnung und vor allem durch die niedrige Temperaturbeständigkeit der Kunststoffe. Letztere begrenzt die mögliche Zerspanleistung für den Gesamtverbund.

Im Gegensatz zu den Duroplasten, die bis zu ihrer Zersetzungstemperatur im festen Zustand verbleiben, erweichen die für Verbundwerkstoffe infrage kommenden Thermoplaste ab einer Temperatur von ca. 200°C. Hierdurch verringert sich die ohnehin niedrige Temperaturbelastbarkeit der Matrix.

Eine weitere Herausforderung stellt die geringe Temperaturleitfähigkeit der polymeren Matrixwerkstoffe dar. Sie führt dazu, dass die in den Werkstoff eingebrachte Prozesswärme nur schlecht von der Bearbeitungszone abgeleitet werden kann und so das Bauteil durch Verbrennungen wie auch das Werkzeug durch thermische Beanspruchung schädigt.

Aufgrund ihres inhomogenen Aufbaus findet bei der spanenden Bearbeitung von faserverstärkten Kunststoffen eine andersartige Spanbildung statt, als sie aus der Metallbearbeitung bekannt ist. Charakteristisch für die faserverstärkten Duroplaste ist die Entstehung feiner, pulveriger Späne und Faserbruchstücke, die mit der zusätzlichen Bildung eines hohen Anteils an Luftstaub verbunden ist [3, 4].

Messungen zur Größenverteilung der Staub- und Faserpartikel haben gezeigt, dass durchaus lungengängige Fraktionen (Partikel kleiner 5µm) vorhanden sind, die eine Gesundheitsbeeinträchtigung des Bedieners hervorrufen können [5]. Es ist daher unbedingt notwendig, für eine leistungsfähige Absaugung und Filterung der Abtragprodukte zu sorgen und die Bearbeitungsstelle zu kapseln. Die Bearbeitung mit dem Laserstrahl ist zusätzlich noch durch gasförmige Emissionen gekennzeichnet, die aufgrund ihrer zum Teil erheblichen Gefährdung ebenfalls entsorgt werden müssen [9].

Die häufigsten Bearbeitungsverfahren bei der Herstellung von Bauteilen aus Faserverbundkunststoffen sind das Bohren und das Fräsen. Eine Alternative zu den spanenden Verfahren bieten die Strahlverfahren, das Laserstrahlschneiden und das Wasser(abrasiv)strahlschneiden [8, 9].

Das richtige Werkzeug muss bei vorgegebener Bearbeitungsqualität der ökonomischen Forderung nach minimalen Kosten bei maximaler Standzeit und der ökologischen Anforderung nach minimaler Arbeitsplatzbelastung genügen.

Um die bereits genannten vorteilhaften Eigenschaften von Faserverbundkunststoffen (FVK) zu nutzen, müssen bei Einsatz einer Fügetechnik der Aufbau und die Eigenheiten der FVK berücksichtigt werden (z.B. Art der Polymermatrix, Anisotropie, Krafteinleitung, etc.). Für das Leistungsprofil von Produkten mit Bauteilen aus FVK kommt vielfach der Auswahl des Fügeverfahrens die gleiche Bedeutung zu, wie der Leistungsfähigkeit des verwendeten Faserverbundkunststoffes selbst. Bei der Auswahl des richtigen Fügeverfahrens muss die Art der Polymer-Matrix berücksichtigt werden. Thermoplastische Faserverbundkunststoffe können sowohl geschweißt als auch mechanisch gefügt oder geklebt werden [15, 16, 18].

Die Fügeverfahren für Bauteile aus FVK mit duroplastischer Matrix beschränken sich auf form- und kraftschlüssige mechanische Fügeverfahren wie Nieten und Schrauben sowie das Kleben als stoffschlüssiges Fügeverfahren [34].

Bei den mechanischen Fügeverfahren wird der Werkstoff durch die Bohrungen geschwächt werden. Diese Schwächung beruht auf Kerbeffekten, die durch Unterbrechung des Faserflusses entstehen. Bei Belastungen kann es daher zu vorzeitigem Fügeteilversagen kommen.

Die traditionellen Verbindungstechniken haben wohlbekannte Nachteile. Bei thermischen Verfahren wie dem Schweißen verändert der Werkstoff innerhalb einer Wärmeeinflusszone seine spezifischen Eigenschaften. Mechanische Verfahren wie Nieten oder Schrauben wiederum ermöglichen nur eine punktförmige Kraftübertragung; außerdem muss man in die zu verbindenden Werkstücke Löcher bohren, den Werkstoff also verletzen und damit schwächen.

Die Klebtechnik dagegen nimmt in diesem Zusammenhang aus vier wesentlichen Gründen die Schlüsselstellung für das Fügen von Faserverbundkunststoffen (FVK) ein:

1. Über das bei fachgerechtem Einsatz dieser Fügetechnik langzeitbeständige Verbinden gleicher Materialien hinaus ist es klebtechnisch möglich, **alle Werkstoffe** mit FVK langzeitbeständig zu verbinden.
2. Durch den Fertigungsprozess „Kleben“ werden die **Werkstoffeigenschaften** der Fügeteile nicht unzulässig verändert. Im Regelfall **bleiben** sie sogar unverändert **erhalten**: Der Klebprozess ist im Vergleich zum Schweißen oder Löten relativ wärmearm, eine Verletzung der Fügeteile wie beim Nieten oder Schrauben findet nicht statt.

3. Diese beiden Gründe führen in der Produktherstellung zu der Möglichkeit, die spezifischen Werkstoffeigenschaften der FVK für das Bauteil optimal zu nutzen. Dadurch sind die Möglichkeiten für **neue Bauweisen** (z.B. Leichtbauweisen) gegeben.
4. Im Weiteren ist es möglich, durch die Klebtechnik gezielt **zusätzliche**, über das eigentliche Verbinden hinausgehende **Eigenschaften** in das Bauteil zu **integrieren**.

Weitere Vorteile sind:

- homogene flächige Krafteinleitung,
- keine Schwächung der Fasern und lasttragenden Querschnitte durch Bohrlöcher,
- keine sichtbaren Fügeelemente,
- dichte Verbindungen,
- gleichmäßigere Spannungsverteilungen,
- überlegene Dauerschwingfestigkeiten,
- Fähigkeit, Bauteiltoleranzen auszugleichen.

Während die zunächst ausschließlich duroplastischen FVK geklebt, geschraubt und genietet wurden, eröffnet sich für die seit den achtziger Jahren vermehrt eingesetzten thermoplastischen Faserverbunde neben dem Kleben zusätzlich grundsätzlich die Möglichkeit des Schweißens. Diese Möglichkeit findet bisher hauptsächlich Anwendung für faserverstärkte Thermoplaste oder thermoplastische Faserverbunde mit Faservolumengehalten unter 30 wobei die Schweißverfahren Heizelementschweißen, Vibrationsschweißen und Ultraschallschweißen dominieren. Die Verbindung von kontinuierlich faserverstärkten Thermoplasten mit Faservolumengehalten ab etwa 30% erfolgt derzeit noch mit den bereits genannten konventionellen Verbindungstechniken wie Nieten oder Schrauben. Diese beinhalten allerdings einige entscheidende Nachteile, die die Ausnutzung des hohen mechanischen Potenzials der thermoplastischen Faserverbunde verhindern [32]. Dies sind z.B.:

- Kerbwirkung,
- Kriecheffekte,
- Einbringung gewichtserhöhender Zusatzelemente wie Schrauben, Niete sowie
- geringe Fügenahtfestigkeit bzw. große Fügeflächen als Kompensation dieser geringen Festigkeit.

Bei jeder Art der mechanischen Bearbeitung von Fertigteilen erfolgt eine Verletzung der geschlossenen Oberfläche der Teile, die das jeweilige Herstellungsverfahren erzeugt. Dadurch werden – unabhängig von der Dicke der Teile – Verstärkungsfasern freigelegt bzw. durchtrennt, so dass – begünstigt durch Kapillarwirkung gerade bei Glas– und Aramidfasern , gasförmige oder flüssige Fremdstoffe in das Laminat eindringen und eine Schädigung des Verbundes herbeiführen können.

Daher ist bei Glas- und Aramidfaserverbundkunststoffen zwingend geboten, nach der Bearbeitung eine Versiegelung der bearbeiteten Laminatbereiche vorzunehmen, um die Teile vor weitergehenden, irreversiblen Schäden zu bewahren.

6.16.1 Spanende Bearbeitung

6.16.1.1 Fräsen

Die hohe Härte der Glas- und insbesondere der Kohlenstofffaser führt bei der spanenden Bearbeitung zu starken Verschleißerscheinungen an den eingesetzten Werkzeugen. Diese müssen daher einen hohen Widerstand gegen Abrasion und eine hohe Zähigkeit aufweisen. Als Schneidstoff eignet sich Feinstkornhartmetall der Gruppe K10, polykristalliner Diamant (PKD) oder diamantbeschichtete Hartmetallwerkzeuge. (Abbildung 342 zeigt ein Beispiel für einen Fräser).

Um die Faser exakt zu trennen ist eine hohe Schneidenschärfe erforderlich. Hinsichtlich der Schneidengeometrie soll daher eine möglichst geringe Schneidenschartigkeit und ein kleiner Schneidkantenradius eingehalten werden. Aufgrund der ausgeprägten Sprödbruchcharakteristik dieser Fasern entspricht die Werkzeuggeometrie in etwa jener der in der Metallbearbeitung eingesetzten Werkzeuge.

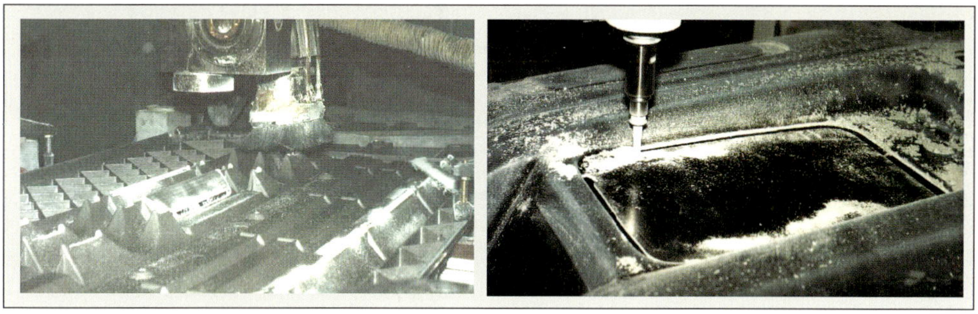

Abb. 342: Hochgeschwindigkeitsfräser einer CNC-Anlage

Eine Unterscheidung in den Einsatzgebieten findet hier durch die Art der Faser, ihre Länge und ihren Anteil im Verbundwerkstoff statt. Für die Fräsbearbeitung von Bauteilen aus gerichteten Langfasern mit einem höheren Fasergehalt sollten ungedrallte zweischneidige Fräser mit sehr scharfen Schneiden eingesetzt werden (vgl. Abbildung 343), da nur mit diesen eine saubere Trennung der Fasern möglich ist. PKD-bestückte Fräswerkzeuge zeigen sich hinsichtlich der erreichbaren Standwege und der erzielbaren Oberflächenqualitäten den Hartmetallfräsern deutlich überlegen, verursachen jedoch auch deutlich höhere Anschaffungskosten.

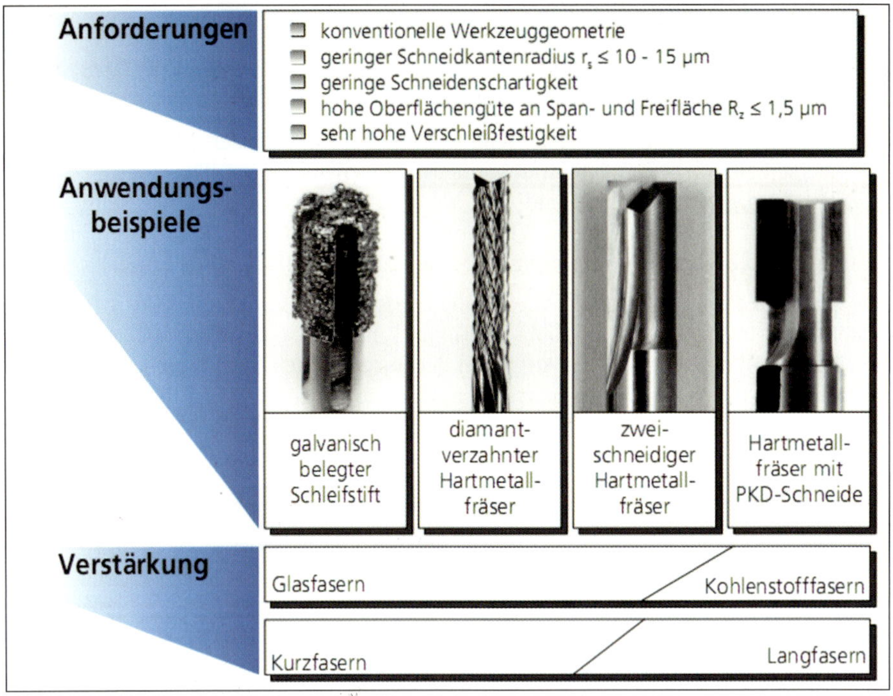

Abb. 343: Werkzeugauswahl für die Bearbeitung von glas- und kohlenstofffaserverstärkten Kunststoffen

Bedingt durch die Vielzahl möglicher Werkstoffkombinationen lassen sich nur sehr allgemein gehaltene Aussagen über die Schnittparameter machen. Als günstig hat sich jedoch in den meisten Fällen eine hohe Schnittgeschwindigkeit in Bereichen zwischen 800m/min und 1200m/min (Drehzahlen zwischen 50.000 und 80.000 1/min) bei einem niedrigen bis mittlerem Vorschub pro Zahn erwiesen.

Zur qualitätssicheren Bearbeitung von aramidfaserverstärkten Laminaten sind die üblichen Fräswerkzeuge mit konventioneller Schneidengeometrie nicht anwendbar. Da sich die Faser nur unter gleichzeitiger Zugbelastung sauber trennen lässt, muss die Werkzeuggeometrie so beschaffen sein, dass die Faser vor dem eigentlichen Trennvorgang vorgespannt wird. Weitere Anforderungen an das Werkzeug sind eine hohe Scheidenschärfe, verbunden mit einem geringen Schneidkantenradius und eine hohe Oberflächengüte der Span- und Freifläche, um die Reibung am Werkstück und damit die Neigung zur Zusetzung gering zu halten [6].

Wie bei den glas- und kohlenstofffaserverstärkten Kunststoffen erweist sich auch hier der Einsatz von Werkzeugen aus Hartmetall der Gruppe K10 als günstig (siehe Abbildung 344). Delaminationen und Ausfransungen an der Decklage lassen sich beim Fräsen aramidfaserverstärkter Kunststoffe nur durch die Verwendung gegensinnig gedrallter Werkzeuge vermeiden.

Eine Unterscheidung findet in Abbildung 344 nach der Dicke des zu zerspanenden Bauteils statt. Für dünne Laminate erweisen sich gegensinnig zur Mitte hin gedrallte Werkzeuge als vorteilhaft. Die hierdurch wirkenden Kräfte weisen von der oberen und unteren Bauteilkante jeweils zur Werkstückmitte. Diese Variante erfordert ein genaues axiales Ausrichten des Werkzeuges. Bei dickeren Bauteilen sollten wechselseitig gegensinnig gedrallte Fräser eingesetzt werden. Auch hier werden die Fasern durch die permanente Wechselbeanspruchung daran gehindert, vor der Schneide auszuweichen.

Ein Problem bei der spanenden Bearbeitung faserverstärkter Kunststoffe stellen die entstehenden Abtragprodukte (Staub, Faserpartikel) dar. Wie Abbildung 345verdeutlicht, kann es beim Fräsen insbesondere der zu Längsaufspleißung neigenden Aramidfasern zur Entstehung lungengängiger Partikel (Durchmesser unter 5µm) kommen. Die Anteile dieser Fraktionen am Gesamtstaub sind jedoch über die Werkzeugauswahl oder Bearbeitungsparameter beeinflussbar. Trotzdem ist es unbedingt erforderlich, den Arbeitsraum zu kapseln und die entstehenden Abtragprodukte abzusaugen und auszufiltern.

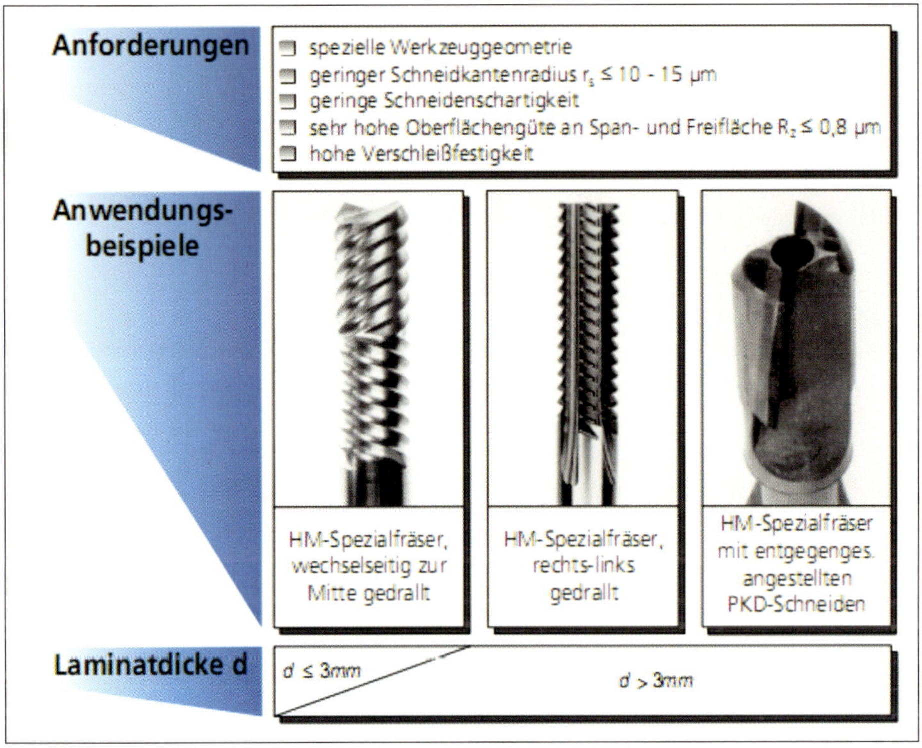

Abb. 344: Werkzeugauswahl für die Bearbeitung von aramidfaserverstärkten Kunststoffen

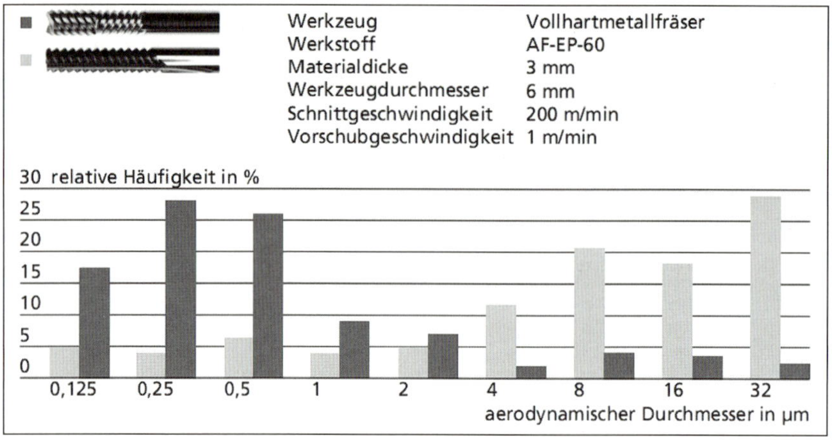

Abb. 345: Größenverteilung des Feinstaubs beim Fräsen von AFK

6.16.1.2 Bohren

Bei der konstruktiven Auslegung von Bohrungen ist darauf zu achten, dass ein ausreichender Rand, der das ein- bis zweifache des Lochdurchmessers betragen sollte, stehen bleibt. Beim Übertragen größerer Kräfte kann es erforderlich werden, die Wanddicke im Bereich der Bohrungen zu erhöhen, um eine bessere Krafteinleitung zu erreichen. Die Auslegung von Bohrvorrichtungen ist von der geforderten Stückzahl abhängig. Bei hohen Stückzahlen wird man immer automatisch arbeitende Bohrvorrichtungen einsetzen, (Abbildung 346).

Abb. 346: Automatische Bohrvorrichtung

Hinsichtlich der Bearbeitbarkeit durch Bohren ist, wie schon für das Fräsen aufgezeigt, entsprechend des grundsätzlich unterschiedlichen Versagens der glas- und kohlenstofffaserverstärkten Kunststoffe einerseits und der aramidfaserverstärkten Kunststoffe andererseits eine Differenzierung nach Werkstoffgruppen erforderlich.

Dementsprechend lassen sich einige allgemeine Empfehlungen zur Werkzeugauswahl geben (siehe Abbildung 343 und 344). Zum Bohren von CFK und GFK sind sehr verschleißfeste Werkzeuge mit konventioneller Schneidengeometrie und sehr geringem Scheidkantenradius einzusetzen. In den meisten Fällen erzielen Hartmetallbohrwerkzeuge ausreichende Ergebnisse. Weit überlegen zeigen sich PKD-bestückte Bohrer, die allerdings nur sehr eingeschränkt für manuell geführte Bohroperationen verwendbar sind.

Für die Bohrbearbeitung aramidfaserverstärkter Kunststoffe sind Standardwerkzeuge nicht verwendbar. Vielmehr wird hier die Verwendung einer Schneidengeometrie mit vorstehenden Umfangsschneiden verlangt, um ein Abscheren der Fasern unter Vorspannung zu gewährleisten. Bewährt haben sich hierfür Hartmetallbohrer, die auch das Anbringen der erwünschten stark positiven Spanwinkel erlauben (vgl. Abbildung 347)

Neben einem geringen Schneidkantenradius wird eine hohe Oberflächengüte an Span- und Freifläche gefordert, um die Reibung zwischen Werkstück und Werkzeug und damit die Ablagerung von Spanpartikeln gering zu halten.

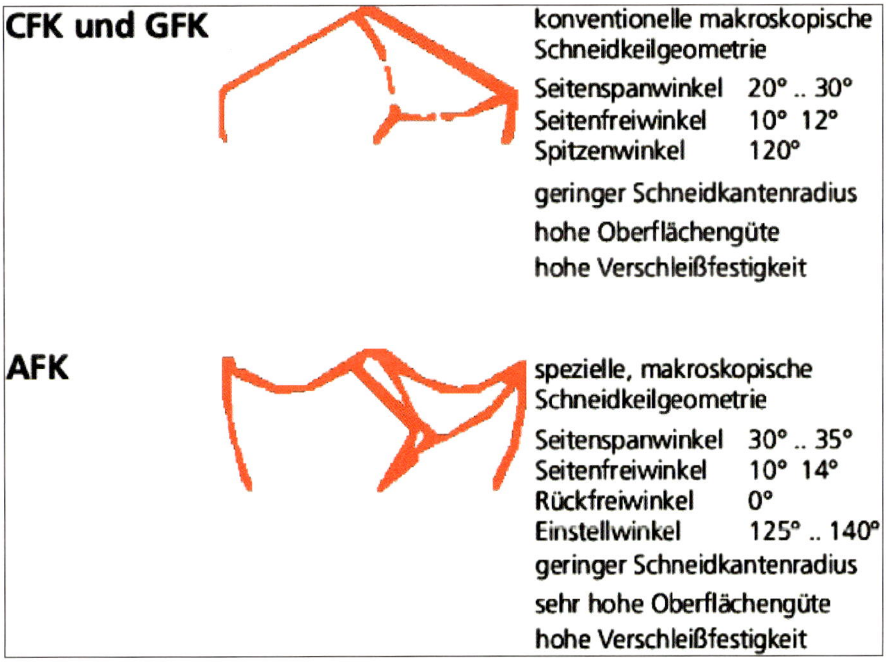

Abb. 347: Kriterien zur Werkzeugauswahl beim Bohren von faserverstärkten Kunststoffen

Die erzielbare Oberflächenrauheit ist stark abhängig von dem Fasertyp und der Faserlage, wie Abbildung 348 anhand der Schnittflächenausbildung eines unidirektional verstärkten CFK-Laminats zeigt. Pro Werkzeugumdrehung werden immer alle Faserlagen geschnitten, so dass es je nach Faserorientierung zu einer stark abweichenden Oberflächenausbildung in der Bohrungswandung kommt. Charakteristisch ist das Auftreten der schlechtesten Oberflächenqualität bei einer Druckbelastung der Faser im Bereich von etwa 105°-135° zur Faserorientierung. Im Gegensatz zu CFK und GFK treten an aramidfaserverstärkten Kunststoffen keine Faserausbrüche auf, vielmehr werden die Fasern weit aus der Schnittfläche herausgezogen und entgegen der Schnittfläche umgebogen. Dies liegt zum einen in dem zähen Bruchverhalten und zum anderen in der schlechteren Haftung der Aramidfaser in der Matrix begründet.

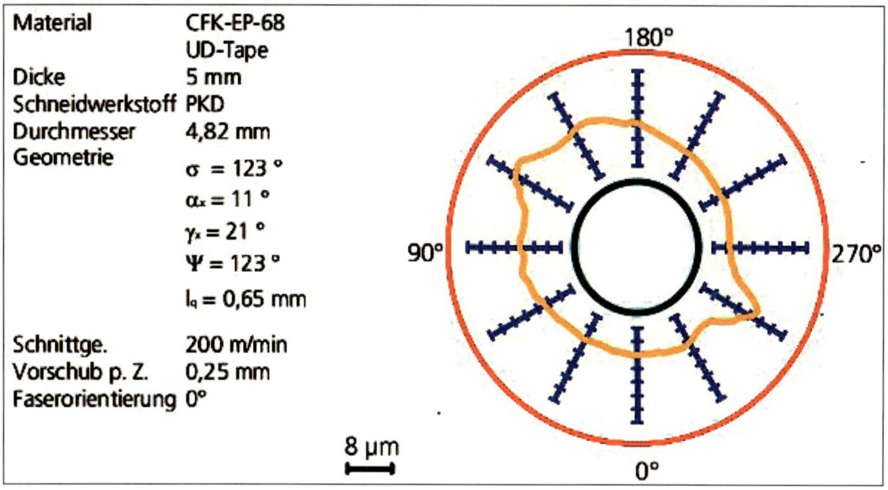

Abb. 348: Schnittflächenausbildung beim Bohren eines unidirektionalen CFK-Laminats

6.16.1.3 Stanzen

Bei hohen Stückzahlen, wie dem in Abbildung 349 gezeigten Aggregateträger, lohnt sich der Bau von komplizierten und präzise gefertigten Stanzwerkzeugen. Um störende Faserorientierungen zu vermeiden, können die Durchbrüche nicht eingepresst werden. Es ist jedoch üblich und zweckmäßig, die herausstehenden Sektionen mit geringerer Wanddicke zu pressen, um zum einen den Stanzvorgang zu erleichtern und zum anderen Material einzusparen. Je nach Anforderungen an das Bauteil kann die Restwandstärke, die herausgestanzt wird, bis unter 1mm abgesenkt werden.

Abb. 349: Gestanzter Aggregateträger

6.16.1.4 Ultraschallschwingläppen

Das Ultraschallschwingläppen ist als eine wichtige Ergänzung zu den konventionellen Fertigungsverfahren Fräsen und Bohren zu sehen. Gerade für die Bearbeitung der sprödharten CFK-Bauteile besitzt es Vorteile. Dazu zählt an erster Stelle die Möglichkeit, aufgrund des abbildenden Charakters des Verfahrens nahezu beliebige Formen einsinken zu können. Aufbau und Wirkprinzip des Ultraschallschwingläppprozesses veranschaulicht Abbildung 350.

Ein Generator erzeugt eine hochfrequente Wechselspannung, welche durch einen Schallwandler in eine Longitudinalschwingung mit einer Frequenz von 20kHz und einer Amplitude von 5µm umgewandelt wird. Durch den Einsatz einer Sonotrode, auf welcher das abbildende Formwerkzeug angebracht ist, wird die Amplitude auf einen Wert von 25-30µm verstärkt. Diese Amplitude wird auf die in der Läppsuspension befindlichen Läppkörner übertragen, welche Mikrorisse in dem Werkstück induzieren. Durch den kontinuierlichen Einschlag der Läppkörner in das Werkstück pflanzen sich die Risse fort und führen zu Abplatzungen bzw. zu einem Materialabtrag. Das abgetragene Material wird zusammen mit den Läppkörnern von der Bearbeitungsstelle abgeführt und die Läppsuspension von ihren Verunreinigungen gereinigt. Die bei der konventionellen Bohrbearbeitung typischerweise auftretenden Decklagenschädigungen, Delaminationen oder Ausbrüche sind nicht festzustellen. Infolge der geringen mechanischen Kräfte werden beim Ultraschallschwingläppen weder die Decklage noch die Bohrungswand beschädigt.

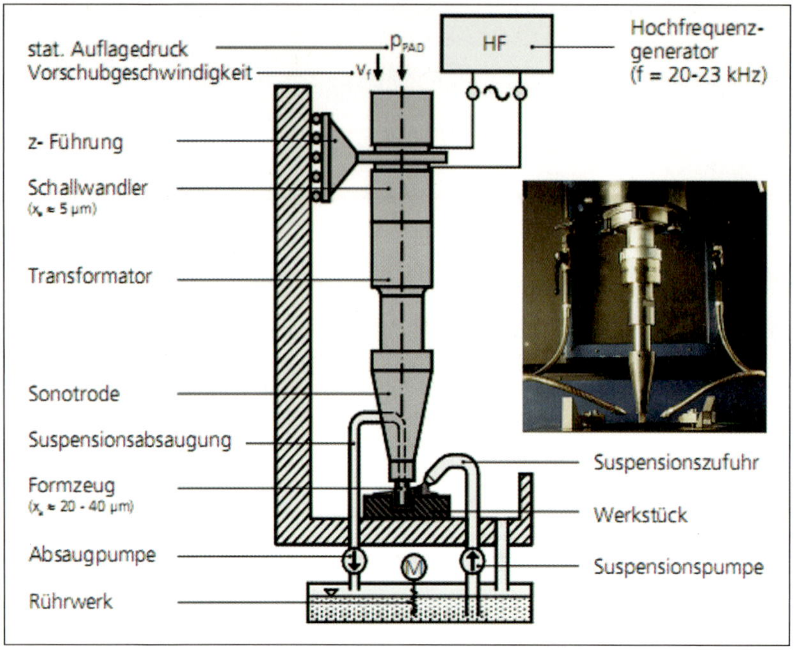

Abb. 350: Aufbau einer Ultraschallsenkmaschine

Literatur

[1] Borsdorf, Reiner: Grundlagen der Bearbeitung von Faserverbundkunststoffen. VDI- Seminar Faserverbundkunststoffe, Aachen 2001

[2] Bönsch, Ch.: Prozeßoptimierung beim Ultraschallschwingläppen. Dissertation RWTH Aachen 1992

[3] Rummenhöller, S.: Werkstofforientierte Prozeßauslegung für das Fräsen kohlenstoffaserverstärkter Kunststoffe. Dissertation RWTH Aachen, 1996

[4] Würtz, C.: Beitrag zur Analyse der Staubemissionen bei der Fräsbearbeitung von Bauteilen aus Kohlenstoffaserverstärkten Kunststoffen. Dissertation RWTH Aachen, 2000

[5] Autorenkollektiv Arbeits- und Ergebnisbericht: Produktionstechnik für Bauteile aus nichtmetallischen Faserverbundwerkstoffen. Sonderforschungsbereich 332, RWTH Aachen, 2001

[6] König, W., Graß, P., Rummenhöller, S.: Nach- und Endbearbeitung faserverstärkter Kunststoffe, VDI- Z 132 (1990) 3, S. 537-548

[7] Klocke, F., Borsdorf, R.: High Performance Machining of Aerospace Materials Proceedings International Conference on Competitive Manufacturing. COMA 2001, Stellenbosch, South Africa, page 281-288

[8] König, W. Rummenhöller, S.: Spanende Bearbeitung faserverstärkter Kunststoffe. Technika 40 (1991) 10 S. 75-81

[9] Trasser, Fr.-J.: Werkstofforientierte Prozeßauslegung des Laserstrahlschneidens von aramid- und glasfaserverstärkten Duroplasten. Dissertation RWTH Aachen 1992

[10] Wiendl, J. : Hochgeschwindigkeitsfräsen von aramidfäserverstärkten Kunststoffe. Dissertation TH Darmstadt 1987

[11] Wunsch, U.: Drehen faserverstärkter Kunststoffe. Dissertation TU Berlin 1988

6.16.2 Strahl-Bearbeitung

6.16.2.1 Wasserstrahlschneiden

Eine Alternative zu der Zerspantechnik bildet das Schneiden mit dem Hochgeschwindigkeits-Wasserstrahl. Dieses Verfahren besitzt eine Reihe von Vorteilen, wobei insbesondere das Fehlen eines im Eingriff befindlichen und somit direktem Verschleiß ausgesetzten Werkzeuges hervorzuheben ist.

Aufgrund der nahezu punktförmigen Wirkgeometrie weist dieses Verfahren keine Vorzugsrichtung auf; der Strahl hat senkrecht zu seiner Achse in jeder Richtung gleiche Schneideigenschaften. Sehr gut geeignet ist das Wasserstrahlschneiden für langfaserverstärkte Thermoplaste, wie Frontends (Montageträger) für PKW. Abbildung 351 zeigt die mehrstufige Bearbeitung eines Passat-Frontends.

Abb. 351: Wasserstrahlschneiden eines Passat-Frontends

Die geringen Strahlabmessungen haben schmale Trennfugen zur Folge und Erlauben somit das Herstellen von engen Einschnitten und Konturen mit kleinen Krümmungsradien. Die Schnittfuge bildet sich nahezu symmetrisch mit qualitativ gleichen Schnittkanten aus, die prinzipbedingt eine leichte Konizität aufweisen. Die mechanische Belastung der bearbeiteten Bauteile bleibt auf einem sehr niedrigen Niveau. Die entstehenden Abtragprodukte werden durch das Schneidwasser gebunden und mit diesem abgeführt. Die zum Schneiden mit Hochdruck-Wasserstrahl benötigte Anlagenkonfigurationen lässt sich in drei Funktionsblöcke unterteilen: Filterstation, Hochdruckpumpe und Schneidstation (vgl. Abbildung 352).

Die Filterstation dient der Entsalzung und Mikrofilterung des Schneidwassers. Seine Qualität beeinflusst unmittelbar die Lebensdauer der Hochdruckkomponenten und der Wasserdüse. Hochdruckpumpen für industrielle Schneidanwendungen arbeiten heute überwiegend nach dem Prinzip des hydraulischen Druckübersetzers. Mit diesen Aggregaten werden heute Drücke bis 400MPa bei Volumenströmen von bis zu 10 l/min erzeugt. Die Schneidstation beinhaltet im Wesentlichen die Hochdruckwasserdüse und das System zur Strahl- bzw. Werkstückhandhabung. In der Düse findet die Umsetzung der als Druck gespeicherten Energie des Wassers in die kinetische Energie des Freistrahles statt.

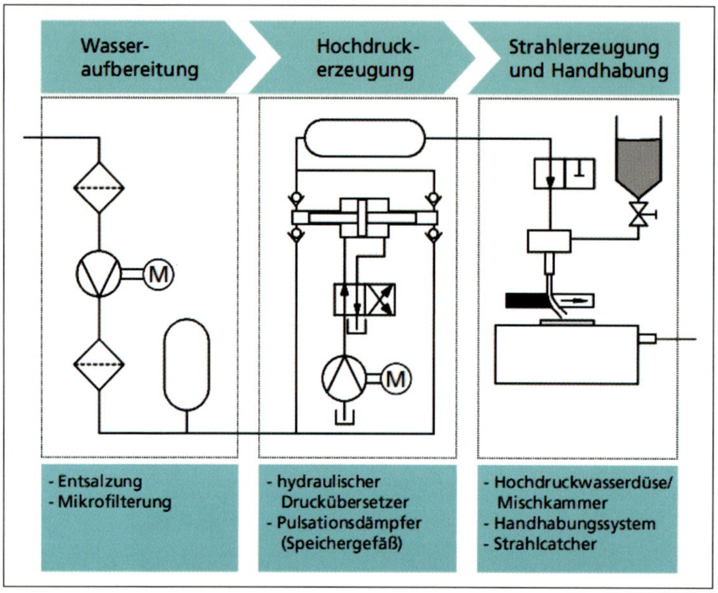

Abb. 352: Komponenten einer Wasserstrahlhochdruckanlage

Eine Variante des Wasserstrahlschneidens stellt das Wasserabrasivstrahlschneiden dar. Hierbei wird der durch den Freistrahl erzeugte Unterdruck in einer so genannten Mischkammer dazu genutzt, ein Gemisch aus Luft und einem Schleifmittel anzusaugen. Der durch die Wasserdüse gebildete Freistrahl überträgt dabei seine Energie an die Feststoffpartikel.

Als Strahlmittel kommen entsprechend den Erfordernissen hinsichtlich Schneidleistung und Schnittflächenqualität insbesondere Korund, aber auch Materialien wie Quarzsand, Granat, Silikatschlacke sowie – weniger empfehlenswert – Glasperlen oder Eisenschrot zum Einsatz. Die bessere Trennwirkung des feststoffbeladenden Flüssigkeitsstrahls äußert sich in einer größeren Grenzschnittdicke des Werkstoffs oder, bei gleicher Materialdicke, in einer um ein Vielfaches höheren Grenzvorschubgeschwindigkeit.

Die unterschiedliche Ausbildung der Schnittflächen beim Schneiden mit oder ohne Feststoff kann am deutlichsten beim Kohlenstofffaser-Laminat beobachtet werden (vgl. Abbildung 353). Der feststofffreie Wasserstrahl tritt mit hoher Geschwindigkeit auf den Werkstoff auf und trägt diesen durch die punktförmige Belastung an der Staustelle ab. Die große Belastungsgeschwindigkeit verhindert ein Ausweichen der Fasern; sie werden durch Gewaltbruch getrennt. Da der Wasserstrahl die Harzmatrix schneller abträgt als die Fasern, kommt es zu Auswaschungen des Matrixwerkstoffes, wodurch größere Faserbereiche freigelegt werden und aus der Schnittfläche herausragen.

Die durch den Wasserabrasivstrahl erzeugte Oberfläche ist durch eine wesentlich größere Gleichförmigkeit gekennzeichnet. Bei 40fach höheren Vorschubgeschwindigkeiten weist die Schnittfläche weniger und kleinere Poren auf; die aus der Harzmatrix herausgewaschenen Einzelfasern sind hier nicht erkennbar.

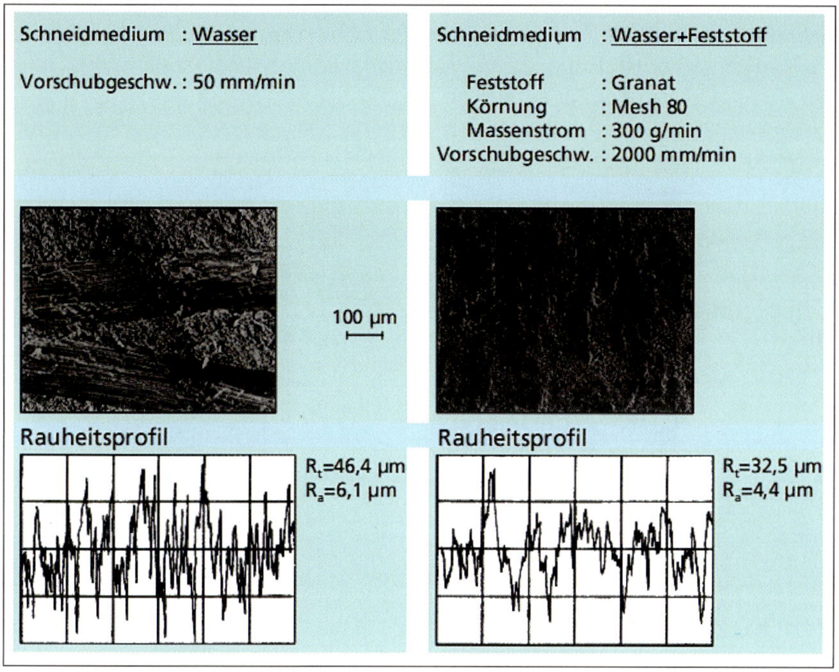

Abb. 353: Schnittflächenausbildung und Rauheitsprofil beim Schneiden von EP-CF-65

6.16.2.2 Laserstrahlschneiden

Für Faserverbundkunststoffe bietet sich das Laserstrahlschneiden besonders deshalb an, da der Schneidvorgang frei von mechanischen Kräften erfolgt. Die Schnittgeschwindigkeit und die Qualität des Schnittes werden dabei im Besonderen durch die Verfahrensparameter und die thermischen Eigenschaften des Werkstückes beeinflusst. Aufgrund der hohen mittleren Ausgangsleistung stellt der CO2-Laser den gebräuchlichsten und wirtschaftlichsten Laser zum Trennen dar.

Ein wesentliches Kennzeichen der Schnittflächenqualität beim Trennen von faserverstärkten Kunststoffen mittels CO2-Hochleistungslasern stellt die Breite der thermischen Schädigung der Schnittflächenrandzone dar. Die lokal unterschiedliche thermische Schädigung der Randzone ist auf die verschiedenen thermophysikalischen Eigenschaften von Faser und Matrix zurückzuführen.

Abbildung 354 zeigt die verschiedenen Bereiche der Schnittflächenrandzone. Es ist ein dünner verkohlter Bereich zu erkennen, der zum größten Teil von kondensiertem Material überzogen ist. Hieran schließt sich eine wesentlich breitere Wärmeeinflusszone an, in der der Matrixwerkstoff zum größten Teil verdampft wird, bzw. es zu chemischen Reaktionen kommt, so dass der Verbundwerkstoff in diesem Bereich schlechtere mechanische Eigenschaften aufweist.

Insbesondere in der Ausschnittvergrößerung wird deutlich, dass sich keine homogene Schnittfront ausbildet. Aufgrund des bidirektionalen Laminataufbaus ergeben sich an der Schnittfläche Bereiche, in denen nur Matrixwerkstoff bzw. nur Faserstränge getrennt werden. Die geringere Zersetzungstemperatur des Epoxidharzes im Vergleich zur Aramidfaser führt dazu, dass diese Faser aus dem Verbundwerkstoff hervortritt bzw. der Matrixwerkstoff zurückgedrängt wird. Diese thermische Schädigung tritt verstärkt auf, wenn Verbundwerkstoffe mit Glas- oder Kohlenstofffasern geschnitten werden. Die Art des Matrixwerkstoffes (Duroplast oder Thermoplast) spielt hierbei nur eine untergeordnete Rolle, da die verschiedenen Polymere keine signifikanten Unterschiede in der Zersetzungstemperatur aufweisen.

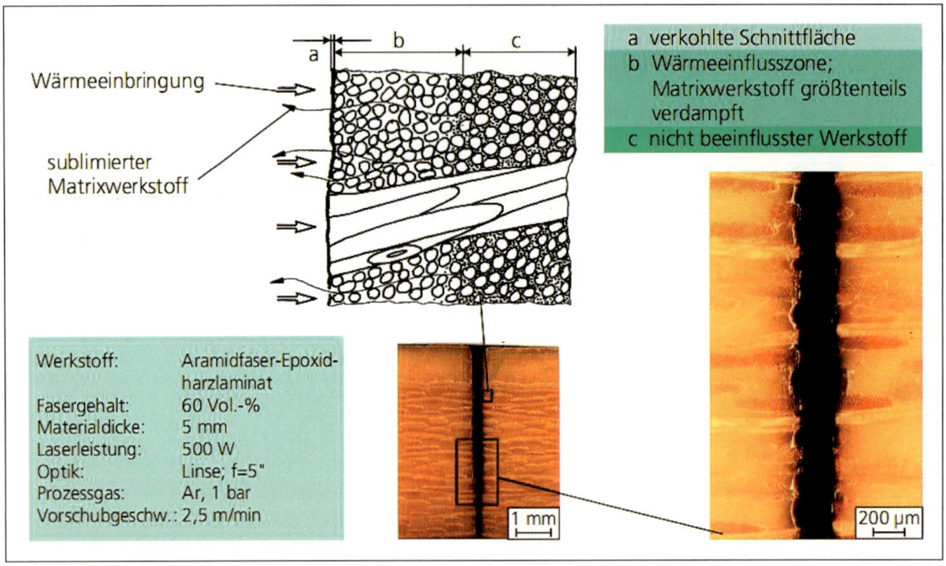

Abb. 354: Schnittflächenausbildung beim Laserstrahlschneiden von FVK

Mit Aramidfasern verstärkte Werkstoffe lassen sich im Allgemeinen gut trennen, da die Zersetzungstemperatur der Aramidfaser und die der Matrix genügend nahe beieinander liegen. FVK mit Glasfasern sowie Hybride mit Glas- und Aramidfasern können ebenfalls gut geschnitten werden. Kohlenstofffaserverstärkte Kunststoffe lassen sich aufgrund der guten Wärmeleitfähigkeit und der hohen Zersetzungstemperatur der Faser weder qualitativ noch von der Vorschubgeschwindigkeit her befriedigend trennen. Der Einsatz des CO2-Hochleistungslasers zum Trennen von Verbundwerkstoffen steht in direktem Vergleich mit den konventionellen Verfahren zum Besäumen, wie dem Fräsen und dem Wasserstrahlschneiden.

Die qualitativ hochwertige und wirtschaftliche Laserbearbeitung von CFK-Bauteilen mit den bisher verfügbaren CO2-Lasern scheitert an der guten Wärmeleitfähigkeit der C-Fasern bei gleichzeitig hoher thermischer Beständigkeit. Die gute Wärmeleitung entlang der Faser führt dazu, dass in einem weiten Bereich um die Bearbeitungszone die Kunststoffmatrix thermisch geschädigt wird und eine so genannte Wärmeeinflusszone entsteht, die sich über mehrere 100µm erstrecken kann [21].

Durch die Verfügbarkeit von leistungsfähigen Laserquellen mit ultrakurzen Pulsen und besonderen Strahlprofilen bekommt die Laserbearbeitung von CFK einen neuen Impuls. Mit diesen Anlagen gelingt es, das Material in der Schnittfuge zu verdampfen, bevor ein nennenswerter Energieeintrag in die benachbarten Bereiche und somit eine thermische Schädigung erfolgt ist [41].

Wesentliche Bewertungskriterien sind Schnittqualität, erreichbare Vorschubgeschwindigkeit und Wirtschaftlichkeit, insbesondere aber auch der Einfluss des Bearbeitungsverfahrens auf die mechanischen Eigenschaften der besäumten Bauteile. Neben der Art der Bearbeitungsaufgabe haben auch Stoffeigenschaft und Aufbau der Werkstoffkomponenten einen entscheidenden Einfluss auf die Eignung der Bearbeitungsverfahren.

Eine schematische Übersicht über weitere Beurteilungskriterien und Eignungsmerkmale ist in Tabelle 35 dargestellt. Neben Gesichtspunkten, die sich zum Großteil technologisch/wirtschaftlichen Maximen unterordnen lassen, wird künftig in zunehmendem Maße auch die Umweltverträglichkeit eines Verfahrens in den Vordergrund der anzustellenden Betrachtungen rücken. In diesem Fall ist insbesondere den Emissionen von Schadstoffen und Geräuschen Rechnung zu tragen, die im Allgemeinen eine Kapselung des Prozesses erfordern und im Falle der Schadstoffentwicklung zusätzlich weitergehende Entsorgungsmaßnahmen benötigen.

Tab. 35: Bewertungskriterien zur Verfahrensauswahl

	Wasserstrahlschneiden	Laserstrahlschneiden	Umrissfräsen
Mechanische Belastung	Gering	Sehr gering	Mittel
Thermische Belastung	Sehr gering	Sehr hoch	Gering- Mittel
Schadstoffentwicklung	Gering	Sehr hoch (Rauch, Gas)	Hoch (Staub)
Geräuschentwicklung	Hoch	Mittel	Sehr hoch
Schnittfugenbreite	Gering	Gering	Werkzeugdurchmesser
Schnittfugenform	Leicht konisch	Leicht konisch	Beliebig
Kleinster Inneneckenradius	0,05 mm	0,02 mm	Werkzeugradius
Symmetrie der Schnittkante	Parallel zur Strahlrichtung	Parallel zur Strahlrichtung	Senkrecht zur Werkzeugachse
Werkzeugverschleiß	Gering	Sehr gering	Mittel – Hoch
Zugänglichkeit des Werkstücks	Beidseitig	Beidseitig	Einseitig

6.16.3 Fügetechnik

6.16.3.1 Oberflächenbehandlung

Um eine ausreichende Haftung zwischen Klebstoff und FVK zu erreichen, ist eine gute Benetzung unabdingbare Voraussetzung [19]. Eine Oberflächenbehandlung ist daher beim Kleben von FVK notwendig, da aufgrund ähnlicher Oberflächenenergien von Kunststoff (Matrixharz) und Klebstoff die Benetzungsfähigkeit der polymeren Matrices optimierbar ist.

Für die Verbesserung der Haftungseigenschaften von Klebschichten auf den Fügeteiloberflächen werden mechanische, chemische und/oder physikalische Oberflächenvorbehandlungen durchgeführt, die dazu dienen, die Ausbildung von zwischenmolekularen Kräften entweder zu ermöglichen oder zu verstärken [38].

Im Vordergrund der Oberflächenbehandlung von FVK steht die Notwendigkeit, die an der Oberfläche vorhandenen Fasern nicht oder nur möglichst wenig zu schädigen, um eine homogene Kraftübertragung auch in der Grenzschicht zu gewährleisten. Zusätzlich kann der Faseranteil erhöht werden.

Gründliches Aufrauen oder Anschleifen sind für die sprödharten Polyester- und Epoxid-Harz-Klebstoffe aufgrund ihrer vergleichbaren Oberflächenenergien ausreichend. Feuchtigkeitsvernetzende PUR-Klebstoffe benötigen den Einsatz von Primern. Handlaminierte Oberflächen mit durch Luftsauerstoff teilweise inhibierten Harzpartikeln sind zweckmäßiger-weise abzuschleifen, um bessere Haftungswerte zu erzielen. Nur bei übergroßer Klebefläche kann man auf diese Maßnahme evtl. verzichten [14, 22, 23, 26, 27, 41, 43].

Bei der Oberflächenbehandlung werden duroplastische Matrices und thermoplastische Matrices unterschieden.

Oberflächenbehandlung von duroplastischen Matrices

Die Entfernung von Oberflächenschichten bzw. -verunreinigungen mittels Alkohol (z.B. Isopropanol) stellt zweifellos die schonendste Methode dar. Sie bewirkt nur einen Reinigungseffekt ohne eine Oberflächenaktivierung, sollte aber in jedem Fall durchgeführt werden.

Bei den mechanischen Behandlungsverfahren durch Schleifen, Bürsten und Strahlen ist davon auszugehen, dass die Polymerschicht an der Oberfläche entfernt wird und die obersten Fasern geschädigt werden. Diese teilweise Zerstörung der Fasern wirkt sich negativ auf die Laminatfestigkeit aus, da die beschädigten Fasern keine Last aufnehmen können. Weiterhin ergibt sich durch die sehr starke Vergrößerung der Oberfläche infolge der Faserbüschel ein erhöhter Klebstoffauftrag mit der Gefahr von Lufteinschlüssen und somit Fehlstellen in der Klebschicht [39]. Als Vorgehensweise kann aus diesen Gründen nur empfohlen werden, die mechanische Behandlung so schonend wie möglich zu gestalten und nur die gegebenenfalls vorhandenen festigkeitshemmenden Oberflächenschichten (interne/externe Trennmittel etc.) mittels feiner Körnungen der Schleifpapiere bzw. des Strahlgutes bei geringem Pressluftdruck zu entfernen.

Als besonders schonend und für hohe Alterungsbeständigkeiten ausreichend hat sich ein „Nassschleifen" mittels eines Schwammes und Scheuerpulver (einschlägiger Hersteller) erwiesen. In jedem Fall sollte sich eine Entfettung anschließen, die auch der Entfernung des Schleifstaubes dient [12].

Zu der mechanischen Oberflächenbehandlung zählt ebenfalls die Verwendung von Abreißgeweben (Peel-Ply). Bei diesem Verfahren werden Nylongewebe bereits beim Laminieren des Verbundes bzw. bei Verwendung von Prepregs als letzte Lage auf die noch nicht vollständig ausgehärtete Oberfläche gelegt. Aufgrund des eingeschränkten Benetzungsvermögens der Nylonfaser durch die Harzmatrix kann das Gewebe nach der vollständigen Aushärtung wieder abgezogen werden und hinterlässt eine charakteristische Oberflächenstruktur mit großer Reinheit sowie unbeschädigten Fasern, auf die direkt geklebt werden kann.

Die Vorteile dieses Verfahrens sind [39]:

- keine Zerstörung der Fasern,
- sehr gute Reproduzierbarkeit,
- Oberflächenvergrößerung,
- Zeitersparnis.

Die Verwendung von Peel-Ply schafft somit reproduzierbar aktivierte und verklebbare Oberflächen [44, 44]. Zu beachten ist, dass das „Peel-Ply-Gewebe“ nicht antiadhäsiv beschichtet ist. Dieses Verfahren ist nicht universell einsetzbar und seine Zuverlässigkeit muss deshalb für jede vorgesehene Kombination aus Faserverbundwerkstoff und Klebstoff neu nachgewiesen werden.

Oberflächenbehandlung von thermoplastischen Matrices

Atmosphärendruck-(AD)- und Niederdruckplasma-(ND)-Verfahren zählen zu den effektivsten und umweltverträglichsten Behandlungsmöglichkeiten, auch für FVK. Mit ihnen ist es möglich, funktionelle Gruppen gezielt in die Matrix-Oberflächen chemisch einzubauen, womit der Klebstoff dann langzeitbeständige chemische Adhäsionsbindungen aufbauen kann. Die jeweiligen Effekte sind vergleichweise unabhängig vom Matrixharz.

Die Oberflächenbehandlung mit Excimerlasern ist aufwändiger, erlaubt jedoch ebenfalls eine definierte Oberflächenmodifizierung. Durch Abtragen dünner Schichten werden Verunreinigungen entfernt, wobei die Abtragtiefe vom Freilegen der obersten Faserlage (30-50 nm) bis zu einigen Mikrometern reichen kann. Bei Verwendung von Lasern kurzer Pulsdauer (< 10 ns) wird eine thermische Schädigung des Grundmaterials vermieden. Die mit Laserstrahlung vorbehandelten Klebflächen zeigen besonders im Alterungsverhalten Vorteile gegenüber mechanisch aufgerauten Proben.

Die chemischen Oberflächenbehandlungen mit Beizlösungen verursachen einen erheblichen Aufwand hinsichtlich Arbeits- und Umweltschutz, der zu den zu erzielenden Ergebnissen in vielen Fällen in keinem wirtschaftlichen Verhältnis steht. Ihre Anwendung beschränkt sich daher auf Spezialfälle.

Beim Beflammen wird mittels einer Gas-Sauerstoff-Flamme (Propan, Acetylen) eine chemische und physikalische Modifizierung der Oberfläche erreicht. Die sich ergebenden Eigenschaften hängen hierbei stark von der Temperatur der Flamme, dem Abstand zwischen Flamme und Oberfläche und in besonderem Maße von der oxidativen Wirkung der Flamme ab. Auf jeden Fall muss direkt nach der Beflammung der Klebstoff aufgetragen werden.

Zur Aktivierung von schwer verklebbaren FVK auf Kohlenwasserstoff-Basis kann neben dem handhabbaren Plasmaverfahren die so genannte Fluorierung angewendet werden. Hierbei wird die Oberfläche des Werkstückes bei Raumtemperatur einem Gasgemisch aus Stickstoff, wenigen Prozent Fluor und eventuell kleinen Anteilen Sauerstoff ausgesetzt, wobei in einem stark exothermen Prozess Wasserstoffatome in den äußeren Schichten des Polymers durch Fluoratome ersetzt werden. Aufgrund des hohen Gefährdungspotenzials (Fluor-Reaktivität!) wird die Fluorierung nur in Ausnahmefällen noch eingesetzt.

Ein weiteres Behandlungsverfahren ist das Silikatisieren. Mit Silikatisierung ist die Abscheidung einer dünnen Schicht mit einer glasartigen Silizium-Sauerstoff-Netzstruktur gemeint. Es gibt verschiedene Methoden zur Herstellung der silikatischen Schichten. Die gebräuchlichsten Methoden sind die flammenpyrolytische Abscheidung nach dem Silicoater-Verfahren und die tribochemische Abscheidung nach dem SACO-Verfahren [28].

6.16.3.2 Kleben von FVK

Klebstoffe

Wie beim Kleben von metallischen Werkstoffen wird beim Kleben von FVK zwischen strukturellen Klebungen und semistrukturellen Klebungen unterschieden. Hauptunterscheidungsmerkmale sind die Festigkeit, die mit den jeweiligen Klebungen erzielt werden soll, die Dicke der Klebschicht und die Elastizität, die besonders bei semistrukturellen Klebungen zum Aus-gleich von auftretenden Spannungen genutzt wird. Strukturelle und semistrukturelle Klebungen können wie folgt unterschieden werden:

1. Strukturklebung

Klebstoffe:	Epoxidharz, Methylmetacrylat, Polyurethan (hochfest)
Klebschichtdicke:	0,1mm-0,3mm
Klebfestigkeit:	≥10MPa
Schubmodul:	50-1000MPa

2. Semistrukturelle Klebung

Klebstoffe:	Silanmodifiziertes Elastomer (MS-Polymer), Polyurethan (elastisch)
Klebschichtdicke:	0,5mm-5mm
Klebfestigkeit:	≥ 1-5MPa
Schubmodul:	1-5MPa

Klebstoffe für das strukturelle Kleben von FVK sind im Allgemeinen Formulierungen auf Epoxidharz-, Polyurethan- oder Methacrylat-Basis. Klebstoffe für semistrukturelle Klebungen basieren in der Regel auf Polyurethanen. Entsprechend ihrer chemischen Basis, aber auch durch die eigentliche Formulierung beim Klebstoffhersteller ergeben sich unterschiedliche Eigenschaften dieser Klebstoffgruppen wie auch der individuellen Klebstoffe [35]. Auch in der Art der Aushärtemechanismen unterscheiden sich die Klebstoffe. Prinzipiell werden warm- und kalthärtende Systeme unterschieden sowie die Anzahl der benötigten Komponenten:

1. 1-K warmhärtend — Epoxidharz-Klebstoffe
2. 1-K feuchtigkeitshärtend — Polyurethan-Klebstoffe
3. 2-K kalthärtend — 2-K Epoxidharz-Klebstoffe
4. 2-K Polyurethan-Klebstoffe,
5. 2-K Methylmetacrylat-Klebstoffe

Gestaltung, klebgerechte Geometrie

Wie bei jeder Fügetechnik sind auch beim Kleben – wie hier beim Kleben von FVK – Grundregeln zu beachten. Die Klebung ist auf Scherung auszulegen. Schälbeanspruchungen sind zu vermeiden. Die Beanspruchbarkeit der Klebung muss in jedem Fall größer sein als die zu erwartende Beanspruchung.

Eine wertvolle und umfassende Übersicht, wie eine Klebung fachgerecht zu entwickeln, auszulegen und herzustellen ist, stellt der Leitfaden „Kleben – aber richtig“ des Industrieverbandes Klebstoffe e.V. dar. Unter www.klebstoffe.com findet der Anwender kostenneutral eine großartige Hilfestellung, von der Produktidee bis zum fertigen Produkt die Klebtechnik einzusetzen.

Der Leitfaden umfasst ausgehend von der Projektidee bis zum Produkt die Schwerpunkte:

- die Klebung planen,
- die Werkstoffeigenschaften beachten,
- die Klebung gestalten,

- den richtigen Klebstoff auswählen,
- die Oberflächenbehandlung,
- die Gebrauchssicherheit der Klebung nachweisen,
- die Fertigung vorbereiten,
- die Klebung fachgerecht ausführen.

Abb. 355: Leitfaden „Kleben – aber richtig“

Die Nutzung des Leitfadens ist dringend angeraten, da er umfassend den geneigten Anwender durch die komplexe Thematik hindurchführt und sicherstellt, keine wesentlichen Punkte zu vergessen.

Anwendungsbeispiele

Es gibt viele aktuelle Beispiele, an denen die Leistungsfähigkeit von geklebten FVK-Verbindungen demonstriert werden kann.

Eine der großen Klebanwendungen von FVK liegt beim Bau von Rotorblättern von Windenergieanlagen (vgl. Abbildung 356). Hier werden die beiden FVK-Flügelschalen der einzelnen Windflügel zusammengeklebt [24].

Abb. 356: Windenergieanlage mit geklebten GFK-Rotorblättern

Mit 2K-Polyurethanklebstoff werden Fluggastbedientafeln, Wandtafeln, Schott- und Trennwände, Armlehnen und andere Teile von Kabineneinrichtungen des Flugzeugbaus geklebt [12].

Im Bereich des Omnibus- und Schienenfahrzeugbaus werden viele FVK-Bauteile mit feuchtigkeitsvernetzenden 1K-PUR untereinander und an metallische Rahmenstrukturen geklebt. Die Verwendung faserverstärkter Kunststoffe als Werkstoff für die Karosserieaußenhaut hat sich beim Omnibusbau insbesondere aus Gründen der einfachen dreidimensionalen Formbarkeit weitgehend durchgesetzt [29].

Der Berliner ADtranz GmbH ist es beispielsweise gelungen, den „Regio Shuttle“ 25% leichter als vergleichbare herkömmliche Fahrzeuge zu bauen. Die Klebtechnik leistet hier entscheiden-de Beiträge. So wurden Faserverbundkunststoffe als Außenhaut auf den metallischen „Fach-werk-Rohbau“ geklebt. Zusätzliche Vorteile: Die Fahrkultur des Shuttle ist besser, die Ferti-gungs- und Betriebskosten sind niedriger.

Abb. 357: Regio Shuttle (Bild Stadler Hennigsdorf)

Aufgrund verschiedener Vorteile, wie beispielsweise relativ geringem Wartungsaufwand, Leichtbaupotential und Korrosionsbeständigkeit kommen FVK auch verstärkt bei Schiffen zum Einsatz. Beispielsweise werden Motorbooten und Segeljachten, Hochgeschwindigkeitsbooten und Minenräumer aus FVK gefertigt [46]. Bei diesen Booten werden die unterschiedlichsten Bauteile mit den entsprechenden zahlreichen Nahtgeometrien miteinander verbunden. Es werden dort z.B. Zwischenwände (Schotts) mittels Klebtechnik mit den Bodenpaneelen verbunden [37].

6.16.3.3 Schweißen von FVK

Die Entwicklung langfaserverstärkter thermoplastischer Prepregs hat die Möglichkeit eröffnet, die bisher in Faserverbundwerkstoffen verwendeten duroplastischen Matrices, die bisher nicht schweißbar sind, zu ersetzen. Damit eröffnen sich neue Verarbeitungstechniken mit erheblichen Zykluszeitvorteilen. Der Wegfall der Härtephase bei duroplastischer Matrix bringt auch Nachteile mit sich, wie z.B. höhere Verarbeitungstemperaturen bei genauer Einhaltung des Temperaturfensters und höhere Verformungsdrücke. Weiterhin ist der maximale Komplexitätsgrad der Bauteile gegenüber duroplastischen Systemen begrenzt. Erst die Fügetechnik macht komplexere Bauteile möglich und stellt somit einen entscheidenden Verarbeitungsschritt dar [31]. Bei duroplastischen Werkstoffen ist nur Kleben möglich, thermoplastische Verbundwerkstoffe werden alternativ auch mit Matrixmaterial geschweißt [30].

Nach DIN 1910 Teil 3 wird unter Kunststoffschweißen das Verbinden thermoplastischer Kunststoffe unter Anwendung von Druck und Wärme – ohne und mit Zusatzwerkstoff – verstanden [13].

Hier stehen grundsätzlich die verschiedensten Verfahren zur Verfügung.

Sie unterscheiden sich nach Art der Wärmeeinbringung und in konstruktiven Restriktionen in der Fügeebenengestaltung.

An ein Schweißverfahren für Faserverbundwerkstoffe werden dabei prinzipiell folgende Anforderungen gestellt [31]:

- Wärmeeinbringung nur direkt in der Fügeebene, um eine Veränderung der Matrixstruktur und -morphologie oder der Faserlage in der gegebenenfalls aufgeschmolzenen Matrix unter dem späteren Fügedruck zu vermeiden und Zykluszeit zu sparen,
- keine Zerstörung der Faserstruktur,
- Erreichen derselben interlaminaren Scherfestigkeit in der Schweißnaht wie im Grundmaterial,
- es können nur Matrixpolymere und nicht die Fasern verschweißt werden. Eine Möglichkeit ist hier die Verwendung von matrixreichen Außenschichten [33].

Als geeignete Verfahren sind das Schweißen mittels geheizter Presse, das Widerstandsschweißen, das Induktionsschweißen, das IR-Schweißen, das Vibrationsschweißen, das Ultraschallschweißen und das Laserstrahlschweißen zu betrachten. Aufgrund seiner Beschränkung in der Dimension der zu verschweißenden Bauteile ist gerade das Ultraschallschweißen für kleinere Bauteile bis 1kg ein sehr geeignetes Fügeverfahren, welches die Wärme direkt in der Fügezone erzeugt. Auch bei größeren Bauteilen kann das Ultraschallschweißen eingesetzt werden, da sehr lange Schweißnähte durch sequentielles Schweißen kürzerer Abschnitte problemlos hergestellt werden können.

Heizelementschweißen

Das Heizelementschweißen ist im Vergleich zu anderen Schweißverfahren aufgrund der direkten Energieeinleitung sowie des zeitlich gedehnten Fügeprozesses das vom Ablauf her zuverlässigste Schweißverfahren für alle thermoplastischen Kunststoffteile.

In der DIN 19960 wird das Heizelementschweißen von thermoplastischen Kunststoffen definiert. Die Verbindungsflächen werden mit Heizelementen durch Berührung oder durch Strahlung ausreichend erwärmt und unter Druck, ohne oder mit Zusatzstoff, geschweißt [13].

Beim Heizelementschweißen wird die Oberfläche, die verschweißt werden soll, mit einem Heizelement aufgeheizt. Der Schweißvorgang kann in vier Phasen aufgeteilt werden. In Phase eins werden Heizelement und Oberfläche unter Druck zusammengebracht bis die Oberfläche zu schmelzen anfängt. In Phase zwei wird der Druck reduziert, um eine geschmolzene Oberfläche zu bekommen. In Phase drei wird das Heizelement von der Oberfläche entfernt. In Phase vier werden die beiden aufgeschmolzenen Oberflächen unter Druck zusammengebracht und dann unter Druck gehalten, bis das Material erstarrt ist [20].

Beim Schweißen von thermoplastischen Verbundwerkstoffen (GMT) hat sich gezeigt, dass Fasern beim Heißelementschweißen und beim Vibrationsschweißen keine verstärkende Wirkung haben [20].

Infrarotschweißen

Die Infrarotbestrahlung ist eine direkte Erwärmungsmethode, bei der die Wärmeenergie durch Strahlung übertragen wird. Abhängig von der Wellenlänge wird zwischen kurzwellig (0,9-1,8µm), mittelwellig (1,8-3,3µm) und langwellig (3,3-6,0µm) unterschieden. Vorteile hier sind die berührungslose Wärmeeinbringung und somit die freie Nahtgestaltung [13].

Hochfrequenzschweißen

Das Hochfrequenzschweißen ist ein Verfahren, welches den dielektrischen Verlustfaktor von Kunststoffen ausnutzt, um durch Anlegen eines hochfrequenten Wechselfeldes intermolekulare Reibung zu erzeugen, die zum Aufschmelzen des Werkstoffes führt. Das Hochfrequenzschweißen wird allerdings vorzugsweise zum Verbinden von Folien aus PVC oder aus mit PVC-beschichtetem Gewebe eingesetzt [13].

Induktionsschweißen

Bei diesem Verfahren wird das Prinzip der Induktionswärme genutzt. Es ist hierzu notwendig, zwischen die zu verbindenden Teile ein Zusatzmaterial einzulegen (Pulver, Folie), das magnetisch aktivierbar ist [13].

Vibrationsschweißen

Beim linearen Vibrationsschweißen werden die Fügeteile in einer oszillierenden translatorischen Relativbewegung so lange gegeneinander gerieben, bis die Werkstoffe in der Berührungszone aufschmelzen und ineinander fließen können. Danach wird der Vibrationsvorgang beendet, so dass beim Abkühlen eine stoffschlüssige Verbindung entsteht [13, 34].

Reibschweißen

Beim Reibschweißen wird ohne Zufuhr von Wärmeenergie und Zusatzwerkstoff die zum Verschweißen notwendige Wärme durch Relativbewegung und damit Grenzflächenreibung an der Verbindungsstelle im Werkstoff selbst erzeugt. Von den zu verschweißenden Fügeteilgeometrien muss mindestens eine rotationssymmetrisch sein [13, 20].

Das fallweise bei Thermoplasten mögliche Reibschweißen ist bei LFT nicht möglich, da über den verstärkenden Glasfasern zu wenig Matrix vorhanden ist [30].

Ultraschallschweißen

Das Ultraschallschweißen zählt zu den wichtigsten Fügeverfahren für Kunststoffe in der Serienfertigung. Insbesondere aufgrund der extrem kurzen Schweißzeit, meist im Bereich unterhalb einer Sekunde, eignet sich dieses Verfahren zum Einsatz in der Serienfertigung.

Beim Ultraschallschweißen werden die zu verbindenden Bauteile unter Aufbringung einer Fügekraft mit einer hochfrequenten mechanischen Schwingung im Mikrometerbereich beaufschlagt. Dadurch wird in Folge von Dissipation die mechanische Schwingungsenergie im Schweißnahtbereich in Wärme umgewandelt. Der Kunststoff schmilzt auf, und die Bauteile können unter Vorhandensein des Fügedrucks geschweißt werden.

Für ein definiertes Aufschmelzen der Fügeteile in der Nahtebene sind spezielle Nahtgeometrien erforderlich. Häufig eingesetzt wird ein so genannter Energierichtungsgeber [32].

Laserstrahlschweißen

Das Schweißen von thermoplastischen Kunststoffen hat sich als Verbindungs- und Fügetechnik etablieren können. Dabei ist das Laserdurchstrahlschweißen ein relativ junges Fügeverfahren zur Verbindung zweier Thermoplaste. Beim Schweißen durchdringt der Laser einen transparenten Fügepartner. Die Lichtenergie wird in dem darunter liegenden absorbierenden Kunststoff in Wärmeenergie umgewandelt. Der obere Fügepartner wird dabei durch Wärmeleitung angeschmolzen. Meist wird zur Erzielung des absorbierenden Charakters Ruß als Einfärbung verwendet [32, 36].

6.16.3.4 Mechanisches Fügen

Die Komponenten für einschalige Bauteile (Sichtteile) aus duroplastischer Matrix können direkt verschraubt bzw. Einbauteile direkt mit einem, beispielsweise in SMC-Technologie gefertigten Teil verbunden werden.

Das multifunktionelle FVK-Teil enthält alle notwendigen Befestigungselemente bzw. die notwendigen Sacklöcher für die Direktverschraubung. Dieser Weg ist die kostengünstigste Anwendung von FVK-Bauteilen.

Bolzenverbindungen

Bolzenverbindungen gelten im Gegensatz zu Kleb- oder Schweißverbindungen, die die Kräfte großflächig über Druck- und Schubbeanspruchungen einleiten, als nicht fasergerecht, da der Faserverlauf durch Bohrungen unterbrochen wird. Gegenüber Kleb- und Schweißverbindungen weisen Bolzenverbindungen jedoch aufgrund ihrer Lösbarkeit und der vielseitigen Anwendbarkeit auch zum Fügen unterschiedlicher Materialien eine hohe Funktionalität und Flexibilität auf [25].

Bolzenverbindungen sind einfache und daher weit verbreitete Fügeverfahren. Typische Fügegeometrien sind einfach oder doppelt überlappte Verbindungen. Eine Grundregel für Bolzenverbindungen in FVK ist, dass die Auslegung auf Lochleibungsversagen erfolgen soll, um definierte strukturelle und geometrische Verhältnisse zu haben. Die Lochleibungsfestigkeit in Laminaten ist eine Funktion der Parameter Laminatdicke, Seiten- und Endabstand der Bohrung, Bohrungsdurchmesser, Einspannkraft und des Laminataufbaus. Bemessungskriterien sind die Druckfestigkeit der Lochleibung und die Kerbfestigkeit des Laminats. Die Druckfestigkeit der Lochleibung ist eine Funktion der Faserorientierung, der Schubfestigkeit der Matrix und des Delaminationsschutzes. Eine 0°-Faserorientierung wirkt sich positiv auf die Druckfestigkeit der Lochleibung aus. Eine +/- 45°-Faserorientierung verbessert die Kerbfestigkeit. Eine optimale Kraftübertragung wird bei einer Kombination von 0°- und +/-45°-Faserorientierung erreicht [25].

Anwendung von Einpressbuchsen

Als sicherste Verbindung hat man in der Vergangenheit Einpressbuchsen aus Messinglegierungen verwendet. Die Buchsen sind so gestaltet, dass sie verdrehsicher und ausreißfest im Laminat verankert sind (Abbildung 358).

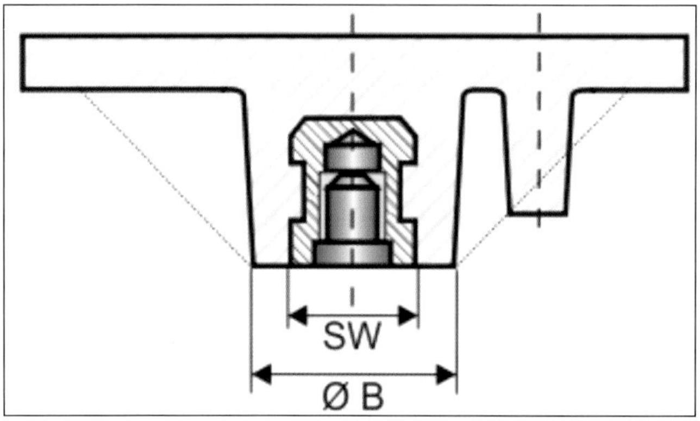

Abb. 358: Typische Einpressbuchse für SMC

Kennzeichnende Maße für die Buchseneinbettung sind bei

	B (mm)	SW (mm)
M 5	15	7
M 6	18	9
M 8	24	12

Die Anzugsdrehmomente der Schrauben 8.8 betragen bei

	Nm
M 5	6,5
M 6	9,7
M 8	22

Die Einpressbuchsen werden in speziellen Werkzeugeinsätzen so verankert, dass sie im Fließpressprozess nicht ausgeschwemmt werden können. Abbildung 359 zeigt die Konstruktionszeichnung einer Aufnahme für Einpressbuchsen in Presswerkzeugen.

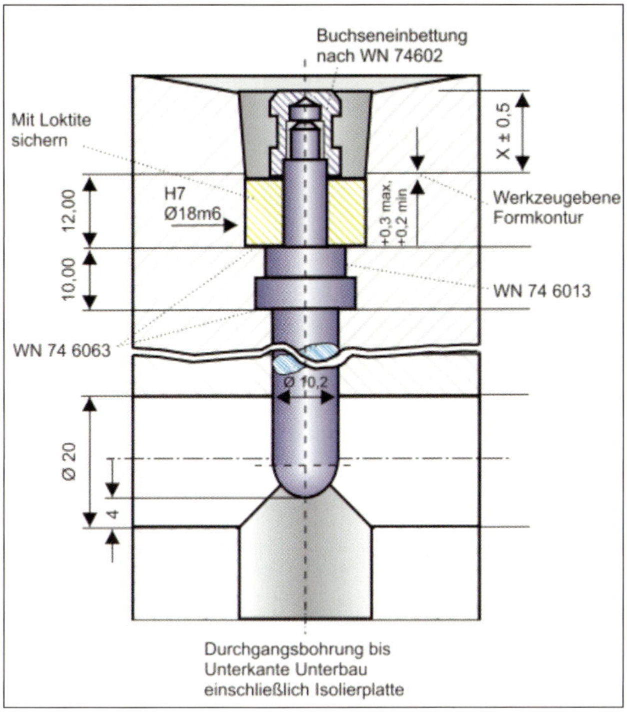

Abb. 359: Aufnahme für Einpressbuchsen im Presswerkzeug – Konstruktionszeichnung

Die Lage der Einpressbuchsen im Presswerkzeug ist in Abbildung 360 dargestellt.

Abb. 360: Einpressbuchsen im Presswerkzeug

In Abbildung 361 sind die Einpressbuchsen einer LKW-Frontklappe dargestellt, die der direkten Befestigung am Fahrerhaus dienen. In neueren Konstruktionen werden für die gleichen Bauteile Sacklöcher eingepresst.

Abb. 361: Einpressbuchsen einer LKW-Frontklappe

Vorteile dieser Verbindungstechnik:

- sichere Verankerung im Laminat,
- Verbindung nahezu beliebig oft lösbar.

Nachteile:

- hohe Kosten der Einpressbuchsen,
- Verlängerung der Taktzeit an der Presse durch das Einbringen der Buchsen,
- Formteil ist in der Regel Ausschuss schon bei einer fehlerhaften Buchse.

Anwendung von gewindeformenden Schrauben

Wesentlich kostengünstiger ist die Anwendung gewindeformender Schrauben.

Der sehr gut fließfähige Werkstoff SMC erlaubt das Anpressen von nahezu beliebigen Verrippungen aus Steifigkeitsgründen und Domen mit Sacklöchern für Schraubverbindungen (vgl. Abbildung 362). Die Vielzahl der Sacklöcher erklärt sich damit, dass in die Bauteile je nach Anwendung ganz unterschiedliche Einbauteile montiert werden müssen.

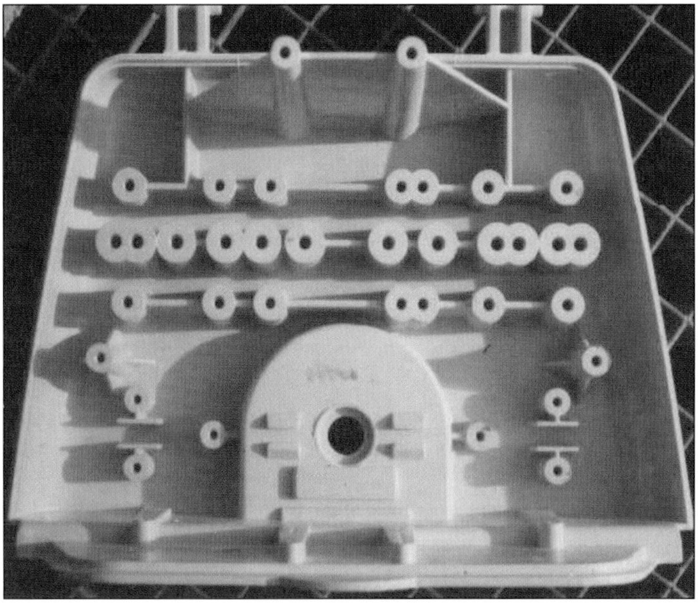

Abb. 362: Sacklöcher für Direktverschraubungen in einer Tragplatte für Peitschenmast-Leuchten

In Abbildung 363 ist die Skizze eines Schneidschraub-Domes PT-K40 bis K100 dargestellt.

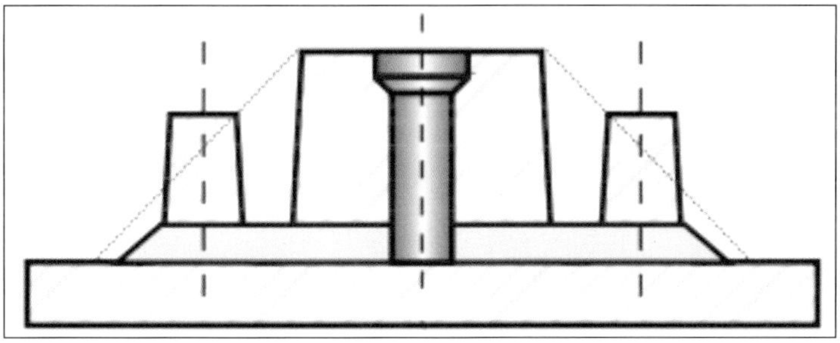

Abb. 363: Skizze Schneidschraub-Dom

In den letzten Jahren wurden in der Gestaltung der Schrauben derartige Fortschritte erzielt, dass man heute Verbindungen in neuen Werkzeugen als Direktverschraubungen herstellt.

Die Dimensionen der Sacklöcher sind sehr genau auf die Schraubendimension abzustimmen. Sogar Mehrfachverschraubungen sind möglich, meist muss dann jedoch bei den Folgeverschraubungen zur Sicherung ein härtbarer Klebstoff eingesetzt werden.

Vorteile:

- Design-Freiheit,
- leichte Montage,
- kostengünstig,
- lösbare Verbindungen,

- bedingt wiederverschraubbar,
- recyclinggerecht.

Nachteile:

- nur bedingt wiederverschraubbar.

Wenn immer möglich, werden seit vielen Jahren im Maschinenbau, der Bauindustrie, in Schienenfahrzeugen, der Kommunikationstechnik usw. Schraubverbindungen mit Sacklöchern angewandt. In der Fahrzeugindustrie sind die Schraubverbindungen in der Regel höheren dynamischen Belastungen ausgesetzt, so dass man sich auch wegen des steifen Werkstoffes SMC lange Zeit nicht an gewindeformende Verschraubungen herantraute.

Die guten Erfahrungen mit der Anwendung bei Thermoplasten, die einen Kaltfluss zeigen, veranlassten in den letzten Jahren viele dynamische Versuche, die die Anwendbarkeit auch bei dynamisch belasteten SMC-Teilen erlauben.

Vielfach ist es jedoch eine Philosophiefrage des betreffenden Konstrukteurs bzw. dessen Firma, welche Art der Direktverschraubung gewählt wird. Aus Steifigkeitsgründen werden gern Sacklöcher in Kreuzungspunkten von Rippen angebracht (Abbildung 364).

Abb. 364: Sacklöcher in Kreuzungspunkten von Rippen einer LKW-Frontklappe

Einzeln stehende Dome müssen flächig angebunden werden, um die notwendige Krafteinleitung zu gewährleisten. Ein recht gutes Beispiel ist der in Abbildung 365 gezeigte Bauteilausschnitt.

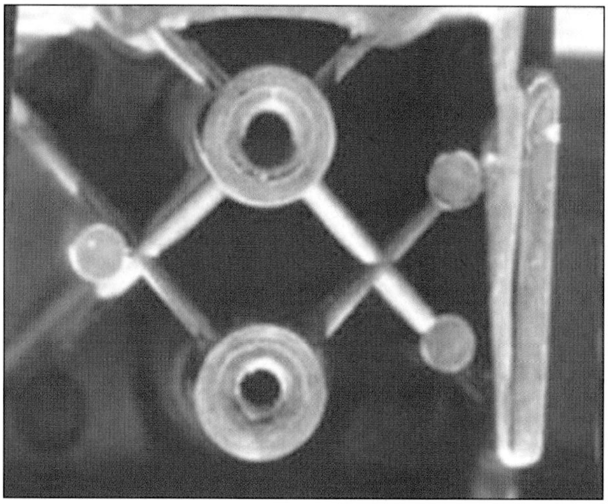

Abb. 365: Angebundene Dome mit Sacklöchern

Gewindeformende Schrauben mit innerem metrischen Gewinde

Eine Sonderausführung der gewindeformenden Schrauben hat ebenfalls Eingang in die Verbindungstechnik von langfaserverstärkten Bauteilen gefunden. Die in Abbildung 366 dargestellte so genannte Scorpio-Schraube hat außen die auf den Werkstoff abgestimmte gewindeformende Dimension und innen ein metrisches Gewinde. Dadurch entfällt der Nachteil der bedingten Lösbarkeit der Schraubverbindung.

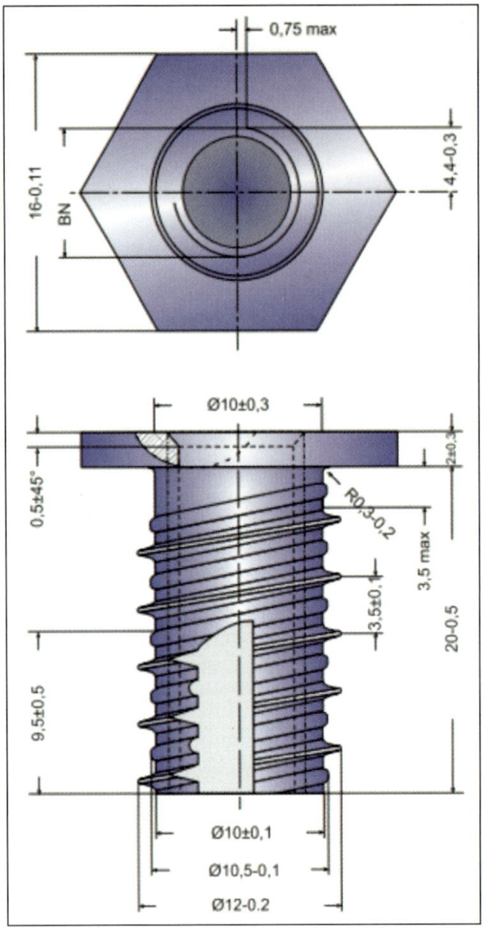

Abb. 366: Gewindeformende Schraube mit innenliegendem metrischen Gewinde

Durchverschraubung

Bei Bauteilen, die im nicht sichtbaren Bereich liegen, wie z.B. Stoßfängerträger, die verkleidet werden, ist die Verbindungstechnik einfacher. Hier kann die normale Durchverschraubung als die kostengünstigste Verbindungstechnik mit handelsüblichen Schrauben, die den Anforderungen entsprechend ausgewählt werden, angewendet werden. Als Beispiel können die Stoßfängerträger für PKW angeführt werden.

In automatisch arbeitenden Mehrfach-Bohrvorrichtungen werden die erforderlichen Bohrungen mit unterschiedlichen Durchmessern und Lagen eingebracht. Die SMC-Bauteile werden direkt kraftschlüssig an den Längsträgern verschraubt. Die vielen zusätzlichen Bohrungen dienen der Befestigung von Verkleidungsteilen, die entweder durch Verschraubungen oder Klipse verbunden werden.

Der örtliche Kontakt zwischen dem Verbindungselement und dem Laminat kann hohe Spannungsspitzen verursachen oder sogar zum Versagen führen [17].

Durchverschraubung bei höheren Wanddicken

Bei höheren Wanddicken, d.h. über ca. 5mm und gleichzeitiger Temperaturbelastung von z.B. 150°C bei Bauteilen im Motorenbereich von Fahrzeugen wie Ölwannen, kann sich das Setzverhalten von SMC bei dynamischer Belastung negativ auswirken. Um bei einer Ölwanne die Dichtheit der Schraubverbindung mit dem Motorblock zu gewährleisten, setzt man die Direktverschraubung mit einer zusätzlichen Stahlhülse ein (Abbildung 367).

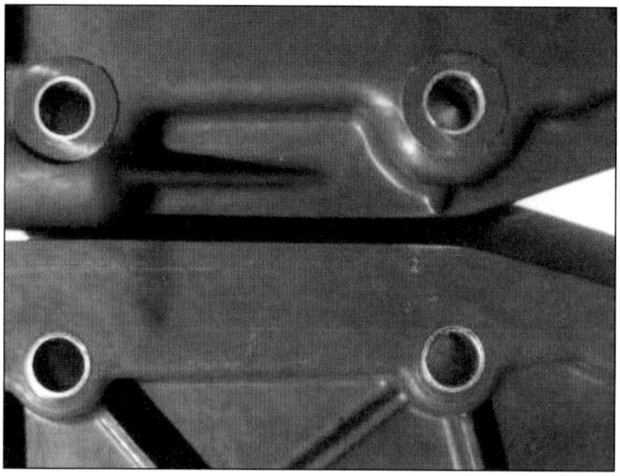

Abb. 367: Durchverschraubung bei höheren Wanddicken

Die Anpresskräfte werden von der Stahlhülse übernommen. Erforderlich ist die genaue Dimensionierung der Hülse, die in das Werkstück eingepresst wird. Die Höhe (Länge) ist genau auf die erforderliche Wandstärke abzustimmen. Andererseits muss die Wandstärke des SMC-Teils in sehr engen Toleranzen von ± 0,2mm eingehalten werden.

Grenzen der Anwendung

Gleichgültig, ob die Verschraubung über Einpressbuchsen oder Schneidschrauben in Sacklöchern gewählt wird, sie ist immer mit einer deutlichen Wandstärkenerhöhung verbunden. Dies geht immer mit einer Verlängerung der Presszeit einher.

Bei Teilen, an die hohe Anforderungen an die Oberfläche gestellt werden, z.B. Class-A im Automobilbereich, können im ungünstigen Fall bei Hochglanz-Decklackierungen leichte Markierungen solcher Stellen sichtbar werden. Zwar gelingt es, mit so genannten Class-A-Low Profile-Formulierungen die Verarbeitungsschwindung nicht nur auszugleichen, sondern sogar eine leichte Ausdehnung in X-Y-Richtung (kaltes Teil gegen kaltes Werkzeug) bis 0,1% zu erreichen, aber die thermische Schwindung bleibt erhalten. Da die Einpressbuchsen oder Sacklöcher ein Mehrfaches der Wandstärke des Formteils bedingen, können wenige um µm größere thermische Schwindungen bei kritischer Betrachtung als Einfallstellen sichtbar sein.

6.16.3.5 Weitere in der Praxis angewandte Verbindungstechniken

Bei der Wahl der Verbindungstechnik ist die zu erwartende Stückzahl immer eine entscheidende Grundlage. Bei geringen Stückzahlen sind durchaus handwerkliche Verfahren noch im Einsatz. Bei Großserien ist man bestrebt, den Automatisierungsgrad möglichst weit voran zu bringen. Auch bei Forderungen nach höherer Präzision ist eine Automatisierung ggf. notwendig.

Da der lineare Ausdehnungskoeffizient von SMC in der Größenordnung von Stahl liegt, ist die Gemischtbauweise ebenfalls in Betracht zu ziehen.

Nieten, Bördeln

Für nicht sichtbare Verbindungen in kleineren Serien wird das Nieten noch angewendet. Häufig auch, um Klebverbindungen ohne jede Vorrichtung zu fixieren. Anbauteile, wie Metallgriffe in Abbildung 368, werden genietet, zum Teil unter zusätzlicher Verwendung härtbarer Klebstoffe. Der Koffer dient zur Aufnahme von hochwertigen optischen Geräten im militärischen Einsatz. Traggriff und Verschlüsse sind eingenietet. Wegen der geforderten Dichtheit ist ein zusätzlicher Dichtrahmen montiert. Alle Nietstellen sind wasserdicht ausgeführt. Ein zusätzliches Entlüftungsventil sorgt für den Druckausgleich.

Abb. 368: Genieteter Griff und Verschlüsse

Eine besondere Form ist die Verwendung so genannter Nietmuttern für durchschraubbare Vebindungen im nicht sichtbaren Bereich (Abbildung 369).

Abb. 369: Verbindung durch Nietmuttern Außenansicht links, Innenansicht rechts

Bördeln ist ebenfalls möglich, wie am Beispiel eines Montageträgers aus LFT in Abbildung 370 dargestellt.

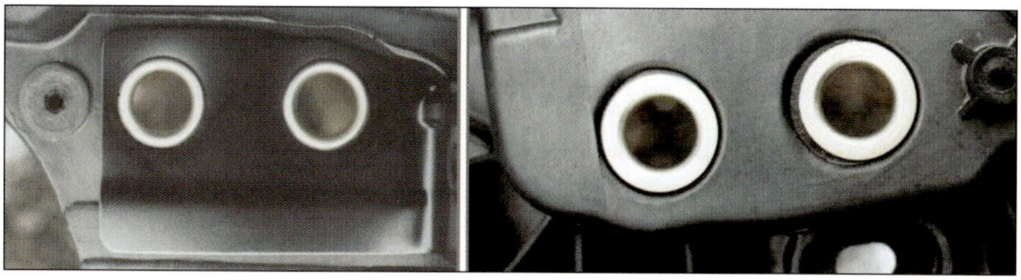

Abb. 370: Verbindung durch Bördeln – Außenansicht links, Innenansicht rechts

Klipsen

SMC-Bauteile dienen wie z.B. technische Frontends (Montageträger) in PKW als Träger für eine Reihe von Anbauteilen, die bei einfachen Anforderungen eingeklipst werden (Abbildung 371).

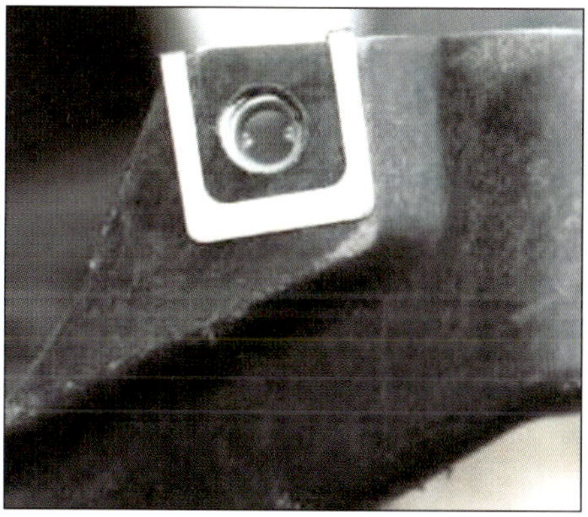

Abb. 371: Eingeklipste Schraubverbindung

Schnappverbindungen

Wegen der Steifigkeit des Werkstoffes sind Schnappverbindungen aus SMC nur in Sonderfällen möglich.

Bei Schraubverbindungen ist auf die höhere Schwindung und den größeren Wärmeausdehnungs-Koeffizienten bei LFT zu achten. Dafür gelten eingeschränkt die Bedingungen bei der Verschraubung von Thermoplasten, d.h. Mehrfachverschraubungen sind leichter möglich. Die in Abbildung 369 und 370 gezeigten Verbindungstechniken werden bevorzugt bei LFT angewandt.

Literatur

[1] Borsdorf, Reiner: Grundlagen der Bearbeitung von Faserverbundkunststoffen. VDI- Seminar Faserverbundkunststoffe, Aachen 2001

[2] Bönsch, Ch.: Prozeßoptimierung beim Ultraschallschwingläppen. Dissertation RWTH Aachen 1992

[3] Rummenhöller, S.: Werkstofforientierte Prozeßauslegung für das Fräsen kohlenstoffaserverstärkter Kunststoffe. Dissertation RWTH Aachen, 1996

[4] Würtz, C.: Beitrag zur Analyse der Staubemissionen bei der Fräsbearbeitung von Bauteilen aus kohlenstofffaserverstärkten Kunststoffen. Dissertation RWTH Aachen, 2000

[5] Autorenkollektiv: Arbeits- und Ergebnisbericht: Produktionstechnik für Bauteile aus nichtmetallischen Faserverbundwerkstoffen. Sonderforschungsbereich 332, RWTH Aachen, 2001

[6] König, W.; Graß, P.; Rummenhöller, S.: Nach- und Endbearbeitung faserverstärkter Kunststoffe, VDI- Z 132 (1990) 3, S. 537-548

[7] Klocke, F.; Borsdorf, R.: High Performance Machining of Aerospace Materials. Proceedings International Conference on Competitive Manufacturing COMA 2001, Stellenbosch, South Africa, page 281-288

[8] König, W.; Rummenhöller, S.: Spanende Bearbeitung faserverstärkter Kunststof-fe. Technika 40 (1991) 10 S. 75-81

[9] Trasser, Fr.-J.: Werkstofforientierte Prozeßauslegung des Laserstrahlschneidens von aramid- und glasfaserverstärkten Duroplasten. Dissertation RWTH Aachen 1992

[10] Wiendl, J.: Hochgeschwindigkeitsfräsen von aramidfäserverstärkten Kunststoffe. Dissertation TH Darmstadt 1987

[11] Wunsch, U.: Drehen faserverstärkter Kunststoffe. Dissertation TU Berlin 1988

[12] N.N.: Kunststoffberater, Band 41 (1996), Heft 6, Seite 13-14

[13] Baum, P.: Kunststoffschweißtechnik im Fahrzeugbau für Außen- und Innenteile. Fügen und Verbinden im Automobilbau. Tagung Praxis-Forum. Band 8 (1998) Seite 221-253

[14] Boelingen, M.; Czarnecki, J.von; Wolfrum, J.; Luigart, F.: Kontaminationstolerante Klebstoffe für Reparaturen von FVK-Integralbauweisen

[15] Born, E.; Groß, A.; Hennemann, O.-D.; Vissing, K.: Vorbehandlung thermoplastischer Faserverbundkunststoffe. Adhäsion – Kleben & Dichten, Band 38 (1994), Heft 03, S.26-28

[16] Born, E.; Groß, A.; Hennemann, O.-D.; Vissing, K.: Untersuchungen zum Kleben von kohlenstofffaserverstärktem Polyetheretherketon. Schweißen und Schneiden, Band 46 (1994), Heft 10, Seite 494-498

[17] Chen, W.H.; Lee, S.S.: Numerical and experimental Failure Analysis of Composite laminates with bolted joints under Bending loads. Journal of composite materials. Band 29 (1995), Heft 1

[18] Davies, P.; Cantwell, W.J.; Jar, P.Y.; Bourban, P.E.; Zysman, V.; Kausch, H.H.: Joining and repair of a carbon-reinforced thermoplastic. Composites, Band 22 (1991) Heft 6, Seite 425-431

[19] Dilger, K.: Kleben faserverstärkter Verbundwerkstoffe im Fahrzeugleichtbau. 28. Aachener Textiltagung. Aachen. 28.-29. November 2001. DWI Reports. Band 125 (2002). Seite 355-364.

[20] Gehde, M.; Giese, M.; Ehrenstein, G.W.: Welding of thermoplastics reinforced with random glass mat. Polymer Engineering and Science. Greenwich, Band 37 (1997). Heft 4. Seite 702-714.

[21] Gross, A.: Klebstoffe und Oberflächenvorbehandlungsverfahren für kohlenstofffaserverstärkte Verbundwerkstoffe. Kleben von Verbundwerkstoffen und deren Recyclingchancen. 14. Int. Klebtechnik-Seminar, Rosenheim. März 1992, S.19-36

[22] Habenicht, G.: Kleben. Grundlagen, Technologie, Anwendungen. 3. erw. Auflage. (1997) Seite 619-622, Berlin: Springer Verl.

[23] Häberle, J.; Schlimmer, M.: Fügen von Hochleistungskomponenten aus Faser-Kunststoff-Verbunden. Mechanisches Fügen und Kleben. Fügetechniken für den eigenschaftsoptimierten Leichtbau, Paderborn, 5.-6.11.98, S 194-209

[24] Jauss, M.; Emmerich, R. ; Eyerer, P. : Fügen thermoplastischer Faserverbundwerkstoffe mit Bolzen oder Mikrowellen. 28. Int. AVK-Tagung 1997. Baden-Baden. 1.-2. Okt. 1997 (1997). Seite B5.1-B5.9

[25] Knoll, D.: Verkleben von glasfaserverstärkten Duroplasten. Adhäsion – Kleben & Dichten, Band 34 (1990), Heft 5, S.36-39

[26] Kodokian, G.K.; Kinloch, A.J.: Structural adhesive bonding of thermoplastic fibre-composites. Bonding and Repair of composites, Birningham, GB, 14.7.1989, S. 57-61

[27] Krüger, G.; Hennemann, O.D. Untersuchung zum Fügen faserverstärkter Hochleistungskunststoffe und technischer Thermoplaste. Schweißen und Schneiden. Band 49 (1997) Heft 2. Seite 94-99

[28] Lee, R.; Bartha, E.: Tragende Strukturteile aus Faserverbundkunststoffen im Omnibusbau, Motortechnische Zeitschrift, Band 58 (1997), Seite 42,44-46

[29] Meyer, U.: Composit-Bauweise durch Zeitgewinn beim Bau von Funktionsmustern. ITB Vliesstoffe. Technische Textilien, Band 42 (1995) Heft 2. Seite 4-8

[30] Michaeli, W.; Korte, W.: Ultraschallschweißen von langfaserverstärkten thermo-plastischen Prepregs. Thermoplastische Faserverbundwerkstoffe – Stand der Technik. Aktuelle Forschungsergebnisse (1995) Seite 107-119.

[31] Michaeli, W.; Weck, M.; Koschmieder, M.; Esche, R.vor dem; Schmidet, F.; Töpker, J.: Moderne Prozesssimulations- und Fertigungsverfahren für thermoplastische Faserverbundkunststoffe. Industrielle Anwendung in der Faserverbundtechnik IV. Abschlusskolloquium d. DFG Sonderforschungsbereichs 332. 04.2001 (2001) Seite 85-122

[32] Rudolf, R. Neitzel, M.; Steiner, M.; Strohfuß, W.: Vibrationsschweißen kontinuierlich faserverstärkter Thermoplaste. 28. Int. AVK-Tagung 1997. Baden-Baden. 1.-2. Okt. 1997 (1997). Seite A12.1-A12.13

[33] Rudolf, R.; Mitschang, P.; Neitzel, M.: Hochleistungsfaserverbunde Vibrationsschweißen. Kunststoffe. München. Band 88 (1998). Heft 7, Seite 990-992.

[34] Sauer, J.; Composite Kleben – Mit Neuentwicklungen in neue Dimensionen. 3. Internat. AVK-TV Tagung für verstärkte Kunststoffe und duroplastische Form-massen, Tagungshandbuch, Baden-Baden, D, 12.-13. Sep, 2000, (2000) Seite 1-9

[35] Schulz, J.; Haberstroh, E.: Welding of polymers using a diode laser. ANTEC 2000. 58th Annual Technical Conference. Proc. Vol1. Orlando. USA. 7.11.5.2000. Band 58. (2000) Seite 1196-1199

[36] Shenoi, R. R.; Hawkins, G. L.: Influence of materials and geometry variations on the behaviour of bonded tee connections in FRP ships.

[37] Schmöller, G.: Simulation des Thermomechanischen Verhaltens verklebter Bauteile aus kurzfaserverstärkten Thermoplasten. Dissertation TU München 1998

[38] Stolte, E.: Zur Festigkeit von Verklebungen faserverstärkter Werkstoffe. Adhäsion, Band 29 (1985), Heft 05, S.12-17

[39] Treutler, H.: Fügetechnik von faserverstärkten Kunststoffen untereinander und in Kombination mit Aluminium-Strukturen. ZEV, Glasers Annalen + DET, Die Eisenbahtechnik, Band 123 (1999), Heft 5, S. 189-198

[40] Wagner, K.: Klebeverbindung im Fahrzeugbau. VDI-Berichte, (1991) Heft 852, S. 527-536

[41] Weiß-Quasdorf, M.; Mieck, K.-P.: Recycling-Nadelsvlies als Haftvermittler bei Kunststoff-Metall-Klebungen. Adhäsion – Kleben & Dichten, Band 43 (1999), Heft 11, S.17-18, 20-23

[42] Wit, F. de; Sauer, J. : Kaltkleben – Innovationssprung im Flugzeugbau (Teil 1) Zeitschriftenaufsatz: Adhäsion – Kleben & Dichten, Band 45 (2001) Heft 7/8, Seiten 10-12

[43] Wit, F. de; Sauer, J. : Kaltkleben – Innovationssprung im Flugzeugbau (Teil 2) Zeitschriftenaufsatz: Adhäsion – Kleben & Dichten, Band 45 (2001) Heft 9, Seiten 34, 36-37

[44] Wright, P.N.H.; Wu, Y.; Gibson, A.G.: Fibre reinforced composite-steel connections for transverse ship bulkheads. Plastics, Rubber and Composites, Band 29 (2000), Heft 10, Seiten 549-557

7 Normung

7.1 Normung als Instrument der Wirtschaft

Normen dienen als Verständigungsmittel zwischen den am Wirtschaftsleben beteiligten Partnern. Sie sollen den neuesten Stand der Technik wiedergeben und das Allgemeininteresse am Normungsgegenstand berücksichtigen. Sie müssen durch Publikation (Beuth-Verlag) der Öffentlichkeit zugänglich sein und können von allen Teilnehmern der Industrie und des Handels angewendet werden.

Die Wirtschaft verständigte sich darauf, eine nationale Institution zu schaffen, die die Normungsarbeit zu koordinieren hatte. In Deutschland nimmt das im Jahre 1917 gegründete „Deutsche Institut für Normung e.V. (DIN)“ diese Aufgabe wahr.

In anderen Industriestaaten erfolgten ähnliche Gründungen, die alle durch ihren privatwirtschaftlichen Charakter gekennzeichnet sind. Im Laufe der Zeit erhielten diese Institutionen in den jeweiligen Ländern die staatliche Anerkennung ihrer Normungsarbeit; in Deutschland wird dies durch einen 1975 aktualisierten Staatsvertrag der Bundesregierung mit dem DIN geregelt. Dennoch ist die Normung keine öffentliche Dienstleistung. Als solche wurde sie vereinzelt missverstanden, weil sich mitunter auch öffentliche Stellen in die Erarbeitung bestimmter Normen einschalteten, um Anforderungen einzubringen, die sie zur Wahrnehmung ihrer Aufgaben im Interesse der öffentlichen Sicherheit benötigten.

Das Erstellen von Normen erfolgte von Anfang an auf freiwilliger Basis und dies ist bis heute kennzeichnend für alle Normungsarbeiten. Da Normen dem Grunde nach Empfehlungen sind, werden sie erst dann verbindlich, wenn im Geschäftsverkehr ein konkreter Verweis erfolgt. Bei Rechtstreitigkeiten gelten die im DIN, DKE oder DVGW erstellten Normen und Richtlinien als allgemein anerkannte Regeln der Technik. Insofern kommt ihnen mittelbar ein rechtlicher Charakter zu. Normen können aber auch durch Rechtsverordnungen seitens staatlicher Stellen amtlich eingeführt werden, wodurch sie dann uneingeschränkt rechtsverbindlich sind. Davon wird immer in den Fällen von den verantwortlichen Behörden Gebrauch gemacht, bei denen es um die schon erwähnten Belange der öffentlichen Sicherheit geht.

7.2 Institutionen der Normungsarbeit

7.2.1 Der Fachnormenausschuss Kunststoffe (FNK) im Deutschen Institut für Normung e.V. (DIN)

Seit sich Kunststoffe als eigenständige Werkstoffgruppe durchgesetzt haben, werden die entsprechenden Normungsbedürfnisse vom Fachnormenausschuss Kunststoffe (FNK) wahrgenommen, der am 27.08.1947 ins Leben gerufen worden ist. Im Laufe seines über 50-jährigen Bestehens hat die Gliederung des FNK manche Veränderung erfahren.

7.2.1.1 Aufgabenbeschreibung des FNK

Der Normenausschuss Kunststoffe (FNK) im DIN Deutsches Institut für Normung e. V. ist das offizielle nationale Gremium für die Normung im Bereich der Kunststoffe. Er vertritt die Normungsinteressen Deutschlands auf dem Gebiet der Kunststofferzeugung und Kunststoffverarbeitung durch Mitwirkung in den entsprechenden nationalen, europäischen und internationalen Gremien.

Sein Aufgabengebiet umfasst die Erstellung von Normen auf dem Gebiet der Terminologie, der Spezifikationen, der Prüfverfahren und der Fügeverfahren für Kunststoffe und kunststoffrelevante Werkstoffe, Halbzeuge und Produkte (Thermoplast-Formmassen, Duroplast-Form-massen, thermoplastische Elastomere, Verbundwerkstoffe, faserverstärkte Werkstoffe, Rohre, Rohrleitungsteile, Bodenbeläge, Folien, Baubahnen, Tafeln und Profile) sowie der Bioabbaubarkeit, des Verhaltens gegenüber Umgebungseinflüssen und des Recyclings von Kunststoffen.

7.2.1.2 Organisationsschema des FNK

Der Normenausschuss Kunststoffe gliedert sich in die folgenden Gremien und Fachbereiche:

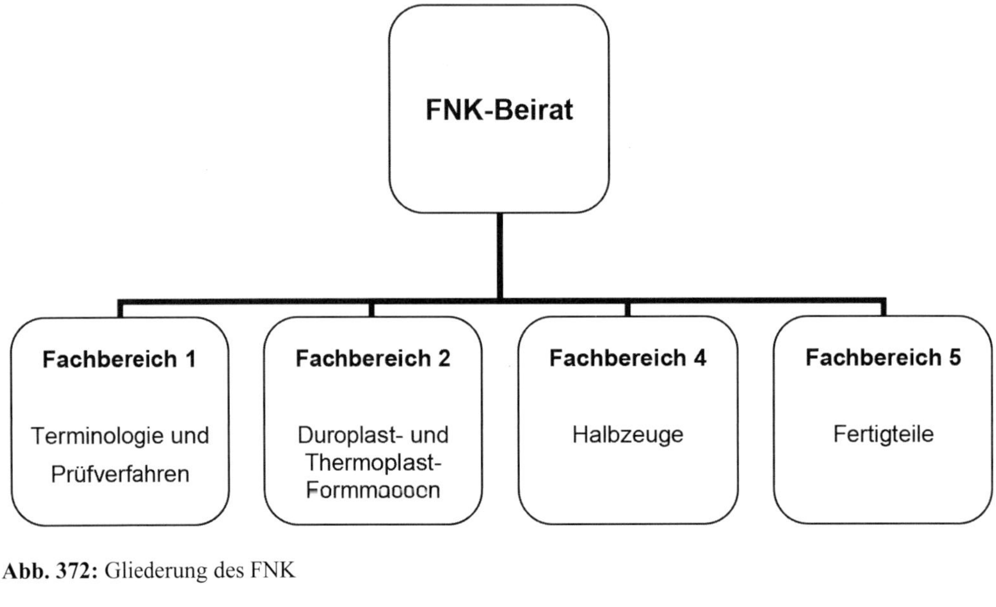

Abb. 372: Gliederung des FNK

Die folgenden Tabellen 36-39 zeigen die themenspezifische Untergliederung der vier Fachbereiche:

Tab. 36: Gliederung des FB 1

Fachbereich 1 (NA 054-01 FB): Terminologie und Prüfverfahren			
NA 054-01-01 AA Terminologie	NA 054-01-02 AA Mechanische Eigenschaften und Probekörperherstellung	NA 054-01-03 AA Physikalische, rheologische und analytische Prüfungen	NA 054-01-04 AA Verhalten gegen Umgebungseinflüsse
NA 054-01-05 AA Brandverhalten	NA 054-01-06 AA Kunststoffverwertung	NA 054-01-07 AA Bioabbaubare Kunststoffe	

Tab. 37: Gliederung des FB 2

Fachbereich 2 (NA 054-02 FB): Duroplast- und Thermoplast-Formmassen		
NA 054-02-01AA Härtbare Harze	NA 054-02-02 AA Faserverstärkte Kunststoffe	NA 054-02-10 AA Thermoplast-Formmassen

Tab. 38: Gliederung des FB 4

Fachbereich 4 (NA 054-04 FB): Halbzeuge			
NA 054-04-01 AA Dekorative Schichtstoffe und Mineralwerkstoffe	NA 054-04-02 AA Halbzeuge aus Thermoplasten	NA 054-04-03 AA Baubahnen	NA 054-04-04 AA Kunststoff-Folien und kunststoffbeschichtete Flächengebilde (Kunstleder); allgemeine Eigenschaften
NA 054-04-05 AA Bodenbeläge	NA 054-04-06 AA Klebstoffe – Terminologie; physikalisch-chemische Prüfungen	NA 054-04-07 AA Kunststoffprofile für Fenster und Türen	NA 054-04-08 GA Gemeinschaftsausschuss FNK/NHM: Spiegelausschuss zu CEN/TC 134 und ISO/TC 219
NA 054-04-09 AA Prüfung und Verwendungsbereichseinstufung von textilen Bodenbelägen			

Tab. 39: Gliederung des FB 5

Fachbereich 5 (NA 054-05 FB): Fertigteile			
NA 054-05-01 AA Außendurchmesser und Betriebsdrücke	NA 054-05-02 AA Prüfverfahren für Rohre	NA 054-05-03 AA Fittings für Druckrohre aus Thermoplasten	NA 054-05-04 AA Profilierte Rohre aus thermoplastischen Kunststoffen mit glatter Innenwand
NA 054-05-05 AA Industrie-Rohrleitungen	NA 054-05-06 AA Thermoplast-Metall-Verbundrohre	NA 054-05-07 AA Schutzrohrsysteme	NA 054-05-08 AA Kunststoff- Rohrleitungssysteme für die Gasversorgung
NA 054-05-09 AA Rohre und Rohrleitungsteile aus Reaktionsharzformstoffen	NA 054-05-10 AA Warneinrichtungen aus Kunststoff für erdverlegte Kabel und Rohrleitungen	NA 054-05-11 AA Rohrummantelungen / ruhend	NA 054-05-13 AA Toleranzen für Kunststoff-Formteile

Die eigentliche Normungsarbeit erfolgt in den Arbeitsausschüssen, die mit Fachleuten aus den betreffenden Wirtschaftsbereichen und den interessierten Kreisen wie Hochschulen, Verbänden, NGOs etc. besetzt sind. Voraussetzung für eine Mitarbeit ist die Mitgliedschaft der die Fachleute entsendenden Organe im DIN bzw. in dem zuständigen Fachausschuss.

Es konnte nicht ausbleiben, dass mit Hilfe der nationalen Normen eine Abschottung der Heimmärkte gegenüber ausländischer Konkurrenz erfolgreich praktiziert wurde. Insofern können Normen für den grenzüberschreitenden Warenverkehr Handelshemmnisse darstellen. Deshalb musste es für einen gemeinsamen europäischen Markt, wie er durch die EWG eingeleitet worden war, zwangsläufig zu einer Angleichung der nationalen Normenwerke kommen. Die von der EG-Kommission verfügte Harmonisierung der Normen hätte mit dem Wirksamwerden des gemeinsamen Marktes ab 1993 weitgehend abgeschlossen sein sollen.

Angesichts der großen Zahl nationaler Normen war dieser Termin nicht einzuhalten. Hinzu kam, dass die internationale Normung verstärkt weiterlief und es erforderlich machte, zu Übereinkünften zu gelangen, die eine aufwendige Doppelarbeit vermeiden.

So begeleitet der NA 054 die folgenden europäischen Gremien auf nationaler Ebene:

Tab. 40: Europäische Gremien des Normenausschusses NA 054

Kurzbezeichnung ▲	**Name**	**Spiegelgremium**
CEN/TC 134	Elastische, textile und Laminat-Bodenbeläge	NA 054-04-08 GA
CEN/TC 134/WG 7	Elastische Bodenbeläge	NA 054-04-05 AA
CEN/TC 134/WG 8	Textile Bodenbeläge	NA 054-04-09 AA
CEN/TC 134/WG 10	Harmonisierung	NA 054-04-08 GA
CEN/TC 155	Kunststoff-Rohrleitungssysteme und Schutzrohrsysteme	NA 054 BR
CEN/TC 155/WG 6	Hausabflussrohre aus PVC-U (Vollwand und profilierte Wandung)	NA 054-05-02 AA

Kurzbezeichnung ▲	**Name**	**Spiegelgremium**
CEN/TC 155/WG 8	Druckrohre aus PVC-U (Trink- und Abwasserdruckrohre)	NA 054 BR
CEN/TC 155/WG 10	Kanalrohrsysteme aus Polyolefinen	NA 054 BR
CEN/TC 155/WG 12	Druckrohrsysteme aus Polyolefinen für Gas- und Wasserversorgung und Abwasserleitungen	NA 054 BR
CEN/TC 155/WG 14	Rohre aus GFK (druck- und drucklose Anwendung)	NA 054-05-09 AA
CEN/TC 155/WG 15	Rohre und Formstücke für die Ableitung von Regenwasser	NA 054 BR
CEN/TC 155/WG 16	Installationsrohre aus PE-X, PP, PB und PVC-C	NA 054 BR
CEN/TC 155/WG 17	Sanierung/Relining von Rohrleitungssystemen	NA 054 BR
CEN/TC 155/WG 20	Zubehör aus Thermoplasten für Hausabfluss- und Kanalrohre	NA 054 BR
CEN/TC 155/WG 21	Bewertung der Konformität	NA 054-05-02 AA
CEN/TC 155/WG 23	Industrierohrleitungssysteme aus Thermoplasten	NA 054-05-05 AA
CEN/TC 155/WG 25	Verwendung von Umlauf- und Rücklaufmaterial sowie Rezyklat aus PVC-U, PE und PP	NA 054-05-02 AA
CEN/TC 155/WG 27	Umweltfragen	NA 054-05-02 AA
CEN/TC 193/WG 1	Allgemeine Terminologie – Allgemeine physikalische und chemische Prüfungen	NA 054-04-06 AA
CEN/TC 193/WG 6	Klebstoffe für Rohrleitungen aus Thermoplasten	NA 054-05-03 AA
CEN/TC 248/WG 4	Beschichtete Textilien	NA 054-04-04 AA
CEN/TC 249	Kunststoffe	NA 054 BR
CEN/TC 249/WG 4	Dekorative Schichtstoffe auf Basis härtbarer Harze	NA 054-04-01 AA
CEN/TC 249/WG 5	Kunststoffprofile für die Anwendung in Gebäuden	NA 054-04-07 AA
CEN/TC 249/WG 7	Thermoplastische Folien für den Einsatz in der Landwirtschaft	NA 054 BR
CEN/TC 249/WG 9	Beschreibung der Abbaubarkeit	NA 054-01-07 AA
CEN/TC 249/WG 11	Kunststoff-Recycling	NA 054-01-06 AA
CEN/TC 249/WG 12	Kunststoff-Rohrummantelungen	NA 054-05-11 AA – ruhend
CEN/TC 249/WG 14	Auskleidungen aus PVC-P für Schwimmbäder	NA 054-04-03 AA
CEN/TC 249/WG 15	Faserverstärkte Verbundwerkstoffe	NA 054-02-02 AA
CEN/TC 249/WG 17	Biopolymere	NA 054-01-07 AA
CEN/TC 249/WG 19	Lichteinwirkung	NA 054-01-04 AA
CEN/TC 254/SC 2	Dach- und Dichtungsbahnen aus Kunststoffen und Elastomeren	NA 054-04-03 AA

Kurzbezeichnung ▲	Name	Spiegelgremium
CEN/TC 254/SC 2/WG 10	Produkt-Standard	NA 054-04-03 AA

7.2.1.3 Finanzierung der Normungsarbeit

Die DIN-Gruppe (DIN Deutsches Institut für Normung e.V., Beuth Verlag GmbH, DIN Software GmbH) finanzierte sich im Jahr 2012 zu 70% aus eigenen Erträgen, die über die angebotenen Dienstleistungen und Produkte erwirtschaftet wurden. 13% der Vereinnahmungen sind Projektmittel der Wirtschaft, weitere 11% sind Projektmittel der öffentlichen Hand und 6% wurden aus Mitgliedsbeiträgen erzielt.

Sowohl im Normenerstellungsprozess als auch im Normenvertrieb und im Bereitstellen von aktuellen Informationen zu 469.098 Normen und technischen Regeln konnten die Kosten im Jahr 2012 auf einem stabilen Niveau gehalten werden [Quelle DIN 2013].

Um die Finanzkraft des DIN zu sichern und zu stärken, wurde auf der 60. Präsidialsitzung der Auftrag zur Erarbeitung eines einheitlichen Finanzierungsmodells erteilt. Im Ergebnis soll zukünftig für die Arbeiten der Normenausschüsse im DIN e.V., aber auch für das sonstige Dienstleistungsangebot ein einheitliches Kalkulationsinstrumentarium angewandt werden. Auf Basis von anzusetzenden direkten Kosten wird zukünftig darauf ein Gemeinkostenzuschlag für die Normung und ein Gemeinkostenzuschlag für die Verwaltung sowie ein Risikozuschlag erhoben. Als Kriterium zur Bemessung zukünftiger Finanzierungsanteile externer Projektmittelgeber sieht die Geschäftsleitung in Abstimmung mit dem Finanzausschuss grundsätzlich den Ausgleich mindestens der direkten Kosten eines Norm-Projektes, während die indirekten Kosten (Gemeinkosten der Normung und Gemeinkosten der Verwaltung, z.B. für Prozesssteuerung, internationale Arbeiten, CEN- und ISO Beiträge) durch das DIN getragen werden. Dies sichert dem DIN die externe Finanzierung der unmittelbar mit der Auftragslage verursachten Kosten. Die indirekten Kosten werden über die DIN-eigenen Erträge, also vor allem durch Lizenzeinnahmen aus dem Normenverkauf finanziert. Normen können schon aus diesem Grunde nicht kostenlos abgegeben werden, ohne die Grundlagen der Finanzierung der Normungsarbeit zu zerstören.

Im Jahr 2012 konnten 67 neue Mitglieder gewonnen werden, denen 32 Austritte gegenüberstehen. Zum 31. Dezember 2012 hatte das DIN insgesamt 1.934 Mitglieder. Dieser stetig steigende Wert beweist das starke Vertrauen der Wirtschaft in die Arbeit des DIN. Über die Mitgliedschaft im DIN werden rund 4,5Mio. Arbeitnehmer oder rund 11% der in Deutschland Beschäftigten repräsentiert. Rund 8.400 Beschäftigte der Mitgliedsunternehmen, also rund 30% sämtlicher Normungsexperten, wirken in den Normenausschüssen des DIN mit und bringen ihr Fachwissen in die Gestaltung der Deutschen Normen ein. [Quelle DIN 2013]

7.2.1.4 Berichte und Arbeitsergebnisse aus den Gremien

NA 054-01 FB Terminologie und Prüfverfahren

Der Fachbereich 1 ist für die nationale, europäische und internationale Normung der Terminologie, der mechanischen, physikalischen, rheologischen und analytischen Prüfverfahren, des Verhaltens gegenüber Umgebungseinflüssen, des Brandverhaltens sowie der Kunststoffverwertung zuständig. Diese im Rahmen des ISO/TC 61 „Plastics" und des CEN/TC 249 „Plastics" mitgetragenen und vorangebrachten Arbeiten stellen die Basis für alle an Kunststoff-Formmassen, -Halbzeugen und -Fertigteilen durchzuführenden Prüfungen dar.

Die Teilnahme an der jährlich durchgeführten Sitzung des ISO/TC 61 ist somit eine Notwendigkeit, der sich niemand entziehen kann. Leider stellen wir nach wie vor fest, dass – obwohl in diesem Fachbereich fast ausschließlich internationale Arbeiten anstehen und umgesetzt werden – die Bereitschaft zur Teilnahme schwindet, so dass die Mitarbeit nicht mehr in allen aktiven Gremien der ISO gewährleistet ist.

NA 054-01-01 AA Terminologie

Die im NA 054-01-01 AA bearbeiteten Themen sind ausschließlich international ausgerichtet. In der Normenserie (DIN EN) ISO 1043 1 bis 4 sind die Kennbuchstaben und Kurzzeichen für den einheitlichen Aufbau des jeweiligen Werkstoffs sowie die Kennbuchstaben zur Kennzeichnung besonderer Eigenschaften festgelegt. In nationalen und internationalen Gremien wurde nach einer einheitlichen Kennzeichnung für Recycling gesucht und als Kennbuchstaben für Kunststoffrezyklate („REC") festgelegt.

Der Ausschuss beschäftigt sich gleichzeitig mit der Überarbeitung der (DIN EN) ISO 472 „Kunststoffe – Fachwörterverzeichnis". Bei dieser Überarbeitung wird sowohl die fachliche Zuordnung zu den einzelnen Fachgebieten als auch die Frage, wie diese Festlegungen allgemein zugänglich gemacht werden können, thematisiert.

NA 054-01-02 AA Mechanische Eigenschaften und Probekörperherstellung

Zum Aufgabenbereich des NA 054-01-02 AA gehören fast 111 veröffentlichte nationale und internationale Normen und 30 derzeit in Bearbeitung befindliche DIN EN ISO- bzw. ISO-Normen. Damit gehört dieser Ausschuss zu den am intensivsten tätigen Gremien des FNK. Er ist ausschließlich international ausgerichtet und setzt durch forcierte Zu- und Mitarbeit in den internationalen Gremien Maßstäbe.

Derzeitige Highlights sind u.a. die Überarbeitung der Normenreihe (DIN EN) ISO 294 1 bis 5 „Probekörperherstellung" sowie die Überarbeitung der Normen zum Zugversuch (ISO 527 1/ 2), zum Biegeversuch (ISO 178), zur Schlagzähigkeit (ISO 179 1/ 2) und Einpunktkennwerte Langfaserverstärkte Kunststoffe (DIN EN ISO 10350-2).

NA 054-01-03 AA Physikalische, rheologische und analytische Prüfungen

Auch der NA 054-01-03 AA gehört mit seinem Aufgabenbereich sowie 112 veröffentlichten nationalen und internationalen Normen und 22 derzeit in Bearbeitung befindlichen DIN EN ISO- bzw. ISO-Normen zu den aktivsten Gremien des FNK.

Dies ist umso bemerkenswerter, da die Anzahl der Mitarbeiter – leider – bei Weitem nicht mit diesen Zahlen Schritt hält. Ersichtlich ist aus den Zahlen auch, dass dieser Ausschuss ebenfalls fast ausschließlich international ausgerichtet ist.

NA 054-01-04 AA Verhalten gegen Umgebungseinflüsse

Auch dieser Ausschuss ist fast ausschließlich international ausgerichtet. Das internationale Spiegelgremium ISO/TC 61/SC 6 „Ageing, chemical and environmental resistance" wird von Deutschland geführt. Dadurch ist es möglich – in diesem Fall durch ausreichende Mitarbeit –, die deutschen Interessen optimal zu vertreten und den Fortschritt der Arbeiten zu steuern. Ein großer Teil der internationalen Normen wurde europäisch übernommen.

Derzeit gibt es 59 veröffentlichte nationale (3) und internationale Normen und etwa 13 aktive Projekte, von denen u.a. ISO 877 1 bis 3 „Beanspruchung durch Sonnenstrahlung“, ISO 4892 1 „Bestrahlung oder Bewittern in Geräten“ und das von Deutschland eingebrachte Projekt ISO/CD 29664 „Künstliches Bewittern einschließlich Säurebeanspruchung“ besonders hervorzuheben sind.

NA 054-01-05 AA Brandverhalten

Der NA 054-01-05 AA ist nur international ausgerichtet. Er beschränkt seine Aktivitäten auf die Aufgaben, die aus seiner Spiegelfunktion erwachsen. Die Beteiligung der Mitarbeiter an Umfragen zu internationalen Projekten ist ausgesprochen gering, so dass oft keine inhaltlichen Stellungnahmen abgegeben werden können.

NA 054-01-06 AA Kunststoffverwertung

Der NA 054-01-06 AA bearbeitet keine rein nationalen Projekte. Er konzentriert sich auf die Aufgaben aus seiner Spiegelfunktion zum ISO/TC 61/WG 2 „Guidance on environmental provisions in plastics standards“ und der CEN/TC 249/WG 11 „Kunststoff-Recycling“ mit der Erarbeitung der entsprechenden Stellungnahmen zu den europäischen und internationalen Umfragen. Zur Erarbeitung dieser Stellungnahmen wurden zwei Sitzungen des Ausschusses durchgeführt.

Im Februar 2008 konnten sieben Normen über Kunststoff-Rezyklate veröffentlicht werden. In Bearbeitung befinden sich gegenwärtig noch zwei Projekte zu Probennahme von Rezyklaten.

NA 054-01-07 AA Bioabbaubare Kunststoffe

Seit 2008 wurde die Normungsarbeit auf europäischer und internationaler Ebene intensiviert. Deutschland war endlich wieder auf der Sitzung der ISO/TC 61/SC 5/WG 22 (2008 in Orlando) vertreten. Auf europäischer Ebene wurde die erst 2008 gegründete Ad-hoc-Gruppe „Bioplastics“ in eine neue Arbeitsgruppe (WG 17 „Biopolymers“) innerhalb des CEN/TC 249 umgewandelt. Die WG 17 wird durch den NA 054-01-07 AA gespiegelt.

Ein erster CEN/TR (Recommendation for terminology and characterisation of bioplastics) wurde bereits erarbeitet und steht in Kürze zur Abstimmung.

NA 054-02 FB Duroplast- und Thermoplast-Formmassen

Der Fachbereich 2 ist aus ehemals zwei eigenständigen Fachbereichen, einem für Duroplast-Formmassen und einem für Thermoplast-Formmassen, hervorgegangen.

Insbesondere im Duroplast-Bereich wurden die zu betreuenden und zu spiegelnden Themenbereiche stark zusammengestrichen, so dass nur noch zwei aktive Gremien mit einer Vielzahl von Themen/Projekten übrig blieben. Da mit jeder Zusammenlegung von Ausschüssen/Streichung von Themen auch die Anzahl der Mitarbeiter schrumpfte, wurde vereinbart, Abstimmungen sowie Über- und Bearbeitungen von Normen weitestgehend auf schriftlichem Wege durchzuführen. Seit mehreren Jahren ist es leider nicht mehr möglich, einen deutschen Delegierten für die jährlichen Sitzungen des ISO/TC 61/SC 12 „Thermosetting materials“ zu benennen, so dass auch Abstimmungen zu ISO-Themen ausschließlich auf schriftlichem Wege erfolgen. Aufgrund mangelnder Initiative der deutschen Industrie kann nur noch begrenzt Einfluss auf internationaler Ebene genommen werden. Die betroffenen Firmen müssen mit den Auswirkungen dieses mangelnden Engagements in der Zukunft leben.

Eine ähnliche Situation zeigt sich auf dem Gebiet der Thermoplast-Formmassen. Durch Um- und Neuorganisation sowie durch Zusammenschluss von Interessensgebieten in der Thermoplast-Industrie ist es in vielen Fällen – sowohl für die nationalen Arbeitsausschüsse als auch für die Delegierung in internationale Gremien – nicht mehr möglich, ausreichend Mitarbeiter zu finden. Nur als Zwischenlösung ist eine Vereinbarung, weitestgehend auf schriftlichem Weg zu arbeiten, zu sehen.

NA 054-02-01 AA Härtbare Harze

Zum Aufgabenbereich des NA 054-02-01 AA gehören aktuell 100 veröffentlichte nationale und internationale Normen. Wie einführend berichtet, wird auf schriftlichem Wege gearbeitet.

NA 054-02-02 AA Faserverstärkte Kunststoffe

Zum Aufgabenbereich des NA 054-02-02 AA gehören 160 veröffentlichte nationale und internationale Normen. Die Liste der gültigen Normen kann unter der Homepage www.fnk.de eingesehen werden.

7.2.2 Die „International Standard Organisation (ISO)"

Auf Initiative der führenden nationalen Normenorganisationen Europas erfolgte im August 1947 die Gründung der ISO mit dem Sitz in Genf. In Anlehnung an die Strukturen der Gründer hat die ISO die fachspezifische Gliederung übernommen.

Die den Fachnormausschüssen des DIN entsprechenden Gremien nennen sich bei der ISO „Technical Committees (TC's)"; den Fachbereichen entsprechen die „Sub-Committees (SC's)" und den Arbeitsausschüssen die „Working Groups (WG's)". Zwar ist nicht in allen Fällen eine komplette Deckung der Inhalte gewährleistet, zum Auffinden der entsprechenden Aktivitäten leistet dieses Schema aber gute Dienste.

Mit dem Einsetzen der europäischen Normung ist bei der ISO – auch auf Betreiben ihrer europäischen Mitglieder – eine stetige Modernisierung der Ablauforganisation erfolgt, unter anderem mit dem Ziel, das Erstellen einer Norm zu beschleunigen. Die letzte Anpassung der Technischen Direktiven der ISO wurde 2008 vorgenommen.

Organization of ISO/TC 61 Plastics

Subcommittees/Working Groups

ISO/TC 61/SC 1	Terminology
ISO/TC 61/SC 2	Mechanical properties
ISO/TC 61/SC 4	Burning behaviour
ISO/TC 61/SC 5	Physical-chemical properties
ISO/TC 61/SC 6	Ageing, chemical and environmental resistance
ISO/TC 61/SC 9	Thermoplastic materials
ISO/TC 61/SC 10	Cellular plastics

ISO/TC 61/SC 11	Products
ISO/TC 61/SC 12	Thermosetting materials
ISO/TC 61/SC 13	Composites and reinforcement fibres

Die Struktur der einzelnen TC´s kann der Website der ISO entnommen werden: http://www.iso.org/iso/home/standards_development/list_of_iso_technical_committees.htm

Ein Unterschied zur FNK-Gliederung ist das Fehlen der Matrix-Werkstoffe, die bei der ISO in einem speziell für duroplastische Formmassen eingerichteten SC 12 bearbeitet werden, das aber nicht mehr sehr aktiv ist.

Da weder von den europäischen Ländern noch den USA ein Interesse an der Übernahme eines Sekretariats bestanden, sind diese an sich klassischen europäischen Gebiete fest in japanischer Hand. Das äußert sich auch in der Zahl der Teilnehmer. In den verschiedenen Sitzungen sind meist sechs bis neun Japaner anwesend!

Die gültigen ISO-Standards können im Internet unter http://www.iso.org/ eingesehen werden, indem über TC 61 das gewünschte SC aufgerufen wird.

7.2.3 Das „Comitée Européen de Normalisation" (CEN)

Grundlage der Arbeit im CEN ist die vom Rat der Europäischen Gemeinschaften 1985 eingeführte „Neue Konzeption auf dem Gebiet der technischen Harmonisierung und der Normung". Sie führte zum Zusammenschluss der beiden europäischen Normeninstitutionen CEN und CENELEC (für elektronische Belange) zur Gemeinsamen Europäischen Normeninstitution CEN/CENELEC.

Die Gliederung ist der ISO sehr ähnlich. Bis zur Gründung des technischen Komitees für Kunststoffe TC 249 gab es noch Abstimmungsprobleme zwischen den nationalen Vertretungen, die schließlich einem Zentralsekretariat (CS) mit Sitz in Brüssel zusprachen. Ende 1980 kam es dann zur Bildung des für verstärkte Kunststoffe zuständigen SC 2, dessen Gliederung inzwischen geändert wurde.

Struktur von CEN/TC 249

Die bisher bekannte Struktur mit den verschiedenen SC`s (SC: Subcommittee) wurde mangels Beteiligung aufgelöst, so dass die einzelnen WG`s (WG: Working Group) des SC2 nicht mehr existieren.

CEN/TC 249/SC 2 Plastics – Composites, reinforcements, prepregs

SC 2/WG 1:	Reinforcements
SC 2/WG 2:	Composites with oriented reinforcements
SC 2/WG 3:	Prepregs – Composites with random reinforcements
SC 2/WG 4:	Reinforced thermoplastics composites
SC 2/WG 5:	Structural properties
SC 2/WG 6:	Pultruded profiles

Stattdessen gilt die folgende neue Organisation:

- WG 04 Decorative laminated sheets based on thermosetting resins
  Convenor: Mr Patrick Prevost (F) Secretary : Mr Alain Genty (BNPP)
- WG 05 Thermoplastic profiles for building applications
  Convenor: Mr Eric Chatelain (F) Secretary : Mr Alain Genty (BNPP)
- WG 07 Thermoplastic films for agriculture
  Convenor: Mr Andrea Ferraresi(I) Secretary : Mr Gianluigi Moroni (Uniplast)
- WG 08 Cellular plastics
  Convenor Dr David King (UK) Secretary : Mr Eddie Levio (BSI)
- WG 09 Characterisation of degradability
  Convenor: Mr Francesco Degli Innocenti
- WG 11 Plastics recycling
  Convenor: Mr Mark Burstall (UK) Secretary : Mr Alex Price (BSI)
- WG 12 Plastics Jacketing
  Convenor: Mr Joachim Eckstein (D) Secretary : Mr Bernd Richter (DIN)
- WG 13 Wood plastics composites
  Convenor: Mrs Claudine Bloyaert (BE) Secretary : Mr Alain Genty (BNPP)
- WG 14 PVC-P Swimming pool liners
  Convenor/Secretary : Mr Alain Genty (BNPP)
- WG 15 Fibre-reinforced composites
  Convenor: Mr Jon Taby (NO) Secretary : Mrs Elisabeth Hovda (SN)
- WG 16 Welding of thermoplastics
  Convenor : Mr Michele Murgia Secretary : Mr Gianluigi Moroni (Uniplast)

Um die Übersicht abzurunden, wird in Tabelle 41 gegenübergestellt, wie die wichtigsten internationalen Normungsgremien untereinander und mit denen des FNK verknüpft sind.

7.2.4 Die wichtigsten Gremien des FNK mit ihren Internationalen Spiegelgremien

Tab. 41: Zuständigkeiten von ISO, CEN und FNK

Gremium	Titel	Spiegelgremium
NA 054-01-01 AA	Terminologie	ISO/TC 61/SC 1 ISO/TC 61/SC 1/WG 1 ISO/TC 61/SC 1/WG 3
NA 054-01-02 AA	Mechanische Eigenschaften und Probekörperherstellung	ISO/TC 61/SC 2 ISO/TC 61/SC 2/WG 1 ISO/TC 61/SC 2/WG 2 ISO/TC 61/SC 2/WG 3 ISO/TC 61/SC 2/WG 4 ISO/TC 61/SC 2/WG 5 ISO/TC 61/SC 2/WG 6 ISO/TC 61/SC 2/WG 7 ISO/TC 61/SC 2/WG 8 ISO/TC 61/SC 9/WG 18
NA 054-01-03 AA	Physikalische, rheologische und analytische Prüfungen	ISO/TC 61/SC 5 ISO/TC 61/SC 5/WG 5 ISO/TC 61/SC 5/WG 8 ISO/TC 61/SC 5/WG 9 ISO/TC 61/SC 5/WG 11 ISO/TC 61/SC 5/WG 12 ISO/TC 61/SC 5/WG 17 ISO/TC 61/SC 5/WG 18 ISO/TC 61/SC 5/WG 19 ISO/TC 61/SC 5/WG 21
NA 054-01-04 AA	Verhalten gegen Umgebungseinflüsse	ISO/TC 61/SC 5/WG 1 ISO/TC 61/SC 6 ISO/TC 61/SC 6/WG 1 ISO/TC 61/SC 6/WG 2 ISO/TC 61/SC 6/WG 3 ISO/TC 61/SC 6/WG 7
NA 054-01-05 AA	Brandverhalten	ISO/TC 61/SC 4 ISO/TC 61/SC 4/WG 1 ISO/TC 61/SC 4/WG 2 ISO/TC 61/SC 4/WG 3 ISO/TC 61/SC 4/WG 4 ISO/TC 61/SC 4/WG 6
NA 054-01-06 AA	Kunststoffverwertung Plastics recycling	CEN/TC 249/WG 11 ISO/TC 61/WG 2
NA 054-01-07 AA	Bioabbaubare Kunststoffe	CEN/TC 249/WG 9 ISO/TC 61/SC 5/WG 22
NA 054-02-01 AA	Härtbare Harze	ISO/TC 61/SC 12/WG 2 ISO/TC 61/SC 12/WG 5 ISO/TC 61/SC 12/WG 6

Gremium	Titel	Spiegelgremium
NA 054-02-02 AA	Rieselfähige Duroplaste und langfaserverstärkte Kunststoffe	CEN/TC 249/WG 15 ISO/TC 61/SC 12/WG 1 ISO/TC 61/SC 13/WG 2 ISO/TC 61/SC 13/WG 20
NA 054-02-03 AA	Polymer-Dispersionen	ISO/TC 61/SC 9/WG 14
NA 054-02-04 AA	Polystyrol-Formmassen	ISO/TC 61/SC 9/WG 7
NA 054-02-05 AA	PVC-Formmassen	ISO/TC 61/SC 9/WG 20
NA 054-02-06 AA	Formmassen aus Polyolefinen	ISO/TC 61/SC 9/WG 6
NA 054-02-07 AA	Polyamid-Formmassen	ISO/TC 61/SC 9/WG 8

Wichtig ist diese Übersicht insofern, als entsprechend den Regeln der Normung für die einzelnen Themenkomplexe im nationalen Bereich jeweils „Spiegelausschüsse“ gebildet werden müssen, über die die nationalen Belange vertreten und in die Normungsarbeit eingebracht werden können. Dies setzt aber voraus, dass die Mitgliedsländer Delegierte in die entsprechenden Gremien von ISO und CEN entsenden. Geschieht das nicht, verzichten sie auf die Mitgestaltung einer Norm und erhalten schließlich abstimmungsreif ausgearbeitete Unterlagen zur Stellungnahme (Umfrage).

Da in diesem fortgeschrittenen Stadium wesentliche Modifikationen nicht mehr vorgenommen werden, kann es also geschehen, dass eine Norm nach einer formellen Abstimmung nahezu unbeeinflusst übernommen werden muss.

Die schon erwähnte neue Konzeption der europäischen Normung sieht nämlich u.a. vor, dass jede verabschiedete Norm unverändert in das nationale Normenwerk zu übernehmen ist, wobei bereits vorhandene nationale Normen zum gleichen Thema zurückgezogen werden müssen. Dass dies unter Umständen sehr weit reichende und auch kostenträchtige Konsequenzen haben kann, liegt auf der Hand.

An dem Prinzip, dass Normung eine freiwillige Maßnahme der beteiligten Wirtschaft ist, hat auch die EG-Kommission nichts geändert. Obwohl also dem Grunde nach auch europäische Normen unverbindlich sind, ist doch in der Praxis davon auszugehen, dass in den meisten Fällen durch Normenverweise jeder Hersteller die Normenkonformität seiner Erzeugnisse nachweisen muss.

Ohne Kenntnis der entsprechenden Normen ist dies überhaupt nicht möglich und ohne deren praktische Anwendung ebenfalls fast ausgeschlossen. Im Falle einer notwendig werdenden Zertifizierung – dieser Trend ist zunehmend – werden ohnehin die gültigen europäischen Normen angewendet.

7.2.5 Das Europäische Normungsverfahren

Anders und strenger als bei der ISO sind durch die Europäische Kommission die Modalitäten der Abstimmung über eine CEN-Norm geregelt, wie dies aus der folgenden Übersicht hervorgeht:

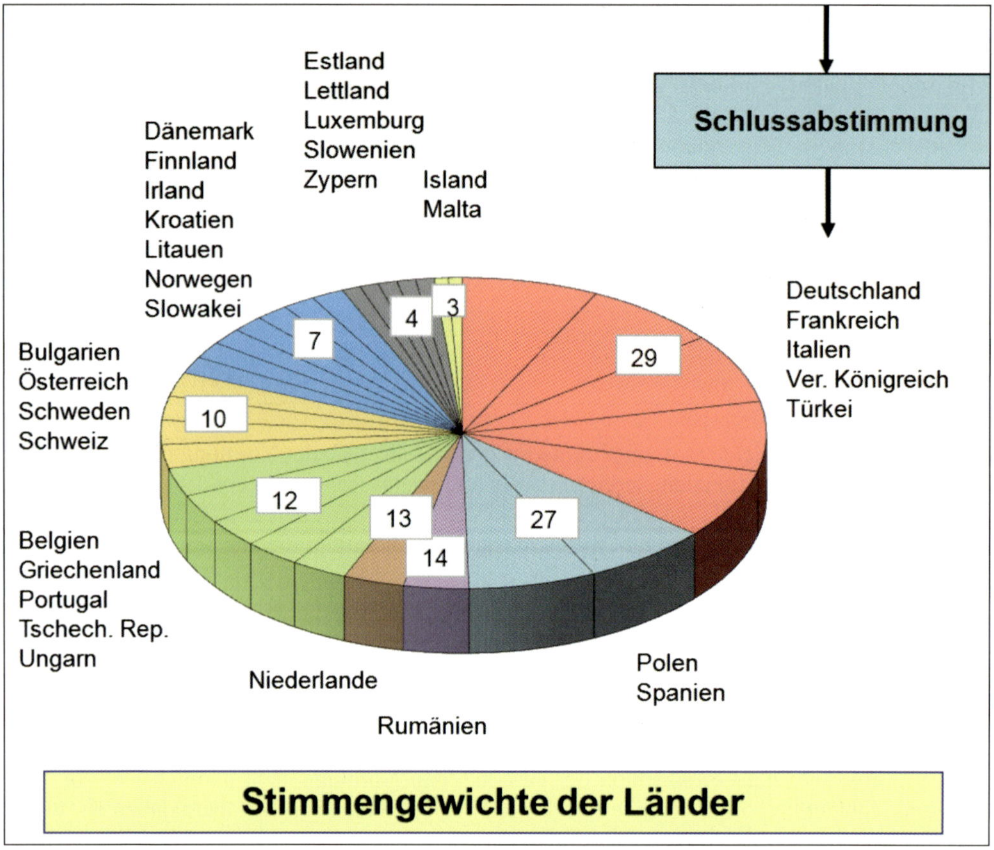

Abb. 373: Gewichtete Stimmen der CEN/CENELEC- Mitglieder (Quelle DIN 2013)

Mindestbedingungen für die Annahme eines Vorschlags sind:

- einfache Mehrheit, ohne Enthaltungen zu zählen,
- mindestens 71% gewichtete Ja-Stimmen.

Ist eine der Bedingungen nicht erfüllt, werden die Stimmen der Mitglieder aus den EG-Ländern gesondert gezählt. Sind dann alle Bedingungen erfüllt, ist die EN angenommen.

Danach wird eine Norm wirksam, wenn sie von einer qualifizierten Mehrheit verabschiedet worden ist. Auch wenn ein Mitgliedsland negativ votiert hat, muss es diese Norm in das nationale Normenwerk übernehmen. Ein Mitwirken in den entsprechenden Gremien empfiehlt sich also sehr, um berechtigte Interessen frühzeitig einbringen zu können. Noch nicht berücksichtigt sind die neuen Mitgliedsländer.

7.3 Werdegang einer internationalen Norm

Grundsätzlich hat sich an der Vorgehensweise, wie sie bei der nationalen Normung üblich ist, nichts geändert. Jedes Mitglied eines Normenausschusses kann diesem einen Normungsantrag mit entsprechender Begründung zuleiten, wobei möglichst ein erster Entwurf beigefügt sein sollte. Betriebe und Instutionen können nur dann einen Mitarbeiter in einen Normenausschuss delegieren, wenn sie Fördermitglied des FNK sind.

7.3.1 Verfahren

Da inzwischen die internationale Normung absoluten Vorrang genießt, wird ein solcher Antrag dem zuständigen Gremium bei der ISO bzw. beim CEN zugeleitet, das über seine Annahme zu befinden hat. Wichtig ist, dass ein neues Normvorhaben von mindestens fünf Ländern getragen wird.

Zur Vermeidung von Doppelarbeit ist zwischen der ISO und dem CEN vereinbart worden, welche Themenkomplexe von der jeweiligen Organisation vorrangig bearbeitet werden sollen. Danach sind z.B. werkstoffübergreifende Themen wie „Begriffe“ (Vocabulary), „Kennzeichnung“ (Designation) sowie allgemeine Prüfmethoden bei der ISO zu bearbeiten, während beim CEN in erster Linie Spezifikationen und solche Prüfverfahren erstellt werden sollen, deren Know-how überwiegend im Bereich des CEN vorhanden ist.

Wie sich in der Praxis gezeigt hat, arbeiten in den jeweiligen ISO-Arbeitsgruppen dieselben europäischen Fachleute mit, die auch in den entsprechenden Arbeitsgruppen des CEN tätig sind. Damit ist gewährleistet, dass fast alle in der letzten Zeit bei der ISO erstellten Prüfnormen ohne technische Änderung durch das CEN übernommen werden können, was die dafür vorgeschriebene Vorgehensweise erleichtert und beschleunigt.

Für alle neuen Normungsvorhaben wird in der Regel eine Parallel-Abstimmung vereinbart, so dass nahezu zeitlich übereinstimmende Publikationen erfolgen können.

In beiden internationalen Gremien ist vorgesehen, dass ein Normungsvorhaben nach drei Jahren abgeschlossen sein soll. Verzögerungen sind klar zu begründen. Kann dies nicht geschehen, so muss damit gerechnet werden, dass das Vorhaben aus dem Programm genommen wird.

Die für die nationalen Spiegelausschüsse zur Verfügung stehende Zeit für eine Stellungnahme ist auf maximal sechs Monate begrenzt, da davon ausgegangen wird, dass eine ausreichende Unterrichtung bereits durch die jeweiligen Delegierten erfolgt ist.

7.3.2 Kosten einer Norm

Zu beachten sind die Kosten, die für eine neue Norm entstehen. Bei zügiger Bearbeitung sollte eine neue Norm bei der ISO oder CEN innerhalb von drei Jahren erscheinen. Das setzt voraus, dass der federführende Experte einen ausgereiften, verabschiedungsreifen Entwurf in der Sitzung vorlegt. Es entstehen die Reisekosten für mindestens drei internationale Sitzungen. Für die notwendige Betreuung durch den FNK im DIN entstehen pro Norm mindestens 15.000 Euro an Kosten.

Die Harmonisierung der Normenwerke ist keineswegs beendet, daher sind in Europa vorübergehend ISO-Normen oder allgemein anerkannte Normen anzuwenden. Noch vorhandene Lücken müssen vorrangig geschlossen werden. Erfahrungsgemäß hat dabei der aktivste Partner die besten Chancen, seine Vorstellungen zur Geltung zu bringen. Es sollte also eigentlich selbstverständlich sein, dass diese Möglichkeit für die weitere Normungsarbeit auch genutzt wird. Dabei geht es häufig darum, den durch neue oder überarbeitete Normen für die Unternehmen zu erwartenden Mehraufwand gegenüber dem Ist-Zustand zu begrenzen oder aber sich so rechtzeitig darauf einzustellen, dass abrupte und dann meist sehr teure Anpassungen vermieden werden können. In vielen Fällen sind die notwendig werdenden Neuregelungen auf die erhöhten Anforderungen der diversen Märkte zurückzuführen.

7.3.3 Weitere Komitees

In diesem Zusammenhang soll abschließend noch darauf hingewiesen werden, dass neben den schon erwähnten Normungsbereichen von ISO/TC 61 und CEN/TC 249 für Sicherheitsnormen, Verfahrensnormen und Normen für Fertigerzeugnisse im Bereich von CEN eine Vielzahl weiterer TC's zuständig ist, deren Sekretariate von unterschiedlichen nationalen Normenorganisationen wahrgenommen werden. (Siehe Tabelle 42). Ihre Anzahl verdeutlicht nochmals den Umfang der internationalen Normung, die in erheblichem Maße die geschäftlichen Aktivitäten der Branche beeinflusst. Es empfiehlt sich daher für alle Hersteller, Verbraucher oder Handelsunternehmen über die genannten Sekretariate Informationen zum aktuellen Stand der dort laufenden Normungsaktivitäten einzuholen.

Zu beachten sind spezielle elektrotechnische Normen, die in der IEC, DKE und CELENEC erarbeitet werden. Gerade duroplastische Werkstoffe sind hier von besonderer Bedeutung und werden in den IEC-Komiees TC 112 und TC 15 sowie den DKE-Komitees K181 und K183 betreut.

Tab. 42: CEN-Komitees, die ebenfalls FVK betreffen können

TC	Sachgebiet	Sekretariat
15	Fahrzeuge für Binnenschifffahrt	DIN
50	Lichtmaste und Leuchtenansatzstutzen	BSI
54	Druckbehälter	BSI
93	Leitern	DIN
99	Wandbekleidungen	BSI
114	Sicherheit von Maschinen und Geräten	DIN
127	Baulicher Brandschutz	BSI
128	Dacheindeckungen für überlappende Verlegung	IBN
136	Sport-, Spielplatz und andere Freizeitgeräte	DIN
137	Bewertung der Belastung am Arbeitsplatz	DIN
138	Zerstörungsfreie Prüfung	AFNOR
139	Lacke und Anstrichstoffe	DIN
145	Gummi- und Kunststoffmaschinen-Sicherheit	DIN

TC	Sachgebiet	Sekretariat
155	Kunststoffrohre	NNI
156	Lüftung von Gebäuden	BSI
158	Schutzhelme	BSI
163	Sanitärausstattungsgegenstände	UNI
164	Wasserversorgung	AFNOR
165	Abwassertechnik	DIN
166	Schornsteine	UNI
183	Abfallwirtschaft	DIN
193	Klebstoffe	AFNOR
203	Gusseiserne Rohre, Formstücke und Verbindungen	AFNOR
249	Kunststoffe	IBN
261	Verpackung	AFNOR
264	Luftbeschaffenheit	DIN
267	Industrielle Rohrleitungen und Fernrohrleitungen	AFNOR
296	Tanks für die Beförderung gefährlicher Güter	AFNOR

FAZIT: Normungsarbeit ist kein Hobby, sondern unabdingbarer Bestandteil jeder Geschäftstätigkeit!

8 Prüfverfahren

8.1 Einleitung

Diese Übersicht nennt deutsche und internationale Normen, die für die Hersteller und Verarbeiter von rieselfähigen und verstärkten duroplastischen und thermoplastischen Kunststoffen wichtig sein können. Es sind zum einen in Form einer Tabelle eine größere Auswahl der wichtigsten Normen wiedergegeben und zum anderen einige ausgewählte Prüfverfahren etwas ausführlicher beschrieben. Die kurzen Beschreibungen der Normen dienen nur zur Erläuterung und können die Originaltexte nicht ersetzen. Die hier getroffene Auswahl kann nicht alle Bedürfnisse der Hersteller und Verarbeiter berücksichtigen, insbesondere weitere nationale Vorschriften im europäischen Ausland könnten zum Tragen kommen. Die Normen sind aufsteigend nach der Nummer und ihrem Geltungsbereich geordnet. Falls es deutsche Fassungen gibt, sind eben diese genannt.

8.2 Die wichtigsten Bestimmungen im Überblick

Bestimmung der Wärmeformbeständigkeit nach DIN EN ISO 75-1-2-3

Teil 1: Allgemeine Prüfmethode

Die ISO 75 beschreibt Methoden zur Bestimmung der Wärmeformbeständigkeitstemperatur unter Last (Biegespannung unter Dreipunktbelastung) für verschiedene Typen von Materialien. Die beschriebenen Methoden sind geeignet, das Verhalten verschiedener Materialien bei erhöhter Temperatur abzuschätzen, wenn unter Belastung die Temperatur mit vorgeschriebener Geschwindigkeit erhöht wird. Die Ergebnisse stellen nicht unbedingt die maximale Gebrauchstemperatur dar, da sich in der Praxis wesentliche Faktoren wie Zeit, Belastungsbedingungen und Biegespannung von den Prüfbedingungen unterscheiden. Ein Standardprobekörper wird mit einer Biegespannung beaufschlagt, um eine der nominellen Randfaserspannungen zu erzeugen. Die Temperatur wird mit gleichförmiger Geschwindigkeit erhöht und der Temperaturwert, bei dem eine festgelegte Durchbiegung erreicht wird, wird gemessen. Mindestens zwei Probekörper müssen für jedes Material verwendet werden.

Teil 2: Kunststoffe und Hartgummi

Teil 2 beschreibt drei Methoden zur Bestimmung der Wärmeformbeständigkeitstemperatur unter Last (Biegespannung) von Kunststoffen und Hartgummi:

- Methode A mit einer nominellen Randfaserspannung von 1,80 MPa
- Methode B mit einer nominellen Randfaserspannung von 0,45 MPa
- Methode C mit einer nominellen Randfaserspannung von 8,00 MPa

Die Probekörper werden flachkant oder hochkant getestet.

Teil 3: Hochbeständige härtbare Schichtstoffe und langfaserverstärkte Kunststoffe

Teil 3 beschreibt eine Methode zur Bestimmung der Wärmeformbeständigkeitstemperatur unter Last (Biegespannung) von hochfesten duroplastischen Laminaten und gepressten langfaserverstärkten Kunststoffen. Die Belastung ist nicht fest vorgeschrieben, sondern eine Funktion (1/10) der Biegefestigkeit oder einer festgelegten Festigkeit. Dadurch ist es möglich einen größeren Bereich von Festigkeiten und Biegemoduli abzudecken.

Der Probekörper wird flachkant getestet.

Bestimmung der Dichte

Die Bestimmung der Dichte von festen Formstoffen und Laminaten kann nach drei Prüfmethoden erfolgen:

1. Auftriebsverfahren nach DIN EN ISO 1183-1:2004 (Entwurf 2010), Verfahren A oder nach DIN 53479 (zurückgezogene Norm):
   Auf dem „Prinzip von Archimedes" basierende Methode zur Messung der Dichte fester Körper.
2. Pyknometrisch nach DIN EN ISO 1183:2004 (Entwurf 2010), Verfahren B: Methode zur Bestimmung der Dichte von Schäumen, Fasern, Pulver etc. auf Basis der Gas- oder Flüssigkeitsverdrängung
3. Gravimetrische Dichtebestimmung DIN EN ISO 845:2009: Bestimmung der Dichte aus Masse und Volumen

Bestimmung des Fasergehaltes

Unter Fasergehalt wird entweder der Anteil der Fasern am Gesamtvolumen verstanden, dann wird er als Faservolumengehalt bezeichnet oder als Anteil der Fasern an der Gesamtmasse. In diesem Fall ist die Bezeichnung Fasermassegehalt.

In der Regel erfolgt die Bestimmung des Fasergehaltes über eine Separierung von Matrix und Fasern+Füllstoffen.

Messprinzip:

1. Auswiegen der Proben,
2. Entfernung der Polymermatrix durch:
   - Veraschung (GFK) oder
   - chemisches Herauslösen (CFK),
3. Auswiegen der Proben nach Entfernung der Polymermatrix,
4. Berechnung Faservolumengehalt, Porengehalt (Faser-, Matrixdichte erforderlich).

Das Verfahren zur Bestimmung von Fasergehalten an verstärkten oder gefüllten Kunststoffen hängt von der Verstärkungsfaser ab. An glasfaserverstärkten Kunststoffen wird der Masseanteil der Faserverstärkung durch Kalzinierung ermittlet. Neben dem Fasergehalt ist es bei diesem Veraschungsverfahren ebenfalls möglich, den Laminataufbau zu bestimmen. Sind keine Füllstoffe enthalten, lassen sich auch die Faserflächenmassen der textilen Strukturen hinreichend genau ermitteln.

Für die Fasergehaltbestimmung von Naturfaser- oder Polymerfaserverbundwerkstoffen existieren keine praktikablen Methoden. Eine kostenaufwendige Alternative ist das quantitative Verfahren aus der Metallographie.

Auch die Ermittlung der Füllstoffgehalte stellt eine prüftechnische Herausforderung dar. Bei der Verwendung von Kalziumkarbonat (Kreide) ist ein chemisches Herauslösen möglich, allerdings kann danach keine Bestimmung der Faserflächenmassen erfolgen. Bei der Verwendung des Brandschutzadditivs Aluminiumhydroxid ist eine exakte getrennte Bestimmung von Faser- und Füllstoffgehalt nicht möglich.

Die relevanten Prüfnormen sind die DIN EN ISO 1172:1998 für glasfaserverstärkte Kunststoffe und die DIN EN 2564:1998 für carbonfaserverstärkte Kunststoffe.

Formmassen und Prepregs, Bestimmung des Flächengewichtes; DIN EN ISO 10352

Diese Internationale Norm enthält Anweisungen für die Bestimmung des Flächengewichts von Harzmatten (SMC) und vorimprägnierten unidirektionalen Bahnen, Bändern, Geweben und Matten. Sofern in den jeweiligen Material-Spezifikationen nichts Gegenteiliges vermerkt ist, gilt diese Norm für Prepregs unabhängig davon, welcher Typ der Verstärkung (Aramid, Carbon, Glas usw.) oder welcher Typ der Matrix (wärmehärtend oder thermoplastisch) verwendet ist.

Die Masse eines Probekörpers bekannter Fläche wird nach der Konditionierung in vorgegebener Atmosphäre bestimmt. Das Ergebnis wird als Flächengewicht angegeben.

Zwei Propekörperabmessungen sind möglich:

- Typ I: Harzmatten (SMC), vorimprägnierte Matten und schwere Gewebe;
- Typ II: Vorimprägnierte unidirektionale Bahnen und leichte Gewebe (z.B. für den Einsatz in der Luft- und Raumfahrt).

Härtbare Formmassen und Prepregs, Bestimmung des Härtungsverhaltens nach DIN EN ISO 12114

Diese Norm beschreibt zwei Verfahren zur Bestimmung des Härtungsverhaltens von faserverstärkten Formmassen und Prepregs.

Die charakteristischen Werte sind:

- Wärmeentwicklung durch die exotherme Reaktion;
- Wärmeausdehnung der Formmasse während des Temperaturanstiegs;
- Schwindung durch die Härtungsreaktion.

Das Hauptanwendungsgebiet sind Formmassen auf der Basis von ungesättigten Polyesterharzen (UP).

Verfahren I: Prüfung zur Bestimmung der Reaktivität von härtbaren Formmassen nach einem einfachen Verfahren. Dieses Verfahren prüft ausschließlich das Reaktionsverhalten der Matrix und den Grad ihrer Stabilisierung.

Verfahren II: Prüfverfahren, das einen aufwendigeren Prüfapparat erfordert (größerer Zeitaufwand), jedoch zusätzliche detaillierte Informationen über das physikalische Verhalten der Formmasse unter üblichen Formgebungsbedingungen erlaubt. Das Verfahren ergibt eine ebene Platte, die für weitere Prüfungen der Formstoffeigenschaften herangezogen werden kann.

Härtbare Formmassen und Prepregs, Bestimmung der Fließfähigkeit, Reifung und Gebrauchsdauer; DIN EN ISO 12115

Die Fließfähigkeit einer Formmasse ist diejenige Eigenschaft, mit deren Hilfe die Fähigkeit dieser Formmasse beschrieben wird, einen Formhohlraum während eines Fertigungsvorgangs zu füllen. Die Fließfähigkeit verändert sich mit dem Alter der Formmasse wegen des dabei ablaufenden Eindickungsprozesses. Dieser so genannte Reifungsprozess wird normalerweise mit einem Zusatz hervorgerufen, um eine merkbare Trennung der Einzelbestandteile der Formmasse zu verhindern, ihr eine hinreichende Handhabbarkeit zu sichern und einen hinreichenden Fluss während der Werkzeugfüllung zu gewährleisten.

Nachdem die Fließfähigkeit der Formmasse ein definiertes Maß erreicht hat, wird von einer ausreichenden Reifung gesprochen. Dies bedeutet, dass die Formmasse gehandhabt werden kann und unter den gegebenen Randbedingungen für die Verarbeitung geeignet ist.

Die Reifung und die Gebrauchsdauer werden durch die Fließfähigkeitsmessung definiert. Die Fließfähigkeit wird zu verschiedenen Zeitpunkten nach der Produktion der Formmasse bestimmt. Die Änderung der Fließfähigkeit wird dann als Funktion der Zeit dargestellt.

Die Gebrauchsdauer einer Formmasse wird dadurch definiert, dass die Handhabbarkeit und das Fertigungsverhalten einer bestimmten Formmasse anhand der Fließfähigkeit beurteilt werden. Aus der Erfahrung ist bekannt, dass in manchen Fällen die Gebrauchsdauer auch von dem Härtungsverhalten der Masse abhängt (siehe auch ISO 12114).

Reifungszustand und Lebensdauer sind keine eigenständigen, absoluten Größen.

Für eine bestimmte Formmasse kann z.B. die Lebensdauer unter verschiedenen Bedingungen bei der Formgebung bzw. für verschiedene Anwendungsfälle durchaus verschieden sein.

Diese Internationale Norm definiert zwei Verfahren zur Bestimmung der Fließfähigkeit von faserverstärkten härtbaren Formmassen und Prepregs. Die Verfahren sind für alle faserverstärkten härtbaren Formmassen anwendbar und unterscheiden sich durch die Prüfbedingungen und die erforderlichen Geräte. Die Verfahren können zur Klärung des Einflusses der einzelnen Formmassebestandteile auf das Verarbeitungsverfahren benutzt werden, indem die Fließfähigkeit bestimmt wird. Sie sind in gleichem Maße für die Zwecke der Qualitätssicherung als auch für die Entwicklung von Formmasserezeptierungen geeignet.

Der Hauptanwendungsbereich liegt bei den Formmassen auf Basis Ungesättigter Polyesterharze (UP). Es sind zwei Verfahren angegeben. Verfahren I ist eine Fließfähigkeitsprüfung, die bei Raumtemperatur ausgeführt wird. Verfahren II beschreibt einen Fließfähigkeitstest unter üblichen Formgebungsbedingungen.

Die Ausführung der Prüfung bei Raumtemperatur reduziert den Einfluss von Temperaturänderungen auf die Ergebnisse der Prüfungen der Formmasse während der Prüfung. Mit Verfahren II kann zusätzlich eine ebene Platte für weitergehende Prüfungen hergestellt werden.

Bestimmung der Biegeeigenschaften nach DIN EN ISO 178 / DIN EN ISO 14125

Die Ermittlung der Biegeeigenschaften nach DIN EN ISO 178 ist an thermoplastischen und duroplastischen Formstoffen, einschließlich gefüllter und verstärkter Verbundwerkstoffe mit unidirektionaler und nicht unidirektionaler Verstärkung, wie Matten und Gewebe für die Prüfung geeignet. Für faserverstärkte Kunststoffe ist zur Bestimmung der Biegeeigenschaften die DIN EN ISO 14125 gültig.

Das Prüfverfahren wird benutzt, um das Biegeverhalten unter den definierten Bedingungen der Biegebeanspruchung zu untersuchen und die Biegefestigkeit und den Biegemodul festzustellen. Unterschiedliche Prüfbedingungen werden entsprechend der unterschiedlichen Werkstoffe des Probekörpers, der Maße und des Herstellungsverfahren festgelegt. Die Probekörper müssen unmittelbar durch Pressen oder Spritzgießen hergestellt werden. Sollten größere Platten vorliegen, kann der Probekörper auch nach ISO 2818 „Herstellung von Probekörpern durch mechanische Bearbeitung" durch mechanische Bearbeitung erzeugt werden. Als Prüfgerät kommt eine Biegeprüfmaschine zum Einsatz, die den Anforderungen gemäß ISO 5893 entspricht.

Der Probekörper wird – als Balken unterstützt – in der Mitte zwischen den Auflagern mit einer konstanten Prüfgeschwindigkeit verformt bis er bricht oder bis die Verformung einen vorgegebenen Wert erreicht hat. Während des Vorgangs wird die von der Probe aufgenommene Kraft gemessen. Als Ergebnis wird die Biegespannung und der Biegemodul in Megapascal (MPa) angegeben. Die folgenden Abbildungen zeigt schematisch die mögliche Versagesnarten im 3-Punkt-Biegeversuch.

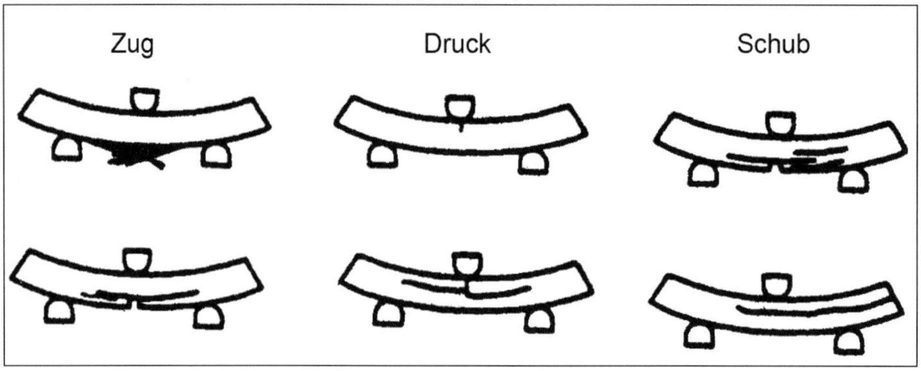

Abb. 374: Versagensarten im 3-Punkt-Biegeversuch (Quelle: DIN EN ISO 14125)

Abbildung 375 zeigt ein typisches Druck- und Schubversagen eines unidirektionalen CFK-Prüfkörpers im 3-Punkt-Biegeversuch bei Prüfung in Faserrichtung (Quelle: IMA).

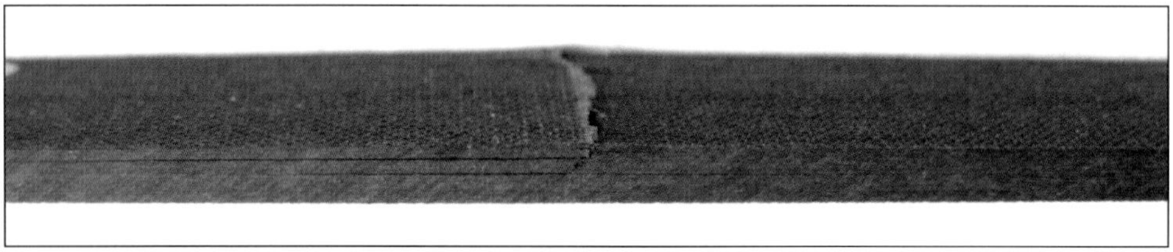

Abb. 375: Druck- und Schubversagen eines unidirektionalen CFK-Prüfkörpers

Bestimmung der scheinbaren interlaminaren Scherfestigkeit nach DIN EN ISO 14130

Die Bestimmung der scheinbaren interlaminaren Scherfestigkeit nach dem Dreipunktverfahren mit kurzem Balken wird an faserverstärkten Kunststoffen in faserdominanter Richtung durchgeführt. Der Versuchsablauf ähnelt dem der klassischen Dreipunktbiegung nach DIN EN ISO 14125 (siehe Abbildung 376). Durch den kurzen Abstand der Auflager wird jedoch in der Probe ein hoher Querkraftanteil erzeugt, der im Material ein interlaminares Versagen erzeugen soll. Dieser Versuch eignet sich daher sehr gut, um über die interlaminare Eigenschaften auf Matrixvernetzung, Faser-Matrix-Bindung und auf die interlaminaren Eigenschaften von Endlosfaser- oder auch Langfaserverstärkungen zu schließen. Das Prüfverfahren ist ein gängiges Verfahren der Produktionskontrolle, eignet sich jedoch nicht zur Ermittlung von Berechnungsgrößen. Ausgewertet werden die Kraft-Verformungs-Kurve und der erste Peak bei der scheinbaren interlaminaren Scherfestigkeit.

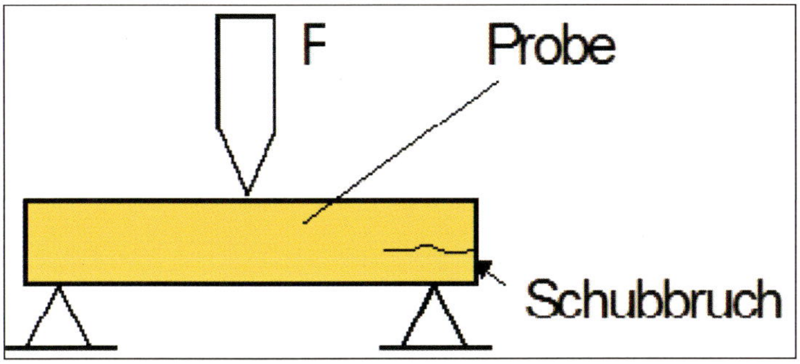

Abb. 376: Prinzipskizze ILSS (Quelle. IMA)

Bestimmung der Schubeigenschaften nach DIN EN ISO 14119

Die Schubprüfung des ebenen Schubverhaltens dient der Bestimmung der Schubkenngrößen: Schubmodul und Schubfestigkeit. Der Schubmodul und die Schubfestigkeit der unidirektionalen Einzelschicht sind essenzielle Werkstoffgrößen für die klassische Laminattheorie sowie die Festigkeitsberechnung.

Der am meisten eingesetzte Schubversuch zur Bestimmung der ebenen Schubeigenschaften ist der so genannte ±45°-Schubzugversuch nach DIN EN ISO 14129 oder ASTM D3518.

Dabei handelt es sich um eine Streifenprobe analog zum Zugversuch mit einer Probenbreite von 25 mm und 150 mm freier Länge. Das Prüflaminat muss mit ±45°-orientierten Lagen aufgebaut sein. Diese können aus UD-Einzelschichten oder biaxial verstärkten Gelegen bestehen.

Durch Zugbelastung in 0°-Richtung wird ein Schubzustand erzeugt. Gemessen werden die Längs- und Querdehnung sowie der Kraftverlauf. Das Verfahren stellt eine sehr gute und einfache Möglichkeit dar, den Schubmodul eines ±45°-verstärkten Lagenaufbaus zu bestimmen.

Ein typisches Versagensbild zeigt die folgende Abbildung 377:

Abb. 377: Versagensmode eines ±45°-Zugversuchs – GFK (Quelle: IMA)

- Weitere Prüfnormen für die Bestimmung der Schubeigenschafte sind:
- ASTM D5448 / D5448M – 93(2006) Standard Test Method for In-plane Shear Properties of Hoop Wound Polymer Matrix Composite Cylinders
- ASTM D4255 / D4255M – 01(2007) Standard Test Method for In-Plane Shear Prop-erties of Polymer Matrix Composite Materials by the Rail Shear Method
- ASTM D3518 / D3518M – 94(2007) Standard Test Method for In-Plane Shear Response of Polymer Matrix Composite Materials by Tensile Test of a ±45° Laminate
- ASTM D5379 / D5379M – 05 Standard Test Method for Shear Properties of Composite Materials by the V-Notched Beam Method (Iosipescu-Methode)

Bestimmung der Charpy-Schlagzähigkeit nach DIN EN ISO 179

Die Bestimmung der Schlagzähigkeit nach dieser Norm ist an steifen thermoplastischen und duroplastischen Werkstoffen, einschließlich gefüllter und verstärkter Verbundwerkstoffe vorgesehen. Ferner sind faserverstärkte Verbundwerkstoffe mit unidirektionaler und nicht unidirektionaler Verstärkung, wie Vliese und Gelege, für die Prüfung geeignet.

Das Prüfverfahren wird benutzt, um das Verhalten von Probekörpern bei festgelegten Schlagbedingungen zu untersuchen und die Sprödigkeit oder Zähigkeit innerhalb der Grenzen der Prüfbedingungen festzustellen. Unterschiedliche Prüfbedingungen werden entsprechend der unterschiedlichen Werkstoffe, des Probekörpers und der Kerbart festgelegt. Die Probekörper müssen unmittelbar durch Pressen oder Spritzgießen hergestellt werden. Sollten größere Platten vorliegen, kann der Probekörper auch nach ISO 2818 durch mechanische Bearbeitung erzeugt werden. Als Prüfgerät kommt ein Pendelschlagwerk mit stabilem Aufbau zum Einsatz, das den Anforderungen gemäß DIN EN ISO 179 entspricht.

Der Probekörper wird – als waagerechter Balken gelagert – in das Pendelschlagwerk eingelegt und durch einen einzigen Schlag auf die Mitte zwischen den beiden Probekörperwiderlagern gebrochen.

Die Schlagarbeit in Joule, die beim Bruch der Probe gemessen wird, errechnet sich als Differenz zwischen dem Arbeitsvermögen der Probe und der im Pendel verbliebenen Energie. Als Ergebnis wird die Schlag- bzw. Kerbschlagzähigkeit in kJ/m² angegeben. Die Ergebnisse können nur von Proben mit gleichem Querschnitt verglichen werden.

Bestimmung der Zugeigenschaften nach DIN EN ISO 527-1-2-3-4

Teil 1: Allgemeine Grundsätze

Der Zugversuch dient zur Ermittlung wichtiger mechanischer Werkstoffkennwerte (Festigkeit, Steifigkeit, Verformbarkeit, Arbeitsaufnahmevermögen) bei statischer Belastung und ist in DIN EN ISO 527 genormt. Ein Probekörper mit definierten Abmessungen wird mit konstanter Dehngeschwindigkeit bis zum Bruch in einer Zugprüfmaschine (ISO 5893) belastet. Die dabei auftretenden Verlängerungen und Kräfte werden gemessen und in einem Kraft-Verlängerungs- bzw. Spannungs-Dehnungs-Diagramm aufgezeichnet.

Der Elastizitätsmodul kennzeichnet die Steifigkeit im Anfangsbereich bei kleinen Dehnungen, er kann als Tangenten- bzw. Sekanten-Modul bestimmt werden. Die Bruchspannung und Bruchdehnung sowie die Zugfestigkeit beschreiben das weitere Verhalten im Versagensfall. Werkstoffe mit niedriger Vernetzungsdichte werden zusätzlich durch die Streckspannung und -dehnung charakterisiert.

Vollständig vernetzte Duroplaste mit hoher maximaler Vernetzungsdichte zeichnen sich durch sprödes Verhalten mit relativ hohem Elastizitätsmodul und niedriger Bruchdehnung aus. Eine Faserverstärkung bewirkt eine deutliche Steigerung der Steifigkeit und Festigkeit gegenüber unverstärkten Werkstoffen.

Teil 2: Prüfbedingungen für Form- und Extrusionsmassen

Die Bestimmung der Zugeigenschaften nach Teil 2 dieser Norm ist an steifen und halbsteifen thermoplastischen und duroplastischen Form- und Extrusionsmassen, einschließlich gefüllter und verstärkter Formmassen, nicht jedoch mit Textilfasern als Verstärkungsmaterial vorgesehen. Der Probekörper vom Typ 1A oder 1B soll immer benutzt werden. Die Probekörper müssen in Übereinstimmung mit den entsprechenden Werkstoffnormen hergestellt werden.

Teil 3: Prüfbedingungen für Folien und Tafeln

Dieser Teil der Norm ISO 527 legt die Prüfbedingungen für die Bestimmungen der Zugeigenschaften von Kunststofffolien und -tafeln mit einer Dicke von weniger als 1mm fest.

Die empfohlene Form der Probekörper ist ein Streifen-Probekörper vom Typ 2, der geschnitten oder ausgestanzt wird, so dass die Kanten frei von Kerben sind.

Teil 4: Prüfbedingungen für isotrop und anisotrop faserverstärkte Kunststoffverbundwerkstoffe

Die Bestimmung der Zugeigenschaften nach diesem Teil von DIN EN ISO 527 ist an faserverstärkten duroplastischen und thermoplastischen Verbundwerkstoffen mit nicht unidirektionaler Verstärkung, wie Matten und Gewebe vorgesehen. Laminate müssen einen symmetrischen Aufbau haben.

Im Falle von Laminatwerkstoffen ist eine Tafel nach ISO 1268 oder einem anderen festgelegten Verfahren herzustellen.

Bestimmung von Druckeigenschaften nach DIN EN ISO 14126

Nach dieser Norm erfolgt die Bestimmung der Druckeigenschaften in der Laminatebene (ISO 14126:1999) an Proben aus faserverstärkten thermoplastischen und duroplastischen Laminaten.

Dieses Verfahren dient zur Untersuchung des Verhaltens der Laminate unter Druckbeanspruchung. Prüfvorrichtungen und Probengeometrien werden in der Norm definiert. Dabei werden die Lasteinleitungsbereiche der Proben durch Aufleimer verstärkt. Bei der Prüfung werden die Druckfestigkeit, der Druckmodul und die Dehnung gemessen. Um Biegeeinflüsse in der Bewertung zu vermeiden, ist eine Obergrenze der Biegeanteile definiert. Daher muss die Dehnung beidseitig an der Probe gemessen werden. Nach dem Spannen der Probe erfolgt mit konstanter Verformungsgeschwindigkeit der Krafteintrag bis zum Versagen der Probe in der freien Länge. Bei der Auswertung des Versuches ist das Bruchbild mit zu bewerten.

Die Druckprüfung in Laminatebene ist in Bezug auf die Probenqualität, Versuchsdurchführung und auch in Bezug auf Imperfektionen ein sensibles Prüfverfahren.

Abbildung 378 zeigt eine entsprecehnde Druckprüfungsvorrichtung des IMA Dresden. Abbildung 379 zeigt ein typisches Druckversagensbild eines quadraxial verstärkten CFK-Laminats (komplexes Druckversagen).

Abb. 378: IMA Druckprüfvorrichtung (Quelle IMA)

Abb. 379: Typisches Druckversagen eines quadraxial verstärkten CFK-Laminats (Quelle IMA)

Als exemplarische Prüfnormen können weiterhin folgende Standards verwendet werden:

- DIN EN 2850 – Norm-Entwurf, 1998-04 -Luft- und Raumfahrt – Unidirektionale Laminate aus Kohlenstofffasern und Reaktionsharz – Druckversuch parallel zur Faserrichtung
- DIN 65375 – 1989-11 – Luft- und Raumfahrt; Faserverstärkte Kunststoffe; Prüfung von unidirektionalen Laminaten; Druckversuch quer zur Faserrichtung
- ASTM D3410 / D3410M – 03(2008) Standard Test Method for Compressive Proper-ties of Polymer Matrix Composite Materials with Unsupported Gage Section by Shear Loading (Celanese)
- ASTM D695 – 08 Standard Test Method for Compressive Properties of Rigid Plas-tics
- ASTM D 6641/D 6641M Standard Test Method for Compressive Properties of Polymer Matrix Composite Materials Using a Combined Loading Compression (CLC) Test Fixture

Bestimmung von Druckeigenschaften nach DIN EN ISO 604

Die Bestimmung der Druckeigenschaften nach dieser Norm ist an steifen und halbsteifen thermoplastischen und duroplastischen Formmassen, einschließlich gefüllter und verstärkter Formmassen vorgesehen. Dieses Verfahren dient zur Untersuchung des Druckverformungsverhaltens von Probekörpern und zur Ermittlung der Druckfestigkeit, des Druckmoduls und anderer Aspekte des Druckspannungs/Stauchungs-Zusammenhangs bei festgelegten Bedingungen. Zur Durchführung dieses Verfahrens werden Probekörper verwendet, die entweder aus dem Mittelteil des Vielzweckprobekörpers (ISO 3167) oder aus Formteilen bzw. Halbzeugen ausgearbeitet wurden. Der Probekörper wird parallel zu seiner Hauptachse mit konstanter Geschwindigkeit gestaucht, bis der Körper bricht oder die Spannung oder die Längenänderung einen bestimmten Wert erreicht. Während des Stauchvorgangs wird die Kraft gemessen.

Bestimmung der Eindruckhärte mit einem Durometer (Shore-Härte) nach DIN EN ISO 868

Diese Norm gibt ein Verfahren zur Bestimmung der Eindruckhärte von Kunststoffen und Hartgummi durch zwei Typen von Durometern an:

- Typ A – weichere Materialien,
- Typ B – härtere Materialien.

Das Verfahren erlaubt entweder die Messung des Anfangeindrucks oder des Eindrucks nach einer vorgeschriebenen Zeitspanne oder beides.

Die Eindruckhärte steht in umgekehrter Beziehung zum Eindringen und ist vom Elastizitätsmodul und den viskoelastischen Eigenschaften des Materials abhängig. Die Form des Eindruckkörpers, die auf ihn ausgeübte Kraft und die Dauer ihrer Anwendung beeinflussen die erhaltenen Ergebnisse so, dass es keine einfache Beziehung zwischen den mit dem Durometertyp erhaltenen und einem anderen Härtemessinstrument erhaltenen Ergebnissen geben kann. Das Verfahren bezieht sich auf die Typ A Shore- und Typ D Shore- Durometerverfahren.

Die Dicke der Probekörper soll mindestens 6mm betragen und kann aus mehreren Schichten bestehen.

Dieses Verfahren ist eine in erster Linie für Kontrollzwecke vorgesehene empirische Prüfung.

Ein Beispiel für die Angabe ist Shore A/15:45: – 15 ist die Zeitdauer in Sekunden und 45 ist der abgelesene Härtewert.

Normalklimate für Konditionierung und Prüfung, DIN EN ISO 291

Diese Internationale Norm legt nähere Angaben über die Konditionierung und Prüfung aller Kunststoffe und Arten von Probekörpern bei konstanten Klimabedingungen fest, die mittleren Klimabedingungen in Laboratorien entsprechen.

Sonderklimate, die für eine besondere Prüfung oder ein besonderes Material anwendbar sind oder die eine besondere klimatische Umgebung simulieren, sind in dieser Internationalen Norm nicht enthalten.

Normalklima ist ein bevorzugtes Konstantklima, für das bestimmte Werte der Lufttemperatur und Luftfeuchte und auch Grenzwerte des Luftdrucks und der Luftgeschwindigkeit festgelegt sind. Die Luft darf keine signifikanten zusätzlichen Bestandteile enthalten und signifikante zusätzliche Strahlungseinflüsse müssen vermieden werden.

Konditionierung heißt eine oder mehrere Tätigkeiten, die dazu bestimmt sind, eine Probe oder einen Probekörper in einen Gleichgewichtszustand bezüglich seiner Temperatur und seines Feuchtegehalts zu bringen.

Wenn nichts anderes festgelegt ist, sollen folgende Bedingungen als Normalklima verwendet werden: Normalklima 23/50 bedeutet 23°C und 50% relative Feuchte, bzw. Normalklima 27/65 heißt 27°C und 65% relative Feuchte.

Im Folgenden sind zwei unterschiedliche Klassen von Normalklimaten angegeben. Die Klasse 1 entspricht einer zulässigen Temperaturabweichung von ± 1°C und einer relativen Feuchteabweichung von ± 5% sowohl für 23/50 als auch für 27/65. Der Klasse 2 entspricht eine Temperaturabweichung von ± 2°C und einer relativen Feuchteabweichung von ± 10% sowohl für 23/50 als auch für 27/65.

Pressen von Probekörpern aus duroplastischen Werkstoffen, DIN EN ISO 295

Die Herstellung der Probekörper muss sorgfältig erfolgen, da die ermittelten Messwerte nicht nur von der Probenform, sondern auch von der Art der Formgebung abhängen. Infolge ihrer Zusammensetzung, ihrer Fließeigenschaften und anderer veränderlicher Einflussgrößen kann es oft notwendig sein, Probekörper bei besonderen Verarbeitungsbedingungen herzustellen. In diesem Fall muss eine Vereinbarung zwischen den beteiligten Parteien getroffen werden. Die Probekörpereigenschaften müssen zusammen mit diesen besonderen Verarbeitungsbedingungen angegeben werden.

Das Presswerkzeug ist aus Stahl herzustellen und muss so beschaffen sein, dass die Druckkräfte ohne merkliche Verluste auf die Schmelze übertragen werden. Es kann als einfach oder mehrfach Werkzeug ausgeführt sein. Die Oberfläche des Werkzeughohlraums muss einwandfrei sein und eine glänzende Oberflächenpolitur mit einer Rauhigkeit von 0,4μm bis 0,8μm besitzen. Die Temperaturregelung des Werkzeugs muss die erforderliche Presstemperatur mit einer Toleranz von 3°C einhalten. Die Vorbehandlung der Formmassen vor dem Pressen ist entsprechend den Liefervorschriften einzuhalten. Ist keine Vorschrift vorhanden, so ist die Lagerung bei 23±3°C vorzunehmen.

Die Formmassen werden tablettiert (vorverdichtet), wenn das Volumen der Masse für den verfügbaren Füllraum zu groß ist. Die dabei angewendeten Bedingungen sind anzugeben. Weitere Vorbehandlungen wie Trocknung, Hochfrequenz-Vorwärmung und Vorplastifizierung sind je nach Formmasse zulässig, die Bedingungen sind jeweils anzugeben. Die Verwendung von Trennmitteln kann das Entformen erleichtern, darf aber nur erfolgen, wenn sie nachweislich keinen Einfluss auf die Eigenschaften der Probekörper haben. Die Verarbeitungsbedingungen sind je nach Formmasse vorgegeben. Nach Erreichen des Pressdrucks beginnt die Härtezeit, nach Ablauf der Härtezeit müssen die Probekörper entformt werden.

Bestimmung des Kriechverhaltens nach DIN EN ISO 899-1-2

Teil 1: Zeitstand-Zugversuch

Dieser Teil von ISO 899 legt ein Verfahren zur Bestimmung des Kriechverhaltens von Kunststoffen unter Zugbeanspruchung fest. Es werden genormte Probekörper unter festgelegten Bedingungen von Vorbehandlung, Temperatur und Feuchte verwendet.

Dieses Verfahren ist geeignet für steife und halbsteife unverstärkte, gefüllte und faserverstärkte Kunststoff-Formmassen (Definitionen siehe ISO 472). Die Genauigkeit von Vergleichsmessungen hängt in starkem Maße von der Herstellung und den Maßen des Probekörpers sowie von den Umgebungsbedingungen bei der Prüfung ab. Die thermische Vorbehandlung des Probekörpers kann ebenfalls einen ausgeprägten Effekt auf sein Kriechverhalten haben.

Wenn Eigenschaften aus dem Zeitstand-Zugversuch für konstruktive Zwecke verwendet werden sollen, sollten die Kunststoffe über einen breiten Bereich von Spannungen, Zeiten und Umgebungsbedingungen geprüft werden.

Die Einspannvorrichtung des Prüfgerätes muss es ermöglichen, dass die Richtung der auf den Probekörper aufgebrachten Kraft so genau wie möglich mit der Längsachse des Probekörpers übereinstimmt. Selbstspannende Klemmen, bei denen der Probekörper sich bei Zunahme der Kraft bewegen kann, sind für diese Prüfung nicht geeignet.

Teil 2: Zeitstand-Biegeversuch bei Dreipunkt-Belastung

Dieser Teil bezieht sich nur auf einen einfachen, frei aufgelegten Biegebalken, der in der Mitte belastet ist. Dieses Verfahren ist geeignet für steife und halbsteife unverstärkte, gefüllte und faserverstärkte Kunststoff-Formmassen (Definitionen siehe ISO 472). Das Verfahren kann für bestimmte faserverstärkte Kunststoffe wegen Unterschieden in der Faserorientierung ungeeignet sein. Es werden stabförmige, rechtwinklige Probekörper verwendet.

Kennbuchstaben und Kurzzeichen von Basis-Polymeren und ihre besonderen Eigenschaften, DIN EN ISO 1043-1-2-3

Diese Norm enthält einheitliche Kurzzeichen für Kunststoffe, Füll- und Verstärkungsstoffe, Weichmacher und Kennbuchstaben für den Aufbau dieser Kurzzeichen.

Sie enthält nur solche Kurzzeichen, welche in unzweifelhaftem Gebrauch sind, und ihr Sinn ist, sowohl das Auftreten von mehr als einem Kurzzeichen für einen bestehenden Kunststoffnamen als auch die mehrdeutige Interpretation eines Kurzzeichens zu verhüten.

Eine Referenzliste von Kennbuchstaben für die Bestandteile von Kunststoffen, die zur Bildung von Kurzzeichen gebraucht werden, ist in Anhang B, Teil 1, zu finden.

Die Kennbuchstaben sind in erster Linie dazu gedacht, passende Buchstaben vorzugeben, aus denen die Kurzzeichen für die chemischen Bezeichnungen in Veröffentlichungen und anderen Schriftstücken zusammengesetzt werden können.

Beim ersten Auftreten in einem Text sollten der Kennbuchstabe oder das Kurzzeichen in Klammern gesetzt und die vollständige chemische Bezeichnung ausgeschrieben vorangestellt werden.

Bestimmung der Härte, Kugeldruckversuch, DIN EN ISO 2039-1

Dieses Verfahren zur Bestimmung der Härte von Kunststoffen und Hartgummi kann Werte liefern, die geeignet sind Spezifikationen zu verifizieren oder eine Qualitätskontrolle zu unterstützen. Das Messprinzip besteht darin, eine Kugel unter einer bestimmten Prüfkraft in die Oberfläche des Probekörpers zu drücken. Die Eindringtiefe wird während der Belastung gemessen. Die Oberfläche des Eindrucks wird aus dessen Tiefe berechnet. Die Kugeldruckhärte H wird dann nach folgender Beziehung berechnet:

$$\text{Kugeldruckhärte} = \frac{\text{aufgebrachte Prüfkraft}}{\text{Oberfläche des Eindrucks}}$$

Für die korrekte Berechnung der Härte nach diesem Verfahren ist es notwendig, die Prüfkraft auf eine Eindringtiefe von 0,25mm umzurechnen. Dies erfolgt nach der Formel:

$$F_r = F_m \cdot \frac{0{,}21}{(h - h_r) + 0{,}21}$$

Wobei Fm die Prüfkraft auf den Eindringkörper in Newton, h die Eindringtiefe in mm ist.

Es ist zu beachten, dass vier Lastbereiche (49 N, 132 N, 358 N, 961 N), mit A bis D bezeichnet, je nach Eindringtiefe benutzt werden müssen. Die Eindringtiefe muss nach 30 Sekunden zwischen 0,15mm und 0,35mm liegen, ansonsten ist der Lastbereich entsprechend zu wählen. Mindestens zehn gültige Versuche an einem oder mehreren Proben werden zur Berechnung der Kugeldruckhärte benötigt. Die einzelnen Eindruckstellen müssen mindestens 10mm voneinander und vom Rand der Probe entfernt sein, um Beeinflussungen zu vermeiden. Werte der Kugeldruckhärte H von unter 250N/mm^2 werden auf ganze Zahlen gerundet, Werte über 250N/mm^2 werden auf die nächste durch zehn teilbare Zahl gerundet.

Bestimmung der Schrumpfung nach ISO 2577 an Probekörper E 2 nach ISO 10724-2

Die Schrumpfung der Formmassen kann man in zwei Vorgänge unterteilen.

In die Schrumpfung beim Pressen und die Nachschrumpfung. Hier wird nur die Schrumpfung während des Pressens bis zum Abkühlen auf Raumtemperatur betrachtet. Das Verfahren beruht auf dem Vergleich von Längen an dem Werkzeug und am Probekörper. Die Proben aus dem zu prüfenden Material werden ohne Konditionierung hergestellt. Zwei Probekörper werden nach den für diese Formmasse angegebenen Bedingungen erzeugt und nach Entnahme aus dem Werkzeug auf einer Unterlage mit niedriger thermischer Leitfähigkeit unter geringer Belastung bis Raumtemperatur abgekühlt, um Verzug zu vermeiden.

Da die Schrumpfung nur an verzugfreien Probekörpern einwandfrei gemessen werden kann, ist jeder Körper mit mehr als 1% Verzug von der Bestimmung der Schrumpfung auszuschließen. Nach 16 bis 72Stunden Lagerung bei 23±2 °C werden die Probekörper auf Verzug untersucht und in zwei parallel zu den Hauptachsen stehenden Richtungen vermessen.

Die Schrumpfung wird nach der Formel:

$$S_{Mo} = \frac{L_0 - L_1}{L_0} * 100$$

berechnet, wobei L0 die Länge am Werkzeug und L1 die entsprechende Länge an der Probe ist. Die Schrumpfung SMo wird in Prozent angegeben.

Vielzweckprobekörper, DIN EN ISO 3167

Diese Norm legt Anforderungen für Vielzweckprobekörper aus Kunststoffformmassen für Spritzguss und Formpressen fest.

Die Probekörper Typen A und B sind Zugprobekörper, denen durch einfache Bearbeitung Probekörper für eine Vielzahl anderer Prüfungen entnommen werden können. Die Verwendung des Vielzweckprobekörpers muss zwischen den Beteiligten vereinbart werden, da deutlich unterschiedliche Eigenschaften zwischen Teilen aus dem Vielzweckprobekörper und den in den betreffenden Prüfvorschriften beschriebenen Probekörpern auftreten können.

Die Probekörper müssen nach den jeweils zutreffenden Normen ISO 293, ISO 294 oder ISO 295 und unter den Bedingungen geformt werden, die für den betreffenden Werkstoff festgelegt sind. Eine strenge Kontrolle der Formgebungsparameter ist wichtig, um sicherzustellen, dass sich tatsächlich alle Probekörper eines Satzes im gleichen Zustand befinden.

Bestimmung der extrahierten Bestandteile durch organische Lösungsmittel (Standardverfahren) nach DIN ISO 6427

Diese Norm beschreibt Verfahren zur Bestimmung von Bestandteilen in Kunststoffen, die durch heiße organische Flüssigkeiten dicht unter ihren Siedetemperaturen extrahiert werden können. Die extrahierbaren Bestandteile können aus Monomeren, Oligomeren, Polymeren, Weichmachern, Stabilisatoren usw. bestehen. Die Art und der Gehalt an extrahierbaren Bestandteilen hat Einfluss auf die Eigenschaften der Kunststoffe.

Die anzuwendende Extraktionsflüssigkeit richtet sich nach der Art des Kunststoffes und nach dem Ziel der Bestimmung. Es sind mindestens zwei Bestimmungen durchzuführen. Die extrahierbaren Mengen bestimmter Bestandteile werden oft nicht quantitativ im Sinne der analytischen Chemie erfasst.

Diese Norm ist nicht anzuwenden bei Kunststoffen, die mit Lebensmitteln oder Trinkwasser in Berührung kommen. Für diese Kunststoffe bestehen in vielen Ländern spezielle Vorschriften. Die Prüfverfahren dieser Norm sind nicht dafür vorgesehen, für Migrationstests angewendet zu werden. Die Präzision des Verfahrens ist nicht bekannt. Jedoch sollte eine Präzision von etwa 5% erwartet werden.

Bestimmung dynamisch-mechanischer Eigenschaften nach DIN EN ISO 6721-1-2

Teil 1: Allgemeine Grundlagen

Diese Norm legt Verfahren zur Bestimmung der dynamisch-mechanischen Eigenschaften von steifen Kunststoffen im Bereich des linear-viskoelastischen Verhaltens fest.

Unterschiedliche Deformationsarten können Ergebnisse hervorrufen, die nicht direkt vergleichbar sind.

Ein Probekörper bekannter Geometrie wird einer mechanischen Schwingung unterworfen, deren Typ durch zwei Merkmale beschrieben wird: die Art der Schwingung (I bis IV) und die Art der Deformation.

Für diese Prüfverfahren, ob an einem Werkstoff oder an einem Endprodukt durchgeführt, müssen die Probekörper nach der entsprechenden Werkstoffnorm hergestellt werden. Sie müssen durch mechanische Bearbeitung (ISO 2818) aus gepressten Platten (ISO 293, ISO 295, ISO 1268) oder aus dem Endprodukt gefertigt werden. Alternativ dürfen die Probekörper spritzgegossen werden (ISO 294).

Für Einpunktmessungen (Messung bei einer einzigen Temperatur und Frequenz) müssen mindestens drei Probekörper verwendet werden. Wenn die Temperatur und/oder die Frequenz über einen weiten Bereich geändert werden, reicht für Qualitätskontrollzwecke ein Probekörper aus. In allen anderen Fällen müssen mindestens zwei Probekörper geprüft werden.

Teil 2: Torsionspendel-Verfahren

Dieser Teil von ISO 6721 legt zwei Verfahren fest (A und B) zur Bestimmung der linearen-dynamisch-mechanischen Eigenschaften von Kunststoffen, und zwar der Speicher- und Verlustkomponenten des Torsionsmoduls als Funktionen der Temperatur im Frequenzbereich von 0,1Hz bis 10Hz. Die Temperaturabhängigkeit dieser Größen, ermittelt in einem ausreichend weiten Temperaturbereich, liefert Informationen zu Übergangsbereichen des Kunststoffs.

Die beschriebenen zwei Verfahren sind nicht anwendbar auf unsymmetrische Laminate und sind nicht geeignet zur Prüfung von Kautschuk.

Die Klemmen des Prüfgeräts müssen so konstruiert sein, dass sie keine Bewegung des geklemmten Teils der Probekörper in ihnen zulassen; sie müssen selbstzentrierend und in der Lage sein, den Probekörper ohne Verziehen über den Temperaturbereich ausreichend festzuhalten.

Bestimmung der Menge vorhandener Lunker; Glühverlust, mechanische Zersetzung und statistische Auswertungsverfahren; DIN EN ISO 7822

In dieser Norm sind drei Verfahren zur Bestimmung der Menge vorhandener Lunker von textilglasverstärkten Kunststoffen oder Verbundwerkstoffen festgelegt, deren Bestandteile feste Stoffe sind. Die Verfahren sind

- Glühverlust;
- Mechanische Zersetzung,
- Statistisches Auswertungsverfahren.

Die Verfahren sind mit verschiedenen Fehlergrenzen behaftet und sind nur unter in der Norm genauer beschriebenen Bedingungen anwendbar.

Kunststoffe – Rieselfähige Formmassen ISO 14526 bis 14530 und 15252 Teile 1, 2, 3

Hinweis:

ISO 14526 bis 14530, 15252 bilden zusammen mit ISO 14598 und der AVK-Verfahrensanweisung die Grundlage für die Vergabe des AVK-Prüfzeichens für duroplastische Formmassen und Formteile.

Die Normen dieser Normenreihe sind immer in drei Teile unterteilt:

Teil 1: Bezeichnungssystem und Basis für Spezifikationen

In dieser internationalen Norm ist für rieselfähige Phenol-Formmassen in Pulverform, als Granulat und in gemahlener Form ein Bezeichnungssystem beschrieben. Die diversen Typen werden aufgrund der Füll- und Verstärkungsstoffe, der Verarbeitungsmethode und eventueller besonderer Eigenschaften klassifiziert.

Teil 2: Herstellung von Probekörpern und Bestimmung von Eigenschaften

In dieser Norm sind die Methoden der Herstellung von Probekörpern, die Prüfverfahren und die erforderlichen Handhabungen für die Konditionierung und Behandlung der Proben beschrieben.

Teil 3: Anforderungen an ausgewählte Formmassen

Diese Norm spezifiziert die Anforderungen an Proben aus rieselfähigen Formmassen, die durch Pressen bzw. Spritzgießen erzeugt werden. Es werden Mindestanforderungen für die mechanischen, thermischen, elektrischen Eigenschaften angegeben.

Die Normen in Einzelnen:

Kunststoffe – Rieselfähige Harnstoff-Formaldehyd- und Harnstoff/Melamin-Formaldehyd-Formmassen (UF- und UF/MF-PMC), ISO 14527-1-2-3

Teil 1: Bezeichnungssystem und Basis für Spezifikationen

Teil 2: Herstellung von Probekörpern und Bestimmung von Eigenschaften

Teil 3: Anforderungen an ausgewählte Formmassen

Kunststoffe – Rieselfähige Melamin-Formaldehyd-Formmassen (MF-PMC), ISO 14528-1-2-3,

Teil 1: Bezeichnungssystem und Basis für Spezifikationen

Teil 2: Herstellung von Probekörpern und Bestimmung von Eigenschaften

Teil 3: Anforderungen an ausgewählte Formmassen

Kunststoffe – Rieselfähige Melamin/Phenol-Formmassen (MP-PMC), ISO 14529-1-2-3,

Teil 1: Bezeichnungssystem und Basis für Spezifikationen

Teil 2: Herstellung von Probekörpern und Bestimmung von Eigenschaften

Teil 3: Anforderungen an ausgewählte Formmassen

Kunststoffe – Rieselfähige ungesättigte Polyester-Formmassen (UP-PMC) ISO 14530-1-2-3

Teil 1: Bezeichnungssystem und Basis für Spezifikationen

Teil 2: Herstellung von Probekörpern und Bestimmung von Eigenschaften

Teil 3: Anforderungen an ausgewählte Formmassen

Kunststoffe–- Rieselfähige Epoxidharz-Formmassen (EP-PMC), ISO 15252-1-2-3

Teil 1: Bezeichnungssystem und Basis für Spezifikationen

Teil 2: Herstellung von Probekörpern und Bestimmung von Eigenschaften

Teil 3: Anforderungen an ausgewählte Formmassen

Spezifischer Durchgangswiderstand und spezifischer Oberflächenwiderstand nach DIN IEC 60093 / VDE 0303 Teil 30 sowie Isolationswiderstand nach DIN IEC 60167 / VDE 0303 Teil 31

Spezifischer Durchgangs-, spezifischer Oberflächenwiderstand und der Isolationswiderstand sind wichtige Kenngrößen zur Beschreibung des elektrischen Isolationsverhaltens von Isolierstoffen. Spezifischer Oberflächenwiderstand und Isolationswiderstand werden außerdem als Bewertungsgrößen hinsichtlich des Verhaltens gegenüber elektrostatischen Aufladungen herangezogen.

Während der spezifische Durchgangswiderstand den Widerstand eines Werkstoffvolumens beschreibt, wird mit dem Oberflächenwiderstand der Einfluss der Werkstoffoberfläche charakterisiert. Die Prüfung dieser Kennwerte erfolgt nach DIN IEC 60093 mit Gleichspannung unter Verwendung eines geschützten Elektrodensystems (z.B. konzentrische Kreiselektroden). Zur Herstellung der Elektroden können unterschiedliche Kontaktwerkstoffe eingesetzt werden (z.B. Haftelektroden aus Leitsilber oder kolloidalem Graphit, aufgedampfte Silberelektroden, aufgeriebene Folien etc.). Der Isolationswiderstand beinhaltet Anteile sowohl des Durchgangswiderstandes als auch des Oberflächenwiderstandes. Bei der Messung des Isolationswiderstandes nach DIN IEC 60167 / VDE 0303 Teil 31 werden durch Wahl geeigneter Elektrodensysteme (z.B. ungeschützte Streifenelektroden oder Stöpselelektroden) somit sowohl Oberflächen- wie auch Volumeneffekte erfasst.

Zur Bestimmung der Widerstandswerte werden in der Regel plattenförmige Probekörper untersucht, jedoch sind auch andere Probekörpergeometrien zulässig (z.B. Rohre). Die Proben- und Elektrodengeometrie ist sorgfältig zu vermessen, da sie unmittelbar in die Berechnung der spezifischen Werte eingeht. Obwohl es sich bei dem spezifischen Durchgangs- und dem spezifischen Oberflächenwiderstand formal um geometrieunabhängige Werte handelt, liegt eine Abhängigkeit von der Gestalt des Probekörpers und des verwendeten Elektrodensystems vor. Ein Vergleich von unter verschiedenen Randbedingungen ermittelten Werten (z.B. Oberflächenwiderstand nach IEC 60093 zu DIN 53 482 / VDE 0303 Teil 3, die bis 1983 auf nationaler Ebene gültige Prüfvorschrift) ist daher nicht ohne Weiteres möglich. Einige Oberflächenwiderstands-Messverfahren (z.B. Oberflächenwiderstand ROE nach der zurückgezogenen DIN 53 482 / VDE 0303 Teil 3) sind heute Bestandteil von DIN IEC 60167 / VDE 0303 Teil 31.

Die Bezeichnung Oberflächenwiderstand ist für diese Messungen allerdings nicht zulässig; die Werte sind als Isolationswiderstand zu bezeichnen. Dies ist bei Angaben in Produktdatenblättern zu beachten.

Vor der Messung des spezifischen Durchgangswiderstandes sind die Proben zu depolarisieren, d.h. eine im Dielektrikum vorhandene Polarisierung wird durch Kurzschließen der Elektroden beseitigt. Der spezifische Durchgangswiderstand wird dann zeitabhängig aufgezeichnet bis ein stationärer Wert erreicht wird, der als Prüfergebnis anzugeben ist. Wenn die Ermittlung eines stationären Wertes nicht möglich ist, wird der spezifische Durchgangswiderstand als Funktion der Zeit angegeben. Für Abnahmeprüfungen ist auch die Angabe eines Wertes zulässig, der 1 Minute nach Anlegen der Spannung abgelesen wird, jedoch ist auch hier eine Depolarisierung der Probe vor der eigentlichen Messung vorzunehmen. Die aufwendige Depolarisierung der Proben kann entfallen, wenn die Widerstandwerte mit Wechselspannung oder alternierender Gleichspannung bestimmt werden, diese Verfahren sind jedoch zurzeit nicht genormt.

Der spezifische Oberflächenwiderstand und der Isolationswiderstand werden ohne vorherige Depolarisierung der Probe bestimmt und als 1-Minutenwert angegeben. Die klimatischen Bedingungen im Prüfraum sind hier besonders sorgfältig einzuhalten, da bei vielen Materialien eine ausgeprägte Abhängigkeit von der Luftfeuchtigkeit besteht. Auch der spezifische Durchgangswiderstand kann stark vom Temperatur- und Feuchtezustand des Probekörpers abhängen. In jedem Fall ist eine hinreichend lange Konditionierung der Probekörper unter definierten klimatischen Bedingungen vorzunehmen, z.B. im Normalklima DIN 50014-23/50-2.

Hinweis: Mittelfristig sollen IEC 60093 und IEC 60167 durch IEC 62631-3-1, IEC 62631-3-2 und IEC 62631-3-3 ersetzt werden. Hierbei wird auch die zum Teil verwirrende Nomenklatur vereinfacht.

Permittivität und dielektrischer Verlustfaktor nach IEC 60250 und DIN 53483

Die nach IEC 60250 bzw. DIN 53 483/VDE 0303 Teil 4 ermittelte Permittivität (früher auch als Dielektrizitätszahl bezeichnet) und der dielektrische Verlustfaktor dienen der Charakterisierung des Materialverhaltens bei Beaufschlagung des Isolierstoffes mit einem elektrischen Wechselfeld. Abhängig von dem zu untersuchenden Frequenzbereich und den jeweiligen Prüfbedingungen wird die Probe mit geschützten Elektrodensystemen (siehe auch Ausführungen zum spezifischen Durchgangswiderstand) oder ungeschützten Elektrodensystemen kontaktiert, wobei unterschiedliche Kontaktwerkstoffe eingesetzt werden (z.B. Haftelektroden aus Leitsilber, aufgedampfte Silberelektroden, aufgeriebene Folien etc.).

Mit einem geeigneten Messgerät (z.B. Scheringbrücke, Leitwertmesser, LCR-Meter) werden die Kapazität dieser Elektrodenanordnung und der dielektrische Verlustfaktor gemessen. Aus Kapazität und den Elektrodenabmessungen wird die Permittivität berechnet. Bei ungeschützten Elektrodensystemen muss hierbei unbedingt eine rechnerische Korrektur des Randfeldes erfolgen, um korrekte Prüfergebnisse zu erhalten.

Hinweis:

Mittelfristig soll IEC 60250 durch IEC62631-2 ersetzt werden.

Elektrische Durchschlagfestigkeit nach DIN EN 60243-1/VDE 0303 Teil 21

Die elektrische Durchschlagfestigkeit eines Werkstoffes beschreibt diejenige elektrische Feldstärke, bei der dieser Werkstoff seine Isolationseigenschaften verliert, weil ein Lichtbogen oder Funken den Werkstoff durchdringt (elektrischer Durchschlag). Sie ist der Quotient aus der Spannung, bei welcher der Durchschlag erfolgt (das ist die Durchschlagspannung) und der Probendicke. In der Regel ist der Werkstoff nach einem Durchschlag dauerhaft geschädigt. Die elektrische Durchschlagfestigkeit ist keine Materialkonstante, sie ist von der Dicke des verwendeten Probekörpers abhängig. An dicken Materialien gemessene Werte sind in der Regel kleiner als Werte, die an dünnen Proben bestimmt wurden. Weiterhin besteht eine ausgeprägte Temperaturabhängigkeit. Außerdem sind Anisotropien des Werkstoffes (z.B. bei Schichtpressstoffen) zu berücksichtigen.

Üblicherweise wird die elektrische Durchschlagfestigkeit als Kurzzeitkennwert bei Wechselspannung mit einer Frequenz von 50Hz bestimmt. Hierzu wird der Werkstoff nach DIN EN 60243-1/ VDE 0303 Teil 21 geprüft. Neben dem Prüfverfahren zur Bestimmung von Durchschlagspannung und Durchschlagfestigkeit sind in dieser Norm weitere praxisrelevante Verfahren angegeben, z.B. zur Bestimmung der 1-Minuten-Prüfspannung. Daneben existieren Prüfverfahren, z.B. für Gleich- und Stoßspannungen, für hochfrequente Felder oder zur Bestimmung der so genannten Diffusions-Durchschlagfestigkeit, die in anderen Normen beschrieben sind.

Für die Prüfung an Standardkunststoffen werden normalerweise plattenförmige Proben (3mm dick) verwendet. Bei gekrümmten Probenoberflächen dürfen Kugelelektroden verwendet werden. Für Reaktionsharze werden die Kugelelektroden in der Regel direkt in die Harzmasse eingegossen.

Das Unterspannungsetzen der Probe erfolgt im einfachsten Fall in Luft. Zur Vermeidung von Überschlägen über den Rand der Probe, wird die Prüfung jedoch meist in Transformatorenöl durchgeführt, das eine höhere Durchschlagfestigkeit besitzt als Luft.

Die an die Elektroden angelegte Spannung kann auf unterschiedliche Weise bis zum Durchschlag erhöht werden. Die Norm beschreibt hier mehrere Verfahren. Üblich ist z.B. eine lineare Spannungssteigerung mit einer definierten Spannungsanstiegsgeschwindigkeit oder eine Steigerung, bei welcher der Durchschlag zwischen 10s und 20s nach Versuchsbeginn erfolgt. Die Art und Weise der Spannungssteigerung nimmt Einfluss auf den Messwert.

Achtung: Die einschlägigen Sicherheitsbestimmungen für das Arbeiten mit hohen elektrischen Spannungen sind bei dieser Prüfung unbedingt zu beachten. Übliche Prüfanlagen erreichen Spannungen bis zu 200 000V! Auch Kleinprüfgeräte mit geringeren Spannungen sind regelmäßig zu überprüfen.

Kriechstromfestigkeit nach DIN IEC 60112 mit Amendment A1 / VDE 0303 Teil 30

Die Bestimmung der Kriechstromfestigkeit ist ein wichtiger, sicherheitsrelevanter Grundversuch zur Qualifizierung fester Isolierstoffe: auf eine ebene Probe wird zwischen zwei Platinelektroden eine Prüflösung aufgetropft. Zwischen den Elektroden liegt eine Spannung zwischen 100V und 600V an, die in 25V-Stufen variiert wird. Durch den Stromfluss verdampft der Tropfen, wodurch kleine Unterbrechungsfunken entstehen, welche die Isolierstoffoberfläche mehr oder weniger stark schädigen. Es wird diejenige Spannungsstufe ermittelt bei der 5 * 50 Auftropfungen ohne Versagen überstanden werden. Als Versagen ist ein Stromfluss über die Probenoberfläche (Kriechspur) von 0,5A über eine Zeitdauer von 2 Sekunden definiert.

Anschließend wird die durch den Kriechstrom verursachte Erosion der Werkstoffoberfläche bestimmt. Nach der Ermittlung der 50-Tropfen-Spannung wird der Versuch für 5 * 100 Auftropfungen mit reduzierter Spannung wiederholt. Die 50-Tropfen-Spannung wird, ergänzt durch das Ergebnis der 100-Tropfen-Spannung und ggf. durch Angabe der Erosionstiefe, als „Comparative Tracking Index“ (CTI) angegeben. Anstelle des CTI wird häufig lediglich der „Proof-Tracking-Index“ (PTI) bestimmt. Dessen Ermittlung ist wesentlich weniger zeitaufwendig, da lediglich bei einer einzigen Spannungsstufe 5 * 50 Auftropfungen vorgenommen werden.

Barcolhärteprüfung nach DIN EN 59

In der Praxis wird die Barcolhärteprüfung zur Aushärtegradbestimmung vor Ort angewandt, da die Prüfapparatur mobil ist. Es wird ein Kegelstumpf aus gehärtetem Stahl in das zu prüfende Formteil gedrückt und ein der Eindringtiefe entsprechender Wert an einer Messuhr angezeigt. Füll- und Verstärkungsstoffe können bei diesem Verfahren zu Verfälschungen führen, zudem ist die Oberfläche nicht für das gesamte Bauteil repräsentativ. Werkstoffe mit erhöhter Kriechneigung erschweren die Messung durch Veränderungen des Anzeigewertes während der Eindringphase, hierbei gilt dann der größte Wert. Die Messung muss so oft wiederholt werden bis ein Konfidenzintervall von 95% für den Mittelwert erreicht wurde.

Wärmehärtende Formmassen (SMC-BMC), Bestimmung der Verarbeitungsschwindung; DIN EN 1842

Diese Europäische Norm legt eine Methode zur Bestimmung der Verarbeitungsschwindung gepresster Probekörper aus wärmehärtenden Formmassen fest. Sie gilt nur für solche Materialien, die nach der Verarbeitung keine Nachschwindung aufweisen, wie z.B. Polyesterharzmasse (SMC) und Polyesterpressmasse (BMC).

Die Kenntnis der Schwindung gestattet sowohl die Konstruktion von Werkzeugen zum Herstellen von Formteilen mit genauen Abmessungen als auch den Nachweis der Eignung von Formmassen für diesen Zweck.

Zu verwenden ist ein Werkzeug mit einer ebenen Werkzeugkavität nicht unter 200cm².

Probekörper sind Formteile, die unter Verwendung von Werkzeug und Presse erhalten werden. Die Dicke muss zwischen 3,5mm und 5,5mm liegen.

Sofern keine Bedingungen festgelegt oder zwischen Verarbeiter und Lieferer vereinbart worden sind, gelten die folgenden Bedingungen:

Werkzeugtemperatur:	140°C ±1%;
Werkzeugbelegung:	nicht unter 90% für SMC. Formmassen wie BMC müssen vor dem Verpressen zu einer homogenen Einlage vorgeformt werden;
Pressdruck:	7MPa ±5%;
Presszeit:	40 Sekunden pro Millimeter Dicke des gepressten Probekörpers oder eine entsprechend längere Zeit, um eine vollständige Härtung des Probekörpers sicherzustellen.

Bestimmung des Füllfaktors und der Schüttdichte nach DIN 53466

Der Füllfaktor einer Formmasse dient der Berechnung der Füllraumtiefe eines Press- oder Spritzpresswerkzeuges. Er wird als Verhältnis von Dichte des Formstoffes zur Schüttdichte errechnet. Die Schüttdichte wird zur Kontrolle der Gleichmäßigkeit der Struktur einer Formmasse herangezogen. Zur Bestimmung der Schüttdichte wird ein vorgegebenes Volumen der Formmasse durch einen Trichter in einen Messbecher mit 100cm³ Volumen und bekanntem Gewicht m0, geschüttet. Der gestrichen gefüllte Messbecher wird gewogen und die Schüttdichte nach der Formel

$$S_{Mo} = \frac{L_0 - L_1}{L_0} * 100$$

berechnet.

Die Bestimmung der Dichte erfolgt nach DIN 53479. Die ermittelten Dichten werden zueinander in Bezug gebracht und ergeben nach der unten stehenden Formel den Füllfaktor

$$\text{Füllfaktor} = \frac{\text{Dichte des Formstoffes}}{\text{Schüttdichte}}$$

der Formmasse.

Bestimmung der Kornverteilung nach DIN 53477

In diesem Verfahren wird mittels definierter Siebe auf einer Siebmaschine eine Einteilung der Körnung vorgenommen. 100 Gramm der Formmasse wird auf das gröbste von sechs übereinander angeordneten Sieben aufgebracht. Dann wird zehn Minuten gesiebt und die auf den Sieben zurückgebliebene Formmasse jeweils gewogen. Die Siebrückstände werden nach Kornklassen geordnet in Gewichtsprozent angegeben. Durch eine graphische Form der Auswertung kann man Unregelmäßigkeiten in der Verteilung erkennen. Hierfür werden die Rückstandssumme und die Korngröße im doppelt-logarithmischen Körnungsnetz aufgetragen. Es ergibt sich eine Gerade, wenn die Kornverteilung statistisch ist. Aus der Richtung der Geraden kann auf die Gleichmäßigkeit der Kornverteilung geschlossen werden. Je flacher die Gerade ist, desto größer sind die Unterschiede im Korngemenge. Abweichungen von der Geraden weisen auf Beschädigungen der Siebe oder nachträglich gemischte Formmassen hin.

Warmlagerung von Pressteilen aus härtbaren Pressmassen, DIN 53498

Die Warmlagerung von Teilen dient dazu, Maßänderungen durch Alterungsprozesse beschleunigt zu messen. In Formteilen können noch flüchtige Bestandteile enthalten sein, die zu einer Schrumpfung und Schwindung führen können. Zunächst werden die Formteile bei der in der Norm festgelegten Anfangstemperatur für 48 Stunden in einem Wärmeschrank gelagert. Eine visuelle und maßliche Überprüfung folgt. Sind die Formteile noch in Ordnung, so steigert man die Temperatur um 10K und wiederholt die Prüfung nach erneuter 48-stündiger Warmlagerung. Die Steigerung um 10K und Prüfung nach 48 Stunden wird fortgesetzt, bis eine Veränderung an den Formteilen erfolgt. Die Warmlagerungstemperatur ist dann die, bei der die Formteile noch in Ordnung waren.

Kochversuch an Fertigteilen aus härtbaren Formmassen, DIN 53499

Der Kochversuch ist ein einfaches Verfahren zur Bestimmung der richtigen Aushärtung von Duroplasten. Er gibt einen Anhaltspunkt über die Aushärtung, Verdichtung und Homogenität des Fertigteils an der Oberfläche, bei aufgeschnittenen Teilen auch im Innern. Grobe Aushärtungsfehler werden sichtbar. Die Prüfung ist nur für solche Formmassen anwendbar, deren Formbeständigkeit nach Martens mindestens 100°C beträgt. Je nach Formmasse ist eines der vier in der Norm angegebenen Verfahren anzuwenden. Das Verfahren A sieht eine Prüfung in destilliertem Wasser bei einer Kochzeit von 30 Minuten vor, Verfahren B sieht den Zusatz von 1ml 2,5 %-Rhodamin-B-Lösung vor. Verfahren C beinhaltet die Verwendung einer 1% -Schwefelsäure mit 1ml Rhodamin-B Lösung bei Verkürzung der Prüfzeit auf zehn Minuten und in Verfahren D wird Natronlauge, angesetzt im Verhältnis 20 Gramm Natriumhydroxid auf 1 Liter destilliertes Wasser, als Kochlösung bei einer Prüfzeit von 15 Minuten verwendet. Nach Trocknung der Formteile wird visuell festgestellt, ob und welche Veränderungen an den Formteilen stattgefunden haben. Änderungen können z.B. Verfärbungen, Risse, Blasen, Verzug und Verminderung des Glanzes sein.

Brabender Plastograph DIN 53764

Dieses Prüfverfahren beschreibt eine Methode zur Bestimmung des Fließverhaltens von Formmassen. Die Formmasse wird in einen Kneter eingebracht und aufgeschmolzen. Bei laufendem Knetwerkzeug wird das Drehmoment des Antriebsmotors aufgezeichnet, bis die Pressmasse ausgehärtet ist und krümelig zwischen den Knetarmen zu Pulver verrieben wird. Man erhält als Ergebnis eine Kurve des Fließverhaltens von der ungehärteten Formmasse bis zum Aushärten der Masse. Der Plastograph nimmt die Viskositätskurve der Formmasse nur richtig auf, bis diese krümelig wird. Da das Prüfgerät stark auf Beimischungen reagiert, sollte man dem Einfluss von Schmier- und Gleitmitteln besondere Beachtung geben. Das Verfahren eignet sich gut, um vergleichende Prüfungen härtbarer Formmassen durchzuführen.

9 Prüfzeichen

Das Prüfzeichen der AVK für duroplastische Formmassen und Formteile

Seit 1924 steht das Prüfzeichen der AVK (Abbildung 380) für verlässliche Qualitätsstandards im Bereich der Duroplaste. Das Prüfzeichen der AVK ist damit das älteste Zeichen dieser Art im Bereich der Kunststoff-Industrie. Hersteller und Verarbeiter duroplastischer Formmassen und Formteile auf der ganzen Welt nutzen das Prüfzeichen der AVK als Beleg für die Qualität ihrer Produkte und als innovatives Marketinginstrument.

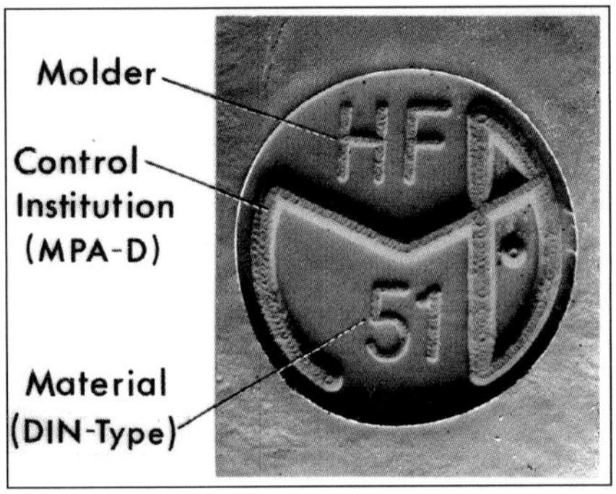

Abb. 380: Prüfzeichen der AVK

Voraussetzung für den Erhalt des Prüfzeichens sind

- die Mitgliedschaft der betreffenden Firma (Hersteller oder Verarbeiter duroplastischer Formmassen) bei der AVK,
- die Durchführung einer regelmäßigen Eigenüberwachung der Produkte innerhalb des jeweiligen Unternehmens,
- der Abschluss eines Überwachungsvertrages mit der Staatlichen Materialprüfungsanstalt Darmstadt (MPA) zur Fremdüberwachung der Produkte sowie
- die Erfüllung der spezifischen Qualitätsanforderungen aus den für die Produkte relevanten Normen und der Verfahrensanweisung der AVK.

Die MPA Darmstadt ist als staatliches und wirtschaftlich unabhängiges Prüfinstitut kompetenter Partner der überwachten Firmen und der AVK. Das Netzwerk verdeutlicht Abbildung 381. Die Prüfingenieure der MPA stellen durch regelmäßige Kontrollen und Probenentnahmen nicht nur einen gleich bleibend hohen Qualitätsstandard sicher, sondern bieten auch Beratung in werkstoff- und verarbeitungstechnischen Fragen und Unterstützung bei Schadensfällen.

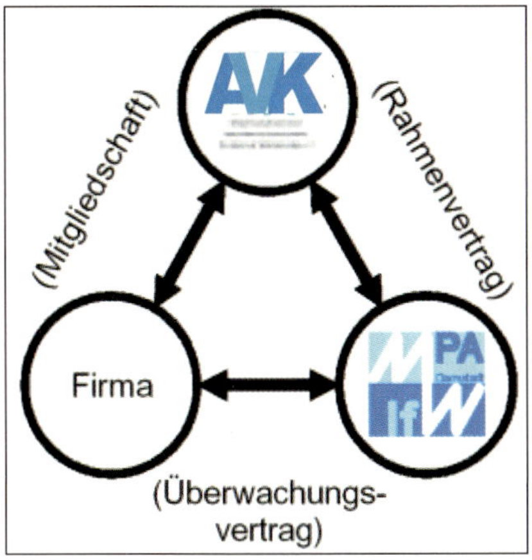

Abb. 381: Partnerstruktur der AVK und der MPA

Einzigartig an der Güteüberwachung der AVK ist, dass nicht allein die duroplastischen Formmassen überprüft werden, sondern darüber hinaus auch Kontrollen an den daraus hergestellten Formteilen erfolgen. Gütegesicherte duroplastische Formteile dürfen, wenn sie den Anforderungen entsprechen, ebenfalls das AVK-Überwachungszeichen tragen. Dies ist besonders bei sicherheitsrelevanten Anwendungen von höchster Bedeutung, da eine hervorragende Rückverfolgbarkeit der Formteile gewährleistet ist.

AVK-Verfahrensanweisung und zugrunde liegende Normen

Duroplastische Formmassen sind seit vielen Jahren im nationalen und internationalen Normenwerk (DIN EN ISO 14526 bis DIN EN ISO 14530 und DIN EN ISO 15252 sowie DIN EN 14598) erfasst. Diese Normen bilden zusammen mit der Verfahrensanweisung der AVK die Arbeitsgrundlage für das Verfahren der Güteüberwachung. Die AVK-Verfahrensanweisung kann mit zwischenzeitlich erschienenen Ergänzungen (so gibt es z.B. Sonderregelungen für Produkte zur Anwendung in der Elektrotechnik in Zusammenarbeit mit dem VDE) auf der Website der AVK herunter geladen werden. Den prinzipiellen Ablauf der Güteüberwachung in Verbindung mit der AVK-Verfahrensanweisung zeigt Abbildung 382.

Erfüllen duroplastische Formmassen bzw. Formteile die jeweils gültigen Anforderungen, dürfen sie mit dem AVK-Prüfzeichen (Abbildung 380) gekennzeichnet werden. In dieses wird – zusammen mit einer Kennzeichnung für die jeweilige güteüberwachte Firma (Firmenkennzeichen) – die Typennummer der zugrunde liegenden duroplastischen Formmasse eingedruckt bzw. eingeprägt.

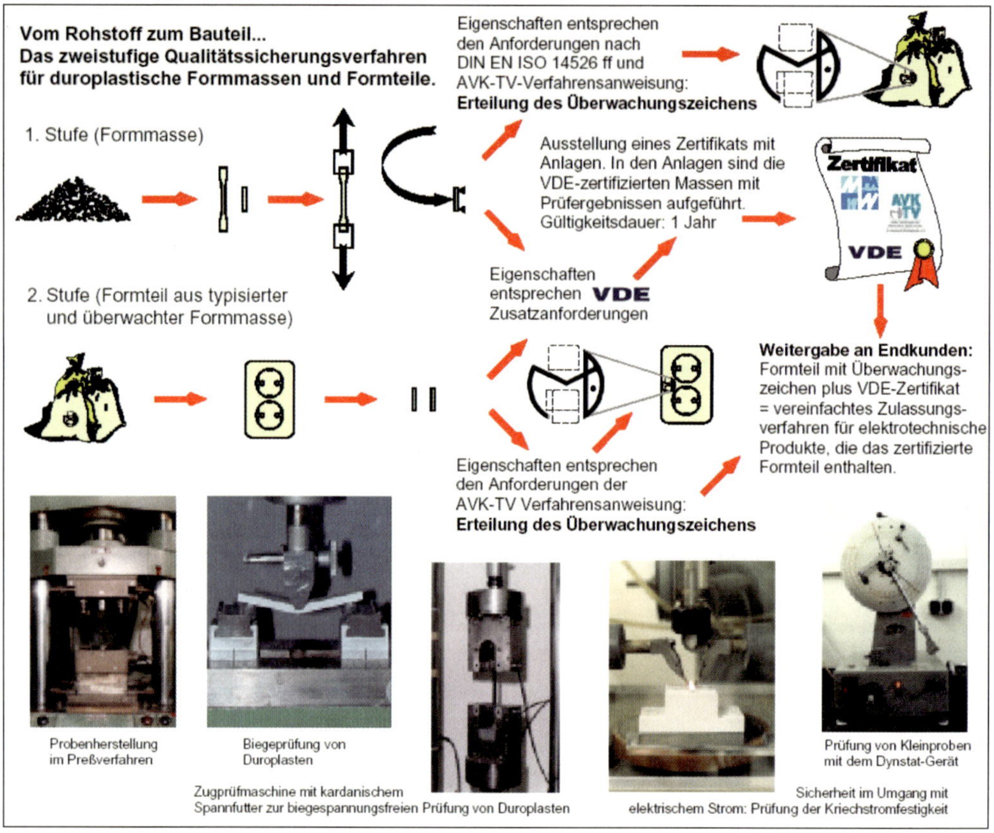

Abb. 382: Ablauf der Güterüberwachung

10 Die AVK stellt sich vor

In diesem abschließenden Kapitel wird Ihnen die AVK als Herausgeber des Handbuches Faserverbundkunststoffe/Composites kurz anhand einiger Facts & Figures vorgestellt.

Bei Fragen Besuchen Sie uns gerne im Internet unter www.avk-tv.de, oder rufen Sie uns an.

Vollständiger Name/Rechtsform:

AVK – Industrievereinigung Verstärkte Kunststoffe e.V. und AVK-TV GmbH

Historie:

Die AVK ist die **älteste Interessengemeinschaft** der Kunststoff-Industrie in Deutschland:

- 1924 – Gründung der Technischen Vereinigung e.V.
- 1959 – Gründung der Arbeitsgemeinschaft Verstärkte Kunststoffe e.V.
- 1998 – Zusammenschluss beider Organisationen zur AVK-TV
- Seit 2005 Firmierung unter dem Namen AVK – Industrievereinigung Verstärkte Kunststoffe

Mission/Auftrag:

Die AVK verfolgt mit ihren Handlungen primär die folgenden **fünf Ziele**:

- Image der verstärkten Kunststoffe im Markt und in der Öffentlichkeit erhöhen
- Innovationen fördern
- Weiterbildung anbieten
- Nachhaltigkeit der Werkstoffe & Anwendungen herausstellen
- Networking stärker ausbauen

Dienstleistungsangebot:

Die AVK möchte ihren Mitgliedern in Deutschland und Europa **alle benötigten Dienstleistungen aus einer Hand** anbieten und ihre Interessen allen Institutionen gegenüber vertreten.

Unser Dienstleistungsspektrum gliedert sich in drei Bereiche und umfasst u. a. die folgenden Angebote:

1. Marktspezifische Angebote
   - Informationsbündelung/-vermittlung
   - Vorträge, Fachartikel & Pressearbeit
   - Offene Seminare/Tagungsangebote
   - Marktbericht & Marktstudien
   - Jahrestagung/Innovationspreis

2. Mitgliederspezifische Angebote
- Angebot von Facharbeitskreisen
- Regelmäßiger Newsletter
- Messe-/Seminarbeteiligungen

3. Unternehmensspezifische Angebote
- Beratung/Recherchen
- Kontaktvermittlung
- Inhouse-Angebote

Mitgliederstruktur:

Die AVK hat derzeit über 220 Mitgliedsunternehmen und ist somit einer der größten Verbände im Bereich „Composites" in Europa. Sie vertritt ihre Mitglieder entlang der **gesamten Wertschöpfungskette im Bereich verstärkte Kunststoffe**.

Die Mitgliederliste beinhaltet Rohstofferzeuger und -lieferanten sowie Verarbeiter, Maschinenbauer, Ingenieurbüros, Prüfämter und wissenschaftliche Institute. Kleine und mittlere Unternehmen finden sich in der Mitgliederstruktur ebenso wieder wie (multinationale) Konzerne. Die Mitgliedsunternehmen der AVK finden sich überwiegend im **gesamten Bundesgebiet** sowie im näheren europäischen Ausland.

Organisatorische Einbindung:

Die AVK ist innerhalb Deutschlands und Europas in ein starkes (Partner-) Netzwerk eingebunden:

- Die AVK ist eines der vier Gründungsmitglieder der 2013 ins Leben gerufenen Wirtschaftsvereinigung Composites Germany
- Die AVK ist einer der vier Trägerverbände des GKV (Gesamtverband der Kunststoffverarbeitenden Industrie). Über die GKV-Mitgliedschaft ist die AVK Teil der WVK (Wirtschaftsvereinigung Kunststoffe), zu der auch die Kunststofferzeuger Plastics Europe) und die Maschinenhersteller VDMA gehören. Die WVK ist Mitglied im BDI.
- Auf europäischer Ebene ist die AVK Mitglied in der EuCIA (Europäischer Dachverband der Composites Industrie)

Kontaktmöglichkeiten:

AVK – Industrievereinigung Verstärkte Kunststoffe
Am Hauptbahnhof 10
60329 Frankfurt am Main
Tel.: +49 (0)69 – 271077 – 0

Stichwortverzeichnis

A

Alterung 102, 103
Alterungsbeständigkeit 526
Alterungsschutz 200
Alterungsverhalten 527

B

Bakelite 27
Barcolhärteprüfung 582
Basaltfaser 155, 158
Beschleuniger 71, 80, 122, 123
Biegekriechversuch 45
Bruchdehnung 85, 134, 142, 296, 301, 475, 485, 571

C

Class-A 244, 250, 382, 413, 415, 460, 541
Compound 29, 243, 255, 266, 270, 280
Compounds 180
Copolymerisation 38, 40, 42, 51, 91
– exotherm 42

D

Duroplaste 27, 28

E

E-Modul 91, 134, 157, 276, 286, 287, 289, 344, 457, 475
E-Moduli 151, 251, 252
Ermüdung 286
Ermüdungsfestigkeit 314
Ermüdungsverhalten 254

F

Faserbruch 308
Festigkeit 33, 302, 304, 311
Filament 134, 140, 146
Filamente 129, 131

G

Geflechte 226, 231
Gelcoat 30, 187, 294, 328, 333, 347, 359, 469
Gelcoatharze 465
Gelcoats 171
Gelege 224, 228, 231
Gelegen 156
Gesamtvolumenschwindung 30
Gewebe 224, 231
Geweben 156
Gewirke 224
GFK-Produktion 36

H

HDT 45, 50, 56, 74, 98

I

Inhibitor 30
Inhibitoren 61, 62, 122, 123, 466

K

Kennwerte
– mechanische 303
Korrosionsbeständigkeit 36
Kriech 44, 56
Kriechen 286
Kriechstromfestigkeit 86, 582
Kriechstromfestigkeiten 74
Kriechverhalten 100, 575

M

Matrix 28, 30, 33

N

Nachschwindung 30, 87
Naturfaser 155
Naturfasern 33
NFK 36

O

Organobleche 235, 236
Organoblechen 456

P

Peroxide 42

R

Reaktionsbeschleuniger 70
Reaktionsinhibitoren 41
Reaktionsschwindung 56, 73, 180, 441

S

Schlagzähigkeit 95, 289, 296, 448, 457, 475, 553, 570
Schlichte 31, 96, 131
Schlichten 138
Schrumpfprozess 378
Schrumpfung 330, 576
Schwindung 30, 181, 196, 256, 272, 275, 286, 355, 446, 541, 566, 584
Steifigkeit 33, 91, 134, 151, 158, 301, 302, 304, 311

T

Tempern 42, 48
Temperung 30, 334, 472
Thermoplaste 28

V

Verarbeitungsschwindung 32, 244, 434, 541, 583
Vernetzungsreaktion
– exotherme 378
Viskosität 43, 47, 54, 73
Volumenschrumpf 42, 44, 468
Volumenschwindung 63, 74, 359

Z

Zwischenfaserbruch 308

Verzeichnis der Themenverantwortlichen und der Autoren

Themenverantwortliche

Dr. Rudolf Kleinholz	AVK	Kapitel 1-2
Dr. Elmar Witten	AVK	Kapitel 3
Peter Kornas	BÜFA Composite Systems GmbH & Co. KG	Kapitel 4.1.1-4.1.4
Prof. Thomas Gries	Institut für Textiltechnik (ITA) der RWTH Aachen	Kapitel 4.1.5
Dr. Gerd Eßwein	Freudenberg New Technologies SE & Co. KG	Kapitel 4.1.6
Harald Steinbach	BYK Chemie GmbH	Kapitel 4.1.7-4.1.10
Peter Stachel		Kapitel 4.2.1-4.2.4
Gabi Thomas	Kunststoff & Umwelt	Kapitel 4.2.5
Prof. Christian Hopmann	Institut für Kunststoffverarveitung in Industrie und Handwerk an der RWTH Aachen	Kapitel 5
Heinz Wilhelm	DSM Composite Resins Deutschland GmbH	Kapitel 6.1-6.15
Prof. Peter Mitschang	Institut für Verbundwerkstoffe GmbH	Kapitel 6.16.1-6.16.2
Prof. Andreas Groß	Fraunhofer-Institut für Fertigungstechnik und angewandte Materialforschung – IFAM	Kapitel 6.16.3
Prof. Jens Ridzweski	IMA Materialforschung und Anwendungstechnik GmbH	Kapitel 7-9

Autoren

Wolfgang Assmann
Stefan Bachstein
Markus Bächer
Peter Bekusch
Dr. Pavel Belik
Christian Biecker
Marcus Bohl
Dr. Stefan Böhm
Reiner Borsdorf
Dr. Erwin Bürkle
Marc Busio
Christian Butschkau
Harri Dittmar
Hermann Dopp
Heinrich Ernst
Dr. Kai Fischer
Dr. Oliver Fischer
Dr. Ralph Funck
Peter-Philipp Graber
Dr. Martin Gurka
Wolfgang Harms
Hansgeorg Haupt
Dr. Reinert Hennersdorf

Dr. Karl-Heinz Hörsting
Dr. Steffen Hölzel
Cordula Iten
Leon Jacobs
Dr. Günter Kannebley †
Uwe Kassens
Erwin Kastner
Prof. Fritz Klocke
Dr. Jochen Kopp
Rudolf Kühfusz
Dr. Lars Lambrecht
Rolf Liebold
Manfred Mai †
Johannes Marder
Prof.. Manfred Neitzel
Hans-Peter Oestreich
Dr. Oliver Pfannschmidt
Fabian Preller
Dirk Punke
Gerard Reestman
Dr. Ulrich Riedel
Dr. Andreas Roye
Prof. Ralf Schledjewski

Kristian Seidel
Martin Schlottermüller
Prof. Ernst Schmachtenberg
Harald Schneider
Dr. Markus Schneider
Dr. Ulrich Schneider
Gerhard Schöpping
Marcus Schröbel
Dr. Axel Schröder
Dr. Karl-Friedrich Schröder †
Gunnar Seide
Michael Sommer
Michael Stahl
Dr. Jörg Strohhäcker
Dr. Jochen Töpker
Rien van den Aker
Prof. Heinrich Waller
Jörg Willing
Christian Wilms
Dr. Andreas Wöginger
Dr. Bernd Wohlmann
Martin Würtele
Dr. Hanno Wolf

Competence in Composites:
Wir haben bessere Lösungen,
um Autos leichter zu machen
DIEFFENBACHER
Mit unseren neuen, innovativen Verfahren D-SMC und HP-RTM treiben wir konsequent den weltweiten Fortschritt bei der Serienfertigung von Leichtbauteilen mit glas- oder carbon-faserverstärkten Kunststoffen voran.
www.dieffenbacher.de